Elektromagnetische Feldtheorie

Günther Lehner · Stefan Kurz

Elektromagnetische Feldtheorie

Für Ingenieure und Physiker

9. Auflage

 Springer Vieweg

Günther Lehner
Universität Stuttgart
Stuttgart, Deutschland

Stefan Kurz
University of Jyväskylä
Jyväskylä, Finnland

ISBN 978-3-662-63068-6   ISBN 978-3-662-63069-3 (eBook)
https://doi.org/10.1007/978-3-662-63069-3

Die Deutsche Nationalbibliothek verzeichnet diese Publikation in der Deutschen Nationalbibliografie; detaillierte bibliografische Daten sind im Internet über http://dnb.d-nb.de abrufbar.

Springer Vieweg
© Springer-Verlag GmbH Deutschland, ein Teil von Springer Nature 1990, 1994, 1996, 2004, 2006, 2008, 2010, 2018, 2021

Planung/Lektorat: Michael Kottusch
Springer Vieweg ist ein Imprint der eingetragenen Gesellschaft Springer-Verlag GmbH, DE und ist ein Teil von Springer Nature.
Die Anschrift der Gesellschaft ist: Heidelberger Platz 3, 14197 Berlin, Germany

Für Lore († 1984)
und Helma
ohne die dieses Buch
nicht entstanden wäre

Vorwort zur 9. Auflage

Mir wäre es eine große Freude gewesen, zusammen mit Herrn Prof. Dr. Günther Lehner die nunmehr neunte Auflage der „Elektromagnetischen Feldtheorie für Ingenieure und Physiker" zu präsentieren. Leider ist es anders gekommen, denn Prof. Lehner ist Anfang 2021 im Alter von fast 90 Jahren verstorben. Wir verlieren eine großartige Forscher- und Lehrpersönlichkeit. Sein Wirken hat Generationen von Studierenden in Bezug auf eine vertiefte Durchdringung der elektromagnetischen Feldtheorie geprägt, nicht nur an der Universität Stuttgart, sondern auch weit darüber hinaus. Die vorliegende neunte Auflage des Buches widme ich seinem ehrenden Gedenken.

Unsere heutige Energie- und Nachrichtentechnik, sogar unser gesamter Lebensstil, wären ohne die systematische Nutzung der vielfältigen elektromagnetischen Erscheinungen undenkbar. Deshalb erscheint es gerade heute besonders relevant, ein fundiertes Verständnis der elektromagnetischen Feldtheorie zu erwerben. Das ist weiterhin das Ziel des vorliegenden Lehrbuchs.

Das internationale Einheitensystem (SI – *Système international d'unités*) wurde 2019 einer grundlegenden Reform unterzogen. Alle Basiseinheiten werden nun auf sieben physikalische Konstanten zurückgeführt, denen feste Werte zugewiesen werden. Dieser Entwicklung wurde noch von Prof. Lehner Rechnung getragen, nämlich durch eine Ergänzung von Abschn. 1.13, der dem Maßsystem gewidmet ist. Darüber hinaus wurden bekannt gewordene Druckfehler korrigiert.

In der Literatur über die numerische Lösung elektromagnetischer Feldprobleme war in den letzten Jahren eine interessante Tendenz zu beobachten. Die Zahl jener Abhandlungen, die sich mit Differentialformen befassen, ist stark angestiegen. Die Theorie der alternierenden Differentialformen geht vor allem auf die Mathematiker Hermann Günther Graßmann (1809–1877) und Élie Joseph Cartan (1869–1951) zurück. Differentialformen erlauben eine besonders übersichtliche und elegante Darstellung der Elektrodynamik.

Deshalb fügte ich dem Buch ein Kapitel (Kap. 8) über die Formulierung der Elektrodynamik mit Differentialformen hinzu. Differentialformen vertiefen die Einsicht in die zugrunde liegenden mathematischen Strukturen, bieten Vorteile bei analytischen Rechnungen und stellen einen gut geeigneten Ausgangspunkt für numerische Methoden dar. Natürlich kann das Thema hier nicht vollumfänglich behandelt werden. Ich hoffe aber, der interessierten Leserschaft einen fundierten ersten Einblick zu bieten und Interesse an der weiterführenden Literatur zu wecken.

Dieses Kapitel ist aus Vorlesungen hervorgegangen, die ich in den letzten Jahren an der Technischen Universität Darmstadt gehalten habe. In diesem Zusammenhang gilt mein Dank allen, die zu diesem Projekt beigetragen haben. Besonders erwähnen möchte ich Herrn Prof. Dr. Friedrich W. Hehl (Universität zu Köln) und Frau Dipl.-Ing. Julia I. M. Hauser (TU Graz) für wertvolle Anregungen und kritische Durchsicht des Manuskriptes. Ebenso gilt mein Dank Herrn Dr.-Ing. David Morisco (Robert Bosch GmbH) und Herrn Moritz von Tresckow, M.Sc. (TU Darmstadt). Einige elegante sprachliche Formulierungen verdanke ich meiner lieben Frau Dr. Silke Kurz.

Abschließend danke ich Herrn Michael Kottusch vom Springer-Verlag für die hervorragende Zusammenarbeit!

Frankfurt, Deutschland   Stefan Kurz
Winter 2020/21

Vorwort zur 8. Auflage

Die vorliegende 8. Auflage wird aus Gründen meines Alters die letzte sein, um die ich mich noch selbst kümmern kann. Ich bin sehr glücklich, dass ich zur Betreuung eventueller weiterer Auflagen Herrn Prof. Dr. Stefan Kurz als Koautor gewinnen konnte. Er ist ein hervorragender Kenner der elektromagnetischen Feldtheorie wie auch der vielfältigen Methoden zur numerischen Lösung „großer" Probleme der elektromagnetischen Feldtheorie. Seine zahlreichen kompetenten Veröffentlichungen belegen das in aller Deutlichkeit. Er hat auch das Kapitel „Numerische Methoden" durchgesehen und einige Ergänzungen angebracht, wofür ich ihm sehr zu danken habe. Die erheblichen Fortschritte der Computertechnik und die schnell wachsenden Möglichkeiten mehr und mehr Daten zu speichern haben in der letzten Zeit die numerische Lösung immer größerer Probleme ermöglicht. Auch sind zukünftig weitere Fortschritte zu erwarten, die erneut Ergänzungen dieses Kapitels erforderlich machen können. Allerdings ist zu betonen, dass das Kapitel „Numerische Methoden" keinesfalls ausführliche Werke darüber ersetzen kann. Es soll lediglich dazu dienen, den engen Zusammenhang zwischen den mathematischen Grundlagen der elektromagnetischen Feldtheorie und den numerischen Methoden zu verdeutlichen und es soll einen groben Überblick über die verschiedenen numerischen Methoden vermitteln. Von der Korrektur bekannt gewordener Druckfehler abgesehen, habe ich nur einige kleinere ergänzende Textänderungen (so zum endlich gelungenen Nachweis von Gravitationswellen) vorgenommen. Dem Springer-Verlag und seinen Mitarbeitern gilt auch im Rahmen dieser Neuauflage mein herzlicher Dank, ebenso Prof. Sebastian Schöps für die kritische Durchsicht von Kap. 10.

Stuttgart, Deutschland
Frühjahr 2018

Günther Lehner

Vorwort zur 7. Auflage

Die Theorie elektromagnetischer Felder ist schon lange nicht mehr ohne die spezielle Relativitätstheorie denkbar. Deshalb habe ich das vorliegende Buch schon vor längerer Zeit durch einen *Anhang über die spezielle Relativitätstheorie* ergänzt. Diese ist, wie Einstein zeigte, bereits in den Maxwell'schen Gleichungen enthalten. Vieles in der Theorie elektromagnetischer Felder kann auch erst mit Hilfe der speziellen Relativitätstheorie wirklich verstanden werden, die scheinbar missglückter Versuche zur Lichtausbreitung wegen entstanden ist. Die Versuche von Michelson bzw. Michelson und Morley gehören, gerade weil sie ihr ursprüngliches Ziel (die unterschiedlichen Lichtgeschwindigkeiten in verschiedenen Inertialsystemen zu messen) verfehlt haben und verfehlen mussten, zu den folgenreichsten und wichtigsten Versuchen der Wissenschaftsgeschichte. Sie zeigen, dass die Vorstellungen zutreffen, die Einstein zur speziellen Relativitätstheorie geführt haben. Nun besteht das Licht aus Lichtquanten (Photonen). Diese besitzen Energie und, nach der speziellen Relativitätstheorie, auch Masse (allerdings, wie üblicherweise angenommen, keine Ruhemasse – sollten sie dennoch eine Ruhemasse haben, so muss sie sehr klein sein; siehe Anhang A1). Sie unterliegen deshalb wie jede andere Masse der Gravitation. Sie verhalten sich in Gravitationsfeldern allerdings anders als es die klassische Newton'sche Gravitationstheorie erwarten lässt. Fliegen beispielsweise Lichtquanten nah an der Sonne (oder einer anderen Masse) vorbei, so werden sie von dieser angezogen und aus ihrer geradlinigen Bahn um einen bestimmtem Winkel abgelenkt. Diese Ablenkung kann man messen. Sie erweist sich als doppelt so groß wie man es nach dem Newton'schen Gravitationsgesetz erwarten würde. Die Erklärung ergibt sich aus einer ebenfalls von Einstein stammenden Verallgemeinerung der speziellen Relativitätstheorie, der sogenannten allgemeinen Relativitätstheorie. Die Verallgemeinerung besteht darin, dass zwar die vierdimensionale Raumzeit beibehalten wird jedoch nun unter dem Einfluss der im Raum vorhandenen Massen zu einer vierdimensionalen „gekrümmten" Raumzeit wird. Wenn Lichtbahnen, die per Definitionem kürzesten Verbindungen zwischen zwei Punkten (Geodäten), gekrümmt sind, dann ist der Raum nicht „flach" (euklidisch) sondern gekrümmt. Die Geometrie ist letzten Endes keine mathematische, sondern eine physikalische Disziplin, die wesentlich durch die Ausbreitung elektromagnetischer Wellen geprägt wird. So hielt ich es für angemessen, einen *Anhang über die allgemeine Relativitätstheorie* als einer, wie ich meine, nicht unwesentlichen Ergänzung der Theorie elektromagnetischer

Felder aufzunehmen. Selbstverständlich kann dieser kurze Anhang nur eine erste Einführung in deren großes Gebäude bieten. Er könnte und sollte den einen oder anderen Leser dazu verführen, die weiterführende Literatur zu studieren. Die allgemeine Relativitätstheorie ist schon heute nicht nur theoretisch, sondern auch technisch bedeutsam und sie wird wohl bald noch bedeutsamer werden (etwa in der Satelliten- und Raumfahrttechnik). Herrn Kollegen Professor Wolfgang Weidlich schulde ich Dank für anregende Gespräche über die allgemeine Relativitätstheorie.

Von diesem neuen Anhang abgesehen, habe ich mich auf die Korrektur einiger erst jetzt entdeckter Druckfehler beschränkt.

Wie bisher immer habe ich dem Springer-Verlag und seinen Mitarbeitern für die stets gute und vorbildlich konstruktive Zusammenarbeit zu danken.

Stuttgart, Deutschland   Günther Lehner
Frühjahr 2010

Vorwort zur 1. Auflage

Form nur ist Glaube und Tat,
die erst von Händen berührten,
doch dann den Händen entführten
Statuen bergen die Saat.
(Gottfried Benn)

Die elektromagnetische Feldtheorie stellt ein für Naturwissenschaftler und Ingenieure grundlegendes Wissensgebiet dar. Die vorliegende Darstellung ist aus einer Vorlesung hervorgegangen, die der Autor seit dem Jahr 1972 an der Universität Stuttgart für die Studenten der Elektrotechnik – sie ist für dieses Pflichtfach – gehalten hat. Dennoch hofft der Autor, dass Stoffauswahl und Art der Behandlung das Interesse nicht nur von Ingenieuren, sondern auch von Naturwissenschaftlern finden.

Durch die Form, die Maxwell ihr gegeben hat, kann die elektromagnetische Feldtheorie geradezu als ein Musterbeispiel einer in sich geschlossenen, großartigen, ja schönen Theorie gelten, die jeden begeistert, der sich ernsthaft damit beschäftigt. Dazu gehört, dass sie sowohl in ihrem durchaus anschaulichen Gehalt wie auch in ihrer formalen Ausgestaltung aufgenommen wird. Deshalb hat der Autor sich gleichzeitig um Anschaulichkeit auf der einen, um begriffliche Klarheit und formale Strenge auf der anderen Seite bemüht. Er ist der Überzeugung, dass Anschaulichkeit und formale Strenge keine Widersprüche sind, sondern zwei verschiedene Seiten jeder brauchbaren und vernünftigen Theorie. Niemand sollte Scheu vor mathematisch formulierten Theorien haben. Es gibt und es kann auch nichts Brauchbareres geben als eine gute und logisch konsequente – d. h. eine strenge – Theorie. Natürlich setzt die Anwendung einer Theorie deren anschauliche, ja phantasievolle Durchdringung voraus. Die konzentrierte mathematisch formulierte Theorie ist ja Zentrum und Durchgangspunkt einer zweifachen Anstrengung des menschlichen Geistes, nämlich einerseits das nur scheinbar Chaotische der uns umgebenden Erscheinungen zu ordnen und den ihnen gemeinsamen Kern zu erkennen und andererseits aus diesem Kern heraus die unglaubliche Vielfalt der Erscheinungen neu zu sehen und zu verstehen. Es ist kein Zufall – und deshalb das oben vorangestellte Motto von Gottfried Benn –, dass man dasselbe von der Kunst sagen kann. Kunst und Wissenschaft gehören eng zusammen, auch wenn das heute oft nicht so aussieht. Sie sind zwei einander ergänzende, nicht einander widersprechende Wege zu einem Ziel. Beide wollen ihren Aussagen die vollkommene

Form geben. Gerade dies ist in der elektromagnetischen Feldtheorie gelungen. Wenn man Wert und Schönheit einer wissenschaftlichen Theorie daran misst, wie sie den erwähnten Anstrengungen dient, dann wird die elektromagnetische Feldtheorie einen hervorragenden Platz einnehmen, – vier einfache, unglaublich elegante und (wenn man sich die Mühe gemacht hat, sie zu verstehen) auch anschauliche Gleichungen, eben die Maxwell'schen Gleichungen und, ihnen gegenüber, die überwältigende und nicht ausschöpfbare Vielfalt der durch sie beschriebenen elektromagnetischen Erscheinungen in Natur und Technik. Dieses Lehrbuch wird sein Ziel erreicht haben, wenn der Leser am Ende seiner Lektüre dem zustimmen kann.

Auch die erforderlichen mathematischen Hilfsmittel sollten nicht in Form auswendig gelernter Rezepte angewandt werden, sondern mit Anschauung und Phantasie erfüllt werden. Nehmen wir z. B. die in der Feldtheorie ständig benutzen Integralsätze von Gauß und Stokes. Sie hängen mit den Begriffen der Divergenz (div) und der Rotation (rot) von Vektorfeldern zusammen. Beide Begriffe sind koordinatenfrei und ganz anschaulich definiert, wobei die Beziehung zu Quellen (oder Senken) und Wirbeln deutlich wird. Die beiden genannten Integralsätze wiederum sind nichts anderes als unmittelbar anschauliche und beinahe selbstverständliche Konsequenzen dieser beiden Definitionen. An dieser Stelle ist auch erwähnenswert, dass die Maxwell'schen Gleichungen zwei Vektorfelder mit ihren Wechselwirkungen, das elektrische und das magnetische Feld, auf die eleganteste und einfachste denkbare Art und Weise beschreiben. Man kann nämlich beweisen und sich auch anschaulich klar machen, dass ein Vektorfeld durch Angabe aller Quellen und Wirbel vollständig und eindeutig beschrieben ist (das ist der Inhalt des in einem Anhang behandelten Helmholtz'schen Theorems). Genau diesem Zweck dienen die Maxwell'schen Gleichungen in bewundernswerter Weise. Zwei von ihnen beschreiben die Quellen und Wirbel des elektrischen, zwei die des magnetischen Feldes. Die Zusammenhänge sind allerdings materialabhängig, weshalb noch drei weitere Gleichungen erforderlich sind, die Aussagen über Leitfähigkeit, Polarisierbarkeit und Magnetisierbarkeit der beteiligten Medien zum Inhalt haben.

Die erwähnte Geschlossenheit der elektromagnetischen Feldtheorie ist eine formale. Inhaltlich steht sie keineswegs für sich allein und isoliert da. Sie hängt im Gegenteil eng mit der ganzen Physik zusammen, besonders mit der Relativitäts- und der Quantentheorie. Darüber hinaus ist keineswegs klar, ob sie nicht eines Tages im Lichte neuer Erkenntnisse modifiziert werden muss. Wie jede Theorie, kann sie Geltung nur im Rahmen aller bisher gemachten Erfahrungen und Experimente und der dabei erzielten Messgenauigkeit beanspruchen. Wer sich mit elektromagnetischer Feldtheorie beschäftigt, wird bald erkennen, dass es viele und zum Teil sehr wesentliche noch offene Fragen gibt. Es war dem Autor wichtig, dies deutlich werden zu lassen. Im Text wird mehrfach auf solche Fragen hingewiesen, von denen einige in Anhängen etwas vertieft werden (wobei dann dort, allerdings auch nur dort, einiges aus der Quantenmechanik vorausgesetzt wird, da diese Fragen anders nicht vertieft werden können). So steht, um ein Beispiel zu nennen, das Coulomb'sche Gesetz schon in der Schule fast am Anfang aller Beschäftigung mit Feldtheorie und Physik überhaupt. Man könnte deshalb geneigt sein, es für endgültig und selbstverständlich zu halten. In Wirklichkeit ist das keineswegs der Fall, wenn auch bis heute Abweichungen davon nicht nachgewiesen werden konnten. Andererseits hätte es sehr merkwürdige Konsequenzen, sollte das Coulomb'sche Gesetz doch nicht exakt gelten. So wäre dann z. B. die Ruhemasse von Photonen nicht exakt null, und es gäbe auch keine elektromagnetische Strahlung beliebig kleiner Frequenz. Und ist es nicht auch merkwürdig, dass die bisher genaueste Überprüfung des Coulomb'schen Gesetzes auf Satellitenmessungen am magnetischen Dipolfeld des Planeten Jupiter beruht? Diese grundsätzliche Offenheit der elektromagnetischen Feldtheorie (wie jeder Theorie) bedeutet jedoch nicht, dass die bisherigen Erkenntnisse fraglich seien. Sie sind so oft überprüft und bestätigt worden, dass sie (im Rahmen der bisher erreichten Messgenauigkeit) keinen Zweifel unterliegen. Der denkbare Fortschritt zu neuen Erkenntnissen führt nicht dazu, dass die bisherigen Theorien ungültig werden, sondern dazu, dass sie in neuen, umfassenderen Theorien aufgehen, wobei dann unter Umständen alte Begriffe eine Revision erfahren und in einem neuen, manchmal sehr unerwarteten Licht erscheinen (wie z. B. der Begriff des Vektorpotentials durch den Bohm-Aharonov-Effekt). So ist die elektromagnetische Feldtheorie trotz dieser Offenheit eine sehr solide Grundlage der Naturwissenschaft und der Technik, der sich der konstruierende Ingenieur in allen gegenwärtigen und zukünftig absehbaren Bereichen der Technik in vollem Umfang anvertrauen kann.

Letzten Endes kann der Autor nur hoffen, dass das vorliegende Lehrbuch seinen Lesern die Schönheit und die Nützlichkeit der elektromagnetischen Feldtheorie – beides hängt eng zusammen – näherbringen kann.

Es ist dem Autor ein Bedürfnis, allen zu danken, die zur Realisierung dieses Lehrbuches beigetragen haben, sowohl im Springer-Verlag als auch im Institut für Theorie der Elektrotechnik der Universität Stuttgart. Mein Dank gilt insbesondere auch Herrn Dipl.-Ing. H. Maisch für die Durchsicht des Manuskripts und die Unterstützung bei der Herstellung vieler Figuren sowie Frau K. Schmidt und Frau H. Stängle für ihre Arbeit am Manuskript.

Stuttgart, Deutschland   Günther Lehner
Sommer 1990

Inhaltsverzeichnis

Symbol-Liste

Allgemeines

$\sim$	(z. B. $\tilde{f}$) bezeichnet eine aus f durch eine Integraltransformation entstehende Funktion (Fourier-, Hankel- oder Laplace-Transformation).
$\sim$	Äquivalenzrelation
$*$	(z. B. z^*, w^*) bezeichnet die jeweils konjugiert komplexe Größe (z. B. zu z, w) oder eine dual zugeordnete Größe (z. B. $\mathbf{A}^*$ zu $\mathbf{A}$, φ^* zu φ).
n, $\perp$	als Index bezeichnet senkrechte Komponenten.
t, $\parallel$	als Index bezeichnet tangentiale Komponenten.
$\oint$	ein Kreis im Integralzeichen kennzeichnet die Integration über einen geschlossenen Weg (bei einem Linienintegral) oder die Integration über eine geschlossene Oberfläche (bei einem Flächenintegral).
∇	bezeichnet den Nabla-Operator [$\nabla = (\frac{\partial}{\partial x}, \frac{\partial}{\partial y}, \frac{\partial}{\partial z})$]
$\hat{\ }$	(z. B. $\hat{H}$) kennzeichnet quantenmechanische Operatoren.
$\exists$	Existenzquantor
$\wedge$	äußeres Produkt
∂	Randoperator
$\star$	Hodge-Operator
$\underline{\star}$	Hodge-Operator der euklidischen Metrik
$\otimes$	Tensorprodukt
$\square$	d'Alembert'scher Operator
$^1\mathbf{a}$	dem Vektorfeld $\mathbf{a}$ zugeordnete 1-Form
$^2\mathbf{b}$	dem Vektorfeld $\mathbf{b}$ zugeordnete 2-Form
^3g	der skalaren Funktion g zugeordnete 3-Form

Lateinische Buchstaben

$\mathbf{A}$	magnetisches Vektorpotential
$\mathbf{A}^*$	elektrisches (zum magnetischen duales) Vektorpotential

A	Fläche
A	Arbeit
$\mathcal{A}$	magnetisches Kovektorpotential (1-Form)
$\mathcal{A}^*$	elektrisches Kovektorpotential (1-Form)
$\mathfrak{A}$	Viererpotential (1-Form)
$\mathbf{a}, a_x, a_y, a_z$	Vektor und seine kartesischen Komponenten
$\mathbf{a}, \mathbf{b}$	Vektoren, Vektorfelder
a, b	reelle Zahlen, Koeffizienten, Komponenten von $\mathbf{a}, \mathbf{b}$
$\arg(z)$	Argument (Phasenwinkel) einer komplexen Zahl.
$\mathbf{B}$	magnetische Induktion
$\mathbf{B}_0$	Amplitude der magnetischen Induktion einer elektromagnetischen Welle
B_n	senkrechte (normale) Komponente von $\mathbf{B}$
B_t	tangentiale Komponente von $\mathbf{B}$
$\mathcal{B}$	magnetische Induktion (2-Form)
b_p, b^p	p-te Betti-Zahl
ber(), bei()	Kelvin'sche Funktionen
C	Kapazität
C	Kurve
C'	Kapazität pro Längeneinheit
C_ik	Kapazitätskoeffizienten
C_p	Menge der p-dimensionalen Integrationsgebiete
c	Lichtgeschwindigkeit, auch Vakuumlichtgeschwindigkeit
c_G	Gruppengeschwindigkeit des Lichts
c_Ph	Phasengeschwindigkeit des Lichts
c_ik	Influenzkoeffizienten
cos(), cosh()	Cosinus, Hyperbelcosinus
$\mathbf{D}$	dielektrische Verschiebung
$\mathcal{D}$	dielektrische Verschiebung (2-Form)
D_n	senkrechte (normale) Komponente von $\mathbf{D}$
D_t	tangentiale Komponente von $\mathbf{D}$
$\mathbf{d}$	Durchtrittsrichtung
d	Abstand, Schichtdicke, Skintiefe
$\mathrm{d}\mathbf{A}, \mathrm{d}\mathbf{a}$	Vektor des Flächenelements
$\mathrm{d}A, \mathrm{d}a$	Betrag des Flächenelements
$\mathrm{d}\mathbf{s}$	vektorielles Linienelement
$\mathrm{d}s$	Betrag des Linienelementes
$\mathrm{d}t$	Differential der Zeit t
$\mathrm{d}\Omega$	Raumwinkelelement
$\mathrm{d}\alpha$	Winkelelement
$\mathrm{d}\tau$	Volumenelement
d	Differential, äußere Ableitung
$\underline{\mathrm{d}}$	äußere Ableitung in drei Dimensionen

div $\mathbf{a}$	Divergenz des Vektors $\mathbf{a}$
$\frac{\partial}{\partial t}, \frac{\partial}{\partial x}, \ldots$	partielle Ableitungen nach t, x, $\ldots$
$\frac{\partial \phi}{\partial_n}$	senkrechte Komponente des Gradienten der Funktion ϕ
$\mathbf{E}$	elektrische Feldstärke
$\mathbf{E}_0$	Amplitude der elektrischen Feldstärke einer elektromagnetischen Welle
$\mathbf{E}_{e0}$, $\mathbf{E}_{r0}$, $\mathbf{E}_{g0}$	Amplituden der einfallenden, reflektierten, gebrochenen Welle
$\mathbf{E}_e$	eingeprägte Feldstärke oder Feldstärke der einfallenden elektromagnetischen Welle
E	Betrag der Feldstärke oder komplexe Feldstärke, $E = E_x + \mathrm{i}E_y$
E_n	senkrechte (normale) Komponente von $\mathbf{E}$
E_t	tangentiale Komponente von $\mathbf{E}$
$E(\frac{\pi}{2}, k)$	vollständiges elliptisches Integral 2. Art
$\mathcal{E}$	elektrische Feldstärke (1-Form)
$\mathbf{e}_u$	Einheitsvektor in Richtung der Koordinate u
e	elektrische Elementarladung
e	die Zahl e (Basis der natürlichen Logarithmen)
erf()	Fehlerfunktion
erfc()	komplementäre Fehlerfunktion $[1 - \mathrm{erf}()]$
$\exp(x) = \mathrm{e}^x$	Exponentialfunktion
$\mathbf{F}$	Kraft
F	Betrag der Kraft
F	Potential (neben φ und ϕ)
$F = (F_{ik})$	Feldtensor
$\mathcal{F}^p$	Raum der p-Formen
$\mathfrak{F}$	elektromagnetisches Feld (2-Form)
f, g	skalare Funktionen
$\mathbf{f}, \mathbf{f}'$	Dreierkraft im Bezugssystem Σ bzw. Σ'
$f()$	Funktion
G	Leitwert
G	Newton'sche Gravitationskonstante
G	Gram'sche Determinante
G'	Leitwert pro Längeneinheit
$G(\mathbf{r}; \mathbf{r}_0)$	Green'sche Funktion
$G_D(\mathbf{r}; \mathbf{r}_0)$	Green'sche Funktion des Dirichlet'schen Randwertproblems
$G_N(\mathbf{r}; \mathbf{r}_0)$	Green'sche Funktion des Neumann'schen Randwertproblems
$\mathcal{G}$	elektromagnetische Erregung (2-Form)
$\mathbf{g}$	metrischer Tensor
$\underline{\mathbf{g}}$	metrischer Tensor der euklidischen Metrik
$\mathbf{g}$, $\mathbf{g}_e$	elektrische Stromdichte
$\mathbf{g}_m$	zu $\mathbf{g}_e$ duale magnetische Stromdichte
$\mathbf{g}_{magn}$	Magnetisierungsstromdichte

$g_{ij}, g_{\mu\nu}$	Komponenten des metrischen Tensors
grad f	Gradient der Funktion f
H	magnetische Feldstärke
H$_0$	Amplitude der magnetischen Feldstärke einer elektromagnetischen Welle
H	Hamilton-Funktion
H_n	senkrechte (normale) Komponente von **H**
H_t	tangentiale Komponente von **H**
$H(x - x_0)$	Heaviside'sche Sprungfunktion
$\hat{H}$	Hamilton-Operator
$\mathcal{H}$	magnetische Feldstärke (1-Form)
$\mathcal{H}_p, \mathcal{H}^p$	Homologiegruppe, de Rham-Kohomologiegruppe
h	Planck'sche Konstante
$\hbar$	Planck'sche Konstante dividiert durch 2π $(h/2\pi)$
I	Stromstärke
I, K	Multiindices
$I_m()$	modifizierte Bessel-Funktion 1. Art zum Index m
I	Dimension eines Stromes
i	imaginäre Einheit $\sqrt{-1}$
i, k	Indices
$J_m()$	Bessel-Funktion zum Index m
J	Jacobi-Matrix
$\mathcal{J}$	elektrische Stromverteilung (2-Form)
$\mathcal{J}_s$	elektrischer Flächenstrom (1-Form)
$\mathfrak{J}$	Viererstrom (3-Form)
K	Rand-/Grenzfläche, (Integrations-)Gebiet (p-dimensional)
$K_m()$	Modifizierte Bessel-Funktion 2. Art zum Index m
$K(\frac{\pi}{2}, k)$	vollständiges elliptisches Integral 1. Art
k	Flächenstromdichte
k	Wellenvektor = Wellenzahlvektor
k$_{magn}$	Magnetisierungsflächenstromdichte
k	Wellenzahl, Betrag des Wellenvektors
$k = 8\pi G/c^4$	Proportionalitätskonstante in der Einstein'schen Feldgleichung
L, l	Länge
L_{ik}	Induktivitätskoeffizient
L, L_{ii}	Selbstinduktivität
L'	Selbstinduktivität pro Längeneinheit
$L = (L_{ik})$	Lorentz-Transformation
L^{-1}	inverse Lorentz-Transformation
L^T	transponierte Lorentz-Transformation
$\mathcal{L}(f)$	Laplace-Transformierte der Funktion f
$\mathcal{L}^{-1}(\tilde{f})$	inverse Laplace-Transformation
L	Dimension einer Länge

l	Wellenzahl
$\ln()$	natürlicher Logarithmus
$\mathbf{M}$	Magnetisierung (räumliche Dichte von $\mathbf{m}$)
$\mathcal{M}$	Magnetisierung (2-Form)
$\mathbf{m}$	magnetisches Dipolmoment
m	ganze Zahl
m	Masse
m_0	Ruhmasse
$m_\mathrm{s}, m_\mathrm{t}$	schwere Masse, träge Masse
m	Betrag des magnetischen Dipolmoments
N	Gesamtwindungszahl
N	Abkürzung für die häufig vorkommende Größe $N = \varepsilon\mu\omega^2 - \mu\kappa\mathrm{i}\omega - k_\mathrm{z}^2$
$N_\mathrm{m}()$	Neumann'sche Funktion zum Index m
$\mathfrak{N}$	elektromagnetische Polarisation (2-Form)
$\mathbf{n}$	normierter Normalenvektor
n	Brechungsindex
n	ganze Zahl
n	Zahl der Windungen pro Längeneinheit
O	Ursprung
$\mathbf{P}$	elektrische Polarisation (räumliche Dichte von $\mathbf{p}$)
P, Q	Punkte im Raum
P	Leistung
$\mathcal{P}$	elektrische Polarisation (2-Form)
$P_n^m()$	zugeordnete Kugelfunktionen
$P_n() = P_n^0()$	Kugelfunktionen
$\mathbf{p}$	elektrisches Dipolmoment
$\mathbf{p}$	Impulsvektor
$\hat{\mathbf{p}}$	Operator des Impulsvektors
p, q	Grad einer Differentialform
pd	physikalische Dimension
p	Betrag des elektrischen Dipolmoments
p	Betrag des Impulses
p_k	kanonische Impulskomponente
p	komplexe Zahl (besonders bei Laplace-Transformationen)
p_{ik}	Potentialkoeffizienten
Q, Q_e	elektrische Ladung
Q_m	magnetische Ladung
Q_magn	fiktive magnetische Ladung
$\mathcal{Q}$	elektrische Raumladung (3-Form)
$\mathcal{Q}_\mathrm{s}$	elektrische Flächenladung (2-Form)
q	elektrische Linienladungsdichte
q_k	kanonische Ortskoordinate

R	Widerstand
R	Reflexionskoeffizient
R	skalare Krümmung
R	Rand
R'	Widerstand pro Längeneinheit
R_{magn}	magnetischer Widerstand
R_{s}	Strahlungswiderstand
R^k_{ars}	Riemann-Christoffel-Krümmungstensor
R_{ij}	Ricci-Tensor
$r_{\mathrm{s}} = 2GM/c^2$	Schwarzschildradius
$\mathbf{r}$	Ortsvektor
$\dot{\mathbf{r}}$	Geschwindigkeit (Zeitableitung von $\mathbf{r}$)
$\ddot{\mathbf{r}}$	Beschleunigung (2. Zeitableitung von $\mathbf{r}$)
$\mathbf{r}, \mathbf{r}'$	Ortsvektor im Bezugssystem Σ bzw. Σ'
$\mathbf{r}, \mathbf{t}$	Basisvektoren, Basisvektorfelder
r, R	Radius in Kugelkoordinaten (zusammen mit θ, φ)
r	Radius in Zylinderkoordinaten (zusammen mit φ, z)
rot $\mathbf{a}$	Rotation des Vektors $\mathbf{a}$
$\mathbf{S}$	Poynting-Vektor
S	Grundgebiet (m-dimensional)
S	Poynting'sche Form (2-Form)
s, u	Koordinaten (in S, U)
$\tilde{s}, \tilde{u}$	Koordinatenabbildungen (in S, U)
s^-	Anzahl der negativen Eigenwerte der Matrix $(g_{\mu\nu})$
$\sin()$, $\sinh()$	Sinus, Hyperbelsinus
t	Zeit, Maßstabsfaktor, Parameter
t_0	Diffusionszeit
t_{r}	Relaxationszeit
$T_{\mu\nu}$	Energie-Impuls-Tensor
T	Dimension der Zeit
$\tan()$	Tangens
U	Parametergebiet (n-dimensional)
U	potentielle Energie
U	Spannung
U	Dimension einer Spannung
U_{21}	Spannung zwischen zwei Punkten 1 und 2
$\mathbf{u}, \mathbf{u}'$	Geschwindigkeit im Bezugssystem Σ bzw. Σ'
u	Leistungsdichte
u	Realteil einer komplexen Funktion $u + iv$
u_{i}	induzierte Spannung
u_1, u_2, u_3	allgemeine Koordinaten
$\mathbf{V}, \mathbf{V}^\perp$	p-, q-Tupel von Testvektoren

V	Volumen, räumliches Gebiet
V	magnetische Spannung
V_{eff}	effektives Potential im Schwarzschild-Gravitationsfeld
Vol	Volumen eines Parallelepipeds
$\underline{\text{Vol}}$	euklidisches Volumen eines Parallelepipeds
$\mathbf{v}$	Geschwindigkeit
$\mathbf{v}, \mathbf{w}$	(Test-)Vektoren, (Test-)Vektorfelder
v^i, w^k	kontravariante Komponenten von $\mathbf{v}, \mathbf{w}$
v	Betrag der Geschwindigkeit
v_{Ph}	Phasengeschwindigkeit
v_{G}	Gruppengeschwindigkeit
W	Energie
$\mathcal{W}$	elektromagnetische Energieverteilung (3-Form)
w	Energiedichte
w	komplexe Funktion, komplexes Potential
x	kartesische Koordinate
x_μ	kovariante Vektorkomponente
x^μ	kontravariante Vektorkomponente
Y_n^m	Kugelflächenfunktion
y	kartesische Koordinate
z	kartesische Koordinate
z	komplexe Zahl $x + iy$
z^*	konjugiert komplexe Zahl $x - iy$
Z	Wellenwiderstand
Z	Zykel
Z_0	Wellenwiderstand des Vakuums
Z_m	Zylinderfunktion zum Index m

Griechische Buchstaben

α, β	räumliche Differentialformen (in vier Dimension)
α	Winkel
α	Dämpfungskonstante (negativer Imaginärteil der komplexen Wellenzahl $k = \beta - \mathrm{i}\alpha$)
α	Sommerfeld'sche Feinstrukturkonstante ($\alpha = \frac{e^2}{2h}\sqrt{\frac{\mu_0}{\varepsilon_0}} \approx \frac{1}{137}$)
β	Winkel
β	Phasenkonstante, Realteil der komplexen Wellenzahl $k = \beta - \mathrm{i}\alpha$
β	in der Relativitätstheorie übliche Abkürzung für v/c
Γ_{ij}^{k}	Christoffelsymbol 2. Art
γ	Spuroperator
$\boldsymbol{\Delta}$	Hodge-Laplace-Operator
$\underline{\boldsymbol{\Delta}}$	Hodge-Laplace-Operator der euklidischen Metrik
Δ	Differenz
Δ	Laplace-Operator (z.B. $\Delta = \frac{\partial}{\partial x^2} + \frac{\partial}{\partial y^2} + \frac{\partial}{\partial z^2} = \nabla^2$)
Δ_2	Laplace-Operator in der Ebene (z. B. $\Delta_2 = \frac{\partial^2}{\partial x^2} + \frac{\partial^2}{\partial y^2}$)
δ_{ik}	Kroneckersymbol
$\delta(x - x_0)$	eindimensionale δ-Funktion
$\delta(\mathbf{r} - \mathbf{r}_0)$	dreidimensionale δ-Funktion
δ	Kodifferentialoperator
$\underline{\delta}$	Kodifferentialoperator der euklidischen Metrik
ε	Dielektrizitätskonstante
ε_0	Dielektrizitätskonstante des Vakuums
ε_r	relative Dielektrizitätskonstante
$\boldsymbol{\varepsilon}$	tensorielle Dielektrizitätskonstante
$\varepsilon_{ik}, \varepsilon_{xy}$	Komponenten von $\boldsymbol{\varepsilon}$
ζ	dimensionslose kartesische Koordinate $\frac{z}{l}$
η	dimensionslose kartesische Koordinate $\frac{y}{l}$
η	Realteil der Kreisfrequenz $\omega = \eta + \mathrm{i}\sigma$
ϑ	Basis-p-Form
ϑ	Winkel
θ	Winkel der Poldistanz (Kugelkoordinaten)
κ	spezifische elektrische Leitfähigkeit
κ	Compton-Wellenzahl, $\kappa = \frac{m_0 c}{\hbar} = \frac{2\pi}{\lambda_\mathrm{c}}$
Λ	kosmologische Konstante
λ	Wellenlänge
λ	konformer Faktor, skalare Funktion
λ_g	Grenzwellenlänge
λ_c	Compton-Wellenlänge
λ_{mn}	n. Nullstelle von $J_m(x)$

$\boldsymbol{\mu}$	tensorielle Permeabilität
μ, ν	Indices in $\{1, \ldots, p\}$ bzw. $\{0, \ldots, 3\}$
μ	Permeabilität
μ_0	Permeabilität des Vakuums
μ_r	relative Permeabilität
μ_{ik}, μ_{xy}	Komponenten von $\boldsymbol{\mu}$
μ_{mn}	n. Nullstelle der Ableitung $J'_m(x)$
ν	Frequenz
$\boldsymbol{\xi}, \boldsymbol{\eta}$	(Multi-)Kovektoren, Differentialformen
ξ	dimensionslose Koordinate $\frac{x}{l}$
ξ_I, η_K	kovariante Komponenten von $\boldsymbol{\xi}, \boldsymbol{\eta}$
$\boldsymbol{\Pi}$	Hertz'sches Potential (2-Form)
$\boldsymbol{\Pi}_e$	elektrischer Hertz'scher Vektor
$\boldsymbol{\Pi}_m$	magnetischer Hertz'scher Vektor $=$ Fitzgerald-Vektor
π	Ludolph'sche Zahl
π	Permutation
ρ, ρ_e	elektrische Raumladungsdichte
ρ_m	magnetische Raumladungsdichte
ρ_{magn}	fiktive magnetische Raumladungsdichte
$\Sigma_{i=1}^n$	Summe von $i = 1$ bis $i = n$
Σ, Σ'	Bezugssysteme, Inertialsysteme
σ	elektrische Flächenladungsdichte
σ	Imaginärteil der Kreisfrequenz $\omega = \eta + i\sigma$
σ_{magn}	fiktive magnetische Flächenladungsdichte
τ	dimensionslose Zeit
τ	relativistische Eigenzeit
τ	Flächendichte des elektrischen Dipolmoments
φ	Azimutwinkel bei Zylinder- und Kugelkoordinaten
φ	Phasenwinkel
φ	skalares Potential
Φ	magnetischer Fluss
Φ	skalares Potential
Φ, Ψ	Abbildungen
χ	elektrische Suszeptibilität
χ_m	magnetische Suszeptibilität
Ψ	Stromfunktion
Ψ	skalares magnetisches Potential
Ψ	quantenmechanische Wellenfunktion
$\boldsymbol{\Omega}$	Volumenform
$\underline{\boldsymbol{\Omega}}$	Volumenform der euklidischen Metrik
Ω	elektrischer Fluss
Ω	Raumwinkel

Ω	dimensionslose Kreisfrequenz
ω	Winkelgeschwindigkeit, Kreisfrequenz $2\pi\nu$
ω_g	Grenzfrequenz
ω_{nmp}	Eigenfrequenzen eines Hohlraumresonators (n, m, p ganze Zahlen)

Die Maxwell'schen Gleichungen

1.1 Einleitung

Wir wollen die Gesetzmäßigkeiten beschreiben, denen elektrische und magnetische bzw. elektromagnetische *Felder* und *Wellen* unterliegen. Dieses Wissensgebiet, oft wird es als *Elektrodynamik* bezeichnet, hat eine lange Geschichte und ist mit vielen bedeutenden Namen verknüpft. Ganz besonders ist an dieser Stelle Maxwell zu erwähnen. Er hat nämlich der Elektrodynamik im 19. Jahrhundert ihre in einem gewissen Sinne endgültige Form gegeben und das umfangreiche vorliegende Material in einigen wenigen Gleichungen zusammengefasst, aus denen umgekehrt wiederum alles hergeleitet werden kann. Das sind die *Maxwell'schen Gleichungen*. Sie bilden die Grundlage der sogenannten *klassischen Elektrodynamik*. Ihrem ersten Kennenlernen soll das 1. Kapitel dieses Buches dienen.

Es ist jedoch zu betonen, dass die im Wesentlichen durch die Maxwell'schen Gleichungen gegebene klassische Elektrodynamik nicht wirklich vollständig ist. Das 20. Jahrhundert hat uns Erkenntnisse gebracht, die wesentliche Erweiterungen in zwei verschiedenen Richtungen verursacht haben. Die eine Richtung ist mit dem Namen Einsteins verknüpft und führte zur sogenannten *Relativitätstheorie*. Sie ist in ihrer umfassenden Bedeutung keineswegs auf die Elektrodynamik beschränkt, hängt jedoch gerade mit dieser eng zusammen, ja man kann sagen, dass erst sie die klassische Elektrodynamik wirklich verständlich macht und in voller Bedeutung zeigt. Wir werden später zu diskutieren haben und wollen hier bereits vorweg nehmen, dass elektromagnetische Felder sich wellenartig ausbreiten können. Die dabei entstehenden *elektromagnetischen Wellen* manifestieren sich in der Natur auf vielfältige Weise, als Radiowellen, Wärmestrahlen, sichtbares Licht, Röntgenstrahlen, γ-Strahlen etc. Im Vakuum pflanzen sie sich alle mit der sogenannten *Vakuumlichtgeschwindigkeit* ($c \approx 3 \cdot 10^8$ m sec^{-1}) fort. Die Relativitätstheorie erhebt diese Lichtgeschwindigkeit zu einer für die *Struktur von Raum und Zeit* und damit für alles Naturgeschehen fundamentalen Naturkonstanten. Daneben haben die elektromagnetischen Wellen noch eine wesentliche Erkenntnis gebracht. Licht besteht, wie man seit Planck weiß, aus einzelnen *Teilchen*, Lichtteilchen, die man *Photonen* nennt. Zusammen mit an-

© Springer-Verlag GmbH Deutschland, ein Teil von Springer Nature 2021
G. Lehner, S. Kurz, *Elektromagnetische Feldtheorie*,
https://doi.org/10.1007/978-3-662-63069-3_1

deren fundamentalen Entdeckungen, die hier nicht erörtert werden können, hat dies zur *Quantenelektrodynamik* geführt. In dieser werden elektromagnetische Felder als das, was sie nach heutigem Wissen sind, nämlich als *Wellen und Teilchen zugleich*, behandelt, d. h. es wird beschrieben, wie sie erzeugt bzw. vernichtet werden, wie sie mit anderer Materie in Wechselwirkung treten etc.

Von diesen drei eng zusammenhängenden und erst miteinander ein Ganzes bildenden Theorien – klassische Elektodynamik, Relativitätstheorie und Quantenelektrodynamik – haben wir es hier nur mit der klassischen Elektrodynamik zu tun, obwohl es manchmal nötig sein wird, Fakten zu erwähnen, die darüber hinausgehen und zu ihrem Verständnis z. B. der Relativitätstheorie bedürfen. Diese Beschränkung ist didaktischer Natur. Keinesfalls rührt sie daher, dass nur die klassische Elektrodynamik von praktischem Interesse sei. Das Gegenteil ist der Fall. So sind – um einige Beispiele zu nennen – die Probleme des Verhaltens von Elektronen in Metallen (*Bändermodell*), das Verhalten von Halbleitern und damit z. B. von Transistoren, die Vorgänge in photoelektrischen Zellen, die Errungenschaften der Lasertechnik, so merkwürdige und wichtige Effekte wie die Supraleitung usw. nur mit Hilfe der Quantentheorie diskutier- und verstehbar.

1.2 Der Begriff der Ladung und das Coulomb'sche Gesetz

In den folgenden Abschnitten wollen wir uns die Maxwell'schen Gleichungen beschaffen, und zwar auf einem Wege, der mit gewissen Veränderungen und sehr verkürzt doch etwa dem historischen Weg entspricht. Wir beginnen mit einer historisch alten Erfahrung, die auch jeder von uns schon vielfach gemacht hat. Wenn man gewisse Körper aneinander reibt und dann voneinander trennt, so üben sie Kräfte aufeinander aus. Diese Körper werden also durch das Reiben verändert, sie werden in einen Zustand versetzt, den wir – was immer das wirklich bedeuten mag – *elektrisch* oder *elektrisch geladen* nennen. Um etwas über diese Kräfte zu lernen, machen wir ein Gedankenexperiment.

Zunächst beschaffen wir uns drei verschiedene, durch Reiben elektrisch geladene Körper (A, B, C). Wir können möglicherweise Folgendes feststellen:

1. A und B ziehen einander an,
2. A und C ziehen einander an.

Was wird zwischen B und C passieren? Ist die Antwort auf diese Frage selbstverständlich? Können wir eine Vorhersage machen? Das Experiment jedenfalls zeigt:

3. B und C stoßen einander ab.

Ist das überraschend? Ist es ein Zufall? Es ist kein Zufall, sondern ein Naturgesetz. Wir können das Experiment beliebig oft wiederholen und werden immer finden: Wenn A sowohl B als auch C anzieht, dann stoßen B und C einander ab. Es gibt jedoch auch ganz andere Situationen, nämlich:

1. A und B stoßen einander ab,
2. A und C stoßen einander ab,
3. B und C stoßen einander ab

oder

1. A und B ziehen einander an,
2. A und C stoßen einander ab,
3. B und C ziehen einander an.

Diese Ergebnisse mögen geläufig sein und als selbstverständlich erscheinen, sind es jedoch keineswegs. Hätten wir es z. B. mit Gravitations- oder Kernkräften zu tun, so würden unsere Experimente ganz anders verlaufen. Genau betrachtet sind unsere Behauptungen auch nur unter der zunächst stillschweigend gemachten Voraussetzung richtig, dass die elektrischen Kräfte größer sind als eventuell überlagerte Kräfte anderer Art wie Gravitationskräfte oder Kernkräfte. Diese Einschränkung spielt im Naturgeschehen eine große Rolle. Alle Atomkerne bestehen zum Teil aus Teilchen, die einander elektrisch abstoßen. Der Atomkern würde zerplatzen, gäbe es nicht die Teilchen zusammenhaltende, die abstoßenden elektrischen Kräfte überkompensierende Kernkräfte. Die Gravitation wirkt auch anziehend, wäre jedoch zu schwach, das Auseinanderfliegen zu verhindern. Wir müssen uns dieser Tatsache bewusst bleiben, wenn wir im Folgenden Aussagen über rein elektrische Kräfte machen.

Die Erfahrungen mit elektrisch geladenen Körpern kann man wie folgt zusammenfassen:

1. *Es gibt zwei Arten elektrischer Ladung. Wir können die eine positiv und die andere negativ nennen.*
2. *Gleichartige Ladungen üben aufeinander abstoßende, ungleichartige anziehende Kräfte aus.*

Diese qualitativen Aussagen genügen jedoch nicht. Wir wollen letzten Endes quantitative Gesetzmäßigkeiten formulieren. Dazu kann folgendes experimentelle Ergebnis dienen: Zunächst kann man die zwischen geladenen Körpern wirkende Kraft (z. B. mit Hilfe von Federn) messen. Wir messen also die durch A auf B ausgeübte und ebenso die durch A auf C ausgeübte Kraft. Dann fügen wir die Körper B und C zusammen und messen die durch A auf den Gesamtkörper (B und C) ausgeübte Kraft. Wir finden dafür die Summe der vorher gemessenen Einzelkräfte.

Das ist eine wesentliche Erkenntnis, deren Konsequenzen weit reichen. Zunächst wollen wir daraus nur die Berechtigung folgern, nicht nur qualitativ von Ladungen, sondern auch quantitativ von Ladungsmengen sprechen zu dürfen. Wir bezeichnen die Ladungsmenge mit Q. Die Frage der Einheiten, in denen Q zu messen ist, wollen wir später erörtern. Wir nehmen an, wir hätten eine Einheit definiert und verfügten auch über ein

Verfahren, Ladungsmengen Q in dieser Einheit zu messen. Dann können wir auch die zwischen zwei gemessenen Ladungen Q_1 und Q_2 wirkenden Kräfte messen und nach diesen Messungen das *Coulomb'sche Gesetz* formulieren:

1. *Die Kraft zwischen zwei Ladungen Q_1 und Q_2 ist Q_1 und Q_2 proportional und dem Quadrat des Abstandes (r_{12}^2) der beiden Ladungen voneinander umgekehrt proportional:*

$$F_{12} \sim \frac{Q_1 Q_1}{r_{12}^2} \, . \tag{1.1}$$

2. *Die Kraft liegt in der Verbindungslinie der beiden Ladungen, ist abstoßend bei gleichartigen, anziehend bei ungleichartigen Ladungen.*

Die Feststellung, dass F_{12} proportional zu $1/r_{12}^2$ ist, ist von großer Bedeutung. Wir werden auf die Konsequenzen zurückkommen. Im Übrigen teilen die elektrischen Kräfte diese Eigenschaft mit den Gravitationskräften.

Kräfte sind vektorielle Größen. Eine beliebige Kraft $\mathbf{F}$ ist deshalb durch ihre drei Komponenten, z. B. in einem kartesischen Koordinatensystem, gegeben:

$$\mathbf{F} = (F_x, F_y, F_z) \, . \tag{1.2}$$

Befindet sich die Ladung Q_1 am Ort $\mathbf{r}_1$

$$\mathbf{r}_1 = (x_1, y_1, z_1) \, , \tag{1.3}$$

die Ladung Q_2 am Ort $\mathbf{r}_2$

$$\mathbf{r}_2 = (x_2, y_2, z_2) \, , \tag{1.4}$$

dann kann man das Coulomb'sche Gesetz in der folgenden, alle Aussagen zusammenfassenden Form ausdrücken:

$$\mathbf{F}_{12} = \frac{Q_1 Q_2}{4\pi\varepsilon_0} \frac{\mathbf{r}_2 - \mathbf{r}_1}{|\mathbf{r}_2 - \mathbf{r}_1|^3} \, . \tag{1.5}$$

$\mathbf{F}_{12}$ ist dabei die durch Q_1 auf Q_2 ausgeübte Kraft. Umgekehrt ist die durch Q_2 auf Q_1 ausgeübte Kraft

$$\mathbf{F}_{21} = \frac{Q_1 Q_2}{4\pi\varepsilon_0} \frac{\mathbf{r}_1 - \mathbf{r}_2}{|\mathbf{r}_1 - \mathbf{r}_2|^3} \, . \tag{1.6}$$

Aus beiden Beziehungen folgt

$$\mathbf{F}_{12} + \mathbf{F}_{21} = 0 \, . \tag{1.7}$$

$4\pi\varepsilon_0$ ist eine zunächst noch willkürliche Proportionalitätskonstante, da wir über die zu wählenden Einheiten von Kräften, Ladungen und Längen noch nicht verfügt haben. Später werden wir uns festlegen und dadurch auch die Naturkonstante ε_0, die sogenannte *Dielek-trizitätskonstante des Vakuums*, eindeutig definieren. Wir betrachten im Augenblick eine äußerst einfache Welt, die nur aus Ladungen im sonst leeren Raum (Vakuum) besteht.

1.3   Die elektrische Feldstärke E und die dielektrische Verschiebung D

Befindet sich im leeren Raum zunächst nur eine einzige Ladung, so bewirkt sie in diesem gewisse Veränderungen. Eine zweite in den Raum gebrachte Ladung erfährt an jedem Punkt des Raumes eine Kraft, die wir dem Coulomb'schen Gesetz entnehmen können und die diesem entsprechend von Ort zu Ort variiert. An dieser Stelle ist es nützlich und der Anschauung förderlich, den Begriff des *elektrischen Feldes* einzuführen. Es ist der Inbegriff aller möglichen Kraftwirkungen an den verschiedenen Orten des Raumes, die allerdings erst dann offensichtlich werden, wenn eine Ladung dorthin gebracht wird.

Allgemeiner versteht man unter einem Feld irgendeine vom Ort (möglicherweise auch von der Zeit) abhängige Größe beliebiger Art. Es kann sich um Vektoren oder um skala-re Größen handeln. Auch im vorliegenden Buch werden Felder recht verschiedener Art auftreten.

Das elektrische Feld wird durch die sogenannte *elektrische* Feldstärke **E** beschrieben. Sie ist definiert als die im elektrischen Feld pro Ladung wirkende Kraft, d. h.

$$\mathbf{E} = \frac{\mathbf{F}}{Q} \, . \tag{1.8}$$

Diese Definition ist sinnvoll, weil die Kraft **F** nach dem Coulomb'schen Gesetz Q propor-tional ist und **E** dadurch von Q unabhängig wird.

Das Coulomb'sche Gesetz sagt auch, dass eine Ladung Q_1, die sich am Ort $\mathbf{r}_1$ befindet, an einem beliebigen Ort **r** die Feldstärke

$$\mathbf{E}(\mathbf{r}) = \frac{Q_1}{4\pi\varepsilon_0} \frac{\mathbf{r} - \mathbf{r}_1}{|\mathbf{r} - \mathbf{r}_1|^3} \tag{1.9}$$

erzeugt. Aus Gründen, die erst später zu verstehen sein werden, definieren wir, zunächst nur für das Vakuum, den Vektor der *dielektrischen Verschiebung* **D**:

$$\mathbf{D} = \varepsilon_0 \mathbf{E} \, . \tag{1.10}$$

1.4   Der elektrische Fluss

Mit Hilfe von **D** und Abb. 1.1 definieren wir nun den elektrischen Fluss:

$$\Omega = \int_A \mathbf{D} \cdot d\mathbf{A} = \int_A D_n \, dA \; . \tag{1.11}$$

D_n ist die zur Fläche senkrechte (normale) Komponente von **D**. Der Punkt zwischen zwei Vektoren soll hier und im Folgenden bedeuten, dass es sich um ein Skalarprodukt handelt. $d\mathbf{A}$ ist ein Vektor, der senkrecht auf dem jeweils betrachteten Flächenelement dA der Fläche A steht und dessen Betrag gleich der Fläche dieses Flächenelementes ist, d. h.

$$|d\mathbf{A}| = dA \; . \tag{1.12}$$

Der Name elektrischer Fluss rührt von der Analogie zu einer strömenden Flüssigkeit her. In dieser hat man ein Strömungsfeld

$$\mathbf{v}(\mathbf{r}, t) \; .$$

Ist die Flüssigkeit inkompressibel, so ist die pro Zeiteinheit durch eine Fläche A hindurchtretende Flüssigkeitsmenge

$$\int_A \mathbf{v} \cdot d\mathbf{A} \; .$$

Sie wird als Fluss durch die Fläche bezeichnet. Diese Analogie wird oft zur Definition von Flüssen verschiendenster Art benutzt. Wir wollen uns nun die Frage vorlegen, welcher elektrische Fluss durch irgendeine geschlossene Fläche hindurchgeht, wenn sich irgendwo im Raum, d. h. außerhalb oder innerhalb dieser Fläche, Ladungen befinden.

Die Frage ist sehr leicht zu beantworten, wenn man den Spezialfall einer Kugelfläche (Radius r_0) betrachtet, in deren Mittelpunkt sich die Ladung Q_1 befindet ($d\mathbf{A}$ sei bei geschlossenen Flächen stets nach außen gerichtet, s. Abb. 1.2):

$$\Omega = \oint D_n \, dA = \oint \frac{Q_1}{4\pi r_0^2} \, dA = \frac{Q_1}{4\pi r_0^2} \oint dA = \frac{Q_1}{4\pi r_0^2} 4\pi r_0^2 = Q_1 \; . \tag{1.13}$$

Dabei wird die Tatsache benutzt, dass aus Symmetriegründen $D_n = D = |\mathbf{D}|$ ist. In diesem Fall ist also der Fluss gleich der Ladung selbst. Was passiert nun, wenn man statt

Abb. 1.1 Definition des elektrischen Flusses

Abb. 1.2 Elektrische Ladung Q_1 im Mittelpunkt einer Kugel

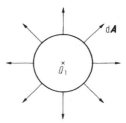

der Kugel eine beliebige geschlossene Fläche um die Ladung legt? Eine formale Berechnung des Flusses durch das angegebene Integral, (1.11), könnte äußerst schwierig werden. Durch einen kleinen Trick lässt sich das Problem jedoch sofort auf das eben behandelte zurückführen. Wir umgeben die Ladung gleichzeitig mit einer beliebig großen Kugelfläche A_1, deren Mittelpunkt am Ort der Ladung Q_1 sitzt, und mit der beliebigen geschlossenen Fläche A_2. Dann ist

$$\mathbf{D}_1 \cdot d\mathbf{A}_1 = \mathbf{D}_2 \cdot d\mathbf{A}_2$$

für jeden kleinen Kegel entsprechend Abb. 1.3. Das ergibt sich aus

$$\mathbf{D} \cdot d\mathbf{A} = D \, dA_t \,, \tag{1.14}$$

wo dA_t die zu $\mathbf{D}$ parallele Komponente von $d\mathbf{A}$ ist, und aus der Tatsache, dass zwar D wie $1/r^2$ abnimmt, dA_t jedoch wie r^2 zunimmt, wenn r der Abstand von der Ladung ist. Also geht unabhängig von ihrer Form durch die Fläche A_2 derselbe Fluss wie durch die Kugelfläche A_1. Wir wollen noch den Fluss durch eine geschlossene Fläche untersuchen, wenn sich die Ladung außerhalb dieser Fläche befindet. Die eben gebrauchten Argumente, angewandt auf Abb. 1.4, zeigen, dass in diesem Fall der Fluss durch die geschlossene Fläche verschwindet. Jeder eintretende Fluss tritt auch wieder aus. Wir können alles zusammenfassen, indem wir schreiben:

$$\Omega = \begin{Bmatrix} Q_1 \\ 0 \end{Bmatrix} \text{ wenn } Q_1 \begin{Bmatrix} \text{innerhalb} \\ \text{außerhalb} \end{Bmatrix} \begin{matrix} \text{der} \\ \text{geschlossenen} \\ \text{Fläche} \end{matrix} \,. \tag{1.15}$$

Abb. 1.3 Elektrischer Fluss einer Ladung durch eine beliebige sie umgebende geschlossene Fläche

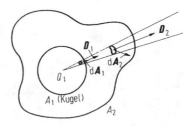

Abb. 1.4 Elektrischer Fluss
einer Ladung durch eine beliebige sie nicht umgebende
geschlossene Fläche

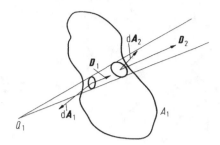

Wir fragen nun weiter, was passiert, wenn man mehrere Ladungen im Raum verteilt. Dazu ist zunächst festzustellen, dass man die von verschiedenen Ladungen auf eine Ladung ausgeübten Kräfte addieren darf (wie Kräfte, d. h. vektoriell), um die von allen gleichzeitig ausgeübte Kraft zu erhalten. Das gilt dann auch für die elektrischen Feldstärken. Dieser nur scheinbar selbstverständliche Sachverhalt hat einen eigenen Namen bekommen:

Überlagerungsprinzip oder Prinzip der Superponierbarkeit elektrischer Felder.

Wir haben es bei der Einführung des Begriffs der Ladungsmenge bereits benutzt. Es sei betont: Der Inhalt des Überlagerungsprinzips ist nicht, dass man die verschiedenen Kräfte vektoriell addieren darf. Dass dies so ist, gehört zu den Grundlagen der Mechanik und macht den Gebrauch von Vektoren erst sinnvoll. Der wesentliche Punkt ist, dass die zwischen zwei Ladungen wirkende Kraft von der Existenz weiterer Ladungen in der Umgebung der beiden Ladungen nicht verändert wird. Eben das ist nicht selbstverständlich und vermutlich gar nicht immer richtig (nämlich nicht bei sehr, sehr starken Feldern).

Hat man also n Ladungen Q_i an Punkten $\mathbf{r}_i$, so ist demnach

$$\mathbf{E}(\mathbf{r}) = \sum_{i=1}^{n} \mathbf{E}_i = \sum_{i=1}^{n} \frac{Q_i}{4\pi\varepsilon_0} \frac{\mathbf{r} - \mathbf{r}_i}{|\mathbf{r} - \mathbf{r}_i|^3} . \qquad (1.16)$$

Für den Fluss $\boldsymbol{\Omega}$ durch eine beliebige geschlossene Fläche erhält man damit

$$\boldsymbol{\Omega} = \oint \mathbf{D} \cdot d\mathbf{A} = \oint \sum \mathbf{D}_i \cdot d\mathbf{A} = \sum \oint \mathbf{D}_i \cdot d\mathbf{A} = \sum_{\text{innen}} Q_i ,$$

d. h. also

$$\boldsymbol{\Omega} = \sum_{\text{innen}} Q_i . \qquad (1.17)$$

Abb. 1.5 Raumladungen im Inneren einer geschlossenen Fläche

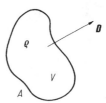

Ω ist gleich der Summe aller Ladungen im Innern der Fläche. Wir können statt einzelner Punktladungen auch kontinuierlich im Raum verteilte Ladungen untersuchen. Dazu definiert man die räumliche Ladungsdichte $\rho(\mathbf{r}, t)$. Sie ist definiert als Differentialquotient

$$\rho = \lim_{d\tau \to 0} \frac{dQ}{d\tau} \,, \tag{1.18}$$

wo dQ die im Volumenelement $d\tau$ vorhandene Ladungsmenge ist. Die in einem Volumen V vorhandene Ladung ist damit

$$Q = \int_V \rho \, d\tau \,. \tag{1.19}$$

Diese wiederum ist gleich dem durch die Oberfläche dieses Volumens tretenden elektrischen Fluss, d. h. es gilt für jedes beliebige Volumen (Abb. 1.5)

$$\oint_A \mathbf{D} \cdot d\mathbf{A} = \int_V \rho \, d\tau \,. \tag{1.20}$$

Damit haben wir eine ganz fundamentale Beziehung gewonnen. Es ist die integrale Form einer der (insgesamt vier) Maxwell'schen Gleichungen. Ihre weitere Diskussion setzt einige Begriffe voraus, die im nächsten Abschnitt erläutert werden sollen.

1.5 Die Divergenz eines Vektorfeldes und der Gauß'sche Integralsatz

Die Gleichung (1.20) gilt für ein beliebiges, insbesondere auch für ein beliebig kleines Volumen. Dafür können wir schreiben

$$\int_V \rho \, d\tau = \rho V = \oint_A \mathbf{D} \cdot d\mathbf{A}$$

Abb. 1.6 Ladungen sind
Quellen und Senken des elektrischen Feldes

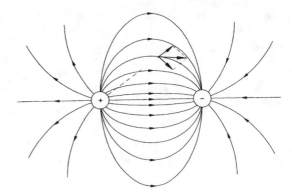

bzw.

$$\rho = \lim_{V \to 0} \frac{\oint_A \mathbf{D} \cdot d\mathbf{A}}{V} \,. \tag{1.21}$$

Genau dieser Ausdruck spielt nun in der Vektoranalysis eine wichtige Rolle. Für ein beliebiges Vektorfeld $\mathbf{a(r)}$ definiert man als dessen *Divergenz* div $\mathbf{a}$, den Grenzwert

$$\operatorname{div} \mathbf{a} = \lim_{V \to 0} \frac{\oint_A \mathbf{a} \cdot d\mathbf{A}}{V} \,. \tag{1.22}$$

Der Vergleich von (1.21) mit (1.22) ergibt

$$\operatorname{div} \mathbf{D} = \rho \,. \tag{1.23}$$

Das ist die der Gleichung (1.20) entsprechende differentielle Form der Maxwell'schen
Gleichung. Dass es sich um eine Differentialgleichung handelt, werden wir gleich noch
sehen können.

Die Art und Weise, wie wir diese Gleichung gewonnen haben, zeigt ihre anschauliche
Bedeutung. Im Bild einer inkompressiblen strömenden Flüssigkeit ist $\oint_A \mathbf{v} \cdot d\mathbf{A}$ und damit
div $\mathbf{v}$ nur dann von null verschieden, wenn Flüssigkeit aus dem Volumenelement heraus-
strömt („Quelle") oder hineinströmt („Senke"). Angewandt auf die Feldlinien $\mathbf{E}$ oder $\mathbf{D}$
kann man ebenso sagen, dass diese nur dort entspringen oder enden können, wo sich elektrische Ladung befindet (Abb. 1.6).

Abb. 1.7 Zur Ableitung des
Gauß'schen Integralsatzes

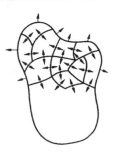

> Die elektrischen Ladungen sind die Quellen oder Senken des elektrischen Feldes.

Die Divergenz ist ein diesem Sachverhalt angepasster mathematischer Begriff, ein Maß für die Quellstärke des Feldes.

An dieser Stelle sollte man sich vergegenwärtigen, woher unsere Folgerungen letzten Endes rühren. Sie sind eine Folge des Coulomb'schen Gesetzes, genauer gesagt, der in ihm enthaltenen Abhängigkeit $1/r^2$. Wäre die Abhängigkeit vom Abstand eine andere, so wäre $\oint \mathbf{D} \cdot d\mathbf{A} \neq Q$ bzw. div $\mathbf{D} \neq \rho$. Im Bilde der strömenden Flüssigkeit sind unsere Ergebnisse angesichts dieser Abhängigkeit eigentlich trivial. Eine punktförmige, nach allen Seiten gleichmäßig Wasser abgebende Quelle produziert ein rein radiales Strömungsfeld mit $v_r \sim 1/r^2$. Der Fluss $\oint_A \mathbf{v} \cdot d\mathbf{A}$ durch eine die Quelle nicht umschließende Fläche muss null sein. Umgekehrt ist natürlich zu sagen, dass jede auch noch so kleine Abweichung vom Coulomb'schen Gesetz zu einer wesentlich anderen Elektrodynamik führen würde. Es war deshalb wichtig und interessant, durch Messungen nachzuprüfen, ob solche Abweichungen vorhanden sind. Auch die genauesten bisher möglichen Messungen haben keine Abweichung ergeben. Es ist aber nicht auszuschließen, dass noch genauere Messungen eines Tages Abweichungen zeigen und eine Modifikation der Theorie in gewissen Bereichen erzwingen könnten. Diese Fragen reichen weit in die Quantentheorie und in die Relativitätstheorie hinein. Sie sind z. B. mit der Frage verknüpft, ob die Ruhmasse der Photonen wirklich verschwindet oder nicht. Diese Frage wird im Abschn. 10.1 weiter erörtert.

Aus der obigen Definition der Divergenz ergibt sich ein für uns sehr wichtiger Satz. Wir wollen die div $\mathbf{a}$ eines Vektorfeldes $\mathbf{a}$ über das in Abb. 1.7 angedeutete Volumen integrieren. Dabei ist

$$\int\limits_V \operatorname{div} \mathbf{a}\, d\tau = \sum_i \left[\lim_{V_i \to 0} \frac{\oint \mathbf{a} \cdot d\mathbf{A}}{V_i} \right] V_i \ .$$

Wir müssen also das Volumen in viele kleine Volumenelemente unterteilen und für jedes die Divergenz durch den entsprechenden Grenzwert berechnen. Dabei kompensieren sich die Flächenintegrale über alle inneren Flächen gegenseitig weg, da jedes innere Flächenelement zweimal vorkommt, jedoch mit jeweils entgegengesetzter Orientierung von $d\mathbf{A}$. Übrig bleibt nur das Oberflächenintegral über die äußere Fläche des ganzen Volumens,

d. h.

$$\int\limits_V \operatorname{div} \mathbf{a} \, d\tau = \oint\limits_A \mathbf{a} \cdot d\mathbf{A} \,. \tag{1.24}$$

Das ist der *Gauß'sche Integralsatz*.

Damit ergibt sich der Zusammenhang zwischen den beiden Gleichungen (1.20) und (1.23) auf rein formale Weise. Aus (1.20) folgt mit (1.24)

$$\oint\limits_A \mathbf{D} \cdot d\mathbf{A} = \int\limits_V \rho \, d\tau = \int\limits_V \operatorname{div} \mathbf{D} \, d\tau \,.$$

Da dies für jedes beliebige Volumen gilt, müssen die Integranden gleich sein, d. h.

$$\operatorname{div} \mathbf{D} = \rho \,,$$

d. h. aus (1.20) folgt (1.23). Aus (1.23) folgt umgekehrt

$$\int\limits_V \operatorname{div} \mathbf{D} \, d\tau = \int\limits_V \rho \, d\tau = \oint\limits_A \mathbf{D} \cdot d\mathbf{A}$$

und damit (1.20). Wir können also sagen, dass der Gauß'sche Integralsatz unsere früheren anschaulichen Schlussfolgerungen formalisiert.

Die Definition (1.22) der Divergenz ist begrifflich sehr vorteilhaft, jedoch wenig zum praktischen Rechnen geeignet. Wir wollen deshalb div **a** aus den kartesischen Komponenten von **a** berechnen:

$$\mathbf{a} = [a_x(x, y, z), a_y(x, y, z), a_z(x, y, z)] \,. \tag{1.25}$$

Dazu bilden wir das entsprechende Oberflächenintegral und lassen das Volumen gegen null gehen (Abb. 1.8),

$$
\begin{aligned}
\operatorname{div} \mathbf{a} &= \lim_{V \to 0} \frac{\oint \mathbf{a} \cdot d\mathbf{A}}{V} \\
&= \lim_{dx,dy,dz \to 0} \frac{[a_x(x + dx) - a_x(x)] \, dy \, dz + [a_y(y + dy) - a_y(y)] \, dx \, dz + [a_z(z + dz) - a_z(z)] \, dx \, dy}{dx \, dy \, dz} \\
&= \lim_{dx,dy,dz \to 0} \frac{\left[a_x(x) + \frac{\partial a_x}{\partial x} \, dx - a_x(x) \right] dy \, dz + \dots}{dx \, dy \, dz} \\
&= \lim_{dx,dy,dz \to 0} \frac{\frac{\partial a_x}{\partial x} \, dx \, dy \, dz + \frac{\partial a_y}{\partial y} \, dx \, dy \, dz + \frac{\partial a_z}{\partial z} \, dx \, dy \, dz}{dx \, dy \, dz} \\
&= \frac{\partial a_x}{\partial x} + \frac{\partial a_y}{\partial y} + \frac{\partial a_z}{\partial z}
\end{aligned}
$$

Abb. 1.8 Zur Ableitung der
kartesischen Komponenten der
Divergenz eines Vektors

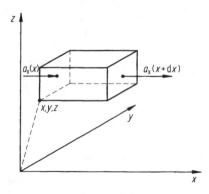

d. h.

$$\operatorname{div}\mathbf{a} = \frac{\partial a_x}{\partial x} + \frac{\partial a_y}{\partial y} + \frac{\partial a_z}{\partial z} = \nabla \cdot \mathbf{a} \,. \tag{1.26}$$

Die Divergenz ist eine skalare Größe. Formal lässt sie sich als Skalarprodukt von **a** mit dem formalen Vektoroperator ∇ (Nabla) auffassen:

$$\nabla = \left(\frac{\partial}{\partial x}, \frac{\partial}{\partial y}, \frac{\partial}{\partial z} \right). \tag{1.27}$$

1.6   Arbeit im elektrischen Feld

Befindet sich eine Ladung Q in einem elektrischen Feld, so wird sie sich, falls man sie nicht festhält, unter dem Einfluss der Kräfte $Q\mathbf{E}$ bewegen. Das Feld leistet dabei Arbeit an der Ladung. Umgekehrt muss man Arbeit leisten, will man eine Ladung gegen die Feldkräfte verschieben. Bewegt man eine Ladung z. B. längs der Kurve C_1 (Abb. 1.9) von einem Anfangspunkt P_A zu einem Endpunkt P_E, so ist die dabei insgesamt zu leistende Arbeit

$$A_1 = -\int_{C_1} \mathbf{F} \cdot d\mathbf{s} = -Q \int_{C_1} \mathbf{E} \cdot d\mathbf{s} \,, \tag{1.28}$$

da dA_1 für das Wegelement $d\mathbf{s}$

$$dA_1 = -\mathbf{F} \cdot d\mathbf{s} \tag{1.29}$$

ist. Man kann die Ladung ebenso längs C_2 verschieben und erhält dann

$$A_2 = -\int_{C_2} \mathbf{F} \cdot d\mathbf{s} = -Q \int_{C_2} \mathbf{E} \cdot d\mathbf{s} \,. \tag{1.30}$$

Abb. 1.9 Verschiebung einer
Ladung längs einer Kurve

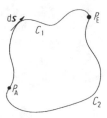

Wir wollen uns zunächst nur mit zeitunabhängigen Feldern beschäftigen. Stellen wir uns nun vor, die beiden Arbeiten A_1 und A_2 wären nicht gleich, so könnten wir das zum Bau eines Perpetuum mobile (1. Art) ausnützen. Wäre z.B $A_2 > A_1$, dann könnten wir die Ladung bei P_A beginnend über den Weg C_1 nach P_E verschieben und auf dem Weg C_2 nach P_A zurücklaufen lassen. Wir müssten dazu die Arbeit A_1 aufwenden, würden jedoch die Arbeit $+A_2$ zurückbekommen. Insgesamt würden wir die Arbeit $A_2 - A_1 > 0$ pro Umlauf gewinnen. Bei periodischer Führung des Prozesses wäre das ein Perpetuum mobile. Andererseits haben wir allen Grund zur Annahme, dass so etwas nicht möglich ist. Wir können nur im Einklang mit dem Energiesatz bleiben, wenn wir annehmen:

$$A_1 = A_2 \ , \tag{1.31}$$

d. h.

$$\int_{C_1} \mathbf{E} \cdot d\mathbf{s} - \int_{C_2} \mathbf{E} \cdot d\mathbf{s} = 0 \tag{1.32}$$

bzw.

$$\oint \mathbf{E} \cdot d\mathbf{s} = 0 \ . \tag{1.33}$$

Wir haben diese wichtige Beziehung ohne Benutzung unserer bisherigen Kenntnisse über elektrische Felder aus dem Energiesatz gewonnen. Es bleibt zu prüfen, ob die elektrischen Felder diese Bedingung tatsächlich erfüllen. Dabei handelt es sich nur um die zeitunabhängigen Felder ruhender Ladungen. Wir werden uns erst später mit dem Fall zeitabhängiger Felder befassen und finden, dass dafür (1.33) nicht gilt. Andererseits gilt Gleichung (1.33) für beliebige Verteilungen ruhender Ladungen, wenn sie für das Feld einer einzigen ruhenden Punktladung gilt. Der Grund dafür liegt im Überlagerungsprinzip. Wir wollen deshalb (1.33) nur für eine Punktladung beweisen.

Ehe wir das tun, wollen wir eine einfache Eigenschaft von Linienintegralen über geschlossene Kurven kennenlernen. Abb. 1.10 zeigt eine geschlossene Kurve C, die durch

Abb. 1.10 Zerlegung einer geschlossenen Kurve C in zwei Kurven C_1 und C_2

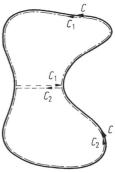

Abb. 1.11 Das Linienintegral über den geschlossenen Weg $P_1 P_2 P_3 P_4 P_1$ verschwindet

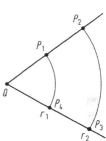

ein Kurvenstück in zwei geschlossene Kurven zerlegt ist, C_1 und C_2. Dann ist

$$\oint_C \mathbf{a} \cdot \mathrm{d}\mathbf{s} = \int_{C_1} \mathbf{a} \cdot \mathrm{d}\mathbf{s} + \int_{C_2} \mathbf{a} \cdot \mathrm{d}\mathbf{s} \,,$$

da ja die neu hinzukommenden Integrale sich gegenseitig kompensieren. Die Unterteilung kann weitergetrieben werden, indem man die Integrale über C_1 und C_2 wieder unterteilt etc. Geben wir uns nun eine beliebige geschlossene Kurve im Feld einer Punktladung vor, so können wir das Integral $\oint \mathbf{E} \cdot \mathrm{d}\mathbf{s}$ auf Integrale über Kurven der in Abb. 1.11 gezeigten Art zurückführen. Dafür ist

$$\oint \mathbf{E} \cdot \mathrm{d}\mathbf{s} = \left(\int_{P_1}^{P_2} + \int_{P_2}^{P_3} + \int_{P_3}^{P_4} + \int_{P_4}^{P_1} \right) \mathbf{E} \cdot \mathrm{d}\mathbf{s} = 0 \,.$$

Auf den beiden Wegen von P_2 nach P_3 und von P_4 nach P_1 (Kreisbögen) stehen $\mathbf{E}$ und $\mathrm{d}\mathbf{s}$ ja senkrecht aufeinander,

$$\int_{P_2}^{P_3} \mathbf{E} \cdot \mathrm{d}\mathbf{s} = \int_{P_4}^{P_1} \mathbf{E} \cdot \mathrm{d}\mathbf{s} = 0 \,.$$

Auf den beiden übrigen Wegen von P_1 nach P_2 und von P_3 nach P_4 dagegen sind **E** und
ds parallel bzw. antiparallel zueinander, d. h.

$$\int\limits_{P_1}^{P_2} \mathbf{E} \cdot d\mathbf{s} = \int\limits_{P_1}^{P_2} E \, dr = - \int\limits_{P_3}^{P_4} E \, dr = \int\limits_{P_3}^{P_4} -\mathbf{E} \cdot d\mathbf{s} \, .$$

Damit ist der gewünschte Beweis erbracht. Leider ist das Perpetuum mobile tatsächlich
nicht möglich. Die Beziehung (1.33) wird sich noch als sehr folgenreich erweisen. Dazu
müssen wir jedoch noch einige im nächsten Abschnitt diskutierte Begriffe kennenlernen.

1.7   Die Rotation eines Vektorfeldes und der Stokes'sche Integralsatz

Es sei ein beliebiges Vektorfeld $\mathbf{a}(\mathbf{r})$ gegeben. Für beliebige geschlossene Kurven können wir dann die Linienintegrale $\oint \mathbf{a} \cdot d\mathbf{s}$ bilden. Insbesondere können wir auch beliebig
kleine Flächenelemente betrachten und die Linienintegrale über deren Berandung erstrecken. Werden die Flächenelemente immer kleiner, so werden auch die Linienintegrale
immer kleiner, um in der Grenze zu verschwinden. Das Verhältnis des Linienintegrals
zur berandeten Fläche jedoch strebt einem Grenzwert zu. Wir definieren nun ein neues
Vektorfeld – wir nennen es die zu **a** gehörige Rotation (rot **a**) – in folgender Weise:

Wir wählen drei aufeinander senkrechte, sonst jedoch beliebige Flächenelemente $d\mathbf{A}_1$,
$d\mathbf{A}_2$, $d\mathbf{A}_3$ mit einem gemeinsamen Mittelpunkt im Raum. Miteinander bilden sie ein
Rechtssystem. Damit werden die Grenzwerte

$$\lim_{dA_i \to 0} \frac{\oint \mathbf{a} \cdot d\mathbf{s}}{dA_i} = r_i \quad (i = 1, 2, 3) \tag{1.34}$$

gebildet, wobei das Linienintegral im Zähler über die Berandung des Flächenelements zu
erstrecken ist und der Umlaufsinn dieses Linienintegrals zusammen mit dem Vektor $d\mathbf{A}_i$
eine Rechtsschraube bildet (Abb. 1.12). Die Grenzwerte r_i sind die Komponenten eines
Vektors, der sogenannten Rotation des Vektorfeldes **a**, kurz rot **a**, in dem durch die drei
Flächenelemente definierten Koordinatensystem. Ist

$$\mathbf{n}_i = \frac{d\mathbf{A}_i}{dA_i} \left(\text{mit } \mathbf{n}_i \cdot \mathbf{n}_k = \delta_{ik} = \begin{cases} 1 & \text{für } i = k \\ 0 & \text{für } i \neq k \end{cases} \right)$$

der auf dem Flächenelement $d\mathbf{A}_i$ senkrecht stehende Einheitsvektor, so ist demnach

$$\text{rot}\,\mathbf{a} = r_1 \mathbf{n}_1 + r_2 \mathbf{n}_2 + r_3 \mathbf{n}_3 = (r_1, r_2, r_3)$$

Abb. 1.12 Zur Definition der
Rotation eines Vektors

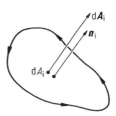

bzw.

$$\mathbf{n}_i \cdot \operatorname{rot} \mathbf{a} = r_i = (\operatorname{rot} \mathbf{a})_i \; .$$

Es ist nicht selbstverständlich, dass man die r_i als Komponenten eines Vektors auffassen darf. Es wäre noch zu beweisen, dass sie sich bei einem Übergang zu einem anderen Koordinatensystem, d. h. wenn man von anderen (natürlich wieder aufeinander senkrechten) Flächenelementen ausgeht, wie die Komponenten eines Vektors transformieren. Dieser Beweis sei hier jedoch nicht geführt, sondern der Vektoranalysis überlassen. Aus dieser Definition von rot **a** ergibt sich beinahe unmittelbar der sogenannte *Stokes'sche Integralsatz*. Wir geben uns eine beliebige Fläche A vor und berechnen den Fluss von rot **a** durch diese Fläche. Wir können die Fläche in viele beliebig kleine Teilflächen zerlegen und für diese Teilflächen auf die eben gegebene Definition der Rotation zurückgreifen. Wir erhalten so eine Summe von Linienintegralen, in der sich – wie im Abschn. 1.6 anhand von Abb. 1.10 diskutiert – alle inneren Anteile kompensieren und nur ein Linienintegral über den äußeren Rand übrigbleibt:

$$\int_A \operatorname{rot} \mathbf{a} \cdot d\mathbf{A} = \oint \mathbf{a} \cdot d\mathbf{s} \; . \qquad (1.35)$$

Flächenorientierung und Umlaufsinn des Linienintegrals müssen wegen der obigen Definition auch hier eine Rechtsschraube bilden. Wendet man diesen Satz auf das elektrische Feld an, so ergibt sich wegen der Beziehung (1.33)

$$\oint \mathbf{E} \cdot d\mathbf{s} = \int \operatorname{rot} \mathbf{E} \cdot d\mathbf{A} = 0 \; .$$

Dies muss für beliebige Kurven bzw. von ihnen umschlossene Flächen gelten, d. h. es muss gelten:

$$\operatorname{rot} \mathbf{E} = 0 \; . \qquad (1.36)$$

Umgekehrt folgt aus den beiden Gleichungen (1.35) und (1.36) auch die Beziehung (1.33). Wir haben ja

$$\oint \mathbf{E} \cdot d\mathbf{s} = \int \text{rot}\,\mathbf{E} \cdot d\mathbf{A} = 0 \,,$$

d. h. die Gl. 1.33 und (1.36) sind gleichwertig, jede der beiden folgt aus der anderen.

Wir können hier unsere bisher wesentlichen Ergebnisse kurz zusammenfassen. Wir haben zwei wichtige integrale Beziehungen gefunden, nämlich (1.20) und (1.33):

$$\oint_A \mathbf{D} \cdot d\mathbf{A} = \int_V \rho \, d\tau \,,$$

$$\oint \mathbf{E} \cdot d\mathbf{s} = 0 \,.$$

Ihnen stehen zwei gleichwertige differentielle Beziehungen gegenüber, (1.23) und (1.36):

$$\text{div}\,\mathbf{D} = \rho \,,$$

$$\text{rot}\,\mathbf{E} = 0 \,.$$

Der Zusammenhang ist durch die beiden Integralsätze, (1.24) und (1.35), gegeben:

$$\int_V \text{div}\,\mathbf{a}\, d\tau = \oint \mathbf{a} \cdot d\mathbf{A} \quad \text{(Gauß)} \,,$$

$$\int_A \text{rot}\,\mathbf{a} \cdot d\mathbf{A} = \oint \mathbf{a} \cdot d\mathbf{s} \quad \text{(Stokes)} \,.$$

Beide Paare von Beziehungen wurden abgeleitet für ruhende Ladungen. Wenn wir später auch zeitabhängige Probleme untersuchen, werden wir aus noch zu erläuternden Gründen eine der Beziehungen (div $\mathbf{D} = \rho$ bzw. die entsprechende integrale Formulierung) unverändert übernehmen können, die andere jedoch (rot $\mathbf{E} = 0$ bzw. die entsprechende integrale Formulierung) abändern müssen.

Will man mit der Rotation eines Vektorfeldes tatsächlich rechnen, so ist die oben gegebene Definition recht unhandlich. Wir wollen deshalb für ein durch seine kartesischen Koordinaten gegebenes Feld $\mathbf{a}$ die Rotation angeben (Abb. 1.13). Dabei genügt es, die x-Komponente von rot $\mathbf{a}$ zu berechnen. Das Ergebnis lässt sich dann leicht verallgemeinern. Entsprechend der Definition (1.34) und der zusätzlichen Forderung, dass der

Abb. 1.13 Zur Ableitung der
kartesischen Komponenten der
Rotation eines Vektors

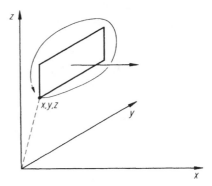

Umlaufsinn mit der Richtung von rot **a** eine Rechtsschraube ergeben soll, ist

$$(\text{rot }\mathbf{a})_x = \lim_{dy,dz\to 0} \frac{a_y(z)\,dy + a_z(y+dy)\,dz - a_y(z+dz)\,dy - a_z(y)\,dz}{dy\,dz}$$

$$= \lim_{dy,dz\to 0} \frac{a_y(z)\,dy + a_z(y)\,dz + \frac{\partial a_z}{\partial y}\,dy\,dz - a_y(z)\,dy - \frac{\partial a_y}{\partial z}\,dy\,dz - a_z(y)\,dz}{dy\,dz}$$

$$= \lim_{dy,dz\to 0} \frac{\left(\frac{\partial a_z}{\partial y} - \frac{\partial a_y}{\partial z}\right)dy\,dz}{dy\,dz} = \frac{\partial a_z}{\partial y} - \frac{\partial a_y}{\partial z}\ .$$

Also ist

$$\text{rot }\mathbf{a} = \left(\frac{\partial a_z}{\partial y} - \frac{\partial a_y}{\partial z}, \frac{\partial a_x}{\partial z} - \frac{\partial a_z}{\partial x}, \frac{\partial a_y}{\partial x} - \frac{\partial a_x}{\partial y}\right). \qquad (1.37)$$

Man kann dies auch als Vektorprodukt mit dem Vektoroperator Nabla schreiben:

$$\text{rot }\mathbf{a} = \nabla \times \mathbf{a} = \det\begin{pmatrix} \mathbf{e}_x & \mathbf{e}_y & \mathbf{e}_z \\ \dfrac{\partial}{\partial x} & \dfrac{\partial}{\partial y} & \dfrac{\partial}{\partial z} \\ a_x & a_y & a_z \end{pmatrix}. \qquad (1.38)$$

Hier wurde die in der Vektorrechnung übliche Darstellung des Vektorprodukts durch eine
Determinante benutzt. Die Vektoren $\mathbf{e}_x, \mathbf{e}_y, \mathbf{e}_z$ sind die drei Einheitsvektoren in x-, y- und

Abb. 1.14 Zur Beziehung
div rot $\mathbf{a} = 0$

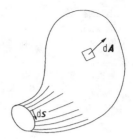

z- Richtung:

$$\left.\begin{aligned} \mathbf{e}_x &= (1,0,0) \\ \mathbf{e}_y &= (0,1,0) \\ \mathbf{e}_z &= (0,0,1) \end{aligned}\right\}. \tag{1.39}$$

Eine im Grunde nötige ausführlichere Erörterung des Begriffs der Rotation wollen wir unterlassen und dazu auf die Vektorrechnung verweisen. Es sei jedoch bemerkt, dass aus rot $\mathbf{a} = \nabla \times \mathbf{a}$ nicht geschlossen werden darf, rot $\mathbf{a}$ stehe senkrecht auf $\mathbf{a}$ und ∇. Dem Vektoroperator ∇ kann – im Gegensatz zu einem normalen Vektor – keine Richtung zugeordnet werden. Darüber hinaus kann der Vektor rot $\mathbf{a}$ bezogen auf $\mathbf{a}$ jede beliebige Richtung haben. Er kann senkrecht auf $\mathbf{a}$ stehen, kann aber z. B. auch parallel dazu sein. Der Leser sollte sich durch die Betrachtung von Beispielen davon überzeugen.

Für eine beliebige geschlossene Fläche ist wegen des Gauß'schen Satzes

$$\oint \mathrm{rot}\,\mathbf{a} \cdot d\mathbf{A} = \int\limits_V \mathrm{div}\,\mathrm{rot}\,\mathbf{a}\,d\tau \; .$$

Andererseits ist wegen des Stokes'schen Satzes

$$\oint \mathrm{rot}\,\mathbf{a} \cdot d\mathbf{A} = 0 \; ,$$

da (Abb. 1.14) sich das zunächst rechts stehende Linienintegral beim Übergang von einer offenen zu einer geschlossenen Fläche verkleinert und gegen null geht. Demnach ist für ein beliebiges Volumen

$$\int\limits_V \mathrm{div}\,\mathrm{rot}\,\mathbf{a}\,d\tau = 0 \; ,$$

und damit verschwindet auch der Integrand selbst:

$$\mathrm{div}\,\mathrm{rot}\,\mathbf{a} = 0 \; . \tag{1.40}$$

Abb. 1.15 Starr rotierender
Körper

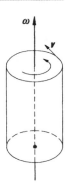

Das ist eine wichtige Beziehung. Sie besagt, dass die Rotation eines beliebigen Vektorfeldes keine Quellen hat. Diese Beziehung lässt sich natürlich auch durch unmittelbare Anwendung der Gleichungen (1.26) und (1.37) beweisen:

$$\operatorname{div} \operatorname{rot} \mathbf{a} = \frac{\partial}{\partial x}\left(\frac{\partial a_z}{\partial y} - \frac{\partial a_y}{\partial z}\right) + \frac{\partial}{\partial y}\left(\frac{\partial a_x}{\partial z} - \frac{\partial a_z}{\partial x}\right) + \frac{\partial}{\partial z}\left(\frac{\partial a_y}{\partial x} - \frac{\partial a_x}{\partial y}\right)$$
$$= 0 .$$

Die Divergenz eines Vektorfeldes hängt ganz anschaulich mit den Quellen bzw. Senken des Feldes zusammen. Auch die Rotation hat eine anschauliche Bedeutung. Betrachten wir z. B. einen starr rotierenden Körper (Abb. 1.15). Ist ω seine Winkelgeschwindigkeit, so hat ein Punkt im Abstand r von der Achse die Geschwindigkeit

$$v = |\mathbf{v}| = \omega r .$$

Die Winkelgeschwindigkeit wird oft als Vektor aufgefasst, dessen Betrag ω ist und dessen Richtung im Sinne einer Rechtsschraube die der Drehachse ist. Die Rotation von $\mathbf{v}$ hat ebenfalls Die Richtung der Achse, ist also $\boldsymbol{\omega}$ proportional.

Dabei ist (s. Abb. 1.16)

$$|\operatorname{rot} \mathbf{v}| = \lim_{\mathrm{d}\varphi, \mathrm{d}r \to 0} \frac{\omega(r + \mathrm{d}r)(r + \mathrm{d}r)\,\mathrm{d}\varphi - \omega r r\,\mathrm{d}\varphi}{r\,\mathrm{d}\varphi\,\mathrm{d}r}$$

$$= \lim_{\mathrm{d}\varphi, \mathrm{d}r \to 0} \frac{2\omega r\,\mathrm{d}r\,\mathrm{d}\varphi + \omega\,\mathrm{d}r^2\,\mathrm{d}\varphi}{r\,\mathrm{d}\varphi\,\mathrm{d}r}$$

$$= 2\omega ,$$

d. h.

$$\operatorname{rot} \mathbf{v} = 2\boldsymbol{\omega} . \tag{1.41}$$

In der Hydrodynamik nennt man Strömungen, deren Rotation nicht verschwindet *Wirbel*. Diesen anschaulichen Sprachgebrauch verallgemeinernd nennt man Vektorfelder *wirbelfrei*, wenn ihre Rotation verschwindet, und *wirbelbehaftet* bzw. *Wirbelfelder*, wenn sie

Abb. 1.16 Zur Berechnung
der rot **v** eines starr rotierenden
Körpers

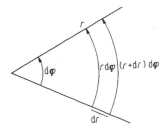

dies nicht tut. *Demnach hat das elektrostatische, d. h. zeitunabhängige elektrische Feld
zwar Quellen, jedoch keine Wirbel.*

1.8 Potential und Spannung

Das elektrostatische Feld kann durch verschiedene gleichwertige Aussagen beschrieben
werden:

- Es ist wirbelfrei.
- Das Integral $\oint \mathbf{E} \cdot \mathrm{d}\mathbf{s}$ verschwindet.
- Das Integral $\int_{P_A}^{P_E} \mathbf{E} \cdot \mathrm{d}\mathbf{s}$ hängt nur von den Punkten P_A und P_E, jedoch nicht von dem
  zwischen diesen Punkten gewählten Weg ab.

Dadurch wird es möglich, das Feld durch eine eindeutige skalare Funktion zu beschreiben,
die eng mit der früher durch ein Linienintegral gegebenen Arbeit zusammenhängt. Wir
hatten in Abschn. 1.6 gefunden:

$$\int_{C_1} \mathbf{E} \cdot \mathrm{d}\mathbf{s} = \int_{C_2} \mathbf{E} \cdot \mathrm{d}\mathbf{s} \, .$$

Das gilt für beliebige Wege C_1 bzw. C_2 zwischen den Punkten P_A und P_E (Abb. 1.9). Man
kann deshalb eine *Potentialfunktion* (oder einfach *Potential*) definieren, nämlich

$$\varphi(\mathbf{r}) = \varphi_0 - \int_{\mathbf{r}_0}^{\mathbf{r}} \mathbf{E}(\mathbf{r}) \cdot \mathrm{d}\mathbf{s} \, . \qquad (1.42)$$

Die Wahl des Anfangspunktes $\mathbf{r}_0$, an dem das Potential den wählbaren Wert φ_0 annimmt,
ist dabei willkürlich. Das spielt jedoch keine wesentliche Rolle. Im Grunde kommt es

nämlich nur auf *Potentialdifferenzen* (die sogenannten Spannungen) an. Demnach ist die Spannung zwischen zwei Punkten $P_2(\mathbf{r}_2)$ und $P_1(\mathbf{r}_1)$ gegeben durch

$$U_{21} = \varphi_2 - \varphi_1 = \varphi_0 - \int_{\mathbf{r}_0}^{\mathbf{r}_2} \mathbf{E} \cdot d\mathbf{s} - \varphi_0 + \int_{\mathbf{r}_0}^{\mathbf{r}_1} \mathbf{E} \cdot d\mathbf{s}$$

$$= \int_{\mathbf{r}_2}^{\mathbf{r}_1} \mathbf{E}(\mathbf{r}) \cdot d\mathbf{s} \tag{1.43}$$

bzw. etwas kompakter formuliert

$$U_{21} = \varphi_2 - \varphi_1 = \int_{2}^{1} \mathbf{E} \cdot d\mathbf{s} \, . \tag{1.44}$$

U_{21} ist die Arbeit, die pro Ladung gewonnen wird, wenn man sie von P_2 nach P_1 verschiebt. Dementsprechend ist die Dimension von U_{21} Energie durch Ladung. Zwischen zwei eng benachbarten Punkten ist

$$
\begin{aligned}
d\varphi &= -\mathbf{E} \cdot d\mathbf{s} \\
&= -(E_x \, dx + E_y \, dy + E_z \, dz) \\
&= \left(\frac{\partial \varphi}{\partial x} \, dx + \frac{\partial \varphi}{\partial y} \, dy + \frac{\partial \varphi}{\partial z} \, dz \right) \\
&= (\operatorname{grad} \varphi) \cdot d\mathbf{s} \, .
\end{aligned}
\tag{1.45}
$$

Dabei ist der sogenannte Gradient einer Funktion f ein Vektor, der in folgender Weise gebildet wird:

$$\operatorname{grad} f(\mathbf{r}) = \left(\frac{\partial f}{\partial x}, \frac{\partial f}{\partial y}, \frac{\partial f}{\partial z} \right) = \nabla f \, . \tag{1.46}$$

Aus der Beziehung (1.45) kann man ablesen, dass

$$\mathbf{E} = -\operatorname{grad} \varphi \, . \tag{1.47}$$

Die skalare Funktion φ beschreibt das Feld vollständig, denn durch Gradientenbildung gewinnt man daraus alle Komponenten des Feldes. Die Funktion φ wird deshalb bevorzugt zur Beschreibung des Feldes benutzt, da man nur eine Funktion und nicht drei Funktionen (die drei Komponenten) braucht.

Natürlich ist

$$\operatorname{rot} \operatorname{grad} \varphi = 0 \ . \tag{1.48}$$

Das gilt für jede beliebige Funktion φ. Das Verschwinden der Rotation des Feldes ist gerade die Voraussetzung für die Definierbarkeit einer eindeutigen Potentialfunktion. Es gibt zu jedem Potential ein Vektorfeld, jedoch nicht umgekehrt zu jedem Vektorfeld ein eindeutiges Potential (obwohl man auch in Wirbelfeldern u. U. nicht eindeutige Potentiale definieren kann und das manchmal auch tut). Im Übrigen lässt sich die Allgemeingültigkeit von (1.48) durch die Beziehungen (1.46) und (1.37) beweisen, z. B. für die x-Komponente:

$$\frac{\partial}{\partial y}\frac{\partial \varphi}{\partial z} - \frac{\partial}{\partial z}\frac{\partial \varphi}{\partial y} = 0 \ .$$

Das Potential ist die *Arbeitsfähigkeit* eines Teilchens an dem entsprechenden Ort im Feld. Befindet sich ein geladenes Teilchen am Punkt $\mathbf{r}$, so gilt die *Bewegungsgleichung*

$$m\ddot{\mathbf{r}} = Q\mathbf{E} \ . \tag{1.49}$$

Multipliziert man diese Gleichung skalar mit $\dot{\mathbf{r}}$, so erhält man:

$$m\ddot{\mathbf{r}} \cdot \dot{\mathbf{r}} = Q\mathbf{E} \cdot \dot{\mathbf{r}} \ .$$

Dann ist

$$\frac{\mathrm{d}}{\mathrm{d}t}\left(\tfrac{1}{2}m\dot{\mathbf{r}}^2\right) = -Q\frac{\mathrm{d}\varphi}{\mathrm{d}t}$$

bzw.

$$\frac{\mathrm{d}}{\mathrm{d}t}\left(\tfrac{1}{2}m\dot{\mathbf{r}}^2 + Q\varphi\right) = 0$$

und

$$\tfrac{1}{2}m\dot{\mathbf{r}}^2 + Q\varphi = \text{const} \ . \tag{1.50}$$

Das ist der Energiesatz. Er besagt, dass die Summe der kinetischen und der potentiellen Energie des Teilchens konstant ist. Lässt man z. B. ein Teilchen mit der Geschwindigkeit $\dot{\mathbf{r}} = \mathbf{v} = 0$ am Punkt $\mathbf{r}_0$ mit dem Potential φ_0 loslaufen, so gilt

$$\tfrac{1}{2}mv^2 + Q\varphi = Q\varphi_0$$

Abb. 1.17 Feldlinien stehen
senkrecht auf den Äqui-
potentialflächen

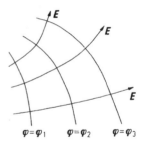

$$\varphi = \varphi_1 \qquad \varphi = \varphi_2 \qquad \varphi = \varphi_3$$

bzw.

$$v = \sqrt{\frac{2Q}{m}(\varphi_0 - \varphi)} = \sqrt{\frac{2Q}{m}U} \ , \tag{1.51}$$

wo U die vom Teilchen „durchfallene" Spannung ist. Dieser Zusammenhang zwischen Geschwindigkeit und durchfallener Spannung hat viele Anwendungen (Röntgenröhren, Elektronenoptik etc.).

In einem Potentialfeld definiert man als *Äquipotentialflächen* die Flächen, auf denen φ konstant ist. Für ein Wegelement d**s** in der Äquipotentialfläche ist

$$\mathrm{d}\varphi = -\mathbf{E} \cdot \mathrm{d}\mathbf{s} = 0 \ . \tag{1.52}$$

$\mathbf{E}$ steht demnach senkrecht auf d**s**, d. h. $\mathbf{E}$ steht senkrecht auf der Äquipotentialfläche. Äquipotentialflächen und Feldlinien sind wichtig bei der Veranschaulichung von Feldern (Abb. 1.17). Sehr oft fasst man mehrere Feldlinien zu sogenannten Flussröhren zusammen (Abb. 1.18). Im ladungsfreien Raum ist

$$\mathrm{div}\,\mathbf{D} = 0$$

bzw.

$$\oint \mathbf{D} \cdot \mathrm{d}\mathbf{A} = 0 \ .$$

Wenden wir das auf ein Stück der Flussröhre an, so ergibt sich:

$$\oint \mathbf{D} \cdot \mathrm{d}\mathbf{A} = \int_{A_1} \mathbf{D} \cdot \mathrm{d}\mathbf{A}_1 + \int_{\text{Mantel}} \mathbf{D} \cdot \mathrm{d}\mathbf{A} + \int_{A_2} \mathbf{D} \cdot \mathrm{d}\mathbf{A}_2 = 0 \ .$$

Abb. 1.18 Flussröhren

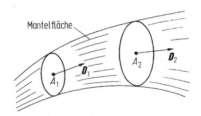

Mantelfläche

Auf der Mantelfläche ist

$$\mathbf{D} \cdot d\mathbf{A} = 0 \ .$$

Man erhält also

$$\int_{A_1} \mathbf{D} \cdot d\mathbf{A}_1 + \int_{A_2} \mathbf{D} \cdot d\mathbf{A}_2 = 0 \ .$$

Bei differentiell kleinem Querschnitt heißt das – wenn die Flächenelemente senkrecht auf den Feldern stehen –

$$-D_1 \, dA_1 + D_2 \, dA_2 = 0$$

bzw.

$$\frac{D_1}{D_2} = \frac{dA_2}{dA_1} \ .$$

Sind die Komponenten des Feldes Funktionen des Ortes,

$$E_x = E_x(x, y, z) \ ,$$
$$E_y = E_y(x, y, z) \ ,$$
$$E_z = E_z(x, y, z) \ ,$$

so kann man die Gleichungen der Feldlinien aus den Differentialgleichungen

$$E_x : E_y : E_z = dx : dy : dz$$

berechnen.

1.9 Elektrischer Strom und Magnetfeld: das Durchflutungsgesetz

Die Entdeckung elektrischer Kräfte zwischen elektrisch geladenen Körpern hat zu den bisher diskutierten Begriffen der Elektrostatik geführt. Daneben kennt man seit sehr langer Zeit eine andere Art von Kräften, die sogenannten *magnetischen Kräfte*, deren enge Beziehung zu den elektrischen Kräften jedoch eine recht späte Entdeckung ist.

Die Erde z. B. ist von einen merkwürdigen Feld umgeben bzw. von ihm durchdrungen, das sich darin äußert, dass ganz bestimmte Stoffe in ihm Kräfte erfahren. Dieses Feld bzw. diese Kräfte haben seltsame Eigenschaften. Es zeigt sich z. B., dass sie eine *Magnetnadel* in eine bestimmte Richtung einzustellen versuchen, jedoch keine oder nur eine geringe resultierende Kraft auf die Magnetnadel als ganze ausüben. In erster Linie entstehen *Drehmomente* und erst in zweiter Linie geringe, u. U. auch ganz verschwindende *resultierende Kräfte*.

Eine früher oft benützte Erklärung dieser Phänomene geht von „magnetischen Ladungen" aus, die sich an den magnetischen Polen eines Magneten befinden. Wir wollen diesen eher irreführenden als dem Verständnis dienenden Sprachgebrauch in dieser Form nicht einführen. Die magnetischen Kräfte sind – soweit wir dies heute wissen – anderer Natur als die elektrostatischen, mit denen wir es bisher zu tun hatten. Wir wollen deshalb auf die nur scheinbare Analogie magnetischer Felder, die von magnetischen Ladungen ausgehen, verzichten. *Nach unserem heutigen Wissen gibt es keine magnetischen Ladungen. Die Ursache von Magnetfeldern ist vielmehr in elektrischen Strömen, d. h. in bewegten elektrischen Ladungen zu suchen.* Experimentell findet man, dass in der Umgebung eines stromdurchflossenen Drahtes ein auf eine Magnetnadel wirkendes Magnetfeld existiert. Ehe wir das weiter ausführen können, müssen wir den *elektrischen Strom* und die *elektrische Stromdichte* definieren. Wir betrachten ein kleines Flächenelement $\mathrm{d}A$, durch das in der Zeit $\mathrm{d}t$ die Ladung d^2Q hindurchtritt und das senkrecht auf der Strömungsrichtung der Ladungen steht. Dann ist der Vektor der Stromdichte definiert als

$$\mathbf{g} = \frac{\mathrm{d}^2 Q}{\mathrm{d}t\,\mathrm{d}A}\frac{\mathrm{d}\mathbf{A}}{\mathrm{d}A}\,. \tag{1.53}$$

Der Fluss von $\mathbf{g}$ durch eine Fläche A wird als elektrischer Strom I bezeichnet:

$$I = \int_A \mathbf{g}\cdot\mathrm{d}\mathbf{A} = \int_A \frac{\mathrm{d}^2 Q}{\mathrm{d}t} = \frac{\mathrm{d}}{\mathrm{d}t}\int_A \mathrm{d}Q = \frac{\mathrm{d}Q}{\mathrm{d}t}\,, \tag{1.54}$$

d. h. I ist die gesamte pro Zeiteinheit durch die Fläche tretende Ladung.

Es gibt Stoffe, in denen Ladungen sich bewegen können, die sogenannten *Leiter*, zum Unterschied von den *Isolatoren*, in denen das bei normalen Bedingungen nicht möglich ist (oder nur in äußerst geringem Maße). In einem Leiter kann also ein Strom fließen. Er ist dann von einem Magnetfeld umgeben. Am einfachsten werden die Verhältnisse, wenn man sich diesen Leiter geradlinig und unendlich lang vorstellt. In diesem Fall findet man,

Abb. 1.19 Magnetische Feldlinien um einen geradlinigen Leiter

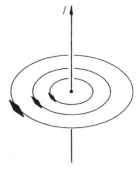

Abb. 1.20 Zum Durchflutungsgesetz

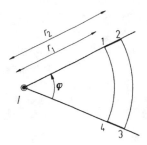

dass die auf Magnetnadeln ausgeübten Kräfte umgekehrt proportional dem Abstand vom
Draht sind (also mit zunehmender Entfernung wie $1/r$ abnehmen) und dass Magnetnadeln
sich tangential zu den den Leiter konzentrisch umgebenden Kreisen einstellen (Abb. 1.19).
Zur Beschreibung führen wir einen Vektor, die sogenannte *magnetische Feldstärke* **H**, ein.
Das zugehörige Feld umgibt den unendlich langen und geraden von Strom durchflossenen
Leiter in Form von geschlossenen Kreisen. Wir wollen das Integral $\oint \mathbf{H} \cdot d\mathbf{s}$ für beliebige geschlossene Kurven berechnen. Betrachten wir zunächst eine Kurve, die den Strom
I nicht umfasst. Wie wir schon früher sahen, können wir Integrale über solche Kurven
zurückführen auf Integrale über Kurven der in Abb. 1.20 angedeuteten Art. Dafür ist

$$\oint \mathbf{H} \cdot d\mathbf{s} = \left(\int_1^2 + \int_2^3 + \int_3^4 + \int_4^1 \right) \mathbf{H} \cdot d\mathbf{s} \,,$$

wobei

$$\int_1^2 \mathbf{H} \cdot d\mathbf{s} = \int_3^4 \mathbf{H} \cdot d\mathbf{s} = 0$$

und

$$\int_2^3 \mathbf{H} \cdot d\mathbf{s} = - \int_4^1 \mathbf{H} \cdot d\mathbf{s} \,.$$

Denn

$$\int_2^3 \mathbf{H} \cdot d\mathbf{s} = -\frac{C}{r_2} r_2 \varphi = -C \varphi$$

und

$$\int_4^1 \mathbf{H} \cdot d\mathbf{s} = +\frac{C}{r_1} r_1 \varphi = C \varphi \,.$$

Abb. 1.21 Zur Präzisierung
des Durchflutungsgesetzes

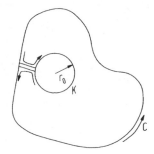

C ist eine zunächst noch unbestimmt bleibende Konstante. Also ist für einen Weg, der keinen Strom umfasst:

$$\oint \mathbf{H} \cdot \mathrm{ds} = 0 \ .$$

Nun betrachten wir einen den Leiter umfassenden Weg C. Fügen wir noch einen den Strom ebenfalls umfassenden Kreis hinzu, den wir in der angegebenen Weise (Abb. 1.21) mit der zu untersuchenden Kurve verbinden, so entsteht insgesamt eine den Strom nicht umfassende Kurve, für die $\oint \mathbf{H} \cdot \mathrm{ds}$ verschwindet. Da sich die Integrale über das in beiden Richtungen durchlaufene Verbindungsstück kompensieren, ist damit die Summe des Linienintegrals über die Kurve C und des Linienintegrals über den im negativen Sinn durchlaufenden Kreis ebenfalls null

$$\oint_{\substack{C \\ \circlearrowleft}} \mathbf{H} \cdot \mathrm{ds} + \oint_{\substack{K \\ \circlearrowright}} \mathbf{H} \cdot \mathrm{ds} = 0$$

bzw.

$$\oint_{\substack{C \\ \circlearrowleft}} \mathbf{H} \cdot \mathrm{ds} = \oint_{\substack{K \\ \circlearrowleft}} \mathbf{H} \cdot \mathrm{ds} = \frac{C}{r_0} 2\pi r_0 = 2\pi C \ .$$

Alle solchen Linienintegrale haben also denselben von null verschiedenen Wert. Weiterhin können wir experimentell feststellen, dass alle Kräfte und damit auch Felder der Stromstärke proportional sind. Deshalb ist die eingeführte Konstante C ebenfalls der Stromstärke proportional. Hat man mehrere Ströme, so addieren sie sich zum Gesamtstrom, auf den es allein ankommt. Wir können also sagen, dass für einen beliebigen Weg

$$\oint \mathbf{H} \cdot \mathrm{ds} \sim I$$

ist, wo I die Summe aller vom gewählten Weg umfassten Ströme ist. Wir können die Proportionalitätskonstante willkürlich festlegen, wenn wir darauf verzichten, die Einheiten für Strom I, Feld $\mathbf{H}$ und Länge ds alle noch frei wählen zu können, d. h. wir können z. B.

setzen

$$\oint \mathbf{H} \cdot \mathrm{d}\mathbf{s} = I \ . \tag{1.55}$$

Das ist das sogenannte *Durchflutungsgesetz*. Es gilt nicht nur für die hier zunächst betrachteten geradlinigen Ströme, sondern ganz allgemein für beliebige Ströme, wie man experimentell nachweisen kann. Es enthält im Grunde alles, was man über den Zusammenhang zwischen zeitunabhängigen Strömen und Magnetfeldern sagen kann. Für den zeitabhängigen Fall werden allerdings noch Ergänzungen nötig sein. Wir können unsere Gleichung umformen:

$$\oint \mathbf{H} \cdot \mathrm{d}\mathbf{s} = \int_A \mathrm{rot}\, \mathbf{H} \cdot \mathrm{d}\mathbf{A} = I = \int_A \mathbf{g} \cdot \mathrm{d}\mathbf{A} \ .$$

Das gilt für jede beliebige Fläche. Dann müssen die Integranden der beiden Flächenintegrale selbst einander gleich sein, d. h. es muss gelten

$$\mathrm{rot}\, \mathbf{H} = \mathbf{g} \ . \tag{1.56}$$

Die beiden Formeln (1.55) und (1.56) sind gleichwertig. Die eine folgt aus der anderen. Beide besagen, dass Ströme die Ursachen magnetischer Felder sind. Sie haben eine ähnliche Bedeutung wie die Gleichungen (1.20) und (1.23) für den Zusammenhang zwischen elektrischen Feldern und Ladungen. Es besteht jedoch – um es anschaulich auszudrücken – ein großer Unterschied: Ladungen verursachen Quellen des elektrische Feldes, Ströme Wirbel des magnetischen Feldes. Dafür sind elektrostatische Felder wirbelfrei, während wir noch sehen werden, dass magnetische Felder stets quellenfrei sind (genauer gesagt, dass die noch einzuführende Feldgröße **B** stets quellenfrei ist).

Wenn wir unsere Ergebnisse (1.55) oder (1.56) näher betrachten, ergeben sich jedoch Schwierigkeiten und Widersprüche, die uns zeigen, dass sie, so wie sie da stehen, für zeitabhängige Probleme nicht richtig sein können. Stellen wir uns entsprechend Abb. 1.22 zwei geladene Körper vor mit den Ladungen Q und $-Q$. Diese Ladungen üben anziehende Kräfte aufeinander aus. Verbinden wir die beiden Körper durch einen leitenden Draht miteinander, so können die Ladungen den Kräften (dem elektrischen Feld) folgen. Es entsteht ein elektrischer Strom von dem positiv geladenen zu dem negativ geladenen Körper. Versuchen wir z. B., (1.55) auf diese Situation anzuwenden, so ist, da der Leiter weder geschlossen ist noch ins Unendliche verläuft, völlig unklar, ob ein gewählter Weg den Leiter

Abb. 1.22 Zwei geladene
durch einen Leiter verbundene
Körper

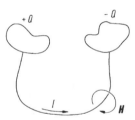

umschließt oder nicht. Eine zweite Schwierigkeit wird sichtbar, wenn man die Divergenz von (1.56) bildet. Es ergibt sich

$$\operatorname{div}\operatorname{rot}\mathbf{H} = \operatorname{div}\mathbf{g} = 0 \ , \tag{1.57}$$

d. h. die Stromdichte wäre quellenfrei. Das ist offensichtlich falsch. Die Stromdichte entspringt ja bei den geladenen Körpern, deren bei dem Vorgang sich ändernde Ladung durch den Strom wegtransportiert wird. Um darüber mehr sagen zu können, sei im Abschn. 1.10 das Prinzip der Ladungserhaltung diskutiert.

1.10   Das Prinzip der Ladungserhaltung und die 1. Maxwell'sche Gleichung

Wir untersuchen ein beliebiges Volumen. In ihm enthaltene Ladungen können abfließen, oder Ladungen können von außen einfließen. Nur dadurch kann sich seine Gesamtladung ändern, es sei denn, dass Ladungen plötzlich verschwinden oder entstehen. Nach unseren Erfahrungen kann das jedoch nicht vorkommen. Das ist das *Prinzip der Erhaltung der elektrischen* Ladung.

Etwas allgemeiner formuliert lautet es so, dass die im Weltall vorhandene Ladung unveränderlich (vermutlich null) ist. Es gibt zwar Prozesse, bei denen Ladungen neu entstehen. Dadurch wird jedoch die gesamte Ladung nicht verändert, da stets gleich viel positive und negative Ladung entsteht. Nach unseren bisherigen Erfahrungen treten Ladungen in der Natur nur als Vielfache einer ganz bestimmten Elementarladung auf, wie sie z. B. negativ durch die Ladung eines Elektrons, positiv durch die eines Protons gegeben ist. Es kann nun vorkommen, dass aus einem Lichtteilchen (Photon) ein Paar entgegengesetzt geladener Teilchen entsteht (Teilchen und Antiteilchen, z. B. Elektron und Positron oder Proton und Antiproton). Es gibt übrigens Theorien, die die Existenz von Elementarteilchen mit Ladungen, die ein oder zwei Drittel der Elementarladung betragen, behaupten. Trotz eifrigen Nachforschens hat man diese Teilchen (die Quarks) bisher jedenfalls noch nicht direkt nachweisen können. Auch sie würden aber das Ladungserhaltungsprinzip nicht berühren.

Mathematisch formuliert lautet dieses so:

$$\oint \mathbf{g} \cdot d\mathbf{A} = -\frac{\partial}{\partial t} \int \rho \, d\tau = \int \operatorname{div} \mathbf{g} \, d\tau .$$

Daraus folgt

$$\operatorname{div} \mathbf{g} + \frac{\partial \rho}{\partial t} = 0 . \qquad (1.58)$$

Diese Gleichung, die sog. *Kontinuitätsgleichung*, drückt den Erhaltungssatz aus. Anderer-seits ist

$$\rho = \operatorname{div} \mathbf{D}$$

und deshalb

$$\operatorname{div} \left(\mathbf{g} + \frac{\partial \mathbf{D}}{\partial t} \right) = 0 . \qquad (1.59)$$

Die Vektorsumme $\mathbf{g} + \partial \mathbf{D}/\partial t$ muss also quellenfrei sein. Man kann sie deshalb als Rotation eines geeignet gewählten Vektorfeldes ausdrücken, da nach (1.40) die Divergenz jeder Rotation verschwindet:

$$\operatorname{rot} \mathbf{a} = \mathbf{g} + \frac{\partial \mathbf{D}}{\partial t} . \qquad (1.60)$$

An dieser Stelle liegt es nahe, den Vektor $\mathbf{a}$ mit dem Magnetfeld $\mathbf{H}$ zu identifizieren. Im zeitunabhängigen Fall jedenfalls würde das richtig zum Durchflutungsgesetz, (1.55), füh-ren. Es war Maxwell, der erkannt hat, dass das auch allgemein richtig ist. Wir bekommen so die sogenannte 1. *Maxwell'sche Gleichung* als richtige Verallgemeinerung des Durch-flutungsgesetzes für zeitabhängige Vorgänge:

$$\operatorname{rot} \mathbf{H} = \mathbf{g} + \frac{\partial \mathbf{D}}{\partial t} . \qquad (1.61)$$

Man bezeichnet $\mathbf{g} + \partial \mathbf{D}/\partial t$ als *Gesamtstromdichte*, die aus zwei Anteilen besteht, der *Leitungsstromdichte* $\mathbf{g}$ und der *Verschiebungsstromdichte* $\partial \mathbf{D}/\partial t$.

Mit der 1. Maxwell'schen Gleichung sind die Schwierigkeiten, die uns am Schluss des vorher gefundenen Abschnitts beschäftigt haben, behoben. Zwischen den geladenen Körpern besteht ein elektrisches Feld. Wenn ein Strom fließt, ändert sich dieses elektri-sche Feld, es entsteht also ein Verschiebungsstrom, der den Stromkreis schließt. Für jeden beliebigen geschlossenen Weg gilt dann

$$\oint \mathbf{H} \cdot d\mathbf{s} = \int_A \operatorname{rot} \mathbf{H} \cdot d\mathbf{A} = \int_A \left(\mathbf{g} + \frac{\partial \mathbf{D}}{\partial t} \right) \cdot d\mathbf{A} . \tag{1.62}$$

Das Ergebnis der Integration wird eindeutig, d. h. es hängt bei gegebenem Weg nicht von der gewählten Fläche ab. Wäre dies nicht so, so gäbe es keinen Stokes'schen Satz. Im Übrigen lässt es sich mit dem Gauß'schen Satz und der Beziehung div rot $\mathbf{a} = 0$ beweisen.

Wir haben zur Herleitung von (1.59) die Beziehung div $\mathbf{D} = \rho$ benützt und damit eine Verallgemeinerung vorgenommen, die nicht selbstverständlich ist und nicht ganz stillschweigend gemacht werden soll. Wir haben die Gleichung div $\mathbf{D} = \rho$ aus dem Coulomb'schen Gesetz für ruhende Ladungen hergeleitet. Man beachte an dieser Stelle, dass die Umkehrung dieses Schlusses nicht möglich ist. Man kann aus div $\mathbf{D} = \rho$ das Coulomb'sche Gesetz nicht ohne Weiteres wieder gewinnen. Von einer Ladung können ja $\mathbf{D}$-Linien ganz unsymmetrisch ausgehen, so dass der gesamte Fluss immer noch gleich der Ladung ist, aber kein Coulomb'sches Gesetz mehr gilt. Für eine ruhende Ladung ist aus Symmetriegründen so etwas nicht anzunehmen, da ja keine Richtung ausgezeichnet ist. Deshalb gilt für ruhende Ladungen das Coulomb'sche Gesetz. Um es zu bekommen, müssen wir zu div $\mathbf{D} = \rho$ die Annahme der Symmetrie hinzunehmen. Für bewegte Ladungen liegen die Dinge jedoch komplizierter. Das Symmetrieargument fällt weg und das Feld einer bewegten Ladung ist tatsächlich nicht kugelsymmetrisch. Das Coulomb'sche Gesetz gilt nicht mehr. Immer noch ist jedoch div $\mathbf{D} = \rho$ bzw. $\oint \mathbf{D} \cdot d\mathbf{A} = Q$. Obwohl wir vom Coulomb'schen Gesetz ausgingen als einer Grundtatsache, finden wir jetzt, dass die Beziehung div $\mathbf{D} = \rho$ allgemeiner und grundlegender ist, ja geradezu als die eigentliche Definition der Ladung aufgefasst werden kann. Denn zu jeder Ladung, bewegt oder unbewegt, gehört der entsprechende elektrische Fluss, und es gibt keinen Fluss ohne Ladung. Abb. 1.23 zeigt qualitativ das Feld einer ruhenden und einer gleichförmig bewegten Ladung. Das Feld der gleichförmig bewegten Ladung kann man sich aus dem der ruhenden Ladung durch Lorentz-Kontraktion entstanden denken. Die durch die Bewegung der Ladung bewirkte Feldverzerrung ist jedenfalls nur im Rahmen der Relativitätstheorie zu verstehen. Dennoch ist diese Verzerrung auch in der klassischen Elektrodynamik richtig beschrieben. Die von bewegten Ladungen verursachten magnetischen Kräfte sind genau die Folgen der erwähnten Verzerrung des elektrischen Feldes. Die magnetischen Kräfte sind also ebenfalls elektrischer Natur, sie sind die durch die Bewegung auftretenden Veränderungen der elektrischen Kräfte. Die Verzerrung des Feldes einer bewegten Ladung ist ein relativistischer Effekt, d. h. ein Effekt, der bei sehr großen Teilchengeschwindigkeiten nahe der Lichtgeschwindigkeit besonders in Erscheinung tritt und verschwinden würde, wäre die Lichtgeschwindigkeit nicht endlich. Dann gäbe es auch keinen Magnetismus.

Abb. 1.23 Die elektrischen Felder einer ruhenden und einer gleichförmig bewegten Ladung

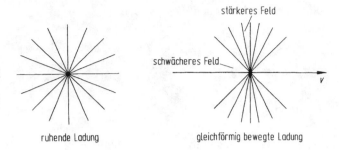

stärkeres Feld

schwächeres Feld

v

ruhende Ladung   gleichförmig bewegte Ladung

Weil die klassische Elektrodynamik auch den Magnetismus, der eigentlich ein relativistischer Effekt ist, bereits enthält, konnte sie das in der Physik durch die Relativitätstheorie ausgelöste Umdenken unverändert überleben. Es sei an dieser Stelle noch bemerkt, dass das Feld einer bewegten Ladung nicht wirbelfrei ist. (Eine sehr lesenswerte Diskussion der hier erwähnten Probleme findet man in [1]).

Neben dem Vektor **H** führt man auch noch einen zweiten Vektor **B**, die sog. *magnetische Induktion*, ein. Im Vakuum ist

$$\mathbf{B} = \mu_0 \mathbf{H} \,. \tag{1.63}$$

Die von Magnetfeldern ausgeübten Kräfte ergeben sich aus **B**. Eigentlich sollte man **B** als magnetische Feldstärke bezeichnen, was manche Autoren auch tun. μ_0 ist die sog. *Permeabilität des Vakuums*. Der Schlüssel zum Verständnis der anfänglich beschriebenen magnetischen Kräfte liegt in der Erkenntnis, dass sie nur auf bewegte Ladungen ausgeübt werden, und zwar gilt

$$\mathbf{F} = Q \mathbf{v} \times \mathbf{B} \,. \tag{1.64}$$

Abb. 1.24 Parallele Ströme ziehen einander an

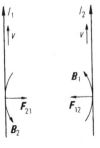

Abb. 1.25 Ein Strom übt
auf eine stromdurchflossene
Schleife ein Drehmoment aus

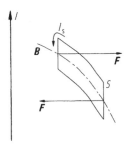

Das ist die sogenannte *Lorentz-Kraft*. Wirkt außerdem noch ein elektrisches Feld, so ist im ganzen

$$\mathbf{F} = Q(\mathbf{E} + \mathbf{v} \times \mathbf{B}) \, . \tag{1.65}$$

Die Lorentz-Kraft steht senkrecht auf $\mathbf{v}$ und $\mathbf{B}$. Das hat merkwürdige Effekte zur Folge. So ziehen parallele Ströme einander an (Abb. 1.24). Der Strom $I_1(I_2)$ bewirkt am Ort des Leiters $I_2(I_1)$ ein Feld $\mathbf{B}_1(\mathbf{B}_2)$ und dieses eine Lorentz-Kraft $\mathbf{F}_{12}(\mathbf{F}_{21})$. Interessant ist die Kraftwirkung auf eine stromdurchflossene Schleife im Feld eines anderen Stromes (Abb. 1.25). Der Strom I erzeugt am Ort der Schleife S mit dem Strom I_s das Feld $\mathbf{B}$. Die Lorentz-Kraft wirkt nur auf die zu $\mathbf{B}$ senkrechten Ströme und bewirkt ein Drehmoment, wie wir es für eine Magnetnadel beschrieben haben. Soweit wir heute wissen, sind alle magnetischen Körper durch in ihnen kreisende Ströme gekennzeichnet (*Ampère'sche Molekularströme*), abgesehen von den mit einer elementaren Eigenschaft von Elementarteilchen, dem Spin, verknüpften Erscheinungen. Der Spin dieser Teilchen führt dazu, dass sie sich verhalten, als trügen sie kreisende Ströme, obwohl sie das nicht wirklich tun. Es gibt demnach keine magnetischen Ladungen, und alle magnetischen Kräfte sind letzten Endes Lorentz-Kräfte (abgesehen wiederum von den Effekten des Spins der Elementarteilchen).

1.11 Das Induktionsgesetz

Zu all dem kommt noch eine weitere grundlegende Erfahrung. Das oft nach *Faraday* benannte *Induktionsgesetz* formuliert sie wie folgt:

Wenn sich der eine geschlossene Kurve durchsetzende magnetische Fluss zeitlich ändert, so wird in dieser Kurve eine der magnetischen Flussänderung proportionale Spannung induziert.

Unter magnetischen Fluss wollen wir dabei den Fluss der magnetischen Induktion $\mathbf{B}$ verstehen:

$$\phi = \int \mathbf{B} \cdot d\mathbf{A} \, . \tag{1.66}$$

Die in einer geschlossene Kurve auftretende Spannung (oft *Ringspannung* genannt) ist natürlich gegeben durch das Integral

$$\oint \mathbf{E} \cdot d\mathbf{s} ,$$

das im elektrostatischen Fall verschwindet. Jetzt ist das nicht mehr der Fall. Wir haben vielmehr

$$\oint \mathbf{E} \cdot d\mathbf{s} = -\frac{\partial}{\partial t} \phi , \qquad (1.67)$$

wobei wir schon benutzt haben, dass eine denkbare Proportionalitätskonstante dimensionslos ist und sich zu 1 ergibt. Wir können auch schreiben

$$\oint \mathbf{E} \cdot d\mathbf{s} = \int_A \operatorname{rot} \mathbf{E} \cdot d\mathbf{A} = -\frac{\partial}{\partial t} \int_A \mathbf{B} \cdot d\mathbf{A}$$

$$= -\int_A \frac{\partial \mathbf{B}}{\partial t} \cdot d\mathbf{A} .$$

Da dies für jede beliebige Fläche A gilt, ist

$$\operatorname{rot} \mathbf{E} = -\frac{\partial \mathbf{B}}{\partial t} . \qquad (1.68)$$

Die beiden gleichwertigen Beziehungen (1.67) und (1.68) stellen die sogenannte 2. *Maxwell'sche Gleichung* in integraler bzw. differentieller Formulierung dar.

Wir bilden die Divergenz beider Seiten von (1.68) und finden

$$\operatorname{div} \operatorname{rot} \mathbf{E} = -\operatorname{div} \frac{\partial \mathbf{B}}{\partial t} = -\frac{\partial}{\partial t} \operatorname{div} \mathbf{B} = 0 .$$

Die div $\mathbf{B}$ kann demnach nur eine zeitunabhängige Ortsfunktion sein:

$$\operatorname{div} \mathbf{B} = f(\mathbf{r}) . \qquad (1.69)$$

Nach unseren Erfahrungen ist

$$f(\mathbf{r}) \equiv 0 \qquad (1.70)$$

und deshalb

$$\operatorname{div} \mathbf{B} = 0 . \qquad (1.71)$$

Die Feldlinien der magnetischen Induktion sind also frei von Quellen oder Senken. Das bedeutet, was wir auch schon früher festgestellt haben, dass es nämlich keine magnetischen Ladungen gibt, an denen die Feldlinien beginnen oder enden könnten. Oft wird behauptet, daraus folge, dass magnetischen Feldlinien sich entweder schließen oder ins Unendliche verlaufen müssten. Diese Behauptung ist jedoch falsch. Es gibt durchaus Beispiele für Felder, deren Linien weder das eine noch das andere tun (in Kap. 5, Magnetostatik, werden wir dies genauer diskutieren, s. Abschn. 5.11.2).

1.12   Die Maxwell'schen Gleichungen

In den vorhergehenden Abschnitten haben wir nun alle Maxwell'schen Gleichungen kennengelernt. Jede der Gleichungen kann in differentieller oder in integraler Form angegeben werden. Wir wollen sie hier in beiden Formen nebeneinanderstellen:

differentiell	integral
$\operatorname{rot} \mathbf{H} = \mathbf{g} + \dfrac{\partial \mathbf{D}}{\partial t}$	$\oint \mathbf{H} \cdot \mathrm{ds} = \int_A \left(\mathbf{g} + \dfrac{\partial \mathbf{D}}{\partial t} \right) \cdot \mathrm{dA}$
$\operatorname{rot} \mathbf{E} = -\dfrac{\partial \mathbf{B}}{\partial t}$	$\oint \mathbf{E} \cdot \mathrm{ds} = -\dfrac{\partial}{\partial t} \int_A \mathbf{B} \cdot \mathrm{dA}$
$\operatorname{div} \mathbf{B} = 0$	$\oint \mathbf{B} \cdot \mathrm{dA} = 0$
$\operatorname{div} \mathbf{D} = \rho$	$\oint \mathbf{D} \cdot \mathrm{dA} = \int_V \rho \, \mathrm{d\tau}$

$$(1.72)$$

Das sind zwei vektorielle und zwei skalare Gleichungen für fünf vektorielle Größen ($\mathbf{E}, \mathbf{D}, \mathbf{H}, \mathbf{B}, \mathbf{g}$) und eine skalare Größe (ρ). Offensichtlich hat man somit mehr Unbekannte (5 mal $3 + 1 = 16$) als Gleichungen (2 mal $3 + 2 = 8$), da jede vektorielle Gleichung drei skalaren Gleichungen und jede vektorielle Unbekannte drei skalaren Unbekannten entspricht. Berücksichtigen wir noch, dass (wie wir im vorhergehenden Abschnitt sahen) die Gleichung $\operatorname{div} \mathbf{B} = 0$ aus der zweiten Maxwell'schen Gleichung folgt bzw. dass, etwas genauer gesagt, die Gleichung $\operatorname{div} \mathbf{B} = 0$ nur die Rolle einer Anfangsbedingung im System der Maxwell'schen Gleichung spielen kann, so wird die Diskrepanz noch größer:

Wir haben 7 Gleichungen für 16 Unbekannte. Wir müssen demnach die Maxwell'schen Gleichungen durch 9 weitere Gleichungen ergänzen. Einige der dazu nötigen Gleichungen haben wir mindestens für das Vakuum bereits kennengelernt:

$$\left.\begin{aligned} \mathbf{D} &= \varepsilon_o \mathbf{E} \; , \\ \mathbf{B} &= \mu_0 \mathbf{H} \; . \end{aligned}\right\} \tag{1.73}$$

Haben wir es mit anderen Medien zu tun, so müssen wir in irgendeiner Weise $\mathbf{D}$ als Funktion von $\mathbf{E}$ und $\mathbf{B}$ als Funktion von $\mathbf{H}$ angeben (was wir später ausführlicher erörtern müssen):

$$\left.\begin{aligned} \mathbf{D} &= \mathbf{D(E)} \; , \\ \mathbf{B} &= \mathbf{B(H)} \; . \end{aligned}\right\} \tag{1.74}$$

Eine weitere Gleichung gewinnen wir aus der Tatsache, dass elektrische Ströme in Leitern von elektrischen Feldern verursacht werden und deshalb irgendwie vom elektrischen Feld abhängen werden:

$$\mathbf{g} = \mathbf{g(E)} \; . \tag{1.75}$$

Im einfachsten und oft wichtigen Fall ist $\mathbf{g}$ dem Feld $\mathbf{E}$ proportional (*Ohm'sches Gesetz*)

$$\mathbf{g} = \kappa \mathbf{E} \; . \tag{1.76}$$

Der Koeffizient κ wird als spezifische elektrische *Leitfähigkeit* bezeichnet. Zusammenfassend können wir also sagen, dass (1.74) und (1.75) die Maxwell'schen Gleichungen (1.72) zu einem vollständigen System von Gleichungen ergänzen.

Als Folge des Überlagerungsprinzips sowohl der elektrischen als auch der magnetischen Felder (für die magnetischen Felder steckt es in den Überlegungen, die zu (1.55) führen) sind die Maxwell'schen Gleichungen linear. Die Linearität ist der formale Ausdruck für das Überlagerungsprinzip. Die Linearität ist auch sehr wichtig für die Anwendungen, d. h. für die Lösung konkreter Probleme. Lineare Gleichungen sind viel leichter zu lösen als nichtlineare. Diese Linearität geht verloren, wenn die ergänzenden „Materialgleichungen" (1.74) und (1.75) nichtlinear sind, was durchaus vorkommen kann.

Die Maxwell'schen Gleichungen zeigen ein hohes Maß an Symmetrie, das ihnen einen oft beschworenen geradezu ästhetischen Reiz verleiht. Die Symmetrie wird besonders deutlich für den Fall des Vakuums ohne Ladungen und ohne Ströme. Dafür ist

$$\left.\begin{aligned} \operatorname{rot} \mathbf{H} &= \frac{\partial \mathbf{D}}{\partial t} \; , \\[2mm] \operatorname{rot} \mathbf{E} &= -\frac{\partial \mathbf{B}}{\partial t} \; , \quad \mathbf{D} = \varepsilon_0 \mathbf{E} \; , \\[2mm] \operatorname{div} \mathbf{B} &= 0 \; , \qquad\quad \mathbf{B} = \mu_0 \mathbf{H} \; , \\[2mm] \operatorname{div} \mathbf{D} &= 0 \; . \end{aligned}\right\} \tag{1.77}$$

Abb. 1.26 Mechanismus der Fortpflanzung elektromagnetischer Wellen

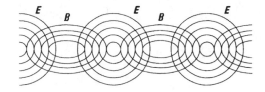

Es zeigt sich, dass diese Symmetrie bedeutsame Konsequenzen hat. Ein sich änderndes elektrisches Feld ($\partial \mathbf{D}/\partial t$) erzeugt ein magnetisches Wirbelfeld (rot $\mathbf{H}$). Dieses ist selbst zeitlich veränderlich ($\partial \mathbf{B}/\partial t$) und erzeugt dadurch ein elektrisches Wirbelfeld (rot $\mathbf{E}$) etc. Das ist der Mechanismus der Entstehung und Fortpflanzung elektromagnetischer Wellen (Abb. 1.26), dem Radiowellen, Licht, Wärmestrahlen etc. ihre Existenz verdanken.

Mit Strömen und Ladungen geht diese Symmetrie etwas verloren. Das hat etwas Unbefriedigendes an sich. Die Unsymmetrie liegt darin, dass es (wie schon wiederholt bemerkt) nach heutigem Wissen keine magnetischen Ladungen als Quellen von Magnetfeldern gibt. Es gibt eine Reihe von Naturwissenschaftlern, die nicht glauben können, dass damit das letzte Wort gesprochen sei. Tatsächlich ist es denkbar, dass magnetische Ladungen existieren, bisher jedoch noch nicht entdeckt worden sind. Deshalb wird nach magnetischen Ladungen gesucht, und möglicherweise werden eines Tages welche gefunden. In diesem Fall wären die Maxwell'schen Gleichungen abzuändern. Es ist eine nützliche kleine Übung, sich zu überlegen, wie dies zu geschehen hätte. Neben der räumlichen Dichte elektrischer Ladungen (ρ_e) gäbe es dann die der magnetischen Ladungen (ρ_m). Beide könnten Ströme bewirken ($\mathbf{g}_e$, $\mathbf{g}_m$). Neben das Prinzip der Erhaltung der elektrischen Ladung

$$\operatorname{div} \mathbf{g}_e + \frac{\partial \rho_e}{\partial t} = 0 \tag{1.78}$$

müsste wohl das der magnetischen Ladung treten,

$$\operatorname{div} \mathbf{g}_m + \frac{\partial \rho_m}{\partial t} = 0 \,. \tag{1.79}$$

Dabei wäre

$$\operatorname{div} \mathbf{D} = \rho_e \tag{1.80}$$

und

$$\operatorname{div} \mathbf{B} = \rho_m \,. \tag{1.81}$$

Damit erhält man

$$\operatorname{div} \left(\mathbf{g}_e + \frac{\partial \mathbf{D}}{\partial t} \right) = 0 \,,$$

$$\operatorname{div} \left(\mathbf{g}_m + \frac{\partial \mathbf{B}}{\partial t} \right) = 0 \,.$$

Diese Gleichungen sind zu erfüllen durch die Ansätze

$$\operatorname{rot} \mathbf{a} = \mathbf{g}_m + \frac{\partial \mathbf{B}}{\partial t} \; ,$$

$$\operatorname{rot} \mathbf{b} = \mathbf{g}_e + \frac{\partial \mathbf{D}}{\partial t} \; .$$

Wie wir wissen, ist $\mathbf{b}$ mit $\mathbf{H}$ zu identifizieren. Ähnlich müssten wir $\mathbf{a}$ mit $-\mathbf{E}$ identifizieren, um für $\mathbf{g}_m = 0$ die zweite Maxwell'sche Gleichung richtig zu bekommen. Insgesamt wäre also:

$$\left. \begin{aligned} \operatorname{rot} \mathbf{H} &= \mathbf{g}_e + \frac{\partial \mathbf{D}}{\partial t} \; , \\[1mm] \operatorname{rot} \mathbf{E} &= -\mathbf{g}_m - \frac{\partial \mathbf{B}}{\partial t} \; , \\[1mm] \operatorname{div} \mathbf{B} &= \rho_m \; , \\[1mm] \operatorname{div} \mathbf{D} &= \rho_e \; . \end{aligned} \right\} \tag{1.82}$$

Sollten also eines Tages magnetische Ladungen entdeckt werden, so wären die Maxwell'schen Gleichungen in dieser Form anzuwenden. Einige weitere Bemerkungen zum Problem magnetischer Ladungen finden sich im Abschn. 10.2.

Oft wird gesagt, die Gleichung $\operatorname{div} \mathbf{B} = 0$ bewirke, dass es keine magnetischen Ladungen gebe. Da jedoch diese Gleichung, wie oben festgestellt, im System der Maxwell'schen Gleichungen nur die Rolle einer Anfangsbedingung spielt, genügt das nicht. Wesentlich ist das Induktionsgesetz, das ja aus dem Prinzip der Erhaltung der magnetischen Ladungen hervorgeht. Mit $\mathbf{g}_m = 0$ ist

$$\operatorname{div} \operatorname{rot} \mathbf{E} = -\frac{\partial}{\partial t} \operatorname{div} \mathbf{B} = -\frac{\partial \rho_m}{\partial t} = 0 \; .$$

Ist also anfangs $\rho_m = 0$, so bleibt es 0.

Wir kehren zu den normalen Maxwell'schen Gleichungen ohne magnetische Ladungen zurück. Sie beschreiben eine ganz unglaubliche Fülle von Erscheinungen, mit denen wir uns im Folgenden beschäftigen müssen. Das geschieht im Allgemeinen schrittweise, und auch wir werden so vorgehen, d. h. wir werden nicht von Anfang an das volle System der Maxwell'schen Gleichungen zu lösen versuchen. Zunächst sollen Felder betrachtet werden, die keinerlei Zeitabhängigkeit haben. Dafür ist

$$\operatorname{rot} \mathbf{H} = \mathbf{g} \; ,$$

$$\operatorname{rot} \mathbf{E} = 0 \; ,$$

$$\operatorname{div} \mathbf{B} = 0 \; ,$$

$$\operatorname{div} \mathbf{D} = \rho \; .$$

Zwei dieser Gleichungen hängen nur mit elektrostatischen Größen zusammen, die uns schon bekannten Gleichungen

$$\operatorname{rot} \mathbf{E} = 0 \, ,$$
$$\operatorname{div} \mathbf{D} = \rho \, .$$

Sie definieren die *Elektrostatik*, mit der wir uns zuerst beschäftigen werden – natürlich muss $\mathbf{D} = \mathbf{D}(\mathbf{E})$ hinzugenommen werden. Die beiden anderen Gleichungen,

$$\operatorname{rot} \mathbf{H} = \mathbf{g} \, ,$$
$$\operatorname{div} \mathbf{B} = 0$$

definieren die *Magnetostatik*, wenn man noch den Zusammenhang zwischen $\mathbf{B}$ und $\mathbf{H}$ dazunimmt. Sie wird den zweiten Hauptteil des Buches ausmachen. Erst im letzten, dritten Hauptteil werden wir zu den mehr oder weniger vollständigen Maxwell'schen Gleichungen kommen und zeitabhängige Probleme (z. B. Skineffektprobleme, Wellenausbreitung, Strahlung von Antennen etc.) behandeln.

Bei all dem haben wir es mit unserem gegenwärtigen, nicht notwendigerweise endgültigen Wissen zu tun. Es ist denkbar, dass eines Tages Dinge bekannt werden, die eine Erweiterung unserer Vorstellungen und Theorien erzwingen. Wir sind ja auf eine ganze Reihe von Fragen gestoßen, auf die es noch keine endgültigen Antworten gibt, z. B. ob das Coulomb'sche Gesetz wirklich genau gilt, ob es wirklich keine magnetischen Ladungen gibt etc. Das gehört zum Wesen der Wissenschaft. Außerdem sind auch die vielleicht nur vorläufigen Antworten interessant und wichtig genug.

1.13   Das Maßsystem

Wir haben die praktisch wichtige Frage, welche Einheiten für die verschiedenen Größen benutzt werden sollen, d. h. welches Maßsystem eingeführt werden soll, zunächst offengelassen. Das ist nun nachzuholen.

Es gibt recht verschiedene Maßsysteme, und es gibt viele Erörterungen, welches dieser Maßsysteme aus welchen Gründen besonders gut sei. Solche Erörterungen sind nicht sehr nützlich und sollen deshalb hier unterbleiben. Wir wollen uns hier auf ein einziges Maßsystem beschränken und dieses konsequent benützen, und zwar das heute international übliche und inzwischen auch gesetzlich verankerte *MKSA-System*.

Jedes Maßsystem beruht auf Grundeinheiten und aus daraus abgeleiteten Einheiten. Das MKSA-System hat seinen Namen daher, dass Meter, Kilogramm, Sekunde and Ampère als Grundeinheiten gewählt werden. Jede Grundeinheit muss natürlich hinreichend genau definiert sein, d. h. sie muss durch ein „Normal" festgelegt sein. Dieses muss begrifflich klar definiert und messtechnisch möglichst gut reproduzierbar sein. Es kann sich dabei um einen künstlich hergestellten *Prototyp* oder auch um ein *naturgegebenes Normal* handeln. Im Fall des von uns benutzten MKSA-Systems werden die vier Grundeinheiten wie folgt definiert:

1. 1 Meter (m) wird seit 1983 durch die Laufzeit des Lichtes definiert, und zwar als die Länge der Strecke, die Licht im Vakuum während der Dauer von

$$\frac{1}{299.792.458}\,\text{s}$$

   durchläuft. Früher (1889–1960) war ein Meter definiert als die Länge eines in Paris aufbewahrten Prototyps (Urmeter) aus 90 % Platin und 10 % Iridium, der seinerseits der zehnmillionste Teil eines Erdmeridianquadranten sein sollte (jedoch nicht genau war). Von 1960 bis 1983 erfolgte die Definition spektroskopisch mit Hilfe der Wellenlänge einer bestimmten von Kryptonatomen emittierten Spektrallinie.
2. 1 Sekunde (s) wird neuerdings auch spektroskopisch definiert, nämlich als die Dauer von

$$9.192.631.770 \quad \text{Perioden}$$

   einer bestimmten von Cäsium emittierten Strahlung. Früher war 1 Sekunde definiert als der 86.400. Teil eines mittleren Sonnentages des Jahres 1900.
3. 1 Kilogramm (kg) war und ist auch heute noch definiert als die Masse eines in Paris aufbewahrten Platin-Iridium-Prototyps (Urkilogramm).
4. 1 Ampère (A) war definiert als der zeitlich genau konstante Strom, der in 1 s aus wässriger Silbernitratlösung $1{,}118\,\text{mg} = 1{,}118 \cdot 10^{-6}\,\text{kg}$ Silber abscheidet. Die so definierte Einheit (die heute als *internationales Ampère* bezeichnet wird) unterscheidet sich jedoch etwas von dem sog. *absoluten Ampère*, das heute als Grundeinheit definiert wird. Zum Verständnis der Definition müssen wir uns an die in Abschn. 1.10 bereits erwähnte anziehende Kraft zwischen Leitern mit zueinander parallelen Strömen erinnern (siehe auch Abb. 1.24). Betrachten wir zwei unendlich lange und parallele Leiter mit den Strömen I_1 und I_2 im Abstand $\mathbf{r}$ voneinander, so ist die magnetische Induktion, die der Strom I_1 am Ort des Stromes I_2 erzeugt,

$$B_1 = \mu_0 H_1 = \mu_0 \frac{I_1}{2\pi r} \; . \tag{1.83}$$

Das ergibt sich aus der Definition von $\mathbf{B}$ durch (1.63) und wegen der Symmetrie aus den Gleichungen (1.55) oder (1.56). Gehen wir z. B. von (1.55) aus, so ist nämlich

$$\oint \mathbf{H} \cdot \mathrm{d}s = 2\pi r H_1 = I_1 \; ,$$

d. h.

$$H_1 = \frac{I_1}{2\pi r} \; .$$

Aus (1.83) zusammen mit (1.64) ergibt sich dann die auf den zweiten Leiter ausgeübte Kraft. Der Strom in einem Leiter beruht ja auf Ladungen, die sich in ihm bewegen. Die Kraft auf eine einzelne Ladung Q mit der Geschwindigkeit v im Leiter 2 ist

$$F = Q \cdot v \cdot \frac{\mu_0 I_1}{2\pi r} \, ,$$

und die Kraft auf den ganzen Leiter ist

$$F_g = \sum_i Q_i v_i \frac{\mu_0 I_1}{2\pi r} \, , \tag{1.84}$$

wobei die Summation über alle Ladungsträger im Leiter 2 zu erstrecken ist. Die Summe wird unendlich, da der Leiter unendlich lang ist und damit auch unendlich viele bewegte Ladungen enthält. Die Kraft pro Längeneinheit bleibt jedoch endlich,

$$\frac{F_g}{L} = \frac{\mu_0 I_1}{2\pi r} \cdot \frac{\sum_i Q_i v_i}{L} \, . \tag{1.85}$$

Der Ausdruck $(\sum_i Q_i v_i)/L$ ist nun nichts anderes als die Stromstärke I_2:

$$\frac{\sum_i Q_i v_i}{L} = I_2 \, . \tag{1.86}$$

Die Stromstärke ist ja definiert als die pro Zeiteinheit durch den Leiterquerschnitt hindurchgehende Ladung. Insgesamt ist also

$$\frac{F}{L} = \frac{\mu_0 I_1 I_2}{2\pi r} \, . \tag{1.87}$$

Wir betrachten nun zwei unendlich lange, unendlich dünne, geradlinige und im Abstand von 1 m parallele Leiter, in denen gleich starke Ströme $I = I_1 = I_2$ fließen. Übt dann jeder der beiden Leiter auf den anderen eine Kraft von $2 \cdot 10^{-7}$ Newton pro Meter Länge aus, so sind die zugehörigen Stromstärken $I = I_1 = I_2 = 1$ Ampère (1 A). Dabei ist 1 Newton die Einheit der Kraft im MKS-System,

$$1\,\text{N} = 1\,\text{Newton} = 1 \frac{\text{m\,kg}}{\text{s}^2} \, .$$

Wir bekommen also

$$2 \cdot 10^{-7} \frac{\text{N}}{\text{m}} = \frac{\mu_0}{2\pi} \frac{\text{A}^2}{\text{m}} \, .$$

Demnach ist die eben gegebene Definition der Grundeinheit Ampère aufzufassen als Festlegung von μ_0:

$$\mu_0 = 4\pi \cdot 10^{-7} \frac{\mathrm{N}}{\mathrm{A}^2} \; . \qquad\qquad (1.88)$$

Damit sind vier Grundeinheiten eingeführt. Aus ihnen sind nun die abgeleiteten Einheiten aufzubauen. Hier sind zunächst die rein mechanischen Einheiten zu nennen. Einheit der Kraft ist – wie schon erwähnt –

$$1\,\text{Newton} = 1\,\mathrm{N} = 1 \frac{\mathrm{m\,kg}}{\mathrm{s}^2} \; ,$$

Einheit der Energie

$$1\,\text{Joule} = 1\,\mathrm{J} = 1\,\mathrm{Nm} = 1 \frac{\mathrm{m}^2\,\mathrm{kg}}{\mathrm{s}^2} \; ,$$

und Einheit der Leistung

$$1\,\text{Watt} = 1\,\mathrm{W} = 1 \frac{\mathrm{Nm}}{\mathrm{s}} = 1 \frac{\mathrm{J}}{\mathrm{s}} = 1 \frac{\mathrm{m}^2\,\mathrm{kg}}{\mathrm{s}^3} \; .$$

Kommen wir nun zu den elektrischen Einheiten: Aus der Definition der Stromstärke,

$$I = \frac{\mathrm{d}Q}{\mathrm{d}t} \; ,$$

gewinnen wir als Einheit der Ladung

$$1\,\text{Coulomb} = 1\,\mathrm{C} = 1\,\mathrm{As} \; .$$

Obwohl also die Ladung rein theoretisch von sehr grundlegender Bedeutung ist und der eigentlich Ausgangspunkt unserer Überlegungen war, ist sie im Maßsystem eine abgeleitete Größe. In der Natur kommen (von den Quarks abgesehen) Ladungen immer nur als Vielfache der sog. *Elementarladung* vor. Diese ist sehr klein und nur ein winziger Bruchteil von einem Coulomb, nämlich

$$e \approx 1{,}6 \cdot 10^{-19}\,\mathrm{C} \; . \qquad\qquad (1.89)$$

Wenn e in dieser Weise definiert wird, dann ist die Ladung z. B. eines Elektrons $-e$, die eines Protons oder eines Positrons $+e$. Wegen

$$\mathbf{F} = Q\mathbf{E}$$

ist die Einheit der elektrischen Feldstärke 1 N/C und damit die des Potentials bzw. der Spannung 1 Nm/C ($\mathbf{E} = -\operatorname{grad}\varphi$). Sie wird mit 1 Volt (V) bezeichnet:

$$1\,\text{Volt} = 1\,\text{V} = 1\frac{\text{Nm}}{\text{C}} = 1\frac{\text{J}}{\text{C}} = 1\frac{\text{W}}{\text{A}}\,.$$

Also ist auch

$$1\,\text{V} \cdot 1\,\text{A} = 1\,\text{W}\,,$$
$$1\,\text{V} \cdot 1\,\text{C} = 1\,\text{J}\,.$$

Aus dem Coulomb'schen Gesetz,

$$|\mathbf{F}| = \frac{Q_1 Q_2}{4\pi\varepsilon_0 r^2}\,,$$

können wir die Dimension von ε_0, $[\varepsilon_0]$, gewinnen:

$$[\varepsilon_0] = \frac{\text{C}^2}{\text{Nm}^2} = \frac{\text{C}^2}{\text{Jm}} = \frac{\text{C}^2}{\text{CVm}} = \frac{\text{C}}{\text{Vm}} = \frac{\text{As}}{\text{Vm}}\,.$$

Der Zahlenwert ist einer Messung zu entnehmen. Er hängt natürlich vom gewählten Maßsystem ab. Man findet

$$\varepsilon_0 = 8{,}855 \cdot 10^{-12}\frac{\text{As}}{\text{Vm}}\,. \tag{1.90}$$

Die schon erwähnte Einheit der elektrischen Feldstärke, 1 N/C, kann auch als 1 V/m ausgedrückt werden. Damit wird die der dielektrischen Verschiebung

$$1\frac{\text{As}}{\text{Vm}} \cdot \frac{\text{V}}{\text{m}} = 1\frac{\text{As}}{\text{m}^2} = 1\frac{\text{C}}{\text{m}^2}\,,$$

was auch an der Beziehung

$$\oint \mathbf{D} \cdot d\mathbf{A} = Q$$

zu erkennen ist.

Mit diesen Definitionen können wir auch die Dimension von μ_0 noch in anderer Form angeben:

$$[\mu_0] = \frac{\text{N}}{\text{A}^2} = \frac{\text{VC}}{\text{mA}^2} = \frac{\text{VAs}}{\text{A}^2\text{m}} = \frac{\text{Vs}}{\text{Am}}\,,$$

d. h.

$$\mu_0 = 1,2566 \cdot 10^{-6} \frac{\text{Vs}}{\text{Am}} \, . \qquad (1.91)$$

Beim Vergleich der beiden Definitionen (1.90) und (1.91) fällt auf, dass das Produkt von ε_0 und μ_0 eine rein mechanische Dimension hat:

$$[\varepsilon_0\mu_0] = \frac{\text{As}}{\text{Vm}} \cdot \frac{\text{Vs}}{\text{Am}} = \left(\frac{\text{s}}{\text{m}}\right)^2 \, .$$

Zahlenmäßig ergibt sich

$$\frac{1}{\varepsilon_0\mu_0} = 9 \cdot 10^{16} \left(\frac{\text{m}}{\text{s}}\right)^2 = c^2 \, , \qquad (1.92)$$

das Quadrat der Lichtgeschwindigkeit. Das ist kein Zufall. Historisch war es ein erster Hinweis auf die elektromagnetische Natur des Lichtes, die uns in einem späteren Abschnitt noch beschäftigen wird.

Die Einheit der Stromdichte ist $1\,\text{A}/\text{m}^2$. Wegen der 1. Maxwell'schen Gleichung (1.61) ist dann die Einheit der magnetischen Feldstärke $1\,\text{A}/\text{m}$. Mit $\mathbf{B} = \mu_0\mathbf{H}$ ergibt sich daraus die Einheit von B als $1\,\text{Vs}/\text{Am} \cdot 1\,\text{A}/\text{m} = 1\,\text{Vs}/\text{m}^2$. Sie wird 1 Tesla genannt:

$$1\,\text{Tesla} = 1\,\text{T} = 1\frac{\text{Vs}}{\text{m}^2} \, .$$

Die Einheit des magnetischen Flusses, die sich daraus ergibt, wird auch als 1 Weber bezeichnet:

$$1\frac{\text{Vs}}{\text{m}^2} \cdot 1\,\text{m}^2 = 1\,\text{Vs} = 1\,\text{Weber} = 1\,\text{Wb} \, .$$

Weitere abgeleitete Einheiten sind für den Widerstand

$$1\,\text{Ohm} = 1\Omega = 1\frac{\text{V}}{\text{A}} \, ,$$

für die Kapazität

$$1\,\text{Farad} = 1\,\text{F} = 1\frac{\text{C}}{\text{V}} = 1\frac{\text{As}}{\text{V}} = 1\frac{\text{s}}{\Omega}$$

und für die Induktivität

$$1\,\text{Henry} = 1\,\text{H} = 1\frac{\text{Vs}}{\text{A}} = 1\,\Omega\text{s} \, .$$

Diese Begriffe werden wir später noch einzuführen haben. Die Definitionen der Einheiten 1 Henry und 1 Farad werden auch benützt, um μ_0 in Henry pro Meter (H/m) und ε_0 in Farad pro Meter (F/m) anzugeben.

Jede physikalische Größe ist als Produkt aufzufassen aus einem Zahlenwert und einer Einheit:

$$\text{Größe} = \text{Zahlenwert} \cdot \text{Einheit} .$$

Beispiele dafür sind die Formeln (1.88), (1.89), (1.90) und (1.92) dieses Abschnitts. Dabei sind die üblichen Rechenregeln auf diese Produkte anwendbar, was auch unserem Vorgehen bei der Ableitung der obigen Zusammenhänge entspricht.

Zum Abschluss dieses Abschnitts seien noch einige Umrechnungsfaktoren für andere oft gebrauchte Einheiten angegeben:

$$1 \,\text{Tesla} = 1\,\text{T} = 10^4 \,\text{Gauß} ,$$

$$1 \,\text{Maxwell} = 1\,\text{M} = 10^{-8} \,\text{Weber} ,$$

$$1 \,\text{Elektronenvolt} = 1\,\text{eV} = 1{,}6 \cdot 10^{-19} \,\text{Joule} .$$

Ein weltweit angenommenes und auch gesetzlich verankertes Maßsystem ist aus vielen Gründen sowohl für die Wirtschaft wie auch für alle Belange des öffentlichen Lebens von wesentlicher Bedeutung. Insbesondere Wissenschaftler haben schon vor längerer Zeit darauf hingewiesen, dass das Maßsystem für alle Menschen auch über die Erde hinaus sinnvoll und praktisch sein sollte. Man wollte ein System, das für alle Zeiten, für alle Kulturen, auch außerterrestrische und nicht menschliche gültig und brauchbar ist. Die für diese Fragen zuständigen Wissenschaftler und Institutionen haben sich jahrelang mit allen diesen Problemen beschäftigt und schließlich ein neues Maßsystem geschaffen, das nun seit Mai 2019 gilt und sich grundsätzlich vom vorher geltenden MKSA-System unterscheidet. Es beruht auf sieben „definierenden Konstanten", die festgelegt werden und aus denen sich alle nötigen Einheiten für alle vorkommenden Größen gewinnen lassen. Das soll und kann hier nicht in allen Details behandelt werden. Das Ziel war jedenfalls ein Maßsystem, das nicht auf von Menschen geschaffenen künstlichen Einheiten, sondern auf wesentlichen Naturgesetzen beruht [72, 73] und damit auch die gewünschte Vielseitigkeit erlaubt.

Die sieben festgesetzten „definierenden Konstanten" sind:

	Konstante	Symbol	Exakter Zahlenwert	Einheit
1.)	Hyperfeinspaltung von Cäsium	$\Delta \nu_{\text{Cs}}$	$9\,192\,631\,770$	$\text{Hz} = \text{s}^{-1}$
2.)	Vakuumlichtgeschwindigkeit	c	$299\,792\,458$	m s^{-1}
3.)	Planck-Konstante	h	$6{,}62607015 \times 10^{-34}$	$\text{J s} = \text{kg m}^2\,\text{s}^{-1}$
4.)	Elementarladung	e	$1{,}602176634 \times 10^{-19}$	$\text{C} = \text{A s}$
5.)	Boltzmann-Konstante	k	$1{,}380649 \times 10^{-23}$	$\text{J K}^{-1} = \text{kg m}^2\,\text{s}^{-2}\,\text{K}^{-1}$
6.)	Avogadro-Konstante	N_{A}	$6{,}02214076 \times 10^{23}$	mol^{-1}
7.)	Luminöse Effizienz	K_{cd}	683	$\text{lm W}^{-1} = \text{cd sr kg}^{-1}\,\text{m}^{-2}\,\text{s}^3$

Dadurch ist das neue Maßsystem gegeben. Es legt insbesondere vier fundamentale Naturkonstanten fest, c, h, e, k, die Teile wesentlicher Naturgesetze, also nicht von Menschen gemacht sind. Auch die drei übrigen Konstanten sind von großer praktischer Bedeutung.

Zwei wichtige Quanteneffekte spielen im Zusammenhang mit dem neuen Maßsystem eine erhebliche Rolle, einerseits die 1962 von B.D. Josephson [74] entdeckten Josephson-Effekte (Nobelpreis 1973), andererseits der 1980 von K. von Klitzing [75] entdeckte Quanten-Hall-Effekt (Nobelpreis 1985). Die Josephson-Konstante ist

$$K_j = 2e/h \tag{1.93}$$

und die Klitzing-Konstante ist

$$R_k = h/e^2 \ . \tag{1.94}$$

Mit h und e sind also auch K_j und R_k festgelegt, wie auch umgekehrt mit K_j und R_k auch h und e festgelegt sind,

$$h = 4/(K_j^2 R_k) \tag{1.95}$$

und

$$e = 2/(K_j R_k) \ . \tag{1.96}$$

Die im MKSA-System unbefriedigendste Definition war wohl die des kg durch das in Paris aufbewahrte Urkilogramm. Diese ist man jetzt los geworden. Die Einheit der Masse, 1 kg oder 1 g, gewinnt man zum Beispiel durch Versuchsanordnungen, die man „Watt Balances" [76] (auch „Kibble Balances") nennt. Sie führen die Einheit der Masse letzten Endes auf h zurück.

Obwohl die Definitionen vieler Einheiten sich ändern, wird der Effekt auf die tagtägliche Messtechnik nicht bemerkbar sein. Ausgedrückt in den Einheiten des neuen Maßsystems werden viele physikalische Größen geringere Unsicherheiten aufweisen, einige werden, neben den „definierenden Konstanten", exakt sein.

Die Grundlagen der Elektrostatik

2.1 Grundlegende Beziehungen

Die für die Elektrostatik grundlegenden Beziehungen haben wir bereits in Kap. 1 kennengelernt. Wir wollen sie am Beginn unserer Erörterung der Elektrostatik noch einmal zusammenstellen. Zunächst gilt für die Kraft zwischen zwei Ladungen Q_1 und Q_2 das Coulomb'sche Gesetz

$$\mathbf{F}_{12} = \frac{Q_1 Q_2}{4\pi\varepsilon_0} \cdot \frac{\mathbf{r}_2 - \mathbf{r}_1}{|\mathbf{r}_2 - \mathbf{r}_1|^3} \cdot \tag{2.1}$$

Daraus wiederum ergibt sich, dass eine Ladung Q_1, die sich am Ort $\mathbf{r}_1$ befindet, am Ort $\mathbf{r}$ die Feldstärke

$$\mathbf{E} = \frac{Q_1}{4\pi\varepsilon_0} \cdot \frac{\mathbf{r} - \mathbf{r}_1}{|\mathbf{r} - \mathbf{r}_1|^3} \tag{2.2}$$

bzw. die dielektrische Verschiebung

$$\mathbf{D} = \varepsilon_0 \mathbf{E} = \frac{Q_1}{4\pi} \cdot \frac{\mathbf{r} - \mathbf{r}_1}{|\mathbf{r} - \mathbf{r}_1|^3} \tag{2.3}$$

erzeugt. Als Folge davon gilt für beliebige Ladungsverteilungen

$$\oint \mathbf{D} \cdot \mathrm{d}\mathbf{A} = Q = \int_V \rho \, \mathrm{d}\tau \tag{2.4}$$

bzw.

$$\operatorname{div} \mathbf{D} = \rho \, . \tag{2.5}$$

Ferner ist für ruhende Ladungen (nur damit haben wir es in diesem Teil zu tun)

$$\oint \mathbf{E} \cdot \mathrm{d}\mathbf{s} = 0 \tag{2.6}$$

© Springer-Verlag GmbH Deutschland, ein Teil von Springer Nature 2021
G. Lehner, S. Kurz, *Elektromagnetische Feldtheorie*,
https://doi.org/10.1007/978-3-662-63069-3_2

bzw.

$$\operatorname{rot} \mathbf{E} = 0 \ . \tag{2.7}$$

Das erlaubt die Definition des Potentials

$$\varphi(\mathbf{r}) = \varphi_0 - \int\limits_{\mathbf{r}_0}^{\mathbf{r}} \mathbf{E} \cdot d\mathbf{s} \ . \tag{2.8}$$

Dadurch ist umgekehrt

$$\mathbf{E} = -\operatorname{grad} \varphi \ . \tag{2.9}$$

Wegen (2.5) gilt auch

$$\operatorname{div} \mathbf{E} = \frac{\rho}{\varepsilon_0} \ . \tag{2.10}$$

Mit (2.9) ergibt sich daraus

$$\operatorname{div}(-\operatorname{grad} \varphi) = \frac{\rho}{\varepsilon_0}$$

bzw.

$$\operatorname{div} \operatorname{grad} \varphi = \Delta \varphi = -\frac{\rho}{\varepsilon_0} \ . \tag{2.11}$$

Das ist die sog. *Poisson'sche Gleichung*, die uns noch oft beschäftigen wird. Für den Spezialfall $\rho = 0$ erhält man die sog. *Laplace'sche Gleichung*

$$\Delta \varphi = 0 \ . \tag{2.12}$$

In kartesischen Koordinaten ist

$$\operatorname{div} \operatorname{grad} \varphi = \Delta \varphi = \frac{\partial}{\partial x} \frac{\partial \varphi}{\partial x} + \frac{\partial}{\partial y} \frac{\partial \varphi}{\partial y} + \frac{\partial}{\partial z} \frac{\partial \varphi}{\partial z} = \frac{\partial^2 \varphi}{\partial x^2} + \frac{\partial^2 \varphi}{\partial y^2} + \frac{\partial^2 \varphi}{\partial z^2} \ ,$$

d. h.

$$\Delta = \frac{\partial^2}{\partial x^2} + \frac{\partial^2}{\partial y^2} + \frac{\partial^2}{\partial z^2} \ . \tag{2.13}$$

Δ wird auch als *Laplace-Operator* bezeichnet.

2.2 Feldstärke und Potential für gegebene Ladungsverteilungen

Von einer Punktladung Q_1 am Ort $\mathbf{r}_1$ geht die Feldstärke

$$\mathbf{E}(\mathbf{r}) = \frac{Q_1}{4\pi\varepsilon_0} \frac{\mathbf{r}-\mathbf{r}_1}{|\mathbf{r}-\mathbf{r}_1|^3} \tag{2.14}$$

aus, d. h. ausführlich geschrieben:

$$\left.\begin{aligned}
E_x &= \frac{Q_1}{4\pi\varepsilon_0} \frac{x-x_1}{\sqrt{(x-x_1)^2+(y-y_1)^2+(z-z_1)^2}^{\,3}} \,, \\
E_y &= \frac{Q_1}{4\pi\varepsilon_0} \frac{y-y_1}{\sqrt{(x-x_1)^2+(y-y_1)^2+(z-z_1)^2}^{\,3}} \,, \\
E_z &= \frac{Q_1}{4\pi\varepsilon_0} \frac{z-z_1}{\sqrt{(x-x_1)^2+(y-y_1)^2+(z-z_1)^2}^{\,3}} \,.
\end{aligned}\right\} \tag{2.15}$$

Zur Berechnung des Potentials gehen wir nun von der allgemeinen Definition aus:

$$\varphi = \varphi_B - \int_{\mathbf{r}_B}^{\mathbf{r}} \mathbf{E}\cdot\mathrm{d}\mathbf{s}\,. \tag{2.16}$$

φ_B ist dabei das willkürlich wählbare Potential an einem ebenfalls willkürlich wählbaren Bezugspunkt $\mathbf{r}_B$. Zur Berechnung von φ müssen wir also das Linienintegral längs irgendeines Weges von $\mathbf{r}_B$ nach $\mathbf{r}$ auswerten. Wir können dabei jeden beliebigen, uns bequem erscheinenden Weg benutzen, da der Wert des Integrals vom gewählten Weg unabhängig ist, wie wir früher bewiesen haben (Abschn. 1.6–1.8).

Von dieser Freiheit wollen wir auch Gebrauch machen, um uns die sonst schwierigere Aufgabe leicht zu machen. Wir wählen den Weg nach Abb. 2.1. Vom Bezugspunkt $\mathbf{r}_B$ gehen wir zunächst auf die Ladung Q_1 am Ort $\mathbf{r}_1$ zu, und zwar bis wir auf die Q_1 konzentrisch umgebende Kugelschale kommen, auf der auch der Punkt $\mathbf{r}$ liegt, an dem das Potential berechnet werden soll. Wir erreichen sie bei $\mathbf{r}'$, wobei

$$|\mathbf{r}-\mathbf{r}_1| = |\mathbf{r}'-\mathbf{r}_1|$$

Abb. 2.1 Zur Berechnung des Potentials einer Punktladung

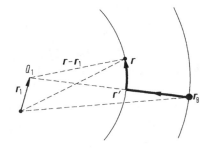

ist. Von hier gehen wir auf der Kugelschale zum Aufpunkt **r**. Wir bekommen so

$$\varphi(\mathbf{r}) = \varphi_B - \int\limits_{\mathbf{r}_B}^{\mathbf{r}'} \mathbf{E} \cdot d\mathbf{s} - \int\limits_{\mathbf{r}'}^{\mathbf{r}} \mathbf{E} \cdot d\mathbf{s}$$

$$= \varphi_B - \int\limits_{\mathbf{r}_B}^{\mathbf{r}'} \mathbf{E} \cdot d\mathbf{s} = \varphi_B - \int\limits_{|\mathbf{r}_B-\mathbf{r}_1|}^{|\mathbf{r}'-\mathbf{r}_1|} \frac{Q_1}{4\pi\varepsilon_0 x^2}\, dx \qquad (2.17)$$

$$= \varphi_B + \frac{Q_1}{4\pi\varepsilon_0|\mathbf{r}'-\mathbf{r}_1|} - \frac{Q_1}{4\pi\varepsilon_0|\mathbf{r}_B-\mathbf{r}_1|} \, ,$$

$$\varphi(\mathbf{r}) = \varphi_B + \frac{Q_1}{4\pi\varepsilon_0|\mathbf{r}-\mathbf{r}_1|} - \frac{Q_1}{4\pi\varepsilon_0|\mathbf{r}_B-\mathbf{r}_1|} \, .$$

Wählen wir speziell $\varphi_B = 0$ für einen im Unendlichen liegenden Punkt, so ist

$$\varphi = \frac{Q_1}{4\pi\varepsilon_0|\mathbf{r}-\mathbf{r}_1|} = \frac{Q_1}{4\pi\varepsilon_0\sqrt{(x-x_1)^2+(y-y_1)^2+(z-z_1)^2}} \, . \qquad (2.18)$$

Berechnen wir daraus die Feldstärke

$$\mathbf{E} = -\operatorname{grad}\varphi \, ,$$

so ergeben sich genau die Feldkomponenten entsprechend (2.15).

Hat man viele Punktladungen $Q_1, Q_2, \ldots, Q_i, \ldots$, an den Orten $\mathbf{r}_1, \mathbf{r}_2, \ldots, \mathbf{r}_i, \ldots$, so gilt wegen des Überlagerungsprinzips (das nicht nur für die Feldstärken, sondern auch für die Potentiale gilt)

$$\varphi = \sum_i \frac{Q_i}{4\pi\varepsilon_0|\mathbf{r}-\mathbf{r}_i|} \, . \qquad (2.19)$$

Im Allgemeinen hat man es mit kontinuierlich verteilten Ladungen zu tun. Ist die Ladungsdichte als Funktion des Ortes **r** gegeben, so ist

$$\varphi(\mathbf{r}) = \frac{1}{4\pi\varepsilon_0}\int \frac{dQ'}{|\mathbf{r}-\mathbf{r}'|} = \frac{1}{4\pi\varepsilon_0}\int \frac{\rho(\mathbf{r}')\,d\tau'}{|\mathbf{r}-\mathbf{r}'|} \, . \qquad (2.20)$$

$d\tau'$ ist das Volumenelement im Raum der Vektoren $\mathbf{r}'$, d. h.

$$d\tau' = dx'\,dy'\,dz' \, . \qquad (2.21)$$

Die zugehörige Feldstärke ist natürlich

$$\mathbf{E} = -\operatorname{grad} \varphi(\mathbf{r}) = -\frac{1}{4\pi\varepsilon_0} \int \nabla_{\mathbf{r}} \frac{\rho(\mathbf{r}')\,\mathrm{d}\tau'}{|\mathbf{r} - \mathbf{r}'|} \ . \tag{2.22}$$

Hier ist zu beachten, dass die Gradientenbildung sich nur auf die $\mathbf{r}$-Abhängigkeit bezieht, jedoch nichts mit der $\mathbf{r}'$-Abhängigkeit zu tun hat. Um dies klar zu machen, ist der Nabla-Operator im Integranden von (2.22) mit dem Index $\mathbf{r}$ gekennzeichnet. Da nun

$$\begin{aligned}
\nabla_{\mathbf{r}} \frac{1}{|\mathbf{r} - \mathbf{r}'|} &= \nabla_{(x,y,z)} \frac{1}{\sqrt{(x-x')^2 + (y-y')^2 + (z-z')^2}} \\
&= -\frac{2(\mathbf{r} - \mathbf{r}')}{2\sqrt{(x-x')^2 + (y-y')^2 + (z-z')^2}^{\,3}} = -\frac{\mathbf{r} - \mathbf{r}'}{|\mathbf{r} - \mathbf{r}'|^3}
\end{aligned} \tag{2.23}$$

ist, ergibt sich

$$\mathbf{E}(\mathbf{r}) = \frac{1}{4\pi\varepsilon_0} \int \frac{\rho(\mathbf{r}')(\mathbf{r} - \mathbf{r}')}{|\mathbf{r} - \mathbf{r}'|^3}\,\mathrm{d}\tau' \ . \tag{2.24}$$

Manchmal hat man Ladungen, die auf Flächen oder Linien verteilt sind (*Flächenladungen, Linienladungen*). Als Flächenladungsdichte σ definiert man die Ladung pro Flächeneinheit,

$$\sigma = \frac{\mathrm{d}Q}{\mathrm{d}A} \ . \tag{2.25}$$

Dazu gehört dann das Potential

$$\varphi(\mathbf{r}) = \frac{1}{4\pi\varepsilon_0} \int \frac{\sigma(\mathbf{r}')\,\mathrm{d}A'}{|\mathbf{r} - \mathbf{r}'|} \tag{2.26}$$

bzw. die Feldstärke

$$\mathbf{E}(\mathbf{r}) = \frac{1}{4\pi\varepsilon_0} \int \frac{\sigma(\mathbf{r}')(\mathbf{r} - \mathbf{r}')\,\mathrm{d}A'}{|\mathbf{r} - \mathbf{r}'|^3} \tag{2.27}$$

Die Linienladungsdichte q ist definiert als Ladung pro Längeneinheit,

$$q = \frac{\mathrm{d}Q}{\mathrm{d}l} \ . \tag{2.28}$$

Das zugehörige Potential ist

$$\varphi = \frac{1}{4\pi\varepsilon_0} \int \frac{q(\mathbf{r}')\,\mathrm{d}l'}{|\mathbf{r} - \mathbf{r}'|} \tag{2.29}$$

bzw. die Feldstärke ist

$$\mathbf{E}(\mathbf{r}) = \frac{1}{4\pi\varepsilon_0} \int \frac{q(\mathbf{r}')(\mathbf{r} - \mathbf{r}')\,\mathrm{d}l'}{|\mathbf{r} - \mathbf{r}'|^3} \ . \tag{2.30}$$

Damit ist man im Prinzip in der Lage, das Potential und die elektrische Feldstärke für beliebige Verteilungen von Punkt-, Linien-, Flächen- und Raumladungen bzw. auch von Kombinationen davon zu berechnen. Praktisch ist das jedoch keineswegs immer leicht. Die mathematischen Schwierigkeiten können erheblich sein. Oft kann man sie jedoch durch geschickte Ausnutzung z. B. vorhandener Symmetrieeigenschaften umgehen. Beispiele sollen im nächsten Abschnitt behandelt werden.

2.3 Spezielle Ladungsverteilungen

2.3.1 Eindimensionale, ebene Ladungsverteilungen

In diesem Fall ist ρ als Funktion nur einer kartesischen Koordinate (z. B. x) gegeben,

$$\rho = \rho(x) \ .$$

Es ist besser, gar nicht von den allgemeinen Integralen des letzten Abschnitts auszugehen, sondern sich zunächst zu überlegen, dass aus Symmetriegründen $\mathbf{E}$ und $\mathbf{D}$ auch nur von x abhängen werden und darüber hinaus auch nur x-Komponenten haben können. Auch das Potential kann nur von x abhängen. Damit können wir die Beziehungen

$$\operatorname{div} \mathbf{D} = \frac{\partial D_x}{\partial x} = \rho(x) \tag{2.31}$$

und

$$\Delta\varphi = \frac{\partial^2}{\partial x^2}\varphi = -\frac{\rho(x)}{\varepsilon_0} \tag{2.32}$$

zum Ausgangspunkt machen und D_x bzw. φ durch ein- bzw. zweimalige Integration berechnen, z. B. also D_x

$$D_x(x) = D_x(a) + \int_a^x \rho(x')\,\mathrm{d}x' = \frac{1}{2}\int_{-\infty}^x \rho(x')\,\mathrm{d}x' - \frac{1}{2}\int_x^\infty \rho(x')\,\mathrm{d}x' \ . \tag{2.33}$$

Der Leser überlege sich, wie die Integrationskonstante $D_x(a)$ zu wählen ist und wie sich daraus das angegebene Resultat ergibt.

2.3.2 Kugelsymmetrische Verteilungen

Hängt eine Ladungsverteilung nur vom Abstand r von einem Zentrum ab,

$$r = \sqrt{x^2 + y^2 + z^2} \ , \tag{2.34}$$

so nennt man sie kugelsymmetrisch:

$$\rho = \rho(r) \, .$$

Die direkte Anwendung der allgemeinen Integrale zur Berechnung von φ bzw. $\mathbf{E}$ würde große Schwierigkeiten bereiten. Die Ausnutzung der vorhandenen Symmetrie vereinfacht das Problem jedoch erheblich. Wir dürfen nämlich annehmen, dass $\mathbf{E}$ und $\mathbf{D}$ lediglich vom Zentrum weg- oder auf dieses hinweisende Komponenten (radiale Komponenten E_r bzw. D_r) haben und dass diese auch nur von r abhängen. Umgeben wir nun das Symmetriezentrum mit einer konzentrischen Kugel, so können wir auf diese Kugel die Beziehung (1.20) anwenden und dadurch unser Problem sofort lösen:

$$\oint \mathbf{D} \cdot d\mathbf{A} = \int_V \rho \, d\tau \, ,$$

d. h.

$$\oint D_r(r) \, dA = D_r 4\pi r^2 = \int_0^r \rho(r') 4\pi r'^2 \, dr'$$

bzw.

$$D_r(r) = \frac{1}{r^2} \int_0^r \rho(r') r'^2 \, dr' \tag{2.35}$$

und

$$E_r(r) = \frac{1}{\varepsilon_0 r^2} \int_0^r \rho(r') r'^2 \, dr' \, . \tag{2.36}$$

Schließlich ist

$$\varphi(r) = -\int_\infty^r \frac{1}{\varepsilon_0 r'^2} \left(\int_0^{r'} \rho(r'') r''^2 \, dr'' \right) dr' \, , \tag{2.37}$$

wenn wir wiederum $\varphi = 0$ für $r \to \infty$ setzen. Umgekehrt ist

$$\frac{\partial \varphi(r)}{\partial r} = -\frac{1}{\varepsilon_0 r^2} \int_0^r \rho(r'') r''^2 \, dr'' \, ,$$

$$r^2 \frac{\partial \varphi}{\partial r} = -\frac{1}{\varepsilon_0} \int_0^r \rho(r'') r''^2 \, dr'' \, ,$$

$$\frac{\partial}{\partial r} \left(r^2 \frac{\partial \varphi}{\partial r} \right) = -\frac{1}{\varepsilon_0} \rho(r) r^2$$

und deshalb

$$\frac{1}{r^2}\frac{\partial}{\partial r}\left(r^2\frac{\partial}{\partial r}\varphi(r)\right) = -\frac{\rho(r)}{\varepsilon_0} \,. \tag{2.38}$$

Das ist nichts anderes als die Poisson'sche Differentialgleichung für den hier erörterten speziellen Fall. In dem späteren Abschnitt über Koordinatentransformation werden wir sehen, dass $(1/r^2)(\partial/\partial r)r^2(\partial/\partial r)$ der sogenannte radiale Anteil des Laplace-Operators Δ ist, der im Fall der Kugelsymmetrie allein übrig bleibt, während die anderen Ableitungen dann verschwinden.

Ein einfaches Beispiel diene zur Illustration. Eine Kugel vom Radius r_0 sei mit konstanter Ladungsdichte ρ_0 erfüllt. Andere Ladungen soll es nicht geben. Dann ist die Feldstärke

$$\text{für } r \le r_0 : \quad E_r = \frac{1}{\varepsilon_0 r^2}\int_0^r \rho_0 r'^2\, \mathrm{d}r' = \frac{1}{\varepsilon_0 r^2}\rho_0\frac{r^3}{3} = \frac{\rho_0}{3\varepsilon_0}r \,,$$

$$\text{für } r \ge r_0 : \quad E_r = \frac{1}{\varepsilon_0 r^2}\int_0^{r_0} \rho_0 r'^2\, \mathrm{d}r' = \frac{1}{\varepsilon_0 r^2}\rho_0\frac{r_0^3}{3} = \frac{\rho_0 r_0^3}{3\varepsilon_0}\frac{1}{r^2}$$

und das Potential

$$\text{für } r \le r_0: \quad \varphi = -\int_\infty^r E_r(r')\, \mathrm{d}r' = -\int_\infty^{r_0} \frac{\rho_0 r_0^3}{3\varepsilon_0}\frac{1}{r'^2}\, \mathrm{d}r' - \int_{r_0}^r \frac{\rho_0}{3\varepsilon_0}r'\, \mathrm{d}r'$$

$$= \frac{\rho_0 r_0^3}{3\varepsilon_0}\frac{1}{r_0} - \frac{\rho_0}{3\varepsilon_0}\frac{(r^2-r_0^2)}{2} = \frac{\rho_0}{3\varepsilon_0}\frac{3r_0^2-r^2}{2} \,,$$

$$\text{für } r \ge r_0: \quad \varphi = \frac{\rho_0}{3\varepsilon_0}\frac{r_0^3}{r} \,.$$

Insgesamt ergeben sich die in Abb. 2.2 dargestellten Zusammenhänge.

Man kann natürlich auch umgekehrt das Potential vorgeben und nach der zugehörigen Ladungsdichte fragen. Welche Ladungsdichte gehört z. B. zu dem kugelsymmetrischen Potential $(Q_0/4\pi\varepsilon_0 r)$? Wenn wir rein formal vorgehen, so können wir z. B. die Beziehung (2.38) benutzen, um $\rho(r)$ zu berechnen:

$$\frac{Q_0}{4\pi\varepsilon_0}\frac{1}{r^2}\frac{\partial}{\partial r}r^2\frac{\partial}{\partial r}\left(\frac{1}{r}\right) = \frac{Q_0}{4\pi\varepsilon_0}\frac{1}{r^2}\frac{\partial}{\partial r}r^2\left(-\frac{1}{r^2}\right) = -\frac{Q_0}{4\pi\varepsilon_0}\frac{1}{r^2}\frac{\partial}{\partial r}1 = 0 \,.$$

Wir finden so also $\rho = 0$. Das ist natürlich nicht ganz richtig. Um differenzieren zu können, müssen wir den Ursprung $r = 0$ ausschließen. Gerade dort muss sich aber eine Ladung $Q = Q_0$ befinden, denn diese erzeugt, wie wir wissen, gerade das gegebene

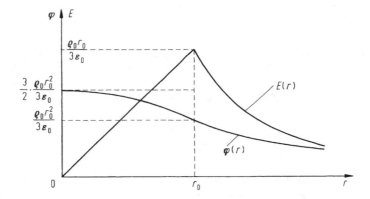

Abb. 2.2 Potential und Feldstärke einer Kugel konstanter Ladungsdichte

Potential. Das Beispiel zeigt, dass man mit Punktladungen mathematisch vorsichtig umgehen muss. In einem späteren Abschnitt werden wir deshalb die sog. δ-Funktion einführen. Sie wird die systematische Behandlung auch von Punktladungen ermöglichen. Die Punktladung kann etwas verborgener sein als in unserem sehr trivialen Beispiel. Nehmen wir z. B. das Potential

$$\varphi(r) = \frac{Q_0}{4\pi\varepsilon_0 r} \exp\left(-\frac{r}{r_D}\right).$$

Das ist das sog. *abgeschirmte Coulomb-Potential* (zum Unterschied vom gewöhnlichen Coulomb-Potential ($Q_0/4\pi\varepsilon_0 r$)). Es spielt eine Rolle in der Theorie von Elektrolyten und Plasmen, die uns hier nicht beschäftigen soll. Berechnen wir für dieses die Raumladung, so ergibt sich

$$\rho(r) = -\varepsilon_0 \frac{1}{r^2} \frac{\partial}{\partial r} r^2 \frac{\partial}{\partial r} \left[\frac{Q_0}{4\pi\varepsilon_0 r} \exp\left(-\frac{r}{r_D}\right)\right]$$

$$= -\frac{Q_0}{4\pi r^2} \frac{\partial}{\partial r} r^2 \left[-\frac{1}{r^2} \exp\left(-\frac{r}{r_D}\right) - \frac{1}{r r_D} \exp\left(-\frac{r}{r_D}\right)\right]$$

$$= -\frac{Q_0}{4\pi r r_D^2} \exp\left(-\frac{r}{r_D}\right).$$

Wir können daraus z. B. die Ladung innerhalb einer Kugel vom Radius r berechnen. Sie ist

$$\int_0^r \rho(r') 4\pi r'^2 \, dr' = \int_0^r -\frac{Q_0}{4\pi r' r_D^2} 4\pi r'^2 \exp\left(-\frac{r'}{r_D}\right) dr'$$

$$= Q_0 \left(1 + \frac{r}{r_D}\right) \exp\left(-\frac{r}{r_D}\right) - Q_0.$$

Wir können auch die Feldstärke berechnen:

$$E_r = -\frac{\partial \varphi(r)}{\partial r} = \frac{Q_0}{4\pi\varepsilon_0}\left(\frac{1}{r^2} + \frac{1}{rr_D}\right)\exp\left(-\frac{r}{r_D}\right).$$

Daraus ergibt sich als Ladung innerhalb einer Kugel vom Radius r:

$$4\pi\varepsilon_0 r^2 E_r = Q_0\left(1 + \frac{r}{r_D}\right)\exp\left(-\frac{r}{r_D}\right).$$

Damit scheint ein Widerspruch vorhanden zu sein. Die Integration der Ladungsdichte führt zu einer um Q_0 kleineren Ladung. Die Erklärung ergibt sich, wenn wir E_r für sehr kleine Radien betrachten:

$$E_r = \frac{Q_0\left(1 + \frac{r}{r_0}\right)\exp\left(-\frac{r}{r_D}\right)}{4\pi\varepsilon_0 r^2} \Rightarrow \frac{Q_0}{4\pi\varepsilon_0 r^2},$$

d. h. für sehr kleine Radien ergibt sich das Feld einer Punktladung im Ursprung (bzw. das Potential $(Q_0/4\pi\varepsilon_0 r)$ einer Punktladung im Ursprung). Diese Punktladung ist in unserem Ausdruck für ρ und im Integral darüber nicht enthalten. Diese Feststellung beseitigt den scheinbaren Widerspruch. Erneut ist jedoch zu sehen, dass man vorsichtig sein muss. Im Übrigen ist die gesamte Ladung außerhalb des Ursprungs gerade $-Q_0$, die Gesamtladung also 0. Die Außenladung kompensiert die Punktladung gerade und schirmt sie ab, woher der erwähnte Begriff des abgeschirmten Coulomb-Potentials kommt.

2.3.3 Zylindersymmetrische Verteilungen

Hängt die Ladungsdichte nur vom Abstand r von einer Achse ab, so nennt man die Verteilung zylindersymmetrisch (Abb. 2.3),

$$\rho = \rho(r) \tag{2.39}$$

mit

$$r = \sqrt{x^2 + y^2}\,. \tag{2.40}$$

Wenn man die konzentrische Kugel von Abschn. 2.3.2 durch einen mit der Achse koaxialen Zylinder ersetzt, kann man im Wesentlichen wie dort vorgehen. Man erhält aus

$$\oint \mathbf{D}\cdot d\mathbf{A} = \int \rho\, d\tau$$

Abb. 2.3 Zur zylindersymme-
trischen Ladungsverteilung

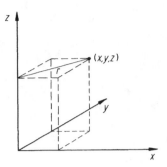

nun, bezogen auf die Länge,

$$2\pi r D_r = \int\limits_0^r \rho(r')2\pi r'\,dr'$$

bzw.

$$D_r = \frac{1}{r} \int\limits_0^r \rho(r')r'\,dr'\;,\qquad\qquad (2.41)$$

wobei D_r die von der Achse radial wegweisende Komponente von **D** ist. Sie ist die einzige Komponente von **D**, was aus der Symmetrie des Problems folgt. Daraus ergibt sich

$$E_r = \frac{1}{\varepsilon_0 r} \int\limits_0^r \rho(r')r'\,dr' \qquad\qquad (2.42)$$

und

$$\varphi = -\frac{1}{\varepsilon_0} \int\limits_{r_B}^r \frac{1}{r'} \left(\int\limits_0^{r'} \rho(r'')r''\,dr'' \right)\,dr'\;,\qquad\qquad (2.43)$$

wenn $\varphi = 0$ für $r = r_B$.

Damit ist

$$\frac{\partial \varphi}{\partial r} = -\frac{1}{\varepsilon_0 r} \int\limits_0^r \rho(r'')r''\,dr''\;,$$

$$r\frac{\partial \varphi}{\partial r} = -\frac{1}{\varepsilon_0} \int\limits_0^r \rho(r'')r''\,dr''\;,$$

$$\frac{\partial}{\partial r}\left(r\frac{\partial \varphi}{\partial r} \right) = -\frac{1}{\varepsilon_0}\rho(r)r,$$

d. h.

$$\frac{1}{r}\frac{\partial}{\partial r}\left(r\frac{\partial \varphi}{\partial r}\right) = -\frac{\rho}{\varepsilon_0}. \tag{2.44}$$

Wiederum ist das die *Poisson'sche Gleichung* für diesen speziellen Fall. Als Beispiel nehmen wir einen Zylinder vom Radius r_0 mit konstanter Ladungsdichte ρ_0. Andere Ladungen gebe es nicht. Dann ist die Feldstärke

$$\text{für } r \leq r_0: \quad E_r = \frac{1}{\varepsilon_0 r} \int_0^r \rho_0 r' \, dr' = \frac{\rho_0}{2\varepsilon_0} r \; ,$$

$$\text{für } r \geq r_0: \quad E_r = \frac{1}{\varepsilon_0 r} \int_0^{r_0} \rho_0 r' \, dr' = \frac{\rho_0 r_0^2}{2\varepsilon_0} \frac{1}{r}$$

und das Potential unter der Annahme $r_B > r_0$

$$\text{für } r \leq r_0: \quad \varphi = -\int_{r_B}^r E_r(r') \, dr' = -\int_{r_B}^{r_0} E_r(r') \, dr' - \int_{r_0}^r E_r(r') \, dr'$$

$$= -\frac{\rho_0 r_0^2}{2\varepsilon_0} \ln \frac{r_0}{r_B} - \frac{\rho_0}{2\varepsilon_0}\left(\frac{r^2 - r_0^2}{2}\right)$$

$$\varphi = -\frac{\rho_0 r_0^2}{2\varepsilon_0}\left(\ln \frac{r_0}{r_B} + \frac{\left(\frac{r}{r_0}\right)^2 - 1}{2}\right) ,$$

$$\text{für } r \geq r_0: \quad \varphi = -\int_{r_B}^r E_r(r') \, dr' = -\frac{\rho_0 r_0^2}{2\varepsilon_0} \ln \frac{r}{r_B} \; .$$

Diese Ergebnisse sind in Abb. 2.4 skizziert.

Ein interessanter Grenzfall ist der der Linienladung auf der Achse. In diesem Fall geht r_0 gegen 0, jedoch so, dass $\rho_0 r_0^2 \pi = q$ endlich bleibt. ρ_0 muss also unendlich werden. In diesem Fall ist

$$E_r = \frac{q}{2\pi \varepsilon_0 r} \tag{2.45}$$

und

$$\varphi = -\frac{q}{2\pi \varepsilon_0} \ln \frac{r}{r_B} \; . \tag{2.46}$$

$r_B(0 < r_B < \infty)$ ist der Radius, an dem φ verschwindet. φ wird als *logarithmisches Potential* bezeichnet und ist typisch für die gerade und homogene Linienladung. Das nicht

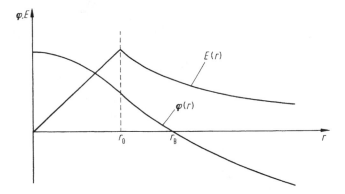

Abb. 2.4 Potential und Feldstärke eines Zylinders konstanter Ladungsdichte

für alle r logarithmische Potential in Abb. 2.4 ist in diesem Sinne kein logarithmisches Potential.

2.4 Das Feld von zwei Punktladungen

Das Feld von zwei Punktladungen ergibt sich als spezieller Fall aus dem Potential entsprechend (2.19),

$$\varphi = \frac{1}{4\pi\varepsilon_0}\left[\frac{Q_1}{\sqrt{(x-x_1)^2+(y-y_1)^2+(z-z_1)^2}}\right. \\ \left. + \frac{Q_2}{\sqrt{(x-x_2)^2+(y-y_2)^2+(z-z_2)^2}}\right],$$ (2.47)

durch Gradientenbildung:

$$\mathbf{E} = -\operatorname{grad}\varphi = \begin{Bmatrix} \dfrac{1}{4\pi\varepsilon_0}\left[\dfrac{Q_1(x-x_1)}{\sqrt{(x-x_1)^2+(y-y_1)^2+(z-z_1)^2}^3}\right. \\ \left. + \dfrac{Q_2(x-x_2)}{\sqrt{(x-x_2)^2+(y-y_2)^2+(z-z_2)^2}^3}\right] \\[2ex] \dfrac{1}{4\pi\varepsilon_0}\left[\dfrac{Q_1(y-y_1)}{\sqrt{(x-x_1)^2+(y-y_1)^2+(z-z_1)^2}^3}\right. \\ \left. + \dfrac{Q_2(y-y_2)}{\sqrt{(x-x_2)^2+(y-y_2)^2+(z-z_2)^2}^3}\right] \\[2ex] \dfrac{1}{4\pi\varepsilon_0}\left[\dfrac{Q_1(z-z_1)}{\sqrt{(x-x_1)^2+(y-y_1)^2+(z-z_1)^2}^3}\right. \\ \left. + \dfrac{Q_2(z-z_2)}{\sqrt{(x-x_2)^2+(y-y_2)^2+(z-z_2)^2}^3}\right] \end{Bmatrix}.$$ (2.48)

Wir wollen das Koordinatensystem entsprechend Abb. 2.5 festlegen und diese Ausdrücke dementsprechend etwas vereinfachen. Wir haben also

$$\left.\begin{aligned} \mathbf{r}_1 &= \left(-\frac{d}{2}, 0, 0\right), \\ \mathbf{r}_2 &= \left(+\frac{d}{2}, 0, 0\right) \end{aligned}\right\} \tag{2.49}$$

und

$$\left. \begin{aligned} E_x &= \frac{1}{4\pi\varepsilon_0}\left[\frac{Q_1\left(x+\frac{d}{2}\right)}{\sqrt{\left(x+\frac{d}{2}\right)^2 + y^2 + z^2}^{\,3}} + \frac{Q_2\left(x-\frac{d}{2}\right)}{\sqrt{\left(x-\frac{d}{2}\right)^2 + y^2 + z^2}^{\,3}}\right] \\ E_y &= \frac{1}{4\pi\varepsilon_0}\left[\frac{Q_1 y}{\sqrt{\left(x+\frac{d}{2}\right)^2 + y^2 + z^2}^{\,3}} + \frac{Q_2 y}{\sqrt{\left(x-\frac{d}{2}\right)^2 + y^2 + z^2}^{\,3}}\right] \\ E_z &= \frac{1}{4\pi\varepsilon_0}\left[\frac{Q_1 z}{\sqrt{\left(x+\frac{d}{2}\right)^2 + y^2 + z^2}^{\,3}} + \frac{Q_2 z}{\sqrt{\left(x-\frac{d}{2}\right)^2 + y^2 + z^2}^{\,3}}\right] \end{aligned} \right\} . \tag{2.50}$$

Es ist bemerkenswert, dass es einen Punkt gibt, an dem das Feld verschwindet. Er spielt eine ausgezeichnete Rolle und wird wegen der schon wiederholt benutzten Analogie zu Strömungsproblemen als *Staupunkt* oder auch als *Stagnationspunkt* bezeichnet. Zur Berechnung seiner Koordinaten x_s, y_s, z_s setzt man alle drei Komponenten von $\mathbf{E}$ in den Beziehungen (2.50) null und löst die so entstehenden Gleichungen nach $x = x_s$, $y = y_s$, $z = z_s$ auf. Wir übergehen die einfache Rechnung und geben gleich das Ergebnis an:

$$x_s = \begin{cases} \dfrac{d}{2}\dfrac{\sqrt{|Q_1|} + \sqrt{|Q_2|}}{\sqrt{|Q_1|} - \sqrt{|Q_2|}} & \text{für Ladungen ungleichen Vorzeichens,} \\[4mm] \dfrac{d}{2}\dfrac{\sqrt{|Q_1|} - \sqrt{|Q_2|}}{\sqrt{|Q_1|} + \sqrt{|Q_2|}} & \text{für Ladungen gleichen Vorzeichens,} \end{cases} \tag{2.51}$$

$$y_s = 0\,,$$
$$z_s = 0\,.$$

Der Stagnationspunkt befindet sich also in jedem Fall auf der Verbindungslinie der beiden Ladungen. Für Ladungen gleichen Vorzeichens liegt er zwischen den Ladungen und näher an der absolut kleineren Ladung. Für Ladungen ungleichen Vorzeichens liegt er außerhalb auf der Seite der absolut kleineren Ladung.

Der Staupunkt hat die merkwürdige Eigenschaft, dass sich in ihm Kraftlinien schneiden können, was eben nur deshalb möglich ist, weil das Feld in ihm verschwindet.

Abb. 2.5 Zur Berechnung des
Feldes von zwei Punktladungen

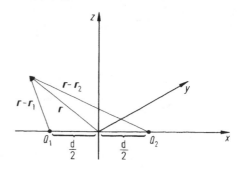

Die Kenntnis des Staupunktes ist sehr nützlich, wenn man das Feld mindestens qua-
litative darstellen will. Betrachten wir in Abb. 2.6 zunächst den Fall ungleichartiger La-
dungen, wobei z. B. $Q_1 > 0$, $Q_2 < 0$, $|Q_1| > |Q_2|$ sei. Ein Teil der Kraftlinien, die bei
Q_1 beginnen, endet bei Q_2. Da jedoch $|Q_2| < |Q_1|$ ist, können dies nicht alle tun. Die
es nicht können, müssen ins Unendliche laufen. Aus sehr großer Entfernung betrachtet
muss die ganze Konfiguration ja auch näherungsweise wie eine Punktladung $(Q_1 + Q_2)$
wirken. Es gibt also zwei Arten von Kraftlinien, solche die bei Q_2 und solche, die im
Unendlichen enden. Sie erfüllen verschiedene Gebiete der Abb. 2.6, die bei Rotation um
die x-Achse die gesamte Konfiguration im Raum liefern würde. Diese beiden Gebiete
werden begrenzt von Kraftlinien, die durch den Stagnationspunkt laufen und die man von
dort aus nicht mehr eindeutig weiterverfolgen kann. Diese Grenzkraftlinien werden oft als
Separatrices bezeichnet, d. h. eben als Linien, die verschiedene Gebiete voneinander trennen. Es ist auch interessant, die zugehörigen Äquipotentialflächen zu betrachten, Abb. 2.7.
Wiederum spielt die durch den Stagnationspunkt gehende Äquipotentialfläche eine besondere Rolle. Auch sie wird als Separatrix bezeichnet. Sie trennt den gesamten Raum in drei
verschiedene Bereiche. In dem ersten umschließen die Äquipotentialflächen nur die eine,
im zweiten nur die andere Ladung und im dritten beide Ladungen.

Bei gleichartigen Ladungen ergeben sich die Kraftlinien der Abb. 2.8 und die Äquipotentialflächen der Abb. 2.9.

Man kann übrigens zeigen, dass der Winkel, den die durch den Stagnationspunkt gehende Äquipotentialfläche mit der x-Achse bildet, in beiden Fällen und für alle Ladungen
derselbe ist. Es ergibt sich

$$\tan \alpha = \sqrt{2}, \quad \alpha = 55°.$$

Abb. 2.6 Das Feld von zwei
Punktladungen mit Staupunkt
und Separatrix
$(Q_2/Q_1 = -0{,}1)$

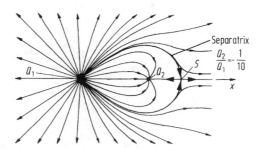

Abb. 2.7 Das Potential zu
Abb. 2.6

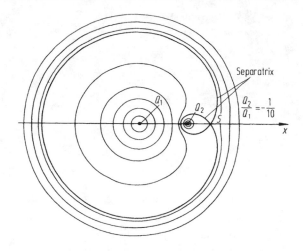

Abb. 2.8 Das Feld von zwei
Punktladungen mit Staupunkt
und Separatrix ($Q_1/Q_2 = 1{,}5$)

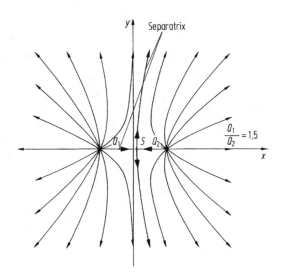

Abb. 2.9 Das Potential zu
Abb. 2.8

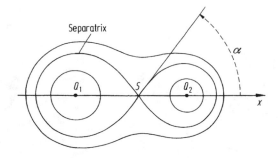

Dies gilt sogar für rotationssymmetrische Ladungsverteilungen aller Art, nicht nur für den hier behandelten Fall von zwei Punktladungen.

Bei mehr als zwei Ladungen ergeben sich u. U. sehr komplizierte Konfigurationen. Die Kenntnis der Stagnationspunkte ist jedoch gerade dann ein sehr nützliches Hilfsmittel zum Verständnis der Struktur des Feldes.

Zum Zwecke späterer Anwendung wollen wir für den Fall von zwei ungleichartigen Ladungen die spezielle Äquipotentialfläche $\varphi = 0$ untersuchen. Für sie ist

$$0 = \frac{1}{4\pi\varepsilon_0} \left[\frac{Q_1}{\sqrt{\left(x + \frac{d}{2}\right)^2 + y^2 + z^2}} + \frac{Q_2}{\sqrt{\left(x - \frac{d}{2}\right)^2 + y^2 + z^2}} \right]$$

bzw.

$$\frac{|Q_1|}{\sqrt{\left(x + \frac{d}{2}\right)^2 + y^2 + z^2}} = \frac{|Q_2|}{\sqrt{\left(x - \frac{d}{2}\right)^2 + y^2 + z^2}} \ .$$

Durch Quadrieren ergibt sich

$$Q_1^2 \left(x^2 - xd + \frac{d^2}{4} + y^2 + z^2 \right) = Q_2^2 \left(x^2 + xd + \frac{d^2}{4} + y^2 + z^2 \right)$$

bzw.

$$\left(x - \frac{d}{2} \frac{Q_1^2 + Q_2^2}{Q_1^2 - Q_2^2} \right)^2 + y^2 + z^2 = \frac{d^2 Q_1^2 Q_2^2}{(Q_1^2 - Q_2^2)^2} \ ,$$

und das ist die Gleichung einer Kugel. Ihre Eigenschaften sind durch Abb. 2.10 beschrieben. Wie vorher ist dabei $|Q_1| > |Q_2|$ angenommen. Die Abstände der Ladungen vom Kugelmittelpunkt sind

$$r_1 = x_K + \frac{d}{2} = d \frac{Q_1^2}{Q_1^2 - Q_2^2} \tag{2.52}$$

und

$$r_2 = x_K - \frac{d}{2} = d \frac{Q_2^2}{Q_1^2 - Q_2^2} \ . \tag{2.53}$$

Abb. 2.10 Für zwei ungleichartige Ladungen ist die Äquipotentialfläche $\varphi = 0$ eine Kugel

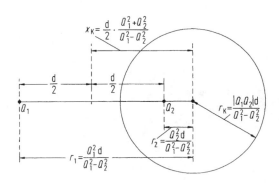

Abb. 2.11 Dipolfeld

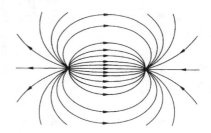

Daraus ergibt sich

$$\frac{r_1}{r_2} = \frac{Q_1^2}{Q_2^2} \tag{2.54}$$

und

$$r_1 r_2 = \frac{d^2 Q_1^2 Q_2^2}{(Q_1^2 - Q_2^2)^2} = r_K^2 \, , \tag{2.55}$$

d. h. das Produkt der beiden Abstände ist das Quadrat des Kugelradius. Im Zusammenhang mit dem Problem der Bildladungen bzw. mit der Methode der Spiegelung werden wir diese Beziehungen noch benötigen.

Interessant ist auch der spezielle Fall ungleichartiger Ladungen, die dem Betrag nach gleich sind,

$$|Q_1| = |Q_2| = Q \, ,$$

d. h.

$$Q_2 = -Q_1 \, .$$

Entsprechend (2.51) liegt der Stagnationspunkt nun im Unendlichen. Alle von Q_1 ausgehenden Kraftlinien (wenn Q_1 positiv ist) enden bei Q_2. Es entsteht das in Abb. 2.11 angedeutete Feld. Es wird als *Dipolfeld* bezeichnet. Man ordnet den Ladungen auch ein sog. *Dipolmoment* zu, Abb. 2.12. Es ist von der negativen zur positiven Ladung weisender Vektor, dessen Betrag

$$|Q||d| = |Q||\mathbf{r}_+ - \mathbf{r}_-|$$

ist:

$$\mathbf{p} = |Q|(\mathbf{r}_+ - \mathbf{r}_-) \, , \tag{2.56}$$

$$p = |\mathbf{p}| = |Q|d \, , \tag{2.57}$$

$$d = |\mathbf{r}_+ - \mathbf{r}_-| \, . \tag{2.58}$$

Abb. 2.12 Definition des Dipolmomentes

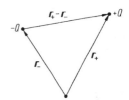

Lässt man Q so gegen unendlich, d so gegen null gehen, dass p endlich bleibt, so entsteht ein sog. *idealer Dipol*. Er soll im nächsten Abschnitt ausführlich diskutiert werden.

2.5 Ideale Dipole

2.5.1 Der ideale Dipol und sein Potential

Wir betrachten eine negative Ladung $-Q$ am Ort $\mathbf{r}_1$ und eine positive Ladung $+Q$ am Ort $(\mathbf{r}_1 + \mathrm{d}\mathbf{r}_1)$. Das zugehörige Dipolmoment ist, siehe Abb. 2.12,

$$\mathbf{p} = Q\,\mathrm{d}\mathbf{r}_1 \;.$$

Wir lassen nun Q sehr groß und $\mathrm{d}\mathbf{r}_1$ sehr klein werden, jedoch so, dass $\mathbf{p}$ unverändert bleibt. Das zugehörige Potential ist

$$\varphi = \frac{Q}{4\pi\varepsilon_0}\left[\frac{1}{|\mathbf{r}-(\mathbf{r}_1+\mathrm{d}\mathbf{r}_1)|} - \frac{1}{|\mathbf{r}-\mathbf{r}_1|}\right].$$

Wir entwickeln den ersten Summanden in eine Taylor-Reihe:

$$\frac{1}{|\mathbf{r}-(\mathbf{r}_1+\mathrm{d}\mathbf{r}_1)|} = \frac{1}{|\mathbf{r}-\mathbf{r}_1|} + \mathrm{d}x_1\frac{\partial}{\partial x_1}\frac{1}{|\mathbf{r}-\mathbf{r}_1|}$$
$$+ \mathrm{d}y_1\frac{\partial}{\partial y_1}\frac{1}{|\mathbf{r}-\mathbf{r}_1|} + \mathrm{d}z_1\frac{\partial}{\partial z_1}\frac{1}{|\mathbf{r}-\mathbf{r}_1|} + \cdots$$
$$= \frac{1}{|\mathbf{r}-\mathbf{r}_1|} + \mathrm{d}\mathbf{r}_1\cdot\mathrm{grad}_{\mathbf{r}_1}\frac{1}{|\mathbf{r}-\mathbf{r}_1|} + \cdots$$

Der Gradientenoperator ist mit dem Index $\mathbf{r}_1$ gekennzeichnet. Damit soll zum Ausdruck gebracht werden, dass es sich um Ableitungen nach den Komponenten von $\mathbf{r}_1$ handelt. Das Potential ist nun

$$\varphi = \frac{Q}{4\pi\varepsilon_0}\,\mathrm{d}\mathbf{r}_1\cdot\mathrm{grad}_{\mathbf{r}_1}\frac{1}{|\mathbf{r}-\mathbf{r}_1|}$$
$$= -\frac{Q}{4\pi\varepsilon_0}\,\mathrm{d}\mathbf{r}_1\cdot\mathrm{grad}_{\mathbf{r}}\frac{1}{|\mathbf{r}-\mathbf{r}_1|}\;,$$

weil

$$\mathrm{grad}_{\mathbf{r}_1}\frac{1}{|\mathbf{r}-\mathbf{r}_1|} = -\,\mathrm{grad}_{\mathbf{r}}\frac{1}{|\mathbf{r}-\mathbf{r}_1|}\;.$$

Abb. 2.13 Idealer Dipol

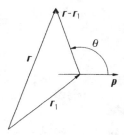

Wir erhalten also

$$\varphi(\mathbf{r}) = -\frac{\mathbf{p} \cdot \mathrm{grad}_\mathbf{r} \frac{1}{|\mathbf{r} - \mathbf{r}_1|}}{4\pi\varepsilon_0} = \frac{\mathbf{p} \cdot (\mathbf{r} - \mathbf{r}_1)}{4\pi\varepsilon_0 |\mathbf{r} - \mathbf{r}_1|^3} \, . \tag{2.59}$$

$\mathbf{r}$ ist der Aufpunkt und $\mathbf{r}_1$ der Ort, an dem sich der Dipol $\mathbf{p}$ befindet. Mit dem Winkel θ zwischen $\mathbf{p}$ und $(\mathbf{r} - \mathbf{r}_1)$ laut Abb. 2.13 können wir auch schreiben:

$$\varphi = \frac{p \cos\theta}{4\pi\varepsilon_0 |\mathbf{r} - \mathbf{r}_1|^2} \, . \tag{2.60}$$

Das Dipolfeld soll noch etwas genauer diskutiert werden. Es ist rotationssymmetrisch um die zu $\mathbf{p}$ parallele Achse. Wir wählen sie als z-Achse eines kartesischen Koordinatensystems (Abb. 2.14). Dann ist

$$\varphi = \frac{p \cos\theta}{4\pi\varepsilon_0 r^2} = \frac{pz}{4\pi\varepsilon_0 (x^2 + y^2 + z^2)^{3/2}} \, ,$$

da

$$\cos\theta = \frac{z}{r} = \frac{z}{\sqrt{x^2 + y^2 + z^2}} \, .$$

Abb. 2.14 Dipol am Ursprung
des Koordinatensystems

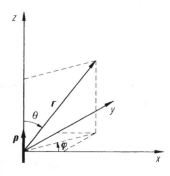

Abb. 2.15 Rotationssymmetrisches Feld des idealen Dipols

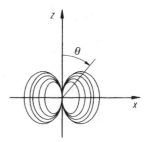

Daraus folgt

$$
\left.
\begin{aligned}
E_x &= -\frac{\partial \varphi}{\partial x} = \frac{3pxz}{4\pi\varepsilon_0(x^2 + y^2 + z^2)^{5/2}} \\
E_y &= -\frac{\partial \varphi}{\partial y} = \frac{3pyz}{4\pi\varepsilon_0(x^2 + y^2 + z^2)^{5/2}} \\
E_z &= -\frac{\partial \varphi}{\partial z} = \frac{p}{4\pi\varepsilon_0(x^2 + y^2 + z^2)^{3/2}} \left(3\frac{z^2}{x^2 + y^2 + z^2} - 1 \right)
\end{aligned}
\right\} .
\tag{2.61}
$$

Wegen der Rotationssymmetrie genügt es, das Feld in einer Ebene, z. B. in der $x-z$-Ebene ($y = 0$), zu betrachten (Abb. 2.15):

$$
\left.
\begin{aligned}
E_x &= \frac{3pxz}{4\pi\varepsilon_0(x^2 + z^2)^{5/2}} = \frac{3p\cos\theta\sin\theta}{4\pi\varepsilon_0 r^3} , \\
E_y &= 0 , \\
E_z &= \frac{p(3\cos^2\theta - 1)}{4\pi\varepsilon_0 r^3} .
\end{aligned}
\right\}
\tag{2.62}
$$

Geht man zu Kugelkoordinaten (r, θ, φ) über, so verschwindet die azimutale Komponente E_φ. Die beiden übrigen Komponenten sind:

$$
\left.
\begin{aligned}
E_r &= E_x \sin\theta + E_z \cos\theta = \frac{2p\cos\theta}{4\pi\varepsilon_0 r^3} , \\
E_\theta &= E_x \cos\theta - E_z \sin\theta = \frac{p\sin\theta}{4\pi\varepsilon_0 r^3} .
\end{aligned}
\right\}
\tag{2.63}
$$

Alle Kraftlinien gehen durch den Ursprung. Das mag zunächst überraschend klingen, ist jedoch durchaus anschaulich, wenn man sich Abb. 2.15 durch den beschriebenen Grenzübergang aus Abb. 2.11 entstanden denkt.

Sehr oft hat man es nicht mit einzelnen Dipolen zu tun, sondern mit Volumen, Flächen oder Linien, die mit Dipolen mehr oder weniger dicht erfüllt sind. Wie man die Potentiale von Volumen-, Flächen- oder Linienladungen wegen des Überlagerungsprinzips durch die Integration der Potentiale von Punktladungen gewinnt, benützt man auch hier die Überlagerung der Potentiale (2.59) des „Punktdipols"

2.5.2 Volumenverteilungen von Dipolen

Wenn in einem Volumen Dipole verteilt sind, so definiert man als Volumendichte die Größe

$$\mathbf{P} = \frac{d\mathbf{p}}{d\tau} \; .$$

Sie wird als *Polarisation* bezeichnet und noch eine große Rolle spielen. Die Verteilung erzeugt dann das Potential

$$
\begin{aligned}
\varphi &= -\int \frac{\mathbf{P}(\mathbf{r}') \cdot \mathrm{grad}_{\mathbf{r}} \frac{1}{|\mathbf{r}-\mathbf{r}'|} \, d\tau'}{4\pi\varepsilon_0} \\
&= +\int \frac{\mathbf{P}(\mathbf{r}') \cdot \mathrm{grad}_{\mathbf{r}'} \frac{1}{|\mathbf{r}-\mathbf{r}'|}}{4\pi\varepsilon_0} \, d\tau' \; .
\end{aligned}
\tag{2.64}
$$

Dieser Ausdruck erlaubt eine interessante Umformung. Dazu betrachten wir zunächst das Integral

$$
\begin{aligned}
\frac{1}{4\pi\varepsilon_0} &\int \mathrm{div}_{\mathbf{r}'} \left[\mathbf{P}(\mathbf{r}') \frac{1}{|\mathbf{r}-\mathbf{r}'|} \right] d\tau' \\
&= \frac{1}{4\pi\varepsilon_0} \int \frac{\mathrm{div}_{\mathbf{r}'} \mathbf{P}(\mathbf{r}')}{|\mathbf{r}-\mathbf{r}'|} \, d\tau' + \frac{1}{4\pi\varepsilon_0} \int \mathbf{P}(\mathbf{r}') \cdot \mathrm{grad}_{\mathbf{r}'} \frac{1}{|\mathbf{r}-\mathbf{r}'|} \, d\tau' \\
&= \frac{1}{4\pi\varepsilon_0} \oint \frac{\mathbf{P}(\mathbf{r}') \cdot d\mathbf{A}'}{|\mathbf{r}-\mathbf{r}'|} \; ,
\end{aligned}
$$

wobei die Gleichung

$$\mathrm{div}(f\mathbf{a}) = f \, \mathrm{div}\,\mathbf{a} + \mathbf{a} \cdot \mathrm{grad}\, f$$

benutzt wurde.

Demnach ist

$$
\varphi = -\frac{1}{4\pi\varepsilon_0} \int \frac{\mathrm{div}_{\mathbf{r}'} \mathbf{P}(\mathbf{r}') \, d\tau'}{|\mathbf{r}-\mathbf{r}'|} + \frac{1}{4\pi\varepsilon_0} \oint \frac{\mathbf{P}(\mathbf{r}') \cdot d\mathbf{A}'}{|\mathbf{r}-\mathbf{r}'|} \, .
\tag{2.65}
$$

Vergleicht man diese Beziehung mit den Gleichungen (2.20) und (2.26), so stellt man fest, dass man sich das Potential der Volumenverteilung von Dipolen entstanden denken kann durch Überlagerung einer Volumenverteilung von Ladungen und einer Flächenverteilung von Ladungen, und zwar durch

$$
\rho(\mathbf{r}') = -\mathrm{div}\,\mathbf{P}(\mathbf{r}')
\tag{2.66}
$$

Abb. 2.16 Scheibe mit im Volumen konstanter Polarisation

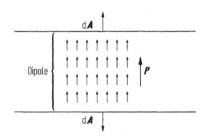

und

$$\sigma(\mathbf{r}') = \frac{\mathbf{P}(\mathbf{r}') \cdot d\mathbf{A}'}{dA'}. \qquad (2.67)$$

Dieses wichtige Ergebnis kann man sich auch anschaulich klar machen. Betrachten wir zunächst eine Scheibe mit im Volumen konstanter Polarisation $\mathbf{P}$ (Abb. 2.16).

Im Volumen kompensieren sich die Ladungen der Dipole, nicht jedoch an der Oberfläche. An der oberen Oberfläche hat man positive, an der unteren Oberfläche negative Flächenladungen. Man kann sich das Ganze entstanden denken aus zwei Scheiben homogener positiver bzw. negativer Raumladung, die etwas gegeneinander verschoben wurden (Abb. 2.17). Sind die Raumladungen ρ und $-\rho$, und ist die Verschiebung d, so ergibt sich die Polarisation $P = \rho d$, und auch die Flächenladungen sind $\pm \rho \cdot d = \pm P$. Das liegt daran, dass $\mathbf{P}$ senkrecht auf den Oberflächen der Scheibe steht. Im allgemeinen Fall (Abb. 2.18) ist die Flächenladung

$$\sigma = \frac{\rho d \, dA \cos \gamma}{dA} = \frac{\mathbf{P} \cdot d\mathbf{A}}{dA},$$

was sich oben auch rein formal ergab. Ist die Polarisation nicht homogen, so kompensieren sich die Ladungen im Inneren nicht gegenseitig weg, d. h. es bleibt eine resultierende Raumladung übrig. Abb. 2.19 zeigt ein Volumen und dort vorhandene Dipolvektoren. Am Ende solcher Vektoren befindet sich eine positive, am Anfang eine negative Ladung. Dabei

Abb. 2.17 Die im Volumen konstante Polarisation bewirkt Flächenladungen an den Oberflächen

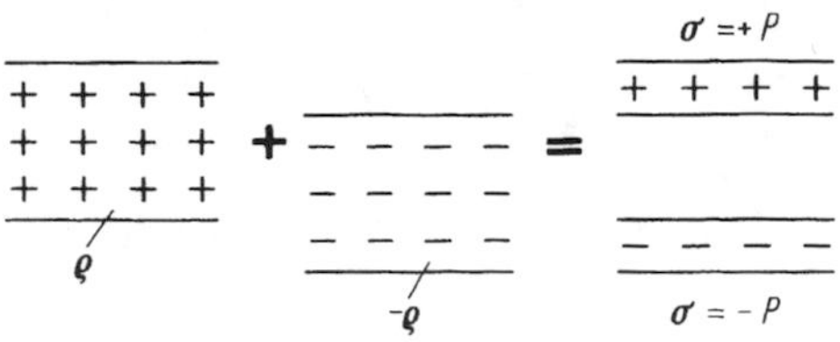

Abb. 2.18 Flächenladung an
der Oberfläche eines homogen
polarisierten Körpers

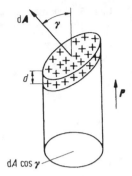

ist

$$\oint \mathbf{P} \cdot d\mathbf{A} = -Q = -\int_V \rho\, d\tau \;,$$

d. h. der gesamte Fluss der Polarisation **P** durch die Oberfläche entspricht der negativen
Ladung im Volumen (ein nach außen führender Vektor **P** bewirkt eine negative Ladung im
Inneren). Andererseits ist

$$\oint \mathbf{P} \cdot d\mathbf{A} = \int_V \operatorname{div} \mathbf{P}\, d\tau \;,$$

und ein Vergleich zeigt, dass

$$\rho = -\operatorname{div} \mathbf{P}$$

sein muss. Damit ist auch der andere Teil unserer obigen Behauptung erklärt.

2.5.3 Flächenverteilungen von Dipolen (Doppelschichten)

Belegt man eine Fläche mit Dipolen, so entsteht eine sog. Doppelschicht. Dieser Name
rührt daher, dass sie zwei entgegengesetzt geladenen Flächen entspricht. Entsprechend
Abb. 2.20 habe **p** die Richtung von d**A**′. Wir definieren dafür die Flächendichte des Di-

Abb. 2.19 Raumladungen in
einem inhomogen polarisierten
Körper

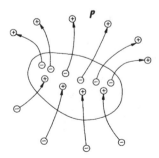

Abb. 2.20 Flächenvertei-
lungen von Dipolen erzeugen
Doppelschichten

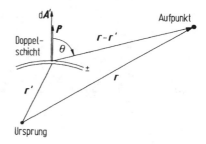

polmoments

$$\tau = \frac{\mathrm{d}p}{\mathrm{d}A'} \ . \tag{2.68}$$

Das Potential ist nach (2.60)

$$\varphi = \int_A \frac{\tau(\mathbf{r}')\cos\theta}{4\pi\varepsilon_0|\mathbf{r}-\mathbf{r}'|^2}\,\mathrm{d}A' \ . \tag{2.69}$$

Dabei ist

$$\mathrm{d}\Omega = \frac{\cos\theta\,\mathrm{d}A'}{|\mathbf{r}-\mathbf{r}'|^2} \tag{2.70}$$

das Raumwinkelelement, unter dem das Flächenelement dA' vom Aufpunkt aus gesehen wird. Wie aus Abb. 2.21 hervorgeht, ist das Element des Raumwinkels dΩ das auf die Einheitskugel um den Aufpunkt projizierte Flächenelement, das sich entsprechend (2.70) berechnet. dΩ bzw. Ω sind demnach dimensionslose Größen. Diese Definition ist der des „ebenen" Winkels ganz analog (siehe dazu Abschn. 2.5.4 über Liniendipole, insbesondere

Abb. 2.21 Definition des
Raumwinkelelementes dΩ

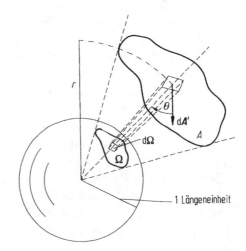

die zu Abb. 2.21 analoge Abb. 2.29). Damit ergibt sich

$$\varphi = \frac{1}{4\pi\varepsilon_0} \int \tau \, d\Omega \; . \tag{2.71}$$

Insbesondere ist für eine Fläche mit konstanter Flächendichte τ des Dipolmoments

$$\varphi = \frac{\tau}{4\pi\varepsilon_0} \Omega \; , \tag{2.72}$$

wo Ω der Raumwinkel ist, unter dem die homogene Doppelschicht vom Aufpunkt aus erscheint. Eine Verwechslung mit dem elektrischen Fluss (der auch mit Ω bezeichnet wurde) dürfte nicht zu befürchten sein.

Als Beispiel diene eine Kugel, deren Oberfläche mit nach außen gerichteten Dipolen gleichmäßig belegt ist. Die so entstehende homogene Doppelschicht können wir uns auch vorstellen als zwei konzentrische Kugelflächen, die mit ungleichartigen Ladungen homogen belegt sind, wobei die Ladungen sehr groß sind und die Radiendifferenz sehr klein ist. Im Kugelinneren ist für alle Punkte $\Omega = -4\pi$ (das negative Vorzeichen ergibt sich aus der Definition von θ in Abb. 2.20). Für alle äußeren Punkte dagegen ist $\Omega = 0$. Also ist (für nach außen gerichtete Dipole)

$$\varphi = \begin{cases} -\dfrac{\tau}{\varepsilon_0} & \text{innen} \; , \\[2mm] 0 & \text{außen.} \end{cases} \tag{2.73}$$

Geht man von innen nach außen durch die Doppelschicht hindurch, so erhöht sich das Potential sprunghaft um τ/ε_0.

Dieses Ergebnis kann man verallgemeinern. Es gilt für eine Doppelschicht beliebiger Form, und es gilt auch unabhängig davon, ob τ konstant ist oder nicht. Geht man in Dipolrichtung durch eine Doppelschicht hindurch, so erhöht sich beim Durchgang das Potential um τ/ε_0, wobei es auf den Wert von τ an der Durchgangsstelle ankommt. Wir wollen diese verallgemeinerte Behauptung beweisen. Dazu gehen wir von einer Fläche aus, die mit elektrischer Ladung belegt ist. Die Flächendichte am betrachteten Ort sei σ. Die dielektrische Verschiebung darüber sei $\mathbf{D}_1$, die darunter $\mathbf{D}_2$. Wir können uns $\mathbf{D}_1$ und $\mathbf{D}_2$ in die zur Fläche parallelen (tangentialen) bzw. senkrechten (normalen) Komponenten D_t und D_n zerlegt denken (Abb. 2.22). Wir wenden nun (2.4) auf den in Abb. 2.22 eingezeichneten kleinen Zylinder an, dessen Ausdehnung senkrecht zur Fläche so klein sein soll, dass die Mantelfläche keinen Beitrag liefert. Wir erhalten dann

$$(D_{2n} - D_{1n}) \, dA = \sigma \, dA$$

Abb. 2.22 Flächenladung an einer Grenzfläche

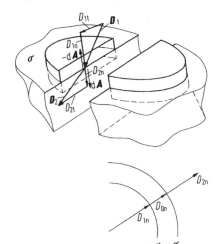

Abb. 2.23 D_n an parallelen Flächen mit entgegengesetzten Flächenladungen

bzw.

$$D_{2n} - D_{1n} = \sigma .\tag{2.74}$$

Über die tangentialen Komponenten ist damit nichts gesagt. In einem späteren Abschnitt werden wir uns auch damit beschäftigen. Betrachten wir nun zwei eng benachbarte, zueinander parallele Flächen mit Flächenladungen entgegengesetzten Vorzeichens (Abb. 2.23), so finden wir:

$$D_{0n} - D_{1n} = -\sigma ,$$
$$D_{2n} - D_{0n} = \sigma .$$

Aus diesen beiden Gleichungen folgt

$$D_{2n} = D_{1n} = D_n$$

und

$$D_{0n} = D_n - \sigma .$$

Die Normalkomponente von **D** wird durch die Doppelschicht demnach nicht geändert. Innerhalb der Schicht ist die Normalkomponente von **D** um den Wert σ kleiner. Die Spannung beim Durchlaufen der Schicht in zu ihr senkrechter, positiver Richtung ist

$$\delta\varphi = -E_{0n}d = -\frac{D_{0n}}{\varepsilon_0}d = -\frac{(D_n - \sigma)}{\varepsilon_0}d .\tag{2.75}$$

Abb. 2.24 Feld zwischen zwei
homogen geladenen ebenen
Flächen

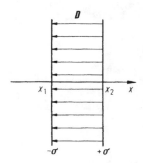

Als positiv gilt, wie bisher, die Richtung des Dipolmoments. D_n ist endlich, d jedoch beliebig klein und σ so groß, dass σd endlich ist, nämlich gerade

$$\sigma d = \tau \; . \tag{2.76}$$

Damit folgt aus (2.75)

$$\delta\varphi = \frac{\sigma d}{\varepsilon_0} = \frac{\tau}{\varepsilon_0} \; , \tag{2.77}$$

womit die Behauptung bewiesen ist.

Besonders einfach und auch bei endlichem Abstand in Strenge berechenbar ist der Fall von zwei unendlich ausgedehnten, homogen geladenen parallelen Ebenen (Abb. 2.24). Aus Symmetriegründen hat **D** dann nur eine x-Komponente, die auch nur von x abhängen kann. Abb. 2.25 zeigt a) das Feld einer Fläche mit der Flächenladung σ, b) das Feld einer Fläche mit der Flächenladung $-\sigma$ und c) die Überlagerung beider Felder. Für den Fall a) gilt

$$D_{2x} - D_{1x} = \sigma \; .$$

Ebenfalls aus Symmetriegründen ist auch noch

$$D_{2x} = -D_{1x} \; ,$$

d. h.

$$D_{2x} = -D_{1x} = \frac{\sigma}{2} \; . \tag{2.78}$$

Abb. 2.25 Das Feld zweier
ebener entgegengesetzt homogen geladener Flächen und
deren Überlagerung

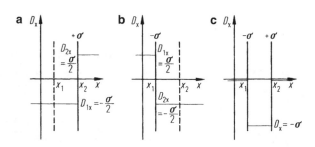

Für b) ergibt sich in analoger Weise

$$D_{2x} = -D_{1x} = -\frac{\sigma}{2} \, . \tag{2.79}$$

Die Überlagerung ergibt dann ein von null verschiedenes Feld nur zwischen den beiden Ebenen, das von der positiv geladenen zur negativ geladenen Ebene gerichtet ist (Abb. 2.24),

$$D_x = -\sigma \, . \tag{2.80}$$

Demnach ist

$$E_x = -\frac{\sigma}{\varepsilon_0} \tag{2.81}$$

und

$$\delta\varphi = -E_x d = \frac{\sigma d}{\varepsilon_0} = \frac{\tau}{\varepsilon_0} \, . \tag{2.82}$$

Diese Gleichung gilt streng auch für endliche Abstände d, während im allgemeinen Fall, d. h. bei der Ableitung von Gleichung (2.75) verschwindend kleine Abstände d vorausgesetzt werden müssen.

Als weiteres Beispiel der Anwendung von (2.72) berechnen wir das Potential einer gleichmäßig mit Dipolen belegten Kreisscheibe auf deren Achse (Abb. 2.26). Zunächst ist der Raumwinkel Ω zu berechnen. Aus (2.70) folgt für $z > 0$:

$$\Omega = \int d\Omega = \int_0^{r_0} \frac{2\pi r}{r^2 + z^2} \cos\theta \, dr$$

$$= \int_0^{r_0} \frac{2\pi r}{r^2 + z^2} \frac{z \, dr}{\sqrt{r^2 + z^2}} = 2\pi z \int_0^{r_0} \frac{r}{\sqrt{r^2 + z^2}^3} \, dr \, .$$

Wir führen nun r^2 als neue Variable ein. Dabei ist $dr^2 = 2r \, dr$ und deshalb

$$\Omega = \pi z \int_0^{r_0^2} \frac{dr^2}{\sqrt{r^2 + z^2}^3} = \pi z \left[-\frac{2}{\sqrt{r^2 + z^2}} \right]_0^{r_0^2}$$

$$= 2\pi \left(1 - \frac{z}{\sqrt{r_0^2 + z^2}} \right) = 2\pi(1 - \cos\theta_0) \, .$$

Abb. 2.26 Mit Dipolen belegte Kreisscheibe

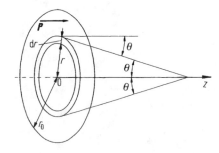

Für $z < 0$ dagegen wird

$$\Omega = -2\pi \left(1 - \frac{|z|}{\sqrt{r_0^2 + z^2}} \right) = 2\pi \left(-1 - \frac{z}{\sqrt{r_0^2 + z^2}} \right).$$

Demnach ist

$$\varphi = \begin{cases} \dfrac{\tau}{2\varepsilon_0} \left(1 - \dfrac{z}{\sqrt{r_0^2 + z^2}} \right) & \text{für } z > 0 \\[4mm] \dfrac{\tau}{2\varepsilon_0} \left(-1 - \dfrac{z}{\sqrt{r_0^2 + z^2}} \right) & \text{für } z < 0 \,. \end{cases}$$

Bei $z = 0$ springt φ von $-(\tau/2\varepsilon_0)$ auf $\tau/2\varepsilon_0$, d. h. wie es sein muss um insgesamt τ/ε_0. Die Feldstärken auf der Achse ergeben sich aus

$$E_z = -\frac{\partial \varphi}{\partial z}$$

zu

$$E_z = \frac{\tau}{2\varepsilon_0} \frac{r_0^2}{\sqrt{r_0^2 + z^2}^{\,3}} \,.$$

E_z verschwindet, wenn r_0 gegen unendlich geht. Auch das muss so sein. Wir kommen so zum Fall der Abb. 2.24 zurück, bei der das Feld nur im Inneren der Schicht von null verschieden ist.

2.5.4 Liniendipole

Man kann auch irgendwelche Linien mit Dipolen belegen. Wir wollen uns hier auf ein einfaches Beispiel beschränken. Das Potential einer unendlich langen, geraden Linienladung ist nach (2.46)

$$\varphi = -\frac{q}{2\pi\varepsilon_0} \ln \frac{r}{r_B} \,.$$

Zwei eng benachbarte und zueinander parallele Linienladungen ergeben einen Liniendipol (Abb. 2.27). Er erzeugt das Potential

$$\varphi = -\frac{q}{2\pi\varepsilon_0} \ln \frac{r_+}{r_B} + \frac{q}{2\pi\varepsilon_0} \ln \frac{r_-}{r_B}$$

$$= -\frac{q}{2\pi\varepsilon_0} \ln \frac{r_+}{r_-} = -\frac{q}{2\pi\varepsilon_0} \ln \frac{r_- - \delta}{r_-}$$

$$= -\frac{q}{2\pi\varepsilon_0} \ln \left(1 - \frac{\delta}{r_-} \right),$$

Abb. 2.27 Zum Liniendipol

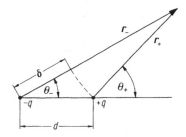

wenn für den Bezugspunkt

$$r_{B1} = r_{B2} = r_B$$

gilt. Nun sei

$$d \ll r_+$$

und

$$d \ll r_- \, .$$

Dann ist $\theta_+ \approx \theta_- \approx \theta$, $\delta = r_- - r_+ \approx d \cdot \cos\theta \ll r_-$, ferner $r_+ \approx r_- \approx r$ und wegen der Reihenentwicklung $\ln(1 - x) = -(x + x^2/2 + \cdots)$ für $(-1 \le x < 1)$

$$\varphi \approx +\frac{q}{2\pi\varepsilon_0}\frac{\delta}{r} \approx +\frac{(q\,\mathrm{d})\cos\theta}{2\pi\varepsilon_0 r} \, . \tag{2.83}$$

$(q\mathrm{d})$ ist die Liniendipoldichte (Dipolmoment pro Längeneinheit) und φ das Potential des unendlich langen Liniendipols. Das Ergebnis ist mit der Gleichung (2.60) zu vergleichen, die das Potential eines Dipols darstellt: p ist ersetzt durch $(q\mathrm{d})$, an die Stelle von 4π tritt 2π und an die Stelle von r^2 tritt r; $\mathbf{r}_1 = 0$ in (2.60). Dabei ist jedoch nicht zu vergessen, dass r in (2.60) die Entfernung vom Dipol und in (2.83) den senkrechten Abstand vom Liniendipol bedeutet.

Aus zueinander parallelen Liniendipolen kann man *zylindrische Doppelschichten* aufbauen (Abb. 2.28 und 2.29). Als Flächendichte des Dipolmoments ergibt sich

$$\tau(s) = \frac{\mathrm{d}(q\mathrm{d})}{\mathrm{d}s} \, ,$$

und damit wird das Potential

$$\varphi = \int_C \frac{\tau\cos\theta\,\mathrm{d}s}{2\pi\varepsilon_0 r} \, ,$$

Abb. 2.28 Zylindrische Doppelschicht

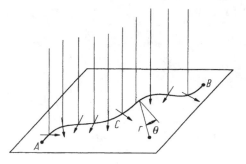

Abb. 2.29 Zur Berechnung
des Potentials einer zylindrischen Doppelschicht

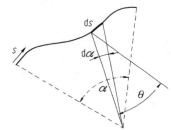

wobei dieses Integral längs der Kurve C von A nach B zu nehmen ist. Nun ist

$$\mathrm{d}\alpha = \frac{\cos\theta \, \mathrm{d}s}{r}$$

das Winkelelement, unter dem das Kurvenstück $\mathrm{d}s$ vom Aufpunkt aus erscheint. Also ist

$$\varphi = \frac{1}{2\pi\varepsilon_0} \int \tau \, \mathrm{d}\alpha \, . \tag{2.84}$$

Ist τ konstant, so ergibt sich

$$\varphi = \frac{\tau\alpha}{2\pi\varepsilon_0} \, . \tag{2.85}$$

Diese beiden Beziehungen sind den beiden Beziehungen (2.71) bzw. (2.72) analog. Dort handelt es sich um das allgemeine räumliche Problem, hier um den *zylindrischen Fall*, der wegen der Unabhängigkeit von einer Raumkoordinate auch als *ebener Fall* bezeichnet wird.

Ist C eine geschlossene Kurve, so entsteht ein geschlossener Zylinder. Ist in diesem Fall τ konstant und zeigen die Dipole nach außen, so ist

$$\alpha = \begin{cases} -2\pi & \text{innen} \\ 0 & \text{außen} \end{cases}$$

und damit

$$\varphi = \begin{cases} -\dfrac{\tau}{\varepsilon_0} & \text{innen} \\ 0 & \text{außen} \end{cases}$$

Wie es sein muss, gibt das wieder den Potentialsprung τ/ε_0.

2.6   Das Verhalten eines Leiters im elektrischen Feld

Man findet in der Natur zwei ganz verschiedene Arten von Stoffen vor, solche, in denen frei bewegliche elektrische Ladungen vorhanden sind, und solche, in denen das nicht der Fall ist. Die einen nennt man *Leiter*, die anderen *Isolatoren* (oder *Dielektrika*). An sich ist diese Einteilung zu grob, und es wären noch einige Einschränkungen und zusätzliche Bemerkungen dazu nötig. Wir wollen uns dennoch an dieser Stelle mit dem Gesagten begnügen und die Konsequenzen betrachten, zunächst für Leiter im elektrischen Feld und im übernächsten Abschnitt für Dielektrika im elektrischen Feld.

Befindet sich ein Leiter in einem elektrischen Feld, so wirken Kräfte auf die im Leiter beweglichen Ladungen. Sie setzen sich dadurch in Bewegung, und diese Bewegung kann erst dann zum Stillstand kommen, wenn im Leiter überall

$$\mathbf{E} = 0$$

bzw.

$$\varphi = \text{const} \tag{2.86}$$

ist. Die Leiteroberfläche muss überall dasselbe Potential haben, d. h. sie muss eine Äquipotentialfläche sein. Außerhalb des Leiters wird $\mathbf{E}$ nicht verschwinden. An der Leiteroberfläche jedoch muss die tangentiale Feldkomponente verschwinden,

$$\mathbf{E}_t = 0 \,, \tag{2.87}$$

denn sonst wäre die Oberfläche keine Äquipotentialfläche. Die Normalkomponente von $\mathbf{E}$ dagegen, E_n, wird nicht verschwinden. Auf den Oberflächen bilden sich Flächenladun-

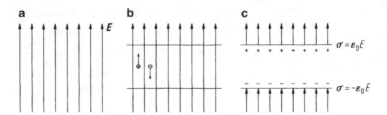

Abb. 2.30 Im Inneren eines Leiters fließen Ströme bis das Feld in seinem Inneren verschwindet

Abb. 2.31 Zwei leitfähige
Platten kann man zum Aus-
messen eines elektrischen
Feldes benutzen

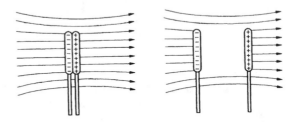

gen so aus, dass die äußeren Felder nicht ins Innere des Leiters eindringen können, d. h.
entsprechend Gleichung (2.74) muss

$$D_n = \varepsilon_0 E_n = \sigma \qquad (2.88)$$

sein.

Um ein sehr einfaches Beispiel zu betrachten, wählen wir eine unendlich ausgedehnte
leitfähige Platte in einem homogenen elektrischen Feld, das senkrecht auf den Oberflächen der Platte steht (Abb. 2.30). Die frei beweglichen Ladungen bewegen sich je nach
ihrem Vorzeichen in Feldrichtung oder gegen die Feldrichtung bis an die Oberfläche der
Platte. Unabhängig davon, ob nur negative oder nur positive oder negative und positive
Ladungen frei beweglich sind, entsteht so an einer Oberfläche eine negative, an der anderen Oberfläche eine positive Flächenladung. Das Innere ist feldfrei, wenn $\sigma = \pm\varepsilon_0 E$
ist. Das Feld der Oberflächenladungen allein existiert nur im Inneren. Es beginnt bei den
positiven Ladungen (Quellen) und endet bei den negativen Ladungen (Senken), d. h. es
verläuft genau umgekehrt wie das von außen angelegte Feld, hat jedoch denselben Betrag.
Das äußere Feld wird also gerade kompensiert. Es handelt sich um die Überlagerung der
Felder in Abb. 2.30b und Abb. 2.24, die das Feld von Abb. 2.30c liefert.

Die so entstehenden Oberflächenladungen werden auch als *Influenzladungen* bezeichnet. Man kann sie zur Ausmessung von elektrischen Feldern nach Betrag und Richtung
benutzen. Dazu dient ein Paar leitfähiger Platten, die man einander berührend ins Feld
bringt und dann trennt, wobei man die Orientierung aufsuchen muss, die zur maximalen
Aufladung der Platten führt (Abb. 2.31).

Das Problem der Berechnung des Feldes, das ein Leiter zusammen mit einem von außen angelegten Feld erzeugt, ist im Allgemeinen schwierig. Wir wollen im Folgenden einige Probleme behandeln, die sich im Gegensatz dazu leicht lösen lassen.

2.6.1   Metallkugel im Feld einer Punktladung

Wir haben schon eine Reihe von verschiedenen Feldern berechnet und wir kennen im Prinzip jedenfalls auch deren Äquipotentialflächen. Wir können uns jede dieser Äquipotentialflächen als Oberfläche eines entsprechenden Leiters vorstellen. So gesehen haben wir schon viele Probleme dieser Art gelöst. Insbesondere haben wir in Abschn. 2.4 gefunden, dass die zu zwei Punktladungen verschiedenen Vorzeichens gehörige Äquipotentialfläche $\varphi = 0$ eine Kugel ist (Abb. 2.10). Nehmen wir nun eine Kugel vom Radius r_K an, deren Mittelpunkt im Ursprung eines kartesischen Koordinatensystems sein soll und eine Ladung Q_1 am Ort $(0, 0, z_1)$. Zusammen mit einer Ladung Q_2 am Ort $(0, 0, z_2)$ wird die Kugel eine Äquipotentialfläche, wenn, wegen der beiden Beziehungen (2.54) und (2.55),

$$z_2 = \frac{r_K^2}{z_1} , \tag{2.89}$$

$$Q_2 = -Q_1 \sqrt{\frac{z_2}{z_1}} . \tag{2.90}$$

Die Ladung Q_2 am Ort $(0, 0, z_2)$ ist dabei fiktiver Natur. Sie liefert zusammen mit der Ladung Q_1 am Ort $(0, 0, z_1)$ außerhalb der Kugel genau das Feld, das unser Problem löst. Im Inneren der Kugel gibt es kein Feld. Dieses endet ja auf der Kugeloberfläche an entsprechenden Oberflächenladungen, die sich aus der Beziehung (2.88) ergeben und aufintegriert allerdings gerade die Ladung Q_2 liefern. Auf der Oberfläche enden ja genau alle die Feldlinien, die ohne Kugel auf der Ladung Q_2, der sog. *Bildladung*, enden würden. Die entstehende Konfiguration ist in Abb. 2.32 skizziert. Man bezeichnet den Ort

Abb. 2.32 Leitfähige Kugel im Feld einer Punktladung

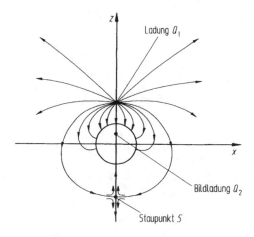

$(0, 0, z_2 = r_K^2/z_1)$ als Spiegelbild des Ortes $(0, 0, z_1)$ an der Kugel. Daher kommt das Wort Bildladung, und diese Methode, solche Probleme zu lösen, wird auch als *Spiegelungsmethode* bezeichnet.

Wir können das Problem etwas abändern und verlangen, dass die Kugel eine vorgegebene Ladung Q habe. Die Lösung ergibt sich aus der Feststellung, dass man eine beliebige Ladung im Zentrum der Kugel anbringen kann und deren Oberfläche immer noch Äquipotentialfläche bleibt. Man muss also dem Feld der Abb. 2.32 das Feld einer Punktladung $(Q - Q_2)$ im Zentrum überlagern.

Als Grenzfall können wir eine elektrische Ladung vor einer leitfähigen ebenen Wand betrachten. Sie entspricht einer Kugel mit unendlich werdendem Radius r_K. Aus Gleichung (2.89) ergibt sich dann, dass die Bildladung sich ebenso weit hinter der Wand wie die Ladung vor ihr, d. h. im Spiegelpunkt, befindet und dass $Q_2 = -Q_1$ ist. Denn laut Abb. 2.33 ist

$$z_1 = r_K + d_1 \, ,$$
$$z_2 = r_K - d_2$$

und damit nach Gleichung (2.89)

$$z_2 = r_K - d_2 = \frac{r_K^2}{r_K + d_1}$$
$$= \frac{r_K}{1 + \frac{d_1}{r_K}} \, .$$

Wird nun $r_K \gg d_1$, so ist in 1. Ordnung

$$z_2 = r_K - d_2 \approx r_K \left(1 - \frac{d_1}{r_K} \right) = r_K - d_1 \, ,$$

d. h.

$$d_1 \approx d_2 \, .$$

Es ist auch anschaulich klar, dass gerade dadurch die Randbedingung konstanten Potentials bzw. verschwindender tangentialer Feldkomponenten an der Wand erfüllt wird (Abb. 2.34). Man kann die Methode z. B. auch auf eine Ladung in einem Winkel entsprechend Abb. 2.35 anwenden. Dort hat man Ladungen $+Q$ bei z. B. $(a, b, 0)$ und $(-a, -b, 0)$

Abb. 2.33 Die Lagen der Ladung und der Bildladung

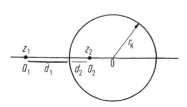

Abb. 2.34 Ladung vor einer
leitfähigen ebenen Wand

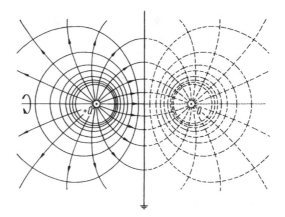

und Ladungen $-Q$ bei $(-a, b, 0)$ und $(a, -b, 0)$. Das Feld in dem 1. Quadranten (in den übrigen drei Quadranten verschwindet es) kann man sich durch diese vier Ladungen erzeugt denken, und man kann leicht nachprüfen, dass xz- und yz-Ebene Äquipotential-flächen sind, was auch anschaulich klar ist.

Man kann natürlich gleichzeitig mehrere Ladungen in die Nähe z. B. der Kugel in Abb. 2.32 bringen. Man hat dann auch mehrere Bildladungen, und man muss alle entsprechenden Felder überlagern. Man kann insbesondere neben der Ladung Q_1 bei $(0, 0, z_1)$ eine Ladung $-Q_1$ bei $(0, 0, -z_1)$ haben. Man hat dann zwei Bildladungen zu berücksichtigen, Q_2 bei $(0, 0, z_2)$ und noch einmal $-Q_2$ bei $(0, 0, -z_2)$. Lässt man nun Q_1 und z_1 gegen unendlich gehen, so geht Q_2 ebenfalls gegen unendlich, z_2 jedoch gegen null, d. h. die beiden Bildladungen geben bei entsprechendem Grenzübergang einen idealen Dipol. Das Feld der beiden Ladungen $\pm Q_1$ kann in der Umgebung der Kugel als homogen betrachtet werden. Wir können also vermuten, dass wir das Problem einer Kugel in einem homogenen Feld mit Hilfe eines fiktiven Dipols im Zentrum der Kugel lösen können. Dies bringt uns zum nächsten Beispiel.

Abb. 2.35 Ladung in einem
Winkel aus leitfähigen aufeinander senkrechten Wänden

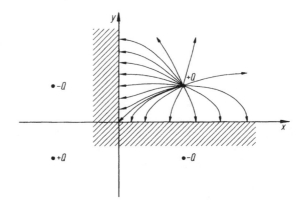

2.6.2   Metallkugel im homogenen elektrischen Feld

Entsprechend der eben erwähnten Vermutung und mit den Größen aus Abb. 2.36 machen wir den folgenden Ansatz:

$$\varphi = \frac{p \cos \theta}{4 \pi \varepsilon_0 r^2} - E_{a,\infty} z$$

$$= \frac{p \cos \theta}{4 \pi \varepsilon_0 r^2} - E_{a,\infty} r \cos \theta .$$

$E_{a,\infty}$ ist das von außen angelegte äußere Feld, das in hinreichender Entfernung von der Metallkugel durch diese nicht gestört ist. Das Potential entsteht aus dem Dipolanteil nach (2.60) und aus dem Anteil, der zum homogenen Außenfeld gehört. Die oben geäußerte Vermutung ist bestätigt, wenn wir p so wählen können, dass φ für $r = r_K$ konstant wird:

$$\varphi = \varphi_0 = \frac{p \cos \theta}{4 \pi \varepsilon_0 r_K^2} - E_{a,\infty} r_K \cos \theta .$$

φ wird für $r = r_K$ tatsächlich konstant, wenn man

$$p = 4 \pi \varepsilon_0 r_K^3 E_{a,\infty}$$

wählt. Damit ist

$$\varphi = E_{a,\infty} \cos \theta \left(\frac{r_K^3}{r^2} - r \right) . \qquad (2.91)$$

Daraus kann man die Komponenten von **E** berechnen:

$$E_r = E_{a,\infty} \cos \theta \left(2 \frac{r_K^3}{r^3} + 1 \right) , \qquad (2.92)$$

$$E_\theta = E_{a,\infty} \sin \theta \left(\frac{r_K^3}{r^3} - 1 \right) . \qquad (2.93)$$

Abb. 2.36 Fiktiver Dipol im Zentrum einer Kugel

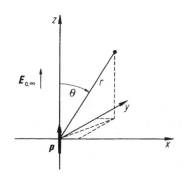

Abb. 2.37 Metallkugel in
einem homogenen elektrischen
Feld

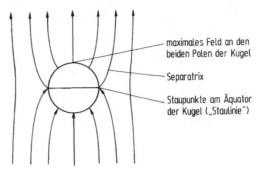

maximales Feld an den
beiden Polen der Kugel

Separatrix

Staupunkte am Äquator
der Kugel („Staulinie")

Abb. 2.38 Metallkugel in
einem homogenen elektrischen
Feld mit Feldlinien an der
äquatorialen Staulinie

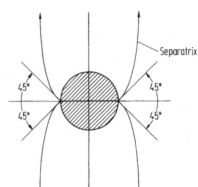

Separatrix

Auf der Kugeloberfläche, $r = r_K$, ist $E_\theta = 0$. E_r definiert die Flächenladung:

$$\sigma = \varepsilon_0 (E_r)_{r=r_K} = (D_r)_{r=r_K} = 3\varepsilon_0 E_{a,\infty} \cos\theta \ . \tag{2.94}$$

Die Konfiguration ist in Abb. 2.37 skizziert. Das maximale Feld $E = 3E_{a,\infty}$ tritt an den beiden Polen der Kugel auf. Merkwürdig ist das Verhalten des Feldes am Äquator. Er besteht aus lauter Staupunkten, bildet also eine Linie von Staupunkten, eine sog. *Staulinie*. Die Feldlinien bilden dort eine Spitze, d. h. sie haben keine eindeutige Richtung, was natürlich nur an Staupunkten möglich ist. Im Übrigen kann man zeigen, dass sie dort mit der Äquatorebene einen Winkel von 45° bilden (Abb. 2.38).

Wieder kann man das Problem verallgemeinern und die Frage aufwerfen, wie sich das Bild ändert, wenn die Kugel eine vorgegebene Ladung Q trägt. Bisher wurde der Effekt der Kugel durch einen fiktiven Dipol simuliert, d. h. die Ladung der Kugel im obigen Fall verschwindet, was sich auch bei der Integration von σ über die Oberfläche, (2.94), zeigt. Man braucht also lediglich eine zusätzliche Ladung Q ins Zentrum der Kugel zu setzen. Sie löst das Problem, da auch sie ein konstantes zusätzliches Potential auf der Kugel bewirkt. An die Stelle von (2.91) tritt dann

$$\varphi = E_{a,\infty} \cos\theta \left(\frac{r_K^3}{r^2} - r \right) + \frac{Q}{4\pi\varepsilon_0 r} \ .$$

Je nachdem wie groß Q ist, entstehen ganz verschiedene Feldkonfigurationen. Sie seien hier ohne Beweis angegeben.

1. Ist

$$\left| \frac{Q}{4\pi\varepsilon_0 r_K^2 \cdot 3E_{a,\infty}} \right| < 1 \,,$$

so hat man Staulinien auf *Breitenkreisen* der Kugel entsprechend Abb. 2.39.
2. Ist

$$\left| \frac{Q}{4\pi\varepsilon_0 r_K^3 \cdot 3E_{a,\infty}} \right| = 1 \,,$$

so degenerieren die Staulinien von Abb. 2.39 in Staupunkte an den entsprechenden Polen der Kugel.
3. Ist

$$\left| \frac{Q}{4\pi\varepsilon_0 r_K^2 \cdot 3E_{a,\infty}} \right| > 1 \,,$$

so lösen sich diese Staupunkte von der Kugel ab und wandern längs der durch die Pole gehenden Achse ins Feld hinaus (Abb. 2.40).

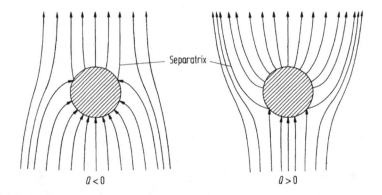

Abb. 2.39 Geladene Metallkugel im homogenen Feld mit Staulinie am Breitenkreis

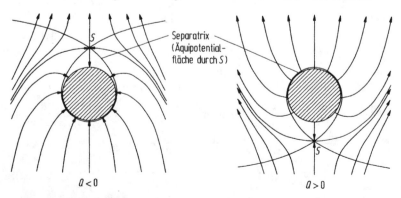

Abb. 2.40 Geladene Metallkugel im homogenen Feld mit Staupunkt auf der Achse

2.6.3   Metallzylinder im Feld einer Linienladung

Ein Metallzylinder befinde sich im Feld einer zu seiner Achse parallelen homogenen Linienladung (Abb. 2.41). Das Gesamtfeld kann man sich im Außenraum erzeugt denken durch die gegebene Linienladung q (außerhalb des Zylinders) und deren Spiegelbild, ebenfalls eine Linienladung $-q$. Das Produkt der Achsenabstände der beiden Linienladungen ist dabei gleich dem Quadrat des Zylinderradius, d. h. die Durchstoßpunkte der beiden Linienladungen entstehen auseinander durch Spiegelung am Kreis $r = r_z$ (r_z ist der Zylinderradius). Also ist

$$x_1 \cdot x_2 = r_z^2 \ .$$

Der Beweis ist leicht zu erbringen. Zunächst ist das Potential der beiden Linienladungen an einem Aufpunkt (x, y, z) nach (2.46)

$$\varphi = -\frac{q}{2\pi\varepsilon_0} \ln \frac{r_1}{r_B} + \frac{q}{2\pi\varepsilon_0} \ln \frac{r_2}{r_B} = \frac{q}{2\pi\varepsilon_0} \ln \frac{r_2}{r_1} \ .$$

Dabei ist

$$r_1^2 = (x - x_1)^2 + y^2$$

und

$$r_2^2 = (x - x_2)^2 + y^2 = \left(x - \frac{r_z^2}{x_1} \right)^2 + y^2 \ .$$

Auf dem Zylinder ist

$$x^2 + y^2 = r_z^2$$

und damit

$$\frac{r_2^2}{r_1^2} = \frac{x^2 - 2x\frac{r_z^2}{x_1} + \frac{r_z^4}{x_1^2} + y^2}{x^2 - 2xx_1 + x_1^2 + y^2}$$

$$= \frac{r_z^2 - 2x\frac{r_z^2}{x_1} + \frac{r_z^4}{x_1^2}}{r_z^2 - 2xx_1 + x_1^2} = \frac{r_z^2}{x_1^2} = \text{const} \ .$$

Abb. 2.41 Metallzylinder im Feld einer Linienladung

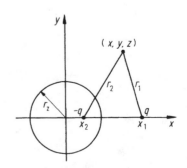

Also ist r_2/r_1 und damit auch φ auf dem Zylinder konstant. In der Geometrie sind die geometrischen Orte aller Punkte, die entsprechend Abb. 2.41 konstante Abstandsverhältnisse r_1/r_2 aufweisen, als Kreise des *Apollonius* bekannt. Der kreisförmige Querschnitt des Zylinders wird also durch einen dieser Kreise gebildet.

2.7 Der Kondensator

Befinden sich im Raume zwei Leiter (z. B. Metallkörper) mit entgegengesetzt gleichen Ladungen (Q bzw $-Q$), so bildet sich zwischen ihnen ein elektrisches Feld aus, dessen Kraftlinien auf der Oberfläche des einen Körpers entspringen und auf der des anderen enden. Beide Oberflächen sind Äquipotentialflächen, d. h. zwischen den beiden Körpern herrscht eine wohldefinierte Spannung U. Diese Spannung ist der Ladung Q proportional. Das Verhältnis $|Q|/|U|$ ist ein reiner Geometriefaktor und wird als *Kapazität C* bezeichnet. Die ganze Anordnung nennt man einen *Kondensator*.

Besonders einfach ist die Berechnung der Kapazität für den ebenen *Plattenkondensator*, wenn man diesen näherungsweise so behandelt, als ob er unendlich ausgedehnt wäre (Abb. 2.42). Dann ist nämlich

$$E = \frac{\sigma}{\varepsilon_0}$$

und

$$|U| = \frac{\sigma d}{\varepsilon_0} \,.$$

Die Ladung ist

$$Q = \pm\sigma A \,,$$

wenn A die Plattenfläche ist. Also ist

$$C = \frac{|Q|}{|U|} = \frac{\varepsilon_0 A}{d} \,. \tag{2.95}$$

Man kann eine Kapazität auch für nur einen Leiter definieren mit Hilfe seiner Spannung gegen das Unendliche. Betrachten wir z. B. eine Kugel vom Radius r, so ist die Spannung

Abb. 2.42 Ebener Kondensator

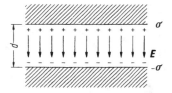

Abb. 2.43 Kugelkondensator

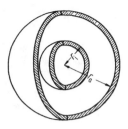

zwischen ihrer Oberfläche und dem Unendlichen

$$U = \frac{Q}{4\pi\varepsilon_0 r} \, ,$$

so dass

$$C = \frac{|Q|}{|U|} = 4\pi\varepsilon_0 r \qquad (2.96)$$

ist.

Zwei konzentrische Kugeln bilden einen *Kugelkondensator* (Abb. 2.43). Für ihn ist

$$U = \frac{Q}{4\pi\varepsilon_0} \left(\frac{1}{r_i} - \frac{1}{r_a} \right)$$

und deshalb

$$C = \frac{|Q|}{|U|} = 4\pi\varepsilon_0 \frac{r_i r_a}{r_a - r_i} . \qquad (2.97)$$

Macht man r_i und r_a sehr groß, $r_a - r_i = d$ dagegen sehr klein, so ergibt sich

$$C = 4\pi\varepsilon_0 \frac{r^2}{d} = \frac{\varepsilon_0 A}{d}$$

wie im ebenen Fall.

Zwei konzentrische Zylinder bilden einen *Zylinderkondensator*. Dafür ist

$$U = -\frac{Q}{2\pi\varepsilon_0 l} \ln\frac{r_i}{r_B} + \frac{Q}{2\pi\varepsilon_0 l} \ln\frac{r_a}{r_B} = \frac{Q}{2\pi\varepsilon_0 l} \ln\frac{r_a}{r_i}$$

und deshalb

$$C = \frac{|Q|}{|U|} = 2\pi\varepsilon_0 l \left(\ln \frac{r_a}{r_i}\right)^{-1}. \tag{2.98}$$

Das gilt in Strenge natürlich nur bei unendlicher Länge l der Zylinder, und C wäre dann unendlich. Deshalb ist es u. U. besser, die Kapazität pro Längeneinheit anzugeben,

$$\frac{C}{l} = 2\pi\varepsilon_0 \left(\ln \frac{r_a}{r_i}\right)^{-1}.$$

In Kugel- bzw. Zylinderkondensatoren ist die Feldstärke ortsabhängig, nämlich nach (2.2) bzw. (2.45):

$$E = \frac{Q}{4\pi\varepsilon_0 r^2} \quad \text{bzw.} \quad E = \frac{Q}{2\pi\varepsilon_0 l r}.$$

An der inneren Elektrode ist E maximal:

$$E_{max} = \frac{Q}{4\pi\varepsilon_0 r_i^2} \quad \text{bzw.} \quad E_{max} = \frac{Q}{2\pi\varepsilon_0 l r_i}.$$

Das kann man auch wie folgt schreiben:

$$E_{max} = \frac{CU}{4\pi\varepsilon_0 r_i^2} = \frac{U r_a}{r_i(r_a - r_i)} \quad \text{bzw.} \quad E_{max} = \frac{CU}{2\pi\varepsilon_0 l r_i} = \frac{U}{r_i \ln \frac{r_a}{r_i}}.$$

Bei gegebener Spannung und gegebenem Außenradius r_a wird die maximale Feldstärke E_{max} möglichst klein, wenn $\partial E_{max}/\partial r_i = 0$, d. h. für

$$r_i = \frac{r_a}{2} \quad \text{bzw.} \quad r_i = \frac{r_a}{e} = \frac{r_a}{2{,}718\ldots}.$$

Das ist von praktischer Bedeutung bei der Optimierung von Kondensatorkonstruktionen.

Kapazitäten werden in Farad gemessen. Aus der Definition von C ergibt sich, dass

$$1\,\text{F} = \frac{1\,\text{C}}{1\,\text{V}} = 1\,\frac{\text{As}}{\text{V}},$$

wie bereits in Abschn. 1.13 angegeben wurde.

Zwei Leiter bilden auch dann einen Kondensator, wenn sie nicht durch Vakuum, sondern durch einen Isolator voneinander getrennt sind. In diesem Fall stellt man jedoch fest, dass die Kapazität sich durch die Gegenwart des Isolators im Zwischenraum um einen bestimmten für den Isolator charakteristischen Faktor erhöht. Bei gleicher Ladung bedeutet das eine verkleinerte Spannung bzw. eine verkleinerte Feldstärke. In einem Leiter verschwindet die Feldstärke ganz. In einem Isolator wird sie verkleinert. Beides hat ähnliche

Gründe. Auch in einem Isolator sind Ladungen vorhanden, die jedoch nicht frei beweglich sind. Eine begrenzte Beweglichkeit ist jedoch auch hier vorhanden. Sie führt zu einer wenn auch beschränkten Abschirmung äußerer elektrischer Felder. Dies wird im nächsten Abschnitt behandelt.

Der Begriff der Kapazität kann für den Fall von Systemen, die aus mehreren Leitern bestehen, verallgemeinert werden. Darauf werden wir in Kap. 3 zurückkommen.

2.8   E und D im Dielektrikum

Alle Materie besteht aus Atomen, die ihrerseits aus positiv geladenen Atomkernen und negativ geladenen Elektronen bestehen. In einem Leiter sind einige der Elektronen frei beweglich, was zu den in den beiden letzten Abschnitten erwähnten Effekten führt. In einem Isolator (Dielektrikum) ist das nicht der Fall. Aber auch hier ist eine gewisse Verschiebung der positiven gegen die negative Ladung möglich. Fallen in einem Atom des Mediums (bzw. in einem Molekül) die Schwerpunkte der positiven und negativen Ladungen nicht zusammen, so hat es ein Dipolmoment. Zwei verschiedene Fälle sind von Bedeutung:

1. Vielfach haben de Atome bzw. Moleküle zunächst, d. h. solange kein elektrisches Feld von außen angelegt wird, kein Dipolmoment. Beim Anlegen eines äußeren Feldes jedoch wirken auf die Ladungen Kräfte, die die Atome (Moleküle) deformieren und dadurch ein Dipolmoment bewirken (Abb. 2.44). Der so entstehende Dipol hat selbst ein Feld, durch welches das von außen angelegte Feld geschwächt wird. Diesen Vorgang nennt man die *Polarisation* des Mediums (vgl. Abschn. 2.5.2). Als quantitatives Maß führt man das pro Volumeneinheit bewirkte Dipolmoment ein. Man nimmt dabei im Allgemeinen an, dass die Polarisation der elektrischen Feldstärke proportional ist:

$$\mathbf{P} = \varepsilon_0 \chi \mathbf{E} . \tag{2.99}$$

Dies ist nicht unbedingt ganz richtig, stellt aber oft eine brauchbare Näherung dar, vorausgesetzt dass die elektrische Feldstärke nicht zu groß ist.

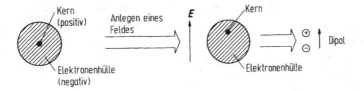

Abb. 2.44 Atome bzw. Moleküle werden durch äußere Felder zu Dipolen (Polarisation)

Abb. 2.45 Polarisierte ebene
Platte

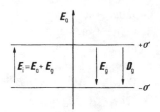

2. Die Atome bzw. Moleküle können auch ein „natürliches Dipolmoment" haben, d. h.
   ihre Ladungsschwerpunkte fallen auch ohne Feld nicht zusammen. Im Allgemeinen ist
   das Medium jedoch trotzdem nicht polarisiert, solange kein Feld angelegt wird. Das
   liegt daran, dass die natürlichen Dipol in diesen Medien rein statistisch verteilt sind,
   d. h. in beliebige Richtungen zeigen und sich so gegenseitig kompensieren. Legt man
   nun ein elektrisches Feld an, so wird auf die Dipol ein Drehmoment ausgeübt, das sie
   in Feldrichtung zu drehen versucht. Dies gelingt nicht vollständig. Die Temperaturbewegung sucht die durch das Feld bewirkte Ordnung immer wieder zu zerstören, d. h.
   die Ausrichtung wird umso unvollständiger sein, je größer die Temperatur ist. Wiederum ergibt sich jedoch eine der Feldstärke näherungsweise proportionale Polarisation,
   d. h. auch hier gilt (2.99). Es gibt jedoch auch den Fall, dass die Dipole sogar ohne
   Feld ausgerichtet bleiben. Ein solches Medium nennt man *permanent polarisiert*. Man
   spricht dann – in Anlehnung an den Begriff des Magneten – auch von *Elektreten*.

Den in (2.99) auftretenden Faktor χ bezeichnet man als *elektrische Suszeptibilität*. Sie
ist für den zweiten Fall natürlicher Dipolmomente von der Temperatur abhängig, im ersten
Fall dagegen keine Funktion der Temperatur.

Betrachten wir nun eine polarisierte ebene Platte (Abb. 2.45). Wir legen von außen
das auf ihr senkrecht stehende Feld $\mathbf{E}_a$ an. Im Inneren wird ein Gegenfeld $\mathbf{E}_g$ erzeugt.
Dadurch entsteht im Inneren das geschwächte Feld

$$\mathbf{E}_i = \mathbf{E}_a + \mathbf{E}_g \ .$$

Wegen der einfachen ebenen Geometrie sind alle diese Felder homogen. Deshalb ist auch
die Polarisation

$$\mathbf{P} = \varepsilon_0 \chi \mathbf{E}_i$$

homogen. Hier ist $\mathbf{E}_i$ zu nehmen, da es in (2.99) auf das insgesamt resultierende Feld am
betrachteten Ort ankommt. Das homogen polarisierte Medium trägt auf seine Oberflächen
Flächenladungen $\sigma = \pm P_n$, was in Abschn. 2.5.2 behandelt wurde. Also ist, wenn wir
nur Beträge betrachten,

$$D_g = +\sigma = +P$$

bzw.

$$E_g = \frac{D_g}{\varepsilon_0} = +\frac{P}{\varepsilon_0} = +\frac{\varepsilon_0 \chi E_i}{\varepsilon_0} = +\chi E_i \ ,$$

so dass

$$E_i = E_a - \chi E_i \, ,$$

d. h.

$$E_i = \frac{E_a}{1 + \chi} \tag{2.100}$$

und

$$E_g = \frac{\chi}{1 + \chi} E_a \, . \tag{2.101}$$

Wir können nun schreiben

$$\varepsilon_0 \mathbf{E}_a = \varepsilon_0 (1 + \chi) \mathbf{E}_i = \varepsilon_0 \varepsilon_r \mathbf{E}_i = \varepsilon \mathbf{E}_i \, . \tag{2.102}$$

Hierbei ist ε die sog. *Dielektrizitätskonstante* des Isolators und ε_r die sog. *relative Dielektrizitätskonstante*

$$\varepsilon = \varepsilon_r \varepsilon_0 \, . \tag{2.103}$$

ε_r ist also dimensionslos und definiert durch

$$\varepsilon_r = 1 + \chi \, , \quad (\varepsilon_r > 1) \, . \tag{2.104}$$

Wir können nun unsere Definition von **D**, die bisher nur für das Vakuum geschah, vervollständigen. Für lineare Medien gilt:

$$\mathbf{D} = \varepsilon \mathbf{E} \, . \tag{2.105}$$

Dann ist wegen der Beziehung (2.102) $\mathbf{D}_a = \mathbf{D}_i$. Im allgemeinen Fall, d. h. wenn **E** nicht senkrecht auf der Isolatorfläche steht, müssen wir diese Aussage auf die zur Oberfläche senkrechten Komponenten von **D** beschränken:

$$D_{na} = D_{ni} \, . \tag{2.106}$$

Das ist eine wichtige Aussage. Sie offenbart den tieferen Sinn der Definition von **D**. An den Grenzflächen von Isolatoren ändert sich das elektrische Feld sprunghaft, jedoch so, dass die Normalkomponente von **D** immer stetig bleibt. Damit ist der Einfluss der Polarisation auf das Feld automatisch berücksichtigt.

Man müsste nicht unbedingt zwischen **E** und **D** unterscheiden. Es gibt im Prinzip auch die Möglichkeit, **D** überhaupt nicht einzuführen und lediglich mit den Beziehungen für das Vakuum zu arbeiten. Dabei müssen dann alle Ladungen, auch die durch die Polarisation entstandenen Oberflächenladungen, explizit berücksichtigt werden. Diese Oberflächenladungen bewirken einen Sprung in der Normalkomponente von **E**. In der obigen Definition von **D** sind im Gegensatz dazu die von der Polarisation herrührenden Effekte bereits berücksichtigt. Sollten allerdings zusätzliche, nicht von der Polarisation bewirkte Oberflächenladungen auftreten, so müssen diese nach wie vor explizit berücksichtigt werden. Man spricht in diesem Zusammenhang von zwei Arten von Ladungen, nämlich von *freien Ladungen* und von *gebundenen Ladungen*. Die gebundenen Ladungen sind die von der Polarisation herrührenden. Dementsprechend führt man auch verschiedene Dichten ein:

$$\rho = \rho_{\text{frei}} + \rho_{\text{gebunden}} \,. \tag{2.107}$$

Nun ist

$$\begin{aligned} \mathbf{D} &= \varepsilon\mathbf{E} = \varepsilon_0\varepsilon_r\mathbf{E} = \varepsilon_0(1+\chi)\mathbf{E} \\ &= \varepsilon_0\mathbf{E} + \varepsilon_0\chi\mathbf{E} = \varepsilon_0\mathbf{E} + \mathbf{P} \,, \end{aligned}$$

d. h.

$$\mathbf{D} = \varepsilon_0\mathbf{E} + \mathbf{P} \,. \tag{2.108}$$

Dieser Zusammenhang soll nun ganz allgemein gelten, d. h. man definiert **D** in jedem Fall entsprechen (2.108), z. B. auch bei permanenter Polarisation (Elektret). Im speziellen Fall linearer Medien ergibt sich aus der allgemeingültigen Definition (2.108) wieder (2.105). Bildet man die Divergenz von (2.108), so ergibt sich

$$\text{div}(\varepsilon_0\mathbf{E}) = \rho = \rho_{\text{frei}} + \rho_{\text{geb}} = \text{div}\,\mathbf{D} - \text{div}\,\mathbf{P} \,,$$

d. h., entsprechend (2.66)

$$\text{div}\,\mathbf{P} = -\rho_{\text{geb}} \tag{2.109}$$

und

$$\operatorname{div}\mathbf{D} = \rho_{\text{frei}} \qquad\qquad (2.110)$$

Zur Vermeidung von Irrtümern ist also nötig, stets klar zu unterscheiden zwischen freien und gebundenen Ladungen. Dabei gibt es – um das zu wiederholen – zwei Arten des Vorgehens. Entweder berechnet man unter Berücksichtigung aller Ladungen die elektrische Feldstärke, oder man berechnet unter Berücksichtigung nur der freien Ladungen die dielektrische Verschiebung.

Es geht hier nur um elektrostatische (d. h. zeitunabhängige) Probleme. Dennoch sei darauf hingewiesen, dass beim Anlegen eines Feldes die Einstellung des beschriebenen Zustandes eine gewisse Zeit in Anspruch nimmt. Legt man elektrische Wechselfelder an, so ist bei hinreichend hoher Frequenz die Einstellung des Gleichgewichts nicht mehr möglich. χ bzw. ε sind also im Grunde Funktionen der Frequenz. Hier handelt es sich nur um den Grenzwert von χ bzw. ε für gegen null gehende Frequenz.

Ferner ist zu sagen, dass sehr viele Dielektrika nicht isotrop sind, d. h. dass die Polarisation von der Richtung des angelegten elektrischen Feldes, bezogen auf gewisse Vorzugsrichtungen des Dielektrikums, abhängt. Dann ist ε kein skalarer Faktor, sondern ein Tensor. An die Stelle von (2.105) tritt dann der kompliziertere Zusammenhang

$$\begin{aligned}
D_x &= \varepsilon_{xx} E_x + \varepsilon_{xy} E_y + \varepsilon_{xz} E_z \,, \\
D_y &= \varepsilon_{yx} E_x + \varepsilon_{yy} E_y + \varepsilon_{yz} E_z \,, \\
D_z &= \varepsilon_{zx} E_x + \varepsilon_{zy} E_y + \varepsilon_{zz} E_z
\end{aligned} \qquad\qquad (2.111)$$

bzw. in der Schreibweise der Tensorrechnung

$$\mathbf{D} = \boldsymbol{\varepsilon} \cdot \mathbf{E} \,. \qquad\qquad (2.112)$$

$\boldsymbol{\varepsilon}$ ist eine neunkomponentige Größe, deren einzelne Komponenten sich wie Produkte von Vektorkomponenten verhalten (z. B. bei Transformationen). Die skalare Multiplikation eines Tensors zweiter Stufe (das ist $\boldsymbol{\varepsilon}$) mit einem Vektor erzeugt wiederum einen Vektor. Der Tensor $\boldsymbol{\varepsilon}$ ist symmetrisch, d. h. es gilt

$$\varepsilon_{ik} = \varepsilon_{ki} \,. \qquad\qquad (2.113)$$

Setzt man in (2.100) $\chi = \infty$, so erhält man $E_i = 0$. In gewisser Weise verhalten sich also Leiter wie dielektrische Medien mit unendlicher Suszeptibilität. Der anschauliche Grund dafür ist, dass es in Leitern frei bewegliche Ladungsträger gibt, wodurch beim Anlegen von elektrischen Feldern beliebig große Dipolmomente erzeugt werden.

2.9   Der Kondensator mit Dielektrikum

Wir sind nun in der Lage zu verstehen, warum ein Dielektrikum die Kapazität eines Kondensators vergrößert. Auf den Platten des Kondensators nach Abb. 2.46 befinden sich die freien Ladungen $\pm Q$, und der Raum zwischen den Platten ist mit einem Dielektrikum der Dielektrizitätskonstante ε erfüllt. Dann ist

$$|\sigma| = \frac{|Q|}{A} = D = \varepsilon E = \varepsilon \frac{|U|}{d}$$

und deshalb

$$C = \frac{|Q|}{|U|} = \frac{\varepsilon A}{d} = \frac{\varepsilon_0 \varepsilon_r A}{d} \,. \tag{2.114}$$

Der Vergleich mit der Gleichung (2.95) zeigt, dass C gerade um den Faktor ε_r größer geworden ist. Anschaulich kommt das daher, dass z. B. bei gegebener Ladung der Kondensatorplatten die durch Polarisation an der Oberfläche des Dielektrikums gebildeten gebundenen Ladungen die Gesamtladung und damit auch die Feldstärke verringern.

Als weiteres Beispiel sei noch der ebene Kondensator mit geschichtetem Medium betrachtet (Abb. 2.47). Die Spannung ist

$$|U| = \sum_i E_i d_i \,.$$

Andererseits ist

$$\varepsilon_i E_i = D$$

überall gleich. Demnach ist

$$|U| = \sum_i \frac{D}{\varepsilon_i} d_i = D \sum_i \frac{d_i}{\varepsilon_i}$$

$$= \sigma \sum_i \frac{d_i}{\varepsilon_i} = \frac{|Q|}{A} \sum_i \frac{d_i}{\varepsilon_i} \,,$$

d. h.

$$C = \frac{|Q|}{|U|} = \frac{A}{\sum_i \frac{d_i}{\varepsilon_i}} \,. \tag{2.115}$$

Abb. 2.46 Kondensator mit
Dielektrikum

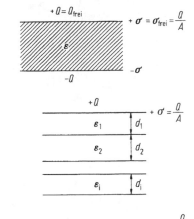

Abb. 2.47 Ebener Kondensator mit geschichtetem
Dielektrikum

2.10 Randbedingungen für **E** und **D** und die Brechung von Kraftlinien

Wir betrachten eine Grenzfläche, die zwei beliebige Gebiete voneinander trennt. Möglicherweise ist es die Grenzfläche zwischen zwei verschiedenen Medien verschiedener Dielektrizitätskonstanten, möglicherweise trägt sie eine Flächenladung etc. Aus den Maxwell'schen Gleichungen ergeben sich Bedingungen, die an solchen Grenzflächen stets erfüllt sein müssen. Zunächst gehen wir von dem Induktionsgesetz aus, Gleichung (1.68),

$$\operatorname{rot} \mathbf{E} = -\frac{\partial \mathbf{B}}{\partial t} \ .$$

Wir integrieren sie über die kleine in Abb. 2.48 eingezeichnete Fläche und bekommen

$$\int_A \operatorname{rot} \mathbf{E} \cdot d\mathbf{A} = \oint \mathbf{E} \cdot d\mathbf{s}$$

$$= ds(E_{2t} - E_{1t})$$

$$= -\frac{\partial}{\partial t} \int \mathbf{B} \cdot d\mathbf{A} = 0 \ ,$$

weil die Fläche beliebig klein wird, wenn man ihre Ausdehnung senkrecht zur Grenzfläche gegen null gehen lässt. Vorausgesetzt ist dabei, dass längs dieser verschwindenden Wegstrecken senkrecht zur Grenzfläche keine Spannung auftritt. An einer Doppelschicht ist diese Voraussetzung jedoch nicht erfüllt. In diesem Fall (Abb. 2.49) findet man:

$$\oint_J \mathbf{E} \cdot d\mathbf{s} = E_{2t} \, ds + \frac{\tau(s_2)}{\varepsilon_0} - E_{1t} \, ds - \frac{\tau(s_1)}{\varepsilon_0}$$

$$= 0 \ ,$$

Abb. 2.48 Zur Randbedin-
gung $E_{1t} = E_{2t}$ an der
Grenzfläche zwischen zwei
Medien

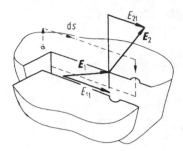

da auf die Richtung von **p** bezogen an einer Doppelschicht ein Potentialsprung τ/ε_0 auftritt (2.77). Also ist

$$\mathrm{d}s\,(E_{2t} - E_{1t}) = \frac{\tau(s_1) - \tau(s_2)}{\varepsilon_0} = \frac{\tau(s_1) - \tau(s_1 + \mathrm{d}s)}{\varepsilon_0}$$

$$= -\frac{1}{\varepsilon_0}\frac{\mathrm{d}\tau}{\mathrm{d}s}\,\mathrm{d}s\;,$$

d. h.

$$E_{2t} - E_{1t} = -\frac{1}{\varepsilon_0}\frac{\mathrm{d}\tau}{\mathrm{d}s}\;. \qquad (2.116)$$

Das ist ein spezieller Fall. Er bezieht sich auf eine auf der Doppelschicht vorgegebene
Richtung, nämlich gerade die in Abb. 2.49 gezeichnete Schnittkurve mit der Doppelschicht. $E_{1,2t}$ sind die Komponenten der tangentialen Feldstärken in dieser Richtung, und
$\mathrm{d}\tau/\mathrm{d}s$ ist die Komponente von grad τ in dieser Richtung, wobei unter grad τ ein zweidimensionaler Gradient auf der Doppelschicht zu verstehen ist. Wir können uns von dieser
Beschränkung frei machen und schreiben

$$\mathbf{E}_{2t} - \mathbf{E}_{1t} = -\frac{1}{\varepsilon_0}\,\mathrm{grad}\,\tau\;. \qquad (2.117)$$

(2.116) entsteht daraus durch skalare Multiplikation mit dem Einheitsvektor in der gewählten Richtung.

Trägt die Grenzfläche keine Doppelschicht, so ergibt sich, wie schon zu Beginn dieses
Abschnitts,

$$\mathbf{E}_{2t} = \mathbf{E}_{1t}\;. \qquad (2.118)$$

Die Tangentialkomponente von **E** muss also an Grenzflächen immer stetig sein, sofern sie
keine Doppelschicht aufweisen.

Abb. 2.49 An der Grenzfläche befindet sich eine Doppel-schicht

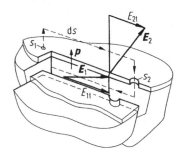

Aus der Beziehung (1.23) oder aus der damit gleichwertigen Beziehung (1.20) ergibt sich, wie schon in Abschn. 2.5.3 abgeleitet, eine entsprechende Randbedingung für **D**, nämlich die Beziehung (2.74):

$$D_{2n} - D_{1n} = \sigma \ . \tag{2.119}$$

Entsprechend der Diskussion in Abschn. 2.8 gilt dies ganz allgemein, wenn σ nur die freien, jedoch keine gebundenen Ladungen umfasst. Die Normalkomponente von **D** ist stetig, falls $\sigma = 0$ ist. Andernfalls erleidet sie einen Sprung.

Die Randbedingungen für **D** und **E** führen dazu, dass elektrische Kraftlinien beim Eintritt in ein anderes Medium bzw. beim Durchgang durch eine Doppelschicht oder eine Flächenladung geknickt („gebrochen") werden. Aus Abb. 2.50 folgt:

$$E_{2t} = E_{1t} - \frac{1}{\varepsilon_0} \frac{d\tau}{ds}$$

und

$$E_{2n} = \frac{D_{2n}}{\varepsilon_2} = \frac{D_{1n} + \sigma}{\varepsilon_2}$$
$$= \frac{\varepsilon_1 E_{1n} + \sigma}{\varepsilon_2} \ .$$

Abb. 2.50 Brechung von Kraftlinien an einer Medien-grenze

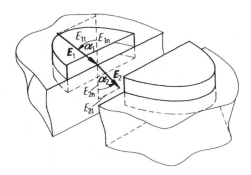

Demnach ist

$$\tan \alpha_2 = \frac{E_{2t}}{E_{2n}} = \frac{E_{1t} - \frac{1}{\varepsilon_0}\frac{d\tau}{ds}}{\frac{\varepsilon_1}{\varepsilon_2}E_{1n} + \frac{\sigma}{\varepsilon_2}}$$

und

$$\tan \alpha_1 = \frac{E_{1t}}{E_{1n}} ,$$

d. h.

$$\frac{\tan \alpha_2}{\tan \alpha_1} = \frac{1 - \frac{1}{\varepsilon_0 E_{1t}}\frac{d\tau}{ds}}{\frac{\varepsilon_1}{\varepsilon_2} + \frac{\sigma}{\varepsilon_2 E_{1n}}} . \tag{2.120}$$

Spezialfälle davon sind

1. die Brechung an einer Mediengrenze mit $\varepsilon_1 \neq \varepsilon_2, \sigma = 0$

$$\frac{\tan \alpha_2}{\tan \alpha_1} = \frac{\varepsilon_2}{\varepsilon_1} , \tag{2.121}$$

2. die Brechung durch eine freie Oberflächenladung ($\varepsilon_1 = \varepsilon_2 = \varepsilon_0$)

$$\frac{\tan \alpha_2}{\tan \alpha_1} = \frac{1}{1 + \frac{\sigma}{\varepsilon_0 E_{1n}}} . \tag{2.122}$$

Im Fall einer Doppelschicht wird das elektrische Feld im Allgemeinen nicht nur gebrochen, sondern auch aus der Einfallsebene um den Winkel β herausgedreht. Dabei ist nach (2.117) und Abb. 2.51

$$E_{2t} = E_{1t} - \frac{1}{\varepsilon_0} \operatorname{grad} \tau$$

und deshalb

$$E_{2t\parallel} = E_{1t} - \frac{1}{\varepsilon_0}(\operatorname{grad} \tau)_\parallel ,$$

$$E_{2t\perp} = -\frac{1}{\varepsilon_0}(\operatorname{grad} \tau)_\perp .$$

Abb. 2.51 Brechung und Drehung der Einfallsebene einer Kraftlinie an einer Mediengrenze

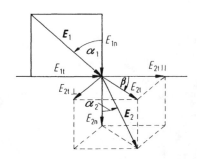

Daraus ergibt sich

$$\tan \beta = \frac{E_{2t\perp}}{E_{2t\parallel}}$$

und

$$\tan \alpha_2 = \frac{E_{2t}}{E_{2n}} .$$

2.11 Die Punktladung in einem Dielektrikum

2.11.1 Homogenes Dielektrikum

Zunächst sei eine Punktladung betrachtet, die sich im Zentrum einer Hohlkugel aus dielektrischem Material befindet (Abb. 2.52). Im ganzen Raum ist

$$\mathbf{D} = \frac{Q}{4\pi r^3}\mathbf{r} .$$

Im Vakuum ist also

$$\mathbf{E} = \frac{Q}{4\pi \varepsilon_0 r^3}\mathbf{r} ,$$

und in der dielektrischen Hohlkugel ist

$$\mathbf{E} = \frac{Q}{4\pi \varepsilon r^3}\mathbf{r} = \frac{Q}{4\pi \varepsilon_0 \varepsilon_r r^3}\mathbf{r} .$$

Die zugehörige Polarisation ist

$$\mathbf{P} = \varepsilon_0 \chi \mathbf{E} = \frac{\varepsilon_r - 1}{\varepsilon_r}\frac{Q}{4\pi r^3}\mathbf{r}$$

und, wie erst später in (3.42) gezeigt wird,

$$\rho_{\text{geb}} = -\operatorname{div}\mathbf{P} = -\frac{1}{r^2}\frac{\partial}{\partial r}\left(r^2\frac{\varepsilon_r - 1}{\varepsilon_r}\frac{Q}{4\pi r^3}r\right) = 0 ,$$

Abb. 2.52 Punktladung im
Zentrum einer dielektrischen
Hohlkugel (ε)

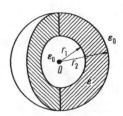

Abb. 2.53 Das elektrische
Feld der Ladung im Zentrum
einer dielektrischen Hohlkugel

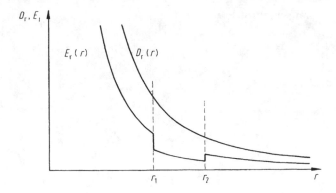

d. h. es gibt keine gebundenen Raumladungen im Inneren des Dielektrikums. Wohl aber gibt es gebundene Flächenladungen, nämlich

$$
\sigma = \begin{cases} -\dfrac{\varepsilon_r - 1}{\varepsilon_r}\dfrac{Q}{4\pi r_1^2} & \text{für } r = r_1 \,, \\[2ex] +\dfrac{\varepsilon_r - 1}{\varepsilon_r}\dfrac{Q}{4\pi r_2^2} & \text{für } r = r_2 \,. \end{cases}
$$

Abb. 2.53 zeigt das Verhalten von **D** und **E** als Funktion von **r**. Nun gehe r_1 gegen null und r_2 gegen unendlich. Dann ergibt sich im Inneren die Nettoladung

$$
Q' = Q - \frac{\varepsilon_r - 1}{\varepsilon_r}\frac{Q}{4\pi r_1^2}4\pi r_1^2 = Q - \frac{\varepsilon_r - 1}{\varepsilon_r}Q = \frac{Q}{\varepsilon_r} \,.
$$

Die Ladung erscheint also durch die gebundenen Ladungen um den Faktor ε_r verkleinert. Das Feld im ganzen, nun mit dem Dielektrikum erfüllten Raum ist

$$
\begin{aligned}
\mathbf{E} &= \frac{Q}{4\pi\varepsilon_0\varepsilon_r r^3}\mathbf{r} \\[1ex]
&= \frac{Q'}{4\pi\varepsilon_0 r^3}\mathbf{r} \,,
\end{aligned}
$$

d. h. es ist im Vergleich zum Vakuumfeld um denselben Faktor ε_r kleiner geworden wie die Ladung.

2.11.2 Ebene Grenzfläche zwischen zwei Dielektrika

Eine Punktladung Q befinde sich in einem Raum, der von zwei verschiedenen dielektrischen Medien erfüllt wird, die ihrerseits durch eine ebene Grenzfläche voneinander getrennt sind (Abb. 2.54). Das Medium 1 (ε_1) erfüllt den Halbraum $x > 0$, das Medium 2 (ε_2) den Halbraum $x < 0$. Man kann Folgendes zeigen:

1. Das Feld im Halbraum 1 lässt sich darstellen durch die Überlagerung des Feldes von Q und des Feldes einer fiktiven Ladung (Bildladung) Q' im Halbraum 2, die den gleichen Abstand von der Grenzfläche hat wie Q (a).
2. Das Feld im Halbraum 2 lässt sich darstellen als Feld einer fiktiven Ladung Q'' am Ort der Ladung Q.

Demnach können wir die folgenden Ansätze machen:

$$\varphi_1 = \frac{1}{4\pi\varepsilon_1} \left(\frac{Q}{\sqrt{(x-a)^2 + y^2 + z^2}} + \frac{Q'}{\sqrt{(x+a)^2 + y^2 + z^2}} \right),$$

$$\varphi_2 = \frac{1}{4\pi\varepsilon_2} \frac{Q''}{\sqrt{(x-a)^2 + y^2 + z^2}}.$$

Daraus ergeben sich die elektrischen Felder

$$\mathbf{E}_1 = -\operatorname{grad}\varphi_1 = \frac{1}{4\pi\varepsilon_1} \begin{bmatrix} \dfrac{Q(x-a)}{\sqrt{(x-a)^2+y^2+z^2}^3} + \dfrac{Q'(x+a)}{\sqrt{(x+a)^2+y^2+z^2}^3} \\[2mm] \dfrac{Qy}{\sqrt{(x-a)^2+y^2+z^2}^3} + \dfrac{Q'y}{\sqrt{(x+a)^2+y^2+z^2}^3} \\[2mm] \dfrac{Qz}{\sqrt{(x-a)^2+y^2+z^2}^3} + \dfrac{Q'z}{\sqrt{(x+a)^2+y^2+z^2}^3} \end{bmatrix},$$

$$\mathbf{E}_2 = -\operatorname{grad}\varphi_2 = \frac{1}{4\pi\varepsilon_2} \begin{bmatrix} \dfrac{Q''(x-a)}{\sqrt{(x-a)^2+y^2+z^2}^3} \\[2mm] \dfrac{Q''y}{\sqrt{(x-a)^2+y^2+z^2}^3} \\[2mm] \dfrac{Q''z}{\sqrt{(x-a)^2+y^2+z^2}^3} \end{bmatrix}.$$

An der Grenzfläche $x = 0$ müssen die Tangentialkomponenten von $\mathbf{E}$, also E_y und E_z, und die Normalkomponente von $\mathbf{D}$, also εE_x, stetig sein. E_y und E_z sind stetig, wenn

$$\frac{Q + Q'}{\varepsilon_1} = \frac{Q''}{\varepsilon_2},$$

und εE_x ist stetig, wenn

$$Q' + Q'' = Q.$$

Abb. 2.54 Ebene Grenzfläche
zwischen zwei dielektrischen
Medien

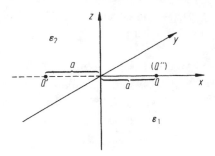

Abb. 2.55 Punktladung im
Raum mit zwei verschiedenen
Medien, $\varepsilon_2 > \varepsilon_1$

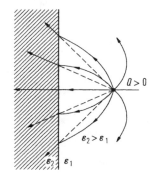

Die Richtigkeit der Ansätze zeigt sich daran, dass durch die richtige Wahl von Q' und Q'' die Randbedingungen auf der ganzen Grenzfläche $x = 0$, d. h. für alle y und z, erfüllt werden können, was keineswegs selbstverständlich ist. Bestimmen wir Q' und Q'' aus den beiden Gleichungen, so ergibt sich

$$Q' = Q \frac{\varepsilon_1 - \varepsilon_2}{\varepsilon_2 + \varepsilon_2} \;,$$

$$Q'' = Q \frac{2\varepsilon_2}{\varepsilon_1 + \varepsilon_2} \;.$$

Q'' hat stets das Vorzeichen von Q, während Q' beide Vorzeichen haben kann. Ist insbesondere $\varepsilon_1 = \varepsilon_2$, so ist $Q' = 0$ und $Q'' = Q$, wie zu erwarten ist. Geht ε_2 gegen unendlich, so ergibt sich, wie bei der Spiegelung an einer leitfähigen Ebene, $Q' = -Q$. Ein Leiter verhält sich, wie bereits erwähnt, in mancher Beziehung wie ein Dielektrikum mit unendlicher Dielektrizitätskonstante. Wir kommen in einem späteren Abschnitt darauf zurück.

Die sich ergebenden Feldkonfigurationen sind in den Abb. 2.55 ($\varepsilon_1 < \varepsilon_2$) und 2.56 ($\varepsilon_1 > \varepsilon_2$) skizziert. Die Krümmung der Kraftlinien im Gebiet 1 hängt mit dem Vorzeichen von Q' zusammen. Für $\varepsilon_1 < \varepsilon_2$ und $Q > 0$ ist $Q' < 0$, d. h. Q und Q' ziehen sich an, was Feldlinien wie in Abb. 2.55 ergibt. Für $\varepsilon_1 > \varepsilon_2$ und $Q > 0$ ist dagegen $Q' > 0$, d. h. Q und Q' stoßen sich ab, was die Feldlinien von Abb. 2.56 bewirkt.

Abb. 2.56 Punktladung im Raum mit zwei verschiedenen Medien, $\varepsilon_2 < \varepsilon_1$

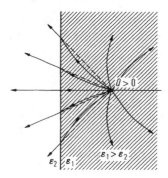

2.12 Dielektrische Kugel im homogenen elektrischen Feld

2.12.1 Das Feld einer homogen polarisierten Kugel

Als Vorbereitung zur Lösung des Problems einer dielektrischen Kugel in einem homogenen elektrischen Feld sei zunächst das von einer homogen polarisierten Kugel erzeugte elektrische Feld berechnet. Ist r_k der Kugelradius und P die in der Kugel konstante Polarisation, so ist das gesamte Dipolmoment

$$p = PV = \frac{4\pi r_k^3}{3} P \; . \tag{2.123}$$

Man kann sich die homogen polarisierte Kugel erzeugt denken durch leichtes gegenseitiges Verschieben entgegengesetzt geladener Kugeln (Abb. 2.57). Ist $\pm\rho$ deren Raumladung und d die Verschiebung, so ist

$$P = \rho d \; .$$

Außerhalb der Kugel ist das Feld das eines Dipols **p** im Ursprung, nämlich

$$\varphi = \frac{p\cos\theta}{4\pi\varepsilon_0 r^2} = \frac{P r_k^3 \cos\theta}{3\varepsilon_0 r^2} \; . \tag{2.124}$$

Auch auf der Kugeloberfläche ist das noch richtig, d. h. dort ist

$$\varphi = \varphi_k = \frac{P r_k \cos\theta}{3\varepsilon_0} = \frac{P z}{3\varepsilon_0} \; . \tag{2.125}$$

Abb. 2.57 Dielektrische Kugel in einem homogenen elektrischen Feld

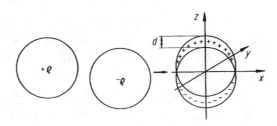

Mit Hilfe von Sätzen über die Eindeutigkeit der Lösungen von Potentialproblemen, die wir erst in Kap. 3 erörtern werden, kann man daraus schließen, dass auch im Kugelinneren

$$\varphi = \frac{Pz}{3\varepsilon_0} \tag{2.126}$$

sein muss. Wir wollen jedoch, um auf diese Sätze noch verzichten zu können, den Beweis dafür anders führen. Die Komponenten von **E** an der äußeren Kugeloberfläche sind

$$\left.\begin{aligned} E_r &= \frac{2p\cos\theta}{4\pi\varepsilon_0 r_k^3} = \frac{2P\cos\theta}{3\varepsilon_0} \;, \\[2mm] E_\theta &= \frac{p\sin\theta}{4\pi\varepsilon_0 r_k^3} = \frac{P\sin\theta}{3\varepsilon_0} \;, \\[2mm] E_\varphi &= 0 \;, \end{aligned}\right\} \tag{2.127}$$

was sich aus den Beziehungen (2.63) ergibt. Die Flächenladung auf der Kugeloberfläche (gebundene Ladungen wegen der Polarisation) ist nach (2.67)

$$\sigma_{\text{geb}} = P\cos\theta \;. \tag{2.128}$$

E_r muss deshalb an der Kugeloberfläche, von außen nach innen gehend, um $P\cos\theta/\varepsilon_0$ abnehmen, während die anderen Komponenten sich nicht ändern. An der Innenseite der Kugeloberfläche ist deshalb

$$\left.\begin{aligned} E_r &= -\frac{P\cos\theta}{3\varepsilon_0} \;, \\[2mm] E_\theta &= \frac{P\sin\theta}{3\varepsilon_0} \;, \\[2mm] E_\varphi &= 0 \;. \end{aligned}\right\} \tag{2.129}$$

Dementsprechend sind dort die kartesischen Komponenten von **E**

$$\left.\begin{aligned} E_x &= E_r\sin\theta\cos\varphi + E_\theta\cos\theta\cos\varphi = 0 \;, \\[2mm] E_y &= E_r\sin\theta\sin\varphi + E_\theta\cos\theta\sin\varphi = 0 \;, \\[2mm] E_z &= E_r\cos\theta - E_\theta\sin\theta = -\frac{P}{3\varepsilon_0} \;. \end{aligned}\right\} \tag{2.130}$$

Man hat dort also nur eine z-Komponente von **E**, die noch dazu überall dieselbe ist. Da der Innenraum der Kugel frei von (gebundenen) Raumladungen ist, muss man annehmen, dass er mit demselben Feld erfüllt ist. Das zugehörige Potential ist $\varphi = (Pz/3\varepsilon_0)$, wie schon oben behauptet wurde. Im Zusammenhang mit Gleichung (2.128) sei daran erinnert, dass eine leitfähige Kugel im homogenen elektrischen Feld auch eine Oberflächenladung proportional zu $\cos\theta$ trägt, s. (2.94). Offensichtlich kompensiert deren Feld gerade das

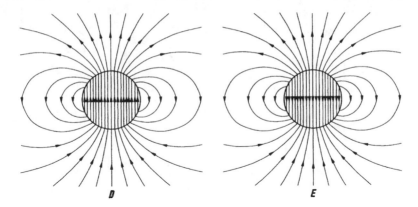

Abb. 2.58 Die Felder einer homogen polarisierten Kugel

äußere homogene Feld, d. h. sie erzeugt selbst ein homogenes Feld im Inneren der Kugel. Außen erzeugt sie, wie wir bei der leitfähigen Kugel ebenfalls sahen, ein Dipolfeld. Überträgt man diese Ergebnisse auf den vorliegenden Fall, so erhält man wieder die eben beschriebenen Ergebnisse.

> Zusammenfassend können wir also sagen, dass eine homogen polarisierte Kugel (Polarisation **P**) in ihrem Außenraum ein elektrisches Dipolfeld und in ihrem Innenraum ein homogenes elektrisches Feld $-(\mathbf{P}/3\varepsilon_0)$ erzeugt.

Damit ist z. B. das Feld einer homogenen permanent polarisierten Kugel (d. h. eines homogenen Elektrets) gegeben. In seinem Inneren ist

$$\mathbf{D} = \mathbf{P} + \varepsilon_0\mathbf{E} = \mathbf{P} - \frac{\mathbf{P}}{3} = \frac{2}{3}\mathbf{P}\,.$$

D und **E** haben hier (Abb. 2.58) verschiedene Richtungen, sie sind antiparallel und nicht, wie es normalerweise der Fall ist, parallel. Es ist außerdem bemerkenswert, dass **E**, wie immer in der Elektrostatik, zwar wirbelfrei, jedoch nicht quellenfrei ist, wohingegen **D** zwar quellenfrei, jedoch nicht wirbelfrei ist.

Neben kugelförmigen Körpern haben nur noch Ellipsoide so einfache Eigenschaften. Im Allgemeinen ist der Zusammenhang zwischen **P** und **E** bzw. zwischen **D** und **E** recht kompliziert. Insbesondere haben **D** und **E** dann ganz verschiedene Richtungen. Abb. 2.59 z. B. zeigt die Felder eines homogen polarisierten Quaders. In seinem Inneren haben die Linien von **D** und **E** ganz verschiedene Formen. Im Außenraum besteht natürlich der übliche Vakuumzusammenhang zwischen **E** und **D**; also $\mathbf{D} = \varepsilon_0 E$.

Wir haben in diesem Abschnitt zunächst nicht nach der Ursache der Polarisation gefragt. Sie könnte in einer permanenten Polarisation zu suchen sein, was dann Feldbilder wie in den Abb. 2.58 und 2.59 ergibt. Ursache kann jedoch auch ein äußeres homogenes Feld sein, das dann mitbetrachtet werden muss.

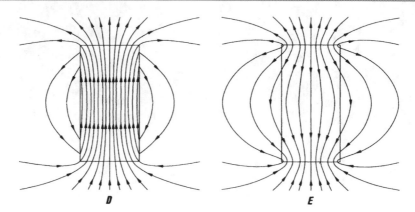

Abb. 2.59 Die Felder eines homogen polarisierten Quaders

2.12.2 Äußeres homogenes Feld als Ursache der Polarisation

Bringt man eine dielektrische Kugel in ein homogenes Feld, so entsteht durch deren Polarisation ein diesem zu überlagerndes zusätzliches Feld. Bei homogener Polarisation ist es, wie wir eben sahen, im Inneren ebenfalls homogen. Homogene Polarisation würde also auch ein homogenes Gesamtfeld im Inneren bewirken, dieses wiederum eine homogene Polarisation. Wir können deshalb sagen, dass eine dielektrische Kugel durch ein homogenes elektrisches Feld homogen polarisiert wird. Wir können deshalb mit den Beziehungen aus Abb. 2.60 schreiben

$$E_i = E_{a,\infty} - \frac{P}{3\varepsilon_0} = E_{a,\infty} - \frac{\varepsilon_0 \chi E_i}{3\varepsilon_0} \, ,$$

woraus sich

$$E_i = E_{a,\infty} \frac{3}{3+\chi} = E_{a,\infty} \frac{3}{2+\varepsilon_r} \qquad (2.131)$$

ergibt. Ferner ist

$$D_i = D_{a,\infty} \frac{3\varepsilon_r}{2+\varepsilon_r} \qquad (2.132)$$

Abb. 2.60 Eine dielektrische Kugel wird durch ein homogenes Außenfeld homogen polarisiert

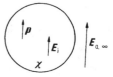

und

$$P = E_{a,\infty} \frac{3\varepsilon_0 \chi}{2 + \varepsilon_r} = E_{a,\infty} 3\varepsilon_0 \frac{\varepsilon_r - 1}{\varepsilon_r + 2} \;. \tag{2.133}$$

2.12.3 Dielektrische Kugel (ε_i) und dielektrischer Außenraum (ε_a)

Das eben behandelte Problem sei noch etwas verallgemeinert. Der Außenraum sei nun auch ein Dielektrikum. Das Feld im Außenraum besteht aus einem Dipolfeld noch unbekannter Stärke und dem homogenen Feld $E_{a,\infty}$, d. h. wir können ansetzen

$$\left. \begin{aligned} E_{ra} &= \frac{2C \cos \theta}{4\pi \varepsilon_0 r^3} + E_{a,\infty} \cos \theta \;, \\ E_{\theta a} &= \frac{C \sin \theta}{4\pi \varepsilon_0 r^3} - E_{a,\infty} \sin \theta \;, \\ E_{\varphi a} &= 0 \;. \end{aligned} \right\} \tag{2.134}$$

Die Konstante C bleibt zunächst unbestimmt. Sie hängt mit der Polarisation sowohl des Außen- als auch des Innenraumes zusammen. Im Innenraum hat man ein noch unbestimmtes homogenes Feld $\mathbf{E}_i$, d. h.

$$\left. \begin{aligned} E_{ri} &= E_i \cos \theta \;, \\ E_{\theta i} &= -E_i \sin \theta \;, \\ E_{\varphi i} &= 0 \;. \end{aligned} \right\} \tag{2.135}$$

Man kann nun zeigen, dass man alle Randbedingungen an der Kugeloberfläche $r = r_k$ durch passende Wahl von C und E_i erfüllen kann. Das erst rechtfertigt die Ansätze (2.134) und (2.135) wirklich. Für $r = r_k$ muss E_θ stetig sein, d. h.

$$\frac{C \sin \theta}{4\pi \varepsilon_0 r_k^3} - E_{a,\infty} \sin \theta = -E_i \sin \theta \;.$$

Ferner muss, ebenfalls für $r = r_k$, $D_r = \varepsilon E_r$ stetig sein, d. h.

$$\varepsilon_a \frac{2C \cos \theta}{4\pi \varepsilon_0 r_k^3} + \varepsilon_a E_{a,\infty} \cos \theta = \varepsilon_i E_i \cos \theta \;.$$

Die Lösung dieser beiden Gleichungen liefert

$$E_i = \frac{3\varepsilon_a}{\varepsilon_i + 2\varepsilon_a} E_{a,\infty} \tag{2.136}$$

und

$$C = 4\pi\varepsilon_0 \frac{\varepsilon_i - \varepsilon_a}{\varepsilon_i + 2\varepsilon_a} E_{a,\infty} r_k^3 \ . \tag{2.137}$$

(2.136) verallgemeinert (2.131) und geht für $\varepsilon_a = \varepsilon_0$ in diese Beziehung über.

Die Polarisation im Innenraum ist

$$P_i = \varepsilon_0 \chi_i E_i = (\varepsilon_i - \varepsilon_0) E_i = 3\varepsilon_a \frac{\varepsilon_i - \varepsilon_0}{\varepsilon_i + 2\varepsilon_a} E_{a,\infty} \tag{2.138}$$

und homogen in z-Richtung. Die Polarisation im Außenraum ist nicht homogen, jedoch divergenzfrei, so dass auch im Außenraum keine gebundenen Raumladungen entstehen:

$$\rho_{\text{geb}\,a} = -\operatorname{div}\mathbf{P}_a = -(\varepsilon_a - \varepsilon_0)\operatorname{div}\mathbf{E}_a$$

$$= -(\varepsilon_a - \varepsilon_0)\left(\frac{1}{r^2}\frac{\partial}{\partial r} r^2 E_{ra} + \frac{1}{r\sin\theta}\frac{\partial}{\partial\theta}\sin\theta E_{\theta a} \right)$$

$$= 0 \ .$$

Der hier benutzte Ausdruck für die Divergenz in Kugelkoordinaten wird später abgeleitet werden. Gebundene Ladungen gibt es nur an der Kugeloberfläche, und zwar

$$\sigma_{\text{geb}} = \sigma_{\text{geb}\,i} + \sigma_{\text{geb}\,a}$$

$$= (\varepsilon_0 \chi_i E_{ri} - \varepsilon_0 \chi_a E_{ra})_{r=r_k}$$

$$= (\varepsilon_i - \varepsilon_0) E_i \cos\theta - (\varepsilon_a - \varepsilon_0)\left(\frac{2C}{4\pi\varepsilon_0 r_k^3} + E_{a,\infty} \right)\cos\theta$$

$$= 3\varepsilon_0 \frac{\varepsilon_i - \varepsilon_a}{\varepsilon_i + 2\varepsilon_a} E_{a,\infty} \cos\theta \ .$$

Sie bewirken außerhalb der Kugel ein Dipolfeld, das dem Dipolmoment

$$p = \left(\frac{4\pi}{3} r_k^3 \right)\left(3\varepsilon_0 \frac{\varepsilon_i - \varepsilon_a}{\varepsilon_i + 2\varepsilon_a} E_{a,\infty} \right)$$

$$= 4\pi\varepsilon_0 \frac{\varepsilon_i - \varepsilon_a}{\varepsilon_i + 2\varepsilon_a} E_{a,\infty} r_k^3$$

entspricht. Man beachte dabei (2.67) und (2.123). Die Konstante C unseres Ansatzes ist also gerade das durch die Polarisation von Außen- und Innenraum bewirkte Dipolmoment, was sowohl den Ansatz (2.134) rechtfertigt, als auch das formale Ergebnis (2.137) anschaulich macht.

Dipolfeld und homogenes Feld zusammen bewirken im Außenraum das Potential

$$\varphi_a = E_{a,\infty}\cos\theta\left(\frac{r_k^3}{r^2}\frac{\varepsilon_i - \varepsilon_a}{\varepsilon_i + 2\varepsilon_a} - r \right) . \tag{2.139}$$

Es ist interessant, dieses Potential mit dem einer leitfähigen Kugel in einem homogenen elektrischen Feld zu vergleichen, das durch (2.91) gegeben ist. Es entsteht aus dem gegenwärtigen Potential durch den Grenzübergang $\varepsilon_a/\varepsilon_i$ gegen null. Wir können auch

Abb. 2.61 Felder einer dielektrischen Kugel in dielektrischem Außenraum mit homogenem Feld, $\varepsilon_a = 3\varepsilon_i$

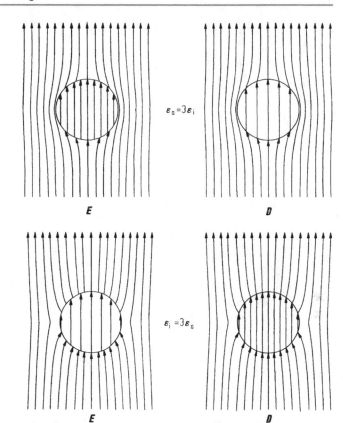

Abb. 2.62 Felder einer dielektrischen Kugel in dielektrischem Außenraum mit homogenem Feld, $\varepsilon_i = 3\varepsilon_a$

sonst feststellen, dass sich ein leitfähiges Medium in gewisser Hinsicht verhält wie ein Dielektrikum mit gegen unendlich gehender Dielektrizitätskonstante. Das Brechungsgesetz (2.121) macht diese Tatsache anschaulich. Die Kraftlinien müssen auf der Leiteroberfläche senkrecht stehen. Bei einem Dielektrikum mit unendlicher Dielektrizitätskonstante ist dies nach dem Brechungsgesetz auch der Fall.

Mit E_i, Gleichung (2.136), ist auch D_i gegeben,

$$D_i = \frac{3\varepsilon_i}{\varepsilon_i + 2\varepsilon_a} D_{a,\infty} \,. \tag{2.140}$$

Damit können wir die Felder in den Abb. 2.61 ($\varepsilon_a > \varepsilon_i$) und 2.62 ($\varepsilon_a < \varepsilon_i$) skizzieren. **D** ist in allen Fällen divergenzfrei. **E** ist nicht divergenzfrei wegen der gebundenen Flächenladungen. Im Fall von Abb. 2.61, d. h. für $\varepsilon_a > \varepsilon_i$, ist $E_i > E_{a,\infty}$ und $D_i < D_{a,\infty}$, während im Fall von Abb. 2.62, d. h. für $\varepsilon_a < \varepsilon_i$, im Gegensatz dazu $E_i < E_{a,\infty}$ und $D_i > D_{a,\infty}$ ist.

2.12.4 Verallgemeinerung: Ellipsoide

Im Fall einer ebenen und senkrecht zur Oberfläche homogen polarisierten Scheibe ergab sich in Abschn. 2.8

$$E_i = E_a - \frac{P}{\varepsilon_0} \, . \tag{2.141}$$

Für eine Kugel fanden wir eben

$$E_i = E_{a,\infty} - \frac{P}{3\varepsilon_0} \, . \tag{2.142}$$

Wir können noch den trivialen Fall einer ebenen parallel zu ihrer Oberfläche polarisierten Scheibe hinzufügen (Abb. 2.63), wo die Randbedingung (2.118) bewirkt, dass

$$E_i = E_a - 0 \cdot P = E_a \tag{2.143}$$

ist. Der Faktor vor P in allen diesen Beziehungen heißt *Entelektrisierungs-Faktor*. In den genannten Fällen ist er also der Reihe nach $1/\varepsilon_0$, $1/3\varepsilon_0$ und 0.

Wir haben schon betont, dass beliebig geformte homogen polarisierte Körper keineswegs ein homogenes Feld im Innenraum erzeugen. Dies ist nur der Fall bei Ellipsoiden und ihren Grenzfällen (ebenen Platten, Zylindern, Kugeln), obwohl das hier nicht bewiesen werden soll. Die Gleichung eines Ellipsoids ist

$$\frac{x^2}{a^2} + \frac{y^2}{b^2} + \frac{z^2}{c^2} = 1 \, .$$

Geht z. B. $c \to \infty$, so entsteht ein im Allgemeinen elliptischer Zylinder,

$$\frac{x^2}{a^2} + \frac{y^2}{b^2} = 1 \, .$$

Ist hier $a = b$, so entsteht natürlich ein Kreiszylinder,

$$x^2 + y^2 = a^2 \, .$$

Ist beim Ellipsoid $a = b = c$, so ergibt sich eine Kugel,

$$x^2 + y^2 + z^2 = a^2 \, .$$

Abb. 2.63 Zum Entelekrisie-
rungsfaktor 0 im ebenen Fall

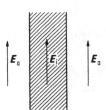

Gehen zwei Halbachsen gegen unendlich, z. B. a und b, so ergeben sich parallele Ebenen (Platten):

$$z^2 = c^2 \,,$$

d. h.

$$z = \pm c \,.$$

Der Fall eines Ellipsoides soll hier nicht im Detail durchgerechnet werden. Es soll lediglich das Ergebnis angegeben werden, das man z. B. mit Hilfe eines von *Dirichlet* stammenden Ansatzes finden kann, dass nämlich eine homogene Polarisation

$$\mathbf{P} = (P_x, P_y, P_z) \tag{2.144}$$

ein homogenes Innenfeld erzeugt,

$$\mathbf{E} = (-AP_x, -BP_y, -CP_z) \,. \tag{2.145}$$

Die Vektoren $\mathbf{P}$ und $\mathbf{E}$ haben demnach im Allgemeinen verschiedene Richtungen. (2.145) kann auch in folgender Form geschrieben werden:

$$\mathbf{E} = - \begin{pmatrix} A & 0 & 0 \\ 0 & B & 0 \\ 0 & 0 & C \end{pmatrix} \mathbf{P} \,. \tag{2.146}$$

Die drei Konstanten A, B, C sind die *Entelektrisierungs-Faktoren des Ellipsoides*. Für ein dreiachsiges Ellipsoid sind A, B, C verschieden voneinander und durch gewisse Integrale gegeben, z. B.

$$A = \frac{abc}{2\varepsilon_0} \int_0^\infty \frac{\mathrm{d}\xi}{(a^2 + \xi)^{3/2}(b^2 + \xi)^{1/2}(c^2 + \xi)^{1/2}} \,.$$

Für B und C ergeben sich natürlich analoge Ausdrücke. Interessant ist, dass in jedem Fall gilt

$$A + B + C = \frac{1}{\varepsilon_0} \,. \tag{2.147}$$

Aus Symmetriegründen muss deshalb für eine Kugel $A = B = C = 1/3\varepsilon_0$ sein in Übereinstimmung mit unserem früheren Resultat. Für einen Kreiszylinder, dessen Achse parallel zur z-Achse orientiert ist, ist $C = 0$ und $A = B = 1/2\varepsilon_0$. Dieses Ergebnis kann übrigens leicht hergeleitet werden mit der Methode, die weiter oben für die Kugel benutzt wurde. Man kann sich leicht klarmachen, dass das Feld außerhalb des Zylinders das eines

Liniendipols auf der Achse des Zylinders ist. Für eine ebene Platte, deren Normale parallel zur z-Achse liegt, ist $A = B = 0$ und $C = 1/\varepsilon_0$, was wiederum im Einklang mit unseren früheren Resultaten ist.

Später werden wir ähnlichen Faktoren im Zusammenhang mit Problemen des Magnetismus als *Entmagnetisierungs-Faktoren* begegnen.

2.13 Der Polarisationsstrom

An sich gehört der Polarisationsstrom nicht in ein Kapitel über elektrostatische Probleme. Wir haben jedoch hier den Begriff der Polarisation eingeführt und wollen im Anschluss daran auch den Polarisationsstrom kennenlernen, der sich bei zeitabhängiger Polarisation ergibt. Zunächst ist

$$\operatorname{div} \mathbf{P} = -\rho_{\text{geb}} \ .$$

Wenn $\mathbf{P}$ von der Zeit abhängt, dann hängt auch ρ_{geb} von der Zeit ab. Auch für die gebundenen Ladungen gilt der Ladungserhaltungssatz. Nennen wir die zugehörige Stromdichte $\mathbf{g}_{\text{geb}}$, so ist deshalb nach (1.58) auch

$$\operatorname{div} \mathbf{g}_{\text{geb}} + \frac{\partial \rho_{\text{geb}}}{\partial t} = 0 \qquad (2.148)$$

bzw.

$$\operatorname{div} \mathbf{g}_{\text{geb}} - \operatorname{div} \frac{\partial \mathbf{P}}{\partial t} = 0 \ , \qquad (2.149)$$

d. h.

$$\mathbf{g}_{\text{geb}} = \frac{\partial \mathbf{P}}{\partial t} \ , \qquad (2.150)$$

wenn man annimmt, dass ein nach (2.149) noch möglicher divergenzfreier Zusatzterm verschwindet. Diese Stromdichte der gebundenen Ladungen wird als Polarisationsstromdichte bezeichnet.

Die gesamte Ladungsdichte ist

$$\rho = \rho_{\text{geb}} + \rho_{\text{frei}} \ ,$$

und die gesamte Stromdichte ist

$$\mathbf{g} = \mathbf{g}_{\text{geb}} + \mathbf{g}_{\text{frei}} = \frac{\partial \mathbf{P}}{\partial t} + \mathbf{g}_{\text{frei}} \ .$$

Zur Vermeidung von Missverständnissen sei noch erörtert, wie sich das z. B. auf die erste Maxwell'sche Gleichung (1.61) auswirkt,

$$\operatorname{rot} \mathbf{H} = \mathbf{g} + \frac{\partial \mathbf{D}}{\partial t} \; .$$

Wir haben zwei Möglichkeiten des Vorgehens. Entweder betrachten wir explizit alle Ladungen und behandeln den Raum als Vakuum, oder wir betrachten nur die freien Ladungen und behandeln den Raum als Dielektrikum. Im ersten Fall ist

$$\mathbf{g} = \mathbf{g}_{\text{geb}} + \mathbf{g}_{\text{frei}} = \mathbf{g}_{\text{frei}} + \frac{\partial \mathbf{P}}{\partial t} \; .$$

und

$$\mathbf{D} = \varepsilon_0 \mathbf{E} \; ,$$

d. h.

$$\operatorname{rot} \mathbf{H} = \mathbf{g}_{\text{frei}} + \frac{\partial \mathbf{P}}{\partial t} + \frac{\partial}{\partial t} \varepsilon_0 \mathbf{E} \; .$$

Im zweiten Fall ist

$$\mathbf{g} = \mathbf{g}_{\text{frei}}$$

und

$$\mathbf{D} = \mathbf{P} + \varepsilon_0 \mathbf{E} \; ,$$

d. h.

$$\operatorname{rot} \mathbf{H} = \mathbf{g}_{\text{frei}} + \frac{\partial \mathbf{P}}{\partial t} + \frac{\partial}{\partial t} \varepsilon_0 \mathbf{E} \; .$$

Beide Möglichkeiten führen zum selben Ergebnis. Man muss jedoch sehr darauf achten, nicht beide Betrachtungsweisen zu vermischen. Das würde zu Fehlern Anlass geben.

2.14 Der Energiesatz

2.14.1 Der Energiesatz in allgemeiner Formulierung

Der Energiesatz der Elektrostatik ist nur ein Spezialfall des allgemeinen Energiesatzes der Elektrodynamik, den wir hier behandeln wollen, obwohl er eigentlich nicht zur Elektrostatik gehört. Ausgangspunkt sind die beiden Maxwell'schen Gleichungen

$$\operatorname{rot} \mathbf{H} = \mathbf{g} + \frac{\partial \mathbf{D}}{\partial t} \; , \tag{2.151}$$

$$\operatorname{rot} \mathbf{E} = -\frac{\partial \mathbf{B}}{\partial t} \; . \tag{2.152}$$

Wir definieren nun den sogenannten *Poynting'schen Vektor*

$$\mathbf{S} = \mathbf{E} \times \mathbf{H} , \qquad (2.153)$$

dessen Bedeutung wir im Folgenden erkennen werden. Wir bilden seine Divergenz,

$$\operatorname{div} \mathbf{S} = \operatorname{div}(\mathbf{E} \times \mathbf{H}) = \mathbf{H} \cdot \operatorname{rot} \mathbf{E} - \mathbf{E} \cdot \operatorname{rot} \mathbf{H} , \qquad (2.154)$$

und formen sie mit Hilfe der Maxwell'schen Gleichungen um:

$$\operatorname{div} \mathbf{S} = -\mathbf{H} \cdot \frac{\partial \mathbf{B}}{\partial t} - \mathbf{E} \cdot \frac{\partial \mathbf{D}}{\partial t} - \mathbf{E} \cdot \mathbf{g} . \qquad (2.155)$$

Die Bedeutung dieser Gleichung wird durch Integration über ein Volumen V anschaulicher:

$$\int_V \operatorname{div} \mathbf{S} \, d\tau = \oint_A \mathbf{S} \cdot d\mathbf{A} = -\int_V \left(\mathbf{H} \cdot \frac{\partial \mathbf{B}}{\partial t} + \mathbf{E} \cdot \frac{\partial \mathbf{D}}{\partial t} \right) d\tau - \int_V \mathbf{E} \cdot \mathbf{g} \, d\tau . \qquad (2.156)$$

Obwohl diese Gleichung dadurch an Allgemeingültigkeit verliert, wollen wir sie noch mit Hilfe der Beziehungen

$$\left. \begin{aligned} \mathbf{D} &= \varepsilon \mathbf{H} , \\ \mathbf{B} &= \mu \mathbf{H} , \\ \mathbf{g} &= \kappa \mathbf{E} \end{aligned} \right\} \qquad (2.157)$$

weiter umformen. Die Gleichung $\mathbf{B} = \mu \mathbf{H}$ haben wir bisher nur für das Vakuum, $\mu = \mu_0$, kennengelernt. Dennoch sei hier die später noch zu diskutierende Verallgemeinerung benutzt. Damit wird

$$\left. \begin{aligned} \mathbf{E} \cdot \frac{\partial \mathbf{D}}{\partial t} &= \frac{\partial}{\partial t} \left(\frac{1}{2} \varepsilon E^2 \right) , \\ \mathbf{H} \cdot \frac{\partial \mathbf{B}}{\partial t} &= \frac{\partial}{\partial t} \left(\frac{1}{2} \mu H^2 \right) , \\ \mathbf{E} \cdot \mathbf{g} &= \kappa E^2 = \frac{g^2}{\kappa} \end{aligned} \right\} \qquad (2.158)$$

und schließlich aus (2.156)

$$\frac{\partial}{\partial t} \int_V \left(\frac{\varepsilon E^2}{2} + \frac{\mu H^2}{2} \right) d\tau + \int_V \frac{g^2}{\kappa} \, d\tau + \oint_A \mathbf{S} \cdot d\mathbf{A} = 0 , \qquad (2.159)$$

bzw. aus (2.155)

$$\frac{\partial}{\partial t}\left(\frac{\varepsilon E^2}{2} + \frac{\mu H^2}{2}\right) + \frac{g^2}{\kappa} + \operatorname{div}\mathbf{S} = 0 \,. \tag{2.160}$$

Diese beiden einander gleichwertigen Beziehungen stellen den Energiesatz in intergraler bzw. in differentieller Form dar. Um ihn interpretieren zu können, sei die folgende Überlegung angestellt.

Wir betrachten irgendein System, das in irgendeiner Form die Energie W enthält. Diese Energie ist irgendwie über den Raum verteilt, und zwar mit der räumlichen Dichte (*Energiedichte*)

$$w = \frac{dW}{d\tau} \,.$$

Zu verschiedenen Zeiten kann die Energie verschieden verteilt sein, d. h. sie kann im Raum von einem Ort zu einem andern Ort strömen. Die pro Zeit- und Flächeneinheit durch ein Flächenelement hindurchströmende Energie wird *Energieflussdichte* genannt. Sie ist ein Vektor und sei mit $\mathbf{v}$ bezeichnet. Die Energie W ist nicht notwendigerweise eine Erhaltungsgröße, nämlich dann nicht, wenn ein Teil der Energie z. B. in eine andere Energieform umgewandelt wird. Natürlich muss dieser Teil in anderer Form nach wie vor vorhanden sein. Die pro Zeit- und Volumeneinheit umgewandelte Energie sei mit u bezeichnet. Die Energiebilanz sieht dann wie folgt aus:

$$\oint_A \mathbf{v} \cdot d\mathbf{A} + \int_V u\,d\tau = -\frac{\partial}{\partial t}\int_V w\,d\tau \,, \tag{2.161}$$

d. h. die dem ganzen Volumen verlorengehende Energie setzt sich aus zwei Anteilen zusammen, einer strömt durch die Oberfläche weg ($\oint \mathbf{v} \cdot d\mathbf{A}$) und einer wird in eine andere Energieform umgewandelt ($\int_v u\,d\tau$). Diese Gleichung ist mit (2.159) vergleichbar. Sie kann auch in differentieller Form geschrieben und mit (2.160) verglichen werden. Zunächst bekommt man mit Hilfe des Gauß'schen Satzes

$$\int_V \left(\operatorname{div}\mathbf{v} + u + \frac{\partial W}{\partial t}\right) d\tau = 0$$

und deshalb

$$\operatorname{div}\mathbf{v} + u + \frac{\partial W}{\partial t} = 0 \,. \tag{2.162}$$

Der Vergleich erlaubt nun die Identifizierung der verschiedenen Terme:

1. $\mathbf{S}$ ist die Energieflussdichte der elektromagnetischen Energie im Feld.
2. $\varepsilon E^2/2 + \mu H^2/2$ ist die elektromagnetische Energiedichte, die wiederum in einen elektrischen ($\varepsilon E^2/2$) und einen magnetischen Anteil ($\mu H^2/2$) zerfällt.

3. g^2/κ ist die pro Volumen- und Zeiteinheit verlorengehende elektromagnetische Energie, nichts anderes als die sog. *Stromwärme*, wie wir noch zeigen werden.

Betrachten wir einen zylindrischen Leiter konstanter Leitfähigkeit κ. Er habe die Länge l, den Querschnitt A und sei von einem Strom konstanter Dichte **g** durchflossen. Dann ist die in seinem ganzen Volumen umgewandelte Leistung

$$\int_V \frac{g^2}{\kappa} \, d\tau = \frac{g^2}{\kappa} Al = (gA)^2 \frac{l}{\kappa A} = I^2 R$$

$$= (gA) \left(\frac{g}{\kappa} l \right) = (gA)(El) = IU \; ,$$

(2.163)

denn der Gesamtstrom ist

$$I = gA \; ,$$

und die Spannung ist

$$U = lE \; .$$

Außerdem haben wir gesetzt

$$R = \frac{l}{\kappa A} \; .$$

(2.164)

R ist der in Ohm (Ω) gemessene Widerstand des Leiters (Abschn. 1.13). $I^2 R = IU$ ist die in ihm umgesetzte, d. h. in Stromwärme verwandelte Leistung. Damit ist unsere Behauptung bestätigt. Wir bekommen hier auch das übliche Ohm'sche Gesetz

$$U = IR \; .$$

(2.165)

Es ist die integrale Form der von uns als Ohm'sches Gesetz eingeführten Beziehung

$$\mathbf{g} = \kappa \mathbf{E}$$

bzw.

$$g = \kappa E = \frac{I}{A} = \kappa \frac{U}{l} \; .$$

Multiplikation mit l/κ gibt gerade $IR = U$.

Es ist wichtig, festzuhalten, dass die Gleichungen (2.155) und (2.156) sehr viel allgemeiner gelten als die durch die Ansätze (2.157) gewonnenen Gleichungen (2.159) und (2.160). Sie gelten sowohl für nichtlineare Medien wie auch für Ladungsbewegungen (Stromdichten) beliebiger Art, die u. U. gar nicht durch ein leitfähiges Medium verursacht werden.

2.14.2 Die elektrostatische Energie

Gegenwärtig sei nur die elektrostatische Energie ausführlicher diskutiert. Ihre räumliche Dichte hat sich eben zu

$$w = \frac{\varepsilon E^2}{2} = \frac{\mathbf{E} \cdot \mathbf{D}}{2}$$

ergeben, und zwar auf eine recht formale Weise. Es muss jedoch auch möglich sein, diesen Ausdruck aus rein elektrostatischen Betrachtungen zu gewinnen.

Eine Punktladung Q_1 am Ort $\mathbf{r}_1$ erzeugt nach (2.18) das Potential

$$\varphi = \frac{Q_1}{4\pi\varepsilon_0|\mathbf{r} - \mathbf{r}_1|} \, .$$

Bringt man eine zweite Ladung Q_2 aus dem Unendlichen an den Ort $\mathbf{r}_2$, so ist die dadurch gespeicherte Energie

$$W_{12} = \frac{Q_1 Q_2}{4\pi\varepsilon_0|\mathbf{r}_2 - \mathbf{r}_1|} = \frac{Q_1 Q_2}{4\pi\varepsilon_0 r_{12}} \, , \tag{2.166}$$

wenn

$$r_{12} = |\mathbf{r}_2 - \mathbf{r}_1|$$

gesetzt wird. Das von beiden Ladungen erzeugte Potential ist

$$\varphi = \frac{Q_1}{4\pi\varepsilon_0|\mathbf{r} - \mathbf{r}_1|} + \frac{Q_2}{4\pi\varepsilon_0|\mathbf{r} - \mathbf{r}_2|} \, .$$

Bringt man nun eine dritte Ladung Q_3 aus dem Unendlichen an den Punkt $\mathbf{r}_3$, so wird dadurch zusätzlich die Energie

$$W_{13} + W_{23} = \frac{Q_1 Q_3}{4\pi\varepsilon_0 r_{13}} + \frac{Q_2 Q_3}{4\pi\varepsilon_0 r_{23}}$$

gespeichert usw. Die gesamte gespeicherte Energie ist also

$$W = \frac{Q_1 Q_2}{4\pi\varepsilon_0 r_{12}} + \frac{Q_1 Q_3}{4\pi\varepsilon_0 r_{13}} + \frac{Q_2 Q_3}{4\pi\varepsilon_0 r_{23}}$$

bzw. bei mehr Ladungen

$$W = \frac{Q_1 Q_2}{4\pi\varepsilon_0 r_{12}} + \frac{Q_1 Q_3}{4\pi\varepsilon_0 r_{13}} + \ldots + \frac{Q_1 Q_n}{4\pi\varepsilon_0 r_{1n}}$$
$$+ \frac{Q_2 Q_3}{4\pi\varepsilon_0 r_{23}} + \ldots + \frac{Q_2 Q_n}{4\pi\varepsilon_0 r_{2n}}$$
$$+ \ldots \ldots$$
$$+ \frac{Q_{n-1} Q_n}{4\pi\varepsilon_0 r_{n-1,n}} \, .$$

Setzt man, die Beziehung (2.166) verallgemeinernd, zur Abkürzung

$$W_{ik} = \frac{Q_i Q_k}{4\pi\varepsilon_0 r_{ik}} ,\qquad (2.167)$$

so ist

$$W = \frac{1}{2}\Sigma_{i\neq k} W_{ik} .\qquad (2.168)$$

Die Summation ist über alle Indices i und k zu erstrecken, wobei jedoch i und k verschieden sein müssen. Für $i = k$ bekäme man wegen $r_{ii} = 0$ unendliche Beiträge. Im Grunde hat jede Punktladung eine unendliche Energie in ihrem Feld gespeichert, die wir jedoch weglassen. Das bedeutet lediglich eine bestimmte Normierung der Energie. Wir haben nur die Beiträge berücksichtigt, die von der Wechselwirkung der verschiedenen Punktladungen miteinander herrühren. Der Faktor $\frac{1}{2}$ ist nötig, weil wir sonst alle Beiträge doppelt zählen würden. Die Summe enthält ja neben W_{12} auch $W_{21} = W_{12}$, obwohl nur W_{12} oder W_{21} vorkommen darf.

Im Fall einer räumlichen Verteilung von Ladungen ergibt sich statt der Summe das Integral

$$W = \frac{1}{2}\int\limits_V\int\limits_V \frac{dQ(\mathbf{r}')\,dQ(\mathbf{r}'')}{4\pi\varepsilon_0|\mathbf{r}' - \mathbf{r}''|}\qquad (2.169)$$

bzw. mit

$$dQ(\mathbf{r}') = \rho(\mathbf{r}')\,d\tau' = \rho(\mathbf{r}')\,dx'\,dy'\,dz' ,$$
$$dQ(\mathbf{r}'') = \rho(\mathbf{r}'')\,d\tau'' = \rho(\mathbf{r}'')\,dx''\,dy''\,dz''$$

$$W = \int\limits_V\int\limits_V \frac{\rho(\mathbf{r}')\rho(\mathbf{r}'')}{8\pi\varepsilon_0|\mathbf{r}' - \mathbf{r}''|}\,d\tau'\,d\tau'' .\qquad (2.170)$$

Nach (2.20) ist

$$\varphi(\mathbf{r}'') = \frac{1}{4\pi\varepsilon_0}\int\limits_V \frac{\rho(\mathbf{r}')\,d\tau'}{|\mathbf{r}'' - \mathbf{r}'|} ,$$

d. h. wir können (2.170) umschreiben:

$$W = \frac{1}{2}\int\limits_V \rho(\mathbf{r}'')\varphi(\mathbf{r}'')\,d\tau'' = \frac{1}{2}\int\limits_V \varphi(\mathbf{r})\,\mathrm{div}\,\mathbf{D}\,d\tau .\qquad (2.171)$$

Weil

$$\mathrm{div}(\mathbf{D}\varphi) = \mathbf{D} \cdot \mathrm{grad}\,\varphi + \varphi\,\mathrm{div}\,\mathbf{D}\;,$$

ist auch

$$W = -\frac{1}{2}\int\limits_V \mathbf{D} \cdot \mathrm{grad}\,\varphi\,\mathrm{d}\tau + \frac{1}{2}\int\limits_V \mathrm{div}(\mathbf{D}\varphi)\,\mathrm{d}\tau$$

$$= \frac{1}{2}\int\limits_V \mathbf{E} \cdot \mathbf{D}\,\mathrm{d}\tau + \frac{1}{2}\oint \varphi \mathbf{D} \cdot \mathrm{d}\mathbf{A}\;.$$

Betrachten wir den ganzen Raum, dessen Oberfläche ins Unendliche gerückt ist, wo $\varphi = 0$ ist, so ergibt sich

$$W = \frac{1}{2}\int\limits_V \mathbf{E} \cdot \mathbf{D}\,\mathrm{d}\tau\;, \tag{2.172}$$

d. h. man bekommt gerade das Volumenintegral über die elektrostatische Energiedichte.

Natürlich kann man auch Flächenladungen dazunehmen. Dann tritt an die Stelle von (2.171)

$$W = \frac{1}{2}\int\limits_V \varphi(\mathbf{r})\rho(\mathbf{r})\,\mathrm{d}\tau + \frac{1}{2}\int\limits_V \varphi(\mathbf{r})\sigma(\mathbf{r})\,\mathrm{d}A \tag{2.173}$$

bzw., falls nur Flächenladungen vorhanden sind,

$$W = \frac{1}{2}\int\limits_V \varphi(\mathbf{r})\sigma(\mathbf{r})\,\mathrm{d}A\;.$$

So ist z. B. für einen ebenen Kondensator (Abb. 2.64)

$$W = \frac{1}{2}\int \varphi_1 \sigma\,\mathrm{d}A + \frac{1}{2}\int \varphi_2(-\sigma)\,\mathrm{d}A$$

$$= \frac{\varphi_1 - \varphi_2}{2}\sigma A = \frac{QU}{2}\;.$$

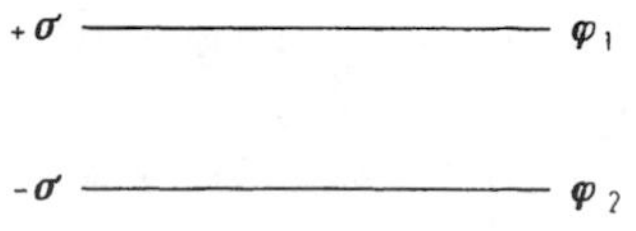

Abb. 2.64 Zur Energie eines geladenen Kondensators

Da $Q = CU$ ist, (2.95), kann man die im Feld eines Kondensators gespeicherte Energie auf mehrere Arten ausdrücken:

$$W = \frac{1}{2}QU = \frac{1}{2}CU^2 = \frac{1}{2}\frac{Q^2}{C} \,. \tag{2.174}$$

Andererseits ist natürlich

$$W = \int_V \frac{\varepsilon E^2}{2}\, \mathrm{d}\tau = \frac{\varepsilon}{2}\left(\frac{U}{d}\right)^2 Ad = \frac{1}{2}U^2 \frac{\varepsilon A}{d} = \frac{1}{2}CU^2 \,.$$

Man bekommt so also – wie es sein muss – dasselbe Ergebnis.

2.15   Kräfte im elektrischen Feld

2.15.1   Kräfte auf die Platten eines Kondensators

Es sei z. B. ein Kondensator mit der Ladung Q betrachtet, der von seiner Umgebung isoliert ist (d. h. die Ladung Q muss konstant bleiben). Befindet sich eine Ladung Q im Feld E, so wirkt auf sie die Kraft

$$\mathbf{F} = Q\mathbf{E} \,.$$

Dabei ist jedoch $\mathbf{E}$ das Feld, das ohne die Ladung Q vorhanden ist. Im Kondensator hat man das elektrische Feld

$$E = \frac{1}{\varepsilon}D = \frac{1}{\varepsilon}|\sigma| = \frac{1}{\varepsilon}\frac{|Q|}{A} \,.$$

Es wäre jedoch falsch anzunehmen, dass die von der einen auf die andere Platte ausgeübte Kraft sich aus dieser Feldstärke berechne. Diese Feldstärke entspricht dem von den Ladungen auf beiden Platten erzeugten Feld. Aus der Diskussion von Abb. 2.25 ist jedoch zu entnehmen, dass die von der einen geladenen Platte am Ort der andern Platte erzeugte Feldstärke gerade halb so groß ist, nämlich $|\sigma|/2\varepsilon$. Deshalb ist der Betrag der Kraft

$$F = |Q|\frac{|\sigma|}{2\varepsilon} = |Q|\frac{|Q|}{2\varepsilon A} = \frac{Q^2}{2\varepsilon A} \,. \tag{2.175}$$

Da die Ladungen auf beiden Platten verschiedenes Vorzeichen haben, ist diese Kraft anziehend.

   Man kann dieses Problem auch auf eine andere Art behandeln. Wir betrachten einen Kondensator mit dem variablen Plattenabstand x. Seine Energie ist – als Funktion von x betrachtet –

$$W = \frac{Q^2}{2C} = \frac{Q^2}{2\varepsilon A}x \,.$$

Abb. 2.65 Das Prinzip der
virtuellen Verrückung

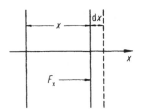

Zur Vergrößerung des Plattenabstandes ist eine Kraft erforderlich, d. h. man muss mechanische Energie aufwenden, wenn man den Plattenabstand vergrößern will. Wenn man Reibungsverluste vernachlässigen kann, muss sich die aufgewandte Energie nachher als Feldenergie im Kondensator wiederfinden lassen. Bei einer *virtuellen Verrückung* dx ist also (Abb. 2.65)

$$-F_x\,\mathrm{d}x = \mathrm{d}W = \frac{Q^2}{2\varepsilon A}\,\mathrm{d}x \ ,$$

d. h.

$$F_x = -\frac{Q^2}{2\varepsilon A} = -\frac{\mathrm{d}W}{\mathrm{d}x} \ . \tag{2.176}$$

Abgesehen vom Vorzeichen, das die anziehende Richtung der Kraft zum Ausdruck bringt, bestätigt das den obigen Ausdruck. Die beiden Methoden sind also gleichwertig. Oft ist die zweite Methode jedoch brauchbarer. Etwas anders geschrieben ist

$$F_x = -\frac{\sigma^2 A^2}{2\varepsilon A} = -\frac{1}{2}A\sigma\frac{\sigma}{\varepsilon} = -\frac{1}{2}AED$$

bzw. pro Flächeneinheit

$$\frac{F_x}{A} = -\frac{1}{2}ED \ . \tag{2.177}$$

2.15.2 Kondensator mit zwei Dielektrika

Ein Kondensator sei entsprechend Abb. 2.66 mit zwei verschiedenen Dielektrika erfüllt. Die Frage ist, ob die Dielektrika irgendwelche Kräfte aufeinander ausüben oder nicht. Das Problem ist leicht mit der Methode der virtuellen Verrückung behandelbar. Wie oben sei

Abb. 2.66 Virtuelle Verrückung bei einem Kondensator
mit zwei Dielektrika

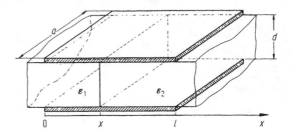

die Ladung Q festgehalten, d. h. der Kondensator sei isoliert. Dann ist

$$W = \frac{Q^2}{2C}$$

mit

$$Q = (\varepsilon_1 E)ax + (\varepsilon_2 E)a(l - x)$$

und

$$U = Ed \ .$$

Also ist

$$C = \frac{Q}{U} = \frac{\varepsilon_1 ax + \varepsilon_2 a(l - x)}{d}$$

und

$$W = \frac{Q^2 d}{2[\varepsilon_1 ax + \varepsilon_2 a(l - x)]} \ .$$

Daraus ergibt sich

$$F_x = -\left(\frac{\mathrm{d}W}{\mathrm{d}x}\right)_{Q=\mathrm{const}} = \frac{Q^2 d}{2[\varepsilon_1 ax + \varepsilon_2 a(l - x)]^2} a(\varepsilon_1 - \varepsilon_2)$$

$$= \frac{E^2[\varepsilon_1 ax + \varepsilon_2 a(l - x)]^2 d}{2[\varepsilon_1 ax + \varepsilon_2 a(l - x)]^2} a(\varepsilon_1 - \varepsilon_2)$$

$$= ad\frac{E^2}{2}(\varepsilon_1 - \varepsilon_2) \ ,$$

d. h. es wirkt eine Kraft in positiver x-Richtung, wenn $\varepsilon_1 > \varepsilon_2$ ist, in negativer x-Richtung,
wenn $\varepsilon_1 < \varepsilon_2$ ist. Pro Flächeneinheit ergibt sich die Kraft

$$\frac{F_x}{ad} = \frac{1}{2}E^2(\varepsilon_1 - \varepsilon_2) = \frac{1}{2}E_1 D_1 - \frac{1}{2}E_2 D_2 \ , \qquad (2.178)$$

wobei natürlich $E_1 = E_2$ ist.

Die Ergebnisse (2.177) und (2.178) zeigen beide mechanische Spannungen bzw. Druckkräfte von der Form $\frac{1}{2}ED$. Wir können sagen, dass elektrische Felder parallel zu ihrer Richtung mechanische Spannungen $\frac{1}{2}ED$, senkrecht zu ihrer Richtung Druckkräfte $\frac{1}{2}ED$ bewirken.

Die formalen Methoden der Elektrostatik

3

Nachdem im Kap. 2 die Grundbegriffe der Elektrostatik eingeführt worden sind, ist es nun nötig, die formalen Methoden zu erörtern, mit deren Hilfe elektrostatische Probleme behandelt werden können. Zwar wurden auch in Kap. 2 bereits einige Probleme als Beispiele durchgerechnet. Sie waren jedoch von solcher Art, dass sie entweder durch Symmetriebetrachtungen oder durch plausible Ansätze formal sehr vereinfacht werden konnten. Im Allgemeinen geht das jedoch nicht, und man muss dann auf formale Methoden allgemeinerer Anwendbarkeit zurückgreifen. Sehr oft sind auch diese nicht ausreichend, und man ist dann auf numerische Methoden angewiesen (siehe Kap. 9). Hier sollen jedoch nur die analytischen Methoden diskutiert werden, von denen wir uns auf die zwei für uns wesentlichsten konzentrieren wollen:

1. die Methode der Separation der Variablen,
2. die funktionentheoretische Methode für den Fall ebener Felder.

Sie werden hier zunächst im Rahmen der Elektrostatik behandelt, obwohl sie von viel allgemeinerer Bedeutung und die Grundlage auch der folgenden Teile über Strömungsfelder, Magnetostatik und zeitabhängige Probleme sind.

Der erste Schritt zur Anwendung der Separationsmethode ist die Wahl eines Koordinatensystems, das eine möglichst einfache Formulierung der Randbedingungen erlaubt. Das macht die Durchführung von Koordinatentransformationen erforderlich. Von wenigen Ausnahmen abgesehen wurden bisher nur kartesische Koordinaten benutzt. Auch wurden die Operatoren der Vektoranalysis (grad, div, rot, Δ) nur in kartesischen Koordinaten ausgedrückt. Deshalb müssen diese Fragen in den nächsten Abschnitten erörtert werden, ehe wir wieder zu den eigentlich elektrostatischen Problemen zurückkehren können.

© Springer-Verlag GmbH Deutschland, ein Teil von Springer Nature 2021
G. Lehner, S. Kurz, *Elektromagnetische Feldtheorie*,
https://doi.org/10.1007/978-3-662-63069-3_3

3.1 Koordinatentransformation

Ausgehend von einem kartesischen Koordinatensystem x, y, z wird ein Satz neuer Koordinaten definiert:

$$\left.\begin{array}{l} u_1 = u_1(x, y, z) \, , \\[4pt] u_2 = u_2(x, y, z) \, , \\[4pt] u_3 = u_3(x, y, z) \end{array}\right\} \tag{3.1}$$

bzw. nach x, y, z aufgelöst:

$$\left.\begin{array}{l} x = x(u_1, u_2, u_3) \, , \\[4pt] y = y(u_1, u_2, u_3) \, , \\[4pt] z = z(u_1, u_2, u_3) \, . \end{array}\right\} \tag{3.2}$$

Hält man z. B. den Wert von u_1 fest, so ergibt sich die Gleichung einer Fläche

$$u_1(x, y, z) = c_1 \, . \tag{3.3}$$

Hält man gleichzeitig noch eine zweite neue Koordinate, z. B. u_2, fest, so ist dadurch eine weitere Fläche definiert. Die Schnittkurve beider Flächen ist durch die beiden gleichzeitig zu erfüllenden Gleichungen

$$\left.\begin{array}{l} u_1(x, y, z) = c_1 \, , \\[4pt] u_2(x, y, z) = c_2 \end{array}\right\} \tag{3.4}$$

definiert. Auf ihr ist nur u_3 noch veränderlich. Ihre Parameterdarstellung ist

$$\left.\begin{array}{l} x = x(c_1, c_2, u_3) \, , \\[4pt] y = y(c_1, c_2, u_3) \, , \\[4pt] z = z(c_1, c_2, u_3) \, . \end{array}\right\} \tag{3.5}$$

Halten wir auf dieser Kurve auch noch u_3 fest ($u_3 = c_3$), so ist dadurch ein Punkt gegeben,

$$\left.\begin{array}{l} u_1(x, y, z) = c_1 \, , \\[4pt] u_2(x, y, z) = c_2 \, , \\[4pt] u_3(x, y, z) = c_3 \, . \end{array}\right\} \tag{3.6}$$

Man kann ihn als Ursprung eines lokalen, im Allgemeinen nicht kartesischen Koordinatensystems betrachten (Abb. 3.1). Wir wollen nun den Abstand zwischen diesem Punkt $P(u_1, u_2, u_3)$ und einem Punkt $P'(u_1 + \mathrm{d}u_1, u_2 + \mathrm{d}u_2, u_3 + \mathrm{d}u_3)$ berechnen. In kartesischen Koordinaten ist

$$\mathrm{d}s^2 = \mathrm{d}x^2 + \mathrm{d}y^2 + \mathrm{d}z^2 \, . \tag{3.7}$$

Dabei ist natürlich

$$
\left.
\begin{aligned}
dx &= \frac{\partial x}{\partial u_1}\, du_1 + \frac{\partial x}{\partial u_2}\, du_2 + \frac{\partial x}{\partial u_3}\, du_3 \,, \\[4pt]
dy &= \frac{\partial y}{\partial u_1}\, du_1 + \frac{\partial y}{\partial u_2}\, du_2 + \frac{\partial y}{\partial u_3}\, du_3 \,, \\[4pt]
dz &= \frac{\partial z}{\partial u_1}\, du_1 + \frac{\partial z}{\partial u_2}\, du_2 + \frac{\partial z}{\partial u_3}\, du_3 \,.
\end{aligned}
\right\}
\tag{3.8}
$$

Setzt man (3.8) in (3.7) ein, so erhält man nach entsprechender Ordnung der verschiedenen Glieder

$$
\left.
\begin{aligned}
ds^2 = &\left[\left(\frac{\partial x}{\partial u_1}\right)^2 + \left(\frac{\partial y}{\partial u_1}\right)^2 + \left(\frac{\partial z}{\partial u_1}\right)^2\right] du_1^2 \\[6pt]
&+ \left[\left(\frac{\partial x}{\partial u_2}\right)^2 + \left(\frac{\partial y}{\partial u_2}\right)^2 + \left(\frac{\partial z}{\partial u_2}\right)^2\right] du_2^2 \\[6pt]
&+ \left[\left(\frac{\partial x}{\partial u_3}\right)^2 + \left(\frac{\partial y}{\partial u_3}\right)^2 + \left(\frac{\partial z}{\partial u_3}\right)^2\right] du_3^2 \\[6pt]
&+ 2 \left[
\begin{aligned}
&\left(\frac{\partial x}{\partial u_1}\frac{\partial x}{\partial u_2} + \frac{\partial y}{\partial u_1}\frac{\partial y}{\partial u_2} + \frac{\partial z}{\partial u_1}\frac{\partial z}{\partial u_2}\right) du_1\, du_2 \\[4pt]
&+ \left(\frac{\partial x}{\partial u_1}\frac{\partial x}{\partial u_3} + \frac{\partial y}{\partial u_1}\frac{\partial y}{\partial u_3} + \frac{\partial z}{\partial u_1}\frac{\partial z}{\partial u_3}\right) du_1\, du_3 \\[4pt]
&+ \left(\frac{\partial x}{\partial u_2}\frac{\partial x}{\partial u_3} + \frac{\partial y}{\partial u_2}\frac{\partial y}{\partial u_3} + \frac{\partial z}{\partial u_2}\frac{\partial z}{\partial u_3}\right) du_2\, du_3
\end{aligned}
\right] .
\end{aligned}
\right\}
\tag{3.9}
$$

Diesen umständlichen Ausdruck werden wir nicht in voller Allgemeinheit brauchen. Wir wollen uns nämlich auf sogenannte *orthogonale Koordinaten* beschränken. Sie sind dadurch gekennzeichnet, dass die drei Koordinatenlinien der Abb. 3.1 im beliebigen Punkt P senkrecht aufeinander stehen. Dazu definieren wir die Tangentenvektoren $\mathbf{t}_1, \mathbf{t}_2, \mathbf{t}_3$. Z. B. ist der Tangentenvektor an die u_3-Linie, die durch die Gleichungen (3.5) gegeben ist:

$$
\mathbf{t}_3 = \left(\frac{\partial x}{\partial u_3}, \frac{\partial y}{\partial u_3}, \frac{\partial z}{\partial u_3}\right).
\tag{3.10}
$$

Analog ist

$$
\left.
\begin{aligned}
\mathbf{t}_1 &= \left(\frac{\partial x}{\partial u_1}, \frac{\partial y}{\partial u_1}, \frac{\partial z}{\partial u_1}\right), \\[6pt]
\mathbf{t}_2 &= \left(\frac{\partial x}{\partial u_2}, \frac{\partial y}{\partial u_2}, \frac{\partial z}{\partial u_2}\right).
\end{aligned}
\right\}
\tag{3.11}
$$

Abb. 3.1 Krummliniges Koordinatensystem

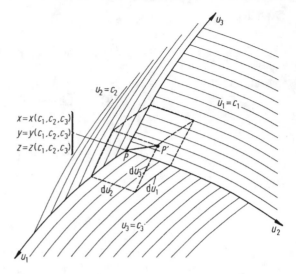

Abb. 3.2 Krummliniges orthogonales Koordinatensystem

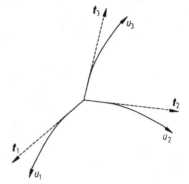

Abb. 3.2 zeigt das Koordinatensystem der Abb. 3.1 mit seinen Tangentenvektoren. Das
Koordinatensystem ist orthogonal, wenn für alle Punkte gilt:

$$\left. \begin{array}{c} \mathbf{t}_1 \cdot \mathbf{t}_2 = 0 \, , \\ \mathbf{t}_2 \cdot \mathbf{t}_3 = 0 \, , \\ \mathbf{t}_3 \cdot \mathbf{t}_1 = 0 \, . \end{array} \right\} \tag{3.12}$$

Der Vektor von P nach P' ist

$$\mathrm{d}\mathbf{r} = \mathbf{t}_1 \, \mathrm{d}u_1 + \mathbf{t}_2 \, \mathrm{d}u_2 + \mathbf{t}_3 \, \mathrm{d}u_3 \, . \tag{3.13}$$

Deshalb ist

$$
\left.\begin{aligned}
ds^2 &= (\mathbf{dr} \cdot \mathbf{dr}) \\
&= t_1^2 \, du_1^2 + t_2^2 \, du_2^2 + t_3^2 \, du_3^2 \\
&\quad + 2\mathbf{t}_1 \cdot \mathbf{t}_2 \, du_1 \, du_2 \\
&\quad + 2\mathbf{t}_1 \cdot \mathbf{t}_3 \, du_1 \, du_3 \\
&\quad + 2\mathbf{t}_2 \cdot \mathbf{t}_3 \, du_2 \, du_3 \; .
\end{aligned}\right\}
\tag{3.14}
$$

Damit haben wir eine kürzere Schreibweise für Gleichung (3.9) gewonnen. Für ein orthogonales Koordinatensystem ist dann wegen (3.12):

$$
ds^2 = t_1^2 \, du_1^2 + t_2^2 \, du_2^2 + t_3^2 \, du_3^2 \; .
\tag{3.15}
$$

Der Unterschied zu dem entsprechenden Ausdruck in kartesischen Koordinaten, (3.7), liegt also nur in dem Auftreten der Maßstabsfaktoren t_1, t_2, t_3, die jedoch von Ort zu Ort verschieden sind. Ein Volumenelement, das durch du_1, du_2, du_3 gekennzeichnet ist, hat die Seiten $t_1 \, du_1$, $t_2 \, du_2$, $t_3 \, du_3$ und deshalb das Volumen

$$
d\tau = t_1 t_2 t_3 \, du_1 \, du_2 \, du_3 \; .
\tag{3.16}
$$

Ein Linienelement ds hat die Komponenten

$$
ds_i = t_i \, du_i \qquad (i = 1, 2, 3)
\tag{3.17}
$$

und ein Flächenelement d**A** die Komponenten

$$
dA_i = t_k t_l \, du_k \, du_l \qquad (i, k, l \text{ verschieden}) \; .
\tag{3.18}
$$

Die Faktoren t_i^2 sind die Diagonalelemente des sogenannten metrischen Tensors, der für nichtorthogonale Koordinaten auch nichtdiagonale Elemente aufweist.

3.2   Vektoranalysis für krummlinige, orthogonale Koordinaten

3.2.1   Der Gradient

Ausgehend von der Definition

$$(\text{grad } \varphi)_{u_1} = \lim_{\Delta u_1 \to 0} \frac{\varphi(u_1 + \Delta u_1, u_2, u_3) - \varphi(u_1, u_2, u_3)}{\Delta s_1}$$

findet man wegen

$$\Delta s_1 = t_1 \cdot \Delta u_1$$

$$(\text{grad } \varphi)_{u_1} = \frac{1}{t_1} \lim_{\Delta u_1 \to 0} \frac{\varphi(u_1 + \Delta u_1, u_2, u_3) - \varphi(u_1, u_2, u_3)}{\Delta u_1}$$

$$= \frac{1}{t_1} \frac{\partial \varphi}{\partial u_1} \; .$$

Analoges ergibt sich für die übrigen beiden Komponenten, so dass

$$\text{grad } \varphi = \left(\frac{1}{t_1} \frac{\partial \varphi}{\partial u_1}, \frac{1}{t_2} \frac{\partial \varphi}{\partial u_2}, \frac{1}{t_3} \frac{\partial \varphi}{\partial u_3} \right) \; . \tag{3.19}$$

3.2.2   Die Divergenz

Als Ausgangspunkt dient hier die Definition der Divergenz als Grenzwert eines Oberflächenintegrals entsprechend unserer Beziehung (3.22). Damit und mit den Bezeichnungen

Abb. 3.3 Berechnung der Koordinaten der Divergenz in krummlinigen Koordinaten

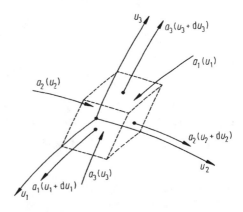

von Abb. 3.3 ist für den Vektor $\mathbf{a}$ mit den Komponenten a_1, a_2, a_3

$$\operatorname{div} \mathbf{a} = \lim_{V \to 0} \frac{1}{V} \oint \mathbf{a} \cdot d\mathbf{A} \ ,$$

$$\operatorname{div} \mathbf{a} = \lim_{du_1\,du_2\,du_3 \to 0} \frac{1}{t_1 t_2 t_3 \, du_1 \, du_2 \, du_3}$$

$$\cdot \begin{bmatrix} a_1(u_1 + du_1)t_2(u_1 + du_1)t_3(u_1 + du_1) \, du_2 \, du_3 \\ -a_1(u_1)t_2(u_1)t_3(u_1) \, du_2 \, du_3 \\ +a_2(u_2 + du_2)t_1(u_2 + du_2)t_3(u_2 + du_2) \, du_1 \, du_3 \\ -a_2(u_2)t_1(u_2)t_3(u_2) \, du_1 \, du_3 \\ +a_3(u_3 + du_3)t_1(u_3 + du_3)t_2(u_3 + du_3) \, du_1 \, du_2 \\ -a_3(u_3)t_1(u_3)t_2(u_3) \, du_1 \, du_2 \end{bmatrix}$$

$$= \lim_{du_1\,du_2\,du_3 \to 0} \frac{\left[\dfrac{\partial}{\partial u_1}(a_1 t_2 t_3) + \dfrac{\partial}{\partial u_2}(a_2 t_1 t_3) + \dfrac{\partial}{\partial u_3}(a_3 t_1 t_2) \right] du_1 \, du_2 \, du_3}{t_1 t_2 t_3 \, du_1 \, du_2 \, du_3} \ ,$$

d. h.

$$\operatorname{div} \mathbf{a} = \frac{1}{t_1 t_2 t_3} \left[\frac{\partial}{\partial u_1}(a_1 t_2 t_3) + \frac{\partial}{\partial u_2}(a_2 t_1 t_3) + \frac{\partial}{\partial u_3}(a_3 t_1 t_2) \right]. \tag{3.20}$$

3.2.3 Der Laplace-Operator

Da

$$\Delta \varphi = \operatorname{div} \operatorname{grad} \varphi$$

ist, kann man den Laplace-Operator aus den beiden Beziehungen (3.19) und (3.20) gewinnen. Man bekommt

$$\Delta \varphi = \frac{1}{t_1 t_2 t_3} \left[\frac{\partial}{\partial u_1} \left(\frac{t_2 t_3}{t_1} \frac{\partial \varphi}{\partial u_1} \right) + \frac{\partial}{\partial u_2} \left(\frac{t_1 t_3}{t_2} \frac{\partial \varphi}{\partial u_2} \right) + \frac{\partial}{\partial u_3} \left(\frac{t_1 t_2}{t_3} \frac{\partial \varphi}{\partial u_3} \right) \right]. \tag{3.21}$$

3.2.4 Die Rotation

Zur Berechnung der Rotation gehen wir von Beziehung (1.34) zusammen mit der Regel für den Zusammenhang zwischen Richtung der Rotation und Umlaufsinn des Linienintegrals aus (Abschn. 1.7). Aus Abb. 3.4 ergibt sich dann

$$
\begin{aligned}
(\mathrm{rot}\,\mathbf{a})_{u1} &= \lim_{\mathrm{d}u_2,\mathrm{d}u_3 \to 0} \frac{1}{t_2 t_3 \,\mathrm{d}u_2\,\mathrm{d}u_3} \\
&\quad \cdot \begin{bmatrix} a_2(u_3)t_2(u_3)\,\mathrm{d}u_2 + a_3(u_2 + \mathrm{d}u_2)t_3(u_2 + \mathrm{d}u_2)\,\mathrm{d}u_3 \\ -a_2(u_3 + \mathrm{d}u_3)t_2(u_3 + \mathrm{d}u_3)\,\mathrm{d}u_2 \\ -a_3(u_2)t_3(u_2)\,\mathrm{d}u_3 \end{bmatrix} \\
&= \lim_{\mathrm{d}u_2,\mathrm{d}u_3 \to 0} \frac{\left[\frac{\partial}{\partial u_2}(a_3 t_3) - \frac{\partial}{\partial u_3}(a_2 t_2)\right]\mathrm{d}u_2\,\mathrm{d}u_3}{t_2 t_3 \,\mathrm{d}u_2\,\mathrm{d}u_3} \\
&= \frac{1}{t_2 t_3}\left[\frac{\partial}{\partial u_2}(a_3 t_3) - \frac{\partial}{\partial u_3}(a_2 t_2)\right].
\end{aligned}
$$

Die übrigen beiden Komponenten ergeben sich auf ganz analoge Weise. Insgesamt ist dann

$$
\mathrm{rot}\,\mathbf{a} = \begin{bmatrix} \dfrac{1}{t_2 t_3}\left[\dfrac{\partial}{\partial u_2}(a_3 t_3) - \dfrac{\partial}{\partial u_3}(a_2 t_2)\right] \\[2ex] \dfrac{1}{t_3 t_1}\left[\dfrac{\partial}{\partial u_3}(a_1 t_1) - \dfrac{\partial}{\partial u_1}(a_3 t_3)\right] \\[2ex] \dfrac{1}{t_1 t_2}\left[\dfrac{\partial}{\partial u_1}(a_2 t_2) - \dfrac{\partial}{\partial u_2}(a_1 t_1)\right] \end{bmatrix}. \qquad (3.22)
$$

Abb. 3.4 Berechnung der Koordinaten der Rotation in krummlinigen Koordinaten

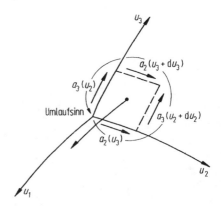

Versteht man unter $\mathbf{e}_{u_1}$, $\mathbf{e}_{u_2}$, $\mathbf{e}_{u_3}$ die Einheitsvektoren in den Koordinatenrichtungen,

$$\mathbf{e}_{u_1} = \frac{\mathbf{t}_1}{t_1} \, ,$$

$$\mathbf{e}_{u_2} = \frac{\mathbf{t}_2}{t_2} \, ,$$

$$\mathbf{e}_{u_3} = \frac{\mathbf{t}_3}{t_3} \, ,$$

so kann man rot $\mathbf{a}$ auch in folgender Form schreiben:

$$\operatorname{rot} \mathbf{a} = \det \begin{pmatrix} \dfrac{\mathbf{e}_{u_1}}{t_2 t_3} & \dfrac{\mathbf{e}_{u_2}}{t_3 t_1} & \dfrac{\mathbf{e}_{u_3}}{t_1 t_2} \\[2mm] \dfrac{\partial}{\partial u_1} & \dfrac{\partial}{\partial u_2} & \dfrac{\partial}{\partial u_3} \\[2mm] a_1 t_1 & a_2 t_2 & a_3 t_3 \end{pmatrix} \tag{3.23}$$

bzw.

$$\operatorname{rot} \mathbf{a} = \frac{1}{t_1 t_2 t_3} \det \begin{pmatrix} \mathbf{t}_1 & \mathbf{t}_2 & \mathbf{t}_3 \\[2mm] \dfrac{\partial}{\partial u_1} & \dfrac{\partial}{\partial u_2} & \dfrac{\partial}{\partial u_3} \\[2mm] a_1 t_1 & a_2 t_2 & a_3 t_3 \end{pmatrix} . \tag{3.24}$$

3.3 Einige wichtige Koordinatensysteme

Von den vielen interessanten Koordinatensystemen sollen im Rahmen dieses Buches nur drei Verwendung finden, kartesische Koordinaten, Zylinderkoordinaten und Kugelkoordinaten. Die Beziehungen, die sich aufgrund der vorhergehenden Abschnitte für sie ergeben, sind hier kurz zusammengestellt.

3.3.1 Kartesische Koordinaten

Für kartesische Koordinaten ist natürlich $t_1 = t_2 = t_3 = 1$, und man erhält aus (3.19) bis (3.24) die schon bekannten Ausdrücke

$$\operatorname{grad} \varphi = \left(\frac{\partial \varphi}{\partial x}, \frac{\partial \varphi}{\partial y}, \frac{\partial \varphi}{\partial z} \right) ,$$

$$\operatorname{div} \mathbf{a} = \frac{\partial a_x}{\partial x} + \frac{\partial a_y}{\partial y} + \frac{\partial a_z}{\partial z} ,$$

$$\Delta \varphi = \frac{\partial^2 \varphi}{\partial x^2} + \frac{\partial^2 \varphi}{\partial y^2} + \frac{\partial^2 \varphi}{\partial z^2} ,$$

$$\operatorname{rot} \mathbf{a} = \det \begin{pmatrix} \mathbf{e}_x & \mathbf{e}_y & \mathbf{e}_z \\ \dfrac{\partial}{\partial x} & \dfrac{\partial}{\partial y} & \dfrac{\partial}{\partial z} \\ a_x & a_y & a_z \end{pmatrix} = \begin{bmatrix} \dfrac{\partial a_z}{\partial y} - \dfrac{\partial a_y}{\partial z} \\ \dfrac{\partial a_x}{\partial z} - \dfrac{\partial a_z}{\partial x} \\ \dfrac{\partial a_y}{\partial x} - \dfrac{\partial a_x}{\partial y} \end{bmatrix} .$$

3.3.2 Zylinderkoordinaten

In diesem Fall ist, wie in Abb. 3.5 angedeutet,

$$\left. \begin{aligned} u_1 &= r , \\ u_2 &= \varphi , \\ u_3 &= z , \end{aligned} \right\} \tag{3.25}$$

bzw.

$$\left. \begin{aligned} x &= r \cos \varphi , \\ y &= r \sin \varphi , \\ z &= z . \end{aligned} \right\} \tag{3.26}$$

Abb. 3.5 Zylinderkoordinaten

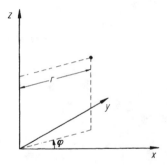

Daraus ergibt sich mit (3.10) und (3.11)

$$\left.\begin{aligned}
\mathbf{t}_1 &= (\cos\varphi, \sin\varphi, 0) , \\
\mathbf{t}_2 &= (-r\sin\varphi, r\cos\varphi, 0) , \\
\mathbf{t}_3 &= (0, 0, 1) ,
\end{aligned}\right\} \tag{3.27}$$

d. h.

$$\left.\begin{aligned}
t_1^2 &= 1 , \\
t_2^2 &= r^2 , \\
t_3^2 &= 1 ,
\end{aligned}\right\} \tag{3.28}$$

so dass

$$\mathrm{d}\tau = r\,\mathrm{d}r\,\mathrm{d}\varphi\,\mathrm{d}z , \tag{3.29}$$

$$\mathrm{d}s^2 = \mathrm{d}r^2 + r^2\,\mathrm{d}\varphi^2 + \mathrm{d}z^2 \tag{3.30}$$

und weiter

$$\operatorname{grad}\phi = \left(\frac{\partial}{\partial r}, \frac{1}{r}\frac{\partial}{\partial\varphi}, \frac{\partial}{\partial z}\right)\phi , \tag{3.31}$$

$$\operatorname{div}\mathbf{a} = \frac{1}{r}\frac{\partial}{\partial r}ra_r + \frac{1}{r}\frac{\partial}{\partial\varphi}a_\varphi + \frac{\partial}{\partial z}a_z , \tag{3.32}$$

$$\Delta\phi = \left(\frac{1}{r}\frac{\partial}{\partial r}r\frac{\partial}{\partial r} + \frac{1}{r^2}\frac{\partial^2}{\partial\varphi^2} + \frac{\partial^2}{\partial z^2}\right)\phi , \tag{3.33}$$

$$\operatorname{rot}\mathbf{a} = \begin{bmatrix} (\operatorname{rot}\mathbf{a})_r \\ (\operatorname{rot}\mathbf{a})_\varphi \\ (\operatorname{rot}\mathbf{a})_z \end{bmatrix} = \begin{bmatrix} \dfrac{1}{r}\dfrac{\partial}{\partial\varphi}a_z - \dfrac{\partial}{\partial z}a_\varphi \\[2mm] \dfrac{\partial}{\partial z}a_r - \dfrac{\partial}{\partial r}a_z \\[2mm] \dfrac{1}{r}\dfrac{\partial}{\partial r}(ra_\varphi) - \dfrac{1}{r}\dfrac{\partial}{\partial\varphi}a_r \end{bmatrix} \tag{3.34}$$

Der Winkel φ sollte nicht mit dem Potential verwechselt werden, das wir bisher auch mit φ bezeichnet haben. Wo Verwechslungen zu befürchten sind, werden wir das Potential jeweils durch ein anderes Symbol kennzeichnen.

3.3.3 Kugelkoordinaten

Hier ist (Abb. 3.6)

$$\begin{aligned}
u_1 &= r , \\
u_2 &= \theta , \\
u_3 &= \varphi
\end{aligned} \tag{3.35}$$

Abb. 3.6 Kugelkoordinaten

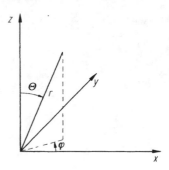

bzw.

$$\left.\begin{aligned}
x &= r \sin\theta \cos\varphi \,, \\
y &= r \sin\theta \sin\varphi \,, \\
z &= r \cos\theta \,.
\end{aligned}\right\} \tag{3.36}$$

Deshalb ist

$$\left.\begin{aligned}
\mathbf{t}_1 &= (\sin\theta \cos\varphi, \sin\theta \sin\varphi, \cos\theta) \,, \\
\mathbf{t}_2 &= (r \cos\theta \cos\varphi, r \cos\theta \sin\varphi, -r \sin\theta) \,, \\
\mathbf{t}_3 &= (-r \sin\theta \sin\varphi, r \sin\theta \cos\varphi, 0)
\end{aligned}\right\} \tag{3.37}$$

und

$$\left.\begin{aligned}
t_1^2 &= 1 \,, \\
t_2^2 &= r^2 \,, \\
t_3^2 &= r^2 \sin^2\theta \,.
\end{aligned}\right\} \tag{3.38}$$

Man hat also jetzt

$$d\tau = r^2 \sin\theta \, dr \, d\theta \, d\varphi \,, \tag{3.39}$$

$$ds^2 = dr^2 + r^2 \, d\theta^2 + r^2 \sin^2\theta \, d\varphi^2 \,, \tag{3.40}$$

$$\operatorname{grad}\phi = \left(\frac{\partial}{\partial r}, \frac{1}{r}\frac{\partial}{\partial\theta}, \frac{1}{r\sin\theta}\frac{\partial}{\partial\varphi} \right)\phi \,, \tag{3.41}$$

$$\operatorname{div}\mathbf{a} = \frac{1}{r^2}\frac{\partial}{\partial r}r^2 a_r + \frac{1}{r\sin\theta}\frac{\partial}{\partial\theta}\sin\theta a_\theta + \frac{1}{r\sin\theta}\frac{\partial}{\partial\varphi}a_\varphi \,, \tag{3.42}$$

$$\Delta\phi = \left(\frac{1}{r^2}\frac{\partial}{\partial r}r^2\frac{\partial}{\partial r} + \frac{1}{r^2\sin\theta}\frac{\partial}{\partial\theta}\sin\theta\frac{\partial}{\partial\theta} + \frac{1}{r^2\sin^2\theta}\frac{\partial^2}{\partial\varphi^2} \right)\phi \,, \tag{3.43}$$

$$\operatorname{rot}\mathbf{a} = \begin{bmatrix} (\operatorname{rot}\mathbf{a})_r \\ (\operatorname{rot}\mathbf{a})_\theta \\ (\operatorname{rot}\mathbf{a})_\varphi \end{bmatrix} = \begin{bmatrix} \dfrac{1}{r\sin\theta}\dfrac{\partial}{\partial\theta}\sin\theta a_\varphi - \dfrac{1}{r\sin\theta}\dfrac{\partial}{\partial\varphi}a_\theta \\[2mm] \dfrac{1}{r\sin\theta}\dfrac{\partial}{\partial\varphi}a_r - \dfrac{1}{r}\dfrac{\partial}{\partial r}r a_\varphi \\[2mm] \dfrac{1}{r}\dfrac{\partial}{\partial r}r a_\theta - \dfrac{1}{r}\dfrac{\partial}{\partial\theta}a_r \end{bmatrix} \,. \tag{3.44}$$

3.4 Einige Eigenschaften der Poisson'schen und der Laplace'schen Gleichung (Potentialtheorie)

Die Poisson'sche bzw. die Laplace'sche Gleichung, (2.11) bzw. (2.12), sind die Ausgangspunkte der formalen Behandlung der Elektrostatik.

3.4.1 Die Problemstellung

Eine große Klasse elektrostatischer Probleme ist in folgender Weise gestellt: Gegeben ist ein beliebig geformtes Gebiet und in diesem eine beliebige Verteilung von Raumladungen $\rho(\mathbf{r})$. Auf den Rändern ist das Potential φ oder die auf dem Rand senkrechte Feldstärke, d. h. $(\operatorname{grad}\varphi)_n = \partial\varphi/\partial n$, vorgeschrieben. Ist $\partial\varphi/\partial n$ vorgeschrieben, so spricht man vom *Neumann'schen Randwertproblem*. Ist dagegen φ vorgeschrieben, so handelt es sich um das *Dirichlet'sche Randwertproblem*. Daneben gibt es auch sogenannte *gemischte Probleme*, bei denen auf einem Teil des Randes φ, auf dem übrigen Teil des Randes $\partial\varphi/\partial n$ vorgegeben ist.

Das zur Diskussion stehende Gebiet kann durch beliebig viele Oberflächen in beliebig komplizierter Weise begrenzt sein.

Im Folgenden ist nun zu beweisen, dass diese Randwertprobleme der Potentialtheorie eindeutig lösbar sind. Zur Durchführung des Beweises benötigt man die oft nützlichen *Green'schen Integralsätze*, die zunächst herzuleiten sind.

3.4.2 Die Green'schen Sätze

Ausgangspunkt ist der Gauß'sche Integralsatz,

$$\int_V \operatorname{div}\mathbf{a}\,d\tau = \oint \mathbf{a}\cdot d\mathbf{A}\,,$$

in dem wir

$$\mathbf{a} = \psi\,\operatorname{grad}\phi$$

setzen, wo ψ und ϕ beliebige skalare Funktionen sind. Man erhält so

$$\int_V \operatorname{div}\mathbf{a}\,d\tau = \int_V \operatorname{div}(\psi\,\operatorname{grad}\phi)\,d\tau = \int_V (\psi\,\operatorname{div}\operatorname{grad}\phi + \operatorname{grad}\psi\cdot\operatorname{grad}\phi)\,d\tau$$

$$= \oint \psi\,\operatorname{grad}\phi\cdot d\mathbf{A}\,. \tag{3.45}$$

Man kann ψ und ϕ miteinander vertauschen und bekommt

$$\int_V \operatorname{div}(\phi \operatorname{grad} \psi) \, d\tau = \int_V (\phi \operatorname{div} \operatorname{grad} \psi + \operatorname{grad} \phi \cdot \operatorname{grad} \psi) \, d\tau$$

$$= \oint \phi \operatorname{grad} \psi \cdot d\mathbf{A} \; .$$

(3.46)

Nun ist

$$\operatorname{div} \operatorname{grad} \psi = \Delta \psi$$

und

$$\operatorname{div} \operatorname{grad} \phi = \Delta \phi \; .$$

Ferner ist

$$\operatorname{grad} \psi \cdot d\mathbf{A} = \operatorname{grad} \psi \cdot \mathbf{n} \, dA = (\operatorname{grad} \psi)_n \, dA$$

$$= \frac{\partial \psi}{\partial n} \, dA$$

bzw. auch

$$\operatorname{grad} \phi \cdot d\mathbf{A} = \frac{\partial \phi}{\partial n} \, dA \; .$$

Unter Verwendung dieser Beziehungen ergibt sich durch Subtraktion der beiden Gleichungen (3.45) und (3.46) einer der sog. Green'schen Integralsätze,

$$\int_V (\psi \Delta \phi - \phi \Delta \psi) \, d\tau = \oint \left(\psi \frac{\partial \phi}{\partial n} - \phi \frac{\partial \psi}{\partial n} \right) dA \; .$$

(3.47)

Setzt man hingegen in einer der beiden Gleichungen (3.45) und (3.46) $\phi = \psi$, so ergibt sich ein anderer der Green'schen Sätze,

$$\int_V [\phi \Delta \phi + (\operatorname{grad} \phi)^2] \, d\tau = \oint \phi \frac{\partial \phi}{\partial n} \, dA \; .$$

(3.48)

Für Funktionen ψ und ϕ, die nur von zwei Variablen abhängen, reduzieren sich die Gleichungen (3.47) und (3.48) auf

$$\int_A (\psi \Delta \phi - \phi \Delta \psi) \, dA = \oint \left(\psi \frac{\partial \phi}{\partial n} - \phi \frac{\partial \psi}{\partial n} \right) ds$$

und

$$\int\limits_{A} [\phi\Delta\phi + (\operatorname{grad}\phi)^2]\, \mathrm{d}A = \oint \phi\frac{\partial\phi}{\partial n}\, \mathrm{d}s \ .$$

Im eindimensionalen Fall ergibt sich

$$\int\limits_{x_1}^{x_2} (\psi\phi'' - \phi\psi'')\, \mathrm{d}x = [\psi\phi' - \phi\psi']_{x_1}^{x_2}$$

und

$$\int\limits_{x_1}^{x_2} (\phi\phi'' + \phi'^2)\, \mathrm{d}x = [\phi\phi']_{x_1}^{x_2} \ .$$

Das sind einfach partielle Integrationen. Die Green'schen Integralsätze sind also nichts anderes als die Verallgemeinerungen der partiellen Integration auf zwei oder drei Dimensionen.

3.4.3 Der Eindeutigkeitsbeweis

Nehmen wir an, es gäbe für unser (Neumann'sches oder Dirichlet'sches oder gemischtes) Randwertproblem zwei Lösungen, φ_1 und φ_2, d. h. es sei

$$\Delta\varphi_1(\mathbf{r}) = -\frac{\rho(\mathbf{r})}{\varepsilon_0} \ ,$$

$$\Delta\varphi_2(\mathbf{r}) = -\frac{\rho(\mathbf{r})}{\varepsilon_0}$$

und die Randbedingungen seien ebenfalls erfüllt.
    Wir definieren die Differenzfunktion

$$\tilde{\varphi} = \varphi_1 - \varphi_2 \ .$$

Für diese ist

$$\Delta\tilde{\varphi} = \Delta\varphi_1 - \Delta\varphi_2 = 0 \ ,$$

d. h. $\tilde{\varphi}$ genügt der Laplace'schen Gleichung. Ferner ist längs des Randes

$$\tilde{\varphi} = 0$$

oder

$$\frac{\partial\tilde{\varphi}}{\partial n} = 0$$

oder – im Fall eines gemischten Problems – längs eines Teils des Randes das eine, längs des Restes das andere gegeben. Wenden wir nun den Green'schen Satz in der Form (3.48) auf $\tilde{\varphi}$ an, so ergibt sich

$$\int\limits_V (\operatorname{grad}\tilde{\varphi})^2\,\mathrm{d}\tau = 0 \;.$$

Da $(\operatorname{grad}\tilde{\varphi}^2)$ stets positiv ist, ist das jedoch nur möglich, wenn überall

$$\operatorname{grad}\tilde{\varphi} = 0$$

bzw.

$$\tilde{\varphi} = \mathrm{const}$$

ist.

Im Dirichlet'schen bzw. auch im gemischten Fall muss damit überall $\tilde{\varphi} = 0$ sein. Im Neumann'schen Fall ist $\tilde{\varphi}$ bis auf eine noch frei wählbare, physikalisch jedoch unerhebliche Konstante bestimmt.

Das Problem wird u. U. in einer etwas anderen Weise gestellt. Gegeben ist die Ladung eines im Feld befindlichen Leiters. Dann ist

$$\frac{\partial\varphi}{\partial n} = -E_n = \frac{\sigma}{\varepsilon_0} \;.$$

($E_n = -\sigma/\varepsilon_0$ weil die Normale aus dem mit Feld erfüllten Gebiet heraus, d. h. in den Leiter hineinweist). Deshalb ist

$$Q = \int \sigma\,\mathrm{d}A = \varepsilon_0 \int \frac{\partial\varphi}{\partial n}\,\mathrm{d}A \;.$$

Gegeben ist also in diesem Fall nicht $\partial\varphi/\partial n$ längs der das Gebiet begrenzenden Fläche, sondern das Integral $\int(\partial\varphi/\partial n)\,\mathrm{d}A$. Außerdem ist φ auf der Fläche konstant, wobei die Konstante jedoch nicht bekannt ist. Haben wir nun zwei Lösungen φ_1 und φ_2, so gilt für beide und für ihre Differenz $\tilde{\varphi}$ die Laplace'sche Gleichung, und für beide ist über den Rand integriert

$$Q = \varepsilon_0 \int \frac{\partial\varphi_1}{\partial n}\,\mathrm{d}A = \varepsilon_0 \int \frac{\partial\varphi_2}{\partial n}\,\mathrm{d}A \;.$$

Deshalb ist

$$\int\limits_V (\operatorname{grad}\tilde{\varphi})^2\,\mathrm{d}\tau = \int \tilde{\varphi}\left(\frac{\partial\tilde{\varphi}}{\partial n}\right)\mathrm{d}A$$

$$= \int (\varphi_1 - \varphi_2)\frac{\partial(\varphi_1-\varphi_2)}{\partial n}\,\mathrm{d}A = (\varphi_1 - \varphi_2)\int \frac{\partial(\varphi_1-\varphi_2)}{\partial n}\,\mathrm{d}A$$

$$= (\varphi_1 - \varphi_2)\left(\frac{Q-Q}{\varepsilon_0}\right) = 0 \;,$$

wie vorher auch. Wiederum ist also

$$\operatorname{grad} \tilde{\varphi} = 0$$

und

$$\tilde{\varphi} = \text{const}.$$

Die gegebenen Eindeutigkeitsbeweise laufen formal gesehen auf die aus (3.48) folgende Aussage hinaus, dass mit $\Delta \varphi = 0$ und $\varphi = 0$ am Rand φ überall 0 sein muss. Dies zu verstehen ist auch anschaulich möglich. *Man kann nämlich beweisen, dass φ in einem Gebiet, in dem $\Delta \varphi = 0$ ist, weder ein Maximum noch ein Minimum haben kann.* Gäbe es nämlich ein Maximum (bzw. ein Minimum) von φ an einem Ort im Gebiet, so müssten in seiner Umgebung alle Linien grad φ zu ihm hin zeigen (bzw. von ihm weg zeigen). Eine das Maximum (bzw. Minimum) umgebende kleine Fläche wäre dann von einem nicht verschwindenden elektrischen Fluss durchdrungen. Das wäre jedoch nur möglich, wenn dort eine Raumladung vorhanden und damit $\Delta \varphi \neq 0$ wäre. Die Annahme eines Maximums oder Minimums im Inneren des Gebietes führt also auf einen Widerspruch. Ist nun am Rande $\varphi = 0$, so kann φ im Inneren des Gebietes nirgends größer, aber auch nirgends kleiner als null sein, d. h. es muss überall $\varphi = 0$ sein. Man kann den obigen Satz auch so formulieren: *ist in einem Gebiet $\Delta \varphi = 0$, so kann die Funktion φ ihre maximalen und minimalen Werte nur am Rand des Gebietes annehmen.* Die Eindeutigkeit der Lösung des Dirichlet-Problems ist eine unmittelbare Folge dieses Satzes.

3.4.4 Modelle

Die Gleichung $\Delta \varphi = 0$ kommt in den Naturwissenschaften sehr oft vor und sie beschreibt viele verschiedene Probleme. Alle Situationen, für die sie eine Rolle spielt, können deshalb als Analogmodelle elektrostatischer Situationen aufgefasst werden. Die zweidimensionale Laplace-Gleichung

$$\left(\frac{\partial^2}{\partial x^2} + \frac{\partial^2}{\partial y^2} \right) \varphi = 0$$

beschreibt unter anderem auch die als klein vorausgesetzte Auslenkung einer auf einen Rahmen gespannten Membran. Am Rand (Rahmen) ist φ vorgegeben, und im Inneren ist $\Delta \varphi = 0$. Eine solche Membran kann deshalb als Modell für ein entsprechendes zweidimensionales elektrostatisches Problem betrachtet werden.

3.4.5 Die Dirac'sche δ-Funktion

Im Folgenden wird sich die δ-Funktion als sehr nützlich erweisen, weshalb wir sie hier kurz einführen wollen. Es sei jedoch betont, dass die folgenden Bemerkungen eine mathematisch fundierte Einführung nicht ersetzen können.

Grob anschaulich gesprochen ist die δ-Funktion dadurch gekennzeichnet, dass sie überall verschwindet außer für einen ganz bestimmten Wert (nämlich 0) ihres Argumentes, dort aber unendlich wird, und zwar so stark, dass ihr Integral gerade 1 wird:

$$\delta(x - x') = \begin{cases} 0 & \text{für } x \neq x' \\ \infty & \text{für } x = x' \end{cases} , \tag{3.49}$$

$$\int_{-\infty}^{+\infty} \delta(x - x') \, dx = 1 . \tag{3.50}$$

Die δ-Funktion ist keine Funktion im üblichen Sinne des Wortes. Sie gehört einer allgemeineren Klasse von Funktionen an, die man manchmal als *uneigentliche Funktionen* oder auch als *Distributionen* bezeichnet. Man kann sich die δ-Funktion vorstellen als Grenzwert einer Folge von Funktionen, und zwar in verschiedener Weise, z. B.

1. als Grenzwert einer Folge von Rechteckfunktionen entsprechend Abb. 3.7. Dabei ist

$$g_h(x) = \begin{cases} h & \text{für } |x - x'| \leq \dfrac{1}{2h} \\ 0 & \text{sonst} \end{cases}$$

und

$$\delta(x - x') = \lim_{h \to \infty} g_h(x);$$

2. als Grenzwert einer Folge von Gauß-Funktionen (Abb. 3.8). In diesem Fall ist

$$f_a(x) = \frac{1}{a\sqrt{\pi}} \exp\left[-\frac{(x - x')^2}{a^2} \right] ,$$

wo

$$\int_{-\infty}^{+\infty} f_a(x) \, dx = 1$$

und

$$\delta(x - x') = \lim_{a \to 0} f_a(x) .$$

Abb. 3.7 Darstellung der δ-Funktion als Grenzwert einer Folge von Rechteck-Funktionen

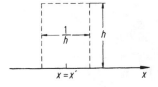

Abb. 3.8 Darstellung der
δ-Funktion als Grenzwert einer
Folge von Gauß-Funktionen

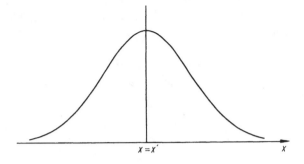

$x = x'$ x

Von den Anwendungen aus betrachtet ist die δ-Funktion natürlich eine Idealisierung. In der Natur gibt es keine δ-Funktionen. Dennoch ist sie sehr nützlich. Das beruht darauf, dass sie genau das formale Analogon zu der ja auch idealisierenden Einführung einer Punktladung darstellt. Diese kann man ja mindestens formal durch eine Ladungsdichte ρ beschreiben, die überall verschwindet außer an einem Ort, dort allerdings unendlich ist. Dazu wollen wir die zunächst nur eindimensional definierte δ-Funktion verallgemeinern:

$$\delta(\mathbf{r} - \mathbf{r}') = \delta(x - x')\delta(y - y')\delta(z - z') \,. \tag{3.51}$$

Damit kann man nun eine Punktladung Q am Ort $\mathbf{r}'$ kennzeichnen durch

$$\rho(\mathbf{r}) = Q\delta(\mathbf{r} - \mathbf{r}') \,.$$

Integration über den ganzen Raum gibt

$$\int_V \rho(\mathbf{r})\, d\tau = \int Q\delta(x - x')\delta(y - y')\delta(z - z')\, dx\, dy\, dz$$

$$= Q \int \delta(x - x')\, dx \int \delta(y - y')\, dy \int \delta(z - z')\, dz$$

$$= Q \cdot 1 \cdot 1 \cdot 1 = Q \,,$$

wie es sein muss.

Aus dem oben Gesagten ergibt sich eine wichtige Eigenschaft der δ-Funktion

$$\int_{-\infty}^{+\infty} f(x)\delta(x - x')\, dx = f(x') \,. \tag{3.52}$$

Die δ-Funktion hat also die Eigenschaft, einen Funktionswert „auszublenden". Wir können ja schreiben:

$$\int\limits_{-\infty}^{+\infty} f(x)\delta(x - x')\,dx = \int\limits_{-\infty}^{+\infty} f(x')\delta(x - x')\,dx$$

$$= f(x') \int\limits_{-\infty}^{+\infty} \delta(x - x')\,dx = f(x')\cdot 1\,.$$

Analog gilt für eine im Raum definierte Funktion $f(\mathbf{r})$

$$\int\limits_{\substack{\text{ganzer}\\\text{Raum}}} f(\mathbf{r})\delta(\mathbf{r} - \mathbf{r}')\,d\tau = f(\mathbf{r}')\,, \tag{3.53}$$

was sich durch mehrfache Anwendung von (3.52) ergibt.
    Die δ-Funktion ist symmetrisch

$$\delta(x - x') = \delta(-[x - x']) = \delta(x' - x)\,. \tag{3.54}$$

Man kann die δ-Funktion auch differenzieren und integrieren. Ihr unbestimmtes Integral ist die *Heaviside'sche Sprungfunktion*:

$$H(x - x') = \begin{cases} 0 & \text{für} \quad x < x' \\ 1 & \text{für} \quad x > x' \end{cases}\,. \tag{3.55}$$

Tatsächlich ist ja

$$\int\limits_{-\infty}^{x} \delta(x'' - x')\,dx'' = \begin{cases} 0 & \text{für} \quad x < x' \\ 1 & \text{für} \quad x > x' \end{cases}\,,$$

d. h.

$$\int\limits_{-\infty}^{x} \delta(x'' - x')\,dx'' = H(x - x')\,.$$

Umgekehrt ist

$$\frac{\mathrm{d}H(x - x')}{\mathrm{d}x} = \delta(x - x') \, ,$$

d. h. beim Differenzieren der (im Bereich gewöhnlicher Funktionen nicht differenzierbaren) Sprungfunktion ergibt sich die δ-Funktion.

Zur Vermeidung von Missverständnissen in Bezug auf Dimensionen sei bemerkt, dass nach Gleichung (3.50) die δ-Funktion eine Dimension trägt, und zwar die des Kehrwerts ihres Arguments, d. h. die von x^{-1}. Ist das Argument der δ-Funktion eine vektorielle Größe, so ergibt sich die Dimension z. B. für den dreidimensionalen Fall aus der Definition (3.51) als die von x^{-3}.

3.4.6 Punktladung und δ-Funktion

Für eine Punktladung gilt die Poisson'sche Gleichung

$$\Delta\varphi = -\frac{\rho}{\varepsilon_0} \, ,$$

wo

$$\rho(\mathbf{r}) = Q\delta(\mathbf{r} - \mathbf{r}') \, ,$$

d. h.

$$\Delta\varphi = -\frac{Q}{\varepsilon_0}\delta(\mathbf{r} - \mathbf{r}') \, .$$

Die Lösung kennen wir bereits:

$$\varphi = \frac{Q}{4\pi\varepsilon_0}\frac{1}{|\mathbf{r} - \mathbf{r}'|} \, ,$$

d. h. wir können für alle Orte, auch für den der Punktladung (was uns früher nicht möglich war), schreiben

$$\Delta\frac{Q}{4\pi\varepsilon_0}\frac{1}{|\mathbf{r} - \mathbf{r}'|} = \frac{-Q}{\varepsilon_0}\delta(\mathbf{r} - \mathbf{r}')$$

bzw.

$$\Delta\frac{1}{|\mathbf{r} - \mathbf{r}'|} = -4\pi\delta(\mathbf{r} - \mathbf{r}') \, . \qquad (3.56)$$

In Abschn. 2.3 mussten wir die Orte von Punktladungen aus der Betrachtung ausschließen. Wir konnten dort nicht differenzieren etc. Diese Schwierigkeit wird durch den Gebrauch der δ-Funktion behoben.

Für eine beliebige Ladungsverteilung $\rho(\mathbf{r})$ haben wir früher durch Überlagerung

$$\varphi(\mathbf{r}) = \frac{1}{4\pi\varepsilon_0} \int \frac{\rho(\mathbf{r}')}{|\mathbf{r} - \mathbf{r}'|}\, d\tau'$$

gewonnen. Es ist interessant, dies auch formal zu beweisen. Anwendung des Laplace-Operators auf diese Beziehung gibt

$$\begin{aligned}
\Delta\varphi(\mathbf{r}) &= \frac{1}{4\pi\varepsilon_0} \int \Delta_{\mathrm{r}} \frac{\rho(\mathbf{r}')}{|\mathbf{r} - \mathbf{r}'|}\, d\tau' \\
&= \frac{1}{4\pi\varepsilon_0} \int \rho(\mathbf{r}') \Delta_{\mathrm{r}} \frac{1}{|\mathbf{r} - \mathbf{r}'|}\, d\tau' \\
&= \frac{1}{4\pi\varepsilon_0} \int \rho(\mathbf{r}')(-4\pi)\delta(\mathbf{r} - \mathbf{r}')\, d\tau' \\
&= -\frac{\rho(\mathbf{r})}{\varepsilon_0}\,,
\end{aligned}$$

d. h. der Ausdruck für φ erfüllt die Poisson-Gleichung und ist damit als richtig erwiesen.

Aus Vollständigkeitsgründen sei noch bemerkt, dass eine etwas allgemeinere Lösung (jedoch keineswegs schon die allgemeine Lösung) von

$$\Delta\varphi = -\frac{Q\delta(\mathbf{r} - \mathbf{r}')}{\varepsilon_0}\,,$$

$$\varphi = \frac{Q}{4\pi\varepsilon_0 |\mathbf{r} - \mathbf{r}'|} + \text{const}$$

ist. Erst die Randbedingung $\varphi = 0$ im Unendlichen macht die Lösung eindeutig und lässt die Konstante verschwinden.

3.4.7   Das Potential in einem begrenzten Gebiet

Betrachtet man den ganzen Raum mit allen seinen Ladungen, so ist φ durch das übliche Integral

$$\varphi(\mathbf{r}) = \frac{1}{4\pi\varepsilon_0} \int \frac{\rho(\mathbf{r}')}{|\mathbf{r} - \mathbf{r}'|}\, d\tau'$$

gegeben. Betrachtet man statt dessen nur ein endliches Gebiet und nur die in ihm befindlichen Ladungen, so kann man gewisse Aussagen mit Hilfe des Green'schen Satzes (3.47) machen. Dazu setzen wir in (3.47)

$$\phi = \varphi \quad \text{mit} \quad \Delta\varphi = -\frac{\rho}{\varepsilon_0}$$

und

$$\psi = \frac{1}{|\mathbf{r} - \mathbf{r}'|}\,.$$

Das gibt

$$
\int\limits_V \left(\frac{\Delta\varphi}{|\mathbf{r}-\mathbf{r}'|} - \varphi\Delta\frac{1}{|\mathbf{r}-\mathbf{r}'|} \right) d\tau = \int\limits_V \left[-\frac{\rho(\mathbf{r})}{\varepsilon_0|\mathbf{r}-\mathbf{r}'|} + \varphi(\mathbf{r})4\pi\delta(\mathbf{r}-\mathbf{r}') \right] d\tau
$$

$$
= -\int\limits_V \frac{\rho(\mathbf{r})\,d\tau}{\varepsilon_0|\mathbf{r}-\mathbf{r}'|} + 4\pi\varphi(\mathbf{r}')
$$

$$
= \oint \left(\frac{1}{|\mathbf{r}-\mathbf{r}'|}\frac{\partial\varphi}{\partial n} - \varphi\frac{\partial}{\partial n}\frac{1}{|\mathbf{r}-\mathbf{r}'|} \right) dA \ .
$$

Dabei wurde vorausgesetzt, dass sich der Punkt $\mathbf{r}'$ im Inneren des betrachteten Volumens befindet. Befindet er sich auf der Oberfläche, so tritt an die Stelle des Faktors 4π (bei „glatter Oberfläche", siehe dazu Abschn. 9.2.1) der Faktor 2π, befindet er sich außerhalb des Volumens, der Faktor 0. Nach Vertauschung von $\mathbf{r}$ und $\mathbf{r}'$ kann man das umformen zu

$$
\varphi(\mathbf{r}) = \frac{1}{4\pi\varepsilon_0}\int\limits_V \frac{\rho(\mathbf{r}')\,d\tau'}{|\mathbf{r}-\mathbf{r}'|} + \frac{1}{4\pi}\oint \frac{\frac{\partial\varphi(\mathbf{r}')}{\partial n'}}{|\mathbf{r}-\mathbf{r}'|}\,dA' - \frac{1}{4\pi}\oint \varphi(\mathbf{r}')\frac{\partial}{\partial n'}\frac{1}{|\mathbf{r}-\mathbf{r}'|}\,dA' \ .
$$

$$(3.57)$$

Das ist ein sehr merkwürdiges Resultat, das manchmal als Kirchhoff'scher Satz oder als Green'sche Formel bezeichnet wird. Es besagt, dass φ neben dem üblichen Beitrag

$$
\frac{1}{4\pi\varepsilon_0}\int\limits_V \frac{\rho(\mathbf{r}')\,d\tau'}{|\mathbf{r}-\mathbf{r}'|}
$$

von den Ladungen im betrachteten Volumen V noch Beiträge von den Rändern enthält. Sie repräsentieren offensichtlich die eventuell außerhalb des betrachteten Volumens noch befindlichen Ladungen. Die zunächst ganz formal gewonnenen Anteile von den Oberflächen haben eine gewisse anschauliche Bedeutung:

1. Der Term

$$
\frac{1}{4\pi}\oint \frac{\frac{\partial\varphi(\mathbf{r}')}{\partial n'}}{|\mathbf{r}-\mathbf{r}'|}\,dA'
$$

lässt sich interpretieren als Potential einer Verteilung von Oberflächenladungen, vgl. (2.26),

$$
\frac{1}{4\pi\varepsilon_0}\oint \frac{\sigma(\mathbf{r}')\,dA'}{|\mathbf{r}-\mathbf{r}'|}
$$

mit

$$
\sigma = \varepsilon_0\frac{\partial\varphi}{\partial n} \ .
$$

2. Der Term

$$-\frac{1}{4\pi} \oint \varphi(\mathbf{r}') \frac{\partial}{\partial n'} \frac{1}{|\mathbf{r} - \mathbf{r}'|} \, dA'$$

lässt sich interpretieren als Potential einer Doppelschicht, siehe (2.69),

$$\frac{1}{4\pi\varepsilon_0} \oint \tau \frac{\partial}{\partial n'} \frac{1}{|\mathbf{r} - \mathbf{r}'|} \, dA'$$

mit

$$\tau = -\varepsilon_0 \varphi \, .$$

Durch passend gewählte Doppelschicht und Oberflächenladungen kann man also alle Effekte möglicher äußerer Ladungen für das Innere des Gebietes ersetzen. Im Außenraum ist das jedoch nicht der Fall. Ganz im Gegenteil bewirkt die Doppelschicht, dass an der Außenfläche $\varphi_a = 0$ ist, und die Oberflächenladung bewirkt, dass an der Außenfläche $(\partial\varphi/\partial n)_a = 0$ ist. Kennzeichnen wir die Größen an der Innenseite durch den Index i, die an der Außenseite durch den Index a, so ist ja

$$D_a - D_i = \sigma = -\varepsilon_0 \left(\frac{\partial\varphi}{\partial n}\right)_a + \varepsilon_0 \left(\frac{\partial\varphi}{\partial n}\right)_i \, ,$$

und da

$$\sigma = \varepsilon_0 \left(\frac{\partial\varphi}{\partial n}\right)_i$$

folgt daraus, wie behauptet,

$$\varepsilon_0 \left(\frac{\partial\varphi}{\partial n}\right)_a = 0 \, .$$

Ferner ist

$$\varphi_a - \varphi_i = \frac{\tau}{\varepsilon_0} \, .$$

Wegen

$$\tau = -\varepsilon_0 \varphi_i$$

ist dann, wie eben behauptet,

$$\varphi_a = 0$$

Die durch Flächenladungen bzw. Doppelschichten verursachten Unstetigkeiten von $\partial\varphi/\partial n$ bzw. φ spielen in der Feldtheorie eine grundlegende Rolle. Darauf werden wir später noch ausführlicher eingehen (Abschn. 9.2.1 und 9.2.2).

Diese Dinge hängen sehr eng mit der bereits diskutierten Methode der Bildladungen zusammen. Dort wurde – in Umkehrung der gegenwärtigen Gedankengänge – der Effekt von Flächen mit Flächenladungen durch entsprechende Bildladungen ersetzt.

Abschließend sei noch vor einer Fehlinterpretation der Gleichung (3.57) gewarnt. Sie besagt keinesfalls, dass man neben $\rho(\mathbf{r})$ im Gebiet auch noch φ und $\partial\varphi/\partial n$ auf der Oberfläche frei wählen und dann φ nach (3.57) berechnen könne. Gäbe man nämlich φ und

$\partial\varphi/\partial n$ auf der Oberfläche unabhängig voneinander vor, so wäre das Problem überbestimmt. Die Vorgabe einer der beiden Größen macht ja, wie bewiesen wurde, das Problem bereits eindeutig, d. h. man darf nur eine der beiden Größen vorgeben, die andere ergibt sich dann. Die Gleichung (3.57) besagt also nur, dass φ von dieser Form ist, wenn die Werte von φ und $\partial\varphi/\partial n$ am Rand miteinander verträglich sind. Dennoch kann man diese Beziehung zum Ausgangspunkt von Lösungsmethoden machen, wenn man mit Hilfe passend gewählter *Green'scher Funktionen* entweder den einen oder den anderen der beiden Oberflächenterme eliminiert. Wir wollen diese Dinge hier übergehen, werden jedoch an anderer Stelle auf die Green'schen Funktionen für konkrete Fälle zurückkommen. Gleichung (3.57) stellt eine wichtige Grundlage für analytische und numerische Methoden zur Lösung von Randwertproblemen dar, insbesondere für die Randelementmethoden (Abschn. 9.2 und 9.8).

Gleichung (3.57) hängt auch mit dem sog. Helmholtz'schen Theorem zusammen. Wir werden im Abschn. 10.5 darauf zurückkommen und dabei noch deutlicher sehen können, welche Bedeutung die beiden Oberflächenintegrale in dieser Gleichung haben.

Zunächst jedoch wollen wir nach diesen allgemeinen Bemerkungen zum Potentialproblem die Laplace'sche Gleichung durch Separation der Variablen lösen.

3.5   Separation der Laplace'schen Gleichung in kartesischen Koordinaten

3.5.1   Die Separation

In den folgenden Abschnitten wird die Laplace'sche Gleichung für verschiedene Koordinatensysteme durch Separation zu lösen sein. Hier sei die Methode am einfachsten Beispiel, dem der kartesischen Koordinaten, demonstriert. Zu lösen ist also die Gleichung

$$\Delta\varphi = \left(\frac{\partial^2}{\partial x^2} + \frac{\partial^2}{\partial y^2} + \frac{\partial^2}{\partial z^2} \right) \varphi = 0 \,. \tag{3.58}$$

Wir schreiben φ als Produkt

$$\varphi = X(x)Y(y)Z(z) \tag{3.59}$$

und setzen dies in (3.58) ein. Wir bekommen

$$YZ\frac{\partial^2}{\partial x^2}X(x) + XZ\frac{\partial^2}{\partial y^2}Y(y) + XY\frac{\partial^2}{\partial z^2}Z(z) = 0 \,.$$

Division dieser Gleichung durch $\varphi = XYZ$ gibt

$$\frac{1}{X}\frac{\partial^2}{\partial x^2}X(x) + \frac{1}{Y}\frac{\partial^2}{\partial y^2}Y(y) + \frac{1}{Z}\frac{\partial^2}{\partial z^2}Z(z) = 0 \,. \tag{3.60}$$

Wichtig ist nun, dass der erste Summand nur von x, der zweite nur von y und der dritte nur von z abhängt. Ihre Summe verschwindet. Das ist nur möglich, wenn jeder der drei Summanden konstant ist. Wir können also z. B. setzen:

$$\left.\begin{aligned}
\frac{1}{X}\frac{\partial^2}{\partial x^2}X(x) &= -k^2 \ , \\[2mm]
\frac{1}{Y}\frac{\partial^2}{\partial y^2}Y(y) &= -l^2 \ , \\[2mm]
\frac{1}{Z}\frac{\partial^2}{\partial z^2}Z(z) &= k^2 + l^2 \ .
\end{aligned}\right\} \tag{3.61}$$

Hier treten zwei willkürliche Konstanten auf, die sog. *Separationskonstanten*. Etwas anders geschrieben hat man

$$\left.\begin{aligned}
\frac{\partial^2}{\partial x^2}X(x) &= -k^2 X(x) \ , \\[2mm]
\frac{\partial^2}{\partial y^2}Y(y) &= -l^2 Y(y) \ , \\[2mm]
\frac{\partial^2}{\partial z^2}Z(z) &= (k^2 + l^2)Z(z) \ .
\end{aligned}\right\} \tag{3.62}$$

Das sind nun drei gewöhnliche Differentialgleichungen. Ihre allgemeinen Lösungen sind:

$$\left.\begin{aligned}
X &= A \cdot \cos kx + B \cdot \sin kx \ , \\
Y &= C \cdot \cos ly + D \cdot \sin ly \ , \\
Z &= E \cdot \cosh \sqrt{k^2 + l^2}\,z + F \cdot \sinh \sqrt{k^2 + l^2}\,z \ .
\end{aligned}\right\} \tag{3.63}$$

Daraus ergibt sich

$$\begin{aligned}
\varphi = &(A \cos kx + B \sin kx)(C \cos ly + D \sin ly) \\
&(E \cosh \sqrt{k^2 + l^2}\,z + F \cdot \sinh \sqrt{k^2 + l^2}\,z) \ .
\end{aligned} \tag{3.64}$$

Dabei kann man die Separationskonstanten k und l willkürlich wählen. Die gegebene Lösung für φ ist also nur eine sehr spezielle Lösung. Die allgemeine Lösung kann man jedoch durch Überlagerung aller denkbaren Lösungen (d. h. mit allen möglichen Werten von k und l) gewinnen.

Freiheit hat man auch in der Wahl der Basisfunktionen, aus denen man die allgemeine Lösung dann durch Überlagerung aufbaut, d. h. statt cos und sin bzw. cosh und sinh kann man auch $\exp(\mathrm{i}kx)$ und $\exp(-\mathrm{i}kx)$ bzw. $\exp(kx)$ und $\exp(-kx)$ benutzen und X, Y, Z statt wie oben in folgender Form schreiben:

$$\left.\begin{aligned}
X &= \bar{A}\exp(\mathrm{i}kx) + \bar{B}\exp(-\mathrm{i}kx) \ , \\
Y &= \bar{C}\exp(\mathrm{i}ly) + \bar{D}\exp(-\mathrm{i}ly) \ , \\
Z &= \bar{E}\exp(\sqrt{k^2 + l^2}\,z) + \bar{F}\exp(-\sqrt{k^2 + l^2}\,z) \ .
\end{aligned}\right\} \tag{3.65}$$

Wegen der Zusammenhänge

$$\left.\begin{array}{l} \exp(\pm ikx) = \cos kx \pm i \sin kx \ , \\ \exp(\pm kz) = \cosh kz \pm \sinh kz \end{array}\right\} \qquad (3.66)$$

ergibt sich so jedoch nichts wesentlich Neues.

Ob man φ durch Überlagerung von Funktionen des Types (3.63) oder (3.65) bildet, spielt also eine untergeordnete Rolle. Es kann jedoch in konkreten Fällen Gründe geben, die eine oder die andere Form vorzuziehen. Je nach der Art des Problems sind dabei Funktionen für alle Wertepaare (k, l) oder nur für konkrete Werte von k und l zu benutzen. Das werden wir im Zusammenhang mit Beispielen weiter erörtern.

In besonders einfachen Fällen wird man auf die Separation verzichten und einen schnelleren Weg finden können. Es sei z. B. die Aufgabe gestellt, das Potential zwischen zwei unendlich ausgedehnten und zueinander parallelen ebenen Platten zu bestimmen, deren Potential gegebene Konstanten sind (Abb. 3.9). Man kann wie folgt vorgehen: Zunächst ist klar, dass φ nur von x abhängt. Deshalb ist

$$\Delta\varphi = \frac{\partial^2\varphi}{\partial x^2} = 0$$

mit der allgemeinen Lösung

$$\varphi = A + Bx \ .$$

Die Integrationskonstanten A und B ergeben sich aus

$$\varphi_1 = A + B \cdot 0 \ ,$$
$$\varphi_2 = A + B \cdot d \ ,$$

d. h.

$$A = \varphi_1 \ ,$$
$$B = \frac{\varphi_2 - \varphi_1}{d}$$

und

$$\varphi = \varphi_1 + \frac{\varphi_2 - \varphi_1}{d}x$$

Abb. 3.9 Ein besonders einfaches Randwertproblem

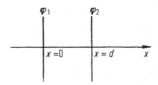

bzw.

$$E_x = -\frac{\partial \varphi}{\partial x} = -\frac{\varphi_2 - \varphi_1}{d} ,$$

womit dieses sehr einfache Problem gelöst ist. Natürlich kann man rein formal auch vom Separationsansatz ausgehen, d. h. man kann ansetzen

$$\varphi = \tilde{A} \cos kx + \tilde{B} \sin kx, \quad k \to 0 .$$

k muss gegen null gehen, weil wegen der Unabhängigkeit von y und z sowohl l wie auch $l^2 + k^2$ gegen null gegen null gehen muss. D. h. jedoch:

$$\varphi = \tilde{A} + \tilde{B}kx = A + Bx ,$$

wenn man $A = \tilde{A}$ und $B = \tilde{B}k$ setzt. B kann auch für $k \to 0$ durchaus endlich sein, denn $\tilde{B}$ darf alle, auch beliebig große Werte annehmen.

Wir werden die Separationsmethode auch auf Probleme mit anderen Koordinaten anwenden. Es sei jedoch bemerkt, dass die Separationsmethode keineswegs ganz allgemein anwendbar ist. Es ist eine besondere Eigenschaft bestimmter orthogonaler Systeme von Koordinaten, dass man bestimmte Gleichungen in diesen Koordinaten separieren kann. Neben den kartesischen Koordinaten, Zylinderkoordinaten und Kugelkoordinaten gibt es noch 8 andere, insgesamt also 11 orthogonale Koordinatensysteme, die die Separation der dreidimensionalen Laplace-Gleichung und der später zu diskutierenden Helmholtz-Gleichung gestatten. Darüber hinaus gibt es beliebig viele weitere Koordinatensysteme, in denen die zweidimensionale ebene Laplace-Gleichung separierbar ist. Schließlich gibt es noch die Möglichkeit, den Begriff der Separierbarkeit zu erweitern (*R-Separierbarkeit* zum Unterschied von *einfacher Separierbarkeit*), um dadurch die Separation der dreidimensionalen Laplace-Gleichung in einigen weiteren Koordinatensystemen zu erreichen. Eine sehr nützliche Zusammenfassung aller dieser Probleme existiert in [2, 3]. Hier wollen wir darauf nicht näher eingehen und statt dessen einige Beispiele betrachten.

3.5.2 Beispiele

3.5.2.1 Ein Dirichlet'sches Randwertproblem ohne Ladungen im Gebiet
Zu bestimmen ist das elektrische Potential im Inneren eines Quaders der Seitenlängen a, b, c (in x-, y-, z-Richtung nach Abb. 3.10) mit den Randbedingungen

$$\varphi = 0 \qquad \text{auf allen Seitenflächen außer einer}$$
$$\text{(z. B. der oberen Seitenfläche } z = c) ,$$
$$\varphi = \varphi_c(x, y) \quad \text{auf dieser Seitenfläche } z = c .$$

Abb. 3.10 Ein Dirichlet'sches Randwertproblem in kartesischen Koordinaten

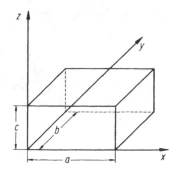

Im Inneren befinden sich keine Ladungen. Entsprechend den Gleichungen (3.63) machen wir für die x-Abhängigkeit den Ansatz

$$X = A_k \cos kx + B_k \sin kx \quad \text{für} \quad k \neq 0 \,,$$
$$X = A_0 + B_0 x \quad\quad\quad\quad \text{für} \quad k = 0 \,.$$

Für $x = 0$ muss $\varphi = 0$ sein, so dass $A_k = 0$ und $A_0 = 0$ wird, und man hat deshalb

$$\left.\begin{array}{ll} X = B_k \sin kx & \text{für} \quad k \neq 0 \\ X = B_0 x & \text{für} \quad k = 0 \,. \end{array}\right\} \tag{3.67}$$

Auch für $x = a$ soll $\varphi = 0$ sein, d. h.

$$B_k \sin ka = 0$$
$$B_0 \cdot a = 0 \,.$$

Daraus folgt

$$B_0 = 0 \tag{3.68}$$

und

$$ka = n\pi, \quad k = \frac{n\pi}{a} \,,$$

wo n eine ganze Zahl ist. Hier ergibt sich also aus den Randbedingungen, dass k nur ganz bestimmte Werte

$$k = k_n = \frac{n\pi}{a} \tag{3.69}$$

annehmen kann. Diese Werte werden oft als *Eigenwerte* des Problems bezeichnet. Nimmt man all das zusammen, so ist

$$X = B_n \sin \frac{n\pi x}{a}, \quad n = 1, 2, 3, \ldots \tag{3.70}$$

In ganz analoger Weise ergibt sich

$$Y = D_m \sin \frac{m\pi y}{b}, \quad m = 1, 2, 3, \ldots \tag{3.71}$$

Für die z-Abhängigkeit gehen wir von dem Ansatz

$$Z = E \cosh \sqrt{k^2 + l^2}\, z + F \sinh \sqrt{k^2 + l^2}\, z$$

aus. Für $z = 0$ muss $\varphi = 0$ sein, weshalb $E = 0$ sein muss. Also ist

$$Z = F_{nm} \sinh \left[\sqrt{\left(\frac{n\pi}{a}\right)^2 + \left(\frac{m\pi}{b}\right)^2}\, z \right]. \tag{3.72}$$

Setzt man

$$B_n D_m F_{nm} = C_{nm},$$

so ist

$$\varphi = C_{nm} \sin \frac{n\pi x}{a} \sin \frac{m\pi y}{b} \sinh \left[\sqrt{\left(\frac{n\pi}{a}\right)^2 + \left(\frac{m\pi}{b}\right)^2}\, z \right], \tag{3.73}$$

wobei n und m ganze Zahlen und größer als null sind. Dies stellt keine Einschränkung der Allgemeinheit dar, da negative Werte von n und m wegen der Antisymmetrie der Sinusfunktion nichts Neues bringen. Die allgemeine Lösung ist demnach

$$\varphi = \sum_{n,m=1}^{\infty} C_{nm} \sin \frac{n\pi x}{a} \sin \frac{m\pi y}{b} \sinh \left[\sqrt{\left(\frac{n\pi}{a}\right)^2 + \left(\frac{m\pi}{b}\right)^2}\, z \right]. \tag{3.74}$$

Sie erfüllt alle Randbedingungen außer der für $z = c$. Dafür muss gelten:

$$\varphi_c(x, y) = \sum_{n,m=1}^{\infty} C_{nm} \sin \frac{n\pi x}{a} \sin \frac{m\pi y}{b} \sinh \left[\sqrt{\left(\frac{n\pi}{a}\right)^2 + \left(\frac{m\pi}{b}\right)^2}\, c \right]. \tag{3.75}$$

Das Problem ist also, die Koeffizienten C_{nm} so zu bestimmen, dass diese Bedingung erfüllt ist. Das ist ein bekanntes Problem, nämlich die Entwicklung von $\varphi_c(x, y)$ in eine zweidimensionale Fourier-Reihe. Dazu ist vielleicht ein Wort der Erklärung nötig. An sich hat man in einer Fourier-Reihe sin- und cos-Funktionen, nach denen man eine in einem Intervall gegebene und sich im Übrigen periodisch wiederholende Funktion entwickeln kann. In diesem Intervall kann die Funktion für spezielle Fälle symmetrisch oder antisymmetrisch in Bezug auf den Mittelpunkt des Intervalls sein. Im symmetrischen Fall werden nur die cos-Funktionen auftreten, im antisymmetrischen nur die sin-Funktionen. In unserem Fall können wir z. B. für x das Intervall $-a \leq x \leq a$ zugrunde legen, obwohl wir uns nur für $0 \leq x \leq a$ interessieren. Wir können uns die zu entwickelnde Funktion periodisch und antisymmetrisch im Intervall vorstellen und deshalb in der oben angegebenen Weise entwickeln. Dasselbe gilt für die y-Abhängigkeit im Intervall $-b \leq y \leq b$.

Zur Bestimmung der Koeffizienten C_{nm} benutzen wir die sog. *Orthogonalitätsrelationen*

$$\left.\begin{array}{l} \displaystyle\int_0^a \sin\frac{n\pi x}{a} \sin\frac{n'\pi x}{a} \, dx = \frac{a}{2}\delta_{nn'}, \quad n,n' \geq 1 \,, \\[6mm] \displaystyle\int_0^b \sin\frac{m\pi y}{b} \sin\frac{m'\pi y}{b} \, dy = \frac{b}{2}\delta_{mm'}, \quad m,m' \geq 1 \,. \end{array}\right\} \tag{3.76}$$

δ_{nm} ist das sog. *Kronecker-Symbol*:

$$\delta_{nm} = \begin{cases} 1 & n = m \\ 0 & n \neq m \end{cases} .$$

Wir multiplizieren (3.75) mit

$$\sin\frac{n'\pi x}{a} \sin\frac{m'\pi y}{b}$$

und integrieren über x von 0 bis a und über y von 0 bis b:

$$\int_0^a \int_0^b \varphi_c(x,y) \sin\frac{n'\pi x}{a} \sin\frac{m'\pi y}{b} \, dx \, dy$$

$$= \sum_{n,m} C_{nm} \sinh\left[\sqrt{\left(\frac{n\pi}{a}\right)^2 + \left(\frac{m\pi}{b}\right)^2}\, c\right]$$

$$\cdot \int_0^a \sin\frac{n\pi x}{a} \sin\frac{n'\pi x}{a} \, dx \int_0^b \sin\frac{m\pi y}{b} \sin\frac{m'\pi y}{b} \, dy$$

$$= \sum_{n,m} C_{nm} \sinh\left[\sqrt{\left(\frac{n\pi}{a}\right)^2 + \left(\frac{m\pi}{b}\right)^2}\, c\right] \delta_{nn'}\delta_{mm'}\frac{ab}{4}$$

$$= \frac{ab}{4} \sinh\left[\sqrt{\left(\frac{n'\pi}{a}\right)^2 + \left(\frac{m'\pi}{b}\right)^2}\, c\right] C_{n'm'} \,.$$

Damit ist C_{nm} berechnet:

$$C_{nm} = \frac{4 \int_0^a \int_0^b \varphi_c(x,y) \sin\frac{n\pi x}{a} \sin\frac{m\pi y}{b} \, dx \, dy}{ab \sinh\left[\sqrt{\left(\frac{n\pi}{a}\right)^2 + \left(\frac{m\pi}{b}\right)^2 c}\right]}, \tag{3.77}$$

d. h. die Lösung unseres Problems ist

$$\varphi(x,y,z) = \sum_{n,m=1}^{\infty} \frac{4}{ab} \int_0^a \int_0^b \varphi_c(x',y') \sin \frac{n\pi x'}{a} \sin \frac{m\pi y'}{b} \, dx' \, dy'$$

$$\cdot \sin \frac{n\pi x}{a} \sin \frac{m\pi y}{b} \frac{\sinh\left[\sqrt{\left(\frac{n\pi}{a}\right)^2 + \left(\frac{m\pi}{b}\right)^2} z\right]}{\sinh\left[\sqrt{\left(\frac{n\pi}{a}\right)^2 + \left(\frac{m\pi}{b}\right)^2} c\right]} .$$

(3.78)

Die so bestimmte Funktion φ erfüllt die Laplace-Gleichung und alle Randbedingungen. Sie ist auch die einzige Lösung, wie wir aufgrund unseres allgemeinen Eindeutigkeitsbeweises wissen. Für $z = c$ muss sich natürlich wieder $\varphi_c(x,y)$ ergeben, was man wie folgt schreiben kann:

$$\varphi(x,y,c) = \varphi_c(x,y) = \frac{4}{ab} \int_0^a \int_0^b \varphi_c(x',y')$$

$$\cdot \left(\sum_{n=1}^{\infty} \sin \frac{n\pi x'}{a} \sin \frac{n\pi x}{a}\right) \left(\sum_{m=1}^{\infty} \sin \frac{m\pi y'}{b} \sin \frac{m\pi y}{b}\right) dx' \, dy' .$$

(3.79)

Andererseits ist

$$\varphi_c(x,y) = \int_0^a \int_0^b \varphi_c(x',y') \delta(x-x') \delta(y-y') \, dx' \, dy' ,$$

(3.80)

da ja x und y im Integrationsintervall liegen. Vergleicht man diese beiden Gleichungen für $\varphi_c(x,y)$ miteinander, so stellt man fest, dass in den Intervallen $0 \leq x \leq a$ und $0 \leq y \leq b$

$$\frac{2}{a} \sum_{n=1}^{\infty} \sin \frac{n\pi x}{a} \sin \frac{n\pi x'}{a} = \delta(x-x') ,$$

$$\frac{2}{b} \sum_{m=1}^{\infty} \sin \frac{m\pi y}{b} \sin \frac{m\pi y'}{b} = \delta(y-y')$$

(3.81)

ist. Diese wichtigen Beziehungen heißen *Vollständigkeitsrelationen*. Warum sie so heißen, wird noch erörtert werden. Man kann sie auch auf andere Weise herleiten. Es sei die Aufgabe gestellt, die δ-Funktion in eine Fourier-Reihe zu entwickeln. Man macht den Ansatz

$$\delta(x-x') = \sum_{n=1}^{\infty} C_n(x') \sin \frac{n\pi x}{a}$$

und bestimmt $C_n(x')$ mit Hilfe der Orthogonalitätsbeziehung (3.76),

$$\int_0^a \delta(x - x') \sin \frac{n'\pi x}{a} \, \mathrm{d}x = \sum_{n=1}^{\infty} \int_0^a C_n(x') \sin \frac{n\pi x}{a} \sin \frac{n'\pi x}{a} \, \mathrm{d}x$$

$$= \frac{a}{2} \sum_{n=1}^{\infty} C_n(x') \delta_{nn'} = \frac{a}{2} C_{n'}(x') \,,$$

d. h.

$$C_n(x') = \frac{2}{a} \int_0^a \delta(x - x') \sin \frac{n\pi x}{a} \, \mathrm{d}x = \frac{2}{a} \sin \frac{n\pi x'}{a}$$

und deshalb

$$\delta(x - x') = \frac{2}{a} \sum_{n=1}^{\infty} \sin \frac{n\pi x}{a} \sin \frac{n\pi x'}{a} \,,$$

wie behauptet. Als Funktion aller x betrachtet stellt diese Summe natürlich eine im Intervall $-a \le x \le a$ antisymmetrische Funktion dar, die sich als Funktion von x periodisch wiederholt, d. h. man hat positive δ-Funktionen bei allen Werten $x' + 2pa$ und negative δ-Funktionen bei $-x' + 2pa$, wo p ganzzahlig, sonst jedoch beliebig ist, d. h. genau genommen ist, wenn man sich nicht auf $0 \le x \le a$ beschränkt

$$\frac{2}{a} \sum_{n=1}^{\infty} \sin \frac{n\pi x}{a} \sin \frac{n\pi x'}{a} = \sum_{p=-\infty}^{+\infty} [\delta(x - x' - 2pa) - \delta(x + x' - 2pa)] \,.$$

Das allgemeinere Dirichlet-Problem, bei dem das Potential auf der ganzen Oberfläche beliebig vorgeschrieben ist, lässt sich auf das behandelte Problem zurückführen. Zunächst lässt sich der Fall, dass das Potential auf irgendeiner anderen der sechs Seitenflächen vorgeschrieben (ungleich null) ist und null auf den übrigen fünf Seitenflächen, ganz ähnlich behandeln. Insgesamt gibt es also sechs Lösungen dieser Art, und die Lösung des allgemeinen Problems ergibt sich durch deren Überlagerung.

Die Methoden, mit denen das gegenwärtige Beispiel behandelt wurde, lassen sich im Wesentlichen auf andere Probleme vom Neumann'schen oder gemischten Typ übertragen.

3.5.2.2   Dirichlet'sches Randwertproblem mit Ladungen im Gebiet

Zu bestimmen ist das elektrische Potential im Inneren eines Quaders der Seitenlängen a, b, c (Abb. 3.11) mit der Bedingung $\varphi = 0$ auf der ganzen Oberfläche und mit Flächenladungen $\sigma(x, y)$ auf der Ebene $z = z_0$ im Inneren des Quaders, $(0 < z_0 < c)$.

Hier müssen wir getrennte Ansätze für $0 \le z \le z_0$ und für $z_0 \le z \le c$ machen. Dabei gilt im Wesentlichen das für das vorhergegangene Beispiel Gesagte, d. h. man kann

Abb. 3.11 Dirichlet'sches
Randwertproblem mit Ladungen im Gebiet

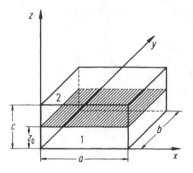

φ entsprechend (3.74) ansetzen, und zwar in folgender Weise: im Gebiet 1 ($0 \le z \le z_0$)
ist

$$\varphi_1 = \sum_{n,m=1}^{\infty} C_{nm} \sin \frac{n \pi x}{a} \sin \frac{m \pi y}{b} \frac{\sinh \left[\sqrt{\left(\frac{n\pi}{a}\right)^2 + \left(\frac{m\pi}{b}\right)^2} z \right]}{\sinh \left[\sqrt{\left(\frac{n\pi}{a}\right)^2 + \left(\frac{m\pi}{b}\right)^2} z_0 \right]} , \qquad (3.82)$$

und im Gebiet 2 ($z_0 \le z \le c$) ist

$$\varphi_2 = \sum_{n,m=1}^{\infty} C_{nm} \sin \frac{n \pi x}{a} \sin \frac{m \pi y}{b} \frac{\sinh \left[\sqrt{\left(\frac{n\pi}{a}\right)^2 + \left(\frac{m\pi}{b}\right)^2}(c-z) \right]}{\sinh \left[\sqrt{\left(\frac{n\pi}{a}\right)^2 + \left(\frac{m\pi}{b}\right)^2}(c-z_0) \right]} . \qquad (3.83)$$

Diese Ansätze erfüllen die Randbedingung $\varphi = 0$ auf der ganzen Oberfläche. Sie haben
außerdem die Eigenschaft, dass φ an der Fläche $z = z_0$ stetig ist. Deshalb ist

$$\left(\frac{\partial \varphi_1}{\partial x} \right)_{z=z_0} = \left(\frac{\partial \varphi_2}{\partial x} \right)_{z=z_0}$$

und

$$\left(\frac{\partial \varphi_1}{\partial y} \right)_{z=z_0} = \left(\frac{\partial \varphi_2}{\partial y} \right)_{z=z_0} ,$$

d. h. die tangentialen Feldstärkekomponenten sind, wie es sein muss, stetig. Außerdem ist

$$\left(\frac{\partial \varphi_1}{\partial z} - \frac{\partial \varphi_2}{\partial z} \right)_{z=z_0} = \frac{\sigma(x,y)}{\varepsilon_0} \qquad (3.84)$$

zu fordern, woraus sich die Koeffizienten C_{nm} berechnen lassen. Zu diesem Zweck ist
auch $\sigma(x,y)$ zu entwickeln:

$$\sigma(x,y) = \sum_{n,m=1}^{\infty} \sigma_{nm} \sin \frac{n \pi x}{a} \sin \frac{m \pi y}{b} . \qquad (3.85)$$

Mit Hilfe der Orthogonalitätsbeziehungen (3.76) berechnet man

$$\int_0^a \int_0^a \sigma(x, y) \sin \frac{n'\pi x}{a} \sin \frac{m'\pi y}{b} \, dx \, dy$$

$$= \sum_{n,m=1}^{\infty} \sigma_{nm} \int_0^a \sin \frac{n\pi x}{a} \sin \frac{n'\pi x}{a} \, dx \int_0^b \sin \frac{n\pi y}{b} \sin \frac{m'\pi y}{b} \, dy$$

$$= \sum_{n,m=1}^{\infty} \sigma_{nm} \cdot \frac{a}{2}\delta_{nn'} \cdot \frac{b}{2}\delta_{mm'} = \sigma_{n'm'} \frac{ab}{4} \, ,$$

d. h.

$$\sigma_{nm} = \frac{4}{ab} \int_0^a \int_0^b \sigma(x', y') \sin \frac{n\pi x'}{a} \sin \frac{m\pi y'}{b} \, dx' \, dy' \, . \tag{3.86}$$

Die Bedingung (3.84) lautet damit

$$\sum_{n,m=1}^{\infty} C_{nm} \sin \frac{n\pi x}{a} \sin \frac{m\pi y}{b} \left[\frac{\sqrt{\left(\frac{n\pi}{a}\right)^2 + \left(\frac{m\pi}{b}\right)^2} \cosh\left[\sqrt{\left(\frac{n\pi}{a}\right)^2 + \left(\frac{m\pi}{b}\right)^2} z_0\right]}{\sinh\left[\sqrt{\left(\frac{n\pi}{a}\right)^2 + \left(\frac{m\pi}{b}\right)^2} z_0\right]} \right.$$

$$\left. + \frac{\sqrt{\left(\frac{n\pi}{a}\right)^2 + \left(\frac{m\pi}{b}\right)^2} \cosh\left[\sqrt{\left(\frac{n\pi}{a}\right)^2 + \left(\frac{m\pi}{b}\right)^2}(c - z_0)\right]}{\sinh\left[\sqrt{\left(\frac{n\pi}{a}\right)^2 + \left(\frac{m\pi}{b}\right)^2}(c - z_0)\right]} \right]$$

$$= \sum_{n,m=1}^{\infty} \frac{\sigma_{nm}}{\varepsilon_0} \sin \frac{n\pi x}{a} \sin \frac{m\pi y}{b} \, ,$$

und durch Koeffizientenvergleich ergibt sich daraus

$$C_{nm} = \frac{\sigma_{nm}}{\varepsilon_0} \frac{\sinh\left[\sqrt{\left(\frac{n\pi}{a}\right)^2 + \left(\frac{m\pi}{b}\right)^2} z_0\right] \sinh\left[\sqrt{\left(\frac{n\pi}{a}\right)^2 + \left(\frac{m\pi}{b}\right)^2}(c - z_0)\right]}{\sqrt{\left(\frac{n\pi}{a}\right)^2 + \left(\frac{m\pi}{b}\right)^2} \sinh\left[\sqrt{\left(\frac{n\pi}{a}\right)^2 + \left(\frac{m\pi}{b}\right)^2} c\right]} \, , \tag{3.87}$$

wobei die auftretenden Hyperbelfunktionen etwas umgeformt wurden unter Benutzung der Gleichung $\sinh(x + y) = \sinh x \cosh y + \cosh x \sinh y$.

Von besonderem Interesse ist ein Spezialfall dieses Ergebnisses. Wir nehmen an, dass sich an der Stelle x_0, y_0, z_0 eine Punktladung Q befinde. Das entspricht einer Flächenladung

$$\sigma = Q\delta(x - x_0)\delta(y - y_0) \, . \tag{3.88}$$

Dafür ist nach (3.86)

$$\sigma_{nm} = \frac{4Q}{ab} \sin \frac{n\pi x_0}{a} \sin \frac{m\pi y_0}{b} \; . \tag{3.89}$$

Zusammen mit den Gleichungen (3.82), (3.83) und (3.87) findet man dann

$$\varphi_{1,2} = \frac{4Q}{ab\varepsilon_0} \sum_{n,m=1}^{\infty} \sin \frac{n\pi x}{a} \sin \frac{n\pi x_0}{a} \sin \frac{m\pi y}{b} \sin \frac{m\pi y_0}{b}$$

$$\cdot \frac{1}{\sqrt{\left(\frac{n\pi}{a}\right)^2 + \left(\frac{m\pi}{b}\right)^2} \sinh\left[\sqrt{\left(\frac{n\pi}{a}\right)^2 + \left(\frac{m\pi}{b}\right)^2}c\right]}$$

$$\cdot \begin{cases} \sinh\left[\sqrt{\left(\frac{n\pi}{a}\right)^2 + \left(\frac{m\pi}{b}\right)^2}\,z\right] \sinh\left[\sqrt{\left(\frac{n\pi}{a}\right)^2 + \left(\frac{m\pi}{b}\right)^2}(c - z_0)\right] \\ \qquad\qquad\qquad\qquad\qquad\qquad\qquad\qquad\qquad \text{für Gebiet 1} \\[2mm] \sinh\left[\sqrt{\left(\frac{n\pi}{a}\right)^2 + \left(\frac{m\pi}{b}\right)^2}(c - z)\right] \sinh\left[\sqrt{\left(\frac{n\pi}{a}\right)^2 + \left(\frac{m\pi}{b}\right)^2}z_0\right] \\ \qquad\qquad\qquad\qquad\qquad\qquad\qquad\qquad\qquad \text{für Gebiet 2} \; . \end{cases}$$

$$\tag{3.90}$$

Diese etwas umständliche, aber im Prinzip einfache Funktion $\varphi = \varphi_{1,2}$ ist die Lösung der Poisson'schen Gleichung

$$\Delta\frac{\varphi}{Q} = -\frac{\delta(x - x_0)\delta(y - y_0)\delta(z - z_0)}{\varepsilon_0} = -\frac{\delta(\mathbf{r} - \mathbf{r}_0)}{\varepsilon_0} \tag{3.91}$$

mit der Randbedingung $\varphi = 0$ auf der ganzen Oberfläche des Quaders. Sie wird als dessen *Green'sche Funktion* bezeichnet:

$$\frac{\varphi}{Q} = G(\mathbf{r}; \mathbf{r}_0) = G(x, y, z; x_0, y_0, z_0) \; . \tag{3.92}$$

Ihre Bedeutung liegt darin, dass man das Problem für beliebige Ladungsverteilungen $\rho(\mathbf{r})$ im Quader darauf zurückführen kann, denn dafür ist

$$\varphi(\mathbf{r}) = \int_V G(\mathbf{r}; \mathbf{r}_0)\rho(\mathbf{r}_0)\,d\tau_0 \; . \tag{3.93}$$

Das ist wegen des Überlagerungsprinzips unmittelbar klar, kann jedoch durch Einsetzen in die Poisson-Gleichung

$$\Delta\varphi = -\frac{\rho}{\varepsilon_0}$$

auch formal bewiesen werden:

$$\Delta\varphi = \Delta \int_V G(\mathbf{r}; \mathbf{r}_0)\rho(\mathbf{r}_0)\,\mathrm{d}\tau_0$$

$$= \int_V \Delta_{\mathbf{r}} G(\mathbf{r}; \mathbf{r}_0)\rho(\mathbf{r}_0)\,\mathrm{d}\tau_0$$

$$= -\int_V \frac{\delta(\mathbf{r} - \mathbf{r}_0)}{\varepsilon_0}\rho(\mathbf{r}_0)\,\mathrm{d}\tau_0$$

$$= -\frac{\rho(\mathbf{r})}{\varepsilon_0} \ .$$

Die Green'sche Funktion $G(\mathbf{r}; \mathbf{r}_0)$ hat noch eine andere, sehr interessante Eigenschaft. Im Green'schen Satz (3.47) wählen wir

$$\phi = G \quad \text{mit} \quad \Delta G = -\frac{\delta(\mathbf{r} - \mathbf{r}_0)}{\varepsilon_0} \ , \quad G = 0 \quad \text{auf dem Rand} \ ,$$

und

$$\psi = \varphi \quad \text{mit} \quad \Delta\varphi = 0 \ , \quad \varphi \text{ beliebig auf dem Rand} \ .$$

Damit ergibt sich aus (3.47)

$$\int_V (\varphi\Delta G - G\Delta\varphi)\,\mathrm{d}\tau = \oint \left(\varphi\frac{\partial G}{\partial n} - G\frac{\partial\varphi}{\partial n} \right)\mathrm{d}A$$

bzw.

$$-\int_V \varphi\frac{\delta(\mathbf{r} - \mathbf{r}_0)}{\varepsilon_0}\,\mathrm{d}\tau = \oint \varphi\frac{\partial G}{\partial n}\,\mathrm{d}A \ ,$$

da G auf der Oberfläche verschwindet. Also ist

$$\varphi(\mathbf{r}_0) = -\varepsilon_0 \oint \varphi(\mathbf{r})\frac{\partial G(\mathbf{r}; \mathbf{r}_0)}{\partial n}\,\mathrm{d}A \ . \tag{3.94}$$

Die Green'sche Funktion löst also gleichzeitig auch das Dirichlet'sche Randwertproblem für die Laplace-Gleichung. φ in Gleichung (3.94) ist ja eine Lösung der Laplace-Gleichung. Schreibt man nun auf der Oberfläche beliebige Werte φ vor, so kann man φ im ganzen Volumen durch die Beziehung (3.94) berechnen. Es ist interessant, sie mit der früher abgeleiteten Beziehung (3.57) zu vergleichen. Wegen $\rho(\mathbf{r}) = 0$ verschwindet in dieser natürlich das erste Glied. Der Unterschied liegt jedoch darin, dass (3.57) neben dem Oberflächenintegral mit φ auch noch das mit $\partial\varphi/\partial n$ enthält, was bei (3.94) nicht der Fall ist. Deshalb ist (3.57) wie schon dort ausgeführt, nicht zur Lösung des Randwertproblems geeignet. Mit (3.94) können wir auch die Behandlung des Beispiels in Abschn. 3.5.2.1 auf die im gegenwärtigen Abschn. 3.5.2.2 abgeleitete Green'sche Funktion zurückführen. Tatsächlich kann man nachprüfen, dass die Gleichung (3.94) mit der Green'schen Funktion $G = \varphi_{1,2}/Q$ entsprechend Gleichung (3.90) für das Beispiel in Abschn. 3.5.2.1 dessen dort angegebene Lösung (3.78) liefert.

Die Ergebnisse dieses Beispiels lassen sich auf beliebige Beispiele dieser Art verallgemeinern. Die Ableitung von (3.94) ist nicht auf das spezielle Beispiel bezogen, sie ist für beliebige Oberflächen gültig, vorausgesetzt, dass G zu der Oberfläche passend gewählt wurde.

> Die Green'sche Funktion (genauer die Green'sche Funktion des Dirichlet'schen Problems) spielt ganz allgemein eine merkwürdige Doppelrolle. Sie vermittelt die Lösung der Poisson-Gleichung für ein auf der ganzen Oberfläche verschwindendes Potential und der Laplace-Gleichung für ein auf der ganzen Oberfläche beliebig vorgegebenes Potential, das eine durch die Gleichung (3.93), das andere durch die Gleichung (3.94).

In weitgehender Analogie dazu gibt es auch eine Green'sche Funktion für das Neumann'sche Problem, die ebenfalls eine solche Doppelrolle spielt. Dies wollen wir hier noch beweisen und dabei die Beziehungen für beide Fälle nebeneinander stellen.

Gegeben ist ein Gebiet mit beliebiger Oberfläche, deren Flächeninhalt mit A bezeichnet sei. Im Inneren des Gebietes befindet sich eine Einheitsladung am Punkt $\mathbf{r}_0$. Die Lösung der entsprechenden Poisson-Gleichung mit der Randbedingung, dass das Potential auf der ganzen Oberfläche verschwinden, bzw. dass die Normalableitung des Potentials $\partial\varphi/\partial n$ auf der ganzen Oberfläche konstant sein soll, wird Green'sche Funktion erster Art bzw. zweiter Art genannt oder auch Green'sche Funktion des Dirichlet- bzw. des Neumann-Problems. Demnach gilt

$$\Delta_{\mathbf{r}} G_D(\mathbf{r}; \mathbf{r}_0) = -\frac{\delta(\mathbf{r} - \mathbf{r}_0)}{\varepsilon_0} \quad \Big| \quad \Delta_{\mathbf{r}} G_N(\mathbf{r}; \mathbf{r}_0) = -\frac{\delta(\mathbf{r} - \mathbf{r}_0)}{\varepsilon_0} \tag{3.95}$$

$$G_D(\mathbf{r}; \mathbf{r}_0) = 0 \quad \Big| \quad \frac{\partial G_N(\mathbf{r}; \mathbf{r}_0)}{\partial n} = -\frac{1}{\varepsilon_0 A} \tag{3.96}$$

für $\mathbf{r}$ auf der Oberfläche $\Big|$ für $\mathbf{r}$ auf der Oberfläche.

Soll die Normalableitung von G_N auf der Oberfläche konstant sein, so muss sie (beim inneren Neumann-Problem) genau den angegebenen Wert haben. Denn es ist

$1/Q \int \mathbf{D} \, d\mathbf{A} = -\varepsilon_0 \int (\partial G_N / \partial n) \, dA = 1$, was durch die gewählte Konstante gerade erreicht wird. Die Lösung der allgemeinen Poisson-Gleichung

$$\Delta \varphi(\mathbf{r}) = -\frac{\rho(\mathbf{r})}{\varepsilon_0} \qquad (3.97)$$

zu den entsprechenden Randbedingungen ist dann

$$\varphi(\mathbf{r}) = \int_V \rho(\mathbf{r}_0) G_D(\mathbf{r}; \mathbf{r}_0) \, d\tau_0 \quad \Big| \quad \varphi(\mathbf{r}) = \int_V \rho(\mathbf{r}_0) G_N(\mathbf{r}; \mathbf{r}_0) \, d\tau_0 \,. \qquad (3.98)$$

Die Lösung der Laplace-Gleichung

$$\Delta \varphi(\mathbf{r}) = 0 \qquad (3.99)$$

mit auf der Oberfläche vorgeschriebenen Werten von

$$\varphi(\mathbf{r}) \quad \Big| \quad \frac{\partial \varphi(\mathbf{r})}{\partial n}, \quad \oint \frac{\partial \varphi(\mathbf{r})}{\partial n} \, dA = 0 \qquad (3.100)$$

ist ebenfalls aus den Green'schen Funktionen zu berechnen, und zwar ist

$$\varphi(\mathbf{r}) = -\varepsilon_0 \oint \varphi(\mathbf{r}_0) \frac{\partial G_D(\mathbf{r}_0; \mathbf{r})}{\partial n_0} \, dA_0 \quad \Big| \quad \varphi(\mathbf{r}) = \varepsilon_0 \oint \frac{\partial \varphi(\mathbf{r}_0)}{\partial n_0} G_N(\mathbf{r}_0; \mathbf{r}) \, dA_0 + C \,. \qquad (3.101)$$

Die Werte von $\partial \varphi / \partial n$ können beim inneren Neumann-Problem nicht ganz willkürlich vorgeschrieben werden. Da das Volumen keine Ladung enthält, muss der elektrische Fluss durch die Oberfläche verschwinden, was die angegebene Zusatzbedingung verursacht. Während die Gleichung (3.101) für den Dirichlet'schen Fall schon bewiesen ist, ist sie für den Neumann'schen Fall noch zu beweisen. Dazu benutzt man ebenfalls den Green'schen Satz (3.47) mit

$$\phi = G_N$$

und

$$\psi = \varphi$$

wobei für φ die Beziehungen (3.99) und (3.100) gelten. So ergibt sich

$$\int_V (\varphi \Delta_\mathbf{r} G_N - G_N \Delta \varphi) \, d\tau = \oint \left(\varphi \frac{\partial G_N}{\partial n} - G_N \frac{\partial \varphi}{\partial n} \right) dA \,,$$

d. h., nach (3.95) und (3.96),

$$
-\frac{1}{\varepsilon_0} \int\limits_V \varphi(\mathbf{r}) \delta(\mathbf{r} - \mathbf{r}_0) \, d\tau = -\oint \frac{\varphi(\mathbf{r})}{\varepsilon_0 A} \, dA - \oint \frac{\partial \varphi(\mathbf{r})}{\partial n} G_N(\mathbf{r}; \mathbf{r}_0) \, dA
$$

$$
-\frac{\varphi(\mathbf{r}_0)}{\varepsilon_0} = -\frac{1}{\varepsilon_0 A} \oint \varphi(\mathbf{r}) \, dA - \oint \frac{\partial \varphi(\mathbf{r})}{\partial n} G_N(\mathbf{r}; \mathbf{r}_0) \, dA \ ,
$$

woraus sich (3.101) ergibt, wenn man noch $\mathbf{r}_0$ und $\mathbf{r}$ vertauscht. Die Konstante C ergibt sich zu

$$
C = \frac{\oint \varphi(\mathbf{r}) \, dA}{A} \ .
$$

3.5.2.3 Punktladung im unendlich ausgedehnten Raum

Zunächst seien Flächenladungen $\sigma(x, y)$ auf der unendlich ausgedehnten Ebene $z = z_0$ betrachtet. Etwas vereinfachend sei noch angenommen, dass $\sigma(x, y)$ in Bezug auf den Punkt x_0, y_0 in x und y symmetrisch sei, d. h. es sei

$$
\left.
\begin{aligned}
\sigma(x - x_0, y) &= \sigma(x_0 - x, y) \ , \\
\sigma(x, y - y_0) &= \sigma(x, y_0 - y) \ .
\end{aligned}
\right\}
\tag{3.102}
$$

Wir wählen nun folgenden Ansatz für das Potential

$$
\varphi_{1,2} = \int\limits_0^\infty \int\limits_0^\infty f(k, l) \cos\left[k(x - x_0)\right] \cos\left[l(y - y_0)\right]
$$
$$
\cdot \exp\left[-\sqrt{k^2 + l^2}|z - z_0|\right] dk \, dl \ .
\tag{3.103}
$$

Die beiden cos-Funktionen sind eine Folge der für $\sigma(x, y)$ angenommenen Symmetrie. Wegen der unendlichen Ausdehnung gibt es keine k-, bzw. l-Werte, die eine ausgezeichnete Rolle spielen. Man muss alle Werte k, l zulassen, d. h. an die Stelle der Summe tritt ein Integral bzw. wegen der zwei Dimensionen ein Doppelintegral (Fourier-Integral). Der Ansatz für die z-Abhängigkeit ist gerade so gewählt, dass φ für $z \to \pm\infty$ verschwindet, wie es sein muss. Deshalb sind hier die Exponentialfunktionen bequemer als die auch verwendbaren Hyperbelfunktionen. Auch hier handelt es sich – wie im Abschn. 3.5.2.2 – um zwei Gebiete, um das Gebiet 1 mit $z \leq z_0$ und das Gebiet 2 mit $z \geq z_0$. Für $z = z_0$ sind gewisse Randbedingungen zu erfüllen, wobei zu beachten ist, dass

$$
|z - z_0| =
\left\{
\begin{aligned}
z - z_0 \quad &\text{für} \quad z \geq z_0 (\text{Gebiet 2}) \ , \\
z_0 - z \quad &\text{für} \quad z \leq z_0 (\text{Gebiet 1}) \ .
\end{aligned}
\right\}
\tag{3.104}
$$

Die Stetigkeit der Tangentialkomponenten der elektrischen Feldstärke ist durch den Ansatz (3.103) bereits gewährleistet. Außerdem muss die Normalkomponente von $\mathbf{D}$ einen der Flächenladung entsprechenden Sprung machen, d. h. es muss gelten

$$\left(\frac{\partial \varphi_1}{\partial z}\right)_{z=z_0} - \left(\frac{\partial \varphi_2}{\partial z}\right)_{z=z_0} = \frac{\sigma(x,y)}{\varepsilon_0} \; . \tag{3.105}$$

Dazu ist zunächst $\sigma(x,y)$ zu entwickeln:

$$\sigma(x,y) = \int\limits_0^\infty \int\limits_0^\infty \tilde{\sigma}(k,l) \cos\left[k(x-x_0)\right] \cos\left[l(y-y_0)\right] \mathrm{d}k \, \mathrm{d}l \; . \tag{3.106}$$

Hier benötigt man die Orthogonalitätsrelation

$$\int\limits_{-\infty}^{+\infty} \cos\left[k(x-x_0)\right] \cos\left[k'(x-x_0)\right] \mathrm{d}x = \pi\delta(k-k') + \pi\delta(k+k') \; . \tag{3.107}$$

Man erhält aus (3.106) und (3.107)

$$\int\limits_{-\infty}^{+\infty} \int\limits_{-\infty}^{+\infty} \sigma(x,y) \cos[k'(x-x_0)] \cos[l'(y-y_0)] \, \mathrm{d}x \, \mathrm{d}y$$

$$= \int\limits_{-\infty}^{+\infty} \int\limits_{-\infty}^{+\infty} \left\{ \int\limits_0^\infty \int\limits_0^\infty \tilde{\sigma}(k,l) \cos[k(x-x_0)] \cos[l(y-y_0)] \mathrm{d}k \, \mathrm{d}l \right\}$$

$$\cdot \cos[k'(x-x_0)] \cos[l'(y-y_0)] \, \mathrm{d}x \, \mathrm{d}y$$

$$= \int\limits_0^\infty \int\limits_0^\infty \tilde{\sigma}(k,l) \left\{ \int\limits_{-\infty}^{\infty} \cos[k(x-x_0)] \cos[k'(x-x_0)] \, \mathrm{d}x \right.$$

$$\left. \cdot \int\limits_{-\infty}^{+\infty} \cos[l(y-y_0)] \cos[l'(y-y_0)] \, \mathrm{d}y \right\} \, \mathrm{d}k \, \mathrm{d}l$$

$$= \int\limits_0^\infty \int\limits_0^\infty \tilde{\sigma}(k,l)\pi^2 [\delta(k-k') + \delta(k+k')][\delta(l-l') + \delta(l+l')] \, \mathrm{d}k \, \mathrm{d}l$$

$$= \pi^2 \tilde{\sigma}(k',l')$$

und mit $k = k', l = l'$

$$\tilde{\sigma}(k,l) = \frac{1}{\pi^2} \int\limits_{-\infty}^{+\infty} \int\limits_{-\infty}^{+\infty} \sigma(x,y) \cos[k(x-x_0)] \cos[l(y-y_0)] \, \mathrm{d}x \, \mathrm{d}y \; . \tag{3.108}$$

Wir wollen uns auf eine Punktladung Q am Ort x_0, y_0, z_0 beschränken. Dafür ist

$$
\tilde{\sigma}(k,l) = \frac{Q}{\pi^2} \int\limits_{-\infty}^{+\infty} \int\limits_{-\infty}^{+\infty} \delta(x - x_0)\delta(y - y_0) \cos[k(x - x_0)]\cos[l(y - y_0)]\,\mathrm{d}x\,\mathrm{d}y
$$

$$
= \frac{Q}{\pi^2} \;.
$$

(3.109)

Die Randbedingung (3.105) nimmt deshalb die folgende Form an:

$$
\int\limits_0^{\infty} \int\limits_0^{\infty} f(k,l)\cos[k(x - x_0)]\cos[l(y - y_0)]\sqrt{k^2 + l^2}\,2\,\mathrm{d}k\,\mathrm{d}l
$$

$$
= \frac{Q}{\pi^2\varepsilon_0} \int\limits_0^{\infty} \int\limits_0^{\infty} \cos[k(x - x_0)]\cos[l(y - y_0)]\,\mathrm{d}k\,\mathrm{d}l\ ,
$$

d. h.

$$
f(k,l) = \frac{Q}{2\pi^2\varepsilon_0\sqrt{k^2 + l^2}}\;.
$$

(3.110)

Damit ist das Problem gelöst:

$$
\varphi_{1,2} = \frac{Q}{2\pi^2\varepsilon_0} \int\limits_0^{\infty} \int\limits_0^{\infty} \frac{\cos[k(x - x_0)]\cos[l(y - y_0)]\exp[-\sqrt{k^2 + l^2}|z - z_0|]}{\sqrt{k^2 + l^2}}\,\mathrm{d}k\,\mathrm{d}l\ .
$$

(3.111)

Natürlich ist auch

$$
\varphi = \frac{Q}{4\pi\varepsilon_0\sqrt{(x - x_0)^2 + (y - y_0)^2 + (z - z_0)^2}}\ ,
$$

so dass ein Vergleich

$$
\frac{1}{\sqrt{(x - x_0)^2 + (y - y_0)^2 + (z - z_0)^2}}
$$

$$
= \frac{2}{\pi} \int\limits_0^{\infty} \int\limits_0^{\infty} \frac{\cos[k(x - x_0)]\cos[l(y - y_0)]\exp[-\sqrt{k^2 + l^2}|z - z_0|]}{\sqrt{k^2 + l^2}}\,\mathrm{d}k\,\mathrm{d}l\ .
$$

(3.112)

ergibt. Das ist die Fourier-Entwicklung des reziproken Abstandes.

Wir haben hier ein sehr einfaches Problem mit relativ komplizierten Mitteln gelöst. Das Potential einer Punktladung im unendlichen Raum war uns ja bereits bekannt und früher auf wesentlich einfachere Weise berechnet worden. Das Beispiel sollte im Wesentlichen die Methode illustrieren. Als Nebenprodukt bekommen wir so allerdings auch die oft wichtige Beziehung (3.112), für die eine einfachere Ableitung wohl nicht existiert.

3.5.2.4   Anhang zu Abschn. 3.5: Fourier-Reihen und Fourier-Integrale

Bei der Separation der Laplace-Gleichung in kartesischen Koordinaten sind wir ganz automatisch auf Fourier-Reihen bzw. Fourier-Integrale in Bezug auf eine oder zwei der Koordinaten geführt worden. Es handelt sich um spezielle Fälle der Entwicklung von Funktionen nach gewissen orthogonalen und vollständigen Systemen von Funktionen, deren Auftreten typisch für Probleme dieser Art ist. Im Folgenden Abschn. 3.6 sollen zunächst einige allgemeine Aussagen über solche Systeme von Funktionen gemacht werden, die auch die Rolle der Fourier-Reihen und Fourier-Integrale nachträglich noch von einem allgemeineren Prinzip her beleuchten sollen. Die Abschn. 3.7 und 3.8 werden dann weitere Beispiele solcher Entwicklungen nach orthogonalen System von Funktionen bringen. Vorher sollen jedoch die wichtigsten Formeln zu den Fourier-Reihen bzw. Fourier-Integralen hier zusammengestellt werden.

a) Fourier-Reihen

Eine periodische Funktion $f(x)$ kann als Fourier-Reihe dargestellt werden. Ist c ihre Periode, so ist darunter die folgende Reihe zu verstehen:

$$f(x) = \sum_{n=0}^{\infty} a_n \cos\left(\frac{2\pi n}{c} x\right) + \sum_{n=1}^{\infty} b_n \sin\left(\frac{2\pi n}{c} x\right). \qquad (3.113)$$

Außer an Unstetigkeitsstellen von $f(x)$ stellt sie den Funktionswert $f(x)$ dar. An Unstetigkeitsstellen gilt

$$\sum_{n=0}^{\infty} a_n \cos\left(\frac{2\pi n}{c} x\right) + \sum_{n=1}^{\infty} b_n \sin\left(\frac{2\pi n}{c} x\right) = \lim_{\varepsilon \to 0} \frac{f(x-\varepsilon) + f(x+\varepsilon)}{2},$$

$$(3.114)$$

d. h. dort nimmt die Reihe den Mittelwert aus links- und rechtsseitigem Grenzwert an.

Die Koeffizienten a_n und b_n der Reihenentwicklung (3.113) kann man mit Hilfe der Orthogonalitätsbeziehungen bestimmen, die für die Winkelfunktionen gelten:

$$\int_0^c \cos\left(\frac{2\pi n}{c}x\right)\cos\left(\frac{2\pi m}{c}x\right)\,\mathrm{d}x = \begin{cases} \dfrac{c}{2}\delta_{nm} & \text{für } n \text{ oder } m \geq 1\,, \\[2mm] c & \text{für } n = m = 0\,, \end{cases} \qquad (3.115)$$

$$\int_0^c \sin\left(\frac{2\pi n}{c}x\right)\sin\left(\frac{2\pi m}{c}x\right)\,\mathrm{d}x = \begin{cases} \dfrac{c}{2}\delta_{nm} & \text{für } n \text{ oder } m \geq 1\,, \\[2mm] 0 & \text{für } n = m = 0\,. \end{cases} \qquad (3.116)$$

Die Integration hat stets über eine Periode zu erfolgen, d.h. sie kann auch von x_0 bis $x_0 + c$ statt von 0 bis c laufen. Multipliziert man den Entwicklungsansatz (3.113) mit $\cos(2\pi m/c)x$ bzw. $\sin(2\pi m/c)x$ und integriert die entstehende Gleichung dann über eine Periode, so findet man wegen (3.115) und (3.116)

$$a_n = \begin{cases} \dfrac{2}{c}\displaystyle\int_0^c f(x)\cos\left(\frac{2\pi n}{c}x\right)\,\mathrm{d}x & \text{für } n \geq 1\,, \\[5mm] \dfrac{1}{c}\displaystyle\int_0^c f(x)\,\mathrm{d}x & \text{für } n = 0\,, \end{cases} \qquad (3.117)$$

$$b_n = \frac{2}{c}\int_0^c f(x)\sin\left(\frac{2\pi n}{c}x\right)\,\mathrm{d}x \qquad \text{für } n \geq 1\,. \qquad (3.118)$$

Ist insbesondere $f(x)$ eine „gerade" oder „symmetrische" Funktion $[f(x) = f(-x)]$, so sind nach (3.118) alle $b_n = 0$, d.h. man erhält eine reine „cosinus-Reihe". Ist umgekehrt $f(x)$ eine „ungerade" oder „antisymmetrische" Funktion $[f(x) = -f(-x)]$, so sind alle $a_n = 0$, und man erhält eine reine „sinus-Reihe":

$$f(x) = \sum_{n=0}^{\infty} a_n \cos\left(\frac{2\pi n}{c}x\right) \qquad [f(x)\text{ gerade}]\,, \qquad (3.119)$$

$$f(x) = \sum_{n=1}^{\infty} b_n \sin\left(\frac{2\pi n}{c}x\right) \qquad [f(x)\text{ ungerade}]\,. \qquad (3.120)$$

Man kann $f(x)$ auch in die sogenannte komplexe Fourier-Reihe entwickeln:

$$f(x) = \sum_{n=-\infty}^{\infty} d_n \exp\left(i\frac{2\pi n}{c}x\right). \tag{3.121}$$

Wegen

$$\exp(i\alpha) = \cos\alpha + i\sin\alpha$$

ist damit

$$f(x) = \sum_{-\infty}^{+\infty}\left[d_n \cos\left(\frac{2\pi n}{c}x\right) + id_n \sin\left(\frac{2\pi n}{c}x\right)\right]$$

$$= d_0 + \sum_{n=1}^{\infty}(d_n + d_{-n})\cos\left(\frac{2\pi n}{c}x\right) + \sum_{n=1}^{\infty}i(d_n - d_{-n})\sin\left(\frac{2\pi n}{c}x\right).$$

Damit ist der Zusammenhang zwischen den Entwicklungen (3.113) und (3.121) gegeben:

$$\left.\begin{array}{r} d_0 = a_0 \\ d_n + d_{-n} = a_n \\ i(d_n - d_{-n}) = b_n \end{array}\right\} \ n \geq 1 \tag{3.122}$$

bzw. umgekehrt

$$\left.\begin{array}{r} a_0 = d_0 \\ d_{-n} = \dfrac{a_n + ib_n}{2} \\ d_{+n} = \dfrac{a_n - ib_n}{2} = d_{-n}^* \end{array}\right\} \ n \geq 1. \tag{3.123}$$

Die direkte Berechnung der Koeffizienten d_n erfolgt aus dem Ansatz (3.121) mit Hilfe der Orthogonalitätsbeziehung

$$\int_0^c \exp\left(i\frac{2\pi n}{c}x\right)\exp\left(-i\frac{2\pi m}{c}x\right)\,dx = c\delta_{nm}, \tag{3.124}$$

woraus sich

$$d_n = \frac{1}{c}\int_0^c f(x)\exp\left(-i\frac{2\pi n}{c}x\right)\,dx \tag{3.125}$$

ergibt.

b) Fourier-Integral

Eine Funktion kann unter gewissen recht allgemeinen und hier nicht zu diskutierenden Voraussetzungen als Fourier-Integral dargestellt werden:

$$f(x) = C \int_{-\infty}^{+\infty} \tilde{f}(k) \exp(ikx) \, dk \; . \tag{3.126}$$

Wir haben hier einen willkürlichen Faktor C eingeführt, da das Fourier-Integral in der Literatur mit unterschiedlichen Faktoren definiert wird. Umgekehrt ist die zu $f(x)$ gehörige Fourier-Transformierte dann

$$\tilde{f}(k) = \frac{1}{2\pi C} \int_{-\infty}^{+\infty} f(x) \exp(-ikx) \, dx \; . \tag{3.127}$$

Sie ergibt sich aus (3.126) mit Hilfe der Orthogonalitätsbeziehung

$$\int_{-\infty}^{+\infty} \exp(ikx) \exp(-ik'x) \, dx = 2\pi \delta(k - k') \; . \tag{3.128}$$

Multipliziert man nämlich (3.126) mit $\exp(-ik'x)$ und integriert man über x von $-\infty$ bis $+\infty$, so erhält man mit (3.128) gerade (3.127).

Ist $f(x) = f(-x)$, d. h. $f(x)$ gerade, so ist

$$\tilde{f}(k) = \frac{1}{2\pi C} \int_{-\infty}^{+\infty} f(x) \cos(kx) \, dx \; ,$$

d. h.

$$\tilde{f}(k) = \frac{1}{\pi C} \int_{0}^{\infty} f(x) \cos(kx) \, dx \tag{3.129}$$

und

$$f(x) = 2C \int_0^\infty \tilde{f}(k) \cos(kx) \, dk \; . \tag{3.130}$$

Ist umgekehrt $f(x) = -f(-x)$, d. h. $f(x)$ ungerade, so ist

$$\tilde{f}(k) = -\frac{i}{2\pi C} \int_{-\infty}^{+\infty} f(x) \sin(kx) \, dx \; ,$$

d. h.

$$\tilde{f}(k) = -\frac{i}{\pi C} \int_0^\infty f(x) \sin(kx) \, dx \tag{3.131}$$

mit

$$f(x) = 2iC \int_0^\infty \tilde{f}(k) \sin(kx) \, dk \; . \tag{3.132}$$

Es gibt also im Grunde drei Fourier-Integrale,

1. das exponentielle Fourier-Integral (3.126) mit der Umkehrung (3.127),
2. das cos-Integral (3.130) mit der Umkehrung (3.129) und
3. das sin-Integral (3.132) mit der Umkehrung (3.131).

Dabei kann man mit Hilfe der Orthogonalitätsbeziehungen

$$\int_0^\infty \cos(kx) \cos(k'x) \, dx = \frac{\pi}{2}\delta(k - k') + \frac{\pi}{2}\delta(k + k') \tag{3.133}$$

$$\int\limits_0^\infty \sin(kx)\sin(k'x)\,\mathrm{d}x = \frac{\pi}{2}\delta(k-k') - \frac{\pi}{2}\delta(k+k') \qquad (3.134)$$

die Gleichungspaare (3.130), (3.129) bzw. (3.132), (3.131) direkt herleiten.

Die Wahl des Faktors C unterliegt allein Gründen der Bequemlichkeit. Sehr oft wird in (3.126) $C = 1$ gesetzt, was in (3.127) den Faktor $1/2\pi$ bewirkt. Vielfach wird jedoch $C = \sqrt{1/2\pi}$ gesetzt, was die beiden Beziehungen (3.126), (3.127) „symmetrisch" macht, d. h. auch in (3.127) entsteht so der Faktor $\sqrt{1/2\pi}$. Auch die cos- und sin-Transformationen werden nicht einheitlich definiert. Oft macht man mit $C = 1/2$ den Faktor in (3.130) zu eins, bzw. mit $C = -\mathrm{i}/2$ den in (3.132) zu eins. Für die Praxis ist es wegen der uneinheitlichen Definitionen ratsam, sich nicht festzulegen. Alle Irrtümer werden ausgeschlossen, wenn man, von einem passenden Ansatz (mit beliebigem Faktor) ausgehend, die Koeffizienten jeweils über die Orthogonalitätsbeziehung berechnet.

3.6 Vollständige orthogonale Systeme von Funktionen

Ehe wir in den folgenden Abschnitten die Separation in Zylinder- und Kugelkoordinaten durchführen, sollen in diesem Abschnitt die an speziellen Beispielen gewonnenen Begriffe verallgemeinert werden, und es soll auch versucht werden, sie durch die in ihnen zunächst versteckt enthaltene Analogie zur Vektorrechnung anschaulicher zu machen. Die Lösung von Randwertproblemen führt unter geeigneten Voraussetzungen auf Systeme von Funktionen, die aufeinander senkrecht stehen und vollständig in dem Sinne sind, dass man alle möglichen im betrachteten Gebiet definierten Funktionen aus ihnen durch Überlagerung aufbauen kann. Hier sei nur eine Dimension betrachtet. Mehr Dimensionen ändern die Zusammenhänge, um die es hier geht, nicht.

Eine Funktion $f(x)$, definiert in einem Intervall $c \le x \le d$, kann man auch als einen Vektor auffassen. x ist sozusagen ein kontinuierlicher Index, der die verschiedenen Komponenten des Vektors $f(x)$ kennzeichnet. Ein Integral

$$\int\limits_c^d f^*(x)g(x)\,\mathrm{d}x = \langle f|g\rangle \qquad (3.135)$$

können wir als Skalarprodukt der beiden Vektoren $f(x)$ und $g(x)$ auffassen. f^* ist die zu f konjugiert komplexe Funktion. Wir haben es oft mit reellen Funktionen zu tun. In diesem Spezialfall ist natürlich

$$\int\limits_c^d f^*(x)g(x)\,\mathrm{d}x = \langle f|g\rangle = \int\limits_c^d f(x)g(x)\,\mathrm{d}x \; .$$

In der Vektorrechnung führt man je nach der Zahl der Raumdimensionen eine entsprechende Anzahl von Basisvektoren ein, aus denen man jeden Vektor aufbauen kann:

$$\mathbf{a} = \sum_{i=1}^{n} a_i \cdot \mathbf{e}_i \ . \tag{3.136}$$

Das Basissystem ist orthogonal und normiert, wenn

$$\mathbf{e}_i \cdot \mathbf{e}_k = \delta_{ik} \tag{3.137}$$

ist. Die Entwicklung des Vektors $\mathbf{a}$ nach dem Basissystem $\mathbf{e}_i$ erfolgt durch skalare Multiplikation der Gleichung (3.136) mit $\mathbf{e}_k$. Man bekommt

$$\mathbf{a} \cdot \mathbf{e}_k = \sum_{i=1}^{n} a_i \mathbf{e}_i \cdot \mathbf{e}_k = \sum_{i=1}^{n} a_i \delta_{ik} = a_k \ ,$$

d. h.

$$a_k = \mathbf{a} \cdot \mathbf{e}_k \tag{3.138}$$

und damit

$$\mathbf{a} = \sum_{i=1}^{n} (\mathbf{a} \cdot \mathbf{e}_i) \mathbf{e}_i = \sum_{i=1}^{n} \mathbf{e}_i \mathbf{e}_i \cdot \mathbf{a} \ . \tag{3.139}$$

Es ist interessant, die Summanden dieser Beziehung zu untersuchen.

$$\mathbf{e}_i \mathbf{e}_i \cdot \mathbf{a}$$

ist die Projektion von $\mathbf{a}$ auf die durch $\mathbf{e}_i$ gegebene Richtung. Man kann auch das *unbestimmte Produkt* (oft wird es *dyadisches Produkt* genannt) $\mathbf{e}_i \mathbf{e}_i$ als einen Operator auffassen, der aus $\mathbf{a}$ einen anderen Vektor macht, nämlich den auf die Richtung $\mathbf{e}_i$ projizierten Vektor. $\mathbf{e}_i \mathbf{e}_i$ heißt deshalb auch *Projektionsoperator*. Der entstehende Vektor ist

$$\mathbf{a}_i = a_i \mathbf{e}_i = \mathbf{a} \cdot \mathbf{e}_i \mathbf{e}_i = \mathbf{e}_i \mathbf{e}_i \cdot \mathbf{a} \ . \tag{3.140}$$

Die Summe aller Projektionen muss natürlich den Vektor selbst geben, vorausgesetzt, dass das Basissystem vollständig ist. In diesem Fall muss also die Summe aller Projektionsoperatoren gerade den Einheitsoperator (Einheitstensor) geben:

$$\sum_{i=1}^{n} \mathbf{e}_i \mathbf{e}_i = \mathbf{1} \ . \tag{3.141}$$

Das ist die *Vollständigkeitsrelation*. Die Beziehungen (3.139) und (3.141) sind gleichwertig und beide Ausdruck der Vollständigkeit des Basissystems. Das dyadische Produkt ist ein Operator, der in Komponentenschreibweise die Form einer Matrix annimmt. Und zwar hat das dyadische Produkt **ab** die Komponenten (*Matrixelemente*)

$$(\mathbf{ab})_{ik} = (a_i b_k) \ .$$

Die Einheitsvektoren eines dreidimensionalen kartesischen Koordinatensystems sind z. B.

$$\mathbf{e}_1 = (1, 0, 0)$$
$$\mathbf{e}_2 = (0, 1, 0)$$
$$\mathbf{e}_3 = (0, 0, 1) \ .$$

Damit ergeben sich die drei Projektionsoperatoren

$$\mathbf{e}_1 \mathbf{e}_1 = \begin{pmatrix} 1 & 0 & 0 \\ 0 & 0 & 0 \\ 0 & 0 & 0 \end{pmatrix}$$

$$\mathbf{e}_2 \mathbf{e}_2 = \begin{pmatrix} 0 & 0 & 0 \\ 0 & 1 & 0 \\ 0 & 0 & 0 \end{pmatrix}$$

$$\mathbf{e}_3 \mathbf{e}_3 = \begin{pmatrix} 0 & 0 & 0 \\ 0 & 0 & 0 \\ 0 & 0 & 1 \end{pmatrix} \ .$$

Ihre Summe ist tatsächlich der Einheitsoperator (δ_{ik})

$$\sum_{i=1}^{3} \mathbf{e}_i \mathbf{e}_i = \begin{pmatrix} 1 & 0 & 0 \\ 0 & 1 & 0 \\ 0 & 0 & 1 \end{pmatrix} = (\delta_{ik}) = 1 \ .$$

Angewandt auf einen Vektor

$$\mathbf{a} = (a_1, a_2, a_3)$$

ergibt z. B.

$$\mathbf{e}_1 \mathbf{e}_1 \cdot \mathbf{a} = \begin{pmatrix} 1 & 0 & 0 \\ 0 & 0 & 0 \\ 0 & 0 & 0 \end{pmatrix} \begin{pmatrix} a_1 \\ a_2 \\ a_3 \end{pmatrix} = (a_1, 0, 0) \ ,$$

d. h. eben die entsprechende Projektion. Alles das kann man für Funktionen als Vektoren eines unendlichdimensionalen Raumes ebenfalls machen. Zunächst bauen wir $f(x)$ auf aus einem vollständigen System orthogonaler Funktionen. Dabei sind verschiedene

Fälle denkbar, je nachdem ob die Eigenwerte diskret oder kontinuierlich sind (oder, wie man sich oft ausdrückt, ein *diskretes Spektrum* oder ein *kontinuierliches Spektrum* bilden). Beispiele für beides sind in Abschn. 3.5 gegeben.

Wir haben deshalb die folgenden Entwicklungen von $f(x)$:

$$f(x) = \sum_{n=1}^{\infty} a_n \varphi_n(x) \,, \quad \bigg| \quad f(x) = \int a(k) \varphi(k;x)\, dk \,, \qquad (3.142)$$

wobei die Integration im kontinuierlichen Fall über das Spektrum aller möglichen k-Werte zu erstrecken ist. Die Entwicklungen beruhen auf den Orthogonalitätsbeziehungen für die als normiert angenommenen Basisfunktionen:

$$\int_c^d \varphi_n(x)\varphi_m^*(x)\, dx = \delta_{nm} \,, \quad \bigg| \quad \int_c^d \varphi(k;x)\varphi^*(k';x)\, dx = \delta(k-k') \,, \qquad (3.143)$$

wobei

$$\int_c^d f(x)\varphi_m^*(x)\, dx \qquad\qquad \int_c^d f(x)\varphi^*(k';x)\, dx$$

$$= \sum_{n=1}^{\infty} a_n \int \varphi_n(x)\varphi_m^*(x)\, dx \qquad = \int \int_c^d a(k)\varphi(k;x)\varphi^*(k';x)\, dk\, dx$$

$$= \sum_{n=1}^{\infty} a_n \delta_{nm} = a_m \,, \qquad\qquad = \int a(k)\delta(k-k')\, dk = a(k') \,, \qquad (3.144)$$

$$a_n = \int_c^d f(x)\varphi_n^*(x)\, dx \qquad\qquad a(k) = \int_c^d f(x)\varphi^*(k;x)\, dx$$

$$= \langle \varphi_n(x)| f(x)\rangle \,. \qquad\qquad = \langle \varphi(k;x)| f(x)\rangle \,.$$

Damit sind die Entwicklungskoeffizienten, sozusagen die Komponenten des Vektors $f(x)$, bestimmt, wobei die beiden Beziehungen (3.144) der Gleichung (3.138) völlig analog sind. Als Projektion auf die „Richtung" von $\varphi_n(x)$ bzw. $\varphi(k;x)$ ergibt sich nun

$$a_n \varphi_n(x) \qquad\qquad\qquad a(k)\varphi(k;x)$$

$$= \int_c^d \varphi_n(x)\varphi_n^*(x') f(x')\, dx' \qquad = \int_c^d \varphi(k;x)\varphi^*(k;x') f(x')\, dx'$$

$$= \varphi_n(x)\langle \varphi_n(x')| f(x')\rangle \,. \qquad\qquad = \varphi(k;x)\langle \varphi(k;x')| f(x')\rangle \,.$$

Die Summe aller Projektionen muss natürlich im Fall der Vollständigkeit die Funktion selbst ergeben, d. h.

$$f(x) = \sum_{n=1}^{\infty} a_n \varphi_n(x) \qquad \Bigg| \qquad f(x) = \int a(k)\varphi(k;x)\,\mathrm{d}k$$

$$= \int_c^d \sum_{n=1}^{\infty} \varphi_n(x)\varphi_n^*(x')f(x')\,\mathrm{d}x' \ . \qquad \Bigg| \qquad = \int\int_c^d \varphi(k;x)\varphi^*(k;x')\,\mathrm{d}k\,f(x')\,\mathrm{d}x' \ .$$

Gleichzeitig ist aber auch

$$f(x) = \int_c^d \delta(x-x')f(x')\,\mathrm{d}x' \ .$$

Wir erhalten also durch Vergleich die Vollständigkeitsrelationen

$$\sum_{n=1}^{\infty} \varphi_n(x)\varphi_n^*(x') = \delta(x-x') \ . \quad \Bigg| \quad \int \varphi(k;x)\varphi^*(k;x')\,\mathrm{d}k = \delta(x-x') \ . \qquad (3.145)$$

Umgekehrt kann man die Vollständigkeitsrelation zum Berechnen der Entwicklungskoeffizienten benutzen. Zunächst kann man auf jede Funktion den Einheitsoperator, d. h. hier im Wesentlichen die δ-Funktion, anwenden, man kann also schreiben

$$f(x) = \int_c^d \delta(x-x')f(x')\,\mathrm{d}x' \ .$$

Nun ersetzt man

$$f(x) = \int_c^d \sum_{n=1}^{\infty} \varphi_n(x)\varphi_n^*(x')f(x')\,\mathrm{d}x' \ , \quad \Bigg| \quad f(x) = \int_c^d \int \varphi(k;x)\varphi^*(k;x')\,\mathrm{d}k\,f(x')\,\mathrm{d}x' \ ,$$

was das sofortige Ablesen der Entwicklungskoeffizienten erlaubt:

$$a_n = \int_c^d \varphi_n^*(x')f(x')\,\mathrm{d}x' \ . \quad \Bigg| \quad a(k) = \int_c^d \varphi^*(k;x')f(x')\,\mathrm{d}x' \ .$$

Betrachten wir nun zwei Funktionen $f(x)$ und $g(x)$, deren Skalarprodukt wir bilden wollen. $f(x)$ habe die Komponenten

$$a_n \ , \quad \Bigg| \quad a(k) \ ,$$

und $g(x)$ habe die Komponenten

$$b_n\, , \quad \Big| \quad b(k)\, ,$$

d. h. es gilt

$$f(x) = \sum_{n=1}^{\infty} a_n \varphi_n(x)\, , \qquad \Big| \qquad f(x) = \int a(k)\varphi(k;x)\, \mathrm{d}k\, ,$$

$$g(x) = \sum_{n=1}^{\infty} b_n \varphi_n(x)\, . \qquad \Big| \qquad f(x) = \int b(k)\varphi(k;x)\, \mathrm{d}k\, .$$

Deshalb ist

$$\langle g|f \rangle = \int_c^d f(x)g^*(x)\, \mathrm{d}x \qquad \Big| \qquad \langle g|f \rangle = \int_c^d f(x)g^*(x)\, \mathrm{d}x$$

$$= \sum_{n,m=1}^{\infty} \int_c^d a_n b_m^* \varphi_n(x)\varphi_m^*(x)\, \mathrm{d}x \qquad \Big| \qquad = \int \int \int_c^d a(k)b^*(k')\, .$$

$$= \sum_{n,m=1}^{\infty} a_n b_m^* \delta_{nm} \qquad \Big| \qquad \cdot \varphi(k;x)\varphi^*(k';x)\, \mathrm{d}x\, \mathrm{d}k\, \mathrm{d}k'$$

$$= \sum_{n=1}^{\infty} a_n b_n^* \qquad \Big| \qquad = \int \int a(k)b^*(k')\delta(k-k')\, \mathrm{d}k\, \mathrm{d}k'$$

$$\Big| \qquad = \int a(k)b^*(k)\, \mathrm{d}k$$

$$(3.146)$$

in vollkommener Analogie zur Vektorrechnung, insbesondere für den Fall des diskreten Spektrums.

   Diesen Abschnitt beschließend sollen noch einige Worte über Integraloperatoren gesagt werden. In den verschiedenen Green'schen Funktionen des vorhergehenden Abschn. 3.5 sind wir solchen Integraloperatoren bereits begegnet. Sie bewirken die Abbildung einer Funktion $f(x)$ auf eine andere Funktion $\tilde{f}(x)$ in Form einer Integraltranformation:

$$\tilde{f}(x) = \int_c^d O(x,x')f(x')\, \mathrm{d}x'\, . \qquad (3.147)$$

Ein Integraloperator ist auch die δ-Funktion. Sie bildet eine Funktion auf sich selbst ab. Die Bildfunktion $\tilde{f}(x)$ ist gleich der Funktion $f(x)$:

$$\tilde{f}(x) = \int \delta(x-x')f(x')\, \mathrm{d}x' = f(x)\, .$$

Die δ-Funktion spielt also die Rolle des Einheitsoperators. Die Funktion $O(x, x')$ nennt man den Kern der Integraltransformation. Man kann auch Kerne entwickeln, z. B. im diskreten Fall

$$O(x, x') = \sum_{i,k=1}^{\infty} O_{ik} \varphi_i(x) \varphi_k^*(x') . \tag{3.148}$$

Man bekommt

$$\int_c^d \int_c^d O(x, x') \varphi_{i'}^*(x) \varphi_{k'}(x') \, \mathrm{d}x \, \mathrm{d}x' = \sum_{i,k=1}^{\infty} O_{ik} \int_c^d \varphi_i(x) \varphi_{i'}^*(x) \, \mathrm{d}x \int_c^d \varphi_k^*(x') \varphi_{k'}(x') \, \mathrm{d}x'$$

$$= \sum_{i,k=1}^{\infty} O_{ik} \delta_{ii'} \delta_{kk'} = O_{i'k'} ,$$

d. h.

$$O_{ik} = \int_c^d \int_c^d O(x, x') \varphi_i^*(x) \varphi_k(x') \, \mathrm{d}x \, \mathrm{d}x' . \tag{3.149}$$

Deshalb ist einerseits

$$\tilde{f}(x) = \int_c^d O(x, x') f(x') \, \mathrm{d}x'$$

$$= \int_c^d \left[\sum_{i,k=1}^{\infty} O_{ik} \varphi_i(x) \varphi_k^*(x') \right] \left[\sum_{l=1}^{\infty} a_l \varphi_l(x') \right] \, \mathrm{d}x'$$

$$= \sum_{i,k,l} O_{ik} \varphi_i(x) a_l \delta_{kl} = \sum_{i,k} O_{ik} a_k \varphi_i(x) ,$$

andererseits kann man $\tilde{f}(x)$ entwickeln:

$$\tilde{f}(x) = \sum_i \tilde{a}_i \varphi_i(x) .$$

Die Komponenten von $\tilde{f}$ ergeben sich also aus denen von f in folgender Weise:

$$\tilde{a}_i = \sum_k O_{ik} a_k , \tag{3.150}$$

d. h. durch Matrixmultiplikation, wieder in vollkommener Analogie zur Vektorrechnung. Im Fall eines kontinuierlichen Spektrums ist ganz ähnlich

$$O(x, x') = \int \int O(k, k') \varphi(k; x) \varphi^*(k'; x') \, \mathrm{d}k \, \mathrm{d}k' \tag{3.151}$$

mit

$$O(k,k') = \int\limits_c^d \int\limits_c^d O(x,x')\varphi^*(k;x)\varphi^*(k';x')\,\mathrm{d}x\,\mathrm{d}x' , \qquad (3.152)$$

und die Abbildung von $f(x)$ auf $\tilde{f}(x)$ erfolgt durch

$$\tilde{a}(k) = \int O(k,k')a(k')\,\mathrm{d}k' , \qquad (3.153)$$

d. h. im kontinuierlichen Fall ist auch das wieder eine Integraltransformation. Integraltransformationen sind die kontinuierlichen Analoga von Matrixmultiplikationen.

3.7 Separation der Laplace'schen Gleichung in Zylinderkoordinaten

3.7.1 Die Separation

Nach Gleichung (3.33) lautet die Laplace-Gleichung für das Potential F

$$\left(\frac{1}{r}\frac{\partial}{\partial r}r\frac{\partial}{\partial r} + \frac{1}{r^2}\frac{\partial^2}{\partial\varphi^2} + \frac{\partial^2}{\partial z^2}\right)F = 0 . \qquad (3.154)$$

Zu ihrer Lösung machen wir den Ansatz

$$F(r,\varphi,z) = R(r)\phi(\varphi)Z(z) \qquad (3.155)$$

und erhalten damit

$$\frac{1}{R(r)}\frac{1}{r}\frac{\partial}{\partial r}r\frac{\partial}{\partial r}R(r) + \frac{1}{r^2\phi(\varphi)}\frac{\partial^2}{\partial\varphi^2}\phi(\varphi) + \frac{1}{Z(z)}\frac{\partial^2 Z(z)}{\partial z^2} = 0 . \qquad (3.156)$$

Die ersten beiden Glieder hängen nur von r und φ, das letzte nur von z ab. Deshalb kann man mit der Separationskonstanten k^2 setzen:

$$\frac{1}{Z(z)}\frac{\partial^2 Z(z)}{\partial z^2} = k^2 . \qquad (3.157)$$

Die Lösung kann in verschiedener Weise angegeben werden, z. B.

$$Z = A_1 \cosh kz + A_2 \sinh kz \qquad (3.158)$$

oder

$$Z = \tilde{A}_1 \exp(kz) + \tilde{A}_2 \exp(-kz) . \qquad (3.159)$$

Damit nimmt der $r - \varphi$-abhängige Teil von (3.156) die Form

$$\frac{1}{R(r)}\frac{1}{r}\frac{\partial}{\partial r}r\frac{\partial}{\partial r}R(r) + \frac{1}{r^2\phi(\varphi)}\frac{\partial^2}{\partial\varphi^2}\phi(\varphi) + k^2 = 0$$

an. Durch Multiplikation mit r^2 entsteht daraus

$$\frac{r}{R(r)}\frac{\partial}{\partial r}r\frac{\partial}{\partial r}R(r) + k^2r^2 + \frac{1}{\phi(\varphi)}\frac{\partial^2}{\partial\varphi^2}\phi(\varphi) = 0 \ .$$

Man kann also weiter separieren. Setzt man

$$\frac{1}{\phi}\frac{\partial^2}{\partial\varphi^2}\phi = -m^2 \ , \tag{3.160}$$

so ist

$$\phi = B_1\cos m\varphi + B_2\sin m\varphi \tag{3.161}$$

oder auch

$$\varphi = \tilde{B}_1\exp(im\varphi) + \tilde{B}_2\exp(-im\varphi) \ . \tag{3.162}$$

Wegen der notwendigen Periodizität in φ muss m eine ganze Zahl sein. Für R bleibt die Gleichung

$$r\frac{\partial}{\partial r}r\frac{\partial R}{\partial r} + (k^2r^2 - m^2)R = 0$$

bzw., nach Division durch k^2r^2 und nach Einführung der dimensionslosen Koordinate

$$\xi = kr \ , \tag{3.163}$$

$$\frac{1}{\xi}\frac{\partial}{\partial\xi}\xi\frac{\partial}{\partial\xi}R(\xi) + \left(1 - \frac{m^2}{\xi^2}\right)R(\xi) = 0 \ . \tag{3.164}$$

Das ist eine der berühmtesten Gleichungen der mathematischen Physik, die sog. *Bessel'sche Differentialgleichung*. Ihre allgemeine Lösung ist eine Linearkombination von zwei verschiedenen linear unabhängigen Lösungsfunktionen, sogenannten *Zylinderfunktionen*, die man auf verschiedene Art wählen kann. Ein solches Paar von Funktionen besteht z. B. aus der sog. *Bessel'schen Funktion* $J_m(\xi) = J_m(kr)$ und aus der sog. *Neumann'schen Funktion* $N_m(\xi) = N_m(kr)$, d.h

$$R(r) = C_1 J_m(kr) + C_2 N_m(kr) \ . \tag{3.165}$$

Man kann bei der Separation auch etwas anders vorgehen und setzen:

$$\frac{1}{Z}\frac{\partial^2 Z}{\partial z^2} = -k^2 \, , \tag{3.166}$$

so dass

$$Z = A_1 \cos kz + A_2 \sin kz \tag{3.167}$$

bzw.

$$Z = \tilde{A}_1 \exp(ikz) + \tilde{A}_2 \exp(-ikz) \, . \tag{3.168}$$

Dann ergibt sich als Gleichung für R mit der dimensionslosen Variablen

$$\eta = ikr \tag{3.169}$$

wieder die Bessel'sche Differentialgleichung

$$\frac{1}{\eta}\frac{\partial}{\partial\eta}\eta\frac{\partial}{\partial\eta}R(\eta) + \left(1 - \frac{m^2}{\eta^2}\right)R(\eta) = 0$$

mit der Lösung

$$R(r) = C_1 J_m(ikr) + C_2 N_m(ikr) \, . \tag{3.170}$$

Es hängt von der Art des Problems ab, welche Art der Separation günstiger ist. Wir werden das im Zusammenhang mit verschiedenen Beispielen erörtern. Im Prinzip sind beide Arten gleichwertig. Man kann ja stets von der einen zur anderen Art übergehen, indem man k durch ik ersetzt oder umgekehrt. Für z-unabhängige Probleme ist $k = 0$. Dieser Sonderfall führt zu elementaren Funktionen $R(r)$, die in Abschn. 3.7.3.5 behandelt werden, Gleichungen (3.263) und (3.264).

Die Funktionen $J_m(kr)$, $N_m(kr)$ haben wesentlich andere Eigenschaften als die Funktionen $J_m(ikr)$, $N_m(ikr)$. Das Argument (ikr) kommt so oft vor, dass man speziell dafür die sogenannten modifizierten Besselfunktionen eingeführt hat. Die *modifizierte Bessel-Funktion erster Art* ist definiert durch

$$I_m(x) = i^{-m} J_m(ix) \tag{3.171}$$

und die *modifizierte Bessel-Funktion zweiter Art* durch

$$K_m(x) = \frac{\pi}{2} i^{m+1}[J_m(ix) + i N_m(ix)] \, . \tag{3.172}$$

Man kann deshalb die allgemeine Lösung (3.170) auch in der Form

$$R(r) = \tilde{C}_1 I_m(kr) + \tilde{C}_2 K_m(kr) \,. \tag{3.173}$$

angeben.

Es sei noch darauf hingewiesen, dass für spezielle Probleme die Separationskonstanten u. U. anders gewählt werden müssen, z. B. wenn man das Potential auf Flächen $\varphi = \text{const}$ vorgeben will, worauf hier jedoch nicht näher eingegangen werden soll. Es sei lediglich bemerkt, dass m dann nicht ganzzahlig zu wählen ist.

3.7.2 Einige Eigenschaften von Zylinderfunktionen

Hier können nur einige der wichtigsten Eigenschaften von Zylinderfunktionen skizziert werden. Es gibt jedoch Formelsammlungen, in denen alles Wissenswerte über Zylinderfunktionen zusammengestellt ist. Sehr nützlich sind [4–8].

Für sehr kleine Argumente verhält sich $J_m(x)$ wie x^m,

$$J_m(x) \approx \left(\frac{x}{2}\right)^m \frac{1}{m!} \quad \text{für } |x| \ll 1 \,, \tag{3.174}$$

während $N_m(x)$ für sehr kleine Argumente divergiert, nämlich

$$N_m(x) \approx -\frac{(m-1)!}{\pi} \left(\frac{2}{x}\right)^m \quad \text{für } |x| \ll 1 \text{ und } m = 1, 2, \cdots , \tag{3.175}$$

$$N_0(x) \approx \frac{2}{\pi} \ln \frac{\gamma x}{2} \approx \frac{2}{\pi} \ln x \quad \text{für } |x| \ll 1, \quad (\gamma \approx 1{,}781) \,. \tag{3.176}$$

Der Verlauf einiger Funktionen ist in den Abb. 3.12 bis 3.15 skizziert.

Abb. 3.12 Bessel-Funktionen

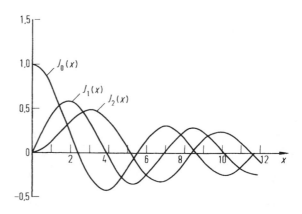

Abb. 3.13 Neumann-Funktionen

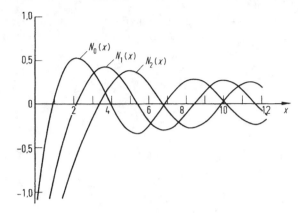

Abb. 3.14 Modifizierte Bessel-Funktionen 1. Art

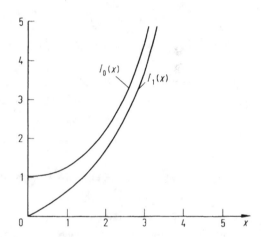

Abb. 3.15 Modifizierte Bessel-Funktionen 2. Art

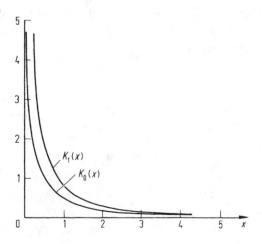

Für sehr große Argumente dagegen verhalten sich J_m und N_m im Wesentlichen wie gedämpfte Winkelfunktionen, d. h.

$$\left. \begin{aligned} J_m(x) &\approx \sqrt{\frac{2}{\pi x}} \cos\left(x - \frac{\pi}{4} - \frac{m\pi}{2}\right) \\[2mm] N_m(x) &\approx \sqrt{\frac{2}{\pi x}} \sin\left(x - \frac{\pi}{4} - \frac{m\pi}{2}\right) \end{aligned} \right\} \quad \text{für } x \to \infty \;. \tag{3.177}$$

Die modifizierten Bessel-Funktionen verhalten sich für kleine Argumente ähnlich wie J_m und N_m. Es gilt nämlich

$$I_m(x) \approx \left(\frac{x}{2}\right)^m \frac{1}{m!} \quad \text{für } 0 < x \ll 1 \;, \tag{3.178}$$

$$K_m(x) \approx \frac{(m-1)!}{2} \left(\frac{2}{x}\right)^m \quad \text{für } 0 < x \ll 1 \quad \text{und} \quad m = 1, 2, \cdots \tag{3.179}$$

$$K_0(x) \approx -\ln\frac{\gamma x}{2} \approx -\ln x \quad \text{für } 0 < x \leq 1, \; (\gamma \simeq 1{,}781) \;. \tag{3.180}$$

Für große Argumente unterscheiden sie sich jedoch wesentlich von J_m und N_m und verhalten sich wie Exponentialfunktionen, nämlich

$$\left. \begin{aligned} I_m(x) &\approx \frac{\exp(x)}{\sqrt{2\pi x}} \\[2mm] K_m(x) &\approx \frac{\sqrt{\pi}\exp(-x)}{\sqrt{2x}} \end{aligned} \right\} \quad \text{für } x \to \infty \;. \tag{3.181}$$

Das verschiedene Verhalten von J_m, N_m (wie Winkelfunktionen) und I_m, K_m (wie Exponentialfunktionen) für sehr große Argumente ist wichtig und wird in den folgenden Beispielen eine Rolle spielen. Wichtig wird dabei auch sein, dass die Funktionen J_m bzw. I_m am Ursprung endlich sind, während die Funktionen N_m und K_m dort divergieren. Abschließend seien hier noch einige wichtige Beziehungen für Zylinderfunktionen angegeben:

$$J_{n-1}(x) + J_{n+1}(x) = \frac{2n}{x} J_n(x) \;,$$

$$J_{n-1}(x) - J_{n+1}(x) = 2J_n'(x) \;,$$

$$J_{-n}(x) = (-1)^n J_n(x) \;,$$

$$\frac{\mathrm{d}}{\mathrm{d}x} J_n(x) = -\frac{n}{x} J_n(x) + J_{n-1}(x) \;,$$

$$\int x^{n+1} J_n(x)\,\mathrm{d}x = x^{n+1} J_{n+1}(x) \;,$$

$$\int x^{-n+1} J_n(x)\,\mathrm{d}x = -x^{-n+1} J_{n-1}(x) \;,$$

Speziell: $J_0'(x) = -J_1(x)$,

$$N_{n-1}(x) + N_{n+1}(x) = \frac{2n}{x} N_n(x) \, ,$$

$$N_{n-1}(x) - N_{n+1}(x) = 2N_n'(x) \, ,$$

$$N_{-n}(x) = (-1)^n N_n(x) \, ,$$

$$\frac{\mathrm{d}}{\mathrm{d}x} N_n(x) = -\frac{n}{x} N_n(x) + N_{n-1}(x) \, ,$$

$$\int x^{n+1} N_n(x) \, \mathrm{d}x = x^{n+1} N_{n+1}(x) \, ,$$

$$\int x^{-n+1} N_n(x) \, \mathrm{d}x = -x^{-n+1} N_{n-1}(x) \, ,$$

Speziell: $N_0'(x) = -N_1(x)$,

$$J_n(x) N_{n+1}(x) - J_{n+1}(x) N_n(x) = -\frac{2}{\pi x} \, ,$$

$$I_{n-1}(x) + I_{n+1}(x) = 2I_n'(x) \, ,$$

$$I_{n-1}(x) - I_{n+1}(x) = \frac{2n}{x} I_n(x) \, ,$$

$$I_{-n}(x) = I_n(x) \, ,$$

$$\frac{\mathrm{d}}{\mathrm{d}x} I_n(x) = I_{n-1}(x) - \frac{n}{x} I_n(x) \, ,$$

$$\int x^{n+1} I_n(x) \, \mathrm{d}x = x^{n+1} I_{n+1}(x) \, ,$$

$$\int x^{-n+1} I_n(x) \, \mathrm{d}x = x^{-n+1} I_{n-1}(x) \, ,$$

Speziell: $I_0'(x) = I_1(x)$,

$$K_{n+1}(x) - K_{n-1}(x) = \frac{2n}{x} K_n(x) \, ,$$

$$K_{n-1}(x) + K_{n+1}(x) = -2K_n'(x) \, ,$$

$$K_{-n}(x) = K_n(x) \, ,$$

$$\frac{\mathrm{d}}{\mathrm{d}x} K_n(x) = -K_{n-1}(x) - \frac{n}{x} K_n(x) \, ,$$

$$\int x^{n+1} K_n(x) \, \mathrm{d}x = -x^{n+1} K_{n+1}(x) \, ,$$

$$\int x^{-n+1} K_n(x) \, \mathrm{d}x = -x^{-n+1} K_{n-1}(x) \, ,$$

Speziell: $K_0'(x) = -K_1(x)$,

$$K_n(x)I_{n+1}(x) + K_{n+1}(x)I_n(x) = \frac{1}{x} \ .$$

3.7.3   Beispiele

3.7.3.1   Zylinder mit Flächenladungen

Ein unendlich langer Kreiszylinder vom Radius r_0 (Abb. 3.16) trägt auf seiner Oberfläche rotationssymmetrisch und spiegelsymmetrisch in Bezug auf die x-y-Ebene ($z = 0$)
verteilte Oberflächenladungen, d. h.

$$\sigma(z) = \sigma(-z) \ . \tag{3.182}$$

Gesucht ist das dadurch erzeugte Potential. Die Laplace-Gleichung ist deshalb im Gebiet
1 (innerhalb der Zylinderoberfläche) und im Gebiet 2 (außerhalb der Zylinderoberfläche)
zu lösen. Die Lösungen von beiden Gebieten sind dann unter Beachtung der Randbedingungen aneinanderzufügen. Wegen der Rotationssymmetrie der Ladungen hängt auch
das Potential nicht vom Azimutwinkel ab; m, die eine der beiden Separationskonstanten,
verschwindet deshalb,

$$m = 0 \ . \tag{3.183}$$

Wir haben es nur noch mit den Abhängigkeiten von z und r zu tun, und wir wählen die
folgenden Ansätze entsprechend (3.167) und (3.173):

$$\left. \begin{aligned} Z &= A_1 \cos(kz) + A_2 \sin(kz) \\ R &= C_1 I_0(kr) + C_2 K_0(kr) \ . \end{aligned} \right\} \tag{3.184}$$

Aus Symmetriegründen ist $A_2 = 0$, d. h. wir kommen mit den cos-Anteilen allein aus.
Es gibt jedoch keine Einschränkungen für k. Im Gebiet 1 muss C_2 verschwinden, da we-

Abb. 3.16 Ein zylindrisches
Randwertproblem mit Flächenladungen

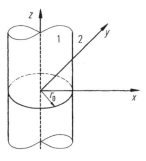

gen der Divergenz von K_0 am Ursprung das Potential sonst ebenfalls divergieren würde. Umgekehrt muss im Gebiet 2 C_1 verschwinden, da I_0 das Potential im Unendlichen divergieren ließe. Insgesamt kommen wir also zu den folgenden Ansätzen:

$$\left.\begin{aligned} \varphi_1 &= \int_0^\infty f_1(k)\cos(kz)I_0(kr)\,dk \ , \\[2mm] \varphi_2 &= \int_0^\infty f_2(k)\cos(kz)K_0(kr)\,dk \ . \end{aligned}\right\} \tag{3.185}$$

An der Oberfläche $r = r_0$ muss nun

$$(E_{z1})_{r=r_0} = (E_{z2})_{r=r_0} \ ,$$

d. h.

$$\left(\frac{\partial\varphi_1}{\partial z}\right)_{r=r_0} - \left(\frac{\partial\varphi_2}{\partial z}\right)_{r=r_0} = 0 \tag{3.186}$$

sein und

$$(D_{r2})_{r=r_0} - (D_{r1})_{r=r_0} = \sigma \ ,$$

d. h.

$$\left(\frac{\partial\varphi_1}{\partial r}\right)_{r=r_0} - \left(\frac{\partial\varphi_2}{\partial r}\right)_{r=r_0} = \frac{\sigma}{\varepsilon_0} \ . \tag{3.187}$$

Die Bedingung (3.186) gibt

$$\int_0^\infty k\sin(kz)[f_2(k)K_0(kr_0) - f_1(k)I_0(kr_0)]\,dk = 0 \ , \tag{3.188}$$

und die Bedingung (3.187) gibt unter Benutzung von

$$I_0'(\xi) = \frac{d}{d\xi}I_0(\xi) = +I_1(\xi) \tag{3.189}$$

und

$$K_0'(\xi) = \frac{d}{d\xi}K_0(\xi) = -K_1(\xi) : \tag{3.190}$$

$$\int_0^\infty k\cos(kz)[f_1(k)I_1(kr_0) + f_2(k)K_1(kr_0)]\,dk = \frac{\sigma}{\varepsilon_0} \ . \tag{3.191}$$

Zur weiteren Behandlung benötigt man die Fourier-Transformation von $\sigma(z)$,

$$\sigma(z) = \int_0^\infty \tilde{\sigma}(k) \cos(kz)\,dk\ . \tag{3.192}$$

Aus (3.188) folgt

$$f_1(k)I_0(kr_0) - f_2(k)K_0(kr_0) = 0\ ,$$

und aus (3.191) folgt mit (3.192)

$$f_1(k)I_1(kr_0) + f_2(k)K_1(kr_0) - \frac{\tilde{\sigma}(k)}{\varepsilon_0 k} = 0\ ,$$

woraus man f_1 und f_2 bekommt:

$$f_1(k) = \frac{\tilde{\sigma}(k)K_0(kr_0)}{\varepsilon_0 k[K_0(kr_0)I_1(kr_0) + K_1(kr_0)I_0(kr_0)]}\ ,$$
$$f_2(k) = \frac{\tilde{\sigma}(k)I_0(kr_0)}{\varepsilon_0 k[K_0(kr_0)I_1(kr_0) + K_1(kr_0)I_0(kr_0)]}\ .$$

Mit Hilfe der Beziehung (s. Abschn. 3.7.2)

$$K_0(kr_0)I_1(kr_0) + K_1(kr_0)I_0(kr_0) = \frac{1}{kr_0} \tag{3.193}$$

vereinfacht sich das zu

$$\left.\begin{aligned} f_1(k) &= \frac{\tilde{\sigma}(k)r_0 K_0(kr_0)}{\varepsilon_0}\ , \\[2mm] f_2(k) &= \frac{\tilde{\sigma}(k)r_0 I_0(kr_0)}{\varepsilon_0}\ . \end{aligned}\right\} \tag{3.194}$$

Damit ist unser Problem im Prinzip gelöst:

$$\left.\begin{aligned} \varphi_1 &= \frac{r_0}{\varepsilon_0}\int_0^\infty \tilde{\sigma}(k)\cos(kz)K_0(kr_0)I_0(kr)\,dk\ , \\[2mm] \varphi_2 &= \frac{r_0}{\varepsilon_0}\int_0^\infty \tilde{\sigma}(k)\cos(kz)I_0(kr_0)K_0(kr)\,dk\ . \end{aligned}\right\} \tag{3.195}$$

Die weitere Behandlung ist im Allgemeinen nur mit numerischen Methoden möglich. Das sehr allgemeine Ergebnis enthält interessante Spezialfälle, z. B. den eines homogen geladenen Kreisrings, für den gilt

$$\sigma(z) = q\delta(z)\ . \tag{3.196}$$

q ist seine Linienladung (C/m). Zur Berechnung von $\tilde{\sigma}(k)$ benutzen wir die Orthogonalitätsrelation (3.107) und bekommen

$$\int\limits_{-\infty}^{+\infty} \sigma(z)\cos(k'z)\,\mathrm{d}z = \int\limits_{-\infty}^{+\infty}\int\limits_{0}^{+\infty} \tilde{\sigma}(k)\cos(kz)\cos(k'z)\,\mathrm{d}k\,\mathrm{d}z$$

$$= \pi \int\limits_{0}^{+\infty} \tilde{\sigma}(k)\delta(k-k')\,\mathrm{d}k = \pi\tilde{\sigma}(k')\,,$$

d. h.

$$\tilde{\sigma}(k) = \frac{1}{\pi} \int\limits_{-\infty}^{+\infty} \sigma(z)\cos(kz)\,\mathrm{d}z$$

$$= \frac{1}{\pi} \int\limits_{-\infty}^{+\infty} q\delta(z)\cos(kz)\,\mathrm{d}z = \frac{q}{\pi}\cos 0 = \frac{q}{\pi}$$

(3.197)

und

$$q\delta(z) = \frac{q}{\pi} \int\limits_{0}^{\infty} \cos(kz)\,\mathrm{d}k$$

bzw.

$$\delta(z) = \frac{1}{\pi} \int\limits_{0}^{\infty} \cos(kz)\,\mathrm{d}k\,.$$

(3.198)

Wir sehen hier eine wichtige Tatsache: Die Fourier-Transformierte der δ-Funktion ist eine Konstante (d. h. ihr Spektrum enthält alle Frequenzen mit gleicher Amplitude). Dies kommt in Gleichung (3.198) zum Ausdruck, die gleichzeitig eine interessante und wichtige Darstellung der δ-Funktion gibt. Aus den Gleichungen (3.197) und (3.195) ergibt sich das Potential des homogen geladenen Kreisrings:

$$\left.\begin{aligned}
\varphi_1 &= \frac{qr_0}{\pi\varepsilon_0} \int\limits_{0}^{\infty} \cos(kz)K_0(kr_0)I_0(kr)\,\mathrm{d}k\,,\\[2mm]
\varphi_2 &= \frac{qr_0}{\pi\varepsilon_0} \int\limits_{0}^{\infty} \cos(kz)I_0(kr_0)K_0(kr)\,\mathrm{d}k\,.
\end{aligned}\right\}$$

(3.199)

An sich kann das Potential des homogen geladenen Kreisrings auch wesentlich einfacher berechnet werden, und zwar bekommt man durch die Integration nach (2.29)

$$\varphi = \frac{r_0 q}{2\pi\varepsilon_0} \frac{1}{\sqrt{rr_0}} K\left(\frac{\pi}{2},l\right),$$

(3.200)

wo $K\left(\frac{\pi}{2}, l\right)$ das vollständige elliptische Integral 1. Art

$$K\left(\frac{\pi}{2}, l\right) = \int_0^{\pi/2} \frac{\mathrm{d}\psi}{\sqrt{1 - l^2 \sin^2 \psi}} \tag{3.201}$$

und

$$l^2 = \frac{4r r_0}{r^2 + z^2 + r_0^2 + 2r r_0} \tag{3.202}$$

ist. Tatsächlich lässt sich zeigen, dass die beiden Ergebnisse (3.199) und (3.200) identisch sind. Die Behauptung läuft darauf hinaus, dass die Fourier-Transformation von $K_0 I_0$ im Wesentlichen das elliptische Integral 1. Art liefert (siehe z.B [6], Band I, Formel (46), S. 49).

Man kann das Problem weiter spezialisieren. Lässt man $r_0 \to 0$ und $q \to \infty$ gehen, und zwar so, dass $2\pi r_0 q = Q$ ist, so muss sich natürlich das Potential einer Punktladung Q am Ursprung ergeben (und zwar aus φ_2, während φ_1 keine Rolle mehr spielt):

$$\varphi = \frac{Q}{2\pi^2 \varepsilon_0} \int_0^{\infty} \cos(kz) K_0(kr) \, \mathrm{d}k \ . \tag{3.203}$$

Andererseits muss natürlich

$$\varphi = \frac{Q}{4\pi \varepsilon_0 \sqrt{r^2 + z^2}}$$

sein, d. h. es muss gelten

$$\frac{1}{\sqrt{r^2 + z^2}} = \frac{2}{\pi} \int_0^{\infty} \cos(kz) K_0(kr) \, \mathrm{d}k \ . \tag{3.204}$$

Diese beiden Beziehungen (3.203) und (3.204) entsprechen den analogen Beziehungen (3.111) und (3.112). In beiden Fällen ist es kein überflüssiger Luxus, ein einfaches und bekanntes Potential auch noch auf viel kompliziertere Weise auszudrücken. Zur Lösung bestimmter Probleme ist es nötig, die entsprechenden Entwicklungen zur Verfügung zu haben. Im Folgenden Beispiel wird sich das zeigen.

3.7.3.2 Punktladung auf der Achse eines dielektrischen Zylinders

Gesucht ist das Potential, das von einer Punktladung Q verursacht wird, die sich auf der Achse eines dielektrischen Kreiszylinders befindet (ε_1). Der restliche Raum werde von einem anderen Dielektrikum eingenommen (Abb. 3.17). Dieses keineswegs triviale Problem lässt sich mit Hilfe der Ergebnisse, die wir bei der Behandlung des vorhergehenden Beispiels erhielten, behandeln. Im Gebiet 2 ist die Laplace'sche Gleichung zu lösen, was in jedem Fall mit Ansatz ähnlich (3.185) möglich ist:

$$\varphi_2 = \frac{Q}{2\pi^2\varepsilon_1} \int_0^\infty \cos(kz) K_0(kr) g_2(k)\, \mathrm{d}k \ . \tag{3.205}$$

Der Faktor dient lediglich der Bequemlichkeit und kann als ein Teil von $g_2(k)$ aufgefasst werden. Im Gebiet 1 ist die Poisson'sche Gleichung für die Punktladung zu lösen. Das kann durch einen Ansatz geschehen, bei dem das Potential der Punktladung nach (3.203) und die allgemeine Lösung der Laplace-Gleichung nach (3.185) einander überlagert werden, d. h. durch

$$\varphi_1 = \frac{Q}{2\pi^2\varepsilon_1} \int_0^\infty \cos(kz)[K_0(kr) + I_0(kr) g_1(k)]\, \mathrm{d}k \ . \tag{3.206}$$

Die allgemeine Lösung der inhomogenen (Poisson'schen) Gleichung ist ja gegeben durch die Überlagerung einer speziellen Lösung der inhomogenen Gleichung und der allgemeinen Lösung der homogenen (Laplace'schen) Gleichung. Hier wird also wesentlich, dass man das Potential der Punktladung in der hier benötigten Form kennt. Man kann die beiden Ansätze (3.205) und (3.206) auch als eine Überlagerung des Potentials der Punktladung und des Potentials der an der Zylinderoberfäche entstehenden gebundenen Flächenladungen sehen. Für $r = r_0$ müssen die Randbedingungen

$$\left(\frac{\partial\varphi_1}{\partial z}\right)_{r=r_0} - \left(\frac{\partial\varphi_2}{\partial z}\right)_{r=r_0} = 0$$

$$\left(\varepsilon_1\frac{\partial\varphi_1}{\partial z}\right)_{r=r_0} - \left(\varepsilon_2\frac{\partial\varphi_2}{\partial z}\right)_{r=r_0} = 0$$

Abb. 3.17 Zylindrisches Randwertproblem, der Zylinder ist dielektrisch, Punktladung auf der Achse

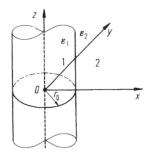

gelten. Sie geben

$$\frac{Q}{2\pi^2\varepsilon_1}\int_0^\infty k\,\sin(kz)[K_0(kr_0) + I_0(kr_0)g_1(k) - K_0(kr_0)g_2(k)]\,dk = 0$$

und

$$\frac{Q}{2\pi^2\varepsilon_1}\int_0^\infty k\,\cos(kz)[-\varepsilon_1 K_1(kr_0) + \varepsilon_1 I_1(kr_0)g_1(k) + \varepsilon_2 K_1(kr_0)g_2(k)]\,dk = 0$$

bzw.

$$K_0(kr_0) + I_0(kr_0)g_1(k) - K_0(kr_0)g_2(k) = 0\,,$$
$$-\varepsilon_1 K_1(kr_0) + \varepsilon_1 I_1(kr_0)g_1(k) + \varepsilon_2 K_1(kr_0)g_2(k) = 0\,.$$

Aufgelöst nach g_1 und g_2 hat man

$$\left.\begin{aligned}
g_1(k) &= \frac{\left(1 - \frac{\varepsilon_2}{\varepsilon_1}\right)kr_0 K_1(kr_0)K_0(kr_0)}{1 + \left(\frac{\varepsilon_2}{\varepsilon_1} - 1\right)kr_0 I_0(kr_0)K_1(kr_0)} \\
g_2(k) &= \frac{1}{1 + \left(\frac{\varepsilon_2}{\varepsilon_1} - 1\right)kr_0 I_0(kr_0)K_1(kr_0)}
\end{aligned}\right\} \tag{3.207}$$

Hier wurden wieder die Beziehungen (3.189), (3.190) und (3.193) benutzt. Für $\varepsilon_2 = \varepsilon_1$ ergibt sich $g_1(k) = 0$ und $g_2(k) = 1$, d. h. $\varphi_1 = \varphi_2 = \varphi$ entsprechend (3.203), wie es sein muss.

Die durch Einsetzen von (3.207) in (3.205) und (3.206) entstehende Lösung ist numerisch auszuwerten. Qualitativ ergeben sich die Äquipotentialflächen der Abb. 3.18 ($\varepsilon_2 > \varepsilon_1$) und 3.19 ($\varepsilon_2 < \varepsilon_1$). Man vergleiche sie mit den Abb. 2.55 und 2.56, beachte dabei jedoch, dass dort die Feldlinien, hier die Äquipotentialflächen gezeichnet sind.

Abb. 3.18 Eine Lösung des Problems der Abb. 3.17

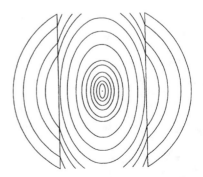

Abb. 3.19 Eine andere Lösung
des Problems der Abb. 3.17

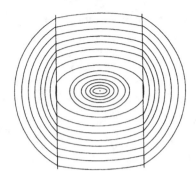

3.7.3.3 Ein Dirichlet'sches Randwertproblem und die Fourier-Bessel-Reihen

Gegeben ist der in Abb. 3.20 gezeigte Zylinder vom Radius r_0 und der Höhe h. Gesucht
ist das Potential im ladungsfreien Inneren des Zylinders bei folgenden Randbedingungen:

$$\varphi = \varphi_h(r) \quad \text{für} \quad z = h \,,$$

$$\varphi = 0 \text{ auf der restlichen Oberfläche .}$$

Es handelt sich um das zylindrische Analogon zum Beispiel in Abschn. 3.5.2.1. Aus
Gründen der Rotationssymmetrie ist wiederum $m = 0$. Für den radialen Teil R können
wir J_0 oder I_0 ansetzen, da mit N_0 oder K_0 das Potential auf der Achse divergieren würde. Nun muss das Potential auch bei $r = r_0$ verschwinden. J_0 hat für reelle Argumente
Nullstellen, I_0 nicht. Wir wählen deshalb J_0. Den z-abhängigen Teil können wir dann
z. B. entsprechend (3.158) wählen, wobei wegen des Verschwindens von φ bei $z = 0$
der sinh allein in Frage kommt. Wir nehmen also an, dass wir φ durch Überlagerung von
Ausdrücken der Form

$$J_0(k r) \sinh(k z)$$

bilden. Dabei muss nun

$$J_0(k r_0) = 0 \tag{3.208}$$

Abb. 3.20 Ein zylindrisches
Randwertproblem, dessen
Lösung Fourier-Bessel-Reihen
erfordert

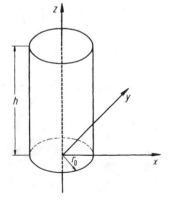

sein. J_0 hat unendlich viele Nullstellen, ähnlich wie eine Winkelfunktion, in die es für große Argumente im Wesentlichen auch übergeht. Liegen die Nullstellen bei λ_{0n}, d. h. ist

$$J_0(\lambda_{0n}) = 0, \quad n = 1, 2, \cdots \tag{3.209}$$

mit

$$\lambda_{01} < \lambda_{02} < \lambda_{03} < \cdots , \tag{3.210}$$

so ist

$$k r_0 = \lambda_{0n}$$

bzw.

$$k = k_n = \frac{\lambda_{0n}}{r_0} . \tag{3.211}$$

Dadurch sind die Eigenwerte unseres Problems gegeben. Man beachte auch hier die Analogie zum Beispiel von Abschn. 3.5.2.1, insbesondere zur Gleichung (3.69). Damit ist der Ansatz für das Potential gegeben:

$$\varphi = \sum_{n=1}^{\infty} C_n J_0(k_n r) \sinh(k_n z) . \tag{3.212}$$

Damit begegnen wir neuartigen Reihenentwicklungen, d. h. Entwicklungen nach den Funktionen $J_0(k_n r)$, die für zylindrische Probleme ebenso typisch sind, wie Fourier-Reihen für kartesische Probleme. Man nennt sie *Fourier-Bessel-Reihen*, ein gut gewählter Name, der gleichzeitig die Analogie zu Fourier-Reihen und die Beziehung zu Zylinderproblemen zum Ausdruck bringt.

Ehe wir mit der Lösung des Problems fortfahren, soll hier einiges über Fourier-Bessel-Reihen gesagt werden. Im Allgemeinen versteht man darunter Reihenentwicklungen der im Intervall $0 \leq x \leq 1$ definierten Funktion $f(x)$ von der Form

$$f(x) = \sum_{n=1}^{\infty} C_n J_m(\lambda_{mn} x) , \tag{3.213}$$

wo λ_{mn} die n−te Nullstelle von J_m ist. Eine solche Entwicklung ist natürlich nur sinnvoll, wenn die Funktionen $J_m(\lambda_{mn} x)$ für das genannte Intervall ein vollständiges System bilden. Das ist der Fall. Sie sind auch orthogonal zueinander im folgenden Sinne:

$$\int_0^1 x J_m(\lambda_{mn} x) J_m(\lambda_{mn'} x) \, dx = \frac{1}{2} [J'_m(\lambda_{mn})]^2 \delta_{nn'} . \tag{3.214}$$

Genau genommen sind es also die Funktionen $\sqrt{x} J_m(\lambda_{mn} x)$, die orthogonal zueinander sind. Man sagt auch, die Funktionen $J_m(\lambda_{mn} x)$ seien im Intervall $0 \leq x \leq 1$ orthogonal mit der Gewichtsfunktion x. Durch (3.214) sind wir in der Lage, die Koeffizienten C_n der Entwicklung (3.213) zu berechnen:

$$\int_0^1 f(x) x J_m(\lambda_{mn'} x)\, dx = \sum_{n=1}^{\infty} C_n \int_0^1 x J_m(\lambda_{mn} x) J_m(\lambda_{mn'} x)\, dx$$

$$= \sum_{n=1}^{\infty} C_n \frac{1}{2} [J_m'(\lambda_{mn})]^2 \delta_{nn'}$$

$$= C_{n'} \frac{1}{2} [J_m'(\lambda_{mn'})]^2 \,,$$

d. h.

$$C_n = \frac{2 \int_0^1 x f(x) J_m(\lambda_{mn} x)\, dx}{[J_m'(\lambda_{mn})]^2} \,. \tag{3.215}$$

Durch Einsetzen von C_n in die Entwicklung (3.213) und Vergleich mit $f(x) = \int \delta(x - x') f(x')\, dx'$ ergibt sich die Vollständigkeitsrelation. Sie lautet hier

$$\sum_{n=1}^{\infty} \frac{2 x' J_m(\lambda_{mn} x) J_m(\lambda_{mn} x')}{[J_m'(\lambda_{mn})]^2} = \delta(x - x') \,. \tag{3.216}$$

Damit kehren wir zu unserem Beispiel zurück, d. h. zum Ansatz (3.212). Er erfüllt alle Randbedingungen bis auf die für $z = h$. Dort soll $\varphi = \varphi_h(r)$ sein:

$$\varphi_h(r) = \sum_{n=1}^{\infty} C_n J_0(k_n r) \sinh(k_n h)$$

$$= \sum_{n=1}^{\infty} C_n J_0\left(\lambda_{0n} \frac{r}{r_0}\right) \sinh\left(\lambda_{0n} \frac{h}{r_0}\right) \,.$$

Mit

$$\xi = \frac{r}{r_0}$$

ist

$$\varphi_h(r_0\xi) = \sum_{n=1}^{\infty} C_n \sinh\left(\lambda_{0n}\frac{h}{r_0}\right) J_0(\lambda_{0n}\xi) \,,$$

wo $0 \leq r \leq r_0$, d. h. $0 \leq \xi \leq 1$. Nach (3.215) ist nun

$$C_n \sinh\left(\frac{\lambda_{0n}h}{r_0}\right) = \frac{2\int_0^1 \xi' J_0(\lambda_{0n}\xi')\varphi_h(r_0\xi')\,d\xi'}{[J_0'(\lambda_{0n})]^2} \,.$$

Weil

$$J_0' = -J_1 \,, \tag{3.217}$$

ist insgesamt

$$\varphi(\xi, z) = \sum_{n=1}^{\infty} \frac{2\left[\int_0^1 \xi' J_0(\lambda_{0n}\xi')\varphi_h(r_0\xi')\,d\xi'\right] J_0(\lambda_{0n}\xi) \sinh\frac{\lambda_{0n}z}{r_0}}{[J_1(\lambda_{0n})]^2 \sinh\frac{\lambda_{0n}h}{r_0}} \,. \tag{3.218}$$

Ein einfacher Spezialfall ist beispielsweise:

$$\varphi_h(r) = \varphi_0 \,.$$

Dafür ist das Integral

$$\varphi_0 \int_0^1 \xi' J_0(\lambda_{0n}\xi')\,d\xi' = \frac{\varphi_0}{\lambda_{0n}^2} \int_0^{\lambda_{0n}} z J_0(z)\,dz = \frac{\varphi_0}{\lambda_{0n}^2}[z J_1(z)]_0^{\lambda_{0n}} = \frac{\varphi_0}{\lambda_{0n}^2}\lambda_{0n} J_1(\lambda_{0n})$$

$$= \frac{\varphi_0 J_1(\lambda_{0n})}{\lambda_{0n}}$$

zu bilden. Dabei wurde die Beziehung $\int z J_0(z)\,dz = z J_1(z)$ verwendet. Schließlich ergibt sich

$$\varphi(r, z) = \varphi_0 \sum_{n=1}^{\infty} \frac{2J_0\left(\lambda_{0n}\frac{r}{r_0}\right)\sinh\left(\frac{\lambda_{0n}z}{r_0}\right)}{\lambda_{0n} J_1(\lambda_{0n})\sinh\left(\frac{\lambda_{0n}h}{r_0}\right)}. \tag{3.219}$$

Tab. 3.1 gibt die ersten vier Nullstellen von J_0 und die zugehörigen Werte von J_1:

Tab. 3.1 Nullstellen λ_{0n} von J_0 und Wert von J_1 an diesen Nullstellen

n	λ_{0n}	$J_1(\lambda_{0n})$
1	2,4048	+0,5191
2	5,5201	−0,3403
3	8,6537	+0,2715
4	11,7915	−0,2325

Aus (3.177) ist im Übrigen zu entnehmen, dass für größere Argumente gilt:

$$\lambda_{0n} \approx (n - \frac{1}{4})\pi \tag{3.220}$$

mit

$$J_1(\lambda_{0n}) \approx (-1)^{n-1} \sqrt{\frac{2}{\pi \lambda_{0n}}} \, , \tag{3.221}$$

was z. B. für $n = 4$ schon sehr gut stimmt.

3.7.3.4   Rotationssymmetrische Flächenladungen in der Ebene $z = 0$ und die Hankel-Transformation

In der Ebene $z = 0$ seien rotationssymmetrische Flächenladungen $\sigma(r)$ angebracht. Gesucht ist das von ihnen erzeugte Potential. Es darf für $z \to \pm\infty$ nicht exponentiell divergieren, und es darf für $r = 0$ nicht divergieren. Die Ansätze

$$\left. \begin{aligned} \varphi_1 &= \int_0^\infty f_1(k) J_0(kr) \exp(+kz)\, \mathrm{d}k \quad \text{für } z < 0 \, , \\[2mm] \varphi_1 &= \int_0^\infty f_2(k) J_0(kr) \exp(-kz)\, \mathrm{d}k \quad \text{für } z > 0 \end{aligned} \right\} \tag{3.222}$$

erfüllen diese Bedingungen. Für $z = 0$ muss gelten

$$\left(\frac{\partial \varphi_1}{\partial r}\right)_{z=0} - \left(\frac{\partial \varphi_2}{\partial r}\right)_{z=0} = 0 \, ,$$

$$\left(\frac{\partial \varphi_1}{\partial z}\right)_{z=0} - \left(\frac{\partial \varphi_2}{\partial z}\right)_{z=0} = \left(\frac{D_2 - D_1}{\varepsilon_0}\right)_{z=0} = \frac{\sigma(r)}{\varepsilon_0} \, .$$

Die erste dieser Bedingungen liefert sofort

$$f_1(k) = f_2(k) = f(k) \, .$$

Damit ergibt sich aus der zweiten Bedingung

$$\int_0^\infty f(k) J_0(kr) 2k \, \mathrm{d}k = \frac{\sigma(r)}{\varepsilon_0} \, . \tag{3.223}$$

Das Problem besteht nun darin, aus dieser Gleichung $f(k)$ zu berechnen, d. h. $f(k)$ durch $\sigma(r)$ auszudrücken. In einem früheren Beispiel hatten wir ein analoges, jedoch auf kartesische Koordinaten bezogenes Problem (Abschn. 3.5.2.3, s. aber auch Abschn. 3.7.3.1), das sich durch Fourier-Transformation lösen ließ. Die Integralgleichung (3.223), darum handelt es sich ja, ist so nicht behandelbar. Auf der anderen Seite konnten wir jedoch endliche Probleme dieser Art, die im kartesischen Fall auf Fourier-Reihen führen, im zylindrischen Fall durch die dazu analogen Fourier-Bessel-Reihen lösen. Es sollte deshalb auch eine zur Fourier-Transformation analoge Integraltransformation für zylindrische Probleme geben, bei der z. B. Bessel-Funktionen an die Stelle von Exponentialfunktionen treten. Das ist in der Tat der Fall. Es handelt sich um die sogenannten *Hankel-Transformationen*. Dieser Zusammenhang kommt in dem allerdings selten gebrauchten Namen Fourier-Bessel-Transformation besser zum Ausdruck. Durch die Hankel-Transformation wird einer Funktion $f(x)$ die Funktion $\tilde{f}(k)$ (Hankel-Transformierte) zugeordnet, und zwar in folgender Weise:

$$\tilde{f}(k) = \int_0^\infty x f(x) J_m(kx)\, \mathrm{d}x \, , \qquad (3.224)$$

wobei umgekehrt

$$f(x) = \int_0^\infty k \tilde{f}(k) J_m(kx)\, \mathrm{d}k \qquad (3.225)$$

ist. Dieser Zusammenhang beruht auf der Orthogonalitätsbeziehung

$$\int_0^\infty k x J_m(kx) J_m(k'x)\, \mathrm{d}x = \delta(k - k') \, . \qquad (3.226)$$

Multipliziert man (3.225) mit $x J_m(k'x)$ und integriert man dann von 0 bis ∞, so ergibt sich

$$\int_0^\infty f(x) x J_m(k'x)\, \mathrm{d}x = \int_0^\infty \int_0^\infty k \tilde{f}(k) J_m(kx) x J_m(k'x)\, \mathrm{d}k\, \mathrm{d}x$$

$$= \int_0^\infty \tilde{f}(k)\delta(k - k')\, \mathrm{d}k = \tilde{f}(k') \, ,$$

d. h. gerade (3.224). Entwickelt man insbesondere die δ-Funktion $\delta(x - x')$, so ergibt sich dafür

$$\tilde{f}(k) = x' J_m(kx')$$

und deshalb

$$\delta(x - x') = \int_0^\infty kx' J_m(kx') J_m(kx)\, dk , \tag{3.227}$$

d. h. gerade die Vollständigkeitsbeziehung. Wie schon bei der Fourier-Transformation handelt es sich auch hier um ein Beispiel für die Entwicklung nach einem Basissystem mit kontinuierlichem Eigenwertspektrum. Den allgemeinen Formalismus dazu haben wir in Abschn. 3.6 erläutert. Es sei noch erwähnt, dass die Hankel-Transformation auch etwas anders, d. h. mit anderen Faktoren, definiert werden kann und wird. Hier wurde eine Definition gewählt, die die beiden Beziehungen (3.224) und (3.225) völlig symmetrisch macht.

Jetzt können wir die Gleichung (3.223) lösen. Wir multiplizieren sie mit $r J_0(k'r)$ und integrieren über r von 0 bis ∞:

$$\int_0^\infty \int_0^\infty f(k) J_0(kr) 2kr J_0(k'r)\, dk\, dr = \frac{1}{\varepsilon_0} \int_0^\infty \sigma(r) r J_0(k'r)\, dr ,$$

d. h.

$$\int_0^\infty f(k) 2\delta(k - k')\, dk = 2f(k') = \frac{1}{\varepsilon_0} \tilde{\sigma}(k') ,$$

$$f(k) = \frac{\tilde{\sigma}(k)}{2\varepsilon_0} ,$$

d. h.

$$\left.\begin{aligned} \varphi_{1,2} &= \frac{1}{2\varepsilon_0} \int_0^\infty \tilde{\sigma}(k) J_0(kr) \exp(-k|z|)\, dk , \\[2ex] \tilde{\sigma}(k) &= \int_0^\infty r\sigma(r) J_0(kr)\, dr , \end{aligned}\right\} \tag{3.228}$$

womit das Problem gelöst ist.

Als einfaches Anwendungsbeispiel wählen wir wiederum den homogen geladenen Kreisring mit

$$\sigma(r) = q\delta(r - r_0) ,$$

wo q seine Linienladung ist. Dafür ist

$$\tilde{\sigma}(k) = q \int\limits_{0}^{\infty} r\delta(r - r_0) J_0(kr)\, dr = qr_0 J_0(kr_0)$$

und

$$\varphi_{1,2} = \frac{qr_0}{2\varepsilon_0} \int\limits_{0}^{\infty} J_0(kr_0) J_0(kr) \exp(-k|z|)\, dk \ . \qquad (3.229)$$

Dieses Potential haben wir auch schon auf andere Weise berechnet. Wie schon (3.199) ist auch (3.229) mit (3.200) identisch (siehe [6], Band II, Formel(17), S.14). Wir können auch hier zur Punktladung übergehen ($Q = 2\pi r_0 q, r_0 \to 0, q \to \infty$) und finden dafür

$$\varphi_{1,2} = \frac{Q}{4\pi \varepsilon_0} \int\limits_{0}^{\infty} J_0(kr) \exp(-k|z|)\, dk \ , \qquad (3.230)$$

weil

$$J_0(0) = 1 \ .$$

Daraus wiederum folgt, dass

$$\frac{1}{\sqrt{r^2 + z^2}} = \int\limits_{0}^{\infty} J_0(kr) \exp(-k|z|)\, dk \qquad (3.231)$$

sein muss (siehe [6], Band II, Formel (18), S.9).

3.7.3.5 Nichtrotationssymmetrische Ladungsverteilungen

Die bisher beschriebenen Beispiele behandelten rotationssymmetrische Probleme. Deshalb war dort überall $m = 0$. Nun wollen wir das Potential nichtrotationssymmetrischer Ladungsverteilungen durch Separation in Zylinderkoordinaten behandeln. Wir betrachten einen Zylinder vom Radius r_0 mit der Flächenladungsdichte

$$\sigma(\varphi, z) = \frac{Q}{r_0}\delta(z)\delta(\varphi - \varphi_0) \ , \qquad (3.232)$$

d. h. mit einer Punktladung bei $z = 0$, $\varphi = \varphi_0$. Wir können dafür das Potential F in der Form

$$F_{i,a} = \sum_{m=0}^{\infty} \int_0^{\infty} \begin{Bmatrix} I_m(kr)K_m(kr_0) \\ I_m(kr_0)K_m(kr_0) \end{Bmatrix} \cdot [f_m(k)\cos m\varphi + g_m(k)\sin m\varphi]\cos(kz)\,dk \quad (3.233)$$

ansetzen. Der obere Ausdruck gilt für $r \leq r_0$, der untere für $r \geq r_0$. Der Ansatz ist so gewählt, dass F bei $r = r_0$ zusammen mit der tangentialen Komponente des elektrischen Feldes stetig ist. Weiter muss nun

$$(E_{ar} - E_{ir})_{r=r_0} = \left(\frac{\partial F_i}{\partial r} - \frac{\partial F_a}{\partial r}\right)_{r=r_0} = \frac{Q}{\varepsilon_0 r_0}\delta(z)\delta(\varphi - \varphi_0) \quad (3.234)$$

sein. d. h.

$$\sum_{m=0}^{\infty} \int_0^{\infty} k\cos kz[I'_m(kr_0)K_m(kr_0) - I_m(kr_0)K'_m(kr_0)]$$

$$\cdot [f_m(k)\cos m\varphi + g_m(k)\sin m\varphi]\,dk = \frac{Q}{\varepsilon_0 r_0}\delta(z)\delta(\varphi - \varphi_0)\,. \quad (3.235)$$

Mit Hilfe der Beziehungen von Abschn. 3.7.2 findet man

$$[I'_m(kr_0)K_m(kr_0) - I_m(kr_0)K'_m(kr_0)] = \frac{1}{kr_0}\,. \quad (3.236)$$

Multipliziert man nun (3.235) mit $\cos k'z\,\cos m'\varphi$ bzw. mit $\cos k'z\,\sin m'\varphi$ und integriert über z und φ, so findet man mit Hilfe der Orthogonalitätsbeziehungen

$$f_0(k) = \frac{Q}{2\pi^2\varepsilon_0}\,, \quad (3.237)$$

$$f_m(k) = \frac{Q}{\pi^2\varepsilon_0}\cos m\varphi_0\,, \quad m \geq 1 \quad (3.238)$$

$$g_m(k) = \frac{Q}{\pi^2\varepsilon_0}\sin m\varphi_0\,. \quad (3.239)$$

Ersetzt man noch z durch $z - z_0$, d. h. befindet sich die Ladung bei $\mathbf{r}_0(r_0, \varphi_0, z_0)$, so ergibt sich dann mit diesen Koeffizienten

$$F_{i,a}(\mathbf{r}) = \frac{Q}{2\pi^2\varepsilon_0}\sum_{m=0}^{\infty}\int_0^{\infty}\begin{Bmatrix} I_m(kr)K_m(kr_0) \\ I_m(kr_0)K_m(kr) \end{Bmatrix}\cos[k(z-z_0)](2-\delta_{0m})\cos[m(\varphi-\varphi_0)]\,dk\,.$$

$$(3.240)$$

Für den reziproken Abstand zwischen den beiden Punkten $\mathbf{r}(r, \varphi, z)$ und $\mathbf{r}_0(r_0, \varphi_0, z_0)$ ergibt sich daraus

$$\frac{1}{|\mathbf{r} - \mathbf{r}_0|} = \frac{2}{\pi} \sum_{m=0}^{\infty} \int_0^{\infty} \left\{ \begin{array}{l} I_m(kr) K_m(kr_0) \\ I_m(kr_0) K_m(kr) \end{array} \right\} \cos[k(z - z_0)] \cos[m(\varphi - \varphi_0)](2 - \delta_{0m}) \, dk \ . $$

$$(3.241)$$

Diese Beziehung verallgemeinert das früher gefundene Ergebnis, Gleichung (3.204). Sie geht für $r_0 = 0$, $z_0 = 0$ in dieses über, da $I_m(0) = 0$ für $m \geq 1$ und $I_0(0) = 1$, d. h. $I_m(0) = \delta_{0m}$ und da jetzt nur der untere Ausdruck von Interesse ist ($r \geq r_0 = 0$).

Wir können auch anders vorgehen. Wir betrachten die Ebene $z = 0$ mit der Punktladung Q bei $\mathbf{r}_0 = (r_0, \varphi_0, 0)$, d. h. mit der Flächenladungsdichte

$$\sigma(r, \varphi) = \frac{Q}{r_0} \delta(r - r_0) \delta(\varphi - \varphi_0) \ . \tag{3.242}$$

Der Ansatz für das Potential lautet nun

$$F = \sum_{m=0}^{\infty} \int_0^{\infty} J_m(kr)[f_m(k) \cos m\varphi + g_m(k) \sin m\varphi] \exp[-k|z|] \, dk \ . \tag{3.243}$$

Der Ansatz ist wiederum so gewählt, dass F an der Grenzfläche $z = 0$ zusammen mit der tangentialen Ableitung stetig ist. Weiter ist nun

$$[E_z(z > 0) - E_z(z < 0)]_{z=0}$$

$$= \sum_{m=0}^{\infty} \int_0^{\infty} 2k J_m(kr)[f_m(k) \cos m\varphi + g_m(k) \sin m\varphi] \, dk \tag{3.244}$$

$$= \frac{Q}{\varepsilon_0 r_0} \delta(r - r_0) \delta(\varphi - \varphi_0) \ . $$

Wir multiplizieren mit $r \cdot J_{m'}(k'r) \cos(m'\varphi)$ bzw. $r \cdot J_{m'}(k'r) \sin m'\varphi$ und integrieren über r und φ, benutzen die Orthogonalitätsbeziehungen und erhalten schließlich

$$f_0(k) = \frac{Q}{4\pi\varepsilon_0} J_0(kr_0) \ , \tag{3.245}$$

$$f_m(k) = \frac{Q}{2\pi\varepsilon_0} J_m(kr_0) \cos m\varphi_0, \quad m \geq 1 \tag{3.246}$$

$$g_m(k) = \frac{Q}{2\pi\varepsilon_0} J_m(kr_0) \sin m\varphi_0 \ . \tag{3.247}$$

Für eine Ladung am Punkt $\mathbf{r}_0(r_0, \varphi_0, z_0)$ ist noch z durch $z - z_0$ zu ersetzen. Mit den eben berechneten Koeffizienten erhält man so

$$F(\mathbf{r}) = \frac{Q}{4\pi\varepsilon_0} \sum_{m=0}^{\infty} \int_0^{\infty} (2 - \delta_{0m}) J_m(kr) J_m(kr_0) \exp[-k|z - z_0|] \cos[m(\varphi - \varphi_0)] \, dk \ .$$

(3.248)

und den reziproken Abstand

$$\frac{1}{|\mathbf{r} - \mathbf{r}_0|} = \sum_{m=0}^{\infty} \int_0^{\infty} (2 - \delta_{0m}) J_m(kr) J_m(kr_0) \exp[-k|z - z_0|] \cos[m(\varphi - \varphi_0)] \, dk \ .$$

(3.249)

Diese Beziehungen verallgemeinern die früher gefundenen Gleichungen (3.230), (3.231). Sie gehen für $r_0 = z_0 = 0$ in diese über, da $J_m(kr_0) = J_m(0) = \delta_{0m}$ ist.

Wir haben uns hier sehr kurz fassen können, da die Vorgehensweise der in den früheren Beispielen in Abschn. 3.7.3.1 und 3.7.3.4 entspricht. Dividiert man die Potentiale (3.240) bzw. (3.248) durch Q, so entstehen die entsprechenden Green'schen Funktionen $G(\mathbf{r}, \mathbf{r}_0)$. Sind auf den Zylinder $r = r_0$ bzw. auf den ebenen Flächen $z = z_0$ beliebige Flächenladungen

$$\sigma = \sigma(z, \varphi) \tag{3.250}$$

bzw.

$$\sigma = \sigma(r, \varphi) \tag{3.251}$$

vorgegeben, so sind die zugehörigen Potentiale

$$F(\mathbf{r}) = \int G(\mathbf{r}, \mathbf{r}_0) \sigma(\mathbf{r}_0) \, dA_0 \ , \tag{3.252}$$

wobei diese Integrale über die Zylinderflächen oder die Ebenen mit

$$dA_0 = r_0 \, d\varphi_0 \, dz_0 \tag{3.253}$$

bzw.

$$dA_0 = r_0 \, d\varphi_0 \, dr_0 \tag{3.254}$$

zu erstrecken sind. Selbstverständlich sind die rotationssymmetrischen Verteilungen in Abschn. 3.7.3.1 und 3.7.3.4 hier als Spezialfälle mit enthalten. Hier sei ein anderer Spezialfall als Beispiel behandelt. Auf dem Zylinder $r = r_0$ soll

$$\sigma = \sigma_0 \cos n\varphi \tag{3.255}$$

sein. Man kann dafür $F_{i,a}(\mathbf{r})$ ausgehend von (3.240) berechnen. Man erhält so

$$F_{i,a} = \int\limits_0^{2\pi} d\varphi_0 \int\limits_{-\infty}^{+\infty} dz_0 \int\limits_0^{\infty} dk \sum_{m=0}^{\infty} \frac{\sigma_0}{2\pi^2 \varepsilon_0} \left\{ \begin{matrix} i_m(kr) K_m(kr_0) \\ I_m(kr_0) K_m(kr) \end{matrix} \right\} \tag{3.256}$$
$$\cdot \cos[k(z - z_0)] \cos[m(\varphi - \varphi_0)](2 - \delta_{0m}) r_0 \cos n\varphi_0 \, .$$

Da die Ladungsverteilung (3.255) von z_0 unabhängig ist, gibt die Integration über z_0

$$\int\limits_{-\infty}^{+\infty} \cos[k(z - z_0)] \, dz_0 = 2\pi \delta(k) \, , \tag{3.257}$$

und man muss die modifizierten Bessel-Funktionen für verschwindende Argumente untersuchen. Mit den Beziehungen (3.178) bis (3.180) findet man

$$\left. \begin{matrix} \lim\limits_{k \to 0} I_n(kr) K_n(kr_0) = \dfrac{1}{2n} \left(\dfrac{r}{r_0} \right)^n \\[2ex] \lim\limits_{k \to 0} I_n(kr_0) K_n(kr) = \dfrac{1}{2n} \left(\dfrac{r_0}{r} \right)^n \end{matrix} \right\} \quad \text{für } n \neq 0 \tag{3.258}$$

und

$$\left. \begin{matrix} \lim\limits_{k \to 0} I_0(kr) K_0(kr_0) = C - \ln r_0 \\[2ex] \lim\limits_{k \to 0} I_0(kr_0) K_0(kr) = C - \ln r \end{matrix} \right\} \quad \text{für } n = 0 \, , \tag{3.259}$$

wobei C zwar unendlich groß wird, dennoch aber unwesentlich ist und beliebig gewählt werden kann. Wir erhalten letzten Endes

$$F_{i,a} = \frac{\sigma_0 r_0}{2n \varepsilon_0} \left\{ \begin{matrix} \left(\dfrac{r}{r_0} \right)^n \\[2ex] \left(\dfrac{r_0}{r} \right)^n \end{matrix} \right\} \cos n\varphi \quad \text{für } n \neq 0 \tag{3.260}$$

und

$$F_{i,a} = -\frac{\sigma_0 r_0}{\varepsilon_0} \left\{ \begin{matrix} 0 \\[2ex] \ln \dfrac{r}{r_0} \end{matrix} \right\} \quad \text{für } n = 0 \, . \tag{3.261}$$

wobei wir $C = \ln r_0$ gewählt haben. Im vorliegenden Fall ist es einfacher, dieses Ergebnis nicht aus den allgemeinen Beziehungen dieses Beispiels herzuleiten. Da das Problem von z unabhängig ist, können wir direkt von der Differentialgleichung

$$r \frac{\partial}{\partial r} r \frac{\partial}{\partial r} R(r) = m^2 R(r) \tag{3.262}$$

ausgehen, die sich aus den Gleichungen (3.156) und (3.160) mit $k = 0$ ergibt. Ihre Lösungen kann man sofort angeben:

$$R = A r^m + B \frac{1}{r^m} \quad \text{für } m \neq 0 , \tag{3.263}$$

$$R = A + B \ln r \quad \text{für } m = 0 . \tag{3.264}$$

Also ist für einen Zylinder mit dem Radius r_0 (auf dem sich beliebige Flächenladungen befinden können)

$$F_i = \sum_{m=1}^{\infty} \left(\frac{r}{r_0} \right)^m (A_m \cos m\varphi + B_m \sin m\varphi) + 0 , \tag{3.265}$$

$$F_a = \sum_{m=1}^{\infty} \left(\frac{r_0}{r} \right)^m (A_m \cos m\varphi + B_m \sin m\varphi) + A_0 \ln \frac{r}{r_0} . \tag{3.266}$$

Wiederum sind die Koeffizienten so gewählt, dass das Potential und damit auch das tangentiale elektrische Feld an der Zylinderfläche $r = r_0$ stetig ist. Ist die Flächenladung (3.255) vorgegeben, so muss sein

$$(E_{ra} - E_{ri})_{r=r_0} = \left(\frac{\partial F_i}{\partial r} - \frac{\partial F_a}{\partial r} \right)_{r=r_0} = \sum_{m=0}^{\infty} \frac{2m}{r_0} (A_m \cos m\varphi + B_m \sin m\varphi) - \frac{A_0}{r_0}$$

$$= \frac{\sigma_0}{\varepsilon_0} \cos n\varphi . \tag{3.267}$$

Offensichtlich verschwinden alle A_m und B_m bis auf A_n:

$$A_n = \frac{\sigma_0 r_0}{2n\varepsilon_0} \quad \text{für } n \neq 0 , \tag{3.268}$$

$$A_0 = -\frac{\sigma_0 r_0}{\varepsilon_0} \quad \text{für } n = 0 , \tag{3.269}$$

was gerade zu den schon oben angegebenen Potentialen (3.260) und (3.261) führt. Wir sehen, dass die direkte Berechnung dieser Potentiale tatsächlich einfacher ist als die Verwendung der allgemeinen Beziehungen. Das liegt daran, dass die modifizierten Bessel-Funktionen im vorliegenden Fall in die elementaren Lösungen (3.263) für $m \neq 0$ und (3.264) für $m = 0$ übergehen, wie man an den Gleichungen (3.178) bis (3.180) erkennt.

Für $n = 0$ erhalten wir natürlich das uns schon bekannte logarithmische Potential außen, konstantes Potential innen, wobei der Bezugspunkt hier so gewählt ist, dass er auf der Zylinderoberfläche $r = r_0$ liegt, d. h. dass das Potential dort verschwindet. Da

$$2\pi r_0 \sigma_0 = q \tag{3.270}$$

ist, ist ja

$$F_a = -\frac{\sigma_0 r_0}{\varepsilon_0} \ln \frac{r}{r_0} = -\frac{q}{2\pi\varepsilon_0} \ln \frac{r}{r_0} . \tag{3.271}$$

3.8 Separation der Laplace'schen Gleichung in Kugelkoordinaten

3.8.1 Die Separation

Nach Gleichung (3.43) ist die Potentialgleichung für das Potential F in Kugelkoordinaten

$$\left(\frac{1}{r^2}\frac{\partial}{\partial r}r^2\frac{\partial}{\partial r} + \frac{1}{r^2\sin\theta}\frac{\partial}{\partial\theta}\sin\theta\frac{\partial}{\partial\theta} + \frac{1}{r^2\sin^2\theta}\frac{\partial^2}{\partial\varphi^2}\right)F = 0 . \tag{3.272}$$

Zu ihrer Lösung dient der Separationsansatz

$$F(r,\theta,\varphi) = R(r)D(\theta)\phi(\varphi) . \tag{3.273}$$

Durch Multiplikation von (3.272) mit

$$\frac{r^2\sin^2\theta}{RD\phi}$$

ergibt sich

$$\frac{\sin^2\theta}{R(r)}\frac{\partial}{\partial r}r^2\frac{\partial}{\partial r}R(r) + \frac{\sin\theta}{D(\theta)}\frac{\partial}{\partial\theta}\sin\theta\frac{\partial}{\partial\theta}D(\theta) + \frac{1}{\phi(\varphi)}\frac{\partial^2}{\partial\varphi^2}\phi(\varphi) = 0 . \tag{3.274}$$

Die beiden ersten Glieder hängen nur von r und θ, das letzte nur von φ ab. Man kann also separieren und z. B. setzen

$$\frac{1}{\phi}\frac{\partial^2\phi}{\partial\varphi^2} = -m^2 \tag{3.275}$$

mit der allgemeinen Lösung

$$\phi = A_1 \exp(im\varphi) + A_2 \exp(-im\varphi) \tag{3.276}$$

oder auch

$$\phi = \tilde{A}_1 \cos(m\varphi) + \tilde{A}_2 \sin(m\varphi) . \tag{3.277}$$

m ist dabei eine ganze Zahl, wenn die Abhängigkeit von φ periodisch mit der Periode 2π angenommen wird. Damit erhält man aus (3.274) nach Division durch $\sin^2\theta$

$$\frac{1}{R(r)}\frac{\partial}{\partial r}r^2\frac{\partial}{\partial r}R(r) + \frac{1}{\sin\theta D(\theta)}\frac{\partial}{\partial\theta}\sin\theta\frac{\partial}{\partial\theta}D(\theta) - \frac{m^2}{\sin^2\theta} = 0\ . \qquad (3.278)$$

Hier hängt das erste Glied nur von r, die übrigen hängen nur von θ ab. Also können wir z. B. setzen

$$\frac{1}{R}\frac{\partial}{\partial r}r^2\frac{\partial}{\partial r}R = n(n+1)\ , \qquad (3.279)$$

woraus sich die allgemeine Lösung

$$R(r) = B_1 r^n + \frac{B_2}{r^{n+1}} \qquad (3.280)$$

ergibt, was durch Einsetzen sofort geprüft werden kann. Setzt man (3.279) in (3.278) ein und multipliziert man noch mit $D(\theta)$, so ergibt sich

$$\frac{1}{\sin\theta}\frac{\partial}{\partial\theta}\sin\theta\frac{\partial}{\partial\theta}D(\theta) + \left[n(n+1) - \frac{m^2}{\sin^2\theta}\right]D(\theta) = 0\ . \qquad (3.281)$$

Die Lösungen dieser wichtigen Differentialgleichung sind die *zugeordneten Kugelfunktionen* bzw. für den Spezialfall $m = 0$ die Kugelfunktionen. Als Differentialgleichung zweiter Ordnung hat sie natürlich zwei linear unabhängige Lösungen, z. B. die sog. zugeordneten Kugelfunktionen erster Art und die zweiter Art. Nur die erster Art sind auf der ganzen Kugel, d. h. für alle Werte von θ endlich, während die zweiter Art an den Polen (d. h. für $\theta = 0$ und $\theta = \pi$) divergieren. Für Probleme in Gebieten, die auch die Pole enthalten, sind deshalb die zugeordneten Kugelfunktionen zweiter Art auszuschließen, da sie das Potential divergieren ließen. Wir wollen sie deshalb nicht betrachten. Damit schließen wir auch gewisse Randwertprobleme aus, nämlich die für Gebiete, die die Pole $\theta = 0$ bzw. $\theta = \pi$ nicht enthalten. (Auch in der Wahl ganzzahliger Werte von m steckt eine Einschränkung der Allgemeinheit, d. h. wir betrachten den ganzen Winkelraum $0 \le \varphi \le 2\pi$ und nicht etwa nur einen Ausschnitt davon). Wir betrachten also nur die zugeordneten Kugelfunktionen erster Art. Auch sie sind nur endlich für ganze Zahlen n. Man bezeichnet sie mit P_n^m, d. h. wir haben

$$D(\theta) = P_n^m(\cos\theta) \qquad (3.282)$$

und speziell für $m = 0$

$$D(\theta) = P_n^0(\cos\theta) = P_n(\cos\theta)\ . \qquad (3.283)$$

Oft wird die Variable

$$\xi = \cos\theta\,, \quad d\xi = -\sin\theta\,d\theta \tag{3.284}$$

eingeführt. Damit ist die Differentialgleichung (3.281)

$$\frac{\partial}{\partial\xi}(1-\xi^2)\frac{\partial}{\partial\xi}D(\xi) + \left[n(n+1) - \frac{m^2}{1-\xi^2}\right]D(\xi) = 0 \tag{3.285}$$

und

$$D(\xi) = P_n^m(\xi)\,. \tag{3.286}$$

Die Funktionen

$$P_n^m(\cos\theta)\cos(m\varphi) \tag{3.287}$$

bzw.

$$P_n^m(\cos\theta)\sin(m\varphi) \tag{3.288}$$

heißen *Kugelflächenfunktionen*. Auch die Funktionen

$$Y_n^m = P_n^m(\cos\theta)\exp(im\varphi) \tag{3.289}$$

werden so bezeichnet. Der Name rührt daher, dass bei festgehaltenem r durch die Winkel θ, φ alle Punkte auf der Kugel $r = \text{const}$ erfasst werden. Die verschiedenen Arten von Kugelflächenfunktionen sind alle Lösungen der Differentialgleichung

$$\left[\frac{1}{\sin\theta}\frac{\partial}{\partial\theta}\sin\theta\frac{\partial}{\partial\theta} + n(n+1) + \frac{1}{\sin^2\theta}\frac{\partial^2}{\partial\varphi^2}\right]F(\theta,\varphi) = 0\,, \tag{3.290}$$

die aus (3.274) entsteht, wenn man zunächst nur den radialen Teil abseparirt.

Die P_n^m lassen sich wie folgt darstellen:

$$P_n^m(\xi) = \frac{(1-\xi^2)^{m/2}}{2^n n!}\frac{d^{n+m}}{d\xi^{n+m}}(\xi^2-1)^n\,. \tag{3.291}$$

Demnach sind die einfachsten Kugelfunktionen (Legendre'sche Polynome)

$$\left.\begin{aligned}
P_0^0 &= P_0 = 1 \\
P_1^0 &= P_1 = \xi = \cos\theta \\
P_2^0 &= P_2 = (1/2)(3\xi^2-1) = (1/2)(3\cos^2\theta - 1) \\
&= (1/4)(3\cos2\theta + 1)
\end{aligned}\right\} \tag{3.292}$$

usw. Die einfachsten zugeordneten Kugelfunktionen sind

$$\left.\begin{aligned}
P_1^1 &= \sqrt{1-\xi^2} = \sin\theta \\
P_2^1 &= 3\xi\sqrt{1-\xi^2} = 3\sin\theta\cos\theta = (3/2)\sin2\theta \\
P_2^2 &= 3(1-\xi^2) = 3\sin^2\theta = (3/2)(1-\cos2\theta)
\end{aligned}\right\} \tag{3.293}$$

usw. Es ist nur nötig, m-Werte in Betracht zu ziehen, die höchstens gleich n sind, da

$$P_n^m = 0 \quad \text{für } m > n \, . \tag{3.294}$$

Man kann beliebige Funktionen in einem Intervall $-1 \leq \xi \leq 1$ nach den P_n^m entwickeln. Dazu dient die Orthogonalitätsbeziehung

$$\int\limits_{-1}^{+1} P_n^m(\xi) P_{n'}^m(\xi) \, \mathrm{d}\xi = \frac{2(n+m)!}{(2n+1)(n-m)!} \delta_{nn'} \, . \tag{3.295}$$

Auch die Winkelfunktionen sind, wie wir schon früher sahen, orthogonal. Für das hier betrachtete Intervall $0 \leq \varphi \leq 2\pi$ lauten die Orthogonalitätsbeziehungen

$$\int\limits_{0}^{2\pi} \cos(m\varphi) \cos(m'\varphi) \, \mathrm{d}\varphi = \begin{cases} 2\pi \delta_{mm'} & \text{für } m = 0 \\ \pi \delta_{mm'} & \text{für } m = 1, 2, \cdots \end{cases}$$

$$\int\limits_{0}^{2\pi} \sin(m\varphi) \sin(m'\varphi) \, \mathrm{d}\varphi = \pi \delta_{mm'} \qquad \text{für } m = 1, 2, \cdots \tag{3.296}$$

$$\int\limits_{0}^{2\pi} \cos(m\varphi) \sin(m'\varphi) \, \mathrm{d}\varphi = 0 \, .$$

Ebenso sind die Exponentialfunktionen $\exp(\mathrm{i}m\varphi)$ orthogonal,

$$\int\limits_{0}^{2\pi} \exp(\mathrm{i}m\varphi) \exp(-\mathrm{i}m'\varphi) \, \mathrm{d}\varphi = 2\pi \delta_{mm'} \, . \tag{3.297}$$

Hier ist daran zu erinnern, dass im Skalarprodukt entsprechend der Definition (3.135) für komplexe Funktionen die konjugiert komplexe Funktion auftaucht, d. h. $\exp(-\mathrm{i}m'\varphi)$ und nicht $\exp(\mathrm{i}m'\varphi)$. Die Beziehungen (3.296) und (3.297) kann man wegen

$$\exp(\pm \mathrm{i}m\varphi) = \cos(m\varphi) \pm \mathrm{i}\sin(m\varphi)$$

aufeinander zurückführen. Die Beziehung (3.297) hat natürlich ein kontinuierliches Analogon, das hier zum Vergleich auch angegeben sei:

$$\int\limits_{-\infty}^{+\infty} \exp(\mathrm{i}kx)\exp(-\mathrm{i}k'x)\,\mathrm{d}x = \int\limits_{-\infty}^{+\infty} \exp[\mathrm{i}(k-k')x]\,\mathrm{d}x = 2\pi\delta(k-k')\;. \qquad (3.298)$$

Diese Beziehung ist die Grundlage der exponentiellen Fourier-Transformation. Sie bringt auch eine wichtige Darstellungsmöglichkeit der δ-Funktion zum Ausdruck:

$$\delta(k-k') = \frac{1}{2\pi}\int\limits_{-\infty}^{+\infty} \exp[\mathrm{i}(k-k')x]\,\mathrm{d}x\;. \qquad (3.299)$$

Daraus wiederum ergibt sich wegen der Symmetrie der cos-Funktion bzw. wegen der Antisymmetrie der sin-Funktion

$$\delta(k-k') = \frac{1}{2\pi}\int\limits_{-\infty}^{+\infty} \{\cos[(k-k')x] + \mathrm{i}\sin[(k-k')x]\}\,\mathrm{d}x$$

$$= \frac{1}{2\pi}\int\limits_{-\infty}^{+\infty} \cos[(k-k')x]\,\mathrm{d}x = \frac{1}{\pi}\int\limits_{0}^{\infty} \cos[(k-k')x]\,\mathrm{d}x\;,$$

eine in etwas anderer Form schon benutzte Gleichung, (3.198).

Aus den Gleichungen (3.295) bis (3.297) folgt die Orthogonalität auch der entsprechenden Produktfunktionen, d. h. der Kugelflächenfunktionen. Zum Beispiel ist

$$\int\limits_{0}^{2\pi} \cos(m\varphi)\cos(m')\,\mathrm{d}\varphi \int\limits_{-1}^{+1} P_n^m(\xi)\,P_{n'}^{m'}(\xi)\,\mathrm{d}\xi$$

$$= \int\limits_{0}^{2\pi}\int\limits_{-1}^{+1} \cos(m\varphi)\,P_n^m(\cos\theta)\cos(m'\varphi)\,P_{n'}^{m'}(\cos\theta)\,\mathrm{d}(\cos\theta)\,\mathrm{d}\varphi$$

$$= \int\limits_{0}^{2\pi}\int\limits_{0}^{\pi} \cos(m\varphi)\,P_n^m(\cos\theta)\cos(m'\varphi)\,P_{n'}^{m'}(\cos\theta)\sin\theta\,\mathrm{d}\theta\,\mathrm{d}\varphi$$

$$= \int\limits_{0}^{2\pi}\int\limits_{0}^{\pi} \cos(m\varphi)\,P_n^m(\cos\theta)\cos(m'\varphi)\,P_{n'}^{m'}(\cos\theta)\,\mathrm{d}\Omega$$

$$= \begin{cases} \dfrac{2\pi}{2n+1}\dfrac{(n+m)!}{(n-m)!}\delta_{nn'}\delta_{mm'} & \text{für } m \geq 1 \\[2ex] \dfrac{4\pi}{2n+1}\dfrac{(n+m)!}{(n-m)!}\delta_{nn'}\delta_{mm'} & \text{für } m = 0 \end{cases} = \frac{2\pi(1+\delta_{0m})}{2n+1}\frac{(n+m)!}{(n-m)!}\delta_{nn'}\delta_{mm'}\;.$$

$$(3.300)$$

Dabei ist

$$\sin\theta \, \mathrm{d}\theta \, \mathrm{d}\varphi = \mathrm{d}\Omega \tag{3.301}$$

das Raumwinkelement auf der Kugelfläche. Ebenso ist, integriert über den gesamten Raumwinkel,

$$\int Y_n^m Y_{n'}^{m'} * \mathrm{d}\Omega = \frac{4\pi(n+m)!}{(2n+1)(n-m)!}\delta_{nn'}\delta_{mm'} \; . \tag{3.302}$$

Die allgemeine Lösung für das Potential kann man in der Form

$$F = \sum_{n=0}^{\infty}\sum_{m=-n}^{+n}\left(A_n r^n + B_n \frac{1}{r^{n+1}}\right) P_n^m(\cos\theta)[C_{nm}\cos(m\varphi) + D_{nm}\sin(m\varphi)] \tag{3.303}$$

oder auch in der Form

$$F = \sum_{n=0}^{\infty}\sum_{m=-n}^{+n}\left(A_{nm} r^n + B_{nm} \frac{1}{r^{n+1}}\right) Y_n^m(\theta,\varphi) \tag{3.304}$$

ansetzen.

Die Eigenschaften der Kugelfunktionen sind in den schon früher genannten Büchern, Abschn. 3.7.2, zusammengestellt [4–8].

3.8.2   Beispiele

3.8.2.1   Dielektrische Kugel im homogenen elektrischen Feld

Wir wollen uns zunächst mit einem sehr einfachen und uns schon bekannten Beispiel befassen (Abschn. 2.12), nämlich dem Problem einer Kugel in einem homogenen elektrischen Feld (Abb. 3.21). Das Potential des von außen angelegten Feldes $E_{a,\infty}$ ist

$$F_{a,\infty} = -E_{a,\infty}z = -E_{a,\infty}r\cos\theta \; . \tag{3.305}$$

Abb. 3.21 Dielektrische Kugel im homogenen elektrischen Feld

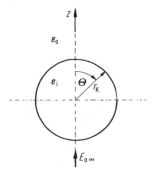

Dazu kommt noch das Potential der gebundenen Ladungen an der Kugeloberfläche. Dafür können wir im Innenraum ansetzen

$$F_i = \sum_{n=0}^{\infty} A_r r^n P_n(\cos\theta) \ . \tag{3.306}$$

Das ergibt sich aus dem Ansatz (3.303), weil hier aus Gründen der Rotationssymmetrie $m = 0$ ist und weil $B_n = 0$ sein muss, damit F nicht am Kugelmittelpunkt divergiert. Im Außenraum ist umgekehrt

$$F_a = \sum_{n=0}^{\infty} B_n \frac{1}{r^{n+1}} P_n(\cos\theta) + F_{a,\infty} \ .$$

Ein Vergleich mit (3.292) zeigt uns, dass $\cos\theta = P_1$ ist, d. h. wir können auch schreiben:

$$F_a = \sum_{n=0}^{\infty} \left(\frac{B_n}{r^{n+1}} - \delta_{n1} E_{a,\infty} r \right) P_n(\cos\theta) \ . \tag{3.307}$$

Bei $r = r_k$ muss F stetig sein, damit die Tangentialkomponenten von **E** dort stetig sind, d. h. es muss sein

$$A_n r_k^n = B_n \frac{1}{r_k^{n+1}} - \delta_{n1} E_{a,\infty} r_k \ . \tag{3.308}$$

Ferner muss die Normalkomponente von **D** stetig sein, d. h. es muss gelten

$$\varepsilon_i \frac{\partial F_i}{\partial r} = \varepsilon_a \frac{\partial F_a}{\partial r} \ ,$$

d. h.

$$\varepsilon_i n A_n r_k^{n-1} = -\varepsilon_a (n+1) B_n \frac{1}{r_k^{n+2}} - \varepsilon_a \delta_{n1} E_{a,\infty} \ . \tag{3.309}$$

Für $n \neq 1$ hat man also das Gleichungspaar

$$A_n r_k^n = B_n \frac{1}{r_k^{n+1}} \ ,$$

$$A_n \varepsilon_i n r_k^{n-1} = -B_n \varepsilon_a (n+1) \frac{1}{r_k^{n+2}} \ .$$

Es hat nur die triviale Lösung

$$A_n = 0 \ , \quad B_n = 0 \ .$$

Für $n = 1$ dagegen ist

$$A_1 r_k = B_1 \frac{1}{r_k^2} - E_{a,\infty} r_k$$

$$\varepsilon_i A_1 = -2\varepsilon_a B_1 \frac{1}{r_k^3} - \varepsilon_a E_{a,\infty} \,,$$

woraus sich

$$\left. \begin{aligned} A_1 &= -E_{a,\infty} \frac{3\varepsilon_a}{\varepsilon_i + 2\varepsilon_a} \,, \\ B_1 &= E_{a,\infty} r_k^3 \frac{\varepsilon_i - \varepsilon_a}{\varepsilon_i + 2\varepsilon_a} \end{aligned} \right\} \tag{3.310}$$

ergibt. Damit wird das Potential im Inneren

$$\begin{aligned} F_i &= -E_{a,\infty} \frac{3\varepsilon_a}{\varepsilon_i + 2\varepsilon_a} r \cos\theta \\ &= -E_{a,\infty} \frac{3\varepsilon_a}{\varepsilon_i + 2\varepsilon_a} z \end{aligned}$$

bzw. das elektrische Feld im Inneren

$$E_i = E_{a,\infty} \frac{3\varepsilon_a}{\varepsilon_i + 2\varepsilon_a} \tag{3.311}$$

in Übereinstimmung mit dem früheren Ergebnis (2.136). Für F_a ergibt sich

$$F_a = E_{a,\infty} \cos\theta \left(\frac{r_k^3}{r^2} \frac{\varepsilon_i - \varepsilon_a}{\varepsilon_i + 2\varepsilon_a} - r \right) \tag{3.312}$$

in Übereinstimmung mit (2.139).

3.8.2.2 Kugel mit beliebiger Oberflächenladung

Wir betrachten eine Kugel mit dem Radius r_0 und der Oberflächenladung

$$\sigma = \sigma(\theta, \varphi) \,. \tag{3.313}$$

Für die Potentiale innen und außen gilt nach Gleichung (3.303)

$$F_{i,a} = \sum_{n=0}^{\infty} \sum_{m=0}^{\infty} \left\{ \begin{aligned} &\left(\frac{r}{r_0} \right)^n \\ &\left(\frac{r_0}{r} \right)^{n+1} \end{aligned} \right\} P_n^m(\cos\theta)(A_{nm} \cos m\varphi + B_{nm} \sin m\varphi) \,. \tag{3.314}$$

Dabei sind die Koeffizienten so gewählt, dass für die Kugeloberfläche bei $r = r_0$ das Potential bereits stetig ist,

$$F_i(r_0, \theta, \varphi) = F_a(r_0, \theta, \varphi) \,. \tag{3.315}$$

Damit ist auch die tangentiale Komponente der Feldstärke stetig. Nun muss noch die Randbedingung

$$(E_{r_a} - E_{r_i})_{r=r_0} = \left(\frac{\partial F_i}{\partial r} - \frac{\partial F_a}{\partial r}\right)_{r=r_0} = \frac{\sigma(\theta, \varphi)}{\varepsilon_0} \tag{3.316}$$

erfüllt werden. Also ist:

$$\sum_{n=0}^{\infty} \sum_{m=0}^{\infty} P_n^m(\cos\theta) \frac{2n+1}{r_0} (A_{nm} \cos m\varphi + B_{nm} \sin m\varphi) = \frac{\sigma(\theta, \varphi)}{\varepsilon_0} . \tag{3.317}$$

Durch Multiplikation dieser Gleichung mit $P_{n'}^{m'}(\cos\theta) \cos m'\varphi$ bzw. $P_{n'}^{m'}(\cos\theta) \sin m'\varphi$ und Integration über den Raumwinkel, $\int \sin\theta \, d\theta \, d\varphi$, erhält man mit Hilfe der Orthogonalitätsbeziehungen (3.300) die Koeffizienten A_{nm} bzw. B_{nm} und damit die Lösung des Problems. Wir begnügen uns mit dem Beispiel

$$\sigma(\theta, \varphi) = \frac{Q}{r_0^2 \sin\theta_0} \delta(\theta - \theta_0)\delta(\varphi - \varphi_0) , \tag{3.318}$$

d. h. mit einer Punktladung Q am Ort $(r_0, \theta_0, \varphi_0)$ auf der Kugeloberfläche. Das liefert uns die Green'sche Funktion des Problems, auf die wir den allgemeinen Fall zurückführen können. Dafür ergibt sich

$$\sum_{n=0}^{\infty} \sum_{m=0}^{n} \frac{2n+1}{r_0} \oint P_n^m(\cos\theta) P_{n'}^{m'}(\cos\theta)$$

$$\cdot (A_{nm} \cos m\varphi + B_{nm} \sin m\varphi) \begin{Bmatrix} \cos m'\varphi \\ \sin m'\varphi \end{Bmatrix} \sin\theta \, d\theta \, d\varphi$$

$$= \frac{Q}{\varepsilon_0 r_0^2} \oint \delta(\theta - \theta_0)\delta(\varphi - \varphi_0) P_{n'}^{m'}(\cos\theta) \begin{Bmatrix} \cos m'\varphi \\ \sin m'\varphi \end{Bmatrix} d\theta \, d\varphi$$

$$= \frac{Q}{\varepsilon_0 r_0^2} P_{n'}^{m'}(\cos\theta_0) \begin{Bmatrix} \cos m'\varphi_0 \\ \sin m'\varphi_0 \end{Bmatrix} .$$

Für $m = 0$ ist dann

$$A_{n0} = \frac{Q}{4\pi\varepsilon_0 r_0} P_n^0(\cos\theta_0) , \tag{3.319}$$

während B_{n0} keine Rolle spielt. Für $m \neq 0$ ist

$$A_{nm} = \frac{Q}{2\pi\varepsilon_0 r_0} \frac{(n-m)!}{(n+m)!} P_n^m(\cos\theta_0) \cos m\varphi_0 , \tag{3.320}$$

$$B_{nm} = \frac{Q}{2\pi\varepsilon_0 r_0} \frac{(n-m)!}{(n+m)!} P_n^m(\cos\theta_0) \sin m\varphi_0 . \tag{3.321}$$

Damit erhält man schließlich

$$F_{i,a} = \frac{Q}{4\pi\varepsilon_0 r_0} \sum_{n=0}^{\infty} \sum_{m=0}^{n} (2 - \delta_{0m}) \left\{ \begin{array}{c} \left(\dfrac{r}{r_0}\right)^n \\[2mm] \left(\dfrac{r_0}{r}\right)^{n+1} \end{array} \right\}$$
$$\cdot \frac{n - m!}{(n + m)!} P_n^m(\cos\theta) P_n^m(\cos\theta_0) \cos[m(\varphi - \varphi_0)] \,, \tag{3.322}$$

da

$$\cos m\varphi \cdot \cos m\varphi_0 + \sin m\varphi \cdot \sin m\varphi_0 = \cos m(\varphi - \varphi_0)$$

ist. Der Faktor $(2 - \delta_{0m})$ sorgt dafür, dass der Sonderfall $m = 0$ richtig berücksichtigt wird. Der in den Gleichungen (3.314), (3.322) obere Faktor gilt für $r \le r_0$, der untere für $r \ge r_0$. Selbstverständlich ist

$$\begin{aligned} F_{ia} &= \frac{Q}{4\pi\varepsilon_0 |\mathbf{r} - \mathbf{r}_0|} \\ &= \frac{1}{4\pi\varepsilon_0} \cdot \frac{Q}{\sqrt{r^2 + r_0^2 - 2r r_0 [\sin\theta \sin\theta_0 \cos(\varphi - \varphi_0) + \cos\theta \cos\theta_0]}} \,. \end{aligned} \tag{3.323}$$

Für den reziproken Abstand gilt also die oft nützliche Entwicklung nach Kugelflächen-funktionen:

$$\frac{1}{|\mathbf{r} - \mathbf{r}_0|} = \frac{1}{r_0} \sum_{n=0}^{\infty} \sum_{m=0}^{n} (2 - \delta_{0m}) \left\{ \begin{array}{c} \left(\dfrac{r}{r_0}\right)^n \\[2mm] \left(\dfrac{r_0}{r}\right)^{n+1} \end{array} \right\}$$
$$\cdot \frac{(n - m)!}{(n + m)!} P_n^m(\cos\theta) P_n^m(\cos\theta_0) \cos[m(\varphi - \varphi_0)] \,. \tag{3.324}$$

Liegt der Punkt $\mathbf{r}$ auf der positiven z-Achse, so ist $\theta = 0$, $\cos(\theta) = 1$, d. h.

$$P_n^m(\cos\theta) = P_n^m(1) = 0 \quad \text{für} \quad m \ge 1 \,, \quad P_n^0(1) = 1 \,, \tag{3.325}$$

und der Ausdruck (3.324) vereinfacht sich:

$$\frac{1}{|\mathbf{r} - \mathbf{r}_0|} = \frac{1}{r_0} \sum_{n=0}^{\infty} \left\{ \begin{array}{c} \left(\dfrac{r}{r_0}\right)^n \\ \left(\dfrac{r_0}{r}\right)^{n+1} \end{array} \right\} P_n^0(\cos\theta_0) \,. \tag{3.326}$$

Dividiert man $F_{i,a}$, Gleichung (3.322), durch Q, so ergibt sich die Green'sche Funktion $G(\mathbf{r}, \mathbf{r}_0)$. Für eine beliebige Verteilung von Oberflächenladungen (3.313) ist damit

$$F(\mathbf{r}) = \oint G(\mathbf{r}, \mathbf{r}_0)\sigma(\mathbf{r}_0)r_0^2 \sin\theta_0 \, d\theta_0 \, d\varphi_0 \,. \tag{3.327}$$

Ein besonders einfaches Beispiel ist das einer konstanten Flächenladung

$$\sigma = \sigma_0 \,. \tag{3.328}$$

Dafür bleibt nur das Glied mit $P_0^0 = 1$ übrig, und man bekommt

$$F_{i,a} = \frac{1}{4\pi\varepsilon_0 r_0}\sigma_0 r_0^2 \left\{ \begin{array}{c} 1 \\ \dfrac{r_0}{r} \end{array} \right\} \oint \sin\theta_0 \, d\theta_0 \, d\varphi_0 = \frac{\sigma_0 r_0}{\varepsilon_0} \left\{ \begin{array}{c} 1 \\ \dfrac{r_0}{r} \end{array} \right\}$$

$$F_{i,a} = \left\{ \begin{array}{ll} \dfrac{\sigma_0 r_0}{\varepsilon_0} = \dfrac{Q}{4\pi\varepsilon_0 r_0} & \text{für } r \leq r_0 \\[2ex] \dfrac{\sigma_0 r_0^2}{\varepsilon_0 r} = \dfrac{Q}{4\pi\varepsilon_0 r} & \text{für } r \geq r_0 \,, \end{array} \right. \tag{3.329}$$

wie es sein muss.

Abb. 3.22 Beliebige Verteilung von Raumladungen

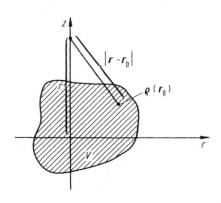

Die Entwicklung des inversen Abstands nach Kugelflächenfunktionen ist in der elektromagnetischen Feldtheorie von erheblichem Interesse. Wir betrachten z. B. eine beliebige Verteilung von Raumladungen. Wir wollen das Potential an einem beliebigen Punkt außerhalb der vorgegebenen Raumladungen angeben. Dieser Punkt soll, was ohne Einschränkung der Allgemeinheit angenommen werden kann, auf der z-Achse liegen, d. h. es soll $\theta = 0$ sein (Abb. 3.22). Dafür ist wegen (3.326)

$$
\begin{aligned}
F(r) &= \frac{1}{4\pi\varepsilon_0 r} \sum_{n=0}^{\infty} \int_V \left(\frac{r_0}{r}\right)^n \rho(\mathbf{r}_0)\, P_n^0(\cos\theta_0)\, d\tau_0 \\
&= \frac{1}{4\pi\varepsilon_0 r} \int_V \rho(\mathbf{r}_0)\, d\tau_0 + \frac{1}{4\pi\varepsilon_0 r^2} \int_V r_0\rho(\mathbf{r}_0)\, P_1^0(\cos\theta_0)\, d\tau_0 \\
&\quad + \frac{1}{4\pi\varepsilon_0 r^3} \int_V r_0^2\rho(\mathbf{r}_0)\, P_2^0(\cos\theta_0)\, d\tau_0 + \dots\,.
\end{aligned}
\tag{3.330}
$$

Das ist die sog. *Multipolentwicklung* des Potentials einer Ladungsverteilung. Sie ordnet dieses nach Beiträgen, die mit $r^{-(n+1)}$ abnehmen. Sie werden der Reihe nach als Monopol-, Dipol-, Quadrupol-, Oktopolanteile etc. bezeichnet. Ist die Gesamtladung 0, d. h. ist

$$
\int \rho(\mathbf{r}_0)\, d\tau_0 = 0\,,
\tag{3.331}
$$

dann wird der Dipolanteil zum führenden Glied der Reihe, falls er nicht auch verschwindet. Haben wir z. B. einen Dipol mit Ladungen $\pm Q$ bei $r_0 = d/2$, $\theta_0 = 0$ bzw. $\theta_0 = \pi$, so wird der Dipolanteil

$$
F = \frac{1}{4\pi\varepsilon_0 r^2} \left[\frac{d}{2} Q + \left(-\frac{d}{2}\right) \cdot (-Q)\right] = \frac{Qd}{4\pi\varepsilon_0 r^2} = \frac{p}{4\pi\varepsilon_0 r^2}\,,
\tag{3.332}
$$

wie es für einen Punkt auf der Achse, $\cos\theta = 1$, auch sein muss. Verschwindet auch der Dipolanteil, so wird der Quadrupolanteil wesentlich usw. Man beachte auch, dass eine einzelne Punktladung Multipolanteile aufweist, wenn sie sich nicht am Ursprung befindet. Für eine Punktladung ergibt sich ja aus (3.330) das Potential

$$
F = \frac{Q}{4\pi\varepsilon_0 r} \sum_{n=0}^{\infty} \left(\frac{r_0}{r}\right)^n \cdot P_n^0(\cos\theta_0)\,,
\tag{3.333}
$$

das dem reziproken Abstand (3.326) für $r > r_0$ entspricht.

Liegt der Punkt, an dem das Potential berechnet werden soll, nicht auf der z-Achse, so ist für den reziproken Abstand die Gleichung (3.324) zu verwenden, was zu umständlicheren Ausdrücken für die verschiedenen Multipolanteile führt.

3.8.2.3 Das Dirichlet'sche Randwertproblem der Kugel

Im Inneren einer Kugel mit dem Radius r_k befinde sich am Punkt $\mathbf{r}_0$ eine Punktladung Q $(r_0 < r_k)$. Auf der Kugeloberfläche soll das Potential $F = 0$ sein. Ohne Einschränkung der Allgemeinheit können wir annehmen, dass sich die Ladung auf der z-Achse $(\theta_0 = 0)$ befindet. Wir können das Potential in der Kugel durch Überlagerung einer speziellen Lösung der inhomogenen Poisson'schen Gleichung und der allgemeinen Lösung der homogenen Laplace'schen Gleichung gewinnen, d. h. wir können ansetzen

$$F = \frac{Q}{4\pi\varepsilon_0 r_0} \sum_{n=0}^{\infty} \left\{ \begin{array}{c} \left(\dfrac{r}{r_0}\right)^n \\ \left(\dfrac{r_0}{r}\right)^{n+1} \end{array} \right\} P_n^0(\cos\theta) + \sum_{n=0}^{\infty} A_n \left(\frac{r}{r_k}\right)^n P_n^0(\cos\theta) . \tag{3.334}$$

Das erste Glied stellt das Potential der Punktladung im unendlichen Raum für $r \geq r_0$ und $r \leq r_0$ im vorliegenden Fall, $\theta_0 = 0$, dar, (3.322) mit (3.325). Auf der Kugeloberfläche wird $F = 0$, wenn

$$A_n = -\frac{Q}{4\pi\varepsilon_0 r_0} \left(\frac{r_0}{r_k}\right)^{n+1} . \tag{3.335}$$

Also ist

$$F = \frac{Q}{4\pi\varepsilon_0} \sum_{n=0}^{\infty} \left[\frac{1}{r_0} \left\{ \begin{array}{c} \left(\dfrac{r}{r_0}\right)^n \\ \left(\dfrac{r_0}{r}\right)^{n+1} \end{array} \right\} - \frac{r_0^n r^n}{r_k^{2n+1}} \right] P_n^0(\cos\theta) . \tag{3.336}$$

Das zweite Glied in (3.334) ist die Lösung der Laplace'schen Gleichung für das Kugelinnere $(r \leq r_k)$. Es berücksichtigt bereits die Rotationssymmetrie des Feldes, die durch die Ladung auf der z-Achse gegeben ist. Dieses zweite Glied stellt den Effekt der Flächenladungen auf der Kugeloberfläche dar. Für sich allein betrachtet ist dieses Glied mit (3.335) gegeben durch

$$F_\sigma = -\frac{Q \frac{r_k}{r_0}}{4\pi\varepsilon_0} \cdot \frac{1}{\frac{r_k^2}{r_0}} \sum_{n=0}^{\infty} \left(\frac{r}{\frac{r_k^2}{r_0}}\right)^n P_n^0(\cos\theta)$$

$$= -\frac{Q}{4\pi\varepsilon_0} \sum_{n=0}^{\infty} \frac{r_0^n r^n}{r_k^{2n+1}} P_n^0(\cos\theta) , \tag{3.337}$$

d. h. es ist nichts anderes als das Potential einer Ladung

$$Q' = -Q \frac{r_k}{r_0} , \tag{3.338}$$

die sich am Ort

$$r_0' = \frac{r_k^2}{r_0} \tag{3.339}$$

auf der z-Achse befindet. Wie es sein muss, finden wir hier wiederum, dass das Problem mit Hilfe dieser Bildladung gelöst werden kann. Das radiale elektrische Feld auf der Kugeloberfläche ist

$$(E_r)_{r=r_k} = -\left(\frac{\partial F}{\partial r}\right)_{r=r_k} = \frac{Q}{4\pi\varepsilon_0}\sum_{n=0}^{\infty}\frac{r_0^n}{r_k^{n+2}}(2n+1)P_n^0(\cos\theta)\,. \tag{3.340}$$

Die dadurch gegebenen Flächenladungen sind

$$\sigma = -\frac{Q}{4\pi}\sum_{n=0}^{\infty}\frac{r_0^n}{r_k^{n+2}}(2n+1)P_n^0(\cos\theta)\,. \tag{3.341}$$

Sie erzeugen im Inneren der Kugel, für sich allein betrachtet, nach (3.327) das Potential

$$F_\sigma = -\frac{Q}{4\pi\varepsilon_0}\sum_{n=0}^{\infty}\frac{r_0^n r^n}{r_k^{2n+1}}P_n^0(\cos\theta)\,, \tag{3.342}$$

d. h. genau das durch (3.337) gegebene zusätzliche Potential der Bildladung.

3.9 Vielleitersysteme

In den vorhergehenden Abschnitten wurde die Separationsmethode zur Lösung elektrostatischer Probleme an einigen Beispielen erörtert. Obwohl es noch eine Reihe weiterer separierbarer Koordinatensysteme gibt, ist doch klar geworden, dass man sehr viele Probleme nicht auf diese Weise lösen kann. Im Allgemeinen, für Systeme aus vielen geladenen Leitern komplizierter Geometrie z. B., führen analytische Methoden überhaupt nicht zum Ziel. Dennoch kann man über beliebige Vielleitersysteme einige allgemeine Aussagen machen. Abb. 3.23 zeigt ein solches System mit z. B. 5 Leitern. Wir betrachten nun ein System aus n Leitern. Sie sollen Ladungen $Q_i(i = 1 \ldots n)$ tragen, und ihre Oberflächen

Abb. 3.23 Ein Vielleitersystem

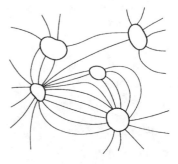

sollen das Potential $\varphi_i (i = 1 \ldots n)$ haben. Dann ist z. B.

$$\varphi_k = \frac{1}{4\pi\varepsilon_0} \sum_{i=1}^{n} \oint_{A_i} \frac{\sigma_i}{r_{ik}} \, \mathrm{d}A_i \, , \tag{3.343}$$

wo r_{ik} der Abstand zwischen dem laufenden Punkt auf der Oberfläche des Leiters i und einem festgehaltenen Punkt auf der Oberfläche des Leiters k ist. Weiter ist

$$\oint_{A_k} \varphi_k \sigma_k \, \mathrm{d}A_k = \varphi_k \oint_{A_k} \sigma_k \, \mathrm{d}A_k = \varphi_k Q_k = \frac{1}{4\pi\varepsilon_0} \sum_{i=1}^{n} \oint_{A_i} \oint_{A_k} \frac{\sigma_i \sigma_k}{r_{ik}} \, \mathrm{d}A_i \, \mathrm{d}A_k$$

bzw.

$$\varphi_k = \sum_{i=1}^{n} \frac{1}{4\pi\varepsilon_0 Q_i Q_k} \oint_{A_i} \oint_{A_k} \frac{\sigma_i \sigma_k}{r_{ik}} \, \mathrm{d}A_i \, \mathrm{d}A_k Q_i \, .$$

Definiert man

$$p_{ki} = \frac{1}{4\pi\varepsilon_0 Q_i Q_k} \oint_{A_i} \oint_{A_k} \frac{\sigma_i \sigma_k}{r_{ik}} \, \mathrm{d}A_i \, \mathrm{d}A_k \, , \tag{3.344}$$

so ist

$$\varphi_k = \sum_{i=1}^{n} p_{ki} Q_i \, . \tag{3.345}$$

Die Koeffizienten p_{ki} dieses linearen Zusammenhangs hängen nicht von den Ladungen ab, sondern nur von der Geometrie der Leiter. Ihre Definition zeigt, dass sie symmetrisch und nicht negativ sind:

$$\left. \begin{array}{l} p_{ki} = p_{ik} \\ p_{ik} \geq 0 \, . \end{array} \right\} \tag{3.346}$$

$p_{ik} \geq 0$ ist an Gleichung (3.344) nicht unmittelbar zu erkennen. Betrachtet man jedoch ein System mehrerer Leiter, von denen nur einer Ladung trägt (z. B. der k-te), alle anderen nicht, so zeigt sich

$$p_{ik} \geq 0 \, .$$

Die p_{ik} heißen *Potentialkoeffizienten*. Man kann sich die lineare Beziehung (3.345) nach den Ladungen aufgelöst denken:

$$Q_i = \sum_{k=1}^{n} c_{ik} \varphi_k \, , \tag{3.347}$$

Abb. 3.24 Ein spezielles Vielleitersystem

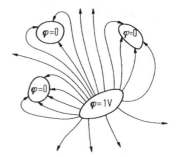

wo

$$c_{ik} = \frac{P_{ik}}{\Delta} . \qquad (3.348)$$

Δ ist dabei die Determinante der Koeffizienten p_{ik} und P_{ik} ist die zu p_{ki} gehörige Un-
terdeterminante; d. i. das $(-1)^{i+k}$-fache der Determinante, die aus $\Delta = \det(p_{ik})$ durch
Streichen der k-ten Zeile und der i-ten Spalte entsteht. Die Symmetrie überträgt sich dadurch von den p_{ik} auch auf die c_{ik}, die sogenannten *Influenzkoeffizienten*,

$$c_{ik} = c_{ki} . \qquad (3.349)$$

Im Übrigen unterscheiden sie sich jedoch von den p_{ik} durch folgende Eigenschaften:

$$\left.\begin{aligned}
& c_{ii} \geq 0 \\
& c_{ik} \leq 0 \qquad \text{für } i \neq k \\
& \sum_{i=1}^{n} c_{ik} \geq 0 .
\end{aligned}\right\} \qquad (3.350)$$

Dies kann man sich wie folgt überlegen. Alle Leiter bis auf einen (z. B. den i-ten Leiter)
sollen das Potential $\varphi_k = 0$ $(k \neq i)$ haben, der i-te Leiter dagegen habe z. B. das Potential
$\varphi_i = 1$ Volt. Da das Potential im ladungsfreien Raum keine Extremwerte haben kann
(Abschn. 3.4), muss sich eine Konfiguration wie in Abb. 3.24 skizziert ergeben. Alle vom
Leiter i ausgehenden Kraftlinien enden an einem der anderen Leiter, oder sie gehen ins
Unendliche. Jedoch können keine Kraftlinien von einem Leiter des Potentials 0 zu einem
anderen des Potentials 0 verlaufen. Der Leiter i trägt positive Ladung Q_i. Alle anderen
Ladungen sind negativ. Nun ist nach (3.347)

$$Q_k = c_{ki}\varphi_i \leq 0 , \quad (i \neq k) ,$$

d. h.

$$c_{ki} \leq 0 , \quad (i \neq k) ,$$

wie behauptet. Andererseits ist

$$Q_i = c_{ii}\varphi_i \geq 0$$

und deshalb wie behauptet

$$c_{ii} \geq 0 \ .$$

Die Gesamtladung ist ebenfalls positiv, d. h.

$$\sum_{k=1}^{n} Q_k = \sum_{k=1}^{n} c_{ki}\varphi_i = \varphi_i \sum_{k=1}^{n} c_{ki} \geq 0 \ ,$$

d. h.

$$\sum_{k=1}^{n} c_{ki} \geq 0 \ ,$$

womit die letzte der Behauptungen (3.350) bewiesen ist, da die Koeffizienten nicht von den Ladungen, sondern nur von der Geometrie abhängen. Etwas ausführlicher geschrieben ist

$$Q_1 = c_{11}\varphi_1 + c_{12}\varphi_2 + c_{13}\varphi_3 + \dots$$
$$Q_2 = c_{21}\varphi_1 + c_{22}\varphi_2 + c_{23}\varphi_3 + \dots$$
$$Q_3 = c_{31}\varphi_1 + c_{32}\varphi_2 + c_{33}\varphi_3 + \dots$$
$$\vdots \quad \dots\dots\dots$$

Man kann das auch etwas umschreiben:

$$Q_1 = (c_{11} + c_{12} + c_{13} + \dots)\varphi_1 + c_{12}(\varphi_2 - \varphi_1) + c_{13}(\varphi_3 - \varphi_1) + \dots$$
$$Q_2 = c_{21}(\varphi_1 - \varphi_2) + (c_{22} + c_{21} + c_{23} + \dots)\varphi_2 + c_{23}(\varphi_3 - \varphi_2) + \dots$$
$$Q_3 = c_{31}(\varphi_1 - \varphi_3) + c_{32}(\varphi_2 - \varphi_3) + (c_{33} + c_{31} + c_{32} + \dots)\varphi_3 + \dots$$
$$\dots\dots\dots$$

bzw.

$$\left.\begin{aligned}
Q_1 &= C_{11}\varphi_1 + C_{12}(\varphi_1 - \varphi_2) + C_{13}(\varphi_1 - \varphi_3) + \dots \\
Q_2 &= C_{21}(\varphi_2 - \varphi_1) + C_{22}\varphi_2 + C_{23}(\varphi_2 - \varphi_3) + \dots \\
Q_3 &= C_{31}(\varphi_3 - \varphi_1) + C_{32}(\varphi_3 - \varphi_2) + C_{33}\varphi_3 + \dots \\
&\dots\dots\dots .
\end{aligned}\right\} \qquad (3.351)$$

wo

$$C_{ii} = \sum_{k=1}^{n} c_{ik} \geq 0$$

$$C_{ik} = -c_{ik} \geq 0 , \quad (i \neq k) .$$

$$(3.352)$$

Die Beziehung (3.351) stellt einen Zusammenhang zwischen den Ladungen und den Potentialdifferenzen (Spannungen) her. Die C_{ik} heißen deshalb *Kapazitäskoeffizienten*. Sie stellen eine Verallgemeinerung des in Abschn. 2.7 definierten Begriffs der Kapazität eines Kondensators dar.

Die elektrostatische Energie der Leiteranordnung kann man wie folgt berechnen. Nach (2.173) ist

$$W = \sum_{i=1}^{n} \frac{1}{2} \oint_{A_i} \varphi_i \sigma_i \, dA_i = \frac{1}{2} \sum_{i=1}^{n} \varphi_i Q_i .$$

so dass man mit (3.345) bzw. mit (3.347)

$$W = \frac{1}{2} \sum_{i,k=1}^{n} p_{ik} Q_i Q_k = \frac{1}{2} \sum_{i,k=1}^{n} c_{ik} \varphi_i \varphi_k$$

$$(3.353)$$

erhält.

Eine weitere interessante Anwendung der Influenzkoeffizienten führt wegen deren Symmetrie zu einem nützlichen Theorem, das manchmal als *Reziprozitätstheorem* bezeichnet wird. Wir betrachten zwei verschiedene Zustände des Systems, das aus n Leitern besteht. Zu den Ladungen Q_i sollen die Potentiale φ_i gehören, zu den Ladungen $\tilde{Q}_i$ dagegen die Potentiale $\tilde{\varphi}_i$. Dann ist

$$\sum_{i=1}^{n} \tilde{\varphi}_i Q_i = \sum_{i=1}^{n} \tilde{\varphi}_i \sum_{k=1}^{n} c_{ik} \varphi_k = \sum_{i,k=1}^{n} c_{ki} \varphi_k \tilde{\varphi}_i = \sum_{i,k=1}^{n} c_{ik} \varphi_i \tilde{\varphi}_k$$

$$= \sum_{i=1}^{n} \varphi_i \sum_{k=1}^{n} c_{ik} \tilde{\varphi}_k = \sum_{i=1}^{n} \varphi_i \tilde{Q}_i ,$$

d. h.

$$\sum_{i=1}^{n} Q_i \tilde{\varphi}_i = \sum_{i=1}^{n} \tilde{Q}_i \varphi_i .$$

$$(3.354)$$

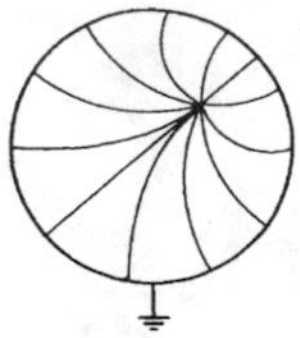

Abb. 3.25 Kugel mit Influenzladung

Als einfache Anwendung sei das folgende Beispiel betrachtet. Im Abstand r vom Mittelpunkt einer Kugel vom Radius r_k ($r > r_k$) befinde sich die Ladung Q_1 auf einer beliebig
klein gedachten Kugel. Welche Influenzladung befindet sich auf der großen Kugel, wenn
diese geerdet ist? Wir bezeichnen diese Influenzladung mit Q_2. Wir betrachten weiter
zwei verschiedene Zustände unseres Zweileitersystems. Der erste Zustand ist ein im Grunde willkürlich wählbarer Vergleichszustand, der jedoch leicht berechenbar sein soll. Der
zweite Zustand ist der gesuchte.

1.

$$\tilde{Q}_1 = 0 \,, \quad \tilde{Q}_2 = \tilde{Q}_2 \,, \quad \tilde{\varphi}_1 = \frac{\tilde{Q}_2}{4\pi\varepsilon_0 r} \,, \quad \tilde{\varphi}_2 = \frac{\tilde{Q}_2}{4\pi\varepsilon_0 r_k}$$

2.

$$Q_1 = Q_1 \,, \quad Q_2 = Q_2 \,, \quad \varphi_1 = \varphi_1 \,, \quad \varphi_2 = 0 \,.$$

Nach (3.354) ist nun

$$\left.\begin{aligned}
&\tilde{Q}_1\varphi_1 + \tilde{Q}_2\varphi_2 = 0 = Q_1\tilde{\varphi}_1 + Q_2\tilde{\varphi}_2 \,, \\
&\text{d.\,h.} \\
&Q_2 = -Q_1 \frac{\tilde{\varphi}_1}{\tilde{\varphi}_2} = -Q_1 \frac{r_k}{r} \,.
\end{aligned}\right\} \tag{3.355}$$

Damit ist das Problem bereits gelöst. Q_2 ist natürlich die aus Abschn. 2.6 bekannte Bildladung entsprechend Gleichung (2.90) mit $z_1 = r$. Für den Fall $r < r_k$ wird das Problem
trivial. Die Influenzladung muss dann $Q_2 = -Q_1$ sein, da alle Kraftlinien auf der geerde-
ten Kugel enden müssen (Abb. 3.25). Formal ergibt sich dies, weil nun gilt

$$\tilde{\varphi}_1 = \tilde{\varphi}_2 = \frac{\tilde{Q}_2}{4\pi\varepsilon_0 r_k} \,.$$

3.10   Ebene elektrostatische Probleme und die Stromfunktion

Vielfach hat man mit Problemen zu tun, die nur von zwei kartesischen Koordinaten abhängen, z. B. von x und y, nicht jedoch von z. Solche Probleme werden als „eben" bezeichnet.
Sie haben eine Reihe besonderer Eigenschaften, die in diesem Abschnitt erörtert werden
sollen.

Wenn das Feld $\mathbf{E}$ nicht von z abhängt, so verschwinden alle Ableitungen nach z, d. h. rein formal können wir angewandt auf $\mathbf{E}$, setzen

$$\frac{\partial}{\partial z} = 0 \,. \tag{3.356}$$

Damit wird

$$\begin{aligned}
\operatorname{rot} \mathbf{E} &= \left(\frac{\partial E_z}{\partial y} - \frac{\partial E_y}{\partial z}, \frac{\partial E_x}{\partial z} - \frac{\partial E_z}{\partial x}, \frac{\partial E_y}{\partial x} - \frac{\partial E_x}{\partial y} \right) \\
&= \left(\frac{\partial E_z}{\partial y}, -\frac{\partial E_z}{\partial x}, \frac{\partial E_y}{\partial x} - \frac{\partial E_x}{\partial y} \right) = 0 \,,
\end{aligned}$$

d. h. insbesondere ist

$$\frac{\partial E_z}{\partial y} = \frac{\partial E_z}{\partial x} = 0$$

bzw.

$$E_z = \text{const} \,. \tag{3.357}$$

Die Komponente E_z ist demnach ohne besonderes Interesse. E_z kann zwar einen beliebigen Wert annehmen, muss jedoch räumlich konstant sein. Eine interessante Gleichung ergibt sich nun für die dritte Komponente von $\operatorname{rot} \mathbf{E}$, nämlich

$$\frac{\partial E_y}{\partial x} - \frac{\partial E_x}{\partial y} = 0 \,. \tag{3.358}$$

Diese Gleichung ist mit einer beliebigen Funktion φ erfüllt, wenn wir setzen

$$\left. \begin{aligned}
E_x &= -\frac{\partial \varphi}{\partial x} \\
E_y &= -\frac{\partial \varphi}{\partial y}
\end{aligned} \right\} \tag{3.359}$$

Das ist natürlich nicht überraschend. Es zeigt nur, dass das elektrostatische Feld wie im allgemeineren dreidimensionalen Fall auch im ebenen Fall aus dem Potential φ gewonnen werden kann.

Im ladungsfreien Raum gilt außerdem noch

$$\operatorname{div} \mathbf{E} = \frac{\partial E_x}{\partial x} + \frac{\partial E_y}{\partial y} = 0 \,. \tag{3.360}$$

Setzt man nun mit einer beliebigen skalaren Funktion ψ

$$\left. \begin{aligned}
E_x &= -\frac{\partial \psi}{\partial y} \,, \\
E_y &= \frac{\partial \psi}{\partial x} \,,
\end{aligned} \right\} \tag{3.361}$$

so ist die Gleichung (3.360) offensichtlich erfüllt:

$$\frac{\partial}{\partial x}\left(-\frac{\partial \psi}{\partial y}\right) + \frac{\partial}{\partial y}\left(\frac{\partial \psi}{\partial x}\right) = 0 \ .$$

Die hier auftretende Funktion ψ wird als *Stromfunktion* bezeichnet. Man kann also das Feld sowohl aus dem Potential φ wie aus der Stromfunktion ψ berechnen. φ und ψ gehören zu demselben Feld, wenn – nach (3.359) und (3.361) – gilt:

$$\frac{\partial \varphi}{\partial x} = \frac{\partial \psi}{\partial y}$$

$$\frac{\partial \varphi}{\partial y} = -\frac{\partial \psi}{\partial x} \ . \tag{3.362}$$

Das sind die sog. *Cauchy-Riemann'schen Differentialgleichungen.* Ihre grundlegende Bedeutung für die Funktionentheorie werden wir im nächsten Abschnitt erläutern. Dabei wird sich auch zeigen, welche erheblichen Konsequenzen es hat, dass φ und ψ diese Gleichungen erfüllen. Vorher seien jedoch einige Eigenschaften der Stromfunktion erwähnt.

1. Aus den Gleichungen (3.359) und (3.360) ergibt sich im ladungsfreien Raum

$$\frac{\partial}{\partial x}\left(-\frac{\partial \varphi}{\partial x}\right) + \frac{\partial}{\partial y}\left(-\frac{\partial \varphi}{\partial y}\right) = -\Delta \varphi = 0 \ ,$$

d. h.

$$\Delta \varphi = 0 \ , \tag{3.363}$$

was uns bereits aus Abschn. 2.1 bekannt ist. Ebenso – und das ist neu – folgt aus den Gleichungen (3.358) und (3.361)

$$\frac{\partial}{\partial x}\left(\frac{\partial \psi}{\partial x}\right) - \frac{\partial}{\partial y}\left(-\frac{\partial \psi}{\partial y}\right) = \Delta \psi = 0 \ . \tag{3.364}$$

Sowohl φ als auch ψ erfüllen die Laplace'sche Gleichung, sind also – wie man auch sagt – *harmonische Funktionen.*

2. ψ *ist längs einer Kraftlinie konstant.* Es gilt nämlich

$$\mathbf{E} \cdot \mathrm{grad}\, \psi = E_x \frac{\partial \psi}{\partial x} + E_y \frac{\partial \psi}{\partial y}$$

$$= E_x E_y + E_y(-E_x) = 0 \ . \tag{3.365}$$

Der Vektor $\mathbf{E}$ steht also auf dem Vektor $\mathrm{grad}\,\psi$ senkrecht. $\mathrm{grad}\,\psi$ steht senkrecht auf der Fläche $\psi = $ const, $\mathbf{E}$ muss also in dieser Fläche liegen, womit die Behauptung

Abb. 3.26 Die Linien konstanter Stromfunktion ψ und
die Äquipotentiallinien φ bilden in der Ebene $z = 0$ ein
orthogonales Netz

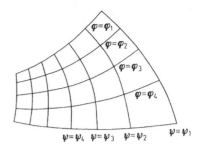

bewiesen ist. $\mathbf{E}$ wiederum steht senkrecht auf den Flächen $\varphi = \text{const}$, d. h. die Flächen $\varphi = \text{const}$ und $\psi = \text{const}$ schneiden einander überall unter rechten Winkeln
(Abb. 3.26). Die Flächen $\varphi = \text{const}$ und $\psi = \text{const}$ bilden z. B. in der Ebene $z = 0$
miteinander ein *orthogonales Netz* zweier aufeinander senkrechter Kurvenscharen (*Or-
thogonaltrajektorien*).

3. Die Stromfunktion hat ihren Namen u. a. auch daher, dass sie eng zusammenhängt
    mit dem zwischen zwei Punkten der Ebene „hindurchströmenden" elektrischen Fluss
    (Strom) (Abb. 3.27). Die Punkte A und B sind durch irgendeine Kurve miteinander
    verbunden. Der hindurch tretende Fluss ist pro Längeneinheit

$$\frac{\Omega}{L} = \varepsilon_0 \int_A^B E_\perp \, \mathrm{d}s = \varepsilon_0 \int_A^B (\mathbf{E} \times \mathbf{ds})_z = \varepsilon_0 \int_A^B (E_x \, \mathrm{d}y - E_y \, \mathrm{d}x)$$

$$= \varepsilon_0 \int_A^B \left(-\frac{\partial \psi}{\partial y} \, \mathrm{d}y - \frac{\partial \psi}{\partial X} \, \mathrm{d}x \right) = -\varepsilon_0 \int_A^B \mathrm{d}\psi \, , \tag{3.366}$$

$$\frac{\Omega}{L} = -\varepsilon_0 [\psi(B) - \psi(A)] \, .$$

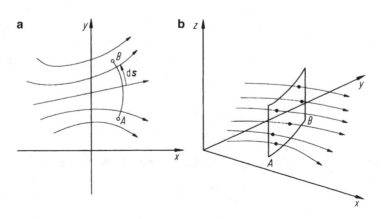

Abb. 3.27 Erläuterung der Stromfunktion

Bis auf den Faktor $-\varepsilon_0$ stellt also die Differenz der Stromfunktion an zwei verschiedenen Punkten den zwischen ihnen (pro Längeneinheit in z-Richtung) hindurch tretenden elektrischen Fluss dar.

Formal gesehen wurde die Stromfunktion nur zur Lösung der Gleichung (3.360) durch den Ansatz (3.361) eingeführt. So etwas ist nicht nur bei ebenen Problemen möglich, sondern allgemeiner bei Problemen, die durch irgendeine vorhandene Symmetrie zweidimensional sind. Betrachten wir z. B. ein zylindrisches Problem, das rotationssymmetrisch (d. h. unabhängig vom Azimutwinkel) ist, so gilt

$$\varphi = \varphi(r, z) \tag{3.367}$$

mit

$$\left. \begin{aligned} E_r &= -\frac{\partial \varphi}{\partial r} \, , \\ E_z &- -\frac{\partial \varphi}{\partial z} \, . \end{aligned} \right\} \tag{3.368}$$

Ferner ist, nach (3.32),

$$\operatorname{div} \mathbf{E} = \frac{1}{r} \frac{\partial}{\partial r} r E_r + \frac{\partial}{\partial z} E_z = 0 \, . \tag{3.369}$$

Mit dem Ansatz

$$\left. \begin{aligned} E_r &= -\frac{1}{r} \frac{\partial \psi}{\partial z} \, , \\ E_z &= \frac{1}{r} \frac{\partial \psi}{\partial r} \end{aligned} \right\} \tag{3.370}$$

ist Gleichung (3.369) für jedes ψ erfüllt. Vergleicht man (3.368) und (3.370), so findet man

$$\left. \begin{aligned} E_r &= -\frac{\partial \varphi}{\partial r} = -\frac{1}{r} \frac{\partial \psi}{\partial z} \, , \\ E_z &= -\frac{\partial \varphi}{\partial z} = +\frac{1}{r} \frac{\partial \psi}{\partial r} \, . \end{aligned} \right\} \tag{3.371}$$

Diese Gleichungen treten an die Stelle von (3.362). Trotz weitgehender Analogie gibt es doch einen sehr wesentlichen Unterschied darin, dass sich nur im ebenen Fall die Cauchy-Riemann'schen Gleichungen ergeben. Das hat zur Folge, dass die im nächsten Abschnitt zu diskutierenden funktionentheoretischen Methoden nur auf ebene Probleme angewandt werden können, was eine bedauerliche Beschränkung darstellt.

3.11 Analytische Funktionen und konforme Abbildungen

Der Punkt (x, y) einer Ebene kann „eineindeutig" (d. h. eindeutig in beiden Richtungen) durch die komplexe Zahl

$$z = x + \mathrm{i} y$$

Abb. 3.28 Die komplexe
Zahlenebene

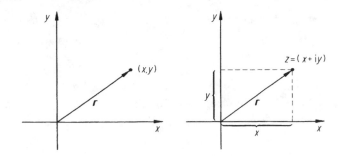

gekennzeichnet werden. z hat also hier und im Folgenden nichts mit der dritten kartesi-schen Koordinate zu tun, die für ebene Probleme auch keine Rolle spielt. Die komplexe Zahl ist eine zweidimensionale Größe und hat Eigenschaften, die denen eines Vektors im zweidimensionalen Raum ganz analog sind. Man kann durchaus auch z mit dem Vektor (x, y) identifizieren (Abb. 3.28):

$$z = x + \mathrm{i}y \Leftrightarrow (x, y) = \mathbf{r} \,. \tag{3.372}$$

Die komplexe Zahl z und der Vektor $\mathbf{r}$ kennzeichnen jedenfalls denselben Punkt. Man kann auch die Operationen der Vektorrechnung ebenso gut mit komplexen Zahlen durch-führen, wobei diese in gewisser Hinsicht sogar einfacher werden. So ist z. B. das Skalar-produkt zweier Vektoren

$$\mathbf{r}_1 \cdot \mathbf{r}_2 = (x_1, y_1) \cdot (x_2, y_2) = x_1 x_2 + y_1 y_2 \,, \tag{3.373}$$

und das Vektorprodukt, genauer gesagt dessen einzige im ebenen Fall nicht verschwin-dende Komponente, ist

$$\mathbf{r}_1 \times \mathbf{r}_2 = (x_1, y_1) \times (x_2, y_2) = x_1 y_2 - y_1 x_2 \,, \tag{3.374}$$

Betrachten wir nun zwei komplexe Zahlen,

$$z_1 = x_1 + \mathrm{i}y_1$$

und

$$z_2 = x_2 + \mathrm{i}y_2 \,,$$

so ist

$$\begin{aligned} z_1^* z_2 &= (x_1 - \mathrm{i}y_1)(x_2 + \mathrm{i}y_2) \\ &= x_1 x_2 + y_1 y_2 + \mathrm{i}(x_1 y_2 - y_1 x_2) \\ &= \mathbf{r}_1 \cdot \mathbf{r}_2 + \mathrm{i}\mathbf{r}_1 \times \mathbf{r}_2 \,. \end{aligned} \tag{3.375}$$

Unter z^* ist dabei die zu z konjugiert komplexe Zahl zu verstehen, d. h.

$$z^* = x - \mathrm{i}y \ . \tag{3.376}$$

Die Gleichung (3.375) besagt dann, dass das Produkt $z_1^* z_2$ als Realteil das Skalarprodukt und als Imaginärteil das Vektorprodukt der beiden „Vektoren" z_1 und z_2 hat.

Man kann nun beliebige Funktionen komplexer Zahlen, d. h. komplexe Funktionen untersuchen, z. B.

$$f(z) = z^2 = x^2 - y^2 + \mathrm{i}2xy$$

oder

$$f(z) = z^* = x - \mathrm{i}y$$

usw. Jede solche Funktion kann man in ihren Realteil und ihren Imaginärteil „zerlegen", d. h. man kann sie, wie eben, stets in der Form schreiben

$$f(z) = u(x, y) + \mathrm{i}v(x, y) \ . \tag{3.377}$$

Das Differenzieren solcher Funktionen ist jedoch nicht unter allen Umständen in eindeutiger Weise möglich. Zunächst definieren wir den Differentialquotienten, wie wir es von reellen Funktionen gewöhnt sind (Abb. 3.29):

$$
\begin{aligned}
f'(z) &= \frac{\mathrm{d}f(z)}{\mathrm{d}z} \\
&= \lim_{\Delta z \to 0} \frac{f(z + \Delta z) - f(z)}{\Delta z} \ .
\end{aligned}
\tag{3.378}
$$

Im Allgemeinen wird das Ergebnis von der Richtung des Vektors Δz abhängen. Jedenfalls folgt aus der Definition (3.378)

$$
\begin{aligned}
f'(z) &= \lim_{\Delta x, \Delta y \to 0} \frac{u(x + \Delta x, y + \Delta y) + \mathrm{i}v(x + \Delta x, y + \Delta y) - u(x, y) - \mathrm{i}v(x, y)}{\Delta x + \mathrm{i}\Delta y} \\
&= \lim_{\Delta x, \Delta y \to 0} \frac{u(x, y) + \frac{\partial u}{\partial x}\Delta x + \frac{\partial u}{\partial y}\Delta y + \mathrm{i}v(x, y) + \mathrm{i}\frac{\partial v}{\partial x}\Delta x + \mathrm{i}\frac{\partial v}{\partial y}\Delta y - u(x, y) - \mathrm{i}v(x, y)}{\Delta x + \mathrm{i}\Delta y} \\
&= \lim_{\Delta x, \Delta y \to 0} \frac{\left(\frac{\partial u}{\partial x} + \mathrm{i}\frac{\partial v}{\partial x}\right)\Delta x + \left(\frac{\partial u}{\partial y} + \mathrm{i}\frac{\partial v}{\partial y}\right)\Delta y}{\Delta x + \mathrm{i}\Delta y} \ .
\end{aligned}
$$

Ist nun

$$\Delta y = c \Delta x$$

Abb. 3.29 Differential dz

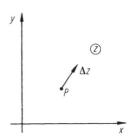

so ist durch den Parameter c die Richtung festgelegt, in der wir beim Differenzieren vom Punkt P aus weitergehen. Man bekommt jetzt

$$f'(z) = \lim_{\Delta x \to 0} \frac{\left(\frac{\partial u}{\partial x} + i\frac{\partial v}{\partial x}\right)\Delta x + \left(\frac{\partial u}{\partial y} + i\frac{\partial v}{\partial y}\right)c\Delta x}{\Delta x + ic\Delta x}$$

$$= \lim_{\Delta x \to 0} \frac{\left(\frac{\partial u}{\partial x} + i\frac{\partial v}{\partial x}\right) + \left(-i\frac{\partial u}{\partial y} + \frac{\partial v}{\partial y}\right)ic}{1 + ic}.$$

Sind nun die beiden Klammerausdrücke im Zähler einander gleich, so gilt

$$f'(z) = \frac{\partial u}{\partial x} + i\frac{\partial v}{\partial x} = -i\frac{\partial u}{\partial y} + \frac{\partial v}{\partial y}, \tag{3.379}$$

und $f'(z)$ hängt nicht von c, d. h. nicht von der Richtung ab. Man kann sich leicht überlegen, dass die Gleichung (3.379) auch notwendig für die Unabhängigkeit von der Richtung ist. Aus (3.379) folgen deshalb als notwendige und hinreichende Bedingungen für eindeutige Differenzierbarkeit die schon erwähnten *Cauchy-Riemann'schen Differentialgleichungen*:

$$\frac{\partial u}{\partial x} = \frac{\partial v}{\partial y},$$
$$\frac{\partial u}{\partial y} = -\frac{\partial v}{\partial x}. \tag{3.380}$$

Sind sie erfüllt, so ist die Funktion $u + iv$ eindeutig differenzierbar. Die Funktion $f(z) = u + iv$ wird in diesem Fall als *analytische Funktion* bezeichnet. Dabei muss jedoch $f'(z) \neq 0$ und endlich sein. Wenn an sogenannten *singulären Punkten* $f'(z) = 0$ oder $f'(z) \Rightarrow \infty$ gilt, so ist die Funktion an diesen Punkten nicht analytisch.

Beispielsweise ist die Funktion z^2 analytisch, da

$$\frac{\partial u}{\partial x} = \frac{\partial (x^2 - y^2)}{\partial x} = 2x = \frac{\partial v}{\partial y} \,,$$

$$\frac{\partial u}{\partial y} = \frac{\partial (x^2 - y^2)}{\partial y} = -2y = -\frac{\partial v}{\partial x} \,,$$

wobei jedoch der Ursprung als singulärer Punkt auszunehmen ist. Die Funktion z^* hingegen ist nicht analytisch, da

$$\frac{\partial u}{\partial x} = 1 \neq \frac{\partial v}{\partial y} = -1$$

ist. Auch das Betragsquadrat zz^* ist keine analytische Funktion:

$$zz^* = x^2 + y^2 \,,$$

d. h.

$$u(x, y) = x^2 + y^2$$
$$v(x, y) = 0$$

und

$$\frac{\partial u}{\partial x} = 2x \neq \frac{\partial v}{\partial y} = 0 \,,$$

$$\frac{\partial u}{\partial y} = 2y \neq -\frac{\partial v}{\partial x} = 0 \,.$$

Eine komplexe Funktion $f(z)$, analytisch oder nicht, kann als Abbildung der komplexen Ebene z auf die komplexe Ebene f oder umgekehrt aufgefasst werden. Zur Erläuterung wählen wir das Beispiel

$$f(z) = z^2 = x^2 - y^2 + 2\mathrm{i}xy$$

mit

$$u(x, y) = x^2 - y^2 \,,$$
$$v(x, y) = 2xy \,.$$

Der Geraden $x = x_i$ in der z-Ebene entspricht in der f-Ebene (Abb. 3.30) eine Kurve, deren Parameterdarstellung

$$u = x_i^2 - y^2 \,,$$
$$v = 2x_i y$$

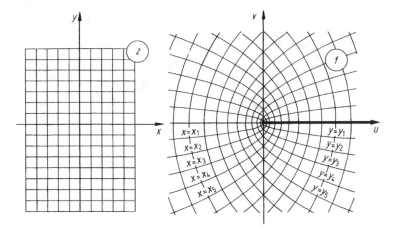

Abb. 3.30 Komplexe Abbildung $f(z) = z^2$, die Linien $x = $ const und $y = $ const

ist. Elimination von y gibt die Gleichung der Kurve

$$u = x_i^2 - \frac{v^2}{4x_i^2} \, .$$

Das ist die Gleichung einer sich nach links öffnenden Parabel, deren Brennpunkt im Ursprung liegt. Umgekehrt entspricht der Geraden $y = y_i$ die Kurve

$$u = x^2 - y_i^2 \, ,$$
$$v = 2xy_i$$

bzw.

$$u = \frac{v^2}{4y_i^2} - y_i^2 \, ,$$

d. h. jetzt findet man eine sich nach rechts öffnende Parabel, deren Brennpunkt ebenfalls im Ursprung liegt. Insgesamt erhält man also zwei Scharen von Parabeln. Alle haben ihren Brennpunkt im Ursprung, sie sind *konfokal*. Es sei nur am Rande bemerkt, dass u und v zusammen mit z ein krummliniges orthogonales Koordinatensystem bilden, in dem die dreidimensionale Laplace-Gleichung separierbar ist. Diese sog. „Koordinaten des parabolischen Zylinders" bilden eines der 11 „separierbaren" Koordinatensysteme. Die beiden Parabelscharen schneiden einander unter rechten Winkeln, was, wie wir sehen werden, kein Zufall ist. Die Abbildung hat eine Reihe von merkwürdigen Eigenschaften. Jede Hälfte der x-Achse geht in den positiven Teil der u-Achse über, jede Hälfte der y-Achse in ihren negativen Teil. Die Abbildung nur der halben x-y-Ebene führt bereits zu einer vollen Überdeckung der u-v-Ebene. Man kann sich das Bild in der u-v-Ebene entstanden

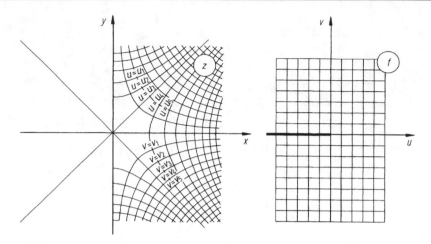

Abb. 3.31 Komplexe Abbildung $f(z) = z^2$, die Linien $u = \text{const}$ und $v = \text{const}$

denken durch eine Verzerrung der x-y-Ebene, die dadurch bewirkt wird, dass man die negative x-Achse zur positiven hinüber biegt.

Umgekehrt gehen die Linien $u = u_i$ in Hyperbeln

$$x^2 - y^2 = u_i$$

und die Linien $v = v_i$ ebenfalls in Hyperbeln über (Abb. 3.31), wobei die ganze u-v-Ebene (f-Ebene) auf die eine Hälfte der x-y-Ebene abgebildet wird. Was dabei wirklich passiert, werden wir später noch etwas anders diskutieren (s. Abschn. 3.12, Beispiel 5). Die v-Achse $u = 0$ geht in das Geradenpaar

$$x^2 - y^2 = (x + y)(x - y) = 0 \,,$$

d. h.

$$x = \mp y$$

über und die u-Achse $v = 0$ in das Geradenpaar

$$x \cdot y = 0 \,,$$

d. h.

$$x = 0$$

oder

$$y = 0 \,.$$

Ist die abbildende Funktion wie in dem eben diskutierten Beispiel analytisch, so nennt man die durch sie erzeugte Abbildung *konform*. Damit soll eine sehr wichtige Eigenschaft solcher Abbildungen zum Ausdruck gebracht werden, nämlich ihre *Winkeltreue*. Zum Beweis benutzen wir die Tatsache, dass jede komplexe Zahl in der Form

$$z = x + \mathrm{i}y = r(\cos\varphi + \mathrm{i}\sin\varphi) = r\exp(\mathrm{i}\varphi) \tag{3.381}$$

geschrieben werden kann. Dabei ist

$$\left.\begin{array}{l} |z| = r = \sqrt{x^2 + y^2}\,, \\[2mm] \tan\varphi = \dfrac{y}{x}\,. \end{array}\right\} \tag{3.382}$$

Hat man nun zwei komplexe Zahlen,

$$z_1 = r_1\exp(\mathrm{i}\varphi_1)$$

und

$$z_2 = r_2\exp(\mathrm{i}\varphi_2)\,,$$

so ist deren Produkt

$$z_1 z_2 = r_1 r_2 \exp[\mathrm{i}(\varphi_1 + \varphi_2)]\,. \tag{3.383}$$

Nennt man r den *Betrag* und φ das *Argument* einer komplexen Zahl, so führt die Multiplikation komplexer Zahlen zur Multiplikation ihrer Beträge und zur Addition ihrer Argumente:

$$\left.\begin{array}{l} |z_1 z_2| = r_1 r_2\,, \\[2mm] \arg(z_1 z_2) = \varphi_1 + \varphi_2\,. \end{array}\right\} \tag{3.384}$$

Betrachten wir nun in Abb. 3.32 einen Punkt und seine Umgebung vor und nach der konformen Abbildung, so ist

$$\mathrm{d}f_1 = f'\mathrm{d}z_1\,,$$
$$\mathrm{d}f_2 = f'\mathrm{d}z_2\,,$$

weil die Abbildung konform ist, d. h. f' für alle Richtung denselben Wert hat. Nun ist

$$\alpha = \arg(\mathrm{d}z_2) - \arg(\mathrm{d}z_1)$$

und

$$\begin{aligned} \beta &= \arg(\mathrm{d}f_2) - \arg(\mathrm{d}f_1) \\ &= \arg(f'\mathrm{d}z_2) - \arg(f'\mathrm{d}z_1) \\ &= \arg(f') + \arg(\mathrm{d}z_2) - \arg(f') - \arg(\mathrm{d}z_1) \\ &= \arg(\mathrm{d}z_2) - \arg(\mathrm{d}z_1)\,, \end{aligned}$$

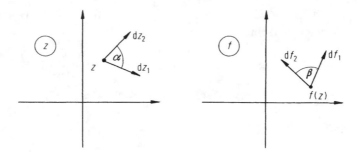

Abb. 3.32 Winkeltreue konformer Abbildungen

d. h.

$$\alpha = \beta \,. \tag{3.385}$$

Damit ist die Winkeltreue bewiesen. Außerdem zeigt sich jetzt, warum die beiden Parabelscharen von Abb. 3.30 bzw. die beiden Hyperbelscharen von Abb. 3.31 einander rechtwinklig schneiden.

Die Winkeltreue hat zur Folge, dass konforme Abbildungen „im kleinen" ähnlich sind, d. h. dass infinitesimal kleine Figuren bei der Transformation (Abbildung) in ähnliche überführt werden, die in ihren Lineardimensionen um einen Faktor $|f'(z)|$, in ihrer Fläche um einen Faktor $|f'(z)|^2$ vergrößert oder verkleinert sind. Kleine Quadrate gehen also in kleine Quadrate über. Rechte Winkel bleiben rechte Winkel. Ein orthogonales Netz gibt wiederum ein orthogonales Netz, wie z. B. in den Abb. 3.30 und 3.31. Trotz der Ähnlichkeit „im kleinen" kann von Ähnlichkeit „im großen" keine Rede sein, was ebenfalls in den Abb. 3.30 und 3.31 sichtbar wird. Endliche Figuren werden nicht ähnlich sondern verzerrt abgebildet.

Realteil und Imaginärteil einer analytischen Funktion sind harmonische Funktionen. Das folgt aus den Cauchy-Riemann'schen Gleichungen (3.380). Denn

$$\begin{aligned}
\Delta u &= \frac{\partial}{\partial x}\left(\frac{\partial u}{\partial x}\right) + \frac{\partial}{\partial y}\left(\frac{\partial u}{\partial y}\right) \\
&= \frac{\partial}{\partial x}\left(\frac{\partial v}{\partial y}\right) + \frac{\partial}{\partial y}\left(-\frac{\partial v}{\partial x}\right) = 0
\end{aligned} \tag{3.386}$$

und

$$\begin{aligned}
\Delta v &= \frac{\partial}{\partial x}\left(\frac{\partial v}{\partial x}\right) + \frac{\partial}{\partial y}\left(\frac{\partial v}{\partial y}\right) \\
&= \frac{\partial}{\partial x}\left(-\frac{\partial u}{\partial y}\right) + \frac{\partial}{\partial y}\left(\frac{\partial u}{\partial x}\right) = 0 \,.
\end{aligned} \tag{3.387}$$

Man kann durch eine Koordinatentransformation

$$\left.\begin{array}{l} u = u(x, y) \\ v = v(x, y) \end{array}\right\} \tag{3.388}$$

in der Ebene ein neues Koordinatensystem einführen. Erfüllen u und v dabei die Cauchy-Riemann'schen Gleichungen, so sind die neuen Koordinaten orthogonal. Ohne den Beweis zu führen, bemerken wir noch, dass sich aus den Cauchy-Riemann'schen Gleichungen auch ergibt, dass die Laplace-Gleichung

$$\frac{\partial^2 \varphi}{\partial x^2} + \frac{\partial^2 \varphi}{\partial y^2} = 0 \tag{3.389}$$

übergeht in

$$\frac{\partial^2 \varphi}{\partial u^2} + \frac{\partial^2 \varphi}{\partial v^2} = 0 \,, \tag{3.390}$$

d. h. ihre Form beibehält. Offensichtlich ist also die Laplace-Gleichung in u und v ebenso separierbar wie in den kartesischen Koordinaten x und y. Damit ist die Behauptung, dass die ebene zweidimensionale Laplace-Gleichung in beliebig vielen Koordinatensystemen separierbar ist (Abschn. 3.5) gerechtfertigt. Jede analytische Funktion stellt ein solches System von Koordinaten zur Verfügung. Das ist deshalb bemerkenswert, weil die Situation für den dreidimensionale Raum ganz anders ist. Hier gibt es nur, wie erwähnt, 11 „separierbare" Koordinatensysteme.

3.12   Das komplexe Potential

Vergleicht man die Aussagen der beiden letzten Abschnitte untereinander, so stellt man fest, dass Realteil und Imaginärteil einer analytischen Funktion sich genau so verhalten wie Potential und Stromfunktion eines ebenen elektrostatischen Feldes. Dazu vergleiche man die Gleichungen (3.362) und (3.380) bzw. (3.363), (3.364) und (3.386), (3.387) miteinander. Wir dürfen den Schluss ziehen, dass jede analytische Funktion elektrostatisch interpretiert werden kann. Ihr Realteil u kann mit dem Potential φ identifiziert werden, ihr Imaginärteil v mit der Stromfunktion ψ des zugehörigen Feldes. Angesichts dieser Deutungsmöglichkeit bezeichnet man die analytische Funktion $w(z)$ als *komplexes Potential*:

$$w(z) = \underset{\text{Potential}}{\underset{\updownarrow}{u(x, y)}} + \underset{\text{Stromfunktion}}{\underset{\updownarrow}{iv(x, y)}} \tag{3.391}$$

Das zugehörige Feld ist

$$\left.\begin{array}{l} E_x = -\dfrac{\partial u}{\partial x} = -\dfrac{\partial v}{\partial y} \ , \\[3mm] E_y = -\dfrac{\partial u}{\partial y} = +\dfrac{\partial v}{\partial x} \ . \end{array}\right\} \tag{3.392}$$

Mit $w(z)$ ist natürlich auch $iw(z)$ eine analytische Funktion. Dafür ist

$$\tilde{w}(z) = iw(z) = -v(x,y) \ + \ iu(x,y) \ . \tag{3.393}$$

$$\updownarrow \qquad\qquad \updownarrow$$

Potential   Stromfunktion

Dazu gehört dann das Feld

$$\left.\begin{array}{l} \tilde{E}_x = \dfrac{\partial v}{\partial x} = -\dfrac{\partial u}{\partial y} \ , \\[3mm] \tilde{E}_x = \dfrac{\partial v}{\partial y} = \dfrac{\partial u}{\partial x} \ . \end{array}\right\} \tag{3.394}$$

Die Multiplikation mit i führt also im Wesentlichen (d. h. vom Vorzeichen abgesehen) einfach zur Vertauschung von Potential und Stromfunktion. Das drückt sich auch darin aus, dass

$$\mathbf{E} \cdot \tilde{\mathbf{E}} = 0 \tag{3.395}$$

ist, d. h. darin, dass $\mathbf{E}$ senkrecht auf $\tilde{\mathbf{E}}$ steht. Wir können also jede analytische Funktion zweifach deuten:

1. $u \longleftrightarrow$ Potential , $\quad v \longleftrightarrow$ Stromfunktion

2. $-v \longleftrightarrow$ Potential , $\quad u \longleftrightarrow$ Stromfunktion .

Man kann auch eine komplexe Feldstärke definieren:

$$E = E_x + iE_y \ . \tag{3.396}$$

Damit gilt wegen $\partial z / \partial x = 1$:

$$\begin{aligned} \frac{dw(z)}{dz} &= \frac{\partial w(z)}{\partial x} = \frac{\partial u}{\partial x} + i\frac{\partial v}{\partial x} \\ &= -E_x + iE_y = -E^* \end{aligned}$$

bzw.

$$\frac{\mathrm{d}w^*(z)}{\mathrm{d}z^*} = \frac{\partial u}{\partial x} - \mathrm{i}\frac{\partial v}{\partial x} = -E_x - \mathrm{i}E_y = -E$$

und

$$\frac{\mathrm{d}w(z)}{\mathrm{d}z}\frac{\mathrm{d}w^*(z)}{\mathrm{d}z^*} = EE^* = |E|^2 \ . \tag{3.397}$$

Singuläre Punkte des komplexen Potentials sind also auch singuläre Punkte des elektrischen Feldes. Insbesondere wird das elektrische Feld unendlich an Stellen unendlicher Ableitung $w' = \mathrm{d}w/\mathrm{d}z$.

Jede analytische Funktion, d. h. jedes komplexe Potential löst also eine Schar von elektrostatischen Problemen. Im Folgenden soll eine Reihe von komplexen Potentialen untersucht werden. Es ist leicht, auf diese Art einen Katalog von komplexen Potentialen mit den zugehörigen Feldern (die man sich aus dem homogenen Feld durch entsprechende konforme Abbildungen entstanden denken kann) zu gewinnen und zu sehen, welche Randwertprobleme dadurch gelöst werden. Der umgekehrte Weg, von einem gegebenen Randwertproblem ausgehend das dieses lösende komplexe Potential zu suchen, ist wesentlich schwieriger. Wir wollen uns deshalb darauf beschränken, mit den folgenden Beispielen einen kleinen Katalog von interessanten Abbildungen zu geben.

Beispiel 1:

$$w = -\frac{q}{2\pi\varepsilon_0}\ln\frac{z}{z_B} \ .$$

Mit

$$z = r\exp(\mathrm{i}\varphi) \ , \quad z_B = r_B\exp(\mathrm{i}\varphi_B)$$

ergibt sich

$$w = -\frac{q}{2\pi\varepsilon_0}\ln[r\exp(\mathrm{i}\varphi)] + \frac{q}{2\pi\varepsilon_0}\ln z_B$$

bzw.

$$w = -\frac{q}{2\pi\varepsilon_0}\ln r - \frac{q}{2\pi\varepsilon_0}\ln\exp(\mathrm{i}\varphi)$$
$$+ \frac{q}{2\pi\varepsilon_0}\ln r_B + \frac{q}{2\pi\varepsilon_0}\ln\exp(\mathrm{i}\varphi_B)$$
$$w = -\frac{q}{2\pi\varepsilon_0}\ln\frac{r}{r_B} - \mathrm{i}\frac{q}{2\pi\varepsilon_0}(\varphi - \varphi_B) \ ,$$

d. h.

$$u = -\frac{q}{2\pi\varepsilon_0} \ln \frac{r}{r_B} \, ,$$

$$v = -\frac{q}{2\pi\varepsilon_0} (\varphi - \varphi_B) \, .$$

Das ist das uns bereits bekannte Feld einer homogenen geraden Linienladung q. Die Äqui-potentiallinien sind Kreise um die Linienladung, und die Feldlinien gehen radial von ihr aus:

$$\mathbf{E} = -\operatorname{grad} u \, ,$$

d. h.

$$E_r = -\frac{\partial u}{\partial r} = \frac{q}{2\pi\varepsilon_0 r} \, ,$$

$$E_\varphi = -\frac{1}{r}\frac{\partial u}{\partial \varphi} = 0 \, .$$

Andererseits ist

$$\frac{dw}{dz} = -\frac{q}{2\pi\varepsilon_0 z} = -E_x + \mathrm{i} E_y$$

$$= -\frac{q z^*}{2\pi\varepsilon_0 z z^*} = -\frac{q}{2\pi\varepsilon_0}\frac{x - \mathrm{i} y}{x^2 + y^2} \, ,$$

d. h.

$$E_x = \frac{q}{2\pi\varepsilon_0}\frac{x}{x^2 + y^2} = \frac{q}{2\pi\varepsilon_0}\frac{x}{r^2} \, ,$$

$$E_y = \frac{q}{2\pi\varepsilon_0}\frac{y}{x^2 + y^2} = \frac{q}{2\pi\varepsilon_0}\frac{y}{r^2} \, ,$$

woraus sich ebenfalls

$$E_r = E_x \cos\varphi + E_y \sin\varphi$$

$$= E_x\frac{x}{r} + E_y\frac{y}{r}$$

$$= \frac{q}{2\pi\varepsilon_0}\left(\frac{x^2}{r^3} + \frac{y^2}{r^3}\right) = \frac{q}{2\pi\varepsilon_0}\frac{1}{r}$$

ergibt.

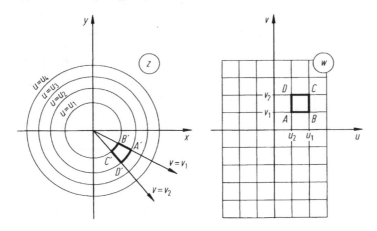

Abb. 3.33 Die konforme Abbildung $w(z) = -(q/2\pi\varepsilon_0)\ln z/z_0$

Abb. 3.33 zeigt einige Eigenschaften der konformen Abbildung $w(z)$. Dabei wird zur Vereinfachung $\varphi_B = 0$ gesetzt. Damit ist

$$u = -\frac{q}{2\pi\varepsilon_0}\ln\frac{r}{r_B}, \quad \frac{r}{r_B} = \exp\left(-\frac{2\pi\varepsilon_0 u}{q}\right),$$

$$v = -\frac{q}{2\pi\varepsilon_0}\varphi.$$

Das Viereck $ABCD$ in der w-Ebene geht dann in die Figur $A'B'C'D'$ der z-Ebene über. Dabei schließt sich diese zu einem vollen Kreisring, wenn $v_2 - v_1 = q/\varepsilon_0$ wird. Wächst die Differenz $v_2 - v_1$ weiter an, so wird der Kreisring unter Umständen mehrfach überdeckt. In Bezug auf u liegen die Verhältnisse einfacher. Für $u_1 \to -\infty$ geht $r \to \infty$ und für $u_1 \to +\infty$ geht $r \to 0$. Insgesamt entsteht also aus der u-v-Ebene eine beliebig oft überdeckte x-y-Ebene. Jeder Streifen

$$\left.\begin{array}{l} -\infty < u_1 < +\infty \\ v_1 \leq v \leq v_1 + q/\varepsilon_0 \end{array}\right\} \tag{3.398}$$

erzeugt die ganze x-y-Ebene. Die insgesamt entstehende sozusagen um den Ursprung beliebig oft sich herumschraubende Fläche wird als *Riemann'sche Fläche* der betrachteten Abbildung bezeichnet, der Ursprung als ihr *Verzweigungspunkt* (Abb. 3.34). In ihm ist die Abbildung nicht konform.

Abb. 3.34 Riemann'sche
Fläche

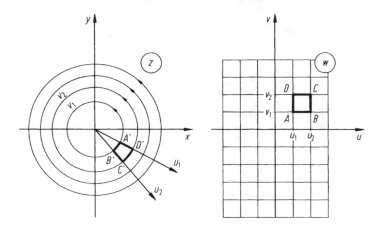

Abb. 3.35 Die konforme Abbildung $w(z) = iC \ln(z/r_B)$

Beispiel 2:

$$w(z) = iC \ln(z/r_B)$$

Jetzt ist

$$u = -C\varphi \,,$$
$$v = C \ln r/r_B \,,$$

woraus sich

$$E_r = 0 \,,$$
$$E_\varphi = C/r$$

ergibt (Abb. 3.35). Im Vergleich zum Beispiel 1 sind Potential und Stromfunktion miteinander vertauscht. Felder mit diesen Eigenschaften sind durchaus möglich. Dazu sind lediglich Äquipotentialflächen (das sind hier Flächen mit konstanten Winkeln φ) zu materiellen Leiteroberflächen zu machen.

Beispiel 3:

$$w = \frac{q}{2\pi\varepsilon_0} \ln \frac{z + \frac{d}{2}}{z - \frac{d}{2}}$$

Abb. 3.36 Zwei Linienladungen

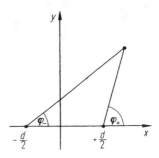

Es handelt sich um das Feld von zwei Linienladungen, einer positiven (q) am Ort $(x = d/2, y = 0)$ und einer negativen $(-q)$ am Ort $(x = -d/2, y = 0)$. Dafür ist ja

$$w(z) = -\frac{q}{2\pi\varepsilon_0} \ln \frac{z - \frac{d}{2}}{z_B} + \frac{q}{2\pi\varepsilon_0} \ln \frac{z + \frac{d}{2}}{z_B}$$

$$= \frac{q}{2\pi\varepsilon_0} \ln \frac{z + \frac{d}{2}}{z - \frac{d}{2}} \,.$$

Zur Trennung von Real- und Imaginärteil formen wir um:

$$w(z) = \frac{q}{2\pi\varepsilon_0} \ln \frac{\left(x + \frac{d}{2}\right) + \mathrm{i}y}{\left(x - \frac{d}{2}\right) + \mathrm{i}y} = \frac{q}{2\pi\varepsilon_0} \left\{ \begin{array}{l} \ln\left[\sqrt{\left(x + \frac{d}{2}\right)^2 + y^2}\, \exp(\mathrm{i}\varphi_-)\right] \\[2em] -\ln\left[\sqrt{\left(x - \frac{d}{2}\right)^2 + y^2}\, \exp(\mathrm{i}\varphi_+)\right] \end{array} \right\}$$

$$= \frac{q}{2\pi\varepsilon_0} \ln \sqrt{\frac{\left(x + \frac{d}{2}\right)^2 + y^2}{\left(x - \frac{d}{2}\right)^2 + y^2}} + \mathrm{i}\frac{q}{2\pi\varepsilon_0}(\varphi_- - \varphi_+) \,,$$

wo φ_+ und φ_- in Abb. 3.36 gegeben sind. Demnach ist

$$u = \frac{q}{4\pi\varepsilon_0} \ln \frac{\left(x + \frac{d}{2}\right)^2 + y^2}{\left(x - \frac{d}{2}\right)^2 + y^2}$$

und

$$v = \frac{q}{2\pi\varepsilon_0}(\varphi_- - \varphi_+) \,.$$

Die Äquipotentialflächen $u = u_i$ sind Kreise (Apollonius-Kreise). Denn aus

$$u_i = \frac{q}{4\pi\varepsilon_0} \ln \frac{\left(x + \frac{d}{2}\right)^2 + y^2}{\left(x - \frac{d}{2}\right)^2 + y^2}$$

folgt

$$\frac{\left(x + \frac{d}{2}\right)^2 + y^2}{\left(x - \frac{d}{2}\right)^2 + y^2} = \exp\frac{4\pi\varepsilon_0 u_i}{q} = C_i ,$$

woraus sich mit

$$\left[x + \frac{d(1 + C_i)}{2(1 - C_i)}\right]^2 + y^2 = \frac{d^2 C_i}{(1 - C_i)^2}$$

die Gleichung eines Kreises ergibt, dessen Mittelpunkt sich auf der x-Achse befindet. Aus $v = v_i$ folgt

$$\frac{1}{d_i} = \tan\frac{2\pi\varepsilon_0 v_i}{q} = \tan(\varphi_- - \varphi_+)$$

$$= \frac{\tan\varphi_- - \tan\varphi_+}{1 + \tan\varphi_+ \cdot \tan\varphi_-} = \frac{\frac{y}{x + \frac{d}{2}} - \frac{y}{x - \frac{d}{2}}}{1 + \frac{y^2}{x^2 - \frac{d^2}{4}}} = \frac{-yd}{x^2 + y^2 - \frac{d^2}{4}}$$

bzw.

$$x^2 + \left(y + \frac{d_i d}{2}\right)^2 = \frac{d^2}{4}(1 + d_i^2) ,$$

d. h. die Gleichung eines Kreises, dessen Mittelpunkt sich auf der y-Achse befindet. Beide Kurvenscharen bestehen also aus Kreisen (Abb. 3.37). Das dadurch beschriebene Feld hat viele Anwendungen. Durch passende Wahl der Parameter kann man daraus das Feld z. B. eines exzentrischen Zylinderkondensators gewinnen (Abb. 3.38a) oder das einer Leitung aus zwei Zylindern (Abb. 3.38b). Es handelt sich hier um das schon früher diskutierte Problem der Spiegelung einer Linienladung an einem Zylinder (Abschn. 2.6.3).

Beispiel 4:

$$w = \frac{qd}{2\pi\varepsilon_0 z}$$

Abb. 3.37 Zwei Scharen von Kreisen einander senkrecht durchdringender Kreise

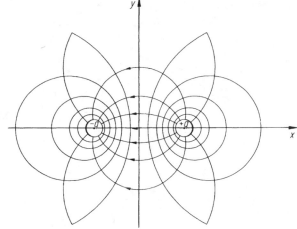

Abb. 3.38 Verschiedene Realisierungen, exzentrischer Zylinderkondensator und Leitung aus zwei Zylindern

a   **b**

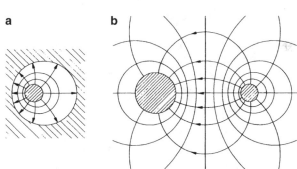

Geht man vom Beispiel 3 aus und macht man dort den Grenzübergang zum Liniendipol, so ergibt sich ($d \Rightarrow 0, q \Rightarrow \infty, qd$ endlich):

$$w(z) = \frac{q}{2\pi\varepsilon_0} \ln \frac{1 + \frac{d}{2z}}{1 - \frac{d}{2z}} \Rightarrow \frac{q}{2\pi\varepsilon_0} \ln \left(1 + \frac{d}{2z}\right)\left(1 + \frac{d}{2z}\right)$$

$$\Rightarrow \frac{q}{2\pi\varepsilon_0} \ln \left(1 + \frac{d}{z}\right) \Rightarrow \frac{qd}{2\pi\varepsilon_0 z} \,,$$

d. h. es handelt sich um das komplexe Potential des Liniendipols.

$$w(z) = \frac{qd}{2\pi\varepsilon_0 z} = \frac{qdz^*}{2\pi\varepsilon_0 zz^*} = \frac{qd(x - \mathrm{i}y)}{2\pi\varepsilon_0 (x^2 + y^2)}$$

$$u(x, y) = \frac{qd}{2\pi\varepsilon_0} \frac{x}{x^2 + y^2} \,,$$

$$v(x, y) = -\frac{qd}{2\pi\varepsilon_0} \frac{y}{x^2 + y^2} \,.$$

Abb. 3.39 Die konforme
Abbildung $w(z) = qd/2\pi\varepsilon_0 z$

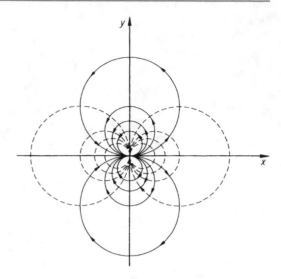

Daraus ergeben sich die Äquipotentiallinien als Kreise durch den Ursprung (Mittelpunkte auf der x-Achse) und die Stromlinien ebenfalls als Kreise durch den Ursprung (Mittelpunkt auf der y-Achse) entsprechend Abb. 3.39 (das sich auch durch Grenzübergang aus Abb. 3.37 verstehen lässt).

Beispiel 5:

$$w = C z^p$$
$$w = C z^p = C(x + \mathrm{i}y)^p = C\,[r\exp(\mathrm{i}\varphi)]^p = C r^p \exp(\mathrm{i}p\varphi)\,,$$

d. h.

$$u = C r^p \cos(p\varphi)\,,$$
$$v = C r^p \sin(p\varphi)\,.$$

Die Linien $\cos(p\varphi) = 0$, d. h.

$$p\varphi = \frac{2n-1}{2}\pi\,,$$

charakterisieren spezielle Äquipotentialflächen ($u = 0$), also z. B. für $n = 0$ und $n = 1$

$$\varphi = \pm\frac{\pi}{2p}\,.$$

Die Linien $\sin(p\varphi) = 0$, d. h.

$$p\varphi = n\pi\,,$$

sind spezielle Stromlinien ($v = 0$), also z. B.

$$\varphi = 0\,.$$

Abb. 3.40 Die konforme
Abbildung $w(z) = C z^p$,
$p > 1$

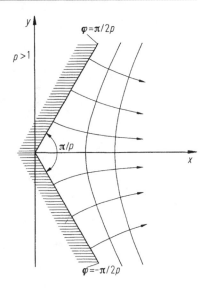

Man kann die Äquipotentialflächen durch die Oberflächen eines Leiters realisieren und bekommt dann Felder wie in Abb. 3.40 ($p > 1$) oder Abb. 3.41 ($p < 1$).

Im Fall von Abb. 3.41 ($p < 1$) ist

$$\frac{\mathrm{d}w}{\mathrm{d}z} = C p z^{p-1} = \frac{C p}{z^{1-p}}$$

am Ursprung unendlich. Deshalb wird dort auch das elektrische Feld unendlich. Das ist typisch für Spitzen und ist auch von großer praktischer Bedeutung.

Die Abb. 3.30 und 3.31 sind Spezialfälle mit $p = 1/2$ bzw. $p = 2$.

Abb. 3.41 Die konforme Abbildung $w(z) = C z^p$, $p < 1$

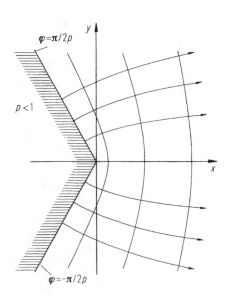

Abb. 3.42 Linienladung mit
Bildladung

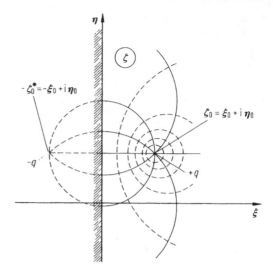

Beispiel 6:

$$w(z) = \frac{q}{2\pi\varepsilon_0} \ln \frac{z^p + z_0^{*p}}{z^p - z_0^p}$$

Man kann mehrere konforme Abbildungen nacheinander ausführen. Wir wollen z. B. das Feld einer Linienladung im Inneren eines keilförmigen Bereiches wie in Abb. 3.40 berechnen. Ist 2π ein geradzahliges Vielfaches des Öffnungswinkels, so lässt sich das Problem durch mehrfache Spiegelung lösen, wie es für Punktladungen mit den Öffnungswinkeln π und $\pi/2$ in den Abb. 2.34 und 2.35 angedeutet ist. Für beliebige Winkel führt die Spiegelungsmethode nicht zum Ziel. Jedoch kann man in diesem Fall wie folgt vorgehen: Zunächst bekommt man durch

$$w(z) = \frac{q}{2\pi\varepsilon_0} \ln \frac{\zeta + \zeta_0^*}{\zeta - \zeta_0}$$

in der ζ-Ebene das Feld von zwei Linienladungen, die sich von denen des Beispiels 3 nur durch eine Verschiebung parallel zur η-Achse unterscheiden (Abb. 3.42), wobei die η-Achse als Äquipotentiallinie (Leiteroberfläche) und $-q$ als Bildladung aufzufassen ist. Wendet man nun darauf noch die Abbildung z^p des Beispiels 5 an, so hat man das Problem bereits gelöst (Abb. 3.43):

$$\zeta = z^p$$

und

$$w(z) = \frac{q}{2\pi\varepsilon_0} \ln \frac{z^p + z_0^{*p}}{z^p - z_0^p} \, ,$$

Abb. 3.43 Anwendung der Abbildung z^p auf die Linienladung der Abb. 3.42

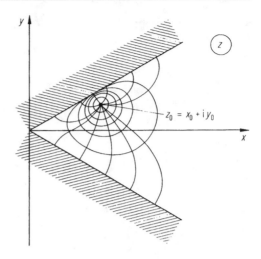

wo

$$\zeta_0 = z_0^p$$

der Ort der Linienladung in Abb. 3.42 und z_0 ihr Ort in Abb. 3.43 ist.

Beispiel 7:

$$z = a \cosh \frac{w}{w_0}$$

$$\cosh \frac{w}{w_0} = \cosh(u + \mathrm{i}v) = \frac{1}{2}[\exp(u + \mathrm{i}v) + \exp(-u - \mathrm{i}v)]$$

$$= \frac{1}{2}\{\exp(u)[\cos v + \mathrm{i}\sin v] + \exp(-u)[\cos v - \mathrm{i}\sin v]\}$$

$$= \cos v \cosh u + \mathrm{i}\sin v \sinh u \ ,$$

d. h.

$$z = x + \mathrm{i}y = a\cos v \cosh u + \mathrm{i}a \sin v \sinh u$$

bzw.

$$x = a\cos v \cosh u \ ,$$
$$y = a\sin v \sinh u \ ,$$

so dass

$$\cos^2 v + \sin^2 v = 1 = \frac{x^2}{a^2 \cosh^2 u} + \frac{y^2}{a^2 \sinh^2 u}$$

Abb. 3.44 Die konforme
Abbildung $z = a \cosh w/w_0$

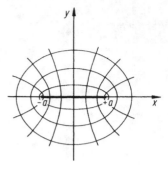

Abb. 3.45 Eine Realisierung
der Abb. 3.44

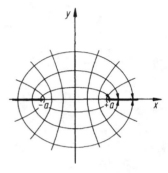

und

$$\cosh^2 u - \sinh^2 u = 1 = \frac{x^2}{a^2 \cos^2 v} - \frac{y^2}{a^2 \sin^2 v} \, .$$

Daraus ist zu entnehmen, dass die Äquipotentialflächen ($u = $ const) elliptische Zylinder und die Stromlinien ($v = $ const) hyperbolische Zylinder sind. Sie sind alle konfokal, denn für die Ellipsen ist

$$e^2 = a^2 \cosh^2 u - a^2 \sinh^2 u = a^2 \, ,$$

und für die Hyperbeln ist

$$e^2 = a^2 \cos^2 v + a^2 \sin^2 v = a^2 \, .$$

Die Abbildung ist in Abb. 3.44 gegeben. Spezielle Realisierungen sind z. B. das Feld zwischen zwei gegeneinanderstehenden Kanten (Abb. 3.45) oder das Feld einer Kante gegenüber einer Ebene (Abb. 3.46).

Die Abbildung

$$u = u(x, y)$$
$$v = v(x, y)$$

Abb. 3.46 Eine andere Realisierung der Abb. 3.44

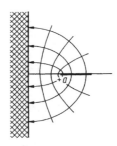

ist auch deshalb bemerkenswert, weil u und v zusammen mit z im Dreidimensionalen
ein orthogonales Koordinatensystem ergeben, das die Separation der Laplace-Gleichung
erlaubt (*Koordinaten des elliptischen Zylinders*).

Beispiel 8:
$$w = \sqrt{z^2 + B^2}$$

Diese zunächst sehr einfach erscheinende Abbildung hat merkwürdige Eigenschaften und
sie soll hier als ein Beispiel für viele ähnlicher Art erläutert werden. Quadriert erhält man

$$w^2 = u^2 - v^2 + \mathrm{i}2uv = z^2 + B^2 = x^2 - y^2 + B^2 + \mathrm{i}2xy \,,$$

d. h.

$$u^2 - v^2 = x^2 - y^2 + B^2$$

und

$$uv = xy \,.$$

Ist nun $v = 0$ (u-Achse), so ergibt sich

$$\left.\begin{aligned} 0 \le u^2 &= x^2 - y^2 + B^2 \\ x \cdot y &= 0 \,. \end{aligned}\right\}$$

Es muss also entweder $x = 0$ oder $y = 0$ sein. Ist $x = 0$, so gilt

$$0 \le -y^2 + B^2$$
$$y^2 \le B^2 \quad (x = 0) \,,$$

und ist $y = 0$, so gilt

$$0 \le x^2 + B^2 \quad (y = 0) \,,$$

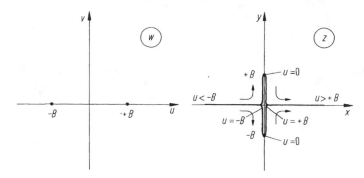

Abb. 3.47 Zur konformen Abbildung $w(z) = \sqrt{z^2 + B^2}$

was automatisch erfüllt ist. Daraus ergibt sich nun ein merkwürdiges Verhalten der u-Achse in der z-Ebene. Für $-\infty < u \le -B$ (d. h. für diesen Teil der negativen u-Achse) bekommt man die negative x-Achse, $-\infty < x \le 0$. Ähnlich ergibt sich aus $B \le u < +\infty$ die positive x-Achse, $0 \le x < +\infty$. $u = \pm B$ gibt den Ursprung. Der zwischen $-B$ und $+B$ gelegene Teil der u-Achse jedoch wird auf den zwischen $-B$ und $+B$ gelegenen Teil der y-Achse abgebildet. Dabei läuft der Bildpunkt für $-B \le u \le 0$ vom Ursprung längs der y-Achse bis $+B$ oder bis $-B$ und dann für $0 \le u \le +B$ wieder zum Ursprung zurück (Abb. 3.47).

Ist umgekehrt $u = 0$ (v-Achse), so gilt

$$\left.\begin{array}{l} 0 \ge -v^2 = x^2 - y^2 + B^2 \\ x \cdot y = 0 \end{array}\right\}.$$

Abb. 3.48 Die konforme Abbildung $w(z) = \sqrt{z^2 + B^2}$

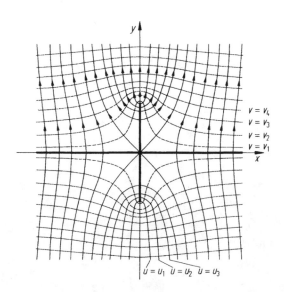

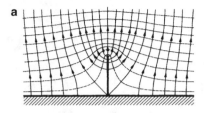 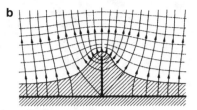

Abb. 3.49 Zwei Realisierungen der Abb. 3.48

Dabei kann jedoch nicht $y = 0$ sein, da dann

$$-v^2 = x^2 + B^2$$

sein müsste, was unmöglich ist. Also ist $x = 0$ und

$$-v^2 = -y^2 + B^2 \,,$$

d. h.

$$y^2 = B^2 + v^2 \geq B^2$$

also entweder

$$y > B$$

oder

$$y < -B \,.$$

Die v-Achse wird also auf die y-Achse ohne das Stück von $-B$ bis $+B$ abgebildet. Die vorliegende konforme Abbildung ist ein spezielles Beispiel einer interessanten Klasse von Abbildungen (Schwarz-Christoffel-Abbildungen).

Abb. 3.48 gibt die so entstehende Konfiguration wieder. Daraus kann man z. B. den Feldverlauf an einer mehr oder weniger scharfen Kante auf einer Ebene gewinnen (Abb. 3.49).

Das stationäre Strömungsfeld

4

Im folgenden Teil soll das Feld stationärer elektrischer Ströme, genauer gesagt das Feld der Stromdichten **g**, behandelt werden. Unter gewissen vereinfachenden Voraussetzungen lassen sich diese Strömungsprobleme auf die in den Kap. 2 und 3 behandelten elektrostatischen Probleme zurückführen.

4.1 Die grundlegenden Gleichungen

Als Ursache elektrischer Ströme müssen nach dem Ohm'schen Gesetz elektrische Felder vorhanden sein, d. h. es gilt

$$\mathbf{g} = \kappa \mathbf{E} \,, \tag{4.1}$$

wenn κ die sog. elektrische Leitfähigkeit ist. Es ist jedoch darauf hinzuweisen, dass dieses einfache Ohm'sche Gesetz keineswegs immer gilt. Sehr oft ist es durch wesentlich kompliziertere Zusammenhänge zu ersetzen. Selbst wenn es in der Form (4.1) anwendbar ist, wird κ im Allgemeinen eine Funktion des Ortes sein, z. B. in einem inhomogenen Leitermaterial oder sogar in einem homogenen Leitermaterial, wenn das Magnetfeld inhomogen ist. Magnetfelder können ja die Leitfähigkeit beeinflussen, ein Effekt, der vielfach auch zur Messung von Magnetfeldern herangezogen wird. Von all dem sei hier abgesehen. Es sei angenommen, dass κ mindestens gebietsweise konstant ist.

Wie wir früher gesehen haben, gilt der Ladungserhaltungssatz (1.58)

$$\operatorname{div} \mathbf{g} + \frac{\partial \rho}{\partial t} = 0 \,, \tag{4.2}$$

woraus sich im stationären Fall

$$\operatorname{div} \mathbf{g} = 0 \tag{4.3}$$

ergibt. Aus (4.1) und (4.3) folgt dann

$$\operatorname{div}(\kappa \mathbf{E}) = 0 \,.$$

© Springer-Verlag GmbH Deutschland, ein Teil von Springer Nature 2021
G. Lehner, S. Kurz, *Elektromagnetische Feldtheorie*,
https://doi.org/10.1007/978-3-662-63069-3_4

Abb. 4.1 Zum 1. Kirchhoff'schen Satz

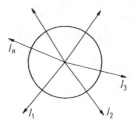

Ist κ konstant und

$$\mathbf{E} = -\operatorname{grad} \varphi \ ,$$

so gilt weiter

$$\kappa \operatorname{div} \mathbf{E} = -\kappa \operatorname{div} \operatorname{grad} \varphi = 0 \ ,$$

d. h.

$$\Delta \varphi = 0 \ . \tag{4.4}$$

Für ein beliebiges Volumen gilt

$$\int_V \operatorname{div} \mathbf{g} \, d\tau = \oint_A \mathbf{g} \cdot d\mathbf{A} = 0 \ , \tag{4.5}$$

d. h. die Summe aller aus einem Volumen austretenden Ströme muss im stationären Fall verschwinden. Daraus ergibt sich als Spezialfall der sog. 1. *Kirchhoff'sche Satz* (Abb. 4.1):

$$\sum_{i=1}^{n} I_i = 0 \ . \tag{4.6}$$

Er spielt in der Theorie der Netzwerke eine fundamentale Rolle.

An dieser Stelle stellt sich die Frage, ob es stationäre Ströme überhaupt geben kann. Nach unseren bisherigen Kenntnissen der Elektrostatik könnte man den Eindruck gewinnen, dass diese Frage zu verneinen sei. Stellen wir uns z. B. einen geladenen Kondensator vor, in dessen Inneres wir plötzlich einen Leiter bringen (Abb. 4.2). Das zunächst in dem eingebrachten Leiter vorhandene elektrische Feld erzeugt in diesem Ströme. Dadurch werden Ladungsbewegungen hervorgerufen, die erst dann enden, wenn das Feld im Inneren

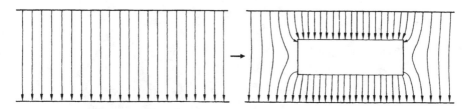

Abb. 4.2 Bringt man einen Leiter in ein elektrisches Feld, verschwindet das Feld in ihm

des Leiters verschwunden ist, d. h. es treten die entsprechenden Influenzladungen auf. Der Strom im Leiter klingt also ab. Je nach der Leitfähigkeit ist die zugehörige Abklingzeit (*Relaxationszeit*, siehe Abschn. 4.2) verschieden groß. Ähnliche Überlegungen führen in jeder rein „elektrostatischen" Situation zum Abklingen eines eventuellen Stromes. Es gilt ja

$$\mathrm{rot}\,\mathbf{E} = 0$$

bzw.

$$\oint \mathbf{E} \cdot \mathrm{d}\mathbf{s} = 0 \, , \tag{4.7}$$

d. h. auch

$$\oint \mathbf{g} \cdot \mathrm{d}\mathbf{s} = 0 \, , \tag{4.8}$$

was in einem geschlossenen und stationären Stromkreis nur mit

$$\mathbf{g} = 0 \tag{4.9}$$

verträglich ist. Das folgt aus dem Helmholtz'schen Theorem (das in Abschn. 10.5 behandelt wird).

Die Erzeugung stationärer Ströme ist jedoch möglich mit Hilfe von sogenannten *eingeprägten Feldstärken*, wie sie z. B. durch eine Batterie erzeugt werden können. Dafür ist

$$U = \oint \mathbf{E}_e \cdot \mathrm{d}\mathbf{s} \neq 0 \, , \tag{4.10}$$

d. h. es muss eine Spannungsquelle vorhanden sein, die eine *Urspannung U* (früher oft als EMK = *elektromotorische Kraft* bezeichnet) erzeugt. Insgesamt gilt dann

$$\mathbf{g} = \kappa (\mathbf{E} + \mathbf{E}_e) \tag{4.11}$$

und damit

$$\oint \mathbf{g} \cdot \mathrm{d}\mathbf{s} = \kappa \oint \mathbf{E} \cdot \mathrm{d}\mathbf{s} + \kappa \oint \mathbf{E}_e \cdot \mathrm{d}\mathbf{s} \, ,$$

d. h.

$$U = \frac{1}{\kappa} \oint \mathbf{g} \cdot \mathrm{d}\mathbf{s} \, , \tag{4.12}$$

Nun ist

$$\frac{1}{\kappa} \oint \mathbf{g} \cdot \mathrm{d}\mathbf{s} = I R \, , \tag{4.13}$$

wobei diese Gleichung als Definition des Widerstandes R aufgefasst werden kann. R ist ein vom Strom unabhängiger Geometrie- und Materialfaktor. Man zerlegt den Widerstand in den äußeren Widerstand R_a und den inneren Widerstand der Spannungsquelle R_i:

$$U = I R = I(R_a + R_i) \, . \tag{4.14}$$

Abb. 4.3 Ein Leiterstück

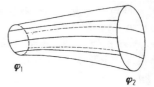

Weil per definitionem

$$I = \int_A \mathbf{g} \cdot d\mathbf{A} \tag{4.15}$$

ist, erhält man aus Gleichung (4.13)

$$R = \frac{1}{\kappa} \frac{\oint \mathbf{g} \cdot d\mathbf{s}}{\int_A \mathbf{g} \cdot d\mathbf{A}} \; . \tag{4.16}$$

Integriert man nicht über den geschlossenen Stromkreis, sondern nur über den Außenkreis außerhalb der Spannungsquelle, so ergibt sich R_a zu

$$R_a = \frac{1}{\kappa} \frac{\int_a \mathbf{g} \cdot d\mathbf{s}}{\int_A \mathbf{g} \cdot d\mathbf{A}} \; . \tag{4.17}$$

Entsprechend Abb. 4.3 spielt es dabei keine Rolle, welcher Weg bei der Integration gewählt wird, da in jedem Fall

$$\frac{1}{\kappa} \int_a \mathbf{g} \cdot d\mathbf{s} = \int_1^2 \mathbf{E} \cdot d\mathbf{s} = \varphi_1 - \varphi_2$$

ist. Ebenso spielt es keine Rolle, welcher Querschnitt gewählt wird, da im stationären Fall der Strom

$$I = \int_A \mathbf{g} \cdot d\mathbf{A}$$

durch alle Querschnitte derselbe ist. In dem einfachen Fall eines Leiters mit konstantem Querschnitt und konstanter Stromdichte ist

$$R_a = \frac{1}{\kappa} \frac{\int_a dl}{\int_A dA} = \frac{l}{\kappa A} \; , \tag{4.18}$$

d. h. man erhält die übliche Widerstandsformel.

Mit Hilfe einer Spannungsquelle kann man also eine stationäre elektrische Strömung erzeugen. Die Tatsache, dass dies für viele Spannungsquellen (wenn sie sich nämlich erschöpfen) nicht in aller Strenge richtig ist, ist praktisch unerheblich. Es genügt, dass die

Strömung für Zeiten aufrecht erhalten werden kann, die größer sind als andere charakteristische Zeiten des Systems, insbesondere die im nächsten Abschnitt diskutierten (für gute Leiter extrem kleinen) Relaxationszeiten.

Die Einheit des Widerstandes im MKSA-Maßsystem ist ein Ohm ($1\,\Omega$):

$$1\,\Omega = \frac{1\mathrm{V}}{1\mathrm{A}} \, . \tag{4.19}$$

Aus (4.18) ergibt sich als Einheit der Leitfähigkeit

$$\frac{1\mathrm{m}}{1\,\Omega\,1\mathrm{m}^2} = \frac{1}{1\,\Omega\,1\mathrm{m}} \, . \tag{4.20}$$

Sehr gute Leiter sind z. B. Silber und Kupfer mit

$$\kappa_{Ag} = 6{,}17 \cdot 10^7 (\Omega\mathrm{m})^{-1} \, ,$$
$$\kappa_{Cu} = 5{,}80 \cdot 10^7 (\Omega\mathrm{m})^{-1} \, .$$

4.2 Die Relaxationszeit

Befinden sich in einem leitfähigen Medium Raumladungen und deren Felder, so klingen sie ab. Im rein elektrostatischen Fall wird ein Zustand angestrebt, bei dem das Innere des Leiters feldfrei ist und Ladungen sich nur an den Oberflächen befinden. ρ ist deshalb eine Funktion von $\mathbf{r}$ und t,

$$\rho = \rho(\mathbf{r}, t) \, .$$

Wegen

$$\mathrm{div}\,\mathbf{g} + \frac{\partial \rho}{\partial t} = 0 \, ,$$

$$\mathbf{g} = \kappa \mathbf{E} = \frac{\kappa \mathbf{D}}{\varepsilon}$$

und

$$\mathrm{div}\,\mathbf{D} = \rho$$

gilt

$$\frac{\kappa}{\varepsilon}\rho + \frac{\partial \rho}{\partial t} = 0 \, . \tag{4.21}$$

Hier kann man die dimensionslose Zeit

$$\tau = t\,\frac{\kappa}{\varepsilon} = \frac{t}{\frac{\varepsilon}{\kappa}} = \frac{t}{t_r} \tag{4.22}$$

einführen, d. h. man kann die Zeit in Einheiten der sog. *Relaxationszeit*

$$t_r = \frac{\varepsilon}{\kappa} \qquad (4.23)$$

messen. Damit ist

$$\rho + \frac{\partial \rho}{\partial \tau} = 0 . \qquad (4.24)$$

Mit dem Ansatz

$$\rho = h(\mathbf{r}) f(\tau)$$

ergibt sich

$$f(\tau) + \frac{\partial f(\tau)}{\partial \tau} = 0 ,$$

d. h.

$$f(\tau) = C \exp(-\tau)$$

und

$$\rho = C h(\mathbf{r}) \exp(-\tau) .$$

Für $\tau = 0$ ist

$$\rho(\mathbf{r}, 0) = C h(\mathbf{r}) ,$$

d. h.

$$\rho(\mathbf{r}, t) = \rho(\mathbf{r}, 0) \exp(-\tau) = \rho(\mathbf{r}, 0) \exp(-t/t_r) . \qquad (4.25)$$

Die Ladungen klingen also mit der Relaxationszeit t_r ab. Je nach dem Medium kann t_r sehr verschiedene Werte annehmen, wie es die folgenden Beispiele zeigen:

gute Leiter: $\quad (\varepsilon = \varepsilon_0) \begin{cases} \text{Silber} \quad t_r \approx 1{,}4 \cdot 10^{-19}\,\text{s} , \\ \text{Kupfer} \quad t_r \approx 1{,}5 \cdot 10^{-19}\,\text{s} , \end{cases}$

ein schlechter Leiter: destilliertes Wasser $t_r \approx 10^{-6}\,\text{s}$,
ein Isolator: $\qquad$ Quarz, geschmolzen, $t_r \approx 10^6\,\text{s} \approx 10$ Tage.

4.3 Die Randbedingungen

An der Grenzfläche zweier Medien ergibt sich aus dem Erhaltungssatz für die Ladungen (4.2) ein Zusammenhang zwischen den senkrechten Komponenten von **g** und der Flächenladung (Abb. 4.4). Integriert man nämlich diese Gleichung über ein kleines scheibenförmiges Volumen, so ergibt sich

$$g_{2n}\,\mathrm{d}A - g_{1n}\,\mathrm{d}A + \frac{\partial \sigma}{\partial t}\,\mathrm{d}A = 0 ,$$

Abb. 4.4 Zur Randbedingung
der Stromdichte **g**

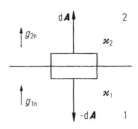

bzw. gekürzt

$$g_{2n} - g_{1n} + \frac{\partial \sigma}{\partial t} = 0 \ . \tag{4.26}$$

Dabei ist vorausgesetzt, dass in der Grenzfläche kein Strombelag (Flächenstrom) auftreten kann, d. h. dass alle Leitfähigkeiten endlich sind.

Im stationären Fall ist

$$\frac{\partial \sigma}{\partial t} = 0$$

und deshalb

$$g_{2n} = g_{1n} \ . \tag{4.27}$$

Man beachte, dass dabei durchaus σ selbst von 0 verschieden sein kann, und wie wir gleich noch sehen werden, unter Umständen sogar sein muss. Aus (4.27) folgt nun

$$\kappa_2 E_{2n} = \kappa_1 E_{1n} \ . \tag{4.28}$$

Ferner muss stets gelten

$$E_{2t} = E_{1t} \ . \tag{4.29}$$

Beides zusammen gibt das Brechungsgesetz für die **g**- bzw. **E**-Linien (Abb. 4.5):

$$\frac{\tan \alpha_1}{\tan \alpha_2} = \frac{\frac{E_{1t}}{E_{1n}}}{\frac{E_{2t}}{E_{2n}}} = \frac{E_{2n}}{E_{1n}} \ ,$$

bzw.

$$\frac{\tan \alpha_1}{\tan \alpha_2} = \frac{\kappa_1}{\kappa_2} \ . \tag{4.30}$$

Abb. 4.5 Brechungsgesetz
für **g**

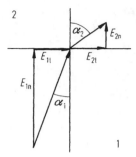

Andererseits ist nach Gleichung (2.120) mit $\frac{d\tau}{ds} = 0$

$$\frac{\tan\alpha_1}{\tan\alpha_2} = \frac{\varepsilon_1}{\varepsilon_2} + \frac{\sigma}{\varepsilon_2 E_{1n}} \,, \tag{4.31}$$

wenn sich auf der Grenzfläche zwischen den beiden Medien 1 und 2 eine Flächenladung σ befindet. Die beiden Gleichungen (4.30) und (4.31) sind demnach nur dann miteinander verträglich, wenn

$$\frac{\kappa_1}{\kappa_2} = \frac{\varepsilon_1}{\varepsilon_2} + \frac{\sigma}{\varepsilon_2 E_{1n}}$$

ist, d. h. wenn gilt:

$$\sigma = \varepsilon_2 E_{1n}\left(\frac{\kappa_1}{\kappa_2} - \frac{\varepsilon_1}{\varepsilon_2}\right) = \frac{\varepsilon_2}{\kappa_1}g_{1n}\left(\frac{\kappa_1}{\kappa_2} - \frac{\varepsilon_1}{\varepsilon_2}\right) \,,$$

$$\sigma = g_{1n}\left(\frac{\varepsilon_2}{\kappa_2} - \frac{\varepsilon_1}{\kappa_1}\right) = g_{1n}(t_{r_2} - t_{r_1}) \,. \tag{4.32}$$

Das ist ein recht merkwürdiges Ergebnis. Nur wenn die beiden Relaxationszeiten gleich sind, ist ein stationärer Zustand ohne Flächenladung auf der Grenzfläche möglich. Umgekehrt kann sich, wenn $t_{r1} \neq t_{r2}$ ist, ein stationärer Zustand erst ausbilden, wenn σ den durch Gleichung (4.32) gegebenen Wert annimmt, sollte er zunächst davon verschieden sein. Die dazu benötigte Zeit wird von der Geometrie der Anordnung und von den Größen $\varepsilon_1, \varepsilon_2, \kappa_1$ und κ_2 abhängen. Vorher wird das Brechungsgesetz (4.30) nicht gelten, sondern die Gleichung (4.31) mit dem jeweiligen Wert von σ. Dies sei zur Verdeutlichung an einem Beispiel illustriert (Abb. 4.6). Eine für $t \geq 0$ konstante Spannung U werde zur Zeit

Abb. 4.6 Verhalten eines
geschichteten Widerstandes

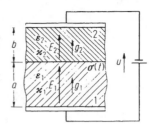

$t = 0$ plötzlich an einen unendlich ausgedehnten geschichteten Widerstand gelegt. Die Flächenladung sei zu Beginn $\sigma(0) = 0$. Es gelten die folgenden drei Gleichungen:

$$a E_1(t) + b E_2(t) = U \,, \tag{4.33}$$

$$-\varepsilon_1 E_1(t) + \varepsilon_2 E_2(t) = \sigma(t) \,, \tag{4.34}$$

$$-\kappa_1 E_1(t) + \kappa_2 E_2(t) + \frac{\partial \sigma(t)}{\partial t} = 0 \,. \tag{4.35}$$

Berechnet man aus den beiden ersten Gleichungen, (4.33), (4.34), $E_1(t)$ und $E_2(t)$, so ergibt sich

$$\left.\begin{aligned}
E_1(t) &= \frac{U\varepsilon_2 - b\sigma(t)}{a\varepsilon_2 + b\varepsilon_1} \,, \\[2mm]
E_2(t) &= \frac{U\varepsilon_1 + a\sigma(t)}{a\varepsilon_2 + b\varepsilon_1} \,.
\end{aligned}\right\} \tag{4.36}$$

Setzt man dies in die Gleichung (4.35) ein, so erhält man die Differentialgleichung

$$\frac{\partial \sigma}{\partial t} + \frac{\sigma}{t_{12}} = U \frac{\varepsilon_2 \kappa_1 - \varepsilon_1 \kappa_2}{a\varepsilon_2 + b\varepsilon_1} \tag{4.37}$$

wo

$$t_{12} = \frac{a\varepsilon_2 + b\varepsilon_1}{a\kappa_2 + b\kappa_1} \,, \tag{4.38}$$

mit der Lösung

$$\sigma(t) = U \frac{\varepsilon_2 \kappa_1 - \varepsilon_1 \kappa_2}{a\kappa_2 + b\kappa_1} \left[1 - \exp\left(-\frac{t}{t_{12}}\right)\right] \,. \tag{4.39}$$

Für sehr große Zeiten wird

$$\sigma_\infty = U \frac{\varepsilon_2 \kappa_1 - \varepsilon_1 \kappa_2}{a\kappa_2 + b\kappa_1} \,.$$

Die zugehörigen elektrischen Felder sind nach (4.36)

$$\left.\begin{aligned}
E_{1\infty} &= U \frac{\kappa_2}{a\kappa_2 + b\kappa_1} \,, \\[2mm]
E_{2\infty} &= U \frac{\kappa_1}{a\kappa_2 + b\kappa_1} \,,
\end{aligned}\right\} \tag{4.40}$$

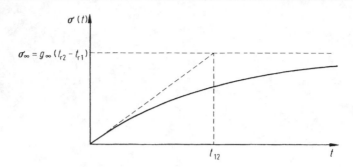

Abb. 4.7 Die Flächenladung an der Grenzfläche des geschichteten Widerstandes der Abb. 4.6

und die zugehörige Stromdichte ist

$$g_\infty = g_{1\infty} = g_{2\infty} = \frac{U\kappa_1\kappa_2}{a\kappa_2 + b\kappa_1} \ . \tag{4.41}$$

Damit wird (Abb. 4.7)

$$\begin{aligned}
\sigma(t) &= g_\infty \left(\frac{\varepsilon_2}{\kappa_2} - \frac{\varepsilon_1}{\kappa_1} \right) \left[1 - \exp\left(-\frac{t}{t_{12}} \right) \right] \\
&= g_\infty (t_{r2} - t_{r1}) \left[1 - \exp\left(-\frac{t}{t_{12}} \right) \right] \ .
\end{aligned} \tag{4.42}$$

Erst wenn dieser Relaxationsvorgang mit der typischen Zeit t_{12} abgeklungen ist, hat man den stationären Zustand erreicht, der durch die Gleichungen (4.27), (4.30) und (4.32) beschrieben wird. Man kann die hier ablaufenden Vorgänge durch eine Schaltung aus Kapazitäten und Widerständen entsprechend Abb. 4.8 simulieren, wobei

$$\left.
\begin{aligned}
R_1 &= \frac{a}{\kappa_1 A} \ , \\
R_2 &= \frac{b}{\kappa_2 A} \ , \\
C_1 &= \frac{\varepsilon_1 A}{a} \ , \\
C_2 &= \frac{\varepsilon_2 A}{b}
\end{aligned}
\right\} \tag{4.43}$$

Abb. 4.8 Ersatzschaltbild des geschichteten Widerstandes

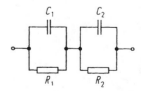

Abb. 4.9 Randbedingung
beim Übergang in ein Medium
unendlicher Leitfähigkeit

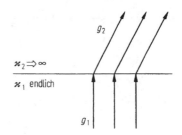

ist, wenn A die als sehr groß angenommene Querschnittsfläche des geschichteten Widerstandes (oder geschichteten Kondensators) von Abb. 4.6 ist. Die Berechnung der Schaltung in Abb. 4.8 führt zu denselben Ergebnissen, die oben feldtheoretisch abgeleitet wurden. Ohne dies hier im Einzelnen auszuführen, sei lediglich bemerkt, dass man für die Relaxationszeit den Ausdruck

$$t_{12} = \frac{C_1 + C_2}{\frac{1}{R_1} + \frac{1}{R_2}} = \frac{\frac{\varepsilon_1 A}{a} + \frac{\varepsilon_2 A}{b}}{\frac{\kappa_1 A}{a} + \frac{\kappa_2 A}{b}} = \frac{\varepsilon_1 b + \varepsilon_2 a}{\kappa_1 b + \kappa_2 a} \tag{4.44}$$

bekommt, d. h. gerade wieder die Gleichung (4.38).

Ein wichtiger Spezialfall des Brechungsgesetzes (4.30) ergibt sich für

$$\frac{\kappa_1}{\kappa_2} \Rightarrow 0 \ ,$$

d. h. wenn $\kappa_2 \Rightarrow \infty$ geht und κ_1 endlich bleibt. Dann ist auch $\tan \alpha_1 = 0$, die **g**-Linien stehen im Leiter endlicher Leitfähigkeit senkrecht auf der Grenzfläche (Abb. 4.9). Ist hingegen $\kappa_2 = 0$, so verlaufen die **g**-Linien parallel zur Grenzfläche (Abb. 4.10). Die Grenzfläche zu einem Leiter unendlicher Leitfähigkeit ist demnach eine Äquipotentialfläche, d. h. auf ihr ist

$$\varphi = \text{const} . \tag{4.45}$$

Die Grenzfläche gegen einen Nichtleiter dagegen ist durch

$$\frac{\partial \varphi}{\partial n} = 0 \tag{4.46}$$

gekennzeichnet.

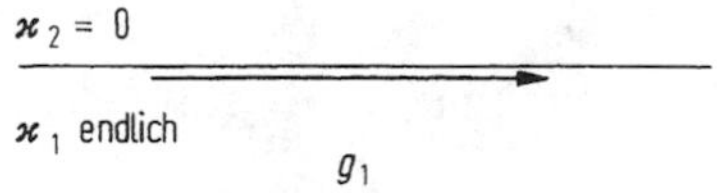

Abb. 4.10 Randbedingung an
der Grenze zu einem Nichtleiter

$\varkappa_2 = 0$

$\varkappa_1$ endlich

g_1

4.4 Die formale Analogie zwischen $\mathbf{D}$ und $\mathbf{g}$

Zunächst ist

$$\mathbf{E} = -\operatorname{grad}\varphi \; .$$

Ferner gilt

$$\mathbf{D} = \varepsilon\mathbf{E} \qquad\Big|\qquad \mathbf{g} = \kappa\mathbf{E}$$

$$\mathbf{D} = -\varepsilon\operatorname{grad}\varphi \; . \qquad\Big|\qquad \mathbf{g} = -\kappa\operatorname{grad}\varphi \; .$$

| Im ladungsfreien Raum ist | Im stationären Fall ist |

$$\operatorname{div}\mathbf{D} = 0 \qquad\Big|\qquad \operatorname{div}\mathbf{g} = 0 \; ,$$

d. h. im homogenen Raum ist

$$\Delta\varphi = 0 \; .$$

An Grenzflächen sind dann die Normalkomponenten stetig

$$D_{2n} = D_{1n} \qquad\Big|\qquad g_{2n} = g_{1n} \; ,$$

während sich für die Tangentialkomponenten wegen

$$\mathbf{E}_{2t} = \mathbf{E}_{1t}$$

$$\frac{D_{2t}}{\varepsilon_2} = \frac{D_{1t}}{\varepsilon_1} \qquad\Big|\qquad \frac{g_{2t}}{\kappa_2} = \frac{g_{1t}}{\kappa_1}$$

ergibt. Das führt zum Brechungsgesetz:

$$\frac{\tan\alpha_1}{\tan\alpha_2} = \frac{\varepsilon_1}{\varepsilon_2} \; . \qquad\Big|\qquad \frac{\tan\alpha_1}{\tan\alpha_2} = \frac{\kappa_1}{\kappa_2} \; .$$

Es besteht also eine formal vollständige Analogie zwischen elektrostatischen Feldern $\mathbf{D}$ auf der einen und stationären Strömungsfeldern $\mathbf{g}$ auf der anderen Seite. Das ist wichtig, weil man deshalb die Ergebnisse der Kap. 2 und 3 auf Strömungsfelder weitgehend übertragen darf. Das gilt insbesondere auch für die in Kap. 3 entwickelten formalen Methoden, die man unverändert zur Lösung von Randwertproblemen für Strömungsfelder heranziehen kann (Separation, konforme Abbildung). Dabei ergeben sich nach den Gleichungen (4.45) und (4.46) bei Leitern, die durch unendlich gute Leiter begrenzt werden, Dirichlet'sche Randwertprobleme und bei solchen, die durch Nichtleiter begrenzt werden, Neumann'sche Randwertprobleme bzw., wenn beides der Fall ist, gemischte Probleme.

4.5 Einige Strömungsfelder

4.5.1 Die punktförmige Quelle im Raum

Geht eine elektrische Strömung **g** von einer punktförmigen Quelle in einem unendlich ausgedehnten und homogenen Medium aus, so gilt (Abb. 4.11) aus Symmetriegründen

$$\int_A \mathbf{g} \cdot d\mathbf{A} = 4\pi r^2 g_r = I \; ,$$

d. h.

$$g_r = \frac{I}{4\pi r^2} \tag{4.47}$$

und

$$E_r = \frac{g_r}{\kappa} = \frac{I}{4\pi\kappa r^2} \; . \tag{4.48}$$

Alle anderen Komponenten von **g** bzw. **E** verschwinden. Wegen der Stromzuführung stellt die Annahme der Kugelsymmetrie natürlich eine Idealisierung dar. Für das Potential gilt

$$\varphi(r) = \frac{I}{4\pi\kappa r} \; . \tag{4.49}$$

Mit Hilfe der Spiegelungsmethode kann man auch den Fall einer punktförmigen Quelle in einem Raum diskutieren, der aus zwei Halbräumen verschiedener Leitfähigkeit besteht (Abb. 4.12). Wir können versuchen, das Problem für das Gebiet 1 mit der Quelle I und einer fiktiven Bildquelle I' im Gebiet 2 und für das Gebiet 2 mit einer fiktiven Bildquelle I'' im Gebiet 1 zu lösen. Demnach setzen wir an:

$$\varphi_1 = \frac{1}{4\pi\kappa_1}\left(\frac{I}{\sqrt{(x-a)^2 + y^2 + z^2}} + \frac{I'}{\sqrt{(x+a)^2 + y^2 + z^2}}\right) \; ,$$

$$\varphi_2 = \frac{1}{4\pi\kappa_2}\left(\frac{I''}{\sqrt{(x-a)^2 + y^2 + z^2}}\right) \; .$$

Abb. 4.11 Punktförmige
Stromquelle

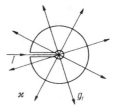

Abb. 4.12 Punktförmige
Stromquelle in einem Raum
aus zwei Halbräumen unterschiedlicher Leitfähigkeit

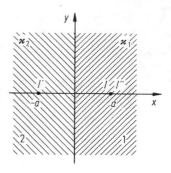

Man beachte, dass dieser Ansatz dem von Abschn. 2.11.2 völlig analog ist. Deshalb ergibt
sich – wenn man nur ε durch κ ersetzt –

$$I' = I \frac{\kappa_1 - \kappa_2}{\kappa_1 + \kappa_2} \,, \tag{4.50}$$

$$I'' = I \frac{2\kappa_2}{\kappa_1 + \kappa_2} \,. \tag{4.51}$$

Die Strömungsfelder entsprechen den elektrischen Feldern der Bilder von Abschn. 2.11.2.
Zwei Grenzfälle sind besonders wichtig. Befindet sich im Gebiet 2 ein Nichtleiter, $\kappa_2 = 0$,
so gilt:

$$\left. \begin{array}{l} I' = I \\ I'' = 0 \end{array} \right\} \,.$$

Dieser Fall ist in Abb. 4.13 angedeutet. Ist dagegen das Gebiet 2 von einem unendlich
leitfähigen Medium erfüllt (Abb. 4.14), so ergibt sich aus $\kappa_2 \to \infty$

$$\left. \begin{array}{l} I' = -I \\ I'' = 2I \end{array} \right\} \,.$$

Abb. 4.13 Strömungsfeld
wenn der linke Halbraum nicht
leitet

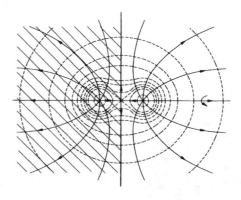

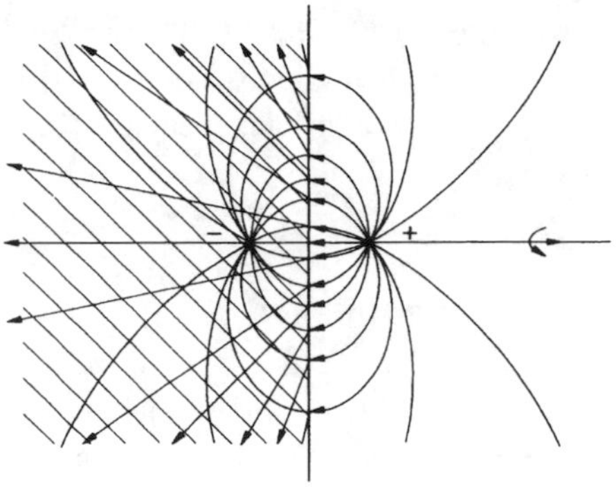

Abb. 4.14 Strömungsfeld
wenn der linke Halbraum
unendlich leitfähig ist

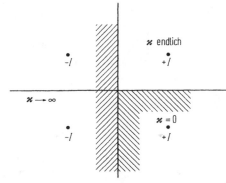

Abb. 4.15 Ein etwas allgemei-
neres Randwertproblem

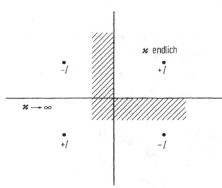

Abb. 4.16 Ein anderes Randwertproblem

Abb. 4.13 entspricht der Neumann'schen Randbedingung $\partial\varphi/\partial n = 0$ und Abb. 4.14 der Dirichlet'schen Randbedingung $\varphi = $ const.

Von diesen Ergebnissen ausgehend kann man durch passende Überlagerung verschiedener Quellen eine Fülle von Problemen lösen. Abb. 4.15 z. B. deutet an, wie man das Problem einer Punktquelle in einem Quadranten behandelt, dessen eine Seitenfläche an ein unendlich leitfähiges und dessen andere Seite an ein überhaupt nicht leitfähiges Medium grenzt. Sind dagegen beide Medien unendlich leitfähig, so wird man entsprechend Abb. 4.16 vorgehen.

Durch Grenzübergang kann man zur *Dipolquelle* übergehen und zum Beispiel durch Überlagerung von Dipolströmung und homogener Strömung das Problem einer in ein homogenes Medium eingebetteten Kugel anderer Leitfähigkeit lösen (in Analogie zu Abschn. 2.12).

4.5.2 Linienquellen

Für Linienquellen gilt im Wesentlichen das über Linienladungen Gesagte. Ist r der senkrechte Abstand von einer homogenen Linienquelle I/l, so ist im unendlichen homogenen Raum

$$g_r = \frac{I}{2\pi l r} ,\tag{4.52}$$

$$E_r = \frac{I}{2\pi \kappa l r}\tag{4.53}$$

bzw.

$$\varphi(r) = -\frac{I}{2\pi \kappa l} \ln \frac{r}{r_\mathrm{B}} .\tag{4.54}$$

Im Übrigen kann man alle Beispiele, die unter 4.5.1 aufgeführt wurden, auf Linienquellen übertragen, wenn man in den entsprechenden Abb. 4.12 bis 4.16 I durch I/l ersetzt. Dies gilt auch für die beiden Gleichungen (4.50) und (4.51).

Die so entstehenden Konfigurationen können zum Ausgangspunkt der Lösung weiterer ebener Probleme durch konforme Abbildung gemacht werden. So entsteht z. B. aus dem Feld von Abb. 4.17 durch die Abbildung $\xi = z^p$ das Feld von Abb. 4.18 (analog zum Beispiel 6 von Abschn. 3.12).

Abb. 4.17 Strömungsfeld einer Linienquelle

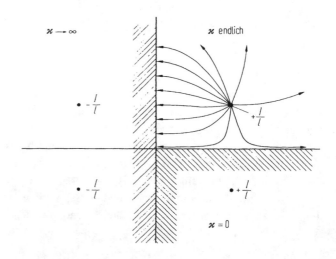

Abb. 4.18 Strömungsfeld
einer Linienquelle durch die
Abbildung z^p

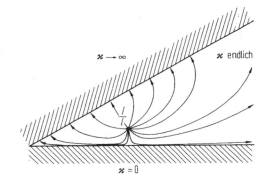

4.5.3   Ein gemischtes Randwertproblem

Als Beispiel für die Anwendung der Separationsmethode sei ein der Einfachheit wegen
ebenes gemischtes Randwertproblem der Laplace-Gleichung $\Delta\varphi = 0$ behandelt. Ein
rechteckiges Stück eines homogenen Leiters mit den Seitenlängen a und b sei entsprechend Abb. 4.19 an eine Spannungsquelle gelegt. Die beiden Seiten $y = 0$ und $y = b$
seien mit einem Rand aus sehr gut leitendem Material versehen (z. B. versilbert) und geerdet. Die Seite $x = a$ sei ebenfalls versilbert, und das Potential sei dort $\varphi = \varphi_0$. Am Rand
$x = 0$ sei keine Stromableitung angebracht. d. h. dort müssen die Stromlinien parallel
zum Rand verlaufen, $\partial\varphi/\partial n = 0$. Wir können die Randbedingungen wie folgt zusammenfassen:

$$\left.\begin{aligned}
\varphi &= 0 && \text{für } y = 0 \text{ und } y = b \,, \\
\varphi &= \varphi_0 && \text{für } x = a \,, \\
\frac{\partial\varphi}{\partial n} &= \frac{\partial\varphi}{\partial x} = 0 && \text{für } x = 0 \,.
\end{aligned}\right\} \qquad (4.55)$$

Abb. 4.19 Ein gemischtes
Randwertproblem

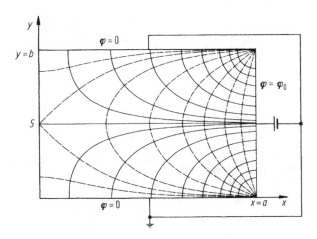

Um die Randbedingungen in Bezug auf y zu erfüllen, setzt man die y-Abhängigkeit in folgender Form an:

$$A \cos(ky) + B \sin(ky) \ .$$

Damit ist dann auch die Form der x-Abhängigkeit festgelegt, da das Problem von z nicht abhängt:

$$C \cosh(kx) + D \sinh(kx) \ .$$

Zur Erfüllung der Bedingungen $\varphi = 0$ für $y = 0$ müssen wir $A = 0$ setzen. Dann muss für $y = b$

$$\sin(kb) = 0 \ ,$$

d. h.

$$kb = n\pi$$

bzw.

$$k = k_n = \frac{n\pi}{b}$$

sein. Ferner wird $\partial\varphi/\partial x = 0$ bei $x = 0$, wenn wir $D = 0$ setzen. Damit ist

$$\varphi(x, y) = \sum_{n=1}^{\infty} C_n \sin\left(\frac{n\pi y}{b}\right) \cosh\left(\frac{n\pi x}{b}\right) . \tag{4.56}$$

Für $k = 0$ könnte noch der Summand $(A + By)(C + Dx)$ zusätzlich auftreten. Er verschwindet jedoch auf Grund der Randbedingungen. Der Ansatz (4.56) erfüllt, wie man unmittelbar sieht, alle Randbedingungen bis auf die bei $x = a$. Diese ist nun noch zu erfüllen. Wir müssen dazu die Koeffizienten C_n so wählen, dass gilt:

$$\varphi_0 = \sum_{n=1}^{\infty} C_n \cosh\left(\frac{n\pi a}{b}\right) \sin\left(\frac{n\pi y}{b}\right) . \tag{4.57}$$

Wir multiplizieren diese Gleichung mit $\sin(n'\pi y/b)$ und integrieren über y von 0 bis b:

$$\int_0^b \varphi_0 \sin\left(\frac{n'\pi y}{b}\right) dy = \sum_{n=1}^{\infty} C_n \cosh\left(\frac{n\pi a}{b}\right) \int_0^b \sin\left(\frac{n\pi y}{b}\right) \sin\left(\frac{n'\pi y}{b}\right) dy \ .$$

Mit der Orthogonalitätsbeziehung (3.76) folgt daraus

$$\frac{b}{2} C_{n'} \cosh\left(\frac{n'\pi a}{b}\right) = \varphi_0 \int_0^b \sin\left(\frac{n'\pi y}{b}\right) dy \ .$$

Nun ist

$$\int_{0}^{b} \sin\left(\frac{n'\pi y}{b}\right) \mathrm{d}y = \frac{b}{n'\pi}[\cos 0 - \cos(n'\pi)]$$

$$= \frac{b}{n'\pi}[1 - (-1)^{n'}]\,.$$

Damit wird

$$C_n = \frac{2\varphi_0}{n\pi \cosh\left(\frac{n\pi a}{b}\right)}[1 - (-1)^n]\,,\tag{4.58}$$

d. h.

$$C_n = \begin{cases} \dfrac{4\varphi_0}{n\pi \cosh\left(\frac{n\pi a}{b}\right)} & \text{für } n = 1, 3, 5, \ldots \\[2mm] 0 & \text{für } n = 2, 4, 6, \ldots \end{cases}\,.\tag{4.59}$$

Letzten Endes ergibt sich damit aus (4.56) die Lösung

$$\varphi(x, y) = \frac{4\varphi_0}{\pi} \sum_{n=0}^{\infty} \frac{1}{2n+1} \frac{\cosh\left(\frac{(2n+1)\pi x}{b}\right)}{\cosh\left(\frac{(2n+1)\pi a}{b}\right)} \sin\left(\frac{(2n+1)\pi y}{b}\right)\,.\tag{4.60}$$

Das hier behandelte Problem kann auch also Randwertproblem für ψ aufgefasst werden, denn auch für ψ gilt

$$\Delta\psi = 0\,,\tag{4.61}$$

wobei die Randbedingungen andere als die für φ, (4.55), sind, nämlich (Abb. 4.20):

$$\left.\begin{aligned} \frac{\partial\psi}{\partial y} = -E_x = 0 && \text{für } \quad y = 0 \\ && \text{und} \quad y = b \\ && \text{und} \quad x = 0\,, \\ \frac{\partial\psi}{\partial x} = E_y = 2\varphi_0[\delta(y-b) - \delta(y)] && \text{für } \quad x = a\,. \end{aligned}\right\}\tag{4.62}$$

Der Faktor $2\varphi_0$ vor den δ-Funktionen dieser Formel rührt von dem Verhalten des Potentials längs $x = a$ her. Betrachtet man dieses nämlich als Funktion von y, so ist

$$\varphi(a, y) = \varphi_0 \quad \text{für} \quad 0 < y < b$$
$$\varphi(a, y) = -\varphi_0 \quad \text{für} \quad b < y < 2b, \quad -b < y < 0\,,$$

d. h. sowohl bei $y = 0$ als auch bei $y = b$ springt das Potential um den Wert $2\varphi_0$.
  Der Ansatz

$$\psi(x, y) = \sum_{n=1}^{\infty} d_n \cos\left(\frac{n\pi y}{b}\right) \sinh\left(\frac{n\pi x}{b}\right)\tag{4.63}$$

Abb. 4.20 Das Randwertproblem der Abb. 4.19 für die
Stromfunktion

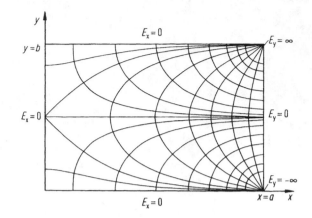

erfüllt die ersten drei die Bedingungen (4.62), jedoch nicht die letzte. Dazu muss

$$\sum_{n=1}^{\infty} d_n \frac{n\pi}{b} \cos\left(\frac{n\pi y}{b}\right) \cosh\left(\frac{n\pi a}{b}\right) = 2\varphi_0[\delta(y-b) - \delta(y)]$$

sein, woraus sich

$$d_n = \frac{2\varphi_0}{n\pi \cosh\left(\frac{n\pi a}{b}\right)}[(-1)^n - 1] \tag{4.64}$$

ergibt. Damit wird

$$\psi(x, y) = -\frac{4\varphi_0}{\pi} \sum_{n=0}^{\infty} \frac{1}{2n+1} \frac{\sinh\left(\frac{(2n+1)\pi x}{b}\right)}{\cosh\left(\frac{(2n+1)\pi a}{b}\right)} \cos\left(\frac{(2n+1)\pi y}{b}\right) . \tag{4.65}$$

Die beiden Ergebnisse (4.60) und (4.65) sind gleichwertig. Aus beiden kann man das Feld
gewinnen. φ und ψ müssen dazu die Cauchy-Riemann'schen Gleichungen befriedigen,

$$\frac{\partial \varphi}{\partial x} = +\frac{\partial \psi}{\partial y} ,$$

$$\frac{\partial \varphi}{\partial y} = -\frac{\partial \psi}{\partial x} ,$$

was auch der Fall ist. Natürlich hätte man ψ mit Hilfe dieser Gleichungen auch aus φ
berechnen können, was einfacher als die nochmalige Lösung des Randwertproblem ist.
    Wenn man φ und ψ kennt, kann man das komplexe Potential des Feldes angeben:

$$w(z) = \varphi(x, y) + \mathrm{i}\psi(x, y) .$$

Weil

$$\sinh(z) = \sinh(x + \mathrm{i}y) = \sinh(x)\cosh(\mathrm{i}y) + \cosh(x)\sinh(\mathrm{i}y)$$
$$= \sinh(x)\cos(y) + \mathrm{i}\cosh(x)\sin(y) ,$$

wird

$$w(z) = \frac{4\varphi_0}{\pi} \cdot \sum_{n=0}^{\infty} \frac{\cosh\frac{(2n+1)\pi x}{b} \sin\frac{(2n+1)\pi y}{b} - \mathrm{i}\sinh\frac{(2n+1)\pi x}{b}\cos\frac{(2n+1)\pi y}{b}}{(2n+1)\cosh\frac{(2n+1)\pi a}{b}} ,$$

d. h.

$$w(z) = -\frac{4\varphi_0\mathrm{i}}{\pi} \sum_{n=0}^{\infty} \frac{\sinh\left(\frac{(2n+1)\pi z}{b}\right)}{(2n+1)\cosh\left(\frac{(2n+1)\pi a}{b}\right)} . \tag{4.66}$$

Damit ist auch die konforme Abbildung gegeben, die das gegebene Problem lösen würde.

Mit Hilfe der Stromfunktion lässt sich nun auch der Widerstand der Anordnung berechnen, bzw. dessen Kehrwert, der Leitwert:

$$G = \frac{1}{R} = \frac{I}{U} = \frac{I}{\varphi_0 - 0} .$$

Dabei ist (mit der Dicke d der leitfähigen Schicht)

$$I = \left| d \int_{(a,0)}^{(a,b)} g_n \, \mathrm{d}y \right| = \left| d\kappa \int_{(a,0)}^{(a,b)} E_x \, \mathrm{d}y \right|$$

$$= \left| -d\kappa \int_{(a,0)}^{(a,b)} \frac{\partial \psi}{\partial y} \, \mathrm{d}y \right| = \left| d\kappa \int_{(a,0)}^{(a,b)} \mathrm{d}\psi \right|$$

$$= \left| -d\kappa[\psi(a,b) - \psi(a,0)] \right|$$

$$I = \frac{4\kappa d\varphi_0}{\pi} \sum_{n=0}^{\infty} 2\frac{1}{2n+1} \tanh\left(\frac{(2n+1)\pi a}{b}\right) ,$$

d. h.

$$G = \frac{8\kappa d}{\pi} \sum_{n=0}^{\infty} \frac{\tanh\left(\frac{(2n+1)\pi a}{b}\right)}{(2n+1)} \Rightarrow \infty . \tag{4.67}$$

Der Leitwert G wird also unendlich groß. Das ist eine Folge der Idealisierung des Problems. An den Ecken $x = a$, $y = 0$ bzw. $y = b$ hat das Potential Sprungstellen. Das führt zu den dort unendlich werdenden Feldstärken, die uns schon in der Randbedingung

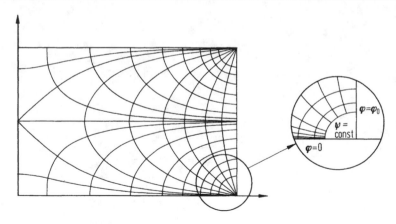

Abb. 4.21 Das Eck rechts unten von Abb. 4.19

(4.62) begegnet sind. Ebenso werden dort die Stromdichte und sogar der integrierte Gesamtstrom unendlich, d. h. $\psi(a, b)$ und $\psi(a, 0)$ sind nicht endlich. Diese Divergenz wird beseitigt, wenn man kleine Stücke von den Ecken wegnimmt, und dabei einer Stromlinie folgt (Abb. 4.21).

Es ist noch zu bemerken, dass wir mit der Lösung unseres Problems auch eine Reihe von anderen Problemen als gelöst betrachten können. Dazu ist in Abb. 4.22 das Feld über einen größeren Bereich skizziert. Abb. 4.22 erlaubt nun eine ganze Reihe verschiedener Interpretationen. Zum Beispiel kann man den Abschnitt von $y = -b/2$ bis $y = +b/2$ herausgreifen und entsprechend Abb. 4.23 als Lösung eines anderen Randwertproblems auffassen. Nimmt man nur den Abschnitt von 0 bis $b/2$, so ergibt sich Abb. 4.24. Außerdem kann man diesen Bildern auch durch Vertauschung der Rollen von φ und ψ eine neue Deutung geben. Dadurch entsteht z. B. aus Abb. 4.23 das Feld einer punktförmigen Stromzuführung bei $x = a$, $y = 0$, wobei der Strom an den drei Seiten $y = \pm b/2$ und $x = 0$ wieder abgeführt wird, während die Seite $x = a$ an einen Nichtleiter grenzt (von der punktförmigen Zuführung abgesehen), siehe Abb. 4.25. Berechnet man in diesem Fall den Widerstand, so findet man, dass dieser divergiert, d. h. unendlich wird. Das liegt an der Singularität der Einspeisung des Stromes bei $x = a$, $y = 0$. Wir haben das schon im Zusammenhang mit dem Unendlichwerden des Leitwerts entsprechend (4.67) diskutiert. In der jetzigen Interpretation bleibt der Strom endlich, während die hier als Potential zu interpretierende Größe $\psi(a, 0)$ divergiert. Endlicher Strom bei unendlicher Spannung bedeutet aber unendlichen Widerstand. Dieses Unendlichwerden ist also wie vorher das des Leitwertes formaler Natur und kann durch das Wegnehmen eines kleinen Stücks längs einer Linie ψ = const (die hier Äquipotentiallinie ist) beseitigt werden (Abb. 4.21). Wenn hier von „Äquipotentiallinien"die Rede ist, so sind damit die Schnittkurven der Äquipotentialflächen mit der betrachteten Ebene gemeint. Dies ist bei ebenen Problemen gerechtfertigt, weil diese Äquipotentiallinien die ganzen Äquipotentialflächen eindeutig charakterisieren.

Abb. 4.22 Das Randwertproblem der Abb. 4.19 über einen größeren Bereich

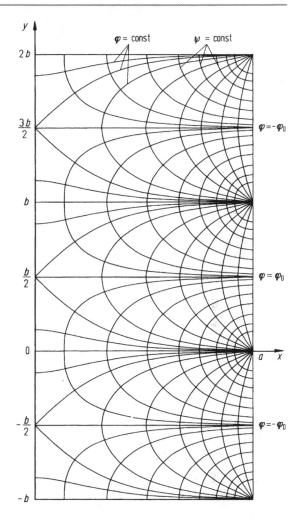

Abb. 4.23 Ein Ausschnitt aus Abb. 4.22

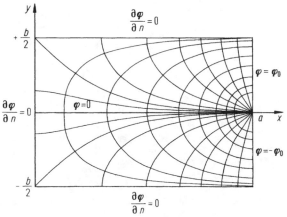

Abb. 4.24 Ein anderer Ausschnitt aus Abb. 4.22

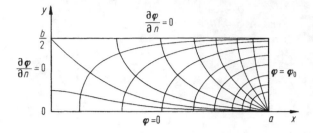

Abb. 4.25 Wieder ein anderer
Ausschnitt aus Abb. 4.22

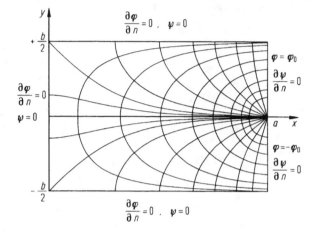

Die Grundlagen der Magnetostatik

5

5.1 Grundgleichungen

In Kap. 1 wurden die Maxwell'schen Gleichungen, (1.72), eingeführt. Betrachtet man nur zeitunabhängige Probleme, so zerfällt das System der Maxwell'schen Gleichungen in zwei elektrostatische und in zwei magnetostatische Gleichungen. Die letzten bestehen aus dem Durchflutungsgesetz und aus der Aussage, dass das Feld **B** stets quellenfrei ist:

$$\operatorname{rot} \mathbf{H} = \mathbf{g} , \tag{5.1}$$

$$\operatorname{div} \mathbf{B} = 0 . \tag{5.2}$$

Darüber hinaus muss ein Zusammenhang zwischen **B** und **H** hergestellt werden,

$$\mathbf{B} = \mathbf{B}(\mathbf{H}) . \tag{5.3}$$

Im Vakuum ist

$$\mathbf{B} = \mu_0 \mathbf{H} . \tag{5.4}$$

Das Feld **B** macht sich dadurch bemerkbar, dass es auf geladene Teilchen eine geschwindigkeitsabhängige Kraft ausübt (*Lorentz-Kraft*). Ist gleichzeitig ein elektrisches Feld **E** vorhanden, so ist

$$\mathbf{F} = Q(\mathbf{E} + \mathbf{v} \times \mathbf{B}) . \tag{5.5}$$

Integriert man Gleichung (5.1) über eine beliebige Fläche, so ergibt sich deren Integralform,

$$\int_A \operatorname{rot} \mathbf{H} \cdot d\mathbf{A} = \int_A \mathbf{g} \cdot d\mathbf{A} ,$$

© Springer-Verlag GmbH Deutschland, ein Teil von Springer Nature 2021
G. Lehner, S. Kurz, *Elektromagnetische Feldtheorie*,
https://doi.org/10.1007/978-3-662-63069-3_5

bzw. unter Anwendung des Stokes'schen Satzes

$$\oint \mathbf{H} \cdot d\mathbf{s} = I \, , \tag{5.6}$$

wenn I der durch die Fläche hindurchgehende Strom ist.

In den folgenden Abschnitten wird es vielfach darauf ankommen, die Magnetfelder gegebener Anordnungen von Strömen zu berechnen. In besonders einfachen Fällen hoher Symmetrie kann man die Magnetfelder mit Hilfe der Gleichung (5.6) fast direkt angeben. Vielfach muss man jedoch zu etwas umständlicheren formalen Methoden greifen. Dabei spielt das sog. *Vektorpotential* $\mathbf{A}$ eine besonders wichtige Rolle. Da für jeden beliebigen Vektor

$$\operatorname{div} \operatorname{rot} \mathbf{a} = 0$$

gilt, kann man $\mathbf{B}$ in der Form

$$\mathbf{B} = \operatorname{rot} \mathbf{A} \tag{5.7}$$

darstellen. Damit ist Gleichung (5.2) automatisch erfüllt. Ist $\mathbf{A}$ bekannt, so ergibt sich daraus $\mathbf{B}$ in eindeutiger Weise. Umgekehrt gehört zu einem gegebenen Feld $\mathbf{B}$ jedoch nicht nur ein Vektorpotential $\mathbf{A}$. Offensichtlich bekommt man ja aus

$$\mathbf{A}$$

und aus

$$\mathbf{A}' = \mathbf{A} + \operatorname{grad} \phi \tag{5.8}$$

dasselbe Feld $\mathbf{B}$, da

$$\operatorname{rot} \mathbf{A}' = \operatorname{rot} \mathbf{A} + \operatorname{rot} \operatorname{grad} \phi = \operatorname{rot} \mathbf{A}$$

ist, wobei wir die für jede beliebige Funktion ϕ gültige Beziehung

$$\operatorname{rot} \operatorname{grad} \phi = 0$$

benutzt haben. Ein und dasselbe Feld $\mathbf{B}$ ist also durch unendlich viele verschiedene Vektorpotentiale $\mathbf{A}$ darstellbar. Das gibt uns die Freiheit, an $\mathbf{A}$ noch zusätzliche Bedingungen zu stellen. Man kann sie durch passende Wahl von ϕ erfüllen, d. h. man kann das Vektorpotential nach geeigneten Vorschriften „eichen". Der Übergang von $\mathbf{A}$ zu $\mathbf{A}'$ nach Gleichung (5.8) wird als *Eichtransformation* des Vektorpotentials bezeichnet. $\mathbf{B}$ bleibt dabei unverändert, d. h. $\mathbf{B}$ ist, wie man sagt, *eichinvariant*. Für statische Probleme ist die sog. *Coulomb-Eichung* sehr geeignet:

$$\operatorname{div} \mathbf{A} = 0 \,. \tag{5.9}$$

Für zeitabhängige Probleme dagegen wird sehr oft die sog. *Lorenz-Eichung* benutzt:

$$\operatorname{div} \mathbf{A} + \mu\varepsilon\frac{\partial\varphi}{\partial t} = 0 \,. \tag{5.10}$$

Sie wird in späteren Teilen des Buches eine Rolle spielen.

Aus den Gleichungen (5.1), (5.4), (5.7) folgt nun für Ströme im Vakuum

$$\operatorname{rot} \mathbf{H} = \operatorname{rot} \frac{\mathbf{B}}{\mu_0} = \operatorname{rot} \frac{1}{\mu_0} \operatorname{rot} \mathbf{A} = \frac{1}{\mu_0}\operatorname{rot} \operatorname{rot} \mathbf{A} = \mathbf{g} \,.$$

Mit Hilfe der Vektorbeziehung

$$\operatorname{rot} \operatorname{rot} \mathbf{A} = \operatorname{grad} \operatorname{div} \mathbf{A} - \Delta\mathbf{A} \tag{5.11}$$

und mit (5.9) ist dann

$$\Delta\mathbf{A} = -\mu_0\mathbf{g} \,. \tag{5.12}$$

An dieser Stelle ist Vorsicht erforderlich, da die Anwendung des Laplace-Operators auf Vektoren nur für kartesische Koordinaten den Vektor gibt, den man einfach durch Anwendung auf die Komponenten selbst erhält. Dies kann man mit Hilfe der Ausdrücke für den Gradienten, die Divergenz und die Rotation in krummlinigen Koordinaten (die wir in den Abschn. 3.1 bis 3.3 erörtert haben) überprüfen, wenn man (5.11) zur Berechnung von $\Delta\mathbf{A}$ benutzt, d. h. wenn man

$$\Delta\mathbf{A} = \operatorname{grad} \operatorname{div} \mathbf{A} - \operatorname{rot} \operatorname{rot} \mathbf{A}$$

bildet. Bei Verwendung krummliniger Koordinaten empfiehlt es sich allgemein, $\Delta\mathbf{A}$ auf diese Weise zu eliminieren.

In kartesischen Koordinaten ergibt sich

$$\Delta A_x(\mathbf{r}) = -\mu_0 g_x(\mathbf{r})$$
$$\Delta A_y(\mathbf{r}) = -\mu_0 g_y(\mathbf{r}) \tag{5.13}$$
$$\Delta A_z(\mathbf{r}) = -\mu_0 g_z(\mathbf{r}) \,,$$

wobei Δ der normale Laplace-Operator ist,

$$\Delta = \frac{\partial^2}{\partial x^2} + \frac{\partial^2}{\partial y^2} + \frac{\partial^2}{\partial z^2} \,.$$

In Zylinderkoordinaten dagegen ergibt sich z. B.

$$\Delta A_r - \frac{2}{r^2}\frac{\partial A_\varphi}{\partial \varphi} - \frac{A_r}{r^2} = -\mu_0 g_r$$
$$\Delta A_\varphi + \frac{2}{r^2}\frac{\partial A_r}{\partial \varphi} - \frac{A_\varphi}{r^2} = -\mu_0 g_\varphi \tag{5.14}$$
$$\Delta A_z \qquad\qquad\qquad = -\mu_0 g_z \,,$$

wo wiederum Δ der normale Laplace-Operator ist, dessen Form in Zylinderkoordinaten durch Gleichung (3.33) gegeben ist:

$$\Delta = \frac{1}{r}\frac{\partial}{\partial r} r \frac{\partial}{\partial r} + \frac{1}{r^2}\frac{\partial^2}{\partial \varphi^2} + \frac{\partial^2}{\partial z^2} \,.$$

Man sieht also, dass es ganz falsch wäre, die Gleichung (5.12) etwa in der Form

$$\left.\begin{array}{l} \Delta A_r = -\mu_0 g_r \\ \Delta A_\varphi = -\mu_0 g_\varphi \\ \Delta A_z = -\mu_0 g_z \end{array}\right\} \quad \text{FALSCH!}$$

in ihre zylindrischen Komponenten zerlegen zu wollen. Der Grund für all dies ist in der Tatsache zu suchen, dass in krummlinigen Koordinaten die Basisvektoren selbst Funktionen des Ortes sind, also z. B. in Zylinderkoordinaten $\mathbf{e}_\varphi$ und $\mathbf{e}_r$ (nicht jedoch $\mathbf{e}_z$), was beim Differenzieren zusätzliche Glieder gibt. Für kartesische Koordinaten ist

$$\Delta \mathbf{A} = \Delta(A_x \mathbf{e}_x + A_y \mathbf{e}_y + A_z \mathbf{e}_z) = \mathbf{e}_x \Delta A_x + \mathbf{e}_y \Delta A_y + \mathbf{e}_z \Delta A_z \,,$$

während für Zylinderkoordinaten z. B.

$$\Delta \mathbf{A} = \Delta(A_r \mathbf{e}_r + A_\varphi \mathbf{e}_\rho + A_z \mathbf{e}_z) = \mathbf{e}_r (\Delta A)_r + \mathbf{e}_\varphi (\Delta A)_\varphi + \mathbf{e}_z (\Delta A)_z$$

mit

$$(\Delta A)_r \neq \Delta A_r , \quad (\Delta A)_\varphi \neq \Delta A_\varphi .$$

Sind die Ströme $\mathbf{g}(\mathbf{r})$ gegeben, so ist zur Berechnung des zugehörigen Feldes die Gleichung (5.12) zu lösen, die in kartesischen Koordinaten den drei skalaren Gleichungen (5.13), in Zylinderkoordinaten den drei skalaren Gleichungen (5.14) entspricht usw. Aus formalen Gründen wollen wir uns, zunächst jedenfalls, auf die Benutzung von kartesischen Koordinaten festlegen. Die Lösung der drei Gleichungen (5.13) kennen wir nämlich schon. Es handelt sich ja um drei skalare Poisson'sche Gleichungen. In der Elektrostatik haben wir gezeigt, dass die Gleichung

$$\Delta \varphi(\mathbf{r}) = -\frac{\rho(\mathbf{r})}{\varepsilon_0}$$

durch das Potential

$$\varphi(\mathbf{r}) = \frac{1}{4\pi \varepsilon_0} \int_V \frac{\rho(\mathbf{r}')}{|\mathbf{r} - \mathbf{r}'|} \, d\tau'$$

gelöst wird, vgl. (2.20). Analog dazu folgt aus (5.13):

$$A_x(\mathbf{r}) = \frac{\mu_0}{4\pi} \int_V \frac{g_x(\mathbf{r}')}{|\mathbf{r} - \mathbf{r}'|} \, d\tau'$$

$$A_y(\mathbf{r}) = \frac{\mu_0}{4\pi} \int_V \frac{g_y(\mathbf{r}')}{|\mathbf{r} - \mathbf{r}'|} \, d\tau' \tag{5.15}$$

$$A_z(\mathbf{r}) = \frac{\mu_0}{4\pi} \int_V \frac{g_z(\mathbf{r}')}{|\mathbf{r} - \mathbf{r}'|} \, d\tau' .$$

Diese drei Gleichungen kann man natürlich wieder zu einer Vektorgleichung zusammenfassen,

$$\mathbf{A}(\mathbf{r}) = \frac{\mu_0}{4\pi} \int_V \frac{\mathbf{g}(\mathbf{r}')}{|\mathbf{r} - \mathbf{r}'|} \, d\tau' , \tag{5.16}$$

man darf jedoch nicht vergessen, *dass sie nur mit kartesischen Komponenten benutzt werden darf.*

Es ist noch zu beweisen, dass das durch (5.16) gegebene Vektorpotential unserer Eichung entsprechend, (5.9), tatsächlich quellenfrei ist. Es gilt

$$\text{div}\,\mathbf{A}(\mathbf{r}) = \frac{\mu_0}{4\pi} \int_V \mathbf{g}(\mathbf{r}') \cdot \text{grad}_\mathbf{r}\,\frac{1}{|\mathbf{r}-\mathbf{r}'|}\,d\tau'\,,$$

da

$$\text{div}(\mathbf{a}\,f) = \mathbf{a}\cdot\text{grad}\,f + f\,\text{div}\,\mathbf{a}\,,$$

und weil $\mathbf{g}(\mathbf{r}')$ nicht vom Aufpunkt $\mathbf{r}$ abhängt. Weiter ist dann

$$\text{div}\,\mathbf{A}(\mathbf{r}) = -\frac{\mu_0}{4\pi}\int_V \mathbf{g}(\mathbf{r}')\cdot\text{grad}_{\mathbf{r}'}\,\frac{1}{|\mathbf{r}-\mathbf{r}'|}\,d\tau'$$

$$= \frac{-\mu_0}{4\pi}\int_V\left[\text{div}_{\mathbf{r}'}\,\frac{\mathbf{g}(\mathbf{r}')}{|\mathbf{r}-\mathbf{r}'|} - \frac{1}{|\mathbf{r}-\mathbf{r}'|}\,\text{div}_{\mathbf{r}'}\,\mathbf{g}(\mathbf{r}')\right]d\tau'\,,$$

$$\text{div}\,\mathbf{A}(\mathbf{r}) = -\frac{\mu_0}{4\pi}\int_V \text{div}_{\mathbf{r}'}\,\frac{\mathbf{g}(\mathbf{r}')}{|\mathbf{r}-\mathbf{r}'|}\,d\tau'\,,$$

weil für stationäre Ströme

$$\text{div}\,\mathbf{g} = 0$$

ist. Schließlich wird wegen des Gauß'schen Satzes

$$\text{div}\,\mathbf{A}(\mathbf{r}) = -\frac{\mu_0}{4\pi}\oint\frac{\mathbf{g}(\mathbf{r}')}{|\mathbf{r}-\mathbf{r}'|}\cdot d\mathbf{a}' = 0\,,$$

weil über den ganzen Raum zu integrieren ist und durch eine hinreichend weit entfernte Oberfläche keine Ströme fließen. Überall dort, wo Verwechslungen mit dem Vektorpotential $\mathbf{A}$ zu befürchten sind, wird das Flächenelement mit d$\mathbf{a}$ bezeichnet werden.

Hier ist vor einem Trugschluss zu warnen, dem man manchmal begegnet. Wir sahen, dass div $\mathbf{A} = 0$ wird, wenn div $\mathbf{g} = 0$ ist. Das bedeutet jedoch keinesfalls, dass wir zwangsläufig die Coulomb-Eichung zu wählen haben, wenn wir ein magnetostatisches Problem betrachten, für das natürlich div $\mathbf{g} = 0$ sein muss. Es bedeutet lediglich, dass unsere Vorgehensweise in sich widerspruchslos ist. Wir hatten die Coulomb-Eichung angenommen, div $\mathbf{A} = 0$. Käme jetzt etwas anderes heraus, so wäre das ein Widerspruch. Wählen wir allerdings nicht quellenfreie Stromdichten, div $\mathbf{g} \neq 0$, so entsteht dadurch ein Widerspruch. Weil in jedem Fall

$$\text{rot}\,\text{rot}\,\mathbf{A} = \mu_0\mathbf{g}$$

ist, gilt auch

$$\text{div}(\text{rot rot }\mathbf{A}) = 0 = \mu_0 \,\text{div}\,\mathbf{g}\;,$$
$$\text{div}\,\mathbf{g} = 0\;.$$

Wir dürfen uns dann auch nicht wundern, wenn wir für $\text{div}\,\mathbf{g} \neq 0$ ein falsches Vektorpotential mit

$$\text{div}\,\mathbf{A} \neq 0$$

bekommen. Wählen wir eine andere Eichung, so wird das zu vorgegebenen Strömen berechnete Vektorpotential diese andere Eichbedingung ebenfalls dann und nur dann erfüllen, wenn $\text{div}\,\mathbf{g} = 0$.

Im Prinzip haben wir damit das Problem der Berechnung von Magnetfeldern beliebiger Ströme gelöst. Praktisch ist dies jedoch oft sehr schwierig.

Man kann statt des Vektorpotentials auch das Feld selbst durch ein Integral ausdrücken. Aus den Gleichungen (5.16) und (5.7) ergibt sich ja

$$\mathbf{B} = \text{rot}\,\mathbf{A} = \text{rot}\left[\frac{\mu_0}{4\pi}\int_V \frac{\mathbf{g}(\mathbf{r}')}{|\mathbf{r}-\mathbf{r}'|}\,d\tau'\right]\;,$$

bzw.

$$\mathbf{B} = \frac{\mu_0}{4\pi}\int_V \text{rot}_{\mathbf{r}}\,\frac{\mathbf{g}(\mathbf{r}')}{|\mathbf{r}-\mathbf{r}'|}\,d\tau'\;.$$

Nun ist

$$\text{rot}_{\mathbf{r}}\,\frac{\mathbf{g}(\mathbf{r}')}{|\mathbf{r}-\mathbf{r}'|} = \frac{1}{|\mathbf{r}-\mathbf{r}'|}\,\text{rot}_{\mathbf{r}}\,\mathbf{g}(\mathbf{r}') - \mathbf{g}(\mathbf{r}') \times \text{grad}_{\mathbf{r}}\,\frac{1}{|\mathbf{r}-\mathbf{r}'|}$$
$$= -\mathbf{g}(\mathbf{r}') \times \left(-\frac{\mathbf{r}-\mathbf{r}'}{|\mathbf{r}-\mathbf{r}'|^3}\right)$$
$$= \mathbf{g}(\mathbf{r}') \times \frac{(\mathbf{r}-\mathbf{r}')}{|\mathbf{r}-\mathbf{r}'|^3}\;,$$

d.h

$$\mathbf{B}(\mathbf{r}) = \frac{\mu_0}{4\pi}\int_V \frac{\mathbf{g}(\mathbf{r}') \times (\mathbf{r}-\mathbf{r}')}{|\mathbf{r}-\mathbf{r}'|^3}\,d\tau'\;. \tag{5.17}$$

Abb. 5.1 Zum Biot-
Savart'schen Gesetz

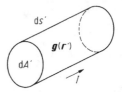

Das ist das sogenannte *Biot-Savart'sche Gesetz* in seiner allgemeinsten Form. Hat man nur Ströme in relativ dünnen Leitern, so ist näherungsweise (Abb. 5.1)

$$\mathbf{g}(\mathbf{r}')\,\mathrm{d}\tau' = \mathbf{g}(\mathbf{r}')\,\mathrm{d}A'\,\mathrm{d}s' = I\,\mathrm{d}\mathbf{s}'\ .$$

Damit nehmen die Gleichungen (5.16), (5.17) die folgende Form an:

$$\mathbf{A}(\mathbf{r}) = \frac{\mu_0 I}{4\pi}\oint\frac{\mathrm{d}\mathbf{s}'}{|\mathbf{r}-\mathbf{r}'|}\ , \tag{5.18}$$

$$\mathbf{B}(\mathbf{r}) = -\frac{\mu_0 I}{4\pi}\oint\frac{(\mathbf{r}-\mathbf{r}')\times\mathrm{d}\mathbf{s}'}{|\mathbf{r}-\mathbf{r}'|^3}\ . \tag{5.19}$$

Diese Integrale sind über den gesamten geschlossenen Stromkreis bzw. die gesamten geschlossenen Stromkreise (Abb. 5.2) zu erstrecken. Häufig wird gesagt, das Linienelement $\mathrm{d}\mathbf{s}'$ des Stromkreises erzeuge das Feld

$$\mathrm{d}\mathbf{B} = -\frac{\mu_0 I}{4\pi}\frac{(\mathbf{r}-\mathbf{r}')\times\mathrm{d}\mathbf{s}'}{|\mathbf{r}-\mathbf{r}'|^3}\ . \tag{5.20}$$

Auch diese Aussage wird oft als Biot-Savart'sches Gesetz bezeichnet. Leider jedoch ist sie in dieser Form missverständlich, ja falsch. Das durch (5.20) gegebene Feld ist zwar ein durchaus mögliches Magnetfeld, da es quellenfrei ist. Das zugehörige Strömungsfeld ergibt sich aus

$$\mathbf{g} = \mathrm{rot}\,\mathbf{H}\ .$$

Abb. 5.2 Ein geschlossener
Stromkreis

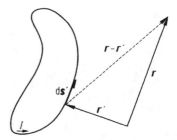

Durch Divergenzbildung beider Seiten dieser Gleichung sieht man, dass es auf jeden Fall quellenfrei sein muss,

$$\operatorname{div} \mathbf{g} = \operatorname{div} \operatorname{rot} \mathbf{H} = 0 \, .$$

Der Strom I im Linienelement $\mathrm{d}s'$ ist jedoch nicht quellenfrei. Offensichtlich ist das ein Widerspruch. Man kann aber das richtige Strömungsfeld sofort berechnen. Zur Vereinfachung und zum besseren Verständnis betrachten wir ein Linienelement $\mathrm{d}s'$, das sich am Ursprung befindet und die Richtung der positiven z-Achse hat. In Kugelkoordinaten hat dann $\mathrm{d}\mathbf{B}$ bzw. $\mathrm{d}\mathbf{H}$ nur eine φ-Komponente,

$$\mathrm{d}H_\varphi = \frac{I \, \mathrm{d}s' \sin \theta}{4\pi r^2} \, .$$

Dann ist

$$\mathrm{d}\mathbf{g} = \operatorname{rot} \mathrm{d}\mathbf{H} = \begin{cases} \mathrm{d}g_r & = \dfrac{I \, \mathrm{d}s'}{4\pi r^3} 2\cos\theta \\[2mm] \mathrm{d}g_\theta & = \dfrac{I \, \mathrm{d}s'}{4\pi r^3}\sin\theta \\[2mm] \mathrm{d}g_\varphi & = 0 \, . \end{cases}$$

Das elektrostatische Analogon dieses Feldes ist sehr bekannt, es ist das durch die Gleichungen (2.63) gegebene Dipolfeld. Es handelt sich also um den Strom I im Linienelement mit punktförmigen isotropen Stromquellen $+I$ an seinem oberen und $-I$ an seinem unteren Ende, d. h. um eine den ganzen Raum erfüllende „Dipolströmung". Sie ist rotationssymmetrisch. Man kann deshalb mit Hilfe des Durchflutungsgesetzes auf elementare Weise zeigen, dass diese Strömung genau das gegebene Magnetfeld erzeugt. Weiterhin ist auch klar, dass bei der Integration über einen geschlossenen Weg sich alle positiven und negativen Punktquellen gegenseitig kompensieren und so nur der Strom I in dem sich schließenden Leiter übrigbleibt. Damit ist auch das integrale Ergebnis, (5.19), das wir zunächst auf formale Weise gewonnen hatten, anschaulich völlig klar.

Man kann das Problem auch, den Rahmen der Magnetostatik überschreitend, als zeitabhängiges Problem behandeln. Dann sind auch quellenbehaftete Ströme zulässig, die jedoch wegen der Ladungserhaltung (Kontinuitätsgleichung) mit zeitabhängigen Raumladungen verknüpft sind. Neben den Magnetfeldern sind dann auch zeitabhängige elektrische Felder und damit Verschiebungsstromdichten zu berücksichtigen, d. h. an die Stelle der oben gegebenen Stromdichten können sie ersetzende Verschiebungsstromdichten treten. Darauf wollen wir hier jedoch nicht weiter eingehen.

In der Magnetostatik sollte man das Biot-Savart'sche Gesetz grundsätzlich in seiner integralen Form, (5.19), benutzen. Natürlich kann man auch von der differentiellen Form, (5.20), ausgehen, wenn man sie in der eben beschriebenen Weise richtig interpretiert.

Das Vektorpotential ist vielfach auch zur Berechnung des magnetischen Flusses nützlich, denn es gilt

$$\phi = \int_a \mathbf{B} \cdot \mathrm{d}\mathbf{a} = \int_a \operatorname{rot} \mathbf{A} \cdot \mathrm{d}\mathbf{a} \, ,$$

d. h. nach dem Stokes'schen Satz:

$$\phi = \oint \mathbf{A} \cdot \mathrm{ds} \ . \tag{5.21}$$

Das Vektorpotential wurde hier als eine Hilfsgröße zur Berechnung von $\mathbf{B}$ eingeführt. In diesem Zusammenhang wird oft gesagt, reale Bedeutung habe lediglich $\mathbf{B}$, während $\mathbf{A}$ über seine Rolle als Hilfsgröße hinaus keine Bedeutung habe. Dies trifft jedoch nicht zu. In der Quantenmechanik wird $\mathbf{A}$ als ein echtes Feld unbedingt benötigt. Das in der Quantenmechanik interpretierte Experiment von *Bohm* und *Aharonov* zeigt z. B., dass das Feld $\mathbf{A}$ sogar dann wichtig ist, wenn in gewissen Gebieten (z. B. außerhalb unendlich langer Spulen, s. Abschn. 5.2.3) $\mathbf{A} \neq 0$, jedoch $\mathbf{B} = 0$ ist. Das Bohm-Aharonov-Experiment soll hier nicht diskutiert werden. Details dazu finden sich im Abschn. 10.3.

Neben dem Vektorpotential führt man auch ein *skalares magnetisches Potential* ein, dessen Brauchbarkeit zur Beschreibung von Magnetfeldern jedoch auf stromfreie Gebiete beschränkt ist. Ist nämlich in einem Gebiet $\mathbf{g} = 0$, so ist

$$\mathrm{rot}\,\mathbf{H} = 0 \ ,$$

und $\mathbf{H}$ ist deshalb aus einem skalaren Potential ψ durch Gradientenbildung gewinnbar (ψ hat nichts mit der früher definierten Stromfunktion zu tun):

$$\mathbf{H} = -\,\mathrm{grad}\,\psi \ . \tag{5.22}$$

In einfach zusammenhängenden Gebieten ist ψ eine eindeutige Funktion und hat im Wesentlichen dieselben Eigenschaften wie das elektrostatische Potential φ. Bei mehrfach zusammenhängenden Gebieten, die stromführende Bereiche umschließen, wird ψ jedoch mehrdeutig (Abb. 5.3). In einem ringförmigen Gebiet fließen Ströme. Wir betrachten nun zwei Punkte A und B im stromfreien Gebiet und zwei verschiedene Wege C_0 und C_1 von A nach B. C_0 und C_1 zusammen führen dabei um das den Strom I tragende Gebiet herum. Nach dem Durchflutungsgesetz (5.6) ist

$$\int_{\substack{B \\ (C_1)}}^{A} \mathbf{H} \cdot \mathrm{ds} + \int_{\substack{A \\ (C_0)}}^{B} \mathbf{H} \cdot \mathrm{ds} = I \ ,$$

d. h.

$$\int_{\substack{A \\ (C_1)}}^{B} \mathbf{H} \cdot \mathrm{ds} = \int_{\substack{A \\ (C_0)}}^{B} \mathbf{H} \cdot \mathrm{ds} - I \ .$$

Abb. 5.3 Zum skalaren magnetischen Potential

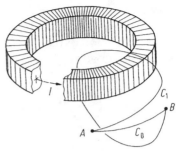

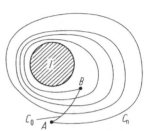

Abb. 5.4 In der Umgebung
eines vom Strom I durchflossenen Gebietes ist das skalare
magnetische Potential nur bis
auf Vielfache von I festgelegt

Etwas allgemeiner kann man einen n-mal um den Strom I herumführenden Weg betrachten (Abb. 5.4) und feststellen, dass dann gilt:

$$
\int_{\substack{A \\ (C_n)}}^{B} \mathbf{H} \cdot d\mathbf{s} = \int_{\substack{A \\ (C_0)}}^{B} \mathbf{H} \cdot d\mathbf{s} - nI \ . \tag{5.23}
$$

Definiert man das skalare Potential

$$
\psi(B) = \psi(A) - \int_{A}^{B} \mathbf{H} \cdot d\mathbf{s} \ , \tag{5.24}
$$

so ist ψ damit nur bis auf ganzzahlige Vielfache von I festgelegt. Man kann ψ jedoch
eindeutig machen, wenn man den Raum so aufschneidet, dass ein einfach zusammen-
hängendes Gebiet entsteht (Abb. 5.5). Dieser Schnitt stellt dann eine Trennfläche dar,
durch die nicht hindurch integriert werden darf. Längs zulässiger Wege ist dann nach dem
Durchflutungsgesetz

$$
\oint \mathbf{H} \cdot d\mathbf{s} = 0 \ ,
$$

und damit ist ψ eindeutig. Das skalare Potential ist sehr nützlich, da es die Zurückfüh-
rung vieler magnetostatischer Probleme auf Probleme erlaubt, die in der Elektrostatik
schon gelöst wurden. Die formale Analogie zwischen Magnetostatik und Elektrostatik
wird im Folgenden noch deutlicher zum Ausdruck kommen. Insbesondere gilt auch jetzt

Abb. 5.5 Ein Schnitt, durch den nicht hindurch integriert werden darf, macht das skalare magnetische Potential eindeutig

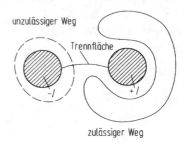

die Laplace-Gleichung:

$$\operatorname{div} \mathbf{B} = \operatorname{div} \mu_0 \mathbf{H} = -\operatorname{div} \mu_0 \operatorname{grad} \psi = 0 \,,$$

d. h.

$$\Delta \psi = 0 \,. \tag{5.25}$$

Die im Zusammenhang mit der Elektrostatik schon recht ausführlich erörterten formalen Methoden (Separationsmethode, konforme Abbildung) sind deshalb auch in der Magnetostatik sehr wichtig.

5.2 Einige Magnetfelder

5.2.1 Das Feld eines geradlinigen, konzentrierten Stromes

Entsprechend Abb. 5.6 fließe ein Strom z. B. längs der z-Achse eines kartesischen Koordinatensystems. Die in der Magnetostatik betrachteten Ströme sind grundsätzlich quellenfrei. Das ist hier zunächst nicht der Fall. Man kann sich den Strom jedoch im Unendlichen irgendwie geschlossen denken, was keinen Beitrag zum Feld liefert. Das zugehörige Magnetfeld soll hier zur Illustration der Methoden des vorhergehenden Abschnitts auf drei Arten berechnet werden, über das Vektorpotential, über das *Biot-Savart'sche Gesetz* und über das Durchflutungsgesetz. Zunächst ist die Stromdichte

$$\mathbf{g} = \begin{cases} g_x = 0 \\ g_y = 0 \\ g_z = I\delta(x)\delta(y) \,. \end{cases} \tag{5.26}$$

Aus (5.15) folgt deshalb

$$A_x = A_y = 0$$

Abb. 5.6 Geradliniger Strom

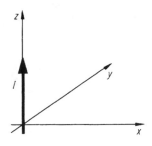

und

$$A_z = \frac{\mu_0 I}{4\pi} \int_V \frac{\delta(x')\delta(y')\,dx'\,dy'\,dz'}{\sqrt{(x-x')^2 + (y-y')^2 + (z-z')^2}}$$

$$= \frac{\mu_0 I}{4\pi} \int \frac{dz'}{\sqrt{x^2 + y^2 + (z-z')^2}} \; .$$

Der längs der z-Achse fließende Strom kann Teil eines Stromkreises sein, der die z-Achse von z. B. $z = a$ bis $z = b$ enthält. Der Strom kann jedoch auch von $-\infty$ nach $+\infty$ fließen. Jedenfalls ist das Integral

$$\int_a^b \frac{dz'}{\sqrt{x^2 + y^2 + (z-z')^2}}$$

zu berechnen. Mit $z - z' = \zeta$ ergibt sich dafür

$$-\int_{z-a}^{z-b} \frac{d\zeta}{\sqrt{x^2 + y^2 + \zeta^2}} = -[\ln(\zeta + \sqrt{x^2 + y^2 + \zeta^2})]_{z-a}^{z-b}$$

$$= \ln \frac{z - a + \sqrt{x^2 + y^2 + (z-a)^2}}{z - b + \sqrt{x^2 + y^2 + (z-b)^2}} \; .$$

Für $a \to -\infty$, $b \to +\infty$ erhält man daraus den Grenzwert

$$\lim_{\substack{a\to-\infty\\b\to+\infty}} \ln \frac{z - a + \sqrt{x^2 + y^2 + (z-a)^2}}{z - b + \sqrt{x^2 + y^2 + (z-b)^2}} = \lim_{\substack{a\to-\infty\\b\to+\infty}} \ln \frac{-a + |a|\sqrt{1 + \frac{x^2+y^2}{a^2}}}{-b + |b|\sqrt{1 + \frac{x^2+y^2}{b^2}}}$$

$$= \lim_{\substack{a\to-\infty\\b\to+\infty}} \ln \frac{-a - a\sqrt{1 + \frac{x^2+y^2}{a^2}}}{-b + b\sqrt{1 + \frac{x^2+y^2}{b^2}}}$$

$$= \lim_{\substack{a\to-\infty\\b\to+\infty}} \ln \frac{-2a}{-b + b + \frac{x^2+y^2}{2b}}$$

$$= \ln \frac{4(-a)b}{x^2 + y^2} \; .$$

Also ist mit beliebigen Werten x_0 und y_0

$$A_z = \frac{\mu_0 I}{4\pi} \ln \frac{4(-a)b}{x^2 + y^2} = \frac{\mu_0 I}{4\pi} \ln \left[\frac{4(-a)b}{x_0^2 + y_0^2} \right] - \frac{\mu_0 I}{4\pi} \ln \left[\frac{x^2 + y^2}{x_0^2 + y_0^2} \right].$$

Bis auf eine sehr große, trotzdem jedoch unerhebliche Konstante ist für den „unendlich langen Strom":

$$A_z = -\frac{\mu_0 I}{4\pi} \ln \left(\frac{x^2 + y^2}{x_0^2 + y_0^2} \right)$$

und damit

$$\mathbf{A} = \left\{ 0, 0, -\frac{\mu_0 I}{4\pi} \ln \left(\frac{x^2 + y^2}{x_0^2 + y_0^2} \right) \right\}. \tag{5.27}$$

Daraus folgt:

$$\left. \begin{aligned} B_x &= \frac{\partial A_z}{\partial y} - \frac{\partial A_y}{\partial z} = \frac{\partial A_z}{\partial y} = -\frac{\mu_0 I}{2\pi} \frac{y}{x^2 + y^2}, \\ B_y &= \frac{\partial A_x}{\partial z} - \frac{\partial A_z}{\partial x} = -\frac{\partial A_z}{\partial x} = +\frac{\mu_0 I}{2\pi} \frac{x}{x^2 + y^2}, \\ B_z &= \frac{\partial A_y}{\partial x} - \frac{\partial A_x}{\partial y} = 0. \end{aligned} \right\} \tag{5.28}$$

Das kann man auch mit Hilfe des Biot-Savart'schen Gesetzes, (5.17), berechnen. Zunächst ist

$$\mathbf{g(r')} \times (\mathbf{r} - \mathbf{r'}) = \begin{vmatrix} \mathbf{e}_x & \mathbf{e}_y & \mathbf{e}_z \\ 0 & 0 & I\delta(x')\delta(y') \\ x - x' & y - y' & z - z' \end{vmatrix}$$

$$= \{-(y - y'), (x - x'), 0\} I\delta(x')\delta(y'),$$

und deshalb bekommt man

$$\begin{aligned} B_x &= -\frac{\mu_0 I}{4\pi} \int_V \frac{\delta(x')\delta(y')(y - y') \, dx' \, dy' \, dz'}{\sqrt{(x - x')^2 + (y - y')^2 + (z - z')^2}^3} \\ &= -\frac{\mu_0 I y}{4\pi} \int_{-\infty}^{+\infty} \frac{dz'}{\sqrt{x^2 + y^2 + (z - z')^2}^3} = -\frac{\mu_0 I y}{4\pi} \int_{-\infty}^{+\infty} \frac{d\zeta}{\sqrt{x^2 + y^2 + \zeta^2}^3} \\ &= -\frac{\mu_0 I y}{4\pi} \left[\frac{\zeta}{(x^2 + y^2)\sqrt{x^2 + y^2 + \zeta^2}} \right]_{-\infty}^{+\infty} = -\frac{\mu_0 I y}{4\pi} \frac{2}{x^2 + y^2}, \end{aligned}$$

d. h.

$$B_x = -\frac{\mu_0 I}{2\pi} \frac{y}{x^2 + y^2} \ ,$$

wie oben. Die Berechnung von B_y führt in ganz ähnlicher Weise auch auf das oben schon angegebene Resultat.

Wir können auch die Feldkomponenten in Zylinderkoordinaten berechnen:

$$B_r = B_x \cos\varphi + B_y \sin\varphi \ ,$$
$$B_\varphi = -B_x \sin\varphi + B_y \cos\varphi \ ,$$

wobei

$$\cos\varphi = \frac{x}{r} = \frac{x}{\sqrt{x^2 + y^2}}$$

und

$$\sin\varphi = \frac{y}{r} = \frac{y}{\sqrt{x^2 + y^2}}$$

ist. Damit ergibt sich

$$\left.\begin{aligned} B_r &= 0 \ , \\ B_\varphi &= \frac{\mu_0 I}{2\pi r} \\ B_z &= 0 \ . \end{aligned}\right\} \tag{5.29}$$

Das Magnetfeld **B** hat also nur eine azimutale Komponente B_φ, was wir schon in Kap. 1 benutzt haben. Dies ist eine Folge der Symmetrie dieses besonders einfachen Problems. Wenn man bereits weiß bzw. aus Symmetriegründen annimmt, dass nur die azimutale Komponente existiert, dann kann man diese sehr einfach aus dem Durchflutungsgesetz berechnen (Abb. 5.7). B_φ kann nicht von φ abhängen, d. h. es muss gelten

$$\mu_0 \oint \mathbf{H} \cdot d\mathbf{s} = \oint \mathbf{B} \cdot d\mathbf{s} = \mu_0 I \ ,$$

Abb. 5.7 Geradliniger Strom
mit dem ihn kreisförmig umgebenden Magnetfeld

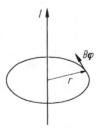

d. h.

$$B_\varphi 2\pi r = \mu_0 I$$

und

$$B_\varphi = \frac{\mu_0 I}{2\pi r} \, ,$$

wie schon oben bewiesen wurde.

Man kann das Feld auch durch ein skalares Potential beschreiben. Mit

$$H_\varphi = \frac{I}{2\pi r}$$

ergibt sich unter Verwendung von (5.24)

$$\psi = -\frac{I}{2\pi}(\varphi - \varphi_0) \, , \qquad\qquad (5.30)$$

d. h. die von der z-Achse ausgehenden Halbebenen $\varphi = $ const sind Äquipotentialflächen. Denn daraus ergibt sich umgekehrt wieder

$$H_\varphi = -\frac{1}{r}\frac{\partial \psi}{\partial \varphi} = \frac{I}{2\pi r} \, .$$

Wählt man ein kartesisches Koordinatensystem so, dass

$$\tan(\varphi - \varphi_0) = \frac{y}{x}$$

ist, dann gilt:

$$\psi = -\frac{I}{2\pi}\arctan\frac{y}{x} \, , \qquad\qquad (5.31)$$

woraus sich ebenfalls

$$B_x = \mu_0 H_x = -\mu_0 \frac{\partial \psi}{\partial x} = -\frac{\mu_0 I}{2\pi}\frac{y}{x^2 + y^2} \, ,$$

$$B_y = \mu_0 H_y = -\mu_0 \frac{\partial \psi}{\partial y} = +\frac{\mu_0 I}{2\pi}\frac{y}{x^2 + y^2} \, ,$$

$$B_z = 0$$

ergibt.

A_z lässt sich auch in der Form

$$A_z = -\frac{\mu_0 I}{4\pi} \ln\left(\frac{r}{r_0}\right)^2 = -\frac{\mu_0 I}{2\pi} \ln\frac{r}{r_0} \tag{5.32}$$

schreiben. Offenbar ist A_z auf Kreisen, die den Strom konzentrisch umgeben, konstant ($r = $ const). Diese sind gleichzeitig die Feldlinien. Sie stehen ihrerseits senkrecht auf den Äquipotentialflächen $\psi = $ const. A_z kann demnach als Stromfunktion betrachtet werden. Die Linien $A_z = $ const und die Linien $\psi = $ const bilden auf den zur $x - y$-Ebene parallelen Flächen ein orthogonales Netz. Das ist kein Zufall, sondern eine Eigenschaft aller „ebenen Felder", die in Analogie zur Elektrostatik die Einführung eines komplexen Potentials und die Anwendung von konformen Abbildungen erlaubt. Definiert man

$$w(z) = \frac{A_z}{\mu_0} + \mathrm{i}\psi , \tag{5.33}$$

so ergibt sich für den gegenwärtigen Fall

$$w(z) = -\frac{I}{2\pi} \ln\left(\frac{z}{z_0}\right) . \tag{5.34}$$

Daraus ergibt sich nämlich gerade

$$\begin{aligned} w(z) &= -\frac{I}{2\pi} \ln\frac{r\exp(\mathrm{i}\varphi)}{r_0\exp(\mathrm{i}\varphi_0)} \\ &= -\frac{I}{2\pi} \ln\frac{r}{r_0} - \frac{I}{2\pi} \ln\exp\left[\mathrm{i}(\varphi - \varphi_0)\right] \\ &= -\frac{I}{2\pi} \ln\frac{r}{r_0} - \mathrm{i}\frac{I}{2\pi}(\varphi - \varphi_0) . \end{aligned}$$

Man könnte natürlich auch umgekehrt ψ als Realteil und A_z/μ_0 als Imaginärteil eines komplexen Potentials einführen.

Die Analogie zwischen dem komplexen Potential (5.34) und dem der elektrischen Linienladung (Abschn. 3.12, Beispiel 1) ist offensichtlich. Es ist jedoch zu beachten, dass Feldlinien und Äquipotentialflächen ihre Rollen vertauschen.

Natürlich kann man die Felder mehrerer Ströme dieser Art überlagern, z. B. das Feld eines zur z-Achse parallelen Stromes I_1, der die x-y-Ebene bei $x = d/2$, $y = 0$ durchstößt, und eines zweiten ebenfalls zur z-Achse parallelen Stromes I_2, der die x-y-Ebene bei $x = -d/2$, $y = 0$ durchstößt (Abb. 5.8). Dafür ist nach (5.28)

$$B_x = -\frac{\mu_0}{2\pi}\left[\frac{I_1 y}{\left(x - \frac{d}{2}\right)^2 + y^2} + \frac{I_2 y}{\left(x + \frac{d}{2}\right)^2 + y^2}\right] ,$$

$$B_y = +\frac{\mu_0}{2\pi}\left[\frac{I_1\left(x - \frac{d}{2}\right)}{\left(x - \frac{d}{2}\right)^2 + y^2} + \frac{I_2\left(x + \frac{d}{2}\right)}{\left(x + \frac{d}{2}\right)^2 + y^2}\right] .$$

Abb. 5.8 Zwei auf der
xy-Ebene senkrecht stehende Ströme

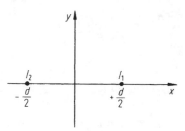

Wie auch in der Elektrostatik ist es nützlich, die Stagnationspunkte des Feldes aufzusu-
chen, für die

$$B_x = B_y = 0$$

ist. Die ganze Konfiguration hängt nicht von z ab. Es gibt deshalb nicht nur einen Stagnationspunkt, sondern eine ebenfalls zur z-Achse parallele „Stagnationslinie", die aus lauter
Stagnationspunkten besteht. Sie hat die Koordinaten

$$\left.\begin{array}{l} x_s = \dfrac{d}{2}\,\dfrac{I_2 - I_1}{I_2 + I_1}\,, \\[2mm] y_s = 0\,. \end{array}\right\}$$

Für Ströme gleichen Vorzeichens liegt der Stagnationspunkt zwischen den beiden Strömen, für solche ungleichen Vorzeichens links oder rechts von beiden Leitern (Abb. 5.9).
Das Feld ist im Übrigen identisch mit dem von zwei entsprechenden Linienladungen,

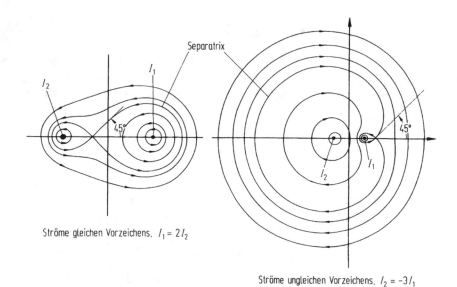

Abb. 5.9 Magnetfelder paralleler Ströme mit Stagnationspunkt und Separatrix

wobei jedoch wiederum Feldlinien und Äquipotentialflächen ihre Rollen tauschen. Die magnetischen Feldlinien von Abb. 5.9 entsprechen den elektrischen Äquipotentialflächen der Linienladungen. Längs der magnetischen Feldlinien ist wiederum A_z konstant, d. h. A_z kann als Stromfunktion betrachtet werden:

$$\mathbf{B} \cdot \operatorname{grad} A_z = B_x \frac{\partial A_z}{\partial x} + B_y \frac{\partial A_z}{\partial y}$$

$$= B_x(-B_y) + B_y B_x = 0 \ .$$

Das komplexe Potential ist nun

$$w(z) = -\frac{I_1}{2\pi} \ln \frac{z - d/2}{z_0} - \frac{I_2}{2\pi} \ln \frac{z + d/2}{z_0} \ ,$$

was sich durch Überlagerung von zwei Potentialen des Types (5.34) nach entsprechender Verschiebung des Nullpunktes nach $x = \pm d/2$, $y = 0$ ergibt.

5.2.2 Das Feld rotationssymmetrischer Stromverteilungen in zylindrischen Leitern

In einem zylindrischen Leiter entsprechend Abb. 5.10 fließen Ströme der Dichte

$$g_z = g_z(r) \ .$$

Das erzeugte Magnetfeld hat nur eine azimutale Komponente und hängt nur von r ab. Aus dem Durchflutungsgesetz ergibt sich für

$$r \le r_0 : \mu_0 I(r) = \mu_0 \int_0^r g_z(r')2\pi r' \, dr'$$

$$= 2\pi r \, B_\varphi(r) \ , \tag{5.35}$$

$$B_\varphi(r) = \frac{\mu_0}{r} \int_0^r g_z(r')r' \, dr'$$

Abb. 5.10 Zylindrischer Leiter

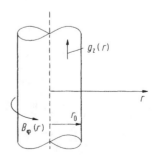

Abb. 5.11 Magnetfeld eines zylindrischen Leiters mit
rotationssymmetrischer Stromverteilung

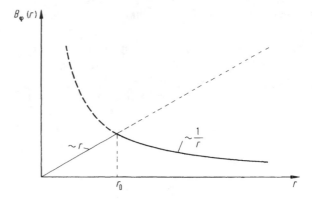

und für

$$r \geq r_0 : B_\varphi(r) = \frac{\mu_0 \int_0^{r_0} g_z(r')r'\,dr'}{r} = \frac{\mu_0 I}{2\pi r} \,. \tag{5.36}$$

$I(r)$ ist dabei der innerhalb eines Zylinders vom Radius r fließende Strom. Ist insbesondere die Stromdichte im Leiter konstant, dann gilt für

$$r \leq r_0 : B_\varphi(r) = \frac{\mu_0 g_z}{r}\frac{r^2}{2} = \frac{\mu_0 g_z r}{2} = \frac{\mu_0 I r}{2\pi r_0^2} \tag{5.37}$$

und für

$$r \geq r_0 : B_\varphi(r) = \frac{\mu_0 I}{2\pi r} \,. \tag{5.38}$$

Im Leiterinneren steigt das Feld linear mit dem Radius an und im Außenraum fällt es wie
$1/r$ ab (Abb. 5.11).

5.2.3 Das Feld einfacher Spulen

Das Feld einer unendlich langen und ideal dicht gewickelten Spule lässt sich ebenfalls
mit Hilfe des Durchflutungsgesetzes leicht berechnen. Zunächst kann man sich überlegen,
dass das Feld parallel zur Spulenachse und unabhängig von z und φ sein muss, d. h. nur H_z
ist von null verschieden. Für den geschlossenen Weg C_1 der Abb. 5.12 ist die Durchflutung
null, d. h.

$$\oint_{C_1} \mathbf{H} \cdot d\mathbf{s} = 0 = [H_{za}(r_1) - H_{za}(r_2)] \cdot ds \,.$$

Das Außenfeld ist demnach konstant, d. h. es hängt nicht vom Radius ab. Dasselbe lässt
sich durch Integration längs des Wegs C_2 für das Innenfeld sagen. Auch H_{zi} hängt nicht
von r ab. Dann muss jedoch H_{za} überhaupt verschwinden, da H_{za} jedenfalls für $r \Rightarrow$

Abb. 5.12 Berechnung des
Magnetfeldes einer idealen
Spule

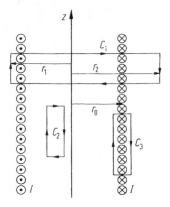

∞ verschwinden muss. Schließlich ergibt sich durch Integration längs der geschlossenen
Kurve C_3

$$H_{zi}\, \mathrm{d}s = n\, \mathrm{d}s I \ ,$$

wenn n die Zahl der Windungen pro Längeneinheit und I der Strom in jeder Windung ist,
d. h.

$$H_{zi} = nI \ . \tag{5.39}$$

Das Vektorpotential hat nur eine azimutale Komponente A_φ. Wir können sie leicht aus
(5.21) berechnen:

$$A_\varphi(r) = \frac{\phi(r)}{2\pi r} \ .$$

Im Spuleninneren gilt für den Fluss innerhalb eines Kreises vom Radius r

$$\phi(r) = nI\, \mu_0 r^2 \pi$$

und deshalb

$$A_\varphi(r) = \frac{\mu_0 nI}{2} r \ .$$

Außen dagegen ist

$$\phi(r) = \mu_0 nI\, r_0^2 \pi$$

und

$$A_\varphi(r) = \frac{\mu_0 nI\, r_0^2}{2r} \ .$$

Der radiale Verlauf von B_z und A_φ ist in Abb. 5.13 skizziert.

Außerhalb der Spule ist zwar $B_z = 0$, A_φ jedoch ist von null verschieden. Wir haben
schon erwähnt, dass das Außenfeld dennoch eine Rolle spielt und z. B. in der Quantenmechanik mit berücksichtigt werden muss (s. Abschn. 10.3).

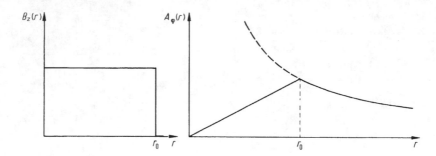

Abb. 5.13 Magnetfeld und Vektorpotential der Spule

Abb. 5.14 Toroidale Spule

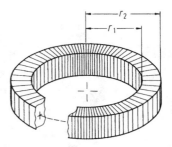

Auch das Feld einer dicht gewickelten toroidalen Spule wie in Abb. 5.14 lässt sich leicht angeben. Für einen kreisförmigen Weg im Inneren der Spule, konzentrisch zu deren Achse, ist

$$\oint \mathbf{H} \cdot \mathrm{d}\mathbf{s} = 2\pi r H_{\varphi i} = NI \ ,$$

d. h.

$$H_{\varphi i} = \frac{N\,I}{2\pi\,r} \ , \tag{5.40}$$

wenn N die Gesamtzahl der Windungen ist und jede den Strom I trägt. Alle Außenfelder verschwinden, wenn man idealisierend annimmt, dass kein Strom in azimutaler Richtung längs der Spule vorhanden ist. Der Verlauf des Feldes im Inneren als Funktion von r ist in Abb. 5.15 gegeben. Das alles gilt völlig unabhängig von der Form des Spulenquerschnitts.

Abb. 5.15 Magnetfeld der toroidalen Spule

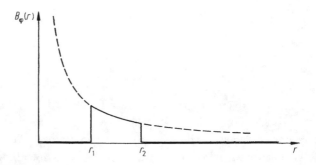

5.2.4 Das Feld eines Kreisstromes und der magnetische Dipol

Ein azimutaler Strom I fließt in einem kreisförmigen Leiter, der entsprechend Abb. 5.16 in der $x - y$-Ebene liegen soll. Seine Stromdichte ist

$$g_\varphi = I\delta(r - r_0)\delta(z) \ . \tag{5.41}$$

Zur Berechnung des Vektorpotentials gehen wir zu kartesischen Koordinaten über, um die Gleichungen (5.15) verwenden zu können:

$$\left.\begin{aligned} g_x &= -g_\varphi \sin \varphi \ , \\ g_y &= g_\varphi \cos \varphi \ . \end{aligned}\right\} \tag{5.42}$$

Damit wird nach (5.15)

$$\begin{aligned} A_x &= \frac{\mu_0 I}{4\pi} \int\limits_V \frac{-\sin \varphi' \delta(r' - r_0)\delta(z')r'\,\mathrm{d}\varphi'\,\mathrm{d}r'\,\mathrm{d}z'}{\sqrt{(r\cos\varphi - r'\cos\varphi')^2 + (r\sin\varphi - r'\sin\varphi')^2 + (z - z')^2}} \\ &= \frac{\mu_0 I r_0}{4\pi} \int\limits_0^{2\pi} \frac{-\sin\varphi'\,\mathrm{d}\varphi'}{\sqrt{r^2 + r_0^2 + z^2 - 2rr_0\cos(\varphi - \varphi')}} \end{aligned}$$

und ähnlich

$$A_y = \frac{\mu_0 I r_0}{4\pi} \int\limits_0^{2\pi} \frac{\cos\varphi'\,\mathrm{d}\varphi'}{\sqrt{r^2 + r_0^2 + z^2 - 2rr_0\cos(\varphi - \varphi')}} \ .$$

Nun können wir auch wieder zu den Komponenten in Zylinderkoordinaten übergehen:

$$A_r = A_x \cos\varphi + A_y \sin\varphi \ ,$$
$$A_\varphi = -A_x \sin\varphi + A_y \cos\varphi \ ,$$

Abb. 5.16 Kreisstrom

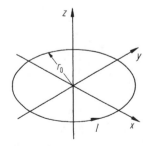

d. h.

$$A_r = \frac{\mu_0 I r_0}{4\pi} \int_0^{2\pi} \frac{\sin(\varphi - \varphi')\,d\varphi'}{\sqrt{r^2 + r_0^2 + z^2 - 2r r_0 \cos(\varphi - \varphi')}} = 0 \;, \qquad (5.43)$$

$$A_\varphi = \frac{\mu_0 I r_0}{4\pi} \int_0^{2\pi} \frac{\cos(\varphi - \varphi')\,d\varphi'}{\sqrt{r^2 + r_0^2 + z^2 - 2r r_0 \cos(\varphi - \varphi')}} \;. \qquad (5.44)$$

Man kann auch von $-\pi$ bis $+\pi$ integrieren. A_r verschwindet wegen des ungeraden Integranden, A_φ jedoch nicht. Wir können hier noch einmal demonstrieren, dass man bei Verwendung der Gleichungen (5.15) von kartesischen Koordinaten ausgehen muss. Würde man A_φ aus g_φ wie im kartesischen Fall aus (5.15) berechnen wollen, so erhielte man nicht das richtige Ergebnis (5.44), sondern ein davon abweichendes, falsches Ergebnis (nämlich das Integral ohne den Faktor $\cos(\varphi - \varphi')$ im Zähler des Integranden). A_φ nach (5.44) kann nicht geschlossen integriert werden. Das Integral hängt jedoch mit den vollständigen elliptischen Integralen zusammen. Um das zu sehen, müssen wir (5.44) umformen. Zunächst führen wir die Variable ψ ein:

$$\psi = \frac{\pi - (\varphi - \varphi')}{2}$$

bzw.

$$\varphi - \varphi' = \pi - 2\psi$$

mit

$$\cos(\varphi - \varphi') = 2\sin^2 \psi - 1 \;.$$

Ferner definieren wir den Parameter

$$k^2 = \frac{4 r r_0}{(r + r_0)^2 + z^2} \;. \qquad (5.45)$$

Damit wird

$$A_\varphi = \frac{\mu_0 I r_0}{4\pi \sqrt{(r + r_0)^2 + z^2}} \int_{\pi/2 - \varphi/2}^{3\pi/2 - \varphi/2} \frac{2\sin^2 \psi - 1}{\sqrt{1 - k^2 \sin^2 \psi}} 2\,d\psi \;.$$

Offensichtlich spielt der Winkel φ gar keine Rolle, da in jedem Fall über eine ganze Periode von $\sin^2 \psi$ integriert wird. Auch aus Symmetriegründen darf A_φ gar nicht von

φ abhängen. Wir können deshalb z. B. $\varphi = 2\pi$ setzen. Die Integration läuft dann von $\psi = -\pi/2$ bis $\psi = \pi/2$:

$$A_\varphi = \frac{\mu_0 I r_0}{2\pi \sqrt{(r+r_0)^2 + z^2}} \int_{-\pi/2}^{\pi/2} \frac{2\sin^2\psi - 1}{\sqrt{1 - k^2 \sin^2\psi}} \, d\psi$$

$$= \frac{\mu_0 I r_0}{\pi \sqrt{(r+r_0)^2 + z^2}} \int_0^{\pi/2} \frac{2\sin^2\psi - 1}{\sqrt{1 - k^2 \sin^2\psi}} \, d\psi$$

$$= \frac{\mu_0 I r_0}{\pi \sqrt{(r+r_0)^2 + z^2}} \int_0^{\pi/2} \frac{2\sin^2\psi - 1 + \left(\frac{2}{k^2} - \frac{2}{k^2}\right)}{\sqrt{1 - k^2 \sin^2\psi}} \, d\psi$$

$$= \frac{\mu_0 I r_0}{\pi \sqrt{(r+r_0)^2 + z^2}} \left\{ -\frac{2}{k^2} \int_0^{\pi/2} \frac{1 - k^2 \sin^2\psi}{\sqrt{1 - k^2 \sin^2\psi}} \, d\psi + \left(\frac{2}{k^2} - 1\right) \int_0^{\pi/2} \frac{d\psi}{\sqrt{1 - k^2 \sin^2\psi}} \right\}$$

$$= \frac{\mu_0 I r_0}{\pi \sqrt{(r+r_0)^2 + z^2}} \left\{ \left(\frac{2}{k^2} - 1\right) \int_0^{\pi/2} \frac{d\psi}{\sqrt{1 - k^2 \sin^2\psi}} - \frac{2}{k^2} \int_0^{\pi/2} \sqrt{1 - k^2 \sin^2\psi} \, d\psi \right\}.$$

Die beiden hier auftretenden Integrale werden als *vollständige elliptische Integrale* erster und zweiter Art bezeichnet:

$$K\left(\frac{\pi}{2}, k\right) = \int_0^{\pi/2} \frac{d\psi}{\sqrt{1 - k^2 \sin^2\psi}} \, , \tag{5.46}$$

$$E\left(\frac{\pi}{2}, k\right) = \int_0^{\pi/2} \sqrt{1 - k^2 \sin^2\psi} \, d\psi \, . \tag{5.47}$$

Damit lässt sich A_φ in folgender Form schreiben:

$$A_\varphi = \frac{\mu_0 I}{2\pi r} \sqrt{(r+r_0)^2 + z^2} \left\{ \left(1 - \frac{k^2}{2}\right) K\left(\frac{\pi}{2}, k\right) - E\left(\frac{\pi}{2}, k\right) \right\}. \tag{5.48}$$

Zur Berechnung der Felder aus A_φ muss man die Ableitungen von K und E kennen:

$$\left. \begin{aligned} \frac{d K\left(\frac{\pi}{2}, k\right)}{dk} &= \frac{E\left(\frac{\pi}{2}, k\right)}{k(1 - k^2)} - \frac{K\left(\frac{\pi}{2}, k\right)}{k} \, , \\ \frac{d E\left(\frac{\pi}{2}, k\right)}{dk} &= \frac{E\left(\frac{\pi}{2}, k\right) - K\left(\frac{\pi}{2}, k\right)}{k} \, . \end{aligned} \right\} \tag{5.49}$$

Wir wollen im Folgenden lediglich den Fall untersuchen, dass der Abstand des Aufpunkts vom Ursprung viel größer als der Radius r_0 ist:

$$\sqrt{r^2 + z^2} \gg r_0 \; .$$

Dafür wird wegen (5.45) $k \ll 1$, und man kann K und E durch die ersten Glieder ihrer Reihenentwicklungen

$$\left. \begin{array}{l} K\left(\dfrac{\pi}{2},k\right) = \dfrac{\pi}{2}\left[1 + 2\dfrac{k^2}{8} + 9\left(\dfrac{k^2}{8}\right)^2 + \dots\right] \\[4mm] E\left(\dfrac{\pi}{2},k\right) = \dfrac{\pi}{2}\left[1 - 2\dfrac{k^2}{8} - 3\left(\dfrac{k^2}{8}\right)^2 - \dots\right] \end{array} \right\} \qquad (5.50)$$

ersetzen. Die gegebenen Terme der beiden Reihen lassen sich im Übrigen durch Entwickeln der Integranden in (5.46), (5.47) und anschließende gliedweise Integration beweisen. Mit (5.50) erhält man aus (5.48) für kleine Werte von k

$$A_\varphi = \frac{\mu_0 I}{2\pi r} \sqrt{(r + r_0)^2 + z^2}$$
$$\cdot \frac{\pi}{2}\left\{\left(1 - \frac{k^2}{2}\right)\left(1 + \frac{2k^2}{8} + \frac{9}{64}k^4 + \dots\right) - \left(1 - 2\frac{k^2}{8} - \frac{3}{64}k^4 - \dots\right)\right\},$$

d. h.

$$A_\varphi \approx \frac{\mu_0 I}{4r}\sqrt{(r + r_0)^2 + z^2}\frac{k^4}{16} \approx \frac{\mu_0 I}{4r}\frac{r^2 r_0^2}{(r^2 + z^2)^{3/2}} \; .$$

Führen wir nun Kugelkoordinaten R, θ, φ ein (Abb. 5.17), so ist

$$R = \sqrt{r^2 + z^2}$$

und

$$\sin\theta = \frac{r}{\sqrt{r^2 + z^2}} \; ,$$

d. h.

$$A_\varphi \approx \frac{\mu_0 I r_0^2 \pi}{4\pi}\frac{\sin\theta}{R^2} \; .$$

Abb. 5.17 Kugelkoordinaten

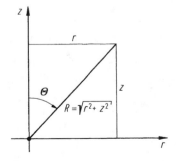

Mit

$$\mathbf{B} = \operatorname{rot} \mathbf{A}$$

entsteht daraus

$$B_R = \frac{1}{R\sin\theta}\frac{\partial}{\partial\theta}(\sin\theta A_\varphi) = \frac{\mu_0 I r_0^2 \pi}{4\pi}\frac{2\cos\theta}{R^3}\ ,$$

$$B_\theta = -\frac{1}{R}\frac{\partial}{\partial R}(R A_\varphi) = \frac{\mu_0 I r_0^2 \pi}{4\pi}\frac{\sin\theta}{R^3}\ ,$$

$$B_\varphi = 0\ .$$

Führen wir nun das sogenannte *magnetische Dipolmoment m*,

$$m = \mu_0 I r_0^2 \pi = \mu_0 I a\ , \tag{5.51}$$

bzw. den entsprechenden Vektor

$$\mathbf{m} = \mu_0 I \mathbf{a} \tag{5.52}$$

ein, wobei Stromrichtung und Flächenelement eine Rechtsschraube bilden müssen, so ist

$$A_\varphi = \frac{m}{4\pi}\frac{\sin\theta}{R^2} \tag{5.53}$$

und

$$B_R = \frac{2m}{4\pi}\frac{\cos\theta}{R^3}$$

$$B_\theta = \frac{m}{4\pi}\frac{\sin\theta}{R^3} \tag{5.54}$$

$$B_\varphi = 0\ .$$

Zur Definition von **m** ist noch zu sagen, dass sie leider nicht einheitlich vorgenommen wird. Vielfach wird **m** ohne den Faktor μ_0 eingeführt. Die Feldkomponenten (5.54) verhalten sich als Funktionen des Ortes genau so wie die des elektrischen Dipolfeldes (2.63).

Abb. 5.18 Magnetischer Dipol

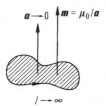

Diese beiden Beziehungen gehen ineinander über, wenn man nur p/ε_0 und m miteinander vertauscht. Von dieser Analogie kommt auch der Name des magnetischen Dipols.

Wie der ideale elektrische Dipol, so ist auch der ideale magnetische Dipol im Sinne eines Grenzübergangs zu verstehen: I wird beliebig groß, r_0^2 dagegen beliebig klein, jedoch so, dass $\mu_0 I r_0^2 \pi$ endlich bleibt. Man kann dabei auch von einer nicht kreisförmigen Fläche ausgehen. In der Grenze verschwindender Fläche spielt deren Form keine Rolle für die Felder. Es kommt nur auf den Flächeninhalt an, was in den Definitionen (5.51), (5.52) bereits berücksichtigt wurde (Abb. 5.18).

Das Feld eines elektrischen Dipols lässt sich auch aus einem skalaren Potential gewinnen, (2.60). Das lässt sich natürlich auf den magnetischen Dipol übertragen, für den

$$\psi = \frac{m\cos\theta}{4\pi\mu_0|\mathbf{r}-\mathbf{r}_1|^2} = \frac{\mathbf{m}\cdot(\mathbf{r}-\mathbf{r}_1)}{4\pi\mu_0|\mathbf{r}-\mathbf{r}_1|^3} \tag{5.55}$$

gilt mit den durch Abb. 5.19 erläuterten Bezeichnungen. Beim Vergleich der Beziehungen (5.54) und (5.55) beachte man, dass $\mathbf{H} = -\operatorname{grad}\psi$ und $\mathbf{B} = \mu_0\mathbf{H}$ ist. ψ ist hier in einer vom Koordinatensystem unabhängigen Schreibweise gegeben. Auch das Vektorpotential (5.53) lässt sich in einer vom Koordinatensystem unabhängigen Weise angeben:

$$\mathbf{A} = \frac{\mathbf{m}\times(\mathbf{r}-\mathbf{r}_1)}{4\pi|\mathbf{r}-\mathbf{r}_1|^3} = -\frac{\mathbf{m}}{4\pi}\times\operatorname{grad}_\mathbf{r}\frac{1}{|\mathbf{r}-\mathbf{r}_1|} = \frac{1}{4\pi}\operatorname{rot}_\mathbf{r}\frac{\mathbf{m}}{|\mathbf{r}-\mathbf{r}_1|}\,. \tag{5.56}$$

Dabei wurde die Beziehung

$$\operatorname{rot}(\mathbf{b}\varphi) = \varphi\operatorname{rot}\mathbf{b} - \mathbf{b}\times\operatorname{grad}\varphi$$

Abb. 5.19 Koordinaten zum magnetischen Dipol

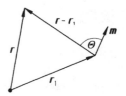

Abb. 5.20 Magnetfeld eines
Kreisstromes

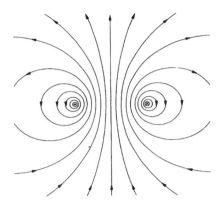

benutzt. Geht man von (5.56) aus, so ergibt sich für $\mathbf{m} = m\mathbf{e}_z$ und $\mathbf{r}_1 = 0$ gerade A_φ entsprechend (5.53). Das Feld eines Kreisstromes, der eine endliche Fläche umfasst, ist in Abb. 5.20 gezeigt. In hinreichend großem Abstand ist es von dem elektrischen Feld zweier entgegengesetzt gleich großer elektrischer Ladungen nicht zu unterscheiden. Das magnetische Feld des idealen magnetischen Dipols entspricht ganz dem elektrischen Feld des idealen elektrischen Dipols (siehe Abb. 2.15).

Mit dem magnetischen Dipol haben wir einen der wichtigsten Begriffe der Magnetostatik kennengelernt. Er wird im Zentrum einiger der folgenden Abschnitte stehen. Deshalb sollen die wesentlichen Formeln hier noch einmal zusammengestellt und dabei auch den analogen elektrostatischen Formeln gegenübergestellt werden.

Befindet sich ein idealer Dipol, der in der positiven z-Richtung orientiert ist, am Ursprung des Koordinatensystems, so gilt in Kugelkoordinaten R, θ, φ:

Elektrisch	Magnetisch
$E_R = \dfrac{2p \cos\theta}{4\pi\varepsilon_0 R^3}$	$H_R = \dfrac{2m \cos\theta}{4\pi\mu_0 R^3}$
$E_\theta = \dfrac{p \sin\theta}{4\pi\varepsilon_0 R^3}$	$H_\theta = \dfrac{m \sin\theta}{4\pi\mu_0 R^3}$
$E_\varphi = 0$	$H_\varphi = 0$
$\mathbf{D} = \varepsilon_0 \mathbf{E}$	$\mathbf{B} = \mu_0 \mathbf{H}$
$\mathbf{E} = -\operatorname{grad}\varphi$	$\mathbf{H} = -\operatorname{grad}\psi$
$\varphi = \dfrac{p \cos\theta}{4\pi\varepsilon_0 R^2}$	$\psi = \dfrac{m \cos\theta}{4\pi\mu_0 R^2}$
	$\mathbf{B} = \operatorname{rot}\mathbf{A}$
	$A_R = 0$
	$A_\theta = 0$
	$A_\varphi = \dfrac{m \sin\theta}{4\pi R^2}$.

Für einen Dipol (**p** bzw. **m**) am Ort $\mathbf{r}_1$ gilt unabhängig vom Koordinatensystem

$$\varphi = \frac{\mathbf{p} \cdot (\mathbf{r} - \mathbf{r}_1)}{4\pi\varepsilon_0 |\mathbf{r} - \mathbf{r}_1|^3}$$

$$\psi = \frac{\mathbf{m} \cdot (\mathbf{r} - \mathbf{r}_1)}{4\pi\mu_0 |\mathbf{r} - \mathbf{r}_1|^3}$$

$$\begin{aligned}\mathbf{A} &= \frac{\mathbf{m} \times (\mathbf{r} - \mathbf{r}_1)}{4\pi |\mathbf{r} - \mathbf{r}_1|^3} \\ &= -\frac{\mathbf{m}}{4\pi} \times \mathrm{grad}_{\mathbf{r}} \frac{1}{|\mathbf{r} - \mathbf{r}_1|} \\ &= \frac{1}{4\pi} \mathrm{rot}_{\mathbf{r}} \frac{\mathbf{m}}{|\mathbf{r} - \mathbf{r}_1|} \ . \end{aligned}$$

Die folgende Diskussion vorwegnehmend sei noch das Potential einer homogenen Doppelschicht angegeben:

$$\varphi = \frac{\tau}{4\pi\varepsilon_0}\Omega$$

$$\psi = \frac{\frac{\mathrm{d}m}{\mathrm{d}a}}{4\pi\mu_0}\Omega = \frac{I}{4\pi}\Omega$$

$$\left(\tau = \frac{\mathrm{d}p}{\mathrm{d}a}\right)$$

$$\left(\text{weil}\,\frac{\mathrm{d}m}{\mathrm{d}a} = I\,\mu_0\ \text{ist}\right)\ .$$

5.2.5 Das Feld einer beliebigen Stromschleife

Eine beliebige Stromschleife wie in Abb. 5.21 kann man sich aus vielen Dipolen zusammengesetzt denken. Wenn dabei alle Ströme gleich sind (I), so heben sie sich auch bei beliebig feiner Unterteilung im Inneren überall auf. Als Strom am Rand bleibt gerade der Strom I übrig. Die Stromschleife ist also einer *magnetischen Doppelschicht* äquivalent, d. h. einer Schicht, die mit magnetischen Dipolen belegt ist (in Analogie zur elektrischen Doppelschicht von Abschn. 2.5.3). Die Flächendichte des Dipolmomentes ist dabei

$$\frac{\mathrm{d}m}{\mathrm{d}a} = \frac{\mu_0 I\,\mathrm{d}a}{\mathrm{d}a} = \mu_0 I\ , \tag{5.57}$$

Abb. 5.21 Eine Stromschleife ist eine magnetische Doppelschicht

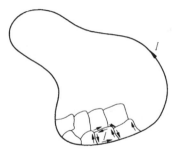

Abb. 5.22 Die einer Stromschleife entsprechende
Doppelschicht ist beliebig
wählbar

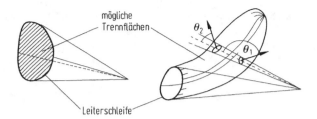

d. h. sie ist konstant. Es handelt sich also um eine homogene Doppelschicht. Damit ist in Analogie zur Gleichung (2.72)

$$\psi = \frac{\mu_0 I}{4\pi\mu_0}\Omega = \frac{I}{4\pi}\Omega\,,\tag{5.58}$$

wenn Ω der Raumwinkel ist, unter dem die Stromschleife vom Aufpunkt aus gesehen wird. Nach Gleichung (2.73) ändert sich beim Durchgang durch eine elektrische Doppelschicht in positiver Richtung das Potential φ um τ/ε_0. Analog dazu ändert sich ψ beim Durchgang durch die magnetische Doppelschicht in positiver Richtung um I. Dieses Ergebnis ist uns in anderer Form bereits bekannt (siehe dazu die Diskussion des skalaren magnetischen Potentials ψ in Abschn. 5.1; die dort eingeführte Trennfläche entpuppt sich jetzt als magnetische Doppelschicht).

Trotz der formal perfekten Analogie besteht ein erheblicher Unterschied zwischen elektrischen und magnetischen Doppelschichten. Elektrische Doppelschichten sind eine physikalische Realität, magnetische Doppelschichten sind als Ersatz für endliche Leiterschleifen rein formal-fiktiver Natur. Dies zeigt sich auch daran, dass sie mehr oder weniger beliebig angebracht werden können, da ja nur die Berandung vorgegeben ist (Abb. 5.22). Damit ist jedoch das Feld selbst immer noch eindeutig gegeben, da der Raumwinkel Ω nicht von der Wahl der Trennfläche abhängt. Positive und negative Raumwinkelelemente $d\Omega$ können sich ja gegenseitig kompensieren. Man beachte, dass $d\Omega$ das Vorzeichen von $\cos\theta$ trägt.

Hat man Ströme nur in z-Richtung, so entstehen „zylindrische" Doppelschichten [auch in Analogie zu zylindrischen elektrischen Doppelschichten, siehe Abschn. 2.5.4]. Aus Abb. 5.23 kann man den Winkel α entnehmen, mit dem in Analogie zur Gleichung (2.85)

$$\psi = \frac{I}{2\pi}\alpha\tag{5.59}$$

ist. Dies folgt auch aus Gleichung (5.58), weil für den Fall von Abb. 5.23

$$\Omega = 4\pi\frac{\alpha}{2\pi} = 2\alpha\tag{5.60}$$

ist. Die zu zylindrischen Doppelschichten gehörigen Felder sind ebene, d. h. von z unabhängige Felder.

Abb. 5.23 Zylindrische Doppelschicht

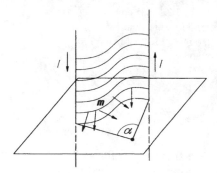

Als Beispiel für die Anwendung von Gleichung (5.58) sei das Feld auf der Achse eines Kreisstromes laut Abb. 5.24 berechnet. Dazu können wir den hier benötigten Raumwinkel Ω dem Beispiel von Abschn. 2.5.3 entnehmen:

$$\Omega = 2\pi - \frac{2\pi z}{\sqrt{r_0^2 + z^2}} \quad \text{(für } z > 0) \, .$$

Damit ist

$$\psi = \frac{I}{4\pi}\Omega = \frac{I}{2} - \frac{I z}{2\sqrt{r_0^2 + z^2}}$$

und auf der Achse

$$B_z = -\mu_0 \frac{\partial \psi}{\partial z} = \frac{\mu_0 I}{2} \frac{r_0^2}{\sqrt{r_0^2 + z^2}^3} \, . \tag{5.61}$$

Dieses Ergebnis kann man natürlich auch aus A_φ (5.48) herleiten. Nahe der Achse ist $r \ll r_0, k^2 \ll 1$ und deshalb

$$A_\varphi \approx \frac{\mu_0 I r_0^2}{4} \frac{r}{\sqrt{r_0^2 + z^2}^3}$$

und

$$B_z = \frac{1}{r} \frac{\partial}{\partial r}(r\, A_\varphi) = \frac{\mu_0 I r_0^2}{4r} \frac{2r}{\sqrt{r_0^2 + z^2}^3}$$

$$= \frac{\mu_0 I}{2} \frac{r_0^2}{\sqrt{r_0^2 + z^2}^3} \, ,$$

Abb. 5.24 Berechnung des
Magnetfeldes auf der Achse
eines Kreisstromes

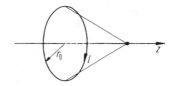

wie oben. Insbesondere ist im Mittelpunkt des Kreises ($r = 0, z = 0$):

$$B_z = \frac{\mu_0 I}{2r_0} .$$ (5.62)

5.2.6 Das Feld ebener Leiterschleifen in der Schleifenebene

Als einfache und manchmal nützliche Anwendung des Biot-Savart'schen Gesetzes sei das
Magnetfeld in der Ebene einer ebenen Leiterschleife berechnet (Abb. 5.25). Aus

$$\mathbf{B} = -\frac{\mu_0 I}{4\pi} \oint \frac{(\mathbf{r} - \mathbf{r}') \times d\mathbf{s}'}{|\mathbf{r} - \mathbf{r}'|^3}$$

folgt zunächst, dass $\mathbf{B}$ senkrecht auf der Schleifenebene (= Zeichenebene) steht. Dem
Betrag nach ist ferner

$$|(\mathbf{r} - \mathbf{r}') \times d\mathbf{s}'| = |\mathbf{r} - \mathbf{r}'|^2 \, d\alpha .$$

Damit wird der Betrag von $\mathbf{B}$

$$B = \frac{\mu_0 I}{4\pi} \oint \frac{d\alpha}{|\mathbf{r} - \mathbf{r}'|} = \frac{\mu_0 I}{4\pi} \oint \frac{d\alpha}{a} ,$$ (5.63)

wo

$$a = |\mathbf{r} - \mathbf{r}'|$$

ist. Besteht z. B. der Stromkreis aus geraden Leiterstücken, die ein Vieleck bilden, so sind
die Anteile der verschiedenen geraden Teilstücke zu addieren. Für das einzelne Teilstück

Abb. 5.25 Berechnung des
Magnetfeldes einer ebenen
Leiterschleife in der Leiter-
ebene

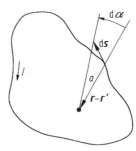

Abb. 5.26 Beitrag eines
geradlinigen Teilstückes der
Leiterschleife

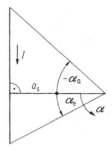

ergibt sich der folgende Beitrag (Abb. 5.26):

$$B = \frac{\mu_0 I}{4\pi} \int\limits_{\alpha_a}^{\alpha_e} \frac{\mathrm{d}\alpha}{a} = \frac{\mu_0 I}{4\pi} \int\limits_{\alpha_a}^{\alpha_e} \frac{\cos\alpha \, \mathrm{d}\alpha}{a_s} \ ,$$

da

$$a \cos\alpha = a_s \ ,$$

ist. Also wird

$$B = \frac{\mu_0 I}{4\pi \, a_s} \int\limits_{\alpha_a}^{\alpha_e} \cos\alpha \, \mathrm{d}\alpha = \frac{\mu_0 I}{4\pi a_s}[\sin\alpha]_{\alpha_a}^{\alpha_e} \ ,$$

d. h.

$$B = \frac{\mu_0 I}{4\pi a_s}(\sin\alpha_e - \sin\alpha_a) \ . \tag{5.64}$$

Für den unendlichen Leiter ist

$$\alpha_e = 90° \ , \quad \alpha_a = -90°$$

und

$$B = \frac{\mu_0 I}{4\pi a_s} \cdot 2 = \frac{\mu_0 I}{2\pi a_s}$$

in Übereinstimmung mit unserem früheren Ergebnis. Im Mittelpunkt eines regelmäßigen
n-Ecks mit dem Inkreisradius a_s (Abb. 5.27) z. B. ist

$$B = n\frac{\mu_0 I}{4\pi a_s}2\sin\left(\frac{\pi}{n}\right) = \frac{n\mu_0 I}{2\pi a_s}\sin\left(\frac{\pi}{n}\right).$$

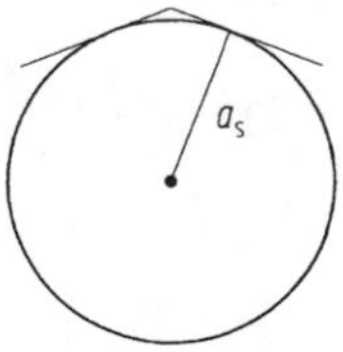

Abb. 5.27 Zum Magnetfeld
im Mittelpunkt eines Leiters
in Form eines regelmäßigen
n-Ecks

Für $n \gg 1$ ergibt sich daraus

$$B = \frac{\mu_0 I}{2 a_s} \; .$$

Das entspricht dem Kreis und ist uns schon bekannt: $a_s = r_0$ in (5.62). Man kann dieses Ergebnis auch unmittelbar hinschreiben:

$$B = \frac{\mu_0 I}{4\pi} \oint \frac{d\alpha}{a} = \frac{\mu_0 I}{4\pi r_0} \oint d\alpha = \frac{\mu_0 I}{4\pi r_0} 2\pi = \frac{\mu_0 I}{2 r_0} \; .$$

5.3 Der Begriff der Magnetisierung

Schon mehrfach wurde festgestellt, dass es nach unserem heutigen Wissen keine „magnetischen Ladungen" gibt, weshalb das **B**-Feld quellenfrei ist:

$$\operatorname{div} \mathbf{B} = 0 \; .$$

Allerdings werden wir aus rein formalen Gründen fiktive magnetische Ladungen einführen, da diese die Lösung von gewissen Problemen erleichtern können. Physikalisch betrachtet haben statische Magnetfelder jedoch immer in elektrischen Strömen, d. h. in bewegten elektrischen Ladungen, ihre Ursache (von den Effekten des Spins der Teilchen abgesehen). Alle solchen Felder kann man sich, wie wir gesehen haben, auch durch die geeignete Überlagerung von Dipolfeldern entstanden denken. Auch der Spin der Elementarteilchen führt dazu, dass diese ein klassisch nicht erklärbares magnetisches Moment besitzen. *Wir können deshalb sagen, dass alle statischen Magnetfelder letzten Endes von magnetischen Dipolen herrühren.* Magnetische Dipole spielen auch eine fundamentale Rolle im Zusammenhang mit der Frage nach der Wechselwirkung zwischen Materie und Magnetfeldern. Auch diese werden wir diskutieren müssen. Dabei wird sich wiederum eine formal sehr weitgehende Analogie zwischen den elektrostatischen und magnetostatischen Erscheinungen zeigen (Abschn. 5.5). Zunächst wollen wir uns mit dem Feld einer Volumenverteilung von magnetischen Dipolen befassen und dazu die Volumendichte des magnetischen Moments, die sogenannte *Magnetisierung*

$$\mathbf{M} = \frac{d\mathbf{m}}{d\tau} \tag{5.65}$$

einführen. Sie stellt das magnetische Analogon zur elektrostatischen Polarisation **P** dar. Ausgehend von (5.56) können wir sagen, dass eine Volumenverteilung von Dipolen der Dichte **M(r)** das Vektorpotential

$$\mathbf{A(r)} = \frac{1}{4\pi} \int\limits_V \frac{\mathbf{M(r')} \times (\mathbf{r} - \mathbf{r'})}{|\mathbf{r} - \mathbf{r'}|^3} \, d\tau' \tag{5.66}$$

erzeugt, bzw. etwas anders geschrieben,

$$A(\mathbf{r}) = \frac{1}{4\pi} \int\limits_V \mathbf{M}(\mathbf{r}') \times \text{grad}_{\mathbf{r}'} \frac{1}{|r - r'|} \, d\tau' \tag{5.67}$$

wo nun der grad-Operator auf $\mathbf{r}'$ wirken soll, was den Vorzeichenwechsel gegenüber (5.56) verursacht. Unter Benutzung von

$$\text{rot}(\mathbf{b}\varphi) = \varphi \, \text{rot} \, \mathbf{b} - \mathbf{b} \times \text{grad} \, \varphi$$

bekommt man

$$A(\mathbf{r}) = -\frac{1}{4\pi} \int\limits_V \text{rot}_{\mathbf{r}'} \left(\frac{\mathbf{M}(\mathbf{r}')}{|\mathbf{r} - \mathbf{r}'|} \right) d\tau' + \frac{1}{4\pi} \int\limits_V \frac{\text{rot}_{\mathbf{r}'}(\mathbf{M}(\mathbf{r}'))}{|\mathbf{r} - \mathbf{r}'|} \, d\tau' \, .$$

Das erste dieser beiden Integrale kann mit Hilfe des folgenden Integralsatzes weiter umgeformt werden:

$$\int\limits_V \text{rot} \, \mathbf{c} \, d\tau = -\oint \mathbf{c} \times d\mathbf{a} \, . \tag{5.68}$$

Es handelt sich um eine Variante des Gauß'schen Satzes,

$$\int\limits_V \text{div} \, \mathbf{b} \, d\tau = \oint \mathbf{b} \cdot d\mathbf{a} \, ,$$

die sich aus diesem ergibt, wenn man

$$\mathbf{b} = \mathbf{c} \times \mathbf{d}$$

setzt, wo $\mathbf{c}$ ein ortsabhängiger, $\mathbf{d}$ jedoch ein ortsunabhängiger Vektor sein soll:

$$\int\limits_V \text{div}(\mathbf{c} \times \mathbf{d}) \, d\tau = \int\limits_V \mathbf{d} \cdot \text{rot} \, \mathbf{c} \, d\tau - \int\limits_V \mathbf{c} \cdot \text{rot} \, \mathbf{d} \, d\tau$$

$$= \mathbf{d} \cdot \int\limits_V \text{rot} \, \mathbf{c} \, d\tau = \oint \mathbf{c} \times \mathbf{d} \cdot d\mathbf{a}$$

$$= -\oint \mathbf{d} \cdot \mathbf{c} \times d\mathbf{a} = -\mathbf{d} \cdot \oint \mathbf{c} \times d\mathbf{a} \, ,$$

d. h. für jeden Vektor $\mathbf{d}$ gilt

$$\mathbf{d} \cdot \int\limits_V \text{rot} \, \mathbf{c} \, d\tau = -\mathbf{d} \cdot \oint \mathbf{c} \times d\mathbf{a} \, ,$$

womit der Satz (5.68) bewiesen ist. Damit ist schließlich

$$A(\mathbf{r}) = \frac{1}{4\pi} \int\limits_V \frac{\mathrm{rot}_{\mathbf{r}'} \mathbf{M}(\mathbf{r}')}{|\mathbf{r} - \mathbf{r}'|}\, \mathrm{d}\tau' + \frac{1}{4\pi} \oint \frac{\mathbf{M}(\mathbf{r}') \times \mathrm{d}\mathbf{a}'}{|\mathbf{r} - \mathbf{r}'|}\,. \tag{5.69}$$

Damit haben wir ein sehr wichtiges Ergebnis gewonnen. Vergleicht man (5.69) mit (5.16), so sieht man, dass die Volumenverteilung von Dipolen einer Verteilung von Strömen

$$\mathbf{g}_{\mathrm{magn}}(\mathbf{r}) = \frac{1}{\mu_0}\,\mathrm{rot}\,\mathbf{M}(\mathbf{r}) \tag{5.70}$$

und einer zusätzlichen Verteilung von *Flächenstromdichten*

$$\mathbf{k}_{\mathrm{magn}} = \frac{1}{\mu_0}\mathbf{M}(\mathbf{r}) \times \frac{\mathrm{d}\mathbf{a}}{\mathrm{d}a} = \frac{1}{\mu_0}\mathbf{M} \times \mathbf{n} \tag{5.71}$$

gleichwertig ist. Die der Magnetisierung $\mathbf{M}$ entsprechende Stromdichte $1/\mu_0\,\mathrm{rot}\,\mathbf{M}$ wird als *Magnetisierungsstromdichte* bezeichnet. Von Flächenstromdichten spricht man, wenn in einer Oberfläche Ströme unendlicher Stromdichte fließen, dabei jedoch der Strom pro Längeneinheit endlich ist. Man kann sich das durch einen Grenzübergang (Abb. 5.28) veranschaulichen. In einer dünnen Schicht der Dicke d fließt ein Strom der Dichte g, senkrecht zur Zeichenebene. In einem Abschnitt der Länge l fließt dann der Strom

$$g\,d\,l$$

Abb. 5.28 Flächenstromdichte (Strombelag)

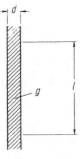

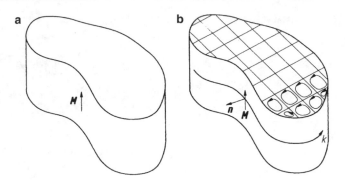

Abb. 5.29 Magnetisiertes Volumen

und pro Längeneinheit der Strom

$$gd \; .$$

Lässt man nun $g \Rightarrow \infty$ und $d \Rightarrow 0$ gehen, so dass gd endlich bleibt, so entsteht ein Flächenstrom mit der Flächenstromdichte

$$k = gd, \quad [k] = \frac{A}{m} \; .$$

Flächenströme werden oft auch als *Strombeläge* bezeichnet.

Die eben gewonnenen formalen Ergebnisse sind auch anschaulich zu verstehen. Abb. 5.29 zeigt ein „magnetisiertes" Volumen, d. h. ein mit Dipolen erfülltes Volumen. **M** soll dabei senkrecht auf der unteren und der oberen Oberfläche stehen. Ist **M** im ganzen Volumen konstant, so heben sich alle inneren Ströme gegenseitig auf (5.29b). Nur auf der Oberfläche bleibt ein Flächenstrom übrig, der die Richtung des Vektorpodukts von **M** und **n** hat. Ist die Magnetisierung inhomogen, so resultieren darüber hinaus auch Volumenströme im Inneren des Volumens, die eben mit rot **M** zusammenhängen.

Ein einfaches Beispiel stellt ein unendlich langer Kreiszylinder dar, der homogen mit parallel zur Achse orientierten Dipolen erfüllt ist. In seinem Inneren fließen keine resultierenden Ströme. Seine Oberfläche trägt jedoch einen Strombelag. Es handelt sich um rein azimutale Flächenströme. Das Problem ist identisch mit dem der idealen unendlich langen Spule von Abschn. 5.2.3, Abb. 5.12. Ist M die Magnetisierung, so ist der Strombelag in azimutaler Richtung

$$k_{\varphi\text{magn}} = \frac{M}{\mu_0} \; ,$$

und das innere Feld ist

$$H_{zi} = k_{\varphi\text{magn}} = \frac{M}{\mu_0} \; ,$$

bzw.

$$B_{zi} = \mu_0 H_{zi} = M \; .$$

Wir können auch das skalare Potential einer Volumenverteilung von Dipolen berechnen. Nach (5.55) ist

$$\psi = \frac{1}{4\pi\mu_0} \int_V \frac{\mathbf{M}(\mathbf{r}') \cdot (\mathbf{r} - \mathbf{r}')}{|\mathbf{r} - \mathbf{r}'|} \, d\tau'$$

bzw.

$$\psi = \frac{1}{4\pi\mu_0} \int_V \mathbf{M}(\mathbf{r}') \cdot \text{grad}_{\mathbf{r}'} \frac{1}{|\mathbf{r} - \mathbf{r}'|} \, d\tau' \; .$$

Wegen

$$\text{div}(\mathbf{b}\varphi) = \mathbf{b} \cdot \text{grad}\,\varphi + \varphi \,\text{div}\,\mathbf{b}$$

ist weiter

$$\psi = \frac{1}{4\pi\mu_0} \int_V \text{div}_{\mathbf{r}'} \frac{\mathbf{M}(\mathbf{r}')}{|\mathbf{r} - \mathbf{r}'|} \, d\tau' - \frac{1}{4\pi\mu_0} \int_V \frac{1}{|\mathbf{r} - \mathbf{r}'|} \text{div}_{\mathbf{r}'} \mathbf{M}(\mathbf{r}') \, d\tau'$$

und wegen des Gauß'schen Satzes schließlich

$$\psi = \frac{1}{4\pi\mu_0} \left[\oint \frac{\mathbf{M}(\mathbf{r}') \cdot d\mathbf{a}'}{|\mathbf{r} - \mathbf{r}'|} - \int_V \frac{\text{div}_{\mathbf{r}'} \mathbf{M}(\mathbf{r}')}{|\mathbf{r} - \mathbf{r}'|} \, d\tau' \right] \; . \tag{5.72}$$

Diese Gleichung ist formal (2.65) vollkommen analog. Man kann sie deshalb auch so interpretieren, dass es sich um das Potential magnetischer Raumladungen und Flächenladungen handelt. Dabei handelt es sich um fiktive Ladungen, denen nur formale Bedeutung, jedoch keine physikalische Realität zuzusprechen ist. In Analogie zu den Gleichungen (2.66), (2.67) kann man die *magnetische Raumladungsdichte*

$$\rho_{\text{magn}} = -\,\text{div}\,\mathbf{M} \tag{5.73}$$

und die *magnetische Flächenladungsdichte*

$$\sigma_{\text{magn}} = \mathbf{M} \cdot \frac{d\mathbf{a}}{da} = \mathbf{M} \cdot \mathbf{n} \tag{5.74}$$

definieren. Rein formal kann man mit diesen Begriffen die ganze Magnetostatik in völliger Analogie zur Elektrostatik aufbauen. Man kann nämlich jetzt magnetische Ladungen

$$Q_{\text{magn}} = \int\limits_V \rho_{\text{magn}} \, d\tau$$

definieren und für diese auch ein Coulombsches Gesetz formulieren:

$$F = \frac{Q_{\text{magn}\,1}\,Q_{\text{magn}\,2}}{4\pi\,r^2\mu_0}$$

bzw. zeigen, dass im magnetischen Feld

$$\mathbf{F} = Q_{\text{magn}}\mathbf{H}$$

ist usw. Während die Beziehungen (5.72) bis (5.74) wertvolle Hilfsmittel für Feldberechnungen darstellen, sind die weiteren Analogien, z. B. das Coulomb'sche Gesetz, auch formal nicht sehr relevant und sollen deshalb hier nicht ausführlicher behandelt werden.

Betrachten wir als Beispiel einen mit Dipolen homogen erfüllten Zylinder endlicher Länge, so gibt es keine magnetischen Volumenladungen, jedoch Flächenladungen an den Stirnseiten. Sie erzeugen ein **H**-Feld, das dem elektrischen Feld gleicht, das von zwei homogen geladenen Kreisscheiben erzeugt wird (Abb. 5.30). Es hat jedoch in dieser Form nur im Raum außerhalb des Zylinders Sinn. Das Feld im Inneren wird noch zu diskutieren sein.

Zum Abschluss dieses Abschnitts seien wiederum die wesentlichen Ergebnisse zusammengefasst und den entsprechenden Ergebnissen der Elektrostatik gegenübergestellt:

Elektrostatik	Magnetostatik
P	**M**
$\varphi = \dfrac{1}{4\pi\varepsilon_0} \oint \dfrac{\mathbf{P}\cdot\mathbf{n}'}{|\mathbf{r}-\mathbf{r}'|}\,da'$ $\qquad -\dfrac{1}{4\pi\varepsilon_0}\int_V \dfrac{\text{div}_{\mathbf{r}'}\mathbf{P}(\mathbf{r}')}{|\mathbf{r}-\mathbf{r}'|}\,d\tau'$	$\psi = \dfrac{1}{4\pi\mu_0} \oint \dfrac{\mathbf{M}(\mathbf{r}')\cdot\mathbf{n}'}{|\mathbf{r}-\mathbf{r}'|}\,da'$ $\qquad -\dfrac{1}{4\pi\mu_0}\int_V \dfrac{\text{div}_{\mathbf{r}'}\mathbf{M}(\mathbf{r}')}{|\mathbf{r}-\mathbf{r}'|}\,d\tau'$
$-\text{div}\,\mathbf{P} = \rho$ $\mathbf{P}\cdot\mathbf{n} = \sigma$	$-\text{div}\,\mathbf{M} = \rho_{\text{magn}}$ $\mathbf{M}\cdot\mathbf{n} = \sigma_{\text{magn}}$
	$\mathbf{A} = \dfrac{1}{4\pi}\int_V \dfrac{\text{rot}_{\mathbf{r}'}\mathbf{M}(\mathbf{r}')}{|\mathbf{r}-\mathbf{r}'|}\,d\tau'$ $\qquad +\dfrac{1}{4\pi}\oint \dfrac{\mathbf{M}(\mathbf{r}')\times\mathbf{n}'}{|\mathbf{r}-\mathbf{r}'|}\,da'$
	$\dfrac{1}{\mu_0}\,\text{rot}\,\mathbf{M} = \mathbf{g}_{\text{magn}}$
	$\dfrac{1}{\mu_0}\mathbf{M}\times\mathbf{n} = \mathbf{k}_{\text{magn}}$

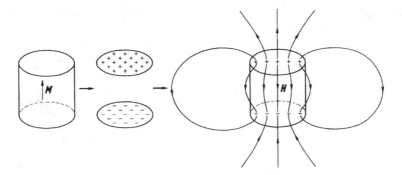

Abb. 5.30 Magnetisiertes Volumen mit fiktiver magnetischer Flächenladungsdichte

Zur Vermeidung von Missverständnissen sei am Ende dieses Abschnitts darauf hinge-wiesen, dass einige der verwendeten Begriffe in der Literatur nicht einheitlich eingeführt werden. Oft wird das magnetische Dipolmoment ohne den Faktor μ_0 in der Gleichung (5.52) definiert. Das wirkt sich auch bei der Magnetisierung aus, d. h. auch bei dieser fehlt der Faktor μ_0, wenn man sie als Volumendichte des magnetischen Dipolmoments auffasst. Die mit μ_0 multiplizierte Größe wird dann oft als magnetische Polarisation be-zeichnet (sie entspricht der bei uns eingeführten Magnetisierung). Die Unterscheidung von Magnetisierung und magnetischer Polarisation ist überflüssig. Sie hängt mit der ebenfalls überflüssigen (wenn auch historisch verständlichen) Unterscheidung zwischen einer „Ele-mentarstromtheorie" und einer „Mengentheorie" des Magnetismus zusammen. Die erste beruht auf den Gleichungen (5.69) bis (5.71), die zweite auf den Gleichungen (5.72) bis (5.74) dieses Abschnitts. Für uns sind das keine zwei verschiedenen Theorien des Magne-tismus, sondern zwei verschiedene äquivalente formale Konsequenzen derselben Theorie bzw. derselben dadurch beschriebenen physikalischen Wirklichkeit. Es handelt sich um die manchmal sogenannte *Äquivalenz von Wirbelring und Doppelschicht*, die uns schon mehrfach begegnet ist (so konnten wir z. B. in Abschn. 5.2.5 das Feld einer Stromschleife als das einer magnetischen Doppelschicht auffassen). Es ist diese Äquivalenz, die uns sehr oft erlaubt, magnetostatische Probleme wie elektrostatische zu behandeln und auch umge-kehrt (denn wir können auch umgekehrt eine elektrische Doppelschicht als Stromschleife mit einem Strom fiktiver magnetischer Ladungen auffassen).

5.4 Kraftwirkungen auf Dipole in Magnetfeldern

Bewegt sich eine Ladung Q in einem Magnetfeld, so ist die ausgeübte Kraft

$$\mathbf{F} = Q\mathbf{v} \times \mathbf{B} \ .$$

Abb. 5.31 Kraft eines Magnetfeldes auf einen Leiter mit
Strom I

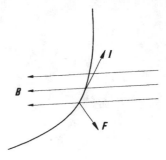

Handelt es sich um die Bewegung von Ladungsdichteverteilungen $\rho(\mathbf{r})$, so ergibt sich die
Kraft pro Volumeneinheit, die sogenannte *Kraftdichte*, als

$$\mathbf{f} = \rho \mathbf{v} \times \mathbf{B} \ .$$

Nun ist

$$\rho \mathbf{v} = \mathbf{g}$$

gerade die Stromdichte, d. h.:

$$\mathbf{f} = \mathbf{g} \times \mathbf{B} \ .$$

Integriert man diese Gleichung über einen stromführenden Leiterquerschnitt, so ergibt
sich die Kraft pro Längeneinheit an einer Stelle des Leiters

$$\frac{\mathbf{F}(\mathbf{r})}{l} = \mathbf{I}(\mathbf{r}) \times \mathbf{B}(\mathbf{r}) \ ,$$

wenn $\mathbf{I}$ dem Betrag nach gleich dem Gesamtstrom I ist und die Richtung des betrachteten Leiterelementes hat (Abb. 5.31). Betrachten wir nun zunächst einen Dipol, d. h. eine
Leiterschleife, in einem homogenen Magnetfeld (Abb. 5.32). Man kann anschaulich einsehen, dass alle Kräfte sich gegenseitig kompensieren. Die Gesamtkraft verschwindet. Es
entsteht jedoch ein Kräftepaar, dessen Drehmoment $\mathbf{m}$ parallel zu $\mathbf{B}$ einzustellen versucht.
Ohne Beweis sei angegeben, dass sich dieses Drehmoment zu

$$\frac{1}{\mu_0} \mathbf{m} \times \mathbf{B} \qquad\qquad (5.75)$$

Abb. 5.32 Drehmoment
(Kräftepaar) eines Magnetfeldes auf einen Dipol

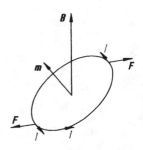

Abb. 5.33 Kraft auf einen
Dipol in einem inhomogenen
Magnetfeld (**m** parallel zu **B**)

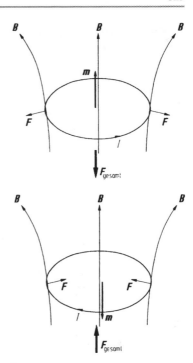

Abb. 5.34 Kraft auf einen
Dipol in einem inhomogenen
Magnetfeld (**m** antiparallel zu
B)

ergibt. In einem inhomogenen Feld resultiert neben dem Drehmoment auch eine Kraft. Abb. 5.33 zeigt, dass sich eine Kraft in Richtung zunehmenden Feldes ergibt, wenn **m** parallel zu **B** orientiert ist. Ist dagegen **m** antiparallel zu **B** orientiert, so resultiert eine Gesamtkraft in Richtung abnehmenden Feldes (Abb. 5.34). Auch ohne Beweis sei noch bemerkt, dass die auf einen Dipol **m** in einem Feld **B** wirkende Kraft

$$\mathbf{F}_{\text{gesamt}} = \frac{(\mathbf{m} \cdot \text{grad})\mathbf{B}}{\mu_0} = \frac{1}{\mu_0} \, \text{grad}(\mathbf{m} \cdot \mathbf{B}) \tag{5.76}$$

ist (wenn rot **B** $= 0$).

5.5   B und H in magnetisierbaren Medien

Bisher wurden nur Vakuumfelder diskutiert, wie sie durch vorgegebene Ströme oder Dipolverteilungen erzeugt werden. Bringt man irgendeine Materie in ein vorhandenes „äußeres" Magnetfeld, bzw. erzeugt man ein Magnetfeld in einem mit Materie erfüllten Raum, so wird diese dadurch im Allgemeinen „magnetisiert" und übt nun auch ihrerseits Einfluss auf das resultierende Magnetfeld aus. Es gibt verschiedene Effekte, die zusammenwirken und ein insgesamt recht kompliziertes Bild ergeben. Im Rahmen einer phänomenologischen und makroskopischen Theorie können diese Dinge nur in groben Zügen angedeutet werden.

Alle Materie besteht aus Atomen, Molekülen usw., und in diesen bewegen sich die Elektronen der Hüllen nach bestimmten (nicht klassisch, sondern quantenmechanisch verstehbaren) Gesetzen um die Kerne. Diese bewegten Ladungen bewirken also Ströme und magnetische Momente. Je nach dem inneren Bau des Materials können sich die verschiedenen magnetischen Momente gegenseitig kompensieren oder nicht, d. h. je nach dem Material können dessen Bausteine auch ohne Einwirkung eines äußeren Feldes bereits resultierende magnetische Momente haben oder auch nicht.

Hier ist noch hinzuzufügen, dass es neben den von uns diskutierten magnetischen Momenten zirkulierender Ströme auch noch elementare und nur quantenmechanisch interpretierbare (d. h. nach unserem Wissen nicht mit zirkulierenden Strömen zusammenhängende) magnetische Dipolmomente gibt, die mit dem ebenfalls nur quantenmechanisch interpretierbaren *Spin* von Elementarteilchen (insbesondere Elektronen), einer Art von elementarem Drehimpuls, zusammenhängen.

Zu Beginn sei ein Material betrachtet, in dem zunächst (d. h. ohne äußeres Feld) keine resultierenden magnetischen Dipolmomente vorhanden sind. Solche Medien werden als *diamagnetisch* bezeichnet. Lässt man nun ein äußeres Magnetfeld zeitlich ansteigen, so werden nach dem Induktionsgesetz (siehe Abschn. 1.11) Spannungen induziert, die ihrerseits Ströme und damit auch Dipolmomente hervorrufen. Das Medium wird also magnetisiert. Ähnlich wie bei der elektrostatischen Polarisation (siehe dazu Abschn. 2.8) kann man auch hier in erster Näherung einen linearen Zusammenhang zwischen Magnetfeld und dadurch bewirkter Magnetisierung annehmen. Aus dem Induktionsgesetz ergibt sich dabei, dass die von einem Magnetfeld bewirkte Magnetisierung das verursachende Feld **B** schwächt (Abb. 5.35). Formal betrachtet ist das eine Folge des negativen Vorzeichens im Induktionsgesetz (1.67), die oft als *Lenz'sche Regel* bezeichnet wird. Makroskopische induzierte Ströme klingen im Allgemeinen aufgrund des Ohm'schen Widerstandes, den ein Medium normalerweise hat, nach einiger Zeit wieder ab. Eine Ausnahme bilden die supraleitenden Medien. Die die Magnetisierung bewirkenden mikroskopischen Ströme (*Ampere'sche Molekularströme*) klingen jedoch nicht ab. Sie fließen widerstandslos und bleiben erhalten, solange das äußere Feld vorhanden ist. Nur deshalb gibt es einen eindeutigen Zusammenhang zwischen Magnetisierung und Feld, den wir wie folgt ansetzen:

$$\mathbf{M} = \mu_0 \chi_m \mathbf{H} \,. \tag{5.77}$$

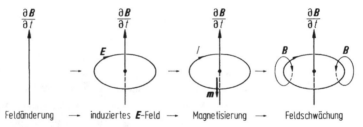

Abb. 5.35 Magnetisierung durch ein ansteigendes Magnetfeld

χ_m wird als *magnetische Suszeptibilität* bezeichnet. Wegen der *Lenz'schen Regel* ist χ_m negativ. Durch den Ansatz (5.77) ist χ_m dimensionslos. Die Magnetisierung **M** ist antiparallel zu **B** orientiert, so dass man ein diamagnetisches Material daran erkennen kann, dass es in einem inhomogenen Magnetfeld in Richtung abnehmenden Feldes gedrängt wird.

In den sogenannten *paramagnetischen* Medien haben die Moleküle resultierende magnetische Momente bereits ohne äußeres Feld. Solange kein äußeres Feld wirkt, gibt es jedoch keine Vorzugsrichtung und deshalb auch keine Magnetisierung. Die verschiedenen Dipole zeigen rein statistisch in alle Richtungen und kompensieren sich gegenseitig im räumlichen und zeitlichen Mittel. Sie sind dabei wegen der Temperatur in ständiger Bewegung. Wird nun ein äußeres Feld angelegt, so wirken auf die Dipole Drehmomente, die versuchen, sie parallel zum Feld einzustellen. Die Temperaturbewegung wirkt dem jedoch entgegen, und zwar umso stärker, je höher die Temperatur ist. Dennoch wird eine teilweise Orientierung in Feldrichtung erreicht. Gleichzeitig wirken die diamagnetischen Induktionseffekte, die die Magnetisierung zu verkleinern suchen. Wenn er überhaupt vorhanden ist, dann überwiegt der Paramagnetismus jedoch den Diamagnetismus, und man kann wieder den Ansatz (5.77) machen, wobei jetzt χ_m positiv ist. In einem inhomogenen Feld wird deshalb paramagnetisches Material in Richtung zunehmenden Feldes gezogen. Im diamagnetischen Fall ist χ_m nicht von der Temperatur abhängig, im paramagnetischen Fall ist χ_m von der Temperatur abhängig.

Es gibt noch viele andere magnetische Erscheinungen. Besonders wichtig, insbesondere auch für die Elektrotechnik, ist der *Ferromagnetismus*. Er hängt mit dem Spin der Elektronen zusammen und kann qualitative wie der Paramagnetismus durch die Ausrichtung der damit verbundenen magnetischen Dipolmomente beschrieben werden. Er unterscheidet sich von diesem jedoch dadurch, dass die Magnetisierung um viele Größenordnungen stärker ist und dass der Zusammenhang zwischen Magnetisierung und Feld nicht linear und nicht einmal eindeutig ist, d. h. die Magnetisierung hängt nicht nur von dem angelegten äußeren Feld, sondern auch von der Vorgeschichte ab (d. h. von der Art und Weise, wie der momentane Zustand hergestellt wurde). Will man trotz des nichtlinearen Zusammenhangs Ferromagnetika durch Suszeptibilitäten kennzeichnen, so hängen diese vom momentanen Zustand ab und sind deshalb theoretisch nicht unbedingt sehr sinnvoll. Zahlenmäßig werden dabei Werte bis zu einigen 10^4 erreicht, während für Diamagnetika und Paramagnetika $|\chi_m| \ll 1$ ist. Um einige Beispiele anzugeben, seien die folgenden Zahlen genannt:

$$
\left.
\begin{array}{lll}
\text{Sauerstoff (O}_2) & \text{bei } 18°\text{C} & \chi_m = 1{,}8 \cdot 10^{-6} \\
\text{Palladium} & \text{bei } 18°\text{C} & \chi_m = 782 \cdot 10^{-6}
\end{array}
\right\} \text{paramagnetisch}
$$

$$
\left.
\begin{array}{lll}
\text{Stickstoff (N}_2) & & \chi_m = -0{,}07 \cdot 10^{-6} \\
\text{Wismuth} & & \chi_m = -160 \cdot 10^{-6}
\end{array}
\right\} \text{diamagnetisch}
$$

Beim Vergleich mit anderen Quellen achte man auf die leider nicht einheitliche Definition von χ_m.

Die Tatsache, dass der Ferromagnetismus nicht durch lineare Beziehungen beschrieben werden kann, hat formal schwerwiegende Konsequenzen. Die behandelten formalen Methoden sind nur für lineare Probleme brauchbar. Für nichtlineare Probleme sind brauchbare mathematische Methoden analytischer Art kaum vorhanden. Man ist dann im Allgemeinen auf numerische Methoden angewiesen.

In Gegenwart magnetisierter Medien kann man das Magnetfeld wie im Vakuum berechnen, wenn man alle Ströme, d. h. auch sie von der Magnetisierung herrührenden „gebundenen" Ströme (Magnetisierungsströme), explizit berücksichtigt. Es gilt also

$$\text{rot}\,\mathbf{B} = \mu_0 \mathbf{g}$$

mit

$$\mathbf{g} = \mathbf{g}_{\text{frei}} + \mathbf{g}_{\text{geb}} = \mathbf{g}_{\text{frei}} + \frac{1}{\mu_0}\,\text{rot}\,\mathbf{M}\ .$$

Also ist

$$\text{rot}\,\mathbf{B} = \mu_0 \mathbf{g}_{\text{frei}} + \text{rot}\,\mathbf{M}\ ,$$

bzw.

$$\text{rot}\,\frac{\mathbf{B} - \mathbf{M}}{\mu_0} = \mathbf{g}_{\text{frei}}\ . \tag{5.78}$$

Nun definieren wir für magnetisierbare Medien

$$\mathbf{H} = \frac{\mathbf{B} - \mathbf{M}}{\mu_0}\ . \tag{5.79}$$

Für $\mathbf{M} = 0$ führt das zu unserem bisherigen Zusammenhang zwischen $\mathbf{H}$ und $\mathbf{B}$ im Vakuum zurück. Umgekehrt gilt

$$\mathbf{B} = \mu_0 \mathbf{H} + \mathbf{M}\ . \tag{5.80}$$

Diese Beziehungen gelten für jedes beliebige Medium. z. B. auch für einen Permanentmagneten, bei dem eine Magnetisierung ohne äußeres Feld vorhanden ist und erhalten bleibt. Aus (5.78) und (5.79) folgt

$$\operatorname{rot} \mathbf{H} = \mathbf{g}_{\text{frei}} \; , \tag{5.81}$$

d. h. **H** ist wirbelfrei, wenn nur gebundene Ströme vorhanden sind. **B** ist dann jedoch nicht wirbelfrei. Vielmehr ist dann

$$\operatorname{rot} \mathbf{B} = \operatorname{rot} \mathbf{M} \; .$$

Für „lineare Medien" folgt aus (5.80)

$$\mathbf{B} = \mu_0 \mathbf{H} + \mu_0 \chi_m \mathbf{H} = \mu_0 (1 + \chi_m) \mathbf{H} \; .$$

Mit der sogenannten *relativen Permeabilität*

$$\mu_r = 1 + \chi_m \tag{5.82}$$

und der *Permeabilität*

$$\mu = \mu_0 \mu_r \tag{5.83}$$

ergibt sich also

$$\mathbf{B} = \mu \mathbf{H} \; . \tag{5.84}$$

Bei der Berechnung von **H** spielen nur freien Ströme eine Rolle, während der Anteil der gebundenen Ströme in den Zusammenhang zwischen **B** und **H** gesteckt wurde. Dieses Vorgehen ähnelt dem in der Elektrostatik. Dort sind bei der Berechnung von **D** nur die freien Ladungen von Bedeutung, und der Einfluss der gebundenen Ladungen ist im Zusammenhang zwischen **D** und **E** verborgen.

Das Feld **B** ist stets quellenfrei, d. h. es gilt stets

$$\operatorname{div} \mathbf{B} = 0 \; .$$

Daraus folgt, dass **H** nicht unbedingt quellenfrei ist, nämlich dann nicht, wenn div **M** $\neq 0$ ist:

$$\operatorname{div} \mathbf{H} = \operatorname{div} \frac{\mathbf{B} - \mathbf{M}}{\mu_0} = -\frac{1}{\mu_0} \operatorname{div} \mathbf{M} \ .$$

Nun haben wir $-\operatorname{div} \mathbf{M}$ als fiktive magnetische Ladung eingeführt, Gleichung (5.73),

$$-\operatorname{div} \mathbf{M} = \rho_{\text{magn}} \ ,$$

d. h.

$$\operatorname{div} \mathbf{H} = \frac{1}{\mu_0} \rho_{\text{magn}} \ . \tag{5.85}$$

Das Feld **H** entspringt oder endet demnach an den gebundenen magnetischen Ladungen. Wegen

$$\mathbf{H} = -\operatorname{grad} \psi$$

können wir auch

$$\operatorname{div}(-\operatorname{grad} \psi) = -\Delta\psi = +\frac{1}{\mu_0} \rho_{\text{magn}} \ ,$$

d. h.

$$\Delta\psi = -\frac{\rho_{\text{magn}}}{\mu_0} \tag{5.86}$$

setzen. Das ist die *magnetische Poisson-Gleichung.*

Die etwas verwirrenden Eigenschaften von **B** und **H** unter verschiedenen Umständen seien in Tab. 5.1 kurz zusammengefasst.

Als Beispiel sei das Feld eines zylindrischen, homogen magnetisierten Permanentmagneten diskutiert. Das **H**-Feld kann man berechnen wie das elektrische Feld von zwei Kreisplatten mit Flächenladungen. Dabei ist

$$\sigma_{\text{magn}} = \mathbf{M} \cdot \mathbf{n} \ .$$

Das **B**-Feld kann man berechnen wie das einer endlich langen Spule mit dem Strombelag

$$\mathbf{k} = k_\varphi \mathbf{e}_\varphi = \frac{1}{\mu_0} \mathbf{M} \times \mathbf{n}$$

oder auch, indem man

$$\mathbf{B} = \mu_0 \mathbf{H} + \mathbf{M}$$

Tab. 5.1 Eigenschaften der Felder **B** und **H**

Felder freier Ströme	Felder magnetisierter Materie	Felder freier Ströme und Felder magnetisierter Materie
H und **B** quellenfrei, jedoch nicht wirbelfrei:	**H** wirbelfrei, jedoch nicht quellenfrei, **B** quellenfrei, jedoch nicht wirbelfrei:	**H** weder wirbelfrei noch quellenfrei, **B** quellenfrei, jedoch nicht wirbelfrei:
rot $\mathbf{H} = \mathbf{g}_{\text{frei}}$	rot $\mathbf{H} = 0$	rot $\mathbf{H} = \mathbf{g}_{\text{frei}}$
div $\mathbf{H} = 0$	div $\mathbf{H} = \rho_{\text{magn}}/\mu_0$	div $\mathbf{H} = \rho_{\text{magn}}/\mu_0$
div $\mathbf{B} = 0$	div $\mathbf{B} = 0$	div $\mathbf{B} = 0$
rot $\mathbf{B} = \mu_0 \mathbf{g}_{\text{frei}}$	rot $\mathbf{B} = \text{rot}\,\mathbf{M}$	rot $\mathbf{B} = \mu_0 \mathbf{g}_{\text{frei}} + \text{rot}\,\mathbf{M}$

Abb. 5.36 Homogen magnetisierter Zylinder

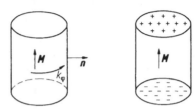

berechnet (Abb. 5.36 und 5.37). Dabei ist das Feld **H** in Abb. 5.37a zwar wirbelfrei, hat jedoch an der oberen bzw. an der unteren Fläche Quellen bzw. Senken in gebundenen magnetischen Ladungen. **B** in Abb. 5.37b ist quellenfrei, hat jedoch Wirbel in den gebundenen azimutalen Strömen der Mantelfläche. **M** in Abb. 5.37c ist weder wirbelfrei noch quellenfrei. Die Wirbel befinden sich an der Mantelfläche (wie die von **B**) und die Quellen an der oberen bzw. an der unteren Fläche (wie die von **H**). Es sei noch bemerkt, dass Abb. 5.30 noch nichts mit einem magnetisierten Medium zu tun hat. Es handelt sich um das von vorgegebenen Dipolen erzeugte Vakuumfeld, das nur außerhalb des Zylinders aus ψ berechnet werden kann. Abb. 5.37 jedoch beruht auf der inzwischen verallgemeinerten Definition (5.79) von **H**. Erst dadurch ist **H** im Inneren eines magnetisierbaren Mediums definiert. Es gibt auch anisotrope lineare Medien, für die χ_m bzw. μ ein Tensor ist. In diesem Fall gilt

$$\left.\begin{aligned} B_x &= \mu_{xx} H_x + \mu_{xy} H_y + \mu_{xz} H_z \\ B_y &= \mu_{yx} H_x + \mu_{yy} H_y + \mu_{yz} H_z \\ B_z &= \mu_{zx} H_x + \mu_{zy} H_y + \mu_{zz} H_z \end{aligned}\right\} \tag{5.87}$$

Abb. 5.37 Felder des homogen magnetisierten Zylinders

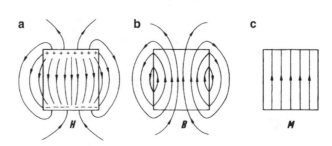

bzw. kürzer geschrieben

$$\mathbf{B} = \mu \cdot \mathbf{H} \ . \tag{5.88}$$

Der Tensor μ ist symmetrisch, d. h.

$$\mu_{ik} = \mu_{ki} \ . \tag{5.89}$$

5.6   Der Ferromagnetismus

Ferromagnetismus tritt bei Eisen, Kobalt, Nickel und außerdem bei gewissen Legierungen auf. Der Zusammenhang zwischen $\mathbf{M}$ und $\mathbf{H}$ bzw. $\mathbf{B}$ und $\mathbf{H}$ ist bei diesen Materialien recht kompliziert. Er ist, wie schon erwähnt wurde, weder linear noch eindeutig. Er hängt von der Vorgeschichte des Mediums ab und ist außerdem z. B. für verschiedene Eisensorten recht unterschiedlich. Der Zusammenhang muss durch Messungen festgestellt werden. Im Prinzip kann die Messung entsprechend Abb. 5.38 erfolgen. Der Einfachheit wegen sei dabei angenommen, dass der ferromagnetische Ring sehr schlank sei. Dann erzeugt der erregende Strom im Ring das Feld

$$H = \frac{NI}{2\pi r} \ ,$$

wobei N die Gesamtzahl der Windungen ist. Die dadurch an der Induktionsschleife erzeugte Spannung ist dem Betrag nach

$$U_i = \dot{\phi} = \dot{B} A \ .$$

Integriert man die Spannung über die Zeit, so ergibt sich

$$\int U_i \, \mathrm{d}t = BA \ .$$

Misst man zusammengehörige Werte von I und U_i, so erhält man daraus die zusammengehörigen Werte von B und H. Trägt man sie auf, so bekommt man die sogenannte *Hysteresekurve* (Abb. 5.39).

Setzt man ein zunächst unmagnetisiertes Material einem von 0 ansteigenden Feld H aus, so durchläuft B die sogenannte *Neukurve* (auch *jungfräuliche Kurve* genannt) und

Abb. 5.38 Messungen an
einem ferromagnetischen Ring

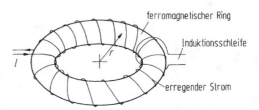

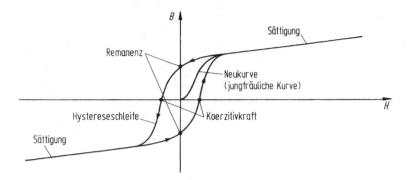

Abb. 5.39 Eine Hysterese-Schleife, $B(H)$

geht dabei schließlich in den Bereich der sogenannten *Sättigung* über, der dadurch gekennzeichnet ist, dass die zugehörige Magnetisierung nicht mehr weiter ansteigt. Die Magnetisierung ist in Abb. 5.40 ebenfalls aufgetragen.

Lässt man nun H wieder abnehmen, so wird keineswegs dieselbe Kurve rückwärts durchlaufen. B bzw. M nehmen weniger ab als sie beim Anstieg von H zunahmen. Dies hat zur Folge, dass auch beim Verschwinden von H B nun nicht verschwindet, sondern einen endlichen Wert hat (*Remanenz*). Man muss ein Gegenfeld anlegen (die sog. *Koerzitivkraft*), um B wieder zum Verschwinden zu bringen. Hinreichend starke Gegenfelder führen in die negative Sättigung. Lässt man H nun wieder anwachsen, so wird der andere Teil der Hystereseschleife durchlaufen, der schließlich wieder zur positiven Sättigung führt. Kleinere Hystereseschleifen werden umfahren, wenn man jeweils nicht bis zur Sättigung geht (Abb. 5.41). Je nach dem verwendeten Material kann die Hystereseschleife breit oder schmal sein, mehr schräg oder nahezu rechteckig verlaufen. Für die vielen Anwendungen des Ferromagnetismus in der Elektrotechnik sind dabei jeweils Stoffe mit speziellen Eigenschaften der Hysteresekurve mehr oder weniger geeignet. Ein wichtiger Gesichtspunkt ist oft die von der Hystereseschleife umfahrene Fläche, da diese mit den Verlusten bei der Ummagnetisierung zusammenhängt. Dies kann man wie folgt einsehen:

Abb. 5.40 Hysterese-Schleife
mit Neukurve, $M(H)$

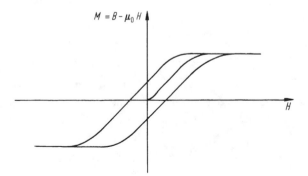

Abb. 5.41 Ineinander
verschachtelte Hysterese-
Schleifen

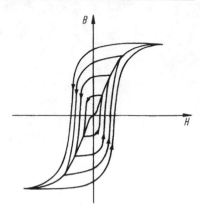

Die pro Zeiteinheit aufgewandte Energie, d. h. die Leistung zur Erzeugung des Feldes ist
für die Anordnung in Abb. 5.38

$$\frac{\mathrm{d}W}{\mathrm{d}t} = I U_e \, ,$$

wo U_e die Spannung an den erzeugenden Windungen ist,

$$U_e = N \dot{\phi} = N A \frac{\mathrm{d}B}{\mathrm{d}t} \, .$$

Also ist

$$\frac{\mathrm{d}W}{\mathrm{d}t} = I N A \frac{\mathrm{d}B}{\mathrm{d}t} = \frac{I N}{2\pi r} A 2 \pi r \frac{\mathrm{d}B}{\mathrm{d}t} = H V \frac{\mathrm{d}B}{\mathrm{d}t} \, .$$

V ist das Volumen des ferromagnetischen Ringes. Demnach ist die pro Volumeneinheit
aufzubringende Leistung

$$\frac{1}{V} \frac{\mathrm{d}W}{\mathrm{d}t} = H \frac{\mathrm{d}B}{\mathrm{d}t}$$

oder auch

$$\frac{1}{V} \mathrm{d}W = H \, \mathrm{d}B \, , \tag{5.90}$$

bzw.

$$\frac{W}{V} = \int_{B_1}^{B_2} H \, \mathrm{d}B \, .$$

Dabei ist W die Energie, die benötigt, um vom Feld B_1 ausgehend das Feld B_2 aufzubau-
en. Sie entspricht pro Volumeneinheit der in Abb. 5.42 eingezeichneten Fläche.

Bei einem ganzen Umlauf ist (Abb. 5.43)

$$\frac{W}{V} = \oint H \, \mathrm{d}B = \oint H(\mu_0 \, \mathrm{d}H + \mathrm{d}M) = \oint H \, \mathrm{d}M \tag{5.91}$$

Abb. 5.42 Energieaufwand
bei der Magnetisierung

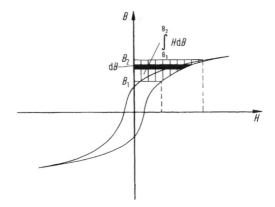

gegeben durch die umfahrene Fläche. Das heißt eine breite Hysteresekurve, wie man sie bei sog. „harten Material" hat, führt zu großen Verlusten beim Ummagnetisieren. Hartes Material ist demnach für Transformatoren z. B. ungeeignet. Hier ist „weiches Material" mit schlanker Hysteresekurve angebracht.

Obwohl der Zusammenhang zwischen **B** und **H** recht kompliziert ist, kann man rein formal **B** in der Form

$$\mathbf{B} = \mu_0 \mu_r \mathbf{H} = \mu \mathbf{H}$$

angeben, wo nun μ_r bzw. μ Funktionen von H bzw. auch der Vorgeschichte sind. Wenn im Folgenden diese Schreibweise benutzt wird, soll dadurch keinesfalls ein linearer Zusammenhang suggeriert werden. Es soll lediglich der spezielle Zustand durch einen entsprechenden Faktor gekennzeichnet werden.

Als Beispiel sei zunächst ein Elektromagnet betrachtet, der einen ferromagnetischen Kern mit einem sehr kleinen Luftspalt enthält (Abb. 5.44). Ist der Torus hinreichend schlank und der Schlitz hinreichend dünn, so können wir die Felder H_1 im Kern und H_2 im Luftspalt als näherungsweise homogen ansehen und auch die Längenunterschiede

Abb. 5.43 Energieaufwand
bei einem ganzen Umlauf der
Hysterese-Schleife

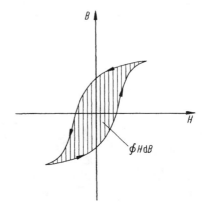

Abb. 5.44 Elektromagnet

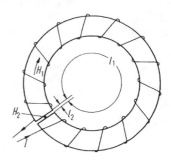

der verschiedenen Kraftlinien vernachlässigen. Dann gilt

$$\oint \mathbf{H} \cdot \mathrm{d}\mathbf{s} = H_1 l_1 + H_2 l_2 = NI \ .$$

Ferner ist

$$B_1 = B_2 = B \ ,$$

weil – wie wir im nächsten Abschnitt zeigen werden – die senkrechte Komponente von **B** an Grenzflächen stetig sein muss. Also ist

$$\mu_1 H_1 = \mu_0 H_2 = B$$

und deshalb

$$\frac{B}{\mu_1} l_1 + \frac{B}{\mu_0} l_2 = NI$$

bzw.

$$B = \frac{NI}{\frac{l_1}{\mu_1} + \frac{l_2}{\mu_0}} \ . \tag{5.92}$$

Wir haben hier ein besonders einfaches Beispiel eines sogenannten *magnetischen Krei-ses* vor uns. Im Allgemeinen kann er aus verschiedenen Teilen unterschiedlicher Länge, unterschiedlichen Querschnitts und unterschiedlicher Permeabilität zusammengesetzt sein (Abb. 5.45): l_i, A_i, μ_i. Näherungsweise kann man annehmen, dass der Fluss durch alle Teile derselbe ist, d. h. etwaige „Streuflüsse" werden vernachlässigt. Dann ist

$$NI = \sum_{i=1}^{n} H_i l_i \ ,$$

$$H_i = \frac{B_i}{\mu_i} = \frac{\phi}{A_i \mu_i}$$

und

$$NI = \sum_{i=1}^{n} \phi \frac{l_i}{A_i \mu_i}$$

Abb. 5.45 Magnetischer Kreis

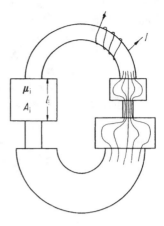

bzw.

$$NI = \phi \sum_{i=1}^{n} \frac{l_i}{A_i \mu_i} \, . \tag{5.93}$$

Schreiben wir zum Vergleich das Ohm'sche Gesetz für einen Kreis mehrerer in Serie geschalteter Widerstände darunter, so fällt eine weitgehende formale Analogie auf:

$$U = I \sum_{i=1}^{n} \frac{l_i}{A_i \kappa_i} \, . \tag{5.94}$$

NI, die Durchflutung, tritt an die Stelle der Spannung und wird deshalb auch manchmal als magnetische Spannung bezeichnet. Der Fluss ϕ vertritt die Stromstärke I. Die Summe

$$\sum_{i=1}^{n} \frac{l_i}{A_i \mu_i}$$

vertritt den Widerstand und wird deshalb auch als *magnetischer Widerstand* R_{magn} bezeichnet. Für das einzelne Element ist

$$R_{\text{magn},i} = \frac{l_i}{A_i \mu_i} \, . \tag{5.95}$$

Die Permeabilität spielt hier die Rolle der Leitfähigkeit und kann deshalb als *magnetische Leitfähigkeit* interpretiert werden. Diese Analogie lässt sich noch viel weiter führen und auf ganze Netzwerke auch sich verzweigender magnetischer „Ströme" ausdehnen. Man muss sich dabei jedoch bewusst bleiben, dass es sich um Näherungen handelt, die nicht unbedingt gut sind. Auch ist ihre Genauigkeit im Einzelfall schwer abzuschätzen. Trotzdem sind solche Näherungen wichtig und berechtigt, da die feldtheoretisch exakte Behandlung von vielen Problemen dieser Art auf beinahe unüberwindliche Schwierigkeiten stößt.

5.7   Randbedingungen für B und H und die Brechung magnetischer Kraftlinien

Es gilt stets

$$\operatorname{rot} \mathbf{H} = \mathbf{g}_{\text{frei}} \,,$$

$$\operatorname{div} \mathbf{B} = 0 \,.$$

Daraus lassen sich die Randbedingungen ableiten, die $\mathbf{H}$ und $\mathbf{B}$ an Grenzflächen zu erfüllen haben.

Betrachten wir zunächst ein Flächenelement d$\mathbf{A}$, der Art, dass d$\mathbf{A}$ in die Grenzfläche fällt, d. h. Fläche dA die Grenzfläche senkrecht durchdringt (Abb. 5.46). Zunächst ist

$$\int_{A} \operatorname{rot} \mathbf{H} \cdot d\mathbf{A} = \oint_{c} \mathbf{H} \cdot d\mathbf{s}$$

$$= \mathbf{H}_2 \cdot \frac{\mathbf{n}_2 \times d\mathbf{A}}{dA} \, ds$$

$$- \mathbf{H}_1 \cdot \frac{\mathbf{n}_2 \times d\mathbf{A}}{dA} \, ds$$

$$= \int_{A} \mathbf{g}_{\text{frei}} \cdot d\mathbf{A}$$

$$= \mathbf{k}_{\text{frei}} \cdot \frac{d\mathbf{A}}{dA} \, ds \,,$$

Abb. 5.46 Grenzfläche zwischen zwei Medien

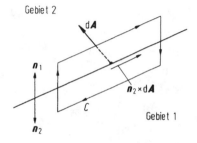

wenn $\mathbf{k}_{\text{frei}}$ der freie Flächenstrom (Strombelag) in der Grenzfläche ist, d. h. wenn $\mathbf{k}_{\text{frei}}$ keine Magnetisierungsströme enthält. Also ist

$$(\mathbf{H}_2 - \mathbf{H}_1) \cdot \frac{\mathbf{n}_2 \times d\mathbf{A}}{dA} \, ds = \mathbf{k}_{\text{frei}} \cdot \frac{d\mathbf{A}}{dA} \, ds$$

bzw.

$$(\mathbf{H}_2 - \mathbf{H}_1) \times \mathbf{n}_2 \cdot d\mathbf{A} = \mathbf{k}_{\text{frei}} \cdot d\mathbf{A} \, .$$

Dies gilt für jedes Flächenelement $d\mathbf{A}$ (sofern nur $d\mathbf{A}$ in der Grenzfläche liegt). Deshalb ist auch

$$(\mathbf{H}_2 - \mathbf{H}_1) \times \mathbf{n}_2 = \mathbf{k}_{\text{frei}} \, . \tag{5.96}$$

Ist speziell $\mathbf{k}_{\text{frei}} = 0$, d. h. fließt in der Grenzfläche kein Flächenstrom, so ist

$$(\mathbf{H}_2 - \mathbf{H}_1) \times \mathbf{n}_2 = 0$$

bzw.

$$\mathbf{H}_{2t} = \mathbf{H}_{1t} \, . \tag{5.97}$$

d. h. dann sind die Tangentialkomponenten von **H** stetig, während ein Flächenstrom einen Sprung dieser Komponenten bewirkt.

Untersuchen wir nun ein kleines scheibenförmiges Volumen entsprechend Abb. 5.47, so finden wir

$$\int \operatorname{div} \mathbf{B} \, d\tau = \oint \mathbf{B} \cdot d\mathbf{A}$$
$$= (\mathbf{B}_2 - \mathbf{B}_1) \cdot \mathbf{n}_1 \, dA = 0 \, ,$$

d. h.

$$(\mathbf{B}_2 - \mathbf{B}_1) \cdot \mathbf{n}_1 = 0$$

bzw.

$$B_{2n} = B_{1n} \, . \tag{5.98}$$

Abb. 5.47 Stetigkeit der Normalkomponente von **B**

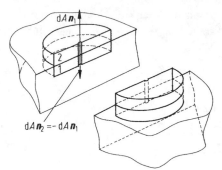

Abb. 5.48 Brechung der magnetischen Kraftlinien

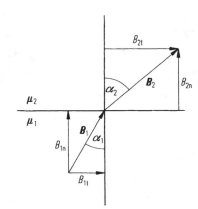

Die Normalkomponenten von **B** sind immer stetig.

Aus den Beziehungen (5.97), (5.98) folgt das Brechungsgesetz für magnetische Feldlinien. Der Einfachheit wegen sei nämlich angenommen, dass in der Oberfläche kein freier Strom fließe. Entsprechend Abb. 5.48 ist

$$\frac{\tan\alpha_1}{\tan\alpha_2} = \frac{\frac{B_{1t}}{B_{1n}}}{\frac{B_{2t}}{B_{2n}}} = \frac{B_{1t}}{B_{2t}} = \frac{\mu_1 H_{1t}}{\mu_2 H_{2t}} \ ,$$

d. h.

$$\frac{\tan\alpha_1}{\tan\alpha_2} = \frac{\mu_1}{\mu_2} \ . \tag{5.99}$$

Ist $\mu_1 \ll \mu_2$ (z. B. an der Grenze zwischen Ferromagnetikum und Vakuum), so ist entweder $\alpha \approx 90°$ oder $\alpha_1 \approx 0°$, d. h. die Kraftlinien treffen entweder senkrecht auf das Ferromagnetikum oder sie verlaufen in diesem tangential zur Oberfläche (Abb. 5.49).

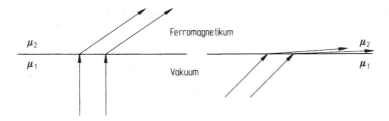

Abb. 5.49 Brechung der Kraftlinien an der Grenze zwischen Vakuum und Ferromagnetikum

Die oben abgeleiteten Beziehungen berücksichtigen nicht die Effekte eventueller magnetischer Doppelschichten. Wie schon im elektrostatischen Fall verändern Doppelschichten die Randbedingungen, worauf wir jedoch nicht weiter eingehen wollen.

Manchmal benötigt man auch Randbedingungen für $\mathbf{A}$. Weil

$$\operatorname{div} \mathbf{A} = 0$$

und

$$\operatorname{rot} \mathbf{A} = \mathbf{B}$$

ist, ergibt sich aus den obigen analogen Betrachtungen, dass sowohl die Tangentialkomponenten als auch die Normalkomponenten von $\mathbf{A}$ an Grenzflächen stetig sind:

$$
\begin{aligned}
A_{1n} &= A_{2n} \\
\mathbf{A}_{1t} &= \mathbf{A}_{2t} \ .
\end{aligned}
\tag{5.100}
$$

In den folgenden Abschnitten wird die Anwendung der Randbedingungen an verschiedenen Beispielen noch verdeutlicht werden.

5.8 Platte, Kugel und Hohlkugel im homogenen Magnetfeld

5.8.1 Die ebene Platte

Eine ebene Platte aus magnetischem Material (μ) befindet sich in einem homogenen Feld $\mathbf{H}_a$, das auf ihren Oberflächen senkrecht steht (Abb. 5.50). Dadurch entsteht in der Platte eine ebenfalls homogene Magnetisierung

$$\mathbf{M} = \mu_0 \chi_m \mathbf{H}_i \ ,$$

Abb. 5.50 Ebene magnetische
Platte in einem homogenen
Magnetfeld

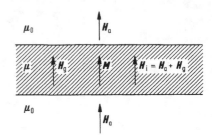

und **M** bewirkt in der Platte ein Gegenfeld $\mathbf{H}_g$ (genauer gesagt: bei Ferro- bzw. Parama-
gneten handelt es sich um ein das Außenfeld $\mathbf{H}_a$ schwächendes Gegenfeld; bei Diama-
gneten wird das Feld $\mathbf{H}_a$ verstärkt). $\mathbf{H}_i$, das resultierende Innenfeld, ist

$$\mathbf{H}_i = \mathbf{H}_a + \mathbf{H}_g \ .$$

Also ist

$$\mathbf{M} = \mu_0 \chi_m \mathbf{H}_a + \mu_0 \chi_m \mathbf{H}_g \ .$$

Nun ist das durch **M** bewirkte Feld $\mathbf{H}_g$ anzugeben. **M** bewirkt an den Oberflächen fiktive
magnetische Ladungen $\pm M$ (z. B. beim Paramagnetismus oben $+$, unten $-$). Dadurch
entsteht z. B. im Fall des Paramagnetismus ein von oben nach unten gerichtetes Feld

$$H_g = \frac{M}{\mu_0} \ .$$

In jedem Fall gilt

$$\mathbf{H}_g = -\frac{\mathbf{M}}{\mu_0} \ . \tag{5.101}$$

Also ist

$$\mathbf{M} = \mu_0 \chi_m \mathbf{H}_a - \chi_m \mathbf{M} \ ,$$

d. h.

$$\mathbf{M} = \frac{\mu_0 \chi_m \mathbf{H}_a}{1 + \chi_m} \tag{5.102}$$

und

$$\mathbf{H}_i = \mathbf{H}_a - \frac{\mathbf{M}}{\mu_0} \tag{5.103}$$

In Analogie zur Definition des Entelektrisierungsfaktors in Abschn. 2.12.4, Gleichung
(2.141), können wir den *Entmagnetisierungsfaktor* der Platte definieren ($1/\mu_0$). Nach
(5.103) ist

$$\mathbf{H}_i = \mathbf{H}_a - \frac{\mathbf{M}}{\mu_0} = \mathbf{H}_a - \frac{\chi_m \mathbf{H}_a}{1 + \chi_m} = \frac{\mathbf{H}_a}{1 + \chi_m} \ ,$$

d. h.

$$\mathbf{H}_i = \frac{\mathbf{H}_a}{\mu_r} \,. \tag{5.104}$$

Hier ist zu sehen, dass, wie schon oben behauptet, für eine paramagnetische Platte ($\mu_r > 1$) $H_i < H_a$ ist und für eine diamagnetische Platte ($\mu_r < 1$) $H_i > H_a$ ist.

$$B_i = \mu H_i = \mu_r \mu_0 H_i = \mu_r \mu_0 \frac{H_a}{\mu_r} = \mu_0 H_a = B_a \,,$$

d. h. B ist, wie es sein muss, stetig. Wir hätten diese Tatsache natürlich benützen können, um (5.104) direkt herzuleiten.

5.8.2   Die Kugel

Betrachten wir nun eine Kugel (μ_i) in einem Außenraum (μ_a) und in einem im Unendlichen homogenen Außenfeld $\mathbf{H}_{a,\infty}$ (Abb. 5.51). Wie im elektrostatischen Fall kann man das Problem durch die Überlagerung eines Dipolfeldes im Außenraum und mit einem homogenen Innenfeld lösen. Diese Lösung ist auch die einzig mögliche. Wir setzen also an:

$$\left. \begin{aligned} \psi_a &= -H_{a,\infty} r \cos\theta + \frac{C \cos\theta}{r^2} \,, \\ \psi_i &= -H_i r \cos\theta \,. \end{aligned} \right\} \tag{5.105}$$

Dieser Ansatz enthält zwei noch zu bestimmende Konstanten H_i und C. Sie ergeben sich aus den Randbedingungen an der Kugeloberfläche $r = r_k$. Dort muss B_r und H_θ stetig sein. Nun ist

$$H_\theta = -\frac{1}{r} \frac{\partial \psi}{\partial \theta} \,,$$

d. h.

$$\left. \begin{aligned} H_{\theta a} &= -H_{a,\infty} \sin\theta + \frac{C \sin\theta}{r^3} \,, \\ H_{\theta i} &= -H_i \sin\theta \end{aligned} \right\}$$

Abb. 5.51 Magnetische Kugel in einem homogenen Magnetfeld

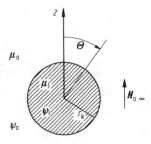

und

$$B_r = -\mu \frac{\partial \psi}{\partial r} \, ,$$

d. h.

$$\left. \begin{aligned} B_{ra} &= +\mu_a H_{a,\infty} \cos \theta + 2\mu_a \frac{C \cos \theta}{r^3} \, , \\ B_{ri} &= +\mu_i H_i \cos \theta \, . \end{aligned} \right\}$$

Also sind die beiden Randbedingungen

$$\left. \begin{aligned} -H_{a,\infty} + \frac{C}{r_k^3} &= -H_i \, , \\ \mu_a H_{a,\infty} + 2\mu_a \frac{C}{r_k^3} &= +\mu_i H_i \, . \end{aligned} \right\}$$

Nach Elimination von C ergibt sich H_i zu

$$H_i = \frac{3\mu_a}{2\mu_a + \mu_i} H_{a,\infty} \tag{5.106}$$

bzw.

$$B_i = \frac{3\mu_i}{2\mu_a + \mu_i} B_{a,\infty} \, . \tag{5.107}$$

Diese Ergebnisse sind denen der Elektrostatik wiederum völlig analog. Man hat lediglich μ durch ε zu ersetzen, um zu unseren früheren elektrostatischen Ergebnissen zurückzukommen. Das Innenfeld ist wiederum homogen, was nur für Ellipsoide und ihre Grenzfälle zutrifft.

Ist $\mu_i \gg \mu_a$ (ferromagnetische Kugel im Vakuum), so ist (Abb. 5.52)

$$B_i \approx 3B_{a,\infty} \, ,$$

d. h. das Feld B wird um den Faktor 3 verstärkt. H_i dagegen wird sehr klein,

$$H_i \approx 3\frac{\mu_a}{\mu_i} H_{a,\infty} \, .$$

Abb. 5.52 Ferromagnetische Kugel im äußeren Homogenfeld

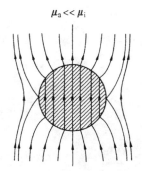

$\mu_a \ll \mu_i$

Die Kraftlinien treffen von außen senkrecht auf die Kugel. Das Feld entspricht dem elektrischen Feld einer leitfähigen Kugel, die in ein homogenes äußeres Feld gebracht wird.

Befindet sich die Kugel im Vakuum, d. h. ist $\mu_a = \mu_0$, so kann man H_i in der Form

$$H_i = H_{a,\infty} - \frac{1}{3\mu_0} M \tag{5.108}$$

schreiben, wo natürlich

$$\begin{aligned} M &= \mu_0 \chi_{mi} H_i = \mu_0 (\mu_{ri} - 1) H_i \\ &= (\mu_i - \mu_0) H_i \end{aligned}$$

ist. Der Entmagnetisierungsfaktor der Kugel ist demnach $(1/3\mu_0)$. Dies hängt natürlich damit zusammen, dass das von einer homogen polarisierten Kugel (**M**) für sich allein erzeugte Feld im Inneren

$$\mathbf{H} = \frac{-\mathbf{M}}{3\mu_0}$$

ist.

5.8.3   Die Hohlkugel

In ähnlicher Weise kann man auch das Problem einer Hohlkugel in einem homogenen Außenfeld $\mathbf{H}_{a,\infty}$ behandeln (Abb. 5.53). Wir haben drei Bereiche mit den Permeabilitäten μ_a, μ_m, μ_i, für die wir die Potentiale ψ_a, ψ_m, ψ_i wie folgt ansetzen können:

$$\left. \begin{aligned} \psi_a &= -H_{a,\infty} r \cos\theta + \frac{C \cos\theta}{r^2} \,, \\ \psi_m &= -H_m r \cos\theta + \frac{D \cos\theta}{r^2} \,, \\ \psi_i &= -H_i r \cos\theta \,. \end{aligned} \right\} \tag{5.109}$$

Abb. 5.53 Magnetische Hohlkugel

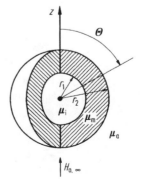

Die vier noch unbestimmten Konstanten C, D, H_m, H_i sind durch zwei Randbedingungen bei $r = r_1$ und zwei bei $r = r_2$ in der üblichen Weise festgelegt. Sie geben die folgenden vier Gleichungen:

$$\left.\begin{aligned}
-H_{a,\infty} + \frac{C}{r_2^3} &= -H_m + \frac{D}{r_2^3} \ , \\[2mm]
-H_m + \frac{D}{r_1^3} &= -H_i \ , \\[2mm]
\mu_a H_{a,\infty} + 2\mu_a \frac{C}{r_2^3} &= \mu_m H_m + 2\mu_m \frac{D}{r_2^3} \ , \\[2mm]
\mu_m H_m + 2\mu_m \frac{D}{r_1^3} &= \mu_i H_i \ .
\end{aligned}\right\} \tag{5.110}$$

Mit Hilfe der Cramer'schen Regel z. B. kann man daraus H_i berechnen. Die etwas umständliche, aber triviale Zwischenrechnung sei übergangen. Jedenfalls ergibt sich

$$H_i = H_{a,\infty} \frac{1}{\frac{2}{3} + \frac{\mu_i}{3\mu_a} + \frac{2(\mu_m - \mu_i)(\mu_m - \mu_a)}{9\mu_m \mu_a}\left[1 - \left(\frac{r_1}{r_2}\right)^3\right]} \ . \tag{5.111}$$

Der vorher behandelte Fall der Kugel ist natürlich ein Spezialfall davon. Setzt man $r_1 = r_2$, so ergibt sich wiederum (5.106). Interessant ist auch der spezielle Fall $\mu_i = \mu_a = \mu_0$ (Vakuum), $\mu_m \neq \mu_0$. Dafür ist:

$$H_i = \frac{H_{a,\infty}}{1 + \frac{2\left(\frac{\mu_m}{\mu_0} - 1\right)^2}{9\frac{\mu_m}{\mu_0}}\left[1 - \left(\frac{r_1}{r_2}\right)^3\right]} \ .$$

Für eine ferromagnetische Hohlkugel ist $\mu_m \gg \mu_0$ und

$$H_i \approx \frac{9 H_{a,\infty}}{2\frac{\mu_m}{\mu_0}\left[1 - \left(\frac{r_1}{r_2}\right)^3\right]} \ .$$

Ist außerdem noch $(r_1/r_2)^3 \ll 1$, so ist

$$H_i \approx \frac{9 H_{a,\infty}}{2\frac{\mu_m}{\mu_0}} \ .$$

Das ist ein auch praktisch wichtiges Ergebnis. μ_m kann Werte von der Größenordnung einiger $10^4 \mu_0$ annehmen, d. h. H_i ist um 3 bis 4 Größenordnungen kleiner als das Außenfeld $H_{a,\infty}$. Man kann also durch hochpermeable Medien äußere Felder abschirmen (Abb. 5.54). Natürlich ist auch

$$B_i \approx \frac{9 B_{a,\infty}}{2\frac{\mu_m}{\mu_0}} \ .$$

Abb. 5.54 Eine ferromagnetische Hohlkugel schirmt das
Außenfeld weitgehend ab

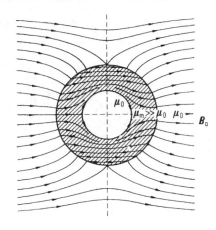

5.9 Spiegelung an der Ebene

Es soll das Magnetfeld eines unendlich langen und geradlinigen stromführenden Leiters
berechnet werden, der einer ebenen Grenzfläche parallel gegenübersteht, die zwei Medi-
en verschiedener Permeabilität trennt (Abb. 5.55). Wenn man sich von der weitgehenden
Analogie zwischen Elektrostatik und Magnetostatik leiten lässt, die in den vorhergehenden Abschnitten immer wieder auffiel, so kann man vermuten, dass sich das Problem mit
Hilfe von „Bildströmen" I' und I'' lösen lassen könnte (man vergleiche dazu die Abschn. 2.11.2 und 4.5.1). Wir wollen deshalb den Ansatz machen (und ihn auch als richtig
erweisen), dass sich das Feld im Gebiet 1 darstellen lässt durch Überlagerung der Felder
von I und I' und im Gebiet 2 als Feld von I''. Nach Gleichung (5.28) gehört zum Strom
I $(x = a, y = 0)$ das Feld

$$\mathbf{H} = \frac{I}{2\pi[(x-a)^2 + y^2]}(-y, x-a, 0) ,$$

Abb. 5.55 Geradliniger Leiter
parallel zur Grenzfläche zwischen verschiedenen Medien

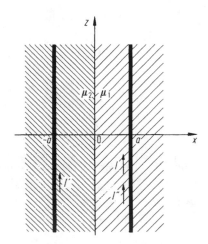

zum Strom I' ($x = -a$, $y = 0$) das Feld

$$\mathbf{H}' = \frac{I'}{2\pi[(x+a)^2 + y^2]}(-y, x+a, 0)$$

und zum Strom I'' ($x = a$, $y = 0$) das Feld

$$\mathbf{H}'' = \frac{I''}{2\pi[(x-a)^2 + y^2]}(-y, x-a, 0) \; .$$

Deshalb setzen wir für das Gebiet 1 an:

$$\left.\begin{array}{l} H_{1x} = -\dfrac{I\,y}{2\pi[(x-a)^2 + y^2]} - \dfrac{I'y}{2\pi[(x+a)^2 + y^2]} \; , \\[3mm] H_{1y} = +\dfrac{I(x-a)}{2\pi[(x-a)^2 + y^2]} + \dfrac{I'(x+a)}{2\pi[(x+a)^2 + y^2]} \; , \end{array}\right\} \qquad (5.112)$$

und für das Gebiet 2:

$$\left.\begin{array}{l} H_{2x} = -\dfrac{I''y}{2\pi[(x-a)^2 + y^2]} \; , \\[3mm] H_{2y} = +\dfrac{I''(x-a)}{2\pi[(x-a)^2 + y^2]} \; . \end{array}\right\} \qquad (5.113)$$

Für $x = 0$ muss H_y und $B_x = \mu H_x$ stetig sein, d. h. es muss gelten:

$$-\frac{I\,a}{2\pi(a^2 + y^2)} + \frac{I'a}{2\pi(a^2 + y^2)} = -\frac{I''a}{2\pi(a^2 + y^2)} \; ,$$

$$-\frac{I\,y\mu_1}{2\pi(a^2 + y^2)} - \frac{I'y\mu_1}{2\pi(a^2 + y^2)} = -\frac{I''y\mu_2}{2\pi(a^2 + y^2)}$$

bzw. gekürzt

$$\left.\begin{array}{l} I'' = I - I' \; , \\[2mm] \mu_2 I'' = \mu_1(I + I') \; . \end{array}\right\} \qquad (5.114)$$

Nach I' und I'' aufgelöst erhält man daraus

$$\left.\begin{array}{l} I' = \dfrac{\mu_2 - \mu_1}{\mu_2 + \mu_1} I \; , \\[3mm] I'' = \dfrac{2\mu_1}{\mu_2 + \mu_1} I \; . \end{array}\right\} \qquad (5.115)$$

Beim Vergleich mit dem entsprechenden elektrostatischen Problem (in Abschn. 2.11.2) beachte man, dass die Beziehungen ineinander übergehen, wenn man ε durch $1/\mu$ (nicht etwa μ) ersetzt.

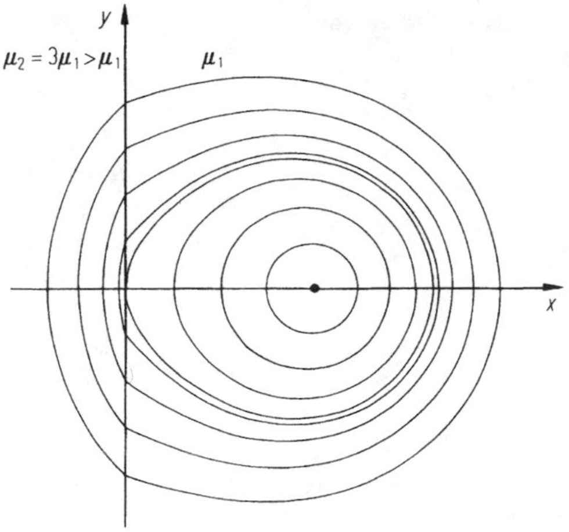

Abb. 5.56 Das Magnetfeld einer Anordnung nach
Abb. 5.55, $\mu_2 = 3\mu_1$

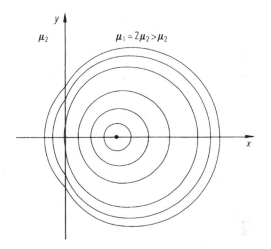

Abb. 5.57 Das Magnetfeld einer Anordnung nach
Abb. 5.55, $\mu_1 = 2\mu_2$

Das Feld im Gebiet 1 ist das von zwei Strömen, wie es in Abschn. 5.2.1, Abb. 5.9, diskutiert wurde. Für $\mu_2 > \mu_1$ handelt es sich um parallele, für $\mu_2 < \mu_1$ um antiparallele Ströme I und I'. Im Gebiet 2 sind die Feldlinien konzentrische Kreisbögen. Die Felder sind eben, d. h. sie hängen nicht von z ab, und die Feldlinien verlaufen in den zur Ebene $z = 0$ parallelen Ebenen. Die Abb. 5.56 bis 5.58 zeigen Beispiele solcher Felder. Dabei sind die an den Grenzflächen quellenfreien Linien des **B**-Feldes gezeichnet.

Wir haben das Problem von den Ansätzen (5.112), (5.113) ausgehend durch formale Anwendung der Randbedingungen gelöst. Dadurch wird verschleiert, was in Wirklichkeit geschieht. Durch das Feld des Stromes I werden beide Medien magnetisiert. Dadurch entstehen an den Mediengrenzen bei $x = 0$ und auch in der Nähe des Stromes I Magnetisierungsströme.

Abb. 5.58 Das Magnet-
feld einer Anordnung nach
Abb. 5.55, $\mu_2 = 1000\mu_1$

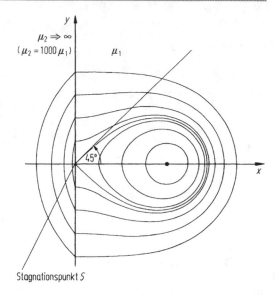

Wir betrachten zunächst die Mediengrenze $x = 0$. Wegen der Gleichung (5.77) und mit den Feldern entsprechend (5.112), (5.113) ist an der Grenzfläche

$$
\left.
\begin{aligned}
M_{1x} &= -\frac{(\mu_1 - \mu_0)y}{2\pi(a^2 + y^2)}(I + I') \\
M_{1y} &= -\frac{(\mu_1 - \mu_0)a}{2\pi(a^2 + y^2)}(I - I') \\
M_{1z} &= 0
\end{aligned}
\right\}
\tag{5.116}
$$

und

$$
\left.
\begin{aligned}
M_{2x} &= -\frac{(\mu_2 - \mu_0)y}{2\pi(a^2 + y^2)}I'' \\
M_{2y} &= -\frac{(\mu_2 - \mu_0)a}{2\pi(a^2 + y^2)}I'' \\
M_{2z} &= 0 \,.
\end{aligned}
\right\}
\tag{5.117}
$$

Nach (5.71) ergibt sich daraus die Flächenstromdichte des Magnetisierungsstromes in der Oberfläche

$$
\mathbf{k} = \frac{1}{\mu_0}(\mathbf{M}_1 \times \mathbf{n}_1 + \mathbf{M}_2 \times \mathbf{n}_2) \,.
$$

Dabei ist

$$
\mathbf{n}_1 = (-1, 0, 0)
$$

Abb. 5.59 Der Strom in einer
Anordnung nach Abb. 5.55

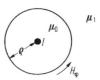

und

$$\mathbf{n}_2 = (+1, 0, 0) \ .$$

k hat demnach nur eine z-Komponente, nämlich

$$k_z(y) = \frac{\mu_1 a I'}{\mu_0 \pi (a^2 + y^2)} \ . \tag{5.118}$$

Kommen wir nun zur Umgebung des Stromes I selbst. Er fließe im Zentrum eines kleinen zylindrischen Vakuums, das aus dem umgebenden Medium (μ_1) ausgespart ist (Abb. 5.59). An der Medienoberfläche ist

$$H_\varphi = \frac{I}{2\pi\rho}$$

bzw.

$$M_\varphi = \frac{(\mu_1 - \mu_0)I}{2\pi\rho} \ .$$

Damit ist die Flächenstromdichte

$$k_z = \frac{\mu_1 - \mu_0}{\mu_0 2\pi\rho} I \ ,$$

und der gesamte Magnetisierungsstrom ist

$$k_z 2\pi\rho = \left(\frac{\mu_1}{\mu_0} - 1 \right) I \ .$$

Einschließlich des Stromes I ergibt sich als Gesamtstrom

$$I_{\mathrm{eff}} = \frac{\mu_1}{\mu_0} I = \mu_r I \ . \tag{5.119}$$

Daran ändert sich nichts, auch wenn der Radius ρ gegen null geht. Man vergleiche dieses Ergebnis mit der effektiven Ladung $Q' = Q_{\mathrm{eff}} = Q/\varepsilon_r$, die wir in Abschn. 2.11.1 erhielten. Wieder tritt μ an die Stelle von $1/\varepsilon$.

Mit (5.118) und (5.119) sind alle Ströme gegeben. Man kann das zu ihnen gehörige Magnetfeld **B** berechnen. Es wird sich genau als das oben, d. h. in (5.112), (5.113), (5.115) gegebene Feld erweisen. Zunächst sei das von den Flächenströmen k_z erzeugte Feld berechnet. Nach (5.28) und (5.118) ist

$$\left.\begin{aligned}
B_x &= \frac{\mu_1 a I'}{2\pi^2} \int\limits_{-\infty}^{+\infty} \frac{-(y - y')\mathrm{d}y'}{[x^2 + (y' - y)^2][a^2 + y'^2]} \, , \\[2ex]
B_y &= \frac{\mu_1 a I' x}{2\pi^2} \int\limits_{-\infty}^{+\infty} \frac{\mathrm{d}y'}{[x^2 + (y' - y)^2][a^2 + y'^2]} \, .
\end{aligned}\right\} \tag{5.120}$$

Die beiden hier auftretenden Integrale können nach den üblichen Methoden der Integralrechnung berechnet werden. Die etwas umständliche Zwischenrechnung gibt

$$\int\limits_{-\infty}^{+\infty} \frac{(y' - y)\,\mathrm{d}y'}{[x^2 + (y' - y)^2][a^2 + y'^2]} = -\frac{\pi y}{a[y^2 + (a + |x|)^2]} \, , \tag{5.121}$$

$$\int\limits_{-\infty}^{+\infty} \frac{\mathrm{d}y'}{[x^2 + (y' - y)^2][a^2 + y'^2]} = \frac{\pi(a + |x|)}{a|x|[y^2 + (a + |x|)^2]} \, . \tag{5.122}$$

Damit schließlich ist für $x > 0$

$$\left.\begin{aligned}
B_x &= -\frac{\mu_1 I'}{2\pi} \frac{y}{y^2 + (x + a)^2} \, , \\[2ex]
B_y &= +\frac{\mu_1 I'}{2\pi} \frac{x + a}{y^2 + (x + a)^2} \, ,
\end{aligned}\right\} \tag{5.123}$$

und für $x < 0$

$$\left.\begin{aligned}
B_x &= -\frac{\mu_1 I'}{2\pi} \frac{y}{y^2 + (x - a)^2} \, , \\[2ex]
B_y &= +\frac{\mu_1 I'}{2\pi} \frac{x - a}{y^2 + (x - a)^2} \, .
\end{aligned}\right\} \tag{5.124}$$

Dazu kommt nun noch das Feld des Stromes $(\mu_1/\mu_0)I$ bei $x = a, y = 0$, nämlich nach (5.28)

$$\left.\begin{aligned}
B_x &= -\frac{\mu_1 I y}{2\pi[y^2 + (x - a)^2]} \, , \\[2ex]
B_y &= +\frac{\mu_1 I(x - a)}{2\pi[y^2 + (x - a)^2]} \, .
\end{aligned}\right\} \tag{5.125}$$

Im Gebiet $1(x > 0)$ ist das Gesamtfeld also

$$B_{1x} = -\mu_1 \left\{ \frac{I'y}{2\pi[y^2 + (x+a)^2]} + \frac{Iy}{2\pi[y^2 + (x-a)^2]} \right\} = \mu_1 H_{1x} \, ,$$

$$B_{1y} = +\mu_1 \left\{ \frac{I'(x+a)}{2\pi[y^2 + (x+a)^2]} + \frac{I(x-a)}{2\pi[y^2 + (x-a)^2]} \right\} = \mu_1 H_{1y} \, ,$$

und im Gebiet $2(x < 0)$ bekommt man unter Verwendung von (5.114)

$$B_{2x} = -\frac{\mu_1(I'+I)y}{2\pi[y^2 + (x-a)^2]} = -\frac{\mu_2 I''y}{2\pi[y^2 + (x-a)^2]} = \mu_2 H_{2x} \, ,$$

$$B_{2y} = +\frac{\mu_1(I'+I)(x-a)}{2\pi[y^2 + (x-a)^2]} = +\frac{\mu_2 I''(x-a)}{2\pi[y^2 + (x-a)^2]} = \mu_2 H_{2y} \, ,$$

d. h. genau die oben berechneten Felder, wie es sein muss, Gleichungen (5.112), (5.113), (5.115).

Formal können wir uns auch der fiktiven magnetischen Ladungen bedienen, die durch die Magnetisierung hervorgerufen werden. Wir können uns vorstellen, dass das Gesamtfeld erzeugt wird durch den Strom I einerseits und fiktive magnetische Ladungen andererseits, die sich ausschließlich an der Trennfläche $x = 0$ befinden. Nach (5.74) befinden sich dort die fiktiven Flächenladungen

$$\sigma_{\mathrm{magn}} = (\mathbf{M}_1 \cdot \mathbf{n}_1 + \mathbf{M}_2 \cdot \mathbf{n}_2) = -\mu_0 \frac{I'y}{\pi(a^2 + y^2)} \, . \tag{5.126}$$

Man kann sie als zueinander parallele Linienladungen in z-Richtung auffassen. Die einzelne Linienladung $\sigma_{\mathrm{magn}}(y') \, dy'$ erzeugt das Feld

$$\left. \begin{aligned} dH_x &= \frac{\sigma_{\mathrm{magn}}(y') \, dy'}{2\pi\mu_0} \frac{x}{[x^2 + (y-y')^2]} \, , \\ dH_y &= \frac{\sigma_{\mathrm{magn}}(y') \, dy'}{2\pi\mu_0} \frac{(y-y')}{[x^2 + (y-y')^2]} \, , \end{aligned} \right\} \tag{5.127}$$

wie sich wegen (5.85) und aus Symmetriegründen und ganz analog zur Elektrostatik beweisen lässt (s. Abschn. 2.3, insbesondere 2.3.3). Damit ergibt sich insgesamt

$$\left. \begin{aligned} H_x &= -\frac{I'x}{2\pi^2} \int\limits_{-\infty}^{+\infty} \frac{y' \, dy'}{[x^2 + (y'-y)^2][a^2 + y'^2]} \, , \\ H_y &= -\frac{I'}{2\pi^2} \int\limits_{-\infty}^{+\infty} \frac{(y-y')y' \, dy'}{[x^2 + (y'-y)^2][a^2 + y'^2]} \, . \end{aligned} \right\} \tag{5.128}$$

Die hier auftretenden Integrale können im Wesentlichen auf die früheren, (5.121), (5.122), zurückgeführt werden:

$$\int_{-\infty}^{+\infty} \frac{y' \, dy'}{[x^2 + (y' - y)^2][a^2 + y'^2]} = \frac{\pi y}{|x|[y^2 + (a + |x|)^2]} \, , \tag{5.129}$$

$$\int_{-\infty}^{+\infty} \frac{y'(y - y') \, dy'}{[x^2 + (y' - y)^2][a^2 + y'^2]} = -\frac{\pi(a + |x|)}{[y^2 + (a + |x|)^2]} \, . \tag{5.130}$$

Damit ist das von den fiktiven Ladungen allein erzeugte Feld für $x > 0$

$$\left. \begin{aligned} H_x &= -\frac{I'y}{2\pi[y^2 + (x + a)^2]} \, , \\ H_y &= +\frac{I'(x + a)}{2\pi[y^2 + (x + a)^2]} \, , \end{aligned} \right\} \tag{5.131}$$

und für $x < 0$

$$\left. \begin{aligned} H_x &= +\frac{I'y}{2\pi[y^2 + (x - a)^2]} \, , \\ H_y &= -\frac{I'(x - a)}{2\pi[y^2 + (x - a)^2]} \, . \end{aligned} \right\} \tag{5.132}$$

Das Feld des Stromes I ist

$$H_x = -\frac{Iy}{2\pi[y^2 + (x - a)^2]} \, ,$$
$$H_y = +\frac{I(x - a)}{2\pi[y^2 + (x - a)^2]} \, .$$

Nimmt man alle Felder zusammen, so ergibt sich wiederum das obige Feld (5.112), (5.113), (5.115).

Damit haben wir an diesem Beispiel gezeigt, dass sich (im Einklang mit der allgemeinen Theorie) der Einfluss des magnetisierten Mediums entweder durch Magnetisierungsströme oder durch fiktive magnetische Ladungen beschreiben lässt.

Es sei bemerkt, dass auch der Fall $\mu_2 = 0$ mindestens formal eine interessante Deutung zulässt. Wir greifen dabei der Diskussion des *Skin-Effektes* (Kap. 6) vor. Befindet sich im Gebiet 2 ein unendlich leitfähiges Mediums, so können in dieses keinerlei **B**-Felder von außen eindringen (es könnten allerdings von vornherein vorhandene **B**-Felder existieren). Erzeugt man außen plötzlich den Strom I, so werden in der Oberfläche $x = 0$ (eines unendlich leitfähigen Mediums im Gebiet 2) Ströme induziert, die gerade so beschaffen sind, dass sie im Inneren alle Felder, die der äußere Strom dort erzeugen würde, exakt kompensieren. Bei endlicher Leitfähigkeit klingen diese Ströme allmählich ab, und das bewirkt ein entsprechend allmähliches Eindringen der Felder von außen. Bei unendlicher

Leitfähigkeit jedoch klingen die Ströme nicht ab, und die Felder bleiben ausgeschlossen. Der Beweis dieser Behauptungen wird in Kap. 6 erfolgen. Wir können jedoch bereits an dieser Stelle das entsprechende Spiegelproblem diskutieren. Obwohl das unendlich leitfähige Medium eine beliebige Permeabilität μ_2 besitzen kann, können wir rein formal die Bedingung, dass alle **B**-Felder im Gebiet 2 verschwinden müssen, dadurch befriedigen, dass wir im obigen Ergebnis $\mu_2 = 0$ setzen. Dadurch ergibt sich aus (5.115)

$$I' = -I \tag{5.133}$$

und aus (5.118) mit $\mu_1 = \mu_0$

$$k_z(y) = -\frac{aI}{\pi(a^2 + y^2)} \,, \tag{5.134}$$

wobei

$$\int\limits_{-\infty}^{+\infty} k_z(y)\,\mathrm{d}y = -\frac{aI}{\pi} \int\limits_{-\infty}^{+\infty} \frac{\mathrm{d}y}{a^2 + y^2} = -I \tag{5.135}$$

ist. In Wirklichkeit fließt natürlich im Gebiet 2 kein Strom. Es fließen lediglich in der Oberfläche $x = 0$ die Flächenströme (5.134), die sich entsprechend (5.135) gerade zum Bildstrom $-I$ aufsummieren. Berechnet man das Feld der Ströme $k_z(y)$ im Gebiet 2, so findet man nach (5.124) und (5.133) und mit $\mu_1 = \mu_0$

$$B_x = \frac{\mu_0 I y}{2\pi[y^2 + (x - a)^2]} \,,$$

$$B_y = -\frac{\mu_0 I (x - a)}{2\pi[y^2 + (x - a)^2]} \,,$$

wodurch das Feld des Stromes I,

$$B_x = -\frac{\mu_0 I y}{2\pi[y^2 + (x - a)^2]} \,,$$

$$B_y = +\frac{\mu_0 I (x - a)}{2\pi[y^2 + (x - a)^2]} \,,$$

in der Tat genau kompensiert wird.

5.10 Ebene Probleme

Für eine beliebige Verteilung von Strömen in z-Richtung,

$$\mathbf{g} = [0, 0, g_z(x, y)] \,, \tag{5.136}$$

ist nach (5.15)

$$\mathbf{A} = [0, 0, A_z(x, y)] \,. \tag{5.137}$$

Das zugehörige **B**-Feld ist

$$\mathbf{B} = \text{rot}\,\mathbf{A} = \left(\frac{\partial A_z}{\partial y}, -\frac{\partial A_z}{\partial x}, 0 \right) . \tag{5.138}$$

A_z ist längs einer Kraftlinie konstant, d. h. A_z kann die Rolle einer Stromfunktion spielen:

$$\begin{aligned}
\mathbf{B} \cdot \text{grad}\,A_z &= B_x \frac{\partial A_z}{\partial x} + B_y \frac{\partial A_z}{\partial y} + B_z \frac{\partial A_z}{\partial z} \\
&= \frac{\partial A_z}{\partial y} \frac{\partial A_z}{\partial x} - \frac{\partial A_z}{\partial x} \frac{\partial A_z}{\partial y} + 0 = 0 .
\end{aligned} \tag{5.139}$$

Andererseits ist außerhalb von stromdurchflossenen Bereichen

$$\mathbf{H} = -\,\text{grad}\,\psi , \tag{5.140}$$

mit

$$\psi = \psi(x, y) . \tag{5.141}$$

Die Linien $\psi = $ const stehen senkrecht auf den Feldlinien. Die Linien $\psi = $ const und $A_z = $ const bilden deshalb miteinander ein orthogonales Netz (siehe die Abschn. 3.10 bis 3.12). Es gilt

$$\left.\begin{aligned}
H_x &= \frac{1}{\mu_0} \frac{\partial A_z}{\partial y} = -\frac{\partial \psi}{\partial x} , \\
H_y &= -\frac{1}{\mu_0} \frac{\partial A_z}{\partial x} = -\frac{\partial \psi}{\partial y} .
\end{aligned}\right\} \tag{5.142}$$

Die Funktionen $(1/\mu_0)A_z(x, y)$ und $\psi(x, y)$ erfüllen also die Cauchy-Riemann'schen Gleichungen (3.380) und können deshalb als Real- bzw. Imaginärteil eines komplexen Potentials $w(z)$ aufgefasst werden; siehe auch (5.33):

$$w(z) = \frac{A_z(x, y)}{\mu_0} + \mathrm{i}\psi(x, y) . \tag{5.143}$$

Das führt dazu, dass man auch in der Magnetostatik die Methoden der konformen Abbildung anwenden kann.

Ein Beispiel, das komplexe Potential des unendlich langen, geraden Stromes, haben wir bereits in Abschn. 5.2.1, (5.34), kennengelernt.

5.11 Zylindrische Randwertprobleme

5.11.1 Separation

Auch für die Lösung magnetostatischer Probleme spielt die Separationsmethode eine große Rolle. Wir wollen uns mit der Diskussion einiger Beispiele in Zylinderkoordinaten begnügen.

Wir haben uns in Abschn. 5.1 zunächst auf kartesische Koordinaten beschränkt, um die schon bekannte Lösung der skalaren Poisson-Gleichung auch für die vektorielle Poisson-Gleichung (5.12) benutzen zu können. Man kann jedoch auch krummlinige Koordinaten verwenden, z. B. Zylinderkoordinaten. Es handelt sich dann darum, das System von Gleichungen (5.14) zu lösen. Zur Vereinfachung wollen wir uns auf rotationssymmetrische Felder beschränken und annehmen, dass wir es zunächst mit azimutalen Strömen

$$\mathbf{g} = [0, g_\varphi(r, z), 0] \tag{5.144}$$

zu tun haben. Aus Abschn. 5.2.4 können wir entnehmen, dass dann auch $\mathbf{A}$ nur eine azimutale Komponente hat:

$$\mathbf{A} = [0, A_\varphi(r, z), 0] \ . \tag{5.145}$$

Nach (5.14) gilt für A_φ:

$$\Delta A_\varphi(r, z) - \frac{A_\varphi(r, z)}{r^2} = -\mu_0 g_\varphi(r, z) \ . \tag{5.146}$$

Insbesondere ist im stromfreien Raum

$$\Delta A_\varphi - \frac{A_\varphi}{r^2} = 0$$

bzw. ausführlich geschrieben nach (3.33):

$$\frac{1}{r}\frac{\partial}{\partial r} r \frac{\partial}{\partial r} A_\varphi(r, z) + \frac{\partial^2 A_\varphi(r, z)}{\partial z^2} - \frac{A_\varphi(r, z)}{r^2} = 0 \ . \tag{5.147}$$

Wenn wir diese Gleichung durch Separation lösen wollen, so machen wir den Ansatz

$$A_\varphi(r, z) = R(r)Z(z) \tag{5.148}$$

wie in Abschn. 3.7. Wir bekommen

$$\frac{\partial^2 Z(z)}{\partial z^2} = k^2 Z \tag{5.149}$$

und

$$\frac{1}{r}\frac{\partial}{\partial r} r \frac{\partial}{\partial r} R(r) + \left(k^2 - \frac{1}{r^2} \right) R(r) = 0 \tag{5.150}$$

mit den Lösungen

$$Z(z) = A_1 \cosh(kz) + A_2 \sinh(kz) \tag{5.151}$$

oder

$$Z(z) = \tilde{A}_1 \exp(kz) + \tilde{A}_2 \exp(-kz) \tag{5.152}$$

und
$$R(r) = C_1 J_1(kr) + C_2 N_1(kr) \, . \tag{5.153}$$

Wir können auch ansetzen

$$\frac{\partial^2 Z(z)}{\partial z^2} = -k^2 Z \, , \tag{5.154}$$

um

$$Z(z) = A_1 \cos(kz) + A_2 \sin(kz) \tag{5.155}$$

und

$$R(r) = C_1 I_1(kr) + C_2 K_1(kr) \tag{5.156}$$

zu bekommen.

Man kann auch das skalare Potential ψ berechnen. Dafür gilt im stromfreien Raum

$$\Delta \psi = 0 \tag{5.157}$$

bzw.

$$\frac{1}{r} \frac{\partial}{\partial r} r \frac{\partial}{\partial r} \psi + \frac{\partial^2 \psi}{\partial z^2} = 0 \, . \tag{5.158}$$

Mit dem Separationsansatz

$$\psi(r, z) = R(r) Z(z) \tag{5.159}$$

ergibt sich alles wie oben für A_φ mit dem einzigen Unterschied, dass überall Zylinderfunktionen zum Index 0 statt 1 auftreten.

Man hat also entweder Z entsprechend (5.151) oder (5.152) zu wählen mit

$$R(r) = C_1 J_0(kr) + C_2 N_0(kr) \tag{5.160}$$

oder z entsprechend (5.155) mit

$$R(r) = C_1 I_0(kr) + C_2 K_0(kr) \, . \tag{5.161}$$

Ehe wir nun im Folgenden einige Randwertprobleme als Beispiele im Detail diskutieren wollen, seien noch ein paar Bemerkungen zur Struktur rotationssymmetrischer Felder eingefügt.

5.11.2   Die Struktur rotationssymmetrischer Magnetfelder

Die Funktion $rA_\varphi(r, z)$ ist auf Feldlinien konstant. Aus

$$\mathbf{B} = \text{rot } \mathbf{A}$$

folgt nach (5.145)

$$\mathbf{B} = \left(-\frac{\partial A_\varphi}{\partial z}, 0, \frac{1}{r}\frac{\partial}{\partial r}(rA_\varphi) \right).$$

Deshalb ist bei Rotationssymmetrie ($\partial/\partial\varphi = 0$):

$$\mathbf{B} \cdot \mathrm{grad}(rA_\varphi) = B_r \frac{\partial}{\partial r}(rA_\varphi) + B_z \frac{\partial}{\partial z}(rA_\varphi)$$

$$= -\frac{\partial A_\varphi}{\partial z}\frac{\partial}{\partial r}(rA_\varphi) + \frac{1}{r}\frac{\partial}{\partial r}(rA_\varphi)\frac{\partial}{\partial z}(rA_\varphi) = 0 .$$

$rA_\varphi(r,z)$ ist also die Stromfunktion des rotationssymmetrischen Feldes. Die Linien $rA_\varphi(r,z) = $ const sind die in den $r - z$-Ebenen ($\varphi = $ const) liegenden Feldlinien.

Das zunächst zugrunde gelegte zu $\mathbf{g}$ nach (5.144) gehörige Feld ist nicht das allgemeinste rotationssymmetrische Feld. Dieses ist gekennzeichnet durch

$$\mathbf{g} = [g_r(r,z), g_\varphi(r,z), g_z(r,z)] ,$$

woraus sich

$$\mathbf{B} = [B_r(r,z), B_\varphi(r,z), B_z(r,z)]$$

ergibt. Beide Vektorfelder sind quellenfrei:

$$\mathrm{div}\, \mathbf{g} = \frac{1}{r}\frac{\partial}{\partial r}rg_r + \frac{\partial g_z}{\partial z} = 0 ,$$

$$\mathrm{div}\, \mathbf{B} = \frac{1}{r}\frac{\partial}{\partial r}rB_r + \frac{\partial B_z}{\partial z} = 0 .$$

Beide Bedingungen sind erfüllt, wenn wir aus zwei beliebigen Funktionen $F(r,z)$ und $G(r,z)$ die r- und z-Komponenten von $\mathbf{g}$ und $\mathbf{B}$ wie folgt berechnen:

$$\left.\begin{array}{ll} g_r = -\dfrac{1}{r}\dfrac{\partial F}{\partial z} , & g_z = \dfrac{1}{r}\dfrac{\partial F}{\partial r} , \\[2mm] B_r = -\dfrac{1}{r}\dfrac{\partial G}{\partial z} , & B_z = \dfrac{1}{r}\dfrac{\partial G}{\partial r} . \end{array}\right\} \tag{5.162}$$

Wir können nun berechnen:

$$\mathbf{g} \cdot \mathrm{grad}\, F = -\frac{1}{r}\frac{\partial F}{\partial z}\frac{\partial F}{\partial r} + g_\varphi \cdot 0 + \frac{1}{r}\frac{\partial F}{\partial r}\frac{\partial F}{\partial z} = 0 ,$$

$$\mathbf{B} \cdot \mathrm{grad}\, G = -\frac{1}{r}\frac{\partial G}{\partial z}\frac{\partial G}{\partial r} + B_\varphi \cdot 0 + \frac{1}{r}\frac{\partial G}{\partial r}\frac{\partial G}{\partial z} = 0 .$$

Demnach ist G längs der Feldlinien und F längs der Strömungslinien **g** konstant. Aus

$$\mathbf{B} = \mathrm{rot}\,\mathbf{A}\ ,$$

$$\mathbf{g} = \frac{1}{\mu_0}\,\mathrm{rot}\,\mathbf{B}$$

folgt weiter, dass

$$\left.\begin{array}{l} G(r,z) = r A_\varphi(r,z)\ , \\[2mm] F(r,z) = \dfrac{1}{\mu_0} r B_\varphi(r,z) \end{array}\right\} \tag{5.163}$$

ist. $2\pi G$ kann man auch als magnetischen Fluss durch eine Kreisfläche auffassen, die senkrecht zur z-Achse orientiert ist und den Radius r hat, $2\pi F$ als Strom durch diese Fläche:

$$\left.\begin{array}{l} \phi = \displaystyle\int_A B_z\,\mathrm{d}A = \int_0^r B_z 2\pi r'\,\mathrm{d}r' = \int_0^r 2\pi r' \frac{1}{r'}\frac{\partial G}{\partial r'}\,\mathrm{d}r' = 2\pi G(r,z)\ , \\[4mm] I = \displaystyle\int_A g_z\,\mathrm{d}A = \int_0^r g_z 2\pi r'\,\mathrm{d}r' = \int_0^r 2\pi r' \frac{1}{r'}\frac{\partial F}{\partial r'}\,\mathrm{d}r' = 2\pi F(r,z)\ . \end{array}\right\}$$

Deshalb ist nun wegen des Durchflutungsgesetzes

$$B_\varphi = \frac{\mu_0 I}{2\pi r} = \frac{\mu_0 2\pi F}{2\pi r} = \frac{\mu_0 F}{r}$$

und wegen Gl. (5.21)

$$A_\varphi = \frac{\phi}{2\pi r} = \frac{2\pi G}{2\pi r} = \frac{G}{r}$$

was die Beziehungen (5.163) anschaulich macht.

Die Feldlinien verlaufen ganz in den Flächen $G(r,z) = $ const, d. h. auf schlauchförmigen toroidalen, rotationssymmetrischen Flächen entsprechend geformten Querschnittes (Abb. 5.60). Eine gegebene Kraftlinie verlässt diese Fläche also nie. Ist $F(r,z) = 0$, so existiert kein azimutales Magnetfeld, und die Feldlinien liegen in den Ebenen $\varphi = $ const. Überlagert man nun noch azimutale Felder ($F \neq 0$), so schrauben sich die Feldlinien um die schlauchförmige (toroidale) Fläche $G(r,z) = $ const. Dabei kann es passieren, dass die Feldlinien sich nach einer gewissen Anzahl von Umläufen um den Schlauch schließen. Dies ist jedoch eher als Ausnahme anzusehen und keineswegs immer der Fall. *Diese Feststellung ist deshalb wichtig, weil sehr oft fälschlich behauptet wird, als Folge der Quellenfreiheit von* **B** *müssten sich die* **B***-Feldlinien entweder schließen oder ins Unendliche laufen. Das stimmt nicht.* Feldlinien können durchaus im Endlichen bleiben ohne sich

Abb. 5.60 Zur Struktur
rotationssymmetrischer Magnetfelder (toroidale Fläche)

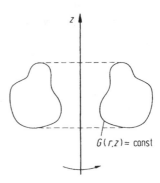

je zu schließen, z. B. also auf einer toroidalen Fläche entsprechend Abb. 5.60 laufen und
diese beliebig dicht erfüllen. Man kann geradezu sagen, dass die Feldlinie, wenn sie sich
nicht schließt, die toroidale Fläche erzeuge (sog. *magnetische Fläche*). Allerdings ist auch
zu sagen, dass eine Feldlinie, die man von einem beliebigen Ausgangspunkt an verfolgt,
diesem Ausgangspunkt nach hinreichend vielen Umläufen wieder beliebig nahe kommt,
sich also, wenn man das so ausdrücken will, „beinahe" schließt.

5.11.3   Beispiele

5.11.3.1   Zylinder mit azimutalen Flächenströmen

Ein Zylinder vom Radius r_0 trage azimutale Flächenströme $k_\varphi(z)$, wobei

$$k_\varphi(z) = k_\varphi(-z) \tag{5.164}$$

gelten soll. Wir können dann A_φ in den beiden Gebieten 1 und 2, Abb. 5.61, wie folgt
ansetzen:

$$\left.\begin{aligned}
A_\varphi^{(1)} &= \int_0^\infty f_1(k) I_1(kr) \cos(kz)\, \mathrm{d}k \;, \\[2mm]
A_\varphi^{(2)} &= \int_0^\infty f_2(k) K_1(kr) \cos(kz)\, \mathrm{d}k \;.
\end{aligned}\right\} \tag{5.165}$$

Zur Begründung dieses Ansatzes dienen Argumente der in Abschn. 3.7 benutzten Art. Die
Verwendung des $\cos(kz)$ allein ohne den $\sin(kz)$ ist eine Folge der Symmetrie (5.164).
Ferner ist zu beachten, dass K_1 am Ursprung und I_1 im Unendlichen divergiert. Die noch
freien Funktionen f_1 und f_2 bestimmen sich aus den Randbedingungen bei $r = r_0$. Dort
muss

$$B_r = -\frac{\partial A_\varphi}{\partial z}$$

Abb. 5.61 Randwertproblem: Zylinder mit azimutalem Flächenstrom

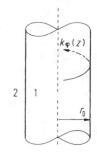

stetig sein, und die z-Komponenten der Felder müssen zum Strom passen, d. h. nach (5.96) muss gelten:

$$\left(\frac{1}{r}\frac{\partial}{\partial r}rA_\varphi^{(1)} - \frac{1}{r}\frac{\partial}{\partial r}rA_\varphi^{(2)}\right)_{r=r_0} = B_{z1} - B_{z2} = \mu_0 k_\varphi(z) \ . \tag{5.166}$$

Die Stetigkeit von B_r gibt

$$\int_0^\infty [f_1(k)I_1(kr_0) - f_2(k)K_1(kr_0)]k\sin(kz)\,\mathrm{d}k = 0\ ,$$

d. h.

$$f_1(k)I_1(kr_0) = f_2(k)K_1(kr_0)\ . \tag{5.167}$$

Aus (5.166) folgt mit

$$\frac{\mathrm{d}}{\mathrm{d}z}(zI_1(z)) = zI_0(z)\ , \tag{5.168}$$

$$\frac{\mathrm{d}}{\mathrm{d}z}(zK_1(z)) = -zK_0(z) \tag{5.169}$$

$$\int_0^\infty [f_1(k)I_0(kr_0) + f_2(k)K_0(kr_0)]k\cos(kz)\,\mathrm{d}k$$

$$= \mu_0 k_\varphi(z) = \mu_0 \int_0^\infty \tilde{k}_\varphi(k)\cos(kz)\,\mathrm{d}k\ ,$$

wo $\tilde{k}_\varphi(k)$ die Fourier-Transformierte zu $k_\varphi(z)$ ist. Also ist

$$f_1(k)I_0(kr_0) + f_2(k)K_0(kr_0) = \frac{\mu_0\tilde{k}_\varphi(k)}{k}\ . \tag{5.170}$$

Aus den beiden Gleichungen (5.167), (5.170) sind die beiden Funktionen $f_1(k)$ und $f_2(k)$ zu berechnen. Ist speziell – s. (3.198) –

$$k_\varphi(z) = I\delta(z) = \frac{I}{\pi} \int_0^\infty \cos(kz)\, \mathrm{d}k \ , \tag{5.171}$$

so ist

$$\tilde{k}_\varphi(k) = \frac{I}{\pi} \ . \tag{5.172}$$

Damit erhält man unter Verwendung von

$$I_0(z)K_1(z) + K_0(z)I_1(z) = \frac{1}{z} :$$

$$f_1 = \frac{\mu_0 I r_0}{\pi} K_1(k r_0) \ ,$$

$$f_2 = \frac{\mu_0 I r_0}{\pi} I_1(k r_0)$$

und damit

$$\left.\begin{aligned} A_\varphi^{(1)} &= \frac{\mu_0 I r_0}{\pi} \int_0^\infty K_1(k r_0) I_1(k r) \cos(kz)\, \mathrm{d}k \ , \\[2ex] A_\varphi^{(2)} &= \frac{\mu_0 I r_0}{\pi} \int_0^\infty I_1(k r_0) K_1(k r) \cos(kz)\, \mathrm{d}k \ . \end{aligned}\right\} \tag{5.173}$$

Ganz ähnliche Betrachtungen gestatten auch die Berechnung des skalaren Potentials. Die Berechnung sei dem Leser als Übung überlassen. Für den Ringstrom (5.171) ergibt sich:

$$\left.\begin{aligned} \psi^{(1)} &= -\frac{I r_0}{\pi} \int_0^\infty K_1(k r_0) I_0(k r) \sin(kz)\, \mathrm{d}k \ , \\[2ex] \psi^{(2)} &= +\frac{I r_0}{\pi} \int_0^\infty I_1(k r_0) K_0(k r) \sin(kz)\, \mathrm{d}k \ . \end{aligned}\right\} \tag{5.174}$$

Die Verträglichkeit beider Ergebnisse ist leicht nachzuprüfen. Es muss ja gelten

$$\left.\begin{aligned} B_r &= -\frac{\partial A_\varphi}{\partial z} = -\mu_0 \frac{\partial \psi}{\partial r} \ , \\[2ex] B_z &= \frac{1}{r}\frac{\partial}{\partial r} r A_\varphi = -\mu_0 \frac{\partial \psi}{\partial z} \ . \end{aligned}\right\} \tag{5.175}$$

Tatsächlich ergibt sich sowohl aus A_φ als auch aus ψ

$$
\left.
\begin{aligned}
B_r^{(1)} &= +\frac{\mu_0 I}{\pi} \int\limits_0^\infty K_1(k r_0) I_1(k r) k r_0 \sin(k z)\, \mathrm{d}k \ , \\[2ex]
B_r^{(2)} &= +\frac{\mu_0 I}{\pi} \int\limits_0^\infty I_1(k r_0) K_1(k r) k r_0 \sin(k z)\, \mathrm{d}k \ ,
\end{aligned}
\right\}
\qquad (5.176a)
$$

$$
\left.
\begin{aligned}
B_z^{(1)} &= +\frac{\mu_0 I}{\pi} \int\limits_0^\infty K_1(k r_0) I_0(k r) k r_0 \cos(k z)\, \mathrm{d}k \ , \\[2ex]
B_z^{(2)} &= -\frac{\mu_0 I}{\pi} \int\limits_0^\infty I_1(k r_0) K_0(k r) k r_0 \cos(k z)\, \mathrm{d}k \ ,
\end{aligned}
\right\}
\qquad (5.176b)
$$

wobei man neben den beiden Beziehungen (5.168) und (5.169) noch die Gleichungen

$$
\frac{\mathrm{d}}{\mathrm{d}z} I_0(z) = I_1(z) \ , \qquad\qquad\qquad (5.177)
$$

$$
\frac{\mathrm{d}}{\mathrm{d}z} K_0(z) = -K_1(z) \qquad\qquad\qquad (5.178)
$$

braucht. An den Feldern (5.176a), (5.176b) ist auch zu sehen, dass sie das richtige Symmetrieverhalten in Bezug auf z haben. Die radialen Komponenten sind für symmetrische Stromverteilungen antisymmetrisch, und die longitudinalen Komponenten sind symmetrisch. Dieses Verhalten ergibt sich aufgrund der Beziehungen (5.175) gerade, wenn man A_φ symmetrisch und ψ antisymmetrisch ansetzt.

Der ausgeführte Spezialfall (5.171) entspricht natürlich dem früher ausführlich behandelten Ringstrom (Abschn. 5.2.4). Das Vektorpotential (5.173) ist zunächst nur eine recht komplizierte Fourier-Darstellung des dort abgeleiteten Vektorpotentials (5.48). Dieses beiden Formeln sind an sich gleichwertig. Zur Lösung von Randwertproblemen ist jedoch die Fourier-Entwicklung (5.173) viel nützlicher als die an sich handlichere Beziehung (5.48). Wir werden das an einem Beispiel illustrieren (Abschn. 5.11.3.3). Zunächst sei jedoch im folgenden Beispiel, Abschn. 5.11.3.2, noch eine andere Darstellung desselben Potentials hergeleitet.

5.11.3.2   Azimutale Flächenströme in der x-y-Ebene

Nun sei angenommen, dass in der Ebene $z = 0$ azimutale Flächenströme fließen, die nur von r abhängen sollen (Abb. 5.62). Dies gibt uns Gelegenheit, die andere der beiden Entwicklungen (5.151) bis (5.153) bzw. (5.155), (5.156) zu benutzen. Im Beispiel von Abschn. 5.11.3.1 war die zweite Art nötig, da auf einem Zylinder eine Funktion von z vorgegeben war, was eine Fourier-Transformation bezüglich z erforderlich machte und damit den die Winkelfunktionen enthaltenden Ansatz. Im gegenwärtigen Beispiel ist eine

Abb. 5.62 Randwertproblem:
Zylinder mit azimutalen Flächenströmen in der xy-Ebene

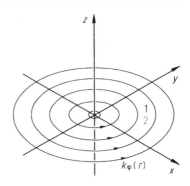

Funktion von r vorgegeben. Dadurch wird eine Hankel-Transformation nötig sein, die
durch den ersten der beiden Ansätze ermöglicht wird. Um die Randbedingungen für $z \Rightarrow \pm\infty$ zu erfüllen (dort müssen alle Felder verschwinden), machen wir den Ansatz

$$
\left.
\begin{aligned}
A_\varphi^{(1)} &= \int\limits_0^\infty f_1(k)\,J_1(kr)\,\exp(-kz)\,\mathrm{d}k \ , \\[2ex]
A_\varphi^{(2)} &= \int\limits_0^\infty f_2(k)\,J_1(kr)\,\exp(+kz)\,\mathrm{d}k \ ,
\end{aligned}
\right\}
\tag{5.179}
$$

wo sich der Index 1 auf das Gebiet $z \geq 0$ und der Index 2 auf das Gebiet $z \leq 0$ bezieht.
Zunächst muss für $z = 0$

$$
B_z^{(1)} = B_z^{(2)}
$$

sein, woraus sich

$$
f_1(k) = f_2(k) = f(k)
\tag{5.180}
$$

ergibt. Das ermöglicht es, die beiden Ansätze zusammenzufassen:

$$
A_\varphi = \int\limits_0^\infty f(k)\,J_1(kr)\,\exp(-k|z|)\,\mathrm{d}k \ .
\tag{5.181}
$$

$f(k)$ ist nun so zu bestimmen, dass für $z = 0$

$$
B_r^{(1)} - B_r^{(2)} = \mu_0 k_\varphi(r)
\tag{5.182}
$$

ist; s. (5.96). Wir führen hier entsprechend (3.224) die Hankel-transformierte Funktion
ein:

$$
\tilde{k}_\varphi(k) = \int\limits_0^\infty r\,k_\varphi(r)\,J_1(kr)\,\mathrm{d}r \ ,
\tag{5.183}
$$

wobei nach (3.225)

$$k_\varphi(r) = \int_0^\infty k \tilde{k}_\varphi(k) J_1(kr) \, dk \tag{5.184}$$

ist. Also ist für $z = 0$

$$B_r^{(1)} - B_r^{(2)} = \mu_0 \int_0^\infty k \tilde{k}_\varphi(k) J_1(kr) \, dk \ . \tag{5.185}$$

Mit

$$B_r = -\frac{\partial A_\varphi}{\partial z}$$

ergibt sich daraus für $z = 0$

$$\int_0^\infty [f(k) J_1(kr) k + f(k) J_1(kr) k] \, dk = \mu_0 \int_0^\infty k \tilde{k}_\varphi(k) J_1(kr) \, dk$$

bzw.

$$2 f(k) = \mu_0 \tilde{k}_\varphi(k) \ . \tag{5.186}$$

Ist insbesondere im Fall eines einzelnen Ringstromes I bei $r = r_0$

$$k_\varphi(r) = I \delta(r - r_0) \ , \tag{5.187}$$

so ist nach (5.183)

$$\tilde{k}_\varphi(k) = \int_0^\infty r I \delta(r - r_0) J_1(kr) \, dr = I r_0 J_1(kr_0)$$

und damit in diesem Fall

$$f(k) = \frac{\mu_0 I r_0 J_1(kr_0)}{2} \ , \tag{5.188}$$

d. h.

$$A_\varphi = \frac{\mu_0 I r_0}{2} \int_0^\infty J_1(kr_0) J_1(kr) \exp(-k|z|) \, dk \ . \tag{5.189}$$

Damit ist eine weitere Darstellung des Potentials eines Ringstromes gegeben, die den beiden anderen, (5.48) und (5.173), wiederum gleichwertig ist. Sie ist erforderlich zur Lösung

Abb. 5.63 Ein anderes Randwertproblem

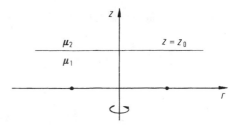

gewisser Randwertprobleme. Ein solches Problem wäre z. B. das eines Ringstromes, der
einer ebenen Grenzfläche ($z = z_0$) zwischen zwei Medien verschiedener Permeabilität
(μ_1, μ_2) gegenübersteht und dessen Ebene parallel zur Grenzfläche liegt (Abb. 5.63). Wir
wollen hier jedoch dieses Beispiel nicht behandeln. Im Prinzip kann es auf ganz ähnliche
Art und Weise gelöst werden, wie das Problem des nächsten Beispiels.

5.11.3.3 Ringstrom und magnetisierbarer Zylinder

Der Raum enthält zwei Medien verschiedener Permeabilität. Im Gebiet 1, $r > r_1$, hat man
μ_1 und im Gebiet 2, $r < r_1$, hat man μ_2. Im Gebiet 1 befindet sich eine Stromschleife mit
dem Ringstrom I. Ihr Radius ist r_0 (Abb. 5.64). Wir fragen uns nach dem Verhalten der
Felder in beiden Gebieten.

Im Gebiet 2 fließen keine Ströme. Man hat dort also ein Vakuumfeld. Man kann es wie
folgt ansetzen:

$$A_\varphi^{(2)} = \frac{\mu_1 I r_0}{\pi} \int_0^\infty [\varphi_2(k) + K_1(k r_0)] I_1(k r) \cos(k z) \, dk \; . \tag{5.190}$$

Im Gebiet 1 hat man den Strom I zu berücksichtigen, d. h. man hat die inhomogene
Gleichung (5.146) zu lösen. Die dem Ringstrom I entsprechende spezielle Lösung der
inhomogenen Gleichung kennen wir. Die allgemeine Lösung der inhomogenen Gleichung
entsteht daraus durch Überlagerung der allgemeinen Lösung der homogenen Gleichung,

Abb. 5.64 Randwertproblem:
magnetischer Zylinder in einem magnetischen Gebiet mit
Ringstrom

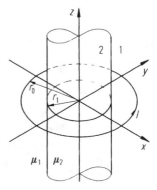

d. h. der allgemeinen Vakuumlösung. Man kann deshalb schreiben:

$$A_\varphi^{(1)} = \frac{\mu_1 I r_0}{\pi} \int_0^\infty [\varphi_1(k) K_1(kr) + K_1(kr_0) I_1(kr)] \cos(kz)\, dk \quad (r_1 \le r \le r_0) \quad (5.191)$$

$$A_\varphi^{(1)} = \frac{\mu_1 I r_0}{\pi} \int_0^\infty [\varphi_1(k) K_1(kr) + I_1(kr_0) K_1(kr)] \cos(kz)\, dk \quad (r_0 \le r) \quad (5.192)$$

Für $\varphi_1 = \varphi_2 = 0$ erhält man genau das Feld des Stromes I allein, d. h. φ_1 und φ_2 beschreiben den Effekt, der von der Existenz des zweiten Mediums (μ_2) herrührt. Anders ausgedrückt: durch φ_1 und φ_2 werden die Magnetisierungsströme in der Grenzfläche $r = r_1$ berücksichtigt. φ_1 und φ_2 bestimmen sich aus den Randbedingungen bei $r = r_1$. Dort muss nämlich

$$B_r^{(2)} = B_r^{(1)} \tag{5.193}$$

und

$$\frac{1}{\mu_2} B_z^{(2)} = \frac{1}{\mu_1} B_z^{(1)} \tag{5.194}$$

sein. Daraus folgt

$$\varphi_2(k) I_1(kr_1) + K_1(kr_0) I_1(kr_1) = \varphi_1(k) K_1(kr_1) + K_1(kr_0) I_1(kr_1) \tag{5.195}$$

und

$$\frac{1}{\mu_2}[\varphi_2(k) I_0(kr_1) + K_1(kr_0) I_0(kr_1)] = \frac{1}{\mu_1}[K_1(kr_0) I_0(kr_1) - \varphi_1(k) K_0(kr_1)] \,. \tag{5.196}$$

Auflösung nach φ_1 und φ_2 gibt:

$$\varphi_1 = \frac{\left(\frac{\mu_2}{\mu_1} - 1\right) K_1(kr_0) I_0(kr_1) I_1(kr_1)}{K_1(kr_1) I_0(kr_1) + \frac{\mu_2}{\mu_1} K_0(kr_1) I_1(kr_1)} \,, \tag{5.197}$$

$$\varphi_2 = \frac{\left(\frac{\mu_2}{\mu_1} - 1\right) K_1(kr_0) I_0(kr_1) K_1(kr_1)}{K_1(kr_1) I_0(kr_1) + \frac{\mu_2}{\mu_1} K_0(kr_1) I_1(kr_1)} \,. \tag{5.198}$$

Damit ist unser Problem im Prinzip gelöst. Natürlich ergibt sich im Grenzfall $\mu_1 = \mu_2$ mit $\varphi_1 = \varphi_2 = 0$ das Feld der Leiterschleife in einem homogenen Medium.

Wie in Abschn. 5.9 kann man auch hier die in der Oberfläche $r = r_1$ fließenden Magnetisierungsströme berechnen, und man kann auch hier zeigen, dass sie das durch φ_1 und

φ_2 gegebene Zusatzfeld erzeugen. Wir wollen uns damit begnügen, die Flächenströme in der Grenzfläche anzugeben. Zunächst ist

$$k_\varphi(z) = \left(\frac{M_z^{(2)} - M_z^{(1)}}{\mu_0}\right)_{r=r_1} = \left(\frac{\mu_2 - \mu_0}{\mu_2\mu_0}B_z^{(2)} - \frac{\mu_1 - \mu_0}{\mu_1\mu_0}B_z^{(1)}\right)_{r=r_1}$$

$$= \left[\frac{1}{\mu_0}\left(B_z^{(2)} - B_z^{(1)}\right)\right]_{r=r_1}.$$

Mit

$$B_z = \frac{1}{r}\frac{\partial}{\partial r}rA_\varphi \tag{5.199}$$

und mit der schon mehrfach benutzten Beziehung

$$K_1(z)I_0(z) + K_0(z)I_1(z) = \frac{1}{z} \tag{5.200}$$

findet man

$$k_\varphi(z) = \frac{(\mu_2 - \mu_1)I\,r_0}{\pi\mu_0 r_1}\int\limits_0^\infty \frac{K_1(kr_0)I_0(kr_1)\cos(kz)}{K_1(kr_1)I_0(kr_1) + \frac{\mu_2}{\mu_1}K_0(kr_1)I_1(kr_1)}\,\mathrm{d}k. \tag{5.201}$$

Das Integral ist, wie man beweisen kann, positiv. Demnach ist k_φ positiv für $\mu_2 > \mu_1$ und negativ für $\mu_2 < \mu_1$ (bei positivem Strom I). Die Magnetisierungsströme sind also dem Ringstrom parallel bzw. antiparallel für $\mu_2 > \mu_1$ bzw. $\mu_2 < \mu_1$. Im ersten Fall üben sie anziehende Kräfte aufeinander aus, im zweiten abstoßende. Befindet sich die äußere Stromschleife im Vakuum ($\mu_1 = \mu_0$), so wird sie von einem paramagnetischen Zylinder angezogen, von einem diamagnetischen abgestoßen. Das gilt auch für anders geformte Körper und Stromschleifen. Der gesamte Magnetisierungsstrom ist

$$\int\limits_{-\infty}^{+\infty} k_\varphi(z)\,\mathrm{d}z = \frac{(\mu_2 - \mu_1)I\,r_0}{\pi\mu_0 r_1}\int\limits_0^\infty \frac{K_1(kr_0)I_0(kr_1)\int_{-\infty}^{+\infty}\cos(kz)\,\mathrm{d}z}{K_1(kr_1)I_0(kr_1) + \frac{\mu_2}{\mu_1}K_0(kr_1)I_1(kr_1)}\,\mathrm{d}k$$

$$= \frac{(\mu_2 - \mu_1)I\,r_0}{\pi\mu_0 r_1}\int\limits_0^\infty \frac{K_1(kr_0)I_0(kr_1)2\pi\delta(k)}{K_1(kr_1)I_0(kr_1) + \frac{\mu_2}{\mu_1}K_0(kr_1)I_1(kr_1)}\,\mathrm{d}k,$$

$$\int\limits_{-\infty}^{+\infty} k_\varphi(z)\,\mathrm{d}z = \frac{(\mu_2 - \mu_1)I\,r_0}{\mu_0 r_1}\lim_{k\to 0}\frac{K_1(kr_0)I_0(kr_1)}{K_1(kr_1)I_0(kr_1) + \frac{\mu_2}{\mu_1}K_0(kr_1)I_1(kr_1)}.$$

Nach (3.178) bis (3.180) ist der Grenzwert r_1/r_0 und deshalb

$$\int\limits_{-\infty}^{+\infty} k_\varphi(z)\,\mathrm{d}z = \frac{\mu_2 - \mu_1}{\mu_0}I. \tag{5.202}$$

Abb. 5.65 Beispiel einer Lösung des Problems Abb. 5.64

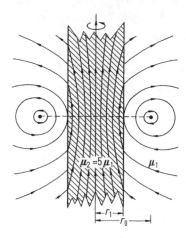

Den Fall der Abschirmung des äußeren Feldes durch einen unendlich leitfähigen Zylinder kann man auch hier formal durch $\mu_2 = 0$ beschreiben. Mit $\mu_1 = \mu_0$ ist dann

$$k_\varphi(z) = -\frac{I r_0}{\pi r_1} \int\limits_0^\infty \frac{K_1(k r_0)}{K_1(k r_1)} \cos(kz)\, dk \qquad (5.203)$$

mit dem Gesamtstrom

$$\int\limits_{-\infty}^{+\infty} k_\varphi(z)\, dz = -I \ . \qquad (5.204)$$

Der gesamte Flächenstrom ist in diesem Fall gerade $-I$, d. h. so groß wie der Strom in der Schleife, jedoch antiparallel. Das muss auch so sein. Andernfalls müsste im Zylinder schon wegen des Durchflutungsgesetzes ein Magnetfeld auftreten.

Abb. 5.65 gibt ein Beispiel für den Verlauf der Feldlinien mit $\mu_2 = 5\mu_1$.

5.12 Magnetische Energie, magnetischer Fluss und Induktivitätskoeffizienten

5.12.1 Die magnetische Energie

Schon in Abschn. 2.14.1 haben wir gefunden, dass die in einem magnetischen Feld gespeicherte potentielle Energiedichte $\frac{1}{2}\mu H^2 = \frac{1}{2}\mathbf{H}\cdot\mathbf{B}$ ist. Dann ist die Gesamtenergie

$$W = \frac{1}{2} \int\limits_V \mathbf{H}\cdot\mathbf{B}\, d\tau \ .$$

Nach (5.7) ist dann

$$W = \frac{1}{2} \int_V \mathbf{H} \cdot \operatorname{rot} \mathbf{A} \, d\tau \ .$$

Nun gilt

$$\operatorname{div}(\mathbf{A} \times \mathbf{H}) = \mathbf{H} \cdot \operatorname{rot} \mathbf{A} - \mathbf{A} \cdot \operatorname{rot} \mathbf{H} \ ,$$

d. h.

$$W = \frac{1}{2} \int_V \operatorname{div}(\mathbf{A} \times \mathbf{H}) \, d\tau + \frac{1}{2} \int_V \mathbf{A} \cdot \operatorname{rot} \mathbf{H} \, d\tau$$

bzw.

$$W = \frac{1}{2} \oint (\mathbf{A} \times \mathbf{H}) \cdot d\mathbf{a} + \frac{1}{2} \int_V \mathbf{A} \cdot \operatorname{rot} \mathbf{H} \, d\tau \ .$$

Das Oberflächenintegral ist dabei über alle etwa vorhandenen Grenzflächen zu erstrecken. Eine unendlich fern liegende Kugel bringt wegen des hinreichend raschen Abfalls von $\mathbf{A} \times \mathbf{H}$ ($\sim R^{-3}$) mit zunehmendem Abstand R keinen Beitrag. Dies lässt sich z. B. aus den Gleichungen (5.16), (5.17) schließen. Innere Flächen – sie müssen von beiden Seiten her in Betracht gezogen werden – liefern keinen Beitrag, solange $(\mathbf{A} \times \mathbf{H}) \cdot d\mathbf{a}$ an den Grenzflächen stetig ist. Dies ist, wie sich gleich noch zeigen wird, der Fall, solange keine Flächenströme in den Grenzflächen fließen. Dann gilt:

$$W = \frac{1}{2} \int_V \mathbf{A} \cdot \mathbf{g} \, d\tau \ . \tag{5.205}$$

Dieses interessante Ergebnis sollte man mit einer ähnlichen Gleichung für die elektrostatische Energie, (2.171), vergleichen:

$$W = \frac{1}{2} \int_V \rho \varphi \, d\tau \ .$$

Fließen in den Grenzflächen jedoch Flächenströme, so gibt auch das Oberflächenintegral einen Beitrag, nämlich:

$$W_a = \frac{1}{2} \oint (\mathbf{A} \times \mathbf{H}) \cdot d\mathbf{a} = \frac{1}{2} \sum_i \int_{a_i} [\mathbf{A} \times (\mathbf{H}_2 - \mathbf{H}_1)] \cdot \mathbf{n}_2 \, da_i$$

$$= \frac{1}{2} \sum_i \int_{a_i} \mathbf{A} \cdot [(\mathbf{H}_2 - \mathbf{H}_2) \times \mathbf{n}_2] \, da_i \ .$$

Nach (5.96) ist das

$$W_a = \frac{1}{2} \sum_i \int_{a_i} \mathbf{A} \cdot \mathbf{k} \, da_i \ .$$

Diese von Flächenströmen herrührenden Anteile können wir uns als in dem Ausdruck (5.205) enthalten vorstellen. Wir müssen dort nur alle Ströme berücksichtigen, auch die Flächenströme. Für diese ist zwar $\mathbf{g}$ unendlich, $\mathbf{g}\,d\tau$ jedoch endlich.

Nach (5.16) und (5.205) schließlich ist

$$W = \frac{\mu_0}{8\pi} \int\limits_V \int\limits_{V'} \frac{\mathbf{g}(\mathbf{r}) \cdot \mathbf{g}(\mathbf{r}') \, d\tau \, d\tau'}{|\mathbf{r} - \mathbf{r}'|} \ . \tag{5.206}$$

Nun sei angenommen, dass wir es mit einem System zu tun haben, das aus n geschlossenen Leitern mit Strömen $\mathbf{g}_i(\mathbf{r})$, $(i = 1, 2, \ldots, n)$ besteht. Dann ist

$$\mathbf{g}(\mathbf{r}) = \sum_{i=1}^{n} \mathbf{g}_i(\mathbf{r})$$

und

$$W = \frac{\mu_0}{8\pi} \sum_{i,j=1}^{n} \int\limits_V \int\limits_{V'} \frac{\mathbf{g}_i(\mathbf{r}) \cdot \mathbf{g}_j(\mathbf{r}') \, d\tau \, d\tau'}{|r - r'|}$$

$$= \frac{\mu_0}{8\pi} \sum_{i,j=1}^{n} I_i I_j \int\limits_V \int\limits_{V'} \frac{\mathbf{g}_i(\mathbf{r}) \cdot \mathbf{g}_j(\mathbf{r}') \, d\tau \, d\tau'}{I_i I_j |\mathbf{r} - \mathbf{r}'|} \ ,$$

d. h.

$$W = \frac{1}{2} \sum_{i,j=1}^{n} L_{ij} I_i I_j \ , \tag{5.207}$$

wenn wir die sog. *Induktivitätskoeffizienten* L_{ij} definieren durch

$$L_{ij} = \frac{\mu_0}{4\pi I_i I_j} \int\limits_V \int\limits_{V'} \frac{\mathbf{g}_i(\mathbf{r}) \cdot \mathbf{g}_j(\mathbf{r}') \, d\tau \, d\tau'}{|\mathbf{r} - \mathbf{r}'|} \ . \tag{5.208}$$

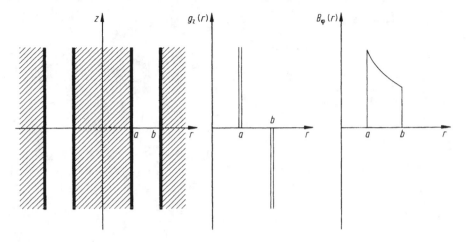

Abb. 5.66 Koaxialkabel

Die Reziprozität (Symmetrie) dieser Koeffizienten

$$L_{ij} = L_{ji} \qquad\qquad (5.209)$$

ergibt sich unmittelbar aus der Definition (5.208). Für $i = j$ nennt man die Koeffizienten (L_{ii}) *Selbstinduktivitätskoeffizienten*.

Man kann die L_{ij} auf zwei Arten berechnen, entweder nach (5.208) oder durch Berechnung von W und Vergleich mit (5.207), was oft der bequemere Weg ist. Dies sei an zwei einfachen Beispielen gezeigt:

1. *Das Koaxialkabel* (Abb. 5.66)
   Besteht das Kabel aus sehr dünnen Leitern (oder sind sie unendlich leitfähig), so ergeben sich die in Abb. 5.66 skizzierten Verhältnisse. Dabei ist

$$B_\varphi(r) = \frac{\mu_0 I}{2\pi r} \; ,$$

$$H_\varphi(r) = \frac{I}{2\pi r} \; ,$$

$$\frac{1}{2}\mathbf{H} \cdot \mathbf{B} = \frac{\mu_0 I^2}{8\pi^2 r^2} \; .$$

Abb. 5.67 Zwei unendlich
lange Spulen

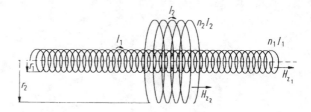

Die Gesamtenergie ist bei unendlicher Länge natürlich ebenfalls unendlich. Pro Längeneinheit ergibt sich jedoch ein endlicher Wert:

$$\frac{W}{l} = \frac{\mu_0}{8\pi^2} \int\limits_a^b \frac{I^2}{r^2} 2\pi r \, \mathrm{d}r = \frac{\mu_0 I^2}{4\pi} \int\limits_a^b \frac{\mathrm{d}r}{r}$$

$$= \frac{\mu_0 I^2}{4\pi} \ln \frac{b}{a} = \frac{1}{l}\frac{1}{2} L_{11} I^2 \,,$$

woraus sich der Selbstinduktivitätskoeffizient pro Längeneinheit,

$$\frac{1}{l} L = \frac{1}{l} L_{11} = \frac{\mu_0}{2\pi} \ln \frac{b}{a} \,, \tag{5.210}$$

ergibt, ein häufig benutztes und praktisch wichtiges Ergebnis.

2. *Zwei unendlich lange Spulen* (Abb. 5.67)

In den Spulen mit n_1 bzw. n_2 Windungen pro Längeneinheit fließen die Ströme I_1 bzw. I_2. Damit ist im Inneren der Spule 1 das Feld

$$H_{z1} = n_1 I_1 + n_2 I_2$$

und im Inneren der Spule 2, jedoch außerhalb der Spule 1,

$$H_{z2} = n_2 I_2 \,.$$

Demnach ist

$$\frac{1}{l} W = \frac{\mu_0 (n_1 I_1 + n_2 I_2)^2}{2} r_1^2 \pi + \frac{\mu_0 n_2^2 I_2^2}{2} (r_2^2 - r_1^2)\pi$$

$$= \frac{\mu_0 \pi}{2} [n_1^2 I_1^2 r_1^2 + 2n_1 n_2 I_1 I_2 r_1^2 + n_2^2 I_2^2 r_2^2]$$

$$= \frac{1}{2} \frac{L_{11}}{l} I_1^2 + \frac{1}{2} \frac{L_{12}}{l} I_1 I_2 + \frac{1}{2} \frac{L_{21}}{l} I_1 I_2 + \frac{1}{2} \frac{L_{22}}{l} I_2^2$$

$$= \frac{1}{2} \frac{L_{11}}{l} I_1^2 + \frac{L_{12}}{l} I_1 I_2 + \frac{1}{2} \frac{L_{22}}{l} I_2^2 \,,$$

d. h.

$$\left.\begin{array}{l} \dfrac{1}{l}L_{11} = \mu_0 \pi\, r_1^2 n_1^2 \,, \\[2ex] \dfrac{1}{l}L_{12} = \dfrac{1}{l}L_{21} = \mu_0 \pi\, r_1^2 n_1 n_2 \,, \\[2ex] \dfrac{1}{l}L_{22} = \mu_0 \pi\, r_2^2 n_2^2 \,. \end{array}\right\} \tag{5.211}$$

Man beachte, dass die Ströme I_{12} ein Vorzeichen tragen. Die gemischten Terme (hier $\sim I_1 I_2$) können deshalb sowohl positiv wie auch negativ sein.

5.12.2 Der magnetische Fluss

Wir betrachten einen oder mehrere Stromkreise, deren magnetische Energie

$$W = \frac{\mu_0}{2} \int_V \mathbf{H}^2 \, d\tau$$

ist. Im Außenraum, d. h. außerhalb der stromführenden Leiter, kann man das Feld mit Hilfe des skalaren Potentials ψ darstellen:

$$\mathbf{H} = -\,\mathrm{grad}\,\psi \,.$$

Wir nehmen nun an, dass die Leiterausdehnungen im Vergleich zum Außenraum vernachlässigbar sind, d. h. wir nehmen an, dass es genügt, das Volumenintegral über den Außenraum zu erstrecken und dass der innere Anteil auch der magnetischen Energie vernachlässigbar ist. Wir erhalten so

$$W = \frac{\mu_0}{2} \int_V (\mathrm{grad}\,\psi)^2 \, d\tau \,.$$

Weil

$$\mathrm{div}(\psi\,\mathrm{grad}\,\psi) = \psi\Delta\psi + (\mathrm{grad}\,\psi)^2$$

ist

$$W = \frac{\mu_0}{2} \int_V [\mathrm{div}(\psi\,\mathrm{grad}\,\psi) - \psi\Delta\psi]\, d\tau \,.$$

Mit

$$\Delta\psi = 0$$

Abb. 5.68 Zur Berechnung
des magnetischen Flusses

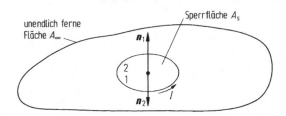

und wegen des Gauß'schen Integralsatzes ist

$$W = \frac{\mu_0}{2} \int_a \psi \, \mathrm{grad}\, \psi \cdot \mathrm{d}\mathbf{A} \ .$$

Betrachten wir zunächst nur einen Leiter, so ist (Abb. 5.68)

$$W = \frac{\mu_0}{2} \int_{A_\infty} \psi \, \mathrm{grad}\, \psi \cdot \mathrm{d}\mathbf{A} + \frac{\mu_0}{2} \int_{A_s} \psi \, \mathrm{grad}\, \psi \cdot \mathrm{d}\mathbf{A}$$

$$= 0 + \frac{\mu_0}{2} \int_{A_s} \psi \, \mathrm{grad}\, \psi \cdot \mathrm{d}\mathbf{A}$$

$$= \frac{\mu_0}{2} \int_{A_s} \left[\psi_1 \left(\frac{\partial \psi}{\partial x} \right)_{1n} - \psi_2 \left(\frac{\partial \psi}{\partial x} \right)_{2n} \right] \mathrm{d}A_1 \ .$$

Nun ist

$$\mu_0 \left(\frac{\partial \psi}{\partial x} \right)_n = -B_n$$

stetig, d. h.

$$\mu_0 \left(\frac{\partial \psi}{\partial x} \right)_{1n} = \mu_0 \left(\frac{\partial \psi}{\partial x} \right)_{2n} = \mu_0 \left(\frac{\partial \psi}{\partial x} \right)_n = -B_n$$

und deshalb

$$W = \frac{\mu_0}{2} \int_{A_s} (\psi_1 - \psi_2) \left(\frac{\partial \psi}{\partial x} \right)_n \mathrm{d}A_1$$

$$= \frac{1}{2} \int_{A_s} (\psi_2 - \psi_1) B_n \, \mathrm{d}A_1 \ .$$

Nach (5.58) und in Analogie zur elektrischen Doppelschicht (s. Abschn. 2.5.3) ist $\psi_2 - \psi_1$ längs der ganzen Sperrfläche konstant,

$$\psi_2 - \psi_1 = I \ ,$$

und damit

$$W = \frac{1}{2} I \phi ,$$ (5.212)

weil ja

$$\int_{A_s} B_n \, dA = \phi$$

der die Sperrfläche durchsetzende magnetische Fluss ist. Andererseits ist

$$W = \frac{1}{2} L_{11} \cdot I^2 = \frac{1}{2}(L_{11} I) I ,$$

d. h. es gilt auch

$$\phi = L_{11} I .$$ (5.213)

Dieses Ergebnis kann man auf beliebig viele Leiter ausdehnen:

$$W = \frac{1}{2} \sum_{i=1}^{n} I_i \phi_i .$$ (5.214)

Weil andererseits

$$W = \frac{1}{2} \sum_{i,k=1}^{n} L_{ik} I_i I_k = \frac{1}{2} \sum_{i=1}^{n} I_i \sum_{k=1}^{n} L_{ik} I_k$$

ist

$$\phi_i = \sum_{k=1}^{n} L_{ik} I_k .$$ (5.215)

Der eine Leiterschleife durchsetzende Fluss ist also eine lineare Funktion aller Ströme:

$$\phi_1 = L_{11} I_1 + L_{12} I_2 + L_{13} I_3 + \ldots$$
$$\phi_2 = L_{21} I_1 + L_{22} I_2 + L_{23} I_3 + \ldots$$
$$\ldots\ldots\ldots\ldots$$

Sind die Ströme zeitlich veränderlich, so sind auch die magnetischen Flüsse zeitlich veränderlich, Nach dem Induktionsgesetz ist deren zeitliche Änderung, $\partial \phi_i / \partial t$, bis auf das Vorzeichen gleich der in der entsprechenden Leiterschleife induzierten Spannung. Deshalb spielen die Induktivitätskoeffizienten eine große Rolle für die in Netzwerken induzierten Spannungen, was auch ihren Namen erklärt.

Abb. 5.69 Der magnetische
Fluss durch die Windungen
einer Spule

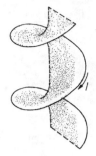

Abb. 5.70 Schematische
Veranschaulichung des ma-
gnetischen Flusses durch die
Windungen einer Spule

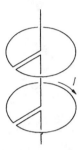

Die Gleichung (5.215) gibt uns eine weitere Möglichkeit, die Induktivitätskoeffizienten
zu berechnen. Nehmen wir z. B. die oben behandelten zwei Spulen, so ist

$$\frac{1}{l}\phi_1 = n_1(r_1^2\pi\mu_0 n_1 I_1 + r_1^2\pi\mu_0 n_2 I_2)\,,$$

$$\frac{1}{l}\phi_2 = n_2(r_1^2\pi\mu_0 n_1 I_1 + r_2^2\pi\mu_0 n_2 I_2)\,,$$

woraus sich Übereinstimmung mit (5.211)

$$\frac{1}{l}L_{11} = \mu_0\pi r_1^2 n_1^2\,,$$

$$\frac{1}{l}L_{12} = \frac{1}{l}L_{21} = \mu_0\pi r_1^2 n_1 n_2\,,$$

$$\frac{1}{l}L_{22} = \mu_0\pi r_2^2 n_2^2$$

ergibt.

Die Tatsache, dass z. B. L_{11} proportional n_1^2 ist, sei noch etwas anschaulicher erläutert.
Ein Faktor n_1 rührt davon her, dass die magnetische Induktion der Zahl der Windungen pro
Längeneinheit proportional ist. Der zweite Faktor n_1 ergibt sich aus der in Abb. 5.69 ge-
zeigten von der Spule begrenzten Fläche, die die einzelnen Windungen der Spule wendel-
treppenartig verbindet. Die Projektion dieser Fläche auf eine zur Spulenachse senkrechte
Fläche ergibt das n_1-fache des Spulenquerschnittes. Abb. 5.70 zeigt eine schematisierte
Darstellung desselben Sachverhalts.

Zeitabhängige Probleme I (Quasistationäre Näherung)

6

In Kap. 1 haben wir die Maxwell'schen Gleichungen eingeführt, sie bisher jedoch – von Ausnahmen abgesehen – nicht in ihrer vollen Form diskutiert. Im Allgemeinen wurden nur zeitunabhängige Probleme behandelt, die der Elektrostatik (Kap. 2 und 3), der stationären Strömungen (Kap. 4) und der Magnetostatik (Kap. 5). Nun sollen zeitabhängige Probleme erörtert werden, und zwar in zwei Schritten. Die zeitabhängigen Maxwell'schen Gleichungen unterscheiden sich von den stationären Gleichungen durch zwei Glieder, durch den Verschiebungsstrom $\partial \mathbf{D}/\partial t$ in der ersten und durch den Induktionsterm $-\partial \mathbf{B}/\partial t$ in der zweiten Maxwell'schen Gleichung. Dieser Tatsache soll unser schrittweises Vorgehen Rechnung tragen. Vielfach kann man nämlich den Verschiebungsstrom näherungsweise weglassen, muss jedoch das volle Induktionsgesetz berücksichtigen. In dieser Näherung kann man allerdings keine Wellenerscheinungen beschreiben, da diese mit der Vernachlässigung des Verschiebungsstromes verloren gehen. Dagegen kann man auch ohne Verschiebungsstrom den Skineffekt, Wirbelströme und ähnliche Erscheinungen behandeln. Voraussetzung für die Anwendbarkeit dieser sogenannten *quasistationären Näherung* ist, dass die zeitlichen Änderungen nicht allzu rasch erfolgen. Erst im nächsten Kap. 7 über elektromagnetische Wellen werden wir die vollen Maxwell'schen Gleichungen unter Einschluss des Verschiebungsstromes untersuchen.

6.1 Das Induktionsgesetz

6.1.1 Induktion durch zeitliche Veränderung von B

Gegeben sei ein zeitlich veränderliches Magnetfeld $\mathbf{B}(\mathbf{r}, t)$ und eine ortsfeste Kurve C, möglicherweise bestehend aus unendlich dünnem, leitfähigem Material. Ist A die von ihr umfasste Fläche, so ist nach unserer Definition (1.66) der sie durchsetzende magnetische

© Springer-Verlag GmbH Deutschland, ein Teil von Springer Nature 2021
G. Lehner, S. Kurz, *Elektromagnetische Feldtheorie*,
https://doi.org/10.1007/978-3-662-63069-3_6

Abb. 6.1 Das Induktionsgesetz

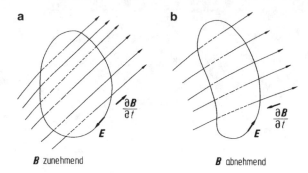

B zunehmend   **B** abnehmend

Fluss

$$\phi = \int_A \mathbf{B}(\mathbf{r}, t) \cdot d\mathbf{A} \ . \tag{6.1}$$

In dem veränderlichen Feld $\mathbf{B}(\mathbf{r}, t)$ wird ein elektrisches Feld $\mathbf{E}(\mathbf{r}, t)$ induziert, für das nach (1.68)

$$\mathrm{rot}\, \mathbf{E}(\mathbf{r}, t) = -\frac{\partial \mathbf{B}(\mathbf{r}, t)}{\partial t} \tag{6.2}$$

gilt. Das Linienintegral der elektrischen Feldstärke,

$$\oint_C \mathbf{E} \cdot d\mathbf{s} = \int_A \mathrm{rot}\, \mathbf{E} \cdot d\mathbf{A} = -\int_A \frac{\partial \mathbf{B}}{\partial t} \cdot d\mathbf{A}$$

$$= -\frac{\partial}{\partial t} \int_A \mathbf{B} \cdot d\mathbf{A} = -\frac{\partial \phi}{\partial t} \ , \tag{6.3}$$

ist also durch die zeitliche Ableitung des magnetischen Flusses ϕ gegeben. Man kann statt dessen auch schreiben

$$U_\mathrm{i} = \oint_C \mathbf{E} \cdot d\mathbf{s} = -\frac{\partial \phi}{\partial t} \ , \tag{6.4}$$

wobei U_i die im geschlossenen Stromkreis C induzierte Urspannung ist. Abb. 6.1 zeigt die Richtung des induzierten Feldes bei zunehmendem bzw. abnehmendem Feld $\mathbf{B}$.

6.1.2   Induktion durch Bewegung des Leiters

In einem magnetischen Feld $\mathbf{B}$ wirkt auf ein Teilchen der Ladung $\mathbf{Q}$ und der Geschwindigkeit $\mathbf{v}$ die *Lorentz-Kraft*,

$$\mathbf{F} = Q\mathbf{v} \times \mathbf{B} \ . \tag{6.5}$$

Abb. 6.2 Induktion in einer
bewegten Leiterschleife

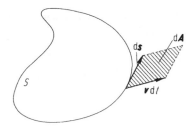

Man kann diese auch als die Wirkung einer elektrischen Feldstärke **E** auffassen, die das Teilchen in einem bewegten Bezugssystem erfährt, wobei dann

$$\mathbf{E} = \mathbf{v} \times \mathbf{B} \tag{6.6}$$

ist. Bewegen wir nun eine geschlossene Leiterschleife (aus unendlich dünnem Draht) in einem zeitlich konstanten Magnetfeld, so gilt für das Linienintegral längs der Schleife S (Abb. 6.2)

$$\oint_S \mathbf{E} \cdot d\mathbf{s} = \oint_S (\mathbf{v} \times \mathbf{B}) \cdot d\mathbf{s} = -\oint_S \mathbf{B} \cdot (\mathbf{v} \times d\mathbf{s}) \ .$$

Dabei ist

$$\mathbf{v} \times d\mathbf{s}\, dt = d\mathbf{A}$$

das von dem Wegelement $d\mathbf{s}$ in der Zeit dt überstrichene Flächenelement $d\mathbf{A}$ (Abb. 6.2). Deshalb ist

$$U_{\mathrm{i}} = \oint_S \mathbf{E} \cdot d\mathbf{s} = -\oint_S \mathbf{B} \cdot \frac{d\mathbf{A}}{dt} = -\frac{d}{dt} \int_A \mathbf{B} \cdot d\mathbf{A} = -\frac{d\phi}{dt} \ , \tag{6.7}$$

wenn hier nur der Anteil der Flussänderung berücksichtigt wird, der von der Bewegung der Schleife im zeitlich konstanten Feld **B** herrührt. Eine zeitliche Änderung von **B** selbst, wie sie bereits diskutiert wurde, sei hier zunächst ausgeschlossen. Die Lorentz-Kraft führt also für eine geschlossene Schleife wiederum dazu, dass das Linienintegral $\oint \mathbf{E} \cdot d\mathbf{s}$ durch die zeitliche Änderung des magnetischen Flusses ϕ gegeben ist (man vergleiche die Formeln (6.3) und (6.7) miteinander).

Man muss nicht unbedingt eine geschlossene Leiterschleife betrachten. Man kann z. B. ein Drahtstück quer zu einem Magnetfeld bewegen (Abb. 6.3). Dadurch entsteht im Leiter zunächst eine induzierte Feldstärke $\mathbf{E} = \mathbf{v} \times \mathbf{B}$, deren Betrag

$$E = vB \tag{6.8}$$

ist. Als Folge davon fließen im Leiter elektrische Ströme, und zwar solange, bis das Feld innerhalb des Leiters $\mathbf{E} = 0$ geworden ist. Sie transportieren Ladungen auf die Leiteroberfläche, deren elektrostatisches Feld das im Leiterinneren induzierte Feld letzten Endes

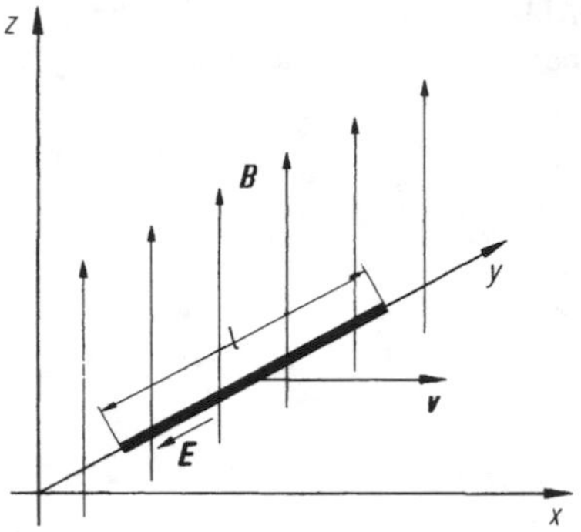

Abb. 6.3 Induktion in einem
bewegten Drahtstück

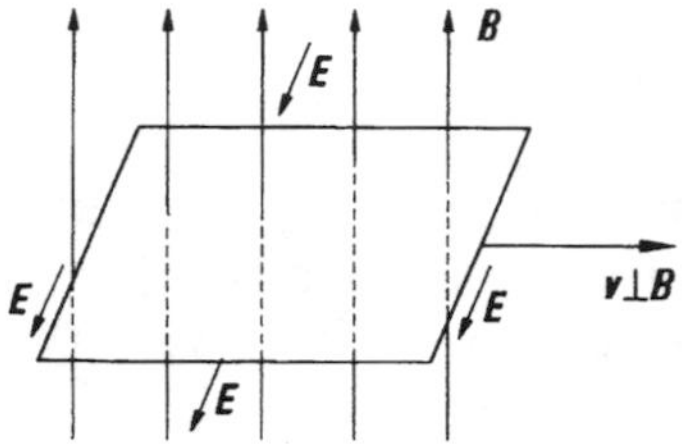

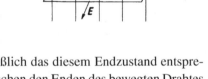

Abb. 6.4 Keine Induktion bei
Bewegung einer Leiterschleife
quer zu einem homogenen
Magnetfeld

kompensiert. Außerhalb des Leiters hat man schließlich das diesem Endzustand entsprechende elektrostatische Feld, dessen Spannung zwischen den Enden des bewegten Drahtes
genau gleich der anfänglich im Leiter induzierten Spannung ist. Ihr Betrag ist

$$|U| = vBl \; . \tag{6.9}$$

Bewegt man eine ganze Leiterschleife quer zu einem homogenen Magnetfeld (Abb. 6.4),
so wird keine Spannung induziert, da die Teilspannungen sich gegenseitig wegkompensie-
ren. Der die Schleife durchsetzende Fluss bleibt ja auch unverändert. Bewegt man jedoch
nur ein Teilstück (Abb. 6.5) der Schleife im Kontakt mit dieser, so wird eine Ringspannung vom Betrag vBl hervorgerufen. Dies ergibt sich wie vorher nach (6.9) und entspricht
auch der zeitlichen Flussänderung, denn es gilt

$$\phi = Bla(t) = Bl(a_0 + v \cdot t)$$

Abb. 6.5 Induktion bei Bewegung eines Teilstückes

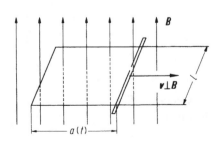

Abb. 6.6 Induktion bei Rotation einer Leiterschleife in einem Magnetfeld

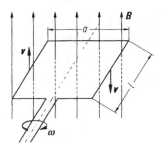

mit

$$U_i = -\frac{d\phi}{dt} = -vBl \ . \tag{6.10}$$

Das Induktionsgesetz ist von sehr großer Bedeutung für viele technische Anwendungen. So beruhen die meisten Generatoren, d. h. stromerzeugenden Maschinen, auf der Spannung, die in einer Leiterschleife erzeugt wird, wenn man diese in einem Magnetfeld rotieren lässt. In diesem wichtigen Energiewandlungsprozess wird mechanische Energie in elektrische Energie umgewandelt (Abb. 6.6). Ist ω die Winkelgeschwindigkeit, so ist der zur Zeit t umfasste Fluss

$$\Phi = Bal \ \cos \omega t \tag{6.11}$$

und damit die induzierte Spannung

$$U_i = \oint \mathbf{E} \cdot d\mathbf{s} = -\dot{\phi} = B\omega al \ \sin \omega t \ . \tag{6.12}$$

Das ist das Prinzip des Wechselstromgenerators. Mit Hilfe von Stromwendern (Kommutatoren) kann man auch Gleichspannungen erzeugen, worauf wir hier jedoch nicht näher eingehen wollen.

6.1.3 Induktion durch gleichzeitige Änderung von B und Bewegung des Leiters

Die beiden (unter 6.1.1 und 6.1.2 behandelten) Effekte können auch gleichzeitig auftreten und sind dann zu addieren, d. h. dann gilt

$$\oint \mathbf{E} \cdot d\mathbf{s} = -\frac{\partial}{\partial t} \int_A \mathbf{B} \cdot d\mathbf{A} - \oint \mathbf{B} \cdot (\mathbf{v} \times d\mathbf{s}) \ ,$$

$$\oint \mathbf{E} \cdot d\mathbf{s} = -\frac{d}{dt}\phi \ . \tag{6.13}$$

Hier ist mit d/dt der Operator der „totalen Zeitableitung" gemeint, d. h. der Zeitableitung des Gesamtflusses, unabhängig davon, ob seine Änderung durch Änderungen des Magnetfeldes oder durch Bewegungen des Leiters verursacht wird. Mit dem Vektorpotential $\mathbf{A}$ gilt (wobei das Flächenelement nun $d\mathbf{a}$ und die Fläche a sei)

$$\oint \mathbf{E} \cdot d\mathbf{s} = -\frac{\partial}{\partial t} \int_a \mathrm{rot}\, \mathbf{A} \cdot d\mathbf{a} + \oint (\mathbf{v} \times \mathbf{B}) \cdot d\mathbf{s}$$

$$= -\frac{\partial}{\partial t} \int_a \mathrm{rot}\, \mathbf{A} \cdot d\mathbf{a} + \int_a \mathrm{rot}(\mathbf{v} \times \mathbf{B}) \cdot d\mathbf{a}$$

bzw.

$$\int_a \mathrm{rot} \left(\mathbf{E} + \frac{\partial \mathbf{A}}{\partial t} - \mathbf{v} \times \mathbf{B} \right) \cdot d\mathbf{a} = 0 \; .$$

Da dies für jede beliebige Fläche gilt, ist auch

$$\mathrm{rot} \left(\mathbf{E} + \frac{\partial \mathbf{A}}{\partial t} - \mathbf{v} \times \mathbf{B} \right) = 0 \; .$$

Mit einer geeigneten skalaren Funktion φ muss dann gelten

$$\mathbf{E} + \frac{\partial \mathbf{A}}{\partial t} - \mathbf{v} \times \mathbf{B} = - \,\mathrm{grad}\, \varphi \; . \tag{6.14}$$

Hier ist $\mathbf{E}$ das Feld, das ein mit dem Leiter bewegter Beobachter „sehen" würde. Ein ruhender Beobachter sieht natürlich das Feld

$$\mathbf{E} = - \,\mathrm{grad}\, \varphi - \frac{\partial \mathbf{A}}{\partial t} \; , \tag{6.15}$$

eine Beziehung, auf die wir an anderer Stelle noch einzugehen haben. Sie stellt eine Verallgemeinerung der Beziehung (1.47) für zeitabhängige Probleme dar. Im statischen Fall reduziert sie sich auf diese.

Gleichung (6.13) besagt, dass die in einer Leiterschleife induzierte Spannung, sei diese nun beweglich oder nicht, stets durch die (negative) totale Zeitableitung des magnetischen Gesamtflusses gegeben ist. Es mag merkwürdig erscheinen, dass zwei zunächst so wesensverschieden erscheinende Effekte – zeitliche Veränderung des Feldes und Bewegung bzw. Formveränderung einer geschlossenen Leiterschleife – sich in so einfacher Weise zusammenfassen lassen. Man kann sich das plausibler machen, wenn man sich die einzelnen Kraftlinien identifizierbar vorstellt. Dann kann man z. B. ein zeitlich zunehmendes Feld betrachten als ein Feld, bei dem zusätzliche Kraftlinien von außen in das Innere einer geschlossenen Kurve hereingezogen werden. Wandern umgekehrt Feldlinien nach außen ab, so führt das zu einer zeitlichen Abnahme des Feldes. Die von außen hereingezogenen

Abb. 6.7 Offene Leiterschleife

bzw. nach außen abwandernden Kraftlinien bewegen sich in Bezug auf den für diese Betrachtung zunächst ruhend gedachten Leiter. Bewegt sich nun eine bestimmte Kraftlinie
in einer bestimmten Richtung durch den Leiter hindurch, so ist der Effekt derselbe wie bei
der Bewegung des Leiters in umgekehrter Richtung bezüglich der nun ruhenden Kraftlinie. Das soll hier nicht im Einzelnen ausgeführt werden. Die eben angedeutete Vorstellung
kann auch quantitativ durchgeführt werden und erlaubt dann eine einheitliche Auffassung
der beiden zunächst verschiedenen Effekte.

Sehr oft betrachtet man keine geschlossene, sondern eine offene Leiterschleife. Betrachtet man einen geschlossenen Weg, der teilweise durch den Leiter und teilweise durch
das Vakuum führt, so gilt dafür (Abb. 6.7)

$$\oint \mathbf{E} \cdot \mathrm{d}\mathbf{s} = -\oint \operatorname{grad} \varphi \cdot \mathrm{d}\mathbf{s} - \frac{\mathrm{d}\phi}{\mathrm{d}t} \ .$$

Dabei ist berücksichtigt, dass die durch Ströme verursachten Raumladungen (bzw. sonstige, schon vorher vorhandene Raumladungen) dem induzierten elektrischen Feld $\mathbf{E}_i$ ein
elektrostatisches Feld $\mathbf{E}_s$ überlagern, das aus dem Potential φ ableitbar ist. Letzteres ist
natürlich wirbelfrei, d. h.

$$\mathbf{E} = \mathbf{E}_s + \mathbf{E}_i$$

mit

$$\operatorname{rot} \mathbf{E}_s = 0$$

bzw.

$$\oint \mathbf{E}_s \cdot \mathrm{d}\mathbf{s} = -\oint \operatorname{grad} \varphi \cdot \mathrm{d}\mathbf{s} = 0 \ .$$

Also ist in jedem Fall

$$\oint \mathbf{E} \cdot \mathrm{d}\mathbf{s} = -\frac{\mathrm{d}\phi}{\mathrm{d}t} \ .$$

Die oben abgeleitete Gleichung (6.13) wird also durch die Überlagerung elektrostatischer
Felder, gleichgültig ob diese eine Folge der induzierten Ströme sind oder nicht, in keiner
Weise berührt.

An dieser Stelle ist jedoch auch vor möglichen und tatsächlich immer wieder vorkommenden Fehlinterpretationen der Gleichung (6.13) zu warnen. Sie lassen sich am besten
an speziellen Beispielen diskutieren. Dazu soll im Folgenden zunächst die *Unipolarmaschine*, anschließend der *Hering'sche Versuch* beschrieben und gedeutet werden.

6.1.4   Die Unipolarmaschine

Entsprechend Abb. 6.8 dreht sich ein Rad aus leitfähigem Material mit konstanter Winkelgeschwindigkeit ω in einem der Einfachheit wegen als homogen und parallel zur Drehachse angenommenen Magnetfeld. Zwei Schleifkontakte stellen eine leitfähige Verbindung zwischen dem äußeren, nicht mitbewegten, ein Messinstrument enthaltenden Teil des elektrischen Kreises und dem Umfang bzw. der Mitte des Rades her. Dadurch wird in diesem Kreis, der sich über die Achse und das Rad schließt, eine Spannung induziert, die sich wie folgt berechnen lässt:

Am Radius r ist

$$v_\varphi(r) = \omega r .$$ (6.16)

Mit (6.6) folgt daraus

$$E_r(r) = \omega B r$$ (6.17)

und

$$U_i = \oint \mathbf{E}(r) \cdot d\mathbf{s} = \int\limits_{r_0}^{0} E_r(r)\, dr = -\frac{\omega B r_0^2}{2} .$$ (6.18)

Das Problem lässt sich also auf sehr einfache Weise behandeln. Geht man jedoch von dem magnetischen Fluss aus, der den Stromkreis durchsetzt, so ergeben sich Schwierigkeiten. Zunächst ist gar nicht klar, wie groß dieser Fluss eigentlich ist. Man könnte z. B. sagen, der Fluss sei ständig $\phi = 0$ (Abb. 6.9a). Die induzierte Spannung müsste dann auch verschwinden, eine offensichtlich falsche Schlussfolgerung. Man kann sich den Stromkreis

Abb. 6.8 Die Unipolarmaschine

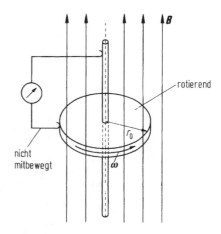

Abb. 6.9 Wie groß ist der magnetische Fluss bei der Unipolarmaschine?

a 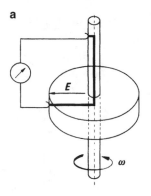 **b**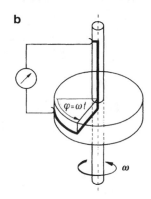

z. B. aber auch entsprechend Abb. 6.9b vorstellen, was

$$\phi = \frac{r_0^2 \varphi}{2} B = \frac{r_0^2 \omega t B}{2} \,,$$

d. h.

$$U_i = -\frac{d\phi}{dt} = -\frac{r_0^2 \omega B}{2} \,,$$

gerade also die richtige induzierte Spannung ergeben würde. Das ist jedoch keine überzeugende Erklärung. Man kann bezüglich ϕ auch andere Behauptungen aufstellen, es gibt jedoch keine vernünftige und eindeutige Methode, ϕ wirklich festzulegen. Die Methode von Abb. 6.9b ist zwar so gemacht, dass sie das richtige Ergebnis liefert, sie beweist jedoch nichts. Die Beziehung

$$\mathbf{E} = \mathbf{v} \times \mathbf{B}$$

ist jedoch immer richtig und ein geeigneter Ausgangspunkt zur Berechnung der Spannung, während die Betrachtung des Flusses hier und in anderen ähnlichen Fällen im Grunde keinen Sinn hat.

6.1.5 Der Versuch von Hering

Abb. 6.10 zeigt einen als streuflusslos angenommenen Magneten, dessen Spalt von einem Magnetfeld durchsetzt wird. Außerhalb des Magneten befindet sich ein Leiterkreis, der durch federnde Kontakte geschlossen ist und in dem sich ein Spannungsmessgerät befindet. Wir bringen den Leiterkreis von der Lage, die in Abb. 6.10a gezeigt ist, in die von Abb. 6.10b. Dabei wird ein Spannungsstoß

$$\int U \, dt = -\Delta\phi$$

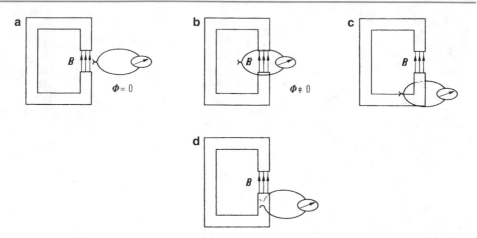

Abb. 6.10 Der Hering'sche Versuch

angezeigt. Die federnden Kontakte bleiben dabei stets geschlossen. Nun wird die Schleife in die Position von Abb. 6.10c gebracht. Dabei passiert nichts, d. h. es wird keinerlei
Spannung induziert. Zuletzt wird die Schleife über den Magneten hinweg nach außen ab-
gezogen (Abb. 6.10d). Dabei müssen sich die Federkontakte öffnen und am Magneten
entlangschleifen.

Die letzten Phasen des ganzen Vorgangs sind noch einmal in Abb. 6.11 gezeigt. Die
Frage ist nun, welche Spannungen beim Übergang vom Zustand von Abb. 6.11a in den
von Abb. 6.11c induziert werden. Zweifellos ist der anfänglich die Schleife durchsetzende
Fluss $\phi \neq 0$, während er zuletzt verschwindet. Dennoch werden – wie man z. B. auch experimentell feststellen kann – keine Spannungen induziert. Das mag im ersten Augenblick
paradox und als Widerspruch zur Beziehung (6.13) erscheinen. Wesentlich ist jedoch, dass
die erwähnte Flussänderung mit der Bewegung des Leiters eigentlich nichts zu tun hat.
Gehen wir – und das ist auch hier eine sichere Basis – von der Beziehung für die lokal
induzierte elektrische Feldstärke aus,

$$\mathbf{E} = \mathbf{v} \times \mathbf{B} \, ,$$

so sehen wir sofort, dass diese überall verschwindet. An Abb. 6.11b wird nämlich klar,
dass während dieser Phase des Vorgangs im Inneren des Magneten zwar $\mathbf{B} \neq 0$, jedoch

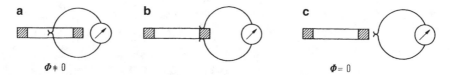

Abb. 6.11 Die letzten Phasen des Hering'schen Versuches

$\mathbf{v} = 0$ ist, während außerhalb zwar $\mathbf{v} \neq 0$, jedoch $\mathbf{B} = 0$ ist (wegen der idealisierenden Annahme, dass kein Streufeld vorhanden ist, die natürlich nicht ganz stimmt). Wenn jedoch $\mathbf{E}$ überall verschwindet, muss auch das Integral $\oint \mathbf{E} \cdot d\mathbf{s}$ verschwinden. So wird also das zunächst paradox erscheinende Ergebnis des Hering'schen Versuchs geradezu selbstverständlich. Die scheinbare Paradoxie ist lediglich eine Folge der Verwendung des Induktionsgesetzes in der hier illegitimen Form (6.13).

Die Beziehung (6.13) gilt nur für eine während der Bewegung bzw. Verformung ihre Identität bewahrende Leiterschleife, die also materiell stets dieselbe bleibt und von einem eindeutig definierbaren magnetischen Fluss durchsetzt wird. Das ist weder bei der Unipolarmaschine noch beim Hering'schen Versuch der Fall. Rein äußerlich ist so etwas schon wegen der in beiden Fällen vorhandenen, zunächst vielleicht nebensächlich erscheinenden Schleifkontakte zu vermuten. Wo solche auftreten, ist Vorsicht geboten. In Zweifelsfällen gehe man auf die elementaren Grundgesetze zurück. Dieser Rat gilt nicht nur im Umkreis des Induktionsgesetzes. Die Anwendung zu einfacher und summarischer Rezepte auf komplexe Probleme kann wie anderswo Fehler und Widersprüche verursachen.

6.2   Die Diffusion von elektromagnetischen Feldern

6.2.1   Die Gleichungen für E, g, B und A

Die Maxwell'schen Gleichungen lauten, wenn man den Verschiebungsstrom vernachlässigt, die Induktion jedoch berücksichtigt:

$$\operatorname{rot} \mathbf{E} = -\frac{\partial \mathbf{B}}{\partial t} \,, \tag{6.19}$$

$$\operatorname{rot} \mathbf{H} = \mathbf{g} \,, \tag{6.20}$$

$$\operatorname{div} \mathbf{B} = 0 \,, \tag{6.21}$$

$$\operatorname{div} \mathbf{D} = \rho \,. \tag{6.22}$$

Um diese Gleichungen lösen zu können, benötigt man noch die Beziehungen

$$\mathbf{D} = \varepsilon \mathbf{E} \,, \tag{6.23}$$

$$\mathbf{B} = \mu \mathbf{H} \,, \tag{6.24}$$

$$\mathbf{g} = \kappa \mathbf{E} \,. \tag{6.25}$$

ε, μ, κ seien vom Ort unabhängige Faktoren. Ist $\rho = 0$, so ergibt sich aus (6.22) und (6.23)

$$\operatorname{div} \mathbf{E} = 0 \,. \tag{6.26}$$

Aus (6.19), (6.24), (6.20), (6.25) folgt

$$\operatorname{rot} \operatorname{rot} \mathbf{E} = -\frac{\partial}{\partial t} \operatorname{rot} \mathbf{B} = -\frac{\partial}{\partial t} \mu \operatorname{rot} \mathbf{H} = -\frac{\partial}{\partial t} \mu \mathbf{g} = -\frac{\partial}{\partial t} \mu \kappa \mathbf{E} \,.$$

Nun ist wegen (6.26) und nach (5.11)

$$\text{rot rot } \mathbf{E} = \text{grad div } \mathbf{E} - \text{div grad } \mathbf{E} = \text{grad div } \mathbf{E} - \Delta\mathbf{E}$$
$$= -\Delta\mathbf{E} \, ,$$

d. h.

$$\Delta\mathbf{E} = \mu\kappa\frac{\partial\mathbf{E}}{\partial t} \, . \tag{6.27}$$

Mit (6.25) folgt daraus auch

$$\Delta\mathbf{g} = \mu\kappa\frac{\partial\mathbf{g}}{\partial t} \, . \tag{6.28}$$

In ähnlicher Weise erhalten wir für **B** aus den Gleichungen (6.20), (6.25), (6.19), (6.24) und (6.21)

$$\text{rot rot } \mathbf{H} = \text{rot } \mathbf{g} = \text{rot } \kappa\mathbf{E} = \kappa \, \text{rot } \mathbf{E}$$
$$= -\kappa\frac{\partial\mathbf{B}}{\partial t} = +\frac{1}{\mu}\text{rot rot } \mathbf{B}$$
$$= -\frac{1}{\mu}\text{div grad } \mathbf{B} = -\frac{1}{\mu}\Delta\mathbf{B} \, ,$$

d. h.

$$\Delta\mathbf{B} = \mu\kappa\frac{\partial\mathbf{B}}{\partial t} \, . \tag{6.29}$$

Wegen

$$\mathbf{B} = \text{rot } \mathbf{A}$$

folgt aus (6.29) bei geeigneter Eichung von **A** auch

$$\Delta\mathbf{A} = \mu\kappa\frac{\partial\mathbf{A}}{\partial t} \, . \tag{6.30}$$

Bildet man die Rotation beider Seiten von (6.30), so findet man wieder (6.29).

Wir erhalten also für alle diese Größen, **E**, **g**, **B**, **A**, denselben Typ von Gleichung. Natürlich sind diese Größen dennoch verschieden voneinander, entsprechend ihrer physikalischen Bedeutung. Formal drückt sich ihre Verschiedenheit jedoch nicht in den Gleichungen, sondern in den Anfangs- und Randbedingungen aus, die zur Lösung der Gleichungen auch nötig sind.

6.2.2   Der physikalische Inhalt der Gleichungen

Mit den Gleichungen (6.27) bis (6.30) haben wir für **E**, **g**, **B**, **A**, dieselbe typische Gleichung gefunden, eine Gleichung, die in der ganzen Physik eine große Rolle spielt, die sogenannte *Diffusionsgleichung*. Der Name rührt daher, dass sie (als skalare Gleichung) die Diffusion von Teilchen beschreibt. Sie ist, thermodynamisch betrachtet, typisch für irreversible (d. h. die Entropie erhöhende) Prozesse. Auch die Wärmeleitungsgleichung ist von diesem Typ. Die Wärmeleitung ist das bekannteste Schulbeispiel eines irreversiblen Prozesses. Der Unterschied zwischen der skalaren Diffusions- bzw. der Wärmeleitungsgleichung und den Gleichungen (6.27) bis (6.30) besteht eigentlich nur darin, dass wir es hier nicht mit skalaren, sondern mit *Vektordiffusionsgleichungen* zu tun haben. Rein formal sei in diesem Zusammenhang an das früher (in Abschn. 5.1) zur Anwendung des Δ-Operators auf Vektoren Gesagte erinnert. Im Übrigen haben wir es aber auch hier mit typischen irreversiblen Prozessen zu tun. Man stelle sich z. B. einen geschlossenen Leiter vor, in dem zur Zeit $t = 0$ ein Strom fließt. Der Leiter habe die Leitfähigkeit κ. Eine Spannungsquelle sei nicht vorhanden. Der anfangs fließende Strom könnte z. B. durch Induktion erzeugt worden sein oder durch eine nach der Erzeugung des Stromes kurzgeschlossene äußere Spannungsquelle (Abb. 6.12). Überlässt man diesen stromführenden Leiter nun sich selbst, so wird der Strom allmählich abklingen. Verantwortlich dafür ist der Widerstand (R) des Leiters, der irreversibel Wärme (pro Zeiteinheit $R I^2$) erzeugt, solange ein Strom (I) fließt. Aus Gründen der Energieerhaltung muss diese Energie aus einem anderen Energiereservoir stammen, dessen Energieinhalt dadurch ständig verringert wird. Es handelt sich um die Energie des magnetischen Feldes. Strom und Magnetfeld werden also abnehmen müssen. Der Vorgang ist beendet, wenn die gesamte Feldenergie in Wärme verwandelt ist.

Der Energiesatz würde auch die Umkehrung dieses Prozesses zulassen. Man könnte sich, wenn man allein die Energiebilanz betrachtet, vorstellen, dass ein zunächst nicht vorhandener Strom in einem geschlossenen Leiter zu fließen anfängt, wobei die dazu nötige

Abb. 6.12 Geschlossener
Leiter mit abklingendem Strom

Energie aus dem Wärmeinhalt des Leiters stammen müsste. Er müsste sich also abküh-
len. So etwas wurde jedoch noch nie beobachtet. Die Thermodynamik kennt neben dem
1. Hauptsatz (Energiesatz oder auch Satz von der Unmöglichkeit eines Perpetuum mobile
erster Art) den 2. Hauptsatz (Entropiesatz, Satz von der Unmöglichkeit eines Perpetuum mobile zweiter Art). Es ist dieser 2. Hauptsatz, der den oben geschilderten Prozess
zwar nicht völlig verbietet, jedoch für so unwahrscheinlich erklärt, dass man nicht hoffen
kann, ihn je zu beobachten. Es handelt sich hier um Wahrscheinlichkeitsbetrachtungen.
Wegen der großen Zahl der an solchen Prozessen beteiligten Elementarteilchen kann man
aus ihnen recht zuverlässige Aussagen gewinnen. Im vorliegenden Fall ist es z. B. sehr
unwahrscheinlich, dass sich die im leitfähigen Medium vorhandenen Ladungsträger rein
zufällig so bewegen, dass ein makroskopischer Strom I entsteht (zufällig soll heißen: ohne durch ein äußeres elektrisches Feld gezwungen zu sein). Viel wahrscheinlicher ist, dass
sie sich so ungeordnet in allen möglichen Richtungen mit außerdem noch ganz verschiedenen Geschwindigkeiten bewegen, dass ein Strom im räumlichen und zeitlichen Mittel
nicht beobachtet wird. Macht man allerdings hinreichend genaue Messungen (d. h. mit
hinreichender räumlicher und zeitlicher Auflösung), so kann man kleine, fluktuierende
Ströme sehr wohl beobachten, die ein ständiges *Rauschen* als Hintergrund des makroskopischen Geschehens bewirken. Die Probleme des Rauschens sind theoretisch interessant
und auch von großer praktischer Bedeutung (z. B. weil sie bei sehr genauen Messungen
oft die Grenze der erreichbaren Genauigkeit festlegen), können hier jedoch nicht weiter
diskutiert werden. Hier wollen wir lediglich festhalten, dass wir es mit makroskopisch irreversiblen Vorgängen zu tun haben, die durch die obigen Gleichungen (6.27) bis (6.30)
beschrieben werden. Rein formal drückt sich die Irreversibilität in diesen Gleichungen im
Vorkommen einer ersten Zeitableitung aus. Ersetzt man t durch $-t$, so ändert sich die
Gleichung, sie ist – wie man sagt – gegen *Zeitumkehr* nicht *invariant*. Es macht also einen Unterschied, ob die Zeit zu- oder abnimmt. Man kann den Prozess also nicht einfach
rückwärts ablaufen lassen.

In Kap. 7 über elektromagnetische Wellen wird die sog. *Wellengleichung* zu diskutieren
sein. Für **E** z. B. hat sie die Form

$$\Delta \mathbf{E} = \mu \varepsilon \frac{\partial^2 \mathbf{E}}{\partial t^2} \,. \tag{6.31}$$

Der einzige wesentliche Unterschied zur Gleichung (6.27) liegt darin, dass sie die zweite
Zeitableitung enthält. Dies macht sie gegen Zeitumkehr invariant. Sie beschreibt Vorgänge
(wie wir sehen werden: Wellen), die ebenso rückwärts wie vorwärts in der Zeit ablaufen
können.

Man kann sich den Unterschied vergegenwärtigen, wenn man sich solche irreversiblen
Vorgänge (z. B. Diffusionsprozesse) oder reversiblen Vorgänge (z. B. Wellenerscheinungen) irgendwie sichtbar gemacht und gefilmt vorstellt. Die Filme könnte man auch rückwärts laufen lassen. Im Fall einer Welle (genauer gesagt: einer ungedämpften, d. h. nicht
irreversibel Energie verlierenden Welle) würde der rückwärts laufende Film einen ebenso
natürlichen Prozess darstellen wie der vorwärts laufende. Bei irreversiblen Vorgängen je-

doch würde der rückwärts laufende Film ausgesprochen unnatürlich und höchst rätselhaft wirken.

Zum Formalen sei noch Folgendes bemerkt: In der Mathematik unterscheidet man drei Typen von partiellen Differentialgleichungen 2. Ordnung. Sie werden als *elliptisch, parabolisch* und *hyperbolisch* bezeichnet. Genau diese drei Typen spielen auch in den Naturwissenschaften (und damit in der Elektrotechnik) eine ausgezeichnete Rolle, wobei die formalen Unterschiede sich auch als praktisch wesentlich erweisen, d. h. die drei Typen von Gleichungen beschreiben wesentlich verschiedene Naturerscheinungen. Betrachten wir nur zwei unabhängige Variable (x, y oder x, t), so ist die Gleichung

$$\frac{\partial^2 \varphi}{\partial x^2} + \frac{\partial^2 \varphi}{\partial y^2} = -\frac{\rho}{\varepsilon_0} \tag{6.32}$$

eine elliptische Gleichung. Von den Anwendungen aus betrachtet handelt es sich um eine Potentialgleichung (Poisson-Gleichung). Die Gleichung

$$\frac{\partial^2 \varphi}{\partial x^2} = \frac{\partial \varphi}{\partial t} \tag{6.33}$$

ist eine parabolische Gleichung. Wir haben sie als (skalare) Diffusionsgleichung bezeichnet. Die Gleichung

$$\frac{\partial^2 \varphi}{\partial x^2} = \frac{\partial^2 \varphi}{\partial t^2} \tag{6.34}$$

ist eine hyperbolische Gleichung. Wir erkennen in ihr den Typ der eben erwähnten skalaren Wellengleichung. Man kann dies wie folgt zusammenstellen:

Gleichung	mathematische Bezeichnung	Bezeichnung in den Anwendungen
(6.32)	elliptische Gl.	Potentialgleichung
(6.33)	parabolische Gl.	Diffusionsgleichung
(6.34)	hyperbolische Gl.	Wellengleichung

Das oben schon diskutierte Beispiel des in einem Leiter abklingenden Stromes (Abb. 6.12) kann man näherungsweise und summarisch, auf die feldtheoretischen Einzelheiten verzichtend, im Bild eines einfachen RL-Netzwerks, Abb. 6.13, interpretieren. Es gilt

$$R I(t) + L \frac{\mathrm{d} I(t)}{\mathrm{d} t} = 0 \tag{6.35}$$

mit der allgemeinen Lösung

$$I(t) = C \exp\left(-\frac{R}{L} t\right).$$

Ist zur Zeit $t = 0$ der Strom $I = I_0$, so ist

$$C = I_0$$

Abb. 6.13 RL-Netzwerk eines
geschlossenen Kreises

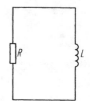

und

$$I(t) = I_0 \exp\left(-\frac{R}{L}t\right). \tag{6.36}$$

Wir bekommen also einen abklingenden Strom, wie es nach dem 2. Hauptsatz der Thermodynamik sein muss. Multipliziert man (6.35) mit I, so ergibt sich

$$RI^2 + LI\frac{\mathrm{d}I}{\mathrm{d}t} = 0 \ .$$

Integriert man diese Gleichung nach der Zeit, so erhält man

$$\int_0^t RI^2 \,\mathrm{d}t + \tfrac{1}{2}LI^2 = \tfrac{1}{2}LI_0^2 \ . \tag{6.37}$$

Das ist nichts anderes als der 1. Hauptsatz der Thermodynamik (der Energiesatz), angewandt auf unser Problem. Gleichung (6.37) besagt ja, dass die in der Zeit von 0 bis t produzierte Stromwärme,

$$\int_0^t RI^2 \,\mathrm{d}t \ ,$$

dem magnetischen Energiespeicher entnommen wird. Während anfangs die magnetische Energie $1/2\,LI_0^2$ vorhanden war, ist zur Zeit t nur noch die magnetische Energie

$$\tfrac{1}{2}LI^2 = \tfrac{1}{2}LI_0^2 - \int_0^t RI^2 \,\mathrm{d}t$$

vorhanden. Zusammen mit dem Strom klingt auch das Magnetfeld ab, das dieser Strom erzeugt.

Will man diesen Vorgang der „Felddiffusion", wie man wegen der formalen Analogie zum Diffusionsvorgang auch sagt, im Detail beschreiben, so muss man die entsprechende Gleichung

$$\Delta \mathbf{B} = \mu\kappa\frac{\partial \mathbf{B}}{\partial t}$$

mit den entsprechenden Rand- und Anfangsbedingungen lösen. Das ist natürlich erheblich schwieriger als die Lösung der Differentialgleichung (6.35). In den folgenden Abschnitten werden einige Probleme (*Skineffekt-* und *Wirbelstromprobleme*) als Beispiele für solche Rand- und Anfangswertprobleme zu behandeln sein. Ein wesentliches mathematisches Hilfsmittel stellt dabei die *Laplace-Transformation* der. Einige wichtige Formeln und Sätze dazu sollen in Abschn. 6.3 zum Gebrauch zusammengestellt werden.

6.2.3 Abschätzungen und Ähnlichkeitsgesetze

Ehe wir auf diese Dinge näher eingehen, soll in dem gegenwärtigen Abschnitt noch gezeigt werden, wie man grobe, jedoch durchaus brauchbare Abschätzungen zu Diffusionsproblemen fast ohne Rechnung gewinnen kann. Wir bringen z. B. einen Leiter plötzlich in ein Magnetfeld. Sein Inneres ist zunächst feldfrei. Erst allmählich kann das äußere Feld, in das er gebracht wurde, in das Leiterinnere eindringen, hineindiffundieren. Wir wollen abschätzen, nach welcher Zeit das Feld eingedrungen sein wird (Abb. 6.14).

Die typischen Längen des Leiters (der z. B. würfelförmig sein könnte) seien von der Größenordnung l. Die Diffusionszeit sie etwa t_0. Dann kann man – ganz grob – Gleichung (6.29) in der Form schreiben

$$\frac{B}{l^2} \approx \mu \kappa \frac{B}{t_0} \, , \tag{6.38}$$

da

$$\Delta B \approx \frac{B}{l^2}$$

und

$$\frac{\partial B}{\partial t} \approx \frac{B}{t_0}$$

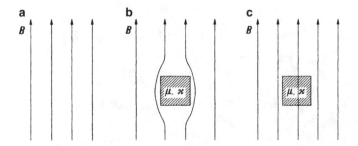

Abb. 6.14 Diffusion des Magnetfeldes in einen Leiter

ist. Demzufolge ist

$$t_0 \approx \mu \kappa l^2 \ . \tag{6.39}$$

Es ist ganz typisch für Diffusionsvorgänge, dass die Zeiten nicht etwa proportional zu l, sondern proportional zu l^2 sind. Das ist eine Folge davon, dass solche Prozesse auf Zufallserscheinungen beruhen (*stochastische Prozesse*). Im Fall der Felddiffusion handelt es sich um den Widerstand des Leiters, der mit dem statistischen Verhalten der Ladungsträger zu tun hat, d. h. mit den in statistischer Weise erfolgenden Stößen.

Zum Verglich sei angedeutet, was eine ähnliche Betrachtung im Fall der Wellengleichung liefern würde. Für $\mathbf{B}$ nimmt diese, wie wir noch sehen werden, die Form

$$\Delta \mathbf{B} = \varepsilon \mu \frac{\partial^2 \mathbf{B}}{\partial t^2} \tag{6.40}$$

an. Daraus würde folgen

$$\frac{B}{l^2} \approx \varepsilon \mu \frac{B}{t_0^2}$$

bzw.

$$t_0 \approx \sqrt{\varepsilon \mu} \, l \ , \tag{6.41}$$

d. h. ein linearer Zusammenhang zwischen l und t_0, wie er für geordnete Bewegungen typisch ist. Diesem Zusammenhang entspricht die Geschwindigkeit

$$\frac{l}{t_0} \approx \frac{1}{\sqrt{\varepsilon \mu}} \ , \tag{6.42}$$

die wir später als Ausbreitungsgeschwindigkeit (Phasengeschwindigkeit) elektromagnetischer Wellen kennenlernen werden. Der Unterschied zwischen den beiden Beziehungen (6.39) und (6.41) geht formal wieder auf die erste bzw. zweite Zeitableitung in den entsprechenden Gleichungen zurück.

Man kann (6.39) auch im Hinblick auf den Skineffekt interpretieren. Wird z. B. an einer Leiteroberfläche ein magnetisches Feld für eine gewisse Zeit t_0 erzeugt, so kann es in dieser Zeit etwa bis in eine Tiefe l des Leiters in diesen hinein vordringen, wobei nach (6.39)

$$l \approx \sqrt{\frac{t_0}{\mu \kappa}} \tag{6.43}$$

ist. Handelt es sich um ein Wechselfeld der Frequenz ν, so ist

$$t_0 \approx \frac{1}{\nu} = \frac{2\pi}{\omega} \, ,$$

d. h. von reinen Zahlenfaktoren abgesehen, die hier ohnehin offen bleiben müssen, ist

$$l \approx \frac{1}{\sqrt{\mu\kappa\omega}} \, . \tag{6.44}$$

Diese Formel ist auf sehr einfache Weise gewonnen worden. Der Unterschied zu exakten Ergebnissen, die auf detaillierten Berechnungen unter Berücksichtigung von Rand- und Anfangsbedingungen gewonnen werden, drückt sich jedoch nur in Zahlenfaktoren aus, die für eine erste Abschätzung meist unerheblich sind. Die Abhängigkeit der Eindring-tiefe (= Skintiefe) von μ, κ und ω jedoch wird durch die Form unserer Beziehung exakt beschrieben.

Bei der Lösung z. B. der Diffusionsgleichung für das Magnetfeld,

$$\left(\frac{\partial^2}{\partial x^2} + \frac{\partial^2}{\partial y^2} + \frac{\partial^2}{\partial z^2} \right) \mathbf{B}(x, y, z, t) = \mu\kappa \frac{\partial \mathbf{B}(x, y, z, t)}{\partial t} \, , \tag{6.45}$$

geht man, um das deutlich zu machen und auch um das ständige Mitführen von vielen Koeffizienten zu vermeiden, oft zu neuen, dimensionslosen Variablen über, wie man das auch bei anderen Problemen vielfach mit Vorteil tut. Man führt also z. B. mit irgendeiner mehr oder weniger willkürlichen Länge l ein:

$$\left.\begin{array}{l} \xi = \dfrac{x}{l} \, , \\[2mm] \eta = \dfrac{y}{l} \, , \\[2mm] \zeta = \dfrac{z}{l} \, , \\[2mm] \tau = \dfrac{t}{t_0} = \dfrac{t}{\mu\kappa l^2} \, , \end{array}\right\} \tag{6.46}$$

und erhält so

$$\left(\frac{\partial^2}{\partial \xi^2} + \frac{\partial^2}{\partial \eta^2} + \frac{\partial^2}{\partial \zeta^2} \right) \mathbf{B} = \frac{\partial \mathbf{B}}{\partial \tau} \, , \tag{6.47}$$

d. h. eine Gleichung ohne die ursprünglichen Parameter μ und κ. Bei der Lösung der Glei-chung kommt es auf diese zunächst also gar nicht an. Wenn man ein Problem dieser Art für bestimmte Werte von κ und μ gelöst hat, so kann man durch Ähnlichkeitstransfor-mationen (d. h. Maßstabsänderungen) entsprechend den Gleichungen (6.46) daraus auch die Lösungen für andere Werte dieser Parameter gewinnen. Man sagt dann, dass sich die Ergebnisse *skalieren* lassen, bzw. dass man *Ähnlichkeitsgesetze* angeben kann. Wegen der Freiheit in der Wahl der Länge *l* kann man auch das Verhalten von Feldern in einander ähnlichen Leitern verschiedener Ausdehnung durch Ähnlichkeitstransformationen aufeinander zurückführen.

6.3 Die Laplace-Transformation

Die Laplace-Transformation ist ein oft sehr wertvolles Hilfsmittel zur Lösung von Anfangswertproblemen. In der Theorie der Netzwerke führt man mit ihrer Hilfe gewöhnliche Differentialgleichungen, deren unabhängige Variable die Zeit ist, auf algebraische Gleichungen zurück. In der Feldtheorie hat man es mit partiellen Differentialgleichungen z. B. in x, y, z und t zu tun. Die Anwendung der Laplace-Transformation führt dann zu einer partiellen Differentialgleichung in x, y und z, wobei auch die Anfangsbedingung automatisch berücksichtigt wird. Das Problem ist damit auf ein rein räumliches Randwertproblem zurückgeführt, das dann mit den Methoden behandelt werden kann, die bereits Gegenstand ausführlicher Diskussionen (Kap. 3) waren. Im einfachsten Fall ist das räumliche Problem eindimensional, z. B. ein nur von x abhängiges ebenes oder ein nur von r abhängiges zylindrisches Problem. In solchen Fällen bewirkt die Laplace-Transformation bezüglich t, dass aus der ursprünglich partiellen Differentialgleichung in x und t bzw. in r und t eine gewöhnliche Differentialgleichung in x bzw. r wird. Zu diesem Zweck sollen hier einige wichtige Beziehungen über die Laplace-Transformation zusammengestellt werden, wobei keinerlei Begründungen oder Ableitungen gegeben werden sollen. Erst recht wird keine Vollständigkeit angestrebt. Vielmehr wird nur angegeben, was im Folgenden unmittelbar benötigt wird.

Die zu einer Funktion $f(t)$ gehörige (einseitige) Laplace-transformierte Funktion $\tilde{f}(p)$ ist durch das Integral

$$\tilde{f}(p) = \int\limits_{0}^{\infty} f(t)\exp(-pt)\,\mathrm{d}t \tag{6.48}$$

definiert. $\mathcal{L}$ soll als Symbol für die Anwendung der Laplace-Transformation auf eine Zeitfunktion dienen. $\mathcal{L}^{-1}$ soll die Rücktransformation kennzeichnen. Wir werden also oft

$$\mathcal{L}\{f(t)\} = \tilde{f}(p) \tag{6.49}$$

bzw.

$$\mathcal{L}^{-1}\{\tilde{f}(p)\} = f(t) \tag{6.50}$$

Tab. 6.1 Beispiele für die Laplace-Transformation

$f(t) = \mathcal{L}^{-1}\{\tilde{f}(p)\}$	$\tilde{f}(p) = \mathcal{L}\{f(t)\}$	Konvergenzgebiet
t^α	$\dfrac{\alpha!}{p^{\alpha+1}}$	Re $p > 0$
$\delta(t)$	1	
$\sin(\omega t)$	$\dfrac{\omega}{p^2 + \omega^2}$	Re $p > \lvert \operatorname{Im} \omega \rvert$
$\cos(\omega t)$	$\dfrac{p}{p^2 + \omega^2}$	Re $p > \lvert \operatorname{Im} \omega \rvert$
$\exp(\alpha t)$	$\dfrac{1}{p - \alpha}$	Re $p > $ Re α
$\dfrac{1}{\sqrt{4\pi t}} \exp\left(-\dfrac{x^2}{4t}\right)$	$\dfrac{1}{2\sqrt{p}} \exp(-\lvert x \rvert \sqrt{p})$	Re $p > 0$
$\dfrac{x}{\sqrt{4\pi t^3}} \exp\left(-\dfrac{x^2}{4t}\right)$	$\exp(-\lvert x \rvert \sqrt{p})$	Re $p \geq 0$
$f(t) = \begin{cases} 0 & \text{für} \quad t < t' \\ g(t - t') & \text{für} \quad t > t' \end{cases}$ (Verschiebungssatz)	$\tilde{g}(p) \exp(-pt')$	Re $p \geq 0$

schreiben. p ist eine komplexe Zahl. Voraussetzung bei alledem ist natürlich dass das in (6.48) rechts stehende Integral existiert, womit wir uns jedoch hier nicht weiter auseinandersetzen wollen.

Einige zusammengehörige Paare von Funktionen $f(t)$ und $\tilde{f}(p)$, sind in Tab. 6.1 angegeben. Zum Teil lassen sie sich durch unmittelbare Anwendung von (6.48) sofort gewinnen, zum Teil werden sie im Zusammenhang mit den Problemen der folgenden Abschnitte zu diskutieren sein. Man kann sie zum Großteil auch Tafeln entnehmen, die es zur Laplace-Transformation gibt. Eine besonders ausführliche Tafel sowohl für die Laplace-Transformation selbst wie auch für die inverse Laplace-Transformation findet man in [6], Band I.

Im Zusammenhang mit Anfangswertproblemen ist besonders wichtig, dass für die n-te Zeitableitung einer Funktion $f(t)$ gilt:

$$
\begin{aligned}
\mathcal{L}\left\{\frac{\mathrm{d}^n f(t)}{\mathrm{d}t^n}\right\} &= p^n \tilde{f}(p) - p^{(n-1)} f(0) - p^{(n-2)} f'(0) \\
&\quad - p^{(n-3)} f''(0) - \cdots - p f^{(n-2)}(0) - f^{(n-1)}(0) \, .
\end{aligned}
\tag{6.51}
$$

Dabei ist $f'(0)$ die erste, $f''(0)$ die zweite, $f^{(k)}(0)$ die k-te Zeitableitung von $f(t)$ für $t = 0$. Der Beweis dieser wichtigen Beziehung kann, ausgehend von der Definition (6.48), durch mehrfache partielle Integration geführt werden. Dies gilt auch für die folgende Beziehung zur Transformation von mehrfachen Zeitintegralen:

$$\mathcal{L}\left\{\int\limits_0^t dt_n \int\limits_0^{t_n} dt_{n-1} \int\limits_0^{t_{n-1}} dt_{n-2} \dots \int\limits_0^{t_3} dt_2 \int\limits_0^{t_2} dt_1 \, f(t_1)\right\} = \frac{\tilde{f}(p)}{p^n} . \tag{6.52}$$

Von den die Anfangswerte $f(0)$, $f'(0)$ etc. enthaltenden Gliedern abgesehen, bewirkt also jede Differentiation einen Faktor p, jede Integration einen Faktor $1/p$. Das bringt die Tatsache, dass Differentiation und Integration zueinander inverse Prozesse sind, sehr sinnfällig zum Ausdruck. Auch zeigt sich an dieser Stelle, dass bzw. warum man mit Hilfe der Laplace-Transformation Differentialgleichungen und auch Integralgleichungen unter gewissen Voraussetzungen auf algebraische Gleichungen zurückführen kann.

Im Folgenden wird sich das sog. *Faltungstheorem* als nützlich erweisen. Wir betrachten zwei Zeitfunktionen $f_1(t)$ und $f_2(t)$ und deren Laplace-Transformierte $\tilde{f}_1(p)$ und $\tilde{f}_2(p)$. Ist nun

$$F(t) = \int\limits_0^t f_1(t_0) f_2(t - t_0) \, dt_0$$

$$= \int\limits_0^t f_2(t_0) f_1(t - t_0) \, dt_0 \tag{6.53}$$

das sog. *Faltungsintegral* der beiden Funktionen $f_1(t)$ und $f_2(t)$, so gilt

$$\mathcal{L}\{F(t)\} = \tilde{F}(p) = \tilde{f}_1(p) \cdot \tilde{f}_2(p) . \tag{6.54}$$

Bei der Lösung irgendwelcher Probleme mit Hilfe der Laplace-Transformation erhält man das Ergebnis zunächst im p-Bereich. Dieses muss dann wieder in den Zeitbereich zurücktransformiert werden, d. h. man muss die Laplace-Transformation wieder umkehren, „invertieren". In einfachen Fällen lässt sich das mit Hilfe von Tafeln bewerkstelligen. Im Allgemeinen muss man die Umkehrung jedoch selbst vornehmen. Als Umkehrformel ergibt sich dabei ein Integral in der komplexen p-Ebene, wie man mit Hilfe der von den Fourier-Transformationen her bekannten Formeln beweisen kann:

$$f(t) = \frac{1}{2\pi i} \int\limits_{\sigma - i\infty}^{\sigma + i\infty} \tilde{f}(p) \exp(pt) \, dp . \tag{6.55}$$

Das ist der sog. *Fourier-Mellin'sche Satz*. Abb. 6.15 zeigt die komplexe p-Ebene mit dem Integrationsweg von $\sigma - i\infty$ bis $\sigma + i\infty$, der also im Abstand σ parallel zur imaginären Achse verläuft. Er ist so zu wählen, dass er rechts von allen Singularitäten der zu invertierenden Funktion $\tilde{f}(p)$ liegt. σ ist also nicht ganz frei wählbar. Zur Berechnung

Abb. 6.15 Die komplexe Ebene mit dem Integrationsweg für
den Fourier-Mellin'schen Satz

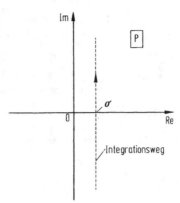

Abb. 6.16 Geschlossener Weg
in der komplexen Ebene

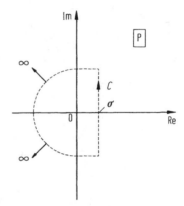

des Umkehrintegrals (6.55) nimmt man oft die Funktionentheorie zu Hilfe. Wenn der Integrand im Unendlichen verschwindet, kann man das Integral (6.55) nämlich durch ein
Integral längs eines geschlossenen Weges nach Abb. 6.16 ersetzen, wobei sich dieser Weg
im Unendlichen schließen soll. Dann bringt der zusätzliche Weg keinen Beitrag, und es
gilt:

$$f(t) = \frac{1}{2\pi i} \oint_C \tilde{f}(p) \exp(pt) \, dp \; . \tag{6.56}$$

Ein solches Integral lässt sich nun nach den Sätzen der Funktionentheorie berechnen,
wenn man alle Singularitäten des Integranden im Inneren des von der geschlossenen Kurve (hier also der Kurve C aus Abb. 6.16) umfahrenen Gebietes und die Residuen des
Integranden an diesen Singularitäten kennt. Dazu müssen hier einige Begriffe aus der
Funktionentheorie kurz erläutert werden. In einem ringförmigen Gebiet um die Stelle z_0
der komplexen z-Ebene kann eine dort analytische Funktion in eine sog. *Laurent-Reihe*
entwickelt werden:

$$f(z) = \sum_{n=-\infty}^{+\infty} a_n (z - z_0)^n \; . \tag{6.57}$$

Wenn negative Potenzen ($n < 0$) auftreten, wird $f(z)$ an der Stelle z_0 unendlich, d. h. $f(z)$ hat an der Stelle z_0 eine Singularität. Treten unendlich viele Terme dieser Art auf, so nennt man die Singularität eine *wesentliche Singularität*. Endet die Entwicklung zu negativen Potenzen hin mit dem Term $a_{-m}(z - z_0)^{-m}$ (d. h. ist $a_{-m} \neq 0$, $a_{-m-\nu} = 0$ für $\nu \geq 1$), so wird die Singularität als *Pol der Ordnung m* bezeichnet. Der Koeffizient a_{-1} der Laurent-Reihe spielt nun eine ganz besondere Rolle. Er wird das *Residuum* der Funktion $f(z)$ an der Stelle z_0 genannt. Die besondere Bedeutung des Residuums a_{-1} (also des „Übrigbleibenden", wie der Name andeuten soll) ergibt sich daraus, dass

$$\oint f(z)\,\mathrm{d}z = 2\pi \mathrm{i} a_{-1} \tag{6.58}$$

ist, wenn man das Integral über eine geschlossene Kurve erstreckt, deren Inneres nur die eine Singularität bei z_0 enthält (mit dem Residuum a_{-1}), die sonst jedoch völlig beliebig gewählt sein darf. Umfasst ein geschlossener Weg mehrere Singularitäten (z_k), so hat man die Beiträge aller Singularitäten zu addieren, d. h. dann gilt

$$\oint f(z)\,\mathrm{d}z = 2\pi \mathrm{i} \sum_k a_{-1}^{(k)} . \tag{6.59}$$

Damit lässt sich die Umkehrung der Laplace-Transformation auf die Berechnung der Residuen an allen etwa vorhandenen Polen und wesentlichen Singularitäten zurückführen. Nach (6.56) und (6.59) ist

$$f(t) = \sum \text{aller Residuen von } [\tilde{f}(p)\exp(pt)] . \tag{6.60}$$

Man muss also alle Singularitäten kennen und dazu die Residuen berechnen. Aus der Laurent-Reihe (6.57) sieht man, dass das Residuum von $f(z)$ an einem Pol der Ordnung 1

$$a_{-1} = \lim_{z \to z_0} f(z)(z - z_0) \tag{6.61}$$

ist. Für einen Pol der Ordnung m ergibt sich ebenfalls aus der Laurent-Reihe

$$a_{-1} = \frac{1}{(m-1)!} \lim_{z \to z_0} \frac{\mathrm{d}^{m-1}}{\mathrm{d}z^{m-1}}[f(z)(z - z_0)^m] . \tag{6.62}$$

Im Fall einer wesentlichen Singularität, d. h. wenn m gegen unendlich geht, hilft die Beziehung (6.62) nicht weiter. Man muss dann auf die Laurent-Reihe selbst zurückgehen. Die zur Berechnung von Residuen nach (6.61) oder (6.62) nötigen Grenzwertbildungen können oft vorteilhaft mit Hilfe der de l'Hospital'schen Regel erfolgen. Danach ist

$$\lim_{x \to a} \frac{f(x)}{g(x)} = \frac{f'(a)}{g'(a)} \tag{6.63}$$

wenn $f(a) = g(a) = 0$, jedoch $g'(a) \neq 0$ oder $f'(a) \neq 0$ ist. Ist auch $f'(a) = g'(a) = 0$, so kann man die Prozedur wiederholen:

$$\lim_{x \to a} \frac{f(x)}{g(x)} = \lim_{x \to a} \frac{f'(x)}{g'(x)} = \frac{f''(a)}{g''(a)} \tag{6.64}$$

usw.

6.4   Felddiffusion im beiderseits unendlichen Raum

Wir wollen das Verhalten eines Magnetfeldes $B_z(x,t)$ in einem homogenen leitfähigen Medium (κ, μ) untersuchen. Es erfüllt die Diffusionsgleichung

$$\frac{\partial^2 B_z(x,t)}{\partial x^2} = \mu\kappa \frac{\partial B_z(x,t)}{\partial t} \ . \tag{6.65}$$

Mit der dimensionslosen Zeit

$$\tau = \frac{t}{t_0} = \frac{t}{\mu\kappa l^2} \tag{6.66}$$

und der dimensionslosen Ortskoordinate

$$\xi = \frac{x}{l} \ , \tag{6.67}$$

wo l irgendeine willkürlich wählbare Länge ist, gilt

$$\frac{\partial^2 B_z(\xi, \tau)}{\partial \xi^2} = \frac{\partial B_z(\xi, \tau)}{\partial \tau} \ . \tag{6.68}$$

Eine Lösung dieser Gleichung ist z. B.

$$B_z(\xi, \tau) = B_0 \frac{\exp\left[-\frac{(\xi - \xi')^2}{4\tau}\right]}{\sqrt{4\pi\tau}} \ , \tag{6.69}$$

was sich durch Einsetzen leicht nachprüfen lässt. Diese Lösung ist physikalisch sinnvoll, weil sie sowohl für $\xi \to +\infty$ als auch für $\xi \to -\infty$ endlich bleibt (nämlich verschwindet). Es handelt sich um eine Gauß-Kurve, deren Breite von der Zeit abhängt, genauer gesagt mit zunehmender Zeit immer größer wird. Für kleine Zeiten ist sie sehr schmal und dafür sehr hoch. Ihr Integral von $\xi = -\infty$ bis $\xi = +\infty$ ist zu jeder Zeit B_0:

$$B_0 \int\limits_{-\infty}^{+\infty} \frac{1}{\sqrt{4\pi\tau}} \exp\left[-\frac{(\xi - \xi')^2}{4\tau}\right] d\xi = B_0 \ . \tag{6.70}$$

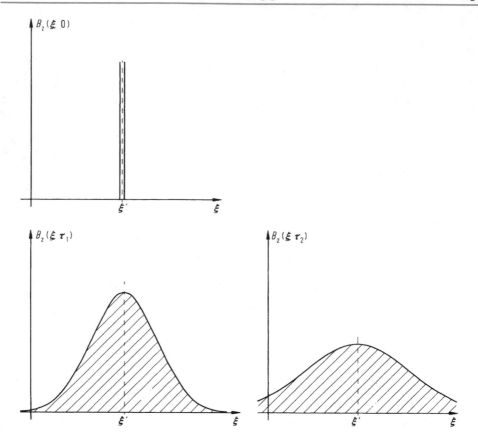

Abb. 6.17 Diffusion des Magnetfeldes im beiderseits unendlichen Raum

Von dem Faktor B_0 abgesehen, handelt es sich für $\tau \to 0$ um eine δ-Funktion, die man ja als Grenzwert einer Gauß-Kurve definieren kann (s. Abschn. 3.4.5):

$$\lim_{\tau \to 0} \frac{\exp\left[-\frac{(\xi-\xi')^2}{4\tau}\right]}{\sqrt{4\pi\tau}} = \delta(\xi - \xi') . \tag{6.71}$$

Demnach ist

$$B_z(\xi, 0) = B_0 \delta(\xi - \xi') . \tag{6.72}$$

Wir können also sagen, dass $B_z(\xi, \tau)$ entsprechend (6.69) die Lösung des Felddiffusionsproblems im unendlichen Raum mit der Anfangsbedingung (6.72) darstellt. Das anfänglich lokalisierte Feld fließt zeitlich mehr und mehr auseinander (Abb. 6.17). Dieses Verhalten ist auch aus der formal völlig analogen Theorie der Wärmeleitung gut bekannt. Die hier gegebene spezielle Lösung gibt uns – und darin liegt ihre Bedeutung – die Lösung eines viel allgemeineren Problems in die Hand. Ist das Anfangsfeld in beliebiger Weise vorgegeben,

$$B_z(\xi, 0) = h(\xi) \,, \tag{6.73}$$

so können wir uns dieses als Überlagerung vieler δ-Funktionen vorstellen. Es gilt ja

$$B_z(\xi, 0) = h(\xi) = \int\limits_{-\infty}^{\infty} h(\xi_0)\delta(\xi - \xi_0)\,\mathrm{d}\xi_0 \,, \tag{6.74}$$

d. h. das Anfangsfeld setzt sich aus Anteilen

$$\mathrm{d}B_z(\xi, 0) = \delta(\xi - \xi_0)h(\xi_0)\,\mathrm{d}\xi_0 \tag{6.75}$$

zusammen. Der Beitrag dieses Anteils zu späterer Zeit ist

$$\mathrm{d}B_z(\xi, \tau) = h(\xi_0)\frac{\exp\left[-\frac{(\xi-\xi_0)^2}{4\tau}\right]}{\sqrt{4\pi\tau}}\,\mathrm{d}\xi_0 \,. \tag{6.76}$$

Das gesamte Feld erhält man durch Überlagerung aller Beiträge, d. h. als Integral

$$B_z(\xi, \tau) = \int\limits_{-\infty}^{\infty} h(\xi_0)\frac{\exp\left[-\frac{(\xi-\xi_0)^2}{4\tau}\right]}{\sqrt{4\pi\tau}}\,\mathrm{d}\xi_0 \,, \tag{6.77}$$

bzw., wieder in den dimensionsbehafteten Größen x und t ausgedrückt,

$$B_z(x, t) = \int\limits_{-\infty}^{\infty} h(x_0)\frac{\exp\left[-\frac{(x-x_0)^2\mu\kappa}{4t}\right]}{\sqrt{4\pi t}}\sqrt{\mu\kappa}\,\mathrm{d}x_0 \,. \tag{6.78}$$

Die Gleichung (6.77) – (6.78) – ist von ganz besonderem Interesse, weil sie das Problem in voller Allgemeinheit für jede beliebige Anfangsbedingung löst. $B_z(\xi, \tau)$ wird sozusagen durch eine Integraltransformation aus $B_z(\xi, 0)$ gewonnen, wobei die zur δ-Funktion als Anfangsbedingung gehörige Lösung (6.69) als Integralkern auftritt. Sie spielt die Rolle der *Green'schen Funktion* unseres Problems.

Die Gleichung (6.74) kann als Entwicklung der Funktion $h(\xi)$ nach dem vollständigen orthogonalen und normierten Funktionensystem $\delta(\xi - \xi_0)$ aufgefasst werden. Die Orthogonalitätsbeziehung ist

$$\int\limits_{-\infty}^{+\infty} \delta(\xi - \xi_0)\delta(\xi - \xi_0')\, d\xi = \delta(\xi_0 - \xi_0') \ .$$

Mit dem Ansatz

$$h(\xi) = \int\limits_{-\infty}^{+\infty} g(\xi_0)\delta(\xi - \xi_0)\, d\xi_0$$

liefert sie

$$g(\xi_0) = h(\xi_0) \ ,$$

d. h. als Koeffizientenfunktion ergibt sich die zu entwickelnde Funktion selbst, was nichts anderes als eine ungewohnte, jedoch nützliche Interpretation der Ausblendeigenschaft der δ-Funktion ist. Weil bzw. wenn das Problem für die Basisfunktionen gelöst ist, so ist damit das Problem für beliebige danach entwickelbare Funktionen gelöst. Deshalb kann man mit Hilfe der δ-Funktion die Green'sche Funktion des Problems gewinnen, wie dies auch für andere Probleme (z. B. in der Elektrostatik) geschah.

Wir hätten auch auf andere, systematischere Weise vorgehen können. Die spezielle Lösung (6.69) haben wir einfach angegeben, und das ist eigentlich nicht sehr befriedigend. Wir wollen nun beschreiben, wie wir sie, von den Rand- und Anfangsbedingungen ausgehend, herleiten können. Dazu betrachten wir statt $B_z(\xi, \tau)$ das Laplace-transformierte Feld $\tilde{B}_z(\xi, p)$. Dafür gilt nach (6.51) statt (6.68) die Gleichung

$$\frac{\partial^2 \tilde{B}_z(\xi, p)}{\partial \xi^2} = p\tilde{B}_z(\xi, p) - h(\xi) \ , \tag{6.79}$$

d. h. aus der partiellen Differentialgleichung in ξ und τ ist eine gewöhnliche Differentialgleichung in ξ geworden, in der die Anfangsbedingung bereits enthalten ist. Wir suchen nun die Lösung dieser Gleichung, die sowohl für $\xi \to \infty$ als auch für $\xi \to -\infty$ endlich bleibt. Das sind die (oft stillschweigend angenommenen) Randbedingungen, die nötig sind, damit die Lösung eindeutig wird. Die allgemeine Lösung von (6.79) ergibt sich, wenn man zur allgemeinen Lösung der entsprechenden homogenen Gleichung eine spezielle Lösung der inhomogenen Gleichung addiert. Die spezielle Lösung der inhomogenen Gleichung gewinnt man aus der allgemeinen Lösung der homogenen Gleichung mit Hilfe der Methode der Variation der Konstanten. Unter Übergehung der Einzelheiten sei die allgemeine Lösung von (6.79) angegeben:

$$\tilde{B}_z(\xi, p) = A_1 \exp[-\sqrt{p}\xi] + A_2 \exp[+\sqrt{p}\xi] - \int\limits_{-\infty}^{\xi} h(\xi_0)\frac{\sinh[\sqrt{p}(\xi - \xi_0)]}{\sqrt{p}}\, d\xi_0 \ . \tag{6.80}$$

Das Integral ist eine spezielle Lösung der inhomogenen Gleichung (6.79). Dabei kann die untere Grenze durch eine beliebige andere Konstante ersetzt werden. Das neue Integral ist wiederum eine Lösung der inhomogenen Gleichung. Die Differenz der beiden Integrale ist natürlich eine Lösung der homogenen Gleichung, d. h. sie kann mit den beiden Exponentialfunktionen durch eine geeignete Überlagerung dargestellt werden. Anders gesagt, die Lösung (6.80) bleibt unverändert, wenn man die untere Grenze des Integrals und gleichzeitig die Entwicklungskoeffizienten A_1 und A_2 geeignet ändert.

Ist insbesondere

$$h(\xi) = B_0 \delta(\xi - \xi') \,, \tag{6.81}$$

so folgt mit $C_{1/2} = A_{1/2}/B_0$:

$$\frac{\tilde{B}_z(\xi, p)}{B_0} = \begin{cases} C_1 \exp[-\sqrt{p}\xi] + C_2 \exp[+\sqrt{p}\xi] & \text{für } \xi < \xi' \\ C_1 \exp[-\sqrt{p}\xi] + C_2 \exp[+\sqrt{p}\xi] - \dfrac{\sinh[\sqrt{p}(\xi - \xi')]}{\sqrt{p}} & \text{für } \xi > \xi' \,. \end{cases} \tag{6.82}$$

Damit $\tilde{B}_z$ für $\xi \to -\infty$ nicht divergiert, muss

$$C_1 = 0 \tag{6.83}$$

sein. Für sehr große Werte von ξ ist

$$\frac{\tilde{B}_z(\xi, p)}{B_0} \approx C_2 \exp[\sqrt{p}\xi] - \frac{1}{2\sqrt{p}} \exp[\sqrt{p}(\xi - \xi')] \,. \tag{6.84}$$

Damit dies für $\xi \to +\infty$ endlich bleibt, muss

$$C_2 = \frac{1}{2\sqrt{p}} \exp[-\sqrt{p}\xi'] \tag{6.85}$$

sein. Aus (6.82), (6.83), (6.85) schließlich ergibt sich

$$\frac{\tilde{B}_z(\xi, p)}{B_0} = \frac{1}{2\sqrt{p}} \exp[-\sqrt{p}|\xi - \xi'|] \,. \tag{6.86}$$

Durch Benutzung des Betrages von $\xi - \xi'$, $|\xi - \xi'|$, kann man nämlich die durch die Fallunterscheidung in (6.82) zunächst entstehenden beiden Formeln in eine zusammenfassen. Dabei ist

$$|\xi - \xi'| = \begin{cases} \xi - \xi' & \text{für } \xi > \xi' \\ \xi' - \xi & \text{für } \xi < \xi' \,. \end{cases} \tag{6.87}$$

Aus Symmetriegründen ist auch ein Ergebnis wie (6.86) zu erwarten, da sich das Feld rechts und links von der Stelle $\xi = \xi'$ in gleicher Weise verhalten muss. Das Ergebnis darf tatsächlich nur von $|\xi - \xi'|$ abhängen. Kehren wir in den Zeitbereich zurück, so ergibt sich aus (6.86)

$$B_z(\xi, \tau) = B_0 \frac{\exp\left[-\frac{(\xi-\xi')^2}{4\tau}\right]}{\sqrt{4\pi\tau}} , \tag{6.88}$$

da nämlich

$$\mathcal{L}^{-1}\left\{\frac{1}{2\sqrt{p}}\exp(-\sqrt{p}|\xi - \xi'|)\right\} = \frac{\exp\left[-\frac{(\xi-\xi')^2}{4\tau}\right]}{\sqrt{4\pi\tau}} \tag{6.89}$$

ist. Das Ergebnis (6.88) ist mit unserem früheren Ergebnis (6.69) identisch, das damit noch einmal und nun auf systematische Weise hergeleitet ist. Die allgemeine Lösung (6.77) folgt aus (6.88) wie vorher.

6.5   Felddiffusion im Halbraum

6.5.1   Allgemeine Lösung

Wir betrachten nun das Problem der Felddiffusion im Halbraum $\xi > 0$ (Abb. 6.18). Es handelt sich wiederum um die Lösung der Gleichung

$$\frac{\partial^2 B_z(\xi, \tau)}{\partial \xi^2} = \frac{\partial B_z(\xi, \tau)}{\partial \tau} , \tag{6.90}$$

nun mit den Randbedingungen

$$[B_z(\xi, \tau)]_{\xi=0_+} = B_z(0, \tau) = f(\tau) , \tag{6.91}$$

$$[B_z(\xi, \tau)]_{\xi\to\infty} = B_z(\infty, \tau) = \text{endlich} \tag{6.92}$$

und der Anfangsbedingung

$$[B_z(\xi, \tau)]_{\tau=0} = B_z(\xi, 0) = h(\xi) . \tag{6.93}$$

Abb. 6.18 Leitfähiger Halbraum

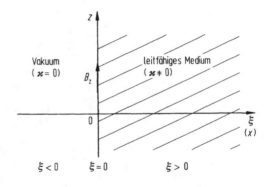

Für $B_z(\xi, p)$ gilt nach wie vor (6.79),

$$\frac{\partial^2 \tilde{B}_z(\xi, p)}{\partial \xi^2} = p\tilde{B}_z(\xi, p) - h(\xi) ,\qquad (6.94)$$

deren allgemeine Lösung ähnlich (6.80) auch in der Form

$$\tilde{B}_z(\xi, p) = A_1 \exp[-\sqrt{p}\xi] + A_2 \exp[+\sqrt{p}\xi] - \int_0^\xi h(\xi_0) \frac{\sinh[\sqrt{p}(\xi - \xi_0)]}{\sqrt{p}}\, d\xi_0 \quad (6.95)$$

geschrieben werden kann. Dabei wurde lediglich als untere Grenze des Integrals hier $\xi_0 = 0$ gewählt statt $\xi_0 = -\infty$ in (6.80), da wir es hier nur mit dem Halbraum zu tun haben. Wählen wir wiederum

$$h(\xi) = B_0\delta(\xi - \xi') ,\qquad (6.96)$$

so wird in Analogie zu (6.82)

$$\frac{\tilde{B}_z(\xi, p)}{B_0} = \begin{cases} C_1 \exp[-\sqrt{p}\xi] + C_2 \exp[+\sqrt{p}\xi] & \text{für } 0 \le \xi < \xi' \\ C_1 \exp[-\sqrt{p}\xi] + C_2 \exp[\sqrt{p}\xi] - \dfrac{\sinh[\sqrt{p}(\xi - \xi')]}{\sqrt{p}} & \text{für } 0 \le \xi' < \xi . \end{cases}$$

$$(6.97)$$

Daraus und aus den beiden Randbedingungen (6.91), (6.92) folgt jetzt

$$B_0(C_1 + C_2) = \tilde{f}(p) \qquad (6.98)$$

bzw.

$$C_2 = \frac{1}{2\sqrt{p}} \exp[-\sqrt{p}\xi'] ,\qquad (6.99)$$

ganz in Übereinstimmung mit (6.85). Eliminiert man C_2 aus (6.98), so ergibt sich

$$C_1 = \frac{\tilde{f}(p)}{B_0} - \frac{1}{2\sqrt{p}} \exp[-\sqrt{p}\xi'] .\qquad (6.100)$$

Aus (6.97), (6.99), (6.100) schließlich folgt

$$\tilde{B}_z(\xi, p) = \tilde{f}(p) \exp[-\sqrt{p}\xi] + \frac{B_0}{2\sqrt{p}} \{-\exp[-\sqrt{p}(\xi + \xi')]$$
$$+ \exp[-\sqrt{p}|\xi - \xi'|]\} .\qquad (6.101)$$

Damit ist das Problem gelöst, wenn auch zunächst nur im p-Bereich. Das Ergebnis ist nun zu interpretieren. Dabei wollen wir die beiden Terme von $\tilde{B}_z(\xi, p)$ getrennt behandeln, da sie völlig verschiedene Ursachen haben. Wäre nämlich $B_0 = 0$, d. h. wäre kein Anfangsfeld vorhanden ($h(\xi) = 0$), so wäre

$$\tilde{B}_z(\xi, p) = \tilde{f}(p) \exp[-\sqrt{p}\xi] .\qquad (6.102)$$

Diese Gleichung beschreibt den Anteil des Feldes, der aufgrund der Randbedingung bei $\xi = 0$ von der Oberfläche her in den Halbraum hineindiffundiert. Er soll in Abschn. 6.5.2 erläutert werden. Wäre umgekehrt $\tilde{f}(p) = 0$, jedoch $B_0 \neq 0$, so wäre

$$\tilde{B}(\xi, p) = \frac{B_0}{2\sqrt{p}}\{-\exp[-\sqrt{p}(\xi + \xi')] + \exp[-\sqrt{p}|\xi - \xi'|]\} \,. \tag{6.103}$$

Damit ist der Anteil des Feldes gegeben, der auf der Anfangsbedingung beruht und an der Oberfläche $\xi = 0$ die Randbedingung $\tilde{B}_z(0, p) = 0$ erfüllt. Er wird in Abschn. 6.5.3 diskutiert.

6.5.2   Die Diffusion des Feldes von der Oberfläche ins Innere des Halbraumes (Einfluss der Randbedingung)

Wenn wir den von der Anfangsbedingung herrührenden Feldanteil abtrennen, so bleibt

$$\tilde{B}_z(\xi, p) = \tilde{f}(p) \exp[-\sqrt{p}\xi] \tag{6.104}$$

übrig. Betrachten wir zunächst den Spezialfall einer δ-Funktion,

$$f(\tau) = B_1\delta(\tau - \tau') \,, \tag{6.105}$$

so ist

$$\tilde{f}(p) = B_1 \int_0^\infty \delta(\tau - \tau') \exp(-p\tau)\, d\tau = B_1 \exp(-p\tau') \tag{6.106}$$

und

$$\tilde{B}_z(\xi, p) = B_1 \exp[-p\tau' - \sqrt{p}\xi] \,. \tag{6.107}$$

Dies kann man in den Zeitbereich zurücktransformieren (s. Tab. 6.1):

$$B_z(\xi, \tau) = \begin{cases} 0 & \text{für} \quad \tau < \tau' \\[2mm] \dfrac{B_1\xi \exp\left[-\dfrac{\xi^2}{4(\tau - \tau')}\right]}{2\sqrt{\pi}\sqrt{(\tau - \tau')^3}} & \text{für} \quad \tau > \tau' \geq 0 \,. \end{cases} \tag{6.108}$$

Das ist die Lösung für ein an der Oberfläche zur Zeit τ' sehr kurzzeitig wirkendes, sehr großes Feld. Man kann nun eine allgemeine Randbedingung $f(\tau)$ betrachten und sich diese als Überlagerung vieler δ-Funktionen vorstellen:

$$f(\tau) = \int_0^\infty f(\tau_0)\delta(\tau - \tau_0)\, d\tau_0 \,. \tag{6.109}$$

Jede entwickelt sich entsprechend dem Ergebnis (6.108), so dass man insgesamt

$$B_z(\xi, \tau) = \int_0^\tau f(\tau_0) \frac{\xi \exp\left[-\frac{\xi^2}{4(\tau - \tau_0)}\right]}{2\sqrt{\pi}\sqrt{(\tau - \tau_0)^3}} \, d\tau_0 \qquad (6.110)$$

bzw.

$$B_z(x, t) = \int_0^t f(t_0) \frac{x\sqrt{\mu\kappa}\exp\left[-\frac{x^2\mu\kappa}{4(t - t_0)}\right]}{2\sqrt{\pi}\sqrt{(t - t_0)^3}} \, dt_0 \qquad (6.111)$$

erhält. Damit ist das Problem einer völlig allgemeinen Randbedingung auf eine Integral-transformation zurückgeführt, die das Feld an der Oberfläche auf das Feld im Inneren abbildet, und zwar mit der durch (6.108) gegebenen Green'schen Funktion.

Wir haben zunächst eine δ-Funktion als Randbedingung gewählt und das Resultat (6.110) durch Überlagerung vieler δ-Funktionen bekommen. Man kann auch formaler vorgehen und (6.110) direkt aus (6.104) mit Hilfe des Faltungstheorems (6.53), (6.54) herleiten, da nämlich (s. Tab. 6.1)

$$\mathcal{L}^{-1}\{\exp[-\sqrt{p}\,\xi]\} = \frac{\xi \exp\left[-\frac{\xi^2}{4\tau}\right]}{2\sqrt{\pi}\sqrt{\tau^3}} \qquad (6.112)$$

ist. Das Faltungstheorem besorgt also gerade die von uns zunächst anschaulich vorge-nommene Überlagerung der einzelnen δ-Impulse, aus denen wir uns die Funktion $f(\tau)$ zusammengesetzt denken können. Gleichung (6.110) gibt den raumzeitlichen Verlauf des Feldes im Halbraum für beliebig vorgegebenes Feld an der Oberfläche, wenn der Halb-raum zu Beginn des Vorgangs feldfrei ist. Als einfaches Beispiel sei der Fall eines zur Zeit $\tau = 0$ sprunghaft ansteigenden, dann konstant bleibenden Feldes betrachtet:

$$f(\tau) = \begin{cases} 0 & \text{für } \tau < 0 \\ B_0 & \text{für } \tau \geq 0 \,. \end{cases} \qquad (6.113)$$

Dafür ist

$$B_z(\xi, \tau) = B_0 \int_0^\tau \frac{\xi \exp\left[-\frac{\xi^2}{4(\tau - \tau_0)}\right]}{2\sqrt{\pi}\sqrt{(\tau - \tau_0)^3}} \, d\tau_0 \,. \qquad (6.114)$$

Mit der neuen Variablen

$$u = \frac{\xi}{2\sqrt{\tau - \tau_0}} \tag{6.115}$$

ist

$$\frac{\mathrm{d}u}{\mathrm{d}\tau_0} = \frac{\xi}{4\sqrt{(\tau - \tau_0)^3}} \tag{6.116}$$

und

$$
\begin{aligned}
B_z(\xi, \tau) &= B_0 \frac{2}{\sqrt{\pi}} \int_{\xi/2\sqrt{\tau}}^{\infty} \exp(-u^2)\,\mathrm{d}u \\
&= B_0 \frac{2}{\sqrt{\pi}} \left[\int_0^{\infty} \exp(-u^2)\,\mathrm{d}u - \int_0^{\xi/2\sqrt{\tau}} \exp(-u^2)\,\mathrm{d}u \right] \\
&= B_0 \left[1 - \frac{2}{\sqrt{\pi}} \int_0^{\xi/2\sqrt{\tau}} \exp(-u^2)\,\mathrm{d}u \right] \\
&= B_0 \left[1 - \mathrm{erf}\left(\frac{\xi}{2\sqrt{\tau}} \right) \right] \\
&= B_0\, \mathrm{erfc}\left(\frac{\xi}{2\sqrt{\tau}} \right) \;,
\end{aligned}
$$

d. h.:

$$B_z(x, t) = B_0\, \mathrm{erfc}\left(\frac{x\sqrt{\mu\kappa}}{2\sqrt{t}} \right) \;. \tag{6.117}$$

Hier haben wir die sogenannte Fehlerfunktion (= error function, erf) und die komplementäre Fehlerfunktion (= error function complement, erfc) eingeführt (Abb. 6.19):

$$\mathrm{erf}(x) = \frac{2}{\sqrt{\pi}} \int_0^{x} \exp(-u^2)\,\mathrm{d}u \tag{6.118}$$

$$\mathrm{erfc}(x) = 1 - \mathrm{erf}(x) = \frac{2}{\sqrt{\pi}} \int_x^{\infty} \exp(-u^2)\,\mathrm{d}u \;. \tag{6.119}$$

Daraus ergibt sich, wie das zur Zeit $t = 0$ an der Oberfläche angelegte und später dort konstant gehaltene Magnetfeld in den Halbraum eindringt (Abb. 6.20). Es ist bemerkens-

Abb. 6.19 Fehlerfunktion und komplementäre Fehlerfunktion

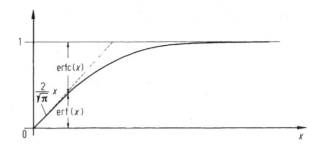

wert und ein Beispiel für die früher erwähnten Ähnlichkeitsgesetze (Abschn. 6.2.3), dass das Feld nur von $\xi/2\sqrt{\tau}$ abhängt und nicht von ξ und τ getrennt. Der Feldverlauf bleibt die ganze Zeit in seiner Form erhalten (Abb. 6.20), er wird lediglich mit zunehmender Zeit räumlich mehr und mehr gedehnt. Für

$$\frac{\xi}{2\sqrt{\tau}} \approx 0{,}48$$

ist

$$\mathrm{erfc}\left(\frac{\xi}{2\sqrt{\tau}}\right) = \frac{1}{2} .$$

Grob können wir deshalb sagen, das Feld B_z sei zur Zeit τ bis zum Ort

$$\xi \approx 2 \cdot 0{,}48\sqrt{\tau} \approx \sqrt{\tau} \tag{6.120}$$

vorgedrungen (Halbwertsbreite). Kehren wir zu den natürlichen dimensionsbehafteten Variablen x und t zurück, so ist nach (6.66), (6.67)

$$x \approx \sqrt{\frac{t}{\mu\kappa}} \tag{6.121}$$

Abb. 6.20 Diffusion eines an der Oberfläche konstanten Magnetfeldes in den Halbraum

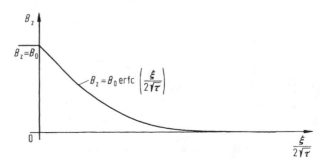

der Ort, bis zu dem das Feld (genauer das halbe Feld) bis zur Zeit t eingedrungen ist, bzw. umgekehrt

$$t \approx \mu \kappa x^2 \tag{6.122}$$

die Zeit, die benötigt wird, um bis zum Ort x vorzudringen. Das entspricht den früher vorgenommenen Abschätzungen (6.39), (6.43). Wir wollen uns an dieser Stelle mit diesem sehr einfachen Beispiel begnügen, in einem späteren Unterabschnitt jedoch das Problem des *Skineffekts* für den Fall eines zeitlich periodischen Feldes bzw. Stromes untersuchen (Abschn. 6.5.4).

6.5.3 Die Diffusion des Anfangsfeldes im Halbraum (Einfluss der Anfangsbedingung)

Nun gilt nach (6.103)

$$\tilde{B}_z(\xi, p) = -\frac{B_0 \exp[-\sqrt{p}(\xi + \xi')]}{2\sqrt{p}} + \frac{B_0 \exp[-\sqrt{p}|\xi - \xi'|]}{2\sqrt{p}} . \tag{6.123}$$

Betrachten wir zunächst das zweite Glied. Es ist uns aus Abschn. 6.4 (6.86) bereits gut bekannt. Die zugehörige Funktion im Zeitbereich ist nach (6.88)

$$B_z(\xi, \tau) = B_0 \frac{\exp\left[-\frac{(\xi - \xi')^2}{4\tau}\right]}{\sqrt{4\pi\tau}} . \tag{6.124}$$

Das erste Glied in (6.123) ist, mindestens was seinen Effekt im Gebiet $\xi > 0$, $\xi' > 0$ betrifft, von genau derselben Art. Es beschreibt im positiven Halbraum ein Feld, das man sich von einem δ-funktionsartigen Anfangsfeld bei $\xi = -\xi'$ ausgehend vorstellen kann:

$$B_z(\xi, \tau) = -B_0 \frac{\exp\left[-\frac{(\xi + \xi')^2}{4\tau}\right]}{\sqrt{4\pi\tau}} . \tag{6.125}$$

Bei $\xi = 0$ kompensieren sich die beiden Felder gegenseitig, wodurch die Randbedingung erfüllt wird. Wir haben hier ein Beispiel für ein „Bildfeld", das man benötigt, um eine Randbedingung zu erfüllen, wenn auch von anderer Art als bisher. Zur Zeit $\tau = 0$ hat man das Feld

$$B_z(\xi, 0) = B_0 \delta(\xi - \xi') \tag{6.126}$$

im positiven Halbraum und das Bildfeld

$$B_z(\xi, 0) = -B_0 \delta(\xi + \xi') \tag{6.127}$$

im negativen Halbraum ($\xi = -\xi'$), das natürlich fiktiver Natur ist.

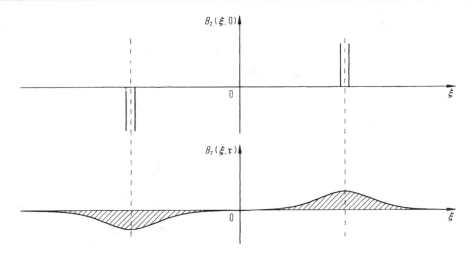

Abb. 6.21 Diffusion eines Magnetfeldes im Halbraum

Beide Felder verbreitern sich mit der Zeit zu Gauß-Kurven zunehmender Breite (Abb. 6.21). Zur Zeit τ ergibt sich als Gesamtfeld in der positiven Halbebene

$$B_z(\xi, \tau) = \frac{B_0}{\sqrt{4\pi\tau}} \left\{ \exp\left[-\frac{(\xi - \xi')^2}{4\tau} \right] - \exp\left[-\frac{(\xi + \xi')^2}{4\tau} \right] \right\} . \tag{6.128}$$

In der negativen Halbebene spielt dieses Feld nur die Rolle eines fiktiven Bildfeldes. Das tatsächliche Feld ist dort $B_z = 0$. Ist ein beliebiges Anfangsfeld, $h(\xi)$, vorhanden, so ergibt sich nach Überlagerung aller Anteile (in Analogie zur Diskussion Abschn. 6.4):

$$B_z(\xi, \tau) = \int_0^\infty \frac{h(\xi_0)}{\sqrt{4\pi\tau}} \left\{ \exp\left[-\frac{(\xi - \xi_0)^2}{4\tau} \right] - \exp\left[-\frac{(\xi + \xi_0)^2}{4\tau} \right] \right\} \, d\xi_0 , \tag{6.129}$$

womit auch dieses Problem allgemein gelöst ist.

Betrachten wir wieder einen einfachen Spezialfall:

$$h(\xi) = B_0 . \tag{6.130}$$

Mit

$$u = \frac{\xi \pm \xi_0}{2\sqrt{\tau}} \tag{6.131}$$

ist

$$\frac{du}{d\xi_0} = \pm \frac{1}{2\sqrt{\tau}} \tag{6.132}$$

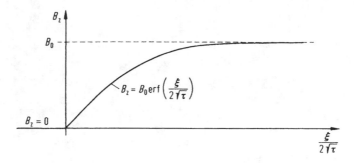

Abb. 6.22 Diffusion eines konstanten Anfangsfeldes aus dem Halbraum

und

$$
B_z(\xi, \tau) = -\frac{B_0}{\sqrt{\pi}} \left\{ \int_{\xi/2\sqrt{\tau}}^{-\infty} \exp(-u)^2\, \mathrm{d}u + \int_{\xi/2\sqrt{\tau}}^{+\infty} \exp(-u^2)\, \mathrm{d}u \right\}
$$

$$
= \frac{B_0}{\sqrt{\pi}} \left\{ \int_{-\infty}^{\xi/2\sqrt{\tau}} \exp(-u^2)\, \mathrm{d}u - \int_{\xi/2\sqrt{\tau}}^{\infty} \exp(-u^2)\, \mathrm{d}u \right\}
$$

$$
= \frac{2 B_0}{\sqrt{\pi}} \int_{0}^{\xi/2\sqrt{\tau}} \exp(-u^2)\, \mathrm{d}u = B_0 \operatorname{erf}\left(\frac{\xi}{2\sqrt{\tau}}\right) ,
$$

d. h.

$$
B_z(x, t) = B_0 \operatorname{erf}\left(\frac{x\sqrt{\mu k}}{2\sqrt{\tau}}\right) . \tag{6.133}
$$

Das muss auch so sein. Man kann sich leicht überlegen, dass das sich ergebende Feld das im vorhergehenden Abschnitt berechnete Feld (6.117) zu B_0 ergänzen muss. Hat man ein Anfangsfeld B_0 und legt man außerdem an der Oberfläche das Feld B_0 an, so darf im Endeffekt gar nichts passieren. Legt man jedoch an der Oberfläche kein Feld an, so beschreibt Gleichung (6.133) das im Halbraum allmählich abklingende Feld. Der Feldverlauf bleibt dabei stets ähnlich (Abb. 6.22).

6.5.4   Periodisches Feld und Skineffekt

Zurückkehrend zu Abschn. 6.5.2 erzeugen wir nun an der Oberfläche des Halbraumes ein zeitlich periodisches Feld. Zur Vereinfachung benutzen wir die komplexe Schreibweise, die sehr nützlich bei der Behandlung periodischer Vorgänge ist. Wir setzen

$$
B_z(0, \tau) = f(\tau) = B_0[\cos(\Omega\tau) + \mathrm{i}\sin(\Omega\tau)] = B_0 \exp(\mathrm{i}\Omega\tau) . \tag{6.134}
$$

Wenn wir jeweils nur den Realteil betrachten, entspricht das dem an der Oberfläche gegebenen realen Feld $B_0 \cos(\Omega\tau)$. Damit ist

$$\tilde{f}(p) = \frac{B_0}{p - i\Omega} \tag{6.135}$$

und nach (6.104)

$$\tilde{B}_z(\xi, p) = \frac{B_0}{p - i\Omega} \exp[-\sqrt{p}\xi] . \tag{6.136}$$

Ω ist die dimensionslose Kreisfrequenz, wobei

$$\Omega\tau = \omega t = \Omega \frac{t}{\mu\kappa l^2} ,$$

d. h.

$$\Omega = \omega\mu\kappa l^2 \tag{6.137}$$

ist. Der schon genannten Tafel der Laplace-Transformationen kann man die zu (6.136) gehörige Zeitfunktion entnehmen [6]:

$$B_z(\xi, \tau) = \frac{B_0}{2} \exp(i\Omega\tau) \left\{ \exp\left[-(1+i)\sqrt{\frac{\Omega\xi^2}{2}}\right] \mathrm{erfc}\left[\frac{\xi}{2\sqrt{\tau}} - (1+i)\sqrt{\frac{\Omega\tau}{2}}\right] \right.$$

$$\left. + \exp\left[+(1+i)\sqrt{\frac{\Omega\xi^2}{2}}\right] \mathrm{erfc}\left[\frac{\xi}{2\sqrt{\tau}} + (1+i)\sqrt{\frac{\Omega\tau}{2}}\right] \right\} . \tag{6.138}$$

Für sehr große Zeiten ($\tau \to \infty$) wird

$$\mathrm{erfc}\left[\frac{\xi}{2\sqrt{\tau}} - (1+i)\sqrt{\frac{\Omega\tau}{2}}\right] = 2 ,$$

$$\mathrm{erfc}\left[\frac{\xi}{2\sqrt{\tau}} + (1+i)\sqrt{\frac{\Omega\tau}{2}}\right] = 0 ,$$

$$B_z(\xi, \tau) = B_0 \exp\left[i\left(\Omega\tau - \sqrt{\frac{\Omega\xi^2}{2}}\right)\right] \exp\left[-\sqrt{\frac{\Omega\xi^2}{2}}\right]$$

und das reale Feld im Halbraum

$$B_z(\xi, \tau) = B_0 \cos\left[\Omega\tau - \sqrt{\frac{\Omega\xi^2}{2}}\right] \exp\left[-\sqrt{\frac{\Omega\xi^2}{2}}\right] . \tag{6.139}$$

Nach dem Abklingen der von den Anfangsbedingungen herrührenden Effekte (hier des anfangs im Leiter verschwindenden Feldes) bleibt der durch (6.139) gegebene sogenannte *eingeschwungene Zustand* übrig. Er allein würde – zur Zeit $\tau = 0$ betrachtet – die Anfangsbedingung nicht befriedigen. Eine andere Anfangsbedingung würde zusätzliche, jedoch mit der Zeit ebenfalls abklingende Terme verursachen. Als eingeschwungener Zustand würde sich in jedem Fall nur (6.139) ergeben. Mit ihm allein wollen wir uns hier beschäftigen. Er hat die Periodizität des an der Oberfläche wirkenden Anregungsvorganges, wobei jedoch eine vom Ort ξ abhängige Phasenverschiebung auftritt und außerdem eine Abnahme der Amplitude (Dämpfung) ins Innere des Halbraumes hinein. Beides ist auch rein anschaulich zu erwarten.

Interessiert man sich von vornherein nur für den eingeschwungenen Zustand, so kann man diesen relativ leicht berechnen. Macht man in der Gleichung

$$\frac{\partial^2 B_z(\xi,\tau)}{\partial \xi^2} = \frac{\partial B_z(\xi,\tau)}{\partial \tau} \tag{6.140}$$

den Ansatz

$$B_z(\xi,\tau) = B_0 \exp[i(\Omega\tau - k\xi)] , \tag{6.141}$$

so ergibt sich

$$-k^2 = i\Omega$$

bzw.

$$k = \sqrt{\Omega}\sqrt{-i} = \pm\sqrt{\Omega}\frac{1-i}{\sqrt{2}} . \tag{6.142}$$

Man erhält also zwei Lösungen:

$$B_z(\xi,\tau) = B_0 \exp\left[i\left(\Omega\tau \mp \sqrt{\frac{\Omega}{2}}\xi^2\right) \mp \sqrt{\frac{\Omega}{2}}\xi^2\right]. \tag{6.143}$$

Nur das obere Vorzeichen führt zu einer physikalisch sinnvollen Lösung. Das untere Vorzeichen würde zu einem Feld führen, das für $\xi \to \infty$ unendlich wird. Diese Lösung ist zwar formal richtig, aus physikalischen Gründen jedoch auszuschließen. Wir haben also

$$B_z(\xi,\tau) = B_0 \exp\left[i\left(\Omega\tau - \sqrt{\frac{\Omega}{2}}\xi^2\right) - \sqrt{\frac{\Omega}{2}}\xi^2\right]. \tag{6.144}$$

Sowohl Realteil als auch Imaginärteil können als Lösung betrachtet werden. Der Realteil entspricht gerade der schon angegebenen Lösung (6.139). Kehren wir zu dimensionsbehafteten Variablen zurück, so ist

$$B_z(x,t) = B_0 \exp\left[-\sqrt{\frac{\mu\kappa\omega}{2}}x\right] \cos\left[\omega t - \sqrt{\frac{\mu\kappa\omega}{2}}x\right]. \tag{6.145}$$

Die Phase ist konstant für

$$\omega t - \sqrt{\frac{\mu \kappa \omega}{2}} x = \text{const} ,$$

d. h. für

$$\omega \, dt - \sqrt{\frac{\mu \kappa \omega}{2}} \, dx = 0 ,$$

$$\frac{dx}{dt} = \sqrt{\frac{2\omega}{\mu \kappa}} . \tag{6.146}$$

Das ist die Phasengeschwindigkeit, mit der der an der Oberfläche von außen her erzeugte Wellenvorgang ins Innere des Halbraums hinein vordringt. Die Eindringtiefe, d. h. die Tiefe, in der die Amplitude auf $1/e$ abfällt, ist gegeben durch

$$\sqrt{\frac{\mu \kappa \omega}{2}} \, d = 1 ,$$

d. h. es gilt

$$d = \sqrt{\frac{2}{\mu \kappa \omega}} , \tag{6.147}$$

ganz im Einklang mit der Abschätzung (6.44), abgesehen von dem Faktor $\sqrt{2}$, der von der groben, auf die spezielle geometrische Anordnung gar keine Rücksicht nehmenden Betrachtung von Abschn. 6.2 auch nicht erwartet werden kann.

Aus

$$\text{rot} \, \mathbf{H} = \mathbf{g}$$

ergibt sich der zugehörige Strom

$$
\begin{aligned}
g_y(x,t) &= -\frac{\partial H_z(x,t)}{\partial x} \\
&= H_0 \sqrt{\mu \kappa \omega} \exp\left[-\sqrt{\frac{\mu \kappa \omega}{2}} x \right] \cos\left[\omega t - \sqrt{\frac{\mu \kappa \omega}{2}} x + \frac{\pi}{4} \right] ,
\end{aligned}
\tag{6.148}
$$

wobei benutzt wurde, dass

$$\cos \alpha - \sin \alpha = \sqrt{2} \cos\left(\alpha + \frac{\pi}{4} \right)$$

ist. Der zeitliche Mittelwert des Quadrates der Stromdichte ist

$$\overline{g_y(x)^2} = \frac{H_0^2 \mu \kappa \omega}{2} \exp\left[-\sqrt{2\mu \kappa \omega} x \right] . \tag{6.149}$$

Die Leistung, die pro Flächeneinheit der Oberfläche des Halbraums umgesetzt wird, ist deshalb im zeitlichen Mittel

$$\int_0^\infty \frac{\overline{g_y(x)^2}}{\kappa}\,dx = H_0^2 \frac{\mu\omega}{2} \int_0^\infty \exp[-\sqrt{2\mu\kappa\omega}x]\,dx$$

$$= \frac{H_0^2\mu\omega}{2\sqrt{2\mu\kappa\omega}} = \frac{H_0^2\sqrt{\mu\omega}}{2\sqrt{2\kappa}}\;.$$

(6.150)

Nach (6.148) ist

$$\int_a^b g_y(x)\,dx = -\int_a^b \frac{\partial H_z(x)}{\partial x}\,dx = H_z(a) - H_z(b)\;,$$

(6.151)

d. h. der Gesamtstrom pro Längeneinheit der Oberfläche ist

$$\int_0^\infty g_y(x)\,dx = H_z(0) - H_z(\infty) = H_0\cos\omega t\;.$$

(6.152)

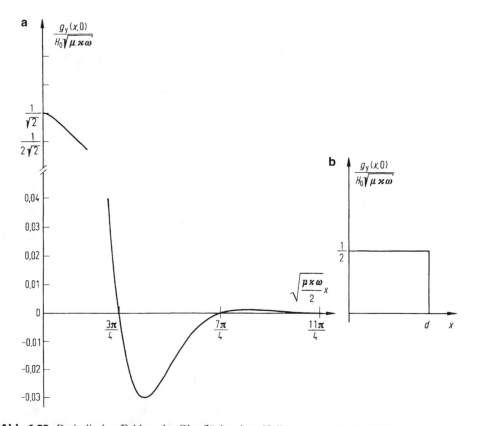

Abb. 6.23 Periodisches Feld an der Oberfläche eines Halbraumes und Skineffekt

Der zeitliche Mittelwert des Quadrates davon ist

$$\overline{\left(\int\limits_0^\infty g_y(x)\,\mathrm{d}x\right)^2} = \frac{H_0^2}{2}\,. \tag{6.153}$$

Stellt man sich vor, dass dieser Strom innerhalb der Tiefe d nach (6.147) fließt, so entspricht dem pro Flächeneinheit die Leistung

$$\frac{H_0^2}{2}\cdot R = \frac{H_0^2}{2}\cdot\frac{1}{\kappa\cdot d} = \frac{H_0^2}{2\kappa\sqrt{\frac{2}{\mu\kappa\omega}}} = \frac{H_0^2\sqrt{\mu\omega}}{2\sqrt{2\kappa}}\,. \tag{6.154}$$

Das ist gerade die in (6.150) berechnete Leistung. Man kann sich also modellmäßig vorstellen, dass der effektive Gesamtstrom in einer oberflächlichen Schicht der Dicke d mit konstanter Stromdichte fließt. In Abb. 6.23 wird die tatsächliche Stromdichteverteilung, z. B. für $t = 0$, (Abb. 6.23a), mit der Modellverteilung, (Abb. 6.23b), verglichen.

6.6   Felddiffusion in der ebenen Platte

6.6.1   Allgemeine Lösung

Nun sei das Problem einer ebenen Platte der Dicke d diskutiert, wie sie in Abb. 6.24 angedeutet ist. Die Gleichung

$$\frac{\partial^2 B_z(\xi,\tau)}{\partial\xi^2} = \frac{\partial B_z(\xi,\tau)}{\partial\tau} \tag{6.155}$$

ist nun mit den Randbedingungen

$$B_z(0,\tau) = f_1(\tau)\,, \tag{6.156}$$
$$B_z(1,\tau) = f_2(\tau) \tag{6.157}$$

Abb. 6.24 Felddiffusion in einer ebenen Platte

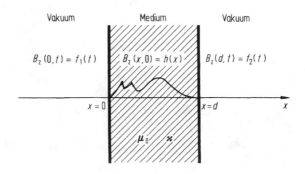

und mit der Anfangsbedingung

$$B_z(\xi, 0) = h(\xi) \,, \tag{6.158}$$

zu lösen.

Dabei ist die früher beliebige Länge l durch die Dicke d der Platte ersetzt, d. h. jetzt ist

$$\tau = \frac{t}{\mu \kappa d^2} \tag{6.159}$$

und

$$\xi = \frac{x}{d} \quad (0 \le \xi \le 1) \,. \tag{6.160}$$

Für $\tilde{B}_z(\xi, p)$ gilt wiederum die Gleichung

$$\frac{\partial^2 \tilde{B}_z(\xi, p)}{\partial \xi^2} = p\tilde{B}_z(\xi, p) - h(\xi) \,, \tag{6.161}$$

deren allgemeine Lösung nach (6.95)

$$\tilde{B}_z(\xi, p) = C_1 \exp[-\sqrt{p}\xi] + C_2 \exp[+\sqrt{p}\xi] \\ - \int_0^\xi h(\xi_0) \frac{\sinh[\sqrt{p}(\xi - \xi_0)]}{\sqrt{p}} \, d\xi_0 \tag{6.162}$$

ist. Sie muss nach (6.156), (6.157) die Randbedingungen

$$\tilde{B}_z(0, p) = \tilde{f}_1(p) \,, \tag{6.163}$$

$$\tilde{B}_z(1, p) = \tilde{f}_2(p) \tag{6.164}$$

erfüllen. Mit den dadurch bestimmten Konstanten C_1 und C_2 erhält man

$$\left.\begin{aligned} \tilde{B}_z(\xi, p) = {}& \tilde{f}_1(p) \frac{\sinh[\sqrt{p}(1 - \xi)]}{\sinh[\sqrt{p}]} + \tilde{f}_2(p) \frac{\sinh[\sqrt{p}\xi]}{\sinh[\sqrt{p}]} \\ & + \frac{\sinh[\sqrt{p}\xi]}{\sinh[\sqrt{p}]} \int_0^1 h(\xi_0) \frac{\sinh[\sqrt{p}(1 - \xi_0)]}{\sqrt{p}} \, d\xi_0 \\ & - \int_0^\xi h(\xi_0) \frac{\sinh[\sqrt{p}(\xi - \xi_0)]}{\sqrt{p}} \, d\xi_0 \,. \end{aligned}\right\} \tag{6.165}$$

Es handelt sich um drei getrennt diskutierbare Anteile, je einen von jeder der beiden Randbedingungen und einen von der Anfangsbedingung. Im Übrigen ist die Richtigkeit dieser
Lösung durch Einsetzen in (6.161) sofort nachprüfbar. Man sieht auch unmittelbar ein,
dass die beiden Randbedingungen (6.163), (6.164) erfüllt sind.

6.6.2   Die Diffusion des Anfangsfeldes (Einfluss der Anfangsbedingung)

Zunächst seien nur die letzten beiden von $h(\xi)$ herrührenden Glieder des Feldes (6.165) diskutiert. Wie wir schon früher sahen, genügt es zunächst, den Spezialfall

$$h(\xi) = B_0 \delta(\xi - \xi') \tag{6.166}$$

zu behandeln, da der allgemeine Fall darauf zurückgeführt werden kann. Lassen wir also zunächst die $\tilde{f}_1(p)$ und $\tilde{f}_2(p)$ proportionalen Anteile weg, so ist

$$\tilde{B}_z(\xi, p) = \begin{cases} B_0 \dfrac{\sinh[\sqrt{p}\xi]\sinh[\sqrt{p}(1-\xi')]}{\sqrt{p}\sinh[\sqrt{p}]} & \text{für } \xi' > \xi \\[4mm] B_0 \dfrac{\sinh[\sqrt{p}\xi']\sinh[\sqrt{p}(1-\xi)]}{\sqrt{p}\sinh[\sqrt{p}]} & \text{für } \xi > \xi' \,. \end{cases} \tag{6.167}$$

Dabei wurde benutzt, dass

$$\sinh[\sqrt{p}\xi]\sinh[\sqrt{p}(1-\xi')] - \sinh[\sqrt{p}]\sinh[\sqrt{p}(\xi-\xi')]$$
$$= \sinh[\sqrt{p}\xi']\sinh[\sqrt{p}(1-\xi)]$$

ist. Die Rücktransformation von (6.167) gibt

$$B_z(\xi, \tau) = 2B_0 \sum_{n=1}^{\infty} \sin(n\pi\xi)\sin(n\pi\xi')\exp[-n^2\pi^2\tau]\,. \tag{6.168}$$

Der Beweis soll an das Ende von Abschn. 6.6.2 verschoben werden. Damit können wir auch die allgemeine Lösung für ein beliebiges Anfangsfeld angeben:

$$B_z(\xi, \tau) = 2 \sum_{n=1}^{\infty} \sin(n\pi\xi)\left(\int_0^1 h(\xi_0)\sin(n\pi\xi_0)\,\mathrm{d}\xi_0\right)\exp[-n^2\pi^2\tau]\,. \tag{6.169}$$

Wir erhalten das Ergebnis in Form einer Fourier-Reihe. Wir hätten es auch ohne Benutzung der Laplace-Transformation durch den Ansatz in Form einer Fourier-Reihe herleiten können. Es ist auch zu sehen, dass die Beziehung (6.169) unser Problem löst. Zunächst erfüllt jedes einzelne Glied davon die Differentialgleichung (6.155) und die Randbedingungen $B_z(\xi, \tau) = 0$ für $\xi = 0$ und $\xi = 1$. Ferner ist zur Zeit $\tau = 0$

$$
\begin{aligned}
B_z(\xi, 0) &= \int_0^1 h(\xi_0) \left[\sum_{n=1}^{\infty} 2 \sin(n\pi\xi_0) \sin(n\pi\xi) \right] d\xi_0 \\
&= \int_0^1 h(\xi_0) \delta(\xi - \xi_0) \, d\xi_0 \\
&= h(\xi) \,,
\end{aligned}
\tag{6.170}
$$

d. h. die Anfangsbedingung ist erfüllt. Wesentlich ist dabei die Vollständigkeitsbeziehung (3.81), die eben benutzt wurde.

Als spezielles Beispiel wählen wir

$$
h(\xi) = B_0
\tag{6.171}
$$

und erhalten dafür zunächst

$$
B_0 \int_0^1 \sin(n\pi\xi_0) d\xi_0 = \frac{B_0}{n\pi} [1 - (-1)^n]
\tag{6.172}
$$

und damit

$$
B_z(\xi, \tau) = \sum_{n=1}^{\infty} \frac{2B_0}{n\pi} [1 - (-1)^n] \sin(n\pi\xi) \exp[-n^2\pi^2\tau] \,.
\tag{6.173}
$$

Das Ergebnis in Form einer unendlichen Reihe konvergiert für nicht allzu kleine Zeiten außerordentlich gut. Für hinreichend große Zeiten stellt bereits das erste Glied allein eine recht brauchbare Näherung dar. Ist nämlich

$$
\tau = \frac{1}{\mu\kappa d^2} \gg \frac{1}{\pi^2}
\tag{6.174}
$$

bzw.

$$
t \gg \frac{\mu\kappa d^2}{\pi^2}
\tag{6.175}
$$

so gilt

$$
B_z(x, t) \approx \frac{4B_0}{\pi} \sin\frac{\pi x}{d} \exp\left[-\frac{\pi^2 t}{\mu\kappa d^2} \right] \,,
\tag{6.176}
$$

d. h. das Feld verhält sich etwa wie in Abb. 6.25 angedeutet. Für sehr kleine Zeiten konvergiert die Reihe (6.173) keineswegs sehr gut. Hierzu sei bemerkt, dass Reihen dieser Art eng mit den sogenannten θ-Funktionen zusammenhängen. Es gibt Beziehungen zwischen θ-Funktionen, die es erlauben, schlecht konvergierende Reihen obiger Art in gut konvergierende umzuformen (Lehner, [9]).

Abb. 6.25 Felddiffusion des
Anfangsfeldes aus der ebenen
Platte

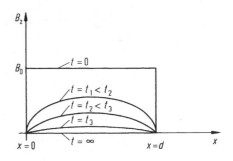

An dieser Stelle bleibt noch zu beweisen, dass, wie oben in den Gleichungen (6.167),
(6.168) behauptet,

$$\mathcal{L}\left[2\sum_{n=1}^{\infty}\sin(n\pi\xi)\sin(n\pi\xi')\exp[-n^2\pi^2\tau]\right]$$

$$=\begin{cases}\dfrac{\sinh[\sqrt{p}\xi]\sinh[\sqrt{p}(1-\xi')]}{\sqrt{p}\sinh[\sqrt{p}]} & \text{für }\xi'>\xi \\[3mm] \dfrac{\sinh[\sqrt{p}\xi']\sinh[\sqrt{p}(1-\xi)]}{\sqrt{p}\sinh(\sqrt{p})} & \text{für }\xi>\xi'.\end{cases} \tag{6.177}$$

Wir können uns auf einen der beiden Fälle beschränken. Wir betrachten zum Beispiel den
Fall $\xi' > \xi$. Dann erfüllt der zugehörige Ausdruck die zur Inversion der Laplace-Transformation mit Hilfe des Residuensatzes nach Abschn 6.3 nötigen Voraussetzungen. Nach
(6.60) benötigen wir die Residuen von

$$\tilde{f}(p)\exp[p\tau]=\frac{\sinh[\sqrt{p}\xi]\sinh[\sqrt{p}(1-\xi')]\exp[p\tau]}{\sqrt{p}\sinh[\sqrt{p}]}. \tag{6.178}$$

Mit

$$\sinh(z)=-\mathrm{i}\sin(\mathrm{i}z) \tag{6.179}$$

können wir auch schreiben

$$\tilde{f}(p)\exp[p\tau]=-\mathrm{i}\frac{\sin[\mathrm{i}\sqrt{p}\xi]\sin[\mathrm{i}\sqrt{p}(1-\xi')]\exp[p\tau]}{\sqrt{p}\sin[\mathrm{i}\sqrt{p}]}. \tag{6.180}$$

Die Nullstellen des Nenners liegen bei

$$\mathrm{i}\sqrt{p}=n\pi. \tag{6.181}$$

Man beachte jedoch, dass man für $n = 0$, d. h. $p = 0$, keinen Pol hat, da für $p = 0$ auch der Zähler verschwindet und $[\tilde{f}(p)\exp(p\tau)]_{p\to 0}$ einen endlichen Grenzwert hat. Die Pole liegen also bei

$$i\sqrt{p} = n\pi, \quad n \geq 1 \tag{6.182}$$

bzw.

$$p = -n^2\pi^2, \quad n \geq 1. \tag{6.183}$$

Es handelt sich um Pole 1. Ordnung. Weitere Pole gibt es nicht. Die zugehörigen Residuen sind

$$R_n = \lim_{p\to -n^2\pi^2} \frac{-i\sin(n\pi\xi)\sin[n\pi(1-\xi')]\exp(-n^2\pi^2\tau)(p+n^2\pi^2)}{\frac{n\pi}{i}\sin(i\sqrt{p})}.$$

Nach der de l'Hospital'schen Regel, (6.63), ist

$$\lim_{p\to -n^2\pi^2} \frac{p+n^2\pi^2}{\sin(i\sqrt{p})} = \lim_{p\to -n^2\pi^2} \frac{1}{\frac{i}{2\sqrt{p}}\cos(i\sqrt{p})} = -\frac{2n\pi}{\cos(n\pi)}, \tag{6.184}$$

und für das Residuum erhält man

$$R_n = \frac{-2\sin(n\pi\xi)[\sin(n\pi)\cos(n\pi\xi') - \cos(n\pi)\sin(n\pi\xi')]\exp(-n^2\pi^2\tau)}{\cos n\pi}$$

$$= 2\sin(n\pi\xi')\sin(n\pi\xi)\exp(-n^2\pi^2\tau). \tag{6.185}$$

Summiert man alle diese Residuen von $n = 1$ bis $n = \infty$, so ergibt sich gerade die Behauptung (6.177).

6.6.3 Der Einfluss der Randbedingungen

Untersuchen wir nun den Einfluss der Randbedingungen bei $\xi = 0$ und $\xi = 1$ ($x = 0$ und $x = d$), so ist nach (6.165)

$$\tilde{B}_z(\xi, p) = \tilde{f}_1(p)\frac{\sinh[\sqrt{p}(1-\xi)]}{\sinh[\sqrt{p}]} + \tilde{f}_2(p)\frac{\sinh[\sqrt{p}\xi]}{\sinh[\sqrt{p}]}. \tag{6.186}$$

Mit Hilfe des Faltungstheorems können wir die Lösung im Zeitbereich angeben, wenn es uns gelingt, die beiden Funktionen

$$\frac{\sinh[\sqrt{p}(1-\xi)]}{\sinh[\sqrt{p}]} = \frac{\sin[i\sqrt{p}(1-\xi)]}{\sin[i\sqrt{p}]}$$

und

$$\frac{\sinh[\sqrt{p}\xi]}{\sinh[\sqrt{p}]} = \frac{\sin[i\sqrt{p}\xi]}{\sin[i\sqrt{p}]}$$

zu invertieren. Beide haben Pole 1. Ordnung bei

$$i\sqrt{p} = n\pi, \quad n \geq 1 \tag{6.187}$$

bzw.

$$p = -n^2\pi^2, \quad n \geq 1, \tag{6.188}$$

jedoch keinen Pol bei $p = 0$, da dort beide Funktionen einen endlichen Grenzwert haben. Wir haben nun die Residuen der beiden Funktionen

$$\frac{\sin[i\sqrt{p}(1-\xi)]\exp(p\tau)}{\sin[i\sqrt{p}]} \tag{6.189}$$

und

$$\frac{\sin[i\sqrt{p}\xi]\exp(p\tau)}{\sin[i\sqrt{p}]} \tag{6.190}$$

zu berechnen. Im ersten Fall erhält man zunächst

$$R_n = \lim_{p \to -n^2\pi^2} \frac{\sin[n\pi(1-\xi)]\exp(-n^2\pi^2\tau)(p+n^2\pi^2)}{\sin[i\sqrt{p}]}$$

und nach (6.184)

$$
\begin{aligned}
R_n &= \frac{-2\pi n \sin[n\pi(1-\xi)]\exp(-n^2\pi^2\tau)}{\cos(n\pi)}\\
&= \frac{-2\pi n[\sin(n\pi)\cos(n\pi\xi) - \cos(n\pi)\sin(n\pi\xi)]\exp(-n^2\pi^2\tau)}{\cos(n\pi)}, \\
R_n &= 2\pi n \sin(n\pi\xi)\exp(-n^2\pi^2\tau).
\end{aligned}
\tag{6.191}
$$

Im zweiten Fall erhält man auf dieselbe Weise

$$
\begin{aligned}
R_n &= \lim_{p \to -n^2\pi^2} \frac{\sin(n\pi\xi)\exp(-n^2\pi^2\tau)(p+n^2\pi^2)}{\sin(i\sqrt{p})}\\
&= -\frac{2n\pi \sin(n\pi\xi)\exp(-n^2\pi^2\tau)}{\cos(n\pi)}\\
&= -2n\pi(-1)^n \sin(n\pi\xi)\exp(-n^2\pi^2\tau).
\end{aligned}
\tag{6.192}
$$

Die Residuen (6.191) gehören zur Funktion (6.189), die Residuen (6.192) zur Funktion (6.190). Wir können also schreiben:

$$\mathcal{L}\left[\sum_{n=1}^{\infty} 2n\pi \sin(n\pi\xi)\exp(-n^2\pi^2\tau)\right] = \frac{\sinh[\sqrt{p}(1-\xi)]}{\sinh[\sqrt{p}]} \tag{6.193}$$

$$\mathcal{L}\left[\sum_{n=1}^{\infty} -2n\pi(-1)^n \sin(n\pi\xi)\exp(-n^2\pi^2\tau)\right] = \frac{\sinh[\sqrt{p}\,\xi]}{\sinh[\sqrt{p}]} \, . \tag{6.194}$$

An sich genügt eine der beiden Beziehungen, da sie wegen

$$\sin[n\pi(1-\xi)] = \sin(n\pi)\cdot\cos(n\pi\xi) - \cos(n\pi)\cdot\sin(n\pi\xi) = -(-1)^n \sin(n\pi\xi)$$

gleichwertig sind.

Damit und mit Hilfe des Faltungstheorems (6.54) ergibt sich aus (6.186), d. h. für $h(\xi) = 0$,

$$B_z(\xi,\tau) = \int_0^\tau f_1(\tau_0) \sum_{n=1}^{\infty} 2\pi n \sin(n\pi\xi)\exp[-n^2\pi^2(\tau-\tau_0)]\,d\tau_0$$

$$- \int_0^\tau f_2(\tau_0) \sum_{n=1}^{\infty} 2\pi n(-1)^n \sin(n\pi\xi)\exp[-n^2\pi^2(\tau-\tau_0)]\,d\tau_0$$

bzw. etwas anders geschrieben

$$B_z(\xi,\tau) = 2\sum_{n=1}^{\infty} n\pi \sin(n\pi\xi)\exp(-n^2\pi^2\tau)$$

$$\cdot \int_0^\tau [f_1(\tau_0) - (-1)^n f_2(\tau_0)]\exp[n^2\pi^2\tau_0]\,d\tau_0 \, . \tag{6.195}$$

Damit ist das Problem für beliebige Randbedingungen gelöst. Die Lösung des Gesamt-problems geschieht durch Addition des von der Anfangsbedingung herrührenden An-teils, (6.169), und des eben berechneten, von den Randbedingungen herrührenden Anteils, (6.195).

An dieser Stelle sei ein einfaches Beispiel behandelt:

$$f_1(\tau) = 0 \, , \tag{6.196}$$

$$f_2(\tau) = \begin{cases} B_2 & \text{für } \tau \geq 0 \\ 0 & \tau < 0 \, . \end{cases} \tag{6.197}$$

Dafür ist

$$\tilde{f}_1(p) = 0 \, , \tag{6.198}$$

$$\tilde{f}_2(p) = \frac{B_2}{p} \, , \tag{6.199}$$

und damit, nach (6.186),

$$\tilde{B}_z(\xi, p) = \frac{B_2}{p} \frac{\sinh[\sqrt{p}\,\xi]}{\sinh[\sqrt{p}]} \, . \tag{6.200}$$

Man kann das Problem sowohl durch Rücktransformation von (6.200) wie auch durch Anwendung von (6.195) lösen. Hier sei beides getan. Die Rücktransformation von (6.200) geschieht ganz ähnlich wie bei den obigen Beispielen. Der Unterschied liegt im Wesentlichen darin, dass nun auch bei $p = 0$ ein Pol vorhanden ist und außerdem bei den übrigen Residuen der zusätzliche Faktor $p = -n^2\pi^2$ $(n \geq 1)$ im Nenner auftritt. Als Residuum von

$$\frac{B_2}{p} \frac{\sinh[\sqrt{p}\,\xi]}{\sinh[\sqrt{p}]} \exp(p\tau)$$

am Pol $p = 0$ ergibt sich

$$R_0 = B_2\xi \, ,$$

und insgesamt ist dann

$$B_z(\xi, \tau) = B_2\xi + 2B_2 \sum_{n=1}^{\infty} \frac{(-1)^n \sin(n\pi\xi)\exp(-n^2\pi^2\tau)}{n\pi} \, . \tag{6.201}$$

Geht man von (6.195) aus, so erhält man

$$B_z(\xi, \tau) = 2 \sum_{n=1}^{\infty} n\pi \sin(n\pi\xi) \exp(-n^2\pi^2\tau)$$

$$\cdot B_2 \int_0^\tau \exp(n^2\pi^2\tau_0)\,\mathrm{d}\tau_0[-(-1)^n]$$

$$= 2B_2 \sum_{n=1}^{\infty} n\pi \sin(n\pi\xi) \exp(-n^2\pi^2\tau)\frac{\exp(n^2\pi^2\tau) - 1}{n^2\pi^2}[-(-1)^n]$$

$$= 2B_2 \sum_{n=1}^{\infty}[-(-1)^n]\frac{\sin(n\pi\xi)}{n\pi} + 2B_2 \sum_{n=1}^{\infty} \frac{(-1)^n \sin(n\pi\xi)\exp(-n^2\pi^2\tau)}{n\pi}$$

$$= B_2\xi + 2B_2 \sum_{n=1}^{\infty} \frac{(-1)^n \sin(n\pi\xi)\exp(-n^2\pi^2\tau)}{n\pi} \, ,$$

also dasselbe Ergebnis, wobei zu beachten ist, dass gilt

$$\xi = \sum_{n=1}^{\infty} 2[-(-1)^n]\frac{\sin(n\pi\xi)}{n\pi} \text{ für } -1 < \xi < +1 \ . \tag{6.202}$$

Das lässt sich z. B. mit Hilfe der Beziehungen (3.118), (3.120) beweisen. Beide Methoden führen also zu demselben Ergebnis. Es lässt sich teilweise auch noch auf eine andere Weise verstehen. Betrachten wir nämlich den Grenzfall großer Zeiten, so gilt

$$\lim_{\tau \to \infty} B_z(\xi, \tau) = B_2 \xi \tag{6.203}$$

bzw.

$$\lim_{\tau \to \infty} B_z(x, t) = B_2 \frac{x}{d} \ . \tag{6.204}$$

Die zeitunabhängigen Randbedingungen (6.196), (6.197) müssen für große Zeiten zu einem zeitunabhängigen Feld führen. Für dieses muss

$$\frac{\partial^2 B_z(x)}{\partial x^2} = 0 \tag{6.205}$$

gelten. Die allgemeine Lösung ist

$$B_z(x) = ax + b \ . \tag{6.206}$$

Aus (6.196) folgt

$$b = 0 \ , \tag{6.207}$$

und aus (6.197) folgt

$$a = B_2/d \ , \tag{6.208}$$

was zur Lösung (6.204) führt. Die vollständige Lösung (6.201) beschreibt, wie sich der stationäre Zustand (6.204) allmählich einstellt. Qualitativ ist dies in Abb. 6.26 angedeutet. Betrachtet man den Strom, so gilt

$$g_y(x, t) = -\frac{\partial H_z(x, t)}{\partial x} = -\frac{1}{\mu_0}\frac{\partial B_z(x, t)}{\partial x} \ . \tag{6.209}$$

Abb. 6.26 Felddiffusion in eine ebene Platte

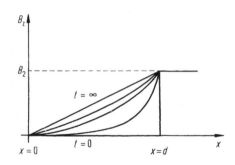

Zu Beginn des Vorgangs fließt ein Flächenstrom,

$$g_y = -\frac{1}{\mu_0} B_2 \delta(x - d) , \qquad (6.210)$$

der dann allmählich auseinanderfließt, um im stationären Endzustand den ganzen ihm zur Verfügung stehenden Raum mit konstanter Dichte gleichmäßig zu erfüllen:

$$g_y = -\frac{B_2}{\mu_0 d} . \qquad (6.211)$$

Der Gesamtstrom pro Längeneinheit

$$\frac{I}{l} = \int_0^d g_y(x) \, \mathrm{d}x = -\frac{B_2}{\mu_0} \qquad (6.212)$$

ändert sich dabei nicht. Er wird durch die in diesem Beispiel gewählten Randbedingungen ja gerade festgehalten.

6.7 Das zylindrische Diffusionsproblem

6.7.1 Die Grundgleichungen

Wir wollen hier nur praktisch besonders wichtige, sehr einfache Spezialfälle behandeln, z. B. das Problem des Skineffekts in einem zylindrischen Draht. Der betrachtete Draht sei ein unendlich langer, rotationssymmetrischer Kreiszylinder. Das ihn umgebende bzw. in ihm vorhandene Magnetfeld soll nur von r abhängen. Alle Ableitungen nach φ und z müssen demnach verschwinden (r, φ, z sind die für das Problem natürlichen Zylinderkoordinaten). Unter diesen Umständen erfordert die Quellenfreiheit von $\mathbf{B}$, dass die radiale Komponente B_r verschwindet. Sonst würde sie nämlich auf der Achse divergieren. Nach (3.32) ist

$$\operatorname{div} \mathbf{B} = \frac{1}{r} \frac{\partial}{\partial r}(r B_r) = 0 , \qquad (6.213)$$

woraus

$$B_r = \operatorname{const}/r \qquad (6.214)$$

folgt. Wir können also ansetzen

$$\mathbf{B} = (0, B_\varphi(r, t), B_z(r, t)) . \qquad (6.215)$$

Die Diffusionsgleichung

$$\Delta \mathbf{B} = \mu \kappa \frac{\partial \mathbf{B}}{\partial t} \qquad (6.216)$$

lautet unter den gemachten Voraussetzungen und nach (5.14)

$$\left(\frac{1}{r}\frac{\partial}{\partial r}r\frac{\partial}{\partial r} - \frac{1}{r^2}\right)B_\varphi(r,t) = \mu k\frac{\partial}{\partial t}B_\varphi(r,t) \, , \tag{6.217}$$

$$\left(\frac{1}{r}\frac{\partial}{\partial r}r\frac{\partial}{\partial r}\right)B_z(r,t) = \mu k\frac{\partial}{\partial t}B_z(r,t) \, . \tag{6.218}$$

Wir haben also für B_φ und B_z verschiedene Gleichungen zu lösen. Im Folgenden sollen die Feldkomponenten gesondert behandelt werden, wobei der Einfachheit halber nur Vollzylinder (Radius r_0) betrachtet werden sollen. Wir beschränken uns auch auf den Fall verschwindenden Anfangsfeldes, d. h. es soll sein

$$[\mathbf{B}(r,t)]_{t=0} = \mathbf{B}(r,0) = 0 \, . \tag{6.219}$$

Es sei jedoch bemerkt, dass sich das allgemeine Anfangswertproblem für beliebiges Anfangsfeld auch ohne besondere Schwierigkeiten behandeln lässt, z. B. mit Hilfe der Fourier-Bessel-Entwicklung des Anfangsfeldes. Als Randbedingungen haben wir

$$[\mathbf{B}(r,t)]_{r=r_0} = \mathbf{B}(r_0,t) = \mathbf{f}(t) \, , \tag{6.220}$$
$$[\mathbf{B}(r,t)]_{r=0} = \mathbf{B}(0,t) = \text{endlich} \, . \tag{6.221}$$

Auch hier führen wir dimensionslose Variable ein:

$$x = r/r_0 \tag{6.222}$$

und

$$\tau = \frac{t}{\mu\kappa r_0^2} \, . \tag{6.223}$$

Damit lauten die Gleichungen für B_φ und B_z

$$\left(\frac{1}{x}\frac{\partial}{\partial x}x\frac{\partial}{\partial x} - \frac{1}{x^2}\right)B_\varphi(x,\tau) = \frac{\partial}{\partial\tau}B_\varphi(x,\tau) \, , \tag{6.224}$$

$$\left(\frac{1}{x}\frac{\partial}{\partial x}x\frac{\partial}{\partial x}\right)B_z(x,\tau) = \frac{\partial}{\partial\tau}B_z(x,\tau) \, , \tag{6.225}$$

mit

$$\mathbf{B}(x,0) = 0 \tag{6.226}$$

und

$$\mathbf{B}(1,\tau) = \mathbf{f}(\tau) \, , \tag{6.227}$$
$$\mathbf{B}(0,\tau) = \text{endlich} \, . \tag{6.228}$$

In dieser Form sollen die Gleichungen (6.224), (6.225) nun mit den Bedingungen (6.226) bis (6.228) gelöst werden, wobei zunächst das longitudinale Feld B_z und dann das azimutale Feld B_φ behandelt wird.

6.7.2   Das longitudinale Feld B_z

Ein unendlich langer Zylinder befindet sich in einem Raum, in dem ein homogenes Magnetfeld parallel zur Zylinderachse erzeugt wird:

$$B_z(\tau) = f_z(\tau) \,. \tag{6.229}$$

Befindet sich in dem Zylinder anfangs kein Feld, so haben wir das oben definierte Problem zu lösen. Führen wir statt $B_z(x, \tau)$ das Laplace-transformierte Feld $\tilde{B}_z(x, p)$ ein, so ergibt sich aus (6.225) mit der Anfangsbedingung (6.226) die Gleichung

$$\left[\frac{1}{x}\frac{\partial}{\partial x}x\frac{\partial}{\partial x} - p\right]\tilde{B}_z(x, p) = 0 \,, \tag{6.230}$$

die mit den Randbedingungen

$$\tilde{B}_z(1, p) = \tilde{f}_z(p) \,, \tag{6.231}$$

$$\tilde{B}_z(0, p) = \text{endlich} \tag{6.232}$$

zu lösen ist. Wir haben früher, Gleichung (3.164), die Bessel'sche Differentialgleichung

$$\left[\frac{1}{\xi}\frac{\partial}{\partial \xi}\xi\frac{\partial}{\partial \xi} + \left(1 - \frac{m^2}{\xi^2}\right)\right]Z_m(\xi) = 0 \tag{6.233}$$

kennengelernt. Setzt man in Gleichung (6.230)

$$\xi = xi\sqrt{p} \,, \tag{6.234}$$

so entsteht die Gleichung

$$\left[\frac{1}{\xi}\frac{\partial}{\partial \xi}\xi\frac{\partial}{\partial \xi} + 1\right]\tilde{B}_z(\xi, p) = 0 \,, \tag{6.235}$$

d. h. die Bessel'sche Differentialgleichung zum Index 0.
    Also ist

$$\tilde{B}_z(x, p) = A J_0(xi\sqrt{p}) + B N_0(xi\sqrt{p}) \,, \tag{6.236}$$

wo die Größen A und B von p, jedoch nicht von x abhängen können. Wegen der Randbedingung (6.232) ist

$$B = 0 \,, \tag{6.237}$$

und wegen der Randbedingung (6.231) ist

$$A = \frac{\tilde{f}_z(p)}{J_0(i\sqrt{p})} \,. \tag{6.238}$$

Damit ist

$$\tilde{B}_z(x, p) = \tilde{f}_z(p)\frac{J_0(xi\sqrt{p})}{J_0(i\sqrt{p})} \,. \tag{6.239}$$

Daraus lässt sich die allgemeine Lösung für eine beliebige Randbedingung auch im Zeitbereich gewinnen, wenn man $J_0(x\mathrm{i}\sqrt{p})/J_0(\mathrm{i}\sqrt{p})$ in den Zeitbereich zurücktransformieren kann. Das gelingt mit Hilfe des Residuensatzes. Man beachte die weitgehende Analo-
gie zu dem Problem von Abschn. 6.6.3.

Zur Rücktransformation benötigen wir die Residuen der Funktion

$$\frac{J_0(x\mathrm{i}\sqrt{p})}{J_0(\mathrm{i}\sqrt{p})} \exp(p\tau) \,. \tag{6.240}$$

Sie hat unendlich viele Pole 1. Ordnung. Bezeichnen wir wie schon in Abschn. 3.7.3.3,
Gleichung (3.209), die Nullstellen von J_0 mit λ_{0n}, so gilt für die Pole

$$\mathrm{i}\sqrt{p} = \lambda_{0n} \tag{6.241}$$

bzw.

$$p = -\lambda_{0n}^2 \,. \tag{6.242}$$

Das zugehörige Residuum der Funktion (6.240) ist

$$R_n = \lim_{p \to -\lambda_{0n}^2} \frac{J_0(\lambda_{0n}x)\exp(-\lambda_{0n}^2\tau)(p+\lambda_{0n}^2)}{J_0(\mathrm{i}\sqrt{p})}$$

$$= \lim_{p \to -\lambda_{0n}^2} \frac{J_0(\lambda_{0n}x)\exp(-\lambda_{0n}^2\tau)}{\frac{\mathrm{i}}{2\sqrt{p}}J_0'(\mathrm{i}\sqrt{p})} \,.$$

Mit

$$J_0' = -J_1$$

folgt

$$R_n = \frac{2\lambda_{0n}J_0(\lambda_{0n}x)\exp(-\lambda_{0n}^2\tau)}{J_1(\lambda_{0n})} \tag{6.243}$$

und

$$\mathcal{L}\left[\sum_{n=1}^{\infty} \frac{2\lambda_{0n}J_0(\lambda_{0n}x)\exp(-\lambda_{0n}^2\tau)}{J_1(\lambda_{0n})}\right] = \frac{J_0(x\mathrm{i}\sqrt{p})}{J_0(\mathrm{i}\sqrt{p})} \,. \tag{6.244}$$

Die Anwendung des Faltungstheorems auf Gleichung (6.239) gibt dann:

$$B_z(x,\tau) = \int_0^{\tau} f_z(\tau_0) \sum_{n=1}^{\infty} \frac{2\lambda_{0n}J_0(\lambda_{0n}x)\exp[-\lambda_{0n}^2(\tau-\tau_0)]}{J_1(\lambda_{0n})} \, \mathrm{d}\tau_0$$

bzw.

$$B_z(x, \tau) = \sum_{n=1}^{\infty} \frac{2\lambda_{0n} J_0(\lambda_{0n} x) \exp(-\lambda_{0n}^2 \tau)}{J_1(\lambda_{0n})} \int_0^{\tau} f_z(\tau_0) \exp(\lambda_{0n}^2 \tau_0)\, d\tau_0 \,. \qquad (6.245)$$

Das Resultat hat die Form einer Fourier-Bessel-Reihe entsprechend (3.213). Die Koeffizienten sind Funktionen der Zeit:

$$C_n = C_n(\tau) = \frac{2\lambda_{0n} \exp(-\lambda_{0n}^2 \tau)}{J_1(\lambda_{0n})} \int_0^{\tau} f_z(\tau_0) \exp(\lambda_{0n}^2 \tau_0)\, d\tau_0 \,. \qquad (6.246)$$

Gleichung (6.245) hat eine ganz ähnliche Struktur wie die entsprechende ebene Gleichung (6.195).

Für den Strom im Zylinder gilt

$$\begin{aligned}
g_\varphi(r) &= -\frac{\partial H_z}{\partial r} = -\frac{1}{\mu_0} \frac{\partial B_z}{\partial r} = -\frac{1}{\mu_0 r_0} \frac{\partial B_z}{\partial x} \\
&= \sum_{n=1}^{\infty} \frac{2\lambda_{0n}^2 J_1(\lambda_{0n} x) \exp(-\lambda_{0n}^2 \tau)}{\mu_0 r_0 J_1(\lambda_{0n})} \int_0^{\tau} f_z(\tau_0) \exp(\lambda_{0n}^2 \tau_0)\, d\tau_0 \,.
\end{aligned} \qquad (6.247)$$

Es ist bemerkenswert, dass das keine Fourier-Bessel-Reihe ist. Es handelt sich vielmehr um eine sogenannte *Dini-Reihe*, worauf wir hier jedoch nicht näher eingehen wollen. Details zu den verschiedenen Typen von Reihen mit Bessel-Funktionen, darunter auch zu den Dini-Reihen, finden sich in [8].

Betrachten wir als Beispiel wiederum die einfache Randbedingung

$$f_z(\tau) = B_0 \qquad (6.248)$$

bzw.

$$\tilde{f}_z(p) = B_0/p \,. \qquad (6.249)$$

Damit ist nach (6.239)

$$\tilde{B}_z(x, p) = \frac{B_0 J_0(x\mathrm{i}\sqrt{p})}{p\, J_0(\mathrm{i}\sqrt{p})} \,. \qquad (6.250)$$

Die Rücktransformation mit Hilfe des Residuensatzes geschieht ganz ähnlich wie oben für die Funktion $J_0(x\mathrm{i}\sqrt{p})/J_0(\mathrm{i}\sqrt{p})$. Unter Beachtung des zusätzlichen Pols bei $p = 0$ und des zusätzlichen Faktors $p = -\lambda_{0n}^2$ im Nenner ergibt sich

$$B_z(x, \tau) = B_0 \left[1 - \sum_{n=1}^{\infty} \frac{2 J_0(\lambda_{0n} x) \exp(-\lambda_{0n}^2 \tau)}{\lambda_{0n} J_1(\lambda_{0n})} \right] \qquad (6.251)$$

und

$$g_\varphi(x,\tau) = -\frac{1}{\mu_0 r_0}\frac{\partial B_z}{\partial x}$$

$$= -\frac{2B_0}{\mu_0 r_0}\sum_{n=1}^{\infty}\frac{J_1(\lambda_{0n}x)\exp(-\lambda_{0n}^2\tau)}{J_1(\lambda_{0n})}\ . \tag{6.252}$$

Man kann auch von der allgemeinen Lösung (6.245) ausgehen, um

$$B_z(x,\tau) = B_0\sum_{n=1}^{\infty}\frac{2\lambda_{0n}J_0(\lambda_{0n}x)\exp(-\lambda_{0n}^2\tau)}{J_1(\lambda_{0n})}\frac{\exp(\lambda_{0n}^2\tau)-1}{\lambda_{0n}^2}$$

$$= B_0\sum_{n=1}^{\infty}\frac{2J_0(\lambda_{0n}x)}{\lambda_{0n}J_1(\lambda_{0n})} - B_0\sum_{n=1}^{\infty}\frac{2J_0(\lambda_{0n}x)\exp(-\lambda_{0n}^2\tau)}{\lambda_{0n}J_1(\lambda_{0n})} \tag{6.253}$$

$$= B_0\left[1 - \sum_{n=1}^{\infty}\frac{2J_0(\lambda_{0n}x)\exp(-\lambda_{0n}^2\tau)}{\lambda_{0n}J_1(\lambda_{0n})}\right]$$

zu erhalten, da

$$\sum_{n=1}^{\infty}\frac{2J_0(\lambda_{0n}x)}{\lambda_{0n}J_1(\lambda_{0n})} = 1 \tag{6.254}$$

die Fourier-Bessel-Reihe für die Funktion 1 ist (im Bereich $0 \le x < 1$). Dies sei noch bewiesen. Dazu wird der Ansatz

$$1 = \sum_{n=1}^{\infty}c_n J_0(\lambda_{0n}x)$$

mit $xJ_0(\lambda_{0n'}x)$ multipliziert und über x von 0 bis 1 integriert:

$$\int_0^1 xJ_0(\lambda_{0n'}x)\,\mathrm{d}x = \sum_{n=1}^{\infty}c_n\int_0^1 xJ_0(\lambda_{0n}x)J_0(\lambda_{0n'}x)\,\mathrm{d}x$$

$$= \sum_{n=1}^{\infty}\frac{c_n}{2}[J_1(\lambda_{0n})]^2\delta_{nn'} = \frac{c_{n'}}{2}[J_1(\lambda_{0n'})]^2\ .$$

Der letzte Schritt beruht auf der Orthogonalität (3.214). Weiter gilt nach der Formelsammlung für Zylinderfunktionen in Abschn. 3.7.2

$$\int_0^1 xJ_0(\lambda_{0n'}x)\,\mathrm{d}x = \frac{J_1(\lambda_{0n'})}{\lambda_{0n'}}\ .$$

Also ist

$$c_{n'} = \frac{2}{\lambda_{0n'}J_1(\lambda_{0n'})}\ ,$$

womit die Behauptung (6.254) bewiesen ist. Die Ergebnisse (6.251) und (6.253) stimmen also miteinander überein. Die Entwicklung (6.254) macht das Ergebnis (6.251) verständlich. Für $\tau = 0$ ist nach (6.251)

$$B_z(x, 0) = B_0 \left[1 - \sum_{n=1}^{\infty} \frac{2J_0(\lambda_{0n} x)}{\lambda_{0n} J_1(\lambda_{0n})} \right] = B_0[1 - 1] = 0 \ ,$$

wie es die Anfangsbedingung fordert.

Für sehr große Zeiten kann man die exponentiellen Glieder weglassen, und man erhält einfach

$$[B_z(x, \tau)]_{\tau \to \infty} = B_0 \ .$$

Dies muss natürlich so sein. Für große Zeiten erfüllt das homogene Magnetfeld den ganzen Raum, auch das Innere des Zylinders. Die das Feld zunächst abschirmenden Ströme klingen mit der Zeit ab. Die zum Abklingen nötige Zeit ist von der Größenordnung

$$\lambda_{01}^2 \tau = \frac{\lambda_{01}^2 t}{\mu \kappa r_0^2} \approx 1 \ ,$$

$$t \approx \frac{\mu \kappa r_0^2}{\lambda_{01}^2} = \frac{\mu \kappa r_0^2}{(2{,}40)^2} \ , \tag{6.255}$$

wie dies bis auf den Faktor $(2{,}40)^2$ unserer groben Abschätzung, (6.39), entspricht.

6.7.3 Das azimutale Feld B_φ

Die Behandlung des azimutalen Feldes erfolgt in Analogie zu der des longitudinalen Feldes. Erzeugen wir an der Oberfläche des Zylinders ein Feld

$$[B_\varphi(x, \tau)]_{x=1} = B_\varphi(1, \tau) = f_\varphi(\tau) \ , \tag{6.256}$$

und ist kein Anfangsfeld im Inneren des Zylinders vorhanden, so gilt für $B_\varphi(x, \tau)$ die Gleichung (6.224). Für $\tilde{B}_\varphi(x, p)$ ergibt sich daraus

$$\left(\frac{1}{x} \frac{\partial}{\partial x} x \frac{\partial}{\partial x} - \frac{1}{x^2} - p \right) \tilde{B}_\varphi(x, p) = 0 \ . \tag{6.257}$$

Die Randbedingungen sind

$$\tilde{B}_\varphi(1, p) = \tilde{f}_\varphi(p) \tag{6.258}$$

$$\tilde{B}_\varphi(0, p) = \text{endlich} \ . \tag{6.259}$$

Der einzige Unterschied zum Fall des longitudinalen Feldes ist, dass an die Stelle von J_0 nun J_1 tritt. Als Lösung erhält man in Analogie zu (6.239)

$$\tilde{B}_\varphi(x, p) = \tilde{f}_\varphi(p) \frac{J_1(x i \sqrt{p})}{J_1(i \sqrt{p})} \ . \tag{6.260}$$

Zur Inversion benötigen wir die Residuen der Funktion

$$\frac{J_1(x i \sqrt{p})}{J_1(i \sqrt{p})} \exp(p\tau) \ . \tag{6.261}$$

Die Pole liegen bei

$$i \sqrt{p} = \lambda_{1n} \quad (n \geq 1) \tag{6.262}$$

bzw.

$$p = -\lambda_{1n}^2 \quad (n \geq 1) \ . \tag{6.263}$$

Die Nullstelle $p = 0$ von $J_1(i \sqrt{p})$ ist kein Pol. Der Zähler verschwindet dort ebenfalls, und das Verhältnis $J_1(x i \sqrt{p})/J_1(i \sqrt{p})$ bleibt endlich ($= x$). Die zugehörigen Residuen sind

$$R_n = \lim_{p \to -\lambda_{1n}^2} \frac{J_1(\lambda_{1n} x) \exp(-\lambda_{1n}^2 \tau)(p + \lambda_{1n}^2)}{J_1(i \sqrt{p})}$$

$$= \lim_{p \to -\lambda_{1n}^2} \frac{J_1(\lambda_{1n} x) \exp(-\lambda_{1n}^2 \tau)}{\frac{i}{2\sqrt{p}} J_1'(i \sqrt{p})} \ .$$

Wegen

$$J_1'(z) = J_0(z) - \frac{1}{z} J_1(z)$$

ist

$$J_1'(\lambda_{1n}) = J_0(\lambda_{1n})$$

und

$$R_n = -\frac{2\lambda_{1n} J_1(\lambda_{1n} x) \exp(-\lambda_{1n}^2 \tau)}{J_0(\lambda_{1n})} \tag{6.264}$$

und schließlich – ähnlich (6.244) –

$$\mathcal{L}\left[-\sum_{n=1}^{\infty} \frac{2\lambda_{1n} J_1(\lambda_{1n} x) \exp(-\lambda_{1n}^2 \tau)}{J_0(\lambda_{1n})} \right] = \frac{J_1(x i \sqrt{p})}{J_1(i \sqrt{p})} \ . \tag{6.265}$$

Damit liefert die Anwendung des Faltungstheorems auf die Gleichung (6.260)

$$B_\varphi(x, \tau) = -\sum_{n=1}^{\infty} \frac{2\lambda_{1n} J_1(\lambda_{1n} x) \exp(-\lambda_{1n}^2 \tau)}{J_0(\lambda_{1n})} \int_0^\tau f_\varphi(\tau_0) \exp(\lambda_{1n}^2 \tau_0) \, d\tau_0 \ . \quad (6.266)$$

Als Beispiel sei auch hier der Spezialfall

$$f_\varphi(\tau) = B_0 \quad\quad\quad (6.267)$$

bzw.

$$\tilde{f}_\varphi(p) = \frac{B_0}{p} \quad\quad\quad (6.268)$$

diskutiert. Dafür ist

$$\tilde{B}_\varphi(x, p) = \frac{B_0 J_1(x \mathrm{i} \sqrt{p})}{p J_1(\mathrm{i} \sqrt{p})} \ . \quad\quad\quad (6.269)$$

Neben den Polen bei $p = -\lambda_{1n}^2$ hat die Funktion

$$\frac{B_0 J_1(x \mathrm{i} \sqrt{p}) \exp(p\tau)}{p J_1(\mathrm{i} \sqrt{p})}$$

nun auch einen Pol bei $p = 0$. Das Residuum an dieser Stelle findet man am bequemsten mit Hilfe des Beginns der Reihenentwicklung für J_1. Nach (3.174) ist für dem Betrag nach sehr kleine Argumente

$$J_1(x \mathrm{i} \sqrt{p}) \approx \frac{x \mathrm{i} \sqrt{p}}{2}$$

und deshalb das Residuum

$$R_0 = \lim_{p \to 0} \frac{B_0 J_1(x \mathrm{i} \sqrt{p}) \exp(p\tau) p}{p J_1(\mathrm{i} \sqrt{p})} = B_0 \frac{\frac{x \mathrm{i} \sqrt{p}}{2}}{\frac{\mathrm{i} \sqrt{p}}{2}} = B_0 x \ . \quad\quad (6.270)$$

Für die übrigen Residuen findet man ähnlich (6.264) wegen des zusätzlichen Faktors $p = -\lambda_{1n}^2$ im Nenner

$$R_n = B_0 \frac{2 J_1(\lambda_{1n} x) \exp(-\lambda_{1n}^2 \tau)}{\lambda_{1n} J_0(\lambda_{1n})} \ . \quad\quad\quad (6.271)$$

Also ist

$$B_\varphi(x, t) = B_0 \left[x + \sum_{n=1}^{\infty} \frac{2 J_1(\lambda_{1n} x) \exp(-\lambda_{1n}^2 \tau)}{\lambda_{1n} J_0(\lambda_{1n})} \right] \ . \quad\quad (6.272)$$

Dasselbe Ergebnis lässt sich auch aus der allgemeinen Lösung (6.266) herleiten:

$$
\begin{aligned}
B_\varphi(x,\tau) &= -\sum_{n=1}^{\infty} \frac{2B_0\lambda_{1n}J_1(\lambda_{1n}x)\exp(-\lambda_{1n}^2\tau)}{J_0(\lambda_{1n})} \frac{\exp(\lambda_{1n}^2\tau)-1}{\lambda_{1n}^2} \\
&= -\sum_{n=1}^{\infty} \frac{2B_0 J_1(\lambda_{1n}x)}{\lambda_{1n}J_0(\lambda_{1n})} + \sum_{n=1}^{\infty} \frac{2B_0 J_1(\lambda_{1n}x)\exp(-\lambda_{1n}^2\tau)}{\lambda_{1n}J_0(\lambda_{1n})} \\
&= B_0\left[x + \sum_{n=1}^{\infty} \frac{2J_1(\lambda_{1n}x)\exp(-\lambda_{1n}^2\tau)}{\lambda_{1n}J_0(\lambda_{1n})}\right].
\end{aligned}
\tag{6.273}
$$

Dabei ist zu verwenden, dass

$$
x = -\sum_{n=1}^{\infty} \frac{2J_1(\lambda_{1n}x)}{\lambda_{1n}J_0(\lambda_{1n})}
\tag{6.274}
$$

die Fourier-Bessel-Reihe für x im Bereich $0 \le x < 1$ ist. Der Beweis mit Hilfe der Formeln von Abschn. 3.7.3.3 sei dem Leser als Übung überlassen. Die beiden Lösungsmethoden liefern also dasselbe Ergebnis. Zur Zeit $\tau = 0$ folgt aus (6.272) und (6.274)

$$
B_\varphi(x,0) = B_0\left[x + \sum_{n=1}^{\infty} \frac{2J_1(\lambda_{1n}x)}{\lambda_{1n}J_0(\lambda_{1n})}\right] = B_0[x-x] = 0 ,
$$

d. h. die Anfangsbedingung verschwindenden Feldes im Zylinder ist tatsächlich erfüllt. Für sehr große Zeiten ist

$$
[B_\varphi(x,\tau)]_{\tau\to\infty} = B_0 x = B_0\frac{r}{r_0} ,
\tag{6.275}
$$

wie es sein muss. Die Vorgabe von B_φ am Rande des Zylinders bedeutet, dass der Gesamtstrom I im Zylinder festgelegt ist:

$$
I = \int_0^{r_0} g_z(r)2\pi r\,\mathrm{d}r = \frac{1}{\mu_0}2\pi r_0 B_0 .
\tag{6.276}
$$

Der Strom I bleibt während des ganzen Diffusionsvorgangs konstant, lediglich die Stromdichten $g_z(r,t)$ ändern sich mit der Zeit. Anfangs fließt der Strom nur in der Zylinderoberfläche, zuletzt mit konstanter Dichte im ganzen Zylinder. Diesem Endzustand entspricht natürlich das linear mit dem Radius zunehmende Feld (6.275). Man kann diesen stationären Endzustand sofort aus (6.217) direkt ableiten. Im stationären Fall folgt daraus ja

$$
\left(\frac{1}{r}\frac{\partial}{\partial r}r\frac{\partial}{\partial r} - \frac{1}{r^2}\right)B_\varphi(r) = 0
\tag{6.277}
$$

mit der allgemeinen Lösung

$$B_\varphi(r) = Ar + \frac{B}{r} \;. \tag{6.278}$$

Um die Divergenz bei $r = 0$ zu vermeiden, muss man

$$B = 0$$

setzen, und die Randbedingung bei $r = r_0$ wird durch

$$A = B_0/r_0$$

erfüllt. Also ist – wie behauptet – $B_\varphi(r) = B_0 r/r_0$.

6.7.4   Der Skineffekt im zylindrischen Draht

Als weiterer Spezialfall der Diffusion des azimutalen Feldes $B_\varphi(x, \tau)$ wollen wir den Skineffekt in einem zylindrischen Draht behandeln. In diesem sei anfangs kein Magnetfeld vorhanden. Beginnend mit der Zeit $t = 0$ ($\tau = 0$) sei er von einem Strom

$$I = I_0 \cos(\Omega \tau) \tag{6.279}$$

durchflossen. Dazu gehört an der Oberfläche ($r = r_0$) ein Feld

$$B_\varphi = \frac{\mu_0 I_0}{2\pi r_0} \cos(\Omega \tau) = B_0 \cos(\Omega \tau) \;, \tag{6.280}$$

$$B_0 = \frac{\mu_0 I_0}{2\pi r_0} \;. \tag{6.281}$$

Wir haben es also mit der Randbedingung

$$f_\varphi(\tau) = B_0 \cos(\Omega \tau) \;, \tag{6.282}$$

$$\tilde{f}_\varphi(p) = B_0 \frac{p}{p^2 + \Omega^2} \tag{6.283}$$

zu tun. Nach (6.260) ist dann

$$\tilde{B}_\varphi(x, p) = \frac{B_0 \, p \, J_1(x \mathrm{i} \sqrt{p})}{(p^2 + \Omega^2) J_1(\mathrm{i} \sqrt{p})} = \frac{B_0 \, p \, J_1(x \mathrm{i} \sqrt{p})}{(p + \mathrm{i}\Omega)(p - \mathrm{i}\Omega) J_1(\mathrm{i} \sqrt{p})} \;. \tag{6.284}$$

Die Funktion

$$\frac{B_0\, p\, J_1(x\mathrm{i}\sqrt{p})\exp(p\tau)}{(p+\mathrm{i}\Omega)(p-\mathrm{i}\Omega)J_1(\mathrm{i}\sqrt{p})} \tag{6.285}$$

hat Pole 1. Ordung bei

$$\mathrm{i}\sqrt{p}=\lambda_{1n}\,, \tag{6.286}$$

$$p=-\lambda_{1n}^2 \tag{6.287}$$

und außerdem bei

$$p=\pm\mathrm{i}\Omega\,. \tag{6.288}$$

Ihre Residuen an den Stellen $p=-\lambda_{1n}^2$ sind

$$R_n=\frac{2B_0\lambda_{1n}^3 J_1(\lambda_{1n}x)\exp(-\lambda_{1n}^2\tau)}{(\lambda_{1n}^4+\Omega^2)J_0(\lambda_{1n})}\,. \tag{6.289}$$

Das ergibt sich aus den Residuen (6.264) wegen des Faktors

$$\frac{B_0\, p}{p^2+\Omega^2}=-\frac{B_0\lambda_{1n}^2}{\lambda_{1n}^4+\Omega^2}\,.$$

Für $p=\pm\mathrm{i}\Omega$ erhält man

$$\begin{aligned}
R_\pm &=\frac{B_0(\pm\mathrm{i}\Omega)J_1(x\mathrm{i}\sqrt{\pm\mathrm{i}\Omega})\exp(\pm\mathrm{i}\Omega\tau)}{2(\pm\mathrm{i}\Omega)J_1(\mathrm{i}\sqrt{\pm\mathrm{i}\Omega})}\\[2mm]
&=\frac{B_0}{2}\frac{J_1(x\mathrm{i}\sqrt{\pm\mathrm{i}\Omega})}{J_1(\mathrm{i}\sqrt{\pm\mathrm{i}\Omega})}\exp(\pm\mathrm{i}\Omega\tau)\,.
\end{aligned} \tag{6.290}$$

Also ist

$$\begin{aligned}
B_\varphi(x,\tau)=\frac{B_0}{2}&\left[\frac{J_1(x\sqrt{-\mathrm{i}\Omega})}{J_1(\sqrt{-\mathrm{i}\Omega})}\exp(\mathrm{i}\Omega\tau)+\frac{J_1(x\sqrt{\mathrm{i}\Omega})}{J_1(\sqrt{\mathrm{i}\Omega})}\exp(-\mathrm{i}\Omega\tau)\right]\\[2mm]
&+B_0\sum_{n=1}^{\infty}\frac{2\lambda_{1n}^3 J_1(\lambda_{1n}x)\exp(-\lambda_{1n}^2\tau)}{(\lambda_{1n}^4+\Omega^2)J_0(\lambda_{1n})}\,.
\end{aligned} \tag{6.291}$$

Für große Zeiten spielen die exponentiell abklingenden Glieder der Summe keine Rolle mehr, und man erhält für diese großen Zeiten den „eingeschwungenen Zustand"

$$B_\varphi(x,\tau)=\frac{B_0}{2}\left[\frac{J_1(x\sqrt{-\mathrm{i}\Omega})}{J_1(\sqrt{-\mathrm{i}\Omega})}\exp(\mathrm{i}\Omega\tau)+\frac{J_1(x\sqrt{\mathrm{i}\Omega})}{J_1(\sqrt{\mathrm{i}\Omega})}\exp(-\mathrm{i}\Omega\tau)\right]\,. \tag{6.292}$$

Insbesondere ist für $x = 1(r = r_0)$

$$B_\varphi(1, \tau) = \frac{B_0}{2}[\exp(i\Omega\tau) + \exp(-i\Omega\tau)] = B_0\cos(\Omega\tau)$$

im Einklang mit der Randbedingung. Die Funktionen $J_1(x\sqrt{\mp i\Omega})$ haben komplexe Werte, können jedoch in ihre Real- und Imaginärteile zerlegt werden. Diese sind so wichtig, dass man dafür eigene Funktionen, die *Kelvin'schen Funktionen* „ber" (= Bessel-Realteil) und „bei" (= Bessel-Imaginärteil), eingeführt hat:

$$\begin{aligned}
J_\nu(x\sqrt{\mp i\Omega}) &= J_\nu(x\sqrt{\Omega}\sqrt{\mp i}) \\
&= \mathrm{ber}_\nu(x\sqrt{\Omega}) \pm i\,\mathrm{bei}_\nu(x\sqrt{\Omega})\,.
\end{aligned} \tag{6.293}$$

Mit Hilfe der Kelvin'schen Funktionen kann man $B_\varphi(x, \tau)$ nach (6.292) oder (6.291) in reeller Form schreiben. Darauf sei jedoch nicht weiter eingegangen. Wir wollen uns auf eine kurze Diskussion von zwei Grenzfällen (sehr kleine und sehr große Frequenz) beschränken.

1) Der Grenzfall sehr kleiner Frequenz ($\Omega \ll 1$)
Ist $\Omega \ll 1$, so sind auch die Argumente der Bessel-Funktionen in (6.292) dem Betrag nach sehr klein gegen 1, da ja $0 \le x < 1$ ist. Dann ist aber

$$\frac{J_1(x\sqrt{\pm i\Omega})}{J_1(\sqrt{\pm i\Omega})} \approx x \tag{6.294}$$

und deshalb

$$\begin{aligned}
B_\varphi(x, \tau) &\approx \frac{B_0}{2}[x\exp(i\Omega\tau) + x\exp(-i\Omega\tau)] \\
&= B_0 x\cos\Omega\tau\,.
\end{aligned} \tag{6.295}$$

Das ist nicht überraschend. Das Feld ist überall phasengleich, da bei der angenommen kleinen Frequenz die Periode des Feldes sehr groß gegenüber der Eindringzeit in den Zylinder ist. Aus

$$\Omega = \omega\mu\kappa r_0^2 \ll 1 \tag{6.296}$$

folgt ja

$$\frac{1}{\omega} \gg \mu\kappa r_0^2\,. \tag{6.297}$$

Dazu beachte man (6.137) mit $l = r_0$. Die Amplitude des Feldes nimmt linear mit x (d. h. linear mit dem Radius) zu. Die Stromdichte im Zylinder ist also zu allen Zeiten räumlich konstant, oszilliert jedoch mit $\cos(\Omega\tau)$. Man hat also im Grunde das Verhalten eines Gleichstromes, der sich zeitlich nur langsam (langsam gemessen an der typischen Eindringzeit des Zylinders, $\mu\kappa r_0^2$) ändert.

2) Der Grenzfall sehr großer Frequenz ($\Omega \gg 1$)

Für sehr große Argumente gilt in allergröbster Näherung

$$\mathrm{ber}_1(x\sqrt{\Omega}) \approx \frac{\exp\left(x\sqrt{\frac{\Omega}{2}}\right)\cos\left(x\sqrt{\frac{\Omega}{2}}+\frac{3\pi}{8}\right)}{\sqrt{2\pi x\sqrt{\Omega}}}\,, \tag{6.298}$$

$$\mathrm{bei}_1(x\sqrt{\Omega}) \approx \frac{\exp\left(x\sqrt{\frac{\Omega}{2}}\right)\sin\left(x\sqrt{\frac{\Omega}{2}}+\frac{3\pi}{8}\right)}{\sqrt{2\pi x\sqrt{\Omega}}}\,. \tag{6.299}$$

Aus (6.293) und (6.292) erhält man damit

$$B_\varphi(x,\tau) \approx \frac{B_0\exp\left[-(1-x)\sqrt{\frac{\Omega}{2}}\right]\cos\left[\Omega\tau-(1-x)\sqrt{\frac{\Omega}{2}}\right]}{\sqrt{x}}\,, \tag{6.300}$$

wobei dieser Ausdruck nur für $x\sqrt{\Omega} \gg 1$ verwendbar ist (d. h. auch bei großer Frequenz Ω nur für nicht zu kleine Werte von x, nicht zu nahe an der Achse also). Betrachtet man den Ausdruck (6.300) in der Nähe der Zylinderoberfläche, $r \approx r_0$, $x \approx 1$, so sieht man, dass das Feld sich praktisch wie im ebenen Fall verhält, Dazu vergleiche man das gegenwärtige Resultat, (6.300), mit dem des Halbraumes, (6.139), und beachte dabei, dass der Abstand ξ von der Oberfläche des Halbraumes hier dem Abstand von der Zylinderoberfläche $r_0 - r$ bzw. dimensionslos $(r_0 - r)/r_0 = 1 - r/r_0 = 1 - x$ entspricht. Aus

$$\omega\mu\kappa r_0^2 = \Omega \gg 1$$

folgt

$$r_0 \gg \frac{1}{\sqrt{\mu\kappa\omega}}\,,$$

d. h. die Eindringtiefe ist sehr klein gegen den Zylinderradius. Es ist auch anschaulich klar, dass unter diesen Umständen die Diffusion wie im ebenen Fall erfolgt. Das gilt nicht nur für den Zylinder, sondern für beliebig geformte Leiter bei genügend hoher Frequenz bzw. genügend kleiner Eindringtiefe. In dieser Hinsicht ist das Ergebnis (6.139) von sehr allgemeiner Bedeutung.

Zusammenfassend lässt sich also sagen, dass sich der Fall sehr kleiner Frequenz auf den Gleichstromfall zurückführen lässt und der Fall sehr großer Frequenz auf den Fall der ebenen Diffusion. Für dazwischenliegende mittlere Frequenzen lässt sich keine so einfache Aussage machen. Qualitativ (jedoch nicht quantitativ) ergibt sich jedoch auch dafür ein Verhalten wie wir es im ebenen Fall (Abschn. 6.5.4) studiert haben: Die Welle dringt gedämpft und mit einer gewissen Phasenverschiebung in das Medium ein.

6.8   Grenzen der quasistationären Theorie

Die quasistationäre Theorie ist eine Näherung, die auf der Vernachlässigung des Verschiebungsstromes in den Maxwell'schen Gleichungen beruht. Wir haben schon erwähnt, dass damit insbesondere auch die mit elektromagnetischen Wellen verknüpften Erscheinungen vernachlässigt sind. Es mag wie ein Widerspruch zu dieser Behauptung erscheinen, dass wir wellenartigen Vorgängen im Zusammenhang mit den Problemen des Skineffektes begegnet sind. Man beachte jedoch, dass diese Vorgänge durch die Randbedingungen erzwungen sind und nichts mit den später zu diskutierenden elektromagnetischen Wellen zu tun haben.

Es ist typisch für die Ausbreitung von Wellen, dass sie mit einer bestimmten endlichen Geschwindigkeit erfolgt. Wir müssen das im nächsten Teil ausführlich erörtern. Darüber hinaus ist eines der Grundpostulate der Relativitätstheorie und damit der Naturwissenschaften überhaupt, dass es keine Signalgeschwindigkeit geben kann, die über der Lichtgeschwindigkeit des Vakuums, $c_0 \approx 3 \cdot 10^8$ ms^{-1}, liegt. Betrachten wir nun z. B. die Ausbreitung eines zunächst δ-funktionsartigen Feldes im unendlichen Raum, wie wir sie in Abschn. 6.4 diskutiert haben. Sie wird durch (6.69) beschrieben. Diese Gleichung zeigt etwas sehr Merkwürdiges. Zur Zeit $\tau = 0$ ist das Feld an nur einem Ort vorhanden, dort jedoch unendlich groß. Nach beliebig kurzer Zeit τ erfüllt das Feld bereits den ganzen unendlichen Raum, wobei es allerdings in großem Abstand vom Ausgangspunkt sehr klein ist. Es sieht also so aus, als ob es eine unendliche Signalgeschwindigkeit gäbe. In der Tat könnte man die schon nach sehr kurzer Zeit in sehr großem Abstand erzeugten sehr kleinen Felder mit hinreichend empfindlichen Instrumenten, im Prinzip jedenfalls, nachweisen und auch zur Übertragung von Signalen benutzen, wenn sie wirklich vorhanden wären. Dies ist jedoch gar nicht der Fall. Die hier auftretende unendliche Signalgeschwindigkeit ist zwar typisch für „Diffusionsvorgänge", d. h. für die durch Diffusionsgleichungen beschriebenen Prozesse, physikalisch jedoch nicht real. Formal betrachtet ist – wie wir noch sehen werden – die Vernachlässigung des Verschiebungsstromes der Annahme einer unendlichen Signalgeschwindigkeit gleichwertig.

Es sei noch ein weiteres von uns behandeltes Beispiel angeführt. In einem leitfähigen Halbraum befindet sich anfangs kein Feld. Zur Zeit $\tau = 0$ wird an der Oberfläche plötzlich ein dann konstantes Feld B_0 erzeugt. Nach (6.117) bzw. nach Abb. 6.20 erfüllt dieses Feld ebenfalls bereits nach beliebig kurzer Zeit den ganzen Halbraum.

All das bedeutet jedoch nicht, dass die so berechneten Felder sinnlos bzw. völlig falsch wären. Die quasistationäre Theorie stellt unter geeigneten Voraussetzungen eine ausgezeichnete Näherung an das tatsächliche Verhalten der Felder dar. Dabei spielt die enorme Größe der Lichtgeschwindigkeit eine erhebliche Rolle. Felder breiten sich mit dieser sehr großen Geschwindigkeit aus, und für viele Probleme spielen die von der Ausbreitung noch nicht erfassten, weit entfernten Gebiete keine Rolle, ganz abgesehen davon, dass die von der quasistationären Theorie dort angegebenen Felder zwar nicht verschwinden, jedoch vielfach so klein sind, dass sie ebenfalls keine Rolle mehr spielen. Aus dem Gesagten folgt bereits qualitativ, dass die quasistationäre Theorie nur für hinreichend große Zeiten,

anders ausgedrückt für hinreichend langsame oder hinreichend niederfrequente Vorgänge als Näherung brauchbar ist. Um zu einer quantitativen Aussage zu kommen, kehren
wir zum Beispiel der Felddiffusion im unendlichen Raum zurück. Im Gegensatz zur Gleichung (6.69) muss das Feld verschwinden, wenn

$$(x' - x)^2 = l^2(\xi' - \xi)^2 > c^2 t^2 = \frac{t^2}{\mu \varepsilon}$$

ist. Das spielt jedoch praktisch keine Rolle, wenn

$$\exp\left(-\frac{(\xi' - \xi)^2}{4\tau}\right) = \exp\left(-\frac{(x' - x)^2}{4t}\mu\kappa\right) \ll 1 \quad \text{für } (x' - x)^2 = \frac{t^2}{\mu \varepsilon}$$

ist, d. h. wenn

$$(x' - x)^2 \frac{\mu\kappa}{t} \gg 1 \quad \text{für } (x' - x)^2 = \frac{t^2}{\mu \varepsilon}$$

ist. Es muss also gelten:

$$\frac{\mu\kappa}{\mu\varepsilon} t \gg 1 \, ,$$

$$t \gg \frac{\varepsilon}{k} = t_r \, .$$

Dabei ist t_r die in Abschn. 4.2 behandelte Relaxationszeit. Im Fall des Skineffekts wird
man entsprechend voraussetzen müssen, dass die Frequenz

$$\omega = \frac{2\pi}{t} \ll \frac{1}{t_r} = \frac{\kappa}{\varepsilon}$$

sei usw.

Von solchen Voraussetzungen und den entsprechenden Näherungen ist man frei, wenn
man den Verschiebungsstrom berücksichtigt, wie dies in Kap. 7 geschieht. Insbesondere
werden wir in Abschn. 7.12 auf die hier diskutierten Probleme zurückkommen und einige davon vom Standpunkt der exakten Wellentheorie aus betrachten. Dabei werden sich
Grenzen der quasistationären Theorie deutlicher zeigen. Man wird an diesen Beispielen
auch sehen können, wie die Lösungen der quasistationären Näherung in die der Wellentheorie übergehen und umgekehrt.

Zeitabhängige Probleme II (Elektromagnetische Wellen)

7

7.1 Die Wellengleichungen und ihre einfachsten Lösungen

7.1.1 Die Wellengleichungen

Wir gehen von den vollen Maxwell'schen Gleichungen und von den Materialgleichungen für ein als homogen angenommenes Medium aus, d. h. ε, μ, und κ sollen im ganzen betrachteten Raum konstant sein:

$$\operatorname{rot} \mathbf{H} = \mathbf{g} + \frac{\partial \mathbf{D}}{\partial t} \, , \tag{7.1}$$

$$\operatorname{rot} \mathbf{E} = -\frac{\partial \mathbf{B}}{\partial t} \, , \tag{7.2}$$

$$\operatorname{div} \mathbf{B} = 0 \, , \tag{7.3}$$

$$\operatorname{div} \mathbf{D} = \rho \, , \tag{7.4}$$

$$\mathbf{D} = \varepsilon \mathbf{E} \, , \tag{7.5}$$

$$\mathbf{g} = \kappa \mathbf{E} \, , \tag{7.6}$$

$$\mathbf{B} = \mu \mathbf{H} \, . \tag{7.7}$$

Durch Bildung der Rotation von (7.2) und mit Hilfe von (7.7), (7.1), (7.6), (7.5) findet man

$$\operatorname{rot} \operatorname{rot} \mathbf{E} = -\frac{\partial}{\partial t} \operatorname{rot} \mathbf{B} = -\mu \frac{\partial}{\partial t} \operatorname{rot} \mathbf{H} = -\mu \frac{\partial}{\partial t} \left(\mathbf{g} + \frac{\partial \mathbf{D}}{\partial t} \right)$$

$$= -\mu \frac{\partial}{\partial t} \left(\kappa \mathbf{E} + \frac{\partial}{\partial t} \varepsilon \mathbf{E} \right) = -\mu \kappa \frac{\partial \mathbf{E}}{\partial t} - \mu \varepsilon \frac{\partial^2 \mathbf{E}}{\partial t^2} \, .$$

Andererseits ist

$$\operatorname{rot} \operatorname{rot} \mathbf{E} = \operatorname{grad} \operatorname{div} \mathbf{E} - \Delta \mathbf{E}$$

© Springer-Verlag GmbH Deutschland, ein Teil von Springer Nature 2021
G. Lehner, S. Kurz, *Elektromagnetische Feldtheorie*,
https://doi.org/10.1007/978-3-662-63069-3_7

und deshalb

$$\Delta \mathbf{E} - \text{grad div } \mathbf{E} = \mu\kappa\frac{\partial \mathbf{E}}{\partial t} + \mu\varepsilon\frac{\partial^2 \mathbf{E}}{\partial t^2} \ . \tag{7.8}$$

Bildet man dagegen die Rotation von (7.1), so bekommt man mit Hilfe von (7.6), (7.5), (7.2), (7.7)

$$\text{rot rot } \mathbf{H} = \text{rot } \mathbf{g} + \frac{\partial}{\partial t}\text{rot } \mathbf{D} = \kappa \text{ rot } \mathbf{E} + \varepsilon\frac{\partial}{\partial t}\text{rot } \mathbf{E}$$

$$= -\kappa\frac{\partial \mathbf{B}}{\partial t} - \varepsilon\frac{\partial^2}{\partial t^2}\mathbf{B} = \frac{1}{\mu}\text{rot rot } \mathbf{B}$$

$$= \frac{1}{\mu}(\text{grad div } \mathbf{B} - \Delta \mathbf{B}) \ ,$$

bzw. mit (7.3)

$$\Delta \mathbf{B} = \mu\kappa\frac{\partial \mathbf{B}}{\partial t} + \mu\varepsilon\frac{\partial^2 \mathbf{B}}{\partial t^2} \ . \tag{7.9}$$

Die beiden Gleichungen (7.8), (7.9) sind die sog. Wellengleichungen für $\mathbf{E}$ und $\mathbf{B}$ in ihrer für homogene Medien allgemeinsten Form.

In einem ladungsfreien und nichtleitenden Dielektrikum, insbesondere z. B. im Vakuum, ist:

$$\rho = 0 \ ,$$
$$\mathbf{g} = 0 \ ,$$
$$\kappa = 0 \ ,$$

und man erhält die spezielleren Wellengleichungen

$$\Delta \mathbf{E} = \mu\varepsilon\frac{\partial^2 \mathbf{E}}{\partial t^2} \ . \tag{7.10}$$

$$\Delta \mathbf{B} = \mu\varepsilon\frac{\partial^2 \mathbf{B}}{\partial t^2} \ . \tag{7.11}$$

7.1.2 Der einfachste Fall: Ebene Wellen im Isolator

Zunächst seien nur die einfachsten Lösungen der Wellengleichungen (7.10), (7.11) untersucht. Dazu sei angenommen, dass **E** und **B** von nur einer der drei kartesischen Koordinaten, z. B. von z, und außerdem noch von der Zeit abhängen:

$$\mathbf{E} = \mathbf{E}(z,t) = (E_x(z,t), E_y(z,t), E_z(z,t)) \,, \tag{7.12}$$

$$\mathbf{B} = \mathbf{B}(z,t) = (B_x(z,t), B_y(z,t), B_z(z,t)) \,. \tag{7.13}$$

Beide Felder müssen quellenfrei sein ($\rho = 0$), d. h. es muss gelten

$$\mathrm{div}\,\mathbf{E} = \frac{\partial E_z(z,t)}{\partial z} = 0 \,, \tag{7.14}$$

$$\mathrm{div}\,\mathbf{B} = \frac{\partial B_z(z,t)}{\partial z} = 0 \,, \tag{7.15}$$

Daraus folgt

$$E_z = E_z(t) \,, \tag{7.16}$$

$$B_z = B_z(t) \,. \tag{7.17}$$

Wir werden später noch sehen, dass E_z und B_z auch nicht von t abhängen können. Möglicherweise ist also im Raum ein von Ort und Zeit unabhängiges Feld E_z bzw. B_z vorhanden, das uns jedoch nicht interessiert. Wir nehmen deshalb an

$$E_z = 0 \,, \tag{7.18}$$

$$B_z = 0 \,. \tag{7.19}$$

Felder, die bei geeignet gewähltem Koordinatensystem von nur einer kartesischen Koordinate und der Zeit abhängen, bezeichnen wir als *ebene Wellen*. Wir können dann sagen, dass ebene Wellen keine Feldkomponenten in ihrer Ausbreitungsrichtung (hier der z-Richtung) haben können, d. h. es handelt sich notwendigerweise um *transversale Wellen*. Dies ist eine Folge des oben angenommenen Verschwindens der Raumladungen. Beim Vorhandensein von Raumladungen sind durchaus auch ebene Wellen mit Komponenten des elektrischen Feldes in Ausbreitungsrichtung, sog. *longitudinale Wellen*, möglich. Die sog. „Plasmawellen", die in Plasmen und Festkörpern eine erhebliche Rolle spielen, sind von dieser Art. Im Folgenden sollen jedoch nur transversale Wellen behandelt werden. Wir haben es dann nur mit den transversalen Feldkomponenten E_x, E_y, B_x und B_y zu tun. Für sie gilt z. B.

$$\frac{\partial^2 E_x}{\partial z^2} = \varepsilon\mu \frac{\partial^2 E_x}{\partial t^2} \,, \tag{7.20}$$

$$\frac{\partial^2 E_y}{\partial z^2} = \varepsilon\mu \frac{\partial^2 E_y}{\partial t^2} \,. \tag{7.21}$$

Man kann beinahe unmittelbar sehen, dass mit ganz beliebigen Funktionen f_x und g_x z. B.

$$E_x = f_x(z - ct) + g_x(z + ct) \qquad (7.22)$$

die zugehörige Wellengleichung löst, wobei

$$c = \frac{1}{\sqrt{\varepsilon \mu}} \qquad (7.23)$$

die Lichtgeschwindigkeit im betrachteten Medium ist (*d'Alembert'sche Lösung* der Wellengleichung).

Der Beweis ist einfach. Zunächst gilt

$$\frac{\partial E_x}{\partial z} = f_x' + g_x' \, ,$$

$$\frac{\partial^2 E_x}{\partial z^2} = f_x'' + g_x'' \, ,$$

während

$$\frac{\partial E_x}{\partial t} = -cf_x' + cg_x' \, ,$$

$$\frac{\partial^2 E_x}{\partial t^2} = c^2 f_x'' + c^2 g_x'' = c^2 \frac{\partial^2 E_x}{\partial z^2} = \frac{1}{\varepsilon \mu} \frac{\partial^2 E_x}{\partial z^2} \, ,$$

d. h. (7.20) ist erfüllt. Analoges gilt natürlich für E_y und für die Komponenten von $\mathbf{B}$, B_x und B_y. Andererseits sind die Komponenten von $\mathbf{E}$ und $\mathbf{B}$ nicht unabhängig voneinander. Aus (7.2) folgt

$$\mathrm{rot}\,\mathbf{E} = \begin{vmatrix} \mathbf{e}_x & \mathbf{e}_y & \mathbf{e}_z \\ 0 & 0 & \dfrac{\partial}{\partial z} \\ E_x & E_y & E_z \end{vmatrix} = \left(-\frac{\partial E_y}{\partial z}, \frac{\partial E_x}{\partial z}, 0 \right)$$

$$= -\left(\frac{\partial B_x}{\partial t}, \frac{\partial B_y}{\partial t}, \frac{\partial B_z}{\partial t} \right) .$$

Daraus ergibt sich, dass B_z auch zeitlich konstant sein muss, wie wir oben, vorwegnehmend, schon behauptet haben. Im Übrigen ist

$$\frac{\partial B_x}{\partial t} = \frac{\partial E_y}{\partial z} = f_y'(z - ct) + g_y'(z + ct) \, ,$$

$$\frac{\partial B_y}{\partial t} = -\frac{\partial E_x}{\partial z} = -f_x'(z - ct) - g_x'(z + ct)$$

bzw., nach der Zeit integriert,

$$B_x = -\frac{1}{c} f_y(z - ct) + \frac{1}{c} g_y(z + ct) + F_x(z) \,, \tag{7.24}$$

$$B_y = \frac{1}{c} f_x(z - ct) - \frac{1}{c} g_x(z + ct) + F_y(z) \,. \tag{7.25}$$

Aus (7.1) dagegen folgt im Isolator für $\mathbf{g} = 0$:

$$\mathrm{rot}\,\mathbf{H} = \begin{vmatrix} \mathbf{e}_x & \mathbf{e}_y & \mathbf{e}_z \\ 0 & 0 & \dfrac{\partial}{\partial z} \\ H_x & H_y & H_z \end{vmatrix} = \left(-\frac{\partial H_y}{\partial z}, \frac{\partial H_x}{\partial z}, 0 \right)$$

$$= \left(\frac{\partial D_x}{\partial t}, \frac{\partial D_y}{\partial t}, \frac{\partial D_z}{\partial t} \right) \,.$$

Demnach ist D_z bzw. auch E_z nicht von t abhängig, wie schon oben behauptet wurde. Weiter ist

$$\frac{\partial B_x}{\partial z} = \mu\varepsilon\frac{\partial E_y}{\partial t} = \frac{1}{c^2}[-cf_y'(z - ct) + cg_y'(z + ct)]$$

$$= -\frac{1}{c} f_y'(z - ct) + \frac{1}{c} g_y'(z + ct) \,,$$

$$\frac{\partial B_y}{\partial z} = -\mu\varepsilon\frac{\partial E_x}{\partial t} = -\frac{1}{c^2}[-cf_x'(z - ct) + cg_x'(z + ct)]$$

$$= \frac{1}{c} f_x'(z - ct) - \frac{1}{c} g_x'(z + ct) \,.$$

Integration nach z liefert

$$B_x = -\frac{1}{c} f_y(z - ct) + \frac{1}{c} g_y(z + ct) + G_x(t) \,, \tag{7.26}$$

$$B_y = \frac{1}{c} f_x(z - ct) - \frac{1}{c} g_x(z + ct) + G_y(t) \,. \tag{7.27}$$

Vergleicht man die Gleichungen (7.24) bis (7.27) miteinander, so sieht man, dass für die „Integrationskonstanten" gelten muss:

$$\begin{aligned} F_x(z) &= G_x(t) \,, \\ F_y(z) &= G_y(t) \,, \end{aligned} \tag{7.28}$$

d. h. sie können weder von z noch von t abhängen, sie müssen räumlich und zeitlich konstant sein. Abgesehen von solchen konstanten Feldern gilt dann für das Feld der ebenen

Welle:

$$
\left.
\begin{aligned}
E_x &= f_x(z - ct) + g_x(z + ct) \\
E_y &= f_y(z - ct) + g_y(z + ct) \\
E_z &= 0 \\
B_x &= -\frac{1}{c} f_y(z - ct) + \frac{1}{c} g_y(z + ct) \\
B_y &= \frac{1}{c} f_x(z - ct) - \frac{1}{c} g_x(z + ct) \\
B_z &= 0 \, .
\end{aligned}
\right\}
\tag{7.29}
$$

Diese ebene Welle besteht aus einem Anteil, der ohne Formänderung in positiver z-Richtung läuft:

$$
\left.
\begin{aligned}
E_x &= f_x(z - ct) \\
E_y &= f_y(z - ct) \\
E_z &= 0 \\
B_x &= -\frac{1}{c} f_y(z - ct) \\
B_y &= \frac{1}{c} f_x(z - ct) \\
B_z &= 0 \, .
\end{aligned}
\right\}
\tag{7.30}
$$

Mit der zugehörigen Ausbreitungsrichtung

$$
\mathbf{e}_a = (0, 0, 1)
$$

kann man dies auch in der Form

$$
\mathbf{B} = \frac{\mathbf{e}_a \times \mathbf{E}}{c}
\tag{7.31}
$$

schreiben, bzw.

$$
\mathbf{H} = \frac{\mathbf{e}_a \times \mathbf{E}}{\mu c} = \frac{\mathbf{e}_a \times \mathbf{E}}{\sqrt{\frac{\mu}{\varepsilon}}} = \frac{\mathbf{e}_a \times \mathbf{E}}{Z} \, ,
\tag{7.32}
$$

wo

$$
Z = \sqrt{\frac{\mu}{\varepsilon}}
\tag{7.33}
$$

der sogenannte *Wellenwiderstand* des Mediums ist. Der andere Anteil läuft mit ebenso unveränderter Form in Richtung der negativen z-Achse:

$$E_x = g_x(z + ct)$$
$$E_y = g_y(z + ct)$$
$$E_z = 0$$
$$B_x = \frac{1}{c} g_y(z + ct)$$
$$B_y = -\frac{1}{c} g_x(z + ct)$$
$$B_z = 0 \ .$$

Mit

$$\mathbf{e}_a = (0, 0, -1)$$

lässt sich auch das in Form der Gleichungen (7.31) bis (7.33) schreiben. Diese Gleichungen gelten also ganz allgemein für jede ebene Welle. Sie sind auch nicht an das hier speziell gewählte Koordinatensystem gebunden. In einem gedrehten kartesischen Koordinatensystem würden die Wellen nicht mehr in der positiven oder negativen z-Richtung laufen, die obigen Gleichungen (7.31), (7.32) würden jedoch immer noch gelten. Umgekehrt gilt auch

$$\mathbf{E} = c(\mathbf{B} \times \mathbf{e}_a) = Z(\mathbf{H} \times \mathbf{e}_a) \ , \tag{7.34}$$

d. h. die drei Vektoren **E**, **B** (oder **H**) und $\mathbf{e}_a$ bilden (in dieser Reihenfolge) ein Rechtssystem. Multipliziert man nämlich (7.31) vektoriell mit $\mathbf{e}_a$, so folgt zunächst

$$(\mathbf{B} \times \mathbf{e}_a) = \frac{\mathbf{e}_a \times \mathbf{E}}{c} \times \mathbf{e}_a = -\mathbf{e}_a \frac{(\mathbf{e}_a \cdot \mathbf{E})}{c} + \frac{\mathbf{E}(\mathbf{e}_a \cdot \mathbf{e}_a)}{c} \ .$$

Mit

$$\mathbf{e}_a \cdot \mathbf{E} = 0$$

und

$$\mathbf{e}_a \cdot \mathbf{e}_a = 1$$

ergibt sich daraus die Behauptung.

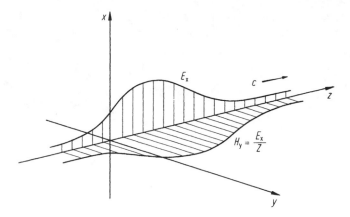

Abb. 7.1 Polarisierter Wellenzug einer ebenen Welle (E_x, H_y)

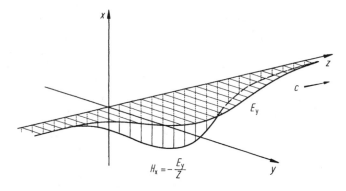

Abb. 7.2 Polarisierter Wellenzug einer ebenen Welle (E_y, H_x)

Für das Vakuum ist der Wellenwiderstand

$$Z = Z_0 = \sqrt{\frac{\mu_0}{\varepsilon_0}} = \sqrt{\frac{4\pi \cdot 10^{-7} \frac{\text{Vs}}{\text{Am}}}{8{,}855 \cdot 10^{-12} \frac{\text{As}}{\text{Vm}}}} \approx 377\,\Omega \approx 120\,\pi\,\Omega\,. \tag{7.35}$$

Ist in den Gleichungen (7.29) $E_x = 0$ (und damit auch $B_y = 0$) bzw. $E_y = 0$ (und damit auch $B_x = 0$), so schwingt das elektrische Feld (und damit auch das magnetische Feld) nur in einer Ebene. Solche Wellen nennt man *linear polarisiert*. Die allgemeine ebene Welle kann man aus zwei zueinander senkrecht polarisierten Wellen zusammensetzen, d. h. eben zu der durch (7.29) gegebenen Welle. Die beiden Abb. 7.1 und 7.2 zeigen Beispiele der beiden linear polarisierten Typen ebener Wellen.

7.1.3 Harmonische ebene Wellen

Wellen der in den Abb. 7.1 und 7.2 gezeigten Art werden auch als „Wellenzüge" oder „Wellenpakete" bezeichnet. Man kann sie nämlich durch die Überlagerung geeigneter sinus- bzw. cosinusartiger Wellen mit bestimmten Wellenlängen zusammensetzen. Formal bedeutet das, dass man eine beliebige Funktion als Fourier-Integral, d. h. durch die Überlagerung von sog. harmonischen Wellen darstellen kann, z. B.

$$\left.\begin{aligned}
E_x(z,t) &= E_{x0}\cos(\omega t - kz + \varphi) \\
H_y(z,t) &= H_{y0}\cos(\omega t - kz + \varphi) \\
H_{y0} &= \frac{E_{x0}}{Z} \, .
\end{aligned}\right\} \tag{7.36}$$

Diese Welle ist in Abb. 7.3 angedeutet.

E_{x0} und H_{y0} sind die Amplituden der Felder. φ ist ein von der Wahl des Zeitnullpunktes und des Koordinatenursprungs abhängiger Phasenwinkel. ω ist die Kreisfrequenz der Welle, k ihre Wellenzahl. Ist ν deren Frequenz, τ ihre Periode und λ ihre Wellenlänge, so gelten die Beziehungen

$$\omega = 2\pi\nu = \frac{2\pi}{\tau} \, , \tag{7.37}$$

$$k = \frac{2\pi}{\lambda} \, . \tag{7.38}$$

Die „Phasengeschwindigkeit" der Welle ist

$$c = \frac{1}{\sqrt{\varepsilon\mu}} = \lambda\nu = \frac{2\pi}{k} \cdot \frac{\omega}{2\pi} = \frac{\omega}{k} \, . \tag{7.39}$$

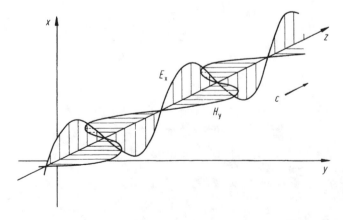

Abb. 7.3 Harmonische ebene Welle

Dies ergibt sich auch aus der Wellengleichung (7.10), wenn man den Ansatz (7.36) in diese einsetzt. Man erhält

$$-k^2 E_x = -\frac{1}{c^2}\omega^2 E_x \, ,$$

woraus sich wieder (7.39) ergibt. Im Übrigen kann die Welle (7.36) als ein Spezialfall von (7.22) aufgefasst werden, weil ja

$$\cos(\omega t - kz + \varphi) = \cos\left[\varphi - k\left(z - \frac{\omega}{k}t\right)\right]$$
$$= \cos[\varphi - k(z - ct)] \, ,$$

d. h. eine Funktion von $(z - ct)$ ist.

Nach (7.39) ist

$$\omega = ck \, . \tag{7.40}$$

Diese Beziehung zwischen ω und k wird als *Dispersionsbeziehung* bezeichnet, hier als die ebener elektromagnetischer Wellen in einem idealen Isolator. In anderen Fällen ergeben sich unter Umständen andere Zusammenhänge zwischen ω und k, d. h. es ergibt sich eine andere Dispersionsbeziehung, etwa

$$\omega = \omega(k) \, . \tag{7.41}$$

In diesem allgemeinen Fall muss man einer Welle verschiedene Geschwindigkeiten zuordnen. Nach wie vor definiert man die Geschwindigkeit, mit der sich die Phasen der Welle fortpflanzen, als deren *Phasengeschwindigkeit*. Die Phase

$$\omega(k)t - kz + \varphi$$

bleibt für

$$z = z_0 + \frac{\omega(k)}{k}t$$

konstant:

$$\omega(k)t - kz_0 - \omega(k)t + \varphi = \varphi - kz_0 \, .$$

Die Phasengeschwindigkeit c_{ph} ist also allgemein

$$v_{ph} = \frac{\omega(k)}{k} \, . \tag{7.42}$$

Unter Dispersion versteht man die Tatsache, dass die Phasengeschwindigkeit nach (7.42) eine Funktion der Frequenz (Wellenlänge) sein kann. Gilt speziell eine Dispersionsbeziehung der Form (7.40), so ist die Phasengeschwindigkeit für alle Frequenzen (Wellenlängen) dieselbe („dispersionsfreier" Fall).

Daneben spielt die sogenannte *Gruppengeschwindigkeit* v_G eine große Rolle. Sie wird definiert durch

$$v_G = \frac{d\omega(k)}{dk} \,. \tag{7.43}$$

In dem speziellen, hier vorliegenden Fall der Dispersionsbeziehung (7.40) fallen die beiden Geschwindigkeiten zusammen, sie sind beide gleich c:

$$v_{ph} = \frac{\omega}{k} = c = \frac{d\omega}{dk} = v_G \,. \tag{7.44}$$

Wir werden später auch anderen Dispersionsbeziehung begegnen, für die das nicht gilt. In solchen Fällen ist die Gruppengeschwindigkeit für die Übertragung von Signalen oder für den Energietransport wesentlich und nicht die Phasengeschwindigkeit. Sie bezieht sich auf eine Wellengruppe (ein Wellenpaket), das aus Wellen verschiedener Frequenz aufgebaut ist. Im Fall der Dispersionsbeziehung (7.40) bewegen sich alle Teilwellen mit derselben Phasengeschwindigkeit $v_{ph} = c$ vorwärts. Es ist einzusehen, dass das Wellenpaket unter diesen Umständen seine Gestalt trotz der Fortbewegung unverändert beibehält, wie sich das für diesen Fall auch unmittelbar aus der Wellengleichung ergibt und an deren d'Alembert'scher Lösung besonders deutlich wird. Die Dinge werden jedoch viel komplizierter, wenn sich die verschiedenen Teilwellen mit unterschiedlichen Phasengeschwindigkeiten fortpflanzen. Allgemeine Aussagen über das Verhalten eines Wellenpaketes sind dann nicht mehr möglich. Es wird seine Gestalt zeitlich unter Umständen wesentlich ändern, und als Folge davon wird seine Bewegung überhaupt nicht mehr durch die Angabe nur *einer* Geschwindigkeit beschreibbar sein. Im Fall eines „schmalbandigen" Wellenpakets sind jedoch gewisse Aussagen möglich. Schmalbandig soll dabei heißen, dass die im Paket vertretenen Frequenzen aus einem relativ schmalen Frequenzintervall, $(\omega, \omega + \Delta\omega)$ mit $\Delta\omega \ll \omega$, stammen. In diesem Fall bewegt sich das Maximum des Wellenpakets mit der Gruppengeschwindigkeit v_G (Abb. 7.4). Gleichzeitig tritt eine gewisse Gestaltänderung während der Bewegung ein. Überträgt man ein Signal mit Hilfe von Wellen, so ist dazu ein Wellenpaket erforderlich, und als Signalgeschwindigkeit tritt dann, wie schon erwähnt, die entsprechende Gruppengeschwindigkeit auf. Allerdings ist Vorsicht geboten. Nicht immer ist $d\omega/dk$ als Signalgeschwindigkeit zu interpretieren.

Abb. 7.4 Gruppengeschwindigkeit

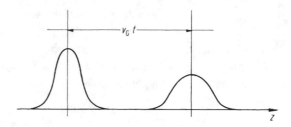

Die harmonischen ebenen Wellen sind theoretisch von grundlegender Bedeutung, weil man alle denkbaren Wellen aus ihnen durch Überlagerung zusammensetzen kann. Im Folgenden werden wir eine Reihe von Beispielen kennenlernen.

Eine ebene harmonische Welle kann sich in einer beliebigen Richtung des Raumes ausbreiten. Im Allgemeinen kennzeichnet man eine vorgegebene Ausbreitungsrichtung durch den *Wellenzahlvektor* (*Ausbreitungsvektor, Wellenvektor*) **k**. Seine Richtung ist die Ausbreitungsrichtung und für seinen Betrag gilt wie bisher

$$|\mathbf{k}| = k = \frac{2\pi}{\lambda} \ . \tag{7.45}$$

Eine ebene harmonische Welle ist dann z. B. durch

$$\mathbf{E} = \mathbf{E}_0 \cdot \cos(\omega t - \mathbf{k} \cdot \mathbf{r} + \varphi) \quad \text{mit } \mathbf{E}_0 \cdot \mathbf{k} = 0 \tag{7.46}$$

gegeben. Die Phasen sind dabei konstant, wenn für einen festgehaltenen Zeitpunkt

$$\mathbf{k} \cdot \mathbf{r} = \text{const} \ . \tag{7.47}$$

ist. Das sind die Gleichungen von Ebenen, auf denen **k** senkrecht steht (Abb. 7.5). Es handelt sich also tatsächlich um ebene Wellen, die sich in der durch **k** gegebenen Richtung ausbreiten.

Abb. 7.5 Ausbreitungsrichtung einer ebenen Welle

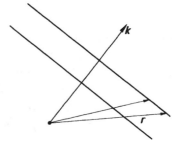

7.1.4 Elliptische Polarisation

Wir überlagern zwei linear polarisierte Wellen gleicher Frequenz, jedoch unterschiedlicher Amplitude, die sich in z-Richtung ausbreiten und einen Phasenunterschied φ aufweisen:

$$E_x = E_{x0}\cos(\omega t - kz) \,, \tag{7.48}$$

$$\begin{aligned} E_y &= E_{y0}\cos(\omega t - kz + \varphi) \\ &= E_{y0}[\cos(\omega t - kz)\cos\varphi - \sin(\omega t - kz)\sin\varphi] \,. \end{aligned} \tag{7.49}$$

Eliminiert man $\cos(\omega t - kz)$ bzw. $\sin(\omega t - kz)$, so ergibt sich wegen

$$\cos(\omega t - kz) = \frac{E_x}{E_{x0}} \tag{7.50}$$

und

$$\sin(\omega t - kz) = \sqrt{1 - \frac{E_x^2}{E_{x0}^2}}$$

$$\frac{E_x^2}{E_{x0}^2} + \frac{E_y^2}{E_{y0}^2} - \frac{2E_x E_y}{E_{x0}E_{y0}}\cos\varphi = \sin^2\varphi \,. \tag{7.51}$$

Als Gleichung für E_x, E_y aufgefasst, ist das die Gleichung einer Ellipse, d. h. in den Ebenen $z = $ const beschreiben die Spitzen des Vektors **E** elliptische Bahnen. Man nennt eine solche Welle deshalb *elliptisch polarisiert*. Ist insbesondere

$$\varphi = \frac{\pi}{2} \tag{7.52}$$

oder allgemeiner

$$\varphi = \frac{2n + 1}{2}\pi \,, \tag{7.53}$$

so ergibt sich

$$\frac{E_y^2}{E_{y0}^2} + \frac{E_x^2}{E_{x0}^2} = 1 \,, \tag{7.54}$$

d. h. eine Ellipse, deren Hauptachsenrichtungen parallel zur x- bzw. y-Richtung liegen. Ist noch spezieller

$$E_{x0} = E_{y0} = E_0 \,, \tag{7.55}$$

so erhält man mit

$$E_x^2 + E_y^2 = E_0^2 \tag{7.56}$$

die Gleichung eines Kreises. Das ist der Fall der *zirkularen Polarisation*. Für $\varphi = n\pi$ erhält man *linear polarisierte* Wellen.

7.1.5   Stehende Wellen

Laufen zwei ebene Wellen gleicher Amplitude, Wellenlänge und Polarisation einander entgegen, so ergibt sich

$$\left.\begin{aligned}
E_x(z,t) &= E_{x0}\cos(\omega t - kz + \varphi_1) + E_{x0}\cos(\omega t + kz + \varphi_2)\,, \\
H_y(z,t) &= \frac{E_{x0}}{Z}\cos(\omega t - kz + \varphi_1) - \frac{E_{x0}}{Z}\cos(\omega t + kz + \varphi_2)\,.
\end{aligned}\right\} \tag{7.57}$$

Wegen

$$\left.\begin{aligned}
\cos\alpha + \cos\beta &= 2\cos\frac{\alpha+\beta}{2}\cos\frac{\alpha-\beta}{2}\,, \\
\cos\alpha - \cos\beta &= -2\sin\frac{\alpha+\beta}{2}\sin\frac{\alpha-\beta}{2}
\end{aligned}\right\} \tag{7.58}$$

folgt daraus

$$\left.\begin{aligned}
E_x(z,t) &= 2E_{x0}\cos\left(\omega t + \frac{\varphi_1+\varphi_2}{2}\right)\cos\left(-kz + \frac{\varphi_1-\varphi_2}{2}\right)\,, \\
H_y(z,t) &= -\frac{2E_{x0}}{Z}\sin\left(\omega t + \frac{\varphi_1+\varphi_2}{2}\right)\sin\left(-kz + \frac{\varphi_1-\varphi_2}{2}\right)\,.
\end{aligned}\right\} \tag{7.59}$$

Das ist eine *stehende Welle*, die sozusagen „auf der Stelle" schwingt (Abb. 7.6). Durch passende Wahl der Nullpunkte von z und t kann man $\varphi_1 = \varphi_2 = 0$ machen und hat dann

$$\left.\begin{aligned}
E_x(z,t) &= 2E_{x0}\cos kz\cos\omega t \\
H_y(z,t) &= \frac{2E_{x0}}{Z}\sin kz\sin\omega t\,.
\end{aligned}\right\} \tag{7.60}$$

Abb. 7.6 zeigt die Ortsabhängigkeit der Amplituden des schwindenden Feldes. Die Nullstellen des elektrischen Feldes E_x (die man als seine *Knoten* bezeichnet) liegen bei

$$kz = \frac{2n+1}{2}\pi\,,$$

$$z = \frac{(2n+1)\pi}{2k} = \frac{2n+1}{4}\lambda\,,$$

Abb. 7.6 Stehende ebene
Welle

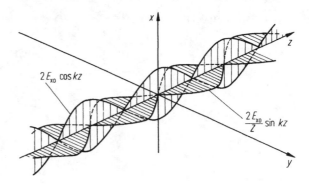

also

$$z = \pm\frac{\lambda}{4}, \pm\frac{3\lambda}{4}, \pm\frac{5\lambda}{4}, \dots$$

Die Knoten des magnetischen Feldes sind bei

$$kz = n\pi \ ,$$

$$z = \frac{n\pi}{k} = \frac{n}{2}\lambda \ ,$$

also

$$z = 0, \pm\frac{\lambda}{2}, \pm\lambda, \pm\frac{3}{2}\lambda, \dots$$

Zur Zeit $t = 0$ z. B. ist $H_y = 0$, während E_x seinen maximalen Wert annimmt. Zur Zeit $t = \tau/4$ hingegen ist $E_x = 0$ und H_y maximal usw.

7.1.6   TE- und TM-Wellen

Entsprechend Abb. 7.7 sollen zwei ebene Wellen gleicher Frequenz, Amplitude und Polarisation, jedoch unterschiedlicher Ausbreitungsrichtung überlagert werden, nämlich

$$1) \quad \mathbf{E}_1 = \mathbf{E}_0 \cos(\omega t - \mathbf{k}_1 \cdot \mathbf{r}) \ ,$$
$$\mathbf{B}_1 = \mathbf{B}_{01} \cos(\omega t - \mathbf{k}_1 \cdot \mathbf{r})$$

mit

$$\mathbf{k}_1 = (0, -k_y, k_z) \ ,$$
$$\mathbf{E}_0 = (E_{x0}, 0, 0) \ ,$$
$$\mathbf{B}_{01} = \frac{\mathbf{e}_{a1} \times \mathbf{E}_0}{c} = \frac{\mathbf{k}_1 \times \mathbf{E}_0}{k_1 c} = \frac{\mathbf{k}_1 \times \mathbf{E}_0}{\omega} = \frac{E_{x0}}{\omega}(0, k_z, k_y)$$

Abb. 7.7 H-Welle (TE-Welle)

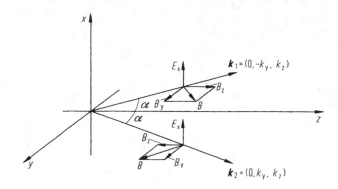

und

$$2) \quad \mathbf{E}_2 = \mathbf{E}_0 \cos(\omega t - \mathbf{k}_2 \cdot \mathbf{r}) \,,$$
$$\mathbf{B}_2 = \mathbf{B}_{02} \cos(\omega t - \mathbf{k}_2 \cdot \mathbf{r})$$

mit

$$\mathbf{k}_2 = (0, k_y, k_z) \,,$$
$$\mathbf{E}_0 = (E_{x0}, 0, 0) \,,$$
$$\mathbf{B}_{02} = \frac{\mathbf{e}_{a2} \times \mathbf{E}_0}{c} = \frac{\mathbf{k}_2 \times \mathbf{E}_0}{\omega} = \frac{E_{x0}}{\omega}(0, k_z, -k_y) \,.$$

Ihre Überlagerung ergibt nach (7.58)

$$\mathbf{E} = \mathbf{E}_0 \cos(\omega t + k_y y - k_z z) + \mathbf{E}_0 \cos(\omega t - k_y y - k_z z)$$
$$= 2\mathbf{E}_0 \cos(\omega t - k_z z) \cos(k_y y)$$

und

$$\mathbf{B} = \mathbf{B}_{01} \cos(\omega t - \mathbf{k}_1 \cdot \mathbf{r}) + \mathbf{B}_{02} \cos(\omega t - \mathbf{k}_2 \cdot \mathbf{r})$$

bzw.

$$\left. \begin{aligned} E_x &= 2E_{x0} \cos(\omega t - k_z z) \cos k_y y \,, \\ E_y &= 0 \,, \\ E_z &= 0 \end{aligned} \right\} \tag{7.61}$$

und

$$\left. \begin{aligned} B_x &= 0 \,, \\ B_y &= 2E_{x0} \frac{k_z}{\omega} \cos(\omega t - k_z z) \cos k_y y \,, \\ B_z &= -2E_{x0} \frac{k_y}{\omega} \sin(\omega t - k_z z) \sin k_y y \,. \end{aligned} \right\} \tag{7.62}$$

Abb. 7.8 E-Welle (TM-Welle)

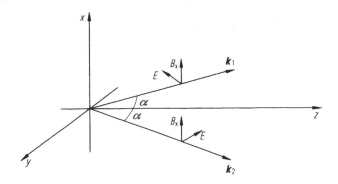

Die durch (7.61), (7.62) gegebene Welle ist keine ebene Welle. Sie breitet sich in z-Richtung aus, wobei die Phasengeschwindigkeit

$$v_{\text{ph}} = \frac{\omega}{k_z} \tag{7.63}$$

ist. Sie besitzt außer den transversalen Feldkomponenten E_x und B_y auch eine longitudinale Komponente des Magnetfeldes, B_z. Sie ist also in Bezug auf das elektrische Feld transversal, nicht jedoch in Bezug auf das magnetische Feld. Man nennt eine solche Welle eine *transversale elektrische Welle*, abgekürzt *TE-Welle (H-Welle)*. Die Amplituden hängen von y ab.

In ganz ähnlicher Weise können wir den Fall von Abb. 7.8 behandeln. Jetzt werden die beiden folgenden ebenen Wellen überlagert:

$$1) \quad \mathbf{B}_1 = \mathbf{B}_0 \cos(\omega t - \mathbf{k}_1 \cdot \mathbf{r}) \,,$$

$$\mathbf{E}_1 = \mathbf{E}_{01} \cos(\omega t - \mathbf{k}_1 \cdot \mathbf{r})$$

mit

$$\mathbf{k}_1 = (0, -k_y, k_z) \,,$$

$$\mathbf{B}_0 = (B_{x0}, 0, 0) \,,$$

$$\mathbf{E}_{01} = c\mathbf{B}_0 \times \mathbf{e}_a = c\mathbf{B}_0 \times \frac{\mathbf{k}_1}{k_1} = -\frac{cB_{x0}}{k_1}(0, k_z, k_y)$$

und

$$2) \quad \mathbf{B}_2 = \mathbf{B}_0 \cos(\omega t - \mathbf{k}_2 \cdot \mathbf{r}) \,,$$

$$\mathbf{E}_2 = \mathbf{E}_{02} \cos(\omega t - \mathbf{k}_2 \cdot \mathbf{r})$$

mit

$$\mathbf{k}_2 = (0, k_y, k_z) \,,$$

$$\mathbf{B}_0 = (B_{x0}, 0, 0) \,,$$

$$\mathbf{E}_{02} = -\frac{cB_{x0}}{k_2}(0, k_z, -k_y) \,.$$

Die Überlagerung ergibt

$$\left.\begin{array}{l} B_x = 2B_{x0}\cos(\omega t - k_z z)\cos k_y y\,, \\ B_y = 0\,, \\ B_z = 0\,, \end{array}\right\} \tag{7.64}$$

und

$$\left.\begin{array}{l} E_x = 0\,, \\ E_y = -\dfrac{2cB_{x0}k_z}{k}\cos(\omega t - k_z z)\cos k_y y\,, \\ E_z = \dfrac{2cB_{x0}k_y}{k}\sin(\omega t - k_z z)\sin k_y y\,. \end{array}\right\} \tag{7.65}$$

Dabei ist

$$k_1 = \sqrt{k_y^2 + k_z^2} = k_2 = k\,.$$

Die Welle (7.64), (7.65) ist wiederum keine ebene Welle. Ihre Fortpflanzung erfolgt in z-Richtung. Sie ist transversal in Bezug auf **B**, nicht jedoch in Bezug auf **E**. Es handelt sich um *eine transversale magnetische Welle*, abgekürzt als *TM-* oder als *E-Welle* bezeichnet.

Wellen wie die hier behandelten spielen z. B. im Zusammenhang mit Hohlleitern eine wichtige Rolle, worauf wir noch zurückkommen werden. Für beide Arten (TE- und TM-Wellen) gilt

$$v_{\mathrm{ph}} = \frac{\omega}{k_z}$$

und

$$k^2 = k_y^2 + k_z^2 = \mu\varepsilon\omega^2 = \frac{\omega^2}{c^2}\,.$$

Also ist

$$k_z = \sqrt{\frac{\omega^2}{c^2} - k_y^2} \tag{7.66}$$

und

$$v_{\mathrm{ph}} = \frac{\omega}{\sqrt{\frac{\omega^2}{c^2} - k_y^2}} = \frac{c}{\sqrt{1 - \frac{k_y^2 c^2}{\omega^2}}} \geq c\,. \tag{7.67}$$

Diese Wellen sind nicht dispersionsfrei. Ihre Phasengeschwindigkeit liegt über der Lichtgeschwindigkeit des betreffenden Mediums, im Vakuum also über der Vakuumlichtgeschwindigkeit. Das ist durchaus möglich und stellt keinen Widerspruch zur Relativitätstheorie dar, nach der keine Signalgeschwindigkeit die Vakuumlichtgeschwindigkeit übertreffen kann. Als Signalgeschwindigkeit kommt die Gruppengeschwindigkeit in Frage.

Diese ist

$$v_G = \frac{\mathrm{d}\omega}{\mathrm{d}k_z} = \frac{1}{\frac{\mathrm{d}k_z}{\mathrm{d}\omega}} = c^2 \frac{\sqrt{\frac{\omega^2}{c^2} - k_y^2}}{\omega} = \frac{c^2}{v_{\mathrm{ph}}} \; . \tag{7.68}$$

Somit ist

$$v_G v_{\mathrm{ph}} = c^2 \tag{7.69}$$

und

$$v_G \le c \; , \tag{7.70}$$

wie es sein muss. Gleichung (7.69) kann unmittelbar aus der Dispersionsbeziehung durch Differenzieren nach k_z gewonnen werden:

$$k_y^2 + k_z^2 = \varepsilon\mu\omega^2 = \frac{1}{c^2}\omega^2 \; ,$$

$$2k_z = \frac{1}{c^2}2\omega\frac{\mathrm{d}\omega}{\mathrm{d}k_z} \; ,$$

$$\frac{\omega}{k_z}\frac{\mathrm{d}\omega}{\mathrm{d}k_z} = v_{\mathrm{ph}}v_G = c^2 \; .$$

Im Grenzfall $k_y = 0$ gehen die Wellen (7.61), (7.62) bzw. (7.64), (7.65) in ebene Wellen über. Die longitudinalen Komponenten B_z bzw. E_z verschwinden dabei.

Im anderen Grenzfall $k_z = 0$ erhält man stehende Wellen von der vorher diskutierten Art (Abschn. 7.1.5).

7.1.7 Energiedichte in und Energietransport durch Wellen

Betrachten wir zunächst die ebene Welle

$$E_x = E_{x0}\cos(\omega t - kz) \; , \tag{7.71}$$

$$H_y = H_{y0}\cos(\omega t - kz) = \frac{E_{x0}}{Z}\cos(\omega t - kz) \; , \tag{7.72}$$

so ist der in Abschn. 2.14 diskutierte Poynting-Vektor nach (2.153)

$$\mathbf{S} = \mathbf{E} \times \mathbf{H} = (0, 0, E_x H_y) = \left(0, 0, \frac{E_x^2}{Z}\right). \tag{7.73}$$

S ist die Energieflussdichte, d. h. die pro Zeit- und Flächeneinheit durch eine Fläche hindurchtransportierte elektromagnetische Energie. Andererseits ist die im Feld der Welle gespeicherte Energiedichte

$$\frac{\varepsilon E^2}{2} + \frac{\mu H^2}{2} = \frac{\varepsilon E_x^2}{2} + \frac{\mu E_x^2}{2Z^2} = \frac{\varepsilon E_x^2}{2} + \frac{\varepsilon E_x^2}{2} = \varepsilon E_x^2 \,. \tag{7.74}$$

Multipliziert man diese mit c, so ergibt sich gerade S_z:

$$\varepsilon E_x^2 c = \varepsilon E_x^2 \frac{1}{\sqrt{\varepsilon\mu}} = \frac{E_x^2}{Z} \,. \tag{7.75}$$

Man kann also sagen, dass die im Feld vorhandene Energie mit Lichtgeschwindigkeit in z-Richtung transportiert wird.

Ein interessantes Beispiel stellen die vorher behandelten TE- und TM-Wellen dar. Wir beschränken uns auf die Diskussion der durch die beiden Gleichungen (7.61), (7.62) beschriebenen TE-Welle. Dafür ist

$$\mathbf{S} = \mathbf{E} \times \mathbf{H} = (0, -E_x H_z, E_x H_y) \,. \tag{7.76}$$

Wenn wir nur zeitliche Mittelwerte betrachten, so stellen wir fest, dass im zeitlichen Mittel keine Energie in y-Richtung transportiert wird. Es erfolgt jedoch ein Transport von Energie in z-Richtung, da der zeitliche Mittelwert von $E_x H_y$ nicht verschwindet. Er ist

$$S_{z\,\text{eff}} = \frac{2E_{x0}^2 k_z \cos^2(k_y y)}{\mu\omega} \,. \tag{7.77}$$

Mitteln wir auch noch über die Ortsabhängigkeit, so ist

$$\overline{S_{z\,\text{eff}}} = \frac{E_{x0}^2 k_z}{\mu\omega} = \frac{\varepsilon E_{x0}^2 k_z}{\varepsilon\mu\omega} = \frac{\varepsilon E_{x0}^2 c^2 k_z}{\omega} = \varepsilon E_{x0}^2 v_G \,. \tag{7.78}$$

Andererseits ist die räumlich und zeitlich gemittelte Energiedichte

$$\frac{\varepsilon E_{x0}^2}{2} + \frac{E_{x0}^2 (k_z^2 + k_y^2)}{2\mu\omega^2} = \frac{\varepsilon E_{x0}^2}{2} + \frac{E_{x0}^2}{2\mu c^2} = \varepsilon E_{x0}^2 \,. \tag{7.79}$$

Vergleicht man die beiden letzten Beziehungen, so sieht man, dass die im zeitlichen und räumlichen Mittel vorhandene Energie mit der Gruppengeschwindigkeit v_G (und nicht etwa der in diesem Fall über der Lichtgeschwindigkeit c liegenden Phasengeschwindigkeit v_{ph}) in z-Richtung transportiert wird.

Hinweis: Sollten die Felder in komplexer Schreibweise gegeben sein, so empfiehlt es sich, vor der Berechnung der Energiedichten bzw. des Poynting-Vektors zu den reellen Feldern zurückzukehren.

7.2   Ebene Wellen in einem leitfähigen Medium

7.2.1   Wellengleichungen und Dispersionsbeziehung

Nun seien ebene Wellen in einem leitfähigen Medium untersucht, in dem keine Raumladungen existieren sollen. Dann gelten nach (7.8), (7.9) die beiden Gleichungen

$$\Delta \mathbf{E} = \mu\kappa \frac{\partial \mathbf{E}}{\partial t} + \mu\varepsilon \frac{\partial^2 \mathbf{E}}{\partial t^2} , \tag{7.80}$$

$$\Delta \mathbf{B} = \mu\kappa \frac{\partial \mathbf{B}}{\partial t} + \mu\varepsilon \frac{\partial^2 \mathbf{B}}{\partial t^2} . \tag{7.81}$$

Zur Abwechslung und zur Vereinfachung wollen wir uns der komplexen Schreibweise bedienen und die ebenen Wellen in folgender Weise ansetzen:

$$\mathbf{E} = \mathbf{E}_0 \exp[\mathrm{i}(\omega t - \mathbf{k} \cdot \mathbf{r})] , \tag{7.82}$$

$$\mathbf{B} = \mathbf{B}_0 \exp[\mathrm{i}(\omega t - \mathbf{k} \cdot \mathbf{r})] . \tag{7.83}$$

Die eigentlichen Felder sind durch die Realteile davon (oder auch durch die Imaginärteile) gegeben. Mit diesen Ansätzen ergibt sich aus beiden Gleichungen (7.80), (7.81) dieselbe Dispersionsbeziehung:

$$(-\mathrm{i}k_x)^2 + (-\mathrm{i}k_y)^2 + (-\mathrm{i}k_z)^2 = \mu\kappa(\mathrm{i}\omega) + \mu\varepsilon(\mathrm{i}\omega)^2$$

bzw.

$$\mu\varepsilon\omega^2 - \mu\kappa\mathrm{i}\omega - k^2 = 0 . \tag{7.84}$$

In Anwendung auf Ansätze der Art (7.82), (7.83) lassen sich die Operatoren der Vektoranalysis durch multiplikative Operatoren ausdrücken; z. B. ist

$$\begin{aligned} \operatorname{div} \mathbf{E} &= -\mathrm{i}k_x E_x - \mathrm{i}k_y E_y - \mathrm{i}k_z E_z \\ &= -\mathrm{i}\mathbf{k} \cdot \mathbf{E} . \end{aligned} \tag{7.85}$$

Weiter ist

$$\operatorname{rot} \mathbf{E} = \begin{vmatrix} \mathbf{e}_x & \mathbf{e}_y & \mathbf{e}_z \\ \dfrac{\partial}{\partial x} & \dfrac{\partial}{\partial y} & \dfrac{\partial}{\partial z} \\ E_x & E_y & E_z \end{vmatrix} = \begin{vmatrix} \mathbf{e}_x & \mathbf{e}_y & \mathbf{e}_z \\ -\mathrm{i}k_x & -\mathrm{i}k_y & -\mathrm{i}k_z \\ E_x & E_y & E_z \end{vmatrix}$$

$$= -\mathrm{i}\mathbf{k} \times \mathbf{E} . \tag{7.86}$$

Beide Aussagen lassen sich durch

$$\nabla = -\mathrm{i}\mathbf{k} \qquad\qquad (7.87)$$

ausdrücken. Daraus folgt nämlich sofort

$$\operatorname{div}\mathbf{E} = \nabla \cdot \mathbf{E} = -\mathrm{i}\mathbf{k} \cdot \mathbf{E}$$

und

$$\operatorname{rot}\mathbf{E} = \nabla \times \mathbf{E} = -\mathrm{i}\mathbf{k} \times \mathbf{E} \ .$$

Auch ist

$$\Delta = \nabla \cdot \nabla = (-\mathrm{i}\mathbf{k}) \cdot (-\mathrm{i}\mathbf{k}) = -k^2 \ . \qquad\qquad (7.88)$$

Damit liefern die Ansätze (7.82), (7.83) mit den Wellengleichungen (7.80), (7.81) wiederum die Dispersionsbeziehung (7.84). Nun wollen wir die Maxwell'schen Gleichungen auf die Ansätze (7.82), (7.83) anwenden. Beginnen wir mit (7.4), so folgt für $\rho = 0$

$$\operatorname{div}\mathbf{D} = \varepsilon \operatorname{div}\mathbf{E} = -\mathrm{i}\varepsilon\mathbf{k} \cdot \mathbf{E} = 0 \ . \qquad\qquad (7.89)$$

$\mathbf{k}$ und $\mathbf{E}$ müssen senkrecht aufeinander stehen, d. h. die Welle muss in Bezug auf $\mathbf{E}$ transversal sein. Sie muss es auch in Bezug auf $\mathbf{B}$ sein, da aus (7.3)

$$\operatorname{div}\mathbf{B} = -\mathrm{i}\mathbf{k} \cdot \mathbf{B} = 0 \qquad\qquad (7.90)$$

folgt. Weiter ergibt sich aus (7.2)

$$\operatorname{rot}\mathbf{E} = -\mathrm{i}\mathbf{k} \times \mathbf{E} = -\frac{\partial \mathbf{B}}{\partial t} = -\mathrm{i}\omega\mathbf{B} \ ,$$

also

$$\mathbf{B} = \frac{\mathbf{k} \times \mathbf{E}}{\omega} \ . \qquad\qquad (7.91)$$

In dieser Beziehung ist die früher viel mühsamer abgeleitete Beziehung (7.31) als Spezialfall enthalten. Die Verallgemeinerung liegt darin, dass entsprechend (7.84) $\mathbf{k}$ im Allgemeinen kein reeller Vektor ist. Schließlich ist noch (7.1) zu berücksichtigen, woraus sich unter Benutzung von (7.6)

$$-\mathrm{i}\mathbf{k} \times \mathbf{B} = \mu\kappa\mathbf{E} + \mu\varepsilon\mathrm{i}\omega\mathbf{E} \ . \qquad\qquad (7.92)$$

ergibt. Eliminiert man hier $\mathbf{B}$ durch (7.91), so folgt

$$-\mathrm{i}\mathbf{k} \times \left(\frac{\mathbf{k} \times \mathbf{E}}{\omega}\right) = -\frac{\mathrm{i}}{\omega}[\mathbf{k}(\mathbf{k} \cdot \mathbf{E}) - \mathbf{E}(\mathbf{k} \cdot \mathbf{k})]$$

$$= \mu\kappa\mathbf{E} + \mu\varepsilon\mathrm{i}\omega\mathbf{E} \ .$$

Wegen (7.89) findet man schließlich die Gleichung

$$\frac{\mathrm{i}\mathbf{E}k^2}{\omega} = \mu\kappa\mathbf{E} + \mu\varepsilon\mathrm{i}\omega\mathbf{E} \ , \tag{7.93}$$

d. h. wieder die Dispersionsbeziehung (7.84).

Damit haben wir die Eigenschaften von ebenen Wellen auch für den Spezialfall eines Isolators ($\kappa = 0$) noch einmal und auf eine formal viel kürzere und elegantere Weise als früher hergeleitet. Die gegenwärtige Herleitung macht auch besonders deutlich, dass die Transversalität bezüglich $\mathbf{E}$ eine Folge der Quellenfreiheit von $\mathbf{E}$ ist. Es wurde ja $\rho = 0$ angenommen. Die Tatsache, dass $\mathbf{E}$ und $\mathbf{B}$ senkrecht aufeinander stehen, (7.91), wiederum erweist sich als unmittelbare Folge des Induktionsgesetzes.

Für den Fall $\kappa = 0$ reduziert sich die Dispersionsbeziehung (7.84) auf die schon bekannte Beziehung

$$k^2 = \mu\varepsilon\omega^2 = \frac{\omega^2}{c^2}$$

bzw.

$$\omega = ck \ .$$

Im leitfähigen Medium ist der Zusammenhang komplizierter. Man kann verschiedene Fälle unterscheiden. Hier sollen lediglich zwei Grenzfälle untersucht werden.

7.2.2   Der Vorgang ist harmonisch im Raum

Für einen im Raum harmonischen Vorgang ist k reell, was zur Folge hat, dass ω komplex ist. Bezeichnen wir den Realteil von ω mit η, den Imaginärteil mit σ_1, so ist

$$\omega = \eta + \mathrm{i}\sigma_1 \ . \tag{7.94}$$

Gleichung (7.84) lautet dann

$$\mu\varepsilon(\eta^2 + 2\eta\sigma_1\mathrm{i} - \sigma_1^2) - \mu\kappa(\mathrm{i}\eta - \sigma_1) - k^2 = 0 \ .$$

Realteil und Imaginärteil der linken Seite dieser Gleichung müssen für sich verschwinden:

$$-k^2 + \mu\kappa\sigma_1 + \mu\varepsilon\eta^2 - \mu\varepsilon\sigma_1^2 = 0 \ , \tag{7.95}$$

$$-\mu\kappa\eta + 2\mu\varepsilon\eta\sigma_1 = 0 \ . \tag{7.96}$$

Nach (7.96) ist

$$\sigma_1 = \frac{\mu\kappa\eta}{2\mu\varepsilon\eta} = \frac{\kappa}{2\varepsilon} \ . \tag{7.97}$$

Mit (7.95) gibt das

$$\eta = \pm\sqrt{\frac{k^2 + \mu\varepsilon\sigma_1^2 - \mu\kappa\sigma_1}{\mu\varepsilon}} = \pm\sqrt{\frac{k^2}{\mu\varepsilon} - \frac{\kappa^2}{4\varepsilon^2}} \ . \tag{7.98}$$

η muss nach Voraussetzung reell sein. Dies ist nur der Fall, wenn

$$k^2 \geq \frac{\kappa^2\mu}{4\varepsilon} \tag{7.99}$$

ist. Die Welle hat dann die Form

$$\mathbf{E} = \mathbf{E}_0 \exp[i(\eta + i\sigma_1)t - i\mathbf{k} \cdot \mathbf{r}]$$
$$= \mathbf{E}_0 \exp[i(\eta t - \mathbf{k} \cdot \mathbf{r})] \exp[-\sigma_1 t] \ . \tag{7.100}$$

η ist also die reelle Kreisfrequenz der Welle, und σ_1 bewirkt ein zeitliches Abklingen (eine Dämpfung) der Welle.

Ist umgekehrt

$$k^2 < \frac{\kappa^2\mu}{4\varepsilon} \ , \tag{7.101}$$

so wird ω rein imaginär, etwa

$$\omega = i\sigma_2 \ , \tag{7.102}$$

was mit (7.84)

$$-\mu\varepsilon\sigma_2^2 + \mu\kappa\sigma_2 - k^2 = 0 \tag{7.103}$$

gibt. Die beiden Lösungen dieser quadratischen Gleichungen für σ_2 sind

$$\sigma_2 = \frac{\kappa}{2\varepsilon} \pm \sqrt{\frac{\kappa^2}{4\varepsilon^2} - \frac{k^2}{\mu\varepsilon}} \ . \tag{7.104}$$

Die Welle nimmt damit die Form

$$\mathbf{E} = \mathbf{E}_0 \exp[-i(\mathbf{k} \cdot \mathbf{r})] \cdot \exp(-\sigma_2 t) \tag{7.105}$$

an.

Es ist interessant, die beiden Wellenarten (7.100) und (7.105) miteinander zu vergleichen. Während sich für hinreichend große Wellenzahlen, (7.99), eine Wellenausbreitung ergibt, ist dies bei zu kleinen Wellenzahlen, (7.101), nicht der Fall. Die tiefere Ursache für dieses merkwürdige Verhalten liegt darin, dass hier Diffusionseffekte und Wellenausbreitungseffekte miteinander in Konkurrenz treten. Betrachten wir die Wellengleichung in der hier zugrunde gelegten Form (7.80) oder (7.81), so finden wir für einen Ansatz der Form (7.82), (7.83), dass sich der Diffusionsterm im Wesentlichen wie

$$\mu \kappa \omega$$

und der Wellenausbreitungsterm wie

$$\mu \varepsilon \omega^2$$

verhält. Ist nun z. B. κ sehr klein, ε sehr groß, so wird die Diffusion vernachlässigbar. Nach (7.99) bekommt man dann auch für fast alle Wellenzahlen k (außer ganz kleinen) mit der Phasengeschwindigkeit η / k laufende Wellen. Ist im umgekehrten Fall κ sehr groß und ε sehr klein, so dominieren die Effekte der Diffusion das Geschehen. Man bekommt dann für fast alle Wellenzahlen k (außer ganz großen) nur ein nach dem Ausdruck (7.105) exponentiell in sich zusammenfallendes Feld und keine fortlaufende Welle.

7.2.3 Der Vorgang ist harmonisch in der Zeit

Ist der Vorgang in der Zeit harmonisch, und das ist der praktisch wichtigere Fall, so ist ω reell und k dafür im Allgemeinen komplex. Wir können

$$k = \beta - \mathrm{i}\alpha \tag{7.106}$$

setzen und erhalten damit aus Gleichung (7.84)

$$\mu \varepsilon \omega^2 - \mu \kappa \omega \mathrm{i} - (\beta^2 - 2\alpha\beta\mathrm{i} - \alpha^2) = 0$$

bzw. nach der Trennung von Real- und Imaginärteil

$$-\beta^2 + \alpha^2 + \mu \varepsilon \omega^2 = 0 \,, \tag{7.107}$$

$$2\alpha\beta - \mu \kappa \omega = 0 \,. \tag{7.108}$$

Daraus folgt zunächst

$$\alpha = \frac{\mu \kappa \omega}{2\beta}$$

und damit eine quadratische Gleichung für β^2:

$$\beta^4 - \mu\varepsilon\omega^2\beta^2 - \frac{\mu^2\kappa^2\omega^2}{4} = 0 \,. \tag{7.109}$$

Ihre Lösungen sind

$$\beta = \pm\omega\sqrt{\frac{\mu\varepsilon}{2}\left(1 \pm \sqrt{1 + \frac{\kappa^2}{\omega^2\varepsilon^2}}\right)} \,.$$

β muss reell sein. Von den beiden Vorzeichen unter der Wurzel kommt deshalb nur das das positive in Betracht, d. h. es gilt

$$\beta = \pm\omega\sqrt{\frac{\mu\varepsilon}{2}\left(\sqrt{1 + \frac{\kappa^2}{\omega^2\varepsilon^2}} + 1\right)} \,. \tag{7.110}$$

Mit den Gleichungen (7.107), (7.108) ergibt sich daraus

$$\alpha = \pm\omega\sqrt{\frac{\mu\varepsilon}{2}\left(\sqrt{1 + \frac{\kappa^2}{\omega^2\varepsilon^2}} - 1\right)} \,. \tag{7.111}$$

Es sei noch bemerkt, dass man imaginäre Werte von β auch zulassen kann. Dann wird jedoch α ebenfalls imaginär, und es ergibt sich kein im Vergleich zu (7.106) neuer Ansatz. α und β vertauschen lediglich ihre Rollen.

Mit den Gleichungen (7.106), (7.110), (7.111) ergibt sich aus dem Ansatz (7.82):

$$\mathbf{E} = \mathbf{E}_0\exp[\mathrm{i}(\omega t - \beta z)]\exp[-\alpha z] \,, \tag{7.112}$$

wenn wir $\mathbf{k}$ als einen Vektor in z-Richtung annehmen. Dann ist der Realteil von k, nämlich β, für die Ausbreitung der Welle, der Imaginärteil, α, für ihre räumliche Dämpfung verantwortlich. α heißt deshalb *Dämpfungskonstante* und β *Phasenkonstante*. Es handelt sich um eine gedämpfte ebene Welle. Die Ebenen $z = $ const sind sowohl Ebenen konstanter Phase wie auch Ebenen konstanter Amplitude. Eine Welle mit dieser Eigenschaft bezeichnet man auch als *homogene Welle*.

Das ist jedoch keineswegs der allgemeinste mögliche Fall. Dieser ergibt sich, wenn man statt (7.106)

$$\mathbf{k} = \boldsymbol{\beta} - \mathrm{i}\boldsymbol{\alpha} \tag{7.113}$$

schreibt, wo $\boldsymbol{\beta}$ und $\boldsymbol{\alpha}$ zwei Vektoren sind, die der Dispersionsbeziehung genügen müssen, d. h. es muss gelten

$$\mu\varepsilon\omega^2 - \mu\kappa\mathrm{i}\omega - (\boldsymbol{\beta}^2 - 2\mathrm{i}\boldsymbol{\alpha}\cdot\boldsymbol{\beta} - \boldsymbol{\alpha}^2) = 0\ . \tag{7.114}$$

Sind die beiden Vektoren $\boldsymbol{\alpha}$ und $\boldsymbol{\beta}$ einander parallel, so kommen wir bei entsprechender Wahl des Koordinatensystems zu dem Ausdruck (7.112) und damit zu einer homogenen Welle im eben definierten Sinn. Die Ebenen konstanter Phase stehen senkrecht auf $\boldsymbol{\beta}$, die Ebenen konstanter Amplitude senkrecht auf $\boldsymbol{\alpha}$. Haben diese beiden Vektoren verschiedene Richtungen, so bekommt man eine sog. *inhomogene Welle*. Um ein einfaches Beispiel angeben zu können, setzen wir in (7.114) $\kappa = 0$. Dann muss $\boldsymbol{\alpha}$ senkrecht auf $\boldsymbol{\beta}$ stehen. Wir können z. B. annehmen, es sei

$$\mathbf{k} = (b, 0, -\mathrm{i}a)\ , \tag{7.115}$$

woraus sich

$$\mathbf{E} = \mathbf{E}_0 \exp[\mathrm{i}(\omega t - bx)]\exp[-az] \tag{7.116}$$

ergibt. Für den Zusammenhang zwischen b und a gilt

$$-b^2 + a^2 + \mu\varepsilon\omega^2 = 0\ . \tag{7.117}$$

Inhomogene Wellen sind nicht transversal wie man an (7.91) sehen kann. Sie sind auch im Sinne unserer Definition keine ebenen Wellen, weil in den Ebenen konstanter Phase die Amplituden nicht konstant sind. Trotzdem sind inhomogene Wellen wichtig. Sie sind vielfach zur Erfüllung von Randbedingungen, z. B. bei Reflexionsproblemen nötig, worauf wir noch eingehen werden.

Das zur Welle (7.112) gehörige Magnetfeld ergibt sich aus (7.91). $\mathbf{B}$ steht senkrecht auf $\mathbf{E}$. Weil jedoch $\mathbf{k}$ ein komplexer Vektor ist, tritt hier ein Phasenunterschied zwischen $\mathbf{B}$ und $\mathbf{E}$ auf. Im idealen Isolator ($\kappa = 0$) dagegen gab es keinen Phasenunterschied. Ist

$$\mathbf{E}_0 = (E_{x0}, 0, 0)\ ,$$

so ergibt sich

$$\begin{aligned}
\mathbf{B} &= \frac{(0, 0, \beta - \mathrm{i}\alpha)}{\omega} \times (E_{x0}, 0, 0)\exp[\mathrm{i}(\omega t - \beta z)]\exp(-\alpha z) \\
&= (0, (\beta - \mathrm{i}\alpha)E_{x0}, 0)\frac{\exp[\mathrm{i}(\omega t - \beta z)]\exp(-\alpha z)}{\omega}\ .
\end{aligned}$$

Es tritt also nur eine y-Komponente von $\mathbf{B}$ auf:

$$B_y = \frac{(\beta - \mathrm{i}\alpha)E_{x0}}{\omega}\exp[\mathrm{i}(\omega t - \beta z)]\exp(-\alpha z)\ .$$

Ist E_{x0} reell, so ist in reeller Schreibweise

$$E_x = E_{x0}\cos(\omega t - \beta z)\exp(-\alpha z) \tag{7.118}$$

und

$$B_y = \mathrm{Re}\left\{\frac{E_{x0}}{\omega}(\beta - \mathrm{i}\alpha)[\cos(\omega t - \beta z) + \mathrm{i}\sin(\omega t - \beta z)]\exp(-\alpha z)\right\} ,$$

d. h.

$$\begin{aligned} B_y &= \frac{E_{x0}}{\omega}[\beta\cos(\omega t - \beta z) + \alpha\sin(\omega t - \beta z)]\exp(-\alpha z) \\ &= \frac{E_{x0}}{\omega}\sqrt{\alpha^2 + \beta^2}\left[\frac{\beta}{\sqrt{\alpha^2 + \beta^2}}\cos(\omega t - \beta z)\right. \\ &\quad \left. + \frac{\alpha}{\sqrt{\alpha^2 + \beta^2}}\sin(\omega t - \beta z)\right]\exp(-\alpha z) . \end{aligned}$$

Setzt man nun

$$\frac{\alpha}{\sqrt{\alpha^2 + \beta^2}} = \sin\varphi ,$$

$$\frac{\beta}{\sqrt{\alpha^2 + \beta^2}} = \cos\varphi ,$$

d. h.

$$\tan\varphi = \frac{\alpha}{\beta} , \tag{7.119}$$

so findet man

$$B_y = B_{y0}\cos(\omega t - \beta z - \varphi)\exp(-\alpha z) , \tag{7.120}$$

wo

$$B_{y0} = \frac{E_{x0}}{\omega}\sqrt{\alpha^2 + \beta^2} = E_{x0}\sqrt{\mu\varepsilon}\sqrt[4]{1 + \frac{\kappa^2}{\omega^2\varepsilon^2}} \tag{7.121}$$

bzw.

$$H_{y0} = \frac{E_{x0}}{Z}\sqrt[4]{1 + \frac{\kappa^2}{\omega^2\varepsilon^2}} . \tag{7.122}$$

Für $\kappa = 0$ ergibt sich der früher behandelte Fall des idealen Isolators.

Man kann zwei Grenzfälle diskutieren. Ist

$$\kappa \gg \omega\varepsilon \quad \Big| \quad \kappa \ll \omega\varepsilon$$

bzw., wenn man dies mit Hilfe der Relaxationszeit t_r ausdrückt, die in Abschn. 4.2, Gleichung (4.23), definiert wurde, ist

$$\omega t_r \ll 1 \,, \quad \Big| \quad \omega t_r \gg 1 \,,$$

so dominiert in der Wellengleichung

der Diffusionsterm . $\Big|$ der Wellenausbreitungsterm .

Man erhält dann aus (7.110), (7.111)

$$\alpha \approx \beta \approx \pm\sqrt{\frac{\mu\kappa\omega}{2}} \quad \Bigg| \quad \begin{aligned} \alpha &\approx \pm\frac{\kappa}{2}\sqrt{\frac{\mu}{\varepsilon}} \\[2mm] \beta &\approx \pm\omega\sqrt{\mu\varepsilon}\left(1 + \frac{\kappa^2}{8\omega^2\varepsilon^2}\right) \end{aligned}$$

und damit die Phasengeschwindigkeit

$$v_{\mathrm{ph}} = \frac{\omega}{\beta} \approx \pm\sqrt{\frac{2\omega}{\mu\kappa}} \, . \quad \Bigg| \quad \begin{aligned} v_{\mathrm{ph}} &\approx \frac{\pm 1}{\sqrt{\mu\varepsilon}\left(1 + \frac{\kappa^2}{8\omega^2\varepsilon^2}\right)} \\[3mm] &\approx \frac{\pm\left(1 - \frac{\kappa^2}{8\omega^2\varepsilon^2}\right)}{\sqrt{\mu\varepsilon}} \, . \end{aligned}$$

In diesem Fall dominieren die

Leitereigenschaften , $\Big|$ Isolatoreigenschaften ,

und man bezeichnet das Medium deshalb auch als

Leiter $\Big|$ nichtidealen Isolator .

Die Frage, ob ein Medium bezüglich einer Welle mehr als Leiter oder mehr als Isolator anzusehen ist, hängt also nicht nur von den Materialkonstanten κ und ε des Mediums, sondern auch von der Frequenz der betrachteten Welle ab. Die

Leitereigenschaften $\Big|$ Isolatoreigenschaften

zeigen sich dabei bei hinreichend

kleinen | großen

Frequenzen. Rein anschaulich rührt das daher, dass die oszillierenden elektrischen Felder im Fall

kleiner | großer

Frequenzen durch entsprechende Ladungsbewegungen und daraus resultierende Raumladungsfelder

hinreichend schnell | nicht hinreichend schnell

kompensiert werden können.

Elektrostatische Felder können in einem Leiter überhaupt nicht existieren (Abschn. 2.6). Langsam oszillierende Felder können nur ganz wenig in den Leiter hinein vordringen. Sie werden schon auf nur einer Wellenlänge um den Faktor $\exp(-2\pi) \approx 2 \cdot 10^{-3}$ gedämpft, wie sich für $\alpha = \beta$ aus (7.112) ergibt. Im Übrigen sind die Ergebnisse, die wir hier für den Grenzfall kleiner Frequenzen bekommen, mit denen von Abschn. 6.5.4 identisch. Man beachte dazu (6.145).

Die durch die Dämpfung den Wellen verlorengehende Energie wird in Stromwärme verwandelt. Dies lässt sich mit Hilfe des Energiesatzes im Einzelnen nachweisen, worauf hier jedoch verzichtet sei.

7.3 Reflexion und Brechung von Wellen

7.3.1 Reflexion und Brechung bei Isolatoren

Fällt eine ebene Welle auf die als eben betrachtete Grenzfläche zwischen zwei verschiedenen Isolatoren („Mediengrenze"), so müssen an dieser Grenzfläche die verschiedenen Randbedingungen in Bezug auf **E**, **D**, **H**, **B** erfüllt sein. Entsprechend Abb. 7.9 ist die Erfüllung der Randbedingungen möglich, wenn man annimmt, dass neben der einfallenden Welle ($\mathbf{k}_e$) eine ins Medium 1 zurückreflektierte Welle ($\mathbf{k}_r$) und eine ins Medium 2 laufende sog. gebrochene Welle ($\mathbf{k}_g$) auftritt. Wenn man von dem später zu erörternden Fall der Totalreflexion absieht, handelt es sich um ebene Wellen der folgenden Form:

$$\mathbf{E}_e = \mathbf{E}_{e0}\,\exp[\mathrm{i}(\omega_e t - \mathbf{k}_e \cdot \mathbf{r})]\ , \tag{7.123}$$

$$\mathbf{E}_r = \mathbf{E}_{r0}\,\exp[\mathrm{i}(\omega_r t - \mathbf{k}_r \cdot \mathbf{r})]\ , \tag{7.124}$$

$$\mathbf{E}_g = \mathbf{E}_{g0}\,\exp[\mathrm{i}(\omega_g t - \mathbf{k}_g \cdot \mathbf{r})]\ . \tag{7.125}$$

An der Mediengrenze müssen gewisse Feldkomponenten stetig sein. Dazu müssen bestimmte Beziehungen zwischen $\mathbf{E}_{e0}$, $\mathbf{E}_{r0}$, $\mathbf{E}_{g0}$ bestehen. Weil aber die Randbedingungen für alle Zeiten t und für alle Punkte $\mathbf{r}_M$ der Mediengrenze erfüllt sein müssen, müssen

Abb. 7.9 Reflexion und Brechung ebener Wellen

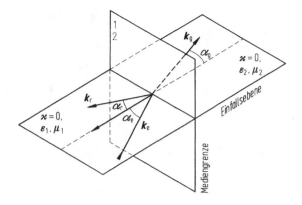

die Phasen in den Exponentialfunktionen der Felder (7.123) bis (7.125) dieselben sein.
Insbesondere muss

$$\omega_e = \omega_r = \omega_g = \omega \tag{7.126}$$

sein. Es gibt also nur eine Frequenz. Ohne Einschränkung der Allgemeinheit kann man
annehmen, dass der Ursprung des Koordinatensystems in der Mediengrenze liegt. Dann
liegen die Ortsvektoren $\mathbf{r}_M$ der verschiedenen Punkte der Mediengrenze in dieser selbst.
Es muss nun gelten:

$$\mathbf{k}_e \cdot \mathbf{r}_M = \mathbf{k}_r \cdot \mathbf{r}_M = \mathbf{k}_g \cdot \mathbf{r}_M . \tag{7.127}$$

Daraus folgt zunächst:

$$(\mathbf{k}_e - \mathbf{k}_r) \cdot \mathbf{r}_M = 0 . \tag{7.128}$$

Der Vektor $(\mathbf{k}_e - \mathbf{k}_r)$ steht demnach senkrecht auf der Mediengrenze, d. h. man kann z.b.
schreiben:

$$\mathbf{k}_e - \mathbf{k}_r = A\mathbf{n} , \tag{7.129}$$

wo A eine passende Konstante ist. Die drei Vektoren $\mathbf{k}_e$, $\mathbf{k}_r$ und $\mathbf{n}$ liegen also in einer
Ebene, der sog. *Einfallsebene*, sie sind *komplanar*. Im Übrigen sind die beiden Vektoren
$\mathbf{k}_e$ und $\mathbf{k}_r$ dem Betrag nach gleich, da sie ja zur selben Frequenz $\omega = \omega_e = \omega_r$ im
Medium 1 gehören. Die zur Mediengrenze parallelen Komponenten von $\mathbf{k}_e$ und $\mathbf{k}_r$ sind
offensichtlich gleich groß. Demnach gilt für die beiden Winkel:

$$\alpha_e = \alpha_r = \alpha_1 . \tag{7.130}$$

Das ist das bekannte *Reflexionsgesetz*. Weiter gilt:

$$(\mathbf{k}_e - \mathbf{k}_g) \cdot \mathbf{r}_M = 0 . \tag{7.131}$$

Deshalb liegt neben $\mathbf{k}_e$, $\mathbf{k}_r$, $\mathbf{n}$ auch $\mathbf{k}_g$ in der Einfallsebene. $\mathbf{k}_e$ und $\mathbf{k}_g$ sind jedoch dem Betrag nach verschiedene Vektoren. Es gilt ja die Dispersionsbeziehung (7.39), d. h.

$$\frac{\omega}{k_e} = \frac{1}{\sqrt{\varepsilon_1 \mu_1}} \,, \tag{7.132}$$

$$\frac{\omega}{k_g} = \frac{1}{\sqrt{\varepsilon_2 \mu_2}} \,. \tag{7.133}$$

Aus (7.131) folgt, dass die Tangentialkomponenten von $\mathbf{k}_e$ und $\mathbf{k}_g$ gleich sind, d. h.

$$k_e \sin \alpha_e = k_g \sin \alpha_g$$

bzw. nach (7.132), (7.133)

$$\frac{\sin \alpha_g}{\sin \alpha_e} = \frac{k_e}{k_g} = \frac{\omega \sqrt{\mu_1 \varepsilon_1}}{\omega \sqrt{\mu_2 \varepsilon_2}} = \sqrt{\frac{\mu_1 \varepsilon_1}{\mu_2 \varepsilon_2}} \,.$$

Setzt man noch:

$$\alpha_g = \alpha_2 \tag{7.134}$$

und

$$n = \frac{c_0}{c} = \sqrt{\frac{\mu \varepsilon}{\mu_0 \varepsilon_0}} = \sqrt{\varepsilon_r \mu_r} \,, \tag{7.135}$$

so ergibt sich das *Snellius'sche Brechungsgesetz*

$$\frac{\sin \alpha_2}{\sin \alpha_1} = \frac{n_1}{n_2} = \frac{c_2}{c_1} \,. \tag{7.136}$$

7.3.2 Die Fresnel'schen Beziehungen für Isolatoren

Nun sind noch die Beziehungen zwischen den Amplituden der Wellen (7.123) bis (7.125) aus den Randbedingungen für die Felder herzuleiten. Dabei muss man zwei Fälle unterscheiden, je nachdem ob die elektrische Feldstärke der Welle in der Einfallsebene liegt oder senkrecht auf dieser steht. Jede Welle kann in zwei Anteile zerlegt werden, für die entweder das eine oder das andere zutrifft. Wir nennen den einen Fall den der parallelen, den anderen den der senkrechten Polarisation. Die Diskussion sei mit dem Fall senkrechter

Polarisation (Abb. 7.10) begonnen. Die zur Mediengrenze parallelen Komponenten von $\mathbf{E}$ und $\mathbf{H}$ müssen an dieser stetig ineinander übergehen, d. h. es muss gelten:

$$E_{\mathrm{e}0} + E_{\mathrm{r}0} = E_{\mathrm{g}0} \tag{7.137}$$

und

$$H_{\mathrm{e}0} \cos\alpha_1 - H_{\mathrm{r}0} \cos\alpha_1 = H_{\mathrm{g}0} \cos\alpha_2 \; . \tag{7.138}$$

Dabei ist nach (7.32), (7.33)

$$H_0 = E_0/Z \; , \tag{7.139}$$

womit sich aus (7.138)

$$(E_{\mathrm{e}0} - E_{\mathrm{r}0}) \frac{\cos\alpha_1}{Z_1} = E_{\mathrm{g}0} \frac{\cos\alpha_2}{Z_2} \tag{7.140}$$

ergibt. Mit (7.137), (7.140) hat man zwei Gleichungen für $E_{\mathrm{r}0}$ und $E_{\mathrm{g}0}$ ($E_{\mathrm{e}0}$ wird als gegeben betrachtet). Man erhält aus ihnen:

$$\left(\frac{E_{\mathrm{r}0}}{E_{\mathrm{e}0}}\right)_{\perp} = \frac{\frac{\cos\alpha_1}{Z_1} - \frac{\cos\alpha_2}{Z_2}}{\frac{\cos\alpha_1}{Z_1} + \frac{\cos\alpha_2}{Z_2}} = \frac{Z_2 \cos\alpha_1 - Z_1 \cos\alpha_2}{Z_2 \cos\alpha_1 + Z_1 \cos\alpha_2} \tag{7.141}$$

$$\left(\frac{E_{\mathrm{g}0}}{E_{\mathrm{e}0}}\right)_{\perp} = \frac{2\frac{\cos\alpha_1}{Z_1}}{\frac{\cos\alpha_1}{Z_1} + \frac{\cos\alpha_2}{Z_2}} = \frac{2 Z_2 \cos\alpha_1}{Z_2 \cos\alpha_1 + Z_1 \cos\alpha_2} \; . \tag{7.142}$$

Das sind die *Fresnel'schen Beziehungen* für den Fall senkrechter Polarisation. Sie wurden allein aus den Randbedingungen für die parallelen Komponenten von $\mathbf{E}$ und $\mathbf{H}$ abgeleitet. Daneben müssen aber auch noch die senkrechten Komponenten von $\mathbf{D}$ und $\mathbf{B}$ stetig sein. Die senkrechten Komponenten von $\mathbf{D}$ verschwinden und sind damit stetig. Die Stetigkeit der senkrechten Komponenten von $\mathbf{B}$ ist gegeben, wenn

$$\mu_1 (H_{\mathrm{e}0} + H_{\mathrm{r}0}) \sin\alpha_1 = \mu_2 H_{\mathrm{g}0} \sin\alpha_2 \tag{7.143}$$

bzw.

$$\frac{\mu_1 \sin\alpha_1}{Z_1} (E_{\mathrm{e}0} + E_{\mathrm{r}0}) = \frac{\mu_2 \sin\alpha_2}{Z_2} E_{\mathrm{g}0}$$

gilt. Nach (7.137) ist dann

$$\frac{\mu_1 \sin\alpha_1}{Z_1} = \frac{\mu_2 \sin\alpha_2}{Z_2}$$

Abb. 7.10 Ableitung der Fresnel'schen Beziehungen für den
Fall senkrechter Polarisation

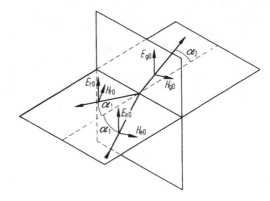

bzw.

$$\sqrt{\varepsilon_1\mu_1}\,\sin\alpha_1 = \sqrt{\varepsilon_2\mu_2}\,\sin\alpha_2\,,$$

d. h. die Stetigkeit der senkrechten Komponenten von **B** wird durch das Brechungsgesetz
und durch die Stetigkeit der parallelen Komponenten von **E** gewährleistet.

Multipliziert man (7.137) und (7.140) miteinander, so findet man:

$$(E_{e0}^2 - E_{r0}^2)\frac{\cos\alpha_1}{Z_1} = E_{g0}^2\frac{\cos\alpha_2}{Z_2}\,. \tag{7.144}$$

Mit (7.73) ergibt sich daraus.

$$S_e \cos\alpha_1 - S_r \cos\alpha_1 = S_g \cos\alpha_2\,. \tag{7.145}$$

Durch diese Gleichung wird die Erhaltung der Energie zum Ausdruck gebracht. Die ein-
gestrahlte Feldenergie findet sich zum Teil in der reflektierten Welle und zum Teil in der
gebrochenen Welle wieder.

Wir kommen jetzt zum Fall der parallelen Polarisation (Abb. 7.11). Nun gilt:

$$H_{e0} - H_{r0} = H_{g0} \tag{7.146}$$

bzw.

$$(E_{e0} - E_{r0})/Z_1 = E_{g0}/Z_2\,. \tag{7.147}$$

Damit sind die parallelen Komponenten von **H** stetig. Die von **E** müssen ebenfalls stetig
sein:

$$(E_{e0} + E_{r0})\cos\alpha_1 = E_{g0}\cos\alpha_2\,. \tag{7.148}$$

Abb. 7.11 Ableitung der Fresnel'schen Beziehungen für den
Fall paralleler Polarisation

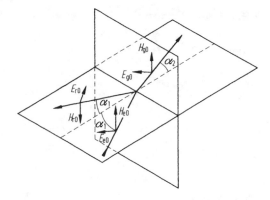

Daraus ergeben sich nun die Fresnel'schen Gleichungen für den Fall der parallelen Polarisation:

$$\left(\frac{E_{r0}}{E_{e0}}\right)_{\parallel} = \frac{\frac{\cos\alpha_2}{Z_1} - \frac{\cos\alpha_1}{Z_2}}{\frac{\cos\alpha_2}{Z_1} + \frac{\cos\alpha_1}{Z_2}} = \frac{Z_2\cos\alpha_2 - Z_1\cos\alpha_1}{Z_2\cos\alpha_2 + Z_1\cos\alpha_1} \qquad (7.149)$$

$$\left(\frac{E_{g0}}{E_{e0}}\right)_{\parallel} = \frac{2\frac{\cos\alpha_1}{Z_1}}{\frac{\cos\alpha_1}{Z_2} + \frac{\cos\alpha_2}{Z_1}} = \frac{2Z_2\cos\alpha_1}{Z_1\cos\alpha_1 + Z_2\cos\alpha_2} \ . \qquad (7.150)$$

Die senkrechten Komponenten von **B** verschwinden und sind dadurch stetig. Die Stetigkeit der senkrechten Komponenten von **D** ist durch das Brechungsgesetz und durch die
Stetigkeit der parallelen Komponenten von **H** verbürgt:

$$\varepsilon_1 (E_{e0} - E_{r0})\sin\alpha_1 = \varepsilon_2 E_{g0}\sin\alpha_2 \ . \qquad (7.151)$$

Daraus ergibt sich nach (7.147):

$$\varepsilon_1 \sin\alpha_1 Z_1 = \varepsilon_2 \sin\alpha_2 Z_2$$

bzw.

$$\sqrt{\varepsilon_1\mu_1}\,\sin\alpha_1 = \sqrt{\varepsilon_2\mu_2}\,\sin\alpha_2$$

in Übereinstimmung mit dem Brechungsgesetz.

Multipliziert man (7.147) und (7.148) miteinander, so ergibt sich der Energiesatz wie
vorher mit (7.144), (7.145).

7.3.3 Nichtmagnetische Medien

In dem speziellen Fall

$$\mu_1 = \mu_2 = \mu_0$$

vereinfachen sich die Fresnel'schen Gleichungen (7.141), (7.142), (7.149), (7.150). Mit

$$\frac{Z_1}{Z_2} = \frac{\sqrt{\frac{\mu_0}{\varepsilon_1}}}{\sqrt{\frac{\mu_0}{\varepsilon_2}}} = \sqrt{\frac{\varepsilon_2 \mu_0}{\varepsilon_1 \mu_0}} = \frac{\sin \alpha_1}{\sin \alpha_2} \qquad (7.152)$$

ergibt sich jetzt

$$\left(\frac{E_{r0}}{E_{r0}}\right)_\perp = \frac{\sin \alpha_2 \cos \alpha_1 - \sin \alpha_1 \cos \alpha_2}{\sin \alpha_2 \cos \alpha_1 + \sin \alpha_1 \cos \alpha_2} = \frac{\sin(\alpha_2 - \alpha_1)}{\sin(\alpha_2 + \alpha_1)} \qquad (7.153)$$

$$\left(\frac{E_{g0}}{E_{e0}}\right)_\perp = \frac{2 \sin \alpha_2 \cos \alpha_1}{\sin \alpha_2 \cos \alpha_1 + \sin \alpha_1 \cos \alpha_2} = \frac{2 \sin \alpha_2 \cos \alpha_1}{\sin(\alpha_2 + \alpha_1)} \qquad (7.154)$$

bzw.

$$\left(\frac{E_{r0}}{E_{e0}}\right)_\parallel = \frac{\sin \alpha_2 \cos \alpha_2 - \sin \alpha_1 \cos \alpha_1}{\sin \alpha_2 \cos \alpha_2 + \sin \alpha_1 \cos \alpha_1} = \frac{\sin 2\alpha_2 - \sin 2\alpha_1}{\sin 2\alpha_2 + \sin 2\alpha_1}$$

$$= \frac{\sin(\alpha_2 - \alpha_1) \cos(\alpha_2 + \alpha_1)}{\sin(\alpha_2 + \alpha_1) \cos(\alpha_2 - \alpha_1)} = \frac{\tan(\alpha_2 - \alpha_1)}{\tan(\alpha_2 + \alpha_1)} \qquad (7.155)$$

$$\left(\frac{E_{g0}}{E_{e0}}\right)_\parallel = \frac{2 \sin \alpha_2 \cos \alpha_1}{\sin \alpha_1 \cos \alpha_1 + \sin \alpha_2 \cos \alpha_2} = \frac{2 \sin \alpha_2 \cos \alpha_1}{\sin(\alpha_1 + \alpha_2) \cos(\alpha_1 - \alpha_2)} . \qquad (7.156)$$

Für $\alpha_1 = \alpha_2$ ist keine Mediengrenze vorhanden, und es passiert eigentlich gar nichts, d. h. die einfallende Welle läuft weiter. Eine Reflexion tritt nicht auf. Deshalb ergibt sich dafür:

$$\left(\frac{E_{r0}}{E_{e0}}\right)_\perp = \left(\frac{E_{r0}}{E_{e0}}\right)_\parallel = 0 ,$$

$$\left(\frac{E_{g0}}{E_{e0}}\right)_\perp = \left(\frac{E_{g0}}{E_{e0}}\right)_\parallel = 1 .$$

Weniger selbstverständlich ist, dass auch für

$$\alpha_1 + \alpha_2 = \frac{\pi}{2} \qquad (7.157)$$

im Fall paralleler Polarisation keine reflektierte Welle auftritt, wie aus (7.155) folgt:

$$\left(\frac{E_{r0}}{E_{e0}}\right)_{\parallel} = 0 \quad \text{für} \quad \alpha_1 + \alpha_2 = \frac{\pi}{2} \,. \tag{7.158}$$

Nach dem Brechungsgesetz ist

$$\frac{\sin \alpha_1}{\sin \alpha_2} = \sqrt{\frac{\varepsilon_2}{\varepsilon_1}} = \frac{n_2}{n_1} = \frac{\sin \alpha_1}{\cos\left(\frac{\pi}{2} - \alpha_2\right)} = \frac{\sin \alpha_1}{\cos \alpha_1} = \tan \alpha_1 \,.$$

Der dadurch definierte Winkel α_1,

$$\tan \alpha_1 = \frac{n_2}{n_1} = \sqrt{\frac{\varepsilon_2}{\varepsilon_1}} \,, \tag{7.159}$$

ist der sogenannte *Brewster-Winkel*. Er wird oft auch als *Polarisationswinkel* bezeichnet. Lässt man nämlich unpolarisiertes Licht bzw. irgendeine unpolarisierte elektromagnetische Strahlung unter dem Brewster-Winkel reflektieren, so ist die reflektierte Strahlung senkrecht polarisiert, da parallel polarisiertes Licht unter diesem Winkel voll durchgelassen wird. Für $\mu_1 \neq \mu_2$ wäre die Gleichung (7.159) zu modifizieren. Außerdem gibt es dann auch einen Polarisationswinkel für die senkrecht polarisierte Welle. Beides soll hier nicht weiter erörtert werden.

Dividiert man (7.144) durch $E_{e0}^2 (\cos \alpha_1 / Z_1)$, so ergibt sich:

$$1 - \left(\frac{E_{r0}}{E_{e0}}\right)^2 = \left(\frac{E_{g0}}{E_{e0}}\right)^2 \frac{Z_1 \cos \alpha_2}{Z_2 \cos \alpha_1} \,. \tag{7.160}$$

$(E_{r0}/E_{e0})^2$ ist der Bruchteil der ankommenden Energie, der reflektiert wird. $(E_{g0}/E_{e0})^2 (Z_1 \cos \alpha_2 / Z_2 \cos \alpha_1)$ dagegen ist der durchgelassene Bruchteil der ankommenden Energie. Man definiert deshalb die beiden Größen

$$R = \left(\frac{E_{r0}}{E_{e0}}\right)^2 \tag{7.161}$$

und

$$D = \left(\frac{E_{g0}}{E_{e0}}\right)^2 \frac{Z_1 \cos \alpha_2}{Z_2 \cos \alpha_1} \,. \tag{7.162}$$

R wird als *Reflexionskoeffizient* und D als *Durchlässigkeitskoeffizient* bezeichnet. Natürlich ist

$$R + D = 1 \,. \tag{7.163}$$

Zum Beispiel ist im unmagnetischen Fall und für senkrechten Einfall, d. h. für

$$\alpha_1 = \alpha_2 = 0 \,,$$
$$\cos \alpha_1 = \cos \alpha_2 = 1 \,, \tag{7.164}$$

nach (7.141) bzw. nach (7.149) und mit (7.152)

$$\left(\frac{E_{r0}}{E_{e0}} \right)_\perp = \left(\frac{E_{r0}}{E_{e0}} \right)_\parallel = \frac{Z_2 - Z_1}{Z_2 + Z_1} = \frac{1 - \frac{Z_1}{Z_2}}{1 + \frac{Z_1}{Z_2}} = \frac{1 - \sqrt{\frac{\varepsilon_2}{\varepsilon_1}}}{1 + \sqrt{\frac{\varepsilon_2}{\varepsilon_1}}} \tag{7.165}$$

und nach (7.142) bzw. nach (7.150) und mit (7.152)

$$\left(\frac{E_{g0}}{E_{e0}} \right)_\perp = \left(\frac{E_{g0}}{E_{e0}} \right)_\parallel = \frac{2Z_2}{Z_1 + Z_2} = \frac{2}{1 + \frac{Z_1}{Z_2}} = \frac{2}{1 + \sqrt{\frac{\varepsilon_2}{\varepsilon_1}}} \,. \tag{7.166}$$

Demzufolge ist:

$$R_\perp = R_\parallel = R = \left(\frac{\sqrt{\frac{\varepsilon_2}{\varepsilon_1}} - 1}{\sqrt{\frac{\varepsilon_2}{\varepsilon_1}} + 1} \right)^2 \tag{7.167}$$

und

$$D_\perp = D_\parallel = D = \frac{4\sqrt{\frac{\varepsilon_2}{\varepsilon_1}}}{\left(\sqrt{\frac{\varepsilon_2}{\varepsilon_1}} + 1 \right)^2} \,. \tag{7.168}$$

Für $\varepsilon_1 = \varepsilon_2$ ist natürlich $R = 0$ und $D = 1$. Im Übrigen ist der Verlauf von R und D für senkrechten Einfall in Abb. 7.12 gezeigt.

Abb. 7.12 Reflexions- und Durchlässigkeitskoeffizient

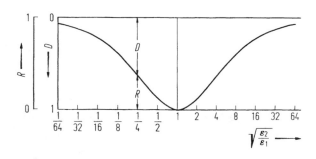

7.3.4   Totalreflexion

Nach dem Brechungsgesetz ist

$$\frac{\sin\alpha_2}{\sin\alpha_1} = \sqrt{\frac{\varepsilon_1\mu_1}{\varepsilon_2\mu_2}} = \frac{n_1}{n_2} = \frac{c_2}{c_1} . \tag{7.169}$$

Das Medium mit der relativ kleineren Lichtgeschwindigkeit wird als „optisch dichter", das mit der größeren als „optisch dünner" bezeichnet. Dem optisch dünneren Medium entspricht der größere Winkel, dem optisch dichteren der kleinere Winkel. Beim Übergang in ein optisch dichteres Medium erfolgt die Brechung „zum Lot hin", beim Übergang in ein optisch dünneres Medium „vom Lot weg" (Abb. 7.13). Bei der Brechung vom Lot weg ist:

$$\sin\alpha_2 = \sin\alpha_1 \frac{c_2}{c_1} > \sin\alpha_1 . \tag{7.170}$$

Es kann nun passieren, dass für gewisse Winkel α_1 der $\sin\alpha_2 > 1$ sein müsste. Das ist für reelle Winkel nicht möglich. In diesem Fall wird die gesamte einfallende Strahlungsenergie reflektiert. Es gibt keine gebrochene ebene Welle. Die Grenze zwischen der normalen Reflexion und dieser sog. *Totalreflexion*, d. h. der größte Winkel α_1, für den normale Reflexion und Brechung gerade noch möglich sind, ist durch

$$\sin\alpha_2 = 1 = \sin\alpha_{1G} \frac{c_2}{c_1} ,$$

d. h. durch

$$\sin\alpha_{1G} = \frac{c_1}{c_2} \tag{7.171}$$

gegeben. α_{1G} wird als *Grenzwinkel* der Totalreflexion bezeichnet.

Es ist jedoch zu betonen, dass auch im Fall der Totalreflexion das Medium 2 keineswegs frei von Wellen ist. Es handelt sich jedoch nicht um eine ebene (homogene), sondern um eine inhomogene Welle. Diese inhomogene Welle ist zur Erfüllung der Randbedingungen nötig. Es handelt sich hier um eine Welle, die parallel zur Mediengrenze

Abb. 7.13 Brechung zum Lot hin und vom Lot weg

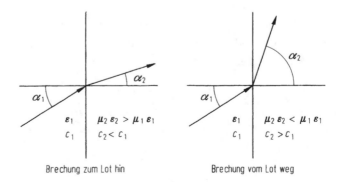

Brechung zum Lot hin   Brechung vom Lot weg

Abb. 7.14 Eine an sich total reflektierende dünne Schicht lässt doch etwas Licht durch

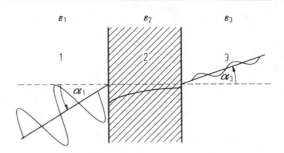

läuft und senkrecht dazu in ihrer Amplitude abnimmt, d. h. um eine Welle von der in Abschn. 7.2.3, Gleichung (7.116), behandelten Art. Mit entsprechenden Ansätzen und unter Berücksichtigung der Randbedingungen kann man das Problem behandeln und die Welle im Medium 2 einschließlich ihrer Amplitude, Phasenkonstante und Dämpfungskonstante berechnen. Das ist nicht schwierig, jedoch etwas umständlich und soll deshalb hier unterbleiben. Formal kann man dabei vom normalen Brechungsgesetz ausgehen. Wenn $\sin \alpha_2 > 1$ wird, so wird der Winkel α_2 komplex, und die gebrochene Welle wird inhomogen.

Von grundsätzlichem Interesse ist der etwas abgewandelte Fall von Abb. 7.14. Hier ist ganz schematisch angedeutet, dass eine dünne Schicht, die an sich totalreflektierend wirken sollte ($\alpha_1 > \alpha_{1G}$), doch einen gewissen Bruchteil der einfallenden Strahlungsleistung durchlässt. Die ankommende Welle erzeugt im totalreflektierenden Medium einen von der Oberfläche weg exponentiell abklingenden Wellenvorgang. An der gegenüberliegenden Grenzfläche ist dieser noch nicht ganz abgeklungen. Er sorgt dort, unter geeigneten Voraussetzungen, für die Ausstrahlung einer Welle ins Medium 3, deren Amplitude allerdings je nach der Dicke der totalreflektierenden Schicht sehr klein sein kann. Diese Welle ist zur Erfüllung der Randbedingungen an der Grenze zwischen den Medien 2 und 3 nötig. Formal stellt das Ganze eine Analogie zum berühmten *Tunneleffekt* der Quantenmechanik dar, der wegen seiner Bedeutung für die Eigenschaften von Halbleitern auch in der Elektrotechnik wichtig ist. Abb. 7.14 zeigt schematisch das Verhalten der gebrochenen Welle für den Fall

$$\sqrt{\frac{\mu_3 \varepsilon_3}{\mu_1 \varepsilon_1}} > \sin \alpha_1 > \sqrt{\frac{\mu_2 \varepsilon_2}{\mu_1 \varepsilon_1}} \,,$$

d. h. α_1 liegt über dem Grenzwinkel für Totalreflexion für das Medium 2, jedoch unter dem für das Medium 3. Für die Medien 1 und 3 gilt dann das Brechungsgesetz so, als ob das Medium 2 gar nicht vorhanden wäre, d. h.

$$\frac{\sin \alpha_3}{\sin \alpha_1} = \sqrt{\frac{\mu_1 \varepsilon_1}{\mu_3 \varepsilon_3}} \,.$$

7.3.5 Reflexion an einem leitfähigen Medium

Auch in diesem Fall, den wir nur kurz erwähnen, jedoch nicht durchrechnen wollen, ist zur Erfüllung der Randbedingungen an der Mediengrenze zwischen dem Isolator, aus dem die Welle kommt, und dem Leiter neben einer reflektierten Welle im Isolator eine inhomogene Welle im Leiter nötig (Abb. 7.15). Diese inhomogene Welle ist von solcher Art, dass sie sich in der durch ein Brechungsgesetz gegebenen Richtung fortpflanzt und gleichzeitig in der zur Grenzfläche senkrechten Richtung exponentiell abklingt.

Mit dem durch Abb. 7.15 definierten Koordinatensystem kann der folgende Ansatz zur Lösung des Problems dienen:

$$\mathbf{E}_e = \mathbf{E}_{e0} \exp[i(\omega t - k_1 y \sin\alpha_1 - k_1 z \cos\alpha_1)] \, , \tag{7.172}$$

$$\mathbf{E}_r = \mathbf{E}_{r0} \exp[i(\omega t - k_1 y \sin\alpha_1 + k_1 z \cos\alpha_1)] \, , \tag{7.173}$$

$$\mathbf{E}_g = \mathbf{E}_{g0} \exp[i(\omega t - \beta_2 y \sin\alpha_2 - \beta_2 z \cos\alpha_2)] \exp(-\gamma_2 z) \, . \tag{7.174}$$

Neben den Materialkonstanten ε_1, μ_1, ε_2, μ_2 und κ_2 sind die Größen ω, k_1 und α_1 als gegeben zu betrachten. α_2, β_2, γ_2 dagegen sind in geeigneter Weise zu bestimmen, was mit Hilfe der Dispersionsbeziehung der Welle (7.174) und mit Hilfe der aus den obigen Phasen folgenden Beziehung

$$k_1 \sin\alpha_1 = \beta_2 \sin\alpha_2 \, , \tag{7.175}$$

dem Brechungsgesetz in der hier gültigen Form, gelingt. Will man noch die Amplituden $\mathbf{E}_{r0}$ und $\mathbf{E}_{g0}$ bestimmen, so benutzt man dazu die für die verschiedenen Feldkomponenten gültigen Randbedingungen und geht dabei wie in Abschn. 7.3.2 vor. Auf die etwas umständlichen Details dieser Berechnung sei jedoch verzichtet.

Abb. 7.15 Zur Reflexion an einem leitfähigen Medium

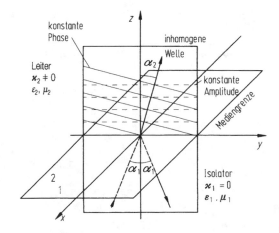

7.4   Die Potentiale und ihre Wellengleichungen

7.4.1   Die inhomogenen Wellengleichungen für A und φ

Ausgangspunkt sind auch hier die Maxwell'schen Gleichungen:

$$\operatorname{rot} \mathbf{E} = -\frac{\partial \mathbf{B}}{\partial t} \,, \tag{7.176}$$

$$\operatorname{rot} \mathbf{H} = \mathbf{g} + \frac{\partial \mathbf{D}}{\partial t} \,, \tag{7.177}$$

$$\operatorname{div} \mathbf{B} = 0 \,, \tag{7.178}$$

$$\operatorname{div} \mathbf{D} = \rho \,. \tag{7.179}$$

Wegen (7.178) kann man

$$\mathbf{B} = \operatorname{rot} \mathbf{A} \tag{7.180}$$

setzen. Dabei ist $\mathbf{A}$ ein vom Ort $\mathbf{r}$ und der Zeit t abhängiger Vektor

$$\mathbf{A} = \mathbf{A}(\mathbf{r}, t) \,, \tag{7.181}$$

der jedoch nicht eindeutig festgelegt ist. Liefert nämlich ein anderes Vektorpotential $\mathbf{A}_e$ dasselbe Feld $\mathbf{B}$, so gilt:

$$\mathbf{B} = \operatorname{rot} \mathbf{A} = \operatorname{rot} \mathbf{A}_e \,,$$

d. h.

$$\operatorname{rot}(\mathbf{A} - \mathbf{A}_e) = 0 \,.$$

Demnach ist mit einer beliebigen skalaren Funktion ψ

$$\mathbf{A} - \mathbf{A}_e = -\operatorname{grad} \psi \,. \tag{7.182}$$

Mit (7.180) erhält man aus (7.176)

$$\operatorname{rot} \mathbf{E} + \frac{\partial}{\partial t} \operatorname{rot} \mathbf{A} = \operatorname{rot}\left(\mathbf{E} + \frac{\partial \mathbf{A}}{\partial t}\right) = 0 \,,$$

bzw.

$$\mathbf{E} + \frac{\partial \mathbf{A}}{\partial t} = -\operatorname{grad} \varphi(\mathbf{r}, t) \,. \tag{7.183}$$

Man kann also **B** und **E** aus **A** und φ berechnen, wobei nach (7.180), (7.183)

$$\mathbf{B} = \operatorname{rot} \mathbf{A} \tag{7.184}$$

$$\mathbf{E} = -\operatorname{grad} \varphi - \frac{\partial \mathbf{A}}{\partial t} \tag{7.185}$$

gilt. Auch φ ist nicht eindeutig festgelegt. Statt von **A** und φ ausgehend kann man **B** und **E** auch von $\mathbf{A}_e$ und φ_e ausgehend berechnen, wenn

$$\mathbf{E} = -\operatorname{grad} \varphi_e - \frac{\partial \mathbf{A}_e}{\partial t} = -\operatorname{grad} \varphi - \frac{\partial \mathbf{A}}{\partial t}$$

$$= -\operatorname{grad} \varphi - \frac{\partial \mathbf{A}_e}{\partial t} + \frac{\partial}{\partial t} \operatorname{grad} \psi \, ,$$

d. h., wenn

$$\varphi - \varphi_e = \frac{\partial \psi}{\partial t} \tag{7.186}$$

ist. Zwischen **A**, φ und $\mathbf{A}_e$, φ_e bestehen also die durch die beiden Gleichungen (7.182), (7.186) gegebenen Zusammenhänge. ψ ist eine willkürlich wählbare Funktion. Man hat demnach in der Wahl der Potentiale **A** und φ ein erhebliches Maß an Freiheit. Wir benutzen sie, um zu fordern, dass **A** und φ die folgende Gleichung erfüllen sollen:

$$\operatorname{div} \mathbf{A} + \mu\varepsilon\frac{\partial \varphi}{\partial t} = 0 \, . \tag{7.187}$$

Das ist die sogenannte *Lorenz-Eichung*. Für zeitunabängige Probleme geht sie in die früher, (5.9), eingeführte Coulomb-Eichung über. Sind Potentiale gegeben, die der Lorenz-Eichung nicht entsprechen, so kann man mit Hilfe einer passend gewählten Funktion ψ stets solche finden, die dies tun.

Durch die Felder nach (7.184), (7.185) werden zwei der Maxwell'schen Gleichungen, (7.176) und (7.178), automatisch erfüllt. Für die Erfüllung der beiden übrigen ist noch zu sorgen. Wir nehmen zunächst (7.177):

$$\operatorname{rot} \mathbf{H} = \operatorname{rot} \frac{1}{\mu} \operatorname{rot} \mathbf{A} = \mathbf{g} - \varepsilon \operatorname{grad} \frac{\partial \varphi}{\partial t} - \varepsilon \frac{\partial^2 \mathbf{A}}{\partial t^2} \, ,$$

$$\operatorname{rot} \operatorname{rot} \mathbf{A} + \mu\varepsilon \operatorname{grad} \frac{\partial \varphi}{\partial t} + \mu\varepsilon \frac{\partial^2 \mathbf{A}}{\partial t^2} = \mu\mathbf{g} \, ,$$

$$\operatorname{grad} \operatorname{div} \mathbf{A} - \Delta\mathbf{A} + \mu\varepsilon \operatorname{grad} \frac{\partial \varphi}{\partial t} + \mu\varepsilon \frac{\partial^2 \mathbf{A}}{\partial t^2} = \mu\mathbf{g} \, .$$

Mit (7.187) ist dann

$$\Delta \mathbf{A} - \mu \varepsilon \frac{\partial^2 \mathbf{A}}{\partial t^2} = -\mu \mathbf{g} \, . \tag{7.188}$$

Aus. (7.179) dagegen ergibt sich

$$\operatorname{div} \varepsilon \left(-\operatorname{grad} \varphi - \frac{\partial \mathbf{A}}{\partial t} \right) = \rho \, ,$$

$$-\varepsilon \operatorname{div} \operatorname{grad} \varphi - \varepsilon \frac{\partial}{\partial t} \operatorname{div} \mathbf{A} = \rho \, .$$

Mit (7.187) schließlich ist

$$\Delta \varphi - \mu \varepsilon \frac{\partial^2 \varphi}{\partial t^2} = -\frac{\rho}{\varepsilon} \, . \tag{7.189}$$

Diese beiden Gleichungen, (7.188), (7.189), sind die Wellengleichungen, denen $\mathbf{A}$ und φ gehorchen. Sie sind inhomogen wenn Ströme fließen oder Ladungen vorhanden sind. Die beiden *inhomogenen Wellengleichungen* sind den vier Maxwell'schen Gleichungen äquivalent. Sie dienen der Berechnung der Potentiale $\mathbf{A}$ und φ, wenn Stromdichten $\mathbf{g}(\mathbf{r}, t)$ und Ladungsdichten $\rho(\mathbf{r}, t)$ vorgegeben sind. Diese sind weitgehend, jedoch nicht ganz willkürlich wählbar. Wie aus den Maxwell'schen Gleichungen, so folgt auch aus den inhomogenen Wellengleichungen der Ladungserhaltungssatz

$$\operatorname{div} \mathbf{g} + \frac{\partial \rho}{\partial t} = 0 \, .$$

Das sieht man sofort, wenn man div $\mathbf{g}$ aus (7.188), $\partial \rho / \partial t$ aus (7.189) berechnet und außerdem die vorausgesetzte Lorenz-Eichung, (7.187), beachtet. Versucht man die Gleichungen (7.188), (7.189) mit nicht vereinbaren Stromdichten $\mathbf{g}(\mathbf{r}, t)$ und Ladungsdichten $\rho(\mathbf{r}, t)$ zu lösen, so ergeben sich Widersprüche, z. B. gehorchen die berechneten Potentiale dann nicht, wie es sein müsste, der Lorenz-Eichung.

Als besonders einfaches Beispiel sei das Problem der ebenen Welle behandelt. Für $\mathbf{g} = 0$ und $\rho = 0$ ergeben sich als spezielle Lösungen der Wellengleichungen (7.188), (7.189) die folgenden ebenen Wellen:

$$\mathbf{A} = \mathbf{A}_0 \exp[\mathrm{i}(\omega t - \mathbf{k} \cdot \mathbf{r})] \, ,$$

$$\varphi = \varphi_0 \exp[\mathrm{i}(\omega t - \mathbf{k} \cdot \mathbf{r})] \, ,$$

wobei

$$\frac{\omega^2}{k^2} = c^2 = \frac{1}{\varepsilon\mu}$$

sein muss. Die Lorenz-Eichung fordert

$$-i\mathbf{k} \cdot \mathbf{A}_0 + \frac{1}{c^2} i\omega\varphi_0 = 0 .$$

Zerlegt man $\mathbf{A}_0$ in einen zu $\mathbf{k}$ parallelen und in einen dazu senkrechten Anteil,

$$\mathbf{A}_0 = \mathbf{A}_{0\parallel} + \mathbf{A}_{0\perp} ,$$

so gilt

$$-ikA_{0\parallel} + \frac{1}{c^2} i\omega\varphi_0 = 0 ,$$

d. h.

$$\varphi_0 = \frac{kc^2}{\omega} A_{0\parallel} = c A_{0\parallel} .$$

Die Gleichung (7.185) gibt dann

$$\mathbf{E} = (i\mathbf{k}\varphi_0 - i\omega\mathbf{A}_0) \exp[i(\omega t - \mathbf{k} \cdot \mathbf{r})] ,$$

bzw.

$$\mathbf{E} = (i\mathbf{k}\varphi_0 - i\omega\mathbf{A}_{0\parallel} - i\omega\mathbf{A}_{0\perp}) \exp[i(\omega t - \mathbf{k} \cdot \mathbf{r})]$$
$$= -i\omega\mathbf{A}_{0\perp} \exp[i(\omega t - \mathbf{k} \cdot \mathbf{r})] ,$$

während sich aus (7.184) in Analogie zu (7.86)

$$\mathbf{B} = \mathrm{rot}\,\mathbf{A} = -i\mathbf{k} \times \mathbf{A} = i\mathbf{k} \times \mathbf{A}_{0\perp} \exp[i(\omega t - \mathbf{k} \cdot \mathbf{r})]$$

ergibt. $\mathbf{A}_{0\parallel}$ spielt also letzten Endes gar keine Rolle und kann weggelassen werden. Mit $\mathbf{A}_{0\parallel} = 0$ ist dann $\varphi = 0$, und man erhält die Felder aus $\mathbf{A}$ allein:

$$\mathbf{E} = -i\omega\mathbf{A}$$
$$\mathbf{B} = -i\mathbf{k} \times \mathbf{A} = \frac{\mathbf{k} \times \mathbf{E}}{\omega} .$$

Man kann also ebene Wellen mit Hilfe eines Vektorpotentials $\mathbf{A}$ beschreiben, das dem elektrischen Feld der Welle proportional ist:

$$\mathbf{A} = \frac{i}{\omega}\mathbf{E} .$$

7.4.2   Die Lösung der inhomogenen Wellengleichungen (Retardierung)

Sind Ladungen bzw. Ströme vorhanden, so werden die Wellengleichungen für $\mathbf{A}$ und φ inhomogen. Zunächst taucht die Frage nach deren Lösung auf, die wir am Beispiel der Gleichung (7.189) für φ diskutieren wollen. Das Resultat können wir dann auf ähnliche Gleichungen übertragen, z. B. auf die drei Komponenten von (7.188), vorausgesetzt, dass wir dabei kartesische Koordinaten benutzen. Zunächst haben wir es jedoch mit der Gleichung

$$\Delta \varphi(\mathbf{r}, t) - \mu \varepsilon \frac{\partial^2 \varphi(\mathbf{r}, t)}{\partial t^2} = -\frac{\rho(\mathbf{r}, t)}{\varepsilon} \tag{7.190}$$

zu tun. Dabei wollen wir von dem Spezialfall einer zeitabhängigen Punktladung am Ursprung ausgehen, um ihn später zu verallgemeinern:

$$\rho(\mathbf{r}, t) = Q(t)\delta(\mathbf{r}) . \tag{7.191}$$

Dieses Problem ist kugelsymmetrisch. Außerdem ist für $r > 0$ keine Raumladung vorhanden. Demnach gilt für $r > 0$, nach, (3.43),

$$\frac{1}{r^2} \frac{\partial}{\partial r} r^2 \frac{\partial}{\partial r} \varphi(r, t) - \frac{1}{c^2} \frac{\partial^2 \varphi(r, t)}{\partial t^2} = 0 .$$

Das kann umgeschrieben werden zu:

$$\frac{\partial^2}{\partial r^2} [r\varphi(r, t)] - \frac{1}{c^2} \frac{\partial^2}{\partial t^2} [r\varphi(r, t)] = 0 .$$

Die allgemeine d'Alembert'sche Lösung dieser Gleichung ist

$$r\varphi(r, t) = f_1 \left(t - \frac{r}{c} \right) + f_2 \left(t + \frac{r}{c} \right) . \tag{7.192}$$

f_1 beschreibt einen vom Ursprung ausgehenden, f_2 einen in diesen einlaufenden Vorgang. Man kann auch sagen: f_1 beschreibt eine Wirkung, die, vom Ursprung ausgehend, zu einem Punkt im Abstand r vom Ursprung mit Lichtgeschwindigkeit läuft und dort nach der Zeit

$$t = \frac{r}{c}$$

eintrifft. Man nennt f_1 deshalb die *retardierte* (= verzögerte) *Lösung*. f_2 hingegen kann nicht durch Vorgänge am Ursprung verursacht sein, da die Wirkung bereits vor der Ursache vorhanden wäre (nämlich zur Zeit $t = -r/c$). Man nennt f_2 deshalb die *avancierte Lösung*. Sie widerspricht dem Kausalitätsprinzip und kann deshalb nicht berücksichtigt werden. Nur f_1 hat physikalischen Sinn. Diese Zusatzbedingung wird als *Ausstrahlungsbedingung* bezeichnet. Das Potential muss also von der Form

$$\varphi(r, t) = \frac{f_1 \left(t - \frac{r}{c} \right)}{r} \tag{7.193}$$

sein. Andererseits muss für $r \to 0$

$$\varphi(r,t) = \frac{Q(t)}{4\pi\varepsilon r} \qquad (7.194)$$

gelten. Insgesamt erhält man also

$$\varphi(r,t) = \frac{Q\left(t - \frac{r}{c}\right)}{4\pi\varepsilon r} \qquad (7.195)$$

als Potential der zeitabhängigen Ladung am Ursprung. Das Potential einer beliebigen Ladungsverteilung lässt sich nun daraus durch Überlagerung gewinnen. Für die Raumladungen

$$\rho(\mathbf{r},t)$$

bewirkt der Anteil im Volumenelement $d\tau'$ um den Ort $\mathbf{r}'$,

$$dQ(\mathbf{r}',t) = \rho(\mathbf{r}',t)\,d\tau' \;,$$

einen Beitrag zum Potential, der durch

$$d\varphi = \frac{\rho\left(\mathbf{r}',t - \frac{|\mathbf{r}-\mathbf{r}'|}{c}\right)d\tau'}{4\pi\varepsilon|\mathbf{r}-\mathbf{r}'|}$$

gegeben ist. Insgesamt ist dann

$$\varphi = \int \frac{\rho\left(\mathbf{r}',t - \frac{|\mathbf{r}-\mathbf{r}'|}{c}\right)d\tau'}{4\pi\varepsilon|\mathbf{r}-\mathbf{r}'|} \;. \qquad (7.196)$$

In ganz analoger Weise ist natürlich

$$A_x = \int \frac{\mu g_x\left(\mathbf{r}',t - \frac{|\mathbf{r}-\mathbf{r}'|}{c}\right)}{4\pi|\mathbf{r}-\mathbf{r}'|}\,d\tau'$$

$$A_y = \int \frac{\mu g_y\left(\mathbf{r}',t - \frac{|\mathbf{r}-\mathbf{r}'|}{c}\right)}{4\pi|\mathbf{r}-\mathbf{r}'|}\,d\tau' \qquad (7.197)$$

$$A_z = \int \frac{\mu g_z\left(\mathbf{r}',t - \frac{|\mathbf{r}-\mathbf{r}'|}{c}\right)}{4\pi|\mathbf{r}-\mathbf{r}'|}\,d\tau' \;.$$

Es sei noch einmal darauf hingewiesen, dass die Größen $\mathbf{g}(\mathbf{r}, t)$ und $\rho(\mathbf{r}, t)$ in den Lösungen (7.196), (7.197) der Kontinuitätsgleichung (Ladungserhaltung) genügen müssen. Ist das der Fall, dann befriedigen die entsprechend (7.196), (7.197) berechneten Potentiale die Lorenz-Eichung. Andernfalls entsteht ein Widerspruch dadurch, dass sie das nicht tun. Ähnlich wie im Fall der Magnetostatik (s. Abschn. 5.1) bedeutet dies jedoch keineswegs, dass die Lorenz-Eichung eine Folge der Ladungserhaltung sei (wie dies manchmal behauptet wurde). Bei jeder Eichung entsteht ein Widerspruch, wenn man die Potentiale aus Strömen und Ladungen berechnet, die die Kontinuitätsgleichung verletzen.

Betrachtet man speziell ein geladenes Teilchen, das sich auf einer vorgegebenen Bahn $\mathbf{r}_0(t)$ bewegt, so ist

$$\rho(t) = Q\delta[\mathbf{r} - \mathbf{r}_0(t)]$$

und

$$\mathbf{g}(t) = Q\mathbf{v}_0(t)\delta[\mathbf{r} - \mathbf{r}_0(t)].$$

Damit geben die Gleichungen (7.196) und (7.197) die sog. Liénard-Wiechert'schen Potentiale, die in Abschn. 10.4 diskutiert werden.

7.4.3   Der elektrische Hertz'sche Vektor

Die Lorenz-Eichung, (7.187), lässt es überflüssig erscheinen, mit zwei Potentialen $\mathbf{A}$ und φ zu arbeiten. Im Prinzip kann man ja φ mit Hilfe dieser Gleichung eliminieren. Dazu definieren wir einen Vektor $\boldsymbol{\Pi}_e$, den *elektrischen Hertz'schen Vektor*, durch:

$$\mu\varepsilon\frac{\partial \boldsymbol{\Pi}_e}{\partial t} = \mathbf{A} \, . \tag{7.198}$$

Dann folgt aus (7.187)

$$\mu\varepsilon\frac{\partial}{\partial t}(\operatorname{div}\boldsymbol{\Pi}_e) + \mu\varepsilon\frac{\partial\varphi}{\partial t} = 0 \, ,$$

und man kann

$$\varphi = -\operatorname{div}\boldsymbol{\Pi}_e \tag{7.199}$$

setzen. Man kann also φ und $\mathbf{A}$ durch $\mathbf{\Pi}_e$ ausdrücken. Nach (7.184), (7.185) ergeben sich damit die Felder

$$\mathbf{B} = \mu\varepsilon \operatorname{rot} \frac{\partial \mathbf{\Pi}_e}{\partial t} \,, \tag{7.200}$$

$$\mathbf{E} = \operatorname{grad} \operatorname{div} \mathbf{\Pi}_e - \mu\varepsilon \frac{\partial^2 \mathbf{\Pi}_e}{\partial t^2} \,. \tag{7.201}$$

7.4.4   Vektorpotential für D und magnetischer Hertz'scher Vektor

In einem raumladungsfreien Gebiet ist nach (7.179)

$$\operatorname{div} \mathbf{D} = 0 \,,$$

und deshalb ist dort $\mathbf{D}$ als

$$\mathbf{D} = -\operatorname{rot} \mathbf{A}^* \tag{7.202}$$

darstellbar. ($\mathbf{A}^*$ ist ein elektrisches Vektorpotential. Der Stern soll es von dem magnetischen Vektorpotential $\mathbf{A}$ unterscheiden. Er hat hier nichts mit dem Übergang zum konjugiert Komplexen zu tun. Entsprechendes gilt auch für die weiter unten eingeführte Größe φ^*.) Ist das Gebiet auch stromfrei, so gilt nach (7.177):

$$\operatorname{rot} \mathbf{H} = \frac{\partial \mathbf{D}}{\partial t} = \frac{\partial}{\partial t}(-\operatorname{rot} \mathbf{A}^*) \,,$$

$$\operatorname{rot}\left(\mathbf{H} + \frac{\partial \mathbf{A}^*}{\partial t}\right) = 0 \,,$$

d. h.

$$\mathbf{H} = -\operatorname{grad} \varphi^* - \frac{\partial \mathbf{A}^*}{\partial t} \,. \tag{7.203}$$

Die beiden Gleichungen (7.202), (7.203) stehen in Analogie zu den Gleichungen (7.184), (7.185). $\mathbf{A}^*$ ist ein neuartiges Vektorpotential und φ^* ein skalares Potential für $\mathbf{H}$, das uns mit anderer Bezeichnung bereits begegnet ist, Abschn. 5.1, insbesondere (5.22). Die Gleichungen (7.177), (7.179) sind mit den Feldern (7.202), (7.203) automatisch erfüllt. Aber auch die beiden übrigen Maxwell'schen Gleichungen, (7.176), (7.178), sind zu berücksichtigen. Man erhält z. B. aus (7.176):

$$\mathrm{rot}\left(-\frac{1}{\varepsilon}\,\mathrm{rot}\,\mathbf{A}^*\right) = \mu\,\mathrm{grad}\,\frac{\partial\varphi^*}{\partial t} + \mu\frac{\partial^2\mathbf{A}^*}{\partial t^2}$$

bzw.

$$-\mathrm{grad}\,\mathrm{div}\,\mathbf{A}^* + \Delta\mathbf{A}^* = \mu\varepsilon\,\mathrm{grad}\,\frac{\partial\varphi^*}{\partial t} + \mu\varepsilon\frac{\partial^2\mathbf{A}^*}{\partial t^2}\ .$$

In Bezug auf $\mathbf{A}^*$, φ^* haben wir ganz ähnliche Freiheiten wie in Bezug auf $\mathbf{A}$, φ. Wir können deshalb auch hier eine Eichung vornehmen. Wir wählen wiederum die Lorenz-Eichung,

$$\mathrm{div}\,\mathbf{A}^* + \mu\varepsilon\frac{\partial\varphi^*}{\partial t} = 0\ , \tag{7.204}$$

womit sich

$$\Delta\mathbf{A}^* + \mu\varepsilon\frac{\partial^2\mathbf{A}^*}{\partial t^2} = 0 \tag{7.205}$$

ergibt. Aus (7.178) schließlich folgt

$$\mathrm{div}\left(-\mu\,\mathrm{grad}\,\varphi^* - \mu\frac{\partial\mathbf{A}^*}{\partial t}\right) = -\mu\Delta\varphi^* + \mu\mu\varepsilon\frac{\partial^2\varphi^*}{\partial t^2} = 0\ ,$$

d. h.

$$\Delta\varphi^* - \mu\varepsilon\frac{\partial^2\varphi^*}{\partial t^2} = 0\ . \tag{7.206}$$

Die Lorenz-Eichung (7.204) bewirkt also, dass aus den Maxwell'schen Gleichungen (7.176), (7.178) die beiden homogenen Wellengleichungen (7.205), (7.206) für $\mathbf{A}^*$ und φ^* entstehen.

Wir setzen nun

$$\mathbf{A}^* = \mu\varepsilon\frac{\partial\mathbf{\Pi}_{\mathrm{m}}}{\partial t} \tag{7.207}$$

und

$$\varphi^* = -\operatorname{div}\mathbf{\Pi}_{\mathrm{m}} . \tag{7.208}$$

Dadurch wird die Lorenz-Eichung (7.204) erfüllt. Die Felder (7.202), (7.203) kann man damit wie folgt berechnen:

$$\mathbf{H} = \operatorname{grad}\operatorname{div}\mathbf{\Pi}_{\mathrm{m}} - \mu\varepsilon\frac{\partial^2\mathbf{\Pi}_{\mathrm{m}}}{\partial t^2} , \tag{7.209}$$

$$\mathbf{D} = -\mu\varepsilon\operatorname{rot}\frac{\partial\mathbf{\Pi}_{\mathrm{m}}}{\partial t} . \tag{7.210}$$

Diese beiden Ausdrücke sind mit (7.200), (7.201) zu vergleichen. Der hier eingeführte Vektor $\mathbf{\Pi}_{\mathrm{m}}$ heißt *magnetischer Hertz'scher Vektor* oder auch *Fitzgerald-Vektor*.

Wegen der weitgehenden Analogie zu den vorhergehenden Abschnitten konnten wir uns hier kurz fassen. Es sei noch einmal betont, dass jede Formel dieses Abschnitts einer dazu „dualen" Formel der früheren Abschnitte entspricht.

Die Hertz'schen Vektoren gestatten nach (7.198), (7.199) bzw. nach (7.207), (7.208) die Berechnung der Potentiale $\mathbf{A}$, φ bzw. $\mathbf{A}^*$, φ^*. Sie stellen sozusagen Potentiale zur Berechnung der Potentiale dar, was ihnen auch den manchmal benutzten Namen *Superpotentiale* eingetragen hat.

7.4.5 Hertz'sche Vektoren und Dipolmomente

Die beiden Hertz'schen Vektoren stellen ein sehr nützliches Hilfsmittel für viele Feldberechnungen dar, von dem wir auch in diesem Buch noch Gebrauch machen werden.

Im allgemeinen Fall kann man Felder aus $\mathbf{\Pi}_{\mathrm{e}}$ und aus $\mathbf{\Pi}_{\mathrm{m}}$ berechnen und diese einander überlagern, so dass nach (7.200), (7.201), (7.209), (7.210) gilt:

$$\mathbf{H} = \varepsilon \operatorname{rot} \frac{\partial \mathbf{\Pi}_{\mathrm{e}}}{\partial t} + \operatorname{grad} \operatorname{div} \mathbf{\Pi}_{\mathrm{m}} - \mu \varepsilon \frac{\partial^2 \mathbf{\Pi}_{\mathrm{m}}}{\partial t^2} \tag{7.211}$$

$$\mathbf{E} = -\mu \operatorname{rot} \frac{\partial \mathbf{\Pi}_{\mathrm{m}}}{\partial t} + \operatorname{grad} \operatorname{div} \mathbf{\Pi}_{\mathrm{e}} - \mu \varepsilon \frac{\partial^2 \mathbf{\Pi}_{\mathrm{e}}}{\partial t^2} \; . \tag{7.212}$$

Wir wollen nun, von diesen Feldern ausgehend, den Fall betrachten, dass neben den durch ε bzw. μ beschriebenen Polarisations- bzw. Magnetisierungseffekten auch zusätzliche „permanente" elektrische oder magnetische Dipole vorhanden sind. Die „permanenten" Dipolmomente können dabei durchaus zeitabhängig sein. Das Wort „permanent" soll hier nur andeuten, dass es sich nicht um Dipole handelt, die durch die angelegten elektrischen oder magnetischen Felder „induziert" werden. Es gelten also die Maxwell'schen Gleichungen (7.176) bis (7.179) mit

$$\mathbf{B} = \mu \mathbf{H} + \mathbf{M} \; , \tag{7.213}$$

$$\mathbf{D} = \varepsilon \mathbf{E} + \mathbf{P} \; . \tag{7.214}$$

Die induzierten Polarisations- bzw. Magnetisierungseffekte sind in den Konstanten ε und μ enthalten. $\mathbf{M}$ und $\mathbf{P}$ stellen die permanenten Anteile dar. Damit nehmen die Maxwell'schen Gleichungen die folgende Form an:

$$\operatorname{rot} \mathbf{E} = -\mu \frac{\partial \mathbf{H}}{\partial t} - \frac{\partial \mathbf{M}}{\partial t} \; , \tag{7.215}$$

$$\operatorname{rot} \mathbf{H} = \mathbf{g} + \varepsilon \frac{\partial \mathbf{E}}{\partial t} + \frac{\partial \mathbf{P}}{\partial t} \; , \tag{7.216}$$

$$\mu \operatorname{div} \mathbf{H} + \operatorname{div} \mathbf{M} = 0 \; , \tag{7.217}$$

$$\varepsilon \operatorname{div} \mathbf{E} + \operatorname{div} \mathbf{P} = \rho \; . \tag{7.218}$$

Diese Form der Maxwell'schen Gleichungen ist recht interessant. Hier erscheint der Polarisationsstrom $\partial \mathbf{P}/\partial t$, der sich aus der Verschiebungsstromdichte $\partial \mathbf{D}/\partial t$ ergibt, wenn man $\mathbf{D}$ entsprechend (7.214) wählt. Wie wir in Abschn. 2.13 sahen, muss das jedoch nicht unbedingt so sein. Der Polarisationsstrom könnte einen quellenfreien Zusatzterm enthalten. Anschaulich würde das bedeuten, dass die Ladungsbewegung bei der Polarisation nicht auf dem kürzesten Weg erfolgt. Interessant sind auch die Glieder $+\partial \mathbf{M}/\partial t$ und $\operatorname{div} \mathbf{M}$. Wenn man sich der Vorstellung fiktiver magnetischer Ladungen bedient, hängen diese Glieder mit $\mathbf{g}_{\mathrm{m}}$ und ρ_{m} in den Maxwell'schen Gleichungen (1.82) zusammen, d. h. mit magnetischen Stromdichten und Ladungen. Obwohl sie nur fiktiver Natur sind, kann ihre Benutzung sinnvoll sein.

Wir wollen nun feststellen, ob diese Gleichungen durch die Felder entsprechend den Gleichungen (7.211), (7.212) erfüllt werden können. Wir setzen diese ein und erhalten nach einigen Umformungen, die wir übergehen können, der Reihe nach:

$$\frac{\partial}{\partial t}\left(\Delta\boldsymbol{\Pi}_{\mathrm{m}} - \mu\varepsilon\frac{\partial^2\boldsymbol{\Pi}_{\mathrm{m}}}{\partial t^2} + \frac{\mathbf{M}}{\mu}\right) = 0 \,, \tag{7.219}$$

$$\frac{\partial}{\partial t}\left(\Delta\boldsymbol{\Pi}_{\mathrm{e}} - \mu\varepsilon\frac{\partial^2\boldsymbol{\Pi}_{\mathrm{e}}}{\partial t^2} + \frac{\mathbf{P}}{\varepsilon}\right) = 0 \,, \tag{7.220}$$

$$\mathrm{div}\left(\Delta\boldsymbol{\Pi}_{\mathrm{m}} - \mu\varepsilon\frac{\partial^2\boldsymbol{\Pi}_{\mathrm{m}}}{\partial t^2} + \frac{\mathbf{M}}{\mu}\right) = 0 \,, \tag{7.221}$$

$$\mathrm{div}\left(\Delta\boldsymbol{\Pi}_{\mathrm{e}} - \mu\varepsilon\frac{\partial^2\boldsymbol{\Pi}_{\mathrm{e}}}{\partial t^2} + \frac{\mathbf{P}}{\varepsilon}\right) = 0 \,, \tag{7.222}$$

vorausgesetzt, dass wir

$$\rho = 0$$

und

$$\mathbf{g} = 0$$

annehmen. Es gibt also keine freien Ladungen und keine freien Ströme (wohl aber gebunden Ladungen, Polarisationsströme und Magnetisierungsströme). Aus (7.219), (7.221) wäre zunächst zu schließen, dass

$$\Delta\boldsymbol{\Pi}_{\mathrm{m}}(\mathbf{r},t) - \mu\varepsilon\frac{\partial^2\boldsymbol{\Pi}_{\mathrm{m}}(\mathbf{r},t)}{\partial t^2} + \frac{\mathbf{M}(\mathbf{r},t)}{\mu} = \mathrm{rot}\,\mathbf{C}(\mathbf{r})$$

ist. $\mathbf{C}$ ist dabei irgendein *zeitunabhängiger* Vektor. Betrachtet man eine *zeitabhängige* Magnetisierung $\mathbf{M}$ als einzige Ursache eventuell vorhandener (durch $\boldsymbol{\Pi}_{\mathrm{m}}$ beschriebener) Felder, so ergibt sich, dass $\mathbf{C}(\mathbf{r})$ verschwinden muss. Analoges gilt für die beiden Gleichungen (7.220), (7.222) und man findet insgesamt:

$$\Delta\boldsymbol{\Pi}_{\mathrm{m}} - \mu\varepsilon\frac{\partial^2\boldsymbol{\Pi}_{\mathrm{m}}}{\partial t^2} = -\frac{\mathbf{M}}{\mu} \,, \tag{7.223}$$

$$\Delta\boldsymbol{\Pi}_{\mathrm{e}} - \mu\varepsilon\frac{\partial^2\boldsymbol{\Pi}_{\mathrm{e}}}{\partial t^2} = -\frac{\mathbf{P}}{\varepsilon} \,. \tag{7.224}$$

Man sieht hier, dass auch für die Hertz'schen Vektoren Wellengleichungen gelten. Als Inhomogenitäten treten elektrische Polarisation oder „magnetische Polarisation" (= Magnetisierung) auf. Die Hertz'schen Vektoren heißen deshalb auch *Polarisationspotentiale*. Die Lösung der Gleichungen (7.223), (7.224) erfolgt bei gegebenem $\mathbf{M}$ oder $\mathbf{P}$ wie es in Abschn. 7.4.2 beschrieben wurde, d. h. in Analogie zu den Ergebnissen (7.196), (7.197).

In Gebieten, für die $\mathbf{M}$ und $\mathbf{P}$ verschwinden, gelten die homogenen Wellengleichungen:

$$\Delta \boldsymbol{\Pi}_{\mathrm{m}} - \mu\varepsilon\frac{\partial^2 \boldsymbol{\Pi}_{\mathrm{m}}}{\partial t^2} = \operatorname{grad}\operatorname{div}\boldsymbol{\Pi}_{\mathrm{m}} - \operatorname{rot}\operatorname{rot}\boldsymbol{\Pi}_{\mathrm{m}} - \mu\varepsilon\frac{\partial^2 \boldsymbol{\Pi}_{\mathrm{m}}}{\partial t^2} = 0 \ ,$$

$$\Delta \boldsymbol{\Pi}_{\mathrm{e}} - \mu\varepsilon\frac{\partial^2 \boldsymbol{\Pi}_{\mathrm{e}}}{\partial t^2} = \operatorname{grad}\operatorname{div}\boldsymbol{\Pi}_{\mathrm{e}} - \operatorname{rot}\operatorname{rot}\boldsymbol{\Pi}_{\mathrm{e}} - \mu\varepsilon\frac{\partial^2 \boldsymbol{\Pi}_{\mathrm{e}}}{\partial t^2} = 0 \ ,$$

d. h.

$$\operatorname{grad}\operatorname{div}\boldsymbol{\Pi}_{\mathrm{m}} - \mu\varepsilon\frac{\partial^2 \boldsymbol{\Pi}_{\mathrm{m}}}{\partial t^2} = \operatorname{rot}\operatorname{rot}\boldsymbol{\Pi}_{\mathrm{m}} \ ,$$

$$\operatorname{grad}\operatorname{div}\boldsymbol{\Pi}_{\mathrm{e}} - \mu\varepsilon\frac{\partial^2 \boldsymbol{\Pi}_{\mathrm{e}}}{\partial t^2} = \operatorname{rot}\operatorname{rot}\boldsymbol{\Pi}_{\mathrm{e}} \ .$$

Damit kann man statt (7.211), (7.212)

$$\mathbf{H} = \operatorname{rot}\operatorname{rot}\boldsymbol{\Pi}_{\mathrm{m}} + \varepsilon\operatorname{rot}\frac{\partial \boldsymbol{\Pi}_{\mathrm{e}}}{\partial t} \ , \tag{7.225}$$

$$\mathbf{E} = \operatorname{rot}\operatorname{rot}\boldsymbol{\Pi}_{\mathrm{e}} - \mu\operatorname{rot}\frac{\partial \boldsymbol{\Pi}_{\mathrm{m}}}{\partial t} \tag{7.226}$$

schreiben (vorausgesetzt, dass dort $\mathbf{M} = 0$ und $\mathbf{P} = 0$ ist).

In den folgenden Abschnitten soll die Strahlung eines schwingenden elektrischen Dipols (Dipolantenne) bzw. die eines schwingenden magnetischen Dipols (Rahmenantenne) behandelt werden. Ferner soll die Wellenausbreitung in zylindrischen Hohlleitern untersucht werden. Bei all dem werden sich die hier benutzten Methoden und Begriffe als äußerst nützlich erweisen.

7.4.6 Potentiale für homogene leitfähige Medien ohne Raumladungen

Wir haben in den vorhergehenden Abschnitten die Maxwell'schen Gleichungen für vorgegeben Stromdichten $\mathbf{g}$ und Raumladungsdichten ρ behandelt. Für Felder in einem homogenen leitfähigen Medium sind die Stromdichten nicht vorgebbar, vielmehr wird – wenn wir das Ohm'sche Gesetz annehmen –

$$\mathbf{g} = \kappa\mathbf{E}$$

sein. Raumladungen werden andererseits sehr schnell abgebaut. Sie sollen deshalb hier vernachlässigt werden. Wir nehmen also die Maxwell'schen Gleichungen in der folgenden Form an:

$$\operatorname{rot}\mathbf{E} = -\frac{\partial \mathbf{B}}{\partial t} \ , \tag{7.227}$$

$$\text{rot}\,\mathbf{H} = \kappa\mathbf{E} + \frac{\partial \mathbf{D}}{\partial t}\,, \tag{7.228}$$

$$\text{div}\,\mathbf{B} = 0\,, \tag{7.229}$$

$$\text{div}\,\mathbf{D} = 0\,. \tag{7.230}$$

Mit den Ansätzen:

$$\mathbf{B} = \text{rot}\,\mathbf{A}\,, \tag{7.231}$$

$$\mathbf{E} = -\text{grad}\,\varphi - \frac{\partial \mathbf{A}}{\partial t} \tag{7.232}$$

sind die Gleichungen (7.227), (7.229) erfüllt. Die beiden Gleichungen (7.228), (7.230) liefern mit der Eichbedingung

$$\text{div}\,\mathbf{A} + \mu\kappa\varphi + \mu\varepsilon\frac{\partial \varphi}{\partial t} = 0 \tag{7.233}$$

die homogenen Gleichungen

$$\Delta\mathbf{A} - \mu\kappa\frac{\partial \mathbf{A}}{\partial t} - \mu\varepsilon\frac{\partial^2 \mathbf{A}}{\partial t^2} = 0\,, \tag{7.234}$$

$$\Delta\varphi - \mu\kappa\frac{\partial \varphi}{\partial t} - \mu\varepsilon\frac{\partial^2 \varphi}{\partial t^2} = 0\,. \tag{7.235}$$

Setzen wir nun

$$\mathbf{A} = \left(\mu\kappa + \mu\varepsilon\frac{\partial}{\partial t}\right)\mathbf{\Pi}_{\text{e}}\,, \tag{7.236}$$

$$\varphi = \text{div}\,\mathbf{\Pi}_{\text{e}}\,, \tag{7.237}$$

so ist die Eichbedingung (7.233) erfüllt. Die Wellengleichungen (7.234), (7.235) liefern damit

$$\left(\mu\kappa + \mu\varepsilon\frac{\partial}{\partial t}\right)\left[\Delta\mathbf{\Pi}_{\text{e}} - \mu\kappa\frac{\partial \mathbf{\Pi}_{\text{e}}}{\partial t} - \mu\varepsilon\frac{\partial^2 \mathbf{\Pi}_{\text{e}}}{\partial t^2}\right] = 0\,,$$

$$\text{div}\left[\Delta\mathbf{\Pi}_{\text{e}} - \mu\kappa\frac{\partial \mathbf{\Pi}_{\text{e}}}{\partial t} - \mu\varepsilon\frac{\partial^2 \mathbf{\Pi}_{\text{e}}}{\partial t^2}\right] = 0\,,$$

was sicher erfüllt ist, wenn

$$\Delta\mathbf{\Pi}_{\text{e}} - \mu\kappa\frac{\partial \mathbf{\Pi}_{\text{e}}}{\partial t} - \mu\varepsilon\frac{\partial^2 \mathbf{\Pi}_{\text{e}}}{\partial t^2} = 0\,. \tag{7.238}$$

Damit wiederum können wir $\mathbf{B}$ und $\mathbf{E}$ wie folgt aus $\mathbf{\Pi}_e$ berechnen:

$$\mathbf{B} = \left(\mu\kappa + \mu\varepsilon\frac{\partial}{\partial t}\right)\operatorname{rot}\mathbf{\Pi}_e \tag{7.239}$$

$$\mathbf{E} = \operatorname{grad}\operatorname{div}\mathbf{\Pi}_e - \left(\mu\kappa\frac{\partial}{\partial t} + \mu\varepsilon\frac{\partial^2}{\partial t^2}\right)\mathbf{\Pi}_e = \operatorname{rot}\operatorname{rot}\mathbf{\Pi}_e \ . \tag{7.240}$$

Wir können auch anders vorgehen. Mit den Ansätzen

$$\mathbf{D} = -\operatorname{rot}\mathbf{A}^* \ , \tag{7.241}$$

$$\mathbf{H} = -\operatorname{grad}\varphi^* - \left(\frac{\kappa}{\varepsilon} + \frac{\partial}{\partial t}\right)\mathbf{A}^* \tag{7.242}$$

sind die beiden Gleichungen (7.228), (7.230) erfüllt, während sich mit der Eichbedingung

$$\operatorname{div}\mathbf{A}^* + \mu\varepsilon\frac{\partial\varphi^*}{\partial t} = 0 \tag{7.243}$$

aus den beiden anderen Gleichungen (7.227), (7.229)

$$\Delta\mathbf{A}^* - \mu\kappa\frac{\partial\mathbf{A}^*}{\partial t} - \mu\varepsilon\frac{\partial^2\mathbf{A}^*}{\partial t^2} = 0 \ , \tag{7.244}$$

$$\Delta\varphi^* - \mu\kappa\frac{\partial\varphi^*}{\partial t} - \mu\varepsilon\frac{\partial^2\varphi^*}{\partial t^2} = 0 \tag{7.245}$$

ergibt. Mit

$$\mathbf{A}^* = \mu\varepsilon\frac{\partial\mathbf{\Pi}_m}{\partial t} \ , \tag{7.246}$$

$$\varphi^* = -\operatorname{div}\mathbf{\Pi}_m \tag{7.247}$$

ist die Eichbedingung (7.243) erfüllt, und die Wellengleichungen (7.244), (7.245) geben

$$\frac{\partial}{\partial t}\left[\Delta\mathbf{\Pi}_m - \mu\kappa\frac{\partial\mathbf{\Pi}_m}{\partial t} - \mu\varepsilon\frac{\partial^2\mathbf{\Pi}_m}{\partial t^2}\right] = 0 \ ,$$

$$\operatorname{div}\left[\Delta\mathbf{\Pi}_m - \mu\kappa\frac{\partial\mathbf{\Pi}_m}{\partial t} - \mu\varepsilon\frac{\partial^2\mathbf{\Pi}_m}{\partial t^2}\right] = 0 \ .$$

$$\Delta\mathbf{\Pi}_m - \mu\kappa\frac{\partial\mathbf{\Pi}_m}{\partial t} - \mu\varepsilon\frac{\partial^2\mathbf{\Pi}_m}{\partial t^2} = 0 \ , \tag{7.248}$$

Damit wird schließlich

$$\mathbf{D} = -\mu\varepsilon\frac{\partial}{\partial t}\operatorname{rot}\boldsymbol{\Pi}_{\mathrm{m}} \ , \tag{7.249}$$

$$\mathbf{H} = \operatorname{grad}\operatorname{div}\boldsymbol{\Pi}_{\mathrm{m}} - \left(\mu\kappa\frac{\partial}{\partial t} + \mu\varepsilon\frac{\partial^2}{\partial t^2}\right)\boldsymbol{\Pi}_{\mathrm{m}} = \operatorname{rot}\operatorname{rot}\boldsymbol{\Pi}_{\mathrm{m}} \ . \tag{7.250}$$

7.5 Der Hertz'sche Dipol

7.5.1 Die Felder des schwingenden Dipols

Wir betrachten einen am Ursprung befindlichen Dipol, der zeitliche Schwingungen ausführt und in z-Richtung orientiert ist:

$$\mathbf{p} = \mathbf{e}_z\, p_0 \sin\omega t \ . \tag{7.251}$$

Die zugehörige Polarisation, definiert als die räumliche Dichte des Dipolmoments, ist:

$$\mathbf{P} = p_0 \sin\omega t\, \delta(\mathbf{r})\mathbf{e}_z \ . \tag{7.252}$$

Die zeitliche Änderung des Dipolmoments ist mit Strömen verknüpft. Entsprechend Abb. 7.16 ist

$$p = lQ \tag{7.253}$$

bzw.

$$\frac{\mathrm{d}p}{\mathrm{d}t} = l\frac{\mathrm{d}Q}{\mathrm{d}t} = lI = \omega\, p_0 \cos\omega t \tag{7.254}$$

und damit

$$I = \frac{\omega p_0}{l}\cos\omega t = I_0 \cos\omega t \tag{7.255}$$

mit

$$I_0 = \frac{\omega p_0}{l} \ . \tag{7.256}$$

Zur Berechnung des Feldes, das von dem schwingenden Dipol erzeugt wird, benutzen wir Gleichung (7.224), die wir in Analogie zu (7.189) mit der Lösung (7.196) behandeln

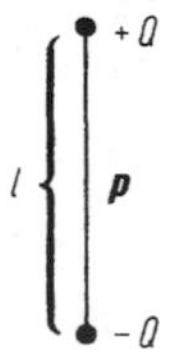

Abb. 7.16 Hertz'scher Dipol

können. Demnach ergibt sich, da $\mathbf{P}$ nur eine z-Komponente hat, der zugehörige elektrische Hertz'sche Vektor als:

$$\boldsymbol{\Pi}_{ex} = 0 \tag{7.257}$$

$$\boldsymbol{\Pi}_{ey} = 0 \tag{7.258}$$

$$\boldsymbol{\Pi}_{ez} = \frac{1}{4\pi\varepsilon} \int \frac{P_z\left(\mathbf{r}', t - \frac{|\mathbf{r}-\mathbf{r}'|}{c}\right)}{|\mathbf{r}-\mathbf{r}'|}\, d\tau'$$

$$= \frac{1}{4\pi\varepsilon} \int \frac{p_0 \sin\left[\omega\left(t - \frac{|\mathbf{r}-\mathbf{r}'|}{c}\right)\right]\delta(\mathbf{r}')}{|\mathbf{r}-\mathbf{r}'|}\, d\tau' , \tag{7.259}$$

$$\boldsymbol{\Pi}_{ez} = \frac{p_0 \sin\left[\omega\left(t - \frac{r}{c}\right)\right]}{4\pi\varepsilon r} .$$

r ist dabei der Abstand des Aufpunktes vom Ursprung und damit vom schwingenden Dipol. Es empfiehlt sich, zu Kugelkoordinaten überzugehen. Dafür ist:

$$\boldsymbol{\Pi}_{er} = \boldsymbol{\Pi}_{ez} \cos\theta = \frac{p_0 \cos\theta}{4\pi\varepsilon r} \sin\left[\omega\left(t - \frac{r}{c}\right)\right] , \tag{7.260}$$

$$\boldsymbol{\Pi}_{e\theta} = -\boldsymbol{\Pi}_{ez} \sin\theta = -\frac{p_0 \sin\theta}{4\pi\varepsilon r} \sin\left[\omega\left(t - \frac{r}{c}\right)\right] , \tag{7.261}$$

$$\boldsymbol{\Pi}_{e\varphi} = 0 . \tag{7.262}$$

Nach (7.211), (7.212) bzw. (7.225), (7.226) berechnet man daraus die Felder

$$\mathbf{H} = \varepsilon \operatorname{rot} \frac{\partial \boldsymbol{\Pi}_e}{\partial t} \tag{7.263}$$

$$\mathbf{E} = \operatorname{grad} \operatorname{div} \boldsymbol{\Pi}_e - \mu\varepsilon \frac{\partial^2 \boldsymbol{\Pi}_e}{\partial t^2} = \operatorname{rot} \operatorname{rot} \boldsymbol{\Pi}_e , \tag{7.264}$$

wobei der ganz rechts in (7.264) stehende Ausdruck nur für Stellen mit $\mathbf{P} = 0$ (d. h. hier außerhalb des Ursprungs) gilt. Mit Hilfe der Formeln von Abschn. 3.3.3 ergibt sich nach einigen hier unterdrückten Umformungen:

$$\mathbf{E} = \begin{bmatrix} E_r \\ E_\theta \\ E_\varphi \end{bmatrix} = \begin{bmatrix} \dfrac{2p_0 \cos\theta}{4\pi\varepsilon} \left\{ \dfrac{1}{r^3} \sin\left[\omega\left(t - \dfrac{r}{c}\right)\right] + \dfrac{\omega}{cr^2} \cos\left[\omega\left(t - \dfrac{r}{c}\right)\right] \right\} \\[2mm] \dfrac{p_0 \sin\theta}{4\pi\varepsilon} \left\{ \left(\dfrac{1}{r^3} - \dfrac{\omega^2}{rc^2}\right) \sin\left[\omega\left(t - \dfrac{r}{c}\right)\right] + \dfrac{\omega}{cr^2} \cos\left[\omega\left(t - \dfrac{r}{c}\right)\right] \right\} \\[2mm] 0 \end{bmatrix} , \tag{7.265}$$

$$\mathbf{H} = \begin{bmatrix} H_r \\ H_\theta \\ H_\varphi \end{bmatrix} = \begin{bmatrix} 0 \\ 0 \\ \dfrac{\omega p_0 \sin\theta}{4\pi} \left\{ -\dfrac{\omega}{cr} \sin\left[\omega\left(t - \dfrac{r}{c}\right)\right] + \dfrac{1}{r^2} \cos\left[\omega\left(t - \dfrac{r}{c}\right)\right] \right\} \end{bmatrix}.$$
(7.266)

Nach (7.198), (7.199) kann man natürlich auch $\mathbf{A}$ und φ berechnen:

$$\mathbf{A} = \mu\varepsilon\frac{\partial\mathbf{\Pi}_e}{\partial t} = \begin{bmatrix} A_r \\ A_\theta \\ A_\varphi \end{bmatrix} = \begin{bmatrix} \dfrac{\mu p_0 \omega \cos\theta}{4\pi r} \cos\left[\omega\left(t - \dfrac{r}{c}\right)\right] \\ -\dfrac{\mu p_0 \omega \sin\theta}{4\pi r} \cos\left[\omega\left(t - \dfrac{r}{c}\right)\right] \\ 0 \end{bmatrix}, \qquad (7.267)$$

$$\varphi = -\operatorname{div}\mathbf{\Pi}_e = \frac{p_0 \cos\theta}{4\pi\varepsilon} \left\{ \frac{1}{r^2} \sin\left[\omega\left(t - \frac{r}{c}\right)\right] + \frac{\omega}{cr} \cos\left[\omega\left(t - \frac{r}{c}\right)\right] \right\}. \quad (7.268)$$

Die Effekte der Retardierung stecken in dem hier überall auftretenden Argument $(t - r/c)$. Wäre die Lichtgeschwindigkeit unendlich, so gäbe es keine Retardierung. Es ist interessant festzustellen, welche Felder sich in diesem Grenzfall (d. h. für $c \rightarrow \infty$) ergeben würden. Man findet dafür

$$\mathbf{E} = \begin{bmatrix} E_r \\ E_\theta \\ E_\varphi \end{bmatrix} = \begin{bmatrix} \dfrac{2p_0 \cos\theta \sin\omega t}{4\pi\varepsilon r^3} \\ \dfrac{p_0 \sin\theta \sin\omega t}{4\pi\varepsilon r^3} \\ 0 \end{bmatrix} = \begin{bmatrix} \dfrac{2p \cos\theta}{4\pi\varepsilon r^3} \\ \dfrac{p \sin\theta}{4\pi\varepsilon r^3} \\ 0 \end{bmatrix} \qquad (7.269)$$

und

$$\mathbf{H} = \begin{bmatrix} H_r \\ H_\theta \\ H_\varphi \end{bmatrix} = \begin{bmatrix} 0 \\ 0 \\ \dfrac{\omega p_0 \sin\theta \cos\omega t}{4\pi r^2} \end{bmatrix}. \qquad (7.270)$$

Ein Vergleich mit den Gleichungen (2.63) zeigt, dass wir in diesem Grenzfall das „statische" Dipolfeld bekommen. Es folgt in seiner Zeitabhängigkeit genau der des Dipols am Ursprung, d. h. alle Änderungen des Dipolmoments machen sich augenblicklich im ganzen Raum bemerkbar, wie es bei unendlicher Lichtgeschwindigkeit zu erwarten ist. Zum besseren Verständnis von (7.270) formen wir H_φ noch etwas um. Mit den Gleichungen (7.255), (7.256) ergibt sich

$$H_\varphi = \frac{I_0 l \sin\theta \cos\omega t}{4\pi r^2} = \frac{I l \sin\theta}{4\pi r^2}. \qquad (7.271)$$

Nach (5.20) kann dies als das Feld des Stromes I im Leiterelement $l\,\mathbf{e}_z$ aufgefasst werden, d. h. es handelt sich hier um das dem Biot-Savart'schen Gesetz entsprechende Feld, das sich auch augenblicklich im ganzen Raum bemerkbar macht. Wir sind hier, anders als in der Magnetostatik, berechtigt, stromdurchflossene Linienelemente (d. h. Ströme mit Quellen) zu betrachten, da ja auch die damit verbundenen zeitabhängigen Ladungen (das ist im vorliegenden Fall gerade der zeitabhängige Dipol) berücksichtigt werden.

Nach (7.266) hat das Magnetfeld nur eine azimutale Komponente. Die magnetischen Feldlinien sind also Kreise um die z-Achse. Die elektrischen Feldlinien liegen in den Meridianebenen $\varphi = $ const. Ihre Gleichungen lassen sich angeben, wobei eine Analogie zu den Ausführungen in Abschn. 5.11 nützlich ist. Nach (7.264) ist

$$\mathbf{E} = \mathrm{rot}\,\mathbf{C}\,, \tag{7.272}$$

wenn

$$\mathbf{C} = \mathrm{rot}\,\boldsymbol{\Pi}_e = \begin{bmatrix} C_r \\ C_\theta \\ C_\varphi \end{bmatrix} = \begin{bmatrix} 0 \\ 0 \\ \dfrac{p_0 \sin\theta}{4\pi\varepsilon r}\left\{ \dfrac{1}{r}\sin\left[\omega\left(t-\dfrac{r}{c}\right)\right] + \dfrac{\omega}{c}\cos\left[\omega\left(t-\dfrac{r}{c}\right)\right]\right\} \end{bmatrix} \tag{7.273}$$

ist. $\mathbf{C}$ hat nur eine azimutale Komponente, woraus

$$\mathbf{E} = \begin{bmatrix} E_r \\ E_\theta \\ E_\varphi \end{bmatrix} = \begin{bmatrix} \dfrac{1}{r\sin\theta}\dfrac{\partial}{\partial\theta}(\sin\theta\,C_\varphi) \\ -\dfrac{1}{r}\dfrac{\partial}{\partial r}(r\,C_\varphi) \\ 0 \end{bmatrix} \tag{7.274}$$

folgt. Betrachten wir nun die Funktion $(r\sin\theta\,C_\varphi)$ (sie entspricht der in Abschn. 5.11 betrachteten Funktion $r\,A_\varphi$, wobei dort Zylinderkoordinaten, hier jedoch Kugelkoordinaten benutzt werden, weshalb hier $(r\sin\theta)$ an die Stelle von r tritt). Ihr Gradient ist nach (3.41):

$$\mathrm{grad}(r\sin\theta\,C_\varphi) = \begin{bmatrix} \dfrac{\partial}{\partial r}(r\sin\theta\,C_\varphi) \\ \dfrac{1}{r}\dfrac{\partial}{\partial\theta}(r\sin\theta\,C_\varphi) \\ 0 \end{bmatrix} = \begin{bmatrix} \sin\theta\,\dfrac{\partial(rC_\varphi)}{\partial r} \\ \dfrac{\partial}{\partial\theta}(\sin\theta\,C_\varphi) \\ 0 \end{bmatrix}, \tag{7.275}$$

so dass

$$\mathbf{E}\cdot\mathrm{grad}(r\sin\theta\,C_\varphi) = 0$$

ist. $\mathbf{E}$ steht also senkrecht auf dem Gradienten von $(r\sin\theta C_\varphi)$, d. h. $\mathbf{E}$ liegt in den Linien der Meridianebenen, längs deren $(r\sin\theta C_\varphi)$ konstant ist. Mit anderen Worten: Die

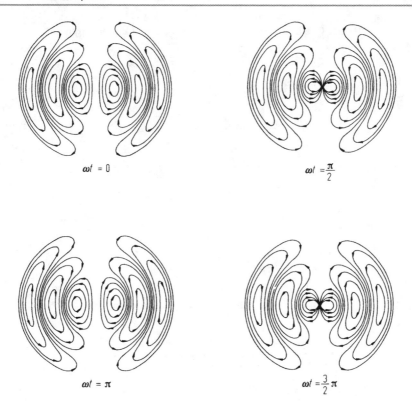

$$\omega t = 0 \qquad\qquad\qquad \omega t = \frac{\pi}{2}$$

$$\omega t = \pi \qquad\qquad\qquad \omega t = \frac{3}{2}\pi$$

Abb. 7.17 Einige Feldlinienbilder des schwingenden Hertz'schen Dipols

Funktion $(r \sin\theta\, C_\varphi)$ kann als Stromfunktion aufgefasst werden. Mit

$$\frac{\omega}{c} = k \tag{7.276}$$

kann man schreiben:

$$r \sin\theta\, C_\varphi = \frac{p_0 k}{4\pi\varepsilon} \sin^2\theta \left\{ \frac{1}{kr} \sin(\omega t - kr) + \cos(\omega t - kr) \right\}$$

$$= \frac{p_0 k}{4\pi\varepsilon} \sin^2\theta \sqrt{\frac{1}{(kr)^2} + 1} \, \sin[\omega t - kr + \arctan(kr)] \, .$$

Den unwesentlichen Faktor $p_0 k/4\pi\varepsilon$ weglassend können wir die Gleichungen der Feldlinien in der Form

$$\sin^2\theta \sqrt{\frac{1}{(kr)^2} + 1} \, \sin[\omega t - kr + \arctan(kr)] = \text{const} \tag{7.277}$$

angeben. In Abb. 7.17 sind einige Feldlinienbilder für den Dipol gezeigt.

Die Dipolfelder der Gleichungen (7.265), (7.266) kann man auf viele Arten schreiben. Manchmal ist die folgende Schreibweise nützlich:

$$E_r = \frac{2p_0 \cos\theta \sqrt{1 + (kr)^2}}{4\pi\varepsilon r^3} \sin(\omega t - kr + \chi_r) \,, \tag{7.278}$$

$$E_\theta = \frac{p_0 \sin\theta \sqrt{1 - (kr)^2 + (kr)^4}}{4\pi\varepsilon r^3} \sin(\omega t - kr + \chi_\theta) \,, \tag{7.279}$$

$$H_\varphi = \frac{\omega p_0 \sin\theta \sqrt{1 + (kr)^2}}{4\pi r^2} \cos(\omega t - kr + \chi_\varphi) \,, \tag{7.280}$$

wo

$$\chi_r = \chi_\varphi = \arctan(kr) \,, \tag{7.281}$$

$$\chi_\theta = \arctan\left[\frac{kr}{1 - (kr)^2}\right] \tag{7.282}$$

ist. Man beachte, dass die Phasenwinkel χ_r, χ_θ und χ_φ Funktionen von r sind.

7.5.2 Das Fernfeld und die Strahlungsleistung

Die Dipolfelder, gegeben durch die Gleichungen (7.265), (7.266), sind etwas unübersichtlich. Wir werden jedoch feststellen können, dass nur wenige der vorkommenden Glieder von wesentlichem Interesse sind, mindestens was die Abstrahlung elektromagnetischer Wellen durch den schwingenden Dipol betrifft. Die Komponenten von **E** enthalten Glieder, die mit r^{-1}, r^{-2} und r^{-3} gehen, H_φ solche, die mit r^{-1} und r^{-2} gehen. Das ist ein äußerst merkwürdiges und wichtiges Ergebnis und eine Folge der Retardierung, d. h. eine Folge der Endlichkeit von c. Im „statischen" Fall, d. h. wenn die Lichtgeschwindigkeit unendlich wäre, würde **E** mit r^{-3} und **H** mit r^{-2} gehen, d. h. für große Entfernungen sehr klein werden.

Betrachtet man den Energiefluss durch eine große Kugeloberfläche hindurch, in deren Zentrum der Dipol schwingt, so können offensichtlich nur die mit r^{-1} gehenden Anteile von **E** und **H** einen auch für große Radien nicht verschwindenden Anteil bewirken, da der ihnen entsprechende Anteil des Poynting-Vektors mit r^{-2} und die Kugeloberfläche mit r^2 geht. Alle anderen Anteile des Poynting-Vektors fallen schneller (nämlich mit r^{-3}, r^{-4}, r^{-5}) ab. Aus diesem Grunde interessieren wir uns im Folgenden nur für das sog. *Fernfeld* des schwingenden Dipols

$$\mathbf{E} = \begin{bmatrix} E_r \\ E_\theta \\ E_\varphi \end{bmatrix} = \begin{bmatrix} 0 \\ -\dfrac{p_0\omega^2 \sin\theta}{4\pi\varepsilon c^2 r} \sin(\omega t - kr) \\ 0 \end{bmatrix} \,, \tag{7.283}$$

Abb. 7.18 Das Fernfeld eines
schwingenden Dipols

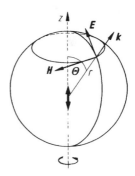

$$\mathbf{H} = \begin{bmatrix} H_r \\ H_\theta \\ H_\varphi \end{bmatrix} = \begin{bmatrix} 0 \\ 0 \\ -\dfrac{p_0 \omega^2 \sin\theta}{4\pi c r} \sin(\omega t - kr) \end{bmatrix} = \begin{bmatrix} 0 \\ 0 \\ \dfrac{E_\theta}{Z} \end{bmatrix}. \tag{7.284}$$

Das ist nun ein sehr überschaubares Feld, das sich weitgehend wie das einer ebenen Welle verhält (Abb. 7.18). Es ist rein transversal, $\mathbf{E}$ steht senkrecht auf $\mathbf{H}$ etc. Von einer ebenen Welle unterscheidet es sich durch die r- bzw. θ-Abhängigkeit. Die durch $\sin\theta$ gegebene Winkelverteilung ist im Polardiagramm von Abb. 7.19 dargestellt. In z-Richtung, d. h. in Dipolrichtung, verschwindet die Amplitude. Man kann leicht nachrechnen, dass die $\sin\theta$ entsprechenden Endpunkte den Kreis

$$(\rho - \tfrac{1}{2})^2 + z^2 = \tfrac{1}{4} \tag{7.285}$$

bilden.

Der Poynting-Vektor des Fernfeldes ist

$$\mathbf{S} = \mathbf{E} \times \mathbf{H} = \begin{vmatrix} \mathbf{e}_r & \mathbf{e}_\theta & \mathbf{e}_\varphi \\ 0 & E_\theta & 0 \\ 0 & 0 & H_\varphi \end{vmatrix} = (E_\theta H_\varphi, 0, 0) , \tag{7.286}$$

Abb. 7.19 Richtungsabhän-
gigkeit der Dipolstrahlung

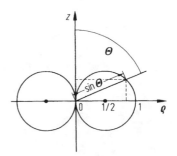

er hat also nur eine r-Komponente. Diese ist:

$$S_r = E_\theta H_\varphi = \frac{E_\theta^2}{Z} = \frac{p_0^2 \omega^4 \sin^2 \theta \sin^2(\omega t - k r)}{Z \, 16\pi^2 \varepsilon^2 c^4 r^2}$$
$$= \frac{p_0^2 \omega^4 \sin^2 \theta \sin^2(\omega t - k r)}{16\pi^2 \varepsilon c^3 r^2} \; . \tag{7.287}$$

S_r ist die pro Zeit- und Flächeneinheit ausgestrahlte Energie, d. h. die Strahlungsleistung pro Flächeneinheit. Sie hängt mit $\sin^2 \theta$ von der Richtung ab. Zur Ermittlung der gesamten Strahlungsleistung P wird S_r über eine Kugeloberfläche integriert:

$$P = \int_{\text{Kugeloberfläche}} \mathbf{S} \cdot \mathrm{d}\mathbf{A} = \int_{\text{Kugeloberfläche}} S_r \, \mathrm{d}A \; . \tag{7.288}$$

Mit

$$\mathrm{d}A = r^2 \sin \theta \, \mathrm{d}\theta \, \mathrm{d}\varphi \tag{7.289}$$

ergibt sich zunächst

$$P = \frac{p_0^2 \omega^4 \sin^2(\omega t - k r)}{16\pi^2 \varepsilon c^3} \int_0^{2\pi} \mathrm{d}\varphi \int_0^{\pi} \sin^3 \theta \, \mathrm{d}\theta \; .$$

Nun ist

$$\int_0^{2\pi} \mathrm{d}\varphi = 2\pi$$

und

$$\int_0^{\pi} \sin^3 \theta \, \mathrm{d}\theta = \int_{-1}^{+1} \sin^2 \theta \, \mathrm{d}(\cos \theta) = \int_{-1}^{+1} (1 - x^2) \, \mathrm{d}x = \frac{4}{3} \; .$$

Also ist

$$P = \frac{p_0^2 \omega^4 \sin^2(\omega t - k r)}{6\pi \varepsilon c^3} \; . \tag{7.290}$$

P ist stets positiv. Im zeitlichen Mittel ergibt sich der Effektivwert:

$$P_{\text{eff}} = \frac{p_0^2 \omega^4}{12\pi \varepsilon c^3} \; . \tag{7.291}$$

Mit (7.256) kann man p_0 eliminieren und durch I_0 ausdrücken:

$$P_{\text{eff}} = \frac{I_0^2 l^2 \omega^2}{12\pi\varepsilon c^3} = \frac{I_0^2 l^2 k^2}{12\pi}\sqrt{\frac{\mu}{\varepsilon}} = \frac{I_0^2 l^2 \pi}{3\lambda^2} Z . \tag{7.292}$$

Aus

$$I_0^2 = 2 I_{\text{eff}}^2$$

folgt

$$P_{\text{eff}} = \frac{2\pi}{3} Z \left(\frac{l}{\lambda}\right)^2 I_{\text{eff}}^2 . \tag{7.293}$$

Definiert man schließlich den sog. *Strahlungswiderstand* R_s durch

$$P_{\text{eff}} = R_s I_{\text{eff}}^2 , \tag{7.294}$$

so ist nach (7.293)

$$R_s = \frac{2\pi}{3} Z \left(\frac{l}{\lambda}\right)^2 . \tag{7.295}$$

Für das Vakuum z. B. ist R_s gegeben durch

$$R_s = \frac{2\pi}{3} \left(\frac{l}{\lambda}\right)^2 377\,\Omega = \left(\frac{l}{\lambda}\right)^2 790\,\Omega . \tag{7.296}$$

Damit ist die Strahlung eines oszillierenden Dipols, der sog. *Dipolantenne*, beschrieben.

Als Antennengewinn G definiert man das Verhältnis der maximalen richtungsabhängigen Strahlungsleitung $S_{r\,\text{max}}$ zu der über alle Richtungen gemittelten Strahlungsleistung $\langle S_r \rangle$. Im vorliegenden Fall erhält man aus (7.287), (7.290)

$$G = \frac{S_{r\,\text{max}}}{\langle S_r \rangle} = \frac{\frac{p_0^2 \omega^4 \sin^2(\omega t - kr)}{16\pi^2 \varepsilon c^3 r^2}}{\frac{1}{4\pi r^2} \cdot \frac{p_0^2 \omega^4 \sin^2(\omega t - kr)}{6\pi\varepsilon c^3}} = \frac{3}{2} . \tag{7.297}$$

Wir gehen nun von der Dipolantenne zu der dazu dualen Rahmenantenne über.

7.6   Die Rahmenantenne

Auch ein schwingender magnetischer Dipol strahlt elektromagnetische Wellen ab. Am Ursprung befinde sich (Abb. 7.20) der magnetische Dipol

$$\mathbf{m} = \mathbf{e}_z m_0 \sin \omega t \ . \tag{7.298}$$

Dem entspricht die Magnetisierung

$$\mathbf{M} = \mathbf{e}_z m_0 \sin \omega t \delta(\mathbf{r}) \ , \tag{7.299}$$

hervorgerufen durch einen Kreisstrom

$$I = I_0 \sin \omega t \ , \tag{7.300}$$

wobei

$$m_0 = \mu I_0 r_0^2 \pi \tag{7.301}$$

ist. Man nennt das ganze auch *Rahmenantenne*. Ihre Behandlung erfolgt in fast vollständiger Analogie zu der der Dipolantenne im vorhergehenden Abschnitt. Wir können uns deshalb hier sehr kurz fassen. Zunächst ist die Wellengleichung (7.223) mit der Magnetisierung (7.299) zu lösen, was in Analogie zu (7.257) bis (7.259)

$$\Pi_{mx} = 0 \tag{7.302}$$

$$\Pi_{my} = 0 \tag{7.303}$$

$$\Pi_{mz} = \frac{m_0 \sin \left[\omega \left(t - \frac{r}{c} \right) \right]}{4\pi \mu r} \tag{7.304}$$

Abb. 7.20 Die Rahmen-antenne

gibt. Daraus sind die Felder nach (7.211), (7.212) bzw. außerhalb des Ursprungs auch nach (7.225), (7.226) zu berechnen. Es gilt demnach:

$$\mathbf{H} = \text{grad div } \mathbf{\Pi}_m - \mu\varepsilon\frac{\partial^2 \mathbf{\Pi}_m}{\partial t^2} = \text{rot rot } \mathbf{\Pi}_m \ , \tag{7.305}$$

$$\mathbf{E} = -\mu \,\text{rot}\, \frac{\partial \mathbf{\Pi}_m}{\partial t} \ . \tag{7.306}$$

Das gibt nach einiger Rechnung, die übergangen sei,

$$\mathbf{H} = \begin{bmatrix} H_r \\ H_\theta \\ H_\varphi \end{bmatrix} = \begin{bmatrix} \dfrac{2m_0\cos\theta}{4\pi\mu}\left\{\dfrac{1}{r^3}\sin\left[\omega\left(t-\dfrac{r}{c}\right)\right]+\dfrac{\omega}{cr^2}\cos\left[\omega\left(t-\dfrac{r}{c}\right)\right]\right\} \\[2ex] \dfrac{m_0\sin\theta}{4\pi\mu}\left\{\left(\dfrac{1}{r^3}-\dfrac{\omega^2}{rc^2}\right)\sin\left[\omega\left(t-\dfrac{r}{c}\right)\right]+\dfrac{\omega}{cr^2}\cos\left[\omega\left(t-\dfrac{r}{c}\right)\right]\right\} \\[2ex] 0 \end{bmatrix}, \tag{7.307}$$

$$\mathbf{E} = \begin{bmatrix} E_r \\ E_\theta \\ E_\varphi \end{bmatrix} = \begin{bmatrix} 0 \\[1ex] 0 \\[1ex] -\dfrac{\omega m_0\sin\theta}{4\pi}\left\{\dfrac{\omega}{cr}\sin\left[\omega\left(t-\dfrac{r}{c}\right)\right]+\dfrac{1}{r^2}\cos\left[\omega\left(t-\dfrac{r}{c}\right)\right]\right\} \end{bmatrix}. \tag{7.308}$$

Die Berechnung erfolgt vorteilhaft in Kugelkoordinaten, wie dies in Abschn. 7.5 geschah. Das Ergebnis lässt sich durch Vergleich der Gleichungen (7.305) bis (7.308) mit den analogen Gleichungen (7.263) bis (7.266) sofort nachprüfen. Offensichtlich hat man lediglich $\mathbf{E}$ und $\mathbf{H}$ miteinander zu vertauschen, m_0 durch p_0, μ durch ε zu ersetzen und den Vorzeichenwechsel beim Übergang von E_φ zu H_φ zu beachten.

Wiederum kommt es im Wesentlichen nur auf das Fernfeld an:

$$\mathbf{H} = \begin{bmatrix} H_r \\ H_\theta \\ H_\varphi \end{bmatrix} = \begin{bmatrix} 0 \\[1ex] -\dfrac{m_0\omega^2\sin\theta}{4\pi\mu c^2 r}\sin\left[\omega\left(t-\dfrac{r}{c}\right)\right] \\[1ex] 0 \end{bmatrix}, \tag{7.309}$$

$$\mathbf{E} = \begin{bmatrix} E_r \\ E_\theta \\ E_\varphi \end{bmatrix} = \begin{bmatrix} 0 \\[1ex] 0 \\[1ex] +\dfrac{m_0\omega^2\sin\theta}{4\pi rc}\sin\left[\omega\left(t-\dfrac{r}{c}\right)\right] \end{bmatrix} = \begin{bmatrix} 0 \\[1ex] 0 \\[1ex] -ZH_\theta \end{bmatrix}. \tag{7.310}$$

Der zum Fernfeld gehörige Poynting-Vektor ist:

$$\mathbf{S} = \mathbf{E} \times \mathbf{H} = \begin{vmatrix} \mathbf{e}_r & \mathbf{e}_\theta & \mathbf{e}_\varphi \\ 0 & 0 & E_\varphi \\ 0 & H_\theta & 0 \end{vmatrix} = \begin{bmatrix} -E_\varphi H_\theta \\ 0 \\ 0 \end{bmatrix} . \tag{7.311}$$

Er besitzt nur eine radiale Komponente

$$S_r = -E_\varphi H_\theta = \frac{E_\varphi^2}{Z} = \frac{m_0^2 \omega^4 \sin^2 \theta \sin^2 \left[\omega \left(t - \frac{r}{c}\right)\right]}{Z 16 \pi^2 c^2 r^2}$$
$$= \frac{m_0^2 \omega^4 \sin^2 \theta \sin^2 \left[\omega \left(t - \frac{r}{c}\right)\right]}{16 \pi^2 \mu c^3 r^2} . \tag{7.312}$$

Daraus ergibt sich die abgestrahlte Leistung nach Integration über eine Kugelfläche zu

$$P = \frac{m_0^2 \omega^4 \sin^2 \left[\omega \left(t - \frac{r}{c}\right)\right]}{6 \pi \mu c^3} , \tag{7.313}$$

bzw. deren zeitlicher Mittelwert zu

$$P_{\text{eff}} = \frac{m_0^2 \omega^4}{12 \pi \mu c^3} . \tag{7.314}$$

Mit (7.301) gibt das

$$P_{\text{eff}} = \frac{\mu I_0^2 r_0^4 \omega^4 \pi}{12 c^3} = Z \frac{I_0^2 r_0^4 k^4 \pi}{12}$$
$$= Z (r_0 k)^4 \frac{\pi}{6} I_{\text{eff}}^2 = R_s I_{\text{eff}}^2 , \tag{7.315}$$

wenn man

$$R_s = \frac{\pi}{6} Z (r_0 k)^4 = \frac{\pi}{6} Z \left(\frac{2 \pi r_0}{\lambda}\right)^4 , \tag{7.316}$$

setzt. Im Vakuum ist

$$R_s = \left(\frac{2 \pi r_0}{\lambda}\right)^4 \frac{\pi}{6} 377 \, \Omega = \left(\frac{2 \pi r_0}{\lambda}\right)^4 198 \, \Omega . \tag{7.317}$$

Wiederum ist der Antennengewinn

$$G = \tfrac{3}{2} . \tag{7.318}$$

7.7 Wellen in zylindrischen Hohlleitern

7.7.1 Grundgleichungen

In diesem Abschnitt soll die Fortpflanzung von Wellen in zylindrischen Hohlleitern beliebigen Querschnitts (Abb. 7.21) behandelt werden. Der Innenraum bestehe aus einem möglicherweise nicht idealen homogenen Dielektrikum (d. h. möglicherweise ist $\kappa \neq 0$). Der Außenraum sei unendlich leitfähig. Wir suchen Wellen der Form

$$\mathbf{E} = \mathbf{E}_0(x, y) \exp[\mathrm{i}(\omega t - k_z z)] \,, \tag{7.319}$$

$$\mathbf{E} = \mathbf{H}_0(x, y) \exp[\mathrm{i}(\omega t - k_z z)] \,. \tag{7.320}$$

Raumladungen sollen nicht vorhanden sein. Dann gelten die Maxwell'schen Gleichungen in der Form

$$\operatorname{rot} \mathbf{E} = -\mu \frac{\partial \mathbf{H}}{\partial t} \,, \tag{7.321}$$

$$\operatorname{rot} \mathbf{H} = \kappa \mathbf{E} + \varepsilon \frac{\partial \mathbf{E}}{\partial t} \,, \tag{7.322}$$

$$\operatorname{div} \mathbf{E} = 0 \,, \tag{7.323}$$

$$\operatorname{div} \mathbf{H} = 0 \,. \tag{7.324}$$

Angesichts des Ansatzes (7.319), (7.320) gilt dabei:

$$\frac{\partial}{\partial z} = -\mathrm{i}k_z \,, \tag{7.325}$$

$$\frac{\partial}{\partial t} = -\mathrm{i}\omega \,. \tag{7.326}$$

Damit ergibt sich aus (7.321) bis (7.324) der Reihe nach:

$$\frac{\partial E_z}{\partial y} + \mathrm{i}k_z E_y = -\mathrm{i}\omega\mu H_x \,, \tag{7.327}$$

Abb. 7.21 Zylindrischer Hohl-leiter

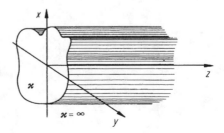

$$-\frac{\partial E_z}{\partial x} - \mathrm{i}k_z E_x = -\mathrm{i}\omega\mu H_y \ , \tag{7.328}$$

$$\frac{\partial E_y}{\partial x} - \frac{\partial E_x}{\partial y} = -\mathrm{i}\omega\mu H_z \ , \tag{7.329}$$

$$\frac{\partial H_z}{\partial y} + \mathrm{i}k_z H_y = (\kappa + \mathrm{i}\omega\varepsilon)E_x \ , \tag{7.330}$$

$$-\frac{\partial H_z}{\partial x} - \mathrm{i}k_z H_x = (\kappa + \mathrm{i}\omega\varepsilon)E_y \ , \tag{7.331}$$

$$\frac{\partial H_y}{\partial x} - \frac{\partial H_x}{\partial y} = (\kappa + \mathrm{i}\omega\varepsilon)E_z \ , \tag{7.332}$$

$$\frac{\partial E_x}{\partial x} + \frac{\partial E_y}{\partial y} - \mathrm{i}k_z E_z = 0 \ , \tag{7.333}$$

$$\frac{\partial H_x}{\partial x} + \frac{\partial H_y}{\partial y} - \mathrm{i}k_z H_z = 0 \ . \tag{7.334}$$

Diesen Gleichungen ist eine Bemerkung anzufügen. Für Ansätze proportional $\exp(\mathrm{i}\omega t)$ ist

$$\mathrm{rot}\,\mathbf{E} = -\mathrm{i}\omega\mu\mathbf{H}, \quad \mathrm{rot}\,\mathbf{H} = (\kappa + \mathrm{i}\omega\varepsilon)\mathbf{E} \ ,$$

woraus durch Divergenzbildung sofort

$$\mathrm{div}\,\mathbf{H} = 0, \quad \mathrm{div}\,\mathbf{E} = 0$$

folgt. Die Gleichungen (7.323) und (7.324) bzw. (7.333) und (7.334) sind also in diesem Fall von den übrigen Gleichungen abhängig und damit eigentlich überflüssig. Man könnte sie auch streichen.

Aus den Gleichungen (7.327), (7.331) kann man E_y und H_x als Funktionen von H_z und E_z berechnen. Ähnlich kann man aus den Gleichungen (7.328), (7.330) E_x und H_y als Funktionen von H_z und E_z berechnen. Man findet so

$$E_x = \frac{-\mathrm{i}k_z \frac{\partial E_z}{\partial x} - \mathrm{i}\omega\mu \frac{\partial H_z}{\partial y}}{N} \ , \tag{7.335}$$

$$E_y = \frac{-\mathrm{i}k_z \frac{\partial E_z}{\partial y} + \mathrm{i}\omega\mu \frac{\partial H_z}{\partial x}}{N} \ , \tag{7.336}$$

$$H_x = \frac{(\kappa + \mathrm{i}\omega\varepsilon) \frac{\partial E_z}{\partial y} - \mathrm{i}k_z \frac{\partial H_z}{\partial x}}{N} \ , \tag{7.337}$$

$$H_y = \frac{-(\kappa + \mathrm{i}\omega\varepsilon) \frac{\partial E_z}{\partial x} - \mathrm{i}k_z \frac{\partial H_z}{\partial y}}{N} \ , \tag{7.338}$$

wobei in allen Gleichungen derselbe Nenner auftritt:

$$N = \omega^2 \varepsilon \mu - k_z^2 - \mathrm{i}\omega\kappa\mu \ . \tag{7.339}$$

Setzt man diese Ergebnisse in die beiden Gleichungen (7.332), (7.329) ein, so erhält man für E_z und H_z sogenannte Helmholtz-Gleichungen

$$\frac{\partial^2 E_z}{\partial x^2} + \frac{\partial^2 E_z}{\partial y^2} + NE_z = 0 \tag{7.340}$$

und

$$\frac{\partial^2 H_z}{\partial x^2} + \frac{\partial^2 H_z}{\partial y^2} + NH_z = 0 \ . \tag{7.341}$$

Diese beiden Gleichungen (7.340) und (7.341) hätte man mit den Ansätzen (7.319), (7.320) auch direkt aus (7.8), (7.9) bekommen können. Bezeichnen wir den Laplace-Operator in der x-y-Ebene mit Δ_2, so ist

$$\Delta_2 E_z + NE_z = 0 \ , \tag{7.342}$$

$$\Delta_2 H_z + NH_z = 0 \ . \tag{7.343}$$

Damit ist das Problem auf die Lösung der beiden zweidimensionalen Helmholtz-Gleichungen in der x-y-Ebene reduziert. Hat man E_z und H_z aus diesen Gleichungen unter Berücksichtigung der erforderlichen Randbedingungen gewonnen, so ergeben sich alle anderen Feldkomponenten aus (7.335) bis (7.338).

Dabei ist zunächst vorauszusetzen, dass der Nenner N nicht verschwindet.

Man beachte auch, dass aus $H_z = 0$ und $E_z = 0$ nicht etwa das Verschwinden aller anderen Feldkomponenten folgt. Sie müssen in diesem Fall dann nicht verschwinden, wenn der Nenner N auch verschwindet. Mit anderen Worten: Für rein transversale Wellen, Wellen die bezüglich **E** und **H** transversal sind, sog. *TEM-Wellen*, gilt die Dispersionsbeziehung

$$N = \omega^2 \varepsilon \mu - k_z^2 - \mathrm{i}\omega\kappa\mu = 0 \ , \tag{7.344}$$

der wir für den Spezialfall ebener Wellen (die spezielle TEM-Wellen sind) bereits begegnet sind, s. Abschn. 7.2, insbesondere (7.84). Zunächst seien TEM-Wellen aus der Diskussion ausgeschlossen. Wir kommen später darauf zurück.

Ist $N \neq 0$, so muss mindestens eine der zwei Größen E_z und H_z von null verschieden sein. Wir können jede beliebige Welle dieser Art zusammensetzen aus Wellen mit $H_z = 0$, $E_z \neq 0$ und aus solchen mit $H_z \neq 0$, $E_z = 0$. Die einen sind bezüglich **H** transversal und werden als *TM-Wellen* bezeichnet, die anderen sind bezüglich **E** transversal und werden als *TE-Wellen* bezeichnet.

Insgesamt können wir also drei Typen von Wellen unterscheiden, TM-Wellen, TE-Wellen und TEM-Wellen. Sie sollen in dieser Reihenfolge getrennt behandelt werden.

Einfache Spezialfälle von TM- bzw. TE-Wellen sind uns in Abschn. 7.1.6 begegnet.

7.7.2 TM-Wellen

Mit $H_z = 0$ gilt für E_z die Helmholtz-Gleichung (7.342), wobei sich die übrigen Feldkomponenten aus (7.335) bis (7.338) ergeben. Dasselbe Ergebnis kann man bekommen, wenn man von einem elektrischen Hertz'schen Vektor ausgeht, der nur eine z-Komponente hat ($\boldsymbol{\Pi}_{ez}$). Sie muss der Wellengleichung (7.238) genügen, was wiederum auf eine Gleichung vom Typ (7.342) führt:

$$\Delta_2 \boldsymbol{\Pi}_{ez} + N\,\boldsymbol{\Pi}_{ez} = 0 \ . \tag{7.345}$$

Für die Felder gelten die Gleichungen (7.239), (7.240), d. h. hier

$$\mathbf{E} = \mathrm{grad}(-\mathrm{i}k_z \boldsymbol{\Pi}_{ez}) + (\mu\varepsilon\omega^2 - \mathrm{i}\mu\kappa\omega)\boldsymbol{\Pi}_{ez}\mathbf{e}_z \ , \tag{7.346}$$

$$\mathbf{H} = \mathrm{rot}[(\mathrm{i}\omega\varepsilon + \kappa)\boldsymbol{\Pi}_{ez}\mathbf{e}_z] \ , \tag{7.347}$$

woraus sich ergibt:

$$
\begin{aligned}
E_x &= -\mathrm{i}k_z \frac{\partial \boldsymbol{\Pi}_{ez}}{\partial x} \\[4pt]
E_y &= -\mathrm{i}k_z \frac{\partial \boldsymbol{\Pi}_{ez}}{\partial y} \\[4pt]
E_z &= N\,\boldsymbol{\Pi}_{ez} \\[4pt]
H_x &= (\kappa + \mathrm{i}\omega\varepsilon)\frac{\partial \boldsymbol{\Pi}_{ez}}{\partial y} \\[4pt]
H_y &= -(\kappa + \mathrm{i}\omega\varepsilon)\frac{\partial \boldsymbol{\Pi}_{ez}}{\partial x} \\[4pt]
H_z &= 0 \ .
\end{aligned}
\tag{7.348}
$$

Das sind genau die Felder, die man aus (7.335) bis (7.338) mit $H_z = 0$ auch bekommen würde.

Offensichtlich ist

$$\mathbf{E} \cdot \mathbf{H} = 0 \, , \qquad (7.349)$$

d. h. $\mathbf{E}$ und $\mathbf{H}$ stehen aufeinander senkrecht.

An dem Rand zum unendlich leitfähigen Medium muss die tangentiale Komponente von $\mathbf{E}$ verschwinden, außerdem die senkrechte Komponente von $\mathbf{H}$. Das ergibt sich aus der Forderung nach Stetigkeit dieser Komponenten und daraus, dass im unendlich leitfähigen Medium alle Felder verschwinden. Deshalb muss am Rand $E_z = 0$ sein, d. h. es muss

$$\Pi_{ez} = 0 \quad \text{(Rand)} \qquad (7.350)$$

sein. Ist dies der Fall, so sind die andern Bedingungen automatisch erfüllt. Aus (7.348) folgt nämlich, dass dann $\mathbf{E}$ senkrecht auf dem Rand steht, d. h. keine parallele Komponente hat. $\mathbf{H}$ wiederum steht überall senkrecht auf $\mathbf{E}$, hat also am Rand keine auf diesem senkrechte Komponente. Wir haben also die Gleichung (7.345) mit der Randbedingung (7.350) zu lösen. Das Problem der TM-Wellen ist also ein zweidimensionales Dirichlet'sches Randwertproblem.

Die hier gezogenen Schlussfolgerungen haben nichts damit zu tun, dass wir kartesische Koordinaten benutzt haben. Wir können in der x-y-Ebene zu einem beliebigen anderen Koordinatensystem übergehen.

Aus den Gleichungen (7.348) folgt auch, dass Π_{ez} auf den magnetischen Feldlinien konstant und damit als deren Stromfunktion zu betrachten ist.

7.7.3 TE-Wellen

TE-Wellen lassen sich in ganz analoger Weise behandeln, wenn man von einem magnetischen Hertz'schen Vektor ausgeht, der lediglich eine z-Komponente besitzt ($\mathbf{\Pi}_{mz}$). Sie genügt der Wellengleichung (7.248), die jetzt

$$\Delta_2 \Pi_{mz} + N \, \Pi_{mz} = 0 \qquad (7.351)$$

lautet. Nach (7.249), (7.250) ist

$$\mathbf{E} = -\mathrm{i}\omega\mu \, \mathrm{rot}(\mathbf{\Pi}_{mz}\mathbf{e}_z) \, , \qquad (7.352)$$

$$\mathbf{H} = \mathrm{grad}(-\mathrm{i}k_z \, \Pi_{mz}) + (\mu\varepsilon\omega^2 - \mathrm{i}\mu\kappa\omega)\Pi_{mz}\mathbf{e}_z \, , \qquad (7.353)$$

d. h.

$$E_x = -i\omega\mu \frac{\partial \mathbf{\Pi}_{mz}}{\partial y}$$

$$E_y = +i\omega\mu \frac{\partial \mathbf{\Pi}_{mz}}{\partial x}$$

$$E_z = 0$$

$$H_x = -ik_z \frac{\partial \mathbf{\Pi}_{mz}}{\partial x}$$ (7.354)

$$H_y = -ik_z \frac{\partial \mathbf{\Pi}_{mz}}{\partial y}$$

$$H_z = N\,\mathbf{\Pi}_{mz}\;.$$

Auch hier ist
$$\mathbf{E}\cdot\mathbf{H} = 0\;.$$ (7.355)

H darf keine auf dem Rand senkrechte Komponente haben. Wegen (7.354) folgt daraus, dass am Rand

$$(\mathrm{grad}\,\mathbf{\Pi}_{mz})_n = \frac{\partial \mathbf{\Pi}_{mz}}{\partial n} = 0 \quad \text{(Rand)}$$ (7.356)

sein muss, wo der Index n die Normalkomponente bezeichnen soll. Hier ergibt sich also ein Neumann'sches Randwertproblem. Das Verschwinden der zum Rand parallelen Komponente von **E** ist dadurch auch gewährleistet, da **E** und **H** senkrecht aufeinander stehen. $\mathbf{\Pi}_{mz}$ ist auf den elektrischen Feldlinien konstant und stellt deshalb deren Stromfunktion dar.

7.7.4   TEM-Wellen

Es sei nun angenommen, dass alle z-Komponenten verschwinden:

$$H_z = 0\;,$$ (7.357)
$$E_z = 0\;.$$ (7.358)

Dann folgt aus den Gleichungen (7.327) bis (7.334)

$$
\left.\begin{aligned}
k_z E_y &= -\omega\mu H_x \,, \\[4pt]
k_z E_x &= \omega\mu H_y \,, \\[4pt]
\frac{\partial E_y}{\partial x} - \frac{\partial E_x}{\partial y} &= 0 \,, \\[4pt]
k_z H_y &= (\omega\varepsilon - \mathrm{i}\kappa)E_x \,, \\[4pt]
k_z H_x &= -(\omega\varepsilon - \mathrm{i}\kappa)E_y \,, \\[4pt]
\frac{\partial H_y}{\partial x} - \frac{\partial H_x}{\partial y} &= 0 \,, \\[4pt]
\frac{\partial E_x}{\partial x} + \frac{\partial E_y}{\partial y} &= 0 \,, \\[4pt]
\frac{\partial H_x}{\partial x} + \frac{\partial H_y}{\partial y} &= 0 \,.
\end{aligned}\right\}
\tag{7.359}
$$

Eliminiert man z. B. E_x und E_y mit Hilfe der ersten beiden dieser Gleichungen, so stellt man fest, dass alle diese Gleichungen erfüllt sind, wenn

$$
N = \omega^2 \varepsilon\mu - k_z^2 - \mathrm{i}\omega\kappa\mu = 0
\tag{7.360}
$$

ist, wie wir schon früher, (7.344), behauptet haben, und wenn außerdem

$$
\frac{\partial H_x}{\partial x} + \frac{\partial H_y}{\partial y} = 0
\tag{7.361}
$$

und

$$
\frac{\partial H_y}{\partial x} - \frac{\partial H_x}{\partial y} = 0
\tag{7.362}
$$

gilt. Diese beiden Gleichungen besagen, dass das **H**-Feld sowohl quellenfrei wie auch wirbelfrei ist. Die Wirbelfreiheit rührt daher, dass es keinerlei Ströme in z-Richtung gibt, die Wirbel erzeugen könnten. Gleichung (7.362) folgt ja aus Gleichung (7.332), in der (κE_z) den Leitungsstrom und $(\mathrm{i}\omega\varepsilon E_z)$ den Verschiebungsstrom in z-Richtung bedeutet.

Aus (7.359) folgt, dass auch für TEM-Wellen gilt:

$$
\mathbf{E} \cdot \mathbf{H} = 0 \,.
\tag{7.363}
$$

Im Übrigen kann man nachprüfen, dass die Felder (7.348) bzw. (7.354) die Gleichungen (7.359) erfüllen, wenn man nur $N = 0$ setzt und Π_{ez} bzw. Π_{mz} die entsprechenden Gleichungen (7.345) bzw. (7.351) erfüllen. In diesem Zusammenhang bedürfen auch die Randbedingungen (7.350), (7.356) der Überprüfung. Während (7.356) unberührt bleibt,

Abb. 7.22 In einem Hohlleiter
mit einfach zusammenhängendem Querschnitt sind keine
TEM-Wellen möglich

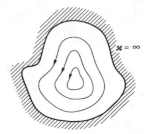

muss Π_{ez} am Rand nicht mehr unbedingt verschwinden. Es genügt, wenn Π_{ez} konstant
wird:

$$\Pi_{ez} = \text{const (Rand)} . \qquad (7.364)$$

TEM-Wellen können nicht in jedem beliebigen Hohlleiter existieren. Um das einzusehen,
betrachten wir einen Hohlleiter mit einem „einfach zusammenhängenden" Querschnitt
(Abb. 7.22). Die **H**-Linien müssen am Rand parallel zu diesem sein und qualitativ wie
in Abb. 7.22 gezeichnet verlaufen. Das ist andererseits gar nicht möglich. Das Integral
$\oint \mathbf{H} \cdot d\mathbf{s}$ wäre von null verschieden, obwohl nirgends Ströme fließen, die das Integral von
null verschieden machen können. Die Situation ändert sich, wenn wir Hohlleiter mit mehr-
fach zusammenhängendem Querschnitt betrachten (Abb. 7.23). In diesem Fall können die
zur Erzeugung eines nicht verschwindenden Integrals $\oint \mathbf{H} \cdot d\mathbf{s}$ nötigen Ströme durch den
oder die „Innenleiter" getragen werden. Hohlleiter dieser Art treten in der Praxis häufig
auf, z. B. als Koaxialkabel. Sie werden in der sog. *Leitungstheorie* mit Hilfe der *Telegraphengleichung* behandelt. Die Leitungstheorie ist jedoch nicht in der Lage, alle in einem
solchen Hohlleiter möglichen Wellentypen zu beschreiben. Das ist nur der Feldtheorie
möglich. Wir werden später auf den Zusammenhang zwischen Feldtheorie und Leitungstheorie zurückkommen.

Abb. 7.24 zeigt qualitativ die Struktur von Magnetfeldern in Hohlleitern mit mehreren Innenleitern. In der Figur sind es drei Innenleiter. Sie können von gleichartigen
(Abb. 7.24a,b) oder von ungleichartigen (Abb. 7.24c,d) Strömen durchflossen sein. Im Allgemeinen wird es zwei Stagnationslinien des Feldes geben, an denen dieses verschwindet
(Abb. 7.24a,c,d). Sie können für spezielle Werte der Ströme zusammenfallen (Abb. 7.24b).
Die durch die Stagnationslinien hindurchgehenden Kraftlinien (die *Separatrices*) unterteil-
len das Gebiet des Querschnittes in Teilgebiete mit unterschiedlicher Feldlinienstruktur,

Abb. 7.23 TEM-Wellen sind
in einem Wellenleiter mit
mehrfach zusammenhängen-
dem Querschnitt möglich

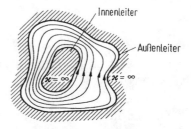

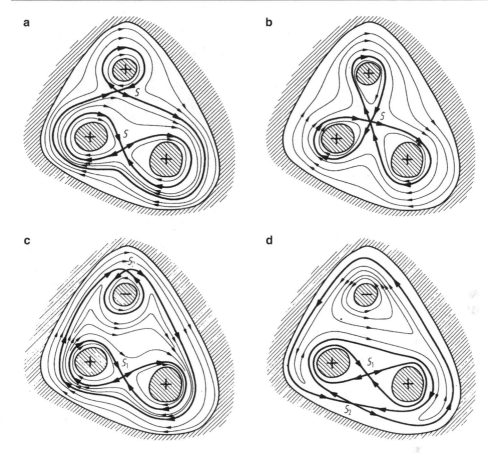

Abb. 7.24 Stagnationspunkte und Separatrices in einem mehrfach zusammenhängenden Hohlleiter

wie wir dies schon in der Elektrostatik (Abschn. 2.4) bzw. auch in der Magnetostatik (Abschn. 5.2.1) beschrieben haben. Die Abb. 7.24c und d unterscheiden sich durch positiven und negativen Gesamtstrom.

7.8 Der Rechteckhohlleiter

7.8.1 Die Separation

Als erstes Beispiel zur allgemeinen Theorie des vorhergehenden Abschnittes untersuchen wir die Wellen, die sich in einem Hohlleiter entsprechend Abb. 7.25 ausbreiten können, wobei $a \geq b$ sein soll. Wir wollen uns dabei auf den Fall eines idealen Isolators ($\kappa = 0$) beschränken. $\mathbf{\Pi}_z$ (genauer gesagt, $\mathbf{\Pi}_{ez}$ für TM-Wellen, $\mathbf{\Pi}_{mz}$ für TE-Wellen) muss der

Abb. 7.25 Rechteckhohlleiter

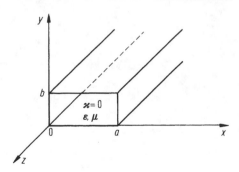

Helmholtz-Gleichung (7.345) bzw. (7.351) genügen

$$\left(\frac{\partial^2}{\partial x^2} + \frac{\partial^2}{\partial y^2} + \varepsilon\mu\omega^2 - k_z^2\right)\Pi_z = 0 \ . \tag{7.365}$$

Wenn wir nun nach dem Vorbild von Abschn. 3.5 separieren, so finden wir Π_z in der Form:

$$\Pi_z = X(x) \cdot Y(y) \cdot Z(z) \ ,$$
$$\Pi_z = (C_1 \sin k_x x + C_2 \cos k_x x)(C_3 \sin k_y y + C_4 \cos k_y y) \exp[\mathrm{i}(\omega t - k_z z)] \ , \tag{7.366}$$

wobei C_1, C_2, C_3, C_4 zunächst noch willkürliche Konstanten sind und zur Erfüllung von (7.365) die Dispersionsbeziehung

$$k_x^2 + k_y^2 + k_z^2 = \varepsilon\mu\omega^2 \tag{7.367}$$

gelten muss.

7.8.2 TM-Wellen im Rechteckhohlleiter

Entsprechend der Randbedingung (7.350) ist $\Pi_{ez} = 0$ für $x = 0$, $x = a$, $y = 0$ und $y = b$. Dazu muss man $C_2 = C_4 = 0$ wählen. Außerdem kommen nur ganz bestimmte Werte für k_x und k_y in Frage, und zwar wie schon in Abschn. 3.5.1, Gleichungen (3.70), (3.71), die Werte

$$k_x = \frac{n\pi}{a} \quad (n \text{ ganz}) \ , \tag{7.368}$$

$$k_y = \frac{m\pi}{b} \quad (m \text{ ganz}) \ . \tag{7.369}$$

Damit wird

$$\Pi_{ez} = C_e \sin k_x x \sin k_y y \exp[\mathrm{i}(\omega t - k_z z)] \ , \tag{7.370}$$

woraus sich nach (7.348) die Felder

$$
\left.
\begin{aligned}
E_x &= -\mathrm{i}k_x k_z C_e \cos k_x x \, \sin k_y y \\
E_y &= -\mathrm{i}k_y k_z C_e \sin k_x x \, \cos k_y y \\
E_z &= (k_x^2 + k_y^2) C_e \sin k_x x \, \sin k_y y \\
H_x &= \mathrm{i}\omega\varepsilon k_y C_e \sin k_x x \, \cos k_y y \\
H_y &= -\mathrm{i}\omega\varepsilon k_x C_e \cos k_x x \, \sin k_y y \\
H_z &= 0
\end{aligned}
\right\} \cdot \exp[\mathrm{i}(\omega t - k_z z)]
\tag{7.371}
$$

ergeben.

Dadurch sind alle möglichen TM-Wellen gegeben. Jedem möglichen Typ entsprechen zwei ganze Zahlen n und m. Die zugehörige Welle wird als TM_{nm}-Welle bezeichnet. Offensichtlich muss, damit nicht alle Felder verschwinden, $n \geq 1$ und $m \geq 1$ sein. Es gibt also keine TM_{00}-, TM_{01}-oder TM_{10}-Wellen.

Aus der Dispersionsbeziehung (7.367) ergibt sich zusammen mit (7.368), (7.369)

$$
k_z^2 = \varepsilon\mu\omega^2 - k_x^2 - k_y^2 = \varepsilon\mu\omega^2 - \frac{n^2\pi^2}{a^2} - \frac{m^2\pi^2}{b^2} \; .
\tag{7.372}
$$

Daraus wiederum folgt für die Phasengeschwindigkeiten der Wellen:

$$
v_{\mathrm{ph}} = \frac{\omega}{k_z} = \frac{\omega}{\sqrt{\dfrac{\omega^2}{c^2} - \dfrac{n^2\pi^2}{a^2} - \dfrac{m^2\pi^2}{b^2}}}
\tag{7.373}
$$

und für ihre Gruppengeschwindigkeiten

$$
v_G = \frac{\mathrm{d}\omega}{\mathrm{d}k_z} = \frac{c^2}{v_{\mathrm{ph}}} \; ,
\tag{7.374}
$$

d. h.

$$
v_G v_{\mathrm{ph}} = c^2 \; .
\tag{7.375}
$$

Dieses Ergebnis haben wir in einem speziellen Fall schon früher gefunden, Gleichung (7.69). Berechnet man die mittlere Energie pro Längeneinheit des Hohlleiters und multipliziert man diese mit v_G, so erhält man gerade den Energietransport, wie er sich auch aus der z-Komponente des Poynting-Vektors im zeitlichen und räumlichen Mittel (über den Querschnitt) ergibt. Man kann also auch hier die Gruppengeschwindigkeit als Geschwindigkeit des Energietransports betrachten.

Ist λ_z die in Ausbreitungsrichtung im Hohlleiter gemessene Wellenlänge und λ die zugehörige Freiraumwellenlänge im unbegrenzten freien Raum, so ist

$$
\varepsilon\mu\omega^2 = \frac{\omega^2}{c^2} = k^2 = \left(\frac{2\pi}{\lambda}\right)^2
\tag{7.376}
$$

und

$$\lambda_z = \frac{2\pi}{k_z} = \frac{2\pi}{\sqrt{\left(\frac{2\pi}{\lambda}\right)^2 - \frac{n^2\pi^2}{a^2} - \frac{m^2\pi^2}{b^2}}}$$

$$\lambda_z = \frac{\lambda}{\sqrt{1 - \left(\frac{\lambda}{2}\right)^2 \left(\frac{n^2}{a^2} + \frac{m^2}{b^2}\right)}} \, . \tag{7.377}$$

λ_z ist also stets größer als λ. Für

$$\lambda = \lambda_g = \frac{2}{\sqrt{\frac{n^2}{a^2} + \frac{m^2}{b^2}}} = \frac{2ab}{\sqrt{n^2 b^2 + m^2 a^2}} \tag{7.378}$$

wird λ_z sogar unendlich. Für $\lambda > \lambda_g$ wird λ_z (bzw. k_z) imaginär. Die zugehörigen Felder können sich im Hohlleiter nicht fortpflanzen. λ_g wird als *Grenzwellenlänge* der Welle TM$_{nm}$ bezeichnet. Sie ist die größte Freiraumwellenlänge, für die der zugehörige Wellentyp noch auftreten kann. Dazu gehört die *Grenzfrequenz* ω_g als die kleinste Frequenz, bei der die Ausbreitung des entsprechenden Wellentyps noch möglich ist:

$$\omega_g = \frac{2\pi c}{\lambda_g} = \pi c \sqrt{\frac{n^2}{a^2} + \frac{m^2}{b^2}} \, . \tag{7.379}$$

Die größte aller möglichen Grenzwellenlängen ist die der TM$_{11}$-Welle mit

$$(\lambda_g)_{\text{TM}_{11}} = \frac{2ab}{\sqrt{a^2 + b^2}} \, . \tag{7.380}$$

Abb. 7.26 zeigt qualitativ die zu einigen Wellentypen gehörigen Felder, nämlich deren Projektion auf die Querschnittsfläche. Bei der Interpretation dieser Feldbilder ist zu beachten, dass die elektrischen Felder auch z-Komponenten haben. Wo die elektrischen Felder im Inneren des Hohlleiterquerschnittes Quellen oder Senken zu haben scheinen, rührt diese Täuschung daher, dass sie dort in die z-Richtung umgelenkt werden. Diese z-Felder stellen die Verschiebungsströme dar, die die magnetischen Felder der Welle erzeugen.

Die an den Oberflächen vorhandenen normalen elektrischen und tangentialen magnetischen Felder rufen dort Flächenladungen und Strombeläge hervor, die aus den Randbedingungen berechnet werden können und sich mit den Feldern zeitlich ändern. Ströme und Ladungen müssen natürlich die Kontinuitätsgleichung erfüllen. Im vorliegenden ebenen Fall nimmt sie die Form

$$\text{div}_2 \, \mathbf{k} + \frac{\partial \sigma}{\partial t} = 0$$

an, wo div$_2$ der zweidimensionale Divergenzoperator in der Ebene ist. Selbstverständlich tritt $\mathbf{k}$ an die Stelle von $\mathbf{g}$ und σ an die von ρ.

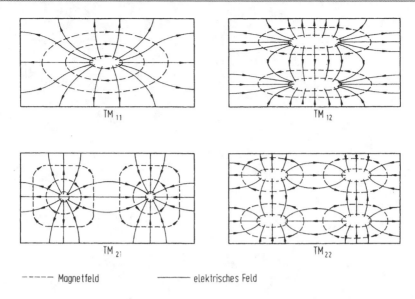

TM$_{11}$

TM$_{12}$

TM$_{21}$

TM$_{22}$

-------- Magnetfeld   ———— elektrisches Feld

Abb. 7.26 Rechteckhohlleiter mit verschiedenen TM-Wellentypen

7.8.3   TE-Wellen im Rechteckhohlleiter

Entsprechend der Randbedingung (7.356) muss nun $C_1 = C_3 = 0$ sein. Ferner müssen auch hier die Wellenzahlen k_x und k_y entsprechend (7.368), (7.369) gewählt werden. Also ist:

$$\Pi_{\mathrm{m}z} = C_m \cos k_x x \cos k_y y \ \exp[\mathrm{i}(\omega t - k_z z)] \ . \tag{7.381}$$

Aus (7.354) folgt damit für die TE$_{nm}$-Welle:

$$\left.\begin{aligned}
E_x &= \mathrm{i}\omega\mu k_y C_m \cos k_x x \sin k_y y \\
E_y &= -\mathrm{i}\omega\mu k_x C_m \sin k_x x \cos k_y y \\
E_z &= 0 \\
H_x &= +\mathrm{i}k_x k_z C_m \sin k_x x \cos k_y y \\
H_y &= +\mathrm{i}k_x k_z C_m \cos k_x x \sin k_y y \\
H_z &= +(k_x^2 + k_y^2)C_m \cos k_x x \cos k_y y
\end{aligned}\right\} \cdot \exp[\mathrm{i}(\omega t - k_z z)] \ . \tag{7.382}$$

Die Beziehungen (7.372) bis (7.379) sind unverändert auch für TE-Wellen gültig.

Zum Unterschied von den TM-Wellen, erhält man hier nicht verschwindende Felder, wenn wenigstens eine der beiden ganzen Zahlen n, m von null verschieden ist, d. h. es gibt zwar keine TE$_{00}$-Welle, jedoch TE$_{01}$-bzw. TE$_{10}$-Wellen. Die größte aller Grenzwellenlängen gehört zur TE$_{10}$-Welle. Sie ist nach (7.378)

$$(\lambda_g)_{\mathrm{TE}_{10}} = 2a \ , \tag{7.383}$$

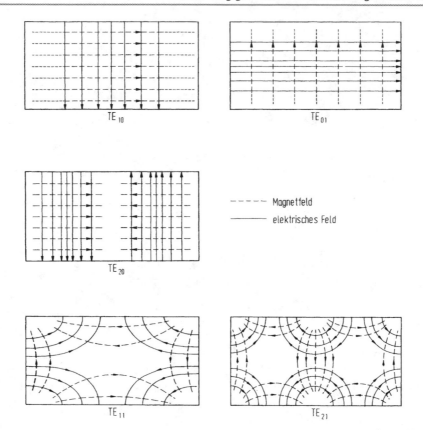

Abb. 7.27 Rechteckhohlleiter mit verschiedenen TE-Wellentypen

während

$$(\lambda_g)_{\mathrm{TE}_{01}} = 2b \leq 2a = (\lambda_g)_{\mathrm{TE}_{10}} \qquad (7.384)$$

ist.

Abb. 7.27 zeigt einige zu TE-Wellen gehörige Feldbilder, für die das schon zu Abb. 7.26 Gesagte in entsprechender Weise gilt. Natürlich haben die magnetischen Feldlinien keine Quellen oder Senken. Wo sie in der Projektion auf die Querschnittsfläche solche zu haben scheinen, liegt das an den in dieser Projektion nicht sichtbaren z-Komponenten des Feldes.

7.8.4 TEM-Wellen

Wie wir aus der allgemeinen Erörterung in Abschn. 7.7.4 wissen, können im einfach zusammenhängenden Rechteckhohlleiter (wie in jedem einfach zusammenhängenden Hohlleiter) keine TEM-Wellen auftreten. Dies ist auch aus den Gleichungen (7.371) bzw.

Abb. 7.28 TEM-Welle in
einem mehrfach zusammen-
hängenden Rechteckhohlleiter

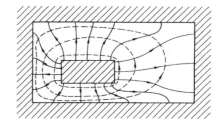

(7.382) zu ersehen. Damit die jeweils vorhandene z-Komponente von **E** bzw. **H** verschwindet, muss

$$k_x^2 + k_y^2 = 0$$

sein. Dazu muss $k_x = k_y = 0$ sein, womit dann alle anderen Feldkomponenten auch
verschwinden. Wie wir schon sahen, gibt es keine TM_{00}- bzw. TE_{00}-Welle.

In mehrfach zusammenhängenden Rechteckhohlleitern, z. B. von der Art der Abb. 7.28
gibt es TEM-Wellen. Die zugehörige Theorie ist jedoch recht kompliziert und soll hier
nicht diskutiert werden. Zur Vermeidung von Missverständnissen sei noch angemerkt,
dass es zwischen unendlich ausgedehnten parallelen Platten TEM-Wellen gibt (Abb. 7.29).
Zum Unterschied vom normalen Rechteckhohlleiter ist H_x hier keinen Beschränkungen
unterworfen. Deshalb ist

$$H_x = \frac{E_0}{Z} \exp[\mathrm{i}(\omega t - k_z z)] \,,$$

$$E_y = -E_0 \exp[\mathrm{i}(\omega t - k_z z)]$$

eine hier mögliche Welle, nichts anderes übrigens als eine normale ebene Welle, die in
y-Richtung nicht unendlich ausgedehnt ist, d. h. in Richtung des elektrischen Vektors.
Das ist möglich, weil eine senkrechte Komponente von **E** am Rand erlaubt ist. Sie erzeugt
dort passende Flächenladungen. Eine andere Polarisation der Welle ist jedoch nicht mög-
lich, da H_y und E_x am Rand verschwinden müssen. Man beachte, dass der Fall paralleler
Platten nicht als Grenzfall ($a \to \infty$) des Rechteckhohlleiters aufzufassen ist, mindestens

Abb. 7.29 TEM-Welle
zwischen zwei unendlich ausgedehnten parallelen Platten

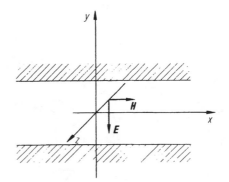

nicht soweit TEM-Wellen zur Diskussion stehen. Der normale Rechteckhohlleiter erlaubt für keine noch so große Länge a TEM-Wellen. Natürlich hat man zwischen parallelen Platten auch alle denkbaren Typen von TM- und TE-Wellen. Diese kann man durchaus durch den Grenzübergang $a \to \infty$ aus denen des einfach zusammenhängenden Rechteckhohlleiters herleiten.

7.9 Rechteckige Hohlraumresonatoren

Durch Leiter begrenzte Hohlräume sind schwingungsfähige Gebilde. Sie können zu elektromagnetischen Schwingungen angeregt werden. Die Berechnung der verschiedenen Schwingungen, die in einem solchen *Hohlraumresonator* möglich sind, ist im Allgemeinen mathematisch schwierig. Im Fall eines rechteckigen Hohlraums lässt sich das Problem jedoch z. B. dadurch lösen, dass man auf den soeben diskutierten Rechteckhohlleiter zurückgeht.

Lassen wir in einem Hohlleiter zwei gleichartige Wellen gegeneinander laufen, so entstehen durch deren Überlagerung stehende Wellen, ganz so wie wir es in Abschn. 7.1.5 für ebene Wellen diskutiert haben.

Eine stehende TM-Welle kann z. B. durch

$$\Pi_{ez} = C_e \sin k_x x \sin k_y y \cos k_z z \, \exp(i\omega t) \tag{7.385}$$

beschrieben werden, eine stehende TE-Welle durch

$$\Pi_{mz} = C_m \cos k_x x \cos k_y y \sin k_z z \, \exp(i\omega t) \,. \tag{7.386}$$

Π_{ez} und Π_{mz} erfüllen die entsprechenden Wellengleichungen, wenn

$$k_x^2 + k_y^2 + k_z^2 = k^2 = \mu\varepsilon\omega^2 = \frac{\omega^2}{c^2} \tag{7.387}$$

ist ($\kappa = 0$).

Die zugehörigen Felder ergeben sich nach (7.239), (7.240) bzw. (7.249), (7.250) zu:

$$\left. \begin{aligned}
E_x &= -k_x k_z C_e \cos k_x x \sin k_y y \sin k_z z \\
E_y &= -k_y k_z C_e \sin k_x x \cos k_y y \sin k_z z \\
E_z &= (k_x^2 + k_y^2) C_e \sin k_x x \sin k_y y \cos k_z z \\
H_x &= +i\omega\varepsilon k_y C_e \sin k_x x \cos k_y y \cos k_z z \\
H_y &= -i\omega\varepsilon k_x C_e \cos k_x x \sin k_y y \cos k_z z \\
H_z &= 0
\end{aligned} \right\} \cdot \exp(i\omega t) \tag{7.388}$$

Abb. 7.30 Rechteckiger Hohlraumresonator

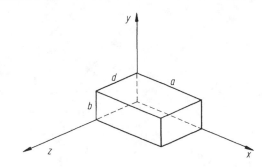

bzw.

$$\left.\begin{aligned}
E_x &= +\mathrm{i}\omega\mu k_y C_m \cos k_x x \sin k_y y \sin k_z z \\
E_y &= -\mathrm{i}\omega\mu k_x C_m \sin k_x x \cos k_y y \sin k_z z \\
E_z &= 0 \\
H_x &= -k_x k_z C_m \sin k_x x \cos k_y y \cos k_z z \\
H_y &= -k_y k_z C_m \cos k_x x \sin k_y y \cos k_z z \\
H_z &= (k_x^2 + k_y^2) C_m \cos k_x x \cos k_y y \sin k_z z
\end{aligned}\right\} \cdot \exp(\mathrm{i}\omega t). \qquad (7.389)$$

Für

$$k_x = \frac{n\pi}{a} \qquad (7.390)$$

und

$$k_y = \frac{m\pi}{b} \qquad (7.391)$$

erfüllen diese Felder alle am Rand des vorher betrachteten Rechteckhohlleiters erforderlichen Randbedingungen. Schneiden wir aus einem solchen Hohlleiter nun ein Stück der Länge d heraus, das bei $z = 0$ und $z = d$ durch unendlich leitfähige Wände begrenzt ist, Abb. 7.30, so entsteht ein rechteckiger Hohlraumresonator. Diese zusätzlich eingezogenen Wände machen die Erfüllung zusätzlicher Randbedingungen erforderlich:

$$\left.\begin{aligned}
E_x = E_y &= 0 \\
H_z &= 0
\end{aligned}\right\} \quad \begin{aligned}&\text{für} \quad z = 0 \\ &\text{und} \quad z = d.\end{aligned}$$

Bei $z = 0$ sind diese Bedingungen bereits durch unseren Ansatz erfüllt, der schon dementsprechend gewählt wurde. Bei $z = d$ sind sie erfüllt, wenn man die Werte

$$k_z = \frac{p\pi}{d} \quad (p \text{ ganz}) \qquad (7.392)$$

zulässt. Insgesamt ergeben sich aus (7.387), (7.390) bis (7.392) die Frequenzen

$$\omega_{nmp} = c\pi \sqrt{\left(\frac{n}{a}\right)^2 + \left(\frac{m}{b}\right)^2 + \left(\frac{p}{d}\right)^2} \quad (n, m, p \text{ ganz}) \qquad (7.393)$$

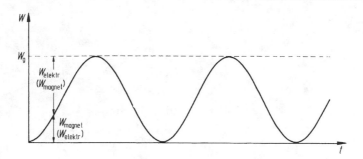

Abb. 7.31 Elektrische und magnetische Energie bei einem Hohlraumresonator

für die TM_{nmp}- bzw. für die TE_{nmp}- Wellen des Resonators. Die Gesamtheit aller Eigen-frequenzen erhält man dabei beim Durchlaufen aller sinnvollen Kombinationen ganzer Zahlen n, m, p. Dabei müssen mindestens zwei dieser Zahlen von null verschieden sein. Aus (7.388) bzw. (7.389) kann man ablesen, dass es TM_{nm0}- (jedoch keine TE_{nm0}-) Wel-len und TE_{0mp}- und TE_{n0p}- (jedoch keine TM_{0mp}- und TM_{n0p}-) Wellen gibt.

Ein Hohlraumresonator ähnelt in gewisser Hinsicht einem LC-Schwingkreis (wenn man die Tatsache vernachlässigt, dass dieser genau genommen Energie durch Strahlung verliert, während der Hohlraumresonator keine Energie abstrahlen kann, mindestens in der Näherung unendlicher Leitfähigkeit seiner Wandungen). Beide haben eine konstan-te Gesamtenergie, die sich aus elektrischer Energie (beim Schwingkreis $\frac{1}{2}CU^2$) und aus magnetischer Energie (beim Schwingkreis $\frac{1}{2}LI^2$) zusammensetzt, wobei sich diese bei-den Energiearten ständig ineinander verwandeln. Für den Hohlraum ergibt sich für die TM-Wellen aus (7.388)

$$\left. \begin{array}{l} W_{\mathrm{magn}} = W_g \sin^2 \omega t \\ W_{\mathrm{elektr}} = W_g \cos^2 \omega t \end{array} \right\} \tag{7.394}$$

und für die TE-Wellen aus (7.389) umgekehrt

$$\left. \begin{array}{l} W_{\mathrm{magn}} = W_g \cos^2 \omega t \\ W_{\mathrm{elektr}} = W_g \sin^2 \omega t \ . \end{array} \right\} \tag{7.395}$$

W_g ist die in beiden Fällen konstante Gesamtenergie. Dieses Verhalten ist in Abb. 7.31 gezeigt.

Abgesehen davon, dass ein Hohlraumresonator unendlich viele Resonanzfrequenzen aufweist und ein LC-Schwingkreis nur eine, ist der Hauptunterschied, dass die Felder beim Hohlraumresonator räumlich vereinigt, beim LC-Schwingkreis dagegen wie auch die diskreten Bauelemente räumlich getrennt sind. Der Übergang ist jedoch fließend. Man kann einen LC-Schwingkreis stetig in einen Hohlraumresonator übergehen lassen (Abb. 7.32).

Abb. 7.32 Übergang von einem LC-Schwingkreis zu einem Hohlraumresonator

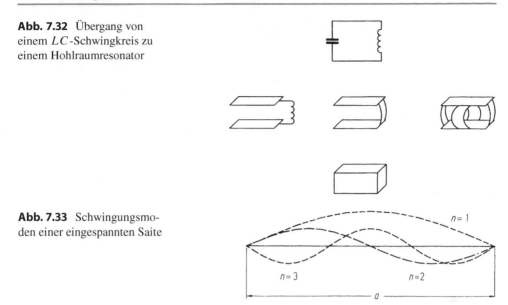

Abb. 7.33 Schwingungsmoden einer eingespannten Saite

Beim Umgang mit den stehenden Wellen dieses Abschnitts, wie sie in den Gleichungen (7.385), (7.386), (7.388), (7.389) auftreten, darf man den Differentialoperator nicht wie in vorhergehenden Abschnitten durch den Faktor $-\mathrm{i}k_z$ ersetzen. Die stehenden Wellen entstehen ja durch die Überlagerung von beiden Funktionen, $\exp(-\mathrm{i}k_z z)$ und $\exp(+\mathrm{i}k_z z)$, was zu den cos- bzw. sin-Funktionen in den genannten Gleichungen führt. Deshalb konnten die Felder der Gleichungen (7.388), (7.389) nicht mit den Gleichungen (7.348), (7.354) gewonnen werden. Wir mussten vielmehr auf die allgemein gültigen Gleichungen (7.239), (7.240), (7.249), (7.250) zurückgreifen.

Es sei noch darauf hingewiesen, dass die Beziehungen (7.390), (7.391), (7.392) – wie die analogen Beziehungen für mechanische Schwingungen und Wellen – anschaulich erklärt werden können. Betrachten wir z. B. eine an beiden Enden eingespannte schwingende Saite, so ist

$$n\frac{\lambda}{2} = a \; ,$$

wenn a die Länge und n eine ganze Zahl ist (Abb. 7.33). Analoges gilt bei Hohlleiterwellen für die x- und y-Richtung, beim Hohlraumresonator für alle drei Raumrichtungen. Hohlleiterwellen sind in x- und y-Richtung stehende, in z-Richtung laufende Wellen. Die Hohlraumschwingungen sind stehende Wellen in allen drei Richtungen. Anschaulich kann man sich die stehenden Wellen durch die Überlagerung einfallender und an den Grenzflächen reflektierter Wellen entstanden denken (dabei ist auch an die Abschn. 7.1.5, 7.1.6 zu erinnern).

7.10   Der kreiszylindrische Hohlleiter

7.10.1   Die Separation

Zur Behandlung einfach oder mehrfach zusammenhängender kreiszylindrischer Hohlleiter führt man am besten Zylinderkoordinaten ein (Abb. 7.34). Nach Gleichung (3.33)
nimmt Δ_2, der zweidimensionale Laplace-Operator in der x-y-Ebene, dann die Form

$$\Delta_2 = \frac{1}{r}\frac{\partial}{\partial r}r\frac{\partial}{\partial r} + \frac{1}{r^2}\frac{\partial^2}{\partial \varphi^2} \tag{7.396}$$

an.

Für $\mathbf{\Pi}_{ez}$ bzw. $\mathbf{\Pi}_{mz}$ gelten die Gleichungen (7.345) bzw. (7.351), wobei N durch (7.339)
definiert ist. Demnach gilt

$$\left(\frac{1}{r}\frac{\partial}{\partial r}r\frac{\partial}{\partial r} + \frac{1}{r^2}\frac{\partial^2}{\partial \varphi^2} + N\right)\mathbf{\Pi}_z = 0 . \tag{7.397}$$

Separiert man wie in Abschn. 3.7, so findet man

$$\mathbf{\Pi}_z = Z_m(r\sqrt{N})\cos m\varphi\,\exp[\mathrm{i}(\omega t - k_z z)] . \tag{7.398}$$

An der Stelle des $\cos(m\varphi)$ könnte auch der $\sin(m\varphi)$ stehen, was keinen wesentlichen
Unterschied machen würde. Z_m ist eine allgemeine Zylinderfunktion

$$Z_m = C_1 J_m + C_2 N_m . \tag{7.399}$$

Mit Hilfe der Form (7.398) von $\mathbf{\Pi}_z$ kann man eine Fülle verschiedener Probleme behan-
deln. Allgemein ist dabei zu beachten, dass man $C_2 = 0$ setzen muss, wenn das betrachtete
Gebiet die z-Achse $r = 0$ enthält, da N_m für $r \to 0$ unendlich wird. Für Bereiche, die die
z-Achse nicht enthalten, ist dagegen der volle Ansatz (7.399) zu benutzen.

Abb. 7.34 Kreiszylindrische
Hohlleiter

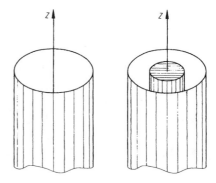

Abb. 7.35 Verschiedene Arten
zylindrischer Leiter

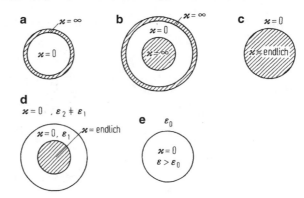

Abb. 7.35 zeigt eine Reihe von Anordnungen, die mit Hilfe von (7.398) behandelt werden können. Zunächst ist hier der „normale" zylindrische Hohlleiter zu erwähnen (Abb. 7.35a), bei dem ein idealer Isolator von einem unendlich leitfähigen Medium (dem „Außenleiter") umgeben ist. Daraus entsteht das Koaxialkabel (Abb. 7.35b), wenn man einen ebenfalls unendlich leitfähigen Innenleiter hinzufügt. Abb. 7.35c zeigt den sogenannten *Sommerfeldleiter*, bei dem ein Medium endlicher Leitfähigkeit von einem idealen Isolator umgeben ist. Beim *Harms-Goubau-Leiter* (Abb. 7.35d) dagegen ist das endlich leitfähige Medium im Zentrum von zwei Schichten aus idealen Isolatoren verschiedener Dielektrizitätskonstante umgeben. Interessant ist auch der Fall des sogenannten *Lichtleiters* (Abb. 7.35e). Er spielt in der Optik eine große Rolle und ist auch für die Nachrichtentechnik wichtig geworden. Wir werden uns im Folgenden jedoch nur mit dem normalen Hohlleiter und mit dem Koaxialkabel befassen. Die Grenzfälle idealer Isolatoren und unendlich leitfähiger Medien sind natürlich – von supraleitenden Kabeln abgesehen – nicht oder nur näherungsweise realisierbar. Sie erleichtern jedoch die theoretische Untersuchung sehr, ohne die Ergebnisse in den wesentlichen Punkten zu verfälschen.

7.10.2   TM-Wellen im kreiszylindrischen Hohlleiter

Im normalen Hohlleiter ist in (7.399) $C_2 = 0$ zu setzen. Wollen wir TM-Wellen untersuchen, so ist deshalb nach (7.398)

$$\Pi_{ez} = C_e J_m(r\sqrt{N}) \cos m\varphi \, \exp[\mathrm{i}(\omega t - k_z z)] \,. \qquad (7.400)$$

Nach (7.350) ist noch dafür zu sorgen, dass

$$(\Pi_{ez})_{\text{Rand}} = 0 \qquad (7.401)$$

wird. Daraus folgt, dass $\sqrt{N}$ nicht alle Werte annehmen kann. Ist nämlich r_0 der Radius der Hohlleiters, so muss

$$J_m(r_0\sqrt{N}) = 0 \tag{7.402}$$

sein. Mit den schon in Abschn. 3.7.3.3 definierten Nullstellen λ_{mn} von J_m ist dann

$$r_0\sqrt{N} = \lambda_{mn} . \tag{7.403}$$

Betrachten wir nur ideale Isolatoren ($\kappa = 0$), so ergibt sich damit aus (7.339)

$$\varepsilon\mu\omega^2 - k_z^2 = \frac{\lambda_{mn}^2}{r_0^2} . \tag{7.404}$$

Die zugehörige Welle wird als TM$_{mn}$-Welle des Hohlleiters bezeichnet. Ihre Felder ergeben sich aus den Gleichungen (7.239), (7.240) wie folgt:

$$\left.\begin{aligned}
E_r &= -\mathrm{i}k_z\sqrt{N}\,C_e\,J_m'(r\sqrt{N})\cos m\varphi \\
E_\varphi &= +\frac{\mathrm{i}k_z m}{r}C_e\,J_m(r\sqrt{N})\sin m\varphi \\
E_z &= N C_e\,J_m(r\sqrt{N})\cos m\varphi \\
H_r &= -\frac{\mathrm{i}\omega\varepsilon m}{r}C_e\,J_m(r\sqrt{N})\sin m\varphi \\
H_\varphi &= -\mathrm{i}\omega\varepsilon\sqrt{N}\,C_e\,J_m'(r\sqrt{N})\cos m\varphi \\
H_z &= 0
\end{aligned}\right\} \cdot \exp[\mathrm{i}(\omega t - k_z z)] . \tag{7.405}$$

Dabei muss $N = \varepsilon\mu\omega^2 - k_z^2$ natürlich einen der nach (7.403) erlaubten Werte annehmen. Man sieht unmittelbar, dass dadurch das Verschwinden von E_φ, E_z und H_r für $r = r_0$ bewirkt wird, wie es sein muss. J_m' ist die nach ihrem Argument differenzierte Bessel-Funktion. TM$_{mn}$-Wellen existieren für $m \geq 0$, $n > 0$ (d. h. $N > 0$). $n = 0$ ($N = 0$) würde eine TEM–Welle liefern, die es im vorliegenden Fall auch nach unseren allgemeinen Folgerungen bezüglich TEM-Wellen nicht geben kann.

Aus der Dispersionsbeziehung (7.404) folgt ähnlich wie auch im Fall des Rechteckhohlleiters

$$v_{\text{ph}} = \frac{\omega}{k_z} = \frac{\omega}{\sqrt{\varepsilon\mu\omega^2 - \frac{\lambda_{mn}^2}{r_0^2}}} \tag{7.406}$$

und

$$v_G = \frac{\mathrm{d}\omega}{\mathrm{d}k_z} = \frac{c^2}{v_{\text{ph}}} . \tag{7.407}$$

Die Wellenlänge in z-Richtung im Hohlleiter ist

$$\lambda_z = \frac{2\pi}{k_z} = \frac{2\pi}{\sqrt{\frac{\omega^2}{c^2} - \left(\frac{\lambda_{mn}}{r_0}\right)^2}} = \frac{1}{\sqrt{\frac{1}{\lambda^2} - \left(\frac{\lambda_{mn}}{2\pi r_0}\right)^2}} . \tag{7.408}$$

Tab. 7.1 Die λ_{mn}-Werte, $J_m(\lambda_{mn}) = 0$

m	n				
	1	2	3	4	5
0	2,40483	5,52008	8,65373	11,79153	14,93092
1	3,83171	7,01559	10,17347	13,32369	16,47063
2	5,13562	8,41724	11,61984	14,79595	17,95982
3	6,38016	9,76102	13,01520	16,22347	19,40942
4	7,58834	11,06471	14,37254	17,61597	20,82693
5	8,77148	12,33860	15,70017	18,98013	22,21780
6	9,93611	13,58929	17,00382	20,32079	23,58608

λ ist die zugehörige Freiraumwellenlänge. Zur TM$_{mn}$-Welle gehört als größtmögliche Freiraumwellenlänge die Grenzwellenlänge

$$\lambda_g = \frac{2\pi r_0}{\lambda_{mn}} . \tag{7.409}$$

Einige λ_{mn}-Werte können Tab. 7.1 entnommen werden. Man beachte, dass die doppelt indizierten Größen λ_{mn} die Nullstellen der Bessel-Funktionen darstellen. Sie sind dimensionslos und sollten nicht mit den Wellenlängen $\lambda, \lambda_z, \lambda_g$ etc. verwechselt werden.

7.10.3 TE-Wellen im kreiszylindrischen Hohlleiter

Für TE-Wellen ist

$$\mathbf{\Pi}_{\mathrm{m}z} = C_m J_m(r\sqrt{N}) \cos m\varphi \, \exp[\mathrm{i}(\omega t - k_z z)] \tag{7.410}$$

mit

$$\left(\frac{\partial \mathbf{\Pi}_{\mathrm{m}z}}{\partial r}\right)_{r=r_0} = 0 . \tag{7.411}$$

Es muss also

$$J_m'(r_0\sqrt{N}) = 0 \tag{7.412}$$

gelten. Bezeichnen wir die Nullstellen von J_m' der Reihe nach mit μ_{mn}, so erhalten wir als Dispersionsbeziehung

$$r_0\sqrt{N} = \mu_{mn} \tag{7.413}$$

bzw. für $\kappa = 0$

$$\varepsilon\mu\omega^2 - k_z^2 = \frac{\mu_{mn}^2}{r_0^2} . \tag{7.414}$$

In Analogie zu (7.406), (7.407) gilt auch hier:

$$v_{\mathrm{ph}} \cdot v_G = c^2 . \tag{7.415}$$

Tab. 7.2 Die μ_{mn}-Werte, $J_m'(\mu_{mn}) = 0$

	n				
m	1	2	3	4	5
0	3,8317	7,0156	10,1735	13,3237	16,4706
1	1,8412	5,3314	8,5363	11,7060	14,8636
2	3,0542	6,7061	9,9695	13,1704	16,3475
3	4,2012	8,0152	11,3459	14,5859	17,7888
4	5,3175	9,2824	12,6819	15,9641	19,1960
5	6,4156	10,5199	13,9872	17,3128	20,5755
6	7,5013	11,7349	15,2682	18,6374	21,9318

Die Felder der zugehörigen TE$_{mn}$-Welle sind nach (7.249), (7.250):

$$\left.\begin{aligned}
E_r &= \frac{i\omega\mu m}{r} C_m J_m(r\sqrt{N}) \sin m\varphi \\
E_\varphi &= i\omega\mu\sqrt{N} C_m J_m'(r\sqrt{N}) \cos m\varphi \\
E_z &= 0 \\
H_r &= -ik_z\sqrt{N} C_m J_m'(r\sqrt{N}) \cos m\varphi \\
H_\varphi &= \frac{ik_z m}{r} C_m J_m(r\sqrt{N}) \sin m\varphi \\
H_z &= N C_m J_m(r\sqrt{N}) \cos m\varphi
\end{aligned}\right\} \cdot \exp[i(\omega t - k_z z)] . \tag{7.416}$$

N muss dabei einen der nach (7.413) erlaubten Werte annehmen. Für λ_z gilt (7.408), wenn man dort λ_{mn} durch μ_{mn} ersetzt. Für die Grenzwellenlängen gilt in Analogie zu (7.409):

$$\lambda_g = \frac{2\pi r_0}{\mu_{mn}} . \tag{7.417}$$

Eine Reihe von μ_{mn}-Werten gibt Tab. 7.2. Aus ihr und aus der obigen Tab. der λ_{mn}-Werte ist insbesondere ersichtlich, dass die größte Grenzwellenlänge aller TM- und TE-Wellen

Abb. 7.36 Zylindrischer Hohlleiter mit zwei verschiedenen TM-Wellentypen

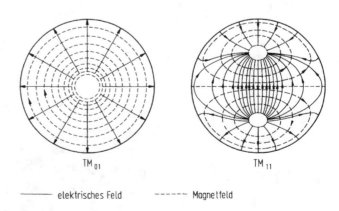

TM$_{01}$ TM$_{11}$

——— elektrisches Feld   - - - - - Magnetfeld

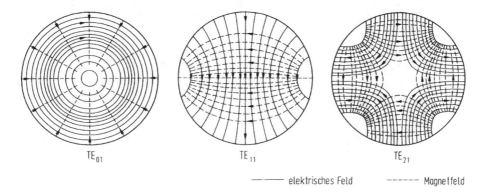

TE_{01} TE_{11} TE_{21}

——— elektrisches Feld   ----- Magnetfeld

Abb. 7.37 Zylindrischer Hohlleiter mit drei verschiedenen TE-Wellentypen

die der TE_{11}-Wellen mit

$$(\lambda_g)_{TE_{11}} = \frac{2\pi r_0}{\mu_{11}} = \frac{2\pi r_0}{1{,}84} = 3{,}41 r_0 \tag{7.418}$$

ist.

Schließlich seien in den Abb. 7.36 und 7.37 Feldbilder einiger TM- und TE-Wellen des kreiszylindrischen Hohlleiters gezeigt.

7.10.4   Das Koaxialkabel

Eine ausführliche Diskussion des Koaxialkabels hätte von dem Ansatz (7.398), (7.399) auszugehen. Wir wollen diese Diskussion hier jedoch nicht in aller Allgemeinheit durchführen. Sie würde alle TM- und TE-Wellen des Koaxialkabels liefern. Wir beschränken uns auf den Fall $N = 0$, d. h. auf die TEM-Wellen des Koaxialkabels, wofür die Gleichung (7.397) in der Form

$$\left(\frac{1}{r} \frac{\partial}{\partial r} r \frac{\partial}{\partial r} + \frac{1}{r^2} \frac{\partial^2}{\partial \varphi^2} \right) \Pi_z = 0 \tag{7.419}$$

zu lösen ist. Mit dem Ansatz

$$\Pi_z = R(r) \cos m\varphi \, \exp[i(\omega t - k_z z)] \tag{7.420}$$

ergibt sich für $R(r)$ die Gleichung

$$\left(\frac{1}{r} \frac{\partial}{\partial r} r \frac{\partial}{\partial r} - \frac{m^2}{r^2} \right) R(r) = 0 \, . \tag{7.421}$$

Ihre allgemeine Lösung ist

$$R(r) = C_1 + C_2 \ln r/r_0 \quad (m = 0) \tag{7.422}$$

bzw.

$$R(r) = C_1 r^m + C_2 r^{-m} \quad (m > 0) \,, \tag{7.423}$$

was man auch durch Grenzübergang aus den Zylinderfunktionen gewinnen kann. Die Gleichung (7.421) mit den Lösungen (7.422), (7.423) ist uns schon in Abschn. 3.7.3.5 begegnet, (3.262) bis (3.264). Man hat also

$$\Pi_z = \left(C_1 + C_2 \ln \frac{r}{r_0} \right) \exp[\mathrm{i}(\omega t - k_z z)] \quad (m = 0) \tag{7.424}$$

und

$$\Pi_z = (C_1 r^m + C_2 r^{-m}) \cos m\varphi \, \exp[\mathrm{i}(\omega t - k_z z)] \quad (m > 0) \,. \tag{7.425}$$

Man kann nun Π_z als z-Komponente eines elektrischen oder eines magnetischen Hertz'schen Vektors auffassen und die zugehörigen Felder nach (7.346), (7.347) oder nach (7.352), (7.353) berechnen. Dabei findet man jedoch nur einen einzigen Fall, der [nach Berücksichtigung der Randbedingungen (7.364), (7.356) am Außenleiter ($r = r_a$) und am Innenleiter ($r = r_i$) des Koaxialkabels] zu nicht identisch verschwindenden Feldern führt (Abb. 7.38). Dazu ist $m = 0$ zu setzen und Π_z als Π_{ez} aufzufassen, was nach (7.346), (7.347) die folgenden Felder liefert (für $\kappa = 0$):

$$\left.\begin{aligned}
E_r &= -\frac{\mathrm{i}k_z}{r} C_2 \, \exp[\mathrm{i}(\omega t - k_z z)] \,, \\[4pt]
E_\varphi &= 0 \,, \\[2pt]
E_z &= 0 \,, \\[2pt]
H_r &= 0 \,, \\[2pt]
H_\varphi &= -\frac{\mathrm{i}\omega\varepsilon}{r} C_2 \, \exp[\mathrm{i}(\omega t - k_z z)] \,, \\[4pt]
H_z &= 0 \,.
\end{aligned}\right\} \tag{7.426}$$

Es handelt sich um das rein radiale elektrische und rein azimutale magnetische Feld, das in Abb. 7.38 gezeigt ist. Wegen

$$N = \varepsilon\mu\omega^2 - k_z^2 = 0 \tag{7.427}$$

ist

$$H_\varphi = \frac{E_r}{Z} \,, \tag{7.428}$$

d. h. die Welle verhält sich in dieser Hinsicht wie eine ebene Welle. Die Erfüllung der Randbedingungen macht keine Schwierigkeiten, weil zum Rand parallele Komponenten von **E** und dazu senkrechte Komponenten von **H** gar nicht auftreten. E_r muss mit $1/r$ abnehmen, damit **E** quellenfrei ist, und H_φ muss mit $1/r$ abnehmen, damit **H** wirbelfrei ist.

Abb. 7.38 Koaxialkabel

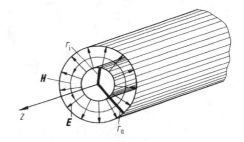

Der Vollständigkeit wegen sei noch bemerkt, dass man die eben betrachtete TEM-Welle auch aus

$$\Pi_{mz} = (D_1 + D_2\varphi)\, \exp[i(\omega t - k_z z)]$$

erhalten kann. Für $m = 0$ ist

$$\Pi_z = \left(C_1 + C_2 \ln \frac{r}{r_0}\right)(D_1 + D_2\varphi)\, \exp[i(\omega t - k_z z)]$$

die allgemeine Lösung von (7.419). Fasst man Π_z als Π_{ez} auf, muss wegen (7.364) $D_2 = 0$ sein, was mit $D_1 = 1$ die Felder (7.426) liefert. Fasst man Π_z als Π_{mz} auf, so ist wegen (7.356) $C_2 = 0$, was mit $C_1 = 1$ Π_{mz} wie angegeben und damit bei geeigneter Wahl von D_2 ebenfalls die Felder (7.426) gibt.

Die hier gefundene „TEM-Mode" (die verschiedenen Wellentypen werden oft auch als „Moden" bezeichnet, in Anlehnung an das englische Wort „mode") des Koaxialkabels ist der in Abschn. 7.8.4 behandelten TEM-Welle zwischen parallelen Platten sehr ähnlich. Ist $r_a - r_i \ll r_a$, so geht sie in diese über. Abb. 7.29 kann man sich ja als Stück eines ringförmigen Gebietes mit sehr großen Radius vorstellen.

Die TEM-Welle breitet sich nach (7.427) mit der Lichtgeschwindigkeit des benutzten Dielektrikums aus:

$$v_{ph} = \frac{\omega}{k_z} = \frac{1}{\sqrt{\varepsilon\mu}} = c \, . \tag{7.429}$$

Wir haben es hier gerade mit der Welle zu tun, die auch in der *Leitungstheorie* betrachtet wird, wobei man dort von der sogenannten *Telegraphengleichung* ausgeht, die an die Stelle der Wellengleichung tritt. Um diese Zusammenhänge etwas deutlicher zu machen, sei die Telegraphengleichung im Folgenden hergeleitet und kurz diskutiert.

7.10.5   Die Telegraphengleichung

Zu ihrer Herleitung stellt man sich die Leitung als ein kontinuierliches Analogon eines Netzwerkes vor, wobei eine Leitung nichts anderes ist, als ein mehrfach zusammenhängender Hohlleiter beliebigen Querschnittes. Das Koaxialkabel von Abb. 7.38 stellt einen Spezialfall dar. Der Vierpol von Abb. 7.39 entspricht einem Längenelement dz einer solchen Leitung.

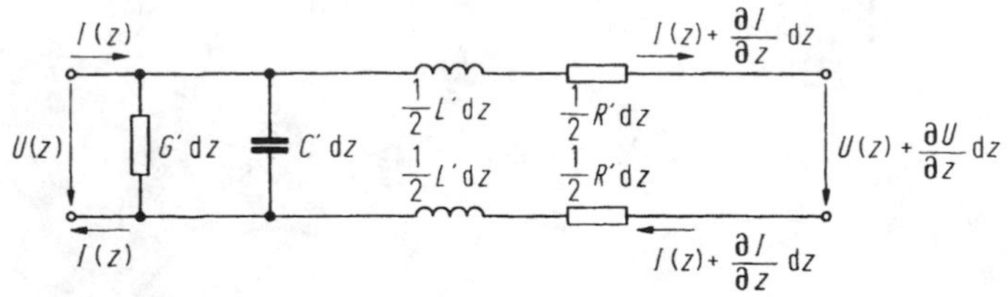

Abb. 7.39 Ersatzschaltbild für ein Längenelement eines Koaxialkabels

G', C', L', R' sind der Reihe nach der Leitwert, die Kapazität, die Induktivität, der Widerstand, alle bezogen auf die Längeneinheit der Leitung. Aus Abb. 7.39 folgt für $dz \to 0$:

$$G'U + C'\frac{\partial U}{\partial t} + \frac{\partial I}{\partial z} = 0 , \qquad (7.430)$$

$$L'\frac{\partial I}{\partial t} + R'I + \frac{\partial U}{\partial z} = 0 . \qquad (7.431)$$

Differenziert man die erste dieser Gleichungen nach z, so findet man:

$$G'\frac{\partial U}{\partial z} + C'\frac{\partial^2 U}{\partial t \partial z} + \frac{\partial^2 I}{\partial z^2} = 0 .$$

Setzt man nun $\partial U/\partial z$ aus der zweiten Gleichung hier ein, so erhält man:

$$G'\left(-L'\frac{\partial I}{\partial t} - R'I\right) + C'\frac{\partial}{\partial t}\left(-L'\frac{\partial I}{\partial t} - R'I\right) + \frac{\partial^2 I}{\partial z^2} = 0$$

bzw. etwas anders geordnet

$$\frac{\partial^2 I}{\partial z^2} = L'C'\frac{\partial^2 I}{\partial t^2} + (R'C' + L'G')\frac{\partial I}{\partial t} + R'G'I . \qquad (7.432)$$

Ähnlich ergibt sich aus der zweiten Gleichung

$$L'\frac{\partial}{\partial t}\frac{\partial I}{\partial z} + R'\frac{\partial I}{\partial z} + \frac{\partial^2 U}{\partial z^2} = 0 ,$$

was mit Hilfe von $\partial I/\partial z$ aus der ersten Gleichung

$$\frac{\partial^2 U}{\partial z^2} = L'C'\frac{\partial^2 U}{\partial t^2} + (R'C' + L'G')\frac{\partial U}{\partial t} + R'G'U \qquad (7.433)$$

gibt. $I(z,t)$ und $U(z,t)$ genügen derselben sog. Telegraphengleichung.

Im einfachsten Fall ist die Leitung verlustfrei, d. h. wir haben

$$G' = 0 \, , \tag{7.434}$$

$$R' = 0 \tag{7.435}$$

und damit

$$\frac{\partial^2 U}{\partial z^2} = L'C' \frac{\partial^2 U}{\partial t^2} \, , \tag{7.436}$$

$$\frac{\partial^2 I}{\partial z^2} = L'C' \frac{\partial^2 I}{\partial t^2} \, . \tag{7.437}$$

Man kann nun beweisen, dass in jedem Fall

$$L'C' = \varepsilon\mu \tag{7.438}$$

ist. Der allgemeine Beweis sei übergangen. Im Fall des Koaxialkabels lässt sich (7.438) mit Hilfe der Gleichungen (2.98) und (5.210) verifizieren, wenn man ε_0 bzw. μ_0 durch ε bzw. μ ersetzt.

Macht man nun z. B. für U den Ansatz

$$U(z,t) = U_0 \exp[\mathrm{i}(\omega t - k_z z)] \, , \tag{7.439}$$

so ergibt sich aus (7.436)

$$-k_z^2 + \varepsilon\mu\omega^2 = 0 \, ,$$

d. h. die übliche Dispersionsbeziehung für TEM-Wellen im mehrfach zusammenhängenden Hohlleiter (z. B. also im Koaxialkabel, obwohl die obigen Beziehungen keineswegs auf dieses beschränkt sind).

Der Strom I erzeugt das (im Fall des Koaxialkabels rein azimutale) Magnetfeld, die Spannung U das (im Fall des Koaxialkabels rein radiale) elektrische Feld zwischen Innen- und Außenleiter.

Wir wollen hier nicht weiter in die Leitungstheorie eindringen. Es ging lediglich darum, den Zusammenhang zwischen Leitungs- und Feldtheorie anzudeuten.

7.11   Das Problem des Hohlleiters als Variationsproblem

Die mathematische Behandlung des Hohlleiterproblems läuft auf die Lösung der Helmholtz-Gleichung

$$\Delta_2 \Pi_z(x, y) + N \Pi_z(x, y) = 0 \tag{7.440}$$

hinaus, (7.345) bzw. (7.351). Δ_2 ist der zweidimensionale Laplace-Operator,

$$\Delta_2 = \frac{\partial^2}{\partial x^2} + \frac{\partial^2}{\partial y^2} \, . \tag{7.441}$$

Natürlich kann man auch zu anderen Koordinaten in der Ebene übergehen. Am Rand muss für TM-Wellen nach (7.350)

$$\mathbf{\Pi}_z = 0 \tag{7.442}$$

und für TE-Wellen nach (7.356)

$$\frac{\partial \mathbf{\Pi}_z}{\partial n} = 0 \tag{7.443}$$

gelten.

Bei den behandelten Beispielen haben wir gefunden, dass es nur ganz bestimmte Funktionen $\mathbf{\Pi}_z$ gibt, die Gleichung und Randbedingung erfüllen. Dazu gehören dann auch nur ganz bestimmte Werte von N. Man nennt diese Funktionen *Eigenfunktionen* und die zugehörigen N-Werte *Eigenwerte* des Problems. Die Eigenfunktionen bilden dabei ein vollständiges System orthogonaler Funktionen (Abschn. 3.6). Im Fall des Rechteckhohlleiters handelt es sich um die Winkelfunktionen, und im Fall des kreiszylindrischen Hohlleiters um die Besselfunktionen, mit deren Hilfe man Funktionen in Form von Fourier- bzw. Fourier-Bessel-Reihen entwickeln kann, wie wir es mehrfach in verschiedenen Abschnitten getan haben.

Wir bezeichnen nun die Eigenwerte der Reihe nach mit

$$N_1, N_2, N_3, \dots$$

und die zugehörigen Eigenfunktionen mit

$$\mathbf{\Pi}_1, \mathbf{\Pi}_2, \mathbf{\Pi}_3, \dots ,$$

wo wir den Index z der Einfachheit wegen weglassen. Die Indizierung soll so erfolgen, dass

$$N_1 < N_2 < N_3 < N_4 < \dots \tag{7.444}$$

ist. Wir können nun zeigen, dass die verschiedenen Eigenfunktionen tatsächlich senkrecht aufeinander stehen, wenn sie zu verschiedenen Eigenwerten gehören. Es gibt auch den Fall, dass es zu einem Eigenwert mehrere Eigenfunktionen gibt, die voneinander linear unabhängig sind. Man spricht dann von „entarteten" Eigenwerten und Eigenfunktionen. Dieser Fall soll der Einfachheit wegen ausgeschlossen sein, was keinen wesentlichen Einfluss auf unsere Schlussfolgerungen hat. Betrachten wir also zwei Eigenfunktionen $\mathbf{\Pi}_i$, $\mathbf{\Pi}_k$ mit ihren Eigenwerten N_i, N_k. Nach (7.440) gilt dann:

$$\Delta_2 \mathbf{\Pi}_i + N_i \mathbf{\Pi}_i = 0 , \tag{7.445}$$

$$\Delta_2 \mathbf{\Pi}_k + N_k \mathbf{\Pi}_k = 0 . \tag{7.446}$$

Multipliziert man die eine Gleichung mit $\mathbf{\Pi}_k$, die andere mit $\mathbf{\Pi}_i$, so erhält man

$$\mathbf{\Pi}_k \Delta_2 \mathbf{\Pi}_i + N_i \mathbf{\Pi}_i \mathbf{\Pi}_k = 0 , \tag{7.447}$$

$$\mathbf{\Pi}_i \Delta_2 \mathbf{\Pi}_k + N_k \mathbf{\Pi}_k \mathbf{\Pi}_i = 0 , \tag{7.448}$$

so dass

$$\int (\mathbf{\Pi}_k \Delta_2 \mathbf{\Pi}_i - \mathbf{\Pi}_i \Delta_2 \mathbf{\Pi}_k) \, \mathrm{d}A = -(N_i - N_k) \int \mathbf{\Pi}_i \mathbf{\Pi}_k \, \mathrm{d}A \qquad (7.449)$$

ist, wo die Integration über den Querschnitt erfolgen soll. In Analogie zum Green'schen Satz (3.47) im dreidimensionalen Raum gibt es einen Green'schen Satz in der Ebene (den man aus dem im dreidimensionalen Raum herleiten kann). Er lautet (s. Abschn. 3.4.2)

$$\int (\mathbf{\Pi}_k \Delta_2 \mathbf{\Pi}_i - \mathbf{\Pi}_i \Delta_2 \mathbf{\Pi}_k) \, \mathrm{d}A = \oint \left(\mathbf{\Pi}_k \frac{\partial \mathbf{\Pi}_i}{\partial n} - \mathbf{\Pi}_i \frac{\partial \mathbf{\Pi}_k}{\partial n} \right) \mathrm{d}s \; . \qquad (7.450)$$

Also ist wegen der Randbedingungen (7.442) oder (7.443)

$$-(N_i - N_k) \int \mathbf{\Pi}_i \mathbf{\Pi}_k \, \mathrm{d}A = \oint \left(\mathbf{\Pi}_k \frac{\partial \mathbf{\Pi}_i}{\partial n} - \mathbf{\Pi}_i \frac{\partial \mathbf{\Pi}_k}{\partial n} \right) \mathrm{d}s = 0 \; ,$$

d. h. für $N_i \neq N_k$ ist

$$\int \mathbf{\Pi}_i \mathbf{\Pi}_k \, \mathrm{d}A = 0 \; , \qquad (7.451)$$

und die beiden Funktionen $\mathbf{\Pi}_i$ und $\mathbf{\Pi}_k$ sind, wie behauptet, orthogonal zueinander.

Betrachten wir nun eine beliebige Funktion $\mathbf{\Phi}$, so kann diese entwickelt werden:

$$\phi = \sum_{i=1}^{\infty} a_i \mathbf{\Pi}_i \; . \qquad (7.452)$$

Im Fall des Rechteckhohlleiters wäre das z. B. eine zweidimensionale (x, y) Fourier-Reihe, im Fall der TM-Wellen des Kreiszylinders, eine Doppelreihe, die in Bezug auf die φ-Abhängigkeit eine Fourier-Reihe, in Bezug auf die r-Abhängigkeit eine Fourier-Bessel-Reihe ist.

Untersuchen wir nun den folgenden Ausdruck:

$$F = \frac{\int \phi \Delta_2 \phi \, \mathrm{d}A}{\int \phi^2 \, \mathrm{d}A} \; . \qquad (7.453)$$

Mit (7.452) ergibt sich dafür:

$$
\begin{aligned}
F &= -\frac{\int \sum_{i=1}^{\infty} a_i \mathbf{\Pi}_i \Delta_2 \sum_{k=1}^{\infty} a_k \mathbf{\Pi}_k \, \mathrm{d}A}{\int \sum_{i,k=1}^{\infty} a_i a_k \mathbf{\Pi}_i \mathbf{\Pi}_k \, \mathrm{d}A} \\
&= \frac{\sum_{i,k=1}^{\infty} a_i a_k \int \mathbf{\Pi}_i N_k \mathbf{\Pi}_k \, \mathrm{d}A}{\sum_{i,k=1}^{\infty} a_i a_k \int \mathbf{\Pi}_i \mathbf{\Pi}_k \, \mathrm{d}A} = \frac{\sum_{i,k=1}^{\infty} a_i a_k N_k \delta_{ik} C_k}{\sum_{i,k=1}^{\infty} a_i a_k \delta_{ik} C_k} \qquad (7.454) \\
F &= \frac{\sum_{i=1}^{\infty} a_i^2 N_i C_i}{\sum_{i=1}^{\infty} a_i^2 C_i} \geq \frac{\sum_{i=1}^{\infty} a_i^2 N_1 C_i}{\sum_{i=1}^{\infty} a_i^2 C_i} = N_1 \; .
\end{aligned}
$$

Dabei haben wir benutzt, dass man wegen (7.451) schreiben kann:

$$\int \Pi_i \, \Pi_k \, \mathrm{d}A = \delta_{ik} C_k \; . \tag{7.455}$$

C_k ist ein beliebig wählbarer Normierungsfaktor. Wir haben also gefunden

$$F \geq N_1 \; . \tag{7.456}$$

Das Gleichheitszeichen gilt dabei dann und nur dann, wenn

$$\phi = \Pi_1$$

ist. Mit anderen Worten: N_1 ist nichts anderes als der kleinste Wert, den der Ausdruck F annehmen kann, und die Funktion ϕ, für den er diesen Wert annimmt, ist die zugehörige Eigenfunktion Π_1. Damit ist das Problem des Hohlleiters zu einem Variationsproblem geworden. Wir haben also die Funktion ϕ zu suchen, die, eine der obigen Randbedingungen erfüllend, den Ausdruck F möglichst klein macht.

Man kann, hat man Π_1 bestimmt, fortfahren und nun Π_2 bestimmen. Wir suchen nun die Funktion ϕ, die den Ausdruck F möglichst klein macht, wo ϕ eine der Randbedingungen erfüllen und außerdem auf Π_1 senkrecht stehen muss. Dann ist nämlich $a_1 = 0$ und deshalb

$$F = \frac{\sum_{i=2}^{\infty} a_i^2 N_i C_i}{\sum_{i=2}^{\infty} a_i^2 C_i} \geq \frac{\sum_{i=2}^{\infty} a_i^2 N_2 C_i}{\sum_{i=2}^{\infty} a_i^2 C_i} = N_2 \; , \tag{7.457}$$

wobei das Gleichheitszeichen dann und nur dann gilt, wenn

$$\phi = \Pi_2$$

ist.

Mit dieser formal interessanten Anmerkung wollen wir das Problem von Wellen in Hohlleitern abschließen. Auch viele andere Probleme der Physik und insbesondere der elektromagnetischen Feldtheorie können als Variationsprobleme aufgefasst werden. Dies ist sehr nützlich, da Variationsprobleme sehr gute Ausgangspunkte für Näherungsmethoden und numerische Rechnungen darstellen. Im Kap. 9 werden wir darauf zurückkommen.

7.12 Rand- und Anfangswertprobleme

In Kap. 6 wurde die quasistationäre Näherung behandelt, während Kap. 7 der Behandlung der vollen Maxwell'schen Gleichung gewidmet ist. Formal handelt es sich dabei im quasistationären Fall um die Lösung der Diffusionsgleichung, hier um die der Wellengleichung in dieser oder jener Form. In ihrer allgemeinen Form enthält die Wellengleichung auch den Diffusionsterm. Betrachten wir z. B. das Magnetfeld **B**, so gilt nach (7.9)

$$\Delta \mathbf{B} - \mu\kappa \frac{\partial \mathbf{B}}{\partial t} - \mu\varepsilon \frac{\partial^2 \mathbf{B}}{\partial t^2} = 0 \,, \tag{7.458}$$

woraus durch Vernachlässigung des Wellenausbreitungsterms die Diffusionsgleichung (6.29) entsteht:

$$\Delta \mathbf{B} - \mu\kappa \frac{\partial \mathbf{B}}{\partial t} = 0 \,. \tag{7.459}$$

Wir haben an verschiedenen Stellen über die Grenzen der quasistationären Theorie und über die miteinander konkurrierenden Effekte der Diffusion und der Wellenausbreitung diskutiert (s. Abschn. 6.8 und auch Abschn. 6.2). Diese Diskussion soll hier noch einmal aufgenommen werden. Man kann z. B. mit Hilfe der Methoden, die wir in Kap. 6 zur Lösung der Diffusionsgleichung benutzt haben, auch die allgemeine Wellengleichung (7.458) lösen. Man kann dann nachträglich $\kappa \to 0$ gehen lassen und dadurch zur ungedämpften Wellenausbreitung im idealen Isolator übergehen oder umgekehrt $\varepsilon \to 0$ gehen lassen und zum Grenzfall der Diffusion übergehen.

Zu diesem Zweck sollen zwei Beispiele, die schon in Kap. 6 behandelt wurden, hier unter Einschluss des Wellenausbreitungsterms erneut behandelt werden, nämlich das Problem eines Anfangsfeldes in einem unendlichen homogenen Raum (Abschn. 6.4) und das Problem des Halbraums (Abschn. 6.5).

Die Behandlung dieser Probleme soll gleichzeitig die allgemeine Brauchbarkeit der früher benutzten Methoden zur Lösung von Anfangs- und Randwertproblemen demonstrieren.

7.12.1   Das Anfangswertproblem des unendlichen, homogenen Raumes

Das Problem von Abschn. 6.4 soll hier unter Zugrundelegung der Wellengleichung (7.458) gelöst werden. Da diese von zweiter Ordnung in der Zeit ist, wird dazu eine Anfangsbedingung mehr als dort benötigt. Wir suchen $B_z(x, t)$, wofür die Wellengleichung die Form

$$\frac{\partial^2 B_z(x, t)}{\partial x^2} - \mu\kappa \frac{\partial B_z(x, t)}{\partial t} - \mu\varepsilon \frac{\partial^2 B_z(x, t)}{\partial t^2} = 0 \tag{7.460}$$

annimmt. Weiter fordern wir als Anfangs- bzw. Randbedingungen:

$$[B_z(x, t)]_{x \to \infty} = B_z(\infty, t) = \text{endlich} \,, \tag{7.461}$$

$$[B_z(x, t)]_{x \to -\infty} = B_z(-\infty, t) = \text{endlich} \,, \tag{7.462}$$

$$B_z(x, 0) = h_1(x) \,, \tag{7.463}$$

$$\left[\frac{\partial B_z(x, t)}{\partial t} \right]_{t \to 0} = h_2(x) \,. \tag{7.464}$$

Durch Laplace-Transformation entsteht aus (7.460)

$$\frac{\partial^2 \tilde{B}(x, p)}{\partial x^2} - \mu\kappa[p\tilde{B}_z(x, p) - h_1(x)] - \mu\varepsilon[p^2 \tilde{B}_z(x, p) - ph_1(x) - h_2(x)] = 0 , \quad (7.465)$$

wobei $\tilde{B}_z(x, p)$ den Randbedingungen

$$\tilde{B}_z(\infty, p) = \text{endlich} , \quad (7.466)$$

$$\tilde{B}_z(-\infty, p) = \text{endlich} \quad (7.467)$$

genügen muss. Der Übergang von (7.460) zu (7.465) beruht auf (6.51) und den Anfangs-bedingungen (7.463), (7.464). Die allgemeine Lösung von (7.465) ergibt sich in Analogie zur Lösung von (6.79) durch (6.80) zu:

$$\tilde{B}_z(x, p) = A_1 \exp[-\sqrt{\mu\kappa p + \mu\varepsilon p^2}\,x] + A_2 \exp[+\sqrt{\mu\kappa p + \mu\varepsilon p^2}\,x]$$

$$- \int_{-\infty}^{x} [(\mu\kappa + \mu\varepsilon p)h_1(x_0) + \mu\varepsilon h_2(x_0)]$$

$$\cdot \frac{\sin h[\sqrt{\mu\kappa p + \mu\varepsilon p^2}(x - x_0)]}{\sqrt{\mu\kappa p + \mu\varepsilon p^2}} \, dx_0 . \quad (7.468)$$

Wir beschränken uns auf den Spezialfall

$$h_1(x) = F\delta(x) , \quad (7.469)$$

$$h_2(x) = 0 . \quad (7.470)$$

Hierzu sei bemerkt, dass h_1 die Dimension von B hat, F jedoch – wegen der δ-Funktion – die von B multipliziert mit einer Länge. Aus (7.468) ergibt sich mit (7.469), (7.470):

$$\tilde{B}_z(x, p) = \begin{cases} A_1 \exp[-\sqrt{\mu\kappa p + \mu\varepsilon p^2}\,x] + A_2 \exp[+\sqrt{\mu\kappa p + \mu\varepsilon p^2}\,x] \\ \qquad\qquad\qquad\qquad\qquad\qquad\qquad\qquad \text{für } x < 0 \\ A_1 \exp[-\sqrt{\mu\kappa p + \mu\varepsilon p^2}\,x] + A_2 \exp[+\sqrt{\mu\kappa p + \mu\varepsilon p^2}\,x] \\ \qquad\qquad\qquad -F\sqrt{\frac{\mu\kappa + \mu\varepsilon p}{p}} \sinh[\sqrt{\mu\kappa p + \mu\varepsilon p^2}\,x] \\ \qquad\qquad\qquad\qquad\qquad\qquad\qquad\qquad \text{für } x > 0 . \end{cases} \quad (7.471)$$

Zur Erfüllung der Randbedingungen (7.466), (7.467) wählt man

$$A_1 = 0 , \quad (7.472)$$

$$A_2 = \frac{F}{2}\sqrt{\frac{\mu\kappa + \mu\varepsilon p}{p}} , \quad (7.473)$$

womit sich

$$\tilde{B}_z(x,p) = \frac{F}{2} \sqrt{\frac{\mu\kappa + \mu\varepsilon p}{p}} \; \exp[-\sqrt{\mu\kappa p + \mu\varepsilon p^2}|x|] \qquad (7.474)$$

ergibt. Die Rücktransformation führt auf die Funktion

$$
\begin{aligned}
B_z(x,t) = F \; \exp\left(-\frac{\kappa t}{2\varepsilon}\right) &\left\{\frac{1}{2}\delta(x-ct) + \frac{1}{2}\delta(x+ct)\right. \\
&+ \left[\frac{\kappa}{4\varepsilon c} I_0\left(\frac{\kappa\sqrt{c^2 t^2 - x^2}}{2\varepsilon c}\right) + \frac{\kappa t}{4\varepsilon\sqrt{c^2 t^2 - x^2}} I_1\left(\frac{\kappa\sqrt{c^2 t^2 - x^2}}{2\varepsilon c}\right)\right] \\
&\left. \cdot H(ct - |x|)\right\},
\end{aligned}
$$

$$(7.475)$$

wo H die durch (3.55) definierte *Heaviside'sche Funktion* ist:

$$
H(ct - |x|) = \begin{cases} 1 & \text{für } -ct < x < ct \\ 0 & \text{für } \begin{cases} x < -ct \\ x > +ct \,. \end{cases} \end{cases} \qquad (7.476)
$$

Der Beweis erfolgt am einfachsten dadurch, dass man durch Laplace-Transformation von (7.475) den Ausdruck (7.474) findet. Dazu benutzt man z. B. [6], Bd. I, S. 200, Gleichungen (5) und (9), und S.129, Gleichung (5). Die letztgenannte Gleichung wird auch als „Dämpfungssatz" bezeichnet.

Betrachten wir nun verschiedene Grenzfälle der Lösung (7.475) unseres Problems:
Im Grenzfall $\kappa = 0$ bleibt nur

$$B_z(x,t) = \frac{F}{2}[\delta(x-ct) + \delta(x+ct)] \qquad (7.477)$$

übrig. Das anfänglich am Ursprung lokalisierte Feld läuft zur Hälfte in positiver, zur Hälfte in negativer z-Richtung weg. Das liegt an den Anfangsbedingungen (7.469), (7.470). Für andere Anfangsbedingungen würde sich das Anfangsfeld in anderer Weise in einen nach links und einen nach rechts laufenden Anteil aufspalten. In jedem Fall laufen beide Anteile ohne Formänderung weg. Es handelt sich ja um nichts anderes als ganz gewöhnliche ebene Wellen in einem idealen Isolator im Sinne von Abschn. 7.1.2 und sie verhalten sich genau wie man das von ihnen erwartet. Die Aufteilung in einen nach links und einen nach rechts laufenden Anteil ist natürlich in beliebiger Weise möglich und wird eben durch die Anfangsbedingungen geregelt. Abb. 7.40 zeigt Auseinanderlaufen. Man kann auch den Grenzfall der reinen Diffusion untersuchen. Dazu lässt man in (7.475) $\varepsilon \to 0$ bzw., was dasselbe bedeutet, $c \to \infty$ gehen. Mit Hilfe der asymptotischen Formeln (3.181) für I_0 und I_1 ergibt sich dafür aus (7.475), was sich auch aus (6.78) für $h(x_0) = F\delta(x_0)$ ergeben

Abb. 7.40 Auseinanderlaufen
des Anfangsfeldes ohne Formänderung im idealen Isolator

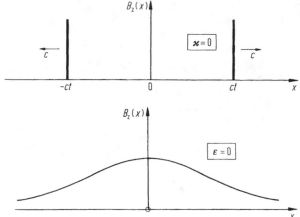

Abb. 7.41 Die reine Diffusion
des Anfangsfeldes für $\varepsilon = 0$
$(c = \infty)$

würde, nämlich:

$$B_z(x,t) = F\sqrt{\frac{\mu\kappa}{4\pi t}}\,\exp\left[-\frac{\mu\kappa x^2}{4t}\right]\,. \tag{7.478}$$

In diesem Fall fließt also das Feld zu einer immer breiter werdenden Gauß–Kurve auseinander (Abb. 7.41). Damit haben wir beide Grenzfälle, Abb. 7.40 und 7.41, aus der
allgemeinen Lösung gewonnen. Im allgemeinen Fall nun laufen gedämpfte δ-Funktionen
mit Lichtgeschwindigkeit nach links und rechts. Vor ihnen gibt es noch kein Feld. Sie
ziehen jedoch hinter sich einen Schleier diffundierenden Feldes her. Dies ist in Abb. 7.42
zu sehen, die das Zusammenspiel von Wellenausbreitung und Diffusion veranschaulichen
soll. Sie stellt sozusagen einen Kompromiss der in den Abb. 7.40 und 7.41 auftretenden
Tendenzen dar.

Obwohl es für praktische Zwecke sinnvoll gewesen wäre, die Rechnung mit dimensionslosen Größen durchzuführen, haben wir (im Gegensatz zur Behandlung in Abschn. 6.4)
darauf verzichtet. Dadurch blieb die Abhängigkeit von dimensionsbehafteten Größen wie
z. B. ε und κ unmittelbar sichtbar, was die Grenzübergänge erleichterte. Will man, um

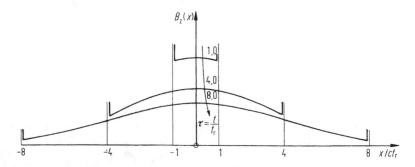

Abb. 7.42 Im allgemeinen Fall laufen gedämpfte δ-Funktionen auseinander, die diffundierendes
Feld hinter sich herziehen

Schreibarbeit einzusparen, zu dimensionslosen Größen übergehen, so wählt man am besten

$$\tau = \frac{t}{t_r} \,, \tag{7.479}$$

$$\xi = \frac{x}{x_0} \tag{7.480}$$

mit

$$t_r = \frac{\varepsilon}{\kappa} \,, \tag{7.481}$$

$$x_0 = ct_r = \frac{\varepsilon}{\kappa \sqrt{\varepsilon \mu}} = \frac{1}{\kappa} \sqrt{\frac{\varepsilon}{\mu}} \,, \tag{7.482}$$

woraus sich als Wellengleichung

$$\frac{\partial^2 B_z(\xi, \tau)}{\partial \xi^2} - \frac{\partial B_z(\xi, \tau)}{\partial \tau} - \frac{\partial^2 B_z(\xi, \tau)}{\partial \tau^2} = 0 \tag{7.483}$$

ergibt. Als sozusagen natürliche Einheit der Zeit erscheint hier die Relaxationszeit t_r und als natürliche Einheit der Länge die vom Licht in dieser Zeit zurückgelegte Weglänge.

Zur Lösung von Problemen der hier diskutierten Art ist auch die Fouriertransformation sehr geeignet. Dazu wird das anfängliche Feld (Wellenpaket) in seine Fourierkomponenten zerlegt. Durch die früher diskutierten Dispersionsbeziehungen (Abschn. 7.2) ist das Verhalten jeder einzelnen Komponente bekannt, was die Wiederüberlagerung der Komponenten zu einer späteren Zeit gestattet. Wir wollen diese Methode hier nicht weiter diskutieren. Sie ist z. B. in [10] sehr gut und ausführlich behandelt.

7.12.2   Das Randwertproblem des Halbraumes

Nun soll das Problem von Abschn. 6.5 neu betrachtet werden. Es handelt sich wiederum um die Lösung der Wellengleichung

$$\frac{\partial^2 B_z}{\partial x^2} - \mu\kappa \frac{\partial B_z}{\partial t} - \mu\varepsilon \frac{\partial^2 B_z}{\partial t^2} = 0 \,, \tag{7.484}$$

diesmal jedoch im Halbraum $x > 0$ mit den Randbedingungen

$$B_z(\infty, t) = \text{endlich} \,, \tag{7.485}$$

$$B_z(0, t) = f(t) \tag{7.486}$$

und den Anfangsbedingungen

$$B_z(x, 0) = 0 \,, \tag{7.487}$$

$$\left(\frac{\partial B_z(x, t)}{\partial t} \right)_{t=0} = 0 \,. \tag{7.488}$$

Das in Abschn. 6.5 behandelte Problem war in Bezug auf die Anfangsbedingung etwas allgemeiner. Andererseits haben wir dort eine Anfangsbedingung weniger benötigt. Nach der Laplace-Transformation gibt (7.484):

$$\frac{\partial^2 \tilde{B}_z(x, p)}{\partial x^2} = (\mu\kappa p + \mu\varepsilon p^2)\tilde{B}_z(x, p) , \tag{7.489}$$

und aus den Randbedingungen wird:

$$\tilde{B}_z(\infty, p) = \text{endlich} , \tag{7.490}$$

$$\tilde{B}_z(0, p) = \tilde{f}(p) . \tag{7.491}$$

Daraus folgt die Lösung

$$\tilde{B}_z(x, p) = \tilde{f}(p) \exp[-\sqrt{\mu\kappa p + \mu\varepsilon p^2}x] . \tag{7.492}$$

Nun wählen wir

$$f(t) = G\delta(t) , \tag{7.493}$$

woraus

$$\tilde{f}(p) = G \tag{7.494}$$

und deshalb

$$\tilde{B}_z(x, p) = G \exp[-\sqrt{\mu\kappa p + \mu\varepsilon p^2}x] \tag{7.495}$$

folgt. Die Rücktransformation gibt:

$$B_z(x, t) = G \exp\left(-\frac{\kappa x}{2\varepsilon c}\right)\delta\left(t - \frac{x}{c}\right)$$
$$+ G\frac{\kappa x \exp\left(-\frac{\kappa t}{2\varepsilon}\right) I_1\left(\frac{\kappa\sqrt{c^2t^2-x^2}}{2\varepsilon c}\right) H\left(t - \frac{x}{c}\right)}{2\varepsilon\sqrt{c^2t^2 - x^2}} . \tag{7.496}$$

Auch hier ist dies am besten durch Transformation von $B_z(x, t)$ entsprechend (7.496) zu beweisen. Dazu benutzt man z. B. [6], Bd. I, S. 200, Gleichung (8), und S. 129, Gleichung (5), den schon früher erwähnten „Dämpfungssatz".

Ist speziell $\kappa = 0$, so ergibt sich

$$B_z(x, t) = G\delta\left(t - \frac{x}{c}\right) , \tag{7.497}$$

Abb. 7.43 Von der Oberfläche eines Halbraumes läuft die δ-Funktion in den idealen Isolator

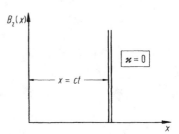

Abb. 7.44 Für $\varepsilon = 0$ $(c = \infty)$
läuft diffundierendes Magnet-
feld in den Halbraum

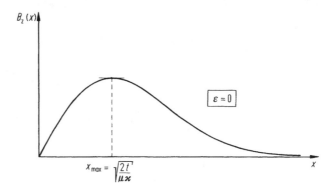

d. h. der zur Zeit $t = 0$ an der Oberfläche kurzzeitig erzeugte Feldimpuls läuft mit Lichtgeschwindigkeit ins Medium hinein (Abb. 7.43). Ist umgekehrt $\varepsilon = 0$, so findet man durch
den entsprechenden Grenzübergang mit Hilfe von (3.181)

$$B_z(x,t) = G \frac{x\sqrt{\mu\kappa}\,\exp\left[-\frac{\mu\kappa x^2}{4t}\right]}{\sqrt{4\pi t^3}}\,, \qquad (7.498)$$

also genau was sich aus (6.111) mit (7.493) auch ergibt. Dies entspricht dem reinen Diffusionsvorgang (Abb. 7.44).

Im allgemeinen Fall bekommt man eine gedämpft laufende δ-Funktion und ein diffundierendes Feld, das sie hinter sich her schleppt. Vor ihr gibt es kein Feld. Verschiedene
Stadien dieses Vorgangs sind in Abb. 7.45 gezeigt. Für $t \gg 4t_r$ ergibt sich mehr und mehr
das Verhalten wie in Abb. 7.44.

Abb. 7.45 Im allgemeinen
Fall läuft eine gedämpfte
δ-Funktion in den Halbraum,
die ein diffundierendes Magnetfeld hinter sich her zieht

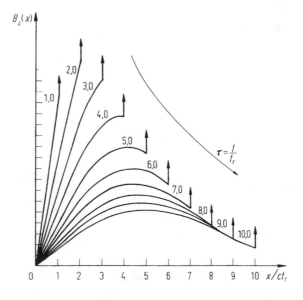

Formulierung der Elektrodynamik mit Differentialformen

8

> *Alle Forschungen, die von der Vernunft abhängen, würden über die Umformung solcher Zeichen und einen gewissen Kalkül laufen, was die Erfindung schöner Dinge ungemein vereinfachte. Man müßte sich nicht mehr wie heute den Kopf zerbrechen, wäre aber versichert, alles Machbare auch machen zu können. ... Und wenn jemand an dem, was ich vorgebracht haben würde, zweifelte, würde ich ihm sagen: „Rechnen wir, mein Herr!"*
> Nach G.W. Leibniz, *La vraie méthode*, 1677

8.1 Einleitung

Die Maxwell'schen Gleichungen sind die Grundgleichungen der klassischen Elektrodynamik. Maxwell zerlegt die elektromagnetischen Felder und Potentiale in seiner Abhandlung „A Dynamical Theory of the Electromagnetic Field" von 1865 in Komponenten eines kartesischen Koordinatensystems und erhält damit zwanzig skalare Gleichungen. Die heute übliche Darstellung mit Vektorfeldern wurde durch Heaviside und Gibbs Ende des 19. Jahrhunderts entwickelt. Sie ist nicht nur wesentlich kompakter, sondern zeigt auch die Unabhängigkeit vom verwendeten Koordinatensystem.

Die klassische Vektoranalysis ist die Analysis von Vektorfeldern. Sie handelt von den Operatoren Gradient, Rotation und Divergenz, von Integralen über Kurven, Flächen und räumliche Gebiete sowie den Integralsätzen von Gauß und Stokes. Lässt sich diese Vielfalt weiter reduzieren? Eine Antwort gibt die Theorie der alternierenden Differentialformen, die vor allem auf Graßmann (1809–1877) und Élie Cartan (1869–1951) zurückgeht.

In den nachfolgenden Abschnitten werden die Maxwell'schen Gleichungen mit Hilfe von Differentialformen ausgedrückt. Dabei werden die Operatoren Gradient, Rotation und Divergenz durch einen einzigen Operator der äußeren Ableitung ersetzt. Ebenso werden die Integralsätze von Gauß und Stokes durch einen einzigen Integralsatz ersetzt. Ferner wird klar, dass die Maxwell'schen Gleichungen topologische Gleichungen sind, die sich

© Springer-Verlag GmbH Deutschland, ein Teil von Springer Nature 2021

G. Lehner, S. Kurz, *Elektromagnetische Feldtheorie*,

https://doi.org/10.1007/978-3-662-63069-3_8

in der Formulierung mit Differentialformen unter Beibehaltung ihrer Form in beliebige Koordinatensysteme transformieren lassen. Die metrische Information steckt in den Materialbeziehungen und kann mit Hilfe sogenannter Hodge-Operatoren ausgedrückt werden. Neben der damit einhergehenden übersichtlichen und eleganten Darstellung erhält man einen gut geeigneten Ausgangspunkt für numerische Methoden.

Die Materialbeziehungen zeigen ein Lorentz-invariantes Verhalten. Das wird besonders deutlich, wenn man die Elektrodynamik in vier Dimensionen formuliert. Dabei erweist es sich als vorteilhaft, dass der Kalkül mit Differentialformen in beliebigen Dimensionen angewendet werden kann. Im Gegensatz dazu ist die Vektoranalysis auf drei Dimensionen beschränkt.

Zur ergänzenden Lektüre sei auf das etwas ältere Büchlein von Heil zu Differentialformen verwiesen [85], auf die mathematischen Lehrbücher von Jänich [87] und Forster [83, §§18–21], sowie auf das Buch von Nakahara [89], über topologische und metrische Konzepte in der theoretischen Physik. Es ist bemerkenswert, dass Jänich seine moderne Darstellung der Vektoranalysis von vornherein auf Differentialformen aufbaut. Lesenswert ist auch die Arbeit von Warnick [93], insbesondere wegen der anschaulichen graphischen Darstellung von Differentialformen. Eine weiterführende Behandlung der klassischen Elektrodynamik mit Differentialformen bis hin zu aktuellen Forschungsfragestellungen findet man bei Hehl und Obukhov [84].

8.2 Definition und Eigenschaften von Differentialformen

In diesem Abschnitt entwickeln wir erste Einsichten in Differentialformen. Die Leserschaft sei versichert, dass sich diese anfänglichen Mühen im Hinblick auf die späteren Anwendungen auszahlen werden.

Wir werden Differentialformen definieren, zunächst koordinatenfrei, dann in einer Basisdarstellung. Eine Basis lässt sich aus den Differentialen der Koordinatenabbildungen gewinnen. Ausgangspunkt dazu ist Abschn. 3.1 über Koordinatentransformationen. Differentialformen werden mit Hilfe des äußeren Produktes multipliziert.

Skalare Felder und Vektorfelder lassen sich in Differentialformen übersetzen, das erlaubt eine Darstellung der elektromagnetischen Felder und Potentiale mit Differentialformen. Schließlich wird das Verhalten von Differentialformen unter Abbildungen von Gebieten betrachtet. Als Spezialfall bekommt man den Spuroperator für Differentialformen, mit dem die Randbedingungen aus den Abschn. 2.10 und 5.7 kompakt dargestellt werden können.

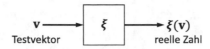

Abb. 8.1 Durch die lineare Abbildung $\boldsymbol{\xi}$ wird dem Testvektor $\mathbf{v}$ eine reelle Zahl zugeordnet. Reellwertige lineare Abbildungen über einem Vektorraum nennt man *Kovektoren*

8.2.1 Kovektoren und Pfaff'sche Formen

Bei einem *Kovektor* $\boldsymbol{\xi}$ handelt es sich um eine lineare Abbildung, die jedem Vektor $\mathbf{v}$ eine reelle Zahl zuordnet, wie in Abb. 8.1 dargestellt. Vektoren werden in diesem Zusammenhang auch als *Testvektoren* bezeichnet.

Aufgrund der Linearität gilt für alle reellen Zahlen a, b und Vektoren $\mathbf{v}, \mathbf{w}$

$$\boldsymbol{\xi}(a\mathbf{v} + b\mathbf{w}) = a\boldsymbol{\xi}(\mathbf{v}) + b\boldsymbol{\xi}(\mathbf{w}). \tag{8.1}$$

Summen und Vielfache von Kovektoren $\boldsymbol{\xi}, \boldsymbol{\eta}$ erklärt man folgendermaßen:

$$\left.\begin{aligned} (\boldsymbol{\xi} + \boldsymbol{\eta})(\mathbf{v}) &= \boldsymbol{\xi}(\mathbf{v}) + \boldsymbol{\eta}(\mathbf{v})\,, \\ (a\boldsymbol{\xi})(\mathbf{v}) &= a\boldsymbol{\xi}(\mathbf{v})\,. \end{aligned}\right\} \tag{8.2}$$

Wir vereinbaren, dass Kovektoren mit griechischen Buchstaben bezeichnet werden, sofern nicht von spezifischen physikalischen Größen die Rede ist.

Bekanntlich erhält man ein *Vektorfeld* $\mathbf{a}$, indem in jedem Punkt P eines Raumgebietes ein Vektor $\mathbf{a}(P)$ festgelegt wird. Man kann entsprechend mit Kovektoren vorgehen. Eine *Pfaff'sche Form* $\boldsymbol{\xi}$ (nach Johann Pfaff) oder Differentialform 1. Grades oder kurz *1-Form* ordnet jedem Punkt P einen Kovektor $\boldsymbol{\xi}(P)$ zu. Der Kovektor bildet wiederum einen Testvektor $\mathbf{v}$ auf die reelle Zahl $\boldsymbol{\xi}(P)(\mathbf{v})$ ab. Im Folgenden werden wir der Übersichtlichkeit halber auf das zusätzliche Argument P verzichten. Die Konstruktionen werden punktweise mit Vektoren und Kovektoren durchgeführt und übertragen sich dann auf Vektorfelder und Differentialformen.

Pfaff'sche Form aus Vektorfeld
Unter Verwendung des Skalarproduktes können Vektoren und Kovektoren miteinander identifiziert werden. Für einen festgehaltenen Vektor $\mathbf{a}$ ist nämlich durch das Skalarprodukt $\mathbf{a} \cdot \mathbf{v}$ eine lineare Abbildungsvorschrift gegeben, die jeden Testvektor $\mathbf{v}$ auf eine reelle Zahl abbildet. Man bekommt den Kovektor $\boldsymbol{\xi}_{\mathbf{a}}$,

$$\boldsymbol{\xi}_{\mathbf{a}}(\mathbf{v}) = \mathbf{a} \cdot \mathbf{v}. \tag{8.3a}$$

Wir schreiben für die durch das Skalarprodukt vermittelte Zuordnung

$$^{1}\mathbf{a} = \boldsymbol{\xi}_{\mathbf{a}}. \tag{8.3b}$$

Umgekehrt kann jede 1-Form so dargestellt werden, wie man durch Testen mit orthogonalen Basisvektoren sehen kann. Jänich [87, §10.2] nennt diese Art der Zuordnung deshalb *Übersetzungsisomorphismus*. In der Theorie der Differentialformen spielen skalare Funktionen und Vektorfelder die Rolle von Hilfsgrößen und werden in der Literatur manchmal als „Stellvertreter" (engl. „proxies", „avatars") von Differentialformen bezeichnet. Beispielsweise gilt – wie wir im Abschn. 8.2.7 noch sehen werden – für das elektrische Feld $\mathcal{E} = {}^1\mathbf{E}$ und für das magnetische Feld $\mathcal{H} = {}^1\mathbf{H}$. Dabei ist mit $\mathcal{E}$ bzw. $\mathcal{H}$ die Darstellung des jeweiligen Feldes durch eine 1-Form gemeint.

8.2.2 Das Differential einer skalaren Funktion

Betrachten wir einen Punkt P und eine hinreichend glatte skalare Funktion f, die in einer Umgebung von P definiert sein soll. Für jeden Testvektor $\mathbf{v}$ kann man die *Richtungsableitung* von f bezüglich $\mathbf{v}$ berechnen und erhält eine reelle Zahl. Die Richtungsableitung verhält sich linear in Bezug auf den Testvektor, deshalb bekommt man den Kovektor

$$\boldsymbol{\xi}(\mathbf{v}) = \nabla_{\mathbf{v}} f\big|_P \,, \tag{8.4a}$$

beziehungsweise eine 1-Form, wenn man P variabel zulässt. Diese spezielle 1-Form ist das *Differential* der Funktion f,

$$\mathrm{d}f = \boldsymbol{\xi} \,. \tag{8.4b}$$

Das Differential $\mathrm{d}f$ im Punkt P ordnet einem Vektor $\mathbf{v}$ jene reelle Zahl zu, die man erhält, wenn man die Richtungsableitung der Funktion f bezüglich $\mathbf{v}$ in P berechnet. Das Differential einer physikalischen Größe ist dimensionsbehaftet und besitzt dieselbe Dimension wie die ihm zugrunde liegende Größe.

   Das Differential $\mathrm{d}f$ ist durch die Gleichungen (8.4) intrinsisch definiert, ohne auf andere Differentiale oder auf Koordinatensysteme Bezug zu nehmen [88]. Im Gegensatz zur klassischen Betrachtungsweise werden Differentiale *nicht* als infinitesimal kleine Inkremente aufgefasst, sondern als lineare Operatoren. Sie sind mit jenen Differentialen identisch, die im Zusammenhang mit Integralen auftreten. Das wird im Abschn. 8.4 deutlicher, der sich mit der Integration von Differentialformen beschäftigt.

   Betrachten wir als Beispiel die Linearisierung einer Funktion f in der Umgebung eines Punktes am Ort $\mathbf{r}$. Wir schreiten um $\Delta\mathbf{r}$ fort, dabei darf $\Delta\mathbf{r}$ endlich groß sein. Dann gilt bis auf Terme höherer Ordnung die Taylor-Entwicklung

$$f(\mathbf{r} + \Delta\mathbf{r}) \approx f(\mathbf{r}) + \nabla_{\Delta\mathbf{r}} f$$
$$= f(\mathbf{r}) + \mathrm{d}f(\Delta\mathbf{r}) \,.$$

Die Linearisierung einer Funktion kann also mit Hilfe ihres Differentials dargestellt werden.

Beispiel: In der Elektrostatik gilt $\mathbf{E} = -\operatorname{grad}\varphi$, Gleichung (1.47). Wir bilden in einem beliebigen Punkt das Skalarprodukt mit einem Testvektor $\mathbf{v}$,

$$\mathbf{E} \cdot \mathbf{v} = -\operatorname{grad}\varphi \cdot \mathbf{v} = -\nabla_{\mathbf{v}}\varphi = -\mathrm{d}\varphi(\mathbf{v})\,.$$

Weil der Testvektor beliebig ist, folgt daraus mit $\mathbf{E} \cdot \mathbf{v} = {}^{1}\mathbf{E}(\mathbf{v}) = \mathcal{E}(\mathbf{v})$

$$\mathcal{E} = -\mathrm{d}\varphi\,. \tag{8.5}$$

8.2.3 Die Basisdarstellung Pfaff'scher Formen

Im Abschn. 3.1 wurde das folgende krummlinige Koordinatensystem (u^1, u^2, u^3) eingeführt, siehe Gleichung (3.1),

$$\left.\begin{aligned} u^1 &= \tilde{u}^1(x, y, z)\,, \\ u^2 &= \tilde{u}^2(x, y, z)\,, \\ u^3 &= \tilde{u}^3(x, y, z)\,. \end{aligned}\right\}$$

Es erweist sich hier als zweckmäßig, für die Koordinaten oben stehende Indices zu verwenden und zwischen den Koordinaten (u^1, u^2, u^3) und den Koordinatenabbildungen $(\tilde{u}^1, \tilde{u}^2, \tilde{u}^3)$ zu unterscheiden. Die Tangentenvektoren an die Koordinatenlinien wurden in Abb. 3.2 mit $(\mathbf{t}_1, \mathbf{t}_2, \mathbf{t}_3)$ bezeichnet. Ein beliebiges Vektorfeld $\mathbf{a}$ lässt sich damit als Linearkombination

$$\mathbf{a} = a^i\,\mathbf{t}_i \tag{8.6}$$

der Tangentenvektorfelder ausdrücken. Dabei wurde die Einstein'sche Summenkonvention benutzt, bei der über gleiche oben und unten stehende Indices bis zur Raumdimension zu summieren ist, hier $n = 3$. Die a^i heißen *kontravariante Komponenten* des Vektorfeldes. Wie die Basisfelder $\mathbf{t}_i$ hängen sie im Allgemeinen vom Ort ab.

Eine beliebige 1-Form $\boldsymbol{\xi}$ lässt sich als Linearkombination

$$\boldsymbol{\xi} = \xi_i\,\mathrm{d}\tilde{u}^i \tag{8.7}$$

der Differentiale der Koordinatenabbildungen schreiben. Um das zu sehen, testen wir die Gleichung punktweise mit $\mathbf{t}_k$ und berücksichtigen, dass wegen den Gleichungen (8.4)

$$\mathrm{d}\tilde{u}^i(\mathbf{t}_k) = \nabla_{\mathbf{t}_k}\tilde{u}^i = \frac{\partial \tilde{u}^i}{\partial u^k} = \delta_k^i \tag{8.8}$$

gilt. Der Gradient ∇_{t_k} in Richtung der k-ten Koordinatenlinie ist gerade durch die partielle Ableitung $\partial/\partial u^k$ gegeben. Man sagt, dass $(\mathbf{t}_k)$ und $(\mathrm{d}\tilde{u}^i)$ zueinander *duale Basen* sind. Für die Komponenten ist deshalb

$$\xi_i = \boldsymbol{\xi}\,(\mathbf{t}_i) \tag{8.9}$$

und genauso

$$a^i = \mathrm{d}\tilde{u}^i\,(\mathbf{a})\,. \tag{8.10}$$

Die Basisdarstellung des Differentials $\mathrm{d}f$ lautet mit den Beziehungen (8.4), (8.7) und (8.9)

$$\mathrm{d}f = \frac{\partial f}{\partial u^i}\,\mathrm{d}\tilde{u}^i\,. \tag{8.11}$$

Die üblichen linearen Zusammenhänge zwischen Differentialen, bei denen partielle Ableitungen als Koeffizienten auftreten wie in Gleichung (3.8), können also aus der Definition (8.4) abgeleitet werden. Gewöhnliche Ableitungen lassen sich als Differentialquotienten schreiben.

Zur Vereinfachung der Notation werden wir im folgenden bei den Basisdifferentialen auf die Tilde verzichten. Mit dem Basisdifferential $\mathrm{d}u^i$ ist das Differential der Koordinatenabbildung $\tilde{u}^i$ gemeint. So lautet Gleichung (8.5) bezüglich eines *ganz beliebigen* Koordinatensystems

$$\mathcal{E} = E_1\,\mathrm{d}u^1 + E_2\,\mathrm{d}u^2 + E_3\,\mathrm{d}u^3 = -\left(\frac{\partial\varphi}{\partial u^1}\,\mathrm{d}u^1 + \frac{\partial\varphi}{\partial u^2}\,\mathrm{d}u^2 + \frac{\partial\varphi}{\partial u^3}\,\mathrm{d}u^3\right)\,,$$

oder auch

$$(E_1, E_2, E_3) = -\left(\frac{\partial}{\partial u^1}, \frac{\partial}{\partial u^2}, \frac{\partial}{\partial u^3}\right)\varphi\,.$$

Man vergleiche mit den Ausdrücken (3.31) und (3.41) für den Gradienten in Zylinder- bzw. Kugelkoordinaten. Bei der Darstellung mit Differentialformen stecken die Maßstabsfaktoren in den Übersetzungsisomorphismen und den Materialgleichungen, wie wir weiter unten noch sehen werden.

8.2.4 Multikovektoren und Differentialformen

Bei einem *Multikovektor* $\boldsymbol{\xi}$ handelt es sich um eine multilineare alternierende Abbildung, die jedem p-Tupel von Testvektoren $(\mathbf{v}_1, \dots, \mathbf{v}_p)$ eine reelle Zahl zuordnet. Dabei bezeichnet $p > 0$ den Grad des Multikovektors, kurz p-Kovektor. Bislang haben wir den Fall $p = 1$ betrachtet.

Multilinearität bedeutet, dass sich die Abbildung separat bezüglich der einzelnen Elemente des p-Tupels linear verhält. Für alle reellen Zahlen a, b und Vektoren $\mathbf{v}, \mathbf{w}$ gilt also

$$\boldsymbol{\xi}(\ldots, a\mathbf{v} + b\mathbf{w}, \ldots) = a\boldsymbol{\xi}(\ldots, \mathbf{v}, \ldots) + b\boldsymbol{\xi}(\ldots, \mathbf{w}, \ldots).$$

Die alternierende Eigenschaft bedeutet, dass das Bild sein Vorzeichen wechselt, wenn zwei Argumente vertauscht werden,

$$\boldsymbol{\xi}(\ldots, \mathbf{v}, \ldots, \mathbf{w}, \ldots) = -\boldsymbol{\xi}(\ldots, \mathbf{w}, \ldots, \mathbf{v}, \ldots).$$

Für $\mathbf{v} = \mathbf{w}$ bekommt man Null als Ergebnis, das gilt ganz allgemein im Fall linearer Abhängigkeit der Vektoren. Die p Vektoren heißen *linear abhängig*, wenn Koeffizienten α^i existieren, für die gilt

$$\alpha^i \mathbf{v}_i = 0, \quad i = 1, \ldots, p,$$

mit mindestens einem von Null verschiedenen Koeffizienten α^k. Wir betrachten für diesen Fall

$$
\begin{aligned}
0 = \ & \boldsymbol{\xi}(\mathbf{v}_1, \ldots, \alpha^i \mathbf{v}_i, \ldots, \mathbf{v}_p) \\
= \ & \alpha^1 \boldsymbol{\xi}(\mathbf{v}_1, \ldots, \mathbf{v}_1, \ldots, \mathbf{v}_p) \\
& + \ldots + \alpha^k \boldsymbol{\xi}(\mathbf{v}_1, \ldots, \mathbf{v}_k, \ldots, \mathbf{v}_p) + \ldots + \alpha^p \boldsymbol{\xi}(\mathbf{v}_1, \ldots, \mathbf{v}_p, \ldots, \mathbf{v}_p) \\
= \ & \alpha^k \boldsymbol{\xi}(\mathbf{v}_1, \ldots, \mathbf{v}_k, \ldots, \mathbf{v}_p).
\end{aligned}
$$

Wegen $\alpha^k \neq 0$ für mindestens ein α^k folgt $\boldsymbol{\xi}(\mathbf{v}_1, \ldots, \mathbf{v}_p) = 0$, wie behauptet. Daraus folgt auch, dass für $p > n$ nur der triviale Multikovektor $\boldsymbol{\xi} = 0$ existiert, denn in einem n-dimensionalen Raum gibt es höchstens n linear unabhängige Vektoren.

Endliche Summen und Vielfache von Multikovektoren erklärt man wie im Fall $p = 1$, siehe die Gleichungen (8.2). Der Frage, welche Dimension der dadurch erzeugte lineare Raum hat, werden wir bei der Basisdarstellung nachgehen.

Eine *Differentialform vom Grad p* oder kurz *p-Form* ordnet jedem Punkt P einen Multikovektor $\boldsymbol{\xi}(P)$ zu. *Differentialformen sind Felder von Multikovektoren.* Skalare Funktionen werden in diesem Zusammenhang als 0-Formen angesehen.

2-Form aus Vektorfeld

Unter Verwendung des *Spatproduktes* können Vektoren und 2-Kovektoren miteinander identifiziert werden. Für einen festgehaltenen Vektor $\mathbf{b}$ ist durch das Spatprodukt $\mathbf{b} \cdot (\mathbf{v}_1 \times \mathbf{v}_2)$ eine bilineare alternierende Abbildungsvorschrift gegeben, die jedes Paar von Testvektoren $(\mathbf{v}_1, \mathbf{v}_2)$ auf eine reelle Zahl abbildet. Man bekommt den 2-Kovektor $\boldsymbol{\xi}_{\mathbf{b}}$,

$$\boldsymbol{\xi}_{\mathbf{b}}(\mathbf{v}_1, \mathbf{v}_2) = \mathbf{b} \cdot (\mathbf{v}_1 \times \mathbf{v}_2). \tag{8.12a}$$

Wir schreiben für die durch das Spatprodukt vermittelte Zuordnung

$$^2\mathbf{b} = \boldsymbol{\xi}_\mathbf{b}\,.\tag{8.12b}$$

Umgekehrt kann jede 2-Form in drei Dimensionen so dargestellt werden, wir haben einen weiteren *Übersetzungsisomorphismus* gefunden. Zum Beispiel gilt für das Feld der magnetischen Induktion $\mathcal{B} = {}^2\mathbf{B}$ und für das Feld der dielektrischen Verschiebung $\mathcal{D} = {}^2\mathbf{D}$. Dabei ist mit $\mathcal{B}$ bzw. $\mathcal{D}$ die Darstellung des jeweiligen Feldes durch eine 2-Form gemeint.

Beispiel: Wir wollen den magnetischen Fluss ϕ eines homogenen Feldes $\mathbf{B}$ durch das von den Vektoren $\mathbf{v}_1$ und $\mathbf{v}_2$ aufgespannte Parallelogramm berechnen. Man findet

$$\phi = \mathbf{B}\cdot(\mathbf{v}_1\times\mathbf{v}_2) = {}^2\mathbf{B}(\mathbf{v}_1,\mathbf{v}_2) = \mathcal{B}(\mathbf{v}_1,\mathbf{v}_2)\,.\tag{8.13}$$

Die 2-Form $\mathcal{B}$ antwortet also gerade mit dem Fluss durch das orientierte Parallelogramm, welches von den beiden Testvektoren aufgespannt wird. Für inhomogene Felder gewinnt man Flüsse durch Integration. Damit werden wir uns im Abschn. 8.4 beschäftigen.

3-Form aus skalarer Funktion

Das Spatprodukt $\mathbf{v}_1\cdot(\mathbf{v}_2\times\mathbf{v}_3)$ ist eine trilineare alternierende Abbildung, die jedes Tripel $(\mathbf{v}_1,\mathbf{v}_2,\mathbf{v}_3)$ auf eine reelle Zahl abbildet, nämlich das orientierte Volumen des von $(\mathbf{v}_1,\mathbf{v}_2,\mathbf{v}_3)$ aufgespannten *Parallelepipeds*. Durch Multiplikation mit einer skalaren Konstanten g bekommt man den 3-Kovektor $\boldsymbol{\xi}_g$,

$$\boldsymbol{\xi}_g(\mathbf{v}_1,\mathbf{v}_2,\mathbf{v}_3) = g\,\mathbf{v}_1\cdot(\mathbf{v}_2\times\mathbf{v}_3)\tag{8.14a}$$

und den *Übersetzungsisomorphismus* zwischen skalaren Funktionen und 3-Formen,

$$^3g = \boldsymbol{\xi}_g\,.\tag{8.14b}$$

Die elektrische Raumladung wird durch eine 3-Form dargestellt, $\mathcal{Q} = {}^3\rho$, ausgehend von der elektrischen Raumladungsdichte ρ. Dazu betrachten wir noch ein Beispiel, nämlich die Berechnung der Gesamtladung Q in einem Parallelepiped, welches homogen von Raumladung der Dichte ρ erfüllt ist, und von den Vektoren $\mathbf{v}_1,\mathbf{v}_2,\mathbf{v}_3$ aufgespannt wird. Dafür gilt

$$Q = \rho\,\mathrm{Vol} = \rho\,|\mathbf{v}_1\cdot(\mathbf{v}_2\times\mathbf{v}_3)| = {}^3\rho(\mathbf{v}_1,\mathbf{v}_2,\mathbf{v}_3) = \mathcal{Q}(\mathbf{v}_1,\mathbf{v}_2,\mathbf{v}_3)\,.$$

Um das korrekte Vorzeichen zu bekommen, muss man voraussetzen, dass die drei Testvektoren eine *Rechtsschraube* bilden, $\mathbf{v}_1\cdot(\mathbf{v}_2\times\mathbf{v}_3) > 0$. Die 3-Form $\mathcal{Q}$ antwortet mit der elektrischen Ladung in dem positiv orientierten Parallelepiped, welches von den drei Testvektoren aufgespannt wird.

Äußeres Produkt Pfaff'scher Formen

Wir betrachten ein p-Tupel von 1-Formen $(\boldsymbol{\xi}^1, \dots, \boldsymbol{\xi}^p)$ und ein beliebiges p-Tupel von Testvektorfeldern $(\mathbf{v}_1, \dots, \mathbf{v}_p)$, und bilden den Ausdruck

$$\boldsymbol{\xi}_\wedge(\mathbf{v}_1, \dots, \mathbf{v}_p) = \det \begin{pmatrix} \boldsymbol{\xi}^1(\mathbf{v}_1) & \boldsymbol{\xi}^1(\mathbf{v}_2) & \cdots & \boldsymbol{\xi}^1(\mathbf{v}_p) \\ \boldsymbol{\xi}^2(\mathbf{v}_1) & \boldsymbol{\xi}^2(\mathbf{v}_2) & \cdots & \boldsymbol{\xi}^2(\mathbf{v}_p) \\ \vdots & \vdots & \ddots & \vdots \\ \boldsymbol{\xi}^p(\mathbf{v}_1) & \boldsymbol{\xi}^p(\mathbf{v}_2) & \cdots & \boldsymbol{\xi}^p(\mathbf{v}_p) \end{pmatrix}. \tag{8.15a}$$

Aufgrund der Eigenschaften der Determinante ist $\boldsymbol{\xi}_\wedge$ in jedem Punkt eine multilineare alternierende reellwertige Abbildung der Testvektoren, also eine p-Form. Wir schreiben für diese Konstruktionsvorschrift

$$\boldsymbol{\xi}^1 \wedge \boldsymbol{\xi}^2 \wedge \cdots \wedge \boldsymbol{\xi}^p = \boldsymbol{\xi}_\wedge. \tag{8.15b}$$

Das Symbol $\wedge$ (lies: Dach, engl. „wedge") bezeichnet das sogenannte *äußere Produkt* oder *Dachprodukt* der 1-Formen.

Beispiel: Für das Skalarprodukt zweier Kreuzprodukte gilt die *Lagrange-Identität*

$$(\mathbf{a} \times \mathbf{b}) \cdot (\mathbf{v}_1 \times \mathbf{v}_2) = \det \begin{pmatrix} \mathbf{a} \cdot \mathbf{v}_1 & \mathbf{a} \cdot \mathbf{v}_2 \\ \mathbf{b} \cdot \mathbf{v}_1 & \mathbf{b} \cdot \mathbf{v}_2 \end{pmatrix}.$$

Mit Hilfe der Definitionen (8.12), (8.3) und (8.15) liest man ab:

$$^2(\mathbf{a} \times \mathbf{b}) = {}^1\mathbf{a} \wedge {}^1\mathbf{b}. \tag{8.16}$$

Das äußere Produkt verallgemeinert das Kreuzprodukt aus der Vektorrechnung. Zum Beispiel gilt für die Poynting'sche 2-Form laut Gleichung (2.153)

$$S = {}^2S = {}^2(\mathbf{E} \times \mathbf{H}) = {}^1\mathbf{E} \wedge {}^1\mathbf{H}$$
$$= \mathcal{E} \wedge \mathcal{H}.$$

8.2.5   Die Basisdarstellung von Differentialformen

Zur Basisdarstellung von Differentialformen ist eine Notation mit *Multiindices* zweckmäßig. Wir bezeichnen Multiindices mit Großbuchstaben. Ein geordneter p-Multiindex I, kurz p-Index, besteht aus einer aufsteigenden Folge gewöhnlicher Indices. Wir schreiben

$$I = i_1 i_2 \dots i_p, \quad 1 \le i_1 < i_2 < \cdots < i_p \le n,$$

Tab. 8.1 Indexmengen in drei Dimensionen. Die Abweichung von der Konvention aufsteigender Indices ist durch Unterstreichung gekennzeichnet

$p = 1$	$p = 2$	$p = 3$
$\{1, 2, 3\}$	$\{23, \underline{31}, 12\}$	$\{123\}$

mit $1 \leq p \leq n$. Aus der Kombinatorik folgt, dass es in einem n-dimensionalen Raum $\binom{n}{p}$ unterschiedliche geordnete p-Indices gibt. Gebräuchliche Indexmengen in drei Dimensionen sind in Tab. 8.1 zusammengestellt. Manchmal wird durch zusätzliche Permutationen von der Konvention aufsteigender Indices abgewichen.

Wir verwenden auch für Multiindices wieder die Summenkonvention. Eine beliebige p-Form $\boldsymbol{\xi}$ lässt sich als Linearkombination

$$\boldsymbol{\xi} = \xi_I \,\boldsymbol{\vartheta}^I \,, \quad \boldsymbol{\vartheta}^I = \mathrm{d}u^{i_1} \wedge \cdots \wedge \mathrm{d}u^{i_p} \tag{8.17}$$

schreiben, wobei die Summe über alle $\binom{n}{p}$ geordneten p-Indices zu bilden ist. Um das zu sehen, testen wir die Gleichung punktweise mit $\mathbf{t}_K = (\mathbf{t}_{k_1}, \ldots, \mathbf{t}_{k_p})$ und berücksichtigen, dass wegen der Beziehungen (8.15) und (8.8)

$$\boldsymbol{\vartheta}^I(\mathbf{t}_K) = \det \begin{pmatrix} \delta^{i_1}_{k_1} & \delta^{i_1}_{k_2} & \cdots & \delta^{i_1}_{k_p} \\ \delta^{i_2}_{k_1} & \delta^{i_2}_{k_2} & \cdots & \delta^{i_2}_{k_p} \\ \vdots & \vdots & \ddots & \vdots \\ \delta^{i_p}_{k_1} & \delta^{i_p}_{k_2} & \cdots & \delta^{i_p}_{k_p} \end{pmatrix} \tag{8.18a}$$

gilt. Für $I = K$ erhält man eine Einheitsmatrix, für $I \neq K$ existiert mindestens ein Index i_μ, der nicht in K enthalten ist, so dass die Matrix eine Nullzeile enthält. Also ist

$$\boldsymbol{\vartheta}^I(\mathbf{t}_K) = \delta^I_K \tag{8.18b}$$

und deshalb

$$\xi_I = \boldsymbol{\xi}(\mathbf{t}_I) \,, \quad \mathbf{t}_I = (\mathbf{t}_{i_1}, \ldots, \mathbf{t}_{i_p}) \,. \tag{8.19}$$

Das *Kronecker-Symbol* ist für Multiindices folgendermaßen definiert,

$$\delta^I_K = \begin{cases} 1 & I = K \\ 0 & I \neq K \end{cases} .$$

Die Darstellung (8.17) heißt *erste Normalform* der p-Form, die ξ_I heißen *strikte* Komponenten [85, §7.2], sie hängen im allgemeinen vom Ort ab. Die Dimension des von p-Formen in jedem Punkt aufgespannten linearen Raumes ist somit $\binom{n}{p}$.

Bemerkung: Die Komponenten ξ_I definieren kovariante schiefsymmetrische Tensorfelder p-ter Stufe. Differentialformen sind nichts anderes als kovariante schiefsymmetrische Tensorfelder in einer koordinatenfreien Darstellung, und die Theorie der Differentialformen ist eine Untermenge der Tensoranalysis.

Als Beispiel kehren wir zu der Flussberechnung aus Gleichung (8.13) zurück. Dort war

$$\phi = \mathcal{B}(\mathbf{v}_1, \mathbf{v}_2).$$

In Koordinaten schreiben wir

$$
\begin{aligned}
\mathcal{B} &= B_{12}\,\vartheta^{\,12} && + B_{23}\,\vartheta^{\,23} && + B_{31}\,\vartheta^{\,31} \\
&= B_{12}\,\mathrm{d}u^1 \wedge \mathrm{d}u^2 + B_{23}\,\mathrm{d}u^2 \wedge \mathrm{d}u^3 + B_{31}\,\mathrm{d}u^3 \wedge \mathrm{d}u^1 ,
\end{aligned}
$$

$$
\begin{aligned}
\mathbf{v}_1 &= v_1^1 \mathbf{t}_1 + v_1^2 \mathbf{t}_2 + v_1^3 \mathbf{t}_3 , \\
\mathbf{v}_2 &= v_2^1 \mathbf{t}_1 + v_2^2 \mathbf{t}_2 + v_2^3 \mathbf{t}_3 .
\end{aligned}
$$

Für den ersten Summanden von $\mathcal{B}$ kommt es nur auf auf die Basisvektoren $\mathbf{t}_1$ und $\mathbf{t}_2$ an, genauer

$$
\begin{aligned}
\vartheta^{\,12}(\mathbf{t}_{12}) &= (\mathrm{d}u^1 \wedge \mathrm{d}u^2)(\mathbf{t}_1, \mathbf{t}_2) = +1 , \\
\vartheta^{\,12}(\mathbf{t}_{21}) &= (\mathrm{d}u^1 \wedge \mathrm{d}u^2)(\mathbf{t}_2, \mathbf{t}_1) = -1 .
\end{aligned}
$$

Auf alle anderen Kombinationen von Basisvektoren antwortet der Term mit Null. Insgesamt erhält man deshalb

$$
\phi = B_{12} \det \begin{pmatrix} v_1^1 & v_2^1 \\ v_1^2 & v_2^2 \end{pmatrix} + B_{23} \det \begin{pmatrix} v_1^2 & v_2^2 \\ v_1^3 & v_2^3 \end{pmatrix} + B_{31} \det \begin{pmatrix} v_1^3 & v_2^3 \\ v_1^1 & v_2^1 \end{pmatrix}
$$

$$
= \det \begin{pmatrix} B_{23} & v_1^1 & v_2^1 \\ B_{31} & v_1^2 & v_2^2 \\ B_{12} & v_1^3 & v_2^3 \end{pmatrix} ,
$$

wieder gänzlich unabhängig vom verwendeten Koordinatensystem.

Die Übersetzungsisomorphismen in Koordinaten

Im Abschn. 3.1, Gleichung (3.15) wurden die *Maßstabsfaktoren* (t_1, t_2, t_3) eingeführt, sie geben die Beträge der Basisvektoren $t_i = |\mathbf{t}_i|$ und sind im Allgemeinen von Ort zu Ort verschieden. Die Maßstabsfaktoren für einige wichtige orthogonale Koordinatensysteme sind in Tab. 8.2 zusammengestellt.

Tab. 8.2 Maßstabsfaktoren für einige wichtige orthogonale Koordinatensysteme

Koordinatensystem	(u^1, u^2, u^3)	(t_1, t_2, t_3)
Kartesische Koordinaten	(x, y, z)	$(1, 1, 1)$
Zylinderkoordinaten	(r, φ, z)	$(1, r, 1)$
Kugelkoordinaten	(r, θ, φ)	$(1, r, r \sin \theta)$

Man kann wie in Gleichung (3.23) Einheitsvektoren

$$\mathbf{e}_{u^i} = \frac{\mathbf{t}_i}{t_i} \tag{8.20}$$

in den Koordinatenrichtungen einführen. Ein Vektorfeld $\mathbf{a}$ kann dann in jedem Punkt entweder wie in Gleichung (8.6) in seine *kontravarianten Komponenten* a^i bezüglich der natürlichen Basis ($\mathbf{t}_i$) oder in seine *physikalischen Komponenten* a_{u^i} bezüglich der normierten Basis ($\mathbf{e}_{u^i}$) zerlegt werden,

$$\mathbf{a} = a^i \mathbf{t}_i = \sum_{i=1}^{n} a_{u^i} \, \mathbf{e}_{u^i} \,.$$

In der Vektoranalysis werden üblicherweise die physikalischen Komponenten verwendet. Die Übersetzungsisomorphismen in Koordinaten bekommt man, indem man Basisdarstellungen der jeweiligen Differentialformen und Felder in die Beziehungen (8.3), (8.12), (8.14) einsetzt und mit normierten Basisfeldern testet,

$$\left. \begin{array}{l} {}^1\mathbf{a} = a_{u^1} \, t_1 \vartheta^1 + a_{u^2} \, t_2 \vartheta^2 + a_{u^3} \, t_3 \vartheta^3 \,, \\[2mm] {}^2\mathbf{b} = b_{u^1} \, t_2 t_3 \vartheta^{23} + b_{u^2} \, t_3 t_1 \vartheta^{31} + b_{u^3} \, t_1 t_2 \vartheta^{12} \,, \\[2mm] {}^3g = g \, t_1 t_2 t_3 \vartheta^{123} \,. \end{array} \right\} \tag{8.21}$$

Zum Beispiel ist in Zylinderkoordinaten

$$ {}^2\mathbf{b} = b_r \, r \, \mathrm{d}\varphi \wedge \mathrm{d}z + b_\varphi \, \mathrm{d}z \wedge \mathrm{d}r + b_z \, \mathrm{d}r \wedge r \, \mathrm{d}\varphi \,. \tag{8.22}$$

Skalare Funktionen und 0-Formen sind identisch, dafür schreiben wir manchmal ${}^0 f = f$.

8.2.6 Äußeres Produkt von Differentialformen

Wir betrachten ein k-Tupel von Differentialformen $(\boldsymbol{\xi}^1, \ldots, \boldsymbol{\xi}^k)$, deren äußeres Produkt definiert werden soll. Die Differentialformen sind vom Grad $(p_1, \ldots, p_k)$, dann ist $p = p_1 + p_2 + \cdots + p_k$ der Grad des äußeren Produktes.

Deshalb betrachten wir p Testvektorfelder $(\mathbf{v}_1, \ldots, \mathbf{v}_p)$. Die Felder werden der Reihe nach in die Differentialformen eingesetzt und die Resultate in jedem Punkt multipliziert. Man erhält die multilineare Abbildung

$$\boldsymbol{\xi}_\otimes(\mathbf{v}_1, \ldots, \mathbf{v}_p) = \boldsymbol{\xi}^1(\mathbf{v}_1, \ldots, \mathbf{v}_{p_1}) \cdot \boldsymbol{\xi}^2(\mathbf{v}_{p_1+1}, \ldots, \mathbf{v}_{p_1+p_2}) \cdot \quad (8.23a)$$

$$\cdots \cdot \boldsymbol{\xi}^k(\mathbf{v}_{p_1+p_2+\cdots+p_{k-1}+1}, \ldots, \mathbf{v}_p) \,. \quad (8.23b)$$

Darauf kann man den *Antisymmetrisierungsoperator* Alt anwenden („Alternieren"),

$$\mathrm{Alt}(\boldsymbol{\xi}_\otimes)(\mathbf{v}_1, \mathbf{v}_2, \ldots, \mathbf{v}_p) = \frac{1}{p!} \sum_\pi \mathrm{sgn}(\pi) \boldsymbol{\xi}_\otimes(\mathbf{v}_{\pi(1)}, \ldots, \mathbf{v}_{\pi(p)}) \,. \quad (8.23c)$$

Dabei ist $\pi(1), \pi(2), \ldots, \pi(p)$ eine *Permutation* der Zahlen $1, 2, \ldots, p$, und $\mathrm{sgn}(\pi)$ das Vorzeichen von π, das heißt $\mathrm{sgn}(\pi) = +1$, falls sich π durch eine gerade Anzahl von Vertauschungen herstellen lässt, $\mathrm{sgn}(\pi) = -1$ sonst. Aufgrund der Konstruktion (8.23ab) ist $\mathrm{Alt}(\boldsymbol{\xi}_\otimes)$ in jedem Punkt eine multilineare alternierende reellwertige Abbildung der Testvektoren, also eine p-Form. Schließlich definieren wir

$$\boldsymbol{\xi}^1 \wedge \boldsymbol{\xi}^2 \wedge \cdots \wedge \boldsymbol{\xi}^k = \boldsymbol{\xi}_\wedge = \frac{p!}{p_1! \, p_2! \cdots p_k!} \, \mathrm{Alt}(\boldsymbol{\xi}_\otimes) \quad (8.23d)$$

als das *äußere Produkt* der Differentialformen $(\boldsymbol{\xi}^1, \ldots, \boldsymbol{\xi}^k)$, wie in Gleichung (8.15b). Für den Fall $p_1 = p_2 = \cdots = p_k = 1$, $k = p$ reduziert sich die Konstruktion (8.23) auf jene in den Gleichungen (8.15). Insbesondere lässt sich dann die Operation des Alternierens durch die Determinante (8.15a) darstellen.

Das äußere Produkt ist assoziativ und distributiv wie das gewöhnliche Produkt, jedoch nicht kommutativ. Aus der Konstruktion (8.23) folgt die *Vertauschungsregel* für das Produkt einer p-Form $\boldsymbol{\xi}$ und einer q-Form $\boldsymbol{\eta}$,

$$\boldsymbol{\xi} \wedge \boldsymbol{\eta} = (-1)^{pq} \boldsymbol{\eta} \wedge \boldsymbol{\xi} \,. \quad (8.24)$$

Skalare Funktionen dürfen in äußeren Produkten beliebig platziert werden. Zusammen mit den Verknüpfungen $+$ und $\wedge$ bilden die Räume der Differentialformen eine Algebra, die sogenannte *äußere* oder *Graßmann-Algebra* (nach Hermann Graßmann).

Beispiel: Skalarprodukt als äußeres Produkt. Es gilt

$$^1\mathbf{a} \wedge {}^2\mathbf{b} = {}^3(\mathbf{a} \cdot \mathbf{b}) \,. \quad (8.25)$$

Das ist eine Identität zwischen 3-Formen. Wegen der Multilinearität genügt es, die Identität auf einer beliebigen Basis zu zeigen und $\binom{3}{3} = 1$ Kombination der Basisfelder zu betrachten. Wir wählen $\mathbf{v}_1 = \mathbf{b} \neq 0$, $\mathbf{v}_2, \mathbf{v}_3$ dazu linear unabhängig. Testen der linken Seite mit

$(\mathbf{b}, \mathbf{v}_2, \mathbf{v}_3)$ unter Berücksichtigung der Beziehungen (8.3), (8.12), (8.14) und (8.23) gibt

$$(^1\mathbf{a} \wedge {}^2\mathbf{b})(\mathbf{b}, \mathbf{v}_2, \mathbf{v}_3)$$
$$= \frac{1}{2}\{(\mathbf{a} \cdot \mathbf{b})(\mathbf{b} \cdot (\mathbf{v}_2 \times \mathbf{v}_3)) + (\mathbf{a} \cdot \mathbf{v}_2)(\mathbf{b} \cdot (\mathbf{v}_3 \times \mathbf{b}))$$
$$+ (\mathbf{a} \cdot \mathbf{v}_3)(\mathbf{b} \cdot (\mathbf{b} \times \mathbf{v}_2)) - (\mathbf{a} \cdot \mathbf{b})(\mathbf{b} \cdot (\mathbf{v}_3 \times \mathbf{v}_2))$$
$$- (\mathbf{a} \cdot \mathbf{v}_2)(\mathbf{b} \cdot (\mathbf{b} \times \mathbf{v}_3)) - (\mathbf{a} \cdot \mathbf{v}_3)(\mathbf{b} \cdot (\mathbf{v}_2 \times \mathbf{b}))\}$$
$$= {}^3(\mathbf{a} \cdot \mathbf{b})(\mathbf{b}, \mathbf{v}_2, \mathbf{v}_3) \,.$$

Zum Beispiel gilt für die elektromagnetische Energieverteilung in einem linearen Medium laut Abschn. 2.14.1

$$\mathcal{W} = {}^3 w = {}^3\left(\frac{1}{2}\mathbf{E} \cdot \mathbf{D} + \frac{1}{2}\mathbf{H} \cdot \mathbf{B}\right) = \frac{1}{2}{}^1\mathbf{E} \wedge {}^2\mathbf{D} + \frac{1}{2}{}^1\mathbf{H} \wedge {}^2\mathbf{B}$$
$$= \frac{1}{2}\mathcal{E} \wedge \mathcal{D} + \frac{1}{2}\mathcal{H} \wedge \mathcal{B}\,. \tag{8.26}$$

8.2.7 Darstellung der elektromagnetischen Felder und Potentiale mit Differentialformen

Ausgangspunkt für die Formulierung der Maxwell'schen Gleichungen in drei Dimensionen ist der euklidische Raum und die durch die Gleichungen (8.21) gegebenen Zusammenhänge zwischen Differentialformen, skalaren Funktionen und Vektorfeldern. Skalaren Funktionen können 3-Formen, Vektorfeldern 1- oder 2-Formen zugeordnet werden. Es kommt auf die physikalischen Eigenschaften der betrachteten Felder an, was im Einzelnen richtig und zweckmäßig ist. Man geht am besten von den Maxwell'schen Gleichungen (1.72) in integraler Form aus. Der Grad der Differentialform ergibt sich aus der Dimension des jeweiligen Integrationsgebietes. Auf diese Weise entstehen die in Tab. 8.3 getroffenen Zuordnungen. Vektoren, die mit 1-Kovektoren zusammenhängen, werden auch *polare Vektoren* genannt, und jene, die mit 2-Kovektoren zusammenhängen, *axiale Vektoren*. Es

Tab. 8.3 Zuordnung von Differentialformen zu Feldern und Potentialen in der elektromagnetischen Feldtheorie. U, I, T bezeichnen die physikalischen Dimensionen der Spannung, des Stromes und der Zeit

Differentialform		Bezeichung, physikalische Dimension	
φ	0-Form	Skalares elektrisches Potential	U
$\mathcal{A} = {}^1\mathbf{A}$	1-Form	Magnetisches Kovektorpotential	UT
$\mathcal{E} = {}^1\mathbf{E}$	1-Form	Elektrische Feldstärke	U
$\mathcal{B} = {}^2\mathbf{B}$	2-Form	Magnetische Induktion	UT
$\mathcal{H} = {}^1\mathbf{H}$	1-Form	Magnetische Feldstärke	I
$\mathcal{D} = {}^2\mathbf{D}$	2-Form	Dielektrische Verschiebung	IT
$\mathcal{J} = {}^2\mathbf{g}$	2-Form	Elektrische Stromverteilung	I
$\mathcal{Q} = {}^3\rho$	3-Form	Elektrische Raumladung	IT
$\mathcal{S} = {}^2\mathbf{S}$	2-Form	Poynting'sche Form	UI
$\mathcal{W} = {}^3 w$	3-Form	Elektromagnetische Energieverteilung	UIT

sei noch gesagt, dass Experimente angegeben werden können, mit denen die elektromagnetischen Felder $\mathcal{E}$, $\mathcal{B}$, $\mathcal{D}$ und $\mathcal{H}$ unmittelbar als Formen bestimmbar sind. Sie sind in [81] genauer beschrieben.

Anhand der Gleichungen (8.21) kann man erkennen, dass der Übergang zu einer p-Form mit einer Multiplikation mit L^p einhergeht, wobei L die physikalische Dimension einer Länge bezeichnet. Das erklärt die in Tab. 8.3 angegebenen physikalischen Dimensionen der Differentialformen.

8.2.8 Das Verhalten von Differentialformen unter Abbildungen von Gebieten

In diesem Abschnitt wollen wir untersuchen, wie sich Differentialformen unter Abbildungen von Gebieten verhalten. Die Situation ist in Abb. 8.2 dargestellt. Dazu empfiehlt

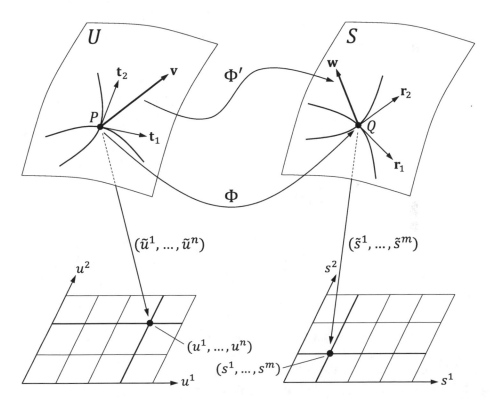

Abb. 8.2 Betrachtet werden zwei Gebiete U und S. Die Abbildung Φ bildet U nach S ab, Q ist der Bildpunkt von P. Der Vektor $\mathbf{v}$ wird durch die tangierende Abbildung Φ' auf $\mathbf{w}$ abgebildet. In der Zeichnung sind die Gebiete zweidimensional dargestellt. Im Allgemeinen dürfen sie aber n bzw. m Dimensionen besitzen. In beiden Gebieten wurden krummlinige Koordinatensysteme eingeführt, mit den Koordinatenabbildungen $(\tilde{u}^1, \ldots, \tilde{u}^n)$ bzw. $(\tilde{s}^1, \ldots, \tilde{s}^m)$. Die Tangentenvektoren an die Koordinatenlinien sind $(\mathbf{t}_1, \ldots, \mathbf{t}_n)$ bzw. $(\mathbf{r}_1, \ldots, \mathbf{r}_m)$

Tab. 8.4 Übersicht über die
beiden Gebiete U und S und
ihre jeweiligen Koordinatensysteme

	Gebiet U	Gebiet S
Dimension	n	m
Beliebiger Punkt	P	Q
Koordinatenabbildung	$(\tilde{u}^1, \ldots, \tilde{u}^n)$	$(\tilde{s}^1, \ldots, \tilde{s}^m)$
Koordinaten des Punktes	$(u^1, \ldots, u^n)$	$(s^1, \ldots, s^m)$
Beliebiger (Tangenten-)Vektor	$\mathbf{v}$	$\mathbf{w}$
Tangentenvektoren an die Koordinatenlinien	$(\mathbf{t}_1, \ldots, \mathbf{t}_n)$	$(\mathbf{r}_1, \ldots, \mathbf{r}_m)$

es sich, der Reihe nach das Verhalten von Punkten, skalaren Funktionen, Vektorfeldern und Differentialformen zu betrachten. In jedem Fall wird zunächst eine koordinatenunabhängige Definition gegeben, deren Eigenschaften zusammengestellt und schließlich ein Ausdruck in Koordinaten hergeleitet.

Koordinatensysteme

In Abb. 8.2 werden die beiden Gebiete U und S betrachtet. In beiden Gebieten wurden krummlinige Koordinatensysteme eingeführt. Tab. 8.4 gibt eine Übersicht über die beiden Gebiete und ihre jeweiligen Koordinatensysteme.

Die Abbildung Φ bildet U nach S ab. Oft beschreibt S ein Grundgebiet, U ein Parametergebiet und $K = \Phi(U)$ ein Teilgebiet von S. Das Teilgebiet kann eine Rand- oder Grenzfläche sein ($n = 2, m = 3$), oder ein Integrationsgebiet ($n = 1$: Kurve, $n = 2$: Fläche, $n = 3$: räumliches Gebiet, $n \le m$).

Abbildung von Punkten

Die Abbildung Φ bildet den Punkt P auf den Punkt Q ab. Dadurch werden die Koordinaten der Punkte zueinander in Beziehung gesetzt,

$$
\begin{aligned}
(s^1, \ldots, s^m) &= \Phi(u^1, \ldots, u^n) \\
&= \left(\Phi^1(u^1, \ldots, u^n), \ldots, \Phi^m(u^1, \ldots, u^n) \right).
\end{aligned}
\tag{8.27}
$$

Daraus bekommt man die Elemente der *Jacobi-Matrix*,

$$
J_i^k = \frac{\partial \Phi^k}{\partial u^i}, \quad i = 1, \ldots, n, \quad k = 1, \ldots, m.
$$

Die beiden Gebiete U und S brauchen nicht dieselbe Dimension zu besitzen, so dass die Jacobi-Matrix im Allgemeinen rechteckig ist. Wir setzen nur voraus, dass sie maximalen Rang besitzt. Der Spezialfall einer (lokal) umkehrbar eindeutigen Abbildung ergibt sich dann für $m = n$. Wenn zusätzlich Φ die identische Abbildung ist, hat man eine Koordinatentransformation.

Rücktransport skalarer Funktionen

Die Möglichkeit, Punkte von U nach S abzubilden, erlaubt es, Funktionen von S nach U abzubilden. Diese Abbildung heißt *Rücktransport* (engl. „pullback") und wird mit Φ^* bezeichnet. Ausgehend von einer Funktion f auf S bekommt man durch $\Phi^* f$ eine Funktion auf U. Sie ist folgendermaßen definiert,

$$(\Phi^* f)(P) = f(\Phi(P)) .$$

In Koordinaten erhält man

$$(\Phi^* f)(u^1, \ldots, u^n) = f(s^1, \ldots, s^m) ,$$

wobei sich $(s^1, \ldots, s^m)$ aus $(u^1, \ldots, u^n)$ zufolge Gleichung (8.27) berechnet. Es wird also einfach die Abbildungsvorschrift eingesetzt. Daraus folgt mit der Kettenregel

$$\frac{\partial(\Phi^* f)}{\partial u^i} = J_i^k \frac{\partial f}{\partial s^k} . \qquad (8.28)$$

Im Folgenden arbeiten wir in einem fixierten Punkt P und dessen Bildpunkt Q bzw. deren Umgebungen. Die dadurch gewonnenen Resultate für Vektoren und (Multi-)kovektoren übertragen sich auf Vektorfelder und Differentialformen.

Tangierende Abbildung von Vektorfeldern

Die Abbildung Φ induziert eine Abbildung von Vektoren, die *tangierende Abbildung* Φ' (engl. „pushforward"), siehe Abb. 8.2. Sie ist definiert durch

$$\nabla_{\Phi' \mathbf{v}} f = \nabla_{\mathbf{v}} (\Phi^* f) ,$$

für alle f in einer Umgebung von Q. Aus der Linearität von $\nabla_{\mathbf{v}}$ bezüglich $\mathbf{v}$ folgt die Linearität von Φ'. Für die Komponenten erhält man mit $\mathbf{w} = \Phi' \mathbf{v}$

$$w^k \frac{\partial f}{\partial s^k} = v^i \frac{\partial(\Phi^* f)}{\partial u^i} ,$$

und der Kettenregel (8.28)

$$w^k = J_i^k v^i , \qquad (8.29)$$

das ist die übliche Transformationsvorschrift für kontravariante Komponenten eines Vektors.

Rücktransport von Differentialformen

Wir erweitern den Rücktransport Φ^* von skalaren Funktionen (0-Formen) auf Differentialformen vom Grad p. Ausgehend von einer p-Form ξ auf S bekommt man durch $\Phi^* \xi$ eine p-Form auf U. Sie ist punktweise folgendermaßen definiert,

$$(\Phi^* \xi)(\mathbf{v}_1, \ldots, \mathbf{v}_p) = \xi(\Phi' \mathbf{v}_1, \ldots, \Phi' \mathbf{v}_p) . \qquad (8.30)$$

Aus den entsprechenden Definitionen folgt die Linearität von Φ^* sowie die Verträglichkeit mit dem äußeren Produkt,

$$\Phi^*(\xi \wedge \eta) = \Phi^* \xi \wedge \Phi^* \eta \,, \tag{8.31}$$

und der Berechnung des Differentials,

$$\Phi^* \, \mathrm{d} f = \mathrm{d}\, \Phi^* f \,. \tag{8.32}$$

Für Pfaff'sche Formen ($p = 1$) bekommt man mit $\eta = \Phi^* \xi$ aus Gleichung (8.30) zunächst $\eta(\mathbf{v}) = \xi(\mathbf{w})$ und daraus in Komponenten $\eta_i v^i = \xi_k w^k$. Weil v^i beliebig ist, findet man unter Verwendung der Beziehung (8.29)

$$\eta_i = J_i^k \xi_k \,, \tag{8.33}$$

das ist die übliche Transformationsvorschrift für kovariante Komponenten. Flanders [82, §2.4] zeigt, dass für $1 < p \leq \min(m, n)$ eine ähnliche Transformationsvorschrift gilt, nämlich

$$\eta_I = \det\left(J_I^K\right) \xi_K \,. \tag{8.34}$$

Dabei ist mit $\det\left(J_I^K\right)$ eine $p \times p$-Unterdeterminante der Jacobi-Determinante gemeint, mit den Elementen $\left(J_{i_\mu}^{k_\nu}\right)$, $\mu, \nu = 1, \ldots, p$. Für $p > \min(m, n)$ verschwindet $\Phi^* \xi$.

Für die praktische Berechnung des Rücktransports einer Differentialform empfiehlt sich ein etwas anderes Vorgehen. Mit

$$\xi = \xi_K \, \mathrm{d}s^{k_1} \wedge \cdots \wedge \mathrm{d}s^{k_p}$$

erhält man für die Komponenten

$$\Phi^* \xi = (\Phi^* \xi_K) \, \mathrm{d}(\Phi^* s^{k_1}) \wedge \cdots \wedge \mathrm{d}(\Phi^* s^{k_p}) \,.$$

Die Berechnung gestaltet sich damit in drei Schritten:

1. Einsetzen der Abbildungvorschrift in Koordinaten,
2. Umrechnen der Basisdifferentiale,
3. Vereinfachen nach den Regeln der äußeren Algebra.

Bemerkung: Das entspricht den Rechenregeln für die Transformation der Integranden von Mehrfachintegralen.

Beispiel: Die folgende Differentialform soll in ebenen Polarkoordinaten ausgedrückt werden,

$$\xi = -\frac{y}{\sqrt{x^2 + y^2}}\, dx + \frac{x}{\sqrt{x^2 + y^2}}\, dy\,.$$

In diesem Fall ist $(x, y) = \Phi(r, \varphi) = r(\cos\varphi, \sin\varphi)$, und die drei Schritte geben der Reihe nach

$$\Phi^*\xi = -\sin\varphi\, d(r\cos\varphi) + \cos\varphi\, d(r\sin\varphi)$$
$$= -\sin\varphi(\cos\varphi\, dr - \sin\varphi\, r\, d\varphi) + \cos\varphi(\sin\varphi\, dr + \cos\varphi\, r\, d\varphi)$$
$$= r\, d\varphi\,.$$

8.2.9   Der Spuroperator für Differentialformen

Im Zusammenhang mit Randwertproblemen spielt die Formulierung von *Randbedingungen* eine zentrale Rolle. Dabei stellt sich die Frage, wie Randbedingungen für physikalische Größen zu formulieren sind, die durch Differentialformen dargestellt werden. Die Auswertung der Differentialformen auf einer Rand- oder Grenzfläche geschieht durch Rücktransport. Man bekommt dadurch die *Tangentialspur* oder kurz *Spur* der Differentialform (engl. „trace"). In diesem speziellen Fall schreibt man $\gamma\,\xi$ anstelle von $\Phi^*\xi$ und nennt γ den *Spuroperator*. Der Spuroperator γ verallgemeinert das Konzept der *Dirichlet'schen Randbedingung*.

Abb. 8.3 zeigt eine solche Situation. Ein m-dimensionales Gebiet S (hier: $m = 3$) wird durch die eingebettete $(m - 1)$-dimensionale (Hyper-) Fläche $K = \Phi(U)$ in zwei Teilgebiete unterteilt. Der normierte Normalenvektor $\mathbf{n}$ zeigt von Gebiet 1 nach Gebiet 2. Die Dinge sind so eingerichtet, dass sich die Durchtrittsrichtung $1 \to 2$ mit der *Orientierung* der Fläche K zur Raumorientierung ergänzt, wie in der Abbildung gezeigt. Das ist die *Orientierungskonvention*.

Die Dimension des von p-Formen in jedem Punkt aufgespannten linearen Raumes ist $\binom{m}{p}$ in S und $\binom{m-1}{p}$ in U. Daraus folgt, dass der Spuroperator für $0 < p < m$ einen Kern

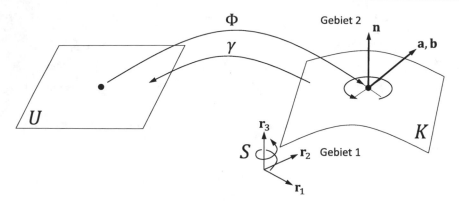

Abb. 8.3 Ein räumliches Gebiet S wird durch Einbettung der Fläche K in zwei Teilgebiete unterteilt. Die Abbildung Φ beschreibt die Einbettung, $K = \Phi(U)$. Randbedingungen für Differentialformen werden mit dem Spuroperator γ formuliert, das ist der Rücktransport mit der Einbettung. Der normierte Normalenvektor $\mathbf{n}$ zeigt von Gebiet 1 nach Gebiet 2, $\mathbf{a}$ und $\mathbf{b}$ sind Feldvektoren

Tab. 8.5 Homogene Dirichlet-Randbedingungen für Differentialformen und für die ihnen zugeordneten skalaren Funktionen und Vektorfelder. Je nach Grad der Differentialform entspricht die Spur der Tangential- oder der Normalkomponente des Vektorfeldes

$\gamma^0 f = 0$	$f = 0$
$\gamma^1 \mathbf{a} = 0$	$\mathbf{n} \times \mathbf{a} = 0$
$\gamma^2 \mathbf{b} = 0$	$\mathbf{n} \cdot \mathbf{b} = 0$
$\gamma^3 g = 0$	(keine)

der Dimension

$$\binom{m}{p} - \binom{m-1}{p} = \binom{m-1}{p-1}$$

besitzt. Der Kern kann – wie man zeigen kann – mit Hilfe des (normierten) Normalenvektors $\mathbf{n}$ charakterisiert werden. Es ist $\gamma\,\xi = 0, \xi \neq 0$, genau dann wenn

$$^1\mathbf{n} \wedge \xi = 0$$

gilt. Damit bekommt man den in Tab. 8.5 ausgeführten Fall homogener Dirichlet-Randbedingungen. Sie können mit dem Spuroperator einheitlich dargestellt werden.

Verhältnisse an Grenzflächen

Im Allgemeinen sind elektromagnetische Felder an Grenzflächen unstetig, zum Beispiel zwischen Medien mit unterschiedlichen Materialeigenschaften. Die bekannten Randbedingungen (2.118), (2.119) für elektrische Felder bzw. (5.96), (5.98) für magnetische Felder sind nachfolgend für Vektorfelder und Differentialformen einander gegenübergestellt,

$$
\left.
\begin{aligned}
\mathbf{n} \times (\mathbf{E}_2 - \mathbf{E}_1) &= 0 && \Leftrightarrow && \gamma(\mathcal{E}_2 - \mathcal{E}_1) &&= 0\,, \\
\mathbf{n} \cdot (\mathbf{D}_2 - \mathbf{D}_1) &= \sigma && \Leftrightarrow && \gamma(\mathcal{D}_2 - \mathcal{D}_1) &&= \mathcal{Q}_{\mathrm{s}}\,, \\
\mathbf{n} \times (\mathbf{H}_2 - \mathbf{H}_1) &= \mathbf{k} && \Leftrightarrow && \gamma(\mathcal{H}_2 - \mathcal{H}_1) &&= \mathcal{J}_{\mathrm{s}}\,, \\
\mathbf{n} \cdot (\mathbf{B}_2 - \mathbf{B}_1) &= 0 && \Leftrightarrow && \gamma(\mathcal{B}_2 - \mathcal{B}_1) &&= 0\,.
\end{aligned}
\right\}
\tag{8.35}
$$

Die tiefgestellten Indices beziehen sich auf das jeweilige Teilgebiet. Der elektrischen Flächenladungsdichte σ wurde die 2-Form $\mathcal{Q}_{\mathrm{s}}$ und der elektrischen Flächenstromdichte $\mathbf{k}$ die 1-Form $\mathcal{J}_{\mathrm{s}}$ geeignet zugeordnet,

$$
\left.
\begin{aligned}
\mathcal{Q}_{\mathrm{s}} &= \gamma^{2}(\sigma \mathbf{n})\,, \\
\mathcal{J}_{\mathrm{s}} &= \gamma^{1}(\mathbf{k} \times \mathbf{n})\,.
\end{aligned}
\right\}
$$

Dabei hat $\mathcal{Q}_{\mathrm{s}}$ die Dimension IT einer Ladung und $\mathcal{J}_{\mathrm{s}}$ die Dimension I eines Stromes. In Abwesenheit von Flächenladungen und -strömen müssen die Spuren der elektromagnetischen Felder stetig übergehen, jedenfalls für ruhende Grenzflächen. Stetigkeit der Spur einer 1-Form entspricht der Tangentialstetigkeit des zugeordneten Vektorfeldes, während Stetigkeit der Spur einer 2-Form der Normalstetigkeit entspricht.

Berechnung der Spur in Koordinaten
Für praktische Berechnungen in Koordinaten $(s^1, \ldots, s^m)$ wird oft die Spur einer Differentialform bezüglich einer Koordinaten(hyper-)fläche betrachtet. Die zugehörige Koordinatenabbildung $\tilde{s}^k$ ist dort konstant, deshalb ist ihr Differential null. Die Berechnung der Spur bedeutet dann Einsetzen der konstanten Koordinate s^k und Nullsetzen des Basisdifferentials $\mathrm{d}s^k$.

Vorsicht im Hinblick auf das Vorzeichen ist geboten. In der Fläche verbleibt das Koordinatensystem $(s^1, \ldots, \cancel{s^k}, \ldots, s^m)$. Die Reihenfolge der Koordinaten legt dort eine Orientierung fest. Man muss die Situation so einrichten, dass die oben angegebene Orientierungskonvention erfüllt ist, siehe dazu auch die Beispiele im Abschn. 8.6.

8.3   Die Differentiation von Differentialformen

Der Operator d der äußeren Ableitung bildet p-Formen auf $(p + 1)$-Formen ab. Mit ihm können die Operatoren grad, rot und div der Vektoranalysis zusammengefasst und verallgemeinert werden. Die zweite äußere Ableitung ist stets Null. Die Wirbelfreiheit von Gradientenfeldern sowie die Quellenfreiheit von Wirbelfeldern sind Konsequenzen davon.

Die Maxwell'schen Gleichungen aus Abschn. 1.12, die Kontinuitätsgleichung, der Poynting'sche Satz und die Definitionsgleichungen der Potentiale werden in Vektorschreibweise und in der Formulierung mit Differentialformen einander gegenübergestellt.

8.3.1 Definition und Eigenschaften der äußeren Ableitung

Der Differentialoperator d bildet p-Formen $\boldsymbol{\xi}$ auf $(p+1)$-Formen $\mathrm{d}\boldsymbol{\xi}$ ab. Man nennt $\mathrm{d}\boldsymbol{\xi}$ die *äußere Ableitung* oder *Cartan-Ableitung* (nach Élie Cartan) von $\boldsymbol{\xi}$. Falls $\boldsymbol{\xi}$ eine n-Form ist, und n die Dimension des betrachteten Gebietes, dann ist $\mathrm{d}\boldsymbol{\xi} = 0$.

Wir definieren den Operator d der äußeren Ableitung zunächst axiomatisch und leiten daraus seine Darstellung in Koordinaten ab. Man kann nämlich zeigen, dass d durch folgende Forderungen bereits eindeutig festgelegt ist [87, §8.3]:

1. Linearität. Für alle reellen Zahlen a, b und p-Formen $\boldsymbol{\xi}, \boldsymbol{\eta}$ gilt

$$\mathrm{d}(a\boldsymbol{\xi} + b\boldsymbol{\eta}) = a\,\mathrm{d}\boldsymbol{\xi} + b\,\mathrm{d}\boldsymbol{\eta}. \tag{8.36a}$$

2. Differentialbedingung. Für eine skalare Funktion f ist $\mathrm{d}f$ wie bisher das Differential von f nach Gleichung (8.4).

3. Produktregel. Für alle p-Formen $\boldsymbol{\xi}$ und q-Formen $\boldsymbol{\eta}$ gilt

$$\mathrm{d}(\boldsymbol{\xi} \wedge \boldsymbol{\eta}) = \mathrm{d}\boldsymbol{\xi} \wedge \boldsymbol{\eta} + (-1)^p \boldsymbol{\xi} \wedge \mathrm{d}\boldsymbol{\eta}. \tag{8.36b}$$

4. Komplexeigenschaft. Für alle p-Formen $\boldsymbol{\xi}$ gilt

$$\mathrm{d}(\mathrm{d}\boldsymbol{\xi}) = 0. \tag{8.36c}$$

Für jede p-Form gilt gemäß Gleichung (8.17) in einem Koordinatensystem $(u^1, \ldots, u^n)$

$$\boldsymbol{\xi} = \xi_I \boldsymbol{\vartheta}^I, \quad \boldsymbol{\vartheta}^I = \mathrm{d}u^{i_1} \wedge \cdots \wedge \mathrm{d}u^{i_p}.$$

Durch Anwendung der Regeln (8.36) erhält man daraus

$$\mathrm{d}\boldsymbol{\xi} = \mathrm{d}\xi_I \wedge \boldsymbol{\vartheta}^I. \tag{8.37}$$

In Koordinaten bedeutet die Bildung der äußeren Ableitung also gerade, dass die Differentiale $d\xi_I$ der Komponentenfunktionen ξ_I zu bilden sind. Das kann man auch in der Form

$$d = du^i \wedge \frac{\partial}{\partial u^i} \tag{8.38}$$

schreiben.

Der Rücktransport von Differentialformen ist mit der Bildung der äußeren Ableitung verträglich [87, §8.6],

$$\Phi^*(d\,\xi) = d(\Phi^*\xi)\,. \tag{8.39}$$

Hierin ist auch der Spezialfall der Koordinatentransformation enthalten. Daraus wird deutlich, dass die äußere Ableitung einer Differentialform völlig unabhängig vom Koordinatensystem ist, in dem sie berechnet wird. Es sei auch daran erinnert, dass der Spuroperator γ einen Spezialfall des Rücktransports darstellt, und deshalb ebenfalls mit der Bildung der äußeren Ableitung vertauscht werden darf,

$$\gamma(d\,\xi) = d(\gamma\,\xi)\,. \tag{8.40}$$

8.3.2   Gradient, Rotation und Divergenz als äußere Ableitung

Betrachten wir die Differentialformen

$$\xi = \xi_1 \vartheta^1 + \xi_2 \vartheta^2 + \xi_3 \vartheta^3\,,$$
$$\eta = \eta_{23} \vartheta^{23} + \eta_{31} \vartheta^{31} + \eta_{12} \vartheta^{12}$$

im dreidimensionalen Raum. Man findet

$$
\begin{aligned}
d\,\xi &= d\xi_1 \wedge \vartheta^1 + \ldots \\
&= \left(\frac{\partial \xi_1}{\partial u^1} \vartheta^1 + \frac{\partial \xi_1}{\partial u^2} \vartheta^2 + \frac{\partial \xi_1}{\partial u^3} \vartheta^3 \right) \wedge \vartheta^1 + \ldots \\
&= \left(\frac{\partial \xi_3}{\partial u^2} - \frac{\partial \xi_2}{\partial u^3} \right) \vartheta^{23} + \left(\frac{\partial \xi_1}{\partial u^3} - \frac{\partial \xi_3}{\partial u^1} \right) \vartheta^{31} + \left(\frac{\partial \xi_2}{\partial u^1} - \frac{\partial \xi_1}{\partial u^2} \right) \vartheta^{12}\,,
\end{aligned}
\tag{8.41a}
$$

$$\mathrm{d}\,\eta = \mathrm{d}\eta_{23} \wedge \boldsymbol{\vartheta}^{23} + \dots$$

$$= \left(\frac{\partial \eta_{23}}{\partial u^1} \boldsymbol{\vartheta}^1 + \frac{\partial \eta_{23}}{\partial u^2} \boldsymbol{\vartheta}^2 + \frac{\partial \eta_{23}}{\partial u^3} \boldsymbol{\vartheta}^3 \right) \wedge \boldsymbol{\vartheta}^{23} + \dots \qquad (8.41\mathrm{b})$$

$$= \left(\frac{\partial \eta_{23}}{\partial u^1} + \frac{\partial \eta_{31}}{\partial u^2} + \frac{\partial \eta_{12}}{\partial u^3} \right) \boldsymbol{\vartheta}^{123} .$$

Die starke Ähnlichkeit der Beziehungen (8.41) mit den aus der Vektoranalysis bekannten Ausdrücken für die Rotation und die Divergenz eines Vektorfeldes ist kein Zufall. Der Differentialoperator d fasst die Operatoren grad, rot und div der Vektoranalysis zusammen und verallgemeinert sie. Man findet

$$\left. \begin{aligned} \mathrm{d}^0 f &= {}^1\,\mathrm{grad}\,f , \\ \mathrm{d}^1 \mathbf{a} &= {}^2\,\mathrm{rot}\,\mathbf{a} , \\ \mathrm{d}^2 \mathbf{b} &= {}^3\,\mathrm{div}\,\mathbf{b} . \end{aligned} \right\} \qquad (8.42)$$

Das kann man im Einzelnen in Koordinaten nachrechnen, unter Verwendung der Gleichungen (8.21). Der allgemeine Integralsatz von Stokes erlaubt jedoch eine koordinatenfreie Ableitung dieser Zusammenhänge. Die Beziehungen (8.42) werden deshalb im Abschn. 8.4 noch einmal aufgegriffen.

Gleichungen, die äußere Ableitungen von Differentialformen miteinander in Beziehung setzen, dürfen in beliebigen Koordinaten so ausgewertet werden, als ob man sich in kartesischen Koordinaten befände. Die Berechnungsvorschriften für Gradient, Rotation und Divergenz nehmen dann aber eine kompliziertere Form an, weil die Maßstabsfaktoren t_i in die Übersetzungsisomorphismen eingehen. So ist in Zylinderkoordinaten (r, φ, z) für eine 2-Form $\boldsymbol{\eta} = \eta_r\,\mathrm{d}\varphi \wedge \mathrm{d}z + \eta_\varphi\,\mathrm{d}z \wedge \mathrm{d}r + \eta_z\,\mathrm{d}r \wedge \mathrm{d}\varphi$ nach Gleichung (8.41b)

$$\mathrm{d}\,\boldsymbol{\eta} = \left(\frac{\partial \eta_r}{\partial r} + \frac{\partial \eta_\varphi}{\partial \varphi} + \frac{\partial \eta_z}{\partial z} \right) \mathrm{d}r \wedge \mathrm{d}\varphi \wedge \mathrm{d}z .$$

Für die Divergenz eines Vektorfeldes $\mathbf{b} = b_r \mathbf{e}_r + b_\varphi \mathbf{e}_\varphi + b_z \mathbf{e}_z$ findet man hingegen mit den Gleichungen (8.21) und (8.22)

$$\mathrm{d}^2 \mathbf{b} = \left(\frac{\partial}{\partial r} r b_r + \frac{\partial}{\partial \varphi} b_\varphi + \frac{\partial}{\partial z} r b_z \right) \mathrm{d}r \wedge \mathrm{d}\varphi \wedge \mathrm{d}z$$

$$= {}^3 \left(\frac{1}{r}\frac{\partial}{\partial r} r b_r + \frac{1}{r}\frac{\partial}{\partial \varphi} b_\varphi + \frac{\partial}{\partial z} b_z \right) = {}^3\,\mathrm{div}\,\mathbf{b} .$$

Es ergibt sich gerade der Ausdruck (3.32) für die Divergenz in Zylinderkoordinaten, so wie es sein muss.

Tab. 8.6 Produktregeln der Vektoranalysis als Spezialfälle der Produktregel für die äußere Ableitung

ξ	η	Produktregel
^0f	^0g	$\mathrm{grad}(fg) = f\,\mathrm{grad}\,g + g\,\mathrm{grad}\,f$
^0f	$^1\mathbf{a}$	$\mathrm{rot}(f\mathbf{a}) = f\,\mathrm{rot}\,\mathbf{a} - \mathbf{a} \times \mathrm{grad}\,f$
^0f	$^2\mathbf{b}$	$\mathrm{div}(f\mathbf{b}) = f\,\mathrm{div}\,\mathbf{b} + \mathbf{b} \cdot \mathrm{grad}\,f$
$^1\mathbf{a}$	$^1\mathbf{b}$	$\mathrm{div}(\mathbf{a} \times \mathbf{b}) = \mathbf{b} \cdot \mathrm{rot}\,\mathbf{a} - \mathbf{a} \cdot \mathrm{rot}\,\mathbf{b}$

8.3.3 Rechenregeln der Vektoranalysis

Aus der Produktregel (8.36b) können die diversen Produktregeln der Vektoranalysis durch Spezialisierung gewonnen werden, wie aus Tab. 8.6 ersichtlich ist.

Die Komplexeigenschaft (8.36c) ist nichts anderes als die Gleichheit der gemischten partiellen Ableitungen. Die meisten *Integrabilitätsbedingungen* für partielle Differentialgleichungen beruhen auf dieser Eigenschaft. Die Wirbelfreiheit von Gradientenfeldern (1.48) sowie die Quellenfreiheit von Wirbelfeldern (1.40) sind ebenfalls Konsequenzen davon,

$$\xi = {}^0f :\ \mathrm{d}\,(\mathrm{d}\,{}^0f) = \mathrm{d}\,({}^1\,\mathrm{grad}\,f) = {}^2\,\mathrm{rot}\,\mathrm{grad}\,f = 0\,,$$
$$\xi = {}^1\mathbf{a} :\ \mathrm{d}\,(\mathrm{d}\,{}^1\mathbf{a}) = \mathrm{d}\,({}^2\,\mathrm{rot}\,\mathbf{a}) \quad = {}^3\,\mathrm{div}\,\mathrm{rot}\,\mathbf{a} \quad = 0\,.$$

8.3.4 Die Maxwell'schen Gleichungen mit Differentialformen

Unter Verwendung von Tab. 8.3 und der Beziehungen (8.42) prüft man leicht nach, dass die nachstehende Formulierung der Maxwell'schen Gleichungen (1.72) mit Differentialformen korrekt ist,

$$\mathrm{rot}\,\mathbf{H} = \mathbf{g} + \frac{\partial \mathbf{D}}{\partial t} \qquad \Leftrightarrow \qquad \mathrm{d}\,\mathcal{H} = \mathcal{J} + \frac{\partial \mathcal{D}}{\partial t}\,, \tag{8.43a}$$

$$\mathrm{rot}\,\mathbf{E} = -\frac{\partial \mathbf{B}}{\partial t} \qquad \Leftrightarrow \qquad \mathrm{d}\,\mathcal{E} = -\frac{\partial \mathcal{B}}{\partial t}\,, \tag{8.43b}$$

$$\mathrm{div}\,\mathbf{B} = 0 \qquad \Leftrightarrow \qquad \mathrm{d}\,\mathcal{B} = 0\,, \tag{8.43c}$$

$$\mathrm{div}\,\mathbf{D} = \rho \qquad \Leftrightarrow \qquad \mathrm{d}\,\mathcal{D} = \mathcal{Q}\,. \tag{8.43d}$$

Die Gleichungen (8.43a) und (8.43b) beschreiben das dynamische Verhalten der Felder $\mathcal{B}$ und $\mathcal{D}$. Damit das Gleichungssystem konsistent ist, müssen die Gleichungen (8.43c) und (8.43d) unter dieser Dynamik erhalten bleiben. Um das zu kontrollieren, berechnen wir ihre zeitlichen Ableitungen,

$$\frac{\partial}{\partial t}(\mathrm{d}\,\mathcal{B}) = \mathrm{d}\left(\frac{\partial \mathcal{B}}{\partial t}\right) = -\mathrm{d}\,\mathrm{d}\,\mathcal{E} = 0\,, \tag{8.44a}$$

$$\frac{\partial}{\partial t}(\mathrm{d}\,\mathcal{D} - \mathcal{Q}) = \mathrm{d}(\mathrm{d}\,\mathcal{H} - \mathcal{J}) - \frac{\partial \mathcal{Q}}{\partial t} = -\left(\mathrm{d}\,\mathcal{J} + \frac{\partial \mathcal{Q}}{\partial t}\right) = 0\,. \tag{8.44b}$$

Während Gleichung (8.44a) immer erfüllt ist, verschwindet die zeitliche Ableitung auf der linken Seite von Gleichung (8.44b) nur, wenn die Ströme und Ladungen der *Kontinuitätsgleichung* (1.58)

$$\mathrm{div}\,\mathbf{g} + \frac{\partial \rho}{\partial t} = 0 \qquad \Leftrightarrow \qquad \mathrm{d}\,\mathcal{J} + \frac{\partial \mathcal{Q}}{\partial t} = 0 \tag{8.45}$$

genügen. Die Kontinuitätsgleichung bringt das Prinzip der Ladungserhaltung zum Ausdruck, sie spielt die Rolle einer Integrabilitätsbedingung für das System der Maxwell'schen Gleichungen [78, §42].

Es ist interessant, die äußere Ableitung des Ausdrucks $\mathcal{E} \wedge \mathcal{H}$ mit Hilfe der Maxwell'schen Gleichungen (8.43a) und (8.43b) zu vereinfachen. Man bekommt

$$\mathrm{d}(\mathcal{E} \wedge \mathcal{H}) = \mathrm{d}\,\mathcal{E} \wedge \mathcal{H} - \mathcal{E} \wedge \mathrm{d}\,\mathcal{H}$$

$$= -\frac{\partial \mathcal{B}}{\partial t} \wedge \mathcal{H} - \mathcal{E} \wedge \frac{\partial \mathcal{D}}{\partial t} - \mathcal{E} \wedge \mathcal{J}\,.$$

Führt man noch die Poynting'sche Form S und die elektromagnetische Energieverteilung $\mathcal{W}$ ein,

$$S = \mathcal{E} \wedge \mathcal{H}\,,$$

$$\mathcal{W} = \int_t \left(\mathcal{H} \wedge \frac{\partial \mathcal{B}}{\partial t} + \mathcal{E} \wedge \frac{\partial \mathcal{D}}{\partial t}\right)\,\mathrm{d}t\,,$$

so lautet der Energiesatz (2.160) der Elektrodynamik, der *Poynting'sche Satz*,

$$\mathrm{div}\,\mathbf{S} + \frac{\partial w}{\partial t} = -\mathbf{E} \cdot \mathbf{g} \qquad \Leftrightarrow \qquad \mathrm{d}\,S + \frac{\partial \mathcal{W}}{\partial t} = -\mathcal{E} \wedge \mathcal{J}\,. \tag{8.46}$$

Schließlich formulieren wir die Definitionsgleichungen für die elektromagnetischen Potentiale (7.184) bzw. (7.185) mit Hilfe von Differentialformen,

$$\mathbf{B} = \operatorname{rot}\mathbf{A} \qquad \Leftrightarrow \qquad \mathcal{B} = \mathrm{d}\,\mathcal{A}\,, \tag{8.47a}$$

$$\mathbf{E} = -\operatorname{grad}\varphi - \frac{\partial \mathbf{A}}{\partial t} \qquad \Leftrightarrow \qquad \mathcal{E} = -\mathrm{d}\,\varphi - \frac{\partial \mathcal{A}}{\partial t}\,. \tag{8.47b}$$

Mit den elektromagnetischen Potentialen werden wir uns im Detail im Abschn. 8.7 beschäftigen.

Die Wirkung der Felder auf ruhende oder bewegte geladene Teilchen wird durch die Lorentz-Kraft (1.65) beschrieben. Wir wollen sie mit einem Kovektor $\mathcal{F} = {}^{1}\mathbf{F}$ ausdrücken,

$$\mathbf{F} = Q(\mathbf{E} + \mathbf{v} \times \mathbf{B}) \qquad \Leftrightarrow \qquad \mathcal{F} = Q\left(\mathcal{E} - \mathcal{B}(\mathbf{v}, \cdot)\right). \tag{8.48}$$

Die Differentialformen auf der rechten Seite sind am Ort des Teilchens auszuwerten. Die Notation $\mathcal{B}(\mathbf{v}, \cdot)$ bedeutet, dass der Geschwindigkeitsvektor als erster Testvektor in den 2-Kovektor $\mathcal{B}$ eingesetzt werden soll, so dass ein 1-Kovektor verbleibt. Dafür schreibt man auch $\mathbf{i}(\mathbf{v})\mathcal{B}$ und nennt $\mathbf{i}$ den *Kontraktionsoperator*.

Wenn man die Maxwell'schen Gleichungen (8.43) mit Differentialformen formuliert, kommen darin keine Maßstabsfaktoren vor, ebenso wenig wie in den Gleichungen (8.45) bis (8.48). Das liegt daran, dass das äußere Produkt, die äußere Ableitung und der Kontraktionsoperator unabhängig von der Metrik des zugrunde liegenden Raumes definiert sind. Die Gleichungen gelten in dieser Form nicht nur im euklidischen Raum, sondern zum Beispiel auch in gekrümmten Räumen, ganz allgemein in sogenannten *differenzierbaren Mannigfaltigkeiten* [87, §1].

Mit den bis jetzt besprochenen Konzepten sind wir allerdings noch nicht in der Lage, Materialgleichungen mit Differentialformen zu beschreiben. Eine Gleichung wie „$\mathcal{D} = \varepsilon\mathcal{E}$" wäre sinnlos, da es sich bei $\mathcal{D}$ und $\mathcal{E}$ um Differentialformen unterschiedlichen Grades handelt. Die Materialgleichungen werden im Abschn. 8.5 behandelt.

8.4   Die Integration von Differentialformen

Differentialformen lassen sich integrieren, ohne dass eine Metrik oder eine sonstige Maßbestimmung erforderlich wäre. Genauer gesagt können p-Formen über p-dimensionale orientierte Gebiete integriert werden. Die Integrale von 1-, 2- und 3-Formen über orientierte Kurven, Flächen und räumliche Gebiete führen auf die bekannten Arbeits-, Fluss- und Volumenintegrale aus der Vektoranalysis.

Der Zusammenhang zwischen Differentiation und Integration wird durch den allgemeinen Integralsatz von Stokes hergestellt. Alle bekannten Integralsätze der Vektoranalysis, die Integrale über ein Gebiet und Integrale über dessen Rand in Beziehung setzen, sind darin als Spezialfälle enthalten. Durch Integration und Anwendung des allgemeinen Integralsatzes von Stokes bekommt man die integrale Form der Maxwell'schen Gleichungen.

8.4.1 Definition und Eigenschaften des Integrals

Differentialformen kann man als vollständige Integranden ansehen, wie sie unter einem Integralzeichen erscheinen. Man schreibt für das Integral I einer p-Form ξ über ein p-dimensionales Integrationsgebiet K

$$I(K) = \int_K \xi \, . \tag{8.49}$$

Die Integration von Differentialformen erfordert keine Metrik oder sonstige Maßbestimmung. Auch enthält der Integrand keine weiteren Differentiale. Diese kommen erst zum Vorschein, wenn man zu einer Basisdarstellung der Differentialform übergeht. Die Integration von Differentialformen verallgemeinert die aus der Vektoranalysis bekannten Integrale.

Den zugrunde liegenden Gedankengang kann man sich am einfachsten anhand eines Beispiels klar machen, siehe Abb. 8.4. Eine 2-Form ξ soll über eine Fläche K integriert werden. Dazu geht man folgendermaßen vor:

1. Die Fläche wird in Dreiecke zerlegt und das Integral wird Dreieck für Dreieck berechnet.
2. Jedes Dreieck wird mit Hilfe einer orientierungserhaltenden Abbildung Φ_i aus einem ebenen Referenzdreieck U erzeugt, welches von den Vektoren $\mathbf{v}_1$ und $\mathbf{v}_2$ aufgespannt wird.
3. Das Referenzdreieck wird im Schwerpunkt mit einem Integrationspunkt P versehen. In Abb. 8.4 sind die dadurch in der Fläche induzierten Integrationspunkte dargestellt.
4. Durch Rücktransport der 2-Form und Auswertung in P erhält man einen 2-Kovektor, der das geordnete Paar $(\mathbf{v}_1, \mathbf{v}_2)$ auf eine reelle Zahl abbildet.
5. Das Integral wird durch die Summe der Beiträge der einzelnen Dreiecke approximiert,

$$\int_K \xi \approx \frac{1}{2} \sum_i (\Phi_i^* \xi)(P)(\mathbf{v}_1, \mathbf{v}_2) \, . \tag{8.50}$$

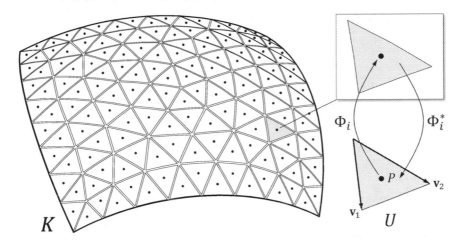

Abb. 8.4 Integration einer 2-Form ξ über eine Fläche K. Die Fläche wird in Dreiecke zerlegt. Durch Rücktransport in das durch $(\mathbf{v}_1, \mathbf{v}_2)$ festgelegte Referenzdreieck U und Auswertung im Integrationspunkt P bekommt man einen 2-Kovektor. Jedes Dreieck liefert damit einen Beitrag $\frac{1}{2}(\Phi_i^* \xi)(P)(\mathbf{v}_1, \mathbf{v}_2)$ zur Riemann-Summe, die für immer feinere Zerlegungen gegen den Wert des Integrals konvergiert

> Für immer feinere Zerlegungen konvergiert die Summe im Sinne einer Riemann-Summe gegen den Wert des Integrals, unabhängig von der gewählten Zerlegung.

Das Integral ist von der Wahl des Referenzdreiecks U unabhängig. Geht man zu einem anderen Referenzdreieck $U' = (\mathbf{v}_1', \mathbf{v}_2')$ über, taucht die konstante Jacobi-Determinante der Transformation zweimal auf, nämlich bei der Transformation der Differentialform und bei der Transformation der Testvektoren, und hebt sich dabei weg.

Es ist klar, dass diese Vorgehensweise auch für andere Werte von p funktioniert. Dabei ist der Faktor $1/2$ in Gleichung (8.50) durch $1/p!$ zu ersetzen. Für $p = 1$ wird eine Kurve in Segmente zerlegt, für $p = 3$ ein räumliches Gebiet in Tetraeder, allgemein ein p-dimensionales Integrationsgebiet in p-Simplices. Der Fall $p = 0$ bedarf noch besonderer Erwähnung. „Integration" einer 0-Form über einen Punkt bedeutet lediglich die vorzeichenbehaftete Funktionsauswertung in diesem Punkt. Der Punkt kann formal eine der beiden Orientierungen ± 1 besitzen, dadurch ist das Vorzeichen festgelegt.

Bemerkung: Nicht jedes Gebiet ist orientierbar. Das Standardbeispiel für mangelnde Orientierbarkeit ist das *Möbius-Band*. Das Konzept von Differentialformen kann so erweitert werden, dass auch Integrale über nicht orientierbare Gebiete definierbar sind. Man spricht dann von sogenannten *ungeraden Differentialformen* (engl. „odd" [79, §5], „twisted" [78, §28]). Zum Beispiel kann die Massenverteilung eines Möbius-Bandes durch eine ungerade 2-Form dargestellt werden. Dessen Gesamtmasse ergibt sich daraus durch Integration.

Für alle p-dimensionalen Integrationsgebiete K, K', $K \cap K' = \emptyset$, reellen Zahlen a, b und p-Formen $\boldsymbol{\xi}, \boldsymbol{\eta}$ gilt

$$\int_{K \cup K'} \boldsymbol{\xi} = \int_{K} \boldsymbol{\xi} + \int_{K'} \boldsymbol{\xi} \,,$$

$$\int_{K} a\boldsymbol{\xi} + b\boldsymbol{\eta} = a \int_{K} \boldsymbol{\xi} + b \int_{K} \boldsymbol{\eta} \,,$$

$$\int_{\Psi K} \boldsymbol{\xi} = \int_{K} \Psi^{*}\boldsymbol{\xi} \,,$$

dabei ist Ψ eine Abbildung des Integrationsgebietes.

Integration in Koordinaten

Für praktische Berechnungen führt man die Integrale über Differentialformen auf gewöhnliche p-fache Integrale in einem Parametergebiet U zurück, oft ein p-dimensionales (Hyper-)Rechteck.

Als Beispiel betrachten wir die Berechnung des magnetischen Flusses durch eine Fläche K. Die magnetische Induktion $\mathcal{B}$ im räumlichen Grundgebiet S sei gegeben. Wir gehen von den in Abb. 8.3 dargestellten Gegebenheiten aus, dann ist U ein rechteckiges Parametergebiet, und es gilt

$$\phi(K) = \int_{K} \mathcal{B} = \int_{\Phi(U)} \mathcal{B} = \int_{U} \Phi^{*}\mathcal{B} \,.$$

Wir führen in S die Koordinaten (s^1, s^2, s^3) und in U die Koordinaten (u^1, u^2) ein, das ist ein Spezialfall der Situation in Abb. 8.2. Die Basisdarstellung der magnetischen Induktion lautet dann

$$\mathcal{B} = B_{12}(s^1, s^2, s^3)\, ds^1 \wedge ds^2 + \dots .$$

Dabei genügt es, eine Komponente zu betrachten. Die anderen beiden Komponenten ergeben sich durch zyklische Vertauschung der Indices. Zur Berechnung des Rücktransports brauchen wir die Abbildungsvorschrift in Koordinaten und die Jacobi-Determinante,

$$(s^1, s^2, s^3) = \left(\Phi^1(u^1, u^2), \Phi^2(u^1, u^2), \Phi^3(u^1, u^2) \right) \,,$$

$$J_{12} = \frac{\partial \Phi^1}{\partial u^1} \frac{\partial \Phi^2}{\partial u^2} - \frac{\partial \Phi^1}{\partial u^2} \frac{\partial \Phi^2}{\partial u^1} \,.$$

Einsetzen der Abbildungsvorschrift und Umrechnen der Basisdifferentiale gibt

$$\Phi^{*}\mathcal{B} = B_{12}(u^1, u^2) \left(\frac{\partial \Phi^1}{\partial u^1}\, du^1 + \frac{\partial \Phi^1}{\partial u^2}\, du^2 \right) \wedge \left(\frac{\partial \Phi^2}{\partial u^1}\, du^1 + \frac{\partial \Phi^2}{\partial u^2}\, du^2 \right) + \dots$$

$$= B_{12}(u^1, u^2) J_{12}\, du^1 \wedge du^2 + \dots ,$$

und damit für den magnetischen Fluss

$$\phi(K) = \int\limits_{u^2} \int\limits_{u^1} B_{12}(u^1, u^2) J_{12} \, \mathrm{d}u^1 \, \mathrm{d}u^2 + \dots .$$

Das Resultat ist unabhängig von der gewählten Parametrierung. Die bei einem Wechsel des Koordinatensystems auftretenden Jacobi-Determinanten sind im Kalkül mit Differentialformen automatisch enthalten, als Folge der Transformationsvorschrift (8.34).

8.4.2   Zusammenhang mit den Integralen der Vektoranalysis

Wir betrachten erneut die Situation in Abb. 8.2. Das Grundgebiet S ist nun der dreidimensionale euklidische Raum, $m = 3$. In S sei eine p-Form $\boldsymbol{\xi}$ gegeben, die über ein p-dimensionales Integrationsgebiet K integriert werden soll, $p = 1, 2, 3$. Das Integrationsgebiet ist somit ein Untergebiet ($p = 1, 2$) oder ein Teilgebiet ($p = 3$) von S. Es wird mit Hilfe der Abbildung Φ in der Form $K = \Phi(U)$ dargestellt. Das Gebiet U spielt also die Rolle eines p-dimensionalen Parametergebietes, mit $n = p$. Wir berechnen

$$I(K) = \int\limits_{K} \boldsymbol{\xi} = \int\limits_{\Phi(U)} \boldsymbol{\xi} = \int\limits_{U} \Phi^* \boldsymbol{\xi} = \int\limits_{U} (\Phi^* \boldsymbol{\xi})(\mathbf{t}_1, \dots \mathbf{t}_p) \, \mathrm{d}u^1 \wedge \dots \wedge \mathrm{d}u^p$$

$$= \int\limits_{U} \boldsymbol{\xi}(\Phi' \mathbf{t}_1, \dots \Phi' \mathbf{t}_p) \, \mathrm{d}u^1 \wedge \dots \wedge \mathrm{d}u^p .$$

Die Vektoren $\Phi' \mathbf{t}_i$ sind die Tangentenvektoren an die Bilder der Koordinatenlinien u^i in K. In der Vektoranalysis werden sie durch Ableitung des Ortsvektors $\mathbf{r}$ in S nach den Parametern u^i dargestellt. Deshalb ist

$$\Phi' \mathbf{t}_i = \frac{\partial \mathbf{r}}{\partial u^i}$$

und

$$\int\limits_{K} \boldsymbol{\xi} = \int\limits_{u^p \dots u^1} \dots \int \boldsymbol{\xi} \left(\frac{\partial \mathbf{r}}{\partial u^1}, \dots, \frac{\partial \mathbf{r}}{\partial u^p} \right) \mathrm{d}u^1 \dots \mathrm{d}u^p .$$

In Verbindung mit den Übersetzungsisomorphismen findet man nun der Reihe nach für $p = 1, 2, 3$ Folgendes:

1. Arbeitsintegral des Vektorfeldes **a** längs der Kurve C,

$$\int_C {}^1\mathbf{a} = \int_{u^1} \mathbf{a} \cdot \frac{\partial \mathbf{r}}{\partial u^1} \, \mathrm{d}u^1 = \int_C \mathbf{a} \cdot \mathrm{d}\mathbf{s} \,, \qquad (8.51\mathrm{a})$$

mit dem vektoriellen Linienelement $\mathrm{d}\mathbf{s} = \dfrac{\partial \mathbf{r}}{\partial u^1} \, \mathrm{d}u^1$;

2. Fluss des Vektorfeldes **b** durch die Fläche A,

$$\int_A {}^2\mathbf{b} = \int_{u^2} \int_{u^1} \mathbf{b} \cdot \left(\frac{\partial \mathbf{r}}{\partial u^1} \times \frac{\partial \mathbf{r}}{\partial u^2} \right) \mathrm{d}u^1 \, \mathrm{d}u^2 = \int_A \mathbf{b} \cdot \mathrm{d}\mathbf{A} \,, \qquad (8.51\mathrm{b})$$

mit dem vektoriellen Flächenelement $\mathrm{d}\mathbf{A} = \dfrac{\partial \mathbf{r}}{\partial u^1} \times \dfrac{\partial \mathbf{r}}{\partial u^2} \, \mathrm{d}u^1 \, \mathrm{d}u^2$;

3. Volumenintegral der skalaren Funktion g über das räumliche Gebiet V ,

$$\int_V {}^3 g = \int_{u^3} \int_{u^2} \int_{u^1} g \, \frac{\partial \mathbf{r}}{\partial u^1} \cdot \left(\frac{\partial \mathbf{r}}{\partial u^2} \times \frac{\partial \mathbf{r}}{\partial u^3} \right) \mathrm{d}u^1 \, \mathrm{d}u^2 \, \mathrm{d}u^3 = \int_V g \, \mathrm{d}\tau \,, \qquad (8.51\mathrm{c})$$

mit dem Volumenelement $\mathrm{d}\tau = \dfrac{\partial \mathbf{r}}{\partial u^1} \cdot \left(\dfrac{\partial \mathbf{r}}{\partial u^2} \times \dfrac{\partial \mathbf{r}}{\partial u^3} \right) \mathrm{d}u^1 \, \mathrm{d}u^2 \, \mathrm{d}u^3$.

Durch Integration der elektromagnetischen Felder aus Tab. 8.3, dem Grad der jeweiligen Differentialform entsprechend über Kurven, Flächen und räumliche Gebiete, erhält man die bekannten integralen Größen. Sie sind in Tab. 8.7 zusammengestellt. Zusätzlich wurden hier noch die elektrische bzw. magnetische Spannung längs einer Kurve eingeführt.

Die Gleichungen (8.51) zeigen, dass die Betrachtungsweise mit Differentialformen mit dem bisherigen Vorgehen in Kap. 1 im Einklang steht.

Tab. 8.7 Durch Integration der elektromagnetischen Felder erhält man integrale Größen

Integrale Größe	Bezeichnung, physikalische Dimension	
$U(C) = \int_C \mathcal{E}$	Elektrische Spannung längs C	U
$V(C) = \int_C \mathcal{H}$	Magnetische Spannung längs C	I
$\Omega(A) = \int_A \mathcal{D}$	Elektrischer Fluss durch A, Gl. (1.11)	IT
$\phi(A) = \int_A \mathcal{B}$	Magnetischer Fluss durch A, Gl. (1.66)	UT
$I(A) = \int_A \mathcal{J}$	Elektrischer Strom durch A, Gl. (1.54)	I
$Q(V) = \int_V \mathcal{Q}$	Elektrische Ladung in V, Gl. (1.19)	IT

8.4.3   Stromformen nach de Rham

Die durch Gleichung (8.49) beschriebenen Integrale sind zunächst für hinreichend reguläre Differentialformen ξ erklärt. Eine Verallgemeinerung ist oft möglich und sinnvoll, was man am besten anhand eines Beispiels verdeutlichen kann. Die elektrische Stromverteilung wird durch eine 2-Form $\mathcal{J}$ repräsentiert, und es ist

$$I = \int_A \mathcal{J}$$

der durch die Fläche A fließende Gesamtstrom. Ein *Linienstrom* entspricht einer singulären Stromverteilung. Nach wie vor ist es möglich, jeder Fläche den sie durchsetzenden Gesamtstrom zuzuordnen, obwohl der Linienstrom nicht durch eine reguläre Differentialform repräsentiert werden kann. Die in der Elektrodynamik häufig betrachteten singulären Ladungs- und Stromverteilungen lassen sich jedoch als *Stromformen* (engl. „currents") im Sinne von de Rham auffassen [79]. Stromformen verallgemeinern Differentialformen auf ähnliche Weise, wie Distributionen gewöhnliche Funktionen verallgemeinern. In dieser Terminologie sind Distributionen Stromformen vom Grad Null, und eine Stromform kann als Differentialform angesehen werden, deren Komponenten Distributionen sind [79, §8]. Beispielsweise kann der kreisförmige azimutale Linienstrom I bei $r = r_0, z = 0$ aus Abb. 5.16 in Zylinderkoordinaten durch die Stromform

$$\mathcal{J} = I\,\delta(r - r_0)\delta(z)\,\mathrm{d}z \wedge \mathrm{d}r$$

ausgedrückt werden.

8.4.4   Der allgemeine Integralsatz von Stokes

Der allgemeine Integralsatz von Stokes stellt den Zusammenhang zwischen Differentiation und Integration her, und kann mit Hilfe von Differentialformen besonders elegant ausgedrückt werden. Alle bekannten Integralsätze der Vektoranalysis, die Integrale über ein Gebiet und Integrale über dessen Rand in Beziehung setzen, sind darin als Spezialfälle enthalten.

Unter gewissen recht allgemeinen Voraussetzungen gilt für jedes p-dimensionale Integrationsgebiet K mit Rand ∂K und jede $(p-1)$-Form ξ der allgemeine Integralsatz von Stokes,

$$\int_K \mathrm{d}\xi = \oint_{\partial K} \xi\,. \tag{8.52}$$

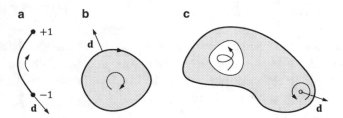

Abb. 8.5 Ein von innen nach außen weisender Vektor **d** ergänzt sich mit der Orientierung des Randes zur Gebietsorientierung. (**a**) Orientierung der Endpunkte einer Kurve. Einem Punkt können formal die beiden Orientierungen +1 und -1 zugeschrieben werden. (**b**) Orientierung der Randkurve einer Fläche. Die Orientierung einer Kurve ist durch ihren Durchlaufsinn festgelegt. (**c**) Orientierung der Oberfläche eines räumlichen Gebietes. Einer Fläche ordnet man einen Umlaufsinn zu. Die Orientierung eines räumlichen Gebietes ist durch einen Schraubsinn gegeben

Die Differentialform ξ muss mindestens stetig differenzierbar sein. Das kann man leicht übersehen, da ja im rechten Integral das Innere des Gebietes keine Rolle spielt [85, §3.1].

Weil der Rand ∂K das Gebiet K vollständig einschließt, kann man eindeutig zwischen „innen" und „außen" unterscheiden. Dadurch ist eine Durchtrittsrichtung von innen nach außen festgelegt. Sie kann durch einen transversalen Vektor **d** beschrieben werden. Dabei kommt es nicht auf dessen genaue Länge oder Richtung an, sondern lediglich darauf, dass er von innen nach außen weist. Im Integralsatz (8.52) müssen das Gebiet K und der Rand ∂K konsistent orientiert sein,

$$\begin{pmatrix} \text{Orientierung} \\ \text{von } K \end{pmatrix} = \begin{pmatrix} \text{Durchtrittsrichtung } \mathbf{d} \\ \text{von innen nach außen} \end{pmatrix}, \quad \begin{pmatrix} \text{Orientierung} \\ \text{von } \partial K \end{pmatrix},$$

siehe Abb. 8.5. Dieser *Orientierungskonvention* [87, §6.8] sind wir in ähnlicher Form schon einmal im Abschn. 8.2.9 begegnet.

8.4.5 Zusammenhang mit den Integralsätzen der Vektoranalysis

Durch spezielle Wahl von ξ erhält man aus dem allgemeinen Integralsatz von Stokes im dreidimensionalen Raum die bekannten Integralsätze der Vektoranalysis, siehe Tab. 8.8.

Tab. 8.8 Die Integralsätze der Vektoranalysis ergeben sich durch Spezialisierung aus dem allgemeinen Integralsatz von Stokes

dξ	Gebiet	K	ξ	Rand	∂K	Integralsatz
1-Form	Kurve	C	0-Form	Endpunkte	∂C	Hauptsatz
2-Form	Fläche	A	1-Form	Randkurve	∂A	Satz von Stokes
3-Form	Volumen	V	2-Form	Oberfläche	∂V	Satz von Gauss

Im Einzelnen findet man:

1. Hauptsatz der Differential- und Integralrechnung,

$$\xi = {}^0 f: \quad \int_C \operatorname{grad} f \cdot \mathrm{d}s = f(Q_2) - f(Q_1),$$

wobei Q_1 den Anfangspunkt und Q_2 den Endpunkt der Kurve C bezeichnen, $\partial C = \{+Q_2, -Q_1\}$.

2. Satz von Stokes,

$$\xi = {}^1\mathbf{a}: \quad \int_A \operatorname{rot} \mathbf{a} \cdot \mathrm{d}\mathbf{A} = \oint_{\partial A} \mathbf{a} \cdot \mathrm{d}s.$$

3. Satz von Gauss,

$$\xi = {}^2\mathbf{b}: \quad \int_V \operatorname{div} \mathbf{b} \, \mathrm{d}\tau = \oint_{\partial V} \mathbf{b} \cdot \mathrm{d}\mathbf{A}.$$

Umgekehrt folgen aus den Integralsätzen der Vektoranalysis mit den Übersetzungsisomorphismen und dem allgemeinen Integralsatz von Stokes gerade die Beziehungen (8.42) zwischen den Differentialoperatoren grad, rot, div einerseits und d andererseits, und zwar unabhängig von der Wahl eines bestimmten Koordinatensystems.

8.4.6   Die integrale Form der Maxwell'schen Gleichungen

Die Maxwell'schen Gleichungen (8.43) lassen sich mit den integralen Größen aus Tab. 8.7 und unter Verwendung des Integralsatzes (8.52) kompakt in integraler Form darstellen, man vergleiche mit Abschn. 1.12,

$$
\left.
\begin{aligned}
V(\partial A) &= I(A) + \frac{\mathrm{d}}{\mathrm{d}t}\Omega(A), \\
U(\partial A) &= -\frac{\mathrm{d}}{\mathrm{d}t}\phi(A), \\
\phi(\partial V) &= 0, \\
\Omega(\partial V) &= Q(V).
\end{aligned}
\right\}
\qquad (8.53)
$$

8.5 Metrik und Hodge-Operator

In den bisherigen Abschnitten wurde vom Skalar- und Kreuzprodukt des euklidischen Raumes nur innerhalb der Übersetzungsisomorphismen Gebrauch gemacht. Die Definition von Differentialformen benötigt keine Metrik, ebenso wenig deren Multiplikation, Differentiation oder Integration.

In diesem Abschnitt sollen nun die metrischen Konzepte der Theorie eingeführt werden. In einem n-dimensionalen Gebiet sind p-Formen und $(n - p)$-Formen umkehrbar eindeutig ineinander abbildbar. Eine solche Abbildung wird durch den Hodge-Operator festgelegt. Zu Definition des Hodge-Operators wird neben dem metrischen Tensor noch eine zusätzliche Struktur benötigt, nämlich die Orientierung des Gebietes.

Der Hodge-Operator erlaubt die Formulierung der linearen Materialgleichungen aus den Abschn. 2.8 und 5.5 mit Differentialformen. In drei Dimensionen vermittelt der Hodge-Operator nämlich gerade eine lineare Abbildung zwischen der 1-Form $\mathcal{E}$ und der 2-Form $\mathcal{D}$, beziehungsweise der 1-Form $\mathcal{H}$ und der 2-Form $\mathcal{B}$.

Kombiniert man den Operator der äußeren Ableitung mit dem Hodge-Operator, kann ein Differentialoperator zweiter Ordnung definiert werden, der Hodge-Laplace-Operator. Er beschreibt Potentialprobleme und hängt eng mit dem aus der Vektoranalysis bekannten Laplace-Operator zusammen.

8.5.1 Der metrische Tensor

Wir definieren den metrischen Tensor zunächst punktweise. Die Definition überträgt sich dann auf ein metrisches Tensorfeld. Ein metrischer Tensor $\mathbf{g}$ ist eine symmetrische, positiv definite Bilinearform, die jedem Paar von Vektoren $(\mathbf{v}, \mathbf{w})$ eine reelle Zahl zuordnet. Symmetrie bedeutet

$$\mathbf{g}(\mathbf{v}, \mathbf{w}) = \mathbf{g}(\mathbf{w}, \mathbf{v}) \,,$$

positive Definitheit

$$\mathbf{g}(\mathbf{v}, \mathbf{v}) > 0 \quad \text{für} \quad \mathbf{v} \neq 0 \,.$$

In einem Koordinatensystem $(u^1, \ldots, u^n)$ mit Tangentenvektoren $(\mathbf{t}_1, \ldots, \mathbf{t}_n)$ hat der metrische Tensor die Komponenten

$$g_{ij} = \mathbf{g}(\mathbf{t}_i, \mathbf{t}_j) \,,$$

mit der symmetrischen positiv definiten Matrix (g_{ij}). Im euklidischen Raum ist

$$\mathbf{g}(\mathbf{v}, \mathbf{w}) = \mathbf{v} \cdot \mathbf{w} \,.$$

In orthogonalen Koordinaten hat man eine Diagonalmatrix, $g_{ij} = t_i^2 \delta_{ij}$, mit den Quadraten der Maßstabsfaktoren als Diagonalelemente. In einem orthonormalen Koordinatensystem ist $g_{ij} = \delta_{ij}$.

Bemerkung: Wenn der zugrunde liegende Raum gekrümmt ist, existiert kein Koordinatensystem, dessen Tangentenvektoren überall orthogonal sind. Deshalb brechen zum Beispiel Kugelkoordinaten in den Polen einer Kugelsphäre zusammen. Hingegen existieren im flachen euklidischen Raum orthogonale Koordinatensysteme.

8.5.2   Volumenbestimmung

Wir betrachten ein p-Tupel $(\mathbf{v}_1, \dots, \mathbf{v}_p)$ von Vektoren in einem festen Punkt eines Gebietes der Dimension n. Es soll das Volumen des von den Vektoren aufgespannten *Parallelepipeds* berechnet werden. Ausgangspunkt ist die *Gram'sche Determinante* (nach Jørgen Gram),

$$G = \det\left(g(\mathbf{v}_i, \mathbf{v}_k)\right), \quad i, k = 1, \dots, p.$$

Damit gilt für das gesuchte Volumen des Parallelepipeds

$$\mathrm{Vol}(\mathbf{v}_1, \dots, \mathbf{v}_p) = \sqrt{|G|}. \tag{8.54}$$

Wenn man zwei Vektoren vertauscht, dann vertauschen sich die entsprechenden Zeilen und Spalten der Gram'schen Determinante. Das Resultat ist deshalb von der Reihenfolge der Vektoren unabhängig. Wir betrachten Beispiele.

1. Für einen einzelnen Vektor $\mathbf{v}_1$ bekommt man

$$\mathrm{Vol}(\mathbf{v}_1) = \sqrt{g(\mathbf{v}_1, \mathbf{v}_1)} = |\mathbf{v}_1|.$$

2. Für ein Paar $(\mathbf{v}_1, \mathbf{v}_2)$ erhält man mit $g(\mathbf{v}_1, \mathbf{v}_2) = |\mathbf{v}_1||\mathbf{v}_2| \cos \varphi$

$$\mathrm{Vol}(\mathbf{v}_1, \mathbf{v}_2) = |\mathbf{v}_1||\mathbf{v}_2|| \sin \varphi|,$$

   das ist der Flächeninhalt des von $(\mathbf{v}_1, \mathbf{v}_2)$ aufgespannten Parallelogramms.
3. Für ein Tripel $(\mathbf{v}_1, \mathbf{v}_2, \mathbf{v}_3)$ hat man

$$\mathrm{Vol}(\mathbf{v}_1, \mathbf{v}_2, \mathbf{v}_3) = |\mathbf{v}_1 \cdot (\mathbf{v}_2 \times \mathbf{v}_3)|$$

   als Rauminhalt des von $(\mathbf{v}_1, \mathbf{v}_2, \mathbf{v}_3)$ aufgespannten Parallelepipeds.

Mit Hilfe des Determinantenproduktsatzes kann man zeigen, dass für $p = n$ ein n-Kovektor $\boldsymbol{\Omega}$ existiert, so dass

$$|G| = (\boldsymbol{\Omega}(\mathbf{v}_1, \ldots, \mathbf{v}_n))^2 \tag{8.55}$$

gilt. Der Kovektor $\boldsymbol{\Omega}$ ist dabei nur bis auf sein Vorzeichen bestimmt. Daraus ergibt sich das Volumen des von $(\mathbf{v}_1, \ldots, \mathbf{v}_n)$ aufgespannten Parallelepipeds als

$$\mathrm{Vol}(\mathbf{v}_1, \ldots, \mathbf{v}_n) = |\boldsymbol{\Omega}(\mathbf{v}_1, \ldots, \mathbf{v}_n)| \ . \tag{8.56}$$

In drei Dimensionen ist zum Beispiel $\boldsymbol{\Omega} = \pm^3 1$ im betrachteten Punkt, denn $(^3 1)(\mathbf{v}_1, \mathbf{v}_2, \mathbf{v}_3) = \mathbf{v}_1 \cdot (\mathbf{v}_2 \times \mathbf{v}_3)$, das gibt gerade den oben angegebenen Ausdruck für den Rauminhalt.

In einem Koordinatensystem $(u^1, \ldots, u^n)$ findet man [89, §7.9.1]

$$\boldsymbol{\Omega} = \pm \sqrt{|\det(g_{ij})|} \, \mathrm{d}u^1 \wedge \cdots \wedge \mathrm{d}u^n \ . \tag{8.57}$$

Für krummlinige orthogonale Koordinaten ergibt sich daraus in drei Dimensionen mit den Maßstabsfaktoren (t_1, t_2, t_3)

$$\boldsymbol{\Omega} = \pm t_1 \, \mathrm{d}u^1 \wedge t_2 \, \mathrm{d}u^2 \wedge t_3 \, \mathrm{d}u^3 \ . \tag{8.58}$$

Der Ausdruck entspricht dem aus der Vektoranalysis bekannten Volumenelement $\mathrm{d}\tau$ nach Gleichung (3.16). Die Wahl des Vorzeichens von $\boldsymbol{\Omega}$ hängt mit dem Orientierungsbegriff zusammen, davon wird im nächsten Abschnitt die Rede sein.

8.5.3 Der Orientierungsbegriff

Der Begriff der Orientierung ist uns schon mehrfach begegnet, bei der Berechnung der Spur für orientierte Rand- oder Grenzflächen im Abschn. 8.2.9 und bei der Integration von Differentialformen über orientierte Gebiete im Abschn. 8.4.1. Dort haben wir auch gesehen, dass nicht jedes Gebiet (global) orientierbar ist und als Gegenbeispiel das *Möbius-Band* kennengelernt.

Die Orientierung eines Gebietes kann – sofern es überhaupt orientierbar ist – unabhängig von der Wahl bestimmter Koordinatensysteme charakterisiert werden. Ein

n-dimensionales Gebiet ist nämlich *orientierbar*, wenn darauf glatte n-Formen $\widetilde{\boldsymbol{\Omega}}$ existieren, die nirgends verschwinden. Die Auszeichnung einer solchen n-Form legt eine *Orientierung* des Gebietes fest [89, §5.5.1].

Ein Koordinatensystem $(u^1, \ldots, u^n)$ nennt man *positiv orientiert*, wenn für die Tangentenvektorfelder $(\mathbf{t}_1, \ldots, \mathbf{t}_n)$ in jedem Punkt gilt

$$\widetilde{\boldsymbol{\Omega}}(\mathbf{t}_1, \ldots, \mathbf{t}_n) > 0 \,.$$

Ein positiv orientiertes Koordinatensystem passt zur Orientierung des Gebietes. Umgekehrt kann man ein Gebiet orientieren, indem man ein Koordinatensystem $(u^1, \ldots, u^n)$ als positiv orientiert erklärt und $\widetilde{\boldsymbol{\Omega}} = \mathrm{d}u^1 \wedge \cdots \wedge \mathrm{d}u^n$ setzt.

Metrik und Orientierung sind unabhängige Konzepte. Sie können aber miteinander verbunden werden, wenn man die n-Form $\widetilde{\boldsymbol{\Omega}}$ so skaliert, dass sie in jedem Punkt auf eine positiv orientierte Orthonormalbasis $(\mathbf{e}_1, \ldots, \mathbf{e}_n)$ mit Eins antwortet,

$$\boldsymbol{\Omega}(\mathbf{e}_1, \ldots, \mathbf{e}_n) = 1 \,.$$

Die so definierte n-Form heißt *Volumenform* [87, §12.3]. Sie stimmt in jedem Punkt mit dem in den Beziehungen (8.56) bzw. (8.57) angegebenen n-Kovektor überein, denn für eine Orthonormalbasis ist $|G| = 1$. Dabei ist in Gleichung (8.57) das positive Vorzeichen zu wählen, wenn das Koordinatensystem positiv orientiert ist, ansonsten das negative.

Bemerkung: Man kann in Gleichung (8.56) auch die Betragsstriche weglassen. Dann bekommt man das *orientierte Volumen*, welches je nach Orientierung des Parallelepipeds beiderlei Vorzeichen annehmen kann.

Beispiel: Den dreidimensionalen euklidischen Raum zu orientieren heißt, ihn mit einem Schraubsinn zu versehen. Üblicherweise (und so auch in diesem Buch) wird ihm der *Rechtsschraubsinn* zugeordnet. Die in Tab. 8.2 definierten orthogonalen Koordinatensysteme sind positiv orientiert. Deshalb ist für sie in Gleichung (8.58) das positive Vorzeichen zu wählen. Man erhält für Zylinder- bzw. Kugelkoordinaten mit den entsprechenden Maßstabsfaktoren folgende Volumenformen,

$$\boldsymbol{\Omega} = \mathrm{d}r \wedge r\,\mathrm{d}\varphi \wedge \mathrm{d}z \qquad \Leftrightarrow \qquad \mathrm{d}\tau = r\,\mathrm{d}r\,\mathrm{d}\varphi\,\mathrm{d}z \,,$$

$$\boldsymbol{\Omega} = \mathrm{d}r \wedge r\,\mathrm{d}\theta \wedge r\sin\theta\,\mathrm{d}\varphi \qquad \Leftrightarrow \qquad \mathrm{d}\tau = r^2 \sin\theta\,\mathrm{d}r\,\mathrm{d}\theta\,\mathrm{d}\varphi \,.$$

Zum Vergleich wurden den Volumenformen die Ausdrücke (3.29) bzw. (3.39) für die *Volumenelemente* $\mathrm{d}\tau$ gegenübergestellt. Bei ihnen kommt es nicht auf die Reihenfolge der Basisdifferentiale an.

8.5.4 Definition und Eigenschaften des Hodge-Operators

Wir gehen von einem n-dimensionalen orientierten Gebiet aus. Aufgrund der Symmetrie der Binomialkoeffizienten

$$\binom{n}{p} = \binom{n}{n-p}$$

besitzen die von p-Formen und von $(n-p)$-Formen in jedem Punkt aufgespannten linearen Räume dieselbe Dimension. Das bedeutet, es existieren Isomorphismen, also umkehrbar eindeutige lineare Abbildungen, mit denen p-Formen und $(n-p)$-Formen punktweise ineinander abgebildet werden können. Durch den metrischen Tensor wird aus diesen Abbildungen eine spezielle Abbildung ausgewählt, die mit dem Symbol $\star$ bezeichnet wird. Man nennt $\star$ den *Hodge-Operator* (nach William Hodge) oder auch *Sternoperator* [89, §7.9.2].

Zu einer gegebenen p-Form ξ soll die q-Form $\star\,\xi$ konstruiert werden, $p + q = n$. Sie liegt fest, wenn ihr Abbildungsverhalten in Bezug auf ein q-Tupel linear unabhängiger Testvektoren $(\mathbf{v}_1, \dots, \mathbf{v}_q)$ bekannt ist. Wir konstruieren aus den Testvektoren ein p-Tupel $(\mathbf{v}_1^\perp, \dots, \mathbf{v}_p^\perp)$ und setzen punktweise

$$\star\,\xi(\mathbf{v}_1, \dots, \mathbf{v}_q) = \xi(\mathbf{v}_1^\perp, \dots, \mathbf{v}_p^\perp)\,. \tag{8.59}$$

Die Definition des Hodge-Operators reduziert sich also darauf, die Vektoren $\mathbf{V}^\perp = (\mathbf{v}_1^\perp, \dots, \mathbf{v}_p^\perp)$ aus den gegebenen linear unabhängigen Vektoren $\mathbf{V} = (\mathbf{v}_1, \dots, \mathbf{v}_q)$ geeignet zu konstruieren. Wir gehen zunächst von einem dimensionslosen metrischen Tensor aus. Der dimensionsbehaftete Fall ergibt sich aus dem Skalierungsgesetz (8.65). Es sind drei Bedingungen zu erfüllen.

(i) Die Vektoren in $\mathbf{V}^\perp$ sind linear unabhängig und stehen senkrecht auf dem von den Vektoren in $\mathbf{V}$ aufgespannten Unterraum,

$$\mathbf{g}(\mathbf{v}_i^\perp, \mathbf{v}_k) = 0\,, \quad i = 1, \dots, p\,, \quad k = 1, \dots, q\,. \tag{8.60a}$$

Anders gesagt bilden die Vektoren in $\mathbf{V}$ und $\mathbf{V}^\perp$ (wegen ihrer linearen Unabhängigkeit) jeweils die Basis eines Unterraums, mit p bzw. q Dimensionen. Man nennt $\mathbf{V}^\perp$ das orthogonale Komplement von $\mathbf{V}$ (und umgekehrt).

(ii) Das p-Tupel $\mathbf{V}^\perp$ und das q-Tupel $\mathbf{V}$ spannen gleiche Volumen auf,

$$\mathrm{Vol}(\mathbf{v}_1^\perp, \dots, \mathbf{v}_p^\perp) = \mathrm{Vol}(\mathbf{v}_1, \dots, \mathbf{v}_q)\,. \tag{8.60b}$$

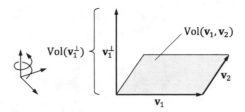

Abb. 8.6 Geometrische Konstruktion von $\mathbf{V}^{\perp}$. (i) $\mathbf{v}_1^{\perp}$ steht senkrecht auf der von $(\mathbf{v}_1, \mathbf{v}_2)$ aufge-spannten Ebene. (ii) Die Länge des vertikalen Pfeils besitzt dieselbe Maßzahl wie der Flächeninhalt des Parallelogramms. (iii) $\mathbf{v}_1^{\perp}$ und $(\mathbf{v}_1, \mathbf{v}_2)$ ergänzen sich zur Raumorientierung, im vorliegenden Fall dem Rechtsschraubsinn

(iii) Das n-Tupel $(\mathbf{V}^{\perp}, \mathbf{V})$ ist positiv orientiert,

$$\mathbf{\Omega}\,(\mathbf{v}_1^{\perp}, \ldots, \mathbf{v}_p^{\perp}, \mathbf{v}_1, \ldots, \mathbf{v}_q) > 0. \tag{8.60c}$$

Die Konstruktion ist in Abb. 8.6 für $n = 3$, $p = 1$ veranschaulicht. Die drei Bedingungen legen $\mathbf{V}^{\perp}$ nicht eindeutig fest, sondern nur bis auf eine lineare Transformation mit Deter-minante eins. Das bedeutet aber, dass der Ausdruck $\boldsymbol{\xi}\,(\mathbf{v}_1^{\perp}, \ldots, \mathbf{v}_p^{\perp})$ eindeutig ist, und damit die Konstruktion wohldefiniert. Man kann zeigen, dass durch die Konstruktion tatsächlich eine multilineare alternierende Abbildung definiert wird, was nicht offensichtlich ist [85, §7.9.6].

Das punktweise Vorgehen überträgt sich auf Differentialformen. Man setzt noch

$$\star\,1 = \mathbf{\Omega}\ .$$

Nachfolgend sind einige Eigenschaften des Hodge-Operators zusammengestellt.

1. Linearität. Für jede skalare Funktion λ und p-Formen $\boldsymbol{\xi}, \boldsymbol{\eta}$ gilt

$$\star(\boldsymbol{\xi} + \lambda\boldsymbol{\eta}) = \star\,\boldsymbol{\xi} + \lambda \star \boldsymbol{\eta}\ .$$

2. Inverser Hodge-Operator. Der Hodge-Operator ist selbstinvers, bis auf das Vorzeichen,

$$\star(\star\,\boldsymbol{\xi}) = (-1)^{p(n-p)}\boldsymbol{\xi}\ , \tag{8.61}$$

wobei $\boldsymbol{\xi}$ eine p-Form ist. Das erkennt man, wenn man in der Konstruktion die Rol-len von $\mathbf{X}$ und $\mathbf{X}^{\perp}$ vertauscht. In ungeraden Dimensionen findet man insbesondere $\star(\star\,\boldsymbol{\xi}) = \boldsymbol{\xi}$, also $\star^{-1} = \star$.

3. Symmetrie und Skalarprodukt. Für p-Formen ξ, η gilt

$$\xi \wedge \star \eta = \eta \wedge \star \xi = (\omega \cdot \eta)\Omega \,. \tag{8.62}$$

Durch Gleichung (8.62) wird punktweise ein *Skalarprodukt* von Multikovektoren definiert. Das ist der Ausgangspunkt für die Definition des L^2-*Skalarproduktes* von Differentialformen [89, §7.9.3], durch Integration über das betrachtete Gebiet,

$$\langle \xi, \eta \rangle = \int \xi \wedge \star \eta \,. \tag{8.63}$$

4. Skalierung des metrischen Tensors. Wird der metrische Tensor mit einem *konformen
Faktor* $\lambda > 0$ skaliert,

$$\mathbf{g}_\lambda(\mathbf{v}, \mathbf{w}) = \lambda^2 \mathbf{g}(\mathbf{v}, \mathbf{w}) \,, \tag{8.64}$$

dann gilt für das Volumen

$$\mathrm{Vol}_\lambda(\mathbf{v}_1, \dots, \mathbf{v}_p) = \lambda^p \, \mathrm{Vol}(\mathbf{v}_1, \dots, \mathbf{v}_p) \,,$$

und deshalb mit (8.60b) für den Hodge-Operator

$$\star_\lambda \xi = \lambda^{n-2p} \star \xi \,. \tag{8.65}$$

Dabei ist ξ eine p-Form. Im Hinblick auf die physikalischen Dimensionen pd($\cdot$) folgt
daraus mit $\mathrm{pd}(\mathbf{g}) = \mathsf{L}^2$

$$\mathrm{pd}(\star \xi) = \mathsf{L}^{n-2p} \, \mathrm{pd}(\xi) \,.$$

8.5.5 Die Basisdarstellung des Hodge-Operators

Wir beschränken uns auf den dreidimensionalen euklidischen Raum. Um den Hodge-Operator betreffende Zusammenhänge zu gewinnen empfiehlt es sich, mit positiv orientierten
Orthonormalbasen zu arbeiten. Jede Zerlegung $(\mathbf{V}^\perp, \mathbf{V})$ einer solchen Basis erfüllt nämlich die drei Bedingungen, die bei der Konstruktion des Hodge-Operators aufgestellt wurden. In krummlinigen orthogonalen Koordinaten (u^1, u^2, u^3) mit den Maßstabsfaktoren

(t_1, t_2, t_3) (siehe Tab. 8.2) bilden die Einheitsvektoren (8.20) eine positiv orientierte Orthonormalbasis. Davon ausgehend findet man für den Hodge-Operator

$$
\left.
\begin{aligned}
\star 1 &= t_1 \, \mathrm{d}u^1 \wedge t_2 \, \mathrm{d}u^2 \wedge t_3 \, \mathrm{d}u^3 \,, \\
\star (t_1 \, \mathrm{d}u^1) &= t_2 \, \mathrm{d}u^2 \wedge t_3 \, \mathrm{d}u^3 \,.
\end{aligned}
\right\}
\tag{8.66}
$$

Alle anderen Fälle ergeben sich durch zyklische Vertauschung der Koordinaten, aus der Linearität, sowie aus Gleichung (8.61). In Verbindung mit den Gleichungen (8.21) findet man auch

$$
\left.
\begin{aligned}
\star \, ^0 f &= \, ^3 f \,, \\
\star \, ^1 \mathbf{a} &= \, ^2 \mathbf{a} \,, \\
\star \, ^2 \mathbf{b} &= \, ^1 \mathbf{b} \,, \\
\star \, ^3 g &= \, ^0 g \,.
\end{aligned}
\right\}
\tag{8.67}
$$

8.5.6 Die Materialgleichungen mit Differentialformen

Wir betrachten „einfache" Materialien. Damit sind ruhende Materialien gemeint, deren Materialgleichungen linear sind, und punktweise in Raum und Zeit definiert. Sie lassen sich dann durch den Dielektrizitätstensor ε, den Permeabilitätstensor μ, und den Tensor der spezifischen elektrischen Leitfähigkeit κ charakterisieren. Für „einfache" Materialien sollen die Tensoren weiterhin zeitunabhängig, symmetrisch und positiv definit sein, bzw. semidefinit, im Fall der Leitfähigkeit. Sind die Materialien zusätzlich homogen und isotrop, lassen sich die Materialeigenschaften durch konstante Parameter beschreiben, nämlich die Dielektrizitätskonstante ε, Permeabilität μ und spezifische elektrische Leitfähigkeit κ. Unter diesen Voraussetzungen lauten die Gleichungen für das elektrische und magnetische Materialverhalten (2.105), (5.84) sowie das Ohm'sche Gesetz (4.1) der Reihe nach

$\mathbf{D} = \varepsilon$	$\mathbf{E}$	$\Leftrightarrow$	$\mathcal{D} = \varepsilon \star \mathcal{E} \,,$	(8.68a)
$\mathbf{B} = \mu$	$\mathbf{H}$	$\Leftrightarrow$	$\mathcal{B} = \mu \star \mathcal{H} \,,$	(8.68b)
$\mathbf{g} = \kappa$	$\mathbf{E}$	$\Leftrightarrow$	$\mathcal{J} = \kappa \star \mathcal{E} \,.$	(8.68c)

Die Formulierung mit Differentialformen ergibt sich unmittelbar aus den Übersetzungsisomorphismen und den Gleichungen (8.67).

Die Materialeigenschaften können im metrischen Tensor berücksichtigt werden, indem man in Gleichung (8.64) den konformen Faktor λ sukzessive zu ε, μ, κ wählt. Aufgrund des Skalierungsgesetzes (8.65) gilt für 1-Formen $\boldsymbol{\xi}$ in drei Dimensionen ($n = 3$, $p = 1$) nämlich

$$\star_\lambda \boldsymbol{\xi} = \lambda \star \boldsymbol{\xi} \, .$$

Damit lassen sich die Materialgleichungen (8.68) in der Form

$$\mathcal{D} = \star_\varepsilon \mathcal{E} \, , \tag{8.69a}$$

$$\mathcal{B} = \star_\mu \mathcal{H} \, , \tag{8.69b}$$

$$\mathcal{J} = \star_\kappa \mathcal{E} \tag{8.69c}$$

schreiben. Man kann zeigen, dass man die Voraussetzungen der Homogenität und Isotropie fallen lassen kann. Für „einfache" Materialien lassen sich die Materialgleichungen stets in der Form (8.69) darstellen, mit an die Materialeigenschaften angepassten Hodge-Operatoren [77]. Wegen Gleichung (8.61) gilt $\star_\mu^{-1} = \star_\mu$, deshalb kann man auch $\mathcal{E} = \star_\varepsilon \mathcal{D}$ usw. schreiben.

Aus den angepassten Hodge-Operatoren erhält man mit der Definition (8.63) entsprechend angepasste L^2-Skalarprodukte. Die in dem betrachteten Gebiet enthaltene elektromagnetische Feldenergie kann man damit durch Integration der Energieverteilung (8.26) folgendermaßen ausdrücken,

$$W = \frac{1}{2}\langle \mathcal{E}, \mathcal{E} \rangle_\varepsilon + \frac{1}{2}\langle \mathcal{B}, \mathcal{B} \rangle_\mu \, .$$

8.5.7   Das Tonti-Diagramm der Elektrodynamik

Die Grundgleichungen der Elektrodynamik lassen sich übersichtlich in Form eines formalen Flussdiagramms, des sogenannten *Tonti-Diagramms* darstellen, siehe Abb. 8.7 [92, §10.8]. Derartige Diagramme findet man aber auch an anderer Stelle, zum Beispiel bei Deschamps [80, Table III]. Diagonale Pfeile stehen für räumliche Ableitungen $\pm\,\mathrm{d}$, horizontale Pfeile für zeitliche Ableitungen $\pm\partial/\partial t$. Die in einem Kreis stehende Größe ergibt sich als Summe der auf den Kreis zulaufenden durchgezogenen Pfeile. Die Anwendung des Differentialoperators d behält die physikalische Dimension einer Differentialform bei. Deshalb besitzen alle Größen, die auf einer Diagonale stehen, dieselbe physikalische Dimension. Die gestrichelten Pfeile repräsentieren die Materialgleichungen. In Abb. 8.7 sind zwei wesentliche Gleichungssätze zu erkennen.

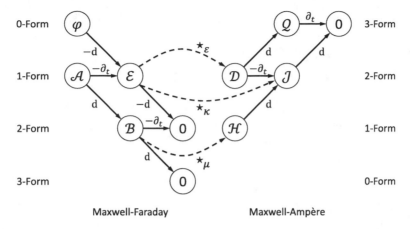

Abb. 8.7 Darstellung der Grundgleichungen der Elektrodynamik als Tonti-Diagramm in drei Dimensionen. Die im Kreis stehende Größe ergibt sich als Summe der auf den Kreis zulaufenden *durchgezogenen Pfeile*. Die durch die Materialgleichungen gegebenen Relationen sind mit *gestrichelten Pfeilen* dargestellt

1. Die Gleichungen auf der linken Seite werden als *Maxwell-Faraday-Gleichungen* bezeichnet. Sie umfassen die Definitionsgleichungen der elektromagnetischen Potentiale $\mathcal{A}$ und φ, das Faraday'sche Induktionsgesetz sowie die Quellenfreiheit der magnetischen Induktion.
2. Die Gleichungen auf der rechten Seite nennt man *Maxwell-Ampère-Gleichungen*. Hierin sind das Ampère'sche Durchflutungsgesetz einschließlich des von Maxwell eingeführten Verschiebungsstromterms, das Gauß'sche Gesetz für die elektrische Ladung sowie die Kontinuitätsgleichung enthalten.

Die beiden Gleichungssätze bilden die *topologischen Gleichungen*, denn sie sind völlig unabhängig von der Metrik des Raumes. Aus diesem Grund besitzen sie in ganz beliebigen Koordinaten aufgeschrieben dieselbe Form. Dies gilt nicht für die *metrischen Gleichungen*. Das sind die Materialgleichungen, die auf dem Hodge-Operator und damit auf der euklidischen Metrik aufbauen. Der Hodge-Operator ist lediglich forminvariant unter solchen Transformationen, die Metrik und Orientierung erhalten. Im Fall der euklidischen Metrik sind das die räumlichen Drehungen. Sie werden durch orthogonale Transformationsmatrizen beschrieben, Gleichung (10.277), mit Determinante $+1$ als zusätzlicher Bedingung.

8.5.8   Kodifferentialoperator und Hodge-Laplace-Operator

Eingedenk der Komplexeigenschaft (8.36c) könnte man zu der Auffassung gelangen, dass mit Differentialformen überhaupt keine sinnvollen Differentialgleichungen zweiter Ordnung gebildet werden können. Dem ist aber nicht so, wenn man den Hodge-Operator mitberücksichtigt. Kombiniert man die äußere Ableitung mit dem Hodge-Operator, kann man einen weiteren linearen Differentialoperator δ einführen, der p-Formen auf $(p-1)$-Formen abbildet. Dieser Operator heißt *Kodifferentialoperator*. Für eine p-Form $\boldsymbol{\xi}$ ist er folgendermaßen definiert,

$$\delta\boldsymbol{\xi} = (-1)^{p} \star^{-1} d \star \boldsymbol{\xi}\,. \tag{8.70}$$

Wie man sich leicht überzeugen kann, besitzt der Kodifferentialoperator ebenfalls die Komplexeigenschaft,

$$\delta(\delta\boldsymbol{\xi}) = 0\,.$$

Kombiniert man die Operatoren d und δ in geeigneter Weise, bekommt man einen Differentialoperator $\boldsymbol{\Delta}$ zweiter Ordnung, den *Hodge-Laplace-Operator*,

$$\boldsymbol{\Delta}\boldsymbol{\xi} = d\,\delta\,\boldsymbol{\xi} + \delta\,d\,\boldsymbol{\xi}\,. \tag{8.71}$$

Die Anwendung des Hodge-Laplace-Operators lässt den Grad der Differentialform im Argument unverändert.

Mit Hilfe der Übersetzungsisomorphismen findet man für den Hodge-Laplace-Operator

$$\left.\begin{aligned}
\boldsymbol{\Delta}^{0} f &= {}^{0}(-\Delta f)\,,\\
\boldsymbol{\Delta}^{1}\mathbf{a} &= {}^{1}(-\Delta\mathbf{a})\,,\\
\boldsymbol{\Delta}^{2}\mathbf{b} &= {}^{2}(-\Delta\mathbf{b})\,,\\
\boldsymbol{\Delta}^{3} g &= {}^{3}(-\Delta g)\,.
\end{aligned}\right\}$$

In allen Fällen reduziert sich der Hodge-Laplace-Operator auf die jeweiligen gewöhnlichen skalaren oder vektoriellen Laplace-Operatoren der Vektoranalysis, bis auf das Vorzeichen.

Bemerkungen:

1. Die äußere Ableitung lässt die physikalische Dimension ihres Arguments unverändert, $\mathrm{pd}(\mathrm{d}\,\xi) = \mathrm{pd}(\xi)$. Das gilt nicht für den Kodifferential- und den Hodge-Laplace-Operator. Dort hat man

$$\mathrm{pd}(\delta\xi) = \mathrm{pd}(\boldsymbol{\Delta}\,\xi) = \mathsf{L}^{-2}\,\mathrm{pd}(\xi)\,,$$

   was man an den Definitionen (8.70) und (8.71) mit dem Skalierungsgesetz (8.65) erkennen kann.
2. Geht man von einem an die Materialeigenschaften angepassten Hodge-Operator $\star_\lambda$ aus, bekommt man aus den Gleichungen (8.70) bzw. (8.71) einen angepassten Kodifferentialoperator δ_λ und Hodge-Laplace-Operator $\boldsymbol{\Delta}_\lambda$.

Als einfaches Beispiel betrachten wir die Herleitung der Poisson-Gleichung der Magnetostatik, Gleichung (5.12), in der Formulierung mit Differentialformen. Im zeitunabhängigen ($\partial/\partial t = 0$) Fall liest man aus Abb. 8.7

$$\mathrm{d}\star_\mu \mathrm{d}\,\mathcal{A} = \mathcal{J} \tag{8.72}$$

ab, indem man dem Pfad folgt, der $\mathcal{A}$ mit $\mathcal{J}$ verbindet. Mit der Eichtransformation $\mathcal{A}' = \mathcal{A} + \mathrm{d}\,\phi$, Gleichung (5.8), lässt sich stets erreichen, dass $\delta_\mu \mathcal{A} = 0$ wird, das ist die Coulomb-Eichung, Gleichung (5.9). Durch Anwenden des Hodge-Operators $\star_\mu$ auf Gleichung (8.72) und Addieren des Terms $\mathrm{d}(\delta_\mu \mathcal{A})$ erhält man

$$\boldsymbol{\Delta}_\mu \mathcal{A} = \star_\mu \mathcal{J}\,,$$

die Poisson-Gleichung der Magnetostatik. Sie stimmt für $\mu = \mu_0$ im Sinne der Übersetzungsisomorphismen mit der vektoriellen Gleichung (5.12) überein.

8.6 Zwei Beispiele

Grundsätzlich lassen sich mit Differentialformen alle Beispiele, die bislang im Buch betrachtet wurden, in analoger Weise behandeln. Insbesondere sind alle Lösungsmethoden wie Wahl problemangepasster Koordinatensysteme, Dimensionsreduktion für symmetrische Probleme, Spiegelungsmethode, Separationsmethode usw. uneingeschränkt anwendbar. Wie wir schon gesehen haben eignen sich Differentialformen besonders gut für eine abstrakte koordinatenfreie Beschreibung von Feldproblemen. Viele Aussagen lassen sich damit gewinnen, ohne überhaupt ein spezifisches Koordinatensystem einzuführen. Trotzdem ist das Rechnen in Koordinaten wichtig.

Nachfolgend werden zwei Beispiele präsentiert, die im Abschn. 2.6.1 schon behandelt wurden. Ziel ist es, der Leserschaft eine erste Intuition im Umgang mit Differentialformen in Koordinaten zu geben und damit zum Studium weiterer Beispiele anzuregen.

8.6.1 Spiegelung an der Ebene

Wir betrachten eine elektrische Ladung vor einer leitfähigen ebenen Wand, wie in
Abb. 2.34. Das Problem ist in Abb. 8.8 näher ausgeführt. Aufgrund der Rotationssymmetrie genügt die Betrachtung in einer Fläche $\varphi = $ const eines Zylinderkoordinatensystems
(r, φ, z).

Wir bezeichnen das skalare elektrische Potential hier mit ϕ, um eine Verwechslung mit
dem Azimutwinkel zu vermeiden. Durch Überlagerung der Potentiale der beiden Punktladungen nach Gleichung (2.18) bekommt man für das Potential im Punkt $P(r, \varphi, z)$

$$\phi = \frac{Q}{4\pi\varepsilon_0}\left(\frac{1}{R_+} - \frac{1}{R_-}\right), \quad R_\pm = \sqrt{r^2 + (z \pm a)^2}.$$

Für die elektrische Feldstärke folgt daraus

$$\mathcal{E} = -\mathrm{d}\phi = \frac{Q}{4\pi\varepsilon_0}\left(\frac{\mathrm{d}R_+}{R_+^2} - \frac{\mathrm{d}R_-}{R_-^2}\right), \quad \mathrm{d}R_\pm = \frac{r\,\mathrm{d}r + (z \pm a)\,\mathrm{d}z}{R_\pm}$$

$$= \frac{Q}{4\pi\varepsilon_0}\left(\frac{r\,\mathrm{d}r + (z + a)\,\mathrm{d}z}{\sqrt{r^2 + (z+a)^2}^3} - \frac{r\,\mathrm{d}r + (z - a)\,\mathrm{d}z}{\sqrt{r^2 + (z-a)^2}^3}\right).$$

Die elektrische Feldstärke bei $z = 0$ sieht übersichtlicher aus,

$$\mathcal{E}|_{z=0} = \frac{Q}{2\pi\varepsilon_0}\frac{a\,\mathrm{d}z}{\sqrt{r^2 + a^2}^3}.$$

Wir berechnen daraus die dielektrische Verschiebung bei $z = 0$. Gleichung (8.66) mit den
Maßstabsfaktoren für Zylinderkoordinaten aus Tab. 8.2 liefert $\star\,\mathrm{d}z = \mathrm{d}r \wedge r\,\mathrm{d}\varphi$. Mit der
Materialgleichung (8.68a) bekommt man

$$\mathcal{D}|_{z=0} = \varepsilon_0 \star \mathcal{E}|_{z=0} = \frac{Q}{2\pi}\frac{a\,\mathrm{d}r \wedge r\,\mathrm{d}\varphi}{\sqrt{r^2 + a^2}^3}.$$

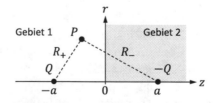

Abb. 8.8 Das Feld einer Ladung vor einer leitfähigen Wand soll mit der Spiegelungsmethode
berechnet werden. Dargestellt sind die Verhältnisse in einer Fläche $\varphi = $ const eines Zylinderkoordinatensystems (r, φ, z). Die leitfähige Wand befindet sich bei $z = 0$, die felderzeugende Ladung
Q bei $(0, 0, -a)$ und die Bildladung $-Q$ im Spiegelpunkt bei $(0, 0, a)$. Von Interesse ist das Feld
im Gebiet 1 $(z < 0)$

Wir wollen die Spuren von $\mathcal{E}$ und $\mathcal{D}$ bezüglich der Koordinatenfläche $z = 0$ bestimmen. Dort ist $dz = 0$. Die Durchtrittsrichtung von Gebiet 1 ($z < 0$) nach Gebiet 2 ($z > 0$) ergänzt sich mit den verbleibenden Koordinaten (r, φ) zur Raumorientierung. Deshalb resultiert aus der Anwendung des Spuroperators nach Abschn. 8.2.9

$$\gamma\,\mathcal{E} = 0\,,$$

$$\gamma\,\mathcal{D} = \frac{Q}{2\pi}\,\frac{a\,dr \wedge r\,d\varphi}{\sqrt{r^2 + a^2}^{\,3}}\,.$$

Die Spur der elektrischen Feldstärke muss an der leitfähigen Wand verschwinden. Sie entspricht der Tangentialkomponente des zugehörigen Vektorfeldes. Die influenzierte elektrische Flächenladung ergibt sich aus Gleichung (8.35) mit $\mathcal{D}_1 = \mathcal{D}$ und $\mathcal{D}_2 = 0$ zu

$$\mathcal{Q}_s = -\gamma\,\mathcal{D}\,.$$

Die gesamte Influenzladung Q' erhält man daraus durch Integration der 2-Form $\mathcal{Q}_s$ über die Koordinatenfläche $z = 0$,

$$Q' = \int\limits_{r=0}^{\infty}\int\limits_{\varphi=0}^{2\pi} \mathcal{Q}_s = -\frac{Q}{2\pi}\int\limits_{r=0}^{\infty}\int\limits_{\varphi=0}^{2\pi} \frac{a\,r}{\sqrt{r^2 + a^2}^{\,3}}\,dr\,d\varphi$$

$$= -Q\int\limits_{r=0}^{\infty} \frac{a\,r}{\sqrt{r^2 + a^2}^{\,3}}\,dr = Q\,\frac{a}{\sqrt{r^2 + a^2}}\Big|_{r=0}^{\infty} = -Q\,.$$

Der gesamte von der felderzeugenden Ladung Q ausgehende elektrische Fluss endet an den Influenzladungen an der leitfähigen Wand, wie es sein muss.

8.6.2 Spiegelung an der Kugel

Wir betrachten eine leitfähigen Kugel mit Radius r_K im Feld einer Punktladung, wie in Abb. 2.32. Das Problem ist in Abb. 8.9 genauer beschrieben. Aufgrund der Rotationssymmetrie genügt wieder die Betrachtung in einer Meridianebene $\varphi = \text{const}$.

Wir bezeichnen das skalare elektrische Potential mit ϕ. Durch Überlagerung der Potentiale der beiden Punktladungen nach Gleichung (2.18) bekommt man für das Potential im Punkt $P(r, \theta, \varphi)$ unter Verwendung des Kosinussatzes

$$\phi = \frac{Q}{4\pi\varepsilon_0}\left(\frac{1}{R_+} - \frac{\mu}{R_-}\right)\,,$$

$$R_+ = a\sqrt{\frac{r^2}{a^2} - \frac{2r}{a}\cos\theta + 1}\,, \qquad R_- = \mu a\sqrt{\frac{r^2}{(\mu a)^2} - \frac{2r}{a}\cos\theta + \mu^2}\,.$$

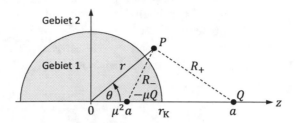

Abb. 8.9 Das Feld einer Ladung vor einer leitfähigen Kugel mit Radius r_K soll mit der Spiege-lungsmethode berechnet werden. Dargestellt sind die Verhältnisse in einer Meridianebene $\varphi = \text{const}$ eines Kugelkoordinatensystems (r, θ, φ). Die felderzeugende Ladung Q befindet sich bei $(a, 0, 0)$ und die Bildladung $-\mu Q$ im Spiegelpunkt bei $(\mu^2 a, 0, 0)$, mit $\mu = r_K/a < 1$. Von Interesse ist das Feld im Gebiet 2 $(r > r_K)$

Dabei ist

$$\mu = \frac{r_K}{a} < 1$$

ein dimensionsloser Faktor, er hat nichts mit der Permeabilität zu tun. Für $r = r_K$ erhält man $R_- = \mu R_+$, deshalb ist dort $\phi = 0$. Die leitfähige Kugel kann also als geerdet angesehen werden.

Für die elektrische Feldstärke folgt daraus

$$\mathcal{E} = -\mathrm{d}\,\phi = \frac{Q}{4\pi\varepsilon_0}\left(\frac{\mathrm{d}R_+}{R_+^2} - \frac{\mu\,\mathrm{d}R_-}{R_-^2}\right),$$

$$\mathrm{d}R_+ = \frac{(r - a\cos\theta)\,\mathrm{d}r + a r\sin\theta\,\mathrm{d}\theta}{R_+},$$

$$\mathrm{d}R_- = \frac{(r - \mu^2 a\cos\theta)\,\mathrm{d}r + \mu^2 a r\sin\theta\,\mathrm{d}\theta}{R_-}.$$

Insbesondere erhält man an der Kugeloberfläche bei $r = r_K$

$$\mathcal{E}|_{r=r_K} = \frac{Q}{4\pi\varepsilon_0}\frac{(\mu^2 - 1)\,\mathrm{d}r}{\mu a^2\sqrt{\mu^2 - 2\mu\cos\theta + 1}^{\,3}}.$$

Wir berechnen daraus die dielektrische Verschiebung bei $r = r_K$. Gleichung (8.66) mit den Maßstabsfaktoren für Kugelkoordinaten aus Tab. 8.2 liefert $\star\,\mathrm{d}r = r\,\mathrm{d}\theta \wedge r\sin\theta\,\mathrm{d}\varphi$. Mit der Materialgleichung (8.68a) bekommt man

$$\mathcal{D}|_{r=r_K} = \varepsilon_0 \star \mathcal{E}|_{r=r_K} = \frac{Q}{4\pi}\frac{\mu(\mu^2 - 1)\sin\theta\,\mathrm{d}\theta \wedge \mathrm{d}\varphi}{\sqrt{\mu^2 - 2\mu\cos\theta + 1}^{\,3}}.$$

In der Kugeloberfläche $r = r_K$ ist $dr = 0$. Die Durchtrittsrichtung von Gebiet 1 ($r < r_K$) nach Gebiet 2 ($r > r_K$) ergänzt sich mit den verbleibenden Koordinaten (θ, φ) zur Raumorientierung. Deshalb resultiert aus der Anwendung des Spuroperators nach Abschn. 8.2.9

$$\gamma\, \mathcal{E} = 0\,,$$

$$\gamma\, \mathcal{D} = \frac{Q}{4\pi} \frac{\mu(\mu^2 - 1)\sin\theta\, d\theta \wedge d\varphi}{\sqrt{\mu^2 - 2\mu\cos\theta + 1}^{\,3}}\,.$$

Die Spur der elektrischen Feldstärke muss an der Kugeloberfläche verschwinden. Die influenzierte elektrische Flächenladung ergibt sich aus Gleichung (8.35) mit $\mathcal{D}_1 = 0$ und $\mathcal{D}_2 = \mathcal{D}$ zu

$$\mathcal{Q}_s = \gamma\, \mathcal{D}\,.$$

Die gesamte Influenzladung Q' erhält man daraus durch Integration der 2-Form $\mathcal{Q}_s$ über die Kugeloberfläche,

$$Q' = \int\limits_{\theta=0}^{\pi}\int\limits_{\varphi=0}^{2\pi} \mathcal{Q}_s = \frac{Q}{4\pi} \int\limits_{\theta=0}^{\pi}\int\limits_{\varphi=0}^{2\pi} \frac{\mu(\mu^2 - 1)\sin\theta}{\sqrt{\mu^2 - 2\mu\cos\theta + 1}^{\,3}}\, d\theta\, d\varphi$$

$$= \frac{Q}{2} \int\limits_{\theta=0}^{\pi} \frac{\mu(\mu^2 - 1)\sin\theta}{\sqrt{\mu^2 - 2\mu\cos\theta + 1}^{\,3}}\, d\theta$$

$$= -\frac{Q}{2} \frac{\mu^2 - 1}{\sqrt{\mu^2 - 2\mu\cos\theta + 1}} \Bigg|_{\theta=0}^{\pi}$$

$$= -\frac{Q}{2}(\mu^2 - 1)\left(\frac{1}{\mu+1} + \frac{1}{\mu-1}\right) = -\mu Q\,.$$

An der Oberfläche der Kugel enden genau jene Feldlinien, die ohne die Kugel an der Bildladung enden würden.

8.7   Über die Existenz von Potentialen

Differentialformen, deren äußere Ableitung verschwindet, heißen geschlossen. Differentialformen, die sich als äußere Ableitung von Potentialformen darstellen lassen, nennt man exakt. Das Verschwinden der zweiten äußeren Ableitung lässt sich auch so ausdrücken, dass jede exakte Differentialform geschlossen ist. Die Umkehrung für topologisch besonders einfache Gebiete gibt das Lemma von Poincaré. Darauf beruht die Existenz der skalaren und vektoriellen Potentiale, wie sie in der elektromagnetischen Feldtheorie üblich sind.

Die Frage nach der Existenz von Potentialen bezieht sich auf Räume von Differentialformen aufsteigenden Grades. Diese Räume bilden zusammen mit dem Operator der äußeren Ableitung den sogenannten de Rham-Komplex. Seine Eigenschaften hängen nur von der Topologie des betrachteten Grundgebietes ab.

Im Allgemeinen gibt es geschlossenen Differentialformen, die sich nicht durch Potentialformen darstellen lassen. Klassen solcher Differentialformen, die sich nur durch Eichtransformation unterscheiden, sind die Bausteine der sogenannten de Rham-Kohomologiegruppen.

8.7.1 Zusammenhang mit der Topologie des Grundgebietes

Wie wir sehen werden, gibt es einen engen Zusammenhang zwischen der Frage nach der Existenz von Potentialen und den topologischen Eigenschaften des betrachteten Grundgebietes. Deshalb stellen wir Eigenschaften von Differentialformen und von Gebieten einander gegenüber.

Im Abschn. 8.3 hatten wir die Komplexeigenschaft (8.36c) der äußeren Ableitung kennengelernt,

$$d(d\,\xi) = 0\,.$$

Es ist interessant, dass der Randoperator ∂ ebenfalls die Komplexeigenschaft besitzt, denn für beliebige Gebiete K ist

$$\partial(\partial K) = 0\,. \tag{8.73}$$

Das kann man anschaulich folgendermaßen verstehen. Die Randkurve einer Fläche ist stets geschlossen und besitzt deshalb keine Endpunkte, die geschlossene Oberfläche eines räumlichen Gebietes besitzt keine Randkurve.

Bemerkung: In einer ausführlicheren Theorie der Integration werden orientierte p-dimensionale Integrationsgebiete K auch p-Ketten genannt. Die Randbildung erzeugt aus einer p-Kette K die spezielle konsistent orientierte $(p-1)$-Kette ∂K. Diese Theorie erlaubt eine formale Definition des Randoperators ∂ sowie einen Beweis der Gleichung (8.73) [89, §3.3.2]. Der Randoperator für Ketten ist nicht mit dem topologischen Randoperator identisch [89, §2.3.4].

Man nennt ein Gebiet Z *geschlossen*, wenn es keinen Rand besitzt, $\partial Z = 0$. Ein geschlossenes Gebiet heißt auch *Zykel*. Ein Gebiet R heißt *Rand*, wenn es ein Gebiet K gibt, so dass $R = \partial K$ gilt [87, §7.6].

Tab. 8.9 Geschlossene und exakte Differentialformen und ihr Zusammenhang mit den Feldern und Potentialen aus der Vektoranalysis

p-Form ξ	$(p-1)$-Form η	ξ geschlossen $\mathrm{d}\,\xi = 0$	ξ exakt $\xi = \mathrm{d}\,\eta$
$^0 f$	–	$\mathrm{grad}\, f = 0$	$f = \mathrm{const}$
$^1\mathbf{a}$	$^0 f$	$\mathrm{rot}\,\mathbf{a} = 0$	$\mathbf{a} = \mathrm{grad}\, f$
$^2\mathbf{b}$	$^1\mathbf{a}$	$\mathrm{div}\,\mathbf{b} = 0$	$\mathbf{b} = \mathrm{rot}\,\mathbf{a}$
$^3 g$	$^2\mathbf{b}$	–	$g = \mathrm{div}\,\mathbf{b}$

Es gibt analoge Begriffsbildungen für Differentialformen. Man nennt eine Differentialform ξ *geschlossen*, wenn ihre äußere Ableitung verschwindet, $\mathrm{d}\,\xi = 0$. Eine Differentialform ξ heißt *exakt*, wenn es eine *Potentialform* η gibt, so dass $\xi = \mathrm{d}\,\eta$ gilt. Der Zusammenhang mit den Feldern und Potentialen aus der Vektoranalysis ist in Tab. 8.9 dargestellt.

Mit diesen Begriffen kann man das bislang Gesagte so ausdrücken:

$$
\begin{cases}
\text{Jeder Rand ist ein Zykel,} \\[4pt]
R = \partial K \quad \Rightarrow \quad \partial R = \partial(\partial K) = 0; \\[6pt]
\text{jede exakte Differentialform ist geschlossen,} \\[4pt]
\xi = \mathrm{d}\,\eta \quad \Rightarrow \quad \mathrm{d}\,\xi = \mathrm{d}(\mathrm{d}\,\eta) = 0.
\end{cases}
\tag{8.74}
$$

8.7.2   Das Lemma von Poincaré

Das *Lemma von Poincaré* (nach Henri Poincaré) gibt die Umkehrung der Aussagen (8.74). Für *kontrahierbare* Grundgebiete gilt:

$$
\begin{cases}
\text{Jeder Zykel ist ein Rand,} \\[4pt]
\partial Z = 0 \quad \Rightarrow \quad \exists K: \quad Z = \partial K\,; \\[6pt]
\text{jede geschlossene Differentialform ist exakt,} \\[4pt]
\mathrm{d}\,\xi = 0 \quad \Rightarrow \quad \exists \eta: \quad \xi = \mathrm{d}\,\eta\,.
\end{cases}
\tag{8.75}
$$

In Lemma (8.75) ist von *kontrahierbaren Grundgebieten* die Rede. Ein Gebiet heißt kontrahierbar, wenn es stetig auf einen Punkt zusammengezogen werden kann [89, §4.2.2]. Insbesondere besitzen *sternförmige Gebiete* diese Eigenschaft. Ein sternförmiges Grund-

Abb. 8.10 Sternförmiges Grundgebiet S. Für jeden Punkt Q in S mit Ortsvektor $\mathbf{r}$ liegt das Liniensegment $t\mathbf{r}, 0 \leq t \leq 1$ ganz im Gebiet

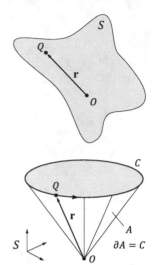

Abb. 8.11 Von der geschlossenen Kurve C ausgehend wird die Fläche A so konstruiert, dass C zur Randkurve der Fläche wird

gebiet S ist dadurch gekennzeichnet, dass ein ausgezeichneter Punkt O existiert, so dass für jeden Punkt Q in S die Strecke $\overline{OQ}$ ganz in S liegt, siehe Abb. 8.10. Zum Beispiel ist eine Kugel sternförmig, ein Torus hingegen nicht.

Wählt man O als Ursprung, so bilden die Abbildungen

$$\Phi_t(\mathbf{r}) = t\,\mathbf{r} \tag{8.76}$$

für $0 \leq t \leq 1$ das Gebiet S in sich selbst ab, so dass Φ_1 die identische Abbildung ist, und Φ_0 jeden Punkt aus S auf O abbildet. Die durch Gleichung (8.76) gegebene stetige Familie von Abbildungen heißt *Homotopie* zwischen Φ_1 und Φ_0. Mit der Homotopie kann man das sternförmige Gebiet S stetig auf den Punkt O zusammenziehen und die Lösungen konstruieren, deren Existenz von Lemma (8.75) garantiert wird.

Ist zum Beispiel eine geschlossene Kurve $C \subset S$ gegeben, so wird durch $\Phi_t(C)$, $0 \leq t \leq 1$, der Mantel A eines Kegels mit der Spitze in O erzeugt. Der Kegelmantel besitzt die gewünschte Eigenschaft $\partial A = C$, siehe Abb. 8.11.

Ebenso kann mit der Homotopie (8.76) eine Potentialform zu einer geschlossenen Differentialform konstruiert werden. Dazu benötigt man das Integral

$$P(\xi) = \int\limits_{t=0}^{1} \frac{\Phi_t^*[\xi(\mathbf{r}, \cdot)]}{t}\, dt\,. \tag{8.77}$$

Dabei ist mit $\xi(\mathbf{r}, \cdot)$ jene $(p-1)$-Form gemeint, die man bekommt, wenn man das Ortsvektorfeld als erstes Argument in die p-Form ξ einsetzt. Man kann folgende Identität beweisen [87, §11.4],

$$\xi = d\,P(\xi) + P(d\,\xi)\,.$$

Wenn ξ geschlossen ist, $d\,\xi = 0$, dann ist eine Potentialform durch $\eta = P(\xi)$ gegeben. Terrell [91] gibt analoge Beziehungen für skalare und vektorielle Potentiale an. Man kann sie im Einzelnen mit Hilfe der Übersetzungsisomorphismen gewinnen. Für $p = 1$ bekommt man gerade das Arbeitsintegral (1.42).

Die Potentialform η kann schon deshalb nicht eindeutig bestimmt sein, weil der Punkt O und damit der Kegelmantel nicht eindeutig bestimmt sind. Man kann zu η stets geschlossene Differentialformen addieren. Das ist die *Eichtransformation* für Potentialformen, analog zu Gleichung (5.8).

Ein Beispiel
Gleichung (8.77) erlaubt es, das Kovektorpotential für ein gegebenes Magnetfeld explizit zu berechnen. Dazu betrachten wir das Beispiel aus Abb. 5.12. Für die magnetische Feldstärke ist nach Gleichung (5.39)

$$\mathcal{H} = n I \begin{cases} dz & r < r_0 \\ 0 & r > r_0 \end{cases},$$

und für die magnetische Induktion

$$\mathcal{B} = \mu_0 \star \mathcal{H} = \mu_0 n I \begin{cases} dr \wedge r\,d\varphi & r < r_0 \\ 0 & r > r_0 \end{cases}.$$

Wir werten Gleichung (8.77) in einer Ebene $z = \text{const}$ aus. Dann ist $dr(\mathbf{r}) = r$, $d\varphi(\mathbf{r}) = 0$ und mit den Gleichungen (8.15)

$$\mathcal{B}(\mathbf{r}, \cdot) = \mu_0 n I \begin{cases} r^2\,d\varphi & r < r_0 \\ 0 & r > r_0 \end{cases}.$$

Für den Rücktransport sind (r, φ) durch $(t r, \varphi)$ bzw. $(dr, d\varphi)$ durch $(t\,dr, d\varphi)$ zu ersetzen,

$$\Phi_t^* \mathcal{B}(\mathbf{r}, \cdot) = \mu_0 n I \begin{cases} (t r)^2\,d\varphi & t < r_0/r \\ 0 & t > r_0/r \end{cases}.$$

Damit ist

$$\mathcal{A} = \mu_0 n I \int\limits_{t=0}^{\min(1,r_0/r)} t r^2 \, d\varphi \, dt = \frac{\mu_0 n I}{2} r^2 \min(1, r_0^2/r^2) \, d\varphi$$

$$= \frac{\mu_0 n I}{2} r \, d\varphi \begin{cases} r & r \leq r_0 \\ r_0^2/r & r \geq r_0 \end{cases}.$$

Mit $^1\mathbf{e}_\varphi = r \, d\varphi$ erhält man das Ergebnis aus Abschn. 5.2.3, das dort auf elementarem Weg gewonnen wurde.

Fazit

Die Leserschaft möge sich davon überzeugen, dass aufgrund des Lemmas von Poincaré und des Integralsatzes von Stokes auf kontrahierbaren Grundgebieten die folgenden Aussagen äquivalent sind.

1. Eine Differentialform ist exakt.
2. Eine Differentialform ist geschlossen.
3. Das Integral über beliebige Zykeln verschwindet.
4. Das Integral über ein beliebiges Gebiet hängt nur von dessen Rand ab.

Darin sind die entsprechenden Sätze über die Wegunabhängigkeit von Linienintegralen für $p = 1$ enthalten.

8.7.3 Der de Rham-Komplex

Das Lemma von Poincaré lässt sich auf folgende Weise elegant umformulieren [83, §19]. Bezeichnet man mit $\mathcal{F}^p(S)$ den Raum der p-Formen auf dem Grundgebiet S und betrachtet die Sequenz der Räume $\mathcal{F}^0(S)$, $\mathcal{F}^1(S)$, ..., dann erhält man für kontrahierbare Grundgebiete eine *exakte Sequenz* bezüglich des Operators d. Damit ist gemeint, dass das Bild der vorhergehenden Differentiation mit dem Kern der nachfolgenden Differentiation übereinstimmt. Man nennt die Gesamtheit der Räume $\mathcal{F}^p(S)$ zusammen mit dem Operator d den *de Rham-Komplex* (nach Georges de Rham). Der de Rham-Komplex für ein kontrahierbares dreidimensionales Grundgebiet S ist in Abb. 8.12 dargestellt.

In kontrahierbaren Gebieten kann ein wirbelfreies Feld stets durch ein skalares Potential und ein quellenfreies Feld stets durch ein Vektorpotential dargestellt werden. Zu dem Sonderfall $p = 0$ ist noch zu sagen, dass eine geschlossene 0-Form auf einem zusammenhängenden Gebiet konstant sein muss.

Lemma (8.75) gibt eine hinreichende Bedingung dafür, dass geschlossene Differentialformen exakt sind. Die Kontrahierbarkeit des Grundgebietes ist dafür aber nicht unbedingt notwendig. Eine erweiterte Aussage gibt der folgende Satz [89, §6.2.2].

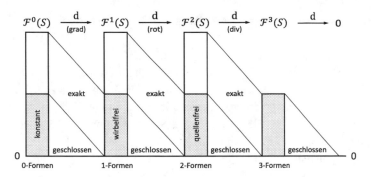

Abb. 8.12 De Rham-Komplex für ein kontrahierbares dreidimensionales Grundgebiet S. Die Räume $\mathcal{F}^p(S)$ bilden eine exakte Sequenz, das heißt, das Bild der vorhergehenden Differentiation stimmt mit dem Kern der nachfolgenden Differentiation überein

Eine p-Form ξ ist genau dann exakt, wenn für alle Zykeln Z gilt

$$\oint_Z \xi = 0. \tag{8.78}$$

In der einen Richtung folgt der Satz sofort aus dem Integralsatz von Stokes. Ist nämlich ξ exakt, also $\xi = \mathrm{d}\,\eta$, dann ist für alle Zykeln Z

$$\oint_Z \xi = \oint_Z \mathrm{d}\,\eta = \oint_{\partial Z} \eta = 0.$$

Aus Satz (8.78) folgt übrigens, dass sich ein elektrostatisches Feld $\mathcal{E}$ auch auf nicht sternförmigen Gebieten stets als Gradient eines elektrischen Skalarpotentials schreiben lässt. Könnte man eine geschlossene Kurve C finden, für die das Umlaufintegral

$$\oint_C \mathcal{E}$$

einen von Null verschiedenen Wert annehmen würde, ergäbe sich ein Widerspruch zum Energieerhaltungssatz. Das Umlaufintegral muss für alle geschlossenen Kurven verschwinden und deshalb ist $\mathcal{E}$ exakt.

Dasselbe gilt für die Darstellung der magnetischen Induktion $\mathcal{B}$ durch ein magnetisches (Ko-)Vektorpotential. Hier kann man argumentieren, dass wegen der Abwesenheit magnetischer Monopole das Integral

$$\oint_A \mathcal{B}$$

für beliebige geschlossene Flächen A stets verschwinden muss, folglich ist $\mathcal{B}$ exakt.

8.7.4 Gegenbeispiele für nicht kontrahierbare Gebiete

Wenn die topologische Voraussetzung nicht erfüllt ist, kann eine Potentialform im Allgemeinen nicht mit der einfachen Vorschrift (8.77) konstruiert werden, denn das durch $t\mathbf{r}$, $0 \leq t \leq 1$, parametrierte Liniensegment braucht nicht in S enthalten zu sein.

Es ist dann auch nicht schwierig, Gegenbeispiele zu Lemma (8.75) zu finden. Betrachten wir zum Beispiel ein toroidales Grundgebiet S, das rotationssymmetrisch zur z-Achse eines Zylinderkoordinatensystems sein soll, und eine geschlossene Kurve C, die in S liegt und die z-Achse einschließt (vgl. Abb. 8.13, mit $C = C_2$). Es ist nicht möglich, eine ganz in S liegende Fläche anzugeben, die durch C berandet wird. Wie sieht ein Gegenbeispiel in Bezug auf Differentialformen aus? Ein Linienstrom $I \neq 0$ auf der z-Achse besitzt die rein azimutale magnetische Feldstärke

$$\mathcal{H} = \frac{I}{2\pi}\,\mathrm{d}\varphi\,,$$

man vergleiche mit Gleichung (5.29). Obwohl die 1-Form $\mathcal{H}$ geschlossen ist, $\mathrm{d}\,\mathcal{H} = 0$, kann das Feld des Linienstromes nicht als Gradient eines skalaren Potentials zufolge $\mathcal{H} = -\mathrm{d}\,\psi$ dargestellt werden, Gleichung (5.22). Dann müsste nämlich

$$I = \oint_C \mathcal{H} = -\oint_C \mathrm{d}\,\psi = -\oint_{\partial C} \psi = 0$$

sein, was der Voraussetzung $I \neq 0$ widerspricht.

Ein anderes, vielleicht weniger bekanntes Beispiel erhält man, wenn man ein Hohlkugel-Gebiet S betrachtet, welches konzentrisch zum Ursprung eines Kugelkoordinatensystems liegen möge, und eine geschlossene Fläche A, die in S liegt und den Ursprung einschließt. Bei diesem Beispiel ist es nicht möglich, ein ganz in S liegendes, räumliches

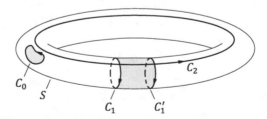

Abb. 8.13 Als Grundgebiet wird die Torusfläche S betrachtet. Die dargestellten Kurven sind geschlossen und liegen in S. Die Kurve C_0 ist Rand eines Gebietes in S. Das ist bei den anderen Kurven nicht der Fall. Die beiden Kurven C_1 und C_1' sind homolog zueinander, da ihre Differenz der Rand der grau unterlegten zylindrischen Fläche in S ist. Man sagt, sie liegen in derselben Homologieklasse. Offenbar gibt es zwei verschiedene Basisklassen solcher Kurven, nämlich die Längen- und Breitenkreise der Torusfläche. Die beiden Homologieklassen erzeugen die Homologiegruppe $\mathcal{H}_1(S)$

Gebiet zu finden, welches von A berandet wird. An die Stelle des Linienstroms tritt nun eine Punktladung $Q \neq 0$ im Ursprung, siehe Gleichung (1.9). Sie verursacht die dielektrische Verschiebung

$$\mathcal{D} = \varepsilon_0 \star \mathcal{E} = \frac{Q}{4\pi r^2} \star \mathrm{d}r = \frac{Q}{4\pi} \sin\theta \, \mathrm{d}\theta \wedge \mathrm{d}\varphi.$$

Die 2-Form $\mathcal{D}$ ist geschlossen, d $\mathcal{D} = 0$. Dennoch kann sie nicht als Rotation eines elektrischen Vektorpotentials in der Form $\mathcal{D} = -\,\mathrm{d}\,\mathcal{A}^*$ wie in Gleichung (7.202) geschrieben werden. Der Beweis läuft wie zuvor, denn dann müsste

$$Q = \oint_A \mathcal{D} = -\oint_A \mathrm{d}\,\mathcal{A}^* = -\oint_{\partial A} \mathcal{A}^* = 0$$

sein, es war aber $Q \neq 0$ vorausgesetzt.

Man sieht, dass Satz (8.78) genau solche Situationen ausschließt, weil er die integrale Bedingung $I = 0$ bzw. $Q = 0$ erzwingt.

Bemerkung: Die naheliegende Wahl von

$$\psi = -\frac{I}{2\pi}\varphi \quad \text{bzw.} \quad \mathcal{A}^* = \frac{Q}{4\pi}\varphi \sin\theta \, \mathrm{d}\theta$$

als Potentialform ist ungültig, da der Azimutwinkel φ einen Sprung aufweist, je nach Definition des Koordinatensystems von 2π auf null oder auch von π auf $-\pi$. Die Basisform $\mathrm{d}\varphi$ leidet darunter nicht, da sie über den Sprung hinweg glatt fortsetzbar ist, genau wie das Basisvektorfeld $\mathbf{e}_\varphi$. Mit der Basisform $\mathrm{d}\varphi$ ist immer die glatte Fortsetzung gemeint.

8.7.5 Homologie- und Kohomologiegruppen

In diesem Abschnitt sollen die Beziehungen genauer beschrieben werden, die zwischen der Topologie eines Grundgebietes und der Existenz von geschlossenen, aber nicht exakten Differentialformen bestehen. Diese Fragestellung stammt aus dem Bereich der *algebraischen Topologie*. Hierbei geht es im Wesentlichen darum, topologische – also im weitesten Sinne geometrische – Eigenschaften von Räumen durch abstrakte algebraische Eigenschaften zu erfassen. Es wird sich zeigen, dass die Anzahl der wesentlich verschiedenen geschlossenen Formen, die nicht exakt sind, lediglich von der Topologie des Grundgebietes abhängt [85, §8.7].

Beginnen wir die Überlegungen mit einem Beispiel, der in Abb. 8.13 dargestellten Torusfläche S als Grundgebiet. In der Abbildung sind verschiedene Kurven zu sehen, die geschlossen sind und in S liegen.

Man nennt eine geschlossene Kurve *nullhomolog* (~ 0), wenn sie Rand eines Gebietes in S ist, so wie C_0 in Abb. 8.13. Allgemeiner heißen zwei geschlossene Kurven C_1 und C_1'

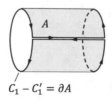

$$C_1 - C_1' = \partial A$$

Abb. 8.14 Die zylindrische Fläche A wurde aufgeschnitten, so dass ein zusammenhängender Rand ∂A entsteht. Dieser Rand stimmt mit der Kurve $C_1 - C_1'$ überein, weil sich die Schnittufer gegenseitig wegheben. Folglich sind die Kurven C_1 und C_1' homolog, $C_1 \sim C_1'$

homolog ($C_1 \sim C_1'$), wenn $C_1 - C_1' \sim 0$ ist. Das ist bei den in Abb. 8.13 eingezeichneten Kurven C_1 und C_1' der Fall. Die Differenz $C_1 - C_1'$ berandet die grau unterlegte zylindrische Fläche. Dabei kommt es auch auf die Orientierung an, was man leicht einsieht, wenn man sich die Fläche aufgeschnitten denkt, wie in Abb. 8.14.

Alle geschlossenen Kurven, die homolog zueinander sind, werden zu einer Äquivalenzklasse zusammengefasst, einer sogenannten *Homologieklasse*. Bei dem in Abb. 8.13 dargestellten Beispiel gibt es offenbar drei wesentliche Homologieklassen.

1. Die Klasse $[C_0]$ der nullhomologen Kurven.
2. Die Klasse $[C_1]$ der durch C_1 repräsentierten Kurven, das sind die Längenkreise.
3. Die Klasse $[C_2]$ der Kurven, die durch C_2 repräsentiert werden, die Breitenkreise der Torusfläche.

Die beiden letzten Homologieklassen charakterisieren verschiedene Arten geschlossener Kurven, die nicht Rand eines Gebietes in S sind.

Man kann der Gesamtheit der Homologieklassen die Struktur einer Gruppe geben, der *Homologiegruppe* $\mathcal{H}_1(S)$. Dazu muss man Summen und ganzzahlige Vielfache von Kurven, allgemein von Gebieten erklären. Dies geschieht, indem man die Gebiete als Integrationsgebiete auffasst. Die Summe zweier Integrationsgebiete entspricht einer Integration über beide Gebiete. Ein Vorzeichenwechsel entspricht der Umkehr der Orientierung. Ganzzahlige Vielfache bedeuten ein mehrfaches Durchlaufen des Integrationsgebietes.

Für unser Beispiel kann man die Homologieklassen $[C_1]$ und $[C_2]$ als Basis nehmen, und die Homologiegruppe in der Form

$$\mathcal{H}_1(S) = \{i\,[C_1] + k\,[C_2] : i, k \text{ ganzzahlig}\}$$

darstellen. Beispielsweise enthält die Homologieklasse $2[C_1] - 3[C_2]$ alle geschlossenen Kurven, die sich zweimal in Richtung von C_1 und dreimal gegen die Richtung von C_2 um den Torus winden.

Es ist klar, dass sich dieses Begriffssystem auf allgemeine m-dimensionale Grundgebiete übertragen lässt. Wir bezeichnen die Menge der ganz im Grundgebiet S enthaltenen p-dimensionalen Integrationsgebiete, kurz *p-Gebiete*, mit $C_p(S)$. Geschlossene p-Gebiete heißen *p-Zykeln*.

Die Elemente der p-ten Homologiegruppe $\mathcal{H}_p(S)$ sind Klassen von p-Zykeln. Zwei p-Zykeln liegen in derselben Klasse, wenn ihre Differenz sich als Rand eines $(p+1)$-Gebietes darstellen lässt, das heißt

$$\left. \begin{aligned} &Z, Z' \in C_p(S)\,, \qquad \partial Z = \partial Z' = 0\,, \\ &Z \sim Z' \quad \Leftrightarrow \quad \exists K \in C_{p+1}(S) : Z - Z' = \partial K\,. \end{aligned} \right\} \tag{8.79}$$

Die Dimension (genauer: der Rang [89, §3.4.3])

$$b_p(S) = \dim \mathcal{H}_p(S)$$

heißt p-te *Betti-Zahl* von S (nach Enrico Betti). Das ist die Zahl der wesentlich verschiedenen p-Zykeln, die sich nicht als Ränder von $(p+1)$-Gebieten darstellen lassen. Die Betti-Zahlen hängen nur von der Topologie des Grundgebietes ab.

Ein gleichartiges Begriffssystem lässt sich für Differentialformen aufbauen, was auf *de Rham-Kohomologiegruppen* $\mathcal{H}^p(S)$ führt. Zwei geschlossene Formen ξ und ξ' heißen *kohomolog* ($\xi \sim \xi'$), wenn sie sich um eine exakte Form unterscheiden, das heißt

$$\left. \begin{aligned} &\xi, \xi' \in \mathcal{F}^p(S)\,, \qquad \mathrm{d}\,\xi = \mathrm{d}\,\xi' = 0\,, \\ &\xi \sim \xi' \quad \Leftrightarrow \quad \exists \eta \in \mathcal{F}^{p-1}(S) : \xi - \xi' = \mathrm{d}\,\eta\,. \end{aligned} \right\} \tag{8.80}$$

Aus dieser Definition folgt insbesondere, dass exakte Differentialformen *nullkohomolog* sind, denn sie lassen sich in der Form $\xi = \mathrm{d}\,\eta$ schreiben. Man beachte die formale Analogie zwischen den Gleichungen (8.79) und (8.80).

Die Relation $\sim$ erlaubt es, die geschlossenen p-Formen ξ in *Kohomologieklassen* $[\xi]$ zu unterteilen. Diese Kohomologieklassen sind die Elemente der de Rham-Kohomologie-gruppe $\mathcal{H}^p(S)$. Die Dimension

$$b^p(S) = \dim \mathcal{H}^p(S)$$

ist die maximale Zahl linear unabhängiger Kohomologieklassen. Anders gesagt ist das die Zahl der wesentlich verschiedenen geschlossenen p-Formen, die sich nicht aus $(p-1)$-Formen zufolge $\xi = \mathrm{d}\,\eta$ gewinnen lassen.

Die Homologiegruppen $\mathcal{H}_p(S)$ und die de Rham-Kohomologiegruppen $\mathcal{H}^p(S)$ sind aufs Engste miteinander verknüpft. Das ist Gegenstand des *Satzes von de Rham*, eines der zentralen und weitreichenden Resultate der algebraischen Topologie [87, §7.7], [89, Thm. 6.2]. Es gilt insbesondere

$$b^p(S) = b_p(S)\,, \tag{8.81}$$

das heißt *die p-te Kohomologie- und Homologiegruppe besitzen dieselbe Dimension* [89, Gl. (6.25)]. In Worten ausgedrückt bedeutet das Folgendes: Die Zahl der wesentlich verschiedenen geschlossenen p-Formen, die sich nicht aus Potentialformen gewinnen lassen, ist gleich der Zahl der wesentlich verschiedenen p-Zykeln, die sich nicht als Ränder darstellen lassen.

Auf kontrahierbaren Grundgebieten sind alle p-dimensionalen Gebiete als Ränder von $(p + 1)$-dimensionalen Gebieten darstellbar, die ihrerseits durch Homotopien konstruierbar sind. Für die Betti-Zahlen eines kontrahierbaren, oder – wie man auch sagt – *topologisch trivialen* Grundgebietes gilt deshalb

$$b_0(S) = 1 , \quad b_p(S) = 0 \quad \text{für} \quad p > 0 .$$

Das bedeutet, dass auf kontrahierbaren Grundgebieten jede geschlossene Differentialform exakt sein muss, das ist gerade die Aussage des Lemmas von Poincaré, Gleichung (8.75). Konstanten sind geschlossene 0-Formen, ihr Differential verschwindet, sie sind aber nicht exakt. Deshalb hat man selbst auf topologisch trivialen Grundgebieten eine eindimensionale de Rham-Kohomologiegruppe $\mathcal{H}^0(S)$.

Für kompliziertere Grundgebiete sind die Betti-Zahlen im Allgemeinen von Null verschieden, so dass man es mit nichttrivialen Homologie- und Kohomologiegruppen zu tun hat. Es kann gezeigt werden, dass für endlichdimensionale kompakte Grundgebiete die Betti-Zahlen stets endlich sind [89, Thm. 6.2]. Für eine m-dimensionale Kugelsphäre sind $b_0 = b_m = 1$ die einzigen von Null verschiedenen Betti-Zahlen. Für eine m-dimensionale Torusfläche ist

$$b_p(S) = \binom{m}{p} . \tag{8.82}$$

Obwohl die Definition der Betti-Zahlen recht abstrakt ist, kann man ihnen oft eine gewisse anschauliche Deutung geben. Die Betti-Zahl $b_0(S)$ beschreibt die Anzahl der Zusammenhangskomponenten von S, $b_p(S)$ die Anzahl der $(p + 1)$-dimensionalen „Löcher". Zum Beispiel besteht die Torusfläche in Abb. 8.13 aus einer Zusammenhangskomponente ($b_0 = 1$), hat zwei „zweidimensionale Löcher" ($b_1 = 2$), nämlich in der Mitte und im Inneren des Torus, und einen dreidimensionalen Hohlraum ($b_2 = 1$). Diese Anschauung deckt sich mit den Betti-Zahlen nach Gleichung (8.82).

Der de Rham-Komplex für ein dreidimensionales Grundgebiet S ist in Abb. 8.15 dargestellt. Im Vergleich zum topologisch trivialen Fall nach Abb. 8.12 sind nun die de Rham-Kohomologiegruppen zu berücksichtigen.

Bemerkungen:

1. Für jedes zusammenhängende Grundgebiet S, das auch *einfach zusammenhängend* ist, gilt $\mathcal{H}^1(S) = 0$ [86, Thm. 8.4]. Damit ist die Existenz eines skalaren Potentials für geschlossene 1-Formen (wirbelfreie Vektorfelder) sichergestellt. Abb. 5.5 zeigt

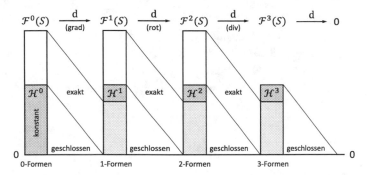

Abb. 8.15 De Rham-Komplex für ein dreidimensionales Grundgebiet S. Im Vergleich zum topologisch trivialen Fall nach Abb. 8.12 sind nun die de Rham-Kohomologiegruppen $\mathcal{H}^p = \mathcal{H}^p(S)$ zu berücksichtigen

ein Beispiel. Durch die Einführung der Trennfläche wird die Topologie des stromfreien Grundgebietes so verändert, dass ein eindeutiges skalares magnetisches Potential existieren kann.

2. Für ein toroidales Gebiet sind die einzigen von Null verschiedenen Betti-Zahlen $b_0 = b_1 = 1$, für ein Hohlkugel-Gebiet $b_0 = b_2 = 1$. Es gibt also jeweils eine Klasse geschlossener Formen, die nicht durch Potentialformen dargestellt werden können. Das sind die oben diskutierten Gegenbeispiele.

3. Die Betti-Zahlen und Basiselemente (genauer: Generatoren) der de Rham-Kohomologie sind nicht nur theoretisch interessant. Sie werden auch in praktischen Anwendungen auf dem Computer berechnet, ausgehend von Finite Elemente-Netzen, welche die Topologie beschreiben [90].

8.8   Elektrodynamik mit Differentialformen in vier Dimensionen

Im Rahmen der Relativitätstheorie wird die Elektrodynamik in vier Dimensionen formuliert. Entsprechende Ausführungen zur speziellen Relativitätstheorie finden sich im Abschn. 10.6 und zur allgemeinen Relativitätstheorie im Abschn. 10.7. In der Betrachtungsweise in drei Dimensionen spielt die Zeit die Rolle eines universellen Parameters. Bei der Formulierung in vier Dimensionen wird die Zeit als weitere geometrische Dimension angesehen. Dazu werden häufig Tensorfelder in Indexnotation verwendet, Gleichungen (10.350) und (10.351), eine im Vergleich zur Darstellung mit Vektorfeldern vollkommen andere Schreibweise. Im Gegensatz dazu ist der Übergang von drei auf vier Dimensionen mit Differentialformen eine natürliche und offensichtliche Verallgemeinerung.

Nachfolgend soll eine Formulierung der Elektrodynamik im vierdimensionalen Minkowski-Raum angegeben werden, siehe dazu auch Abschn. 10.6.2. Je zwei der elektromagnetischen Felder bzw. Potentiale werden zu einer Vierergröße zusammengefasst. Die

Grundgleichungen der Elektrodynamik stellen sich damit als Beziehungen zwischen Vierergrößen dar. Die Minkowski-Metrik erlaubt die Konstruktion eines Hodge-Operators,
mit dem die Materialgleichung für das Vakuum formuliert werden kann. Am Ende lassen
sich die Grundgleichungen der Elektrodynamik auf den Hodge-Laplace-Operator in vier
Dimensionen zurückführen, der die Ausbreitung elektromagnetischer Wellen beschreibt.

8.8.1 Vierergrößen

Wir wählen Koordinaten $(u^0 = t, u^1, u^2, u^3)$ entsprechend der Konvention aus Abschn. 10.7, das heißt Index Null für die Zeitkoordinate und Indices Eins bis Drei für die
Raumkoordinaten. Wir vereinbaren, dass in diesem Abschnitt die griechischen Indices
μ, ν von null bis drei laufen.

Unter Verwendung von $\mathrm{d}t$ als weiterem Basisdifferential lassen sich je zwei unter-
einander stehende Größen aus Tab. 8.3 zu einer *Vierergröße* zusammenfassen. Einige
Vierergrößen sind in Tab. 8.10 angegeben. Dabei fällt auf, dass die grundlegenden Vie-
rergrößen mit nur zwei physikalischen Dimensionen ausgedrückt werden können, der
Dimension des magnetischen Flusses (UT) und der Dimension der elektrischen Ladung
(IT).

Die Differentialformen in Tab. 8.10 sind alle von der Gestalt

$$\xi = \alpha + \mathrm{d}t \wedge \beta \,. \tag{8.83}$$

Dabei sind wir von den räumlichen Differentialformen α und β ausgegangen. Sie sind
zunächst in jedem Punkt auch nur für räumliche Testvektoren erklärt. Man kann die Definition auf *Vierervektoren* erweitern, indem man

$$\alpha(\mathbf{v}_1, \ldots, \mathbf{v}_p) = \alpha(\underline{\mathbf{v}}_1, \ldots, \underline{\mathbf{v}}_p)$$

setzt, sinngemäß für β, wobei $\underline{\mathbf{v}}_i$ die räumliche Komponente von $\mathbf{v}_i$ bedeutet. Räumliche
Differentialformen antworten also nicht auf die zeitlichen Komponenten der Testvektoren,

Tab. 8.10 Zuordnung von Differentialformen zu den Feldern und Potentialen in der elektromagnetischen Feldtheorie in vier Dimensionen

Differentialform		Bezeichung, physikalische Dimension	
$\mathfrak{A} = \mathcal{A} - \mathrm{d}t \wedge \varphi$	1-Form	Viererpotential	UT
$\mathfrak{F} = \mathcal{B} - \mathrm{d}t \wedge \mathcal{E}$	2-Form	Elektromagnetisches Feld	UT
$\mathfrak{G} = \mathcal{D} + \mathrm{d}t \wedge \mathcal{H}$	2-Form	Elektromagnetische Erregung	IT
$\mathfrak{J} = \mathcal{Q} - \mathrm{d}t \wedge \mathcal{J}$	3-Form	Viererstrom	IT

ihre Basidarstellung enthält kein Zeitdifferential dt. Sie sind jedoch im Allgemeinen von der Zeit abhängig.

Umgekehrt wird durch die Zerlegung (8.83) jeder p-Form ξ eine räumliche p-Form α und eine räumliche $(p-1)$-Form β eindeutig zugeordnet.

8.8.2   Äußere Ableitung und Maxwell'sche Gleichungen

Wir schreiben für die äußere Ableitung in drei Dimensionen $\underline{d}$, um sie von der äußeren Ableitung d in vier Dimensionen zu unterscheiden. Aufgrund von Gleichung (8.38) hängen die beiden Operatoren für räumliche Formen α miteinander zusammen,

$$\mathrm{d}\,\alpha = \underline{\mathrm{d}}\,\alpha + \mathrm{d}t \wedge \frac{\partial \alpha}{\partial t}\,. \tag{8.84}$$

Das Ergebnis ist im Allgemeinen keine räumliche Form, nämlich dann nicht, wenn α zeitabhängig ist.

Für die äußere Ableitung d ξ bekommt man mit (8.83) und (8.84) folgende Zerlegung,

$$\mathrm{d}\,\xi = \underline{\mathrm{d}}\,\alpha + \mathrm{d}t \wedge \left(\frac{\partial \alpha}{\partial t} - \underline{\mathrm{d}}\,\beta \right)\,. \tag{8.85}$$

Damit kann man leicht nachrechnen, dass sich je zwei der Maxwell'schen Gleichungen (8.43) zu einer *Vierergleichung* wie folgt zusammenfassen lassen,

$$\left.\begin{aligned} \underline{\mathrm{d}}\,\mathcal{E} &= -\frac{\partial \mathcal{B}}{\partial t} \\[2mm] \underline{\mathrm{d}}\,\mathcal{B} &= 0 \end{aligned}\right\} \qquad \Leftrightarrow \qquad \mathrm{d}\,\mathfrak{F} = 0\,, \tag{8.86a}$$

$$\left.\begin{aligned} \underline{\mathrm{d}}\,\mathcal{H} &= \mathcal{J} + \frac{\partial \mathcal{D}}{\partial t} \\[2mm] \underline{\mathrm{d}}\,\mathcal{D} &= \mathcal{Q} \end{aligned}\right\} \qquad \Leftrightarrow \qquad \mathrm{d}\,\mathfrak{G} = \mathfrak{J}\,. \tag{8.86b}$$

Die Definitionsgleichungen (8.47) der elektromagnetischen Potentiale geben einen Zusammenhang zwischen dem elektromagnetischen Feld und dem Viererpotential,

$$\left.\begin{aligned} \mathcal{B} &= \underline{\mathrm{d}}\,\mathcal{A} \\[2mm] \mathcal{E} &= -\underline{\mathrm{d}}\,\varphi - \frac{\partial \mathcal{A}}{\partial t} \end{aligned}\right\} \qquad \Leftrightarrow \qquad \mathfrak{F} = \mathrm{d}\,\mathfrak{A}\,. \tag{8.87}$$

Vor dem Hintergrund des über die Existenz von Potentialen Gesagten ist Gleichung (8.87) eigentlich selbstverständlich. Das elektromagnetische Feld $\mathfrak{F}$ ist geschlossen, Gleichung (8.86a). Auf einem kontrahierbaren Grundgebiet ist $\mathfrak{F}$ deshalb exakt, und lässt sich aus einer Potentialform gewinnen, Gleichung (8.87).

Die Gleichung (8.86b) besagt, dass die Viererstromdichte exakt ist, damit geschlossen. Das gibt die Kontinuitätsgleichung

$$\underline{\mathrm{d}}\,\mathcal{J} + \frac{\partial Q}{\partial t} = 0 \qquad \Leftrightarrow \qquad \mathrm{d}\,\mathfrak{F} = 0\,.$$

8.8.3 Hodge-Operator und Materialgleichungen

Nach den topologischen Gleichungen sollen nun die metrischen Gleichungen aus Abb. 8.7 in vier Dimensionen formuliert werden. Im Folgenden ist mit der euklidischen Metrik stets die euklidische Metrik in drei Dimensionen gemeint. Dabei beschränken wir uns auf den Fall des Vakuums, das heißt $\varepsilon = \varepsilon_0$, $\mu = \mu_0$, $\kappa = 0$.

In der Notation aus Abschn. 8.5 lautet der metrische Tensor (10.377) der Minkowski-Metrik

$$\mathbf{g}(\mathbf{v}, \mathbf{w}) = c\,\mathrm{d}t\,(\mathbf{v})c\,\mathrm{d}t\,(\mathbf{w}) - \underline{\mathbf{g}}(\mathbf{v}, \mathbf{w}) = \Big(c\,\mathrm{d}t \otimes c\,\mathrm{d}t - \underline{\mathbf{g}}\Big)(\mathbf{v}, \mathbf{w})\,. \qquad (8.88)$$

Hierin bezeichnet c die Vakuumlichtgeschwindigkeit, $\underline{\mathbf{g}}$ den metrischen Tensor der euklidischen Metrik und $\otimes$ das Tensorprodukt. Man setzt wieder $\mathbf{g}(\mathbf{v}, \mathbf{w}) = \mathbf{g}(\underline{\mathbf{v}}, \underline{\mathbf{w}})$.

Der metrische Tensor $\mathbf{g}$ ist nicht positiv definit. Es gilt lediglich, dass die Matrix $(g_{\mu\nu})$ seiner Komponenten regulär ist, vgl. Abschn. 8.5.1. Wir bezeichnen mit $s^- = n - 1 = 3$ die Anzahl der negativen Eigenwerte der Matrix $(g_{\mu\nu})$. Das Vorzeichen von $\mathbf{g}(\mathbf{v}, \mathbf{v})$ ist dann ein zusätzliches Merkmal eines Vektors $\mathbf{v} \neq 0$. Man kann zwischen „zeitartigen" ($\mathbf{g} > 0$), „raumartigen" ($\mathbf{g} < 0$) und „lichtartigen" ($\mathbf{g} = 0$) Vektoren unterscheiden, siehe Abb. 10.23. In orthogonalen Koordinaten hat man eine Diagonalmatrix, $g_{\mu\nu} = -t_\mu^2 \delta_{\mu\nu}$. Dabei sind wie bisher t_1, t_2, t_3 die Maßstabsfaktoren, und es ist $t_0 = \mathrm{i}c$.

Die Minkowski-Metrik erlaubt die Konstruktion eines Hodge-Operators. Die Darstellung im Abschn. 8.5 geht jedoch von einem positiv definiten metrischen Tensor aus. Deshalb sind nun einige Besonderheiten in Bezug auf die Vorzeichen zu beachten.

1. In der Definitionsgleichung (8.59) selbst muss ggf. noch ein zusätzliches Minuszeichen berücksichtigt werden, nämlich dann, wenn die Vektoren $(\mathbf{v}_1^\perp, \ldots, \mathbf{v}_p^\perp)$ eine negative Gram'sche Determinante besitzen,

$$\star\,\boldsymbol{\xi}\,(\mathbf{v}_1, \ldots, \mathbf{v}_q) = \mathrm{sgn}\Big(G(\mathbf{v}_1^\perp, \ldots, \mathbf{v}_p^\perp)\Big)\,\boldsymbol{\xi}\,(\mathbf{v}_1^\perp, \ldots, \mathbf{v}_p^\perp)\,. \qquad (8.89)$$

Die Signum-Funktion ist für ein reelles Argument folgendermaßen definiert,

$$\operatorname{sgn}(x) = \begin{cases} +1 & x > 0 \\ 0 & x = 0 \\ -1 & x < 0 \end{cases}.$$

2. Die Definition des Hodge-Operators nach Gleichung (8.59) bzw. (8.89) bereitet Probleme, wenn in dem q-Tupel von Testvektoren $(\mathbf{v}_1, \dots, \mathbf{v}_q)$ „lichtartige" Vektoren enthalten sind. Das liegt daran, dass diese orthogonal zu sich selbst sind. In diesem Fall empfiehlt es sich, die Testvektoren bezüglich einer orthonormalen Basis auszudrücken und von der Linearität des Hodge-Operators Gebrauch zu machen.

3. Eine Orientierung des Minkowski-Raumes kann aus der Orientierung der Zeit und der Orientierung des euklidischen Raumes abgeleitet werden, in dem man

$$\mathbf{\Omega} = c\,\mathrm{d}t \wedge \underline{\mathbf{\Omega}} \tag{8.90}$$

setzt. Dabei bezeichnet $\mathbf{\Omega}$ die Volumenform der Minkowski-Metrik und $\underline{\mathbf{\Omega}}$ die Volumenform der euklidischen Metrik.

4. Gleichung (8.61) lautet nun

$$\star(\star\,\boldsymbol{\xi}) = (-1)^{p(n-p)+s^-}\,\boldsymbol{\xi}\,.$$

Dabei war s^- die Anzahl der negativen Eigenwerte der Matrix $(g_{\mu\nu})$.

5. Das Skalarprodukt von Differentialformen (8.63) ist auch jetzt nicht degeneriert, das heißt für $\boldsymbol{\xi} \neq 0$ existiert stets ein $\boldsymbol{\eta}$ so dass $\langle \boldsymbol{\xi}, \boldsymbol{\eta} \rangle \neq 0$ gilt. Es verliert jedoch seine positive Definitheit, das heißt $\langle \boldsymbol{\xi}, \boldsymbol{\xi} \rangle$ kann für $\boldsymbol{\xi} \neq 0$ Werte beiderlei Vorzeichens annehmen oder auch null werden.

Wie wir weiter unten noch zeigen werden, kann der Hodge-Operator $\star$ der Minkowski-Metrik durch den Hodge-Operator $\underline{\star}$ der euklidischen Metrik ausgedrückt werden,

$$\star\,\boldsymbol{\xi} = \frac{(-1)^{p-1}}{c}\,\underline{\star}\,\boldsymbol{\beta} + c\,\mathrm{d}t \wedge \underline{\star}\,\boldsymbol{\alpha}\,, \tag{8.91}$$

dabei ist $\boldsymbol{\xi}$ eine p-Form. Die beiden Materialgleichungen (8.68a) und (8.68b) lassen sich damit zu einer Vierergleichung zusammenfassen,

$$\left. \begin{array}{l} \mathcal{D} = \varepsilon_0\,\underline{\star}\,\mathcal{E} \\[4pt] \mathcal{B} = \mu_0\underline{\star}\,\mathcal{H} \end{array} \right\} \qquad \Leftrightarrow \qquad \mathcal{G} = \frac{1}{Z_0}\,\star\,\mathcal{F}\,. \tag{8.92}$$

In Gleichung (8.92) ist Z_0 der Wellenwiderstand des Vakuums (7.35), es ist

$$Z_0 = \sqrt{\frac{\mu_0}{\varepsilon_0}}\,.$$

Der Beweis von Gleichung (8.91)
Dieser Beweis ist recht instruktiv, deshalb soll er hier gebracht werden. Es genügt,

$$\star(c\,dt \wedge \boldsymbol{\beta}) = (-1)^{p-1}\,\underline{\star}\,\boldsymbol{\beta} \tag{8.93}$$

zu zeigen, dabei ist $\boldsymbol{\beta}$ eine räumliche $(p-1)$-Form. Wenn man auf die Gleichung $\star$ anwendet und $\boldsymbol{\beta} = \underline{\star}\,\boldsymbol{\alpha}$ setzt erhält man

$$\star\,\boldsymbol{\alpha} = c\,dt \wedge \underline{\star}\,\boldsymbol{\alpha}\,, \tag{8.94}$$

unabhängig vom Grad der Differentialform $\boldsymbol{\alpha}$. Aus den Bausteinen (8.83), (8.93) und (8.94) resultiert Gleichung (8.91).

Wir zeigen Gleichung (8.93) zunächst für beliebige räumliche (linear unabhängige) Testvektoren $\underline{\mathbf{V}} = (\underline{\mathbf{v}}_1, \dots, \underline{\mathbf{v}}_q)$. Ausgehend von der euklidischen Metrik und Definition (8.59) werden daraus räumliche Testvektoren $\underline{\mathbf{V}}^{\perp} = (\underline{\mathbf{v}}_1^{\perp}, \dots, \underline{\mathbf{v}}_{p-1}^{\perp})$ konstruiert, wie im Abschn. 8.5 beschrieben, mit $p + q = n$. Wir ergänzen das $(p-1)$-Tupel $\underline{\mathbf{V}}^{\perp}$ um den Vektor $\mathbf{v}_0^{\perp} = \mathbf{t}_0/c$, dabei ist $\mathbf{t}_0$ der Tangentenvektor an die Koordinatenlinie der Zeit. Wir haben also

$$\underline{\mathbf{V}} = (\underline{\mathbf{v}}_1, \dots, \underline{\mathbf{v}}_q)\,, \quad \mathbf{V}^{\perp} = (\mathbf{v}_0^{\perp}, \underline{\mathbf{v}}_1^{\perp}, \dots, \underline{\mathbf{v}}_{p-1}^{\perp})\,.$$

Das q-Tupel $\underline{\mathbf{V}}$ und das p-Tupel $\mathbf{V}^{\perp}$ erfüllen per Konstruktion die Bedingungen zur Anwendung der Definitionsgleichung (8.89).

(i)   Die Vektoren in $\mathbf{V}^{\perp}$ und $\underline{\mathbf{V}}$ sind jeweils linear unabhängig und $\mathbf{V}^{\perp}$ ist das orthogonale Komplement von $\underline{\mathbf{V}}$ bezüglich $\mathbf{g}$.

(ii) Das p-Tupel $\mathbf{V}^{\perp}$ und das q-Tupel $\underline{\mathbf{V}}$ spannen gleiche Volumen auf,

$$\mathrm{Vol}(\mathbf{v}_0^{\perp}, \underline{\mathbf{v}}_1^{\perp}, \dots, \underline{\mathbf{v}}_{p-1}^{\perp}) = \underbrace{\mathrm{Vol}(\mathbf{v}_0^{\perp})}_{=1}\,\underline{\mathrm{Vol}}(\underline{\mathbf{v}}_1^{\perp}, \dots, \underline{\mathbf{v}}_{p-1}^{\perp})$$

$$= \underline{\mathrm{Vol}}(\underline{\mathbf{v}}_1, \dots, \underline{\mathbf{v}}_q) = \mathrm{Vol}(\underline{\mathbf{v}}_1, \dots, \underline{\mathbf{v}}_q)\,.$$

Dabei ist Vol das Volumen bezüglich der Minkowski-Metrik und $\underline{\mathrm{Vol}}$ das Volumen bezüglich der euklidischen Metrik. Die multiplikative Zerlegung in der ersten Zeile rührt daher, dass $\mathbf{v}_0^{\perp}$ senkrecht auf $\underline{\mathbf{V}}^{\perp}$ steht. Das ergibt sich aus der Form (8.88) des metrischen Tensors. In Verbindung mit Definition (8.54) und dem Entwicklungssatz für Determinanten folgt die Zerlegung.

(iii) Das n-Tupel $(\mathbf{V}^\perp, \underline{\mathbf{V}})$ ist positiv orientiert, siehe Gleichung (8.90),

$$\Omega\,(\mathbf{v}_0^\perp, \underline{\mathbf{v}}_1^\perp, \ldots, \underline{\mathbf{v}}_{p-1}^\perp, \underline{\mathbf{v}}_1, \ldots, \underline{\mathbf{v}}_q)$$
$$= \underbrace{c\,\mathrm{d}t\,(\mathbf{v}_0^\perp)}_{=1}\,\underline{\Omega}(\underline{\mathbf{v}}_1^\perp, \ldots, \underline{\mathbf{v}}_{p-1}^\perp, \underline{\mathbf{v}}_1, \ldots, \underline{\mathbf{v}}_q) > 0\,.$$

Deshalb gilt nach Gleichung (8.89)

$$\star(c\,\mathrm{d}t \wedge \boldsymbol{\beta})(\underline{\mathbf{v}}_1, \ldots, \underline{\mathbf{v}}_q) = (-1)^{p-1}(c\,\mathrm{d}t \wedge \boldsymbol{\beta})(\mathbf{v}_0^\perp, \underline{\mathbf{v}}_1^\perp, \ldots, \underline{\mathbf{v}}_{p-1}^\perp)$$
$$= (-1)^{p-1}\boldsymbol{\beta}(\underline{\mathbf{v}}_1^\perp, \ldots, \underline{\mathbf{v}}_{p-1}^\perp)$$
$$= (-1)^{p-1}\underline{\star}\,\boldsymbol{\beta}(\underline{\mathbf{v}}_1, \ldots, \underline{\mathbf{v}}_q)\,.$$

Der Fall allgemeiner Testvektoren $\mathbf{V} = (\mathbf{v}_1, \ldots, \mathbf{v}_q)$, die nicht notwendigerweise räumlich sind, lässt sich aufgrund der multilinearen alternierenden Eigenschaft von Differentialformen auf die zusätzliche Betrachtung eines q-Tupels $(\mathbf{v}_0, \underline{\mathbf{v}}_1, \ldots, \underline{\mathbf{v}}_{q-1})$ zurückführen, mit $\mathbf{v}_0 = \mathbf{t}_0/c$. Das bedeutet im Wesentlichen, dass $\underline{\mathbf{V}}$ und $\mathbf{V}^\perp$ ihre Rollen tauschen. In diesem Fall werden beide Seiten von Gleichung (8.93) null, womit der Beweis erbracht ist.

8.8.4   Die Lorentz-Invarianz der Elektrodynamik

Die Formulierung der Elektrodynamik mit Differentialformen in vier Dimensionen lässt sich besonders übersichtlich in Form eines Tonti-Diagramms darstellen, Abb. 8.16 [80]. Ein Vergleich der Abb. 8.7 und 8.16 zeigt, dass jeweils zwei untereinander stehende Größen aus dem Diagramm in Abb. 8.7 zu einer Vierergröße kombiniert wurden.

Schreibt man die topologischen Gleichungen in Koordinaten eines ganz beliebigen Koordinatensystems auf, besitzen sie stets dieselbe Form. Man sagt auch, die topologischen

Abb. 8.16 Darstellung der Grundgleichungen der Elektrodynamik als Tonti-Diagramm in vier Dimensionen

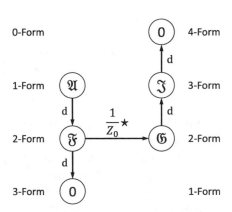

Gleichungen seien forminvariant bezüglich *Diffeomorphismen*, das sind differenzierbare Koordinatentransformationen. Für die Invarianz der metrischen Gleichungen kommt es auf den Hodge-Operator an. Er ist forminvariant unter solchen Transformationen, die Metrik und Orientierung erhalten. Im Fall der Minkowski-Metrik sind das die „eigentlichen" *Lorentz-Transformationen* und die Translationen in Raum und Zeit. Der Begriff „eigentlich" bezieht sich hier auf die Eigenschaft, die Orientierung zu erhalten. Lorentz-Transformationen bilden die Basis der *speziellen Relativitätstheorie*, siehe Abschn. 10.6.

Bemerkungen:

1. Im Abschn. 8.4 hatten wir bemerkt, dass *ungerade Differentialformen* über nicht orientierbare Gebiete integrierbar sind. Man kann nun den Hodge-Operator so erweitern, dass er gewöhnliche auf ungerade Differentialformen abbildet. Die Maxwell-Ampère-Gleichungen werden dann mit ungeraden Differentialformen formuliert. Der so erweiterte Hodge-Operator ist unabhängig von der Orientierung. Der Hodge-Operator der Minkowski-Metrik ist dann forminvariant bezüglich aller und nicht nur bezüglich der „eigentlichen" Lorentz-Transformationen.
2. Die Formulierung der Elektrodynamik mit Differentialformen in vier Dimensionen gestattet weitgehende Verallgemeinerungen. Die Gültigkeit der in Abb. 8.16 dargestellten Gleichungen ist nicht auf den Minkowski-Raum der speziellen Relativitätstheorie beschränkt. Man kann ihn durch eine vierdimensionale *gekrümmte Raumzeit* ersetzen, einen sogenannten *Riemann'schen Raum*. Dessen wesentliches Bestimmungsstück ist der metrische Tensor, siehe Gleichung (10.378). Durch ihn ist der Hodge-Operator festgelegt.

8.8.5 Inhomogene Wellengleichungen und Hertz'sches Potential

Ziel dieser abschließenden Betrachtung ist es, im Kontext der inhomogenen Wellengleichungen Bezüge zwischen der vektoriellen Formulierung und der Formulierung mit Differentialformen in drei und vier Dimensionen herzustellen. Die Formulierung mit Differentialformen im Minkowski-Raum ist nicht nur besonders elegant, sondern zeigt auch, dass sich im Hinblick auf die Lorentz-Invarianz viele der Konstruktionen im Hauptteil des Buches zwangsläufig ergeben.

Kodifferentialoperator und Hodge-Laplace-Operator
Im Folgenden benötigen wir den Kodifferentialoperator nach Gleichung (8.70) sowie den Hodge-Laplace-Operator nach Gleichung (8.71), jeweils im Minkowski-Raum und im euklidischen Raum. Die Zusammenhänge sind in Tab. 8.11 zusammengestellt. Dabei braucht die Dimension des Minkowski-Raumes nicht notwendigerweise $n = 4$ zu sein, nämlich dann nicht, wenn durch Ausnutzung von Symmetrien nur ein Unterraum des dreidimensionalen euklidischen Raumes betrachtet wird. Die Beziehungen in der Tabelle gelten

Tab. 8.11 Zusammenhang zwischen einigen Operatoren im n-dimensionalen Minkowski-Raum und im $(n-1)$-dimensionalen euklidischen Raum. Die Operatoren im euklidischen Raum sind durch Unterstreichung gekennzeichnet. Zerlegung (a) einer Differentialform, (b) der äußeren Ableitung, (c) des Hodge-Operators, (d) des Kodifferentialoperators und (e) des Hodge-Laplace-Operators. Dabei ist $\square$ der *d'Alembert'sche Operator*, $\square = -\underline{\Delta} - \partial^2/\partial(ct)^2$

	Form		Räumlicher Anteil		Zeitlicher Anteil	Grad
(a)	ξ	$=$	α	$+$	$\mathrm{d}t \wedge \beta$	p
(b)	$\mathrm{d}\,\xi$	$=$	$\underline{\mathrm{d}}\,\alpha$	$+$	$\mathrm{d}t \wedge \left(\dfrac{\partial\alpha}{\partial t} - \underline{\mathrm{d}}\,\beta\right)$	$p+1$
(c)	$\star\,\xi$	$=$	$\dfrac{(-1)^{p-1}}{c}\,\underline{\star}\,\beta$	$+$	$\mathrm{d}t \wedge c\,\underline{\star}\,\alpha$	$n-p$
(d)	$\delta\xi$	$=$	$-\underline{\delta}\,\alpha - \dfrac{1}{c^2}\dfrac{\partial\beta}{\partial t}$	$+$	$\mathrm{d}t \wedge \underline{\delta}\,\beta$	$p-1$
(e)	$\Delta\xi$	$=$	$\square\,\alpha$	$+$	$\mathrm{d}t \wedge \square\,\beta$	p

unabhängig von n, solange das Konstruktionsprinzip (8.88) für den metrischen Tensor sowie die Konvention (8.90) für die Orientierung beibehalten werden.

Die inhomogenen Wellengleichungen

Das Tonti-Diagramm in Abb. 8.16 hat die Struktur einer Art vierdimensionalen Magnetostatik. Allerdings darf man diese Analogie nicht zu weit treiben. Die Minkowski-Metrik unterscheidet sich grundsätzlich von einer vierdimensionalen euklidischen Metrik, was sich im Charakter der resultierenden Differentialgleichungen niederschlägt. Die euklidische Metrik führt auf elliptische, die Minkowski-Metrik auf hyperbolische Gleichungen, letztere beschreiben die Wellenausbreitung.

Um zu den inhomogenen Wellengleichungen für die Potentiale zu gelangen, kann man aber völlig analog zur Magnetostatik vorgehen. Aus Abb. 8.16 liest man ab

$$\mathrm{d}\,\frac{1}{Z_0}\star\mathrm{d}\,\mathfrak{A} = \mathfrak{J}\,. \tag{8.95}$$

Das Viererpotential ist durch Gleichung (8.95) nur bis auf eine exakte 1-Form bestimmt. Mit einer beliebigen skalaren Funktion ψ erhält man die Eichtransformation für das Viererpotential,

$$\left.\begin{aligned} \mathcal{A} &= \mathcal{A}_\mathrm{e} - \underline{\mathrm{d}}\,\psi \\ \varphi &= \varphi_\mathrm{e} + \frac{\partial\psi}{\partial t} \end{aligned}\right\} \qquad \Leftrightarrow \qquad \mathfrak{A} = \mathfrak{A}_\mathrm{e} - \mathrm{d}\,\psi\,,$$

sie fasst die Gleichungen (7.182) und (7.186) zusammen. Mit der Eichtransformation lässt sich stets erreichen, dass $\delta\mathfrak{A} = 0$ wird,

$$-\underline{\delta}\,\mathcal{A} + \frac{1}{c^2}\frac{\partial\varphi}{\partial t} = 0 \qquad \Leftrightarrow \qquad \delta\mathfrak{A} = 0\,, \tag{8.96}$$

das ist die *Lorenz-Eichung* (7.187). Dabei wurde von Tab. 8.11(d) Gebrauch gemacht. Der Ausdruck $-\underline{\delta}\,\mathcal{A}$ hängt über die Übersetzungsisomorphismen mit div **A** zusammen. Ausgehend von einem beliebigen Viererpotential $\mathfrak{A}_e$ erfordert die Erfüllung der Lorenz-Bedingung (8.96) die Lösung einer skalaren inhomogenen Wellengleichung für die Funktion ψ.

Durch Anwenden des Hodge-Operators $\star$ auf Gleichung (8.95) und Addieren des Terms $\mathrm{d}(\delta\mathfrak{A}) = 0$ erhält man

$$\left.\begin{array}{l} \Box\,\mathcal{A} = -\mu_0\underline{\star}\,\mathcal{J} \\[2mm] \Box\,\varphi = -\dfrac{1}{\varepsilon_0}\underline{\star}\,\mathcal{Q} \end{array}\right\} \qquad \Leftrightarrow \qquad \Delta\,\mathfrak{A} = Z_0\star\mathfrak{J}\,. \qquad (8.97)$$

das ist die inhomogene Wellengleichung für das Viererpotential. Sie fasst die inhomogenen Wellengleichungen (7.188) und (7.189) zusammen, siehe Tab. 8.11(e).

Das Hertz'sche Potential
Die Lorenz-Bedingung impliziert, dass $\star\,\mathfrak{A}$ eine geschlossene Differentialform ist und deshalb aus einer Potentialform gewonnen werden kann. Man setzt

$$\mathfrak{A} = \delta\Pi\,,$$

mit der 2-Form

$$\Pi = -\mu_0\underline{\star}\Pi_\mathrm{m} - \mathrm{d}t\wedge\Pi_\mathrm{e}\,, \quad \mathrm{pd}(\Pi) = \mathsf{UTL}^2\,,$$

dem *Hertz'schen Potential*. Es kann in die räumlichen 1-Formen Π_m und Π_e zerlegt werden. Sie hängen über die Übersetzungsisomorphismen mit den *magnetischen* und *elektrischen Hertz'schen Vektoren* zusammen, $\mathrm{pd}(\Pi_\mathrm{m}) = \mathsf{IL}^2$, $\mathrm{pd}(\Pi_\mathrm{e}) = \mathsf{UL}^2$. Auf dieser Grundlage kann der Inhalt der Abschn. 7.4.3 bis 7.4.5 kompakt dargestellt werden.

Davon möge sich die Leserschaft in folgenden Schritten selbst überzeugen. Man kann zunächst zeigen, dass zur Lösung von (8.97) für $\mathfrak{J} = 0$ folgende Bedingung hinreichend ist,

$$\Delta\Pi = -Z_0\star\mathfrak{N}\,. \qquad (8.98)$$

Das ist eine *inhomogene Wellengleichung* für das Hertz'sche Potential. Auf der rechten Seite erscheint die 2-Form der *elektromagnetischen Polarisation* [84, §E.3.2]

$$\mathfrak{N} = \frac{1}{Z_0}\star\mathfrak{F} - \mathfrak{G} = -\mathcal{P} + \mathrm{d}t\wedge\frac{1}{\mu_0}\underline{\star}\mathcal{M}\,, \quad \mathrm{pd}(\mathfrak{N}) = \mathsf{IT}\,.$$

Sie kann in die räumlichen 2-Formen $\mathcal{P}$ und $\mathcal{M}$ zerlegt werden, die mit der *elektrischen Polarisation* nach (7.214) bzw. der *Magnetisierung* nach (7.213) über die Übersetzungsisomorphismen zusammenhängen. Es ist $\mathrm{pd}(\mathcal{P}) = \mathsf{IT}$, $\mathrm{pd}(\mathcal{M}) = \mathsf{UT}$.

Die Gleichung (8.98) zerfällt in die beiden Anteile

$$\Box\,\mathbf{\Pi}_{\mathrm{m}} = -\frac{1}{\mu_0}\underline{\star}\,\mathcal{M}\,,$$

$$\Box\,\mathbf{\Pi}_{\mathrm{e}} = -\frac{1}{\varepsilon_0}\underline{\star}\,\mathcal{P}\,,$$

das sind die Gleichungen (7.223) und (7.224).

Das elektromagnetische Feld bzw. die Erregung lassen sich wie folgt aus dem Hertz'schen Potential berechnen,

$$\mathfrak{F} = \mathrm{d}\,\delta\,\mathbf{\Pi}\,,\qquad \mathfrak{G} = \mathrm{d}\,\delta\left(-\frac{1}{Z_0}\star\mathbf{\Pi}\right)\,.$$

Die zeitlichen Komponenten der beiden Gleichungen lauten

$$\mathfrak{E} = -Z_0\,\underline{\delta}\,\frac{\partial\underline{\star}\,\mathbf{\Pi}_{\mathrm{m}}}{\partial(ct)} - \underline{\mathrm{d}\delta}\,\mathbf{\Pi}_{\mathrm{e}} - \frac{\partial^2\mathbf{\Pi}_{\mathrm{e}}}{\partial(ct)^2}\,,$$

$$\mathcal{H} = \frac{1}{Z_0}\,\underline{\delta}\,\frac{\partial\underline{\star}\,\mathbf{\Pi}_{\mathrm{e}}}{\partial(ct)} - \underline{\mathrm{d}\delta}\,\mathbf{\Pi}_{\mathrm{m}} - \frac{\partial^2\mathbf{\Pi}_{\mathrm{m}}}{\partial(ct)^2}\,,$$

das ergibt die Gleichungen (7.212) und (7.211). Aus den räumlichen Komponenten der beiden Gleichungen folgt

$$\frac{\mathcal{B}}{\mu_0} = \underline{\mathrm{d}\delta}\,\star\mathbf{\Pi}_{\mathrm{m}} + \frac{1}{Z_0}\underline{\mathrm{d}}\,\frac{\partial\mathbf{\Pi}_{\mathrm{e}}}{\partial(ct)}\,,$$

$$\frac{\mathcal{D}}{\varepsilon_0} = \underline{\mathrm{d}\delta}\,\star\mathbf{\Pi}_{\mathrm{e}} - Z_0\,\underline{\mathrm{d}}\,\frac{\partial\mathbf{\Pi}_{\mathrm{m}}}{\partial(ct)}\,,$$

das entspricht den Gleichungen (7.225) und (7.226).

Numerische Methoden

9

9.1 Einleitung

Wir haben zunächst die grundlegenden Begriffe der elektromagnetischen Feldtheorie, die zwischen den verschiedenen Feldgrößen bestehenden Beziehungen – insbesondere die Maxwell'schen Gleichungen – und einige der zu ihrer Lösung geeigneten analytischen Methoden kennengelernt. Dabei hat sich gezeigt, dass viele Probleme mit diesen Methoden nur näherungsweise oder gar nicht gelöst werden können. Will man sie dennoch lösen, so muss man zu anderen Methoden greifen. Manchmal – nämlich dann, wenn das zu lösende Problem sich nur relativ wenig von einem exakt lösbaren unterscheidet – kann man sich der Störungsrechnung bedienen. Sie wird hier nicht behandelt. Einiges dazu ist z. B. bei Morse-Feshbach zu finden [11]. Mindestens im Prinzip allgemein brauchbar sind dagegen verschiedene numerische Methoden. Angesichts der heutigen und erst recht der zukünftigen Anwendungsmöglichkeiten mit Hilfe leistungsfähiger Computer stellen die numerischen Methoden ein weites, fruchtbares und erheblich wachsendes Gebiet auch innerhalb der Feldtheorie dar. Es ist so umfangreich, dass hier nur die Grundgedanken beschrieben werden können. Andererseits ist es so wichtig, dass es nicht unerwähnt bleiben soll. Im Folgenden werden deshalb die wichtigsten Methoden beschrieben und teilweise an einfachen Beispielen erläutert. Obwohl meist von elektrostatischen Problemen die Rede sein wird, sind die Methoden auf die gesamte Feldtheorie anwendbar, d. h. auch auf magnetostatische und zeitabhängige Probleme. Vor allem soll deutlich werden, dass und wie die verschiedenen Methoden formal mit den analytischen Methoden und inhaltlich mit der Feldtheorie zusammenhängen. Analytische und numerische Arbeit sollte stets zusammenhängend betrieben werden. Das ist eine wichtige Voraussetzung für fruchtbare Arbeit auf diesem Gebiet. Sie führt zu einem vertieften, anschaulichen und ausreichend kritischen Verständnis der Probleme und der erzielten Ergebnisse. Eventuelle Fehler werden schneller erkennbar und das Testen erstellter Programme kann gezielter und wirkungsvoller erfolgen.

Die folgenden Abschn. 9.2 bis 9.5 sind vorbereitender Natur, während die verschiedenen numerischen Methoden in den Abschn. 9.6 bis 9.10 behandelt werden.

© Springer-Verlag GmbH Deutschland, ein Teil von Springer Nature 2021
G. Lehner, S. Kurz, *Elektromagnetische Feldtheorie*,
https://doi.org/10.1007/978-3-662-63069-3_9

9.2 Potentialtheoretische Grundlagen

9.2.1 Randwertprobleme und Integralgleichungen

Die im Abschn. 3.4 nur kurz behandelte Potentialtheorie gehört zu den wesentlichen Grundlagen sowohl der analytischen wie auch der numerischen Methoden. Das gilt besonders für den Kirchhoff'schen Satz, Abschn. 3.4.7, Gleichung (3.57), der weitreichende Bedeutung hat und geradezu als Hauptsatz der Potentialtheorie bezeichnet werden könnte,

$$
4\pi\varphi(\mathbf{r}) = \int\limits_V \frac{\rho(\mathbf{r}')\,\mathrm{d}\tau'}{\varepsilon_0|\mathbf{r}-\mathbf{r}'|} + \oint \frac{1}{|\mathbf{r}-\mathbf{r}'|}\frac{\partial\varphi(\mathbf{r}')}{\partial n'}\,\mathrm{d}A' - \oint \varphi(\mathbf{r}')\frac{\partial}{\partial n'}\frac{1}{|\mathbf{r}-\mathbf{r}'|}\,\mathrm{d}A' . \tag{9.1}
$$

Dieses Gleichung gilt im dreidimensionalen Raum für einen inneren Punkt des betrachteten Gebietes. Es wurde schon betont, dass sie nicht unmittelbar, so wie sie dasteht, zur Lösung von Randwertproblemen dienen kann, indem man φ und $\partial\varphi/\partial n$ auf der Oberfläche vorgibt und damit φ im Inneren berechnet. Man darf ja nur das eine oder nur das andere vorgeben (bzw. beim gemischten Randwertproblem das eine auf einem Teil der Oberfläche, das andere auf deren Rest). Trotzdem eignet sich diese Gleichung zur (analytischen und numerischen) Lösung von Randwertproblemen. Für Punkte auf der Oberfläche gilt statt Gleichung (9.1).

$$
C(\mathbf{r})\varphi(\mathbf{r}) = \int\limits_V \frac{\rho(\mathbf{r}')\,\mathrm{d}\tau'}{\varepsilon_0|\mathbf{r}-\mathbf{r}'|} + \oint \frac{1}{|\mathbf{r}-\mathbf{r}'|}\frac{\partial\varphi(\mathbf{r}')}{\partial n'}\,\mathrm{d}A' - \oint \varphi(\mathbf{r}')\frac{\partial}{\partial n'}\frac{1}{|\mathbf{r}-\mathbf{r}'|}\,\mathrm{d}A' .
$$

$$
\tag{9.2}
$$

$C(\mathbf{r})$ ist ein Faktor, der für überall glatte Oberfläche den konstanten Wert 2π hat. Diese sind durch überall eindeutig definierbare Tangentialebenen charakterisiert. So ist z. B. die Oberfläche einer Kugel eine glatte Oberfläche, nicht jedoch die eines Würfels (der an den Kanten offensichtlich nicht glatt ist) oder die eines Kegels (der an der Spitze nicht glatt ist). Man stelle sich die dreidimensionale δ-Funktion als Grenzwert einer Folge von Funktionen vor, die innerhalb einer kleinen Kugel mit dem Volumen V den konstanten Wert $1/V$ haben und außerhalb verschwinden. Damit kann man sich anschaulich klar machen, dass das bei der Ableitung von Gleichung (9.1) bzw. (3.57) im Abschn. 3.4.7 auftretende Integral

$$
\int\limits_V \varphi(\mathbf{r})4\pi\delta(\mathbf{r}-\mathbf{r}')\,\mathrm{d}\tau = C(\mathbf{r}')\varphi(\mathbf{r}') = \Omega\varphi(\mathbf{r}')
$$

ist, wenn Ω der am Punkt $\mathbf{r}'$ der Oberfläche im Inneren des Gebietes auftretende Raumwinkel ist. Bei glatter Oberfläche ist offensichtlich $C = 2\pi$. An den Kanten eines Würfels dagegen ist $C = \Omega = \pi$ und an seinen Ecken $C = \Omega = \pi/2$. So kann man also die singulären Probleme nicht-glatter Oberflächen berücksichtigen.

Für zweidimensionale (ebene) Probleme gilt Analoges. Dafür ist die sogenannte Fundamentallösung der dreidimensionalen Raumes,

$$\psi = \frac{1}{|\mathbf{r} - \mathbf{r}'|} \,, \tag{9.3}$$

das ist im Wesentlichen das Coulombpotential der Punktladung, durch deren zweidimensionales Analogon, das Potential der unendlich langen, geradlinigen und homogenen Linienladung, von Faktoren abgesehen, also durch

$$\psi = -\ln |\mathbf{r} - \mathbf{r}'| \tag{9.4}$$

zu ersetzen, wobei

$$\Delta \ln |\mathbf{r} - \mathbf{r}'| = 2\pi \delta(\mathbf{r} - \mathbf{r}') \tag{9.5}$$

ist. Damit ergibt sich für innere Punkte des zweidimensionalen Gebietes statt Gleichung (9.1)

$$2\pi \varphi(\mathbf{r}) = -\int_V \frac{\rho(\mathbf{r}')}{\varepsilon_0} \ln |\mathbf{r} - \mathbf{r}'| \, dA' - \oint \ln |\mathbf{r} - \mathbf{r}'| \frac{\partial \varphi(\mathbf{r}')}{\partial n'} \, ds'$$
$$+ \oint \varphi(\mathbf{r}') \frac{\partial}{\partial n'} \ln |\mathbf{r} - \mathbf{r}'| \, ds' \,, \tag{9.6}$$

wobei die beiden letzten Integrale über die Randkurve mit dem Linienelement ds' zu erstrecken sind. Auf dem Rand selbst gilt

$$C(\mathbf{r})\varphi(\mathbf{r}) = -\int_A \frac{\rho(\mathbf{r}')}{\varepsilon_0} \ln |\mathbf{r} - \mathbf{r}'| \, dA' - \oint \ln |\mathbf{r} - \mathbf{r}'| \frac{\partial \varphi(\mathbf{r}')}{\partial n'} \, ds'$$
$$+ \oint \varphi(\mathbf{r}') \frac{\partial}{\partial n'} \ln |\mathbf{r} - \mathbf{r}'| \, ds' \,. \tag{9.7}$$

In diesem Gleichungen, (9.4) bis (9.7), sind $\mathbf{r}$ und $\mathbf{r}'$ zweidimensionale Vektoren in der Ebene.

$C(\mathbf{r})$ in Gleichung (9.7) ist der am Punkt $\mathbf{r}$ des Randes im Inneren des Gebietes auftretende ebene Winkel. Für glatte Ränder ist $C = \pi$. An den Ecken eines Rechteckes z. B. dagegen ist $C = \pi/2$ etc.

Für eindimensionale Probleme kann man die Fundamentallösung z. B. in der Form

$$\psi(x, x') = \frac{1}{2}|x - x'| = \begin{cases} \frac{1}{2}(x' - x) & \text{für } x \le x' \\ \frac{1}{2}(x - x') & \text{für } x \ge x' \end{cases} \tag{9.8}$$

wählen. Denn dafür ist

$$\psi' = \frac{d\psi}{dx} = \left\{ \begin{array}{ll} -\frac{1}{2} & \text{für} \quad x < x' \\ 0 & \text{für} \quad x = x' \\ +\frac{1}{2} & \text{für} \quad x > x' \end{array} \right\} = -\frac{1}{2} + H(x - x') \tag{9.9}$$

und – nach Abschn. 3.4.5 –

$$\psi'' = \Delta\psi = \delta(x - x') . \tag{9.10}$$

Die Unstetigkeit von ψ' bei $x = x'$ – ähnlich wie die Unstetigkeiten von $(\partial/\partial n') \cdot (1/|\mathbf{r} - \mathbf{r}'|)$ bzw. $(\partial/\partial n') \ln |\mathbf{r} - \mathbf{r}'|$ für drei bzw. zwei Dimensionen – ist typisch und hat erhebliche Bedeutung. Der Funktionswert von ψ' an der Stelle $x = x'$ ist der Mittelwert von rechts- und linksseitigem Grenzwert.

Ist nun ein Dirichlet'sches oder ein Neumann'sches Randwertproblem zu lösen, so kann man zunächst die auf den Rändern geltenden Gleichungen (9.2) bzw. (9.7) verwenden, um entweder die Randwerte von $\partial\varphi/\partial n$ aus denen von φ zu berechnen oder umgekehrt. So bekommt man miteinander verträgliche Wertepaare φ und $\partial\varphi/\partial n$ für alle Randpunkte. Mit diesen schließlich liefern die Gleichungen (9.1) bzw. (9.6) das Potential φ im ganzen Gebiet. Damit ist das Randwertproblem auf diese Integralgleichungen zurückgeführt.

Ist beim Dirichlet'schen Problem φ gegeben, so ist Gleichung (9.2) bzw. (9.7) eine sogenannte *Fredholm'sche Integralgleichung 1. Art* für $\partial\varphi/\partial n$. Beim Neumann'schen Randwertproblem ist Gleichung (9.2) bzw. (9.7) eine *Fredholm'sche Integralgleichung 2. Art* für φ.

Man kann die Randwertprobleme auch in anderer Weise auf Integralgleichungen zurückführen. Auf der Oberfläche eines Gebietes befinden sich Ladungen mit der Flächenladungsdichte $\sigma(\mathbf{r})$. Dann gilt z. B. im dreidimensionalen Fall (ein- und zweidimensionaler Fall können analog behandelt werden) im Volumen und auf dem Rand

$$\varphi(\mathbf{r}) = \oint \frac{\sigma(\mathbf{r}')}{4\pi\varepsilon_0|\mathbf{r} - \mathbf{r}'|} \, dA' . \tag{9.11}$$

Die senkrechte Komponente der elektrischen Feldstärke ist – wie wir früher gesehen haben, Abschn. 2.5.3 bzw. 2.10, – an der Oberfläche unstetig. Deshalb ist an der Innenseite der (glatten) Oberfläche

$$\frac{\partial \varphi(\mathbf{r})}{\partial n} = \oint \frac{\sigma(\mathbf{r}')}{4\pi\varepsilon_0} \frac{\partial}{\partial n} \frac{1}{|\mathbf{r} - \mathbf{r}'|} \, \mathrm{d}A' + \frac{\sigma(\mathbf{r})}{2\varepsilon_0} . \tag{9.12}$$

Befindet sich auf der Oberfläche eine Doppelschicht mit der Flächendichte τ des Dipolmoments, dann ist

$$\varphi(\mathbf{r}) = \oint \frac{\tau(\mathbf{r}')}{4\pi\varepsilon_0} \frac{\partial}{\partial n'} \frac{1}{|\mathbf{r} - \mathbf{r}'|} \, \mathrm{d}A' . \tag{9.13}$$

In diesem Fall ist – Abschn. 2.5.3, Gleichungen (2.73), (2.82) – φ selbst an der Oberfläche unstetig. Das Potential an der Innenseite der Doppelschicht ist

$$\varphi(\mathbf{r}) = \oint \frac{\tau(\mathbf{r}')}{4\pi\varepsilon_0} \frac{\partial}{\partial n'} \frac{1}{|\mathbf{r} - \mathbf{r}'|} \, \mathrm{d}A' - \frac{\tau(\mathbf{r})}{2\varepsilon_0} . \tag{9.14}$$

Beide Unstetigkeiten sind formal betrachtet eine Folge davon, dass $(\partial/\partial n')(1/|\mathbf{r} - \mathbf{r}'|)$ an der Oberfläche unstetig ist. Die Gleichungen (9.12) und (9.14) gelten, wenn man sich von innen her der Oberfläche nähert und die Integrale auf der Oberfläche berechnet. Die Faktoren $1/2$ bei den zusätzlichen Gliedern der Gleichungen (9.12) und (9.14) kommen daher, dass die Integrale auf der Oberfläche den Mittelwert der beidseitigen Grenzwerte annehmen, die gesamte Unstetigkeit σ/ε_0 bzw. τ/ε_0 sozusagen halbieren.

Auch die Gleichungen (9.11) bis (9.14) können zur Lösung von Dirichlet'schen oder Neumann'schen (bzw. auch von gemischten) Randwertproblemen herangezogen werden. Zunächst werden nur Randpunkte betrachtet. Man kann dann für Dirichlet'sche Probleme entweder $\sigma(\mathbf{r}')$ aus Gleichung (9.11) oder $\tau(\mathbf{r}')$ aus Gleichung (9.14) berechnen und dann entweder wieder mit Gleichung (9.11) oder mit Gleichung (9.13) das Potential im ganzen Gebiet. Bei Neumann'schen Problemen berechnet man $\sigma(\mathbf{r}')$ aus Gleichung (9.12) und das Potential im ganzen Gebiet mit Gleichung (9.11). Wiederum hat man – je nach Art des Problems – Fredholm'sche Integralgleichungen 1. oder 2. Art zu lösen.

Die hier betrachteten Integralgleichungen haben fundamentale Bedeutung für die Feldtheorie. Zu den Fredholm'schen Integralgleichungen existiert eine wohlausgebaute mathematische Theorie, die auch recht anschaulich ist, da sie der Theorie linearer algebraischer

Gleichungssysteme völlig analog ist. Die Fredholm'schen Integralgleichungen sind nichts anderes als deren kontinuierliche Analoga. So gibt es Sätze über die Existenz bzw. Nicht-existenz von Lösungen wie auch über deren Ein- oder Vieldeutigkeit, die denen über lineare Gleichungssysteme beinahe wörtlich entsprechen. Sie ermöglichen die Herleitung vieler grundlegender Sätze der Potentialtheorie, z. B. zur Existenz der Lösungen von Randwertproblemen (siehe z. B. [12–19]). In manchen Fällen können die Gleichungen analytisch gelöst werden, was im Folgenden an einem Beispiel gezeigt werden soll. Schließlich – und das ist hier wichtig – eignen sie sich auch für numerische Lösungen, was zur sogenannten Randelement-Methode führt (englisch boundary element method), die im Abschn. 9.8 behandelt wird.

9.2.2 Beispiele

9.2.2.1 Das eindimensionale Problem

An diesem elementaren Beispiel soll deutlich werden, wie man in analoger Weise mit den Gleichungen (9.1) bis (9.7) auch im nicht so trivialen zwei- oder dreidimensionalen Fall umzugehen hat. Setzen wir im eindimensionalen Green'schen Integralsatz

$$\int_a^b (\psi \varphi'' - \varphi \psi'') \, dx = [\psi \varphi' - \varphi \psi']_a^b \tag{9.15}$$

ψ'' entsprechend Gleichung (9.10) ein, so ergibt sich für innere Punkte

$$\varphi(x') = \int_a^b \psi \Delta \varphi \, dx + [\varphi \psi' - \psi \varphi']_a^b \,, \quad a < x' < b \,, \tag{9.16}$$

und an der Oberfläche (d. h. bei $x' = a$ oder $x' = b$)

$$\frac{1}{2}\varphi(x') = \int_a^b \psi \Delta \varphi \, dx + [\varphi \psi' - \psi \varphi']_a^b \,. \tag{9.17}$$

Der Faktor $\frac{1}{2}$ entspricht den Faktoren $C = 2\pi$ bzw. $C = \pi$ in den Gleichungen (9.2) bzw. (9.7).

Wir wählen als einfaches Beispiel

$$\Delta \varphi = Ax, \quad 0 \le x \le 1 \,, \tag{9.18}$$

mit Dirichlet'schen Randbedingungen

$$\varphi(0) = \varphi(1) = 0 \,. \tag{9.19}$$

Die exakte Lösung dieses Problems ist

$$\varphi = \frac{Ax(x^2 - 1)}{6} \ . \tag{9.20}$$

Sie soll hier mit Hilfe des eindimensionalen Kirchhoff'schen Satzes, Gleichungen (9.16) und (9.17), gewonnen werden. Zunächst ist nach Gleichung (9.18) und Gleichung (9.8)

$$\int\limits_0^1 \psi \Delta\varphi \, dx = \frac{A}{12}(2x'^3 - 3x' + 2) \ . \tag{9.21}$$

Damit und aus Gleichung (9.17) ergeben sich, da die Oberfläche nur zwei Punkte aufweist, die beiden Gleichungen

$$\frac{1}{2}\varphi(0) = 0 = \frac{A}{6} - [\psi(1,0)\varphi'(1) - \psi(0,0)\varphi'(0)] \ ,$$

$$\frac{1}{2}\varphi(1) = 0 = \frac{A}{12} - [\psi(1,1)\varphi'(1) - \psi(0,1)\varphi'(0)]$$

bzw.

$$\frac{A}{6} = \left[\frac{1}{2}\cdot\varphi'(1) - 0\cdot\varphi'(0)\right] \ ,$$

$$\frac{A}{12} = \left[0\cdot\varphi'(1) - \frac{1}{2}\varphi'(0)\right]$$

mit den Lösungen

$$\varphi'(0) = -\frac{A}{6} \ , \quad \varphi'(1) = \frac{A}{3} \ . \tag{9.22}$$

Damit sind aus den Randwerten von φ die Randwerte von $\partial\varphi/\partial n$ (die senkrechten Ableitungen) bestimmt. Mit Gleichung (9.16) liefern sie nun die Lösung,

$$\varphi(x') = \frac{A}{12}(2x'^3 - 3x' + 2) - \frac{A}{3}\cdot\frac{1-x'}{2} - \frac{A}{6}\cdot\frac{x'}{2} = \frac{Ax'(x'^2 - 1)}{6}$$

die schon oben, Gleichung (9.20), angegeben wurde.

Als zweites Beispiel wählen wir

$$\Delta\varphi = 0 \ , \quad 0 \le x \le 1 \tag{9.23}$$

mit

$$\varphi(0) = A \ , \quad \varphi(1) = B \ . \tag{9.24}$$

Nun ergibt sich aus Gleichung (9.17)

$$\frac{1}{2}\varphi(0) = \frac{A}{2} = [B\psi'(1,0) - A\psi'(0,0) - \varphi'(1)\psi(1,0) + \varphi'(0)\psi(0,0)] \,,$$

$$\frac{1}{2}\varphi(1) = \frac{B}{2} = [B\psi'(1,1) - A\psi'(0,1) - \varphi'(1)\psi(1,1) + \varphi'(0)\psi(0,1)] \,.$$

Hier ist zu beachten, dass $\psi'(x, x')$ für $x = x'$ unstetig und nach Gleichung (9.9)

$$\psi'(0,0) = 0 \,, \quad \psi'(1,1) = 0$$

ist. Also ist

$$\frac{A}{2} = \frac{B}{2} - \frac{\varphi'(1)}{2} \,,$$
$$\frac{B}{2} = \frac{A}{2} + \frac{\varphi'(0)}{2}$$

und

$$\varphi'(0) = \varphi'(1) = B - A \,,$$

d. h. nach Gleichung (9.16)

$$\varphi(x') = \frac{B}{2} - (B - A)\frac{(1 - x')}{2} + \frac{A}{2} + (B - A)\frac{x'}{2} \tag{9.25}$$
$$= A + (B - A)x' \,.$$

Wir erhalten natürlich das lineare Potential, das sich in diesem Fall ergeben muss.

Es sei noch bemerkt, dass man die Fundamentallösung auch anders wählen kann. Wesentlich ist nur, dass sie Gleichung (9.10) erfüllt. So wird oft auch die Funktion

$$\psi(x, x') = \begin{cases} x'(1 + x) & \text{für } x \leq x' \\ x(1 + x') & \text{für } x \geq x' \end{cases}$$

mit

$$\psi'(x, x') = \frac{\partial \psi}{\partial x} = \left. \begin{cases} x' & \text{für} \quad x < x' \\ \frac{1}{2} + x' & \text{für} \quad x = x' \\ 1 + x' & \text{für} \quad x > x' \end{cases} \right\} = x' + H(x - x')$$

als Fundamentallösung benutzt. Die beiden eben behandelten Beispiele liefern damit natürlich dieselben Ergebnisse, wovon sich der Leser – zur Übung – selbst überzeugen möge.

9.2.2.2 Das Dirichlet'sche Randwertproblem der Kugel

Hier soll als Beispiel das innere Dirichlet'sche Randwertproblem der Kugel für die Laplace-Gleichung (also ohne Ladungen) mit Hilfe der oben diskutierten Integralgleichungen auf drei verschiedene Arten gelöst werden. Dazu ist die Fundamentallösung (d. h. der reziproke Abstand) nach Kugelfunktionen zu entwickeln. Nach Gleichung (3.324) ist

$$
\frac{1}{|\mathbf{r} - \mathbf{r}_0|} = \sum_{n=0}^{\infty} \sum_{m=0}^{n} (2 - \delta_{0m}) \left\{ \begin{array}{c} \frac{r^n}{r_0^{n+1}} \\ \frac{r_0^n}{r^{n+1}} \end{array} \right\} \cdot \frac{(n-m)!}{(n+m)!}
$$
$$
\cdot P_n^m(\cos\theta) P_n^m(\cos\theta_0) \cos[m(\varphi - \varphi_0)] \,. \tag{9.26}
$$

Dabei gilt der obere Wert für $r \leq r_0$, der untere für $r \geq r_0$. Für den senkrechten Gradienten erhält man

$$
\frac{\partial}{\partial n_0} \frac{1}{|\mathbf{r} - \mathbf{r}_0|} = \sum_{n=0}^{\infty} \sum_{m=0}^{n} (2 - \delta_{0m}) \left\{ \begin{array}{c} -(n+1)\frac{r^n}{r_0^{n+2}} \\ -\frac{1}{2r_0^2} \\ n\frac{r_0^{n-1}}{r^{n+1}} \end{array} \right\} \cdot \frac{(n-m)!}{(n+m)!}
$$
$$
\cdot P_n^m(\cos\theta) P_n^m(\cos\theta_0) \cos[m(\varphi - \varphi_0)] \,. \tag{9.27}
$$

Hier ist wesentlich, dass dieser Ausdruck für $r = r_0$ unstetig ist. Der obere Wert gilt für $r < r_0$, der mittlere für $r = r_0$ und der untere für $r > r_0$. Hauptsächlich dieser Unstetigkeit wegen wird das Beispiel hier gebracht. Diese Unstetigkeit ist, wie schon erwähnt, wesentlich für die Feldtheorie. Sie ist der formale Grund für die Unstetigkeit der elektrischen Feldstärke an geladenen Flächen und für die des Potentials an Doppelschichten, die wir früher (Abschn. 2.5.3) diskutiert haben und die zu den Integralgleichungen (9.12) und (9.14) führte. Das soll am vorliegenden Beispiel noch einmal demonstriert werden. Dabei ist zu beachten, dass

$$
\frac{\partial}{\partial n} \frac{1}{|\mathbf{r} - \mathbf{r}'|} = -\frac{\partial}{\partial n'} \frac{1}{|\mathbf{r} - \mathbf{r}'|}
$$

ist. Wir benötigen hier auch die Vollständigkeitsbeziehung der Kugelflächenfunktionen. Sie ergibt sich durch Entwicklung von $\delta(\theta - \theta')\delta(\varphi - \varphi')$ nach Kugelflächenfunktionen mit Hilfe von Gleichung (3.300) und der entsprechenden Gleichung mit sin statt cos,

$$
\sum_{n=0}^{\infty} \sum_{m=0}^{n} \frac{(2n+1)(n-m)!}{4\pi(n+m)!} (2 - \delta_{0m}) P_n^m(\cos\theta) P_n^m(\cos\theta') \cos[m(\varphi - \varphi')] \sin\theta'
$$
$$
= \delta(\theta - \theta')\delta(\varphi - \varphi') \,.
$$

Wir betrachten nun zunächst das Integral in Gleichung (9.12). Der darin enthaltene senkrechte Gradient der Fundamentallösung ist (bis auf das Vorzeichen) durch Gleichung (9.27) gegeben. Für $r = r_0$ ist damit am inneren bzw. am äußeren Rand

$$
\frac{\partial}{\partial n} \frac{1}{|\mathbf{r} - \mathbf{r}'|} = -\sum_{n=0}^{\infty} \sum_{m=0}^{n} \frac{(n-m)!}{(n+m)!} (2 - \delta_{0m}) P_n^m(\cos\theta) P_n^m(\cos\theta')
$$

$$
\cdot \cos[m(\varphi - \varphi')] \begin{Bmatrix} -\frac{n+1}{r_0^2} \\ +\frac{n}{r_0^2} \end{Bmatrix} .
$$

Berechnen wir nun das Integral am äußeren und am inneren Rand bzw. die Differenz beider Integrale, so ergibt sich als Unstetigkeit

$$
-\oint \frac{\sigma(\mathbf{r}')}{4\pi\varepsilon_0} \sum_{n=0}^{\infty} \sum_{m=0}^{n} \frac{(n-m)!}{(n+m)!} (2 - \delta_{0m}) P_n^m(\cos\theta) P_n^m(\cos\theta') \cos[m(\varphi - \varphi')]
$$

$$
\cdot \frac{2n+1}{r_0^2} r_0^2 \sin\theta' \, d\theta' \, d\varphi' = -\oint \frac{\sigma(\mathbf{r}')}{\varepsilon_0} \delta(\theta - \theta') \delta(\varphi - \varphi') \, d\theta' \, d\varphi' = -\frac{\sigma(\mathbf{r})}{\varepsilon_0} .
$$

Völlig analog ergibt sich aus Gleichung (9.13) die Unstetigkeit dieses Integrals wegen des geänderten Vorzeichens zu

$$
\oint \frac{\tau(\mathbf{r}')}{\varepsilon_0} \delta(\theta - \theta') \delta(\varphi - \varphi') \, d\theta' \, d\varphi' = \frac{\tau(\mathbf{r})}{\varepsilon_0} .
$$

Diese Unstetigkeiten sind offenbar lokale Eigenschaften jedes einzelnen Flächenelementes. Man stelle sich z. B. vor, dass nur für ein Flächenelement der Kugeloberfläche $\sigma \neq 0$ sei. Die Ergebnisse gelten deshalb ganz allgemein für beliebige Flächen.

Ist nun $\phi(\mathbf{r})$ auf der Kugeloberfläche vorgegeben, so können diese Randwerte bei geeigneter Wahl des Koordinatensystems nach Kugelflächenfunktionen entwickelt werden,

$$
\phi(\mathbf{r}) = \sum_{n=0}^{\infty} \sum_{m=0}^{n} B_{nm} P_n^m(\cos\theta) \cos(m\varphi) . \tag{9.28}
$$

Machen wir jetzt für $\sigma(\mathbf{r}_0)$ den Ansatz

$$
\sigma(\mathbf{r}_0) = \sum_{n=0}^{\infty} \sum_{m=0}^{n} C_{nm} P_n^m(\cos\theta_0) \cos(m\varphi_0) , \tag{9.29}
$$

so kann $\sigma(\mathbf{r}_0)$ mit Hilfe der Gleichungen (9.11) und (9.26) und mit Hilfe der Orthogonalitätsbeziehungen (3.300) bestimmt werden. Man erhält

$$
C_{nm} = \frac{(2n+1)\varepsilon_0 B_{nm}}{r_0} . \tag{9.30}
$$

Damit ist das Problem gelöst. Denn Gleichung (9.11) gibt nun mit den Gleichungen (9.29) und (9.30) im Inneren der Kugel

$$\phi(\mathbf{r}) = \sum_{n=0}^{\infty} \sum_{m=0}^{n} B_{nm} \left(\frac{r}{r_0} \right)^n P_n^m(\cos\theta) \cos(m\varphi) \,, \tag{9.31}$$

was sich nach Gleichung (9.28) natürlich ergeben muss. Es ging hier darum, zu zeigen, dass und wie die Integralgleichung (9.11) zum richtigen Ergebnis führt.

In analoger Weise können wir mit dem Ansatz

$$\tau(\mathbf{r}_0) = \sum_{n=0}^{\infty} \sum_{m=0}^{n} D_{nm} P_n^m(\cos\theta_0) \cos(m\varphi_0) \tag{9.32}$$

die Gleichung (9.14) benutzen, um D_{nm} zu bestimmen,

$$D_{nm} = -\frac{(2n+1)\varepsilon_0 B_{nm}}{n+1} \,, \tag{9.33}$$

womit das Problem ebenfalls gelöst ist. Wir erhalten wieder das Potential (9.31).

Schließlich können wir mit dem Ansatz

$$\left(\frac{\partial\phi}{\partial n} \right)_{\mathbf{r}=\mathbf{r}_0} = \sum_{n=0}^{\infty} \sum_{m=0}^{n} E_{nm} P_n^m(\cos\theta_0) \cos(m\varphi_0) \tag{9.34}$$

von Gleichung (9.2) mit $C = 2\pi$ ausgehen. Wir erhalten

$$E_{nm} = \frac{n}{r_0} B_{nm} \tag{9.35}$$

und mit Gleichung (9.1) wiederum das Potential (9.31).

Diese Vorgehensweisen sind natürlich auf beliebig geformte Oberflächen übertragbar. Wenn analytische Lösungen nicht existieren, kann man die Probleme numerisch lösen. Dazu wird dann die Oberfläche (der „Rand") in kleine Flächenelemente („Randelemente") zu zerlegen sein, was zu den im Abschn. 9.8 zu besprechenden „Randelementmethoden" führt.

9.2.3   Die Mittelwertsätze der Potentialtheorie

Aus den Kirchhoff'schen Sätzen folgen u. a. auch die sogenannten Mittelwertsätze der Potentialtheorie, die wichtige Zusammenhänge verständlich und anschaulich machen. Wir betrachten ein kugelförmiges Gebiet mit dem Radius R ohne Ladungen ($\Delta\varphi = 0$), dessen Mittelpunkt sich am Ursprung befindet. Dann gilt nach Gleichung (9.1).

$$\varphi(0) = \frac{1}{4\pi} \oint \frac{1}{R} \frac{\partial\varphi(\mathbf{r}')}{\partial n'} \, dA' - \frac{1}{4\pi} \oint \varphi(\mathbf{r}') \frac{\partial}{\partial n'} \frac{1}{|\mathbf{r}'|} \, dA' \,.$$

Weil keine Ladungen vorhanden sind, ist

$$\oint \frac{\partial \varphi(\mathbf{r}')}{\partial n'}\, dA' = 0\,.$$

Außerdem ist

$$\frac{\partial}{\partial n'} \frac{1}{|\mathbf{r}'|} = -\left(\frac{\mathbf{r}'}{|\mathbf{r}'|^3}\right)_{n'} = -\frac{1}{R^2}\,.$$

Damit ergibt sich

$$\varphi(0) = \frac{1}{4\pi R^2} \oint \varphi(\mathbf{r}')\, dA' = \langle \varphi \rangle_A\,, \tag{9.36}$$

d. h. das Potential am Mittelpunkt einer ladungsfreien Kugel ist gleich dem Mittelwert der Potentiale auf der Oberfläche dieser Kugel. Man kann auch das ganze Kugelvolumen betrachten und diesen Mittelwertsatz auf alle in ihm enthaltenen gleichberechtigten Kugelschalen anwenden. Man erhält

$$\varphi(0) = \frac{3}{4\pi R^3} \int\limits_V \varphi(\mathbf{r}')\, d\tau' = \langle \varphi \rangle_V\,. \tag{9.37}$$

Analoges gilt für zweidimensionale kreisförmige Gebiete. Gleichung (9.6) gibt für den Kreismittelpunkt

$$\varphi(0) = -\frac{\ln R}{2\pi} \oint \frac{\partial \varphi(\mathbf{r}')}{\partial n'}\, ds' + \frac{1}{2\pi} \oint \varphi(\mathbf{r}') \frac{\partial}{\partial n'} \ln|\mathbf{r}'|\, ds'\,.$$

Mit

$$\oint \frac{\partial \varphi(\mathbf{r}')}{\partial n'}\, ds' = 0$$

und

$$\frac{\partial}{\partial n'} \ln|\mathbf{r}'| = \left(\frac{1}{|\mathbf{r}'|} \frac{\mathbf{r}'}{|\mathbf{r}'|}\right)_{n'} = \frac{1}{R}$$

ist

$$\varphi(0) = \frac{1}{2\pi R} \oint \varphi(\mathbf{r}')\, ds' = \langle \varphi \rangle_S \tag{9.38}$$

und für die ganze Kreisfläche

$$\varphi(0) = \frac{1}{R^2 \pi} \int \varphi(\mathbf{r}') \, dA' = \langle \varphi \rangle_A \, . \tag{9.39}$$

Im eindimensionalen Fall gelten die analogen Sätze natürlich ebenfalls.

$$\Delta \varphi(x) = 0$$

hat nur lineare Lösungen,

$$\varphi = A + Bx \, .$$

Für diese ist

$$\varphi \left(\frac{a+b}{2} \right) = \frac{\varphi(a) + \varphi(b)}{2} \tag{9.40}$$

und

$$\varphi \left(\frac{a+b}{2} \right) = \frac{1}{b-a} \int_a^b \varphi(x) \, dx \, . \tag{9.41}$$

Die Lösungen der Laplace-Gleichung haben also in ein-, zwei- und dreidimensionalen Gebieten die Eigenschaft, dass die am Mittelpunkt einer Strecke, eines Kreises, einer Kugel angenommenen Werte gleich den Mittelwerten über die entsprechenden Ränder und gleich den Mittelwerten über die ganze Strecke, den ganzen Kreis, die ganze Kugel sind. Diesem Sachverhalt werden wir bei der Diskussion der Methode der finiten Differenzen wieder begegnen.

9.3   Randwertprobleme als Variationsprobleme

9.3.1   Variationsintegrale und Euler'sche Gleichungen

Viele durch Differentialgleichungen formulierbare Probleme können auf Variationsprobleme zurückgeführt werden. Das gilt auch für einige Probleme der elektromagnetischen

Feldtheorie. Bei der Behandlung der Wellen in zylindrischen Hohlleitern sind wir bereits einem Beispiel begegnet (Abschn. 7.11). Bei der Variationsrechnung werden *Funktionale* betrachtet, das sind Funktionen von Funktionen. Allgemein geht es darum, jene Funktion aus einem geeigneten Funktionenraum zu bestimmen, die ein gegebenes Funktional extremal macht. Diese Funktion braucht nicht unbedingt eindeutig zu sein. Wir betrachten ein solches über ein gegebenes Gebiet im Raum zu erstreckendes Integral,

$$I(u) = \int_V F(x, y, z, u, u_x, u_y, u_z) \, d\tau = \text{Extremum} \, . \tag{9.42}$$

Zunächst soll $u = u(x, y, z)$ am Rand verschwinden. Später werden wir andere Randbedingungen betrachten. u_x, u_y, u_z sind die partiellen Ableitungen von u nach x, y, z. Nun sei u die Funktion, die dem Integral einen Extremwert gibt. Wir definieren davon abweichende sogenannte *Vergleichsfunktionen*

$$\bar{u} = u + \varepsilon f \, , \tag{9.43}$$

wo f eine weitgehend beliebige, jedoch am Rand verschwindende und stetig differenzierbare Funktion ist. Die Vergleichsfunktionen $\bar{u}$ erfüllen also auch die von u geforderten Randbedingungen. Setzen wir $\bar{u}$ statt u in $I(u)$ ein, dann entsteht eine von ε abhängige Funktion, deren Ableitung nach ε für $\varepsilon = 0$, d. h. für $\bar{u} = u$, verschwinden muss. Zunächst ist

$$I(\varepsilon) = \int_V F(x, y, z, u + \varepsilon f, u_x + \varepsilon f_x, u_y + \varepsilon f_y, u_z + \varepsilon f_z) \, d\tau \tag{9.44}$$

und

$$\left[\frac{\partial I(\varepsilon)}{\partial \varepsilon} \right]_{\varepsilon=0} = \int_V (F_u f + F_{u_x} f_x + F_{u_y} f_y + F_{u_z} f_z) \, d\tau = 0 \, .$$

Dabei ist

$$F_{u_x} f_x = \frac{\partial F}{\partial u_x} \cdot \frac{\partial f}{\partial x} = \frac{\partial}{\partial x} \left(f \frac{\partial F}{\partial u_x} \right) - f \frac{\partial^2 F}{\partial u_x \partial x} \, .$$

Analoges gilt für $F_{u_y} f_y$ und $F_{u_z} f_z$. Also ist

$$\int_V \left(F_u - \frac{\partial^2 F}{\partial u_x \partial x} - \frac{\partial^2 F}{\partial u_y \partial y} - \frac{\partial^2 F}{\partial u_z \partial z} \right) f \, d\tau +$$

$$+ \int_V \left[\frac{\partial}{\partial x} \left(f \frac{\partial F}{\partial u_x} \right) + \frac{\partial}{\partial y} \left(f \frac{\partial F}{\partial u_y} \right) + \frac{\partial}{\partial z} \left(f \frac{\partial F}{\partial u_z} \right) \right] d\tau = 0 \, .$$

Wegen des Gauß'schen Integralsatzes und wegen der Randbedingung für f ($f = 0$ am Rand) verschwindet das zweite Integral. Weil f eine weitgehend beliebige Funktion ist, muss schließlich mit dem ersten Integral auch dessen Integrand verschwinden, d. h.,

$$\frac{\partial F}{\partial u} - \frac{\partial}{\partial x}\frac{\partial F}{\partial u_x} - \frac{\partial}{\partial y}\frac{\partial F}{\partial u_y} - \frac{\partial}{\partial z}\frac{\partial F}{\partial u_z} = 0 \, . \tag{9.45}$$

Das ist die sogenannte *Euler'sche Differentialgleichung* (auch *Euler-Lagrange'sche Gleichung* genannt). Ihre Lösung ist die Lösung des durch Gleichung (9.42) gegebenen Variationsproblems und umgekehrt.

Wir betrachten als konkretes Beispiel das Integral

$$I = \int_V F \, d\tau = \int_V \left[\left(\frac{\partial u}{\partial x}\right)^2 + \left(\frac{\partial u}{\partial y}\right)^2 + \left(\frac{\partial u}{\partial z}\right)^2 - 2u(\mathbf{r})g(\mathbf{r}) - u^2(\mathbf{r})h(\mathbf{r}) \right] d\tau \, . \tag{9.46}$$

Die zugehörige Euler'sche Gleichung ist

$$\Delta u + g + hu = 0 \, , \tag{9.47}$$

die als Spezialfälle die Laplace-Gleichung ($g = 0, h = 0$), die Poisson-Gleichung ($h = 0$) und die Helmholtz-Gleichung ($g = 0, h = $ const) enthält. Im Fall der Laplace-Gleichung z. B. hat also das Integral

$$\int_V (\operatorname{grad} u)^2 \, d\tau = \int E^2 \, d\tau$$

die sehr interessante Eigenschaft, einen Extremwert (nämlich ein Minimum) anzunehmen. Damit ist auch das Integral

$$\frac{\varepsilon_0}{2} \int (\operatorname{grad} u)^2 \, d\tau = \int \frac{\varepsilon_0 E^2}{2} \, d\tau \tag{9.48}$$

minimal. Es gilt also der bemerkenswerte Satz, *dass das elektrische Feld in einem ladungsfreien Gebiet sich so einstellt, dass die in ihm gespeicherte elektrostatische Energie den kleinsten (mit den Randbedingungen verträglichen) Wert annimmt.*

Es sei daran erinnert, dass zunächst ein Dirichlet'sches Problem betrachtet wurde und dass die zur Minimierung des Funktionals zugelassenen miteinander konkurrierenden Vergleichsfunktionen diese Randbedingung zu erfüllen hatten. Das Ergebnis der Variation ist also nicht eine beliebige Lösung der zugehörigen Euler'schen Gleichung, sondern die Lösung, die die Dirichlet'sche Randbedingung erfüllt. Es bleibt die Frage, wie im Fall anderer Randbedingungen vorzugehen ist. Diese Frage führt zu der wichtigen Unterscheidung zwischen *wesentlichen Randbedingungen* und *natürlichen Randbedingungen*. Wir nehmen an, dass auf einem Teil A_1 des Randes A die wesentliche Dirichlet'sche Randbedingung

$$u = b(\mathbf{r}) \tag{9.49}$$

und auf dem Rest A_2 des Randes die natürliche Randbedingung

$$\frac{\partial u}{\partial n} + d(\mathbf{r})u = e(\mathbf{r}) \tag{9.50}$$

gilt, die für $d = 0$ in die Neumann'sche Randbedingung übergeht (für $b = 0$ oder $e = 0$ nennt man diese Randbedingungen homogen, andernfalls inhomogen). Die Unterscheidung zwischen wesentlichen und natürlichen Randbedingungen kommt daher, dass die bei der Variation benutzten Vergleichsfunktionen die wesentlichen, nicht jedoch die natürlichen Randbedingungen erfüllen müssen. Zur Erfüllung dieser natürlichen Randbedingungen ist vielmehr das Variationsintegral durch ein zusätzliches Randintegral zu ergänzen, d. h. an die Stelle von Gleichung (9.46) tritt

$$
\begin{aligned}
I = &\int_V \left[(\operatorname{grad} u)^2 - 2u(\mathbf{r})g(\mathbf{r}) - u^2(\mathbf{r})h(\mathbf{r}) \right] \mathrm{d}\tau \\
&+ \int_{A_2} \left[d(\mathbf{r})u^2(\mathbf{r}) - 2u(\mathbf{r})e(\mathbf{r}) \right] \mathrm{d}A \,.
\end{aligned}
\tag{9.51}
$$

Man beachte, dass das Randintegral nur über den Teil A_2 der Oberfläche zu erstrecken ist, auf dem die natürliche Randbedingung (9.50) gilt. Auf den Beweis soll hier verzichtet werden. Man findet ihn z. B. bei Davies [20]. Ist $d = 0$ und $e = 0$, so fällt das Randintegral weg, d. h. im Fall homogener Neumann'scher Randbedingungen hat man nur das Volumenintegral, dessen Variation automatisch zu der Lösung führt, die die homogenen Neumann'schen Randbedingungen erfüllt. Diese müssen also nicht durch die Wahl geeigneter Vergleichsfunktionen erzwungen werden, wie dies bei den wesentlichen Dirichlet'schen Randbedingungen der Fall ist. Wir werden diesen Unterschied an einfachen Beispielen demonstrieren.

Hier ist auch daran zu erinnern, dass Neumann'sche Randbedingungen nicht ganz willkürlich vorgegeben werden dürfen. Beim inneren (nicht beim äußeren) Neumann'schen

Problem muss

$$\oint \mathbf{D} \cdot d\mathbf{A} = -\varepsilon_0 \oint \frac{\partial \varphi}{\partial n} \, dA = Q \tag{9.52}$$

sein, d. h. der elektrische Fluss muss mit der im Gebiet befindlichen gesamten Ladung Q verträglich sein (beim äußeren Problem spielt das keine Rolle, weil der elektrische Fluss durch die im Unendlichen gedachte Fläche beliebige Werte annehmen kann).

Will man die Berücksichtigung der wesentlichen Dirichlet'schen Randbedingungen durch geeignete Wahl der Vergleichsfunktionen vermeiden und mit zunächst noch beliebigen Funktionen arbeiten, so kann man das Variationsintegral durch entsprechende Nebenbedingungen ergänzen und diese mit Hilfe von *Lagrange-Parametern* berücksichtigen. Auch das werden wir an einem einfachen Beispiel zeigen.

Die Variationsintegrale eignen sich hervorragend zur Gewinnung sowohl exakter wie auch genäherter Lösungen der entsprechenden Probleme. Oft kann man aus ihnen schon mit einfachen Mitteln erstaunlich gute Näherungen gewinnen. Sie sind auch Ausgangspunkte für wichtige numerische Verfahren, insbesondere für die Methode der finiten Elemente (Abschn. 9.7).

Eine für die Anwendungen sehr wichtige Methode zur Gewinnung von Näherungen der Lösung des Variationsproblems ist die sogenannte *Ritz'sche Methode* (auch *Rayleigh-Ritz-Methode* genannt). Sie besteht darin, dass man die Lösung mit einer geeignet gewählten Folge linear unabhängiger Funktionen φ_i in folgender Form ansetzt:

$$u = \sum_{i=1}^{n} c_i \varphi_i \ , \tag{9.53}$$

diesen Ansatz in das zu variierende Integral einsetzt und die Ableitungen der so entstehenden Funktion $I(c_1, \ldots, c_n)$ nach den c_i gleich null setzt:

$$\frac{\partial I(c_1, \ldots, c_n)}{\partial c_i} = 0 \ , \quad i = 1, \ldots, n \ . \tag{9.54}$$

Handelt es sich bei den Funktionen φ_i um ein vollständiges Basissystem im Definitionsgebiet der Funktionen u, so kann man auf diese Weise auch die exakte Lösung gewinnen.

9.3.2 Beispiele

9.3.2.1 Poisson-Gleichung

Als erstes Beispiel zur Variationsrechnung soll das einfache Problem der eindimensionalen Poisson-Gleichung

$$\Delta u = -g(x) = a + bx \ , \quad 0 \le x \le 1 \tag{9.55}$$

mit der allgemeinen Lösung

$$u = A + Bx + \frac{a}{2}x^2 + \frac{b}{6}x^3 \tag{9.56}$$

behandelt werden. Die Randbedingungen sollen zunächst offen bleiben. Wir wollen das Problem im Folgenden mit verschiedenen Randbedingungen lösen.

a) Zunächst soll das Problem mit Hilfe des Variationsintegrals für die Dirichlet'schen Randbedingungen

$$u(0) = \gamma , \quad u(1) = \delta \tag{9.57}$$

gelöst werden. Der Lösungsansatz (9.53) soll die Form

$$u(x) = A + Bx + Cx^2 + Dx^3 \tag{9.58}$$

haben. Er muss die wesentlichen Randbedingungen erfüllen. Dazu ist

$$u(x) = \gamma + (\delta - \gamma - C - D)x + Cx^2 + Dx^3 \tag{9.59}$$

zu setzen. Nun sind die Koeffizienten C und D so zu wählen, dass das Variationsintegral

$$I = \int\limits_0^1 \{[u'(x)]^2 + 2u(x) \cdot (a + bx)\}\, \mathrm{d}x = I(C, D) \tag{9.60}$$

minimal wird. Berechnet man es und setzt man seine Ableitungen nach C und D gleich null, so erhält man

$$C = \frac{a}{2} , \quad D = \frac{b}{6} \tag{9.61}$$

und

$$u(x) = \gamma + \left(\delta - \gamma - \frac{a}{2} - \frac{b}{6} \right) x + \frac{a}{2}x^2 + \frac{b}{6}x^3 . \tag{9.62}$$

Das ist die exakte Lösung, weil der Ansatz (9.58) flexibel genug ist und diese als Spezialfall enthält.

b) Dasselbe Problem kann auch anders gelöst werden. Die Randbedingungen werden als Nebenbedingungen bei der Variation des Integrals eingeführt und mit Hilfe der Lagrange-Parameter λ und μ berücksichtigt. Mit dem Ansatz (9.58) ergibt sich das Integral

$$\begin{aligned} I(A, B, C, D) = {} & B^2 + \tfrac{4}{3}C^2 + \tfrac{9}{5}D^2 + 2BC + 2BD + 3CD \\ & + 2[aA + \tfrac{1}{2}aB + \tfrac{1}{3}aC + \tfrac{1}{4}aD + \tfrac{1}{2}bA + \tfrac{1}{3}bB + \tfrac{1}{4}bC + \tfrac{1}{5}bD] . \end{aligned} \tag{9.63}$$

Die den Randbedingungen entsprechenden Nebenbedingungen sind

$$A - \gamma = 0 , \quad A + B + C + D - \delta = 0 . \tag{9.64}$$

Das zu variierende Funktional ist deshalb

$$F(A, B, C, D) = I(A, B, C, D) + \lambda(A - \gamma) + \mu(A + B + C + D - \delta) . \tag{9.65}$$

Nullsetzen der Ableitungen nach A, B, C, D, λ und μ gibt:

$$\left.\begin{aligned}
\frac{\partial F}{\partial A} &= 2a + b + \lambda + \mu = 0 , \\
\frac{\partial F}{\partial B} &= 2B + 2C + 2D + a + \tfrac{2}{3}b + \mu = 0 \\
\frac{\partial F}{\partial C} &= 2B + \tfrac{8}{3}C + 3D + \tfrac{2}{3}a + \tfrac{1}{2}b + \mu = 0 \\
\frac{\partial F}{\partial D} &= 2B + 3C + \tfrac{18}{5}D + \tfrac{1}{2}a + \tfrac{2}{5}b + \mu = 0 \\
\frac{\partial F}{\partial \lambda} &= A - \gamma = 0 , \\
\frac{\partial F}{\partial \mu} &= A + B + C + D - \delta = 0 .
\end{aligned}\right\} \tag{9.66}$$

Man erhält daraus (nach Elimination von λ und μ)

$$A = \gamma , \quad B = \delta - \gamma - \frac{a}{2} - \frac{b}{6} , \quad C = \frac{a}{2} , \quad D = \frac{b}{6} \tag{9.67}$$

und damit natürlich wiederum die Lösung (9.62).

c) Nun soll das Neumann'sche Randwertproblem behandelt werden. Wegen Gleichung (9.52) sind die Neumann'schen Randbedingungen so zu wählen, dass

$$u'(1) - u'(0) = \frac{2a + b}{2} \tag{9.68}$$

ist. Wir fordern also

$$u'(1) = \beta , \quad u'(0) = \beta - \frac{2a + b}{2} . \tag{9.69}$$

Nun ist – nach Gleichung (9.51) – dem Variationsintegral der Ausdruck

$$\begin{aligned}
-2 \oint u \frac{\partial u}{\partial n} \, dA &= -2[uu']_0^1 \\
&= 2A \left(\beta - \frac{2a + b}{2} \right) - 2(A + B + C + D)\beta
\end{aligned} \tag{9.70}$$

hinzuzufügen. Damit ergeben sich aus dem Funktional

$$G(A, B, C, D) = I(A, B, C, D) + 2A\left(\beta - \frac{2a+b}{2}\right) - 2(A+B+C+D)\beta \quad (9.71)$$

die Gleichungen

$$\left.\begin{array}{l}
\dfrac{\partial G}{\partial A} = (2a+b) + 2\beta - (2a+b) - 2\beta = 0 \,, \\[2mm]
\dfrac{\partial G}{\partial B} = 2B + 2C + 2D + a + \frac{2}{3}b - 2\beta = 0 \,, \\[2mm]
\dfrac{\partial G}{\partial C} = 2B + \frac{8}{3}C + 3D + \frac{2}{3}a + \frac{1}{2}b - 2\beta = 0 \,, \\[2mm]
\dfrac{\partial G}{\partial D} = 2B + 3C + \frac{18}{5}D + \frac{1}{2}a + \frac{2}{5}b - 2\beta = 0 \,.
\end{array}\right\} \quad (9.72)$$

Die erste dieser vier Gleichungen ist identisch erfüllt. Das liegt daran, dass die Neumann'schen Randbedingungen in erlaubter Weise gewählt wurden. Hätten wir Gleichung (9.68) nicht beachtet, so würde dies hier nachträglich erzwungen werden. Die übrigen drei Gleichungen geben

$$B = \beta - \frac{2a+b}{2} \,, \quad C = \frac{a}{2} \,, \quad D = \frac{b}{6} \,, \quad (9.73)$$

während A beliebig gewählt werden kann (beim Neumann'schen Problem ist u nur bis auf eine Konstante festgelegt). Also ist

$$u(x) = A + \left(\beta - \frac{2a+b}{2}\right)x + \frac{a}{2}x^2 + \frac{b}{6}x^3 \,. \quad (9.74)$$

Das ist die exakte Lösung des Problems. Anders als bei den Dirichlet'schen Randbedingungen mussten die Neumann'schen Randbedingungen durch das hinzuzufügende Randintegral berücksichtigt werden (wobei dieses im eindimensionalen Fall nur aus zwei Summanden besteht). Dieses Randintegral wegzulassen und die Neumann'schen Randbedingungen durch sie erfüllende Vergleichsfunktionen zu berücksichtigen führt zu einem falschen Ergebnis, weil dann die falsche Größe minimiert wird. Der Leser versuche dies, um sich selbst davon zu überzeugen, dass diese Vorgehensweise nicht funktioniert.

Bei den bisherigen Beispielen wurden exakte Lösungen gefunden. Nun soll ein vereinfachter Ansatz betrachtet werden,

$$u(x) = A + Bx + Cx^2 \,, \quad (9.75)$$

der nur Näherungslösungen erlaubt.

d) Für das Dirichlet'sche Randwertproblem mit den Randbedingungen (9.57) ist

$$u(x) = \gamma + (\delta - \gamma - C)x + Cx^2 \qquad (9.76)$$

zu setzen. Aus dem damit gewonnenen Variationsintegral erhält man

$$C = \frac{2a + b}{4}$$

und damit

$$u(x) = \gamma + \left(\delta - \gamma - \frac{2a + b}{4}\right)x + \frac{2a + b}{4}x^2 \, . \qquad (9.77)$$

e) Für das Neumann'sche Problem mit den Randbedingungen (9.69) erhält man die ersten drei der Gleichungen (9.72) mit $D = 0$ und daraus

$$A = \text{beliebig}\, , \quad B = \beta - \frac{12a + 7b}{12}\, , \quad C = \frac{2a + b}{4} \qquad (9.78)$$

und

$$u(x) = A + \left(\beta - \frac{12a + 7b}{12}\right)x + \frac{2a + b}{4}x^2 \, . \qquad (9.79)$$

Diese Lösung erfüllt weder die Poisson-Gleichung noch die Randbedingungen exakt, sondern nur näherungsweise.

f) Will man beim Neumann'schen Problem die Randbedingungen exakt erfüllen, so kann man das durch geeignete Wahl der Vergleichsfunktionen erreichen. Man muss dann aber trotzdem bei der Variation das zusätzliche Randintegral berücksichtigen, da man sonst eine falsche Lösung erhält. Im vorliegenden Fall führt das zum Ansatz

$$u(x) = A + \left(\beta - \frac{2a + b}{2}\right)x + \frac{2a + b}{4}x^2 \, . \qquad (9.80)$$

Es gibt damit keinen zu variierenden Parameter mehr. A kann ja beliebig gewählt werden und wird von der Variation nicht berührt. Vergleicht man die beiden Näherungslösungen (9.79) und (9.80) mit der exakten Lösung (9.74), so stellt man fest, dass sich die Näherung (9.79) dieser besser anschmiegt und als die bessere Näherung zu betrachten ist. Dies lässt sich verallgemeinern. Die exakte Berücksichtigung der Neumann'schen Randbedingungen durch die Vergleichsfunktionen führt – vom gleichen Ansatz ausgehend – zu einer insgesamt schlechteren Näherung. Das gilt auch dann, wenn nach Berücksichtigung der Neumann'schen Randbedingungen noch variierbare Parameter übrig bleiben. Man überlässt deren Bestimmung also besser dem Variationsintegral, das die Näherung definiert, die einen optimalen Kompromiss darstellt.

9.3.2.2 Helmholtz-Gleichung

Als zweites Beispiel soll das Variationsproblem der Helmholtz-Gleichung herangezogen werden, die z. B. bei der Untersuchung von Wellen in Hohlleitern auftritt und in den Abschn. 7.7 bis 7.11 betrachtet wurde. Das zur Helmholtz-Gleichung

$$\Delta u + Nu = 0 \tag{9.81}$$

gehörige Variationsintegral ist für homogene Randbedingungen

$$I = \int_V [(\operatorname{grad} u)^2 - N u^2]\, d\tau \ . \tag{9.82}$$

Das Integral ist homogen in u, d. h. die Lösung des Variationsproblems wird nur bis auf einen konstanten Faktor definiert sein. Dividiert man die Gleichung (9.82) durch $\int u^2\, d\tau$ (N ist konstant), so erhält man

$$\bar{I} = \frac{I}{\int u^2\, d\tau} = \frac{\int (\operatorname{grad} u)^2\, d\tau}{\int u^2\, d\tau} - N = -\frac{\int u\Delta u\, d\tau}{\int u^2\, d\tau} - N \ . \tag{9.83}$$

Hier tritt das Funktional F auf

$$F = -\frac{\int u\Delta u\, d\tau}{\int u^2\, d\tau} \ , \tag{9.84}$$

das im Abschn. 7.11, Gleichung (7.453) für zweidimensionale Probleme eingeführt wurde. Man kann zeigen, dass die Minimierung des Integrals (9.82) zum selben Ergebnis führt wie die des Funktionals (9.84).

Im Folgenden soll das zweidimensionale Problem der Wellen in Rechteckhohlleitern betrachtet werden, wobei wir uns wegen der Separierbarkeit auf die Behandlung einer Raumkoordinate beschränken können.

a) Wir untersuchen zunächst das homogene Dirichlet'sche Randwertproblem mit dem Ansatz

$$u(x) = c_1\varphi_1 + c_2\varphi_2 = c_1 x(1-x) + c_2 x\left(\frac{1}{2} - x\right)(1-x) \ , \tag{9.85}$$

der die homogenen Randbedingungen

$$u(0) = 0 \ , \quad u(1) = 0 \tag{9.86}$$

erfüllt. Es handelt sich also um TM-Wellen, wobei wir für die Abhängigkeit von y denselben Ansatz machen könnten. Die beiden Funktionen φ_1 und φ_2 haben qualitativ die Eigenschaften, die von den Eigenfunktionen zu den beiden niedrigsten Eigenwerten zu erwarten sind: keine bzw. eine Nullstelle im Gebiet $0 < x < 1$. Mit den Integralen

$$\left. \begin{array}{ll} \displaystyle\int_0^1 \varphi_1^2(x)\,\mathrm{d}x = \frac{1}{30} \,, & \displaystyle\int_0^1 \varphi_2^2(x)\,\mathrm{d}x = \frac{1}{840} \,, \\[4mm] \displaystyle\int_0^1 \varphi_1'^2(x)\,\mathrm{d}x = \frac{1}{3} \,, & \displaystyle\int_0^1 \varphi_2'^2(x)\,\mathrm{d}x = \frac{1}{20} \,, \\[4mm] \displaystyle\int_0^1 \varphi_1(x)\varphi_2(x)\,\mathrm{d}x = 0 \,, & \displaystyle\int_0^1 \varphi_1'(x)\varphi_2'(x)\,\mathrm{d}x = 0 \,, \end{array} \right\} \tag{9.87}$$

ist das Integral (9.82)

$$I = c_1^2 \left(\frac{1}{3} - \frac{N}{30} \right) + c_2^2 \left(\frac{1}{20} - \frac{N}{840} \right) \,. \tag{9.88}$$

Daraus ergibt sich

$$\left. \begin{array}{l} \displaystyle\frac{\partial I}{\partial c_1} = 2c_1 \left(\frac{1}{3} - \frac{N}{30} \right) = 0 \,, \\[4mm] \displaystyle\frac{\partial I}{\partial c_2} = 2c_2 \left(\frac{1}{20} - \frac{N}{840} \right) = 0 \,. \end{array} \right\} \tag{9.89}$$

Diese einfachen Gleichungen beruhen darauf, dass – wie die Gleichungen (9.87) zeigen – φ_1 und φ_2 orthogonal zueinander sind. Damit ist die Eigenwertgleichung von Anfang an diagonalisiert und in trivialer Weise lösbar. Man erhält zwei Eigenwerte. Entweder ist

$$N = N_1 = 10 \,, \quad c_1 \text{ beliebig} \,, \quad c_2 = 0 \,,$$

oder

$$N = N_2 = 42 \,, \quad c_2 \text{ beliebig} \,, \quad c_1 = 0 \,. \tag{9.90}$$

Die exakten Eigenfunktionen und Eigenwerte sind bekannt (Abschn. 7.8.1),

$$\sin(\pi x) \text{ mit } N_1 = \pi^2 = 9.8696\ldots \tag{9.91}$$

und

$$\sin(2\pi x) \text{ mit } N_2 = 4\pi^2 = 39.4784\ldots \tag{9.92}$$

Die näherungsweise berechneten Eigenwerte sind stets zu groß (N_1 um ca. 1,3 %, N_2 um ca. 6,4 %). $\sin(\pi x)$ wird hier durch $4x(1-x)$ und $\sin(2\pi x)$ durch $\frac{64}{3}x(\frac{1}{2} - x)(1 - x)$ angenähert, wenn man c_1 und c_2 so wählt, dass $\varphi_1(\frac{1}{2}) = \varphi_2(\frac{1}{4}) = 1$ ist. Bessere Näherungen liefern bessere (d. h. kleinere) Eigenwerte.

b) Nun soll der niedrigste Eigenwert verbessert werden. Dazu wählen wir einen flexibleren Ansatz,

$$u = c_1\varphi_1 + c_2\varphi_2 = c_1 x(1-x) + c_2 x^2(1-x)^2 \,. \tag{9.93}$$

Mit

$$\left.\begin{array}{l} \displaystyle\int_0^1 \varphi_1^2(x)\,\mathrm{d}x = \tfrac{1}{30}\,, \quad \int_0^1 \varphi_2^2(x)\,\mathrm{d}x = \tfrac{1}{630}\,, \quad \int_0^1 \varphi_1(x)\varphi_2(x)\,\mathrm{d}x = \tfrac{1}{140}\,, \\[3mm] \displaystyle\int_0^1 \varphi_1'^2(x)\,\mathrm{d}x = \tfrac{1}{3}\,, \quad \int_0^1 \varphi_2'^2(x)\,\mathrm{d}x = \tfrac{2}{105}\,, \quad \int_0^1 \varphi_1'(x)\varphi_2'(x)\,\mathrm{d}x = \tfrac{1}{15}\,, \end{array}\right\} \tag{9.94}$$

ergibt sich

$$I = c_1^2\left(\frac{1}{3} - \frac{N}{30}\right) + 2c_1c_2\left(\frac{1}{15} - \frac{N}{140}\right) + c_2^2\left(\frac{2}{105} - \frac{N}{630}\right)\,. \tag{9.95}$$

Damit erhalten wir

$$\left.\begin{array}{l} \displaystyle\frac{\partial I}{\partial c_1} = 2c_1\left(\frac{1}{3} - \frac{N}{30}\right) + 2c_2\left(\frac{1}{15} - \frac{N}{140}\right) = 0\,, \\[3mm] \displaystyle\frac{\partial I}{\partial c_2} = 2c_1\left(\frac{1}{15} - \frac{N}{140}\right) + 2c_2\left(\frac{2}{105} - \frac{N}{630}\right) = 0\,. \end{array}\right\} \tag{9.96}$$

Nichttriviale Lösungen existieren nur, wenn die Koeffizientendeterminante verschwindet. Das gibt eine quadratische Gleichung für die Eigenwerte N. Sie hat die beiden Lösungen

$$N = 56 \pm \sqrt{2128} = 56 \pm 46{,}13025038\ldots$$

Uns interessiert nur der kleinere Eigenwert,

$$N = 9{,}869749622\ldots\,, \tag{9.97}$$

der eine sehr gute Näherung für den exakten Eigenwert $\pi^2 = 9{,}86960\ldots$ darstellt. Das Koeffizientenverhältnis ist

$$\frac{c_2}{c_1} = \frac{\tfrac{1}{3} - \tfrac{N}{30}}{\tfrac{1}{15} - \tfrac{N}{140}} = 1{,}133140\ldots\,, \tag{9.98}$$

womit die bei $x = \tfrac{1}{2}$ auf 1 normierte Eigenfunktion zum kleinsten Eigenwert

$$u = 3{,}117000\ldots\cdot [x(1-x) + 1{,}133140\ldots\cdot x^2(1-x)^2] \tag{9.99}$$

ist.

c) Nun wählen wir einen anderen Ansatz (für TE-Wellen)

$$u(x) = A + Bx + Cx^2 + Dx^3 \ . \tag{9.100}$$

Damit wird
$$
\begin{aligned}
I = {}&(B^2 + \tfrac{4}{3}C^2 + \tfrac{9}{5}D^2 + 2BC + 2BD + 3CD) \\
&- N(A^2 + \tfrac{1}{3}B^2 + \tfrac{1}{5}C^2 + \tfrac{1}{7}D^2 + AB \\
&+ \tfrac{2}{3}AC + \tfrac{1}{2}AD + \tfrac{1}{2}BC + \tfrac{2}{5}BD + \tfrac{1}{3}CD)
\end{aligned}
\tag{9.101}
$$

und

$$
\left.
\begin{aligned}
\frac{\partial I}{\partial A} &= -N(2A + B + \tfrac{2}{3}C + \tfrac{1}{2}D) = 0 \\
\frac{\partial I}{\partial B} &= 2B + 2C + 2D - N(A + \tfrac{2}{3}B + \tfrac{1}{2}C + \tfrac{2}{5}D) = 0 \\
\frac{\partial I}{\partial C} &= 2B + \tfrac{8}{3}C + 3D - N(\tfrac{2}{3}A + \tfrac{1}{2}B + \tfrac{2}{5}C + \tfrac{1}{3}D) = 0 \\
\frac{\partial I}{\partial D} &= 2B + 3C + \tfrac{18}{5}D - N(\tfrac{1}{2}A + \tfrac{2}{5}B + \tfrac{1}{3}C + \tfrac{2}{7}D) = 0
\end{aligned}
\right\}
\tag{9.102}
$$

Die Eigenwertgleichung ist hier von 4. Ordnung. Man sieht jedoch sofort, dass ein Eigenwert $N_0 = 0$ ist. Außerdem kann man feststellen, dass ein weiterer Eigenwert $N = 60$ ist. Damit ergibt sich eine quadratische Gleichung für die beiden übrigen Eigenwerte mit den Lösungen

$$N = 90 \pm \sqrt{6420} \ .$$

Uns interessiert nur der kleinere davon,

$$N_1 = 9{,}87509750\ldots \tag{9.103}$$

Zum Eigenwert $N_0 = 0$ gehört die Eigenfunktion

$$u_0 = A \tag{9.104}$$

mit beliebigen A. Es handelt sich um die triviale Lösung des homogenen Neumann'schen Randwertproblems. Sie spielt eine Rolle bei TE_{01}- oder TE_{10}-Wellen. Zum Eigenwert $N_1 = 9{,}87509750\ldots$ dagegen gehört die für $x = 0$ auf 1 normierte Eigenfunktion

$$u_1 = 6{,}45533624\ldots \cdot (0{,}15491059\ldots + 0{,}02351213\ldots \cdot x - x^2 + \tfrac{2}{3}x^3) \ . \tag{9.105}$$

Die beiden Eigenfunktionen u_0 und u_1 stehen natürlich aufeinander senkrecht. Wir haben bei diesem Beispiel dem Ansatz keine Randbedingungen auferlegt. Wir erhalten also Lösungen, die näherungsweise homogene Neumann'sche Randbedingun-

Abb. 9.1 Vergleich zwischen Näherungslösungen und exakten Lösungen von Gleichung (9.81)

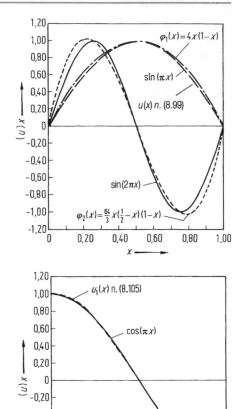

Abb. 9.2 Vergleich zwischen der Näherungslösung Gleichung (9.105) und der exakten Lösung $\cos(\pi x)$

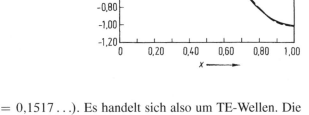

gen erfüllen ($u_1'(0) = u_1'(1) = 0{,}1517\ldots$). Es handelt sich also um TE-Wellen. Die exakte Lösung für u_1 ist $\cos \pi x$.

In Abb. 9.1 werden die Näherungsfunktionen $\varphi_1 = 4x(1 - x)$ und $\varphi_2 = \frac{64}{3}x(\frac{1}{2} - x)(1 - x)$ entsprechend Gleichung (9.85) und die Näherungsfunktion $u(x)$ entsprechend Gleichung (9.99) mit $\sin(\pi x)$ und $\sin(2\pi x)$ verglichen, in Abb. 9.2 die Näherungsfunktion $u_1(x)$ entsprechend Gleichung (9.105) mit $\cos \pi x$. Der Unterschied zwischen $\sin(\pi x)$ und $u(x)$ nach Gleichung (9.99) ist so gering, dass er in Abb. 9.1 nicht erkennbar ist. Der Unterschied zwischen $\cos(\pi x)$ und $u_1(x)$ nach Gleichung (9.105) ist ebenfalls sehr klein und in Abb. 9.2 gerade noch erkennbar.

9.4   Die Methode der gewichteten Residuen

Die Methode der gewichteten Residuen ist eine sehr allgemeine Methode zur Gewinnung von exakten oder angenäherten Lösungen für Probleme aller Art. Die Terminologie ist uneinheitlich. Manchmal wird sie auch Momentenmethode genannt (obwohl auch eine speziellere Methode so bezeichnet wird). Residuen im hier benutzten Sinn haben nichts mit den Residuen der Funktionentheorie zu tun.

Viele Probleme können in der Form

$$Lu = f \qquad (9.106)$$

geschrieben werden. L ist zunächst ein beliebiger linearer Operator, z. B. ein Differentialoperator. Ist u eine exakte Lösung der Gleichung (9.106), dann ist das *Residuum*

$$R = Lu - f = 0 \, . \qquad (9.107)$$

Ist u nur eine Näherungslösung, dann ist

$$R = Lu - f \neq 0 \, . \qquad (9.108)$$

Man kann nun auf viele Arten u durch eine Linearkombination von linear unabhängigen Funktionen φ_i anzunähern versuchen,

$$u = \sum_{i=1}^{n} c_i \varphi_i \, . \qquad (9.109)$$

Damit ist

$$R = \sum_{i=1}^{n} c_i (L\varphi_i) - f \, . \qquad (9.110)$$

Die Näherung ist umso besser, je kleiner R ist. R ist im Allgemeinen eine Funktion des Ortes. Man wird also geeignet gewählte Mittelwerte von R betrachten, um daraus Kriterien für die bestmögliche Wahl der Koeffizienten c_i zu gewinnen, die mit den Funktionen φ_i im Ansatz (9.109) – den sogenannten *Basisfunktionen* oder *Entwicklungsfunktionen* – die gesuchte Näherung liefern. Die Methode der gewichteten Residuen besteht nun darin, dass man mindestens n sogenannte *Gewichtsfunktionen* w_k definiert und fordert, dass die damit gebildeten integralen Mittelwerte verschwinden,

$$\int_V R w_k \, \mathrm{d}\tau = \sum_{i=1}^{n} c_i \int_V w_k L\varphi_i \, \mathrm{d}\tau - \int_V w_k f \, \mathrm{d}\tau = 0 \, , \qquad (9.111)$$

wobei über das ganze Grundgebiet zu integrieren ist. Ist die Zahl der Basis-und der Gewichtsfunktionen gleich, so erhält man n lineare Gleichungen für die n Koeffizienten c_i. Ist die Zahl der Gewichtsfunktionen größer, so erhält man ein überbestimmtes und zunächst nicht lösbares Gleichungssystem (falls die Gleichungen voneinander unabhängig sind). Man wird dann wie in der Ausgleichsrechnung die Methode der kleinsten Fehlerquadrate benutzen, um die bestmöglichen Koeffizienten zu gewinnen.

Es gibt zahlreiche Varianten dieser Methode. Basis- und Gewichtsfunktionen können auch identisch sein, was zu der sogenannten *Galerkin-Methode* führt. Handelt es sich dabei um die Eigenfunktionen des betrachteten Operators und bilden diese ein vollständiges Basissystem, so ergibt sich die übliche Darstellung der Lösung durch deren Entwicklung nach diesen Funktionen (wie sie im Zusammenhang mit der Separationsmethode im 3. Kapitel ausführlich behandelt wurde). Auch die verschiedenen im Folgenden zu diskutierenden numerischen Methoden können als spezielle Methoden gewichteter Residuen aufgefasst werden (mit Ausnahme der Monte-Carlo-Methode).

Einige spezielle Verfahren sollen kurz beschrieben werden.

9.4.1 Die Kollokationsmethode

Als Gewichtsfunktionen können δ-Funktionen gewählt werden. So werden – und das ist der Vorteil – die unter Umständen schwierigen Integrationen überflüssig. Man erhält dann ein Gleichungssystem, durch das das Residuum an den sogenannten Kollokationspunkten exakt zum Verschwinden gebracht wird, nicht jedoch an den anderen Punkten. Im Normalfall ist die Zahl der δ-Funktionen und damit der Kollokationspunkte gleich der Zahl der Basisfunktionen. Ist sie größer, so spricht man von *überbestimmter Kollokation*. Eine in der Feldtheorie oft benutzte Näherungsmethode, die sogenannte Ersatzladungs- oder Bildladungsmethode, ist (einschließlich zahlreicher Verallgemeinerungen und Modifikationen) eine typische Kollokationsmethode.

Die Vorgehensweise soll an einem einfachen Beispiel gezeigt werden. Wir untersuchen die eindimensionale Poisson-Gleichung

$$\Delta u(x) = x^2 , \quad 0 \leq x \leq 1 \tag{9.112}$$

mit Dirichlet'schen Randbedingungen,

$$u(0) = u(1) = 0 . \tag{9.113}$$

Ihre exakte Lösung ist leicht anzugeben,

$$u(x) = -\frac{x(1 - x^3)}{12} . \tag{9.114}$$

Wir betrachten eine aus zwei Basisfunktionen bestehende Näherungslösung,

$$u(x) = c_1 x(1-x) + c_2 x^2 (1-x) . \tag{9.115}$$

Beide erfüllen die Randbedingungen. Das Residuum ist

$$R(x) = \Delta u - x^2 = 2(c_2 - c_1) - 6c_2 x - x^2 . \tag{9.116}$$

Wir bestimmen c_1 und c_2 durch Kollokation an den zwei Punkten $x_1 = \frac{1}{3}$ und $x_2 = \frac{2}{3}$:

$$\int_0^1 R(x)\delta(x - \tfrac{1}{3})\,\mathrm{d}x = R(\tfrac{1}{3}) = 2(c_2 - c_1) - 2c_2 - \tfrac{1}{9} = 0 ,$$

$$\int_0^1 R(x)\delta(x - \tfrac{2}{3})\,\mathrm{d}x = R(\tfrac{2}{3}) = 2(c_2 - c_1) - 4c_2 - \tfrac{4}{9} = 0 ,$$

d. h.

$$-2c_1 + 0c_2 = \tfrac{1}{9} ,$$
$$-2c_1 - 2c_2 = \tfrac{4}{9}$$

also

$$c_1 = -\tfrac{1}{18} , \quad c_2 = -\tfrac{1}{6}$$

und

$$u(x) = -\frac{x(1-x)(1+3x)}{18} . \tag{9.117}$$

Wählen wir drei Kollokationspunkte, $x_1 = \frac{1}{4}$, $x_2 = \frac{1}{2}$, $x_3 = \frac{3}{4}$, dann erhalten wir drei Gleichungen für c_1 und c_2,

$$-2c_1 + \tfrac{1}{2}c_2 = \tfrac{1}{16} ,$$
$$-2c_1 - 1c_2 = \tfrac{1}{4} , \tag{9.118}$$
$$-2c_1 - \tfrac{5}{2}c_2 = \tfrac{9}{16} .$$

Wir minimieren die Summe der Fehlerquadrate,

$$(-2c_1 + \tfrac{1}{2}c_2 - \tfrac{1}{16})^2 + (-2c_1 - c_2 - \tfrac{1}{4})^2 + (-2c_1 - \tfrac{5}{2}c_2 - \tfrac{9}{16})^2 = \text{Minimum} .$$

Durch Differentiation nach c_1 und c_2 erhalten wir nun zwei Gleichungen,

$$12c_1 + 6c_2 = -\tfrac{14}{8} ,$$
$$6c_1 + \tfrac{15}{2}c_2 = -\tfrac{13}{8} . \tag{9.119}$$

Die Gleichungen (9.119) erhält man direkt aus den Gleichungen (9.118), wenn man diese in Matrixschreibweise darstellt,

$$
A \begin{pmatrix} c_1 \\ c_2 \end{pmatrix} = \begin{pmatrix} -2 & \frac{1}{2} \\ -2 & -1 \\ -2 & -\frac{5}{2} \end{pmatrix} \begin{pmatrix} c_1 \\ c_2 \end{pmatrix} = \begin{pmatrix} \frac{1}{16} \\ \frac{1}{4} \\ \frac{9}{16} \end{pmatrix} ,
\tag{9.120}
$$

und mit der transponierten Koeffizientenmatrix $\tilde{A}$ multipliziert, also mit

$$
\tilde{A} = \begin{pmatrix} -2 & -2 & -2 \\ \frac{1}{2} & -1 & -\frac{5}{2} \end{pmatrix} .
\tag{9.121}
$$

Denn die Gleichung

$$
\tilde{A} A \begin{pmatrix} c_1 \\ c_2 \end{pmatrix} = \tilde{A} \begin{pmatrix} \frac{1}{16} \\ \frac{1}{4} \\ \frac{9}{16} \end{pmatrix}
$$

stimmt mit (9.119) überein. Schließlich ist damit

$$
\begin{pmatrix} c_1 \\ c_2 \end{pmatrix} = (\tilde{A} A)^{-1} \tilde{A} \begin{pmatrix} \frac{1}{16} \\ \frac{1}{4} \\ \frac{9}{16} \end{pmatrix} = \begin{pmatrix} \frac{5}{36} & -\frac{1}{9} \\ -\frac{1}{9} & \frac{2}{9} \end{pmatrix} \begin{pmatrix} -\frac{14}{8} \\ -\frac{13}{8} \end{pmatrix} ,
$$

$$
c_1 = -\frac{1}{16} , \quad c_2 = -\frac{1}{6}
$$

und

$$
u(x) = -\frac{x(1-x)(3+8x)}{48} .
\tag{9.122}
$$

Die hier auftretende und in der Ausgleichsrechnung oft benutzte Matrix $(\tilde{A} A)^{-1} \tilde{A}$ wird manchmal als Halbinverse bezeichnet. Mehr dazu findet man z. B. in [21].

9.4.2   Die Methode der Teilgebiete

Bei dieser unterteilt man das Grundgebiet in verschiedene Teilgebiete V_i und verlangt das Verschwinden der Integrale

$$
\int_{V_i} R \, d\tau = 0 , \quad i = 1, \dots, n .
\tag{9.123}
$$

Die Gewichtsfunktionen sind also konstant, jedoch jeweils immer nur in einem Teilgebiet von 0 verschieden. In unserem Beispiel wählen wir zwei Teilgebiete, $0 \leq x \leq \frac{1}{2}$ und $\frac{1}{2} \leq x \leq 1$, und erhalten

$$\int_0^{1/2} R \, dx = -c_1 + \frac{1}{4}c_2 - \frac{1}{24} = 0 \, ,$$

$$\int_{1/2}^1 R \, dx = -c_1 - \frac{5}{4}c_2 - \frac{7}{24} = 0 \, ,$$

d. h.

$$c_1 = -\frac{1}{12} \, , \quad c_2 = -\frac{1}{6}$$

und

$$u(x) = -\frac{x(1-x)(1+2x)}{12} \, . \tag{9.124}$$

9.4.3 Die Momentenmethode

Bei der Momentenmethode (im engeren Sinne des Wortes) dienen die ganzzahligen Potenzen $x^0, x^1, \ldots$ als Gewichtsfunktionen, d. h. man setzt

$$\int R(x) \cdot x^i \, dx = 0 \, , \quad i = 0, \ldots, n-1 \, . \tag{9.125}$$

Für unser Beispiel ergibt sich mit $n = 2$

$$\int_0^1 R(x) \, dx = -2c_1 - c_2 - \frac{1}{3} = 0 \, ,$$

$$\int_0^1 R(x) x \, dx = -c_1 - c_2 - \frac{1}{4} = 0 \, ,$$

was wiederum

$$c_1 = -\frac{1}{12} \, , \quad c_2 = -\frac{1}{6}$$

und $u(x)$ nach Gleichung (9.124) liefert.

9.4.4 Die Methode der kleinsten Fehlerquadrate

Man kann die Methode der kleinsten Fehlerquadrate auch direkt auf R anwenden – anders als bei der überbestimmten Kollokation. Dann ist das Integral

$$I = \int R^2 \, d\tau \tag{9.126}$$

zu minimieren. Für unser Beispiel ergibt sich

$$I = 4c_1^2 + 4c_1 c_2 + 4c_2^2 + \tfrac{4}{3}c_1 + \tfrac{5}{3}c_2 + \tfrac{1}{5}$$

und

$$\frac{\partial I}{\partial c_1} = 8c_1 + 4c_2 + \tfrac{4}{3} = 0 \, ,$$

$$\frac{\partial I}{\partial c_2} = 4c_1 + 8c_2 + \tfrac{5}{3} = 0 \, ,$$

mit

$$c_1 = -\tfrac{1}{12} \, , \quad c_2 = -\tfrac{1}{6} \, ,$$

was zum dritten Mal die Näherungslösung (9.124) gibt.

9.4.5 Die Galerkin-Methode

Von besonderer Bedeutung ist die Galerkin-Methode, bei der Basis- und Gewichtsfunktionen identisch sind. Für Probleme, die auch als Variationsprobleme behandelt werden können, ist sie der Rayleigh-Ritz-Methode – siehe Abschn. 9.3.1 – äquivalent. Sie führt auch – mit speziell gewählten Basisfunktionen – zu der außerordentlich wichtigen Methode der finiten Elemente (Abschn. 9.7).

Zur Illustration ziehen wir wieder das eben schon mehrfach behandelte Beispiel heran. Wir setzen

$$\int\limits_0^1 R(x)x(1-x) \, dx = -\tfrac{1}{3}c_1 - \tfrac{1}{6}c_2 - \tfrac{1}{20} = 0 \, ,$$

$$\int\limits_0^1 R(x)x^2(1-x) \, dx = -\tfrac{1}{6}c_1 - \tfrac{2}{15}c_2 - \tfrac{1}{30} = 0 \, ,$$

und erhalten

$$c_1 = -\tfrac{1}{15} , \quad c_2 = -\tfrac{1}{6} ,$$

d. h.

$$u(x) = -\frac{x(1-x)(2+5x)}{30} . \tag{9.127}$$

Behandeln wir das Problem mit der Variationsmethode nach Rayleigh-Ritz, so ist das zu minimierende Integral

$$I = \int_0^1 \left[\left(\frac{du}{dx} \right)^2 + 2ux^2 \right] dx = \tfrac{1}{3}c_1^2 + \tfrac{2}{15}c_2^2 + 2(\tfrac{1}{6}c_1c_2 + \tfrac{1}{20}c_1 + \tfrac{1}{30}c_2)$$

und man erhält dasselbe Gleichungssystem wie oben,

$$\frac{\partial I}{\partial c_1} = 2(\tfrac{1}{3}c_1 + \tfrac{1}{6}c_2 + \tfrac{1}{20}) = 0 ,$$

$$\frac{\partial I}{\partial c_2} = 2(\tfrac{1}{6}c_1 + \tfrac{2}{15}c_2 + \tfrac{1}{30}) = 0 .$$

Man kann sich leicht davon überzeugen, dass das kein Zufall ist und dass die Ergebnisse immer dieselben sind.

Als weiteres Beispiel wollen wir das obige Problem mit verallgemeinerten Randbedingungen,

$$u(0) = u_0 , \quad u(1) = u_3$$

und mit anderen Basisfunktionen behandeln, nämlich

$$u = \begin{cases} (1 - 3x)u_0 + 3x u_1 & \text{für } 0 \le x \le \tfrac{1}{3} , \\ (2 - 3x)u_1 + (3x - 1)u_2 & \text{für } \tfrac{1}{3} \le x \le \tfrac{2}{3} , \\ (3 - 3x)u_2 + (3x - 2)u_3 & \text{für } \tfrac{2}{3} \le x \le 1 , \end{cases} \tag{9.128}$$

und

$$u' = \frac{du}{dx} = \begin{cases} 3(u_1 - u_0) \text{ für } 0 \le x \le \tfrac{1}{3} , \\ 3(u_2 - u_1) \text{ für } \tfrac{1}{3} \le x \le \tfrac{2}{3} , \\ 3(u_3 - u_2) \text{ für } \tfrac{2}{3} \le x \le 1 . \end{cases} \tag{9.129}$$

Dieser Ansatz stellt stückweise lineare stetige Näherungen zwischen den Funktionswerten u_0, u_1, u_2, u_3 an den Stellen $x = 0, \tfrac{1}{3}, \tfrac{2}{3}, 1$ dar. Die Funktionswerte selbst treten hier als Koeffizienten der benutzten Basisfunktionen auf. Diese Basisfunktionen sind jeweils nur in einem Teilgebiet von 0 verschieden. Das ist ein sehr einfaches Beispiel für die später ausführlicher zu diskutierende Methode der finiten Elemente mit speziellen und sehr einfach gewählten (nämlich linearen) *Formfunktionen*.

Man kann nun zur Berechnung von u_1 und u_2 (u_0 und u_3 sind durch die Randbedingungen vorgeschrieben) die Galerkin-Methode oder die Rayleigh-Ritz-Methode benutzen, was zum selben Ergebnis führen muss. Im Fall der Galerkin-Methode enthält das Residuum die zweiten Ableitungen von u, $\Delta u = u''$. Die Ableitungen u' sind nach den Gleichungen (9.129) an den Stützstellen unstetig. Die zweiten Ableitungen sind also δ-Funktionen. Man kann die erforderlichen Integrale mit diesen δ-Funktionen berechnen. Durch partielle Integration kann man sie auch vermeiden,

$$\int_0^1 u(x)u''(x)\, dx = -\int_0^1 [u'(x)]^2\, dx + [u(x)u'(x)]_0^1 \,. \tag{9.130}$$

Man spricht dann vom Übergang zur „*schwachen*" *Formulierung* des Problems. Wir wollen die Variationsmethode benutzen, die von Anfang an nur $u'(x)$ benötigt, also von Anfang an die schwache Formulierung repräsentiert. Eine etwas umständliche, jedoch problemlose Rechnung gibt

$$\begin{aligned} I &= \int_0^1 \{[u'(x)]^2 + 2x^2 u(x)\}\, dx \\ &= 3(u_0^2 + 2u_1^2 + 2u_2^2 + u_3^2 - 2u_0 u_1 - 2u_1 u_2 - 2u_2 u_3) \\ &\quad + (\tfrac{1}{3})^4(\tfrac{1}{2}u_0 + 7u_1 + 25u_2 + \tfrac{43}{2}u_3) \end{aligned} \tag{9.131}$$

und

$$\left. \begin{aligned} \frac{\partial I}{\partial u_1} &= -6u_0 + 12u_1 - 6u_2 + 7(\tfrac{1}{3})^4 = 0 \,, \\ \frac{\partial I}{\partial u_2} &= -6u_1 + 12u_2 - 6u_3 + 25(\tfrac{1}{3})^4 = 0 \,, \end{aligned} \right\} \tag{9.132}$$

d. h.

$$\begin{aligned} u_1 &= \frac{2}{3}u_0 + \tfrac{1}{3}u_3 - \tfrac{13}{6}(\tfrac{1}{3})^4 \,, \\ u_2 &= \tfrac{1}{3}u_0 + \tfrac{2}{3}u_3 - \tfrac{19}{6}(\tfrac{1}{3})^4 \,. \end{aligned} \tag{9.133}$$

Die exakte Lösung des Problems ist

$$u = u_0 + (u_3 - u_0 - \tfrac{1}{12})x + \tfrac{1}{12}x^4 \,. \tag{9.134}$$

An den beiden Stützstellen erhält man also für u_1 und u_2 die exakten Werte. Zwischen ihnen wird linear interpoliert. Für den Spezialfall

$$u_0 = u_3 = 0$$

ist

$$u_1 = -\tfrac{13}{486} , \quad u_2 = -\tfrac{19}{486} . \tag{9.135}$$

Etwas anders geschrieben lauten die beiden Gleichungen (9.132)

$$\left. \begin{array}{l} u_0 - 2u_1 + u_2 = \tfrac{7}{6}(\tfrac{1}{3})^4 , \\[2mm] u_1 - 2u_2 + u_3 = \tfrac{25}{6}(\tfrac{1}{3})^4 . \end{array} \right\} \tag{9.136}$$

Das hat große Ähnlichkeit mit dem, was man (wie wir später sehen werden) mit Hilfe finiter Differenzen bekommt. Mit $h = \tfrac{1}{3}$ ergibt sich nämlich aus der Gleichung (9.162) des späteren Abschn. 9.6.1

$$\left. \begin{array}{l} u_0 - 2u_1 + u_2 = h^2(\tfrac{1}{3})^2 = (\tfrac{1}{3})^4 , \\[2mm] u_1 - 2u_2 + u_3 = h^2(\tfrac{2}{3})^2 = 4(\tfrac{1}{3})^4 . \end{array} \right\} \tag{9.137}$$

Der Unterschied liegt in den rechten Seiten der Gleichungen, die von der Inhomogenität x^2 herrühren. Die Gleichungen (9.137) geben

$$\left. \begin{array}{l} u_1 = \tfrac{2}{3}u_0 + \tfrac{1}{3}u_3 - 2(\tfrac{1}{3})^4 , \\[2mm] u_2 = \tfrac{1}{3}u_0 + \tfrac{2}{3}u_3 - 3(\tfrac{1}{3})^4 , \end{array} \right\} \tag{9.138}$$

und für $u_0 = u_3 = 0$

$$u_1 = -\tfrac{2}{81} , \quad u_2 = -\tfrac{1}{27} . \tag{9.139}$$

Damit haben wir die Gleichung (9.112) mit den Randbedingungen (9.113) auf viele Arten näherungsweise gelöst. In Abb. 9.3 soll die exakte Lösung (9.114) mit den verschiedenen Näherungen verglichen werden, nämlich mit

- Gleichung (9.117), Kollokation,
- Gleichung (9.122), überbestimmte Kollokation,
- Gleichung (9.124), Methode der Teilgebiete, Momentenmethode und Methode der kleinsten Fehlerquadrate,
- Gleichung (9.127), Galerkin-Methode, Rayleigh-Ritz-Methode,
- Gleichung (9.135), Rayleigh-Ritz-Methode mit anderen Ansatzfunktionen,
- Gleichung (9.139), Methode der finiten Differenzen.

Wie Abb. 9.3 zeigt, sind diese Näherungen von unterschiedlicher Güte. Man sieht jedoch, dass man schon mit einfachen und nur wenigen Ansatzfunktionen durchaus brauchbare Näherungen bekommen kann. Im Übrigen sollte man aus dem Vergleich der Näherungen in Abb. 9.3 keine verallgemeinernden Schlüsse in Bezug auf die Qualität der verschiedenen Methoden ziehen.

Abb. 9.3 Vergleich zwischen
verschiedenen Näherungen
und der exakten Lösung von
Gleichung (9.112)

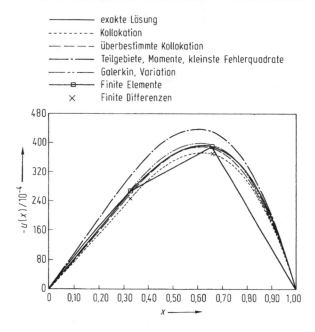

Die Methode der gewichteten Residuen kann also in zahlreichen Varianten benutzt werden. Sie kann – von den Monte-Carlo-Methoden abgesehen – als Ausgangspunkt aller numerischen Methoden betrachtet werden, die im Folgenden behandelt werden sollen – nämlich der Methode der finiten Differenzen, der Methode der finiten Elemente, der Randelementmethode und der Ersatzladungsmethode. Lediglich die Monte-Carlo-Methoden gehen von einer völlig anderen Betrachtungsweise aus, sind aber letzten Endes für die hier zu betrachtenden feldtheoretischen Probleme der Methode der finiten Differenzen äquivalent.

9.5 Random-Walk-Prozesse

Wegen der später zu diskutierenden Monte-Carlo-Methode sollen hier einfache Random-Walk-Probleme betrachtet werden. Das sind spezielle stochastische Prozesse, die ein anschauliches und nützliches Modell für viele theoretisch und praktisch interessante Probleme der Wahrscheinlichkeitstheorie und der Physik darstellen.

Wir gehen von einem eindimensionalen diskreten Random-Walk-Prozess aus. Dazu betrachten wir eine unendlich lange Gerade mit äquidistanten Gitterpunkten, die durch ganze Zahlen zwischen $-\infty$ und $+\infty$ gekennzeichnet werden (Abb. 9.4) Ein Teilchen (oder eine Person) befindet sich zur Zeit $t = 0$ am Punkt 0. In bestimmten Zeitabständen bewegt sich das Teilchen schrittweise nach rechts oder links mit den Wahrscheinlichkeiten p oder q, wobei natürlich

$$p + q = 1 \tag{9.140}$$

Abb. 9.4 Eindimensionaler
Random Walk

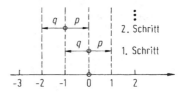

ist. Wir fragen nun, mit welcher Wahrscheinlichkeit sich das Teilchen nach n Schritten an welchem Ort befindet. Die Wahrscheinlichkeit nach n Schritten am Ort $2m - n$ zu sein, ist – so wird behauptet –

$$w_{2m-n,n} = p^m q^{n-m} \binom{n}{m} \, . \tag{9.141}$$

Um nämlich am Ort $2m - n$ anzukommen, sind m der n Schritte nach rechts und $n - m$ Schritte nach links erforderlich. Die Reihenfolge der Schritte spielt dabei keine Rolle. Die m bzw. $n - m$ Schritte können also aus den n Schritten auf $\binom{n}{m}$ verschiedene Arten ausgewählt werden. Damit ist Gleichung (9.141) erklärt.

Es ist sehr bemerkenswert, dass – wegen Gleichung (9.140) –

$$(p + q)^n = \sum_{m=0}^{n} p^m q^{n-m} \binom{n}{m} = 1^n = 1 \tag{9.142}$$

ist. Die Funktion $(p+q)^n$ wird deshalb als erzeugende Funktion der Wahrscheinlichkeiten w bezeichnet. Gleichung (9.142) ist anschaulich dadurch zu erklären, dass die Produkte $p^m q^{n-m}$ beim Ausmultiplizieren von $(p + q)^n$ ebenso oft entstehen, wie man m bzw. $n - m$ Elemente aus n Elementen ohne Beachtung der Reihenfolge auswählen kann. Das macht den Zusammenhang mit den Wahrscheinlichkeiten klar. Gleichzeitig zeigt Gleichung (9.142), dass die Summe dieser Wahrscheinlichkeiten, wie es sein muss, 1 ist.

Die Kenntnis der erzeugenden Funktion ist hilfreich. Wir fragen z. B. nach dem Mittelwert der nach n Schritten erreichten Orte oder nach dem Mittelwert der Quadrate der Orte,

$$\left.\begin{aligned} \langle x \rangle &= \sum_{m=0}^{n} (2m - n) \binom{n}{m} p^m q^{n-m} \, , \\ \langle x^2 \rangle &= \sum_{m=0}^{n} (2m - n)^2 \binom{n}{m} p^m q^{n-m} \, . \end{aligned}\right\} \tag{9.143}$$

Aus Gleichung (9.142) ergibt sich

$$\frac{\mathrm{d}}{\mathrm{d}p}(p+q)^n = n(p+q)^{n-1} = \sum_{m=0}^{n} mp^{m-1}q^{n-m} \binom{n}{m} = n$$

und

$$\frac{\mathrm{d}^2}{\mathrm{d}p^2}(p+q)^n = n(n-1)(p+q)^{n-2} = \sum_{m=0}^{n} m(m-1)p^{m-2}q^{n-m} \binom{n}{m} = n(n-1) \ .$$

Also ist

$$\sum_{m=0}^{n} mp^m q^{n-m} \binom{n}{m} = np \ , \tag{9.144}$$

$$\sum_{m=0}^{n} m(m-1)p^m q^{n-m} \binom{n}{m} = n(n-1)p^2 \ . \tag{9.145}$$

Durch Addition beiden Gleichungen ergibt sich

$$\sum_{m=0}^{n} m^2 p^m q^{n-m} \binom{n}{m} = n(n-1)p^2 + np \ . \tag{9.146}$$

Mit den Gleichungen (9.144) und (9.146) findet man nun

$$\langle x \rangle = n(2p-1) \ , \tag{9.147}$$
$$\langle x^2 \rangle = n^2(2p-1)^2 + 4np(1-p) \ . \tag{9.148}$$

Für den symmetrischen Random-Walk ist $p = q = \frac{1}{2}$ und

$$\langle x \rangle = 0 \ , \tag{9.149}$$
$$\langle x^2 \rangle = n, \quad \sqrt{\langle x^2 \rangle} = \sqrt{n} \ . \tag{9.150}$$

Das Verschwinden von $\langle x \rangle$ ist aus Symmetriegründen klar. Sehr interessant ist Gleichung (9.150). Erfolgen die Schritte in gleichen Zeitabständen, dann ist $\sqrt{n} \sim \sqrt{t}$. Die Wurzel aus dem quadratischen Mittelwert des zurückgelegten Weges nimmt also proportional $\sqrt{t}$ und nicht proportional t zu. Das ist typisch für Diffusionsprozesse, die als verallgemeinerte Random-Walk-Prozesse betrachtet werden können. Wir sind schon früher – bei der

Behandlung der Diffusionsgleichung, Abschn. 6.2.3, insbesondere Gleichung (6.39) – auf diesen Sachverhalt gestoßen. Natürlich ergibt sich andererseits im Grenzfall $p = 1$ (bzw. $p = 0$)

$$\langle x \rangle = \pm n, \langle x^2 \rangle = n^2 \,, \tag{9.151}$$

weil in diesem Fall alle Schritte in nur einer Richtung gehen – nur nach rechts oder nur nach links. Das ist eine zielgerichtete Bewegung und kein Random-Walk.

Die Behandlung des Random-Walk-Problems kann auch rein formal durch Lösung einer Differenzengleichung für die Wahrscheinlichkeiten erfolgen. Ist $w_{i,k}$ die Wahrscheinlichkeit dafür, dass sich das Teilchen nach k Schritten am Ort i befindet, dann ist

$$w_{i,k} = p w_{i-1,k-1} + q w_{i+1,k-1} \,. \tag{9.152}$$

Die Methoden zur Lösung solcher Differenzengleichungen sind denen zur Lösung von Differentialgleichungen völlig analog. In beiden Fällen sind Anfangs- und Randbedingungen erforderlich, um die Lösung eindeutig zu machen. Die oben angegebenen Wahrscheinlichkeiten (9.141) erfüllen die Differenzengleichung. Sie stellen deren einzige Lösung für den unendlich ausgedehnten eindimensionalen Raum mit im Unendlichen verschwindenden Wahrscheinlichkeiten und mit der Anfangsbedingung

$$w_{i0} = \delta_{i0} \tag{9.153}$$

dar.

Man kann statt dessen auch endliche Gebiete betrachten, die die Bewegungsmöglichkeiten des Teilchens einschränken und z. B. festlegen, dass ein bei $i = a$ oder $i = b$ ankommendes Teilchen absorbiert oder reflektiert (oder mit einer gewissen Wahrscheinlichkeit reflektiert oder absorbiert) wird. Man spricht dann von absorbierenden, reflektierenden oder teilweise absorbierenden Wänden. Aus Differenzengleichungen, Randbedingungen und Anfangsbedingungen kann man dann die verschiedenen Wahrscheinlichkeiten auf ein-, zwei- und dreidimensionalen Gittern berechnen. Das ist ein weites Feld mit vielen interessanten Ergebnissen, die hier nicht diskutiert werden sollen. Bei der Monte-Carlo-Methode zur Lösung feldtheoretischer Probleme werden jedoch ein-, zwei- oder dreidimensionale diskrete und symmetrische Random-Walk-Prozesse mit absorbierenden Wänden zur Anwendung kommen.

Zur späteren Verwendung in Beispielen sollen einige einfache Wahrscheinlichkeiten betrachtet werden. Abb. 9.5 zeigt ein endliches eindimensionales Gitter mit absorbierenden Wänden bei 0 und 4 und mit drei inneren Punkten. Ein Teilchen führt darauf einen

Abb. 9.5 Endliches eindimensionales Gitter mit absorbierenden Wänden

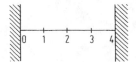

Abb. 9.6 Einfaches zweidimensionales Gitter mit
absorbierenden Wänden

symmetrischen Random-Walk aus, beginnend bei einem der inneren Punkte. Wir fragen
mit welchen Wahrscheinlichkeiten W_{ik} ein bei i beginnendes Teilchen bei k absorbiert
wird, wenn k ein Randpunkt ist bzw. wie häufig es den Punkt k passiert, wenn k ein
innerer Punkt ist. Der Leser überzeuge sich selbst davon, dass sich die folgenden Wahrscheinlichkeiten und Erwartungswerte ergeben:

$$\left.\begin{aligned}
W_{10} &= \tfrac{3}{4}, W_{11} = \tfrac{1}{2}, W_{12} = 1, W_{13} = \tfrac{1}{2}, W_{14} = \tfrac{1}{4}, \\
W_{20} &= \tfrac{1}{2}, W_{21} = 1, W_{22} = 1, W_{23} = 1, W_{24} = \tfrac{1}{2}, \\
W_{30} &= \tfrac{1}{4}, W_{31} = \tfrac{1}{2}, W_{32} = 1, W_{33} = \tfrac{1}{2}, W_{34} = \tfrac{3}{4},
\end{aligned}\right\}
\qquad (9.154)$$

Zählte man die anfängliche „Passage" des Ausgangspunktes mit, dann ergäbe sich $W_{11} = \tfrac{3}{2}$, $W_{22} = 2$, und $W_{33} = \tfrac{3}{2}$.

Beim zwei- oder dreidimensionalen symmetrischen Random-Walk bewegen sich die
Teilchen mit jeweils gleichen Wahrscheinlichkeiten von je $1/4$ bzw. von je $1/6$ zu einem
der vier bzw. sechs Nachbarpunkte. Abb. 9.6 zeigt ein einfaches zweidimensionales Gitter mit absorbierenden Wänden. Mit welchen Wahrscheinlichkeiten W_{ik} werden nun bei
i startende Teilchen am Punkt k absorbiert? Wir fragen in diesem Fall nicht (wie oben)
nach der Häufigkeit, mit der innere Punkte passiert werden. Zunächst ist zur Vereinfachung zu sagen, dass es nur drei wesentlich verschiedene Randpunkte 4, 5, 6 gibt. Aus
Symmetriegründen sind die Wahrscheinlichkeiten, bei 4, $4'$ oder $4''$ absorbiert zu werden,
gleich groß. Dasselbe gilt für 5 und $5''$ bzw. für 6, $6'$ und $6''$. Im Übrigen ergibt sich (was
der Leser ebenfalls selbst überprüfen möge)

$$\left.\begin{aligned}
W_{14} &= W_{36} = \tfrac{15}{56}, W_{15} = W_{35} = \tfrac{4}{56}, W_{16} = W_{34} = \tfrac{1}{56}, \\
W_{24} &= W_{26} = \tfrac{4}{56}, W_{25} = \tfrac{16}{56}.
\end{aligned}\right\}
\qquad (9.155)$$

Dabei gilt natürlich z. B.

$$6W_{24} + 2W_{25} = 1,$$
$$3W_{14} + 2W_{15} + 3W_{16} = 1$$

etc.

9.6 Die Methode der finiten Differenzen

9.6.1 Die grundlegenden Beziehungen

Die Methode der finiten Differenzen gehört zu den ältesten numerischen Methoden. Die Vorgehensweise soll am Beispiel der Poisson-Gleichung gezeigt werden. Zur Vereinfachung gehen wir von einem rechteckigen Gebiet aus und benutzen kartesische Koordinaten x, y, d. h. wir betrachten ein zweidimensionales (ebenes, von z unabhängiges) Problem. Wie in Abb. 9.7 gezeigt, wird das Gebiet „diskretisiert", d. h. es werden nur die an den Ecken kleiner Quadrate vorhandenen Potentiale φ_{ij} an den Gitterpunkten x_i, x_j betrachtet. Die Seitenlänge der kleinen Quadrate ist h. Durch Entwicklung in Taylorreihen ergibt sich

$$\varphi_{i+1,j} = \varphi_{i,j} + \frac{\partial \varphi_{i,j}}{\partial x}h + \frac{1}{2}\frac{\partial^2 \varphi_{i,j}}{\partial x^2}h^2 + 0(h^3) \,,$$

$$\varphi_{i-1,j} = \varphi_{i,j} - \frac{\partial \varphi_{i,j}}{\partial x}h + \frac{1}{2}\frac{\partial^2 \varphi_{i,j}}{\partial x^2}h^2 + 0(h^3) \,,$$

$$\varphi_{i,j+1} = \varphi_{i,j} + \frac{\partial \varphi_{i,j}}{\partial y}h + \frac{1}{2}\frac{\partial^2 \varphi_{i,j}}{\partial y^2}h^2 + 0(h^3) \,,$$

$$\varphi_{i,j-1} = \varphi_{i,j} - \frac{\partial \varphi_{i,j}}{\partial y}h + \frac{1}{2}\frac{\partial^2 \varphi_{i,j}}{\partial y^2}h^2 + 0(h^3) \,.$$

Die Addition dieser vier Gleichungen gibt, abgesehen von Gliedern höherer Ordnung,

$$4\varphi_{i,j} + h^2\Delta\varphi_{i,j} \cong \varphi_{i+1,j} + \varphi_{i-1,j} + \varphi_{i,j+1} + \varphi_{i,j-1} \tag{9.156}$$

und mit der Poisson-Gleichung

$$\Delta\varphi_{i,j} = -g_{i,j} \tag{9.157}$$

$$\varphi_{i,j} \cong \frac{1}{4}(\varphi_{i+1,j} + \varphi_{i-1,j} + \varphi_{i,j+1} + \varphi_{i,j-1}) + \frac{h^2 g_{i,j}}{4} \,. \tag{9.158}$$

Abb. 9.7 Zur Methode der finiten Differenzen

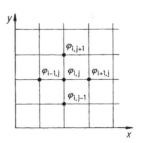

Für $g = 0$ ergibt sich daraus die sogenannte *Fünf-Punkte-Formel*,

$$\varphi_{i,j} \cong \frac{1}{4}(\varphi_{i+1,j} + \varphi_{i-1,j} + \varphi_{i,j+1} + \varphi_{i,j-1}) \, . \tag{9.159}$$

Sie verknüpft die Potentiale an den in Abb. 9.7 gezeigten fünf Punkten miteinander. Sie besagt, dass das Potential an jedem inneren Gitterpunkt (also nicht an Randpunkten) gleich dem Mittelwert der Potentiale an den vier Nachbarpunkten ist. Das ist auf Grund des entsprechenden Mittelwertsatzes (9.38) nicht überraschend. Betrachtet man den Gitterpunkt mit dem Potential φ_{ij} als Mittelpunkt eines Kreises mit dem Radius h, so werden die Potentiale auf dem Kreisumfang in der hier betrachteten Näherung durch die Potentiale an den vier betrachteten Nachbarpunkten repräsentiert, deren Mittelung das Potential am Mittelpunkt gibt. Die Fünf-Punkte-Formel ist nichts anderes als der entsprechende zweidimensionale Mittelwertsatz in diskretisierter Form.

Das lässt sich leicht auf dreidimensionale Probleme mit analog definierten Gitterpunkten x_i, y_j, z_k übertragen. Jeder Gitterpunkt hat jetzt sechs Nachbarpunkte. Die Entwicklung in Taylorreihen liefert auch sechs statt der bisher vier Summanden. Ihre Addition gibt

$$\varphi_{i,j,k} \cong \frac{1}{6}(\varphi_{i+1,j,k} + \varphi_{i-1,j,k} + \varphi_{i,j+1,k} + \varphi_{i,j-1,k} + \varphi_{i,j,k+1} + \varphi_{i,j,k-1})$$
$$+ \frac{h^2 g_{i,j,k}}{6} \, . \tag{9.160}$$

Für $g = 0$, d. h. für die Laplace-Gleichung, führt das zur *Sieben-Punkte-Formel*

$$\varphi_{i,j,k} \cong \tfrac{1}{6}(\varphi_{i+1,j,k} + \varphi_{i-1,j,k} + \varphi_{i,j+1,k} + \varphi_{i,j-1,k} + \varphi_{i,j,k+1} + \varphi_{i,j,k-1}) \, . \tag{9.161}$$

Sie stellt den dreidimensionalen Mittelwertsatz, Gleichung (9.36), in diskretisierter Form dar.

Im eindimensionalen Fall ist natürlich

$$\varphi_i \cong \frac{1}{2}(\varphi_{i+1} + \varphi_{i-1}) + \frac{h^2 g_i}{2} \tag{9.162}$$

bzw. für $g = 0$

$$\varphi_i \cong \frac{1}{2}(\varphi_{i+1} + \varphi_{i-1}) \,. \tag{9.163}$$

Gleichung (9.162) wurde schon in einem früheren Abschnitt – Gleichungen (9.137), $h = \frac{1}{3}, g = -x^2$ – zum Vergleich benutzt.

Schreibt man, je nach Art des Problems, die entsprechende Gleichung – d. h. eine der Gleichungen (9.158) bis (9.163) – für alle inneren Gitterpunkte eines ein-, zwei- oder drei-dimensionalen Gitters hin, so erhält man ein lineares algebraisches Gleichungssystem. Im Fall der Laplace-Gleichung ist dieses zunächst homogen. Wenn man nun die Potentiale an den Randpunkten vorschreibt, so entsteht ein eindeutig lösbares inhomogenes Gleichungssystem. Die Zahl der Gleichungen ist gleich der Zahl der inneren Gitterpunkte und damit gleich der Zahl der Unbekannten (nämlich der Potentiale an den inneren Gitterpunkten). Man kann auch beweisen, dass die Koeffizientenmatrix die dafür notwendigen Eigenschaften hat (dass nämlich ihre Determinante nicht verschwindet). Man sieht so, dass der in der Potentialtheorie bewiesene Eindeutigkeitssatz für die Lösung des Dirichlet'schen Randwertproblems (Abschn. 3.4.3) auf Grund der Diskretisierung mit den Sätzen der linearen Algebra zusammenhängt.

Die Lösung Neumann'scher oder gemischter Randwertprobleme gestaltet sich ähnlich, jedoch etwas umständlicher, was hier nicht erörtert werden soll.

Bei beliebig geformten Berandungen sind die angegebenen Beziehungen den dann auftretenden unterschiedlichen Abständen der Gitterpunkte vom Rand anzupassen („*Randgebietsformeln*"), was die Vorgehensweise ebenfalls etwas komplizierter macht. Auch darauf soll hier nicht eingegangen werden.

In jedem Fall erhält man für alle derartigen Probleme eindeutig lösbare lineare Gleichungssysteme. Bei rein Neumann'schen Randwertproblemen ist dazu noch eine Konstante zu fixieren, z. B. dadurch, dass man das Potential an einem Gitterpunkt festlegt. Die Ergebnisse werden (mit gewissen Grenzen) umso genauer, je feiner man diskretisiert, d. h. je kleiner man die Gitterkonstante h wählt, was natürlich wegen der zunehmenden Zahl der Unbekannten den Rechenaufwand erhöht. Dabei ist es von Vorteil, dass die auftretenden Koeffizientenmatrizen *schwach besetzt* sind, d. h. überwiegend verschwindende Elemente aufweisen. Die umfangreichen Gleichungssysteme können entweder direkt (z. B. durch Gauß-Elimination, durch Links-Rechts-Zerlegung etc.) gelöst werden oder mit Hilfe von Iterationsverfahren (z. B. mit der Jacobi-Methode, mit der Gauß-Seidel-Methode, mit der Relaxationsmethode etc.).

Die oben beschriebene Diskretisierung ist nicht die einzig mögliche. Man kann genauere Beziehungen gewinnen, wenn man mehr Punkte in die Diskretisierung z. B. des Laplace-Operators einbezieht und damit das Restglied von höherer Ordnung ist. Wir betrachten zunächst eine eindimensionale Funktion $\varphi(x)$. Für sie gilt z. B.

$$\varphi_i' \approx \frac{\varphi_{i+1} - \varphi_i}{h} \ ,$$

ebenso aber auch

$$\varphi_i' \approx \frac{\varphi_i - \varphi_{i-1}}{h} \ .$$

Durch Addieren entsteht daraus

$$\varphi_i' \approx \frac{\varphi_{i+1} - \varphi_{i-1}}{2h} \ .$$

Analog ist

$$\varphi_i' \approx \frac{\varphi_{i+2} - \varphi_{i-2}}{4h} \ .$$

Mischt man die letzten beiden Beziehungen mit den Gewichten a und b, dann findet man

$$\varphi_i' \approx \frac{2a(\varphi_{i+1} - \varphi_{i-1}) + b(\varphi_{i+2} - \varphi_{i-2})}{4h(a + b)} \ . \tag{9.164}$$

Mit $a = 4$ und $b = -1$ ergibt sich daraus die Gleichung

$$\varphi_i' \approx \frac{8(\varphi_{i+1} - \varphi_{i-1}) - (\varphi_{i+2} - \varphi_{i-2})}{12h} \ . \tag{9.165}$$

Analog kann man bei der zweiten Ableitung vorgehen:

$$\varphi_i'' \approx \frac{\varphi_{i+1} - 2\varphi_i + \varphi_{i-1}}{h^2} \ ,$$

$$\varphi_i'' \approx \frac{\varphi_{i+2} - 2\varphi_i + \varphi_{i-2}}{4h^2} \ , \tag{9.166}$$

$$\varphi_i'' \approx \frac{4a(\varphi_{i+1} + \varphi_{i-1}) + b(\varphi_{i+2} + \varphi_{i-2}) - 2(4a + b)\varphi_i}{4h^2(a + b)}$$

und mit $a = 4$, $b = -1$

$$\varphi_i'' \approx \frac{16(\varphi_{i+1} + \varphi_{i-1}) - (\varphi_{i+2} + \varphi_{i-2}) - 30\varphi_i}{12h^2} \ . \tag{9.167}$$

Gleichung (9.167) ist schon im eindimensionalen Fall eine Fünf-Punkte-Formel, d. h. sie benutzt die Werte von φ an fünf Punkten, um φ'' auszudrücken. Im zwei- oder dreidimensionalen Fall ergeben sich so analoge 9- oder 13-Punkte-Formeln. Die jeweils beste Wahl der Faktoren a und b ergibt sich aus der Betrachtung der Restglieder in der Taylor-Reihe, die von möglichst hoher Ordnung (d. h. möglichst klein) sein sollen. Für die Formeln (9.165) und (9.167) sind die Restglieder von der Ordnung $O(h^4)$. Dabei bezeichnet $O(\cdot)$

Abb. 9.8 Eine andere Darstellung des zweidimensionalen Laplace-Operators

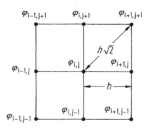

das Landau-Symbol, das heißt h^4 ist der führende Term in der Reihenentwicklung des Restgliedes. Näheres dazu findet man z. B. bei Marsal [22]. Interessant ist auch die folgende Darstellung des zweidimensionalen Laplace-Operators. Für die neun Gitterpunkte in Abb. 9.8 gilt nach Gleichung (9.156)

$$\Delta\varphi_{i,j} \approx \frac{\varphi_{i+1,j} + \varphi_{i-1,j} + \varphi_{i,j+1} + \varphi_{i,j-1} - 4\varphi_{i,j}}{h^2}$$

und ebenso

$$\Delta\varphi_{i,j} \approx \frac{\varphi_{i+1,j+1} + \varphi_{i+1,j-1} + \varphi_{i-1,j+1} + \varphi_{i-1,j-1} - 4\varphi_{i,j}}{2h^2} .$$

Deshalb gilt auch

$$\Delta\varphi_{i,j} \approx \frac{\begin{matrix} 2a(\varphi_{i+1,j} + \varphi_{i-1,j} + \varphi_{i,j+1} + \varphi_{i,j-1}) \\ +b(\varphi_{i+1,j+1} + \varphi_{i+1,j-1} + \varphi_{i-1,j+1} + \varphi_{i-1,j-1}) - 4(2a+b)\varphi_{i,j} \end{matrix}}{2h^2(a+b)}$$

und mit $a = 2, b = 1$

$$\Delta\varphi_{i,j} \approx \frac{\begin{matrix} 4(\varphi_{i+1,j} + \varphi_{i-1,j} + \varphi_{i,j+1} + \varphi_{i,j-1}) \\ +(\varphi_{i+1,j+1} + \varphi_{i+1,j-1} + \varphi_{i-1,j+1} + \varphi_{i-1,j-1}) - 20\varphi_{i,j} \end{matrix}}{6h^2} . \tag{9.168}$$

Ist insbesondere $\Delta\varphi = 0$, so gilt

$$\varphi_{i,j} \approx \frac{\begin{matrix} 4(\varphi_{i+1,j} + \varphi_{i-1,j} + \varphi_{i,j+1} + \varphi_{i,j-1}) \\ +(\varphi_{i+1,j+1} + \varphi_{i+1,j-1} + \varphi_{i-1,j+1} + \varphi_{i-1,j-1}) \end{matrix}}{20} . \tag{9.169}$$

Weiteres zu dieser und ähnlichen Beziehungen findet man ebenfalls bei Marsal [22].

9.6.2 Ein Beispiel

Die Methode soll auf das Dirichlet'sche Randwertproblem der Abb. 9.9 als Beispiel angewendet werden. Im Inneren des quadratischen Gebietes befinden sich neun Gitterpunkte. Die Laplace-Gleichung soll mit den Randbedingungen $\varphi = 100$ am oberen Rand, $\varphi = 0$ an den drei übrigen Rändern (alles in dimensionslosen Größen) gelöst werden. Aus Symmetriegründen sind die Potentiale an einigen Gitterpunkten einander gleich, wie das in Abb. 9.9 eingetragen ist. Dieses Problem kann durch Separation exakt gelöst werden. Seine Lösung ist

$$\varphi = \frac{400}{\pi} \sum_{n=1,3,5,\dots} \frac{1}{n} \cdot \frac{\sinh\left(\frac{n\pi y}{d}\right) \sin\left(\frac{n\pi x}{d}\right)}{\sinh(n\pi)} , \tag{9.170}$$

wo d die Seitenlänge des Quadrates ist. Die Auswertung dieses Ergebnisses gibt an den Gitterpunkten die folgenden Potentiale:

$$\varphi_1 = 43{,}202833\dots, \quad \varphi_2 = 54{,}052922\dots, \quad \varphi_3 = 18{,}202833\dots,$$
$$\varphi_4 = 25, \quad \varphi_5 = 6{,}797166\dots, \quad \varphi_6 = 9{,}541422\dots \tag{9.171}$$

Die im Folgenden berechneten Näherungen können damit verglichen werden.

Aus der Fünf-Punkte-Formel (9.159) ergibt sich folgendes lineare Gleichungssystem:

$$\begin{pmatrix} 2 & -\frac{1}{2} & -\frac{1}{2} & 0 & 0 & 0 \\ -\frac{1}{2} & 1 & 0 & -\frac{1}{4} & 0 & 0 \\ -\frac{1}{2} & 0 & 2 & -\frac{1}{2} & -\frac{1}{2} & 0 \\ 0 & -\frac{1}{4} & -\frac{1}{2} & 1 & 0 & -\frac{1}{4} \\ 0 & 0 & -\frac{1}{2} & 0 & 2 & -\frac{1}{2} \\ 0 & 0 & 0 & -\frac{1}{4} & -\frac{1}{2} & 1 \end{pmatrix} \begin{pmatrix} \varphi_1 \\ \varphi_2 \\ \varphi_3 \\ \varphi_4 \\ \varphi_5 \\ \varphi_6 \end{pmatrix} = \begin{pmatrix} 50 \\ 25 \\ 0 \\ 0 \\ 0 \\ 0 \end{pmatrix} . \tag{9.172}$$

Seine direkte Lösung liefert

$$\varphi_1 = \frac{300}{7} = 42{,}85\dots, \quad \varphi_2 = \frac{1475}{28} = 52{,}67\dots,$$
$$\varphi_3 = \frac{75}{4} = 18{,}75, \quad \varphi_4 = 25,$$
$$\varphi_5 = \frac{50}{7} = 7{,}14\dots, \quad \varphi_6 = \frac{275}{28} = 9{,}82\dots. \tag{9.173}$$

Diese Werte weichen natürlich von den exakten Werten ab, wobei der maximale relative Fehler bei knapp 5 % liegt.

Abb. 9.9 Ein Dirichlet'sches
Randwertproblem

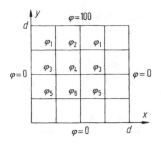

Man kann auch die Neun-Punkte-Formel (9.169) anwenden. Dazu benötigen wir dann auch die Werte des Potentials an den Ecken des Quadrates. An den Sprungstellen (d. h. bei $x = 0$, $y = d$ und bei $x = d$, $y = d$) ist der Mittelwert, d. h. $\varphi = 50$, zu wählen. Damit erhält man folgendes lineare Gleichungssystem:

$$
\begin{pmatrix}
2 & -\frac{2}{5} & -\frac{2}{5} & -\frac{1}{10} & 0 & 0 \\
-\frac{2}{5} & 1 & -\frac{1}{10} & -\frac{1}{5} & 0 & 0 \\
-\frac{2}{5} & -\frac{1}{10} & 2 & -\frac{2}{5} & -\frac{2}{5} & -\frac{1}{10} \\
-\frac{1}{10} & -\frac{1}{5} & -\frac{2}{5} & 1 & -\frac{1}{10} & -\frac{1}{5} \\
0 & 0 & -\frac{2}{5} & -\frac{1}{10} & 2 & -\frac{2}{5} \\
0 & 0 & -\frac{1}{10} & -\frac{1}{5} & -\frac{2}{5} & 1
\end{pmatrix}
\begin{pmatrix}
\varphi_1 \\ \varphi_2 \\ \varphi_3 \\ \varphi_4 \\ \varphi_5 \\ \varphi_6
\end{pmatrix}
=
\begin{pmatrix}
55 \\ 30 \\ 0 \\ 0 \\ 0 \\ 0
\end{pmatrix},
\qquad (9.174)
$$

mit den Lösungen

$$
\left.
\begin{aligned}
\varphi_1 &= \tfrac{25.159}{92} = 43{,}2065\ldots, & \varphi_2 &= \tfrac{25.1095}{506} = 54{,}1007\ldots, \\
\varphi_3 &= \tfrac{200}{11} = 18{,}1818\ldots, & \varphi_4 &= 25, \\
\varphi_5 &= \tfrac{625}{92} = 6{,}7934\ldots, & \varphi_6 &= \tfrac{25.193}{506} = 9{,}5355\ldots.
\end{aligned}
\right\}
\qquad (9.175)
$$

Sie stimmen erstaunlich gut mit den exakten Werten, Gleichungen (9.170) bzw. (9.171), überein. Der maximale relative Fehler liegt bei etwa 1 ‰. Er ist damit etwa 50 mal kleiner als bei der Anwendung der einfacheren Fünf-Punkte-Formel. Das Potential $\varphi_4 = 25$ erhält man in beiden Fällen exakt.

Bei der direkten Lösung der Gleichungssysteme wird oft die sogenannte Gauß-Elimination benutzt, bei der man die Koeffizientenmatrix durch geeignete Zeilenkombinationen in eine Dreiecksmatrix umformt. Das führt zu einem leicht lösbaren gestaffelten Gleichungssystem. Ein anders Verfahren ist die sogenannte LR-Zerlegung („Links-Rechts-Zerlegung"). Dabei wird die Matrix in ein Produkt von zwei Dreiecksmatrizen umgeformt, wonach das Gleichungssystem ebenfalls bequem gelöst werden kann.

Vielfach wird das Gleichungssystem iterativ gelöst. Dazu werden die Gitterpunkte zunächst mit Schätzwerten für die dort herrschenden Potentiale versehen. Aus diesen

Schätzwerten werden dann mit Hilfe der entsprechenden Formeln neue Werte berechnet usw., d. h. aus den Potentialen des n. Iterationsschrittes $(\varphi_{i,j}^{(n)})$ werden die des $(n+1)$. Schrittes $(\varphi_{i,j}^{(n+1)})$ wie folgt berechnet:

$$\varphi_{i,j}^{(n+1)} = \tfrac{1}{4}(\varphi_{i+1,j}^{(n)} + \varphi_{i-1,j}^{(n)} + \varphi_{i,j+1}^{(n)} + \varphi_{i,j-1}^{(n)}) \,. \qquad (9.176)$$

Das ist das sogenannte *Jacobi-Verfahren*. Beim *Gauß-Seidel-Verfahren* wird eine Beschleunigung der Konvergenz der Iteration dadurch bewirkt, dass man im $(n+1)$. Schritt nicht nur die alten Werte des n. Schrittes verwendet, sondern auch schon die neuen des $(n+1)$. Schrittes, sobald und soweit solche zur Verfügung stehen. Eine weitere Beschleunigung der Konvergenz kann durch die *Relaxationsmethode* erreicht werden, die hier nur erwähnt, jedoch nicht weiter diskutiert werden soll.

Natürlich konvergiert die Iteration umso schneller, je besser die anfänglichen Schätzwerte sind. Mindestens bei dem hier behandelten Beispiel kann man leicht recht brauchbare Schätzwerte angeben, indem man von der Fünf-Punkte-Formel oder – was dasselbe ist – vom Mittelwertsatz ausgeht. Stellt man sich zunächst nur einen inneren Gitterpunkt in der Mitte vor, dann ergibt sich für diesen aus den entsprechenden Randwerten der Schätzwert $\varphi_4^{(0)} = 25$. Nun verfeinert man das Netz entsprechend Abb. 9.9. Aus $\varphi_4^{(0)}$ und den Randwerten, insbesondere auch an den Eckpunkten, gewinnt man Schätzwerte für $\varphi_1^{(0)}$ und $\varphi_5^{(0)}$, nämlich $\varphi_1^{(0)} = \frac{175}{4} \approx 44$ und $\varphi_5^{(0)} = \frac{25}{4} \approx 6$. Damit kann man die übrigen Potentiale abschätzen, $\varphi_2^{(0)} \approx 53$, $\varphi_3^{(0)} \approx 19$, $\varphi_6^{(0)} \approx 9$. Man kann jetzt, von diesen Werten ausgehend, die Iteration nach Gleichung (9.176) durchführen. Sie konvergiert – wovon der Leser sich selbst überzeugen kann – natürlich gegen die Näherungswerte (9.173) und nicht gegen die exakten Werte. Das Gauß-Seidel-Verfahren – auch davon kann der Leser sich leicht überzeugen – beschleunigt die Konvergenz, Anders als beim Jacobi-Verfahren, geht die Symmetrie der Potentialwerte des hier behandelten Beispiels beim Gauß-Seidel-Verfahren zunächst verloren, obwohl natürlich auch dieses gegen die zuletzt wieder symmetrische Näherungslösung konvergiert.

Neben den klassischen Iterationsverfahren wie Jacobi und Gauß-Seidel hat sich in den letzten Jahren die Klasse der sogenannten *Krylov-Unterraum-Verfahren* durchgesetzt. Dabei wird die Lösung in einem speziellen Unterraum gesucht, dessen Dimension bei jedem Iterationsschritt um eins erhöht wird. Zusammen mit geeigneten Vorkonditionierungsstrategien zur Reduktion der effektiven Konditionszahl der Systemmatrix kann man sehr effiziente Lösungsalgorithmen konstruieren. Der Lösungsaufwand wächst dann im Wesentlichen nur noch linear mit der Zahl der Unbekannten (sog. „schnelle Verfahren"). Der wohl bekannteste Vertreter dieser Klasse ist die Methode der *konjugierten Gradienten*, die für symmetrische positiv definite Matrizen geeignet ist. Diskretisierungen des Laplaceoperators mit finiten Differenzen wie in den Gleichungen (9.172) und (9.174) oder mit finiten Elementen besitzen diese Eigenschaft.

Die beschriebenen Vorgehensweisen können in vielfacher Hinsicht modifiziert werden. So können die Maschenweiten für die verschiedenen Koordinatenrichtungen unterschiedlich gewählt werden. Das Gitter kann auch unregelmäßig sein, d. h. die Maschenweite kann innerhalb eines Gebietes variabel sein. Das führt zur Methode der lokalen Netz-verfeinerung, wenn in Teilbereichen eine besonders feine Diskretisierung zum Erreichen der geforderten Genauigkeit notwendig ist. Für die oben erwähnten Vorkonditionierungs-strategien kann es nützlich sein, eine Hierarchie von Rechengittern mit unterschiedlicher Maschenweite heranzuziehen, was auf sogenannte *Mehrgitterverfahren* führt.

Die Methode der finiten Differenzen ist natürlich auf alle Arten von Differentialglei-chungen anwendbar. Bei orts- und zeitabhängigen Problemen (z. B. bei Diffusionsglei-chungen oder Wellengleichungen) wird im Allgemeinen auch die Zeit zu diskretisieren sein. Je nach der Vorgehensweise erhält man zwei verschiedene Arten von Differenzen-gleichungen. Im ersten Fall, bei den sogenannten *expliziten Verfahren*, werden alle Größen einer bestimmten „Zeitebene" aus denen der vorhergehenden Zeitebene direkt berechnet, im zweiten Fall, bei den *impliziten Verfahren*, enthalten die Gleichungen einer Zeitebe-ne auch Unbekannte der nächsten Zeitebene. Diese Unterscheidung ist von Bedeutung, weil die an sich einfacheren expliziten Verfahren den Nachteil haben, dass sie instabil sein können, d. h. die Fehler können instabil anwachsen und die numerischen Ergebnis-se unbrauchbar machen. Der nur scheinbar geringfügige Unterschied sei am Beispiel der Diffusionsgleichung gezeigt. Wir können die Gleichung

$$\frac{\partial^2 u}{\partial x^2} = A \frac{\partial u}{\partial t} , \quad A > 0 \tag{9.177}$$

in der Form

$$\frac{u_{i-1,k} - 2u_{i,k} + u_{i+1,k}}{h^2} = A \frac{u_{i,k+1} - u_{i,k}}{\Delta t} , \tag{9.178}$$

ebenso aber auch in der Form

$$\frac{u_{i-1,k+1} - 2u_{i,k+1} + u_{i+1,k+1}}{h^2} = A \frac{u_{i,k+1} - u_{i,k}}{\Delta t} \tag{9.179}$$

diskretisieren. In der expliziten Formulierung (9.178) können alle $u_{i,1}$ direkt aus den Werten $u_{i,0}$ berechnet werden, allgemein alle $u_{i,k+1}$ aus den $u_{i,k}$ usw. Die implizite Formu-lierung (9.179) dagegen erfordert einen größeren Rechenaufwand. Beide Formulierungen besitzen die Fehlerordnung $O(\Delta t)$, das heißt der Diskretisierungsfehler geht im selben Maß gegen null wie die Zeitschrittweite. Einen Kompromiss zwischen beiden Vorgehens-weisen stellen die sogenannten *semi-impliziten Verfahren* dar, bei denen man die beiden Beziehungen (9.178) und (9.179) mit Gewichten α und $1 - \alpha$ mischt („Eulerfaktor"). Für $\alpha = 1/2$ erhält man das Verfahren von *Crank-Nicolson*, mit der Fehlerordnung $O(\Delta t^2)$.

Die Verfahren unterscheiden sich hinsichtlich ihrer Stabilität. Man kann zeigen, dass die explizite Diskretisierung (9.178) stabil ist unter der Bedingung

$$\frac{\Delta t}{A} \leq \frac{h^2}{2} . \tag{9.180}$$

Abb. 9.10 Ein mit der Methode der finiten Differenzen
berechnetes Strömungsfeld

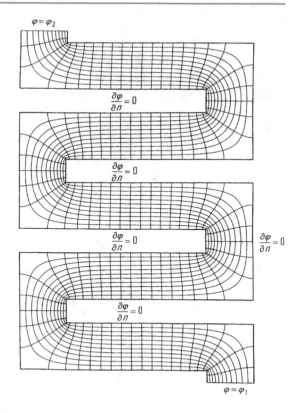

Für Diskretisierungen der Diffusionsgleichung mit Finiten Differenzen oder Finiten Elementen in zwei oder drei Dimensionen gelten ähnliche Bedingungen. Je nach Größe des Diffusionskoeffizienten $1/A$ und der Gitterweite h kann dies eine erhebliche Einschränkung bedeuten. Im ungünstigsten Fall (bei sog. „steifen" Problemen) wird man aufgrund mangelnder Stabilität zu praktisch nicht handhabbar kleinen Zeitschritten gezwungen. Abhilfe schafft die implizite Diskretisierung (9.179) oder das Verfahren nach Crank-Nicolson. Beide sind unabhängig von der Wahl des Zeitschrittes stabil. Dann kann sich die Wahl des Zeitschrittes alleine nach der geforderten Genauigkeit richten.

Abb. 9.10 zeigt ein mit der Methode der finiten Differenzen berechnetes Beispiel, das Strömungsfeld in einem mäanderförmigen Dünnschichtwiderstand. Es handelt sich um ein zweidimensionales gemischtes Randwertproblem ($\varphi = \varphi_1$ und $\varphi = \varphi_2$ an den beiden Kontakten oben und unten, $\partial\varphi/\partial n = 0$ an den übrigen Rändern). Bei diesem Beispiel wurde noch die Methode der Bereichsunterteilung (englisch domain decomposition method) benutzt. Durch diese wird ein solches Problem auf dessen Lösung in Teilgebieten zurückgeführt, wobei an den zusätzlichen Rändern Randbedingungen zunächst geschätzt werden. Das Problem wird dann iterativ gelöst. Mehr zu dieser Methode findet man z. B. bei Bader [23]. Im vorliegenden Fall wurde das Gebiet in lauter Rechtecke zerlegt.

9.7 Die Methode der finiten Elemente

Die Methode der finiten Elemente hat sehr schnell große Bedeutung gewonnen. Sie beruht auf einer im Prinzip einfachen und eleganten Idee, obwohl der Aufwand im konkreten Anwendungsfall groß sein kann. Sie ist in vielen Varianten sehr flexibel auf viele Arten von Problemen anwendbar. Vielfach wird sie auch anderen Methoden überlegen sein, obwohl das nicht immer und nicht für alle Arten von Problemen so sein muss. Entsprechend ihrer Bedeutung ist die Literatur zu finiten Elementen sehr umfangreich. Als Beispiele seien die Bücher [20, 22, 24–32] genannt.

Bei dieser Methode wird das Definitionsgebiet der unbekannten Funktion oder Funktionen in mehr oder weniger beliebig geformte kleine Teilbereiche – eben die finiten Elemente – zerlegt, Teilstrecken, Teilflächen, Teilvolumen, je nach der Dimension des zu diskretisierenden Gebietes. Jedem finiten Element wird eine nur in diesem von null verschiedene Näherungslösung zugeordnet, die ihrerseits aus einer Linearkombination mehrerer linear unabhängiger Basisfunktionen (den sogenannten *Formfunktionen*) besteht und eine entsprechende Anzahl zunächst noch nicht festgelegter Parameter aufweist. Diese Parameter sind im einfachsten Fall die Funktionswerte selbst, die an gewissen Punkten des finiten Elementes, den sogenannten *Knotenpunkten*, angenommen werden. Die Knotenpunkte spielen also eine ähnliche Rolle wie die Gitterpunkte bei den finiten Differenzen. Der nicht ganz unerhebliche Unterschied liegt jedoch darin, dass durch die in den finiten Elementen angenommenen Näherungslösungen die gesuchte Funktion an allen Punkten und nicht nur an den Knotenpunkten definiert ist. Andererseits kann die Methode der finiten Differenzen als Spezialfall der Methode der finiten Elemente aufgefasst werden. Außerdem kann man durch geeignete Interpolation auch bei Anwendung finiter Differenzen allen Punkten Funktionswerte zuordnen. Das ganze Gebiet ist mit finiten Elementen so auszufüllen, dass jeder Knoten an der Grenzfläche eines finiten Elementes mit einem Knoten eines seiner Nachbarelemente zusammenfällt, wobei die Funktionswerte dort natürlich dieselben sein müssen. Zusammen mit den Randbedingungen erhält man dann ein Gleichungssystem zur Bestimmung der Funktionswerte an den Knoten. Dabei geht man entweder von der Methode der gewichteten Residuen, meist in Form der Galerkin-Methode, aus oder – vorausgesetzt, dass für das vorliegende Problem ein Variationsintegral existiert – von der der Galerkin-Methode gleichwertigen Rayleigh-Ritz-Methode.

Ehe wir auf weitere Details eingehen, soll das bisher Gesagte durch ein zweidimensionales Beispiel erläutert werden. Ein besonders einfaches eindimensionales Beispiel, das einige wesentliche Schritte zeigt, wurde schon im Abschn. 9.4.5, Gleichungen (9.128) ff., behandelt. Bei zweidimensionalen Problemen können Dreiecke als finite Elemente gewählt werden, die das betrachtete Gebiet ausfüllen müssen. Abb. 9.11 zeigt eines dieser Dreiecke mit seinen Ecken P_1, P_2, P_3 und den zugehörigen Funktionswerten φ_1, φ_2, φ_3. Die Ecken sind auch die Knotenpunkte. Im Dreiecksgebiet soll nun die gesuchte Funktion durch eine Funktion der Form

$$\varphi = a + bx + cy \tag{9.181}$$

Abb. 9.11 Zur Methode der
finiten Elemente

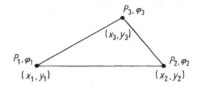

näherungsweise beschrieben werden. Für jeden Eckpunkt bzw. Knotenpunkt muss dann

$$\varphi_i = a + bx_i + cy_i, \quad i = 1, 2, 3$$

gelten. Aus diesen drei Gleichungen kann man a, b und c berechnen,

$$a = \frac{1}{D} \det \begin{pmatrix} \varphi_1 & x_1 & y_1 \\ \varphi_2 & x_2 & y_2 \\ \varphi_3 & x_3 & y_3 \end{pmatrix}, \quad b = \frac{1}{D} \det \begin{pmatrix} 1 & \varphi_1 & y_1 \\ 1 & \varphi_2 & y_2 \\ 1 & \varphi_3 & y_3 \end{pmatrix}, \quad c = \frac{1}{D} \det \begin{pmatrix} 1 & x_1 & \varphi_1 \\ 1 & x_2 & \varphi_2 \\ 1 & x_3 & \varphi_3 \end{pmatrix}, \tag{9.182}$$

wobei D die Koeffizientendeterminante ist,

$$D = \det \begin{pmatrix} 1 & x_1 & y_1 \\ 1 & x_2 & y_2 \\ 1 & x_3 & y_3 \end{pmatrix}. \tag{9.183}$$

Setzt man

$$f_1(x, y) = \frac{1}{D}[(x_2 y_3 - y_2 x_3) + (y_2 - y_3)x + (x_3 - x_2)y],$$

$$f_2(x, y) = \frac{1}{D}[(x_3 y_1 - y_3 x_1) + (y_3 - y_1)x + (x_1 - x_3)y], \tag{9.184}$$

$$f_3(x, y) = \frac{1}{D}[(x_1 y_2 - y_1 x_2) + (y_1 - y_2)x + (x_2 - x_1)y],$$

dann gilt für diese sogenannten *Formfunktionen*

$$f_i(x_k, y_k) = \delta_{ik} \tag{9.185}$$

und der Ansatz (9.181) nimmt die Form

$$\varphi = \sum_{i=1}^{3} \varphi_i f_i(x, y) \tag{9.186}$$

Abb. 9.12 Dreiecks-
koordinaten

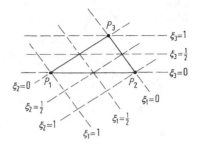

an. Mit Gleichung (9.185) ist dann, wie es sein muss,

$$\varphi_k = \sum_{i=1}^{3} \varphi_i f_i(x_k, y_k) = \sum_{i=1}^{3} \varphi_i \delta_{ik} = \varphi_k \ . \tag{9.187}$$

Gleichung (9.186) stellt also den Ansatz in dem hier betrachteten finiten Element in Form einer Linearkombination der Formfunktionen mit den Funktionswerten an den Knoten als Koeffizienten dar. Diese Funktionen sind nur in diesem finiten Element von 0 verschieden. Der Ansatz für das Gesamtproblem ergibt sich schließlich durch die Überlagerung aller Ansatzfunktionen aller Elemente. Die Formfunktionen können auch als sogenannte Dreieckskoordinaten interpretiert werden. Jeder Punkt in einem Dreieck kann durch sogenannte Dreieckskoordinaten ξ_1, ξ_2, ξ_3 festgelegt werden. Diese sind, wie in Abb. 9.12 angedeutet, dadurch definiert, dass längs der P_i gegenüberliegenden Seite $\xi_i = 0$ und längs der dazu parallelen durch P_i hindurchgehenden Geraden $\xi_i = 1$ ist. Auf den dazwischen liegenden, dazu parallelen Geraden nimmt ξ_i den jeweiligen Abständen proportionale Werte an. Natürlich genügen zwei dieser drei Dreieckskoordinaten, um einen Punkt eindeutig zu charakterisieren. Demzufolge sind die drei Koordinaten nicht unabhängig voneinander, ihre Summe ist 1. Der Zusammenhang zwischen den Dreieckskoordinaten und den kartesischen Koordinaten ergibt sich natürlich aus den Koordinaten der Eckpunkte. Dabei gilt

$$\left. \begin{array}{l} x = \xi_1 x_1 + \xi_2 x_2 + \xi_3 x_3 \ , \\ y = \xi_1 y_1 + \xi_2 y_2 + \xi_3 y_3 \ , \\ 1 = \xi_1 + \xi_2 + \xi_3 \ . \end{array} \right\} \tag{9.188}$$

Daraus erhält man nämlich z. B. für den Punkt P_1 mit $\xi_1 = 1$, $\xi_2 = \xi_3 = 0$ gerade $x = x_1$, $y = y_1$ etc. Da der Zusammenhang auch linear sein muss, ist er dadurch bewiesen. Berechnet man nun die zu einem Punkt x, y gehörigen Dreieckskoordinaten ξ_1, ξ_2, ξ_3 so erhält man genau die Formfunktionen,

$$\xi_i(x, y) = f_i(x, y) \ . \tag{9.189}$$

Die Formfunktionen stellen also gleichzeitig auch ein lokales Koordinatensystem auf dem zugehörigen Dreieck dar. Das ist nützlich bei der Berechnung der zahlreichen Integrale, die bei der Anwendung z. B. der Galerkin- oder Rayleigh-Ritz-Methode erforderlich sind.

Abb. 9.13 Tangentialstetiges Kantenelement. Die der Kante K_{12} zugeordnete vektorielle Formfunktion $\mathbf{w}_{12}$ ist als Vektorfeld dargestellt

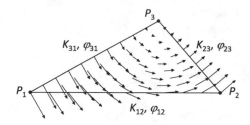

Die beschriebenen Dreiecke mit den linearen Formfunktionen (9.184) und dem zugehörigen Ansatz (9.186) stellen nur ein einfaches Beispiel dar. In der Praxis werden sehr verschiedenartige zwei- oder dreidimensionale finite Elemente mit unterschiedlichen Knotenzahlen und oft viel komplizierteren Formfunktionen höherer Ordnung benutzt [33]. Die Details können dann sehr umfangreich werden und komplizierte Formen annehmen, was jedoch nichts am grundsätzlich einfachen und eleganten Prinzip ändert.

Zur Diskretisierung von Vektorfeldern verwendet man Elemente mit vektoriellen Formfunktionen, deren Stetigkeit an Elementgrenzen an die Stetigkeit der betrachteten Vektorfelder angepasst ist. Von besonderer Bedeutung sind die tangentialstetigen *Kantenelemente*. Sie bilden die Stetigkeit des elektrischen Feldes nach Gl. (2.118), des magnetischen Feldes nach Gl. (5.97) und des magnetischen Vektorpotentials nach Gl. (5.100) ab. Von der Normalstetigkeit des Vektorpotentials kann hierbei abgesehen werden, sie hängt mit der Eichung zusammen.

Wir bezeichnen die Kante von P_i nach P_j mit K_{ij}, und ordnen ihr die vektorielle Formfunktion

$$\mathbf{w}_{ij}(x, y) = \xi_i(x, y)\,\mathrm{grad}\,\xi_j(x, y) - \xi_j(x, y)\,\mathrm{grad}\,\xi_i(x, y) \qquad (9.190)$$

zu. Wenn man den Ortsvektor in der Form $\mathbf{r} = (x, y, 0)$ einführt, sind die Ortsvektoren der Eckpunkte des Dreiecks durch $\mathbf{r}_i = (x_i, y_i, 0)$ gegeben, und $\mathbf{n} = (0, 0, 1)$ ist ein Vektor, der senkrecht auf dem Dreieck steht. Aus Gl. (9.184) findet man damit für den Gradienten der Dreieckskoordinaten

$$\mathrm{grad}\,\xi_i = \frac{1}{D}(\mathbf{r}_j - \mathbf{r}_k) \times \mathbf{n}\,, \quad ijk = 123, 231, 312\,. \qquad (9.191)$$

Mit wenig Rechnung erhält man daraus für die Formfunktionen innerhalb des Dreiecks

$$\mathbf{w}_{ij} = \frac{1}{D}\mathbf{n} \times (\mathbf{r} - \mathbf{r}_k)\,. \qquad (9.192)$$

Außerhalb des Dreiecks werden die Formfunktionen zu null gesetzt. Die Formfunktion $\mathbf{w}_{12}$ ist in Abb. 9.13 dargestellt.

Man erkennt, dass die der Kante K_{ij} zugeordnete Formfunktion $\mathbf{w}_{ij}$ senkrecht auf den anderen Kanten steht. Außerdem ist die Tangentialkomponente von $\mathbf{w}_{ij}$ längs K_{ij} konstant,

$$\mathbf{w}_{ij}\big|_{K_{ij}} \cdot \mathbf{e}_{ij} = \frac{1}{|\mathbf{r}_j - \mathbf{r}_i|} \, ,$$

wobei $\mathbf{e}_{ij}$ einen Einheitsvektor entlang der Kante bezeichnet. Die Tangentialkomponente hängt also nur von den beiden Endpunkten $\mathbf{r}_i$ und $\mathbf{r}_j$ der Kante K_{ij} ab, und geht deshalb an Elementgrenzen stetig über. Des Weiteren findet man für die Integrale der Formfunktionen entlang der Kanten

$$\int_{K_{k\ell}} \mathbf{w}_{ij}(x, y) \cdot \mathrm{d}s = \delta_{ij,k\ell} \, , \quad ij, k\ell = 12, 23, 31 \, . \tag{9.193}$$

Man vergleiche mit Gl. (9.185). Die dort auftretenden Punktauswertungen können als nulldimensionale Integration aufgefasst werden. Wir machen für das Vektorfeld $\mathbf{w}$ den Ansatz

$$\mathbf{w} = \sum_{ij=12,23,31} \varphi_{ij} \mathbf{w}_{ij}(x, y) \, , \tag{9.194}$$

analog zu Gl. (9.186). Die Parameter φ_{ij} sind in diesem Fall durch die Integrale des Vektorfeldes entlang der Kanten gegeben, denn es gilt

$$\int_{K_{k\ell}} \mathbf{w} \cdot \mathrm{d}s = \sum_{ij=12,23,31} \int_{K_{k\ell}} \varphi_{ij} \mathbf{w}_{ij}(x, y) \cdot \mathrm{d}s = \sum_{ij=12,23,31} \varphi_{ij} \delta_{ij,k\ell} = \varphi_{k\ell} \, . \tag{9.195}$$

Wie im skalaren Fall ergibt sich der Ansatz für das Gesamtproblem durch die Überlagerung aller Ansatzfunktionen aller Elemente.

Mit den Kantenelementen und mit finiten Differenzen ist die *Finite Integrationstechnik* (FIT) von Weiland verwandt [34], welche die Freiheitsgrade ebenfalls durch Integration entlang der Kanten bildet.

Eine neuere Entwicklung ist die *Isogeometrische Analysis* (IGA), die darauf abzielt, Finite-Elemente-Methoden und rechnerunterstütztes Konstruieren (Computer-Aided Design, CAD) besser miteinander zu verzahnen. CAD-Systeme verwenden Splines und daraus abgeleitete Funktionen zur Geometriebeschreibung. Die Grundidee der IGA-Methode besteht darin, diese Geometriebeschreibung unmittelbar zur Formulierung von Feldproblemen zu verwenden. Auch die Formfunktionen werden aus Splines konstruiert, siehe [35]. Dieser Ansatz vermeidet – mindestens im Prinzip – die sonst erforderliche Gittergenerierung.

Abb. 9.14 Einfaches eindimensionales Beispiel

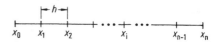

Nach diesem Exkurs kehren wir wieder zu den skalaren Elementen zurück.

Das weitere Vorgehen soll der Einfachheit wegen an einem eindimensionalen Beispiel gezeigt werden, das so ähnlich schon im Abschn. 9.4.5 zur Sprache kam. Wir betrachten das Gebiet $x_0 \leq x \leq x_n$ und unterteilen es nach Abb. 9.14 in n finite Elemente der Länge

$$h = \frac{x_n - x_0}{n} \tag{9.196}$$

mit den Knotenpunkten $x_i (i = 0, \ldots, n)$,

$$x_{i-1} \leq x \leq x_i, x_i - x_{i-1} = h \ . \tag{9.197}$$

Wir gehen ganz formal vor, um die Analogie zu dem geschilderten Fall dreieckiger finiter Elemente deutlich zu machen. Im i. finiten Element setzen wir

$$\varphi = a + bx \ , \quad x_{i-1} \leq x \leq x_i \ , \tag{9.198}$$

wobei

$$\begin{aligned} \varphi_{i-1} &= a + bx_{i-1} \ , \\ \varphi_i &= a + bx_i \ . \end{aligned} \tag{9.199}$$

Also ist

$$a = \frac{\det \begin{pmatrix} \varphi_{i-1} & x_{i-1} \\ \varphi_i & x_i \end{pmatrix}}{\det \begin{pmatrix} 1 & x_{i-1} \\ 1 & x_i \end{pmatrix}} = \frac{x_i \varphi_{i-1} - x_{i-1}\varphi_i}{h} \ , \quad b = \frac{\det \begin{pmatrix} 1 & \varphi_{i-1} \\ 1 & \varphi_i \end{pmatrix}}{\det \begin{pmatrix} 1 & x_{i-1} \\ 1 & x_i \end{pmatrix}} = \frac{\varphi_i - \varphi_{i-1}}{h} \tag{9.200}$$

und

$$\varphi = f_{i1}\varphi_{i-1} + f_{i2}\varphi_i$$

mit

$$f_{i1} = \frac{x_i - x}{h} \ , \quad f_{i2} = \frac{x - x_{i-1}}{h} \ , \tag{9.201}$$

wobei offensichtlich

$$\left. \begin{aligned} f_{i1}(x_{i-1}) &= 1 \ , \quad f_{i1}(x_i) = 0 \ , \quad f_{i2}(x_{i-1}) = 0 \ , \quad f_{i2}(x_i) = 1 \\ f_{i1} + f_{i2} &= 1 \ , \quad f_{i1}x_{i-1} + f_{i2}x_i = x \end{aligned} \right\} \tag{9.202}$$

ist. Diese Beziehungen sind den für Dreiecke diskutierten Gleichungen (9.181) bis (9.189) analog. Die Formfunktionen (9.201) stellen lokale Koordinaten im i. Element dar wie die

Dreieckskoordinaten im dreieckigen finiten Element. Nun soll z. B. die Poisson-Gleichung

$$\Delta\varphi = -g(x), \quad x_0 \le x \le x_n \tag{9.203}$$

mit den Randbedingungen

$$\varphi(x_0) = \varphi_0, \quad \varphi(x_n) = \varphi_n \tag{9.204}$$

näherungsweise gelöst werden. Dazu ist nach Gleichung (9.46) das Integral

$$I = \int_a^b \{[\varphi'(x)]^2 - 2\varphi(x)g(x)\} \, dx \tag{9.205}$$

zu minimieren. Der vom i. finiten Element herrührende Anteil ist

$$\begin{aligned}
I_i &= \int_{x_{i-1}}^{x_i} \left\{ \left[-\frac{\varphi_{i-1}}{h} + \frac{\varphi_i}{h} \right]^2 - 2f_{i1}(x)g(x)\varphi_{i-1} - 2f_{i2}(x)g(x)\varphi_i \right\} dx \\
&= \frac{1}{h}(\varphi_{i-1}^2 - 2\varphi_{i-1}\varphi_i + \varphi_i^2) - 2G_{i1}\varphi_{i-1} - 2G_{i2}\varphi_i
\end{aligned} \tag{9.206}$$

mit

$$G_{i1,2} = \int_{x_{i-1}}^{x_i} f_{i1,2}(x)g(x) \, dx \ . \tag{9.207}$$

Daraus ergeben sich bei der Minimierung folgende Anteile

$$\left. \begin{aligned}
\frac{\partial I}{\partial \varphi_{i-1}} &= 2\left(\frac{\varphi_{i-1}}{h} - \frac{\varphi_i}{h} - G_{i1} \right), \\
\frac{\partial I}{\partial \varphi_i} &= 2\left(-\frac{\varphi_{i-1}}{h} + \frac{\varphi_i}{h} - G_{i2} \right).
\end{aligned} \right\} \tag{9.208}$$

Die zugehörige Koeffizientenmatrix wird als *Elementmatrix* bezeichnet. Durch Sammlung aller Anteile aller finiten Elemente ergibt sich die Gesamtmatrix des letzten Endes zu lösenden linearen Gleichungssystems.

Wir wählen nun $x_0 = 0$, $x_n = 1$ und $g(x) = x$. Dafür ist die exakte Lösung

$$\varphi = \varphi_0 + (\varphi_n - \varphi_0)x + \frac{x - x^3}{6} \ . \tag{9.209}$$

Im vorliegenden Fall ist

$$x_i = \frac{i}{n}, \quad h = \frac{1}{n} \tag{9.210}$$

und

$$G_{i1} = \frac{3i - 2}{6n^2}, \quad G_{i2} = \frac{3i - 1}{6n^2} \ . \tag{9.211}$$

Letzten Endes ergeben sich folgende Gleichungen für $i = 1, \ldots, n - 1$:

$$\frac{\partial I}{\partial \varphi_i} = 2 \left(-\frac{\varphi_{i-1}}{h} + \frac{2\varphi_i}{h} - \frac{\varphi_{i+1}}{h} - G_{i+1,1} - G_{i,2} \right) = 0 \, . \tag{9.212}$$

Nach Gleichung (9.211) ist

$$G_{i+1,1} + G_{i2} = \frac{3i + 3 - 2 + 3i - 1}{6n^2} = \frac{i}{n^2} \tag{9.213}$$

und das Gleichungssystem (9.212) nimmt die Form

$$-\varphi_{i-1} + 2\varphi_i - \varphi_{i+1} = \frac{i}{n^3} \tag{9.214}$$

an. Seine Lösung ist

$$\varphi_i = \varphi_0 + (\varphi_n - \varphi_0)\frac{i}{n} + \frac{n^2 i - i^3}{6n^3} \, . \tag{9.215}$$

An den Knotenpunkten stimmt sie mit der exakten Lösung (9.209) überein. Zwischen ihnen wird durch die Formfunktionen linear interpoliert. Ein Vergleich mit Gleichung (9.162) zeigt, dass wir im vorliegenden Fall mit der Methode der finiten Differenzen dieselben Differenzengleichungen (9.214) bekommen hätten.

Wir bezeichnen die zwischen den Knotenpunkten durch die Formfunktionen linear interpolierte Näherungslösung mit $\widetilde{\varphi}(x)$. Ein Maß für den Diskretisierungsfehler ist durch

$$\|\widetilde{\varphi} - \varphi\|^2 = \int\limits_0^1 \left[\widetilde{\varphi}(x) - \varphi(x) \right]^2 \mathrm{d}x$$

gegeben. Dabei bezeichnet $\| \cdot \|$ die L^2-Norm für quadratisch integrierbare Funktionen. Man kann nachrechnen, dass im vorliegenden Fall

$$\|\widetilde{\varphi} - \varphi\| = O(h^2)$$

für $h \to 0$ gilt. Dieses Konvergenzverhalten ist charakteristisch für lineare Formfunktionen, siehe [32, Satz 11.1].

Trotz seiner Einfachheit zeigt dieses Beispiel die Schritte bei der Anwendung finiter Elemente:

a) Das Gebiet wird in finite Elemente zerlegt.
b) In jedem finiten Element wird die Funktion näherungsweise als Linearkombination der Formfunktionen mit geeigneten Freiheitsgraden als Koeffizienten dargestellt. Das können zum Beispiel Funktionswerte an den Knoten oder Integrale entlang der Kanten sein.

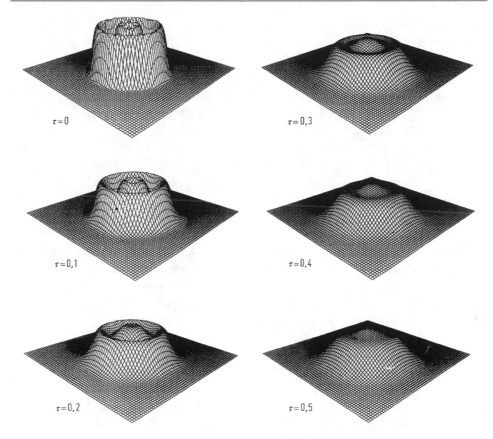

Abb. 9.15 Beispiel eines mit finiten Elementen gelösten Diffusionsproblems

c) Durch die Auswertung der auftretenden Integrale (die eventuell numerisch erfolgen muss) wird die Elementmatrix gewonnen.

d) Aus den Elementmatrizen wird die Gesamtmatrix zusammengestellt. Dieser Schritt kann kompliziert sein. Insbesondere bei mehrdimensionalen Problemen und bei finiten Elementen mit vielen Knoten ist deren sinnvolle Indizierung wichtig. Es kommt darauf an, dass die schwach besetzte Matrix eine für die numerische Lösung geeignete Struktur erhält.

e) Schließlich ist das zugehörige Gleichungssystem zu lösen. Dies geschieht mit denselben Methoden, die teilweise schon im Abschn. 9.6 über finite Differenzen erwähnt wurden.

Bei aller Flexibilität sind finite Elemente (wie auch finite Differenzen) nicht sehr geeignet für Probleme auf unendlichen Gebieten, also, z. B. für äußere Dirichlet'sche oder Neumann'sche Randwertprobleme. Man benutzt dann oft nur endliche Gebiete, was jedoch zu schwer abschätzbaren Fehlern führt, da man die Randbedingungen an den künstlich eingeführten Rändern nicht kennt, sondern nur schätzen kann. Man kann dem Problem u. a. durch die Einführung sogenannter unendlicher Elemente (infiniter Elemente) begegnen. Dabei wurden bisher zwei verschiedene Wege beschritten. Einerseits hat man in den unendlichen Elementen exponentiell abklingende Formfunktionen verwendet, deren Exponent geeignet zu wählen ist. Andererseits hat man die unendlichen Elemente durch geeignete Transformationen auf endliche Elemente abgebildet. Eine Übersicht findet man in [36]. In letzter Zeit wurden auch infinite Kantenelemente vorgeschlagen. In jedem Fall jedoch kann man Probleme in unendlichen Gebieten mit der im nächsten Abschnitt zu behandelnden Randelement-Methode behandeln. Für diese spielt der Unterschied zwischen endlichen und unendlichen Gebieten keine Rolle. Viele Probleme können auch vorteilhaft mit einer Kopplung beider Methoden behandelt werden, wobei man finite Elemente im Inneren des Gebietes und mit diesen kompatible Randelemente auf einem beliebig wählbaren das Gebiet nach außen begrenzenden Rand anwendet.

Abb. 9.15 zeigt die Ergebnisse eines mit finiten Elementen gelösten Diffusionsproblems. Es handelt sich um ein rotationssymmetrisches Magnetfeld $B_z(r, \tau)$. Gezeigt ist das Anfangsfeld und die Felder für die dimensionslosen Zeiten $\tau = 0{,}1$; $0{,}2$; $0{,}3$; $0{,}4$; $0{,}5$. Ein Vergleich mit der bekannten analytischen Lösung dieses Problems zeigt, dass der relative Fehler der gezeigten numerischen Lösung in den Knotenpunkten $< 2{,}38 \cdot 10^{-4}$ ist.

9.8 Die Methode der Randelemente

Die Methode der Randelemente ist die jüngste der wichtigen numerischen Methoden. Sie ist gerade für die elektromagnetische Feldtheorie sehr interessant und vielen feldtheoretischen Problemen geradezu auf den Leib geschneidert. Das liegt daran, dass sie direkt aus den Integralgleichungen der Feldtheorie durch deren Diskretisierung hervorgeht. Sowohl als eigenständige Methode wie auch als Ergänzung der Methode der finiten Elemente leistet sie wertvolle Dienste. Ausführliche Darstellungen findet man bei Steinbach bzw. Liu [32, 37], eine mathematische Vertiefung der Theorie der Randintegralgleichungen bei McLean [38].

Ausgehend von den im Abschn. 9.2 behandelten Integralgleichungen (oder ihnen entsprechenden Integralgleichungen für magnetostatische oder zeitabhängige Probleme) werden zunächst nur die Oberflächen (Ränder) der betrachteten Gebiete untersucht. Durch die Lösung der Integralgleichungen zunächst nur auf den Rändern werden die Größen gewonnen, mit denen dann das Feld im ganzen endlichen oder unendlichen Gebiet (was hier keinen Unterschied macht) berechnet werden kann, wie dies im Abschn. 9.2 beschrieben wurde. Manchmal wird dabei zwischen *direkten* und *indirekten Methoden* unterschieden. Die direkten Methoden gehen von den Gleichungen (9.1) und (9.2), (9.6) und (9.7) oder (im trivialen eindimensionalen Fall) (9.16) und (9.17) aus, die indirekten Methoden von Gleichungen des Typs (9.11) bis (9.14).

Die Diskretisierung erfolgt durch die Aufteilung der Ränder in Flächenelemente bzw. (im zweidimensionalen Fall) in Linienelemente, die auf vielerlei Art gewählt werden kön-

Abb. 9.16 Zur Methode der
Randelemente

nen. Auf diesen Randelementen werden die Unbekannten (also φ oder $\partial\varphi/\partial n$ bei den direkten, Flächenladungsdichte σ oder Flächendichte τ der Dipolmomente bei den indirekten Methoden) durch Ansätze mit verschiedenen Formfunktionen beschrieben. Im einfachsten Fall werden sie auf dem Randelement konstant angenommen. Im zweidimensionalen Fall z. B. kann man entsprechend Abb. 9.16 vorgehen. Die Randelemente sind hier Linienelemente der Randkurve. Als konstante Werte auf diesen werden die Werte an den Mittelpunkten angenommen, d. h. man hat pro Element nur einen Knoten (sogenanntes „konstantes Element“). Mit $C = \pi$ ergibt sich z. B. im Fall der Laplace-Gleichung (d. h. mit $\rho = 0$) aus Gleichung (9.7) für das Potential auf dem Randelement i ($i = 1 \cdots n$)

$$\pi\varphi_i = -\sum_{k=1}^{n}\left(\frac{\partial\varphi}{\partial n}\right)_k \int_{S_k} \ln|\mathbf{r}_i - \mathbf{r}'|\,\mathrm{d}s' + \sum_{k=1}^{n}\varphi_k \int_{S_k}\frac{\partial}{\partial n'}\ln|\mathbf{r}_i - \mathbf{r}'|\,\mathrm{d}s' \,. \qquad (9.216)$$

Nach Auswertung der hier auftretenden Integrale (die jeweils über die mit S_k bezeichneten Randelemente zu erstrecken sind) entsteht ein lineares Gleichungssystem der Form

$$\sum_{k=1}^{n} A_{ik}\left(\frac{\partial\varphi}{\partial n}\right)_k + \sum_{k=1}^{n} B_{ik}\varphi_k = 0\,, \quad i = 1,\ldots,n, \qquad (9.217)$$

bzw. in Matrixschreibweise

$$A\frac{\partial\boldsymbol{\varphi}}{\partial n} + B\boldsymbol{\varphi} = 0\,, \qquad (9.218)$$

wobei $\boldsymbol{\varphi}$ und $\partial\boldsymbol{\varphi}/\partial n$ die Spaltenvektoren der n Werte φ_k bzw. $(\partial\varphi/\partial n)_k$ sind und

$$A = (A_{ik})\,, \quad B = (B_{ik}) \qquad (9.219)$$

ist. Das Glied $\pi\varphi_i$ auf der linken Seite von Gleichung (9.216) ist natürlich in B_{ii} enthalten. Das Gleichungssystem (9.218) ist zunächst homogen in den $2n$ Größen φ_k und $(\partial\varphi/\varphi n)_k$. In jedem Fall ist die Hälfte dieser Größen gegeben (z. B. beim gemischten Randwertproblem n_1 der Werte φ_k und n_2 der Werte $(\partial\varphi/\partial n)_k$ mit $n = n_1 + n_2$). Die übrigen n Größen sind unbekannt und aus diesem Gleichungssystem zu berechnen. Sind sie gewonnen, berechnet man das Potential an ausgewählten Gitterpunkten des ganzen Gebietes mit Gleichung (9.6).

Ebenso kann man z. B. von den Gleichungen (9.11) und (9.12) ausgehen und diese in folgender Form schreiben:

$$\left.\begin{aligned}
\varphi &= \sum_{k=1}^{n} C_{ik}\sigma_k = C\boldsymbol{\sigma} \,, \\
\frac{\partial\varphi}{\partial n} &= \sum_{k=1}^{n} D_{ik}\sigma_k = D\boldsymbol{\sigma} \,,
\end{aligned}\right\}
\qquad (9.220)$$

wo $\boldsymbol{\sigma}$ der Spaltenvektor der n Werte σ_k und

$$C = (C_{ik}), \quad D = (D_{ik}) \qquad (9.221)$$

ist. Wiederum sind n der $2n$ Größen φ_i und $(\partial\varphi/\partial n)_i$ gegeben. Aus den $2n$ Gleichungen werden die zugehörigen n Gleichungen ausgewählt und nach den Werten σ_k aufgelöst. Mit diesen kann dann φ an beliebigen Punkten des ganzen Gebietes berechnet werden.

Die Randelementmethode ist der Methode der finiten Elemente darin ähnlich, dass auf Randelementen ähnliche Ansätze wie auf den finiten Elementen durch geeignete Formfunktionen gemacht werden. Der Unterschied liegt darin, dass die Gewichtsfunktionen andere sind. Die Randelementmethode lässt sich nämlich auch als ein Spezialfall der Methode gewichteter Residuen auffassen, wobei die Fundamentallösungen der Potentialtheorie die Rolle der Gewichtsfunktionen spielen.

Es ist aufschlussreich, die Methode der gewichteten Residuen auf die Randintegralgleichung selbst anzuwenden. Bezeichnen wir den in Gl. (9.11) auftretenden Integraloperator mit V, dann lässt sich die Gleichung in der Form

$$V\big[\sigma(\mathbf{r}')\big] = \varphi(\mathbf{r}) \qquad (9.222)$$

schreiben. Nähert man $\sigma(\mathbf{r}')$ wie in Abb. 9.16 durch konstante Randelemente an, erhält man den Ansatz

$$\sigma(\mathbf{r}') = \sum_{k=1}^{n} \sigma_k \chi_k(\mathbf{r}') \,, \qquad (9.223)$$

mit den unbekannten Koeffizienten σ_k, wobei $\chi_k(\mathbf{r}')$ die Indikatorfunktion des Elements S_k bezeichnet, das heißt

$$\chi_k(\mathbf{r}') = \begin{cases} 1 & \text{falls } \mathbf{r}' \in S_k \,, \\ 0 & \text{sonst} \,. \end{cases}$$

Daraus ergibt sich nach Gl. (9.110) das Residuum

$$R = \sum_{k=1}^{n} \sigma_k (V\chi_k) - \varphi \,,$$

und nach Gl. (9.111) das mit $w_i(\mathbf{r})$ gewichtete Residuum

$$\oint R w_i \, \mathrm{d}s = \sum_{k=1}^{n} \sigma_k \oint w_i \, V \chi_k \, \mathrm{d}s - \oint w_i \varphi \, \mathrm{d}s = 0 \;, \tag{9.224}$$

wobei sich die Integration über den Rand erstreckt. Für die Wahl der Gewichtsfunktionen gibt es verschiedene Möglichkeiten. Man setzt im einfachsten Fall $w_i(\mathbf{r}) = \delta(\mathbf{r} - \mathbf{r}_i)$, wobei $\mathbf{r}_i$ den Mittelpunkt des Elements S_i bezeichnet, siehe Abb. 9.16 Aus Gl. (9.224) folgt damit

$$\sum_{k=1}^{n} \sigma_k [V \chi_k](\mathbf{r}_i) - \varphi(\mathbf{r}_i) = 0 \;. \tag{9.225}$$

Das ist die Kollokationsmethode. Die Gültigkeit von Gl. (9.224) wird in den Kollokationspunkten $\mathbf{r}_i$ erzwungen. Gl. (9.225) stimmt mit Gl. (9.220) überein, und es ist in zwei Dimensionen

$$C_{ik} = [V \chi_k](\mathbf{r}_i) = -\frac{1}{2 \pi \varepsilon_0} \int_{S_k} \ln |\mathbf{r_i} - \mathbf{r}'| \, \mathrm{d}s' \;. \tag{9.226}$$

Man kann in Gl. (9.224) auch $w_i(\mathbf{r}) = \chi_i(\mathbf{r})$ wählen, das ist die Galerkinmethode: Basis- und Gewichtsfunktionen sind identisch. Die Gültigkeit von Gl. (9.224) wird im integralen Mittel gefordert. In diesem Fall bekommt man für die Systemmatrix

$$C_{ik} = \int_{S_i} [V \chi_k](\mathbf{r}) \, \mathrm{d}s = -\frac{1}{2 \pi \varepsilon_0} \int_{S_i} \int_{S_k} \ln |\mathbf{r} - \mathbf{r}'| \, \mathrm{d}s' \mathrm{d}s \;, \tag{9.227}$$

und für die rechte Seite

$$\varphi_i = \int_{S_i} \varphi(\mathbf{r}) \, \mathrm{d}s \;. \tag{9.228}$$

Ein Vorteil der Galerkinmethode besteht darin, dass man eine symmetrische Matrix erhält, $C_{ik} = C_{ki}$. Man kann zeigen, dass die Matrix positiv definit ist. In zwei Dimensionen ist dafür ggf. eine Skalierung des Problemgebietes erforderlich, um $- \ln |\mathbf{r} - \mathbf{r}'| > 0$ sicherzustellen. Zur Galerkin-Randelementmethode existiert eine geschlossene mathematische Analyse [32]. Demgegenüber steht der höhere Aufwand, aufgrund der doppelten Integration über den Rand, der in praktischen Anwendungen gerne zugunsten der Kollokation vermieden wird [37].

Abb. 9.17 zeigt die mit der direkten Randelementmethode berechneten Äquipotentiallinien zweier paralleler leitfähiger Zylinder mit den Potentialen $\pm \varphi_0$. Man erhält das erwartete Ergebnis, nämlich die schon aus den Abschn. 2.6.3 bzw. 3.12, Beispiel 3, bekannten Kreise des Apollonius. Es handelt sich um ein ebenes Problem das mit den Gleichungen (9.6) und (9.7) behandelt wurde.

Abb. 9.17 Mit der Methode
der Randelemente berechnete
Äquipotentialflächen zweier
paralleler leitfähiger Zylinder

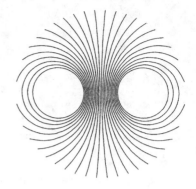

Die beiden Abb. 9.18 und 9.19 stellen Felder dar, die mit der schon erwähnten Kopplung von finiten Elementen und Randelementen gewonnen wurden. Abb. 9.18 demonstriert den Vorteil, den diese Vorgehensweise gegenüber der Anwendung nur finiter Elemente für Probleme auf unendlichen Gebieten hat. Verwendet man nur finite Elemente,
so löst man das Problem näherungsweise in einem nicht allzu kleinen, jedoch endlichen

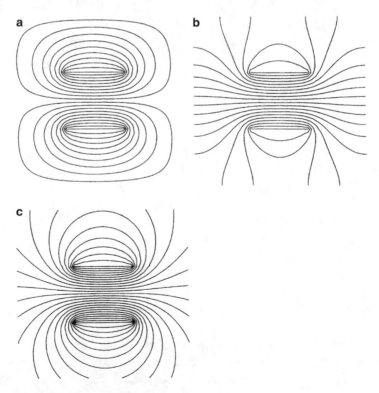

Abb. 9.18 **a** und **b** wurde mit finiten Elementen allein gewonnen, das bessere Ergebnis **c** mit gekoppelten finiten Elementen und Randelementen

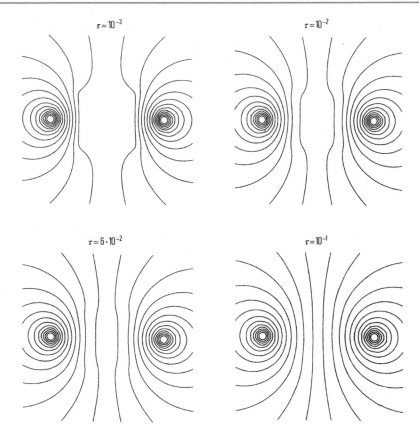

$\tau = 10^{-3}$

$\tau = 10^{-2}$

$\tau = 6 \cdot 10^{-2}$

$\tau = 10^{-1}$

Abb. 9.19 Das durch zeitlich konstante Ströme in unendlich langen Leitern erzeugte Magnetfeld dringt in einen unendlich langen leitfähigen unmagnetischen Zylinder quadratischen Querschnitts ein

Gebiet, an dessen Rändern mehr oder weniger willkürlich gewählte (grob geschätzte) Randbedingungen anzunehmen sind. Die Äquipotentiallinien der Abb. 9.18a,b wurden mit finiten Elementen allein gewonnen, Abb. 9.18a mit $\varphi = 0$ und Abb. 9.18b mit $\partial\varphi/\varphi n = 0$ am Rand. Abb. 9.18c hingegen wurde mit gekoppelten finiten Elementen und Randelementen berechnet, die offensichtlich das weitaus beste Resultat liefern. Ebenso wurden die Felder der Abb. 9.19 mit so gekoppelten Elementen berechnet. Es handelt sich um ein ebenes Wirbelstromproblem. In den beiden unendlich langen Leitern fließt ein zeitlich konstanter Strom, dessen Magnetfeld in einen unendlich langen leitfähigen unmagnetischen Zylinder quadratischen Querschnitts eindringt. Abb. 9.19 zeigt den Verlauf des Magnetfeldes kurz nach dem plötzlichen Einschalten des Stromes, d. h. zur dimensionslosen Zeit $\tau = 10^{-3}$. Die übrigen Bilder zeigen das Feld für $\tau = 10^{-2}$, $\tau = 6 \cdot 10^{-2}$ und $\tau = 10^{-1}$. Mit $\tau = 10^{-1}$ ist schon beinahe der Endzustand erreicht. Die für spätere Zeiten berechneten Felder können von dem für $\tau = 10^{-1}$ zeichnerisch kaum unterschieden werden. Die beiden Probleme der Abb. 9.18 und 9.19 wurden ebenfalls mit der sogenannten direkten Methode unter Benutzung der Gleichungen (9.6) und (9.7) behandelt. Bei der Kopplung sind die Randelemente auf dem Rand natürlich stets so zu wählen, dass sie mit den den Rand bildenden Seiten der finiten Elemente kompatibel sind und insbesondere in den Knoten übereinstimmen.

9.9 Ersatzladungsmethoden

Oft bieten sich Ersatzladungsmethoden (auch Bildladungsmethoden genannt) zur Lösung von feldtheoretischen Problemen an. Die Anregung dazu geht zunächst von einer Reihe spezieller Probleme aus, die mit Bildladungen sogar exakt gelöst werden können, wie z. B. das Problem einer Kugel im Feld einer Punktladung oder in einem homogenen Feld (Abschn. 2.6.1 und 2.6.2), das Problem eines leitfähigen Zylinders im Feld einer homogenen Linienladung (Abschn. 2.6.3) oder das einer Punktladung in einem dielektrischen Halbraum (Abschn. 2.11.2). Analoge Verfahren existieren auch auf dem Gebiet stationärer Strömungen (z. B. Abschn. 4.5), in der Magnetostatik (z. B. Abschn. 5.9) und bei zeitabhängigen Problemen (z. B. Abschn. 6.5.3).

Für das Gebiet der Elektrostatik ist die vielleicht allgemeinste Aussage zu dieser Thematik in dem in vielfacher Hinsicht so wichtigen Kirchhoff'schen Satz, Gleichung (3.57), enthalten. Er besagt ja unter anderem auch, dass die im Inneren eines beliebigen Gebietes von beliebigen außerhalb des Gebietes befindlichen Ladungen erzeugten Felder ebenso durch geeignete an der Oberfläche angebrachte Flächenladungen oder Doppelschichten erzeugt werden könnten und umgekehrt. Das bedeutet, dass man Randwertprobleme so behandeln kann, als ob die im betrachteten Gebiet zu berechnenden Felder von geeignet verteilten Ladungen außerhalb des Gebietes verursacht wären. Dabei können diese Ladungen in beliebigen Konfigurationen auftreten und zusammen Dipole oder allgemein Multipole bilden (wie z. B. im Fall der leitfähigen Kugel in einem homogenen elektrischen Feld zwei Bildladungen auftreten, die gemeinsam einen idealen Dipol bilden). Man darf also den Begriff Ersatzladungen nicht eng interpretieren. Es kann sich um beliebige Verteilungen von Punktladungen, Linienladungen, Raumladungen bzw. auch beliebige Verteilungen von Multipolen handeln.

Meistens bestimmt man die angenommenen Bildladungen dadurch, dass man an ausgewählten Punkten der Oberfläche die dort vorgegebenen Randbedingungen erfüllt, d. h. man benutzt die Kollokationsmethode, eventuell auch in ihrer überbestimmten Form. Es handelt sich also letzten Endes wieder um die Methode der gewichteten Residuen mit den Potentialen oder Feldern der Ersatzladungen als Basisfunktionen. An die Stelle der Kollokationsmethode können natürlich andere Methoden treten, z. B. die der kleinsten Fehlerquadrate. Die Kollokationsmethode hat allerdings den großen Vorteil, dass keine u. U. langwierigen Integrationen durchzuführen sind. Bringt man die Bildladungen in Form von Flächenladungen an der Oberflächen selbst an, dann handelt es sich um die Randelementmethode. Die Grenzen zwischen den Methoden sind also fließend.

Das Hauptproblem der verschiedenen Varianten von Ersatzladungsmethoden liegt darin, dass es keine klaren methodischen Vorgehensweisen für ihre Anwendung gibt. Der Anwender muss mit möglichst viel auf Erfahrung beruhendem intuitiven Gefühl für die Eigenarten des jeweiligen Problems Art und Ort der anzuwendenden Ersatzladungskonfigurationen festlegen. Ist das geschehen, dann ist das weitere Vorgehen allerdings besonders einfach, insbesondere dann, wenn man sich der Kollokationsmethode bedient. Betrachten wir nämlich n Ersatzladungen, dann ist der zugehörige Ansatz z. B. bei Verwendung von Potentialen

$$\varphi = \sum_{k=1}^{n} \varphi_k(\mathbf{r}, \mathbf{r}_k) M_k \; . \tag{9.229}$$

$\mathbf{r}_k$ ist der Ort, an dem sich die k. Ersatzladung befindet, $\varphi_k(\mathbf{r}, \mathbf{r}_k)$ das Potential der Einheitsladung (des Einheitsmultipols) und M_k die Ladung (das Multipolmoment). Ist nun auf der Oberfläche A mit den Punkten $\mathbf{r}_A$ z. B. die Dirichlet'sche Randbedingung

$$\varphi = f(\mathbf{r}_A) \tag{9.230}$$

zu erfüllen, dann sind auf dieser (mindestens) n Kollokationspunkte $\mathbf{r}_{Ai}$ ($i = 1 \cdots n$) auszuwählen. Das gibt dann das Gleichungssystem

$$\sum_{k=1}^{n} \varphi_k(\mathbf{r}_{Ai}, \mathbf{r}_k) M_k = f(\mathbf{r}_{Ai}), \quad i = 1, \ldots, n, \tag{9.231}$$

bzw. mit

$$\left. \begin{aligned} \varphi_k(\mathbf{r}_{Ai}, \mathbf{r}_k) &= a_{ik}, \quad f(\mathbf{r}_{Ai}) = f_i \\[4pt] A = (a_{ik}), \quad \mathbf{M} &= \begin{pmatrix} M_1 \\ \vdots \\ M_n \end{pmatrix}, \quad \mathbf{f} = \begin{pmatrix} f_1 \\ \vdots \\ f_n \end{pmatrix} \end{aligned} \right\} \tag{9.232}$$

$$A\mathbf{M} = \mathbf{f} \; . \tag{9.233}$$

Aus diesem Gleichungssystem sind die Werte M_k zu berechnen. Die so gewonnene Näherung wird vielleicht den gestellten Anforderungen nicht genügen. Sie kann dann auf viele Arten verbessert werden. Beispielsweise kann man die Zahl der Ersatzladungen vergrößern. Vor allem aber kann man die Rechnung mit veränderten Orten der Ladungen wiederholen, was erhebliche Verbesserungen bewirken kann. Man könnte auch daran denken, nicht nur die Koeffizienten M_k, sondern auch die Orte r_k als Variable zu betrachten und auch diese durch Kollokation festzulegen. Das hätte allerdings den großen Nachteil, dass die daraus resultierenden Gleichungen nichtlinear wären.

Insgesamt erscheint es fraglich, ob Ersatzladungsmethoden in Zukunft große Bedeutung haben werden. Es gibt wohl eine Reihe von Problemen, für die sie recht geeignet sind. Im Allgemeinen jedoch dürften insbesondere Randelementmethoden den theoretisch besser fundierten und methodisch klarer vorgezeichneten Weg zur Lösung derartiger Probleme darstellen.

9.10   Die Monte-Carlo-Methode

Monte-Carlo-Methoden sind natürlich besonders zur Lösung tatsächlich stochastischer Probleme geeignet, wovon hier nicht die Rede sein soll. Sie können aber auch zur Lösung an sich deterministischer Probleme dienen, z. B. zur Berechnung bestimmter Integrale, zur Lösung von Extremalproblemen, zur Lösung linearer Gleichungssysteme etc. In der elektromagnetischen Feldtheorie kann man Randwertprobleme der Laplace- und der Poisson-Gleichung und Rand- und Anfangswertprobleme der Diffusionsgleichung mit Monte-Carlo-Methoden behandeln. Bei diesen Problemen handelt es sich zwar um Probleme deterministischer Natur, deren Lösungen jedoch mit gewissen Erwartungswerten geeignet gewählter stochastischer Prozesse zusammenfallen. Einen Überblick über Monte-Carlo-Methoden vermitteln beispielsweise die Bücher von Hengartner und Theodorescu oder Buslenko und Schreider [39, 40].

Hier soll zunächst das Dirichlet'sche Randwertproblem der Laplace-Gleichung betrachtet werden. Der Einfachheit wegen gehen wir von dem rechteckig gewählten Grundgebiet der Abb. 9.20 aus. Es wird durch kleine Quadrate der Seitenlänge h diskretisiert. Innere Punkte werden mit P, Randpunkte mit Q bezeichnet. Beim Punkt P_0 beginnt ein symmetrischer Random-Walk, wie er im Abschn. 9.5 beschrieben wurde. Im ersten Schritt werden die Nachbarpunkte mit Wahrscheinlichkeiten von je 1/4 erreicht. Dieser Vorgang wiederholt sich so lange, bis erstmals ein Randpunkt Q_i erreicht wird. Dort endet der Random-Walk, d. h. das Teilchen wird absorbiert. Mit $W(P_j, Q_i) = W_{ji}$ bezeichnen wir die Wahrscheinlichkeit dafür, dass ein bei P_j beginnender Random-Walk bei Q_i endet. Dann gilt z. B. für die in Abb. 9.20 eingezeichneten Punkte P_0 bis P_4

$$W(P_0, Q_i) = \tfrac{1}{4}[W(P_1, Q_i) + W(P_2, Q_i) + W(P_3, Q_i) + W(P_4, Q_i)] . \qquad (9.234)$$

Abb. 9.20 Zur Monte-Carlo-Methode

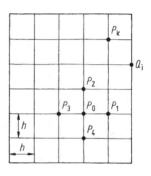

Weiter gilt natürlich

$$W(Q_i, Q_j) = \delta_{ij}, \quad W(Q_i, P_j) = 0 \qquad (9.235)$$

weil ein am Randpunkt Q_i befindliches Teilchen dort absorbiert wird. Nun wird die Größe

$$F(P_j) = \sum_{i=1}^{s} W(P_j, Q_i)\varphi(Q_i) \qquad (9.236)$$

definiert. s ist die Gesamtzahl der Randpunkte. Damit folgt aus (9.234)

$$F(P_0) = \tfrac{1}{4}[F(P_1) + F(P_2) + F(P_3) + F(P_4)] \qquad (9.237)$$

und

$$F(Q_j) = \sum_{i=1}^{s} W(Q_j, Q_i)\varphi(Q_i) = \sum_{i=1}^{s} \delta_{ji}\varphi(Q_i) = \varphi(Q_j) . \qquad (9.238)$$

Durch diese beiden Gleichungen ist der Zusammenhang zwischen dem Random-Walk und dem betrachteten Randwertproblem hergestellt: F ist mit dem Potential zu identifizieren. Das Ergebnis ist identisch mit dem durch finite Differenzen erzielten. Gleichung (9.237) entspricht der Fünf-Punkte-Formel (9.159) und Gleichung (9.238) stellt die zugehörige Randbedingung dar. Andererseits sehen wir, dass die Größe F, also das Potential, statistisch interpretiert und sozusagen erwürfelt werden kann. Wir starten zahlreiche Random-Walks an jedem der inneren Punkte, z. B. bei P_j. Diese enden mit verschiedenen Wahrscheinlichkeiten an verschiedenen Randpunkten Q_i, die bei der Monte-Carlo-Methode durch Simulation des Random-Walk mit dem Computer sozusagen experimentell bestimmt werden. Nach Gleichung (9.236) ist das Potential am Punkt P_j nichts anderes als der mit diesen Wahrscheinlichkeiten gebildete Mittelwert,

$$\varphi(P_j) = \sum_{i=1}^{s} W(P_j, Q_i)\varphi(Q_i) . \qquad (9.239)$$

Wir können dasselbe auch etwas anders formulieren. Wir starten viele Random-Walks bei P_j und bilden den Mittelwert der Potentiale aller dabei erreichten Randpunkte. Der i. Random-Walk endet bei Q_i mit φ_i. Dann ist

$$\varphi(P_j) = \lim_{n \to \infty} \frac{1}{n} \sum_{i=1}^{n} \varphi_i . \qquad (9.240)$$

Die Poisson-Gleichung

$$\Delta\varphi = -g(\mathbf{r}) \tag{9.241}$$

kann ähnlich behandelt werden. Hier soll nur das Ergebnis angegeben werden:

$$\varphi(P_j) = \sum_{i=1}^{s} W(P_j, Q_i)\varphi(Q_i) + \sum_{k=1}^{r} W(P_j, P_k)\bar{g}(P_k) + \bar{g}(P_j) . \tag{9.242}$$

Dabei ist r die Anzahl aller inneren Punkte, $W(P_j, P_k)$ der Erwartungswert der Häufigkeit, mit der ein von P_j ausgehendes Teilchen den Punkt P_k passiert, und

$$\bar{g} = \frac{h^2}{4}g(\mathbf{r}) . \tag{9.243}$$

Die an den passierten Punkten vorhandenen Werte $\bar{g}$ werden mit den entsprechenden Erwartungswerten gemittelt und liefern die zweite Summe in Gleichung (9.242). Diese Summe enthält auch einen Summanden $W(P_j, P_j)\bar{g}(P_j)$. Dieser Summand ist erforderlich, weil das Teilchen seinen Ausgangspunkt nach dem Start erneut passieren kann. Das zusätzliche Glied $\bar{g}(P_j)$ kann als Produkt der Wahrscheinlichkeit 1 mit $\bar{g}(P_j)$ gedeutet werden. Die Tatsache, dass das Teilchen am Punkt P_j startet, besagt ja, dass es diesen mit Sicherheit passiert. In $W(P_j, P_j)$ ist dies nicht noch einmal zu berücksichtigen. Allerdings könnte man den Summanden $\bar{g}(P_j)$ streichen und $W(P_j, P_j)$ durch $W(P_j, P_j) + 1$ ersetzen. Verschwindet das Potential am Rand, dann ist

$$\varphi(P_j) = \sum_{k=1}^{r} W(P_j, P_k)\bar{g}(P_k) + \bar{g}(P_j) . \tag{9.244}$$

Dafür kann man auch schreiben

$$\varphi(P_j) = \lim_{n \to \infty} \frac{1}{n}\sum_{i=1}^{n} \bar{g}_i , \tag{9.245}$$

d. h. man mittelt die $\bar{g}$ an allen bei sehr vielen Random-Walks passierten inneren Punkten unter Einbeziehung des Anfangspunktes. Der Index i charakterisiert hier nicht – wie in Gleichung (9.240) – die aufeinander folgenden Random-Walks, sondern alle passierten inneren Punkte.

Die Ergebnisse hängen mit den die entsprechenden Green'schen Funktionen enthalten-den Integraldarstellungen zusammen. Der Vergleich von Gleichung (9.239) mit Gleichung (3.94) zeigt, dass $W(P_j, Q_i)$ – von den auftretenden Faktoren abgesehen – die durch Diskretisierung von $-\partial G/\partial n$ entstehende Matrix ist. Ebenso zeigt Gleichung (9.244), dass $W(P_j, P_k) + \delta_{jk}$ die diskretisierte Form von G in Gleichung (3.93) ist. Die Monte-Carlo-Methode dient hier also im Wesentlichen dazu, die Green'schen Funktionen durch Matrizen anzunähern, deren Elemente als statistische Größen interpretiert werden können, die man entweder berechnen oder experimentell, nämlich durch Simulation des Random-Walk auf dem Computer, bestimmen kann.

Die Lösung der Diffusionsgleichung erfolgt in ähnlicher Weise. Sie soll hier nicht be-handelt werden. Der interessierte Leser sei auf die Literatur verwiesen [39].

Zur Veranschaulichung sollen zwei einfache Beispiele behandelt werden. Zunächst soll das Dirichlet'sche Randwertproblem der Laplace-Gleichung für das durch Abb. 9.6 gege-bene Gebiet in der gezeigten Diskretisierung mit nur drei inneren Punkten gelöst werden. Am oberen Rand ist $\varphi = 100$ (dimensionslos) vorgegeben. Am Rest der Berandung ist $\varphi = 0$. Aus Gleichung (9.239) und mit den Wahrscheinlichkeiten (9.155) erhalten wir

$$\varphi_1 = \varphi_3 = \left(\tfrac{15}{56} + \tfrac{4}{56} + \tfrac{1}{56}\right) 100 = \tfrac{2000}{56} = \tfrac{250}{7}\,,$$
$$\varphi_2 = \left(\tfrac{4}{56} + \tfrac{16}{56} + \tfrac{4}{56}\right) \cdot 100 = \tfrac{2400}{56} = \tfrac{300}{7}\,.$$

Wie man leicht nachrechnen kann, liefern finite Differenzen dasselbe Ergebnis.

Als weiteres Beispiel soll das eindimensionale Problem von Abb. 9.5 mit

$$\Delta\varphi = x^2,\quad 0 \le x \le 1\,,$$
$$\varphi(0) = \varphi_0,\quad \varphi(1) = \varphi_4$$

behandelt werden. In diesem eindimensionalen Fall ist

$$h = \frac{1}{4},\quad \bar{g} = g\frac{h^2}{2} = \frac{g}{32} = -\frac{x^2}{32}\,.$$

Aus Gleichung (9.242) und den Wahrscheinlichkeiten bzw. Erwartungswerten (9.154) er-gibt sich

$$\varphi_1 = \tfrac{3}{4}\varphi_0 + \tfrac{1}{4}\varphi_4 - \left(\tfrac{1}{2} \cdot \tfrac{1}{32\cdot16} + 1 \cdot \tfrac{4}{32\cdot16} + \tfrac{1}{2} \cdot \tfrac{9}{32\cdot16}\right) - \tfrac{1}{32\cdot16}\,,$$
$$\varphi_2 = \tfrac{1}{2}\varphi_0 + \tfrac{1}{2}\varphi_4 - \left(1 \cdot \tfrac{1}{32\cdot16} + 1 \cdot \tfrac{4}{32\cdot16} + 1 \cdot \tfrac{9}{32\cdot16}\right) - \tfrac{4}{32\cdot16}\,,$$
$$\varphi_3 = \tfrac{1}{4}\varphi_0 + \tfrac{3}{4}\varphi_4 - \left(\tfrac{1}{2} \cdot \tfrac{1}{32\cdot16} + 1 \cdot \tfrac{4}{32\cdot16} + \tfrac{1}{2} \cdot \tfrac{9}{32\cdot16}\right) - \tfrac{9}{32\cdot16}\,,$$

und

$$\varphi_1 = \tfrac{3}{4}\varphi_0 + \tfrac{1}{4}\varphi_4 - \tfrac{5}{4^4}\,,$$
$$\varphi_2 = \tfrac{1}{2}\varphi_0 + \tfrac{1}{2}\varphi_4 - \tfrac{9}{4^4}\,,$$
$$\varphi_3 = \tfrac{1}{4}\varphi_0 + \tfrac{3}{4}\varphi_4 - \tfrac{9}{4^4}\,.$$

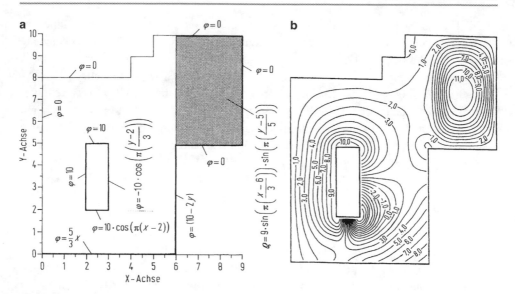

Abb. 9.21 Ein mit der Monte-Carlo-Methode berechnetes Dirichlet'sches Randwertproblem. **a** Problemdefinition; **b** Äquipotentiallinien

Auch in diesem Fall liefern finite Differenzen dasselbe Resultat. Bei der praktischen Anwendung der Monte-Carlo-Methode werden die benötigten statistischen Größen natürlich nicht berechnet, sondern durch Simulation auf dem Computer mit Hilfe von Zufallszahlen gewonnen. Dabei sind viele Random-Walks nötig, bis die erforderlichen Wahrscheinlichkeiten und Erwartungswerte zuverlässig ermittelt sind. Da diese für jeden inneren Punkt erforderlich sind, ist der Aufwand erheblich. So ist die Monte-Carlo-Methode zwar eine reizvolle Methode, kann jedoch kaum mit anderen Methoden konkurrieren, zumal sie – in der Feldtheorie – nur für einige spezielle Probleme brauchbar ist.

Abb. 9.21 zeigt ein mit Hilfe der Monte-Carlo-Methode behandeltes ebenes Dirichlet'sches Randwertproblem.

Anhang

10

10.1 Elektromagnetische Feldtheorie und Photonenruhmasse

10.1.1 Einleitung

Die Maxwell'schen Gleichungen stellen eine wesentliche Grundlage der Naturwissen-schaften und Technik dar. So ist es selbstverständlich, dass man sie immer wieder in Frage stellt und diskutiert, ob sie im Lichte neuer Erkenntnisse modifiziert werden müssen oder weiter Geltung beanspruchen dürfen. Darüber hinaus führen solche Fragen zu einem ver-tieften Verständnis der Voraussetzungen und Eigenarten der uns geläufigen Theorien, die oft allzu selbstverständlich hingenommen werden. Schließlich machen sie deutlich, dass die elektromagnetische Feldtheorie kein isoliertes Wissensgebiet ist, sondern eng mit der gesamten Naturwissenschaft verknüpft ist.

So mag es auf den ersten Blick merkwürdig erscheinen, dass die Frage der exakten Gültigkeit des Coulomb'schen Gesetzes der Elektrostatik mit der Frage zusammenhängt, ob die Ruhmasse des Lichtquants exakt verschwindet oder nicht. Dieser Frage und ihren Auswirkungen auf die elektromagnetische Feldtheorie soll dieser Anhang gewidmet sein.

Beginnen wir mit dem Energiesatz der klassischen Mechanik. Er besagt, dass die Ge-samtenergie W eines Teilchens konstant ist:

$$W = \frac{1}{2}mv^2 + U = \frac{p^2}{2m} + U = \text{const}. \tag{10.1}$$

$\frac{1}{2}mv^2 = (p^2/2m)$ ist die kinetische, U die potentielle Energie eines Teilchens, das sich in einem „konservativen" Kraftfeld bewegt, wenn m seine Masse, v seine Geschwindigkeit und p sein Impuls ist. In der Quantenmechanik werden die physikalischen Größen durch Operatoren ersetzt, und aus dem Energiesatz wird die Schrödinger-Gleichung.

$$W \Rightarrow i\hbar\frac{\partial}{\partial t}: \quad \text{Operator der Gesamtenergie} \tag{10.2}$$

© Springer-Verlag GmbH Deutschland, ein Teil von Springer Nature 2021
G. Lehner, S. Kurz, *Elektromagnetische Feldtheorie*,
https://doi.org/10.1007/978-3-662-63069-3_10

$$\mathbf{p} \Rightarrow -i\hbar\nabla : \quad \text{Operator des Impulses} \tag{10.3}$$

$$\frac{p^2}{2m} \Rightarrow -\frac{\hbar^2\nabla^2}{2m} = -\frac{\hbar^2}{2m}\Delta : \quad \text{Operator der kinetischen Energie} \tag{10.4}$$

bzw.

$$i\hbar\frac{\partial}{\partial t} = -\frac{\hbar}{2m}\Delta + U . \tag{10.5}$$

Gleichung (10.5) ist der Energiesatz in Operatorform. Angewandt auf eine Funktion ψ erhält man so die Schrödinger-Gleichung,

$$i\hbar\frac{\partial\psi}{\partial t} = -\frac{\hbar^2}{2m}\Delta\psi + U\psi . \tag{10.6}$$

Für schnelle („relativistische") Teilchen gilt – wenn m_0 die Ruhmasse ist – :

$$W^2 = c^2p^2 + m_0^2c^4 \tag{10.7}$$

Die zugehörige Wellengleichung, sozusagen die relativistische Schrödinger-Gleichung, die sog. „Klein-Gordon-Gleichung", erhält man daraus ebenso wie oben die Schrödinger-Gleichung (10.6):

$$\left(i\hbar\frac{\partial}{\partial t}\right)^2 = c^2(i\hbar\nabla)^2 + m_0^2c^4 ,$$

bzw.

$$-\hbar^2\frac{\partial^2\psi}{\partial t^2} = -c^2\hbar^2\Delta\psi + m_0^2c^4\psi ,$$

$$\Delta\psi - \frac{1}{c^2}\frac{\partial^2\psi}{\partial t^2} - \left(\frac{m_0c}{\hbar}\right)^2 = 0 . \tag{10.8}$$

Für $m_0 = 0$ (also z. B. für Photonen, wenn diese den üblichen Annahmen entsprechend keine Ruhmasse haben) ist

$$\Delta\psi - \frac{1}{c^2}\frac{\partial^2\psi}{\partial t^2} = 0 . \tag{10.9}$$

Wir erhalten so die aus der klassischen elektromagnetischen Feldtheorie bekannte Wellengleichung. Sie ist als Spezialfall der Klein-Gordon-Gleichung (10.8) zu betrachten, und umgekehrt ist diese eine Verallgemeinerung der Wellengleichung für Teilchen, deren Ruhmasse nicht verschwindet. Einschränkend muss dazu gesagt werden, dass das für Teilchen mit ganzzahligem Spin gilt (Bosonen), nicht jedoch für solche mit halbzahligem Spin (Fermionen). Für Fermionen gilt eine andere, auf die Klein-Gordon-Gleichung zurückführbare Gleichung, die Dirac-Gleichung. Sie soll hier nicht diskutiert werden.

Mit der Abkürzung

$$\kappa = \frac{m_0 c}{\hbar} = \frac{2\pi}{\lambda_c} \tag{10.10}$$

lautet die zeitunabhängige Klein-Gordon-Gleichung

$$\Delta \psi - \kappa^2 \psi = 0 . \tag{10.11}$$

Ihre einfachste kugelsymmetrische Lösung ist das sogenannte Yukawa-Potential

$$\psi = \frac{C}{r} \exp(-\kappa r) . \tag{10.12}$$

λ_c ist die Compton-Wellenlänge.

Mit dem radialen Teil des Laplace-Operators,

$$\Delta = \frac{1}{r^2} \frac{\partial}{\partial r} r^2 \frac{\partial}{\partial r} , \tag{10.13}$$

kann man das leicht durch Einsetzen beweisen. Yukawa hat das nach ihm benannte Potential in die Theorie der Kernkräfte eingeführt. Er hat aus deren kleiner Reichweite auf die Existenz eines Kernfeldes geschlossen, dessen Quanten eine Ruhmasse $m_0 \approx 200 m_e$ (m_e ist die Elektronenmasse) haben. Er nannte diese Teilchen Mesonen. Das war eine geniale Vorhersage. Die von ihm gemeinten Teilchen sind heute (nach einer anfänglichen Verwechslung mit den μ-Mesonen) als π- Mesonen bekannt.

All das gilt im Prinzip auch für Photonen. Sollten diese eine (wenn auch noch so kleine) von 0 verschiedene Ruhmasse haben, so wäre das Potential einer elektrischen Punktladung Q nicht das Coulomb-Potential

$$\varphi = \frac{Q}{4\pi \varepsilon_0 r} , \tag{10.14}$$

sondern das Yukawa-Potential

$$\varphi = \frac{Q}{4\pi \varepsilon_0 r} \exp(-\kappa r) . \tag{10.15}$$

Als Folge davon wären die Maxwell'schen Gleichungen nicht unerheblich abzuändern.

Das Yukawa-Potential hat nichts mit dem formal gleichartigen, in der klassischen Feldtheorie bekannten Debye-Hückel-Potential zu tun:

$$\varphi = \frac{Q}{4\pi \varepsilon_0 r} \exp\left(-\frac{r}{d}\right) . \tag{10.16}$$

Dieses beruht auf der klassischen Feldtheorie. Der exponentielle Abfall rührt nicht von der Ladung Q her, sondern von Raumladungen entgegensetzten Vorzeichens, die kugelsymmetrisch verteilt das Feld der Ladung Q mit zunehmender Entfernung mehr und

Abb. 10.1 a Coulomb-Feld,
b Yukawa-Feld

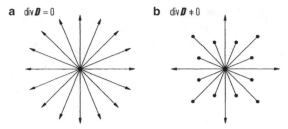

mehr abschirmen (weshalb es auch als abgeschirmtes Coulombpotential bezeichnet wird,
Abschn. 2.3.2).

Aus dem Coulomb-Potential ergibt sich

$$\text{div}\,\mathbf{D} = \rho \; . \tag{10.17}$$

Für Photonen mit $m_0 \neq 0$, d. h. für $\kappa \neq 0$, ergibt sich aus dem Yukawa-Potential

$$\text{div}\,\mathbf{D} = \rho - \varepsilon_0 \kappa^2 \varphi \; . \tag{10.18}$$

Abb. 10.1a zeigt das Coulomb-Feld, Abb. 10.1b das Yukawa-Feld. Beim Coulomb-Feld
laufen alle Feldlinien ins Unendliche. Beim Yukawa-Feld nimmt die Zahl der Kraftlinien
nach außen immer weiter ab, obwohl dort keine Ladungen vorhanden sind (wie dies bei
dem ebenso aussehenden Debye-Hückel-Feld der Fall wäre).

Wenn das so ist, dann muss auch die Maxwell'sche Gleichung

$$\text{rot}\,\mathbf{H} = \mathbf{g} + \frac{\partial \mathbf{D}}{\partial t} \tag{10.19}$$

modifiziert werden, da man sonst mit dem Prinzip der Ladungserhaltung in Konflikt
kommt. Führt man das Vektorpotential $\mathbf{A}$ ein, mit dem nach (7.184)

$$\mathbf{B} = \text{rot}\,\mathbf{A} \tag{10.20}$$

ist, und verwendet man die Lorenz-Eichung (7.187),

$$\text{div}\,\mathbf{A} + \mu_0 \varepsilon_0 \frac{\partial \varphi}{\partial t} = 0 \; , \tag{10.21}$$

so findet man statt (10.19) nun

$$\text{rot}\,\mathbf{H} = \mathbf{g} + \frac{\partial \mathbf{D}}{\partial t} - \frac{\kappa^2}{\mu_0}\mathbf{A} \; . \tag{10.22}$$

Man kann leicht sehen, dass damit die Ladungserhaltung gegeben ist. Durch Divergenzbildung entsteht aus (10.22)

$$\text{div}\,\text{rot}\,\mathbf{H} = \text{div}\,\mathbf{g} + \frac{\partial}{\partial t}\text{div}\,\mathbf{D} - \frac{\kappa^2}{\mu_0}\text{div}\,\mathbf{A} = 0$$

und mit (10.18), (10.21) ist dann

$$\text{div}\,\mathbf{g} + \frac{\partial}{\partial t}(\rho - \varepsilon_0\kappa^2\varphi) - \frac{\kappa^2}{\mu_0}\cdot\left(-\mu_0\varepsilon_0\frac{\partial\varphi}{\partial t}\right) = 0\,,$$

d. h.

$$\text{div}\,\mathbf{g} + \frac{\partial\rho}{\partial t} = 0\,.$$

Die übrigen Maxwell'schen Gleichungen bleiben unverändert, d. h. man erhält das folgende Gleichungssystem, die sog. *Proca-Gleichungen*:

$$\text{rot}\,\mathbf{E} = -\frac{\partial\mathbf{B}}{\partial t}\,, \tag{10.23}$$

$$\text{rot}\,\mathbf{H} = \mathbf{g} + \frac{\partial\mathbf{D}}{\partial t} - \frac{\kappa^2}{\mu_0}\mathbf{A}\,, \tag{10.24}$$

$$\text{div}\,\mathbf{D} = \rho - \varepsilon_0\kappa^2\varphi\,, \tag{10.25}$$

$$\text{div}\,\mathbf{B} = 0\,. \tag{10.26}$$

Für $\kappa = 0$ entstehen daraus natürlich wieder die Maxwell'schen Gleichungen.

Zunächst ist an den Proca-Gleichungen bemerkenswert, dass sie neben den Feldern $\mathbf{E}, \mathbf{D}, \mathbf{B}, \mathbf{H}$, Raumladungen ρ und Stromdichten $\mathbf{g}$ auch die Potentiale $\mathbf{A}$ und φ enthalten. Sie sind damit im Rahmen dieser Theorie (d. h. bei endlicher Photonenmasse) keineswegs nachträglich eingeführte Hilfsgrößen, sondern echte, nicht eliminierbare Feldgrößen. Am Rande sei hier bemerkt: Sie sind es letzten Endes auch in der Maxwell'schen Theorie, wie der Versuch von Bohm und Aharonov zeigt (s. Kap. 10.3).

Die Gleichungen (10.23) bis (10.26) haben zur Folge, dass die Potentiale auch im Poynting'schen Satz vorkommen, den man in seiner verallgemeinerten Form aus diesen Gleichungen gewinnt:

$$\text{div}\left(\mathbf{E}\times\mathbf{H} + \frac{\kappa^2}{\mu_0}\varphi\mathbf{A}\right) + \frac{\partial}{\partial t}\left[\frac{B^2}{2\mu_0} + \frac{\varepsilon_0 E^2}{2} + \kappa^2\left(\frac{\varepsilon_0\varphi^2}{2} + \frac{A^2}{2\mu_0}\right)\right] = -\mathbf{E}\cdot\mathbf{g} \tag{10.27}$$

Mit

$$\mathbf{S} = \mathbf{E}\times\mathbf{H} + \frac{\kappa^2}{\mu_0}\varphi\mathbf{A} \tag{10.28}$$

und

$$w = \frac{B^2}{2\mu_0} + \frac{\varepsilon_0 E^2}{2} + \kappa^2\left(\frac{\varepsilon_0\varphi^2}{2} + \frac{A^2}{2\mu_0}\right) \tag{10.29}$$

gilt also

$$\text{div}\,\mathbf{S} + \frac{\partial w}{\partial t} = -\mathbf{E}\cdot\mathbf{g}\,. \tag{10.30}$$

Sowohl im Poynting-Vektor **S** wie auch in der Energiedichte kommen zusätzliche Glieder mit den Potentialen φ und **A** vor. Für $\kappa = 0$ ergeben sich natürlich die klassischen Beziehungen, wie wir sie in Abschn. 2.14 diskutiert haben.

Mit den Beziehungen

$$\mathbf{E} = -\operatorname{grad}\varphi - \frac{\partial\mathbf{A}}{\partial t} \tag{10.31}$$

und

$$\mathbf{B} = \operatorname{rot}\mathbf{A} \tag{10.32}$$

ergeben sich aus den Proca-Gleichungen die inhomogenen Wellengleichungen in folgender Form

$$\Delta\varphi - \frac{1}{c^2}\frac{\partial^2\varphi}{\partial t^2} - \kappa^2\varphi = -\frac{\rho}{\varepsilon_0}\,, \tag{10.33}$$

$$\Delta\mathbf{A} - \frac{1}{c^2}\frac{\partial^2\mathbf{A}}{\partial t^2} - \kappa^2\mathbf{A} = -\mu_0\mathbf{g}\,. \tag{10.34}$$

Sie unterscheiden sich von denen der klassischen Theorie durch die zusätzlichen Glieder $-\kappa^2\varphi$ und $-\kappa^2\mathbf{A}$. Im statischen Fall gilt dann für φ

$$\Delta\varphi - \kappa^2\varphi = -\frac{\rho_0}{\varepsilon_0}\,, \tag{10.35}$$

woraus sich im Fall einer Punktladung,

$$\rho = Q\delta(\mathbf{r})\,, \tag{10.36}$$

das Yukawa-Potential ergibt,

$$\varphi = \frac{Q}{4\pi\varepsilon_0 r}\exp(-\kappa r)\,, \tag{10.37}$$

von dem wir ausgegangen sind. Für eine beliebige Verteilung von Raumladungen $\rho(\mathbf{r})$ ergibt sich

$$\varphi = \int\frac{\rho(\mathbf{r}')}{4\pi\varepsilon_0|\mathbf{r}-\mathbf{r}'|}\cdot\exp[-\kappa|\mathbf{r}-\mathbf{r}'|]\,\mathrm{d}\tau' \tag{10.38}$$

statt der klassischen Beziehung (2.20)

$$\varphi = \int\frac{\rho(\mathbf{r}')}{4\pi\varepsilon_0|\mathbf{r}-\mathbf{r}'|}\,\mathrm{d}\tau'\,, \tag{10.39}$$

die sich hier als Spezialfall für $\kappa = 0$ ergibt.

All das hat für die Feldtheorie sehr ungewöhnliche Konsequenzen, die man an verschiedenen einfachen Beispielen demonstrieren kann. Darüber hinaus kann man diese Konsequenzen mit experimentellen Ergebnissen vergleichen, um daraus Erkenntnisse über die Natur der Lichtquanten zu gewinnen.

10.1.2   Beispiele

10.1.2.1   Gleichmäßig geladene Kugeloberfläche

Betrachten wir zunächst ein einfaches elektrostatisches Problem, das Feld einer gleichmäßig geladenen Kugeloberfläche. Die Lösung sei einfach angegeben und nicht abgeleitet. Es ist leicht, nachzuprüfen, dass es sich um die richtige Lösung handelt. Man erhält rein radiale Felder mit den Feldstärken (Abb. 10.2)

$$E_{ir} = \frac{(\kappa r_0)\sigma_0}{\varepsilon_0} \exp(-\kappa r_0) \frac{\kappa r \cosh(\kappa r) - \sinh(\kappa r)}{(\kappa r)^2} \ , \qquad (10.40)$$

$$E_{ar} = \frac{(\kappa r_0)\sigma_0}{\varepsilon_0} \sinh(\kappa r_0) \exp(-\kappa r) \frac{1 + \kappa r}{(\kappa r)^2} \ , \qquad (10.41)$$

bzw. mit den Potentialen

$$\varphi_i = \frac{r_0 \sigma_0}{\varepsilon_0} \cdot \frac{\exp(-\kappa r_0) \sinh(\kappa r)}{\kappa r} \ , \qquad (10.42)$$

$$\varphi_a = \frac{r_0 \sigma_0}{\varepsilon_0} \cdot \frac{\exp(-\kappa r) \sinh(\kappa r_0)}{\kappa r} \ . \qquad (10.43)$$

Ungewöhnlich daran ist, dass φ_i nicht konstant und deshalb $E_i \neq 0$ ist. Im Grunde ist das natürlich klar. Es ist eine einzigartige Eigenschaft des Coulomb-Feldes, d. h. des quadratischen Abstandsgesetzes, dass im Inneren einer gleichmäßig geladenen Kugeloberfläche keine Kräfte auftreten (dasselbe gilt auch im Fall der Gravitation). Jedes andere Feldgesetz führt nicht zu verschwindenden Kräften. Dies ist leicht einzusehen (Abb. 10.3). Die Su-

Abb. 10.2 Im Inneren einer Kugel mit konstanter Oberflächenladung verschwindet das elektrische Feld nicht

Abb. 10.3 Nur im Fall des Coulomb-Feldes verschwindet das Feld im Inneren bei konstanter Oberflächenladung

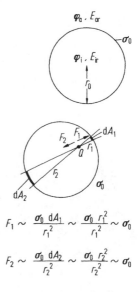

$$F_1 \sim \frac{\sigma_0 \, dA_1}{r_1^2} \sim \frac{\sigma_0 \, r_1^2}{r_1^2} \sim \sigma_0$$

$$F_2 \sim \frac{\sigma_0 \, dA_2}{r_2^2} \sim \frac{\sigma_0 \, r_2^2}{r_2^2} \sim \sigma_0$$

che nach einem Feld $E_i \neq 0$ im Inneren einer gleichmäßig geladenen Kugel stellt deshalb auch eine der ältesten Methoden zur Überprüfung des Coulomb'schen Gesetzes dar. Aus heutiger Sicht kann man sie als Versuche zur Messung der Ruhmasse des Lichtquantes interpretieren.

Nun sei ein weiteres elektrostatisches Problem betrachtet, das Feld und die Kapazität eines idealen Plattenkondensators.

10.1.2.2   Der ebene Kondensator und seine Kapazität

Entsprechend Abb. 10.4 unterscheiden wir 5 Gebiete, die durch die Indices 1 bis 5 gekenn-zeichnet sind, die Gebiete außerhalb des Kondensators (1, 5), die Gebiete der leitfähigen Platten (2, 4) und das Gebiet zwischen den Platten (3). Die Potentiale sind

$$\varphi_1 = -\frac{U}{2}\exp[\kappa(z+b)]\,, \tag{10.44}$$

$$\varphi_2 = -\frac{U}{2}\,, \tag{10.45}$$

$$\varphi_3 = +\frac{U}{2}\frac{\sinh[\kappa z]}{\sinh[\kappa a]}\,, \tag{10.46}$$

$$\varphi_4 = +\frac{U}{2}\,, \tag{10.47}$$

$$\varphi_5 = +\frac{U}{2}\exp[-\kappa(z-b)]\,, \tag{10.48}$$

wenn U die Ladespannung ist. Man kann leicht nachprüfen, dass (10.11) und alle erfor-derlichen Randbedingungen erfüllt sind. Das Ergebnis ist in mehrfacher Hinsicht unge-wöhnlich:

a) φ_1 und φ_5 sind ortsabhängig, d. h. in den Gebieten 1 und 5 sind nicht verschwindende elektrische Felder vorhanden.

b) In den Platten herrscht kein Feld, und das Potential ist konstant. Gerade deshalb jedoch sind dazu Raumladungen erforderlich, die sich aus (10.25) ergeben:

$$\rho = \rho_0 = \varepsilon_0\kappa^2\varphi = \pm\frac{\varepsilon_0\kappa^2 U}{2}\,. \tag{10.49}$$

Abb. 10.4 Zur Kapazität eines ebenen Kondensators

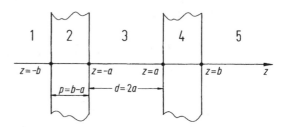

c) Sowohl bei $z = \pm a$ wie auch bei $z = \pm b$ hat das Potential unstetige Gradienten, d. h. das elektrische Feld ist unstetig, und man hat sowohl an den inneren wie auch an den äußeren Oberflächen Flächenladungen, nämlich

$$\sigma_{\pm a} = \pm \frac{\varepsilon_0 \kappa U}{2} \coth\left(\frac{\kappa d}{2}\right),\tag{10.50}$$

$$\sigma_{\pm b} = \pm \frac{\varepsilon_0 \kappa U}{2}.\tag{10.51}$$

Aus dem Gesagten ergibt sich die Kapazität

$$
\begin{aligned}
C = \frac{Q}{U} &= \frac{A\left[\frac{\varepsilon_0 \kappa U}{2} + \frac{\varepsilon_0 \kappa U}{2}\coth\left(\frac{\kappa d}{2}\right) + d\frac{\varepsilon_0 \kappa^2 U}{2}\right]}{U} \\
&= C_0 \cdot \frac{\kappa d}{2}\left[1 + d\kappa + \coth\left(\frac{\kappa d}{2}\right)\right],
\end{aligned}
\tag{10.52}
$$

wo

$$C_0 = \frac{\varepsilon_0 A}{d}\tag{10.53}$$

die klassische Kapazität und A die Plattenfläche des Kondensators ist. Für $\kappa = 0$ geht $\coth(\kappa d/2) \Rightarrow 1/(\kappa d/2)$ und $C \Rightarrow C_0$. Man bekommt dasselbe Ergebnis für die Kapazität, wenn man die Gesamtenergie in allen 5 Gebieten nach (10.29) berechnet und addiert:

$$\frac{1}{2}CU^2 = W_1 + W_2 + W_3 + W_4 + W_5 = 2W_1 + 2W_2 + W_3,\tag{10.54}$$

da

$$W_1 = W_5\tag{10.55}$$

und

$$W_2 = W_4\tag{10.56}$$

Man sieht schon an diesem einfachen Beispiel, dass man sich von gewohnten Vorstellungen trennen muss.

10.1.2.3 Der ideale elektrische Dipol

Als weiteres Beispiel soll das Feld eines elektrischen Punktdipols p betrachtet werden, der sich am Ursprung befindet und in die positive z-Richtung weist.

Dafür erhält man

$$\varphi = \frac{p\cos\theta}{4\pi\varepsilon_0 r^2}(1 + \kappa r)\exp(-\kappa r)\tag{10.57}$$

mit dem Feld

$$E_r = \frac{p\cos\theta}{4\pi\varepsilon_0 r^3}(2 + 2\kappa r + \kappa^2 r^2)\exp(-\kappa r),\tag{10.58}$$

$$E_\theta = \frac{p \sin \theta}{4\pi \varepsilon_0 r^3} (1 + \kappa r) \exp(-\kappa r) \,, \tag{10.59}$$

$$E_\varphi = 0 \,. \tag{10.60}$$

Selbstverständlich ergibt sich für $\kappa = 0$ das klassische Resultat (Abschn. 2.5), (2.60),

$$\varphi = \frac{p \cos \theta}{4\pi \varepsilon_0 r^2} \,. \tag{10.61}$$

10.1.2.4   Der ideale magnetische Dipol

Hat man einen magnetischen Dipol m (am Ursprung und in der positiven z-Richtung orientiert), so ergibt sich dafür das Vektorpotential (in Kugelkoordinaten)

$$\mathbf{A} = (0, 0, A_\varphi) \tag{10.62}$$

mit

$$A_\varphi = \frac{m \sin \theta}{4\pi r^2} (1 + \kappa r) \exp(-\kappa r) \tag{10.63}$$

und

$$B_r = \frac{m \cos \theta}{4\pi r^3} (2 + 2\kappa r) \exp(-\kappa r) \,, \tag{10.64}$$

$$B_\theta = \frac{m \sin \theta}{4\pi r^3} (1 + \kappa r + \kappa^2 r^2) \exp(-\kappa r) \,, \tag{10.65}$$

$$B_\varphi = 0 \,. \tag{10.66}$$

Im klassischen Fall ($\kappa = 0$) kann das magnetische Dipolfeld außerhalb des Ursprungs auch als Gradient eines magnetischen skalaren Potentials gewonnen werden, Gleichung (5.55),

$$\psi = \frac{m \cos \theta}{4\pi \mu_0 r^2} \,. \tag{10.67}$$

Es hat dieselbe Form wie das klassische Potential des elektrischen Dipols, (10.61). Daraus ergibt sich ein magnetisches Dipolfeld, das dieselbe Form wie das elektrische Dipolfeld hat. Die beiden Felder können formal nicht unterschieden werden. Für $\kappa \neq 0$ ist das nicht mehr so. Die beiden Dipolfelder, (10.58) bis (10.60) und (10.64) bis (10.66), haben unterschiedliche Formen. Das muss so sein, weil wegen (10.24) das magnetische Dipolfeld auch im statischen Fall nicht wirbelfrei ist:

$$\operatorname{rot} \mathbf{H} = -\frac{\kappa^2}{\mu_0} \mathbf{A} \,. \tag{10.68}$$

Es kann deshalb nicht aus einem skalaren Potential gewonnen werden. Gleichung (10.68) gilt für alle magnetostatischen Felder in stromfreien Gebieten.

Das magnetische Dipolfeld kann in folgender Weise geschrieben werden:

$$\mathbf{B} = \mathbf{B}_1 + \mathbf{B}_2 \qquad (10.69)$$

mit

$$B_{1r} = \frac{m}{4\pi} \cdot \frac{2\cos\theta}{r^3}\left(1 + \kappa r + \frac{\kappa^2 r^2}{3}\right)\exp(-\kappa r), \qquad (10.70)$$

$$B_{1\theta} = \frac{m}{4\pi} \cdot \frac{\sin\theta}{r^3}\left(1 + \kappa r + \frac{\kappa^2 r^2}{3}\right)\exp(-\kappa r), \qquad (10.71)$$

$$B_{1\varphi} = 0 \qquad (10.72)$$

und

$$B_{2r} = -\frac{m}{4\pi} \cdot \frac{\cos\theta}{r^3} \cdot \frac{2}{3}\kappa^2 r^2 \exp(-\kappa r), \qquad (10.73)$$

$$B_{2\theta} = +\frac{m}{4\pi} \cdot \frac{\sin\theta}{r^3} \cdot \frac{2}{3}\kappa^2 r^2 \exp(-\kappa r), \qquad (10.74)$$

$$B_{2\varphi} = 0. \qquad (10.75)$$

Auf einer Kugeloberfläche mit festem Radius r zeigt der eine Feldanteil, $\mathbf{B}_1$, das Verhalten eines klassischen Dipolfeldes, wobei das Dipolmoment um den Faktor $(1 + \kappa r + \frac{1}{3}\kappa^2 r^2)\exp(-\kappa r)$ verändert erscheint. Das Zusatzfeld $\mathbf{B}_2$ hat überall auf der Kugeloberfläche denselben Betrag und hat dort nur eine achsenparallele Komponente,

$$B_{2z} = -\frac{m}{4\pi r^3} \cdot \frac{2\kappa^2 r^2}{3}\exp(-\kappa r). \qquad (10.76)$$

Auf diese Tatsache werden wir noch zurückkommen.

10.1.2.5 Ebene Wellen

Interessant sind auch die Fragen der Wellenausbreitung. Auch hier gibt es erhebliche Unterschiede zur klassischen Theorie. Wir wollen nur ebene Wellen im unendlichen homogenen Raum ohne Ströme und Ladungen betrachten. Dann ergibt sich aus (10.33) und (10.34)

$$\Delta\varphi = \frac{1}{c^2}\frac{\partial^2 \varphi}{\partial t^2} - \kappa^2\varphi = 0, \qquad (10.77)$$

$$\Delta\mathbf{A} = \frac{1}{c^2}\frac{\partial^2 \mathbf{A}}{\partial t^2} - \kappa^2\mathbf{A} = 0. \qquad (10.78)$$

Für ebene Wellen, die sich in z-Richtung ausbreiten, gilt

$$\varphi = \varphi_0 \exp[i(\omega t - kz)], \qquad (10.79)$$

$$\mathbf{A} = \mathbf{A}_0 \exp[i(\omega t - kz)]. \qquad (10.80)$$

Setzt man dies in die Wellengleichungen (10.77), (10.78) ein, so erhält man die Dispersionsbeziehung

$$(-ik)^2 - \frac{1}{c^2}(i\omega)^2 - \kappa^2 = 0$$

bzw.

$$\frac{\omega^2}{c^2} = k^2 + \kappa^2 \ . \tag{10.81}$$

Rein formal hat sie dieselbe Form wie z. B. die von Plasmawellen:

$$\frac{\omega^2}{c^2} = k^2 + \frac{\omega_p^2}{c^2} \left(\omega_p^2 = \frac{ne^2}{\varepsilon_0 m_e} \right) . \tag{10.82}$$

Die Gründe sind aber völlig verschiedener Natur. Wegen der Lorenz-Eichung, (10.21), gilt

$$\varphi = \frac{\omega k A_{0z}}{k^2 + \kappa^2} \exp[i(\omega t - kz)] \tag{10.83}$$

und man erhält die folgenden Felder:

$$B_x = +ik A_{0y} \exp[i(\omega t - kz)] \ , \tag{10.84}$$
$$B_y = -ik A_{0x} \exp[i(\omega t - kz)] \ , \tag{10.85}$$
$$B_z = 0 \tag{10.86}$$

und

$$E_x = -i\omega A_{0x} \exp[i(\omega t - kz)] \ , \tag{10.87}$$
$$E_y = -i\omega A_{0y} \exp[i(\omega t - kz)] \ , \tag{10.88}$$
$$E_z = -i\frac{\omega \kappa^2}{k^2 + \kappa^2} A_{0z} \exp[i(\omega t - kz)] \ . \tag{10.89}$$

Das ist ein bemerkenswertes Resultat. Wir erhalten nämlich drei (statt klassische zwei) unabhängige Lösungen.

a) Ist nur $A_{0x} \neq 0$, so erhalten wir eine linear polarisierte TEM-Welle (mit E_x und B_y) wie in der klassischen Theorie.

b) Ist nur $A_{0y} \neq 0$, so erhalten wir eine zweite linear polarisierte TEM-Welle (mit E_y und B_x) wie in der klassischen Theorie.

c) Ist nur $A_{0z} \neq 0$, so hat die Welle ein elektrisches Feld in Ausbreitungsrichtung und kein Magnetfeld. Es handelt sich also um eine longitudinale Welle, die es in dieser Form in der klassischen Theorie nicht gibt. In der klassischen Theorie sind longitudinale Wellen nur möglich, wenn Raumladungen vorhanden sind.

Klassisch ist

$$\operatorname{div} \mathbf{D} = \rho \, ,$$

und mit $\rho = 0$ gilt dann

$$\operatorname{div} \mathbf{D} = 0 \, .$$

Für eine ebene Welle

$$\mathbf{D} = \mathbf{D}_0 \exp[\mathrm{i}(\omega t - \mathbf{k} \cdot \mathbf{r})]$$

ist also

$$\operatorname{div} \mathbf{D} = -\mathrm{i}\mathbf{k} \cdot \mathbf{D} = 0 \, ,$$

d. h. $\mathbf{k}$ und $\mathbf{D}$ stehen senkrecht aufeinander. Ebenso ergibt sich für das Magnetfeld einer ebenen Welle wegen

$$\operatorname{div} \mathbf{B} = 0$$

$$\mathbf{k} \cdot \mathbf{B} = 0 \, .$$

Für $\kappa \neq 0$ jedoch ist das wegen (10.25) nicht mehr so. Jetzt gilt für $\rho = 0$

$$\operatorname{div} \mathbf{D} = -\varepsilon_0 \kappa^2 \varphi \, ,$$

womit auch longitudinale Wellen möglich sind.

Auch die Dispersionsbeziehung, (10.81), hat ungewöhnliche Konsequenzen. Als Phasengeschwindigkeit erhält man

$$v_{\mathrm{ph}} = \frac{\omega}{k} = \frac{\omega}{\sqrt{\frac{\omega^2}{c^2} - \kappa^2}} = \frac{c}{\sqrt{1 - \frac{\kappa^2 c^2}{\omega^2}}} \geq c \, . \tag{10.90}$$

Für die Gruppengeschwindigkeit dagegen ergibt sich

$$v_G = \frac{\mathrm{d}\omega}{\mathrm{d}k} = \frac{1}{\frac{\mathrm{d}k}{\mathrm{d}\omega}} = c\sqrt{1 - \frac{\kappa^2 c^2}{\omega^2}} \leq c \, . \tag{10.91}$$

Weiter ist

$$v_G \cdot v_{\mathrm{ph}} = c^2 \, . \tag{10.92}$$

Anders als im klassischen Fall tritt jetzt auch bei ebenen Wellen in verlustfreien homogenen Medien (z. B. also auch im Vakuum) eine Dispersion auf, und außerdem ist nicht mehr $v_G = v_{\mathrm{ph}}$. Ein weiterer wichtiger Punkt ist, dass die Frequenzen nicht beliebig klein werden können. Für $k = 0$ erhält man als kleinstmögliche Frequenz (Grenzfrequenz)

$$\omega_G = c\kappa = \frac{m_0 c^2}{\hbar} \, , \tag{10.93}$$

Abb. 10.5 Die Frequenzen
ebener Wellen können nicht
beliebig klein werden

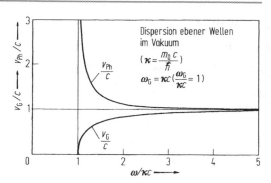

worauf wir noch zurückkommen werden. Diese Zusammenhänge sind in Abb. 10.5 dargestellt. Nach Multiplikation mit $\hbar^2 c^2$ und mit (10.10) kann die Dispersionsbeziehung (10.81) in der Form

$$\hbar^2 \omega^2 = c^2 (\hbar^2 k^2 + m_0^2 c^2) \tag{10.94}$$

geschrieben werden. Nun ist die Energie eines Lichtquants

$$W = \hbar \omega \tag{10.95}$$

und sein Impuls

$$\mathbf{p} = \hbar \mathbf{k} , \tag{10.96}$$

d. h. wir erhalten

$$W^2 = c^2 p^2 + m_0^2 c^4 , \tag{10.97}$$

das ist nichts anderes als die relativistische Energie eines Teilchens mit dem Impuls p, von der wir ausgegangen sind, Gleichung (10.7).

Die Wellengleichung ist im Grunde nichts anderes als der Energiesatz, weshalb die daraus folgende Dispersionsbeziehung wieder den Energiesatz liefert. Dies gilt auch im klassischen Fall, $\kappa = 0$. Dann ist

$$\omega = ck ,$$
$$\hbar \omega = c \hbar k ,$$
$$W = cp .$$

Wir wollen die Zahl der Beispiele nicht weiter vergrößern. Es hat sich gezeigt, dass in der vorliegenden Theorie viele aus der klassischen Feldtheorie kommenden Vorstellungen nicht mehr stimmen. Es bleibt die wesentliche Frage, welche Ruhmasse das Lichtquant nun wirklich hat und ob die Maxwell'schen Gleichungen zugunsten der Proca-Gleichungen aufzugeben sind oder nicht. Dazu ist zunächst zu sagen, dass das bis heute nicht klar ist. Alle bisher vorgenommenen Messungen und Interpretationen bekannter elektromagnetischer Phänomene liefern keinen Hinweis auf eine von null verschiedene Ruhmasse

m_0 des Lichtquants. Jede noch so genaue Messung erlaubt in Rahmen ihrer Genauigkeit lediglich die Angabe einer oberen Grenze für diese Ruhmasse m_0. Dies soll abschließend etwas erläutert werden.

10.1.3 Messungen und Schlussfolgerungen

10.1.3.1 Magnetfelder der Erde und des Jupiter

Aus Messungen des Erdmagnetfeldes (darunter Satellitenmessungen) ist bekannt, dass dieses, wenn überhaupt, sehr wenig von dem eines klassischen Dipolfeldes abweicht, Man kann sagen, dass das durch (10.76) gegebene Zusatzfeld $\mathbf{B}_2$ viel kleiner als das Feld $\mathbf{B}_1$, (10.70) bis (10.72), am Äquator ist, und zwar mindestens um den Faktor $4 \cdot 10^{-3}$, d. h.

$$B_2 = \frac{m}{4\pi r^3} \cdot \frac{2\kappa^2 r^2}{3} \exp(-\kappa r) \le 4 \cdot 10^{-3} B_1 \left(\theta = \frac{\pi}{2} \right)$$
$$\approx 4 \cdot 10^{-3} \frac{m}{4\pi r^3} \exp(-\kappa r) \ .$$

Also ist

$$\frac{2}{3}\kappa^2 r^2 \le 4 \cdot 10^{-3}$$

bzw.

$$\kappa = \frac{m_0 c}{\hbar} \le \sqrt{\frac{6 \cdot 10^{-3}}{r}}$$

oder

$$m_0 \le \frac{\sqrt{6 \cdot 10^{-3}}\,\hbar}{rc} \ ,$$

wo r der Erdradius ist. Mit

$$\hbar = \frac{h}{2\pi} = \frac{1}{2\pi} 6{,}6 \cdot 10^{-34}\,\text{Js} \ ,$$
$$r = 6{,}4 \cdot 10^6\,\text{m} \ ,$$
$$c = 3 \cdot 10^8\,\text{m s}^{-1}$$

erhält man

$$m_0 \le 4{,}2 \cdot 10^{-51}\,\text{kg} \ , \tag{10.98}$$

d. h. sollte die Masse m_0 von null verschieden sein, so kann sie dennoch nicht größer als dieser recht kleine Wert sein.

Einen noch kleineren Wert liefert die Auswertung von Satellitenmessungen am Magnetfeld des Jupiter, der bei

$$m_0 \le 8 \cdot 10^{-52}\,\text{kg} \tag{10.99}$$

liegt [41].

10.1.3.2   Schumann-Resonanzen

Nach (10.93) kann die Frequenz elektromagnetischer ebener Wellen in Abhängigkeit von m_0 nicht beliebig klein sein. Man hätte also nach den kleinsten Frequenzen zu suchen, um Grenzen für m_0 anzugeben. Sehr kleine Frequenzen haben natürlich sehr große Wellenlängen zur Folge, was Laboratoriumsexperimente zur Entscheidung dieser Frage ausschließt.

Nun bildet die Erde mit der Untergrenze der Ionosphäre einen sehr großräumigen hohlkugelförmigen Hohlraumresonator, dessen Resonanzfrequenzen unter dem Namen Schumann-Resonanzen bekannt sind. Die kleinste liegt bei etwa 8 Hz. Nimmt man einmal an, (10.93) gelte unverändert auch für Hohlraumresonatoren (was nicht ganz richtig ist, da die Dispersionsbeziehungen für Hohlraumresonatoren von der geometrischen Form des Resonators abhängige Faktoren enthalten), so erhält man

$$\omega_G = c\kappa = \frac{m_0 c^2}{\hbar} \leq 2\pi \cdot 8$$

bzw.

$$m_0 \leq \frac{8h}{c^2} \approx 6 \cdot 10^{-50}\,\text{kg} \ . \tag{10.100}$$

Eine etwas genauere Betrachtung, die den erwähnten Geometriefaktor berücksichtigt [42], liefert eine größere obere Grenze,

$$m_0 \leq 4 \cdot 10^{-49}\,\text{kg} \ . \tag{10.101}$$

Abb. 10.6 Mögliche Werte der Ruhmasse des Lichtquantes nach verschiedenen Methoden

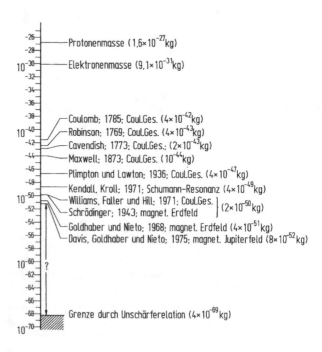

Eine Zusammenfassung verschiedener Werte, die auf verschiedenen Methoden beruhen, ist in Abb. 10.6 gegeben, das auf einem ähnlichen Bild von Goldhaber und Nieto [41] beruht.

10.1.3.3   Grundsätzliche Grenzen – die Unschärferelation

Die Frage nach der Ruhmasse des Lichtquants bedarf noch einer gewissen Relativierung. Streng genommen ist die Frage, ob diese Masse exakt 0 ist oder nicht, gar nicht sinnvoll. Man kann einen Vorgang nur dann als periodisch erkennen, wenn man ihn mindestens über die Dauer einer Periode beobachtet. Zur Photonenruhmasse 0 gehört die Grenzfrequenz 0, und deren Beobachtung erfordert unendlich viel Zeit, während doch z. B. auch das Alter des Weltalls nur endlich ist. Betrachten wir dieses Alter als größtmögliche Beobachtungszeit, so könnten wir bestenfalls finden

$$m_0 \approx \frac{h\nu}{c^2} = \frac{h}{c^2\tau} \, ,$$

wo τ das Alter des Weltalls und $\nu = (1/\tau)$ ist. Dann ist

$$m_0 c^2 \cdot \tau = h$$

oder

$$W\tau = h \, . \tag{10.102}$$

Das ist im Grunde die Heisenberg'sche Unschärferelation. Die Aussage ist, dass es gar keinen Sinn hat, beliebig kleine Massen messen zu wollen. Die kleinste Masse oder Massendifferenz, über die wir sprechen können, ist

$$m_0 = \frac{h}{c^2\tau} = 2{,}33 \cdot 10^{-68} \, \text{kg} \, , \tag{10.103}$$

wobei wir von $\tau = 10^{10} \, a = 3{,}15 \cdot 10^{17} \, \text{s}$ ausgegangen sind. Genauere Messungen von Massen würden Messdauern jenseits des Alters unseres Universums erfordern. Unsere Frage ist also nicht, ob m_0 exakt 0 ist oder nicht. Wenn auch nicht mathematisch, so doch physikalisch ist eine Masse von $10^{-68} \, \text{kg}$ oder kleiner mit der Masse 0 zu identifizieren bzw. von dieser nicht unterscheidbar. Abb. 10.6 zeigt allerdings, dass zwischen dem bisher Erreichten und dieser grundsätzlichen Grenze noch 17 Größenordnungen unerforschten Gebietes liegen. Geht man von der Unschärferelation selbst aus, $\Delta W \cdot \Delta t = \hbar$, so erhält man $m \geq 4 \cdot 10^{-69} \, \text{kg}$, einen um 2π kleineren Wert als oben.

Die Frage, ob die Maxwell'schen Gleichungen nun abzuändern sind oder nicht, ist offen geblieben. Wir können aber nach dieser Überprüfung sehen, dass wir uns im Rahmen der bis heute erreichten Messgenauigkeit den Maxwell'schen Gleichungen nach wie vor beruhigt anvertrauen dürfen. Es ist kein Phänomen bekannt, das durch die Maxwell'schen Gleichungen nicht ausreichend genau beschrieben wird.

10.2   Magnetische Monopole und Maxwell'sche Gleichungen

10.2.1   Einleitung

An den Maxwell'schen Gleichungen (1.77) fällt auf, dass sie ohne Ladungen und Ströme symmetrisch sind, durch Hinzunahme von Ladungen und Strömen jedoch unsymmetrisch werden, Gleichungen (1.72). Das liegt daran, dass es zwar elektrische Ladungen und Ströme, nicht jedoch magnetische Ladungen und Ströme gibt, soweit wir das bisher wissen.

Oder umgekehrt: gäbe es solche, so wären die Gleichungen auch mit Ladungen und Strömen vollkommen symmetrisch. Wenn man sich das vergegenwärtigt, dann ist die Frage, ob es tatsächlich keine magnetischen Ladungen und Ströme gibt, eigentlich nicht zu vermeiden. Woher wissen wir denn, dass es keine gibt? Dazu kann man nur sagen, dass bisher keine entdeckt wurden. Das Symmetrieproblem stellt für sich allein schon einen Anlass zur Suche nach magnetischen Ladungen dar. Es gibt jedoch auch noch andere Argumente. Sie stammen von Dirac und haben diesen in die Lage versetzt, die denkbaren Ladungen eventuell existierender magnetischer Monopole als ganzzahlige Vielfache einer elementaren, magnetischen Ladung (also eines magnetischen Elementarquantums) hypothetisch vorherzusagen. Das Argument von Dirac ist quantenmechanischer Natur und ist eine Folge der Quantisierung des Drehimpulses. Das Dirac'sche magnetische Elementarquantum hängt mit dem elektrischen Elementarquantum,

$$e = 1{,}6 \cdot 10^{-19}\,\mathrm{C}\,,$$

zusammen. Die Existenz von magnetischen Ladungen würde auf diese Weise auch erklären, warum die elektrische Ladung in Quanten auftreten muss. Sowohl magnetische wie auch elektrische Ladungen wären quantisiert, und ihre Quantisierung wäre eine Folge der Quantisierung des Drehimpulses (einer rein mechanischen Größe!). In der Tat hat das Produkt der Dimensionen elektrischer und magnetischer Ladungen die Dimension eines Drehimpulses:

$$F = \frac{Q_e \cdot Q'_e}{4\pi\varepsilon_0 r^2}\,,\qquad \text{(Coulomb'sches Gesetz für elektrische Ladungen)}\,,$$

$$F = \frac{Q_m \cdot Q'_m}{4\pi\mu_0 r^2}\,.\qquad \text{(Coulomb'sches Gesetz für magnetische Ladungen)}\,.$$

Also ist

$$[Q_e \cdot Q_m] = [F\sqrt{\varepsilon_0\mu_0 r^2}] = \left[\mathrm{kg} \cdot \frac{\mathrm{m}}{\mathrm{s}^2} \cdot \frac{\mathrm{s}}{\mathrm{m}} \cdot \mathrm{m}^2\right]$$
$$= \left[\mathrm{kg} \cdot \frac{\mathrm{m}}{\mathrm{s}} \cdot \mathrm{m}\right] = [\text{Drehimpuls}]\,.$$

Nehmen wir einmal an, es gäbe magnetische Ladungen, und fragen wir uns, wie die Maxwell'schen Gleichungen dann auszusehen hätten, so finden wir (wie in Abschn. 1.12

erläutert wurde):

$$- \operatorname{rot} \mathbf{E} = \mathbf{g}_m + \frac{\partial \mathbf{B}}{\partial t} \, , \tag{10.104}$$

$$\operatorname{rot} \mathbf{H} = \mathbf{g}_e + \frac{\partial \mathbf{D}}{\partial t} \, , \tag{10.105}$$

$$\operatorname{div} \mathbf{D} = \rho_e \, , \tag{10.106}$$

$$\operatorname{div} \mathbf{B} = \rho_m \, . \tag{10.107}$$

Neben der elektrischen Ladungsdichte, ρ_e, tritt die magnetische, ρ_m, auf. $\mathbf{B}$ ist nun nicht mehr quellenfrei. Neben der elektrischen Stromdichte, $\mathbf{g}_e$, gibt es auch eine magnetische Stromdichte, $\mathbf{g}_m$. Dass $\mathbf{g}_m$ im Induktionsgesetz, (10.104), auftreten muss, ist eine Folge der Ladungserhaltung, die wir nun sowohl für elektrische wie auch für magnetische Ladungen fordern müssen. Durch Divergenzbildung erhalten wir aus den Gleichungen (10.104), (10.105)

$$- \operatorname{div} \operatorname{rot} \mathbf{E} = 0 = \operatorname{div} \mathbf{g}_m + \frac{\partial}{\partial t} \operatorname{div} \mathbf{B} \, ,$$

$$+ \operatorname{div} \operatorname{rot} \mathbf{H} = 0 = \operatorname{div} \mathbf{g}_e + \frac{\partial}{\partial t} \operatorname{div} \mathbf{D} \, .$$

Daraus ergibt sich mit den Gleichungen (10.106), (10.107)

$$\operatorname{div} \mathbf{g}_m + \frac{\partial \rho_m}{\partial t} = 0 \, , \tag{10.108}$$

$$\operatorname{div} \mathbf{g}_e + \frac{\partial \rho_e}{\partial t} = 0 \, . \tag{10.109}$$

Das sind die Kontinuitätsgleichungen, die die Erhaltung beider Ladungen zum Ausdruck bringen.

Letzte Instanz für alle derartigen Fragen ist natürlich nicht unser Wunsch nach Symmetrie, sondern die Wirklichkeit. Jedenfalls bedarf die Frage nach der eventuellen Existenz von magnetischen Ladungen, von magnetischen „Monopolen", der experimentellen Klärung. Einen anderen Weg kennen die Naturwissenschaften nicht. Wie steht es damit?

Zunächst ist eine begriffliche Klärung erforderlich, die es uns ermöglichen wird, die Frage hinreichend genau und sinnvoll zu stellen. Wir werden nämlich sehen, dass wir unsere Frage sehr genau formulieren müssen, wollen wir uns nicht in einer Scheinproblematik verlieren.

10.2.2 Duale Transformationen

Dazu ist festzustellen, dass in unseren nun verallgemeinerten Maxwell'schen Gleichungen (10.104) bis (10.107) elektrische und magnetische Felder, Ladungen und Ströme überhaupt nicht eindeutig definierbar sind. Gehen wir nämlich von diesen Gleichungen aus und führen wir die folgende *duale Transformation* durch,

$$
\left.
\begin{aligned}
\mathbf{E} &= \mathbf{E}' \cos \xi + \mathbf{H}' \sin \xi \cdot f \\
\mathbf{D} &= \mathbf{D}' \cos \xi + \mathbf{B}' \sin \xi \cdot f^{-1} \\
\mathbf{H} &= -\mathbf{E}' \sin \xi \cdot f^{-1} + \mathbf{H}' \cos \xi \\
\mathbf{B} &= -\mathbf{D}' \sin \xi \cdot f + \mathbf{B}' \cos \xi \\
\rho_e &= \rho_e' \cos \xi + \rho_m' \sin \xi \cdot f^{-1} \quad \text{(analog für } Q_e = \int \rho_e \, d\tau\text{)} \\
\rho_m &= \rho_e' \sin \xi \cdot f + \rho_m' \cos \xi \quad \text{(analog für } Q_m = \int \rho_m \, d\tau\text{)} \\
\mathbf{g}_e &= \mathbf{g}_e' \cos \xi + \mathbf{g}_m' \sin \xi \cdot f^{-1} \\
\mathbf{g}_m &= \mathbf{g}_e' \sin \xi \cdot f + \mathbf{g}_m' \cos \xi
\end{aligned}
\right\}
\qquad (10.110)
$$

(ξ ist ein dimensionsloser Parameter, f ein Faktor mit der Dimension eines Widerstandes), so erhält man als neue Gleichungen für die transformierten Größen ($\mathbf{E}', \mathbf{D}', \mathbf{B}', \mathbf{H}', \rho', \mathbf{g}'$):

$$
-\operatorname{rot} \mathbf{E}' = \mathbf{g}_m' + \frac{\partial \mathbf{B}'}{\partial t} \, , \qquad (10.111)
$$

$$
+\operatorname{rot} \mathbf{H}' = \mathbf{g}_e' + \frac{\partial \mathbf{D}'}{\partial t} \, , \qquad (10.112)
$$

$$
\operatorname{div} \mathbf{D}' = \rho_e' \, , \qquad (10.113)
$$

$$
\operatorname{div} \mathbf{B}' = \rho_m' \, , \qquad (10.114)
$$

d. h. wiederum die Maxwell'schen Gleichungen. ξ ist ein beliebiger Parameter. Es gibt also ein Kontinuum dualer Transformationen, denen gegenüber die Maxwell'schen Gleichungen *invariant* sind. Invariant sind auch sämtliche wichtigen und beobachtbaren anderen Größen, die man aus den Feldern bilden kann, so z. B. die Energiedichten und der Poynting-Vektor:

$$
\mathbf{E} \cdot \mathbf{D} + \mathbf{H} \cdot \mathbf{B} = \mathbf{E}' \cdot \mathbf{D}' + \mathbf{H}' \cdot \mathbf{B}' \, , \qquad (10.115)
$$

$$
\mathbf{E} \times \mathbf{H} = \mathbf{E}' \times \mathbf{H}' \, , \qquad (10.116)
$$

so auch die Beziehungen für die verallgemeinerten Kräfte:

$$
\mathbf{F} = Q_e(\mathbf{E} + \mathbf{v} \times \mathbf{B}) + Q_m(\mathbf{H} - \mathbf{v} \times \mathbf{D}) \, , \qquad (10.117)
$$

$$
\mathbf{F}' = Q_e'(\mathbf{E}' + \mathbf{v} \times \mathbf{B}') + Q_m'(\mathbf{H}' - \mathbf{v} \times \mathbf{D}') \qquad (10.118)
$$

mit

$$
\mathbf{F} = \mathbf{F}' \, . \qquad (10.119)
$$

Q_e und Q_m (bzw. Q_e' und Q_m') sind elektrische bzw. magnetische Ladungen, Volumenintegrale der entsprechenden Dichten ρ_e und ρ_m (bzw. ρ_e' und ρ_m'), die sich genau so transformieren wie diese. Insgesamt kann man sagen, dass es keinerlei Beobachtungen, Messungen, Experimente geben kann, die uns zwingen, das eine oder das andere System von Feldgrößen als das einzig richtige anzunehmen. Das wiederum bedeutet, dass man gar nicht absolut zwischen elektrischen und magnetischen Ladungen unterscheiden kann. Niemand kann uns daran hindern, z. B. einem Elektron nicht auch eine magnetische Ladung zuzuordnen.

Die Transformation (10.110) wird vielleicht verständlicher, wenn wir einige Spezialfälle betrachten.

a) Für $\xi = 0$, $\cos \xi = 1$, $\sin \xi = 0$ erhalten wir:

$$\left.\begin{aligned}
\mathbf{E} &= \mathbf{E}' \\
\mathbf{D} &= \mathbf{D}' \\
\mathbf{H} &= \mathbf{H}' \\
\mathbf{B} &= \mathbf{B}' \\
\rho_e &= \rho_e' \\
\rho_m &= \rho_m' \\
\mathbf{g}_e &= \mathbf{g}_e' \\
\mathbf{g}_m &= \mathbf{g}_m'
\end{aligned}\right\} \tag{10.120}$$

Es passiert also gar nichts. Es handelt sich um die „Einheitstransformation".

b) Für $\xi = \pm(\pi/2)$, $\cos \xi = 0$, $\sin \xi = \pm 1$ erhalten wir:

$$\left.\begin{aligned}
\mathbf{E} &= \pm \mathbf{H}' \cdot f \\
\mathbf{D} &= \pm \mathbf{B}' \cdot f^{-1} \\
\mathbf{H} &= \mp \mathbf{E}' \cdot f^{-1} \\
\mathbf{B} &= \mp \mathbf{D}' \cdot f \\
\rho_e &= \pm \rho_m' \cdot f^{-1} \\
\rho_m &= \mp \rho_e' \cdot f \\
\mathbf{g}_e &= \pm \mathbf{g}_m' \cdot f^{-1} \\
\mathbf{g}_m &= \mp \mathbf{g}_e' \cdot f
\end{aligned}\right\} \tag{10.121}$$

In diesem Fall werden alle magnetischen Größen zu elektrischen Größen und umgekehrt. In genau diesem Sinne ist z. B. das Feld (7.307), (7.308), das Feld des schwingenden magnetischen Dipols, das zum Feld (7.265), (7.266), dem Feld des schwingenden elektrischen Dipols, duale Feld. Ganz allgemein sind duale Transformationen sehr nützlich. Man kann sie dazu benutzen, aus Lösungen der Maxwell'schen Gleichungen weitere Lösungen durch geeignete duale Transformationen zu gewinnen.

c) Für $\xi = \pi$, $\cos \xi = -1$, $\sin \xi = 0$ erhalten wir:

$$\left.\begin{array}{l} \mathbf{E} = -\mathbf{E}' \\ \mathbf{D} = -\mathbf{D}' \\ \mathbf{H} = -\mathbf{H}' \\ \mathbf{B} = -\mathbf{B}' \\ \rho_e = -\rho'_e \\ \rho_m = -\rho'_m \\ \mathbf{g}_e = -\mathbf{g}'_e \\ \mathbf{g}_m = -\mathbf{g}'_m \end{array}\right\} \qquad (10.122)$$

Alle Größen haben jetzt geänderte Vorzeichen. Natürlich können wir, das ist auch anschaulich zu verstehen, alle negativen Ladungen als positive bezeichnen und umgekehrt, wenn wir auch alle Feldstärken ihr Vorzeichen wechseln lassen.

Wir können also feststellen, dass die Maxwell'schen Gleichungen keine absolute Unterscheidung zwischen elektrischen und magnetischen Größen erlauben.

Um das konkreter zu machen, betrachten wir ein hypothetisches Teilchen, das eine elektrische Ladung Q'_e und eine magnetische Ladung Q'_m haben soll. Nun transformieren wir:

$$Q_e = Q'_e \cos \xi + Q'_m \sin \xi \cdot f^{-1} \,, \qquad (10.123)$$
$$Q_m = -Q'_e \sin \xi \cdot f + Q'_m \cos \xi \,, \qquad (10.124)$$

und wählen ξ so, dass $Q_m = 0$ wird, d. h.

$$\tan \xi = \frac{Q'_m}{Q'_e \cdot f} = \frac{\sin \xi}{\cos \xi} \,. \qquad (10.125)$$

Dann ist

$$Q_e \neq 0 \qquad (10.126)$$
$$Q_m = 0 \,. \qquad (10.127)$$

Wir könnten auch

$$\tan \xi = \frac{\sin \xi}{\cos \xi} = -\frac{Q'_e \cdot f}{Q'_m} \qquad (10.128)$$

wählen und erhielten

$$Q_e = 0 \qquad (10.129)$$
$$Q_m \neq 0 \,. \qquad (10.130)$$

Wir können also je nach Geschmack ein und dasselbe Teilchen als nur elektrisch geladen, als nur magnetisch geladen oder auch als elektrisch und magnetisch geladen ansehen. Wir könnten also ohne Weiteres alle uns bekannten Teilchen in Zukunft gemischt elektrisch und magnetisch geladene Teilchen betrachten, und dafür gelten dann die Maxwell'schen Gleichungen in ihrer vollkommen symmetrischen Form. Ist dann die Frage nach der Existenz magnetischer Ladungen mehr als eine unwesentlich Scheinfrage? Sie ist es, allerdings nur dann, wenn man sie präzise genug stellt.

Wir haben oben ein einzelnes Elementarteilchen betrachtet und z. B. durch eine geeignete Wahl des Parameters erreicht, dass $Q_m = 0$ wurde. Für mehrere verschiedene Arten von Teilchen ist das *gleichzeitig* nur dann möglich, wenn für sie alle

$$\frac{Q'_m}{Q'_e} = f \cdot \tan \xi$$

denselben Wert hat. Ist das nicht der Fall, dann können wir nicht durch eine duale Transformation das Verschwinden aller magnetischen Ladungen erreichen. Dann gibt es wesentliche magnetische Ladungen, die nicht wegtransformierbar sind. Letzten Endes ist also nur die Frage wesentlich, ob für alle Elementarteilchen das Verhältnis

$$\frac{Q'_m}{Q'_e}$$

denselben Wert hat oder nicht. Damit erst ist die Frage nach der Existenz von Monopolen richtig gestellt. Unser Ausgangspunkt, die Frage nach der Symmetrie der Maxwell'schen Gleichungen, ist dabei jetzt beinahe unwesentlich geworden. Wenn wir nur wollen, können wir die Maxwell'schen Gleichungen in jedem Fall symmetrisch machen, unabhängig davon ob es wesentliche oder nur unwesentliche magnetische Ladungen gibt.

Diese Klarstellung ist wichtig. Sie ist auch ein interessantes Beispiel dafür, wie präzise Fragen gestellt werden müssen, will man nicht in einen Strudel von Scheinproblemen geraten, die nutzlose Diskussionen zur Folge haben.

10.2.3   Eigenschaften von magnetischen Monopolen

Wir kommen jetzt zu dem schon erwähnten Dirac'schen Monopol zurück. Bei der quantenmechanischen Untersuchung der Wechselwirkung eines Teilchens mit den Ladungen $Q_e \neq 0$, $Q_m = 0$ und eines anderen Teilchens mit den Ladungen $Q_e = 0$, $Q_m \neq 0$ kam Dirac zu der Hypothese, dass

$$Q_m Q_e = nh \qquad (10.131)$$

sein müsste, wobei n eine ganze Zahl ist. Wir haben schon oben festgestellt, dass dieses Produkt die Dimension eines Drehimpulses hat. Quantenmechanisch erscheint es als eine recht natürliche Annahme, dass es dann ebenso wie der Drehimpuls in Quanten auftreten sollte. Wenn

$$Q_e = e \,, \tag{10.132}$$

dann sollte

$$Q_m = \frac{nh}{e} \tag{10.133}$$

sein. Das ist eine relativ große Ladung, und zwar in folgendem Sinne. Wir betrachten die Kraft zwischen zwei solchen Ladungen,

$$F_m = \frac{n^2 h^2}{e^2 4\pi \mu_0 r^2} \,, \tag{10.134}$$

und vergleichen sie mit der Kraft zwischen zwei Elektronen gleichen Abstands,

$$F_e = \frac{e^2}{4\pi \varepsilon_0 r^2} \,. \tag{10.135}$$

Das Verhältnis der beiden Kräfte ist

$$\frac{F_m}{F_e} = \frac{n^2 h^2 \varepsilon_0}{e^4 \mu_0} = \frac{n^2}{(2\alpha)^2} = 4692 n^2 \,, \tag{10.136}$$

wo

$$\alpha = \frac{e^2}{2h} \sqrt{\frac{\mu_0}{\varepsilon_0}} \approx \frac{1}{137} \tag{10.137}$$

eine wichtige dimensionslose Naturkonstante ist, die sogenannte Sommerfeld'sche Feinstrukturkonstante. Die Ladung des Dirac'schen Monopols ist also in dem Sinne groß, dass die Kräfte zwischen zwei solchen Monopolen schon bei $n = 1$ rund 5000 mal größer sind als die zwischen zwei Elektronen.

Man kann das magnetische Elementarquantum auch durch den von ihm erzeugten magnetischen Fluss charakterisieren, der wegen (10.107), wie auch im analogen elektrischen Fall, (10.106), gleich der Ladung ist:

$$\phi = \frac{nh}{e} = n \cdot 4{,}135 \cdot 10^{-15} \,\text{Wb} \,. \tag{10.138}$$

Das in 1 m Abstand erzeugte B-Feld kann auch zur Charakterisierung herangezogen werden,

$$B = \frac{Q_m}{4\pi \mu_0 r^2} = \frac{nh}{4\pi \mu_0 e r^2} = n \cdot 2{,}618 \cdot 10^{-10} \,\text{T} \quad (\text{für } r = 1m) \,. \tag{10.139}$$

10.2.4 Die Suche nach magnetischen Monopolen

Alle diese Gedankengänge haben eine eifrige Suche nach magnetischen Polen ausgelöst. Ob es nun

a) überhaupt magnetische Ladungen gibt, und ob
b) eventuell existierende magnetische Ladungen der Dirac'schen Hypothese gehorchen

ist nach wie vor völlig offen. Veröffentlichungen, in denen 1975 über die Entdeckung magnetischer Monopole berichtet worden war, haben sich als nicht haltbar erwiesen.

Der Suche nach magnetischen Ladungen wird meist die Dirac'sche Hypothese zugrunde gelegt, um so die Effekte, nach denen man suchen muss, berechnen zu können. Die Versuche sind vielfältiger Art. Sie benutzen Beschleuniger zur eventuellen Erzeugung magnetisch geladener Teilchen, oder sie untersuchen die kosmische Strahlung als denkbare Quelle magnetisch geladener Teilchen. In irgendwelchen Proben erzeugte oder dort vorhandene Monopole können dann im Prinzip nachgewiesen werden, wenn man sie zunächst mit Magnetfeldern aus den Proben herauszieht, eventuell auch mit Magnetfeldern beschleunigt und anschließend auf ein geeignetes Nachweisgerät treffen lässt.

Zu solchen Untersuchungen wurden auch Mondgesteine und Meteoriten herangezogen, da diese lange Zeit der kosmischen Strahlung ausgesetzt waren und aus dieser Monopole aufgenommen haben könnten. Man kann die Monopole auch in der Probe nachweisen, wenn man sie mit dieser bewegt. Dadurch wird ein magnetischer Strom erzeugt, der dann entsprechend (10.104) ein elektrisches Feld hervorruft,

$$\operatorname{rot}\mathbf{E} = -\mathbf{g}_m \, , \qquad (10.140)$$

genau so wie ein magnetisches Feld durch einen elektrischen Strom hervorgerufen wird. Das ist die sogenannte Alvarez-Methode. Praktisch wird dabei eine supraleitende Spule benutzt. Das elektrische Feld erzeugt einen Strom, der dann durch den magnetischen Fluss nachgewiesen wird (Abb. 10.7).

In diesem Fall gilt (10.104) mit $\mathbf{E} = 0$, d. h. es ist

$$\mathbf{g}_m = -\frac{\partial \mathbf{B}}{\partial t}$$

Abb. 10.7 Alvarez-Methode der Suche nach magnetischen Ladungen

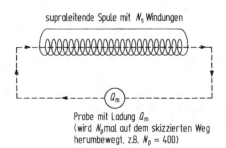

bzw.

$$\int \mathbf{g}_m \cdot d\mathbf{A} = -\frac{\partial \phi}{\partial t} \, ,$$

$$|\phi| = \left| \int \left(\int \mathbf{g}_m \cdot d\mathbf{A} \right) dt \right| = |N_s N_p Q_m| \, , \tag{10.141}$$

d. h. der in der Spule erzeugte magnetische Fluss ist der magnetischen Ladung Q_m, der Windungszahl der Spule N_s und der Zahl der Passagen der Probe N_p proportional. Es handelt sich also um eine im Prinzip sehr einfache Methode.

Man kann die Frage nach magnetischen Polen nicht nur im Hinblick auf neuartige Teilchen stellen, sondern auch im Hinblick auf die uns bekannten Teilchen. Wir können dann – das geht aus unserer Diskussion der dualen Transformation hervor – in jedem Fall annehmen, dass für Elektronen $Q_m = 0$ ist. Dadurch sind dann alle elektrischen und magnetischen Größen festgelegt. Eine Transformation ist nicht mehr möglich. Unter diesen Voraussetzungen könnten die magnetischen Ladungen anderer Teilchen, z. B. die von Nukleonen (Protonen oder Neutronen) von 0 verschieden sein. Wäre dies der Fall, so müsste auf der Erdoberfläche ein dadurch verursachtes Magnetfeld vorhanden sein. Da dieses kleiner als 1 Gauß ist, kann man abschätzen, dass die magnetische Ladung von Nukleonen

$$Q_m \leq 10^{-40} \, \text{Wb}$$

sein müsste. Diese Ladung wäre rund $4 \cdot 10^{+25}$ mal kleiner als die kleinste nach Dirac mögliche Ladung. Entweder haben die Nukleonen also keine magnetische Ladung, oder die Dirac'sche Hypothese ist falsch.

Abschließend ist festzustellen, dass der Nachweis der Existenz magnetischer Teilchen bisher nicht erbracht werden konnte und dass damit diese interessante Frage nach wie vor offen ist.

10.3 Über die Bedeutung der elektromagnetischen Felder und Potentiale (Bohm-Aharonov-Effekte)

10.3.1 Einleitung

In der klassischen Feldtheorie ist die Kraft, die von einer elektrischen Ladung Q_1 am Ort $\mathbf{r}_1$ auf eine zweite Ladung Q_2 am Ort $\mathbf{r}_2$ ausgeübt wird

$$\mathbf{F} = \frac{Q_1 Q_2 (\mathbf{r}_2 - \mathbf{r}_1)}{4\pi \varepsilon_0 |\mathbf{r}_2 - \mathbf{r}_1|^3} \, . \tag{10.142}$$

Das ist das Coulomb'sche Gesetz, in dem die Kraft auf einer Fernwirkung zu beruhen scheint. Das ist unbefriedigend, und man geht deshalb zu einer anderen Formulierung über. Man stellt sich vor, dass eine Ladung im ganzen Raum eine vom Ort abhängige

Feldstärke $\mathbf{E}(\mathbf{r})$ erzeugt, die dann auf andere Ladungen einwirkt, wobei

$$\mathbf{F} = m\frac{d^2\mathbf{r}}{dt^2} = Q\mathbf{E}(\mathbf{r}) \tag{10.143}$$

ist. Auf das Teilchen wirkt also das Feld mit der Feldstärke ein, die es am Ort des Teilchens hat. Nimmt man die magnetische Kraft, die Lorentz-Kraft, hinzu, so gilt:

$$\mathbf{F} = m\frac{d^2\mathbf{r}}{dt^2} = Q\mathbf{E}(\mathbf{r}) + Q\mathbf{v} \times \mathbf{B}(\mathbf{r}) \, , \tag{10.144}$$

wo $\mathbf{B}(\mathbf{r})$ wiederum die magnetische Induktion am Ort des Teilchens ist. Damit ist die Bewegungsgleichung eines beliebigen Teilchens in einem beliebigen elektromagnetischen Feld gegeben, und damit ist auch die Einwirkung des Feldes auf das Teilchen im Sinne der klassischen Physik vollständig beschrieben. Es handelt sich um eine lokale Wechselwirkung und nicht um eine Fernwirkung.

In der Quantenmechanik tritt – für nichtrelativistische Teilchen – die Schrödinger-Gleichung an die Stelle der klassischen Bewegungsgleichung. Sie ergibt sich aus der Hamilton-Funktion der klassischen Mechanik. Für ein beliebiges System ist die *Hamilton-Funktion* eine Funktion der kanonischen Impuls- und Ortskoordinaten p_k und q_k,

$$H = H(p_k, q_k) \, . \tag{10.145}$$

Sie wird üblicherweise mit H bezeichnet und darf nicht mit der magnetischen Feldstärke verwechselt werden. Die klassischen Bewegungsgleichungen sind in dieser Formulierung die Hamilton'schen Differentialgleichungen,

$$\frac{dp_k}{dt} = -\frac{\partial H}{\partial q_k} \, , \tag{10.146}$$

$$\frac{dq_k}{dt} = \frac{\partial H}{\partial p_k} \, . \tag{10.147}$$

Für ein Teilchen der Masse m in einem Kraftfeld mit dem Potential $U(x_1, x_2, x_3)$ ist

$$H = \frac{p^2}{2m} + U = \frac{p_1^2 + p_2^2 + p_3^2}{2m} + U(x_1, x_2, x_3) \, . \tag{10.148}$$

Dabei sind die

$$p_i = m\dot{x}_i \tag{10.149}$$

die Komponenten des Impulses. In diesem Fall gilt

$$\frac{dp_i}{dt} = -\frac{\partial U}{\partial x_i} \tag{10.150}$$

und

$$\frac{\mathrm{d}x_i}{\mathrm{d}t} = \frac{p_i}{m} \,, \tag{10.151}$$

also

$$m\frac{\mathrm{d}^2 x_i}{\mathrm{d}t^2} = -\frac{\partial U}{\partial x_i} \,, \tag{10.152}$$

d. h. wir erhalten die klassische (Newton'sche) Bewegungsgleichung.

Für ein Teilchen in einem elektromagnetischen Feld ist

$$H = \frac{(\mathbf{p} - Q\mathbf{A})^2}{2m} + Q\varphi \,, \tag{10.153}$$

wo $\mathbf{A}$ und φ die elektromagnetischen Potentiale sind, aus denen sich $\mathbf{E}$ und $\mathbf{B}$ berechnen lässt,

$$\mathbf{E} = -\operatorname{grad}\varphi - \frac{\partial \mathbf{A}}{\partial t} \,, \tag{10.154}$$

$$\mathbf{B} = \operatorname{rot}\mathbf{A} \,. \tag{10.155}$$

$\mathbf{p}$ ist der kanonische Impuls,

$$\mathbf{p} = m\mathbf{v} + Q\mathbf{A} \,, \tag{10.156}$$

der nicht mit dem üblichen Impuls $m\mathbf{v}$ verwechselt werden darf, in den er allerdings für $\mathbf{A} = 0$ übergeht. Die Hamilton'schen Differentialgleichungen geben in diesem Fall die schon erwähnte Bewegungsgleichung (10.144), was hier nicht nachgewiesen werden soll.

Ersetzt man die physikalischen Größen durch Operatoren, wie dies schon im Abschn. 10.1 geschah,

$$H \Rightarrow \hat{H} = \mathrm{i}\hbar\frac{\partial}{\partial t} \,, \tag{10.157}$$

$$\mathbf{p} \Rightarrow \hat{\mathbf{p}} = -\mathrm{i}\hbar\nabla \,, \tag{10.158}$$

so ergibt sich die Schrödinger-Gleichung,

$$\mathrm{i}\hbar\frac{\partial \psi}{\partial t} = \hat{H}(-\mathrm{i}\hbar\nabla, \mathbf{q})\psi \,. \tag{10.159}$$

Insbesondere erhält man für ein Teilchen in einem elektromagnetischen Feld aus (10.153)

$$\mathrm{i}\hbar\frac{\partial \psi}{\partial t} = \left[\frac{(-\mathrm{i}\hbar\nabla - Q\mathbf{A})^2}{2m} + Q\varphi\right]\psi \,. \tag{10.160}$$

Bei der Berechnung des Quadrates ist auf die Nichtvertauschbarkeit des Impulsoperators und des Ortsoperators bzw. ortsabhängiger Größen (hier $\mathbf{A} = \mathbf{A}(r)$) zu achten. Man erhält deshalb, ausführlicher geschrieben,

$$i\hbar \frac{\partial \psi}{\partial t} = \left[\frac{-\hbar^2 \Delta + i\hbar Q \mathbf{A} \cdot \nabla + i\hbar Q \nabla \cdot \mathbf{A} + Q^2 A^2}{2m} + Q\varphi \right] \psi \; . \qquad (10.161)$$

10.3.2   Die Rolle der Felder und Potentiale

In der klassischen elektromagnetischen Feldtheorie gilt also die Bewegungsgleichung

$$\mathbf{F} = m \frac{\mathrm{d}^2 \mathbf{r}}{\mathrm{d}t^2} = Q\mathbf{E} + Q\mathbf{v} \times \mathbf{B} \; , \qquad (10.162)$$

in der Quantenmechanik statt dessen die Schrödinger-Gleichung,

$$i\hbar \frac{\partial \psi}{\partial t} = \left[\frac{(-i\hbar\nabla - Q\mathbf{A})^2}{2m} + Q\varphi \right] \psi \; . \qquad (10.163)$$

Die eine Gleichung enthält die Felder $\mathbf{E}$ und $\mathbf{B}$, die andere die Potentiale $\mathbf{A}$ und φ. In der klassischen Theorie sind die Potentiale zunächst nur formal eingeführte Hilfsgrößen, die die Lösung der Maxwell'schen Gleichungen erleichtern sollen und dies in erheblichem Maße auch tun. Zwei der vier Maxwell'schen Gleichungen werden ja durch die Ansätze (10.154), (10.155) automatisch erfüllt, während sich aus den beiden anderen die inhomogenen Wellengleichungen (7.188), (7.189) ergeben. In der Bewegungsgleichung (10.162) kann man die Felder problemlos durch die Potentiale eliminieren. Es stellt sich jedoch die Frage, ob man umgekehrt in der Schrödinger-Gleichung (10.163) die Potentiale durch die Felder $\mathbf{E}$ und $\mathbf{B}$ ausdrücken kann. Dies geht nicht, jedenfalls nicht problemlos. Wenn man es unbedingt tun will, dann kann man von den inhomogenen Wellengleichungen (7.188), (7.189) ausgehen. Ihre Lösungen sind die retardierten Potentiale (7.196), (7.197). Weiter kann man ρ und $\mathbf{g}$ durch $\mathbf{E}$ und $\mathbf{B}$ ausdrücken,

$$\rho = \varepsilon_0 \, \mathrm{div} \, \mathbf{E}$$

und

$$\mathbf{g} = \frac{1}{\mu_0} \, \mathrm{rot} \, \mathbf{B} - \varepsilon_0 \frac{\partial \mathbf{E}}{\partial T} \; .$$

Damit kann man die retardierten Potentiale (7.196), (7.197) wie folgt schreiben:

$$\varphi(\mathbf{r},t) = \int \frac{\operatorname{div}\mathbf{E}\left(\mathbf{r}',t-\frac{|\mathbf{r}-\mathbf{r}'|}{c}\right)}{4\pi|\mathbf{r}-\mathbf{r}'|}\,d\tau'\,, \tag{10.164}$$

$$\mathbf{A}(\mathbf{r},t) = \int \frac{\left[\operatorname{rot}\mathbf{B}\left(\mathbf{r}',t-\frac{|\mathbf{r}-\mathbf{r}'|}{c}\right) - \frac{1}{c^2}\frac{\partial}{\partial t}\mathbf{E}\left(\mathbf{r}',t-\frac{|\mathbf{r}-\mathbf{r}'|}{c}\right)\right]}{4\pi|\mathbf{r}-\mathbf{r}'|}\,d\tau'\,. \tag{10.165}$$

Es erscheint nicht sinnvoll, das in die Schrödinger-Gleichung (10.163) einzusetzen. Die so entstehende Gleichung wäre sehr kompliziert, ohne irgendwelche Vorteile zu bieten. Sie hätte darüber hinaus die prinzipiell unangenehme Eigenschaft, dass die Wellenfunktion $\psi(\mathbf{r})$ nicht nur durch Felder $\mathbf{E}(\mathbf{r})$ und $\mathbf{B}(\mathbf{r})$ am jeweiligen Ort $\mathbf{r}$ beeinflusst wird, sondern durch Integrale dieser Felder, die die Felder im ganzen Raum enthalten, d.h. der Vorteil einer lokalen Wechselwirkung wäre verloren gegangen. Damit wäre auch das eigentliche Motiv für die Einführung der Felder in der klassischen Theorie hinfällig geworden. Dagegen bleibt die Wechselwirkung lokal, wenn wir die Potentiale $\mathbf{A}$ und φ in der Schrödinger-Gleichung stehen lassen und sie als echte nicht ersetzbare Felder (und nicht nur als formale Hilfsgrößen) auffassen. Die folgende Diskussion wird zeigen, dass dies auch aus anderen noch tiefer liegenden Gründen erforderlich ist.

Für den späteren Gebrauch sollen an dieser Stelle noch zwei Spezialfälle der Schrödinger-Gleichung (10.163) betrachtet werden.

a) Für $\varphi = 0$ gilt

$$i\hbar\frac{\partial\psi}{\partial t} = \frac{(-i\hbar\nabla - Q\mathbf{A})^2}{2m}\psi\,. \tag{10.166}$$

Ist nun ψ_0 eine Lösung der Gleichung für $\mathbf{A} = 0$,

$$i\hbar\frac{\partial\psi_0}{\partial t} = \frac{(-i\hbar\nabla)^2}{2m}\psi_0\,, \tag{10.167}$$

so ist

$$\psi = \psi_0\exp\left[i\frac{Q}{\hbar}\int_{\mathbf{r}_0}^{\mathbf{r}}\mathbf{A}\cdot d\mathbf{s}\right] \tag{10.168}$$

eine Lösung der Gleichung (10.166), weil

$$(-i\hbar\nabla - Q\mathbf{A})\psi_0\exp\left[i\frac{Q}{\hbar}\int_{\mathbf{r}_0}^{\mathbf{r}}\mathbf{A}\cdot d\mathbf{s}\right] = \exp\left[i\frac{Q}{\hbar}\int_{\mathbf{r}_0}^{\mathbf{r}}\mathbf{A}\cdot d\mathbf{s}\right](-i\hbar\nabla)\psi_0$$

und

$$(-i\hbar\nabla - Q\mathbf{A})^2\psi_0\exp\left[i\frac{Q}{\hbar}\int_{\mathbf{r}_0}^{\mathbf{r}}\mathbf{A}\cdot d\mathbf{s}\right] = \exp\left[i\frac{Q}{\hbar}\int_{\mathbf{r}_0}^{\mathbf{r}}\mathbf{A}\cdot d\mathbf{s}\right](-i\hbar\nabla)^2\psi_0\,.$$

b) Für $\mathbf{A} = 0$ und $\varphi = \varphi(t)$ (d. h. wenn φ nicht vom Ort abhängt und damit $\mathbf{E} = 0$ ist) gilt

$$i\hbar \frac{\partial \psi}{\partial t} = \left(-\frac{\hbar^2}{2m} \Delta + Q\varphi \right) \psi \,. \tag{10.169}$$

Ist ψ_0 wiederum eine Lösung der Gleichung (10.167), so ist

$$\psi = \psi_0 \exp \left[-i\frac{Q}{\hbar} \int_{t_0}^{t} \varphi(t') \, dt' \right] \tag{10.170}$$

eine Lösung der Gleichung (10.169). Die Voraussetzung $\varphi = \varphi(t)$ gilt z. B. dann, wenn sich ein Teilchen im Inneren eines Faraday-Käfigs bewegt, dessen Oberfläche ein zeitabhängiges Potential $\varphi(t)$ aufweist.

In beiden Fällen bewirken die Potentiale, dass ein zusätzlicher Phasenfaktor auftritt, wobei die Phasenverschiebung $(Q/\hbar) \int \mathbf{A} \cdot d\mathbf{r}$ bzw. $-(Q/\hbar) \int \varphi(t) \, dt$ ist.

10.3.3 Die Ehrenfest'schen Theoreme

Trotz der erheblichen Unterschiede zwischen klassischer Mechanik und Quantenmechanik steht die klassische Mechanik nicht im Widerspruch zur Quantenmechanik. Aus der Quantenmechanik ergibt sich nämlich, dass sich die Mittelwerte physikalischer Größen, etwas vereinfacht gesagt, klassisch verhalten. Dies kommt in den Ehrenfest'schen Theoremen zum Ausdruck. Bezeichnen wir den Mittelwerte einer physikalischen Größe g mit $\langle g \rangle$, so ergeben sich aus der Schrödinger-Gleichung die folgenden Beziehungen:

$$\frac{d}{dt} \langle \mathbf{r} \rangle = \frac{\langle \mathbf{p} \rangle}{m} \,, \tag{10.171}$$

$$\frac{d}{dt} \langle \mathbf{p} \rangle = -\langle \operatorname{grad} U(\mathbf{r}) \rangle \,. \tag{10.172}$$

bzw. zusammengefasst

$$m \frac{d^2}{dt^2} \langle \mathbf{r} \rangle = -\langle \operatorname{grad} U(\mathbf{r}) \rangle \,. \tag{10.173}$$

Das ist fast die klassische Bewegungsgleichung, die hier als Konsequenz der Schrödinger-Gleichung auftritt. Bei makroskopischen Systemen sind Abweichungen von den Mittelwerten sehr unwahrscheinlich, und der Unterschied zwischen (10.173) und der klassischen Bewegungsgleichung ist vernachlässigbar. Für mikroskopische Systeme ist das allerdings keineswegs der Fall.

Für die Bewegung eines Teilchens in einem elektromagnetischen Feld ergibt sich aus der Schrödinger-Gleichung (10.163) nach einer recht umständlichen Rechnung das Ehrenfest'sche Theorem in der folgenden Form:

$$m \frac{\mathrm{d}^2}{\mathrm{d}t^2} \langle \mathbf{r} \rangle = -\left\langle Q\mathbf{E} + \frac{Q}{2}(\mathbf{v} \times \mathbf{B} - \mathbf{B} \times \mathbf{v}) \right\rangle . \tag{10.174}$$

Man kann also auch in der Quantenmechanik die „mittleren" Teilchenbahnen mit Hilfe der Feldgrößen **E** und **B** berechnen, und zwar in einer der klassischen Bewegungsgleichung durchaus analogen Form. Das gilt aber nur für die Mittelwerte und nicht für die Beschreibung des detaillierten Teilchenverhaltens in elektromagnetischen Feldern. Die zunächst merkwürdige Form von (10.174) kommt daher, dass die Geschwindigkeit in der Quantenmechanik ein mit dem Impuls zusammenhängender Operator ist, wie dies aus (10.156) und (10.158) hervorgeht. Dieser Operator ist nicht mit dem Ortsoperator bzw. nicht mit ortsabhängigen Operatoren – z. B. nicht mit $\mathbf{A} = \mathbf{A}(\mathbf{r})$ oder $\mathbf{B} = \mathbf{B}(\mathbf{r})$ – vertauschbar. Klassisch ist natürlich

$$\frac{1}{2}(\mathbf{v} \times \mathbf{B} - \mathbf{B} \times \mathbf{v}) = \frac{1}{2}(\mathbf{v} \times \mathbf{B} + \mathbf{v} \times \mathbf{B}) = \mathbf{v} \times \mathbf{B} . \tag{10.175}$$

In der Quantenmechanik dagegen darf man diese Ausdrücke nicht gleichsetzen. Man sieht jedoch, dass das Ehrenfest'sche Theorem in der Form von (10.174) beim Übergang zu klassischen Größen gerade die Lorentz-Kraft liefert.

10.3.4 Magnetfeld und Vektorpotential einer unendlich langen idealen Spule

Wir betrachten eine unendlichen lange ideale Spule (Abb. 10.8). Ihr Magnetfeld kann durch das Vektorpotential **A** beschrieben werden, wobei

$$\mathbf{B} = \mathrm{rot}\,\mathbf{A} \tag{10.176}$$

ist. Für den magnetischen Fluss durch eine beliebige Fläche a gilt

$$\phi = \int_a \mathbf{B} \cdot \mathrm{d}\mathbf{a} = \int_a \mathrm{rot}\,\mathbf{A} \cdot \mathrm{d}\mathbf{a} = \oint \mathbf{A} \cdot \mathrm{d}\mathbf{s} . \tag{10.177}$$

B ist eichinvariant, d. h. beim Übergang zu einem anderen Vektorpotential unterschiedlicher Eichung – die beiden Vektorpotentiale können sich nur durch den Gradienten einer beliebigen Funktion unterscheiden – ändert sich **B** nicht. Damit ist auch der Fluss ϕ invariant, was man auch unmittelbar sehen kann, da $\oint \mathbf{A} \cdot \mathrm{d}\mathbf{s}$ sich ebenfalls nicht ändern kann ($\oint \mathrm{grad}\,f \cdot \mathrm{d}\mathbf{s} = 0$). Abb. 10.8 zeigt $B_z(r)$ und $A_\varphi(r)$. In der hier angenommenen Eichung

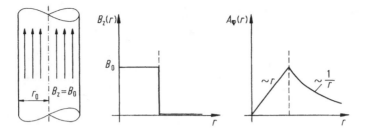

Abb. 10.8 Magnetfeld und Vektorpotential einer unendlich langen idealen Spule

hat $\mathbf{A}$ nur eine φ-Komponente $A_\varphi(r)$. Es gilt (s. auch Abschn. 5.2.3):

$$B_z(r) = \begin{cases} B_0 & \text{für } r \leq r_0 \\ 0 & \text{für } r > r_0 \end{cases} \tag{10.178}$$

und

$$A_\varphi(r) = \begin{cases} \dfrac{r}{2}B_0 & \text{für } r \leq r_0 \\ \dfrac{r_0^2 B_0}{2r} & \text{für } r \geq r_0 \,. \end{cases} \tag{10.179}$$

Im Folgenden wird uns die Tatsache interessieren, dass im vorliegenden Fall das Magnetfeld außerhalb der Spule verschwindet, das Vektorpotential jedoch nicht. Wir werden die Frage diskutieren, ob dieses Vektorpotential außerhalb der Spule geladene Teilchen, deren Verhalten im Feld durch die Schrödinger-Gleichung beschrieben wird, in irgendeiner Weise beeinflusst oder nicht. Dazu sollen Experimente mit Elektronenstrahlinterferenzen am Doppelspalt betrachtet werden, wie dies von Bohm und Aharonov getan wurde [43].

10.3.5 Elektronenstrahlinterferenzen am Doppelspalt

Entsprechend Abb. 10.9 sollen an einem Doppelspalt Elektroneninterferenzversuche durchgeführt werden. Wenn man zunächst die hinter dem Doppelspalt befindliche Spule mit ihrem Magnetfeld weglässt, erhält man auf dem Schirm ein Interferenzbild mit Stellen maximaler und minimaler Intensität des dort auftreffenden Elektronenstrahls. Man kann (mit den durch Abb. 10.9 definierten Größen a, d, L, r_1, r_2, x) den geometrischen Gangunterschied

$$a = r_2 - r_1 = \sqrt{L^2 + \left(x + \frac{d}{2}\right)^2} - \sqrt{L^2 + \left(x - \frac{d}{2}\right)^2} \tag{10.180}$$

berechnen. Für $x \ll L$ ist

$$a \approx \frac{xd}{L} \,. \tag{10.181}$$

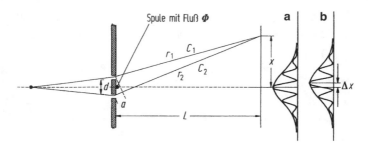

Abb. 10.9 Elektronenstrahlinterferenz am Doppelspalt mit und ohne Spule hinter dem Doppelspalt

Dem entspricht ein Phasenunterschied

$$\alpha = \frac{2\pi}{\lambda} \cdot \frac{xd}{L} \,, \tag{10.182}$$

wenn λ die Wellenlänge der den Elektronen zugeordneten Materiewelle ist, die sich aus der de Broglie'schen Beziehung ergibt,

$$\lambda = \frac{h}{p} \,. \tag{10.183}$$

p ist der Impuls der Elektronen.

Wird nun dieser Versuch mit der Spule und ihrem Magnetfeld wiederholt, so bewegen sich die interferierenden Teilstrahlen im Gebiet des von der Spule erzeugten Vektorpotentials. Die Spule soll ideal sein, d. h. keinen Streufluss besitzen. Der Elektronenstrahl soll in das Spuleninnere nicht eindringen können, anders gesagt, Wellenfunktion der Elektronen und magnetische Induktion des Feldes im Spuleninneren sollen sich nicht überlappen. Dadurch ergeben sich längs der beiden Wege C_1 und C_2 der interferierenden Teilstrahlen zusätzliche Phasenunterschiede,

$$\beta_1 = \frac{Q}{\hbar} \int_{C_1} \mathbf{A} \cdot \mathrm{d}\mathbf{s} \tag{10.184}$$

und

$$\beta_2 = \frac{Q}{\hbar} \int_{C_2} \mathbf{A} \cdot \mathrm{d}\mathbf{s} \,. \tag{10.185}$$

Für die Interferenz ist die Differenz maßgebend,

$$\beta = \beta_1 - \beta_2 = \frac{Q}{\hbar} \oint \mathbf{A} \cdot \mathrm{d}\mathbf{s} = \frac{Q\phi}{\hbar} \,, \tag{10.186}$$

wo ϕ der in der Spule enthaltene Fluss ist. Das ist ein sehr merkwürdiges Ergebnis. Es kommt nur auf den Fluss an, nicht jedoch darauf wie das Magnetfeld, das diesen Fluss bewirkt, räumlich verteilt ist, solange wir nur den Phasenunterschied β betrachten. Dieser bewirkt eine Verschiebung der Maxima und Minima des Interferenzbildes auf dem Schirm um die Strecke

$$\Delta x = \frac{L\lambda}{2\pi d} \cdot \beta = \frac{L\lambda}{2\pi d} \cdot \frac{Q\phi}{\hbar} = \frac{L\lambda Q\phi}{dh} \,. \tag{10.187}$$

Dies ergibt sich aus (10.182), wenn man dort α durch β und x durch Δx ersetzt. Abb. 10.9 zeigt a) das Interferenzbild ohne und b) mit Magnetfeld.

Eine genauere Untersuchung zeigt [44], dass die Einhüllende des Interferenzbildes durch das Magnetfeld nicht beeinflusst wird, dass sich jedoch die Maxima und Minima entsprechend (10.187) verschieben (wie dies in den beiden Interferenzbildern von Abb. 10.9 skizziert ist). Das ist der von Bohm und Aharonov vorhergesagte und in der Zwischenzeit auch experimentell verifizierte Effekt, zuletzt und am deutlichsten wohl durch [45]. Der Effekt ist durch das Feld **B** allein nicht erklärbar. Im Sinne der klassischen Mechanik sollte die Spule keinerlei Auswirkungen auf die vorbeigehenden Teilstrahlen haben (vorausgesetzt, dass – wie oben angenommen – keine Überlappung des Spulenfeldes **B** und der Wellenfunktion ψ vorhanden ist, was natürlich experimentell nicht ohne Weiteres zu realisieren ist und deshalb der Gegenstand zahlreicher Kontroversen über den Bohm-Aharonov-Effekt war).

Es ist interessant, eine Variante des in Abb. 10.9 beschriebenen Versuches zu betrachten, die in Abb. 10.10 gezeigt ist. Das Spulenfeld wird durch eine Zone homogenen (auf der Zeichenebene senkrecht stehenden) Feldes ersetzt. Die Breite dieser Zone ist w. Ohne Magnetfeld geschieht natürlich dasselbe wie vorher. Mit Magnetfeld ist der Fluss, auf den es ankommt, näherungsweise (d. h. wenn $x \ll L$)

$$\phi = B_1 w d \,, \tag{10.188}$$

und die dadurch bewirkte Verschiebung der Minima und Maxima des Interferenzbildes ist nach (10.187)

$$\Delta x = \frac{L\lambda Q}{dh} B_1 w d = \frac{L\lambda Q B_1 w}{h} \,. \tag{10.189}$$

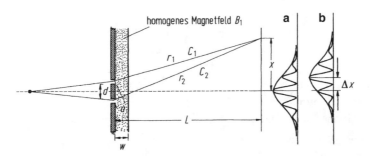

Abb. 10.10 Elektronenstrahlinterferenz am Doppelspalt mit und ohne Magnetfeld hinter dem Doppelspalt

Abb. 10.10 zeigt ähnlich wie Abb. 10.9 a) das Interferenzbild ohne und b) mit Magnetfeld. Dabei verschiebt sich jedoch – anders als im Fall von Abb. 10.9 – das ganze Interferenzbild einschließlich seiner Einhüllenden um die Länge Δx in x-Richtung. Dies ist auch anschaulich und mit klassischen Vorstellungen leicht zu verstehen. Wenn $x \ll L$ ist, dann ergibt sich aus der Lorentz-Kraft

$$\Delta p_x = Q v B_1 \tau = Q v B_1 \frac{w}{v} = Q B_1 w \, , \tag{10.190}$$

wo τ die Zeit ist, die das Teilchen zum Durchlaufen der Zone homogenen Magnetfeldes benötigt. Ist v seine Geschwindigkeit, dann ist

$$\tau = \frac{w}{v} \, . \tag{10.191}$$

Weiter ist

$$\frac{\Delta x}{L} \approx \frac{\Delta p_x}{p} = \frac{Q B_1 w}{\frac{h}{\lambda}} = \frac{\lambda Q B_1 w}{h} \, . \tag{10.192}$$

Nach Multiplikation mit L entspricht das genau dem obigen Ergebnis, Gleichung (10.189), das auf ganz andere Weise gewonnen wurde. Alle Elektronen werden durch das Magnetfeld um den gleichen Winkel abgelenkt ($\approx \Delta x / L$), d. h. das ganze Interferenzbild wird um den entsprechenden Abstand Δx verschoben. Zum Vorzeichen ist zu sagen, dass für Elektronen ($Q < 0$) und für Magnetfelder, deren Richtung aus der Zeichenebene heraus nach oben zeigt, die Ablenkung Δx nach oben geht.

Der Unterschied zwischen den beiden Varianten des Versuchs (nämlich einmal mit Spule ohne Außenfeld und einmal mit dem Gebiet homogenen Feldes) ist sehr merkwürdig, auf der Grundlage des Ehrenfest'schen Theorems einerseits und des durch das Vektorpotential bewirkten Phasenunterschiedes andererseits jedoch leicht zu verstehen. Für die Frage, wo die Maxima und Minima des Interferenzbildes entstehen, kommt es allein auf die Phasenunterschiede und das heißt allein auf den umfahrenen magnetischen Fluss ($\oint \mathbf{A} \cdot \mathbf{ds}$) an. Für die Mittelwerte der Teilchenbahn kommt es auch in der Quantenmechanik auf die Lorentz-Kraft und das heißt auf die magnetische Induktion an, wobei auf die in der Gleichung (10.174) gegebene Form der Lorentz-Kraft zu achten ist. Im Fall der Spule ohne Streufeld bleibt deshalb der Schwerpunkt der Teilchenbahnen unverändert und die Einhüllende des Interferenzbildes bleibt deshalb ebenfalls unverändert erhalten. Im Fall des homogenen Feldes, das von den Elektronen durchlaufen wird, werden die Elektronen klassisch und quantenmechanisch um denselben Winkel abgelenkt. Die Mittelwerte verschieben sich dementsprechend. Deshalb wird in diesem Fall die Einhüllende des Interferenzbildes zusammen mit den Stellen größter und kleinster Intensitäten um die Strecke Δx verschoben. Das entspricht einer Verschiebung des Schwerpunktes (der Mittelwerte) um dieselbe Strecke Δx. Damit ist ein insgesamt klares und verständliches Bild der Vorgänge gewonnen.

Abb. 10.11 Ein anderes ebenfalls von Bohm und Aharonov
vorgeschlagenes Experiment

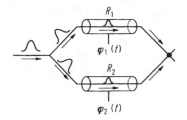

Ein ganz anderes und dennoch verwandtes Experiment (das auch auf die genannte Arbeit von Bohm und Aharonov zurückgeht) ist in Abb. 10.11 angedeutet.

Jeder der beiden Teilstrahlen durchläuft einen abgeschirmten Hohlraum in Form von Röhren R_1 und R_2. Während die Wellenpakete in den Hohlräumen sind und sich nicht zu nah an den Ein- und Ausgangsöffnungen befinden (an denen elektrische Streufelder vorhanden sein könnten) werden Potentiale $\varphi_1(t)$ und $\varphi_2(t)$ angelegt. Dadurch werden Phasenunterschiede

$$\beta_1 = -\frac{Q}{\hbar} \int \varphi_1(t)\,\mathrm{d}t \tag{10.193}$$

und

$$\beta_2 = -\frac{Q}{\hbar} \int \varphi_2(t)\,\mathrm{d}t \tag{10.194}$$

hervorgerufen. Wenn nun $\beta_1 \neq \beta_2$ ist, dann werden die am Interferenzschirm auftretenden Maxima und Minima entsprechend der Differenz

$$\beta = \beta_1 - \beta_2 \tag{10.195}$$

verschoben, wobei wie schon oben wieder (10.187) gilt. Das ist ebenso merkwürdig wie der oben mit dem Magnetfeld der Spule beschriebene Versuch. Obwohl in den Röhren

$$\mathbf{E} = -\operatorname{grad}\varphi = 0 \tag{10.196}$$

ist, hat das Potential einen Einfluss auf die es durchlaufenden Elektronen. Ähnlich wie oben ist auch hier zu sagen, dass das elektrische Feld zur Beschreibung der Wechselwirkung nicht ausreicht. Im Übrigen gilt auch hier, dass die Einhüllende des Interferenzbildes (d. h. der „Schwerpunkt" der ankommenden Elektronen) sich nicht verschiebt, wenn $\mathbf{E} = 0$ ist. Lediglich die Lage der Minima und Maxima wird durch die Potentiale $\varphi_1(t)$ und $\varphi_2(t)$ beeinflusst. Beim Durchlaufen nichtverschwindender elektrischer Felder dagegen verschiebt sich mit dem Schwerpunkt der Strahlen auch das gesamte Interferenzbild mit seiner Einhüllenden. Beides entspricht dem Ehrenfest'schen Theorem.

10.3.6 Schlussfolgerungen

Es ist festzustellen, dass die Felder **E** und **B** auf der einen, die Potentiale **A** und φ auf der anderen Seite durch die Quantenmechanik in ein neues Licht gerückt werden. Die Maxwell'schen Gleichungen bleiben dabei unangetastet. Sie können auch im Zusammenhang mit der Quantenmechanik als richtig gelten. Jedoch treten bei der Wechselwirkung geladener Teilchen mit elektromagnetischen Feldern Effekte auf, die mit der klassischen Bewegungsgleichung nicht erklärt werden können und zu deren Beschreibung die Felder der Maxwell'schen Gleichungen nicht ausreichen. Vielmehr benötigt man dazu die Potentiale **A** und φ als eigenständige Felder, auf die man nicht verzichten kann. Eher könnte man auf die klassischen Felder **E** und **B** verzichten, da sie in der klassischen Theorie mit Hilfe der Potentiale problemlos eliminiert werden können, während das Umgekehrte in der Quantenmechanik nicht oder jedenfalls nicht problemlos möglich ist.

10.4 Die Liénard-Wiechert'schen Potentiale

Ein sehr interessanter Spezialfall der retardierten Potentiale (7.196), (7.197) ergibt sich für ein geladenes Teilchen, das eine beliebig vorgegebene Bahn $\mathbf{r}_0(t)$ durchläuft. Für dieses ist

$$\rho = Q\delta[\mathbf{r} - \mathbf{r}_0(t)] \,, \tag{10.197}$$

$$\begin{aligned} \mathbf{g} &= Q\dot{\mathbf{r}}_0\delta[\mathbf{r} - \mathbf{r}_0(t)] \\ &= Q\mathbf{v}_0(t)\delta[\mathbf{r} - \mathbf{r}_0(t)] \,. \end{aligned} \tag{10.198}$$

Dabei ist Q die Ladung des Teilchens und

$$\dot{\mathbf{r}}_0(t) = \frac{\mathrm{d}}{\mathrm{d}t}\mathbf{r}_0(t) = \mathbf{v}_0(t) \tag{10.199}$$

ist seine Geschwindigkeit. Die Potentiale sind

$$\varphi(\mathbf{r}, t) = \frac{Q}{4\pi\varepsilon_0} \int \frac{\delta\left[\mathbf{r}' - \mathbf{r}_0\left(t - \frac{|\mathbf{r}-\mathbf{r}'|}{c}\right)\right]}{|\mathbf{r} - \mathbf{r}'|} \,\mathrm{d}\tau' \,, \tag{10.200}$$

$$\mathbf{A}(\mathbf{r}, t) = \frac{Q\mu_0}{4\pi} \int \frac{\mathbf{v}_0\left(t - \frac{|\mathbf{r}-\mathbf{r}'|}{c}\right)\delta\left[\mathbf{r}' - \mathbf{r}_0\left(t - \frac{|\mathbf{r}-\mathbf{r}'|}{c}\right)\right]}{|\mathbf{r} - \mathbf{r}'|} \,\mathrm{d}\tau' \,, \tag{10.201}$$

Die Auswertung dieser Integrale ist trotz der δ-Funktion nicht ganz einfach. Das Argument, eine unter Umständen komplizierte Funktion von $\mathbf{r}'$, muss verschwinden. Allgemein gilt

$$
\int F(\mathbf{r}')\delta[\mathbf{f}(\mathbf{r}')]\,\mathrm{d}\tau' = \int F(x',y',z')\delta[\mathbf{f}(x',y',z')]\,\mathrm{d}x'\,\mathrm{d}y'\,\mathrm{d}z'
$$

$$
= \int F(x',y',z')\delta[\mathbf{f}(x',y',z')]\cdot\frac{1}{D}\,\mathrm{d}f_x\,\mathrm{d}f_y\,\mathrm{d}f_z \tag{10.202}
$$

mit der Funktionaldeterminante

$$
D = \det\begin{pmatrix}
\dfrac{\partial f_x}{\partial x'} & \dfrac{\partial f_x}{\partial y'} & \dfrac{\partial f_x}{\partial z'} \\[2mm]
\dfrac{\partial f_y}{\partial x'} & \dfrac{\partial f_y}{\partial y'} & \dfrac{\partial f_y}{\partial z'} \\[2mm]
\dfrac{\partial f_z}{\partial x'} & \dfrac{\partial f_z}{\partial y'} & \dfrac{\partial f_z}{\partial z'}
\end{pmatrix} . \tag{10.203}
$$

Im vorliegenden Fall ergibt sich

$$
D = 1 - \frac{\mathbf{v}_0\left(t - \frac{|\mathbf{r}-\mathbf{r}'|}{c}\right)\cdot(\mathbf{r}-\mathbf{r}')}{c|\mathbf{r}-\mathbf{r}'|} . \tag{10.204}
$$

Damit erhält man die sog. Liénard-Wiechert'schen Potentiale,

$$
\varphi(\mathbf{r},t) = \frac{Q}{4\pi\varepsilon_0|\mathbf{r}-\mathbf{r}'|\left[1 - \frac{\mathbf{v}_0\left(t-\frac{|\mathbf{r}-\mathbf{r}'|}{c}\right)\cdot(\mathbf{r}-\mathbf{r}')}{c|\mathbf{r}-\mathbf{r}'|}\right]} \tag{10.205}
$$

und

$$
\mathbf{A}(\mathbf{r},t) = \mu_0\varepsilon_0\mathbf{v}_0\varphi(\mathbf{r},t) = \frac{\mathbf{v}_0}{c^2}\varphi(\mathbf{r},t) . \tag{10.206}
$$

$\mathbf{r}'$ ist dadurch definiert, dass das Argument der δ-Funktionen in den Gleichungen (10.200), (10.201) verschwinden muss, d. h. es gilt

$$
\mathbf{r}' = \mathbf{r}_0\left(t - \frac{|\mathbf{r}-\mathbf{r}'|}{c}\right) , \tag{10.207}
$$

d. h. $\mathbf{r}'$ ist eine Funktion von $\mathbf{r}$ und t, deren Bestimmung je nach der vorgegebenen Teilchenbahn Schwierigkeiten bereiten kann. $\mathbf{r}'$ ist der Ort, an dem sich das Teilchen zur retardierten Zeit befand.

Ein relativ einfacher Spezialfall ist der eines mit konstanter Geschwindigkeit bewegten Teilchens,

$$
\mathbf{r}_0 = \mathbf{v}_0 t . \tag{10.208}
$$

Im diesem Fall ergibt sich (nach einer hier übergangenen Zwischenrechnung)

$$\varphi = \frac{Qc}{4\pi\varepsilon_0\sqrt{(c^2 t - \mathbf{v}_0 \cdot \mathbf{r})^2 + (c^2 - v_0^2)(r^2 - c^2 t^2)}} \qquad (10.209)$$

$$\mathbf{A} = \frac{\mathbf{v}_0 \varphi}{c^2} \; . \qquad (10.210)$$

Selbstverständlich muss sich für $\mathbf{v}_0 = 0$ das Potential

$$\varphi = \frac{Q}{4\pi\varepsilon_0 r} \qquad (10.211)$$

ergeben, wie es auch der Fall ist. Ohne Einschränkung der Allgemeinheit kann man $\mathbf{v}_0 = (v_0, 0, 0)$ annehmen. Man erhält dann

$$\varphi = \frac{Qc}{4\pi\varepsilon_0\sqrt{(c^2 t - v_0 x)^2 + (c^2 - v_0^2)(x^2 + y^2 + z^2 - c^2 t^2)}} \; , \qquad (10.212)$$

$$A_x = \frac{v_0 \varphi}{c^2}, \quad A_y = 0, \quad A_z = 0 \qquad (10.213)$$

und

$$
\left.
\begin{aligned}
E_x &= -\frac{\partial \varphi}{\partial x} - \frac{\partial A_x}{\partial t} = \frac{Qc}{4\pi\varepsilon_0} \cdot \frac{(c^2 - v_0^2)(x - v_0 t)}{\sqrt{(c^2 t - v_0 x)^2 + (c^2 - v_0^2)(x^2 + y^2 + z^2 - c^2 t^2)}^{\,3}} \; , \\[2mm]
E_y &= -\frac{\partial \varphi}{\partial y} = \frac{Qc}{4\pi\varepsilon_0} \cdot \frac{(c^2 - v_0^2)y}{\sqrt{(c^2 t - v_0 x)^2 + (c^2 - v_0^2)(x^2 + y^2 + z^2 - c^2 t^2)}^{\,3}} \; , \\[2mm]
E_z &= -\frac{\partial \varphi}{\partial z} - \frac{Qc}{4\pi\varepsilon_0} \cdot \frac{(c^2 - v_0^2)z}{\sqrt{(c^2 t - v_0 x)^2 + (c^2 - v_0^2)(x^2 + y^2 + z^2 - c^2 t^2)}^{\,3}} \; .
\end{aligned}
\right\}
$$
$$(10.214)$$

Also ist

$$E_x : E_y : E_z = (x - v_0 t) : y : z \; , \qquad (10.215)$$

d. h. die elektrischen Kraftlinien gehen geradlinig vom Punkt $(v_0 t, 0, 0)$ aus, d. h. von dem Punkt, an dem sich das Teilchen gerade befindet. Das Feld ist jedoch keineswegs kugelsymmetrisch. Es hängt vom Winkel α ab, den die Kraftlinien mit der x-Achse am Ort des Teilchens bilden (Abb. 10.12).

   Mit

$$\sin^2 \alpha = \frac{y^2 + z^2}{(x - v_0 t)^2 + y^2 + z^2}$$

Abb. 10.12 Das Feld einer elektrischen Ladung konstanter Geschwindigkeit (vgl. mit Abb. 1.23)

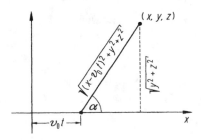

kann man die Gleichungen (10.214) in der folgenden Form schreiben:

$$\mathbf{E} = \frac{Q}{4\pi\varepsilon_0} \cdot \frac{\mathbf{r} - \mathbf{v}_0 t}{|\mathbf{r} - \mathbf{v}_0 t|^3} \cdot \frac{\left(1 - \frac{v_0^2}{c^2}\right)}{\sqrt{1 - \frac{v_0^2}{c^2}\sin^2\alpha}^3} \cdot \tag{10.216}$$

Hier sieht man deutlich, dass die Feldlinien geradlinig vom Ort der Ladung ausgehen. Der Betrag

$$E = \frac{Q}{4\pi\varepsilon_0} \cdot \frac{1}{|\mathbf{r} - \mathbf{v}_0 t|^2} \cdot \frac{\left(1 - \frac{v_0^2}{c^2}\right)}{\sqrt{1 - \frac{v_0^2}{c^2}\sin^2\alpha}^3} \tag{10.217}$$

lässt die Winkelabhängigkeit gut erkennen. Für $\alpha = 0$ hat man das kleinste Feld,

$$E_{\min} = \frac{Q}{4\pi\varepsilon_0 |\mathbf{r} - \mathbf{v}_0 t|^2} \cdot \left(1 - \frac{v_0^2}{c^2}\right), \tag{10.218}$$

und für $\alpha = \pi/2$ das größte,

$$E_{\max} = \frac{Q}{4\pi\varepsilon_0 |\mathbf{r} - \mathbf{v}_0 t|^2} \cdot \frac{1}{\sqrt{1 - \frac{v_0^2}{c^2}}} \cdot \tag{10.219}$$

Also ist z. B. für $v_0/c = 0,6$

$$\frac{E_{\min}}{E_{\max}} = \sqrt{1 - \frac{v_0^2}{c^2}}^3 \approx 0,5 \, .$$

Dieses winkelabhängige Feld der gleichförmig bewegten Ladung wurde bereits in Kap. 1 erwähnt (Abschn. 1.10).

Wir wollen noch ein anderes interessantes Beispiel diskutieren, ein um den Ursprung harmonisch schwingendes Teilchen,

$$\mathbf{r}_0 = (0,0, d\sin\omega t) \, , \tag{10.220}$$

$$\mathbf{v}_0 = (0,0, \omega d\cos\omega t) \, . \tag{10.221}$$

Wenn wir d sehr klein machen, so ergibt sich in der Näherung erster Ordnung

$$|\mathbf{r} - \mathbf{r}'| \approx r \left(1 - \frac{zz'}{r^2}\right),$$

$$z' \approx d \, \sin\left[\omega\left(t - \frac{r}{c}\right)\right]$$

und

$$\varphi \approx \frac{Q}{4\pi\varepsilon_0 r \left(1 - \frac{zz'}{r^2}\right)\left(1 - \frac{\dot{z}'z}{cr}\right)} \approx \frac{Q}{4\pi\varepsilon_0 r}\left(1 + \frac{zz'}{r^2} + \frac{z\dot{z}'}{cr}\right),$$

d. h.

$$\varphi \approx \frac{Q}{4\pi\varepsilon_0 r} + \frac{Qd\cos\theta}{4\pi\varepsilon_0}\left\{\frac{\sin\left[\omega\left(t - \frac{r}{c}\right)\right]}{r^2} + \frac{\omega\cos\left[\omega\left(t - \frac{r}{c}\right)\right]}{cr}\right\}, \tag{10.222}$$

$$A_x = A_y = 0, \quad A_z \approx \frac{Q}{4\pi\varepsilon_0 r} \cdot \frac{\dot{z}'}{c^2} \approx \frac{Q\,d\omega\cos\left[\omega\left(t - \frac{r}{c}\right)\right]}{4\pi\varepsilon_0 r c^2}. \tag{10.223}$$

Fügt man noch eine am Ursprung ruhende Ladung $-Q$ hinzu, so ergibt sich insgesamt (mit $Qd = p_0$)

$$\varphi \approx \frac{p_0\cos\theta}{4\pi\varepsilon_0}\left\{\frac{1}{r^2}\sin\left[\omega\left(t - \frac{r}{c}\right)\right] + \frac{\omega}{cr}\cos\left[\omega\left(t - \frac{r}{c}\right)\right]\right\}, \tag{10.224}$$

$$A_x = A_y = 0, \quad A_z = \frac{\mu_0 p_0 \omega}{4\pi r}\cos\left[\omega\left(t - \frac{r}{c}\right)\right]. \tag{10.225}$$

Das sind die retardierten Potentiale des Hertz'schen Dipols, Gleichungen (7.267), (7.268), wobei dort $\mathbf{A}$ in Kugelkoordinaten angegeben ist. Das ist nicht erstaunlich. Das um die ruhende negative Ladung herum schwingende positiv geladene Teilchen stellt mit diesem zusammen einen schwingenden Dipol dar. Für die Strahlung kommt es auf das negative ruhende Teilchen dabei allerdings überhaupt nicht an. Das schwingende Teilchen erzeugt dieselbe Strahlung wie der schwingende Dipol. Die Potentiale unterscheiden sich nur um das Potential der ruhenden Punktladung, $Q/4\pi\varepsilon_0 r$, das mit der Strahlung nichts zu tun hat.

10.5   Das Helmholtz'sche Theorem

10.5.1   Ableitung und Interpretation

Das Helmholtz'sche Theorem besagt, etwas vereinfacht ausgedrückt, dass ein beliebiges Vektorfeld durch alle seine Quellen und Wirbel eindeutig bestimmt wird. Man kann sich – am anschaulichsten wohl an einer hydrodynamischen Modellvorstellung – klar machen, dass das so sein muss. Man betrachte ein endliches oder unendliches Volumen, in dem sich eine zunächst ruhende Flüssigkeit befindet. Man kann nun Quellen und Senken anbringen bzw. Wirbel erzeugen. Diese werden, zusammen mit den an der Oberfläche herrschenden Randbedingungen, das sich einstellende Strömungsfeld eindeutig festlegen.

Dieses Theorem fasst vieles zusammen, das in den vorhergehenden Abschnitten eine Rolle gespielt hat. Es wirft auch ein interessantes Licht auf die Maxwell'schen Gleichungen als solche. Deren Aufgabe ist es, zwei Vektorfelder angemessen zu beschreiben. Angesichts des Helmholtz'schen Satzes wird dies am besten dadurch geschehen, dass man alle ihre Quellen und Wirbel angibt. Genau das leisten die Maxwell'schen Gleichungen auf eine sehr einfache und elegante Art und Weise. Dabei sind die beiden Felder nicht unabhängig voneinander. Sie sind dadurch miteinander verkoppelt, dass die Zeitableitungen jedes der beiden Felder Wirbel für das andere darstellen.

Wir betrachten ein in einem endlichen oder unendlichen Volumen V mit der Oberfläche a vorhandenes Vektorfeld $\mathbf{W}$. Gegeben sind seine Quellen und Wirbel,

$$\operatorname{div} \mathbf{W} = \rho(\mathbf{r}) \, , \tag{10.226}$$

$$\operatorname{rot} \mathbf{W} = \mathbf{g}(\mathbf{r}) \, . \tag{10.227}$$

$\rho(\mathbf{r})$ und $\mathbf{g}(\mathbf{r})$ sind beliebige Quell- und Wirbeldichten. Im Fall der Elektrostatik wäre $\mathbf{W} = \mathbf{D}$, $\mathbf{g} = 0$ und ρ die Raumladungsdichte. Im Fall der Magnetostatik hingegen wäre $\mathbf{W} = \mathbf{H}$, $\rho = 0$ und $\mathbf{g}$ die Stromdichte. Es soll noch vorausgesetzt werden, dass sich keine Quellen oder Wirbel im Unendlichen befinden (andernfalls ist das Problem gesondert zu betrachten). Dann kann man $\mathbf{W}$ wie folgt darstellen:

$$
\begin{aligned}
\mathbf{W} = -\operatorname{grad} &\left[\int_V \frac{\rho(\mathbf{r}')\,\mathrm{d}\tau'}{4\pi|\mathbf{r}-\mathbf{r}'|} - \oint_a \frac{\mathbf{W}(\mathbf{r}') \cdot \mathrm{d}\mathbf{a}'}{4\pi|\mathbf{r}-\mathbf{r}'|} \right] \\
+ \operatorname{rot} &\left[\int_V \frac{\mathbf{g}(\mathbf{r}')\,\mathrm{d}\tau'}{4\pi|\mathbf{r}-\mathbf{r}'|} + \oint_a \frac{\mathbf{W}(\mathbf{r}') \times \mathrm{d}\mathbf{a}'}{4\pi|\mathbf{r}-\mathbf{r}'|} \right] .
\end{aligned}
\tag{10.228}
$$

Bezeichnet man die Ausdrücke in den eckigen Klammern mit ϕ und $\mathbf{A}$, so ist

$$\mathbf{W} = -\operatorname{grad}\phi + \operatorname{rot}\mathbf{A} \, . \tag{10.229}$$

Das ist der Helmholtz'sche Satz. Sein Zusammenhang mit vielen Ergebnissen der Feldtheorie ist offensichtlich. Der Beweis ist nicht schwierig. Er geht von den Beziehungen (3.53),

$$\mathbf{W}(\mathbf{r}) = \int_V \mathbf{W}(\mathbf{r}')\delta(\mathbf{r}-\mathbf{r}')\,\mathrm{d}\tau' \, , \tag{10.230}$$

und (3.56),

$$\delta(\mathbf{r} - \mathbf{r}') = -\frac{1}{4\pi}\Delta_\mathbf{r}\frac{1}{|\mathbf{r} - \mathbf{r}'|} \ , \tag{10.231}$$

aus. Also ist

$$\mathbf{W}(\mathbf{r}) = \int\limits_V \mathbf{W}(\mathbf{r}')\left(-\frac{1}{4\pi}\Delta_\mathbf{r}\frac{1}{|\mathbf{r} - \mathbf{r}'|}\right) d\tau' = -\Delta_\mathbf{r}\int\frac{\mathbf{W}(\mathbf{r}')\,d\tau'}{4\pi|\mathbf{r} - \mathbf{r}'|} \ . \tag{10.232}$$

Mit (5.11),

$$\operatorname{rot}\operatorname{rot}\mathbf{A} = \operatorname{grad}\operatorname{div}\mathbf{A} - \Delta\mathbf{A} \ , \tag{10.233}$$

ergibt sich daraus

$$\mathbf{W} = \operatorname{rot}_\mathbf{r}\operatorname{rot}_\mathbf{r}\int\limits_V\frac{\mathbf{W}(\mathbf{r}')\,d\tau'}{4\pi|\mathbf{r} - \mathbf{r}'|} - \operatorname{grad}_\mathbf{r}\operatorname{div}_\mathbf{r}\int\limits_V\frac{\mathbf{W}(\mathbf{r}')\,d\tau'}{4\pi|\mathbf{r} - \mathbf{r}'|} \ . \tag{10.234}$$

Also ist

$$\phi = \operatorname{div}_\mathbf{r}\int\limits_V\frac{\mathbf{W}(\mathbf{r}')\,d\tau'}{4\pi|\mathbf{r} - \mathbf{r}'|} = -\int\limits_V\frac{\mathbf{W}(\mathbf{r}')}{4\pi}\operatorname{grad}_{\mathbf{r}'}\frac{1}{|\mathbf{r} - \mathbf{r}'|}\,d\tau'$$

$$= -\int\limits_V\operatorname{div}_{\mathbf{r}'}\frac{\mathbf{W}(\mathbf{r}')\cdot d\tau'}{4\pi|\mathbf{r} - \mathbf{r}'|} + \int\limits_V\frac{\operatorname{div}_{\mathbf{r}'}\mathbf{W}(\mathbf{r}')}{4\pi|\mathbf{r} - \mathbf{r}'|}\,d\tau' \ ,$$

$$\phi = -\oint\limits_a\frac{\mathbf{W}(\mathbf{r}')\cdot d\mathbf{a}'}{4\pi|\mathbf{r} - \mathbf{r}'|} + \int\limits_V\frac{\rho(\mathbf{r}')}{4\pi|\mathbf{r} - \mathbf{r}'|}\,d\tau' \tag{10.235}$$

und

$$\mathbf{A} = \operatorname{rot}_\mathbf{r}\int\limits_V\frac{\mathbf{W}(\mathbf{r}')\,d\tau'}{4\pi|\mathbf{r} - \mathbf{r}'|} = -\int\limits_V\frac{\mathbf{W}(\mathbf{r}')}{4\pi}\times\operatorname{grad}_\mathbf{r}\frac{1}{|\mathbf{r} - \mathbf{r}'|}\,d\tau'$$

$$= +\int\limits_V\frac{\mathbf{W}(\mathbf{r}')}{4\pi}\times\operatorname{grad}_{\mathbf{r}'}\frac{1}{|\mathbf{r} - \mathbf{r}'|}\,d\tau'$$

$$= -\int\limits_V\operatorname{rot}_{\mathbf{r}'}\left(\frac{\mathbf{W}(\mathbf{r}')}{4\pi|\mathbf{r} - \mathbf{r}'|}\right)d\tau' + \int\limits_V\frac{\operatorname{rot}_{\mathbf{r}'}\mathbf{W}(\mathbf{r}')}{4\pi|\mathbf{r} - \mathbf{r}'|}\,d\tau' \ ,$$

Abb. 10.13 Konstantes Feld
im Inneren eines Zylinders

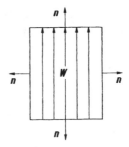

woraus sich mit dem Gauß'schen Integralsatz in der Form (5.68)

$$\mathbf{A} = \int\limits_{V} \frac{\mathbf{g}(\mathbf{r'})}{4\pi\,|\mathbf{r} - \mathbf{r'}|}\,d\tau' + \oint\limits_{a} \frac{\mathbf{W}(\mathbf{r'}) \times d\mathbf{a'}}{4\pi\,|\mathbf{r} - \mathbf{r'}|} \qquad (10.236)$$

ergibt.

Betrachtet man ein unendlich großes Volumen mit Quellen und Wirbeln im Endlichen, dann gehen die Oberflächenintegrale gegen 0 und übrig bleiben nur die beiden Volumenintegrale. Betrachtet man jedoch ein Feld, das in einem endlichen Volumen vorhanden ist, dann sind auch die Oberflächenintegrale zu berücksichtigen. Sie haben eine durchaus anschauliche Bedeutung und hätten auch ohne den oben angegebenen formalen Beweis eingeführt werden können. Wir wollen dies am Feld von Abb. 10.13 als Beispiel zeigen. Das Feld ist homogen im Inneren eines Zylinders und verschwindet außerhalb. Offensichtlich hat es Quellen und Wirbel. Quellen oder Senken sind grundsätzlich dort vorhanden, wo senkrechte Feldkomponenten unstetig sind, Wirbel dort, wo tangentiale Feldkomponenten unstetig sind. Dabei ist die Flächendichte der Quellen

$$\sigma(\mathbf{r}) = -\mathbf{W} \cdot \mathbf{n}\,, \qquad (10.237)$$

die der Wirbel

$$\mathbf{k} = \mathbf{W} \times \mathbf{n}\,, \qquad (10.238)$$

wenn **n** der Einheitsvektor in Normalenrichtung (nach außen orientiert) ist. Bei dem Feld von Abb. 10.13 hat man also Quellen auf der unteren Stirnfläche, Senken (negative Quellen) auf der oberen Stirnfläche des Zylinders und Wirbel auf der Mantelfläche. Betrachtet man ein größeres Volumen, in das der Zylinder mit seinem Feld eingebettet ist, so befinden sich die flächenhaften Quellen und Wirbel im Volumen und sind in den Volumenintegralen in Form von δ-funktionsartigen Dichten enthalten, wodurch die Volumenintegrale gerade in die angegebenen Flächenintegrale übergehen. Wir werden in einem Beispiel ausführlich auf diesen Punkt zurückkommen.

Es besteht ein Zusammenhang zwischen dem Helmholtz'schen Theorem und dem früher bewiesenen Satz, (3.57). Mit den gegenwärtigen Bezeichnungen gilt für ein beliebiges wirbelfreies und deshalb durch ein skalares Potential darstellbares Feld

$$
\begin{aligned}
\mathbf{W} &= -\operatorname{grad}\phi \\
&= -\operatorname{grad}\left[\int_V \frac{\rho(\mathbf{r}')\,d\tau'}{4\pi|\mathbf{r}-\mathbf{r}'|} - \oint_a \frac{\mathbf{W}(\mathbf{r}')\cdot d\mathbf{a}'}{4\pi|\mathbf{r}-\mathbf{r}'|} - \oint_a \frac{\phi(\mathbf{r}')}{4\pi}\cdot\frac{\partial}{\partial n'}\frac{1}{|\mathbf{r}-\mathbf{r}'|}\,da'\right].
\end{aligned}
$$

$$(10.239)$$

Aus dem Helmholtz'schen Satz erhält man für dasselbe Feld – mit $\mathbf{g}(\mathbf{r}) = 0$, –

$$
\mathbf{W} = -\operatorname{grad}\left[\int_V \frac{\rho(\mathbf{r}')\,d\tau'}{4\pi|\mathbf{r}-\mathbf{r}'|} - \oint_a \frac{\mathbf{W}(\mathbf{r}')\cdot d\mathbf{a}'}{4\pi|\mathbf{r}-\mathbf{r}'|}\right] + \operatorname{rot}\left[\oint_a \frac{\mathbf{W}(\mathbf{r}')\times d\mathbf{a}'}{4\pi|\mathbf{r}-\mathbf{r}'|}\right].
\qquad (10.240)
$$

Zwar ist das Feld durch seine Quellen und Wirbel eindeutig bestimmt. Es kann jedoch auf mehr als nur eine Weise dargestellt werden. Das Feld besteht aus drei Anteilen. Die beiden ersten Anteile sind in beiden Darstellungen dieselben. Der dritte Anteil kann durch ein skalares oder durch ein Vektorpotential dargestellt werden. Wir haben in Abschn. 3.4.7 gesehen, dass es sich bei diesem dritten Anteil des skalaren Potentials um das Potential einer Doppelschicht handelt. Wir begegnen hier wieder der schon erwähnten Äquivalenz von Wirbelring und Doppelschicht, Abschn. 5.3 d. h. wir können uns das Feld durch die flächenhaften Wirbel oder durch die Doppelschicht entstanden denken. Diese Äquivalenz ist nicht so erstaunlich, wie sie zunächst erscheinen mag. Die Wirbel sind nichts anderes als Unstetigkeiten der tangentialen Feldkomponenten. Die Randbedingung (2.117) zeigt, dass Doppelschichten, wenn sie inhomogen sind, ebenfalls solche Unstetigkeiten erzeugen.

Manchmal wird fälschlicherweise behauptet dass zu Δ, div, rot, grad inverse Operatoren Δ^{-1}, div^{-1}, rot^{-1}, grad^{-1} existieren. Alle diese Operatoren sind jedoch singulär und dazu inverse Operatoren existieren folgerichtig nicht. So macht z. B. das Helmholtz'sche Theorem deutlich, dass es zu div und rot inverse Operatoren nicht geben kann, da nur beide Gleichungen (10.226) und (10.227) zusammen eine eindeutige Lösung $\mathbf{W}$ liefern. Allerdings kann man beide Operatoren zu einem invertierbaren Operator zusammenfassen, den man „Helmholtzoperator" nennen sollte (Lehner, [46]).

10.5.2 Beispiele

10.5.2.1 Homogenes Feld im Inneren einer Kugel

Als Beispiel betrachten wir das durch Abb. 10.14 gegebene, im Inneren einer Kugel homogene, außen verschwindende Feld $\mathbf{W}$. Im Inneren sind keine Quellen oder Wirbel vorhanden. Das Feld kann deshalb im ganzen Raum aus den Oberflächenintegralen allein berechnet werden. Mit

$$\sigma = -W \cos \theta \tag{10.241}$$

und

$$k_\varphi = W \sin \theta \tag{10.242}$$

erhält man in Kugelkoordinaten aus dem Helmholtz'schen Satz

$$\phi(r, \theta) = -\frac{W}{4\pi} \int_a \frac{\cos \theta_0}{|\mathbf{r} - \mathbf{r}_0|} \, \mathrm{d}a_0 = -\frac{W}{4\pi} \oint \frac{P_1^0(\cos \theta_0)}{|\mathbf{r} - \mathbf{r}_0|} \, \mathrm{d}a_0 \tag{10.243}$$

und

$$\mathbf{A}(r, \theta) = \begin{cases} A_{\mathbf{r}} = A_\theta = 0 \\ A_\varphi = \dfrac{W}{4\pi} \oint_a \dfrac{\cos(\varphi - \varphi_0) \sin \theta_0}{|\mathbf{r} - \mathbf{r}_0|} \, \mathrm{d}a_0 \\ \quad = \dfrac{W}{4\pi} \oint \dfrac{P_1^1(\cos \theta_0) \cos(\varphi - \varphi_0)}{|\mathbf{r} - \mathbf{r}_0|} \, \mathrm{d}a_0 \end{cases} \tag{10.244}$$

mit

$$|\mathbf{r} - \mathbf{r}_0| = \sqrt{r^2 + r_0^2 - 2 r r_0 [\sin \theta \sin \theta_0 \cos(\varphi - \varphi_0) + \cos \theta \cos \theta_0]} \,. \tag{10.245}$$

Bei der Berechnung von A_φ muss man, wie schon mehrfach erwähnt, von kartesischen Koordinaten ausgehen. Man erhält dann wie bei (5.44) den zusätzlichen Faktor $\cos(\varphi - \varphi_0)$ im Integranden. Die beiden Integrale sind nicht elementar, können jedoch mit Hilfe der Entwicklung (3.324) des reziproken Abstandes nach Kugelflächenfunktionen auf elegante

Abb. 10.14 Konstantes Feld im Inneren einer Kugel

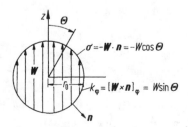

Art berechnet werden. Allgemein gilt für das Integral

$$J = \oint \frac{P_{n'}^{m'}(\cos\theta_0)\cos[m'(\varphi - \varphi_0)]}{|\mathbf{r} - \mathbf{r}_0|} \, da_0$$

$$= \oint P_{n'}^{m'}(\cos\theta_0)\cos[m'(\varphi - \varphi_0)] \sum_{n=0}^{\infty} \sum_{m=0}^{n} \frac{1}{r_0}(2 - \delta_{0m})\frac{(n-m)!}{(n+m)!} \qquad (10.246)$$

$$\cdot \left\{ \begin{matrix} \left(\frac{r}{r_0}\right)^n \\ \left(\frac{r_0}{r}\right)^{n+1} \end{matrix} \right\} P_n^m(\cos\theta_0) P_n^m(\cos\theta)\cos[m(\varphi - \varphi_0)] \, da_0 \; .$$

Mit der Orthogonalitätsbeziehung (3.300) gibt das

$$J = \frac{4\pi r_0}{2n' + 1} \left\{ \begin{matrix} \left(\frac{r}{r_0}\right)^{n'} \\ \left(\frac{r_0}{r}\right)^{n'+1} \end{matrix} \right\} P_{n'}^{m'}(\cos\theta) \; . \qquad (10.247)$$

Damit wird für $r < r_0$ bzw. $r > r_0$

$$\left. \begin{aligned} \phi_i &= -\frac{W}{3}r\cos\theta = -\frac{W}{3}z \; , \\ \phi_a &= -\frac{W}{3}\frac{r_0^3}{r^2}\cos\theta \end{aligned} \right\} \qquad (10.248)$$

und

$$\left. \begin{aligned} A_{\varphi i} &= +\frac{W}{3}r\sin\theta \; , \\ A_{\varphi a} &= +\frac{W}{3}\frac{r_0^3}{r^2}\sin\theta \; . \end{aligned} \right\} \qquad (10.249)$$

Das zugehörige Feld ist innen

$$\mathbf{W}_i = -\operatorname{grad}\phi_i + \operatorname{rot}\mathbf{A}_i \; .$$

Es hat nur eine z-Komponente

$$W_{iz} = \tfrac{1}{3}W + \tfrac{2}{3}W = W \; , \qquad (10.250)$$

die zu $\frac{1}{3}$ durch die Quellen, zu $\frac{2}{3}$ durch die Wirbel erzeugt wird. Außen erhält man sich kompensierende Dipolfelder,

$$\mathbf{W}_a = 0 \; . \qquad (10.251)$$

All das ist nicht überraschend. Wir wissen aus früheren Abschnitten, dass $\cos\theta$ proportionale Flächenladungsdichten bzw. $\sin\theta$ proportionale Flächenstromdichten in azimutaler Richtung auf Kugeloberflächen innen homogene Felder, außen Dipolfelder erzeugen. Das eine entspricht dem elektrischen Feld einer homogen polarisierten Kugel, das andere dem magnetischen Feld einer homogen magnetisierten Kugel.

Nach (10.239) können wir das ganze Feld $\mathbf{W}$ auch durch ein skalares Potential allein darstellen. Dazu ist das obige Vektorpotential durch das Potential

$$\phi_3 = -\frac{1}{4\pi} \oint\limits_a \phi(\mathbf{r}_0) \frac{\partial}{\partial r_0} \frac{1}{|\mathbf{r} - \mathbf{r}_0|} \, da_0 \tag{10.252}$$

zu ersetzen. Um dieses Potential berechnen zu können, müssen wir das Potential an der Oberfläche kennen, was jedoch nicht bedeutet, dass es beliebig vorgegeben werden kann. Das würde, wie wir schon in Abschn. 3.4 diskutiert haben, zu einer Überbestimmung des Problems führen. Zum Feld von Abb. 10.14 gehört als rein skalares Potential offensichtlich im Innenraum

$$\phi_{gi} = -Wz = -Wr\cos\theta \;. \tag{10.253}$$

Damit wird

$$\phi_3 = +\frac{Wr_0}{4\pi} \oint P_1^0(\cos\theta_0) \frac{\partial}{\partial r_0} \frac{1}{|\mathbf{r} - \mathbf{r}_0|} \, da_0 \;.$$

Nach (10.247) erhalten wir daraus

$$\phi_3 = \frac{Wr_0}{4\pi} \cdot \frac{\partial}{\partial r_0} \left[\frac{1}{r_0} \left\{ \frac{\left(\dfrac{r}{r_0}\right)^1}{\left(\dfrac{r_0}{r}\right)^2} \right\} \right] \cdot \frac{4\pi r_0^2}{3} \cos\theta \;,$$

d. h.

$$\left.\begin{aligned} \phi_{3i} &= -\tfrac{2}{3} Wr\cos\theta = -\tfrac{2}{3} Wz \;, \\[4pt] \phi_{3a} &= \tfrac{1}{3} W \frac{r_0^3}{r^2} \cos\theta \;. \end{aligned}\right\} \tag{10.254}$$

Zusammen mit dem Potential (10.248) gibt das

$$\left.\begin{aligned} \phi_{gi} &= -Wr\cos\theta = -Wz \\[4pt] \phi_{ga} &= 0 \;, \end{aligned}\right\} \tag{10.255}$$

was zu beweisen war.

Wir haben gesehen (und an dem eben diskutierten Beispiel gezeigt), dass und wie das von flächenhaften Wirbeln erzeugte Feld wahlweise durch das entsprechende Vektorpotential oder durch das Potential einer äquivalenten Doppelschicht dargestellt werden kann. Wirbel (d. h. Unstetigkeiten des tangentialen Feldes) sind jedoch nur vorhanden, wenn die Doppelschicht inhomogen ist bzw. wenn das im Integral (10.252) auftretende Potential nicht konstant ist. Wie wir in Abschn. 3.4 gesehen haben, ist die Flächendichte des Dipolmomentes

$$\tau = -\varepsilon_0 \phi(\mathbf{r}_0) \;. \tag{10.256}$$

Ist die Grenzfläche eine Äquipotentialfläche, dann ist die Doppelschicht homogen und es sind keine Wirbel vorhanden, d. h. das Feld muss verschwinden. Dazu betrachten wir das

Abb. 10.15 Kugel ohne Feld

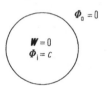

ganz besonders einfache Feld von Abb. 10.15, das sowohl innerhalb wie auch außerhalb der Kugel verschwindet. Auf der Oberfläche ist das Potential konstant,

$$\phi(\mathbf{r}_0) = C \ . \tag{10.257}$$

In (10.239) ist in diesem Fall nur das dritte Glied von 0 verschieden, d. h. wir bekommen

$$\phi = -\frac{C}{4\pi} \oint \frac{\partial}{\partial r_0} \frac{1}{|\mathbf{r} - \mathbf{r}_0|} \, \mathrm{d}a_0 \ .$$

Mit (10.247) und weil $P_0^0 = 1$ ist, ergibt das

$$\phi = -\frac{C}{4\pi} \cdot \frac{\partial}{\partial r_0} \left[\frac{1}{r_0} \left\{ \begin{matrix} 1 \\ \frac{r_0}{r} \end{matrix} \right\} \right] \cdot 4\pi r_0^2 P_0^0 \ ,$$

d. h.

$$\left. \begin{matrix} \phi_i = C = -\dfrac{\tau}{\varepsilon_0} \ , \\[2mm] \phi_a = 0 \ . \end{matrix} \right\} \tag{10.258}$$

Auch das bestätigt uns schon bekannte Ergebnisse aus Abschn. 2.5.3, insbesondere Gleichungen (2.72), (2.73). Die Potentiale sind konstant und die Felder verschwinden wie vorausgesetzt. Allerdings ist im Inneren der Doppelschicht ein sogar unendlich starkes Feld vorhanden, das eben den Potentialunterschied C erzeugt.

10.5.2.2   Punktladung im Inneren einer leitfähigen Hohlkugel

Wir betrachten hier noch einmal dieses schon wiederholt diskutierte Problem, das in Abschn. 2.6.1 durch Spiegelung und in Abschn. 3.8.2.3 durch Separation gelöst wurde. Die Kugel hat den Radius r_K. Auf ihrer Oberfläche ist $\phi = 0$. Die Ladung befindet sich auf der z-Achse bei $z = r_0$. Nach (3.336) ist

$$\phi = \frac{Q}{4\pi\varepsilon_0} \sum_{n=0}^{\infty} \left[\frac{1}{r_0} \left\{ \begin{matrix} \left(\dfrac{r}{r_0}\right)^n \\[2mm] \left(\dfrac{r_0}{r}\right)^{n+1} \end{matrix} \right\} - \frac{r_0^n r^n}{r_K^{2n+1}} \right] P_n^0(\cos\theta) \ , \tag{10.259}$$

und das radiale Feld an der Kugeloberfläche ist nach Gleichung (3.340)

$$E_r = \frac{Q}{4\pi\varepsilon_0} \sum_{n=0}^{\infty} (2n+1) \frac{r_0^n}{r_K^{n+2}} P_n^0(\cos\theta) \ . \tag{10.260}$$

Die Kugeloberfläche ist Äquipotentialfläche, d. h. tangentiale Feldkomponenten (Wirbel) sind nicht vorhanden.

Unter diesen Voraussetzungen ist nach dem Helmholtz'schen Theorem

$$\phi = \int\limits_V \frac{\operatorname{div}\mathbf{E}(\mathbf{r}')\,\mathrm{d}\tau'}{4\pi\,|\mathbf{r}-\mathbf{r}'|} - \oint \frac{E_{\mathbf{r}}(\mathbf{r}')\,\mathrm{d}a'}{4\pi\,|\mathbf{r}-\mathbf{r}'|}\,. \tag{10.261}$$

Mit

$$\operatorname{div}\mathbf{E} = \frac{Q}{\varepsilon_0}\delta(\mathbf{r}-\mathbf{r}_0) \tag{10.262}$$

liefert das Volumenintegral gerade den ersten Teil des Potentials (10.259). Das Oberflächenintegral andererseits liefert mit dem Feld (10.260) den zweiten Teil dieses Potentials, was mit Hilfe der Beziehung (10.247) gezeigt werden kann. Dieser zweite Teil ist nichts anderes als das Potential der Bildladung. Man beachte bei dieser Betrachtung jedoch, dass es sich hier um keine Methode zur Lösung des Problems handelt. Wir mussten ja das zunächst unbekannte Feld an der Oberfläche benutzen. Es ging hier nur darum, den Inhalt des Helmholtz'schen Theorems an Beispielen deutlich zu machen.

Es sei noch darauf hingewiesen, dass man in das Helmholtz'sche Theorem natürlich nur miteinander verträgliche Größen einsetzen darf. Man könnte im Zusammenhang mit der Punktladung Q auch noch andere Felder als das durch (10.260) gegebene betrachten, was dann ein anderes Problem wäre. In jedem Fall aber muss das an der Oberfläche vorgegebene Feld einen Fluss aufweisen, der zur Summe aller angenommenen Quellen passt. Betrachten wir ein Feld mit radialen Komponenten an der Oberfläche in der folgenden Form:

$$E_{\mathbf{r}} = \sum_{n=0}^{\infty} A_n P_n^0(\cos\theta)\,, \tag{10.263}$$

so ist der gesamte Fluss von $\mathbf{E}$ durch die Oberfläche

$$\oint E_{\mathbf{r}}(\mathbf{r}')\,\mathrm{d}a' = A_0 4\pi r_K^2\,. \tag{10.264}$$

Ist nun die Gesamtladung im Volumen Q, so muss

$$A_0\,4\pi r_K^2 = \frac{Q}{\varepsilon_0} \tag{10.265}$$

sein, wodurch das erste Glied der Entwicklung (10.263) in Übereinstimmung mit (10.260) festgelegt ist.

10.6   Maxwell'sche Gleichungen und Relativitätstheorie

10.6.1   Galilei- und Lorentz-Transformation

Die klassische Physik Newton'scher Prägung beruht auf der uns selbstverständlich erscheinenden anschaulichen Vorstellung des absoluten Raumes und der absoluten Zeit. Diese führt zu der Annahme, dass die Gesetze der klassischen Physik invariant gegenüber einer sogenannten *Galilei-Transformation* sind. Wir betrachten die physikalischen Vorgänge in zwei verschiedenen Bezugssystemen, nämlich in einem Bezugssystem Σ, und einem zweiten Bezugssystem Σ', das sich in Σ mit einer *konstanten Geschwindigkeit* $\mathbf{v}$ bewegt. Dabei soll es sich um *Inertialsysteme* handeln, d. h. um Systeme, in denen keine Trägheitskräfte auftreten. Die wichtigen mit dieser Einschränkung verknüpften Fragen sollen hier nicht weiter diskutiert werden. Zwischen dem Ortsvektor $\mathbf{r}$ und der Zeit t in Σ und dem Ortsvektor $\mathbf{r}'$ und der Zeit t' in Σ' bestehen die Beziehungen

$$\left. \begin{array}{l} \mathbf{r}' = \mathbf{r} - \mathbf{v}t \;, \\[2mm] t' = t \;. \end{array} \right\} \tag{10.266}$$

Die Koordinatenachsen beider Bezugssysteme sind zueinander parallel. Zur Zeit $t = 0$ fallen beide Koordinatensysteme zusammen. Diese beiden Gleichungen stellen die sogenannte *Galilei-Transformation* dar. Sie hat z. B. die uns geläufige vektorielle Addition von Geschwindigkeiten zur Folge. Bewegt sich ein Massenpunkt in Σ mit der Geschwindigkeit $\dot{\mathbf{r}}$, so bewegt er sich in Σ' mit der Geschwindigkeit $\dot{\mathbf{r}}' = \dot{\mathbf{r}} - \mathbf{v}$, so dass

$$\dot{\mathbf{r}} = \dot{\mathbf{r}}' + \mathbf{v} \;. \tag{10.267}$$

Wie vorausgesetzt ist $\mathbf{v}$, und das ist hier wesentlich, eine konstante Geschwindigkeit. Deshalb ist die Beschleunigung

$$\ddot{\mathbf{r}}' = \ddot{\mathbf{r}} \tag{10.268}$$

in beiden Bezugssystemen dieselbe. Wirkt eine Kraft $\mathbf{F}$, so gilt, also in beiden Bezugssystemen auch dieselbe Bewegungsgleichung,

$$\mathbf{F} = m\ddot{\mathbf{r}} = m\ddot{\mathbf{r}}' \;, \tag{10.269}$$

vorausgesetzt, dass die Masse in beiden Bezugssystemen dieselbe ist (was relativistisch nicht mehr der Fall sein wird). Genau das ist, sehr vereinfacht und verkürzt gesagt, mit der *Invarianz der Gesetze der klassischen Physik gegenüber der Galilei-Transformation* gemeint.

Nachdem man zunächst aus den Maxwell'schen Gleichungen die Fortpflanzung elektromagnetischer Wellen im Vakuum mit der Vakuumlichtgeschwindigkeit

$$c = \frac{1}{\sqrt{\varepsilon_0 \mu_0}} \tag{10.270}$$

theoretisch hergeleitet und dann deren Existenz auch experimentell bewiesen hatte (Heinrich Hertz, 1887/88), war die Frage unvermeidlich geworden, auf welches Bezugssystem sich diese Aussage bezieht, d. h. in welchem Bezugssystem das Licht diese Geschwindigkeit nun wirklich hat. Nach klassischen Vorstellungen kann es nur ein Bezugssystem geben, das diese Eigenschaft aufweist. In allen anderen Bezugssystemen wäre die Lichtgeschwindigkeit nach Gleichung (10.267) eine andere. Es schien zunächst natürlich und geradezu selbstverständlich anzunehmen, dass dieses ausgezeichnete Bezugssystem (in dem das Licht die angegebene Geschwindigkeit hat) der uns umgebende absolute Raum ist, in dem z. B. die Fixsterne (nicht aber unsere Erde) ruhen (was nach unseren heutigen Vorstellungen vom Weltall und angesichts der geradezu unheimlichen Dynamik auch des Verhaltens von Fixsternen in ihren Spiralnebeln etc. eine recht naive Vorstellung war). Damit Wellen sich in diesem absoluten Raum ausbreiten konnten, sollte er von einem geeigneten Medium erfüllt sein, das man *Äther* nannte. Der Äther sollte für Lichtwellen die Rolle spielen, die z. B. ein Gas für die sich in ihm ausbreitenden Schallwellen spielt. Da sich die Erde im Äther bewegt, sollte sich die Lichtgeschwindigkeit, von der Erde aus betrachtet, von der Vakuumlichtgeschwindigkeit gerade um die Geschwindigkeit der Erde im Äther unterscheiden, d. h. es sollte Gleichung (10.267) gelten. Mit Hilfe dieser Gleichung sollte es deshalb auch möglich sein, die Geschwindigkeit der Erde im Äther (und damit im absoluten Raum) festzustellen. Diese Gedankengänge haben eine intensive Diskussion und eine hektische experimentelle Tätigkeit ausgelöst. Man hat viele Versuche gemacht, die die beschriebenen Vorstellungen bestätigen sollten (so z. B. den berühmten Michelson-Versuch), die jedoch alle fehlschlugen. Ohne auf Einzelheiten einzugehen, sei nur das Endergebnis der langen Diskussion beschrieben. Dieses einerseits sehr einfache, andererseits unserer unmittelbaren Anschauung entschieden widersprechende Ergebnis wurde erstmals von Einstein (1905) in dieser Form formuliert. *Es besagt, dass die Vakuumlichtgeschwindigkeit unabhängig von der Relativgeschwindigkeit* v *in allen gleichförmig zueinander bewegten Bezugssystemen (in allen Inertialsystemen) den gleichen Wert hat.* Das ist die Grundlage der sogenannten *speziellen Relativitätstheorie* (nicht zu verwechseln mit der späteren *allgemeinen Relativitätstheorie*, von der hier nicht die Rede ist). *Die Maxwell'schen Gleichungen sind also nicht Galilei-invariant.*

Die durch diese Erkenntnis gegebene Relativitätstheorie war durch die experimentellen Ergebnisse erzwungen und unausweichlich. Sie war das zwangsläufige Ergebnis der experimentellen Erfahrungen, d. h. sie wäre auch ohne Einstein entstanden. Wenn sie dennoch zu Recht mit seinem Namen verknüpft wird, so deshalb, weil er als erster die notwendigen und unausweichlichen mit vielen unserer Vorstellungen radikal brechenden Konsequenzen der intensiven damaligen Forschungsarbeit formuliert hat und weil er dies darüber hinaus in einer genial klaren Weise getan hat.

Die Relativitätstheorie hat auch über die Physik hinaus viele mehr oder weniger sinnvolle, oft auch abenteuerlich unsinnige Diskussionen ausgelöst, manchmal von Leuten, die sie überhaupt nicht verstanden hatten. Viele Debatten gingen und gehen noch heute in naiver Weise von dem Wort Relativität aus und lehnen die Relativitätstheorie ab, weil man aus irgendwelchen angeblich philosophischen Gründen doch nicht einfach alles relativieren dürfe, oder sie missbrauchen umgekehrt die Relativitätstheorie, um Aussagen zu relativieren, die mit ihr oft überhaupt nichts zu tun haben. Feynman hat das in seinem berühmten Lehrbuch ironisch kommentiert [47, Section 16-1, „Relativity and the Philosophers"]. *Demgegenüber sei hier festgehalten, dass die Einstein'sche Relativitätstheorie eine sehr klare und letzten Endes sogar einfache Theorie ist, die die historisch vorhergehende Theorie (die man als Galilei'sche Relativitätstheorie bezeichnen könnte) abgelöst hat. Weiter sei festgehalten, dass die Einstein'sche Relativitätstheorie der vorhergehenden Theorie nicht widerspricht, sondern diese, sie als Grenzfall mitenthaltend, verallgemeinert* (wie wir noch deutlich sehen werden).

Die Grundaussage der Relativitätstheorie ist, dass die Größe

$$c^2 = \frac{x^2 + y^2 + z^2}{t^2}$$

in allen Inertialsystemen denselben Wert hat, bzw. dass

$$\left. \begin{array}{l} x^2 + y^2 + z^2 - c^2 t^2 = \sum_{i=1}^{4} x_i^2 = 0 \,, \\[2mm] (x, y, z, \mathrm{i}ct) = (x_1, x_2, x_3, x_4) = (x_i) \end{array} \right\} \tag{10.271}$$

invariant ist. Die mathematische Transformation, die das bewirkt, ist die sogenannte *Lorentz-Transformation*. Im Gegensatz zur Galilei-Transformation erfasst sie auch die Zeit. Auch diese wird nun vom Bezugssystem abhängig. Es ist nicht schwierig, diese Transformation herzuleiten. Dazu bedarf es lediglich der aus der Mathematik bekannten *orthogonalen Transformation* der Koordinaten eines n-dimensionalen (hier vierdimensionalen) Raumes.

Zur Veranschaulichung von Gleichung (10.271) stelle man sich im Laborsystem Σ eine zur Zeit $t = t_0$ von einem beliebigen Punkt $\mathbf{r}_0$ ausgehende Kugelwelle vor. Im Bezugssystem Σ' gehe sie zur Zeit $t' = t_0'$ von Punkt $\mathbf{r}_0'$ aus. Durch geeignete Translation in Raum und Zeit kann man stets erreichen, dass $\mathbf{r}_0 = 0, \mathbf{r}_0' = 0, t_0 = 0, t_0' = 0$ ist. Das stellt keine Einschränkung der Allgemeinheit dar.

10.6.2   Die Lorentz-Transformation als orthogonale Transformation

Wir betrachten einen n-dimensionalen euklidischen Raum mit zwei gegeneinander gedrehten kartesischen Koordinatensystemen. Ein bestimmter Ort wird in einem Koordinatensystem durch (x_i), im anderen durch (x_i') beschrieben, wobei

$$x_i' = \sum_{k-1}^{n} L_{ik} x_k \quad (i, k = 1, \ldots, n) \tag{10.272}$$

ist. Diese Transformation muss nun die Eigenschaft

$$\sum_{i=1}^{n} x_i'^2 = \sum_{t=1}^{n} x_i^2 = \text{invariant} \tag{10.273}$$

haben, d. h. der Abstand muss invariant sein. Das ist genau dann der Fall, wenn der Matrixoperator

$$L = (L_{ik}) \tag{10.274}$$

orthogonal ist. Seine Eigenschaften sind leicht herleitbar.

$$\sum_{i=1}^{n} x_i'^2 = \sum_{l=1}^{n} \left(\sum_{k=1}^{n} L_{ik} x_k \right) \left(\sum_{l=1}^{n} L_{il} x_l \right) = \sum_{k=1}^{n} x_k^2 = \sum_{k=1}^{n} \sum_{l=1}^{n} \delta_{kl} x_k x_l \ .$$

Also ist

$$\sum_{i=1}^{n} L_{ik} L_{il} = \delta_{kl} \ . \tag{10.275}$$

Natürlich ist

$$L^{-1} L = \hat{1} \ ,$$

d. h.

$$\sum_{i=1}^{n} L_{ki}^{-1} L_{il} = \delta_{kl} \ . \tag{10.276}$$

Aus den Gleichungen (10.275) und (10.276) folgt nun durch Vergleich

$$L_{ki}^{-1} = L_{ik} \ , \quad L^{-1} = L^{T} \ . \tag{10.277}$$

Genau das ist die den orthogonalen Transformationsoperator kennzeichnende Eigenschaft, dass nämlich der inverse Operator L^{-1} gleich dem transponierten Operator L^{T} (mit $L_{ki}^{T} = L_{ik}$) ist. Natürlich ist auch

$$L L^{-1} = \hat{1} \ ,$$

$$\sum_{i=1}^{n} L_{ki} L_{il}^{-1} = \sum_{i=1}^{n} L_{ki} L_{li} = \delta_{kl} \ . \tag{10.278}$$

Die beiden Gleichungen (10.275) und (10.278) besagen, dass sowohl die Spalten- als auch
die Zeilenvektoren eines orthogonalen Operators zueinander orthogonale Einheitsvektoren sind.

Nach dieser mathematischen Vorbemerkung wenden wir uns nun dem Spezialfall der
Lorentz-Transformation zu. Dazu benutzen wir wie schon in Gleichung (10.271) den vierdimensionalen Vektor

$$(x, y, z, \mathrm{i}ct) = (x_1, x_2, x_3, x_4) = (x_i) \,, \tag{10.279}$$

wobei nun der vierdimensionale Abstand $\sum_{i=1}^{4} x_i^2$ invariant sein muss. Formal handelt es
sich um dasselbe Problem wie in einem vierdimensionalen euklidischen Raum. Der Unterschied besteht nur darin, dass eine der Koordinaten $x_4 = \mathrm{i}ct$ wie auch die entsprechenden
Matrixelemente nun imaginär sind. Man spricht deshalb von der *pseudoeuklidischen vierdimensionalen Raumzeit*, die auch als *Minkowski-Raum* bezeichnet wird.

Zunächst werde angenommen, dass die Relativgeschwindigkeit **v** nur eine x_1-Komponente v_1 aufweist,

$$\mathbf{v} = (v_1, 0, 0) \,. \tag{10.280}$$

Es liegt dann nahe, anzunehmen, dass $y = x_2$ und $z = x_3$ in diesem Fall unverändert
bleiben und nur $x = x_1$ und $\mathrm{i}ct = x_4$ durch die Transformation geändert werden. Man
kann auch ohne diese Annahme auskommen, die lediglich die folgende Diskussion vereinfachen soll. Die Transformation kann damit in der Form

$$\left.\begin{aligned}
x_1' &= L_{11}x_1 && +L_{14}x_4 \\
x_2' &= && x_2 \\
x_3' &= && x_3 \\
x_4' &= L_{41}x_1 && +L_{44}x_4
\end{aligned}\right\} \tag{10.281}$$

angesetzt werden. Für $x_1 = v_1 t$ muss sich für den Ursprung des bewegten Systems $\Sigma' x' = 0$ ergeben, d. h. wir können

$$x_1' = f(v_1)(x_1 - v_1 t) = f(v_1)x_1 - \frac{v_1 f(v_1)}{\mathrm{i}c}\mathrm{i}ct = f(v_1)x_1 - \frac{v_1 f(v_1)}{\mathrm{i}c}x_4$$

setzen. Also ist

$$L_{14} = -\frac{v_1}{\mathrm{i}c}L_{11} = \mathrm{i}\frac{v_1}{c}L_{11} \,. \tag{10.282}$$

Wegen der Orthogonalität von L ist

$$L_{11}^2 + L_{14}^2 = 1 \,, \tag{10.283}$$

$$L_{41}^2 + L_{44}^2 = 1 \,, \tag{10.284}$$

$$L_{11}L_{41} + L_{14}L_{44} = 0 \,. \tag{10.285}$$

Aus den Gleichungen (10.282) und (10.283) ergibt sich

$$L_{11} = \frac{1}{\sqrt{1 - \frac{v_1^2}{c^2}}} \quad , \quad L_{14} = \frac{\mathrm{i}\frac{v_1}{c}}{\sqrt{1 - \frac{v_1^2}{c^2}}} \quad . \tag{10.286}$$

Daraus und aus Gleichung (10.285) folgt weiter

$$L_{41} = -\frac{L_{14}}{L_{11}} L_{44} = -\frac{\mathrm{i}v_1}{c} L_{44} \, ,$$

was mit Gleichung (10.284)

$$L_{44} = \frac{1}{\sqrt{1 - \frac{v_1^2}{c^2}}} \quad , \quad L_{41} = -\frac{\mathrm{i}\frac{v_1}{c}}{\sqrt{1 - \frac{v_1^2}{c^2}}} \tag{10.287}$$

liefert. Mit der häufig benutzten Abkürzung

$$\beta = \frac{v}{c} = \frac{v_1}{c} \tag{10.288}$$

erhalten wir schließlich die Lorentz-Transformation

$$
\begin{aligned}
x_1' &= \frac{x_1 + \mathrm{i}\beta x_4}{\sqrt{1 - \beta^2}} \\
x_2' &= x_2 \\
x_3' &= x_3 \\
x_4' &= \frac{-\mathrm{i}\beta x_1 + x_4}{\sqrt{1 - \beta^2}}
\end{aligned}
\tag{10.289}
$$

bzw. in t und t'

$$
\begin{aligned}
x_1' &= \frac{x_1 - v_1 t}{\sqrt{1 - \beta^2}} \\
x_2' &= x_2 \\
x_3' &= x_3 \\
t' &= \frac{-\frac{v_1}{c^2} x_1 + t}{\sqrt{1 - \beta^2}}
\end{aligned}
\tag{10.290}
$$

Es lässt sich leicht nachprüfen, dass alle Forderungen erfüllt sind und dass insbesondere die Invarianz entsprechend Gleichung (10.271) gilt.

Der Fall einer beliebigen Geschwindigkeit $\mathbf{v} = (v_1, v_2, v_3)$ lässt sich auf das eben gewonnene Ergebnis zurückführen. Wir zerlegen $(\mathbf{r} - \mathbf{v}t)$ in die zu $\mathbf{v}$ parallele und in die zu $\mathbf{v}$ senkrechte Komponente,

$$(\mathbf{r} - \mathbf{v}t)_{\parallel} = \frac{(\mathbf{r} - \mathbf{v}t) \cdot \mathbf{v}}{v^2} \mathbf{v},$$

$$(\mathbf{r} - \mathbf{v}t)_{\perp} = (\mathbf{r} - \mathbf{v}t) - \frac{(\mathbf{r} - \mathbf{v}t) \cdot \mathbf{v}}{v^2} \mathbf{v}$$

und erhalten

$$\left.\begin{aligned}
\mathbf{r}' &= \frac{(\mathbf{r} - \mathbf{v}t)_{\parallel}}{\sqrt{1 - \beta^2}} + (\mathbf{r} - \mathbf{v}t)_{\perp} = \mathbf{r} + \frac{(\mathbf{r} \cdot \mathbf{v})\mathbf{v}}{v^2}\left[\frac{1}{\sqrt{1 - \beta^2}} - 1\right] - \frac{\mathbf{v}t}{\sqrt{1 - \beta^2}} \\
t' &= \frac{-\frac{1}{c^2}(\mathbf{r} \cdot \mathbf{v}) + t}{\sqrt{1 - \beta^2}}
\end{aligned}\right\} \quad (10.291)$$

Für $\mathbf{v} = (v_1, 0, 0)$ erhält man daraus natürlich wieder die Transformation (10.290). Man kann auch leicht nachprüfen, dass mit Gleichung (10.291) tatsächlich, wie gefordert,

$$\mathbf{r}'^2 - c^2 t'^2 = \mathbf{r}^2 - c^2 t^2$$

invariant ist. Aus (10.291) ergibt sich der Operator L in folgender Form $\left(\text{mit } \beta = \frac{v}{c}\right)$

$$L = \begin{bmatrix}
1 + \frac{v_1^2}{v^2}\left[\frac{1}{\sqrt{1-\beta^2}} - 1\right] & \frac{v_1 v_2}{v^2}\left[\frac{1}{\sqrt{1-\beta^2}} - 1\right] & \frac{v_1 v_3}{v^2}\left[\frac{1}{\sqrt{1-\beta^2}} - 1\right] & \frac{i v_1}{c\sqrt{1-\beta^2}} \\[2mm]
\frac{v_1 v_2}{v^2}\left[\frac{1}{\sqrt{1-\beta^2}} - 1\right] & 1 + \frac{v_2^2}{v^2}\left[\frac{1}{\sqrt{1-\beta^2}} - 1\right] & \frac{v_1 v_3}{v^2}\left[\frac{1}{\sqrt{1-\beta^2}} - 1\right] & \frac{i v_2}{c\sqrt{1-\beta^2}} \\[2mm]
\frac{v_1 v_3}{v^2}\left[\frac{1}{\sqrt{1-\beta^2}} - 1\right] & \frac{v_2 v_3}{v^2}\left[\frac{1}{\sqrt{1-\beta^2}} - 1\right] & 1 + \frac{v_3^2}{v^2}\left[\frac{1}{\sqrt{1-\beta^2}} - 1\right] & \frac{i v_3}{c\sqrt{1-\beta^2}} \\[2mm]
-\frac{i v_1}{c\sqrt{1-\beta^2}} & -\frac{i v_2}{c\sqrt{1-\beta^2}} & -\frac{i v_3}{c\sqrt{1-\beta^2}} & \frac{1}{\sqrt{1-\beta^2}}
\end{bmatrix}$$

$$(10.292)$$

Die inverse Transformation erhält man einfach dadurch, dass man $\mathbf{v}$ *durch* $-\mathbf{v}$ *ersetzt.* Man sieht sofort, dass die so gewonnene inverse Matrix $L^{-1} = L^T$ ist. Für $\beta \to 0$ erhält man die Galilei-Transformation. Das bedeutet, dass die Relativitätstheorie die klassische Physik als Grenzfall mitenthält und diese verallgemeinert.

Damit haben wir die Lorentz-Transformation gewonnen, einmal in der einfachen Form der Gleichungen (10.289) oder (10.290) für $\mathbf{v} = (v_1, 0, 0)$ und einmal in der komplizierteren Form der Gleichung (10.292) für $\mathbf{v} = (v_1, v_2, v_3)$. Wir wollen zunächst einige ihrer fundamentalen Konsequenzen kennenlernen. Meist werden wir sie in ihrer einfachen Form benutzen, da diese für viele Zwecke ausreicht.

10.6.3 Einige Konsequenzen der Lorentz-Transformation

10.6.3.1 Die Lorentz-Kontraktion

Wir betrachten einen Stab, der parallel zur x_1- bzw. x_1'-Achse orientiert ist und im System Σ die Länge $l = x_{1e} - x_{1a}$ hat. Nun bestimmen wir seine Länge $l' = x_{1e}' - x_{1a}'$ im System Σ'. Das muss mit Vorsicht geschehen. Wir müssen dafür sorgen, dass wir die Koordinaten der Endpunkte in Σ' zur selben Zeit t' bestimmen. Das ist zu beachten, weil Gleichzeitigkeit in Σ nicht Gleichzeitigkeit in Σ' bedeutet. Es muss also $t_a' = t_e'$ sein, d. h. es muss

$$t_a - \frac{v_1}{c^2}x_{1a} = t_e - \frac{v_1}{c^2}x_{1e} , \quad t_e - t_a = \frac{v_1}{c^2}(x_{1e} - x_{1a})$$

sein. Nun ist

$$l' = x_{1e}' - x_{1a}' = \frac{x_{1e} - x_{1a} - v_1(t_e - t_a)}{\sqrt{1 - \beta^2}} = \frac{x_{1e} - x_{1a} - \frac{v_1^2}{c^2}(x_{1e} - x_{1a})}{\sqrt{1 - \beta^2}} ,$$

$$l' = (x_{1e} - x_{1a})\sqrt{1 - \beta^2} = l\sqrt{1 - \beta^2} . \tag{10.293}$$

Vom bewegten System Σ' aus „betrachtet" ist der Stab um den Faktor $\sqrt{1 - \beta^2}$ verkürzt. Das ist die sogenannte *Lorentz-Kontraktion*. Das Wort betrachtet wurde mit Anführungszeichen versehen, da man es mit Vorsicht interpretieren muss und nicht, wie es oft geschehen ist, falsch verstehen darf.

Die Lorentz-Kontraktion bewirkt z. B., dass eine bewegte Kugel im System eines ruhenden Beobachters zu einem abgeplatteten Ellipsoid wird. Sie bewirkt jedoch nicht, dass eine visuell beobachtete Kugel vom Beobachter als abgeplattetes Ellipsoid gesehen wird oder dass eine photographische Momentaufnahme ein abgeplattetes Ellipsoid zeigt, wie das früher oft behauptet wurde. Dieser Irrtum wurde erst relativ spät durch Penrose [48] bzw. Terrell [49] aufgeklärt. Wegen der Endlichkeit der Lichtgeschwindigkeit liefert eine visuelle oder photographische Beobachtung ein verzerrtes Bild des Gegenstandes, zeigt sie doch verschieden weit entfernte Teile des Gegenstandes zu verschiedenen Zeiten. Bei großem Abstand des betrachteten Gegenstandes (bzw. bei kleinem Raumwinkel) sieht man ihn in seiner natürlichen Gestalt und Länge, jedoch verdreht. Handelt es sich um eine Kugel, so sieht man die verdrehte Kugel wieder als Kugel und nicht als abgeplattetes Ellipsoid. Einen Stab dagegen sieht man in seiner natürlichen Länge, jedoch um einen gewissen Winkel verdreht. Dieser Winkel ist gerade so groß, dass die auf die Bewegungsrichtung projizierte Länge die Lorentz-kontrahierte Länge ist. Dies soll hier nicht im Detail diskutiert werden. Details finden sich in den genannten Publikationen [48, 49]. Es sei aber betont, dass diese Aussagen keinerlei Zweifel an der Lorentz-Kontraktion darstellen. Diese ist ein realer und experimentell gesicherter Effekt. Die beschriebenen Sachverhalte besagen lediglich, dass visuelle Beobachtung keine geeignete Methode zum experimentellen Nachweis der Lorentz-Kontraktion ist. Es ist äußerst bemerkenswert, dass ein visuell beobachteter Gegenstand gerade wegen der Lorentz-Transformation in seiner natürlichen Gestalt gesehen wird, da gerade diese die Verzerrung durch die unterschiedlichen Lichtwege kompensiert. In diesem Sinne stellt gerade die Relativitätstheorie eine durch die endliche Lichtgeschwindigkeit verloren gehende „Anschaulichkeit" bewegter Objekte wieder her.

10.6.3.2   Die Zeitdilatation

Am Ort x_1 befindet sich ein Gerät (etwa eine Uhr), das mit einem zeitlichen Abstand $\Delta t = t_2 - t_1$ irgendwelche Signale abgibt. Im System Σ' ist dann

$$\Delta t' = t_2' - t_1' = \frac{\left(t_2 - \frac{v_1}{c^2}x_1\right) - \left(t_1 - \frac{v_1}{c^2}x_1\right)}{\sqrt{1-\beta^2}} = \frac{t_2 - t_1}{\sqrt{1-\beta^2}} = \frac{\Delta t}{\sqrt{1-\beta^2}} \,,$$

$$\Delta t' = \frac{\Delta t}{\sqrt{1-\beta^2}} \,. \qquad (10.294)$$

Von dem bewegten System aus beobachtet ist der zeitliche Abstand um den Faktor $1/\sqrt{1-\beta^2}$ verlängert. Eine bewegte Uhr geht also umso langsamer, je schneller sie sich bewegt. Das ist die sogenannte *Zeitdilatation*. Sie kann experimentell nachgewiesen werden, z. B. mit Hilfe schnell bewegter instabiler (radioaktiv zerfallender) Teilchen, deren Halbwertszeit für einen ruhenden Beobachter verlängert ist im Vergleich zur Halbwertszeit der Teilchen in ihrem Ruhsystem. In der Höhenstrahlung treten z. B. die sogenannten μ-Mesonen auf. Sie sind instabil und zeigen den Effekt der Zeitdilatation ganz deutlich. Die Zeitdilatation ist auch die Ursache des sogenannten *Zwillingsparadoxons*.

10.6.3.3   Die relativistische Addition der Geschwindigkeiten

Ein Teilchen habe im System Σ' die Geschwindigkeit $\mathbf{u}' = (u_1', u_2', u_3')$. Welche Geschwindigkeit hat es im System Σ? Zunächst ist (mit $\beta = \frac{v}{c} = \frac{v_1}{c}$)

$$u_1 = \frac{dx_1}{dt} = \frac{\frac{dx_1'}{dt'} + v_1}{\sqrt{1-\beta^2}} \cdot \frac{dt'}{dt}$$

und

$$\frac{dt'}{dt} = \frac{1 - \frac{v_1 u_1}{c^2}}{\sqrt{1 - \beta^2}} = \frac{\sqrt{1 - \beta^2}}{1 + \frac{v_1 u_1'}{c^2}} \cdot \tag{10.295}$$

Also ist

$$u_1 = \frac{u_1' + v_1}{1 + \frac{v_1 u_1'}{c^2}} \cdot , \quad u_1' = \frac{u_1 - v_1}{1 - \frac{v_1 u_1}{c^2}} \tag{10.296}$$

Weiter ist

$$u_2 = \frac{dx_2}{dt} = \frac{dx_2'}{dt'} \cdot \frac{dt'}{dt} = u_2' \frac{dt'}{dt} , \quad u_3 = u_3' \frac{dt'}{dt} ,$$

was mit Gleichung (10.295)

$$u_2 = u_2' \cdot \frac{1 - \frac{v_1 u_1}{c^2}}{\sqrt{1 - \beta^2}} = u_2' \cdot \frac{\sqrt{1 - \beta^2}}{1 + \frac{v_1 u_1'}{c^2}} ,$$

$$u_3 = u_3' \cdot \frac{1 - \frac{v_1 u_1}{c^2}}{\sqrt{1 - \beta^2}} = u_3' \cdot \frac{\sqrt{1 - \beta^2}}{1 + \frac{v_1 u_1'}{c^2}} \tag{10.297}$$

gibt. Die Gleichungen (10.296) und (10.297) stellen das relativistische Additionstheorem für die Geschwindigkeiten dar, das für kleine Geschwindigkeiten ($v_1 \ll c$) in die klassische vektorielle Addition übergeht ($u_1 = u_1' + v_1, u_2 = u_2', u_3 = u_3'$).

Wir betrachten einige Spezialfälle. Ist $\mathbf{u}' = (c, 0, 0)$, so ist auch $\mathbf{u} = (c, 0, 0)$. Ist $\mathbf{u}' = (0, c, 0)$, so ist $\mathbf{u} = (v_1, c\sqrt{1 - \frac{v_1^2}{c^2}}, 0)$ mit $u^2 = v_1^2 + c^2(1 - \frac{v_1^2}{c^2}) = c^2, u = c$. Ist allgemeiner

$$\mathbf{u}' = (c \cos \alpha' , c \sin \alpha' , 0) ,$$

so ist

$$\mathbf{u} = \left(\frac{c \cos \alpha' + v_1}{1 + \frac{v_1 \cos \alpha'}{c}} , \frac{c \sin \alpha' \sqrt{1 - \frac{v_1^2}{c^2}}}{1 + \frac{v_1 \cos \alpha'}{c}} , 0 \right) = (c \cos \alpha , c \sin \alpha, 0) \tag{10.298}$$

mit

$$\cos \alpha = \frac{\cos \alpha' + \frac{v_1}{c}}{1 + \frac{v_1 \cos \alpha'}{c}} , \quad \sin \alpha = \frac{\sin \alpha' \sqrt{1 - \frac{v_1^2}{c^2}}}{1 + \frac{v_1 \cos \alpha'}{c}} \cdot \tag{10.299}$$

Dabei ist

$$\cos^2\alpha + \sin^2\alpha = \cos^2\alpha' + \sin^2\alpha' = 1$$

und

$$u = u' = c \,. \tag{10.300}$$

Das bedeutet, dass ein mit Lichtgeschwindigkeit bewegter Gegenstand (z. B. Licht) in jedem Bezugssystem Lichtgeschwindigkeit hat. Das musste sich natürlich so ergeben, war es doch der Ausgangspunkt unserer Betrachtungen (Abschn. 10.6.1). Allerdings hängt die Bewegungsrichtung (also die Ausbreitungsrichtung von Licht z. B.) vom Bezugssystem ab. Das ist die sogenannte *Aberration* (des Lichtes), die durch die beiden Beziehungen (10.299) beschrieben wird.

Ist $v_1 = c$ so ist $\mathbf{u} = (c, 0, 0)$ unabhängig von $\mathbf{u}'$. Auch das ist eine unmittelbar anschauliche Folge der Invarianz der Lichtgeschwindigkeit.

10.6.3.4 Aberration und Doppler-Effekt

Wir betrachten eine von einer sich bewegenden punktförmigen Lichtquelle ausgehende Kugelwelle (Abb. 10.16). Im Punkt P wird sie von einem im System Σ ruhenden Beobachter unter dem Winkel α, von einem mit der Lichtquelle bewegten (im System Σ' ruhenden) Beobachter unter dem Winkel α' beobachtet. Die dort gemessenen Feldgrößen haben in Σ den Phasenfaktor

$$\exp\left[\mathrm{i}\left(\omega t - \frac{\omega}{c}x_1\cos\alpha - \frac{\omega}{c}x_2\sin\alpha\right)\right]$$

und in Σ' den Phasenfaktor

$$\exp\left[\mathrm{i}\left(\omega't' - \frac{\omega'}{c}x_1'\cos\alpha' - \frac{\omega'}{c}x_2'\sin\alpha'\right)\right] \,.$$

Durch die Lorentz-Transformation müssen sie ineinander übergehen, d. h. es muss

$$
\begin{aligned}
&\omega't' - \frac{\omega'}{c}x_1'\cos\alpha' - \frac{\omega'}{c}x_2'\sin\alpha' \\
&= \frac{\omega'\left(t - \frac{v_1 x_1}{c^2}\right)}{\sqrt{1-\beta^2}} - \frac{\omega'(x_1 - v_1 t)}{c\sqrt{1-\beta^2}}\cos\alpha' - \frac{\omega'}{c}x_2\sin\alpha' \\
&= \omega t - \frac{\omega}{c}x_1\cos\alpha - \frac{\omega}{c}x_2\sin\alpha
\end{aligned}
$$

gelten. Daraus ergibt sich durch Vergleich der Koeffizienten von t

$$\omega = \omega'\frac{1 + \frac{v_1}{c}\cos\alpha'}{\sqrt{1-\beta^2}} \,, \tag{10.301}$$

Abb. 10.16 Relativistischer
Dopplereffekt und Aberration

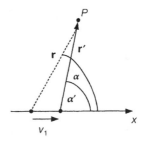

d. h. die Kreisfrequenz ω hängt vom Bezugssystem ab. Das ist der sogenannte *relativistische Dopplereffekt*. Vergleicht man die Koeffizienten von x_1 und x_2, so erhält man mit Gleichung (10.301) wiederum die Gleichungen (10.299), d. h. die *Aberration* des Lichtes.

Diese Ergebnisse bedeuten auch, dass die Phase $\mathbf{k} \cdot \mathbf{r} - \omega t$ relativistisch invariant ist, worauf wir im Abschn. 10.6.5.2 zurückkommen werden.

10.6.4 Die Lorentz-Transformation der Maxwell'schen Gleichungen

Die im Abschn. 10.6.1 erwähnten Versuche z. B. zur Bestimmung der Geschwindigkeit der Erde im absoluten Raum (im Äther) mussten scheitern, weil elektromagnetische Vakuumwellen sich in allen Inertialsystemen mit der Vakuumlichtgeschwindigkeit c ausbreiten. Das liegt letzten Endes daran, dass die Maxwell'schen Gleichungen selbst nicht Galilei-invariant sondern Lorentz-invariant sind, was allerdings erst durch die Einstein'sche Relativitätstheorie zum Vorschein kam und verstanden wurde. Heute kann man sagen, dass die Maxwell'schen Gleichungen der Ausgangspunkt der Relativitätstheorie waren und sind und dass sie die Relativitätstheorie, wenn auch zunächst unerkannt, von Anfang an enthalten haben. Es ist deshalb wichtig, zu zeigen, dass die Maxwell'schen Gleichungen tatsächlich Lorentz-invariant sind, d. h. dass die Maxwell'schen Gleichungen in allen Inertialsystemen unverändert gelten, vorausgesetzt, dass man die Feldgrößen (d. h. die Komponenten von $\mathbf{E}$ und $\mathbf{B}$) in geeigneter Weise transformiert.

Dazu betrachten wir wieder die beiden verschiedenen Bezugssysteme Σ und Σ'. In Σ haben wir die Koordinaten $\mathbf{r}$, t und die Felder $\mathbf{E}(\mathbf{r}, t)$, $\mathbf{B}(\mathbf{r}, t)$, in Σ' die Koordinaten $\mathbf{r}'$, t' und die Felder $\mathbf{E}'(\mathbf{r}', t')$, $\mathbf{B}'(\mathbf{r}', t')$. Wir beschränken uns auf das Vakuum. Die allgemeinen Maxwell'schen Gleichungen werden wir später mit Hilfe eines allgemein anwendbaren Formalismus in eleganterer Weise behandeln. In Σ gelten die Maxwell'schen Gleichungen in folgender Form:

$$\left. \begin{aligned} \operatorname{rot} \mathbf{B} &= \frac{1}{c^2} \frac{\partial \mathbf{E}}{\partial t} \quad \left(\frac{1}{c^2} = \varepsilon_0 \mu_0 \right), \\ \operatorname{rot} \mathbf{E} &= -\frac{\partial \mathbf{B}}{\partial t}, \\ \operatorname{div} \mathbf{B} &= 0, \\ \operatorname{div} \mathbf{E} &= 0. \end{aligned} \right\} \qquad (10.302)$$

Geht man nun durch die Lorentz-Transformation von $\mathbf{r}, t$ auf $\mathbf{r}', t'$ über, so erhält man nach einer zwar umständlichen, jedoch nicht schwierigen und deshalb hier übergangenen Rechnung (die man jedoch z. B. bei Simonyi [50] findet) in Σ' wiederum die Maxwell'schen Gleichungen,

$$
\left.
\begin{aligned}
\operatorname{rot}' \mathbf{B}' &= \frac{1}{c^2} \frac{\partial \mathbf{E}'}{\partial t'} \,, \\
\operatorname{rot}' \mathbf{E}' &= -\frac{\partial \mathbf{B}'}{\partial t'} \,, \\
\operatorname{div}' \mathbf{B}' &= 0 \,, \\
\operatorname{div}' \mathbf{E}' &= 0 \,.
\end{aligned}
\right\}
\tag{10.303}
$$

wenn man die Feldgrößen wie folgt transformiert:

$$
\left.
\begin{aligned}
E'_x &= E_x \,, & E'_y &= \frac{E_y - v_1 B_z}{\sqrt{1 - \beta^2}} \,, & E'_z &= \frac{E_z + v_1 B_y}{\sqrt{1 - \beta^2}} \,, \\
B'_x &= B_x \,, & B'_y &= \frac{B_y + \frac{v_1}{c^2} E_z}{\sqrt{1 - \beta^2}} \,, & B'_z &= \frac{B_z - \frac{v_1}{c^2} E_y}{\sqrt{1 - \beta^2}} \,,
\end{aligned}
\right\}
\tag{10.304}
$$

was man, mit $\mathbf{v} = (v_1, 0, 0)$, auch eleganter schreiben kann,

$$
\left.
\begin{aligned}
\mathbf{E}'_\parallel &= \mathbf{E}_\parallel \,, & E'_\perp &= \frac{\mathbf{E}_\perp + \mathbf{v} \times \mathbf{B}}{\sqrt{1 - \beta^2}} \,, \\
\mathbf{B}'_\parallel &= \mathbf{B}_\parallel \,, & \mathbf{B}'_\perp &= \frac{\mathbf{B}_\perp - \frac{1}{c^2} \mathbf{v} \times \mathbf{E}}{\sqrt{1 - \beta^2}} \,.
\end{aligned}
\right\}
\tag{10.305}
$$

Die zur Geschwindigkeit $\mathbf{v}$ senkrechten Feldkomponenten ändern sich also, wohingegen die dazu parallelen Feldkomponenten ungeändert bleiben. Bei den Komponenten des Ortsvektors verhielt es sich gerade umgekehrt, was natürlich, wie wir später noch deutlicher sehen werden, kein Zufall ist. Die Symbole rot' und div' sollen daran erinnern, dass $\mathbf{E}'$ und $\mathbf{B}'$ als Funktionen von $\mathbf{r}'$ (und t') aufzufassen sind und in den Gleichungen (10.303) auch nach $\mathbf{r}' = (x'_1, x'_2, x'_3)$ zu differenzieren sind. Die Gleichungen (10.305) hängen nicht mehr vom gewählten Koordinatensystem ab und gelten für beliebige Geschwindigkeit $\mathbf{v} = (v_1, v_2, v_3)$.

Im Bezugssystem Σ ist die auf ein Teilchen mit der elektrischen Ladung Q ausgeübte Kraft $\mathbf{f}$, im Bezugssystem Σ' $\mathbf{f}'$

$$
\left.
\begin{aligned}
\mathbf{f} &= Q(\mathbf{E} + \mathbf{u} \times \mathbf{B}) \,, \\
\mathbf{f}' &= Q(\mathbf{E}' + \mathbf{u}' \times \mathbf{B}') \,.
\end{aligned}
\right\}
\tag{10.306}
$$

Die auf das Teilchen ausgeübten Kräfte haben also in allen Bezugssystemen die gleiche Form, d. h. sie werden auf die gleiche Weise aus den elektrischen und magnetischen Feldern im jeweiligen Bezugssystem berechnet. Jedoch ist $\mathbf{f} \neq \mathbf{f}'$. Die Gleichungen für die Transformation von $\mathbf{f}$ werden im Abschn. 10.6.5.2 angegeben, Gleichungen (10.337), die man im übrigen ebenfalls zur Herleitung der Transformationsgleichungen für die elektromagnetischen Felder benutzen kann. Die Ladung Q ist skalar, d. h. sie wird nicht transformiert, $Q = Q'$. Bemerkenswert ist auch, dass die beiden folgenden Größen, wie sich leicht nachrechnen lässt, Lorentz-invariant sind:

$$B'^2 - \frac{1}{c^2} E'^2 = B^2 - \frac{1}{c^2} E^2 \,, \quad \mathbf{E'} \cdot \mathbf{B'} = \mathbf{E} \cdot \mathbf{B} \,. \tag{10.307}$$

Hier sei an den Abschn. 6.1.2 und an die Gleichung (6.6) erinnert. Gleichung (10.305) zeigt, dass es sich dort, wenn wir $\mathbf{E}$ als elektrische Feldstärke im bewegten Bezugssystem auffassen wollen, um die nicht-relativistische Näherung handelt, d. h. um die Näherung für kleine Geschwindigkeiten $v_1 \ll c$, $\sqrt{1 - \beta^2} \Rightarrow 1$.

Weiter sei hier an den Abschn. 10.4 erinnert. Wir haben dort die Liénard-Wichert'schen Potentiale kennengelernt und als spezielles Beispiel das Problem eines gleichförmig bewegten geladenen Teilchens behandelt. Im mitbewegten Bezugssystem hat dieses Teichen ein rein elektrisches Coulombfeld und kein magnetisches Feld. Durch die eben angegebene Transformation kann man daraus das elektrische und das magnetische Feld im Ruhsystem des Beobachters gewinnen. Tut man das, so erhält man genau das im Abschn. 10.4 gewonnene Feld, d. h. die Maxwell'schen Gleichungen liefern automatisch das relativistisch richtige Ergebnis. Dieser Vergleich ist jedoch auf diesen Spezialfall konstanter Geschwindigkeit beschränkt, da die Lorentz-Transformation ja nur für Inertialsysteme, nicht jedoch für beschleunigte Bezugssysteme gilt. Im Abschn. 10.6.6.4 werden wir noch einmal auf das Problem der gleichförmig bewegten Ladung eingehen.

Wie schon angekündigt werden wir die Transformation der Felder noch auf eine systematischere und elegantere Weise behandeln. Dabei wird sich zeigen, dass die Feldkomponenten eigentlich die Komponenten eines antisymmetrischen vierdimensionalen Tensors zweiter Stufe sind (der ja gerade sechs voneinander unabhängige Komponenten hat). Daraus ergibt sich dann unmittelbar, wie die Feldkomponenten zu transformieren sind. Mit diesem Tensor lassen sich dann auch die Maxwell'schen Gleichungen in einer besonders kompakten und eleganten Form schreiben, die darüber hinaus ihre Lorentz-Invarianz unmittelbar deutlich macht. Dazu müssen wir uns mit den vierdimensionalen Vektoren des Minkowski-Raumes (den sogenannten *Vierervektoren*) und mit den zugehörigen *Vierertensoren*, d. h. mit den Tensorprodukten dieser Vierervektoren, beschäftigen.

10.6.5   Vierervektoren und Vierertensoren

10.6.5.1   Definitionen
Für Vierervektoren

$$(\mathbf{r}, \mathrm{i}ct) = (x_1, x_2, x_3, x_4) \tag{10.308}$$

mit der vierten Komponenten $x_4 = \mathrm{i}ct$ ist bei einem Wechsel des Bezugssystems die Lorentz-Transformation

$$L = (L_{ik}) \tag{10.309}$$

anzuwenden, d. h. es gilt

$$x'_i = \sum_{k=1}^{4} L_{ik} x_k \;. \tag{10.310}$$

Allgemein wird nun jeder Vektor (a_i), der sich so transformiert, als Vierervektor bezeichnet,

$$a'_i = \sum_{k=1}^{4} L_{ik} a_k \;. \tag{10.311}$$

Größen, die sich wie mehrfache Produkte der Komponenten von Vierervektoren transformieren, bezeichnen wir als Tensoren entsprechender Stufe.

$$b'_{ik} = \sum_{l=1}^{4}\sum_{m=1}^{4} L_{il} L_{km} b_{lm} \;, \tag{10.312}$$

$$c'_{ikl} = \sum_{m=1}^{4}\sum_{n=1}^{4}\sum_{p=1}^{4} L_{im} L_{kn} L_{lp} c_{mnp} \;, \tag{10.313}$$

so handelt es sich um Tensoren zweiter Stufe, dritter Stufe usw. Ein Vierervektor ist in diesem Sinne ein Tensor erster Stufe. Eine invariante skalare Größe, für die

$$d = d' \tag{10.314}$$

gilt, ist ein Tensor nullter Stufe. Die Bildung eines skalaren Produktes (durch Summation über einen der gemeinsam vorkommenden Indices, die man auch als Verjüngung bezeichnet) verringert die Stufe eines Tensors jeweils um eins. Das Skalarprodukt zweier Vierervektoren, $\sum_{i=1}^{4} a_i b_i$, ist eine invariante skalare Größe. Das Skalarprodukt eines Vierervektors und eines Vierertensors zweiter Stufe, $\sum_{i=1}^{4} a_i b_{ik}$, liefert einen Vierervektor usw.

Die Koeffizienten der Lorentz-Transformation sind für $\mathbf{v} = (v_1, 0, 0)$ durch Gleichung (10.289), für $\mathbf{v} = (v_1, v_2, v_3)$ durch Gleichung (10.292) gegeben.

10.6.5.2   Einige wichtige Vierervektoren

Ein wichtiger Vektor ist im dreidimensionalen Raum der ∇-Vektor. Im vierdimensionalen Raum ist

$$\nabla = \left(\frac{\partial}{\partial x_1}, \frac{\partial}{\partial x_2}, \frac{\partial}{\partial x_3}, \frac{\partial}{\partial x_4} \right) = \left(\frac{\partial}{\partial x_1}, \frac{\partial}{\partial x_2}, \frac{\partial}{\partial x_3}, \frac{1}{ic}\frac{\partial}{\partial t} \right) \tag{10.315}$$

ein analoger Vierervektor. Betrachten wir nun die Kontinuitätsgleichung (1.58),

$$\operatorname{div} g + \frac{\partial \rho}{\partial t} = \frac{\partial}{\partial x_1} g_{x1} + \frac{\partial}{\partial x_2} g_{x2} + \frac{\partial}{\partial x_3} g_{x3} + \frac{1}{ic}\frac{\partial}{\partial t}(ic\rho) = 0 \;,$$

so ist das nichts anderes als die vierdimensionale Divergenz des Vierervektors der Stromdichte, kurz der *Viererstromdichte*,

$$(g, ic\rho) = (g_{x1}, g_{x2}, g_{x3}, ic\rho) \, . \tag{10.316}$$

Es ist ein sehr bemerkenswertes und folgenreiches Ergebnis, dass die drei Komponenten
der Stromdichte zusammen mit $ic\rho$ (im Wesentlichen also der Raumladungsdichte) einen
Vierervektor bilden. Dass sie das in der Tat tun, kann einerseits direkt gezeigt werden,
geht aber auch eben daraus hervor, dass die vierdimensionale Divergenz verschwindet,
also invariant ist.

Auch die Lorenz-Eichung, Gleichung (7.187), stellt eine vierdimensionale Divergenz
dar,

$$\begin{aligned}
\operatorname{div} \mathbf{A} + \mu_0 \varepsilon_0 \frac{\partial \varphi}{\partial t} &= \operatorname{div} \mathbf{A} + \frac{1}{c^2} \frac{\partial \varphi}{\partial t} \\
&= \frac{\partial}{\partial x_1} A_{x1} + \frac{\partial}{\partial x_2} A_{x2} + \frac{\partial}{\partial x_3} A_{x3} + \frac{1}{ic} \frac{\partial}{\partial t} \left(\frac{ic\varphi}{c^2} \right) = 0 \, .
\end{aligned} \tag{10.317}$$

Daraus geht hervor, dass das Vektorpotential zusammen mit $A_{x4} = \frac{i\varphi}{c}$ als vierter Komponente einen Vierervektor bildet, das *Viererpotential*,

$$\left(\mathbf{A}, i\frac{\varphi}{c} \right) = \left(A_{x1}, A_{x2}, A_{x3}, i\frac{\varphi}{c} \right) \, . \tag{10.318}$$

Das Skalarprodukt des vierdimensionale ∇-Vektors mit sich selbst liefert das vierdimensionale Analogon des skalaren Laplace-Operators,

$$\nabla \cdot \nabla = \frac{\partial^2}{\partial x_1^2} + \frac{\partial^2}{\partial x_2^2} + \frac{\partial^2}{\partial x_3^2} - \frac{1}{c^2} \frac{\partial^2}{\partial t^2} = \Delta - \frac{1}{c^2} \frac{\partial^2}{\partial t^2} = \Box \, . \tag{10.319}$$

Dieser skalare Operator, der d'Alembert'sche Operator, wird oft durch das Symbol $\Box$,
„Karo", gekennzeichnet. Damit kann man nun die beiden inhomogenen Wellengleichungen, Gleichungen (7.188) und (7.189), zu einer einzigen Gleichung zusammenfassen:

$$\Box \left(\mathbf{A}, \frac{i\varphi}{c} \right) = -\mu_0 (g, ic\rho) \, . \tag{10.320}$$

Das ist die *vierdimensionale inhomogene Wellengleichung* für das Viererpotential mit der Viererstromdichte als Inhomogenität. Sie macht auf einfache Weise deutlich, dass wir es hier mit Lorentz-invarianten Gleichungen zu tun haben.

Die Lorenz-Eichung ergab sich als vierdimensionale Divergenz, ist also Lorentz-invariant. Das ist ein Vorteil anderen nicht Lorentz-invarianten Eichungen gegenüber.

Ein weiterer und insbesondere für die mechanischen Anwendungen wichtiger Vierervektor ist der *Viererimpuls*. Wir betrachten zunächst im Bezugssystem Σ ein Teilchen der Ruhmasse m_0 mit der Geschwindigkeit $\mathbf{u} = (u_1, u_2, u_3)$. $\mathbf{u}$ darf nicht mit der Relativgeschwindigkeit $\mathbf{v}$ der beiden Bezugssysteme Σ und Σ' verwechselt werden. Wir ordnen dem Teilchen in Σ den Vektor

$$\mathbf{p} = \frac{m_0 \mathbf{u}}{\sqrt{1 - \frac{u^2}{c^2}}} \tag{10.321}$$

zu. Im Bezugssystem Σ' ist dem Teilchen dann der Vektor

$$\mathbf{p}' = \frac{m_0 \mathbf{u}'}{\sqrt{1 - \frac{u'^2}{c^2}}} \tag{10.322}$$

zuzuordnen. Der Zusammenhang zwischen $\mathbf{u}$ und $\mathbf{u}'$ wird durch die Gleichungen (10.296) und (10.297) hergestellt, mit deren Hilfe man die interessante und oft nützliche Beziehung

$$\frac{1}{\sqrt{1 - \frac{u'^2}{c^2}}} = \frac{1}{\sqrt{1 - \frac{u^2}{c^2}}} \cdot \frac{1 - \frac{u_1 v_1}{c^2}}{\sqrt{1 - \frac{v_1^2}{c^2}}} \tag{10.323}$$

findet. Damit und unter nochmaliger Verwendung der Gleichungen (10.296) und (10.297) ergibt sich

$$\left.\begin{aligned}
p_1' &= \frac{m_0 u_1'}{\sqrt{1 - \frac{u'^2}{c^2}}} = \frac{m_0}{\sqrt{1 - \frac{u^2}{c^2}}} \cdot \frac{1 - \frac{u_1 v_1}{c^2}}{\sqrt{1 - \frac{v_1^2}{c^2}}} \cdot \frac{u_1 - v_1}{1 - \frac{u_1 v_1}{c^2}} = \frac{p_1 - \frac{m_0 v_1}{\sqrt{1 - \frac{u^2}{c^2}}}}{\sqrt{1 - \frac{v_1^2}{c^2}}} , \\[2em]
p_2' &= \frac{m_0 u_2'}{\sqrt{1 - \frac{u'^2}{c^2}}} = \frac{m_0}{\sqrt{1 - \frac{u^2}{c^2}}} u_2 \frac{1 - \frac{u_1 v_1}{c^2}}{\sqrt{1 - \frac{v_1^2}{c^2}}} \cdot \frac{\sqrt{1 - \frac{v_1^2}{c^2}}}{1 - \frac{u_1 v_1}{c^2}} = \frac{m_0 u_2}{\sqrt{1 - \frac{u^2}{c^2}}} = p_2 , \\[2em]
p_3' &= p_3 .
\end{aligned}\right\} \tag{10.324}$$

Weiter führen wir in Σ und Σ' die Massen m und m' sowie die Energien W und W' ein,

$$m = \frac{m_0}{\sqrt{1 - \frac{u^2}{c^2}}} = \frac{W}{c^2}, \quad m' = \frac{m_0}{\sqrt{1 - \frac{u'^2}{c^2}}} = \frac{W'}{c^2}. \tag{10.325}$$

Dabei ist

$$m' = \frac{W'}{c^2} = \frac{m_0}{\sqrt{1 - \frac{u'^2}{c^2}}} = \frac{m_0}{\sqrt{1 - \frac{u^2}{c^2}}} \cdot \frac{1 - \frac{u_1 v_1}{c^2}}{\sqrt{1 - \frac{v_1^2}{c^2}}} = \frac{-p_1 \frac{v_1}{c^2} + \frac{W}{c^2}}{\sqrt{1 - \frac{v_1^2}{c^2}}} \tag{10.326}$$

Vergleicht man nun die Gleichungen (10.324) und (10.326) mit (10.289), so zeigt sich, dass der Vektor

$$\left(\mathbf{p}, \frac{iW}{c} \right) = m(\mathbf{u}, ic) = \frac{m_0}{\sqrt{1 - \frac{u^2}{c^2}}}(\mathbf{u}, ic) \tag{10.327}$$

ein Vierervektor ist. Wir nennen ihn den *Viererimpuls*. Die Größe m ist die geschwindigkeitsabhängige Masse, die mit der Geschwindigkeit $\mathbf{u}$ des Teilchens vom Bezugssystem abhängt. W ist die Energie des Teilchens, die ebenfalls vom Bezugssystem abhängt. *Gleichung (10.325) enthält die berühmte Einstein'sche Beziehung zwischen Masse und Energie ($W = mc^2$) und den bekannten Zusammenhang zwischen m und m_0.* Hier werden die Hintergründe und die Ursachen für diese Zusammenhänge deutlich, die eben darin liegen, dass der Vektor (10.327) ein Vierervektor ist. Seine drei räumlichen Komponenten liefern für sehr kleine Geschwindigkeiten $\mathbf{u}$ den klassischen Impuls $m_0\mathbf{u}$, was die Bezeichnung Viererimpuls rechtfertigt.

Die Ruhmasse m_0 ist invariant, die eben definierte geschwindigkeitsabhängige Masse natürlich nicht. Dividiert man den Viererimpuls durch m_0, so erhält man wieder einen Vierervektor, die sogenannte *Vierergeschwindigkeit*,

$$\frac{1}{\sqrt{1 - \frac{u^2}{c^2}}}(\mathbf{u}, ic) \tag{10.328}$$

Dividiert man den Viererimpuls dagegen durch m, so erhält man einen Vektor $(\mathbf{u}, ic)$, der jedoch kein Vierervektor ist. Die Geschwindigkeit $\mathbf{u}$ kann nicht als Teil eines Vierervektors aufgefasst werden. Die Gleichungen (10.296) und (10.297) zeigen im übrigen, dass sich $\mathbf{u}$ ganz anders als der räumliche Teil eines Vierervektors transformiert. Erst der Faktor $1/\sqrt{1-(u^2/c^2)}$ erzeugt einen Vierervektor. Der Betrag des Viererimpulses ist natürlich invariant,

$$p^2 - \frac{W^2}{c^2} = invariant\,.$$

Für $p = 0$ ist $W = m_0 c^2$, d. h. wir erhalten

$$p^2 - \frac{W^2}{c^2} = -m_0^2 c^2$$

bzw.

$$W^2 = m_0^2 c^4 + p^2 c^2\,, \tag{10.329}$$

eine wichtige Beziehung, die wir schon früher, Gleichung (10.7) benutzt haben.

Betrachten wir speziell elektromagnetische Strahlung, so hat auch diese Impuls und Energie, wobei beide einander proportional sind. Beziehen wir beide auf ein Lichtquant (worauf es allerdings nicht ankommt), so ist

$$\mathbf{p} = \hbar\mathbf{k}, \qquad E = \hbar\omega \tag{10.330}$$

und der Vierervektor des Impulses ist

$$\hbar\left(\mathbf{k}, \frac{i\omega}{c}\right)\,. \tag{10.331}$$

Also ist auch

$$\left(\mathbf{k}, \frac{i\omega}{c}\right) \tag{10.332}$$

ein Vierervektor, dessen vierte Komponente im Wesentlichen die Kreisfrequenz ist. Wir könnten ihn als Vierervektor der Wellenzahl bezeichnen, dessen Skalarprodukt mit dem Vierervektor des Ortes invariant ist,

$$\left(\mathbf{k}, \frac{i\omega}{c}\right) \cdot (\mathbf{r}, ict) = \mathbf{k}\cdot\mathbf{r} - \omega t = invariant\,. \tag{10.333}$$

Diese Invariante ist nichts anderes als die Phase, deren Invarianz wir schon im Abschn. 10.6.3.4 feststellten. Weiter ist

$$\left(\mathbf{k}, \frac{i\omega}{c}\right)^2 = k^2 - \frac{\omega^2}{c^2} = invariant = 0 \; . \tag{10.334}$$

Wir erhalten so die Dispersionsbeziehung, die natürlich ebenfalls invariant ist.

Ein weiterer wichtiger Vierervektor ist die *Viererkraft*

$$\mathbf{F} = \frac{1}{\sqrt{1 - \frac{u^2}{c^2}}}\left(\mathbf{f}, \frac{i}{c}\frac{dW}{dt}\right) \; . \tag{10.335}$$

W ist die durch Gleichung (10.325) eingeführte Teilchenenergie und $\mathbf{f}$ die Dreierkraft. Mit dieser gilt die relativistische Bewegungsgleichung

$$\mathbf{f} = \frac{d}{dt}\frac{m_0\mathbf{u}}{\sqrt{1 - \frac{u^2}{c^2}}} \; . \tag{10.336}$$

$\mathbf{f}$ ist nicht der räumliche Anteil der Viererkraft und transformiert sich auch nicht als solcher. Vielmehr ergibt sich (siehe z. B. [51, S. 296 ff.]):

$$\left.\begin{aligned}
f_x' &= f_x - \frac{vu_y'}{c^2\sqrt{1-\beta^2}}f_y - \frac{vu_z'}{c^2\sqrt{1-\beta^2}}f_z \\
&= f_x - \frac{vu_y}{c^2\left(1-\frac{vu_x}{c^2}\right)}f_y - \frac{vu_z}{c^2\left(1-\frac{vu_x}{c^2}\right)}f_z \; , \\
f_y' &= \frac{1+\frac{vu_x'}{c^2}}{\sqrt{1-\beta^2}}f_y = \frac{\sqrt{1-\beta^2}}{1-\frac{vu_x}{c^2}}f_y \; , \\
f_z' &= \frac{1+\frac{vu_x'}{c^2}}{\sqrt{1-\beta^2}}f_z = \frac{\sqrt{1-\beta^2}}{1-\frac{vu_x}{c^2}}f_z \; .
\end{aligned}\right\} \tag{10.337}$$

Diese Transformation erlaubt eine sehr bemerkenswerte Umformung:

$$\mathbf{f}' = \begin{pmatrix} f_x' \\ f_y' \\ f_z' \end{pmatrix} = \begin{pmatrix} f_x \\ \frac{1}{\sqrt{1-\beta^2}}f_y \\ \frac{1}{\sqrt{1-\beta^2}}f_z \end{pmatrix} + \begin{pmatrix} u_x' \\ u_y' \\ u_z' \end{pmatrix} \times \frac{v}{c^2\sqrt{1-\beta^2}} \begin{pmatrix} 0 \\ f_z \\ -f_y \end{pmatrix} \; . \tag{10.338}$$

Ist z. B. $\mathbf{f} = Q\mathbf{E}$, so enthält die transformierte Kraft $\mathbf{f}'$ die Lorentz-Kraft in Form des üblichen Vektorproduktes $Q\mathbf{u} \times \mathbf{B}$. Jedoch führt auch jede beliebige andere Kraft zu einer der Lorentz-Kraft analogen Kraft.

Schließlich sei noch die *Viererbeschleunigung* erwähnt:

$$\frac{1}{\sqrt{1 - \frac{u^2}{c^2}}} \cdot \frac{\mathrm{d}}{\mathrm{d}t} \left(\frac{\mathbf{u}, ic}{\sqrt{1 - \frac{u^2}{c^2}}} \right) . \qquad (10.339)$$

Auch hier ist die Dreierbeschleunigung $\mathbf{b} = \frac{\mathrm{d}\mathbf{u}}{\mathrm{d}t}$ nicht der räumliche Anteil der Viererbeschleunigung. Die Transformation von $\mathbf{b}$ liefert (siehe z. B.: [51, S. 296 ff.]):

$$\left.\begin{aligned}
b'_x &= \left(\frac{1 + \frac{vu'_x}{c^2}}{\sqrt{1 - \beta^2}} \right)^3 b_x = \left(\frac{\sqrt{1 - \beta^2}}{1 + \frac{vu_x}{c^2}} \right)^3 b_x , \\[2mm]
b'_y &= \left(\frac{1 + \frac{vu'_x}{c^2}}{\sqrt{1 - \beta^2}} \right)^2 \cdot \left[b_y + \frac{vu'_y}{c^2\sqrt{1 - \beta^2}} b_x \right] \\[2mm]
&= \left(\frac{\sqrt{1 - \beta^2}}{1 + \frac{vu_x}{c^2}} \right)^2 \cdot \left[b_y + \frac{vu_y}{c^2\left(1 - \frac{vu_x}{c^2}\right)} b_x \right] , \\[2mm]
b'_z &= \left(\frac{1 + \frac{vu'_x}{c^2}}{\sqrt{1 - \beta^2}} \right)^2 \cdot \left[b_z + \frac{vu'_z}{c^2\sqrt{1 - \beta^2}} b_x \right] \\[2mm]
&= \left(\frac{\sqrt{1 - \beta^2}}{1 + \frac{vu_x}{c^2}} \right)^2 \cdot \left[b_z + \frac{vu_z}{c^2\left(1 - \frac{vu_x}{c^2}\right)} b_x \right] .
\end{aligned}\right\} \qquad (10.340)$$

Ähnlich den Gleichungen (10.338) für die Transformation von $\mathbf{f}$ enthalten auch diese Gleichungen für $\mathbf{b}$ einen Anteil in Form eines Vektorproduktes.

Für $c \to \infty$ ist natürlich sowohl $\mathbf{f}' = \mathbf{f}$ wie auch $\mathbf{b}' = \mathbf{b}$.

Ist die Kraft $\mathbf{f}$ aus einem Potential ableitbar, d. h. ist mit der potentiellen Energie U

$$- \operatorname{grad} U = \mathbf{f} , \qquad (10.341)$$

dann nimmt die Bewegungsgleichung die Form

$$- \operatorname{grad} U = \frac{\mathrm{d}}{\mathrm{d}t} \frac{m_0\mathbf{u}}{\sqrt{1 - \frac{u^2}{c^2}}} \qquad (10.342)$$

an. Durch Multiplikation mit $\mathbf{u} = \frac{\mathrm{d}\mathbf{x}}{\mathrm{d}t}$ ergibt sich

$$-\operatorname{grad} U \cdot \frac{\mathrm{d}\mathbf{x}}{\mathrm{d}t} = -\frac{\mathrm{d}U}{\mathrm{d}t} = \mathbf{u} \cdot \frac{\mathrm{d}}{\mathrm{d}t} \frac{m_0 \mathbf{u}}{\sqrt{1 - \frac{u^2}{c^2}}} \, .$$

Nun ist

$$
\begin{aligned}
\mathbf{u} \cdot \frac{\mathrm{d}}{\mathrm{d}t} \frac{m_0 \mathbf{u}}{\sqrt{1 - \frac{u^2}{c^2}}} &= \frac{\mathrm{d}}{\mathrm{d}t} \frac{m_0 u^2}{\sqrt{1 - \frac{u^2}{c^2}}} - \frac{m_0 \mathbf{u}}{\sqrt{1 - \frac{u^2}{c^2}}} \cdot \frac{\mathrm{d}\mathbf{u}}{\mathrm{d}t} \\
&= \frac{\mathrm{d}}{\mathrm{d}t} \frac{m_0 u^2}{\sqrt{1 - \frac{u^2}{c^2}}} + \frac{\mathrm{d}}{\mathrm{d}t}\left(m_0 c^2 \sqrt{1 - \frac{u^2}{c^2}} \right) \\
&= \frac{\mathrm{d}}{\mathrm{d}t}\left[\frac{m_0 u^2}{\sqrt{1 - \frac{u^2}{c^2}}} + \frac{m_0 c^2 \left(1 - \frac{u^2}{c^2}\right)}{\sqrt{1 - \frac{u^2}{c^2}}} \right] = \frac{\mathrm{d}}{\mathrm{d}t} \frac{m_0 c^2}{\sqrt{1 - \frac{u^2}{c^2}}}
\end{aligned}
$$

und

$$\frac{\mathrm{d}}{\mathrm{d}t}(U + mc^2) = 0 \, , \qquad (10.343)$$

d. h. $U + mc^2$, *die Summe aus potentieller und kinetischer Energie einschließlich der Ruheenergie des Teilchens* $m_0 c^2$, *ist eine Erhaltungsgröße.* Das ist die relativistische Verallgemeinerung des entsprechenden Satzes der klassischen Mechanik, der sich für gegen 0 gehende Geschwindigkeiten ergibt:

$$
\begin{aligned}
\frac{\mathrm{d}}{\mathrm{d}t}(U + mc^2) &= \frac{\mathrm{d}}{\mathrm{d}t}\left(U + \frac{m_0 c^2}{\sqrt{1 - \frac{u^2}{c^2}}} \right) \\
&= \frac{\mathrm{d}}{\mathrm{d}t}\left[U + m_0 c^2 \left(1 + \frac{1}{2}\frac{u^2}{c^2} + \ldots \right) \right] \\
&\approx \frac{\mathrm{d}}{\mathrm{d}t}\left(U + m_0 c^2 + \frac{1}{2} m_0 u^2 \right) = 0 \, .
\end{aligned}
\qquad (10.344)
$$

10.6.5.3 Der Feldtensor F

Aus dem Viererpotential können alle Komponenten von **E** und **B** berechnet werden,

$$
\left.
\begin{aligned}
E_{x_1} &= -\frac{\partial \varphi}{\partial x_1} - \frac{\partial A_{x_1}}{\partial t} = \mathrm{i}c\left(\frac{\partial A_{x_4}}{\partial x_1} - \frac{\partial A_{x_1}}{\partial x_4}\right) , \\
E_{x_2} &= -\frac{\partial \varphi}{\partial x_2} - \frac{\partial A_{x_2}}{\partial t} = \mathrm{i}c\left(\frac{\partial A_{x_4}}{\partial x_2} - \frac{\partial A_{x_2}}{\partial x_4}\right) , \\
E_{x_3} &= -\frac{\partial \varphi}{\partial x_3} - \frac{\partial A_{x_3}}{\partial t} = \mathrm{i}c\left(\frac{\partial A_{x_4}}{\partial x_3} - \frac{\partial A_{x_3}}{\partial x_4}\right) , \\
B_{x_1} &= \frac{\partial A_{x_3}}{\partial x_2} - \frac{\partial A_{x_2}}{\partial x_3} , \\
B_{x_2} &= \frac{\partial A_{x_1}}{\partial x_3} - \frac{\partial A_{x_3}}{\partial x_1} , \\
B_{x_3} &= \frac{\partial A_{x_2}}{\partial x_1} - \frac{\partial A_{x_1}}{\partial x_2} .
\end{aligned}
\right\}
\tag{10.345}
$$

Alle diese Größen werden formal wie die Komponenten der Rotation eines Vektors berechnet. Im dreidimensionalen Raum gibt es nur drei solche Größen, die man wieder zu einem Vektor (eben der Rotation) zusammenfasst, obwohl sie eigentlich keinen normalen Vektor bilden. Im vierdimensionalen Raum gibt es sechs solche Größen, die gemeinsam manchmal als „*Sechservektoren*" bezeichnet werden. In einem gewissen Sinn handelt es sich um die Rotation eines Vektors im vierdimensionalen Raum. Mathematisch betrachtet bilden diese Größen jedoch einen Tensor zweiter Stufe, den sogenannten *Feldtensor*, mit den Komponenten

$$
F_{ik} = \frac{\partial A_{x_k}}{\partial x_i} - \frac{\partial A_{x_i}}{\partial x_k} .
\tag{10.346}
$$

Jeder der beiden Summanden ist für sich ein Tensor zweiter Stufe im Sinne der Gleichung (10.312), d. h. es handelt sich um das tensorielle Produkt des vierdimensionalen ∇-Vektors und des Viererpotentials. Der Feldtensor ist antisymmetrisch,

$$
F_{ik} = -F_{ki}, \quad F_{ii} = 0 ,
\tag{10.347}
$$

hat also, wie schon erwähnt, sechs voneinander unabhängige Komponenten, die nach den Gleichungen (10.345) im Wesentlichen gerade die Komponenten von **E** und **B** sind,

$$
F = \begin{pmatrix}
0 & +B_{x_3} & -B_{x_2} & -\dfrac{i}{c}E_{x_1} \\[2mm]
-B_{x_3} & 0 & +B_{x_1} & -\dfrac{i}{c}E_{x_2} \\[2mm]
+B_{x_2} & -B_{x_1} & 0 & -\dfrac{i}{c}E_{x_3} \\[2mm]
\dfrac{i}{c}E_{x_1} & \dfrac{i}{c}E_{x_2} & \dfrac{i}{c}E_{x_3} & 0
\end{pmatrix}
\tag{10.348}
$$

Damit ist auch ohne weitere Rechnung klar, wie sich diese Feldkomponenten transformieren, nämlich nach Gleichung (10.312). Im einfachen Fall $\mathbf{v} = (v_1, 0, 0)$ ergeben sich so, wie man durch Einsetzen überprüfen kann, die Gleichungen (10.304) bzw. (10.305).

Auch im dreidimensionalen Raum sind die Komponenten der Rotation eines Vektors (wie auch die Komponenten des Vektorproduktes zweier Vektoren) genau genommen die Komponenten eines antisymmetrischen Tensors zweiter Stufe.

Nun sind noch die Maxwell'schen Gleichungen

$$
\left.
\begin{aligned}
\operatorname{rot}\mathbf{B} &= \mu_0 g + \frac{1}{c^2}\frac{\partial \mathbf{E}}{\partial t}\;, \\[2mm]
\operatorname{div}\mathbf{E} &= +\frac{\rho}{\varepsilon_0}\;, \\[2mm]
\operatorname{rot}\mathbf{E} &= -\frac{\partial \mathbf{B}}{\partial t}\;, \\[2mm]
\operatorname{div}\mathbf{B} &= 0
\end{aligned}
\right\}
\tag{10.349}
$$

mit Hilfe von F zu formulieren. Setzt man die entsprechenden Tensorkomponenten aus Gleichung (10.348) in die Gleichungen (10.349) ein, so erhält man aus der 3. und 4. dieser Gleichungen der Reihe nach

$$
\frac{\partial}{\partial x_2}F_{34} + \frac{\partial}{\partial x_3}F_{42} + \frac{\partial}{\partial x_4}F_{23} = 0\;,
$$

$$
\frac{\partial}{\partial x_3}F_{41} + \frac{\partial}{\partial x_4}F_{13} + \frac{\partial}{\partial x_1}F_{34} = 0\;,
$$

$$
\frac{\partial}{\partial x_4}F_{12} + \frac{\partial}{\partial x_1}F_{24} + \frac{\partial}{\partial x_2}F_{41} = 0\;,
$$

$$
\frac{\partial}{\partial x_1}F_{23} + \frac{\partial}{\partial x_2}F_{31} + \frac{\partial}{\partial x_3}F_{12} = 0\;.
$$

Diese vier Gleichungen lassen sich zu einer Gleichung zusammenfassen,

$$\frac{\partial}{\partial x_i} F_{kl} + \frac{\partial}{\partial x_k} F_{li} + \frac{\partial}{\partial x_l} F_{ik} = 0 \,, \tag{10.350}$$

wobei (i, k, l) die Zahlen $(1, 2, 3)$, $(2, 3, 4)$, $(3, 4, 1)$ oder $(4, 1, 2)$ sind (d. h. drei verschiedene der Zahlen 1 bis 4 in zyklischer Anordnung). Die ersten beiden der Gleichungen (10.349) geben

$$\sum_{k=1}^{4} \frac{\partial}{\partial x_k} F_{ik} = \mu_0(\mathbf{g}, \mathrm{i}c\rho) \,. \tag{10.351}$$

Für $i = 1, 2, 3$ erhält man die Komponenten der ersten Gleichung, für $i = 4$ die zweite Gleichung. Bei Gleichung (10.350) handelt es sich um einen Tensor dritter Stufe. Gleichung (10.351) ist eine Vektorgleichung. Der links stehende Vierervektor entsteht durch Divergenzbildung (d. h. durch Bildung des Skalarproduktes mit dem vierdimensionalen ∇-Vektor) aus dem Feldtensor. Diese Verjüngung verringert die Tensorstufe um eins, erzeugt also aus dem Feldtensor (zweiter Stufe) einen Vektor. Der rechts stehende Vektor ist im Wesentlichen die Viererstromdichte.

Die beiden Gleichungen (10.350) und (10.351) sind nun die Maxwell'schen Gleichungen in einer sehr kompakten und eleganten Form, die deren Lorentz-Invarianz unmittelbar zum Ausdruck bringt. Allerdings ist in dieser abstrakten und zunächst auch ungewohnten Form die Anschaulichkeit der Maxwell'schen Gleichungen, die sowohl die Quellen wie auch die Wirbel der elektrischen und magnetischen Felder unmittelbar erkennen lassen, verloren gegangen. Beide Formulierungen sind jedoch völlig gleichwertig. Man wird gut daran tun, sie beide zu benutzen, abhängig von der Art des jeweils betrachteten Problems.

Es ist nicht der Zweck dieses Anhanges, die gesamte Feldtheorie nun in relativistischer Form zu behandeln. Dazu sei auf die weiterführende Literatur verwiesen [50–61]. Hier wollen wir uns darauf beschränken, noch einige einfache Probleme zum besseren Verständnis der behandelten Begriffe und Zusammenhänge zu erörtern.

10.6.6 Einige Beispiele

10.6.6.1 Flächenladungen und ihre Felder

Auf zwei zueinander parallelen unendlich ausgedehnten Ebenen (Abb. 10.17) befinden sich elektrische Ladungen konstanter Flächenladungsdichte $\pm\sigma$. Zwischen den beiden

Abb. 10.17 Vergrößerung der Flächenladungsdichte durch die Lorentz-Kontraktion

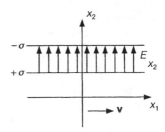

Flächen herrscht dann ein homogenes Feld $E_{x_2} = \sigma/\varepsilon_0$. Nun betrachten wir diese Situation von einem mit der Geschwindigkeit $\mathbf{v}$ parallel zur x_1-Achse bewegten Bezugssystem Σ' aus. Welches Feld E'_{x_2} wird in diesem beobachtet?

Zunächst ist festzuhalten, *dass die gesamte Ladung im Inneren eines Volumens eine relativistische Invariante ist.* Das ist ein gut gesichertes, ein sehr wichtiges und ein nur scheinbar triviales Ergebnis. Ladungsdichten dagegen sind nicht invariant, was schon daraus hervorgeht, dass sie im Wesentlichen die vierte Komponente eines Vierervektors darstellen. Ist $\mathbf{g} = 0$, so erhält man durch Anwendung der Lorentz-Transformation (10.289) auf den Vierervektor (10.316)

$$\rho' = \frac{\rho}{\sqrt{1 - \frac{v^2}{c^2}}}, \qquad g_{x_1} = \frac{-\rho v}{\sqrt{1 - \frac{v^2}{c^2}}} \; . \tag{10.352}$$

Betrachten wir Flächenelemente der geladenen Flächen in Abb. 10.17, so ist die Ladung eines solchen Flächenelementes invariant. Vom bewegten System aus betrachtet ist nun das Flächenelement in Bewegungsrichtung durch die Lorentz-Kontraktion um den Faktor $\sqrt{1 - \frac{v^2}{c^2}}$ verkürzt. Die Flächenladungsdichte ist deshalb um denselben Faktor vergrößert,

$$\sigma' = \frac{\sigma}{\sqrt{1 - \frac{v^2}{c^2}}} \; , \tag{10.353}$$

was sich natürlich auch durch einen Grenzübergang aus Gleichung (10.352) ergibt. Beide Gleichungen, (10.352) und (10.353), sind also als Folgen der Lorentz-Kontraktion anschaulich zu verstehen. Natürlich ist mit σ' auch E'_{x_2} um denselben Faktor vergrößert,

$$E'_{x_2} = \frac{E_{x_2}}{\sqrt{1 - \frac{v^2}{c^2}}} \; , \tag{10.354}$$

was wegen $\mathbf{B} = 0$ mit den Transformationsgleichungen (10.304) bzw. (10.305) übereinstimmt. Im System Σ' entsprechen den bewegten Flächenladungen Flächenstromdichten. Berechnet man deren Magnetfeld $\mathbf{B}'$, so ergibt sich auch dieses in Übereinstimmung mit den Gleichungen (10.304) bzw. (10.305), nämlich

$$B'_{x_3} = \frac{v\,E_{x_2}}{c^2\sqrt{1 - \beta^2}} = -\frac{v\,\sigma}{c^2\varepsilon_0\sqrt{1 - \beta^2}} = -\frac{\mu_0 v\,\sigma}{\sqrt{1 - \beta^2}} \; . \tag{10.355}$$

Abb. 10.18 Die Flächenladungsdichte bleibt unverändert

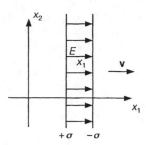

Dieses magnetische Feld besteht natürlich nur zwischen den beiden Flächenladungen, wo auch das elektrische Feld existiert. In den Außenräumen verschwinden alle Felder.

Nun betrachten wir in analoger Weise die im Abb. 10.18 dargestellte Situation. Die geladenen Flächen stehen jetzt senkrecht auf **v**, weshalb nun

$$\sigma' = \sigma \qquad (10.356)$$

und

$$E'_{x_1} = E_{x_1} \qquad (10.357)$$

ist, wobei Gleichung (10.357) ebenfalls mit Gleichungen (10.304) bzw. (10.305) übereinstimmt.

Auch hier gilt Gleichung (10.352). Trotzdem gilt für σ' Gleichung (10.356) und nicht (10.353). Das liegt daran, dass man sich die Flächenladungen durch einen Grenzübergang aus einer Schicht endlicher Dicke entstanden denkt:

$$\left.\begin{array}{l} \sigma = \rho d \, (\rho \to \infty, d \to 0); \quad \rho' = \dfrac{\rho}{\sqrt{1 - \beta^2}}, \\[2mm] d' = d \sqrt{1 - \beta^2}; \quad \rho' d' = \rho d, \sigma' = \sigma \, . \end{array}\right\} \qquad (10.358)$$

Im System Σ' erzeugen die bewegten Flächenladungen Ströme, die aber aus Symmetriegründen kein Magnetfeld bewirken. Auch die Transformationsgleichungen liefern wegen $\mathbf{E} \parallel \mathbf{v}$ kein Magnetfeld. Statt der Felder kann man auch das Viererpotential transformieren. Während in Σ das Vektorpotential $\mathbf{A} = 0$ ist, ist in Σ' $\mathbf{A}' \neq 0$:

$$\mathbf{A}' = (A'_{x_1}(x'_1), 0, 0), \quad \mathbf{B}' = \mathrm{rot}' \, \mathbf{A}' = 0 \, . \qquad (10.359)$$

Wir haben schon im Abschn. (10.269) festgestellt, dass die zur Relativgeschwindigkeit **u** parallele Komponente des Ortsvektors verändert wird, die dazu senkrechte Komponente dagegen unverändert bleibt und dass dies bei den Feldkomponenten gerade umgekehrt ist. Hier können wir ganz anschaulich sehen, warum das so sein muss.

10.6.6.2   Ströme und Raumladungen

Ist der Vierervektor der Stromdichte im Ruhsystem $\Sigma\,(g_{x_1}, 0, 0, \mathrm{i}c\rho)$, so ist er im bewegten Bezugssystem Σ'

$$\left.\begin{aligned}g'_{x_1} &= \frac{1}{\sqrt{1 - \frac{v^2}{c^2}}}(g_{x_1} - v\,\rho), \quad g'_{x_2} = 0, \quad g'_{x_3} = 0 \\[2mm] \mathrm{i}c\rho' &= \frac{1}{\sqrt{1 - \frac{v^2}{c^2}}}\left(-\frac{\mathrm{i}v g_{x_1}}{c} + \mathrm{i}c\rho\right).\end{aligned}\right\} \tag{10.360}$$

Ist nun $\rho = 0$, so ist dennoch $\rho' \neq 0$, nämlich

$$\rho' = -\frac{v\,g_{x_1}}{c^2\sqrt{1 - \frac{v^2}{c^2}}} \tag{10.361}$$

Dieses zunächst vielleicht überraschende Ergebnis kann durchaus anschaulich erklärt werden. Abb. 10.19 zeigt als Beispiel einen metallischen Leiter. Er weist (vom ruhenden System Σ aus betrachtet) Ionen und Elektronen mit den Raumladungsdichten $+\rho_0$ und $-\rho_0$ auf. Die Elektronen bewegen sich mit der Geschwindigkeit u_e in negativer x_1-Richtung. Die Gesamtladungsdichte ist $\rho_0 - \rho_0 = 0$. Was wird nun von einem in x_1-Richtung mit der Geschwindigkeit v bewegten System aus beobachtet? Zunächst ist die Raumladungsdichte der Elektronen in deren eigenem Bezugssystem (in dem sie ruhen)

$$\rho_{0e} = -\rho_0\sqrt{1 - \frac{u_e^2}{c^2}}\,.$$

Die Geschwindigkeit des Beobachters ist, bezogen auf das Ruhsystem der Elektronen nach Gleichung (10.296) gegeben durch

$$\frac{v + u_e}{1 + \frac{v u_e}{c^2}}$$

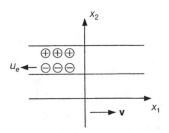

Abb. 10.19 Metallischer Leiter mit positiven und negativen Raumladungen

Deshalb ist, im Bezugssystem Σ' des bewegten Beobachters,

$$\rho'_e = \rho_{0e}\frac{1}{\sqrt{1-\frac{1}{c^2}\left(\frac{v+u_e}{1+\frac{vu_e}{c^2}}\right)^2}} = -\frac{\rho_0\sqrt{1-\frac{u_e^2}{c^2}}}{\sqrt{1-\frac{1}{c^2}\left(\frac{v+u_e}{1+\frac{vu_e}{c^2}}\right)^2}}$$

$$= -\frac{\rho_0\sqrt{1-\frac{u_e^2}{c^2}}\left(1+\frac{vu_e}{c^2}\right)}{\sqrt{1-\frac{v^2}{c^2}-\frac{u_e^2}{c^2}+\frac{v^2u_e^2}{c^4}}} = -\frac{\rho_0\sqrt{1-\frac{u_e^2}{c^2}}\left(1+\frac{vu_e}{c^2}\right)}{\sqrt{1-\frac{u_e^2}{c^2}}\sqrt{1-\frac{v^2}{c^2}}},$$

$$\rho'_e = -\rho_0\frac{1+\frac{vu_e}{c^2}}{\sqrt{1-\frac{v^2}{c^2}}}.$$

Für die Ionen ist

$$\rho'_i = +\rho_0\frac{1}{\sqrt{1-\frac{v^2}{c^2}}}.$$

Also ist die gesamte Ladungsdichte im bewegten System Σ'

$$\rho' = \rho'_e + \rho'_i = \frac{\rho_0}{\sqrt{1-\frac{v^2}{c^2}}}\left(1-1-\frac{vu_e}{c^2}\right) = -\frac{v(\rho_0 u_e)}{c^2\sqrt{1-\frac{v^2}{c^2}}} = -\frac{vg_{x_1}}{c^2\sqrt{1-\frac{v^2}{c^2}}},$$

was mit Gleichung (10.361) übereinstimmt. Für g_{x_1} erhalten wir

$$g'_{x_1} = -\rho'_e\frac{v+u_e}{1+\frac{vu_e}{c^2}} - \rho'_i v = \rho_0\frac{1+\frac{vu_e}{c^2}}{\sqrt{1-\frac{v^2}{c^2}}}\cdot\frac{v+u_e}{1+\frac{vu_e}{c^2}} - \frac{\rho_0 v}{\sqrt{1-\frac{v^2}{c^2}}}$$

$$= \frac{\rho_0}{\sqrt{1-\frac{v^2}{c^2}}}(v+u_e-v) = \frac{\rho_0 u_e}{\sqrt{1-\frac{v^2}{c^2}}} = \frac{g_{x_1}}{\sqrt{1-\frac{v^2}{c^2}}}, \qquad (10.362)$$

was mit Gleichung (10.360) für $\rho = 0$ übereinstimmt. Natürlich ist der Betrag des Vierervektors der Stromdichte invariant, d. h. mit $\rho = 0$ ist

$$g_{x_1}^2 = g'^2_{x_1} - c^2\rho'^2. \qquad (10.363)$$

10.6.6.3 Kraft eines Stromes auf eine bewegte Ladung

Tritt an die Stelle des mit der Geschwindigkeit $\mathbf{v}$ bewegten Beobachters ein geladenes Teilchen, so wird auf dieses eine Kraft ausgeübt. Im Bezugssystem des ruhenden Leiters ist das die durch sein Magnetfeld verursachte Lorentz-Kraft. Eine elektrische Kraft ist hier ($\rho = 0$) nicht vorhanden. Im Ruhsystem des geladenen Teilchens hingegen existiert keine Lorentz-Kraft. Stattdessen ist hier ein durch die Raumladung erzeugtes elektrisches Feld vorhanden, das eine Kraft auf das Teilchen ausübt. Dieses elektrische Feld ist radial,

$$E'_r = \frac{r_0^2\pi\rho'}{2\pi\varepsilon_0 r}. \qquad (10.364)$$

r_0 ist der Radius des Leiters, $r_0^2 \pi$ sein Querschnitt. Mit ρ' nach Gleichung (10.361) ist

$$E_r' = -\frac{r_0^2 \pi}{2\pi \varepsilon_0 r} \cdot \frac{v g_{x_1}}{c^2 \sqrt{1 - \frac{v^2}{c^2}}} = -\frac{v\,I}{2\pi \varepsilon_0 r \frac{1}{\varepsilon_0 \mu_0} \sqrt{1 - \frac{v^2}{c^2}}} = -\frac{\mu_0\, v I}{2\pi r \sqrt{1 - \frac{v^2}{c^2}}} \qquad (10.365)$$

I ist der Strom im Ruhsystem des Leiters. Damit ist

$$\frac{\mu_0 I}{2\pi r} = B_\varphi \qquad (10.366)$$

nichts anderes als das azimutale Magnetfeld des Leiters in seinem Ruhsystem. Also ist

$$E_r' = -\frac{v B_\varphi}{\sqrt{1 - \frac{v^2}{c^2}}} = \left(\frac{\mathbf{v} \times \mathbf{B}}{\sqrt{1 - \frac{v^2}{c^2}}} \right)_{r'} \qquad (10.367)$$

d. h. man erhält genau das elektrische Feld, das sich auch durch die Transformation der Felder nach den Gleichungen (10.304) bzw. (10.305) ergibt. Das transformierte Magnetfeld erklärt sich aus der nach Gleichung (10.362) transformierten Stromdichte.

   Die behandelten Beispiele zeigen, dass die auf den ersten Blick sehr merkwürdig erscheinenden Phänomene der Relativitätstheorie nicht so unanschaulich sind, wie man zunächst meinen könnte. Wir müssen lediglich die Lorentz-Kontraktion und die relativistische Addition der Geschwindigkeiten annehmen, um alles übrige anschaulich herleiten zu können. So zeigt sich u. a., dass die Lorentz-Kraft im Grunde auch eine elektrische Kraft ist, die durch relativistische Effekte verursacht wird. Man könnte grundsätzlich auch ohne das Magnetfeld auskommen. Unser Beispiel zeigt aber, dass die Einführung des Magnetfeldes nützlich ist und die Darstellung der Zusammenhänge erheblich erleichtert. Wollte man ohne Magnetfelder auskommen, so hätte man die Kraft auf ein Teilchen zunächst in seinem Ruhsystem zu berechnen, um diese anschließend in das gewünschte Bezugssystem zu transformieren.

10.6.6.4   Das Feld einer gleichförmig bewegten Punktladung

Im Abschn. 10.4 haben wir die Lienard-Wiechert'schen Potentiale behandelt und als Spezialfall die einer gleichförmig bewegten Punktladung. Sehr oft kann die Anwendung der Relativitätstheorie die Lösung eines elektromagnetischen Problems erheblich erleichtern. Man löst dazu das gegebene Problem zunächst in dem Bezugssystem, in dem die Lösung besonders einfach ist, und transformiert sie dann in das eigentlich gewünschte Bezugssystem. Die Gleichungen (10.212) und (10.213) des Abschn. 10.4 geben die Potentiale für das Feld einer mit der konstanten Geschwindigkeit v_0 parallel zur x-Achse bewegten Ladung.

   Im mit der Ladung Q bewegten Bezugssystem Σ' sind die Potentiale

$$\mathbf{A}' = 0, \quad \varphi' = \frac{Q}{4\pi \varepsilon_0 \sqrt{x'^2 + y'^2 + z'^2}} \, . \qquad (10.368)$$

Also ist das Viererpotential in Σ'

$$\left(0, 0, 0, \frac{iQ}{4\pi\varepsilon_0 \sqrt{x'^2 + y'^2 + z'^2}} \right).$$

Im Bezugssystem Σ ist das Viererpotential mit dem Lorentz-Operator L nach Gleichung (10.292)

$$\begin{pmatrix} A_x \\ A_y \\ A_z \\ \dfrac{i\varphi}{c} \end{pmatrix} = L^{-1} \begin{pmatrix} 0 \\ 0 \\ 0 \\ \dfrac{i\varphi'}{c} \end{pmatrix} = \begin{pmatrix} \dfrac{1}{\sqrt{1-\beta^2}} & 0 & 0 & \dfrac{-iv_0}{c\sqrt{1-\beta^2}} \\ 0 & 1 & 0 & 0 \\ 0 & 0 & 1 & 0 \\ \dfrac{iv_0}{c\sqrt{1-\beta^2}} & 0 & 0 & \dfrac{1}{\sqrt{1-\beta^2}} \end{pmatrix} \begin{pmatrix} 0 \\ 0 \\ 0 \\ \dfrac{i\varphi'}{c} \end{pmatrix},$$

d. h.

$$A_x = \frac{v_0 \varphi'}{c^2 \sqrt{1-\beta^2}}, \quad A_y = A_z = 0, \quad \varphi = \frac{\varphi'}{\sqrt{1-\beta^2}},$$

$$\varphi = \frac{Q}{4\pi\varepsilon_0 \sqrt{1-\beta^2} \sqrt{x'^2 + y'^2 + z'^2}}, \quad A_x = \frac{v_0 \varphi}{c^2}. \tag{10.369}$$

Ersetzt man nun x', y' und z' durch x, y und z entsprechend Gleichung (10.290), so erhält man nach einer einfachen Umformung genau die Potentiale der Gleichungen (10.212) und (10.213), wie es sein muss. Der Lösungsweg ist hier tatsächlich sehr viel einfacher als dort. Bei vielen Problemen wird es nützlich sein, sich zu fragen, ob die Lösung durch die Wahl eines anderen Bezugssystems erleichtert werden kann. Darüber hinaus bewirkt dieses Vorgehen auch ein vertieftes Verständnis des Problems und seiner Lösung.

10.6.7 Schlussbemerkung

Ziel dieses Anhanges ist nicht eine ausführliche Behandlung der gesamten Relativitätstheorie. Da diese sich jedoch aus der elektromagnetischen Feldtheorie heraus geradezu zwingend entwickelt hat und da deshalb umgekehrt auch die elektromagnetische Feldtheorie erst durch die Relativitätstheorie wirklich verstanden werden kann, soll die Darstellung in diesem Anhang ein vertieftes Verständnis ermöglichen. An verschiedenen Stellen des vorliegenden Buches ist ja deutlich geworden, dass man oft auf die Relativitätstheorie stößt und dass diese zum besseren Verständnis erforderlich ist.

Abschließend sei Sommerfeld zitiert. Am Anfang des Abschnittes über die vierdimensionale Formulierung der Maxwell'schen Gleichungen sagt er: „Ich wünsche meinen Zuhörern den Eindruck zu verschaffen, dass die wahre mathematische Form dieser Gebilde erst jetzt hervortreten wird, wie bei einer Gebirgslandschaft, wenn der Nebel zerreißt" [52, S. 197]. Später heißt es: „Die Relativitätstheorie ist vom Standpunkt der Maxwell'schen

Gleichungen aus selbstverständlich. Ein Mathematiker, dessen Augen durch das Erlanger Programm von Klein geschult waren, hätte aus der Form der Maxwell'schen Gleichungen ihre Transformationsgruppe mit all ihren kinematischen und optischen Folgerungen ablesen können" [52, S. 220]. Diese Aussagen schmälern keineswegs Einsteins außerordentliche Verdienste. Es muss aber klar sein, dass man mit der Relativitätstheorie auch die Maxwell'sche Theorie verwerfen müsste. Anders gesagt, die überzeugenden Beweise für die Gültigkeit der Maxwell'schen Gleichungen durch zahllose verschiedene und voneinander unabhängige Experimente stellen ebenso überzeugende Bestätigungen auch der Relativitätstheorie dar.

10.7   Relativitätstheorie und Gravitation, die Allgemeine Relativitätstheorie

10.7.1   Träge und schwere Masse

Galilei hat wohl als erster erkannt, dass alle Körper im Gravitationsfeld, im Prinzip, gleich schnell fallen. Das ist sehr bemerkenswert, da sich dies bei einfachen Fallversuchen an Luft gar nicht zeigt. Ein Metallstück und eine Vogelfeder fallen deutlich verschieden schnell und ein hinreichend leichter Körper, ein mit Wasserstoff oder Helium gefüllter Ballon oder eine Montgolfière, steigen sogar auf statt zu fallen. Im Vakuum allerdings fallen tatsächlich alle Körper gleich schnell.

Das Newton'sche Gravitationsgesetz besagt, dass zwei „schwere Massen", m_{s_1} und m_{s_2}, einander mit einer Kraft anziehen, die beiden Massen proportional und dem Quadrat ihres Abstandes umgekehrt proportional ist,

$$F = \frac{G m_{s1} m_{s2}}{r^2} \,, \quad G = 6{,}6742 \cdot 10^{-11} \frac{\mathrm{m}^3}{\mathrm{kg} \cdot \mathrm{s}^2} \,. \tag{10.370}$$

G ist die *Newton'sche Gravitationskonstante*. Um eine „*träge Masse*" m_t zu beschleunigen ist die Kraft

$$F = m_t \cdot \frac{\mathrm{d}v}{\mathrm{d}t} \tag{10.371}$$

erforderlich. Ist M_s die schwere Masse und r der Radius eines Himmelskörpers, z. B. der Erde, so ist an dessen Oberfläche

$$F = \frac{G M_s m_s}{r^2} = m_t \cdot \frac{\mathrm{d}v}{\mathrm{d}t} \tag{10.372}$$

und

$$\frac{\mathrm{d}v}{\mathrm{d}t} = \frac{G M_s}{r^2} \cdot \frac{m_s}{m_t} \,. \tag{10.373}$$

Wenn alle Körper gleich schnell fallen, ist m_s proportional zu m_t und bei geeigneter Wahl der Einheiten ist

$$m_s = m_t \,. \tag{10.374}$$

Das ist tatsächlich der Fall und wurde in vielen Experimenten mit zunehmend großer Genauigkeit bestätigt. Wir werden deshalb im folgenden m_s und m_t nicht mehr unterscheiden und die Indices s oder t wieder weglassen. Obwohl uns das schon längst selbstverständlich erscheint, verbirgt sich hinter dieser Gleichheit ein grundlegendes Problem, das lange nicht verstanden wurde.

In allen beschleunigten Bezugssystemen, z. B. in rotierenden Bezugssystemen, treten uns auch aus dem täglichen Leben gut bekannte *Trägheitskräfte, Fliehkräfte* und *Corioliskräfte*, auf. In dem einfachen aber berühmten und viel diskutierten *Newton'schen Eimerversuch* führen die Fliehkräfte dazu, dass in einem rotierenden Eimer befindliches Wasser durch Reibung allmählich mit dem Eimer rotiert und seine Oberfläche eine parabolische Krümmung annimmt. Man versuchte sich das dadurch zu erklären, dass wir uns in einem *absoluten Raum* befinden, in dem die Fixsterne ruhen, während der Eimer in dem so ausgezeichneten Raum rotiert. Diese Erklärung konnte nicht wirklich befriedigen. Vom Bezugssystem des rotierenden Eimers aus gesehen ist dieser in Ruhe und der Fixsternhimmel ist es, der rotiert. Warum, fragte man sich, ist das eine System dem anderen gegenüber ausgezeichnet? So hat sich z. B. Ernst Mach besonders intensiv mit dieser Problematik auseinandergesetzt und die aus heutiger Sicht sehr kluge Frage gestellt, ob die Fliehkräfte im rotierenden Eimer auch dann auftreten, wenn der Eimer äußerst dickwandig und massiv ist.

Schließlich hat Einstein diese und andere Fragen in seiner allgemeinen Relativitätstheorie geklärt, die in diesem Anhang allerdings nur in groben Umrissen beschrieben werden soll, da eine ausführliche Darstellung viel zu weit führte. Dafür sei hier auf die weiterführende Literatur verwiesen, z. B. [62–69]. Einstein geht davon aus, dass träge und schwere Masse und damit auch Trägheits- und Gravitationskräfte identisch sind. Das ist das sogenannte *Äquivalenzprinzip*. Dadurch wird zusammen mit der Trägheit auch die Gravitation zu einer geometrischen Frage. Die im Raum vorhandenen Massen erzeugen die geometrische Struktur des sie umgebenden Raumes, in dem die Gravitationskräfte dann als Trägheitskräfte auftreten. Dieser Raum ist kein euklidischer oder pseudoeuklidischer Raum wie der Minkowskiraum, sondern ein *gekrümmter Riemann'scher Raum*.

Zur Veranschaulichung des Äquivalenzprinzips stellt man sich oft einen beschleunigten geschlossenen Kasten vor. Einem in diesem eingeschlossenen Beobachter ist es grundsätzlich nicht möglich, zwischen Trägheit und Gravitation zu unterscheiden. Ein von ihm losgelassener Körper wird sich beschleunigt in einer bestimmten Richtung bewegen, wobei der Beobachter grundsätzlich nicht in der Lage ist festzustellen, ob dies durch ein eventuell vorhandenes Gravitationsfeld oder durch Trägheit verursacht ist. So kann man mit Hilfe des Äquivalenzprinzips die Ablenkung von Licht durch einen Himmelskörper abschätzen (Abb. 10.20). In einem mit der Beschleunigung

$$g = \frac{GM}{r^2}$$

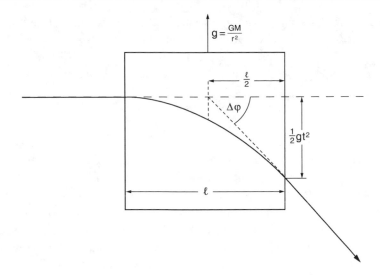

Abb. 10.20 Ablenkung eines Lichtstrahls durch eine Masse M

nach oben beschleunigten Kasten der Breite l tritt ein Lichtstrahl ein. Er benötigt die Zeit

$$t = \frac{l}{c}$$

um den Kasten zu durchqueren. In dieser Zeit bewegt sich der Kasten um die Strecke

$$\frac{1}{2} \cdot \frac{GM}{r^2} \cdot t^2 = \frac{1}{2} \cdot \frac{GM}{r^2} \cdot \frac{l^2}{c^2}$$

nach oben. Der Lichtstrahl wird also für den mit dem Kasten bewegten Beobachter um den Winkel

$$\Delta\varphi = \frac{GMl}{r^2 c^2}$$

abgelenkt. Der Beobachter im Kasten kann nicht feststellen, ob die Ursache dieser Ablenkung eine Beschleunigung des Kastens nach oben ist oder ob der Kasten ruht und Gravitation eines Himmelskörpers der Masse M eine Beschleunigung der Lichtquanten nach unten bewirkt. Um die Ablenkung eines am Himmelskörper vorbeilaufenden Lichtstrahls zu erhalten, nehmen wir im Sinne einer größenordnungsmäßigen Abschätzung $l = 2r$ an und erhalten schließlich

$$\Delta\varphi = \frac{2GM}{rc^2} = \frac{r_s}{r}, \quad r_s = \frac{2GM}{c^2} .$$

Das ist natürlich nur bis auf einen noch unbekannten Faktor richtig, der einer genaueren später nachzuholenden Berechnung zu entnehmen ist. r_s ist der sogenannte *Schwarzschildradius*, eine wichtige Größe, die im folgenden eine wesentliche Rolle spielen wird.

Vergleicht man das Newton'sche Gravitationsgesetz, Gleichung (10.370), mit dem Coulomb'schen Gesetz, so fällt eine große Ähnlichkeit auf. Man könnte meinen, die Masse sei etwas der elektrischen Ladung Analoges, eine gravitative Ladung. Auch für die Potentiale, das elektrische Potential und das Gravitationspotential, gelten analoge Gleichungen,

$$\Delta \Phi_e = -\frac{\rho_e}{\epsilon_0} \, , \quad \Delta \Phi_g = 4\pi G \rho_g \, , \tag{10.375}$$

wo Φ_e das elektrische Potential, Φ_g das Gravitationspotential, ρ_e die elektrische Raumladungsdichte und ρ_g die räumliche Massendichte ist. Es gibt aber auch wesentliche Unterschiede zwischen elektrischer Ladung und Masse. Während alle Körper im Gravitationsfeld gleich schnell fallen, fallen geladene Körper im elektrischen Feld keineswegs gleich schnell, da das Verhältnis ihrer Ladung zu ihrer Masse für verschiedene geladene Körper beliebige Werte annehmen kann. Auch gibt es bei der Gravitation nur anziehende und nicht wie bei elektrischen Ladungen anziehende und abstoßende Kräfte (obwohl gerade in der allgemeinen Relativitätstheorie im Zusammenhang mit der sogenannten *kosmologischen Konstante*, auf die wir noch stoßen werden, auch antigravitative abstoßende Kräfte auftreten könnten).

Der schwerwiegendste Unterschied zwischen elektrischer Ladung und Masse besteht allerdings darin, dass die elektrische Ladung in allen Bezugssystemen dieselbe, also Lorentz-invariant ist, die Masse andererseits von der Geschwindigkeit abhängt, also nicht Lorentz-invariant ist. Von besonderer Bedeutung ist auch die Tatsache, dass Masse und Energie äquivalent sind. Die Masse ist deshalb im Wesentlichen die Zeitkomponente eines Vierervektors, nämlich des Viererimpulses wie Gleichung (10.327) zeigt. Gerade das macht die Relativitätstheorie der Gravitation erheblich schwieriger als die der Elektrodynamik. Im Grunde suchen wir die der vierdimensionalen Potentialgleichung (10.320) der Elektrodynamik entsprechende Potentialgleichung der Gravitationstheorie. Wir werden sehen, dass diese Gleichung, die *Einstein'sche Feldgleichung*, anders als Gleichung (10.320) keine Gleichung zwischen Vierervektoren, sondern eine zwischen Vierertensoren ist, was an dem beschriebenen Unterschied zwischen elektrischer Ladung und Masse liegt.

10.7.2   Riemann'sche Geometrie

In der klassischen Physik geht man von der Existenz des sogenannten absoluten Raumes und der absoluten Zeit aus, wobei

$$\mathrm{d}s^2 = \mathrm{d}x^2 + \mathrm{d}y^2 + \mathrm{d}z^2 = \text{inv.} \, , \quad \mathrm{d}t^2 = \text{inv.} \tag{10.376}$$

In der speziellen Relativitätstheorie tritt an die Stelle des absoluten Raumes und der absoluten Zeit der so genannte Minkowskiraum, die beides zusammenfassende ebenso absolute *Raumzeit*, für die

$$ds^2 = d(ct)^2 - dx^2 - dy^2 - dz^2 = \text{inv.} \tag{10.377}$$

Es ist eigentlich ein Unglück, dass diese Theorie als Relativitätstheorie bezeichnet wird, da dieser Name oft zu dem Missverständnis führt, alle Naturgesetze seien grundsätzlich relativ im Sinne von unsicher und nicht wirklich zutreffend. Der Begriff kommt aber daher, dass manche Größen in dem Sinn relativ sind, dass sie vom jeweils gewählten Bezugssystem abhängen, wobei allerdings die Transformation dieser relativen Größen beim Übergang von einem Bezugssystem zu einem anderen durch die Lorentz-Transformation eindeutig festgelegt und völlig klar ist. In der klassischen Physik sind Raum und Zeit absolut, während die Lichtgeschwindigkeit eine vom Bezugssystem abhängige relative Größe ist. In der Relativitätstheorie ist es gerade umgekehrt. Da sind Raum und Zeit relativ und dafür ist die Vakuumlichtgeschwindigkeit absolut. Es ist auch anschaulich klar, dass nicht beides gleichzeitig absolut sein kann.

Die allgemeine Relativitätstheorie behält die vierdimensionale Raumzeit bei, betrachtet sie jedoch den Minkowskiraum verallgemeinernd als vierdimensionale *gekrümmte Raumzeit*, d. h. als vierdimensionalen *Riemann'schen Raum*. Dafür ist

$$ds^2 = \sum_{\mu,\nu} g_{\mu\nu}\, dx^\mu\, dx^\nu = g_{\mu\nu}\, dx^\mu\, dx^\nu = \text{inv.} \tag{10.378}$$

Diese Schreibweise bedarf der Erläuterung. Hier wird die Tensorrechnung in einer Form benutzt, bei der man zwischen kontravarianten Komponenten mit obenstehenden Indices, z. B. dx^μ, und kovarianten Komponenten mit untenstehenden Indices, z. B. dx_ν, unterscheidet. Produkte n solcher Komponenten sind dann entsprechende Tensoren n. Stufe. Sie können kovariant, kontravariant oder gemischt ko- und kontravariant sein, z. B. $T_{\mu\nu}$, $T^{\mu\nu}$, $T^\mu{}_\nu$. Bei gemischt ko- und kontravarianten Tensoren muss man im Allgemeinen durch die Schreibweise die Reihenfolge der Indices deutlich machen, d. h. man darf sie nicht einfach untereinander schreiben (wenn sie nicht symmetrisch sind). Der Tensor $g_{\mu\nu}$ in Gleichung (10.378) ist der sogenannte *metrische Tensor*, da er alle metrischen Eigenschaften des gegebenen Raumes bestimmt. Im dreidimensionalen kartesischen Raum sind wir ihm bereits begegnet ohne ihn dort so zu bezeichnen, Gl. (3.15). Wir haben dort dreidimensionale krummlinige Koordinaten eingeführt, wegen deren Orthogonalität der metrische Tensor diagonal ist. Die dabei auftretenden Quadrate der Maßstabfaktoren sind eigentlich die Diagonalelemente des metrischen Tensors. In Gleichung (10.378) wurde die sogenannte *Einstein'sche Summenkonvention* benutzt, bei der über gleiche oben- und untenstehende Indices zu summieren ist. Diese sogenannte *Kontraktion* entspricht der Bildung eines Skalarproduktes.

Leider ist die Schreibweise in der Literatur nicht einheitlich. Die Indices laufen entweder von 1 bis 4, 1 bis 3 für die Raumkoordinaten und 4 für die Zeitkoordinate, oder von 0 bis 3, 0 für die Zeitkoordinate und 1 bis 3 für die Raumkoordinaten. Wir wählen im folgenden anders als in früheren Abschnitten die in der allgemeinen Relativitätstheorie wohl häufiger benutzte zweite Schreibweise. Die vier Koordinaten werden oft als *Ereignis* bezeichnet (das am Ort x, y, z zur Zeit t stattfindet). Eine Teilchenbahn in der vierdimensionalen Raumzeit wird auch *Weltlinie* genannt.

Alle für die Riemann'sche Geometrie wesentlichen Größen können aus dem metrischen Tensor gewonnen werden, wobei wir hier nur die wichtigsten Beziehungen zusammenstellen wollen. Aus dem metrischen Tensor berechnet man zunächst die sogenannten *Christoffelsymbole*

$$\Gamma_{ij}^k = \tfrac{1}{2} \cdot g^{ks} \left[g_{is,j} + g_{js,i} - g_{ij,s} \right] \,, \tag{10.379}$$

wobei

$$g_{is,j} = \frac{\partial g_{is}}{\partial x^j} \,. \tag{10.380}$$

Die Christoffelsymbole haben eine gewisse anschauliche Bedeutung. Bei der Parallelverschiebung eines Vektors von einem Ort zu einem anderen Ort verändern sich seine Komponenten nur bei Verwendung kartesischer Koordinaten nicht. Krummlinige Koordinaten verursachen jedoch eine Änderung, d. h. ein bestimmter Vektor hat an verschiedenen Raumpunkten auch verschiedene Komponenten. Diese können mit Hilfe der Christoffelsymbole berechnet werden.

Die Ableitung (10.380) darf nicht mit der sogenannten kovarianten Ableitung verwechselt werden, auf die wir hier nicht eingehen wollen. Es gibt Christoffelsymbole 1. und 2. Art. Die hier angegebenen sind die 2. Art. Es sei betont, dass die Christoffelsymbole keine Tensoren sind, d. h. dass sie sich nicht wie solche transformieren, obwohl die Schreibweise diesen Eindruck erwecken könnte. Aus ihnen gewinnt man den sogenannten *Riemann-Christoffel-Krümmungstensor*, den wir im folgenden einfach als *Krümmungstensor* bezeichnen werden,

$$R^k{}_{ars} = \Gamma_{ar,s}^k - \Gamma_{as,r}^k + \Gamma_{ar}^b \Gamma_{sb}^k - \Gamma_{as}^b \Gamma_{rb}^k \tag{10.381}$$

mit

$$\Gamma_{ar,s}^k = \frac{\partial \Gamma_{ar}^k}{\partial x^s} \,. \tag{10.382}$$

Durch Kontraktion entsteht daraus der sogenannte *Ricci-Tensor*

$$R_{ij} = R^k{}_{ikj} \tag{10.383}$$

und durch nochmalige Kontraktion die sogenannte *skalare Krümmung*

$$R = R^i{}_i \,. \tag{10.384}$$

Dazu müssen wir klären, wie z. B. aus dem kontravarianten Tensor 2. Stufe R_{ij} der gemischt ko- und kontravariante Tensor $R^i{}_j$ erzeugt wird. Dazu betrachten wir den Umgang mit ko- und kontravarianten Komponenten an dem einfachen Beispiel ebener Polarkoordinaten. Für diese ist

$$x = r \cos \varphi \,, \quad y = r \sin \varphi \,, \tag{10.385}$$

$$ds^2 = dx^2 + dy^2 = dr^2 + r^2 d\varphi^2 \,, \tag{10.386}$$

$$dx^i = (dr, d\varphi) \,, \tag{10.387}$$

$$dx_i = \left(dr, r^2 d\varphi\right) \,. \tag{10.388}$$

Damit ergibt sich

$$dx_i \, dx^i = dr^2 + r^2 \, d\varphi^2 = g_{ik} \, dx^i \, dx^k = g^{ik} dx_i \, dx_k = ds^2 \,, \tag{10.389}$$

wobei

$$g_{ik} = \begin{pmatrix} 1 & 0 \\ 0 & r^2 \end{pmatrix} \,, \quad g^{ik} = \begin{pmatrix} 1 & 0 \\ 0 & \frac{1}{r^2} \end{pmatrix} \tag{10.390}$$

mit

$$g_{ik} g^{kj} = \delta_i^j \tag{10.391}$$

und

$$g^{ik} x_k = x^i \,, \quad g_{ik} x^k = x_i \,. \tag{10.392}$$

Die Gleichungen (10.389), (10.391), (10.392) gelten ganz allgemein auch für andere Geometrien. Gleichung (10.392) zeigt wie mit Hilfe des metrischen Tensors ko- in kontravariante Komponenten und umgekehrt umgerechnet werden können. Das gilt auch für beliebige gemischt ko- und kontravariante Tensoren beliebiger Stufe und für jeden ihrer Indices, die man so von oben nach unten oder von unten nach oben bringen kann.

Wir wollen nun für die ebenen Polarkoordinaten nach den Gleichungen (10.379)–(10.384) die dadurch definierten Größen berechnen. Zunächst sind nur 3 der insgesamt 8 Christoffelsymbole von 0 verschieden, nämlich

$$\Gamma_{22}^1 = -r \,, \quad \Gamma_{21}^2 = \Gamma_{12}^2 = \frac{1}{r} \,. \tag{10.393}$$

Damit verschwinden alle weiteren Größen,

$$R^k{}_{ars} = 0 \,, \quad R_{ij} = 0 \,, \quad R = 0 \,. \tag{10.394}$$

Dieses Ergebnis mag zunächst überraschend wirken. Alle Krümmungsgrößen verschwinden, obwohl das Koordinatensystem gekrümmt ist. Darauf kommt es aber nicht an. Die euklidische Ebene ist nicht gekrümmt, unabhängig davon, welches Koordinatensystem man auf ihr einführt. Das gilt für jeden euklidischen Raum beliebiger Dimension. Ganz allgemein ist hier festzuhalten, dass in einem Raum mit $R = 0$ ein kartesisches Koordinatensystem möglich ist. Ist hingegen $R \neq 0$, so kann in ihm kein kartesisches

Koordinatensystem eingeführt werden. Die Krümmungsgrößen beschreiben also nicht das gewählte Koordinatensystem, sondern die wesentlichen Eigenschaften des betrachteten Raumes.

Untersuchen wir z. B. Kugelkoordinaten im dreidimensionalen euklidischen Raum mit

$$\mathrm{d}s^2 = \mathrm{d}r^2 + r^2 \left(\mathrm{d}\theta^2 + \sin^2 \theta \, \mathrm{d}\varphi^2 \right) \,, \tag{10.395}$$

so können wir wie oben alles berechnen und finden wiederum $R = 0$, weil wir auch hier kartesische Koordinaten benutzen könnten. Betrachten wir jedoch die zweidimensionale Kugeloberfläche mit

$$\mathrm{d}s^2 = r^2 \left(\mathrm{d}\theta^2 + \sin^2 \theta \, \mathrm{d}\varphi^2 \right) \tag{10.396}$$

und

$$g_{ij} = r^2 \begin{pmatrix} 1 & 0 \\ 0 & \sin^2 \theta \end{pmatrix}, \quad g^{ij} = \frac{1}{r^2} \begin{pmatrix} 1 & 0 \\ 0 & \frac{1}{\sin^2 \theta} \end{pmatrix} \,. \tag{10.397}$$

In diesem Fall sind 3 der 8 Christoffelsymbole und 4 der 16 Komponenten des Krümmungstensors von 0 verschieden,

$$\Gamma^1_{22} = -\sin \theta \cos \theta \,, \quad \Gamma^2_{12} = \Gamma^2_{21} = \operatorname{ctg} \theta \,, \tag{10.398}$$

$$R^2{}_{112} = -R^2{}_{121} = 1 \,, \quad R^1{}_{212} = -R^1{}_{221} = -\sin^2 \theta \,. \tag{10.399}$$

Schließlich sind auch Ricci-Tensor und skalare Krümmung von 0 verschieden,

$$R_{ij} = - \begin{pmatrix} 1 & 0 \\ 0 & \sin^2 \theta \end{pmatrix}, \quad R^i{}_j = - \begin{pmatrix} \frac{1}{r^2} & 0 \\ 0 & \frac{1}{r^2} \end{pmatrix}, \quad R = R^i{}_i = -\frac{2}{r^2} \,. \tag{10.400}$$

Die zweidimensionale Kugelfläche ist kein euklidischer Raum und man kann auf ihr keine kartesischen Koordinaten einführen. Die Tatsache, dass wir sie uns anschaulich gut vorstellen können und in ihr einen Unterraum des dreidimensionalen euklidischen Raumes mit dem Krümmungsradius r sehen, ändert daran nichts. Wir sollten uns ein zweidimensionales auf dieser Kugeloberfläche lebendes Wesen vorstellen, das keine anschauliche Vorstellung vom dreidimensionalen Raum hat (wie wir keine vom vierdimensionalen Raum haben). Wenn es durch geometrische Messungen die Metrik seines Lebensraumes erkundet, findet es, dass es in einem gekrümmten Raum lebt, denn das ist durch Messungen in diesem zweidimensionalen Raum auch ohne Kenntnis eventueller weiterer Dimensionen feststellbar. Das ist der wesentliche Inhalt der vorhergehenden Betrachtungen. Es handelt sich um das berühmte *Theorema Egregium* von Gauß, um das dieser sich lang bemüht hatte.

Wenn ein träger Körper sich in diesem Raum bewegt, wird er sich zwischen zwei Punkten A und B längs einer sogenannten *geodätischen Linie*, der *Geodäten*, d. h. auf der kürzesten Verbindung zwischen diesen Punkten bewegen. Diese ist durch das Variationsproblem

$$\int_A^B \mathrm{d}s = \int_A^B \sqrt{g_{\mu\nu}\,\mathrm{d}x^\mu\,\mathrm{d}x^\nu} = \text{Extremum} \qquad (10.401)$$

definiert. Ähnlich wie im Abschn. 9.3.1 kann man die zugehörige Euler-Lagrange-Gleichung ableiten (die detaillierte Ableitung findet man z. B. bei Fließbach [62, S. 72 und S. 353]). Man erhält

$$\frac{\mathrm{d}^2 x^\sigma}{\mathrm{d}\lambda^2} = -\Gamma^\sigma_{\mu\nu}\frac{\mathrm{d}x^\mu}{\mathrm{d}\lambda}\cdot\frac{\mathrm{d}x^\nu}{\mathrm{d}\lambda}\ . \qquad (10.402)$$

Für Teilchen mit nicht verschwindender Ruhmasse ist $\lambda = \tau$ (τ ist die Eigenzeit). Für Teilchen mit verschwindender Ruhmasse, z. B. Photonen, ist $\mathrm{d}\tau = 0$ und man muss irgendeinen anderen Bahnparameter verwenden. Die Christoffelsymbole ergeben sich durch Ableitung aus den Komponenten des metrischen Tensors. Diese Komponenten sind also letzten Endes die Potentiale der Gravitationskräfte bzw. der mit ihnen identischen Trägheitskräfte. Für kartesische Koordinaten verschwinden alle Christoffelsymbole und die geodätischen Linien sind Gerade, längs deren sich Teilchen bewegen, die keinen weiteren Kräften ausgesetzt sind. Die hier diskutierten Geodäten sind solche in der vierdimensionalen Raumzeit und nicht die für uns anschaulichen des dreidimensionalen Raumes. Die Ausführungen dieses Abschnittes kann man an einem bekannten Beispiel aus der klassischen Physik verdeutlichen, an den Flieh- und Corioliskräften in einem rotierenden Bezugssystem.

10.7.3 Kräfte in einem rotierenden Bezugssystem

Wir betrachten das folgende rotierende Bezugssystem

$$\begin{aligned}
x^1 &= x^{1'}\cos(\omega t') - x^{2'}\sin(\omega t')\\
x^2 &= x^{1'}\sin(\omega t') + x^{2'}\cos(\omega t')\\
x^3 &= x^{3'}\\
t &= t'
\end{aligned} \qquad (10.403)$$

Dafür ist

$$\begin{aligned}
\mathrm{d}s^2 &= \mathrm{d}(ct)^2 - \mathrm{d}(x^1)^2 - \mathrm{d}(x^2)^2 - \mathrm{d}(x^3)^2\\
&= \left\{1 - \frac{\omega^2}{c^2}\left[(x^{1'})^2 + (x^{2'})^2\right]\right\}\mathrm{d}(ct')^2 - \mathrm{d}(x^{1'})^2 - \mathrm{d}(x^{2'})^2 - \mathrm{d}(x^{3'})^2\\
&\quad + 2\frac{\omega}{c^2}\left(x^{2'}\,\mathrm{d}x^{1'} - x^{1'}\,\mathrm{d}x^{2'}\right)\mathrm{d}(ct')\\
&= g_{\mu\nu}\,\mathrm{d}x^{\mu'}\,\mathrm{d}x^{\nu'} \qquad (ct = x^0, ct' = x^{0'})
\end{aligned} \qquad (10.404)$$

mit

$$
g_{\mu\nu} = \begin{pmatrix}
1 - \dfrac{\omega^2}{c^2}\left[(x^{1\prime})^2 + (x^{2\prime})^2\right] & \dfrac{\omega x^{2\prime}}{c} & -\dfrac{\omega x^{1\prime}}{c} & 0 \\[2ex]
\dfrac{\omega x^{2\prime}}{c} & -1 & 0 & 0 \\[2ex]
-\dfrac{\omega x^{1\prime}}{c} & 0 & -1 & 0 \\[2ex]
0 & 0 & 0 & -1
\end{pmatrix} . \tag{10.405}
$$

Daraus ergeben sich, unter Vernachlässigung von Gliedern höherer Ordnung in $1/c$, die folgenden von 0 verschiedenen Christoffelsymbole

$$
\Gamma_{00}^1 = -\frac{\omega^2 x^{1\prime}}{c^2} , \quad \Gamma_{00}^2 = -\frac{\omega^2 x^{2\prime}}{c^2} , \quad \Gamma_{01}^2 = \Gamma_{10}^2 = \frac{\omega}{c} , \quad \Gamma_{02}^1 = \Gamma_{20}^1 = -\frac{\omega}{c} \tag{10.406}
$$

und nach Gleichung (10.402) die Bewegungsgleichungen

$$
\left.
\begin{aligned}
\frac{d^2 x^{1\prime}}{dt^{\prime 2}} &= \omega^2 x^{1\prime} + 2\omega \frac{dx^{2\prime}}{dt^{\prime}} , \\[1ex]
\frac{d^2 x^{2\prime}}{dt^{\prime 2}} &= \omega^2 x^{2\prime} - 2\omega \frac{dx^{1\prime}}{dt^{\prime}} , \\[1ex]
\frac{d^2 x^{3\prime}}{dt^{\prime 2}} &= 0 .
\end{aligned}
\right\} \tag{10.407}
$$

Das sind genau die aus der klassischen Physik bekannten Gleichungen für Flieh- und Corioliskraft in der xy-Ebene und für die gleichförmige (unbeschleunigte) Bewegung in z-Richtung.

Wir gewinnen hier die auch für das folgende interessante Erkenntnis, dass

$$
g_{00} = 1 + 2\Phi/c^2 , \tag{10.408}
$$

wobei Φ das Potential der Fliehkraft bzw. wegen des Äquivalenzprinzips auch das der Gravitationskraft ist,

$$
\mathbf{f} = -m \operatorname{grad} \Phi = -m \operatorname{grad} \left\{ -\omega^2/2 \left[(x^{1\prime})^2 + (x^{2\prime})^2 \right] \right\} . \tag{10.409}
$$

Dieses Beispiel der Kräfte in einem rotierenden Bezugssystem hat zwar nichts mit der allgemeinen Relativitätstheorie zu tun. Es zeigt aber, dass und wie die Kräfte aus der Geometrie (gegeben durch ds^2) hergeleitet werden können. Dies entspricht dem Vorgehen auch in der allgemeinen Relativitätstheorie. Dazu ist es erforderlich, den Zusammenhang zwischen der Verteilung von Massen im Raum und der durch sie bewirkten Geometrie zu bestimmen. Er ist, nach heutiger Kenntnis, durch die Einstein'sche Feldgleichung gegeben.

10.7.4 Die Einstein'sche Feldgleichung

Ausgehend vom Äquivalenzprinzip, von den Forderungen, dass die allgemeine Relativitätstheorie die klassische Newton'sche Gravitationstheorie als Grenzfall enthalten muss, dass sie kovariant sein muss und gleichzeitig möglichst einfach sein soll, gelangte Einstein zu seiner Feldgleichung

$$R_{\mu\nu} - \frac{R}{2} g_{\mu\nu} + \Lambda g_{\mu\nu} = -k T_{\mu\nu} \, . \tag{10.410}$$

Die Kovarianz ist hier ganz wesentlich. Sie stellt sicher, dass die Feldgleichung auch nach einer Koordinatentransformation gültig bleibt.

Die Indices laufen von 0 bis 3. Die Feldgleichung besteht also im allgemeinsten Fall aus 16 Gleichungen. Sie enthalten die Komponenten des Ricci-Tensors, des metrischen Tensors und des noch zu besprechenden *Energie-Impuls-Tensors* als Quellterme auf der rechten Seite der Gleichung. Wegen der Symmetrie dieser Tensoren sind nur 10 dieser Gleichungen voneinander unabhängig. Zwischen den Komponenten des Ricci-Tensors bestehen auch noch vier Beziehungen, die sich aus den sogenannten Bianchi-Identitäten ergeben. Somit hat man zur Berechnung der 10 Komponenten des metrischen Tensors nur 6 unabhängige Gleichungen und vier Freiheitsgrade. Diese Freiheitsgrade erlauben die Transformation der Ergebnisse in unterschiedliche Koordinatensysteme, wovon wir später auch Gebrauch machen werden. Außerdem tritt die sogenannte *kosmologische Konstante* auf. Gleichwertige andere Formen der Feldgleichung sind

$$R^{\mu}{}_{\nu} - \frac{R}{2} \delta^{\mu}_{\nu} + \Lambda \delta^{\mu}_{\nu} = -k T^{\mu}{}_{\nu} \, , \tag{10.411}$$

$$R_{\mu\nu} - \Lambda g_{\mu\nu} = -k \left[T_{\mu\nu} - \frac{T}{2} g_{\mu\nu} \right] \, , \tag{10.412}$$

$$R^{\mu}{}_{\nu} - \Lambda \delta^{\mu}_{\nu} = -k \left[T^{\mu}{}_{\nu} - \frac{T}{2} \delta^{\mu}_{\nu} \right] \, , \tag{10.413}$$

wie man mit Hilfe der Gleichungen (10.392) zeigen kann. T ist die sogenannte Spur des Energie-Impuls-Tensors ($T = T^{\mu}{}_{\mu}$). Wir geben hier den Energie-Impuls-Tensor nur für eine ideale Flüssigkeit an, da wir im folgenden nur diesen benötigen (weitere Probleme werden wir hier nicht behandeln),

$$T^{\mu\nu} = \frac{\rho + \frac{P}{c^2}}{1 - \frac{v^2}{c^2}} \begin{pmatrix} c^2 & cv^1 & cv^2 & cv^3 \\ cv^1 & v^{1^2} & v^1 v^2 & v^1 v^3 \\ cv^2 & v^2 v^1 & v^{2^2} & v^2 v^3 \\ cv^3 & v^3 v^1 & v^3 v^2 & v^{3^2} \end{pmatrix} - P \begin{pmatrix} 1 & 0 & 0 & 0 \\ 0 & -1 & 0 & 0 \\ 0 & 0 & -1 & 0 \\ 0 & 0 & 0 & -1 \end{pmatrix} . \tag{10.414}$$

P ist der Druck, die v^{μ} sind die Geschwindigkeitskomponenten und ρ ist die Massendichte. Die Konstante k wird durch die oben genannte Forderung bestimmt, dass sich im Newton'schen Grenzfall die klassische Newton'sche Theorie ergeben soll. Dazu betrachten wir hier eine räumliche Massenverteilung $\rho(r)$ mit $P = 0$ und $v = 0$. Mit Gleichung

(10.408) muss dann gelten

$$g_{\mu\nu} = \begin{pmatrix} 1 + \frac{2\phi}{c^2} & 0 & 0 & 0 \\ 0 & -1 & 0 & 0 \\ 0 & 0 & -1 & 0 \\ 0 & 0 & 0 & -1 \end{pmatrix}, \quad T_{\mu\nu} = \begin{pmatrix} \rho c^2 & 0 & 0 & 0 \\ 0 & 0 & 0 & 0 \\ 0 & 0 & 0 & 0 \\ 0 & 0 & 0 & 0 \end{pmatrix}. \tag{10.415}$$

Damit ergibt sich in niedrigster Näherung aus Gleichung (10.412) schließlich unter Verwendung von Gleichung (10.375)

$$R_{00} = -\frac{1}{c^2}\Delta\phi = -k\rho c^2\left(1 - \frac{1}{2}\right) = -\frac{1}{c^2}4\pi G\rho \tag{10.416}$$

und damit

$$k = \frac{8\pi G}{c^4}. \tag{10.417}$$

Dabei haben wir die kosmologische Konstante $\Lambda = 0$ gesetzt, da man für $\Lambda \neq 0$ in der Grenze nicht die Newton'sche Theorie erhalten könnte. Andererseits erweist sich die Newton'sche Theorie im Sonnensystem als sehr brauchbar. Die kosmologische Konstante muss also so klein sein, dass sie für das Sonnensystem vernachlässigt werden kann.

Die Newton'sche Theorie ist also keineswegs überholt. Unter geeigneten Voraussetzungen gilt sie nach wie vor und sie ist in der allgemeinen Relativitätstheorie als Grenzfall enthalten. Einstein hatte größte Hochachtung vor Newtons immenser Leistung und brachte das auch deutlich zum Ausdruck: *„Niemand soll denken, dass durch diese oder irgendeine andere Theorie Newtons große Schöpfung im eigentlichen Sinne verdrängt werden könnte. Seine klaren und großen Ideen werden als Fundament unserer ganzen modernen Begriffsbildung auf dem Gebiet der Naturphilosophie ihre eminente Bedeutung in aller Zukunft behalten."* Er schrieb auch *„Newton verzeih mir. Du fandest den einzigen Weg, der zu deiner Zeit für einen Menschen von höchster Deut- und Gestaltungskraft eben noch möglich war, die Begriffe, die du schufst, sind auch jetzt noch führend in unserem physikalischen Denken, obwohl wir nun wissen, dass sie durch andere, der unmittelbaren Erfahrung ferner stehende, ersetzt werden müssen, wenn wir ein tieferes Ergreifen der Zusammenhänge anstreben."*

Als Einstein seine Feldgleichungen formulierte war er der Meinung, das Weltall sei stationär. Da alle Massen einander anziehen, müsste das Weltall sich zusammenziehen und kollabieren, wenn Gegenkräfte das nicht verhindern. Das sollte durch das zusätzliche Glied mit der kosmologischen Konstante bewirkt werden. Erst später wurde bekannt, dass sich das Weltall mindestens gegenwärtig ständig ausdehnt (Hubble). Deshalb hat Einstein die kosmologische Konstante später abgelehnt und sie als seine „größte Eselei" bezeichnet. Gegenwärtig wird sie aber durch Astrophysiker und Kosmologen wieder rehabilitiert. Sie meinen, dass sie zur richtigen Beschreibung des Geschehens im Weltall erforderlich sei. Sie beschreibt ein im Weltall eventuell vorhandenes kosmisches Fluidum mit höchst merkwürdigen Eigenschaften. Schutz [65] beschreibt es so: *„The cosmological constant can be viewed as a physical fluid with a positive density and a negative pressure. We derive the remarkable and unique properties of this special fluid: it has no inertia, exerts no pressure forces, stays the same density when it expands or contracts, and creates a repulsive gravitational field: anti-gravity. These properties allowed Einstein to introduce it safely into his equations in order to stop the Universe from collapsing."* So hat Einstein uns durch die spezielle Relativitätstheorie vom merkwürdigen und unverstandenen Äther als „lichttragendem Medium" befreit und uns nun durch die allgemeine Relativitätstheorie ein viel merkwürdigeres und noch schwerer verstehbares neues Medium beschert. Die Zukunft wird zeigen, ob es dabei bleibt. Nach heutiger Meinung ist die kosmologische Konstante sehr klein, nämlich $\Lambda \approx 10^{-50}$ m^{-2}. Sie kann also bei vielen Problemen, etwa bei der Behandlung des Sonnensystems oder einzelner *„schwarzer Löcher"*, vernachlässigt werden. Wir werden deshalb die Feldgleichung in der sich aus Gleichung (10.412) ergebenden Form anwenden:

$$R_{\mu\nu} = -8\pi G/c^4 \left(T_{\mu\nu} - T/2 g_{\mu\nu}\right) \ . \tag{10.418}$$

Grundsätzlich sind auch andere modifizierte Theorien denkbar (siehe z. B. Fließbach, [62, S. 121 f.]) z. B. die sogenannte Brans-Dicke-Theorie, bei der die Stärke der Gravitationskraft nicht durch die Gravitationskonstante G gegeben ist, sondern durch die im Kosmos vorhandenen Massen beeinflusst wird. Modifizierte Theorien konnten sich jedoch mindestens bisher gegen die Einstein'sche Theorie nicht durchsetzen. Allerdings könnten zukünftige Erfahrungen Modifikationen erforderlich machen.

10.7.5 Die äußere Schwarzschildmetrik

Wir beschränken uns auf die einfachste und für praktische Zwecke wichtigste Lösung der allgemeinen Relativitätstheorie. Wir betrachten eine kugelsymmetrische Massenverteilung mit $\rho(r,t)$ und wir untersuchen nur den Außenraum, wo überall $\rho = 0$ ist. Wir schließen auch aus, dass die Masse rotiert oder elektrische Ladungen aufweist. Dann verschwinden (im Außenraum) alle Komponenten des Energie-Impuls-Tensors und wir können für die Metrik folgenden Ansatz machen:

$$ds^2 = B(r,t)(c\,dt)^2 - A(r,t)\,dr^2 - r^2(d\theta^2 + \sin^2\theta\,d\varphi^2) \ . \tag{10.419}$$

Also ist

$$g_{\mu\nu} = \begin{pmatrix} B & 0 & 0 & 0 \\ 0 & -A & 0 & 0 \\ 0 & 0 & -r^2 & 0 \\ 0 & 0 & 0 & -r^2\sin^2\theta \end{pmatrix}, \quad g^{\mu\nu} = \begin{pmatrix} \frac{1}{B} & 0 & 0 & 0 \\ 0 & -\frac{1}{A} & 0 & 0 \\ 0 & 0 & -\frac{1}{r^2} & 0 \\ 0 & 0 & 0 & -\frac{1}{r^2\sin^2\theta} \end{pmatrix} \ . \tag{10.420}$$

Nach Gleichung (10.418) müssen dann wegen $T_{\mu\nu} = 0$ und $T = 0$ alle Komponenten des Ricci-Tensors $R_{\mu\nu}$ verschwinden,

$$R_{\mu\nu} = 0 \ . \tag{10.421}$$

Nach längerer jedoch problemloser Rechnung findet man

$$R_{00} = \frac{\ddot{A}}{2A} - \frac{\dot{A}}{4A}\left(\frac{\dot{A}}{A} + \frac{\dot{B}}{B}\right) - \frac{B''}{2A} + \frac{B'}{4A}\left(\frac{A'}{A} + \frac{B'}{B}\right) - \frac{B'}{rA} = 0 \ ,$$

$$R_{11} = -\frac{\ddot{A}}{2B} + \frac{\dot{A}}{4B}\left(\frac{\dot{A}}{A} + \frac{\dot{B}}{B}\right) + \frac{B''}{2B} - \frac{B'}{4B}\left(\frac{A'}{A} + \frac{B'}{B}\right) - \frac{A'}{rA} = 0 \ ,$$

$$R_{22} = -1 - \frac{r}{2A}\left(\frac{A'}{A} - \frac{B'}{B}\right) + \frac{1}{A} = 0 \ , \quad R_{33} = R_{22}\sin^2\theta = 0 \ ,$$

$$R_{01} = R_{10} = -\frac{\dot{A}}{Ar} = 0 \ . \tag{10.422}$$

Alle übrigen Komponenten des Ricci-Tensors verschwinden ohnehin. Zunächst ist festzustellen, dass alle Zeitableitungen verschwinden und dass damit die ganze Metrik im Außenraum zeitunabhängig ist, die Funktionen A und B also nur von r abhängen. Damit ist das sogenannte *Birkhoff-Theorem* bewiesen: **Ein sphärisches Gravitationsfeld im leeren Außenraum ist zeitunabhängig auch dann, wenn die innere Massenverteilung zeitabhängig ist und nicht rotiert.** Das gilt also ebenso wie in der klassischen Gravitationstheorie und in der Elektrodynamik. In beiden Fällen verhalten sich die Felder so, als wäre die gesamte Masse oder die gesamte Ladung als Punktmasse oder Punktladung im Zentrum konzentiert. Mit R_{22} verschwindet auch R_{33}. Dann sind noch die Gleichungen $R_{00} = R_{11} = R_{22} = 0$ mit $\dot{A} = 0$, $\ddot{A} = 0$ zu lösen. Nach einigen hier übergangenen Umformungen findet man (s. z. B. Fließbach [62, S. 136 f.])

$$A(r) = \frac{1}{1 - \frac{b}{r}} \ , \quad B(r) = \frac{1}{A(r)} = 1 - \frac{b}{r} \tag{10.423}$$

mit der Integrationskonstanten b. Nun muss für $r \to \infty$ wie in der klassischen Gravitationstheorie mit der Gesamtmasse M

$$g_{00} = B(r) = 1 + 2\Phi/c^2 = 1 - 2GM/c^2 r \tag{10.424}$$

gelten. Wir setzen nun

$$2GM/c^2 = r_{\mathrm{s}} \tag{10.425}$$

und erhalten damit

$$\mathrm{d}s^2 = \left(1 - \frac{r_{\mathrm{s}}}{r}\right)c^2\,\mathrm{d}t^2 - \frac{\mathrm{d}r^2}{\left(1 - \frac{r_{\mathrm{s}}}{r}\right)} - r^2\left(\mathrm{d}\theta^2 + \sin^2\theta\,\mathrm{d}\varphi^2\right) \ . \tag{10.426}$$

Das ist die äußere *Schwarzschildmetrik* mit dem *Schwarzschildradius* r_s, der schon an anderer Stelle aufgetreten ist. Für $r \to \infty$ geht sie in die Minkowskimetrik über. In ausreichend großem Abstand haben wir also wieder unseren gewohnten euklidischen bzw. pseudoeuklidischen Raum. In unserem Sonnensystem ist der Schwarzschildradius überall sehr viel kleiner als die Radien der Sonne und der Planeten. Die äußere Schwarzschildmetrik gilt also im ganzen Außenraum der Sonne und der Planeten. Für die Erde ist

$$M_E = 6 \cdot 10^{24}\,\text{kg}\,, \qquad r_E = 6,4 \cdot 10^6\,\text{m}\,,$$
$$r_{Es} = 8,9 \cdot 10^{-3}\,\text{m}\,, \qquad r_{Es}/r_E = 1,4 \cdot 10^{-9} \tag{10.427}$$

und für die Sonne

$$M_\odot = 2 \cdot 10^{30}\,\text{kg}\,, \qquad r_\odot = 7 \cdot 10^8\,\text{m}\,,$$
$$r_{\odot s} = 3 \cdot 10^3\,\text{m}\,, \qquad r_{\odot s}/r_\odot = 4,2 \cdot 10^{-6}\,. \tag{10.428}$$

Eine im Unendlichen ruhende Uhr zeigt das Zeitintervall $\mathrm{d}t$. Am Radius r hingegen ist die Eigenzeit

$$\mathrm{d}\tau = \sqrt{1 - \frac{r_s}{r}}\,\mathrm{d}t$$

und

$$\frac{\mathrm{d}t}{\mathrm{d}\tau} = \frac{1}{\sqrt{1 - \frac{r_s}{r}}}\,. \tag{10.429}$$

Dadurch ist die sogenannte *gravitative Rot- bzw. Blauverschiebung* im Gravitationsfeld auf- bzw. absteigender elektromagnetischer Strahlung gegeben. Darauf werden wir noch zurückkommen. Ein Himmelskörper, dessen Radius kleiner als sein Schwarzschildradius ist, hat die äußerst merkwürdige Eigenschaft, dass ein ihm zu nahe gekommenes Photon seiner Anziehungskraft nicht entgehen kann. Ein beim Schwarzschildradius emittiertes Photon erleidet nach Gleichung (10.429) eine unendliche Rotverschiebung und kann den Außenraum nicht erreichen. Noch weniger können andere Körper mit $m_0 \neq 0$ entweichen. Erst recht kann nichts aus dem Bereich $r < r_s$ diesen Himmelskörper verlassen, etwa, wenn $R < r_s$, von seiner Oberfläche. Er saugt alles auf, das ihm zu nahe kommt und alles einmal Eingefangene verbleibt dort für immer. Darauf werden wir noch genauer eingehen. Solche Himmelskörper nennt man *schwarze Löcher*. Die Fläche $r = r_s$ bezeichnet man als *Ereignishorizont*, da man von außen nichts dahinter Befindliches beobachten kann. Detaillierte Informationen über alle von einem schwarzen Loch eingefangenen Massen gehen verloren. Nach außen können sich nur seine Gesamtmasse M, sein Gesamtdrehimpuls L und seine elektrische Gesamtladung Q durch die dort erzeugte Metrik auswirken. Diese Aussage wird oft in der Form „*ein schwarzes Loch hat keine Haare*" formuliert. Die hier behandelte äußere Schwarzschildmetrik gilt nur für den Außenraum. Im Inneren gilt die innere Schwarzschildmetrik,die wir hier nicht behandeln wollen. Für $L \neq 0$, $Q = 0$ ergibt sich die sogenannte Kerrmetrik, die für $L = 0$ in die Schwarzschildmetrik übergeht. Für $L = 0$, $Q \neq 0$ erhält man die Reissner-Weyl-Metrik, die für $Q = 0$ ebenfalls in die

Schwarzschildmetrik übergeht. Sie spielt keine große Rolle, da Himmelskörper quasineutral sind, also kaum erhebliche elektrische Ladungen aufweisen werden. Die Kerrmetrik dagegen ist ziemlich wichtig, da viele Himmelskörper erhebliche Drehimpulse haben, was sich deutlich auf die Metrik in ihrer Umgebung auswirkt. Wir werden beide Metriken hier nicht behandeln.

Die Vorstellung, dass ein schwarzes Loch nie etwas abgibt, bedarf aber nach Hawking einer gewissen Korrektur. Das Vakuum ist keineswegs das der üblichen Vorstellung entsprechende absolute Nichts, die absolute Leere. Es ist vielmehr ein höchst aktives Medium, in dem viele virtuelle Teilchen-Antiteilchen-Paare existieren, die allerdings der Heisenberg'schen Unschärferelation entsprechend nur sehr kurzfristig in Erscheinung treten können. Wenn ein virtuelles Teilchenpaar in unmittelbarer Umgebung des Ereignishorizontes auftritt, dann kann es geschehen, dass eines der beiden Teilchen vom schwarzen Loch verschluckt wird. Das andere der beiden Teilchen ist damit seines Rekombinationspartners beraubt und kann in den Außenraum abgestrahlt werden. Das ist die von einem schwarzen Loch abgegebene sogenannte *Hawkingstrahlung*, deren Spektrum der Planckschen Strahlungsformel für einen schwarzen Strahler bestimmter Temperatur entspricht. Ein schwarzes Loch ist demnach ein schwarzer Strahler, dem eine Temperatur zuzuordnen ist. Es verliert also ständig Energie, was allmählich zu seinem Verschwinden führen kann, wenn ihm nicht mehr Energie zugeführt als abgestrahlt wird. Im Allgemeinen ist schon die sogenannte kosmische Hintergrundstrahlung, die vom schwarzen Loch eingefangen wird, energiereicher als seine Hawkingstrahlung.

Natürlich ist zu fragen, ob es tatsächlich schwarze Löcher gibt. In der Kosmologie kennt man Mechanismen, die zur Entstehung schwarzer Löcher führen könnten. Auch gibt es Beobachtungen, die die Existenz schwarzer Löcher wahrscheinlich machen. So geht man heute davon aus, dass schwarze Löcher tatsächlich existieren.

Diese Fragen sollen hier nicht weiter verfolgt werden. Wir wollen uns vielmehr der Frage zuwenden, welche beobachtbaren Konsequenzen sich aus der äußeren Schwarzschildmetrik insbesondere in unserem Sonnensystem ergeben und ob diese sich durch Beobachtungen und Messungen, auch im Vergleich zu anderen vorgeschlagenen Theorien, bestätigen lassen. Dazu gehen wir von der sogenannten *Robertson-Entwicklung* aus. Unter den Voraussetzungen, die zur Schwarzschildmetrik mit dem Ansatz Gleichung (10.419) geführt haben, sind theoretisch auch andere Lösungen für $A(r)$ und $B(r)$ denkbar. Beide Funktionen können nur von M, G und c und vom Radius r abhängen. Aus M, G und c kann man nur eine Größe mit der Dimension einer Länge bilden, nämlich GM/c^2. Also kann man $A(r)$ und $B(r)$ als Potenzreihen von $GM/c^2 r$ ansetzen,

$$\left.\begin{aligned}
A(r) &= 1 + 2\gamma \frac{GM}{c^2 r} + \dots \\
B(r) &= 1 - 2\frac{GM}{c^2 r} - 2(\beta - \gamma)\left(\frac{GM}{c^2 r}\right)^2 + \dots
\end{aligned}\right\} \qquad (10.430)$$

Mit $\beta = \gamma = 0$ entspricht das der klassischen Newton'schen Theorie mit $A = 1$ und $B = 1 + 2\Phi/c^2$. Mit $\beta = \gamma = 1$ erhält man die Einstein'sche Theorie, d. h. die Schwarzschildmetrik. Andere Werte liefern modifizierte Theorien, wie sie auch vorgeschlagen und untersucht wurden. Aus Gleichung (10.430) erhält man die folgenden von 0 verschiedenen Christoffelsymbole

$$\Gamma^0_{10} = \Gamma^0_{01} = \frac{B'}{2B}, \quad \Gamma^1_{00} = \frac{B'}{2A}, \quad \Gamma^1_{11} = \frac{A'}{2A}, \quad \Gamma^1_{22} = -\frac{r}{A},$$

$$\Gamma^1_{33} = -\frac{r\sin^2\theta}{A}, \quad \Gamma^2_{12} = \Gamma^2_{21} = \frac{1}{r}, \quad \Gamma^2_{33} = -\sin\theta\cos\theta, \tag{10.431}$$

$$\Gamma^3_{13} = \Gamma^3_{31} = \frac{1}{r}, \quad \Gamma^3_{23} = \Gamma^3_{32} = \operatorname{ctg}\theta,$$

und daraus nach Gleichung (10.402) die Bewegungsgleichungen

$$\frac{d^2x^0}{d\lambda^2} = -\frac{B'}{B}\cdot\left(\frac{dx^0}{d\lambda}\right)\cdot\left(\frac{dr}{d\lambda}\right), \tag{10.432a}$$

$$\frac{d^2r}{d\lambda^2} = -\frac{B'}{2A}\left(\frac{dx^0}{d\lambda}\right)^2 - \frac{A'}{2A}\left(\frac{dr}{d\lambda}\right)^2 + \frac{r}{A}\left(\frac{d\theta}{d\lambda}\right)^2 + \frac{r^2\sin^2\theta}{A}\left(\frac{d\varphi}{d\lambda}\right)^2, \tag{10.432b}$$

$$\frac{d^2\theta}{d\lambda^2} = -\frac{2}{r}\left(\frac{d\theta}{d\lambda}\right)\left(\frac{dr}{d\lambda}\right) + \sin\theta\cos\theta\left(\frac{d\varphi}{d\lambda}\right)^2, \tag{10.432c}$$

$$\frac{d^2\varphi}{d\lambda^2} = -\frac{2}{r}\left(\frac{d\varphi}{d\lambda}\right)\left(\frac{dr}{d\lambda}\right) - 2\operatorname{ctg}\theta\left(\frac{d\varphi}{d\lambda}\right)\left(\frac{d\theta}{d\lambda}\right). \tag{10.432d}$$

Ohne Einschränkung der Allgemeinheit kann man $\theta = \pi/2$ wählen, wodurch die Ebene, in der die Bahn verläuft zur Äquitorialebene wird. Damit ist Gleichung (10.432c) erfüllt. Gleichung (10.432d) gibt dann mit dem auf die Einheit der Masse bezogenen Drehimpuls L

$$\frac{1}{r^2}\frac{d}{d\lambda}\left(r^2\frac{d\varphi}{d\lambda}\right) = 0, \quad r^2\frac{d\varphi}{d\lambda} = L = \text{const.} \tag{10.433}$$

und Gleichung (10.432a)

$$\frac{d}{d\lambda}\left(\ln\frac{dx^0}{d\lambda} + \ln B\right) = 0, \quad B\frac{dx^0}{d\lambda} = F = \text{const.} \tag{10.434}$$

Gleichung (10.432b) schließlich liefert

$$\frac{d^2r}{d\lambda^2} + \frac{F^2B'}{2AB^2} + \frac{A'}{2A}\left(\frac{dr}{d\lambda}\right)^2 - \frac{L^2}{Ar^3} = 0.$$

Nach Multiplikation mit $2A\,dr/d\lambda$ kann man das in der Form

$$\frac{d}{d\lambda}\left[A\left(\frac{dr}{d\lambda}\right)^2 + \frac{L^2}{r^2} - \frac{F^2}{B}\right] = 0$$

schreiben und integrieren:

$$A \left(\frac{dr}{d\lambda} \right)^2 + \frac{L^2}{r^2} - \frac{F^2}{B} = -\varepsilon = \text{const.} \tag{10.435}$$

Dabei ist

$$\varepsilon = \begin{cases} c^2 & \text{für} \quad m_0 \neq 0 \\ 0 & \text{für} \quad m_0 = 0 \,. \end{cases} \tag{10.436}$$

Für $m_0 = 0$ ist $\varepsilon = 0$ zu setzen, weil für Licht

$$\frac{ds^2}{d\lambda^2} = g_{\mu\nu} \frac{dx^\mu}{ds} \cdot \frac{dx^\nu}{ds} = 0 \,.$$

Wir gehen nun mit

$$B = \frac{1}{A} = 1 - \frac{r_s}{r} \tag{10.437}$$

zur Schwarzschildmetrik über, um deren Konsequenzen zu erörtern. Aus den Gleichungen (10.435) und (10.437) erhalten wir

$$\frac{1}{2} \left(\frac{dr}{d\lambda} \right)^2 - \frac{r_s \varepsilon}{2r} + \frac{L^2}{2r^2} - \frac{r_s L^2}{2r^3} = \frac{F^2 - \varepsilon}{2} = \text{const.}$$

bzw.

$$\frac{1}{2} \left(\frac{dr}{d\lambda} \right)^2 + V_{\text{eff}} = \text{const.} \tag{10.438}$$

mit dem *effektiven Potential* V_{eff}

$$V_{\text{eff}} = \begin{cases} -\dfrac{r_s c^2}{2r} + \dfrac{L^2}{2r^2} - \dfrac{r_s L^2}{2r^3} & (m_0 \neq 0) \\[2ex] \phantom{-\dfrac{r_s c^2}{2r} +} \dfrac{L^2}{2r^2} - \dfrac{r_s L^2}{2r^3} & (m_0 = 0) \end{cases} \tag{10.439}$$

Das erlaubt einen qualitativen Überblick über die möglichen Teilchenbahnen im Gravitationsfeld eines kugelsymmetrischen Körpers der Masse M (ohne Rotation und elektrische Ladung). Zur Vereinfachung der Darstellung führen wir hier dimensionslose Größen für r, L und V_{eff} ein

$$\tilde{L} = \frac{L}{r_s c} \,, \quad \tilde{r} = \frac{r}{r_s} \,, \quad \tilde{V}_{\text{eff}} = \frac{2}{c^2} V_{\text{eff}} \,. \tag{10.440}$$

und erhalten für Teilchen mit Ruhmasse $m_0 \neq 0$

$$\tilde{V}_{\text{eff}} = -\frac{1}{\tilde{r}} + \frac{\tilde{L}^2}{\tilde{r}^2} - \frac{\tilde{L}^2}{\tilde{r}^3} \,. \tag{10.441}$$

Für $\tilde{L} > 2$ hat V_{eff} zwei Nullstellen bei

$$\tilde{r} = \frac{\tilde{L}^2}{2} \pm \frac{\tilde{L}}{2} \sqrt{\tilde{L}^2 - 4} \,, \tag{10.442}$$

die für $\tilde{L} = 2$ bei $\tilde{r} = 2$ zusammenfallen.

Für $\tilde{L} > \sqrt{3}$ hat $\tilde{V}_{\text{eff}}$ ein Maximum bzw. Minimum

$$\tilde{r} = \tilde{L}^2 \pm \tilde{L} \sqrt{\tilde{L}^2 - 3} \,, \tag{10.443}$$

die für $\tilde{L} = \sqrt{3}$ bei $\tilde{r} = 3$ zusammenfallen. Für $\tilde{L} = 2$ liegt das Maximum an der doppelten Nullstelle bei $\tilde{r} = 2$. Damit ergeben sich die in den Abb. 10.21a–c dargestellten verschiedenartigen effektiven Potentiale. Je nach dem Wert der Konstanten in Gleichung (10.438) werden Teilchen im Gravitationsfeld entweder eingefangen oder gestreut oder in ellipsenähnlichen Bahnen (die in der klassischen Newton'schen Mechanik exakte Ellipsenbahnen wären) um den Zentralkörper umlaufen. An den Stellen des Minimums sind stabile Kreisbahnen möglich. Die Kreisbahnen an den Stellen des Maximums sind instabil.

Für $m_0 = 0$, z. B. für Photonen, ist

$$\tilde{V}_{\text{eff}} = \frac{\tilde{L}^2}{\tilde{r}^2} - \frac{\tilde{L}^2}{\tilde{r}^3} \,. \tag{10.444}$$

V_{eff} hat nur eine Nullstelle bei $\tilde{r} = 1$ und ein Maximum bei $\tilde{r} = 3/2$ (Abb. 10.22). Je nach dem Wert der Konstanten wird das Teilchen gestreut oder eingefangen. Die Kreisbahn beim Maximum ist instabil.

Zum besseren Verständnis des effektiven Potentials nach Gleichung (10.439) seien die drei (auf die Masseneinheit bezogenen) Summanden (für $m \neq m_0$) erläutert. Der erste Summand ($\sim 1/r$) stellt das Potential der klassischen Newton'schen anziehenden Gravitationskraft dar. Der zweite Summand ($\sim 1/r^2$) ist das dem Drehimpulsquadrat L^2 proportionale Potential der Fliehkräfte. Der dritte Summand schließlich ($\sim 1/r^3$) hängt mit der bei zunehmender Geschwindigkeit zunehmenden Energie bzw. Masse des Teilchens zusammen und bewirkt eine zusätzliche relativistische anziehende Gravitationskraft. Er ist ebenfalls dem Quadrat des Drehimpulses L^2 proportional. Wieder auf die Masseneinheit bezogen kann man das Potential abschätzen:

$$-\frac{1}{m} \cdot \frac{GM}{r} \cdot \frac{mv^2}{2c^2} = \frac{GM}{2rc^2} v^2 \approx \frac{GM}{rc^2} \cdot \frac{L^2}{r^2} = \frac{r_s L^2}{2r^3} \,.$$

Diese Abschätzung liefert das richtige Ergebnis, obwohl der Drehimpuls streng genommen durch die azimutale Komponente der Geschwindigkeit und nicht durch die gesamte Geschwindigkeit v gegeben ist. Anders als in der klassischen Mechanik bewirkt der Drehimpuls nicht nur abstoßende Fliehkräfte, sondern auch zusätzliche anziehende Gravitati-

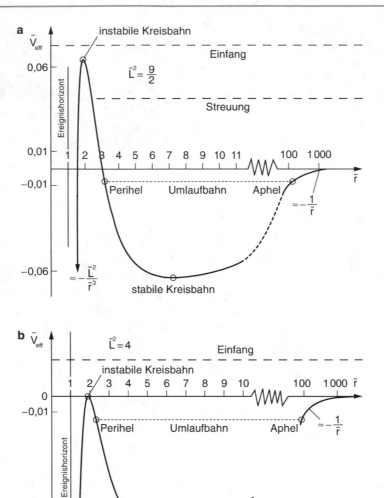

Abb. 10.21 a Das effektive Potential $\tilde{V}_{\mathrm{eff}}$ für $\tilde{L}^2 = 9/2$. **b** Das effektive Potential $\tilde{V}_{\mathrm{eff}}$ für $\tilde{L}^2 = 4$

onskräfte, die für die Schwarzschildmetrik wesentlich sind. Schreibt man das effektive Potential in der Form

$$V_{\mathrm{eff}} = -\frac{r_{\mathrm{s}} c^2}{2r} + \frac{L^2}{2r^2} \left(1 - \frac{r_{\mathrm{s}}}{r} \right) ,$$

so zeigt sich, welche Rolle der Schwarzschildradius dabei spielt. Für $r = r_{\mathrm{s}}$ ist der Drehimpuls ohne Einfluss, weil beide Kräfte sich gerade kompensieren. Für $r > r_{\mathrm{s}}$ überwiegen die Fliehkräfte, für $r < r_{\mathrm{s}}$ die anziehenden Gravitationskräfte.

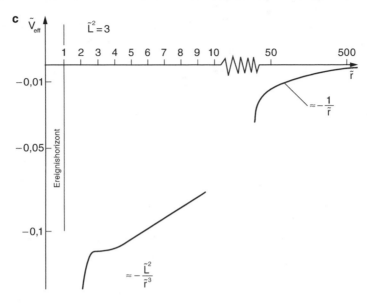

Abb. 10.21 c Das effektive Potential $\tilde{V}_{\mathrm{eff}}$ für $\tilde{L}^2 = 3$

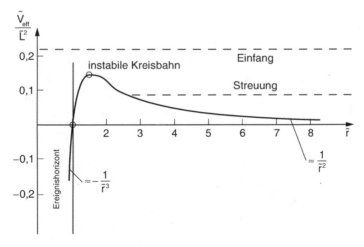

Abb. 10.22 Das effektive Potential $\tilde{V}_{\mathrm{eff}}/\tilde{L}^2$ für Teilchen der Ruhmasse 0

Die hier dargestellten Potentiale dürfen jedoch nicht falsch interpretiert werden. In der klassischen Mechanik könnte man die Geschwindigkeit eines Teilchens an einer beliebigen Stelle seiner Bahn umkehren und das Teilchen liefe dann wieder zurück. In der Schwarzschildmetrik ist das jedoch nicht möglich, was wir bereits erwähnt haben und nun ausführlicher begründen wollen. Um die sehr merkwürdigen Eigenschaften der Schwarzschildmetrik leichter diskutieren zu können, transformiert man die Schwarzschildkoordinaten in verschiedene andere Koordinaten. Zur umfassendsten Darstellung der Schwarz-

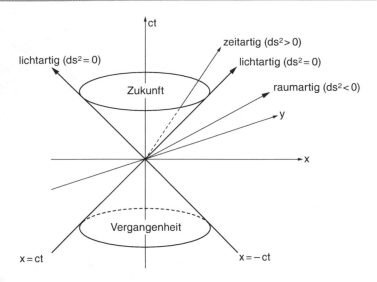

Abb. 10.23 Der Lichtkegel im Minkowskiraum

schildmetrik verwendet man oft die sogenannten Kruskal-Koordinaten (auch Kruskal-Sze-keres-Koordinaten genannt). Wir wollen uns hier der einfacheren Eddington-Finkelstein-Koordinaten bedienen. Ein wesentliches Hilfsmittel zur Veranschaulichung der jeweiligen Situation stellt dabei der sogenannte *Lichtkegel* dar. Für den ebenen Minkowskiraum ist er im Abb. 10.23 gezeigt. Dabei ist $s^2 = c^2 t^2 - x^2 - y^2$ (die dritte Raumkoordinate ist nicht dargestellt). Ein Teilchen kann höchstens Lichtgeschwindigkeit haben, d. h. stets muss $\mathrm{d}s^2 > 0$ sein. Der Lichtkegel zeigt die mögliche Zukunft und die mögliche Vergangenheit. Von $x = 0$, $ct = 0$ ausgehend sind nur *zeitartige* oder *lichtartige* Teilchenbahnen ("*Weltlinien*") möglich, nicht jedoch *raumartige*.

Um nun von der Schwarzschildmetrik auf die Eddington-Finkelstein-Metrik überzuge-hen, führen wir eine neue Zeitkoordinate $\bar{t}$ ein

$$\mathrm{d}\bar{t} = \mathrm{d}t - \frac{\mathrm{d}r}{c\left(1 - \frac{r}{r_\mathrm{s}}\right)} \tag{10.445}$$

und erhalten damit aus Gleichung (10.426)

$$\mathrm{d}s^2 = \left(1 - \frac{r_\mathrm{s}}{r}\right) c^2\,\mathrm{d}\bar{t}^2 - 2\frac{r_\mathrm{s}}{r}c\,\mathrm{d}\bar{t}\,\mathrm{d}r - \left(1 + \frac{r_\mathrm{s}}{r}\right)\mathrm{d}r^2 - r^2\left(\mathrm{d}\theta^2 + \sin^2\theta\,\mathrm{d}\varphi^2\right)\ . \tag{10.446}$$

Für radial bewegte Teilchen (zentraler Fall) ist $\mathrm{d}\varphi = 0$ und $\mathrm{d}\theta = 0$. Für lichtartige Bahnen ist dann

$$\mathrm{d}s^2 = \left(1 - \frac{r_\mathrm{s}}{r}\right) c^2\,\mathrm{d}\bar{t}^2 - 2\frac{r_\mathrm{s}}{r}c\,\mathrm{d}\bar{t}\,\mathrm{d}r - \left(1 + \frac{r_\mathrm{s}}{r}\right)\mathrm{d}r^2 = 0\ .$$

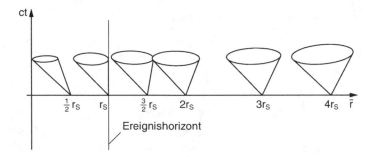

Abb. 10.24 Der Lichtkegel bei kleiner werdendem Radius (Abstand vom schwarzen Loch)

Die beiden Lösungen dieser Gleichung sind

$$\frac{dr}{d\bar{t}} = -c \, , \qquad \frac{dr}{d\bar{t}} = c \cdot \frac{r - r_s}{r + r_s} \, . \tag{10.447}$$

Damit ergeben sich für verschiedene Radien r die Lichtkegel der Abb. 10.24. Für $r \to \infty$ erhält man den symmetrischen Lichtkegel des Minkowskiraumes wie in Abb. 10.23. Mit kleiner werdendem r aber wird der Lichtkegel zunehmend asymmetrisch. Der rechte Teil wird immer kleiner und verschwindet bei $r = r_s$ ganz. Hier kann sich Licht also nur noch nach innen oder längs des Ereignishorizontes $r = r_s$ fortpflanzen. Teilchen mit $m_0 \neq 0$ können sich nur zeitartig, also nur nach innen bewegen. Vom Gebiet $r \leq r_s$ aus können sich also weder Photonen noch andere Teilchen nach außen bewegen. Von außen ist keinerlei Einblick in das Gebiet hinter dem Ereignishorizont möglich, da keinerlei Signal nach außen gesendet werden kann. Das ist die sogenannte *avancierte Eddington-Finkelstein-Metrik ("ingoing")*. Die beschriebene Transformation ist natürlich nur erlaubt, weil das Ergebnis nach wie vor der Einstein'schen Feldgleichung genügt. Das liegt an deren Kovarianz. Durch eine im Prinzip einfache aber recht umständliche Rechnung kann man sich davon überzeugen. Man kann von der Eddington-Finkelstein-Metrik (10.446) ausgehend die zugehörigen Christoffelsymbole und daraus die Komponenten des Ricci-Tensors berechnen, die alle verschwinden, wie es sein muss. Es handelt sich also tatsächlich um eine gleichwertige Lösung des Schwarzschild-Problems. Wie schon erwähnt hat die Einstein'sche Gleichung keine eindeutige Lösung, da zur Berechnung von 10 Komponenten des metrischen Tensors nur 6 voneinander unabhängige Gleichungen zur Verfügung stehen.

Rein theoretisch ist statt (10.445) auch die Transformation

$$d\bar{t} = dt + \frac{dr}{c \left(1 - \frac{r}{r_s} \right)} \tag{10.448}$$

mit

$$ds^2 = \left(1 - \frac{r_s}{r} \right) c^2 \, d\bar{t}^2 + 2 \frac{r_s}{r} c \, d\bar{t} \, dr - \left(1 + \frac{r_s}{r} \right) dr^2 = 0 \tag{10.449}$$

möglich. Die sich daraus ergebenden Lichtkegel

$$\frac{\mathrm{d}r}{\mathrm{d}\bar{t}} = c \;, \qquad \frac{\mathrm{d}r}{\mathrm{d}\bar{t}} = -c\,\frac{r - r_\mathrm{s}}{r + r_\mathrm{s}} \tag{10.450}$$

lassen für $r < r_\mathrm{s}$ nur Bewegungen nach außen zu. Alle dort vorhandenen Teilchen werden zwangsläufig nach außen transportiert und nicht nach innen. Diese rein formal mögliche so genannte *retardierte Eddington-Finkelstein-Metrik* (*„outgoing"*) bewirkt genau das Gegenteil eines schwarzen Loches, nämlich ein sogenanntes weißes Loch, das in der Natur aber wohl nicht vorkommt. Ausführlichere Diskussionen der verschiedenen Koordinatensysteme finden sich z. B. in [66–68].

In der Schwarzschildmetrik ist der Umfang eines Kreises

$$\int_0^{2\pi} r\,\mathrm{d}\varphi = 2\pi r \;.$$

Der Durchmesser ist jedoch nicht $2r$, da wir es mit einer nichteuklidischen Geometrie zu tun haben:

$$D = 2\int_0^r \sqrt{A(r')}\,\mathrm{d}r' = 2\int_0^R \sqrt{A_i(r')}\,\mathrm{d}r' + 2\int_R^r \sqrt{A_\mathrm{a}(r')}\,\mathrm{d}r' \;.$$

$r = R$ stellt die Oberfläche des Zentralkörpers dar. A_i ergibt sich aus der hier nicht behandelten inneren Schwarzschildmetrik,

$$A_i = \left(1 - \frac{2GM(r)}{c^2 r}\right)^{-1} \;, \qquad A_\mathrm{a} = A = \left(1 - \frac{2GM(R)}{c^2 r}\right)^{-1} \;.$$

Dabei ist $M(r)$ die Masse des Himmelskörpers innerhalb r und $M(R)$ ist seine Gesamtmasse M. Wenn $\rho = \rho_0 = $ konstant ist, dann ergibt sich

$$\int_0^R \sqrt{A_i(r')}\,\mathrm{d}r' = \sqrt{\frac{R^3}{r_\mathrm{s}}} \cdot \arcsin\sqrt{\frac{r_\mathrm{s}}{R}} \approx R + \frac{1}{6}r_\mathrm{s} \;, \qquad (r_\mathrm{s} \ll R)$$

und

$$\int_R^r \sqrt{A_\mathrm{a}(r')}\,\mathrm{d}r' = r\sqrt{1 - \frac{r_\mathrm{s}}{r}} - R\sqrt{1 - \frac{r_\mathrm{s}}{R}}$$

$$+ \frac{2r_\mathrm{s}}{4}\ln\left[\frac{\left(1 + \sqrt{1 - \frac{r_\mathrm{s}}{r}}\right)\left(1 - \sqrt{1 - \frac{r_\mathrm{s}}{R}}\right)}{\left(1 - \sqrt{1 - \frac{r_\mathrm{s}}{r}}\right)\left(1 + \sqrt{1 - \frac{r_\mathrm{s}}{R}}\right)}\right]$$

$$\approx r - R + \frac{r_\mathrm{s}}{2}\ln\frac{r}{R} \;.$$

Damit wird

$$D \approx 2r \left(1 + \frac{1}{6} \cdot \frac{r_s}{r} + \frac{1}{2} \cdot \frac{r_s}{r} \ln \frac{r}{R}\right) > 2r .$$

Für die Erde auf ihrer Bahn um die Sonne mit $r \approx 1{,}5 \cdot 10^{11}$ m und mit dem Radius und Schwarzschildradius der Sonne nach (10.428) ergibt sich

$$D \approx 2r \left(1 + 5{,}7 \cdot 10^{-8}\right) .$$

Der Durchmesser der Erdbahn ist also um rund 17 km größer als $2r$.

Als Beispiel für das Verhalten eines Teilchens in Schwarzschildfeldern sei hier der zentrale Fall behandelt. Ein Teilchen befinde sich zur Zeit $\tau = 0$ bei $r = r_0$ mit der Geschwindigkeit $dr/d\tau = -v_0$ auf das Zentrum zu ($L = 0$). Wegen Gleichung (10.438) ist dann

$$\left(\frac{dr}{d\tau}\right)^2 = \frac{r_s c^2}{r} + F^2 - c^2 .$$

Aus den Anfangsbedingungen ergibt sich

$$F^2 = v_0^2 + c^2 - c^2 \frac{r_s}{r_0}$$

und

$$\frac{dr}{d\tau} = -c \sqrt{\frac{r_s}{r} - \frac{r_s}{r_0} + \frac{v_0^2}{c^2}} .$$

Damit können wir die Zeit berechnen, die das Teilchen benötigt um von r_0 bis r_e zu fallen:

$$\tau = \int d\tau = \int_{r_0}^{r_e} dr \frac{d\tau}{dr} = -\frac{1}{c} \int_{r_0}^{r_e} \frac{dr}{\sqrt{\frac{r_s}{r} - \frac{r_s}{r_0} + \frac{v_0^2}{c^2}}} .$$

Mit der Substitution $r_s/r = x$ ist

$$\tau = \frac{r_s}{c} \int_{x_0}^{x_e} \frac{dx}{x^2 \sqrt{x - \frac{r_s}{r_0} + \frac{v_0^2}{c^2}}} .$$

Für den Fall von $r_0 = 3r_s$ bis r_s mit $v_0 = 0$ ist

$$\tau_1 = \frac{r_s}{c} \int_{\frac{1}{3}}^{1} \frac{dx}{x^2 \sqrt{x - \frac{1}{3}}}$$

$$= \frac{r_s}{c} \left(\frac{3}{x} \sqrt{x - \frac{1}{3}} + 3\sqrt{3} \arctan \sqrt{3x - 1}\right)\Big|_{\frac{1}{3}}^{1} = 7{,}2135 \cdot \frac{r_s}{c} .$$

Bei $r = r_\mathrm{s}$ kommt das Teilchen mit der Geschwindigkeit $v^2 = 2/3c^2$ an. Fällt es nun weiter auf das Zentrum zu, so benötigt es bis $r = 0$ zusätzlich die Zeit

$$\tau_2 = \frac{r_\mathrm{s}}{c} \int_1^\infty \frac{\mathrm{d}x}{x^2 \sqrt{x - \frac{1}{3}}} = 0{,}9485 \frac{r_\mathrm{s}}{c} \; .$$

Für den Fall von $3r_\mathrm{s}$ bis 0 ist die Gesamtzeit, die man durch Integration von $x = 1/3$ bis $x = \infty$ berechnen könnte, erhielte man $\tau_1 + \tau_2 = 8{,}1621 \ldots r_\mathrm{s}/c$. Fällt das Teilchen von $r = r_\mathrm{s}$ bis $r = 0$ mit der Anfangsgeschwindigkeit $v_0 = 0$, so benötigt es die Zeit $\tau_3 = 1{,}5708 > \tau_2$ (wegen der verschwindenden Anfangsgeschwindigkeit).

τ ist die Zeit eines mitbewegten Beobachters (die Eigenzeit). Die Zeit eines sehr fernen (streng genommen im Unendlichen befindlichen) Beobachters ist t. Dafür ist

$$B \frac{\mathrm{d}ct}{\mathrm{d}\tau} = F \; , \quad \mathrm{d}t = \frac{F}{c \left(1 - \frac{r_\mathrm{s}}{r}\right)} \, \mathrm{d}\tau \; .$$

Für $r \Rightarrow r_\mathrm{s}$ wird $\mathrm{d}t$ unendlich, was zu der schon erwähnten unendlichen Rotverschiebung führt. Für den fernen Beobachter dauert es deshalb unendlich lang bis das Teilchen am Ereignishorizont ankommt. Für ihn wird dieser nur asymptotisch erreicht. Das gilt auch für Photonen. Die besondere Bedeutung des Ereignishorizontes zeigt sich auch in dem von da ab zwischen t und τ imaginär werdenden Zusammenhang. Der mitbewegte Beobachter merkt, wie das obige Beispiel zeigt, von all dem nichts. Für ihn sind alle Zeiten endlich. Er wird aber unter den sogenannten *Gezeitenkräften*, die in Gravitationsfeldern auftreten, zu leiden haben, da diese sehr groß und zerstörerisch werden können. Die Beschleunigung in einem Gravitationsfeld bzw. deren Gradient ist

$$\frac{\mathrm{d}v}{\mathrm{d}t} = -\frac{GM}{r^2} \; , \quad \frac{\mathrm{d}}{\mathrm{d}r}\left(\frac{\mathrm{d}v}{\mathrm{d}t}\right) = \frac{2GM}{r^3} \; , \quad \Delta\frac{\mathrm{d}v}{\mathrm{d}t} = \frac{2GM}{r^3}\Delta r = \frac{r_\mathrm{s} c^2}{r^3}\Delta r \; .$$

Für einen Abstand $\Delta r = 1$ m und z. B. für ein schwarzes Loch mit der Masse der Sonne ist bei $r = r_\mathrm{s}$

$$\Delta\frac{\mathrm{d}v}{\mathrm{d}t} = \frac{c^2}{r_\mathrm{s}^2}\Delta r = \left(\frac{3 \cdot 10^8}{3 \cdot 10^3}\right)^2 \frac{\mathrm{m}}{\mathrm{s}^2} = 10^{10} \frac{\mathrm{m}}{\mathrm{s}^2} \; ,$$

was 10^9 Erdbeschleunigungen entspricht. Das würde niemand überleben und jedes Raumfahrzeug zerstören.

Als Beispiel eines nicht zentralen Falles, sei ein fallender Körper mit $\tilde{L}^2 = 8$ und $v_\infty^2 = c^2/2$ betrachtet. Dafür liegen das Maximum bzw. das Minimum von $\tilde{V}_\mathrm{eff}$ bei $\tilde{r} = 1{,}68$ bzw. bei $\tilde{r} = 14{,}32$. Für die Stellen mit $\mathrm{d}r/\mathrm{d}\tau = 0$ erhält man die kubische Gleichung

$$\tilde{r}^3 + 2\tilde{r}^2 - 16\tilde{r} + 16 = 0 \; .$$

Eine Lösung ist, wie man leicht feststellen kann, $\tilde{r} = 2$. Damit kann man die kubische Gleichung auf eine quadratische mit den beiden Lösungen $\tilde{r} = 1{,}46$ und $\tilde{r} = -5{,}46$ zurückführen, die beide physikalisch bedeutungslos sind. Der fallende Körper wird gestreut, wobei er bis zum minimalen Radius $\tilde{r} = 2$ vordringt, vorausgesetzt, dass der Radius der anziehenden Masse kleiner als $\tilde{r} = 2$ ist. Andernfalls schlägt er in ihn ein.

Vieles hier diskutierte spielt in unserem Sonnensystem keine Rolle, da alle Radien der Sonne und der Planeten weit größer als deren Schwarzschildradien sind. In den folgenden Abschnitten wollen wir nun einige auch in unserem Sonnensystem interessante und beobachtbare Konsequenzen der allgemeinen Relativitätstheorie schildern. Wir gehen von den Gleichungen (10.433) und (10.435) aus und erhalten

$$\frac{d\varphi}{dr} = \frac{d\varphi}{d\lambda} \cdot \frac{d\lambda}{dr} = \frac{L}{r^2} \cdot \frac{1}{\frac{dr}{d\lambda}} = \frac{L}{r^2} \sqrt{\frac{A}{\frac{F^2}{B} - \frac{L^2}{r^2} - \varepsilon}}$$

bzw.

$$\varphi(r) = \int \frac{\sqrt{A}\, dr}{r^2 \sqrt{\frac{F^2}{L^2 B} - \frac{1}{r^2} - \frac{\varepsilon}{L^2}}} \tag{10.451}$$

10.7.6   Photonen in Gravitationsfeldern

Lichtquanten (Photonen) haben zwar keine Ruhmasse, dennoch eine ihrer Energie entsprechende Masse und einen Impuls, nämlich

$$m = h\nu/c^2, \quad mc = h\nu/c. \tag{10.452}$$

Sie verhalten sich genau so wie auch andere Teilchen mit Masse und Impuls. Der Compton-Effekt z. B. zeigt, dass für Photonen bei Stößen mit Elektronen Energieerhaltung und Impulserhaltung wie bei anderen Teilchen gelten. Photonen unterliegen wegen ihrer Masse wie alle anderen Teilchen auch der Gravitation, d. h. sie werden durch andere Massen angezogen und dadurch aus ihrer geradlinigen Bahn abgelenkt. Diese Ablenkung ist oft sehr klein und deshalb nicht immer beobachtbar. Aus Gleichung (10.451) kann man berechnen, dass ein an einem Himmelskörper mit dem Schwarzschildradius r_s im Abstand r vom Zentrum vorbeifliegendes Photon um den Winkel

$$\Delta\varphi = (1 + \gamma) r_s / r, \quad (r_s / r \ll 1) \tag{10.453}$$

abgelenkt wird (Abb. 10.25). Wir übergehen hier die Details der Berechnung, die man z. B. bei Fließbach [62, S. 147 f.] findet. Ausgehend von der Robertson-Entwicklung wird dabei der Integrand bis zur Ordnung r_s/r entwickelt. Für einen die Sonne nahe ihrer Oberfläche passierenden Lichtstrahl ist diese Ablenkung im Fall einer Sonnenfinsternis messbar.

Abb. 10.25 Ablenkung von Photonen durch einen Himmelskörper

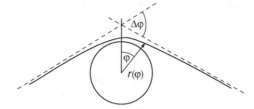

Mit den Daten der Sonne nach Gleichungen (10.428) und mit $\gamma = 1$ (d. h. mit der Einstein'schen Theorie) erhält man

$$\Delta\varphi = 1{,}75 \text{ Winkelsekunden} . \tag{10.454}$$

Das entspricht ziemlich genau dem tatsächlich gemessenen Wert. Für die Newton'sche Theorie ($\gamma = 0$) erhielte man nur den halben Wert. Die Messung bestätigt also die Einstein'sche allgemeine Relativitätstheorie mit ziemlich großer Genauigkeit. Populäre Darstellungen erwecken oft den falschen Eindruck, die Ablenkung des Lichtes durch die Sonne wäre überhaupt erst durch die allgemeine Relativitätstheorie erklärbar. Eine Ablenkung erfolgt jedoch auf jeden Fall. Es ist das quantitative Ergebnis, das sich von dem der Newton'schen Theorie um den Faktor 2 unterscheidet und so die allgemeine Relativitätstheorie bestätigt.

Nach der Maxwell'schen Theorie breitet Licht sich im Vakuum oder in einem homogenen Medium stets geradlinig aus. Es ist jedoch von grundsätzlicher Bedeutung, dass Licht sich in einem beliebigen Gravitationsfeld nicht geradlinig ausbreitet. Unsere anschaulichen geometrischen Vorstellungen gehen von der geradlinigen Ausbreitung des Lichtes aus, was zur euklidischen Geometrie führt. Bei Landvermessungen oder bei Peilungen auf See werden stets geradlinige Lichtwege vorausgesetzt. Sie sind aber immer mehr oder weniger gekrümmt, d. h. wir haben es im Prinzip immer mit einer nichteuklidischen Geometrie zu tun. Das gilt auch für die Erde, obwohl die Krümmung hier unmessbar klein ist. Mit den Daten der Erde nach den Gleichungen (10.427) ergibt sich aus Gleichung (10.453) an der Erde eine viel kleinere Ablenkung als an der Sonne, nämlich nur $\Delta\varphi = 5{,}8 \cdot 10^{-4}$ Winkelsekunden. Bei den noch kleineren zu Vermessungen oder Peilungen auf der Erde benutzten sehr viel kürzeren Lichtwegen sind die Ablenkungen noch kleiner. Wir können uns auf der Erde also noch immer der euklidischen Geometrie anvertrauen. Die Krümmungen der Lichtwege sind bei den üblichen Anwendungen unmessbar klein. Bei großräumigeren Anwendungen etwa in Sonnennähe ist das nicht mehr unbedingt der Fall.

Stellen wir uns eine große Masse vor und verbinden wir drei Punkte A, B und C in deren Außenraum durch die gekrümmten Lichtwege zu einen Dreieck (Abb. 10.26). Es handelt sich offensichtlich um ein nichteuklidisches Dreieck in dem nichteuklidischen Raum, der durch die Masse verursacht wird.

Bei der radialen Bewegung eines Photons in einem Gravitationsfeld erleidet dieses wie schon oben im Abschn. 10.7.5, Gleichung (10.429), erwähnt eine Rot- oder Blauverschie-

Abb. 10.26 In der Umgebung
eines Himmelskörpers ist der
Raum nichteuklidisch

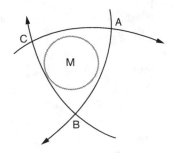

bung. Die Schwarzschildmetrik gibt für das Verhältnis der Frequenzen ν_A und ν_B an zwei
Punkten A und B

$$\frac{\nu_B}{\nu_A} = \sqrt{\frac{1 - \frac{2GM}{c^2 r_A}}{1 - \frac{2GM}{c^2 r_B}}} \approx \frac{1 - \frac{GM}{c^2 r_A}}{1 - \frac{GM}{c^2 r_B}} \approx 1 + \frac{GM}{c^2 r_A r_B} (r_A - r_B) \; . \tag{10.455}$$

Im Newton'schen Gravitationsfeld gilt für ein Photon die Gleichung

$$\frac{\mathrm{d}}{\mathrm{d}t} \frac{h\nu}{c} = -\frac{GM}{r^2} \cdot \frac{h\nu}{c^2} \; . \tag{10.456}$$

Daraus ergibt sich mit der Anfangsbedingung $\nu = \nu_A$ bei $r = r_A$

$$\nu_B = \nu_A \exp\left(\frac{GM}{c^2 r_B} - \frac{GM}{c^2 r_A}\right) = \nu_A \exp\left[\frac{GM}{c^2 r_A r_B} (r_A - r_B)\right] , \tag{10.457}$$

wovon man sich durch Einsetzen überzeugen kann. Fällt das Photon ($r_B < r_A$), so gewinnt
es Energie (Blauverschiebung), steigt es ($r_A < r_B$), so verliert es Energie (Rotverschie-
bung). Für $r_A \approx r_B \approx r$ und $|r_A - r_B| = 1 \ll r$ erhält man

$$\nu_B \approx \nu_A \left[1 + \frac{GM}{c^2 r^2} (r_A - r_B)\right] = \nu_A \left(1 \pm \frac{GMl}{c^2 r^2}\right) \; . \tag{10.458}$$

An der Erdoberfläche ergibt das mit der Erdbeschleunigung g

$$\frac{\nu_B - \nu_A}{\nu_A} = \frac{\mathrm{d}\nu}{\nu} = \pm\frac{GMl}{c^2 r^2} = \pm\frac{gl}{c^2} \; . \tag{10.459}$$

Das ist fast selbstverständlich, denn

$$\Delta E = \Delta h\nu = \pm mgl = \pm h\nu gl/c^2 \; ,$$

was gerade Gleichung (10.459) gibt.

Dies wurde von Pound und Snider an einem $l = 22,6$ m hohen Turm mit Hilfe des Mößbauereffektes, der äußerst präzise Frequenzmessungen ermöglicht, experimentell überprüft. Dabei wurde der theoretische Wert $dv/v = -2,46 \cdot 10^{-15}$ mit einer Messgenauigkeit von $\pm 1\,\%$ bestätigt.

Weil im vorliegenden Fall $GM/rc^2 \ll 1$ ist, sind die Entwicklungen des Schwarzschildergebnisses nach Gleichung (10.455) und des Newton'schen Ergebnisses nach Gleichung (10.457) messtechnisch nicht unterscheidbar. Das erwähnte Experiment von Pound und Snider erlaubt deshalb keine experimentelle Entscheidung zugunsten der einen oder anderen Theorie.

Da an der Sonnenoberfläche ein anderes Gravitationspotential als an der Erdoberfläche herrscht, ist auch von der Sonne (oder einem anderen Himmelskörper) auf die Erde kommendes Licht rotverschoben (oder blauverschoben). Aus den Massen und Radien von Sonne und Erde ergibt sich

$$v_\odot/v_{\mathrm{E}} - 1 \approx GM_\odot/c^2 r_\odot \approx 2,11 \cdot 10^{-6} \, . \tag{10.460}$$

Anders als in der Schwarzschildmetrik gibt es in der Newton'schen Theorie kein schwarzes Loch. Nach der Schwarzschildmetrik kann ein bei $r = r_{\mathrm{s}}$ emittiertes Photon wegen der unendlichen Rotverschiebung nicht ins Unendliche entweichen. Nach der Newton'schen Theorie kann es immer entweichen, es sei denn ausgehend vom Radius $r = 0$, wozu es unendliche Energie benötigte. Vom Schwarzschildradius ausgehend hätte es im Newton'schen Fall im Unendlichen immer noch eine Energie von 60,6 % seiner Anfangsenergie.

Analoges gilt auch für Teilchen mit nicht verschwindender Ruhmasse. Sie können einem schwarzen Loch noch weniger als Photonen entweichen. In der Newton'schen Theorie gibt es jedoch auch für sie kein schwarzes Loch. Löst man ihre relativistische Bewegungsgleichung im Newton'schen Gravitationsfeld mit der Anfangsbedingung $v = v_0$ bei $r = r_0$,

$$\frac{\mathrm{d}}{\mathrm{d}t} \cdot \frac{m_0 v}{\sqrt{1 - \frac{v^2}{c^2}}} = -\frac{GM}{r^2} \cdot \frac{m_0}{\sqrt{1 - \frac{v^2}{c^2}}} \, , \tag{10.461}$$

so erhält man als Lösung

$$v = \frac{\mathrm{d}r}{\mathrm{d}t} = c \sqrt{1 - \left(1 - \frac{v_0^2}{c^2}\right) \exp\left[-\frac{2GM}{c^2}\left(\frac{1}{r} - \frac{1}{r_0}\right)\right]} \tag{10.462}$$

Für $r_0 \to \infty$ und $v_0 = 0$ gibt das

$$v = \frac{\mathrm{d}r}{\mathrm{d}t} = c \sqrt{1 - \exp\left(-\frac{2GM}{c^2 r}\right)} \tag{10.463}$$

und für $r \to 0$ geht $v \to c$. Befindet sich das Teilchen umgekehrt zunächst bei r und läuft anfangs mit der Geschwindigkeit v nach oben, so erreicht es $r = \infty$ gerade noch mit $v = 0$. Gleichung (10.463) liefert also die relativistisch berechnete sogenannte Fluchtgeschwindigkeit. Das Teilchen kann also immer entweichen, hinreichende Anfangsgeschwindigkeit vorausgesetzt. Im Extremfall, d. h. für $r \to 0$ muss $v \to c$ gehen. Ist z. B. $r = r_\mathrm{s}$, so ist die Fluchtgeschwindigkeit $v = 0{,}795\,c$. Im nichtrelativistischen Grenzfall, $c \to \infty$ gibt Gleichung (10.463) die klassische Fluchtgescheindigkeit

$$v = \sqrt{\frac{2GM}{r}}\,. \tag{10.464}$$

Am Rande sei hier erwähnt, dass schon vor über 200 Jahren John Michell (1724–1793) und Pierre Laplace (1749–1827) aus dieser Beziehung für die klassische Fluchtgeschwindigkeit, die ja damals schon bekannt war, den Schluss gezogen haben, dass Licht wegen seiner Geschwindigkeit c aus einem Gravitationsfeld nicht entweichen könne, wenn

$$c < \sqrt{\frac{2GM}{r}}\,, \quad r < \frac{2GM}{c^2} = r_\mathrm{s}\,. \tag{10.465}$$

Trotz der aus heutiger Sicht unzureichenden Argumentation, ist das Ergebnis, das dem schwarzen Loch der Schwarzschildmetrik entspricht, richtig. Michell und Laplace haben diesen Schluss nicht für andere Massen gezogen, da sie damals nicht wissen konnten, dass diese niemals größere Geschwindigkeiten als c haben können. Dass sich hier r_s ergibt, ist nicht so erstaunlich, wie man zunächst meinen könnte. Es liegt an der schon erwähnten Tatsache, dass man aus G, M und c keine andere Größe der Dimension einer Länge bilden kann. Deshalb führen solche Betrachtungen, bis auf einen dimensionslosen Zahlenfaktor, immer wieder zum Schwarzschildradius.

Planeten können von der Erde ausgesandte Radarsignale reflektieren. Läuft der Radarstrahl nahe an der Sonne vorbei, so trifft das reflektierte Signal auf der Erde verzögert ein. Die gemessene *Radarechoverzögerung* stimmt mit der theoretisch berechneten überein, was ebenfalls die Einstein'sche Theorie mit $\gamma = 1$ bestätigt.

10.7.7 Planetenbewegung und Periheldrehung

Eine der überzeugendsten Bestätigungen der Einstein'schen allgemeinen Relativitätstheorie ist die Berechnung der Periheldrehung des der Sonne nächsten Planeten Merkur. Mit Hilfe von Gleichung (10.451) können die Planetenbahnen berechnet werden. Wiederum verzichte ich hier auf die detaillierte Ableitung, die in der Literatur zu finden ist, z. B. bei Fließbach [62, S. 152 ff.]. Auch hier geht man von der Robertson-Entwicklung aus, wobei A bis zur ersten, B bis zur zweiten Ordnung in r_s/r entwickelt werden muss, um das Ergebnis in erster Ordnung zu erhalten. Anders als in der Newton'schen Theorie ergibt sich in der allgemeinen Relativitätstheorie beim Zweikörperproblem der Bewegung eines Planeten im Gravitationsfeld eines Fixsternes keine exakte Ellipse. Man erhält zwar näherungsweise immer noch eine Ellipse, die aber nicht geschlossen ist. Ihr der Sonne nächster

Abb. 10.27 Periheldrehung
der Planeten

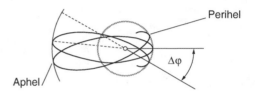

Punkt (Perihel) zeigt eine Winkeländerung, die sogenannte *Periheldrehung* (Abb. 10.27).
Für diese Periheldrehung ergibt sich aus Gleichung (10.451) pro Umlauf

$$\Delta\varphi = \frac{3\pi r_s}{p} \cdot \frac{2 - \beta + 2\gamma}{3} , \quad (r_s/r \ll 1) . \tag{10.466}$$

Dabei ist r_s der Schwarzschildradius des Fixsterns und p der sogenannte Halbparameter
der Ellipsenbahn des Planeten ($p = b^2/a$, a ist die große, b die kleine Halbachse der
Ellipsenbahn). Für die Sonne und den Planeten Merkur mit $p = 5{,}5 \cdot 10^{10}$ m erhält man
mit $\beta = \gamma = 1$ (d. h. für die Einstein'sche Theorie) eine Periheldrehung von 0,104 Winkelsekunden pro Umlauf. Da das ein sehr kleiner Wert ist, gibt man ihn üblicherweise pro
Jahrhundert an. Für den Merkur mit 415 Umläufen pro Jahrhundert erhält man

$$\Delta\varphi \approx 43 \text{ Winkelsekunden pro Jahrhundert} . \tag{10.467}$$

Nun ist aber die tatsächliche Periheldrehung des Merkur sehr viel größer, nämlich rund
575 Winkelsekunden pro Jahrhundert. Das ist schon lange bekannt und im Wesentlichen
auf die störenden Einflüsse der anderen Planeten zurückzuführen. Die Berücksichtigung
dieser Einflüsse ergab 532 Winkelsekunden pro Jahrhundert. Die fehlenden 43 Winkelsekunden konnte man sich nicht erklären. Man versuchte sie z. B. durch störende Einflüsse
eines noch unentdeckten Planeten zu erklären, was ja bei einem anderen astronomischen
Problem (Bahnstörung des Uranus) zur spektakulären Entdeckung des Planeten Pluto an
einem vorausberechneten Ort geführt hatte. Bei dem Problem der Periheldrehung des Merkur waren jedoch alle solchen Bemühungen erfolglos. Der Vulkan genannte Planet, der
dafür verantwortlich sein sollte, wurde angeblich sogar entdeckt, was sich allerdings als
Fehler erwies. In dieser Situation erklärt nun die allgemeine Relativitätstheorie gerade die
fehlenden vorher unverständlichen 43 Winkelsekunden. Das ist ein großartiger und über-
zeugender Erfolg. Alle anderen Planeten zeigen natürlich ebenfalls Periheldrehungen, die
allerdings kleiner als die des Merkur sind. Auch sie lassen sich, soweit sie gemessen wurden, mit der allgemeinen Relativitätstheorie im Rahmen der Messgenauigkeit erklären.

Wie bei der Lichtablenkung erwecken manche Darstellungen den falschen Eindruck,
Periheldrehungen seien eine Folge erst der allgemeinen Relativitätstheorie. In Wirklichkeit ist es aber so, dass ein nur kleiner aber vorher unverstandener Bruchteil der gesamten
Periheldrehung des Planeten Merkur durch die allgemeine Relativitätstheorie quantitativ
richtig erklärt wird.

Gleichung (10.466) liefert auch für $\beta = \gamma = 0$ nicht die exakte Ellipsenbahn der
Newton'schen Theorie, da sie neben dem relativistischen Gravitationsfeld auch die relati-

vistische Bewegungsgleichung berücksichtigt, die sich von der klassischen Newton'schen Bewegungsgleichung unterscheidet. Man erhielte für den Merkur eine Periheldrehung von rund 29 statt 43 Winkelsekunden pro Jahrhundert. Es ist durchaus bemerkenswert, dass auch die Newton'sche Gravitationstheorie, wenn man die Planetenbahnen nicht klassisch sondern relativistisch berechnet, keine geschlossenen Ellipsen liefert. Gleichung (10.466) zeigt, dass 2/3 der Periheldrehung auf die relativistische Bewegungsgleichung zurückzuführen sind, 1/3 auf die Einstein'sche Gravitationstheorie.

10.7.8 Gravitomagnetismus

Wir betrachten nach Schutz [65, S. 246 ff.] ein ruhendes Teilchen zwischen zwei fadenförmigen Massenströmen, die sich im Abstand d vom Teilchen mit der Geschwindigkeit v nach links bzw. rechts bewegen (Abb. 10.28a). Alle Teilchen in diesen Fäden haben dieselbe Geschwindigkeit v. Aus Symmetriegründen heben sich die von den beiden Fäden auf das Teilchen ausgeübten Kräfte gegenseitig auf. Das Teilchen erfährt keine resultierende Kraft, bleibt also in Ruhe. Nun wechseln wir das Bezugssystem und betrachten die Situation aus dem mit dem unteren Massenfaden bewegten Bezugssystem. Die vorher vorhandene Symmetrie ist dadurch verloren gegangen. Die von beiden Massenströmen auf das Teilchen ausgeübten Kräfte scheinen jetzt aus zwei Gründen nicht mehr gleich zu sein. Das scheint zunächst so schon aus der speziellen Relativitätstheorie zu folgen. Die Masse des oberen Fadens ist wegen ihrer Geschwindigkeitsabhängigkeit vergrößert und darüber hinaus ist die Massendichte im Faden wegen dessen Lorentz-Kontraktion vergrößert (Abb. 10.28b). Die obere größere Masse sollte dann auch größere Kräfte als die untere kleinere Masse ausüben, das Teilchen sollte sich in Bewegung setzen. Das kann aber nicht sein. Die Antwort auf die Frage, ob das Teilchen in Ruhe bleibt oder in Bewegung gesetzt wird, kann nicht vom Bezugssystem abhängen. Die Erklärung liegt in der Tatsache, dass bewegte Massen zusätzliche Kräfte bewirken, wie auch in der Elektrodynamik bewegte Ladungen zusätzliche Kräfte ausüben. Diese zusätzlichen Kräfte sind den magnetischen Kräften (Lorentz-Kräften) analog und werden deshalb als *gravitomagnetische Kräfte* bezeichnet. Diese etwas irreführende Bezeichnung soll auf die formale Analogie zwischen diesen Kräften und magnetischen Kräften hinweisen, obwohl sie keineswegs magnetische Kräfte sind.

Diese Analogie finden wir auch in der speziellen Relatvitätstheorie. Die Gleichungen (10.337) bzw. (10.338) des Abschn. 10.6 zeigen wie Kräfte in der speziellen Relati-

Abb. 10.28 Zur Ursache sogenannter gravitomagnetischer Kräfte (die allerdings nichts mit Magnetismus zu tun haben)

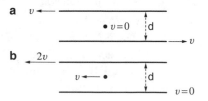

vitätstheorie zu transformieren sind. Ausgehend von der rein elektrischen Kraft $\mathbf{f} = Q\mathbf{E}$, finden wir im relativ dazu bewegten Bezugssystem neben der elektrischen Kraft auch die Lorentz-Kraft. Gehen wir von der Kraft

$$\mathbf{f} = m\mathbf{g} \tag{10.468}$$

aus, so ergibt sich aus den Gleichungen (10.337) im neuen Bezugssystem die Kraft

$$\mathbf{f}' = \underbrace{m\mathbf{g}_{\parallel} + \frac{m\mathbf{g}_{\perp}}{\sqrt{1 - \frac{v^2}{c^2}}}}_{\text{transformierte Gravitationskraft}} + \underbrace{m\mathbf{u}' \times \left(-\frac{\mathbf{v} \times \mathbf{g}}{c^2 \sqrt{1 - \frac{v^2}{c^2}}} \right)}_{\text{gravitomagnetische Kraft}}. \tag{10.469}$$

 Sie besteht aus zwei Anteilen, aus der transformierten Gravitationskraft im transformierten Gravitationsfeld, das analog dem elektrischen Feld transformiert wird, und aus der der Lorentz-Kraft analogen gravitomagnetischen Kraft.

Gravitomagnetische Kräfte spielen eine erhebliche Rolle, sollen hier aber nicht weiter behandelt werden. Sie sind in der Schwarzschildmetrik, da sie die sie verursachenden Bewegungen nicht berücksichtigt, nicht enthalten.

10.7.9   Weitere Problemkreise der allgemeinen Relativitätstheorie

Die vorhergehenden Abschnitte können und sollen nur einen ersten Einblick in die allgemeine Relativitätstheorie vermitteln. Wir haben uns auf die Schwarzschildmetrik und auf einige der damit behandelbaren Probleme beschränkt. Dabei wurden die Fragen der Ausbreitung elektromagnetischer Strahlung (gravitative Lichtablenkung, gravitative Rot- und Blauverschiebung) relativ ausführlich behandelt, da diese für die elektromagnetische Theorie des Lichtes von erheblicher Bedeutung sind. Deren Ausbreitung im Raum wird erst durch die allgemeine Relativitätstheorie richtig beschrieben. Auch haben wir einige der Effekte diskutiert, die die allgemeine Relativitätstheorie in ihrer Einstein'schen Form mit großer Genauigkeit bestätigen, während andere Varianten (wie z. B. die sogenannte Brans-Dicke Theorie) sich nicht bewährt haben.

Es sei auf eine Reihe interessanter Themen hingewiesen, auf die wir nicht eingegangen sind. Das Gravitationsfeld der Erde bewirkt auch die *Präzession* von Kreiseln (Gyroskopen), also von Satelliten bzw. von Kreiseln in Satelliten. Die Rotation der Erde erzeugt außerdem gravitomagnetische Felder, die eine zusätzliche Präzession erzeugen (*Thirring-Lense-Effekt* [62, S. 167 ff.]).

Die allgemeine Relativitätstheorie ist auch von praktischer Bedeutung für die Satellitentechnik, bei der es ja oft auf große Genauigkeit ankommt. Beim Global Positioning Systems (GPS) z. B. wäre ohne Berücksichtigung sowohl der speziellen wie auch der allgemeinen Relativitätstheorie die angestrebte genaue Ortsbestimmung nicht möglich.

Dabei spielt auch sehr genaue Zeitmessung eine wesentliche Rolle, die von der Zeitdilatation der speziellen Relativitätstheorie und von der durch die Gravitation abhängigen Zeitskala der allgemeinen Relativitätstheorie beeinflusst wird.

Die allgemeine Relativitätstheorie bringt auch die Beantwortung der anfangs erwähnten Frage von Ernst Mach, ob die parabolische Krümmung der Wasseroberfläche beim *Newton'schen Eimerversuch* auch dann auftritt, wenn der Eimer sehr dickwandig und massiv ist [62, S. 171]. Es scheint sich zu ergeben, dass die parabolische Krümmung der Wasseroberfläche bei zunehmender Eimermasse geringer werden und bei ausreichender Masse ganz verschwinden könnte, wobei es sich allerdings um riesige, experimentell nicht realisierbare Massen handelt. Dieses Problem kann also nicht endgültig experimentell geklärt werden.

Ein wichtiges und viel diskutiertes Problem ist das der *Gravitationswellen* [62, S. 181 ff.]. Die Einstein'schen Gleichungen sind nichtlinear. Das liegt daran, dass Gravitationsfelder Energie und damit auch Masse besitzen, die ihrerseits Gravitationsfelder erzeugt. Das unterscheidet sie von elektromagnetischen Feldern, die auch Energie und damit Masse, aber keine elektrischen Ladungen besitzen und deshalb nicht selbst zusätzliche elektromagnetische Felder hervorrufen. Wenn sich die Metrik nur wenig von der Minkowskimetrik unterscheidet, kann man die Einstein'schen Gleichungen trotzdem näherungsweise in linearisierter Form anwenden. Sie haben dann, ähnlich den Maxwell'schen Gleichungen, ebene Wellen als Näherungslösungen. Ihre den Photonen analogen Quanten bezeichnet man als Gravitonen. Ähnlich wie elektromagnetische Wellen von oszillierenden elektrischen Ladungen emittiert werden, werden Gravitationswellen von oszillierenden Massen erzeugt. Die Beweise gehen ähnlich wie in der elektromagnetischen Feldtheorie von entsprechenden retardierten Potentialen aus. Trotz weitgehender Analogien der beiden Theorien sind allerdings auch nicht unerhebliche Unterschiede zu beachten. Da es bei Massen keine zwei verschiedenen Ladungsvorzeichen gibt, gibt es auch keine Dipole und keine Dipolstrahlung. An ihre Stelle tritt Quadrupolstrahlung (die sich in ihrer Richtungsverteilung von Dipolstrahlung unterscheidet). Die Strahlungsleistung ist ω^6 proportional, während die der elektromagnetischen Dipolstrahlung ω^4 proportional ist. Im Prinzip ist zu erwarten, dass sie immer auftritt, wenn Massen oszillieren. So sollte z. B. ein angeregtes Wasserstoffatom neben Photonen auch Gravitonen abgeben. Abschätzungen ergeben aber, dass das äußerst selten geschieht. Das „*Verzweigungsverhältnis*" Photon zu Graviton ergibt sich zu näherungsweise 10^{44}, d. h. dass auf 10^{44} emittierte Photonen nur 1 Graviton kommt, was experimentell nicht nachweisbar ist [62, S. 204ff.]. Man hat auch an Laborexperimente gedacht. Zum Beispiel sollte ein massiver rotierender Balken auch Gravitationsstrahlung abgeben. Ein $5 \cdot 10^5$ kg schwerer Balken von 20 m Länge mit einer Rotationsfrequenz von $30\,\mathrm{s}^{-1}$ hätte eine Strahlungsleistung von ungefähr $2,4 \cdot 10^{-29}$ Watt, was leider auch nicht nachweisbar ist [62, S. 207]. Im Weltraum sollten Doppelsterne, Pulsare oder Supernovae Gravitationswellen emittieren. Wenn ein Doppelsternsystem Gravitationsstrahlung emittiert, geht ihm die abgegebene Energie verloren wie auch ein strahlender elektrischer Dipol Energie verliert. Das führt zur Abnahme der Schwingungsenergie, zur sogenannten *Strahlungsdämpfung*.

Man hat nun das Doppelsternsystem PSR 1913 + 16, bestehend aus einem Pulsar und einem nicht sichtbaren Begleiter, sehr lange Zeit genau beobachtet und dabei festgestellt, dass seine Energie abnimmt. Diese Abnahme stimmt mit der aus der berechneten Strahlungsleistung zu erwartenden Dämpfung mit einer Genauigkeit von 0,2 % überein [62, S. 208 ff.]. Das ist ein sehr bemerkenswertes Ergebnis, das als indirekter Nachweis der Existenz von Gravitationswellen betrachtet wird.

Schon 1960 hatte Weber geglaubt, Gravitationswellen nachgewiesen zu haben, was sich aber als nicht haltbar herausstellte. Nun ist der Nachweis von Gravitationswellen nach weltweiten intensiven Bemühungen über 50 Jahre später nun endlich doch gelungen (Abbott et al. [70]), die „Full author list given at the end of the article" nennt 1011 Koautoren, wovon 3 den Nobelpreis Physik 2017 für den Nachweis von Gravitationswellen erhielten, R. Weiss, K. Thorne und B. Barish; ferner werden 134 weltweit beteiligte wissenschaftliche Institutionen genannt). Der Nachweis gelang mit zwei komplizierten sogenannten LIGO-Detektoren (Laser Interferometer Gravitation Wave Observatory), einer in Livingston (Louisiana, USA), der andere in Hanford (bei Washington, USA). Die empfangenen Gravitationswellen stammten von zwei vor 1,3 Mrd. Jahren aufeinander zustürzenden und dann miteinander verschmelzenden rotierenden schwarzen Löchern (d. h. für sie gilt wegen der Rotation nicht die Schwarzschildmetrik, sondern die hier nicht behandelte Kerrmetrik). Sie erreichten Livingston am 10.9.2015 um 9 Uhr 50 Minuten 45 Sekunden, Hanford 7 Millisekunden später. Sie bewirkten eine Stauchung bzw. Streckung der 4 km langen Messarme der Detektoren, wobei der Unterschied zwischen Stauchung und Streckung nur 4×10^{-18} m betrug: „This is the first direct observation of gravitational waves and the first direct observation of a binary black hole merger." – Universität und ETH Zürich publizierten dazu einen Artikel [71], „Das Graviton bleibt ein Phantasma". Darin wird betont, dass zwar die Existenz von Gravitationswellen im Einklang mit der Einstein'schen Allgemeinen Relativitätstheorie nachgewiesen wurde, nicht aber die von Quanten der Gravitationswellen (Gravitonen). Prof. Jetzer von der Universität Zürich wird mit der Aussage zitiert, der Teilchen-Welle-Dualismus habe für die Gravitation keinen Sinn. Solange es keine Quantentheorie der Gravitation gibt, wird das wohl eine von vielen noch offenen Fragen bleiben.

„Klassische Feldtheorien" wie die allgemeine Relativitätstheorie oder die Elektrodynamik berücksichtigen keine quantentheoretischen Effekte. Dennoch sind sie für viele Zwecke ausreichend und sogar sehr befriedigend. Wenn und wo das nicht der Fall ist, müssen die Felder quantisiert werden. Für die Elektrodynamik ist das in der sogenannten *Quantenelektrodynamik* sehr erfolgreich geschehen. Für die allgemeine Relativitätstheorie ist das trotz sehr intensiver Bemühungen bisher nicht gelungen. Die gesuchte quantentheoretische Gravitationstheorie ist das bedeutendste zur Zeit ungelöste Problem der theoretischen Physik und Gegenstand intensiver Bemühungen (wenn dennoch von Gravitonen die Rede ist, so beruht das auf einer angenommenen Analogie zu Photonen, nicht auf einer die Quantenelektrodynamik ersetzenden analogen Theorie der Gravitonen). Sie wäre z. B. für das Verständnis des Kosmos unmittelbar nach dem Urknall oder der Vorgänge im Inneren schwarzer Löcher erforderlich. Es gibt viele offene Fragen. Die Vorstellung, dass das Universum durch einen sogenannten *Urknall* (*Big Bang*) entstanden sei, beruht darauf, dass man die gegenwärtig zu beobachtende Expansion des Kosmos formal zurückverfolgend auf einen singulären Punkt stößt, an dem die Expansion begonnen zu haben scheint. Vorher soll es weder Raum noch Zeit gegeben haben. Die Untersuchung der Vorgänge in dieser Anfangssingularität oder sehr kurz danach erfordert eine noch nicht vorhandene Theorie, eben eine die allgemeine Relativitätstheorie und die Quantentheorie zusammenfassende Quantengravitationstheorie.Obwohl man im Allgemeinen von der Realität des Urknalls ausgeht, gibt es auch Wissenschaftler, die das anzweifeln. Sie halten es für denkbar, dass der Kosmos sich ausdehnt, dann aber wieder zusammenzieht, also oszilliert. So könnte der scheinbare Urknall auch der Beginn einer neuen Expansion nach einer vorherigen Kontraktion gewesen sein. Es wurde auch die Vermutung geäußert, dass Quantenprozesse das Kollabieren von Sternen begrenzen und so die Entstehung von schwarzen Löchern verhindern könnten. Derartige Fragen können mit der zur Zeit verfügbaren Theorie nicht endgültig behandelt werden.

Es bleibt also noch viel zu tun. Dennoch stellt die allgemeine Relativitätstheorie schon gegenwärtig einen wesentlichen Fortschritt der Erkenntnis dar, nicht nur für Erscheinungen in unserem Sonnensystem und für zukünftige praktische Anwendungen in der Satelliten- und Raumfahrttechnik, sondern auch für die Untersuchung des Verhaltens und der Entwicklung von Sternen und Sternsystemen und des ganzen Kosmos in der Astrophysik und in der Kosmologie, Probleme, die wir hier nicht behandeln wollen. Dabei stößt man auch auf höchst rätselhafte und noch völlig unverstandene Erscheinungen, die zu der Annahme führen, dass in unserem Kosmos gewaltige bisher „unsichtbare" Energien und Massen (*dunkle Energien, dunkle Massen*) vorhanden sein müssen. Unsere Milchstraße z. B. rotiert, wobei die dadurch erzeugten Fliehkräfte sehr groß sind. Um sie durch Gravitationskräfte zu kompensieren, müssen in der Milchstraße viel größere Massen als die der sichtbaren und uns bekannten Sterne vorhanden sein. Es ist bisher nicht geklärt, welcher Art diese nicht sichtbare „*dunkle Masse*" ist. Die Klärung der damit zusammenhängenden und anderer Fragen kann zu erheblichen neuen Erkenntnissen und zu der Notwendigkeit von Erweiterungen und Modifikationen auch der allgemeinen Relativitätstheorie führen.

Literatur

1. Purcell, E.M.: The fields of moving charges. In: Berkeley Physics Course, Bd. 2, McGraw-Hill, New York (1965)
2. Moon, P., Spencer, D.E.: Field Theory Handbook, 2. Aufl. Springer, Berlin (1988)
3. Moon, P., Spencer, D.E.: Field Theory for Engineers. Van Nostrand, Princeton, Toronto, London (1961)
4. Ryshik, I.M., Gradstein, I.S.: Summen-, Produkt- und Integraltafeln. VEB Deutscher Verlag der Wissenschaften, Berlin (1957)
5. Erdelyi, A., Magnus, W., Oberhettinger, F., Tricomi, F.G.: Higher Transcendental Functions, Vol. I–III, McGraw-Hill, New York, Toronto, London (1953–1955)
6. Erdelyi, A., Magnus, W., Oberhettinger, F., Tricomi, F.G.: Tables of Integral Transforms. McGraw-Hill, New York, Toronto, London (1954). 2 Volumes
7. Smirnow, W.I.: Lehrgang der Höheren Mathematik. Berlin: VEB Deutscher Verlag der Wissenschaften, Teil I (1967), Teil II (1966), Teil III, 1 und III, 2 (1967), Teil IV, (1966), Teil V (1967)
8. Watson, G.N.: A Treatise on the Theory of Bessel Functions. University Press, Cambridge (1958)
9. Lehner, G.: Electromagnetic field diffusion, θ-functions, and image solutions. Electr. Eng. **78**, 209 (1995)
10. Stratton, J.A.: Electromagnetic Theory. McGraw-Hill, New York, London (1941)
11. Morse, P.M., Feshbach, H.: Methods of Theoretical Physics. Part I, II. McGraw-Hill, New York (1953)
12. Petrovskij, I.G.: Vorlesungen über die Theorie der Integralgleichungen. Physica-Verlag, Würzburg (1953)
13. Sternberg, W.: Potentialtheorie I – Die Elemente der Potentialtheorie. Sammlung Göschen. Walter de Gruyter, Berlin, Leipzig (1925)
14. Sternberg, W.: Potentialtheorie II – Die Randwertaufgaben der Potentialtheorie. Sammlung Göschen. Walter de Gruyter, Berlin, Leipzig (1926)
15. Kellogg, O.D.: Foundations of Potential Theory. Springer, Berlin (1929)
16. Günther, N.M.: Die Potentialtheorie und ihre Anwendungen auf Grundaufgaben der mathematischen Physik. B. G. Teubner, Leipzig (1957)
17. Walter, W.: Einführung in die Potentialtheorie. Bibliographisches Institut, Mannheim, Wien, Zürich (1971)
18. Martensen, E.: Potentialtheorie. B. G. Teubner, Stuttgart (1968)
19. Sigl, R.: Einführung in die Potentialtheorie, 2. Aufl. Wichmann, Karlsruhe (1989)
20. Davies, A.J.: The Finite Element Method – A First Approach, 2. Aufl. Oxford University Press, Oxford (2011)

© Springer-Verlag GmbH Deutschland, ein Teil von Springer Nature 2021
G. Lehner, S. Kurz, *Elektromagnetische Feldtheorie*,
https://doi.org/10.1007/978-3-662-63069-3

21. Zurmühl, R., Falk, S.: Matrizen und ihre Anwendung. Band 1: Grundlagen, 7. Aufl. Springer, Berlin, Heidelberg (1997)
22. Marsal, D.: Finite Differenzen und Elemente. Springer, Berlin etc. (1989)
23. Bader, G.: Domain Decomposition Methoden für gemischte elliptische Randwertprobleme. Arch. Elektrotechnik **74**(2), 145–158 (1990)
24. Zienkiewicz, O.C., Taylor, R.L., Zhu, J.Z.: The Finite Element Method, 7. Aufl. Elsevier, Oxford (2013)
25. Silvester, P.P., Ferrari, R.L.: Finite Elements for Electrical Engineers, 3. Aufl. Cambridge University Press, Cambridge (1996)
26. Strang, G., Fix, G.J.: An Analysis of the Finite Element Method. Prentice-Hall (1973)
27. Bathe, K.-J.: Finite-Elemente Methoden, 2. Aufl. Springer, Berlin (2002)
28. Bossavit, A.: Computational Electromagnetism. Academic Press, San Diego (1998)
29. Monk, P.: Finite Element Methods for Maxwell's Equations. Oxford University Press, Oxford (2003)
30. Braess, D.: Finite Elemente. Springer, Berlin (2013)
31. Jung, M., Langer, U.: Methode der finiten Elemente für Ingenieure. Springer Vieweg, Wiesbaden (2013)
32. Steinbach, O.: Numerische Näherungsverfahren für elliptische Randwertprobleme. Springer Vieweg, Wiesbaden (2003)
33. Arnold, D.N., Logg, A.: Periodic Table of the Finite Elements. SIAM News **47**(9), 212 (2014)
34. Weiland, T., Timm, M., Munteanu, I.: A practical guide to 3. D Simulation. IEEE Microw. Mag. **9**(6), 62–75 (2008)
35. Buffa, A., Sangalli, G., Vázquez, R.: Isogeometric analysis in electromagnetics: B-splines approximation. Comput. Methods. Appl. Mech. Eng. **199**(17), 1143–1152 (2010)
36. Chen, Q., Konrad, A.: A review of finite element open boundary techniques for static and quasi-static electromagnetic field problems. IEEE. Trans. Magn. **33**(1), 663–667 (1997)
37. Liu, Y.J.: Fast Multipole Boundary Element Method. Cambridge University Press, Cambridge (2009)
38. McLean, W.: Strongly Elliptic Systems and Boundary Integral Equations. Cambridge University Press, Cambridge (2000)
39. Hengartner, W., Theodorescu, R.: Einführung in die Monte-Carlo-Methode. Hanser, München, Wien (1978)
40. Buslenko, N.P., Schreider, J.A.: Die Monte-Carlo-Methode und ihre Verwirklichung mit elektronischen Digitalrechnern. B. G. Teubner, Leipzig (1964)
41. Goldhaber, A.S., Nieto, M.M.: The mass of the photon. Sci. Am. **234**(5), 86 (1976)
42. Krol, N.M.: Concentric spherical cavities and limits on the photon rest mass. Phys. Rev. Lett. **27**, 340 (1971)
43. Aharonov, Y., Bohm, D.: Significance of electromagnetic potentials in the quantum theory. Phys. Rev. **115**, 485 (1959)
44. Olariu, S., Popescu, I.I.: The quantum effects of electromagnetic fluxes. Rev. Mod. Phys. **57**, 339 (1985)
45. Tonomura, A., Noboyuki, O., Matsuda, T., Kawasaki, T., Endo, J., Yano, S., Yamada, H.: Evidence for Aharonov–Bohm effect with magnetic field completely shielded from electron wave. Phys. Rev. Lett. **56**, 729 (1986)
46. Lehner, G.: Die Nichtexistenz zu Δ, grad, div, und rot inverser Operatoren. Electr. Eng. **79**, 297 (1996)
47. Feynman, R.P., Leighton, R.B., Sands, M.: Vorlesungen über Physik. Band I, Teil 1. R. Oldenbourg, München, Wien (1974)

48. Penrose, R.: The apparent shape of a relativistically moving sphere. Proc. Camb. Phil. Soc. **55**, 137 (1959)

49. Terrell, J.: Invisibility of the Lorentz contraction. Phys. Rev. **116**, 1041 (1959)

50. Simonyi, K.: Theoretische Elektrotechnik, 10. Aufl. Johann Ambrosius Barth, Edition Deutscher Verlag der Wissenschaften, Leipzig, Berlin, Heidelberg, S. 921 (1993)

51. Melcher, H.: Relativitätstheorie in elementarer Darstellung mit Aufgaben und Lösungen. VEB Deutscher Verlag der Wissenschaften, Berlin (1974)

52. Sommerfeld, A.: Vorlesungen über Theoretische Physik. Band III, Elektrodynamik. Verlag Harri Deutsch, Thun, Frankfurt/M. (1988). revidiert von F. Bopp und J. Meixner, Nachdruck der 4. durchgesehenen Auflage

53. French, A.P.: Die spezielle Relativitätstheorie. MIT Einführungskurs Physik. Fr. Vieweg & Sohn, Braunschweig (1971)

54. Rosser, W.G.Y.: Introductory Special Relativity. Taylor & Francis, London, New York, Philadelphia (1991)

55. Mould, R.A.: Basic Relativity. Springer, New York, Berlin, Heidelberg (1994)

56. Papapetrou, A.: Spezielle Relativitätstheorie, 5. Aufl. VEB Deutscher Verlag der Wissenschaften, Berlin (1975)

57. Resnick, R.: Einführung in die Spezielle Relativitätstheorie. Klett-Verlag, Stuttgart (1976)

58. Schröder, U.E.: Spezielle Relativitätstheorie, 2. Aufl. Verlag Harri Deutsch, Thun, Frankfurt/M. (1987)

59. Rindler, W.: Introduction to Special Relativity. Clarendon Press, Oxford (1991)

60. Ruder, H., Ruder, M.: Die Spezielle Relativitätstheorie. Friedr. Vieweg & Sohn, Braunschweig, Wiesbaden (1993)

61. Van Bladel, J.: Relativity and Engineering. Springer, Berlin, Heidelberg, New York, Tokyo (1984)

62. Fließbach, T.: Allgemeine Relativitätstheorie, 5. Aufl. Spektrum Akademischer Verlag, Heidelberg (2006)

63. Stephani, H.: Allgemeine Relativitätstheorie, 4. Aufl. Deutscher Verlag der Wissenschaften, Berlin (1991)

64. Sexl, R.U., Urbantke, H.K.: Gravitation und Kosmologie. Spektrum Akademischer Verlag, Heidelberg (1995)

65. Schutz, B.: Gravity from the Ground Up. University Press, Cambridge (2003)

66. d'Inverno, R.: Einführung in die Relativitätstheorie. VCH Verlagsgesellschaft, Weinheim, New York, Basel, Cambridge, Tokyo (1995)

67. Misner, C.W., Thorne, K.S., Wheeler, J.A.: Gravitation. W. H. Freeman and Company, New York (1973)

68. Kenyon, I.R.: General Relativity. Oxford. New York. Oxford University Press, Tokyo (1990)

69. Weinberg, S.: Gravitation and Cosmology: Principles and Applications of the General Theory of Relativity. John Wiley & Sons, New York, Chichester, Brisbane, Toronto, Singapore (1972)

70. Abbott, B.P., et al.: Observation of gravitational waves from a binary black hole merger. Phys. Rev. Lett. **116**, 6112 (2016)

71. CHIPP (Swiss Institute of Particle Physics): Das Graviton bleibt ein Plasma. 2. Mai 2016

72. Knotts, S., Mohr, P.J., Phillips, W.D.: An Introduction to the New SI. Phys. Teach. **55**(1), 16–21 (2017)

73. Liebisch, T.C., Stenger, J., Ullrich, J.: Understanding the Revised SI: Background, Consequences and Perspectives. Ann. Phys. (Berlin) **531**(5), 1800339 (2019)

74. Josephson, B.D.: Possible new effects in superconductive tunnelling. Phys. Lett. **1**(7), 251 (1962)

75. Von Klitzing, K.: The quantized Hall effect. Rev. Mod. Phys. **58**(3), 519 (1986)

76. Chao, L.S., Schlamminger, S., Newell, D.B., Pratt, J.R., Seifert, F., Zhang, X., Sineriz, G., Liu, M., Haddad, D.: A LEGO Watt balance: An apparatus to determine a mass based on the new SI. Am J Phys **83**(11), 913–922 (2015)
77. Bossavit, A.: *On the notion of anisotropy of constitutive laws: Some implications of the "Hodge implies metric" result.* COMPEL – The International Journal for Computation and Mathematics in Electrical and Electronic Engineering, 20(1):233–239, 2001.
78. Burke, W.: Applied Differential Geometry. Cambridge University Press, Cambridge, UK (1985)
79. de Rham, G.: Differentiable Manifolds. Springer, Berlin (1984)
80. Deschamps, G.A.: Electromagnetics and Differential Forms. Proc. IEEE **69**(6), 676–696 (1981)
81. Engl, W.L.: Topology and geometry of the electromagnetic field. Radio Sci. **19**(5), 1131–1138 (1984)
82. Flanders, H.: Differential Forms with Applications to the Physical Sciences. Dover Publications, New York (1989)
83. Forster, O.: Analysis, 8. Aufl. Bd. 3. Springer, Wiesbaden (2017)
84. Hehl, F.W., Obukhov, Y.N.: Foundations of Classical Electrodynamics. Birkhäuser, Boston (2003)
85. Heil, E.: Differentialformen. BI Wissenschaftsverlag, Zürich (1974)
86. Hou, B.-Y., Hou, B.-Y.: Differential Geometry for Physicists. World Scientific, Singapore (1997)
87. Jänich, K.: Vektoranalysis, 5. Aufl. Springer, Berlin (2005)
88. Munroe, M.E.: Manipulations with Differentials Made Respectable. In: May, K.O. (Hrsg.) Lectures on Calculus, S. 125–144. Holden-Day, San Francisco (1967)
89. Nakahara, M.: Geometry, Topology and Physics, 2. Aufl. Taylor & Francis, New York (2003)
90. Pellikka, M., Suuriniemi, S., Kettunen, L., Geuzaine, C.: Homology and Cohomology Computation in Finite Element Modeling. SIAM J. Sci. Comput. **35**(5), B1195–B1214 (2013)
91. Terrell, R.E.: *The Fundamental Theorem of Calculus and the Poincaré Lemma.* Technical Report, Cornell University, 2009. DOI 10.1.1.159.3286.
92. Tonti, E.: The Mathematical Structure of Classical and Relativistic Physics. Springer, New York (2013)
93. Warnick, K.F., Selfridge, R.H., Arnold, D.V.: Teaching Electromagnetic Field Theory Using Differential Forms. IEEE Trans. Educ. **40**(1), 53–68 (1997)

Allgemein empfohlen

94. Jackson, J.D.: Classical electrodynamics, 2. Aufl. John Wiley & Sons, New York, London, Sydney, Toronto (1975)
95. Feynman, R.P.; Leighton, R.B.; Sands, M.: Vorlesungen über Physik. München, Wien: R. Oldenbourg, Band II Teil 1, (1973), Band II Teil 2 (1974)
96. Simonyi, K.: Theoretische Elektrotechnik, 10. Aufl. Johann Ambrosius Barth, Edition Deutscher Verlag der Wissenschaften, Leipzig, Berlin, Heidelberg (1993)
97. Stratton, J.A.: Electromagnetic Theory. McGraw-Hill, New York, London (1941)
98. Smythe, W.R.: Static and Dynamic Electricity. McGraw-Hill, New York (1968)
99. Durand, E.: Electrostatique Tome I, Les Distributions. Masson et Cie, Paris (1964)
100. Durand, E.: Electrostatique Tome II, Problemes Generaux Conducteurs. Masson et Cie, Paris (1966)
101. Durand, E.: Electrostatique Tome III, Methodes de Calcul Dielectriques. Masson et Cie, Paris (1966)
102. Durand, E.: Magnetostatique. Masson et Cie, Paris (1968)

Stichwortverzeichnis

Printed in the United States
by Baker & Taylor Publisher Services